国家卫生健康委员会“十三五”规划教材
科研人员核心能力提升导引丛书
供研究生及科研人员用

组织化学与细胞化学技术

Histochemical and Cytochemical Techniques

第 **3** 版

主　编　李　和　周德山
副主编　周国民　肖　岚
刘佳梅　孔　力

人民卫生出版社
·北　京·

图书在版编目（CIP）数据

组织化学与细胞化学技术 / 李和，周德山主编 . —3 版 . —北京：人民卫生出版社，2021.7

ISBN 978-7-117-31756-6

Ⅰ.①组… Ⅱ.①李… ②周… Ⅲ.①组织化学－医学院校－教材②细胞化学－医学院校－教材 Ⅳ.①Q5 ②Q26

中国版本图书馆 CIP 数据核字（2021）第 118303 号

组织化学与细胞化学技术

Zuzhihuaxue yu Xibaohuaxue Jishu

第 3 版

主　　编：李　和　周德山
出版发行：人民卫生出版社（中继线 010-59780011）
地　　址：北京市朝阳区潘家园南里 19 号
邮　　编：100021
E - mail：pmph @ pmph.com
购书热线：010-59787592　010-59787584　010-65264830
印　　刷：北京盛通印刷股份有限公司
经　　销：新华书店
开　　本：889 × 1194　1/16　　印张：25
字　　数：706 千字
版　　次：2008 年 8 月第 1 版　　2021 年 7 月第 3 版
印　　次：2021 年 8 月第 1 次印刷
标准书号：ISBN 978-7-117-31756-6
定　　价：149.00 元

编　　者（按姓氏笔画排序）

王世鄂　福建医科大学
孔　力　大连医科大学
刘佳梅　吉林大学
刘慧雯　哈尔滨医科大学
李　和　华中科技大学/湖北医药学院
李　臻　空军军医大学
李宏莲　华中科技大学
杨　姝　首都医科大学
肖　岚　陆军军医大学
张　琳　南方医科大学
张　雷　河北医科大学
周劲松　西安交通大学
周国民　复旦大学
周德山　首都医科大学
贺　军　华中科技大学
管英俊　潍坊医学院

主 编 简 介

李和，华中科技大学组织学与胚胎学教授（二级）/ 华中学者特聘教授（领军岗Ⅱ），博士生导师。湖北医药学院党委副书记、校长。1984—1991 年先后获同济医科大学医学学士、硕士和博士学位，1995—2001 年先后在日本京都大学医学部和美国 Emory 大学医学院从事博士后研究。现任中国解剖学会副理事长，中国解剖学会组织学与胚胎学分会副主任委员，国际组织化学与细胞化学学会联盟理事。国家杰出青年科学基金、教育部高校青年教师奖、宝钢优秀教师奖获得者，湖北省医学领军人才，国务院学位委员会第七届学科评议组（基础医学）成员，教育部基础医学教学指导委员会委员。湖北省教学名师，组织学与胚胎学"湖北名师工作室"主持人。《中国组织化学与细胞化学杂志》主编，《组织学与胚胎学》《组织化学与细胞化学技术》等多部国家级规划教材主编，组织学与胚胎学国家级线下一流课程、国家精品资源共享课程负责人，获国家级和省级教学成果奖各 2 项。先后承担国家自然科学基金重点项目、面上项目和 973 课题等科研项目 20 余项，主要从事遗传性神经退行性疾病发病机制研究，相关成果发表在 *Nature Genetics*、*Proceedings of the National Academy of the Sciences of the United States of America*、*Journal of Cell Biology*、*Journal of Neuroscience*、*Human Molecular Genetics* 等重要刊物上，获省级自然科学奖、科学技术进步奖各 1 项。

主 编 简 介

周德山，日本爱媛大学医学部人体解剖与组织胚胎学博士，教授，博士生导师，首都医科大学人体解剖与组胚系主任。现任中国解剖学会副理事长兼秘书长、中国解剖学会组织学与胚胎学分会主任委员、北京解剖学会理事长，《中国组织化学与细胞化学杂志》《解剖学杂志》副主编，《解剖学报》《首都医科大学学报》等杂志编委。

本科毕业于中国医科大学，硕士研究生开始应用组织化学与免疫细胞化学技术，1986 年参编组织化学与免疫组织化学技术参考书并用于研究生教学，得到了广泛的推广与应用。教学上获得军队院校育才奖银奖、首都医科大学"我最喜爱的老师"、优秀教育教学奖等。科研上主要致力于胃肠微细结构、功能及相关疾病，包括胃肠运动功能障碍性疾病及胃肠道恶性肿瘤的研究，在形态学研究领域具有非常丰富的经验和扎实的理论基础。获国家自然科学基金面上项目、北京自然科学基金面上项目、军队杰出青年科学基金项目、北京市教育委员会重点项目、北京市创新团队负责人等多项课题资助。副主编高等教育出版社、北京大学医学出版社及人民卫生出版社等国家"十三五"规划教材《组织学与胚胎学》和英文版《组织学与胚胎学》等多部本科生教材；以第一作者 / 责任作者发表 SCI 英文论文 50 余篇。

副主编简介

周国民，教授，博士生导师。现任上海市科学技术协会委员，中国解剖学会名誉理事长，中国解剖学会组织学与胚胎学分会副主任委员，《解剖学杂志》副主编，《解剖学报》编委等。从事组织胚胎学教学 36 年，主编、参编教材 20 余本。

从事视觉及神经发育与再生研究，主持国家自然科学基金 7 项、其他省部级课题 10 余项，参与国家重点基础研究发展计划（973 计划）等国家重大项目 3 项，在国内外学术期刊发表论文 150 余篇。

肖岚，教授，博士生导师，陆军军医大学组织胚胎学教研室主任。现任中国解剖学会常务理事兼副秘书长、组织学与胚胎学分会副主任委员，重庆市解剖学会理事长等学术职务。获军队院校育才奖金奖荣誉，享受国务院政府特殊津贴，并入选重庆市科技创新领军人才。

从事组织胚胎学教学科研 30 年，研究方向为发育神经生物学，主要集中在中枢神经系统髓鞘发育与再生，以及精神疾病的髓鞘生物学机制。先后承担科技部国际科技合作专项、国家自然科学基金面上项目等项目 12 项。为国家自然科学基金创新团队主要成员。发表科研论文 80 余篇，其中以通讯 / 共同通讯作者在 *Neuron*、*Journal of Neuroscience* 等国际学术期刊发表 SCI 论文 30 篇。副主编“十二五”国家统编教材 2 部，参编 4 部；为《中国大百科全书》（第三版）现代医学分支副主编。主持军队及重庆市高教优质课程三项。以第一完成人获重庆市教学成果奖一等奖、重庆市自然科学奖二等奖、军队教学成果奖三等奖各 1 项。担任《中国组织化学与细胞化学杂志》副主编，《解剖学报》等多家国内核心期刊编委。

副主编简介

刘佳梅，医学博士，教授。现任吉林大学白求恩医学部基础医学院组织学与胚胎学系主任，中国解剖学会理事、中国解剖学会组织学与胚胎学分会委员、吉林省解剖学会副理事长，《解剖学杂志》编委。

从事教学工作25年，副主编教材4部、参编8部。曾获吉林省高等教育省级教学成果奖一等奖1项、吉林大学教学成果奖二等奖1项，指导本科生获"第五届全国大学生基础医学创新论坛暨实验设计大赛"一等奖。研究方向为干细胞增殖分化及中枢神经系统损伤修复的研究，发表多篇研究论文。

孔力，医学博士，教授，博士生导师，辽宁省组织学与胚胎学精品资源共享课程负责人。曾任大连医科大学组织学与胚胎学教研室主任，中国解剖学会组织学与胚胎学分会委员，辽宁省解剖学会常务理事。

从事组织学与胚胎学教学38年，组织化学与免疫组织化学教学20年。目前研究方向为糖尿病诱发神经和视网膜退变发生及干预机制，承担多项国家自然科学基金项目和省级科研项目，在国际英文期刊发表相关研究论文30篇，主编和参编教材及著作20余本。获辽宁省教学名师称号。

全国高等学校医学研究生“国家级”规划教材第三轮修订说明

进入新世纪，为了推动研究生教育的改革与发展，加强研究型创新人才培养，人民卫生出版社启动了医学研究生规划教材的组织编写工作，在多次大规模调研、论证的基础上，先后于 2002 年和 2008 年分两批完成了第一轮 50 余种医学研究生规划教材的编写与出版工作。

2014 年，全国高等学校第二轮医学研究生规划教材评审委员会及编写委员会在全面、系统分析第一轮研究生教材的基础上，对这套教材进行了系统规划，进一步确立了以“解决研究生科研和临床中实际遇到的问题”为立足点，以“回顾、现状、展望”为线索，以“培养和启发读者创新思维”为中心的教材编写原则，并成功推出了第二轮（共 70 种）研究生规划教材。

本套教材第三轮修订是在党的十九大精神引领下，对《国家中长期教育改革和发展规划纲要（2010—2020 年）》《国务院办公厅关于深化医教协同进一步推进医学教育改革与发展的意见》，以及《教育部办公厅关于进一步规范和加强研究生培养管理的通知》等文件精神的进一步贯彻与落实，也是在总结前两轮教材经验与教训的基础上，再次大规模调研、论证后的继承与发展。修订过程仍坚持以“培养和启发读者创新思维”为中心的编写原则，通过“整合”和“新增”对教材体系做了进一步完善，对编写思路的贯彻与落实采取了进一步的强化措施。

全国高等学校第三轮医学研究生“国家级”规划教材包括五个系列。①科研公共学科：主要围绕研究生科研中所需要的基本理论知识，以及从最初的科研设计到最终的论文发表的各个环节可能遇到的问题展开；②常用统计软件与技术：介绍了 SAS 统计软件、SPSS 统计软件、分子生物学实验技术、免疫学实验技术等常用的统计软件以及实验技术；③基础前沿与进展：主要包括了基础学科中进展相对活跃的学科；④临床基础与辅助学科：包括了专业学位研究生所需要进一步加强的相关学科内容；⑤临床学科：通过对疾病诊疗历史变迁的点评、当前诊疗中困惑、局限与不足的剖析，以及研究热点与发展趋势探讨，启发和培养临床诊疗中的创新思维。

该套教材中的科研公共学科、常用统计软件与技术学科适用于医学院校各专业的研究生及相应的科研工作者；基础前沿与进展学科主要适用于基础医学和临床医学的研究生及相应的科研工作者；临床基础与辅助学科和临床学科主要适用于专业学位研究生及相应学科的专科医师。

全国高等学校第三轮医学研究生“国家级”规划教材目录

1	医学哲学（第 2 版）	主　编	柯　杨　张大庆
		副主编	赵明杰　段志光　边　林　唐文佩
2	医学科研方法学（第 3 版）	主　审	梁万年
		主　编	刘　民　胡志斌
		副主编	刘晓清　杨土保
3	医学统计学（第 5 版）	主　审	孙振球　徐勇勇
		主　编	颜　艳　王　彤
		副主编	刘红波　马　骏
4	医学实验动物学（第 3 版）	主　编	秦　川　谭　毅
		副主编	孔　琪　郑志红　蔡卫斌　李洪涛　王靖宇
5	实验室生物安全（第 3 版）	主　编	叶冬青
		副主编	孔　英　温旺荣
6	医学科研课题设计、申报与实施（第 3 版）	主　审	龚非力　李卓娅
		主　编	李宗芳　郑　芳
		副主编	吕志跃　李煌元　张爱华
7	医学实验技术原理与选择（第 3 版）	主　审	魏于全
		主　编	向　荣
		副主编	袁正宏　罗云萍
8	统计方法在医学科研中的应用（第 2 版）	主　编	李晓松
		副主编	李　康　潘发明
9	医学科研论文撰写与发表（第 3 版）	主　审	张学军
		主　编	吴忠均
		副主编	马　伟　张晓明　杨家印
10	IBM SPSS 统计软件应用	主　编	陈平雁　安胜利
		副主编	欧春泉　陈莉雅　王建明

42 消化内科学（第3版）
主　审　樊代明　李兆申
主　编　钱家鸣　张澍田
副主编　田德安　房静远　李延青　杨　丽

43 心血管内科学（第3版）
主　审　胡大一
主　编　韩雅玲　马长生
副主编　王建安　方　全　华　伟　张抒扬

44 血液内科学（第3版）
主　编　黄晓军　黄　河　胡　豫
副主编　邵宗鸿　吴德沛　周道斌

45 肾内科学（第3版）
主　审　谌贻璞
主　编　余学清　赵明辉
副主编　陈江华　李雪梅　蔡广研　刘章锁

46 内分泌内科学（第3版）
主　编　宁　光　邢小平
副主编　王卫庆　童南伟　陈　刚

47 风湿免疫内科学（第3版）
主　审　陈顺乐
主　编　曾小峰　邹和建
副主编　古洁若　黄慈波

48 急诊医学（第3版）
主　审　黄子通
主　编　于学忠　吕传柱
副主编　陈玉国　刘　志　曹　钰

49 神经内科学（第3版）
主　编　刘　鸣　崔丽英　谢　鹏
副主编　王拥军　张杰文　王玉平　陈晓春　吴　波

50 精神病学（第3版）
主　编　陆　林　马　辛
副主编　施慎逊　许　毅　李　涛

51 感染病学（第3版）
主　编　李兰娟　李　刚
副主编　王贵强　宁　琴　李用国

52 肿瘤学（第5版）
主　编　徐瑞华　陈国强
副主编　林东昕　吕有勇　龚建平

53 老年医学（第3版）
主　审　张　建　范　利　华　琦
主　编　刘晓红　陈　彪
副主编　齐海梅　胡亦新　岳冀蓉

54 临床变态反应学
主　编　尹　佳
副主编　洪建国　何韶衡　李　楠

55 危重症医学（第3版）
主　审　王　辰　席修明
主　编　杜　斌　隆　云
副主编　陈德昌　于凯江　詹庆元　许　媛

56	普通外科学（第 3 版）	主　编	赵玉沛
		副主编	吴文铭　陈规划　刘颖斌　胡三元
57	骨科学（第 3 版）	主　审	陈安民
		主　编	田　伟
		副主编	翁习生　邵增务　郭　卫　贺西京
58	泌尿外科学（第 3 版）	主　审	郭应禄
		主　编	金　杰　魏　强
		副主编	王行环　刘继红　王　忠
59	胸心外科学（第 2 版）	主　编	胡盛寿
		副主编	王　俊　庄　建　刘伦旭　董念国
60	神经外科学（第 4 版）	主　编	赵继宗
		副主编	王　硕　张建宁　毛　颖
61	血管淋巴管外科学（第 3 版）	主　编	汪忠镐
		副主编	王深明　陈　忠　谷涌泉　辛世杰
62	整形外科学	主　编	李青峰
63	小儿外科学（第 3 版）	主　审	王　果
		主　编	冯杰雄　郑　珊
		副主编	张潍平　夏慧敏
64	器官移植学（第 2 版）	主　审	陈　实
		主　编	刘永锋　郑树森
		副主编	陈忠华　朱继业　郭文治
65	临床肿瘤学（第 2 版）	主　编	赫　捷
		副主编	毛友生　沈　铿　马　骏　于金明　吴一龙
66	麻醉学（第 2 版）	主　编	刘　进　熊利泽
		副主编	黄宇光　邓小明　李文志
67	妇产科学（第 3 版）	主　审	曹泽毅
		主　编	乔　杰　马　丁
		副主编	朱　兰　王建六　杨慧霞　漆洪波　曹云霞
68	生殖医学	主　编	黄荷凤　陈子江
		副主编	刘嘉茵　王雁玲　孙　斐　李　蓉
69	儿科学（第 2 版）	主　编	桂永浩　申昆玲
		副主编	杜立中　罗小平
70	耳鼻咽喉头颈外科学（第 3 版）	主　审	韩德民
		主　编	孔维佳　吴　皓
		副主编	韩东一　倪　鑫　龚树生　李华伟

全国高等学校第三轮医学研究生“国家级”规划教材评审委员会名单

前 言

组织化学与细胞化学技术是现代医学发展的重要基础，是生命科学技术的重要组成部分。随着分子生物学及其技术的发展、各学科的交叉和渗透，组织化学与细胞化学实验技术的内容得到了极大丰富。在全国高等医药教材建设研究会和全国高等学校医学研究生规划教材评审委员会、编写委员会的领导下，曾在2008年编写出版全国高等学校医学研究生规划教材《组织化学与免疫组织化学》，并在2014年修订出版第2版教材并更名为《组织化学与细胞化学技术》。前两版教材均以实用、简明、理论与实践紧密结合为特点，以培养研究生基本实验技能、提高科研能力和启发创新为目的，在医学研究生培养中起到了“导航”作用，深受医学研究生及医学与生命科学科技工作者欢迎。为了适应学科的迅速发展和研究生教学改革的要求，第三轮全国高等学校医学研究生规划教材修订于2018年启动，本教材也再次组织长期工作在科研与教学第一线的专业领域内工作者开展了第3版教材的修订工作。

本次修订以第2版教材为基础，不仅坚持前版文风，保持其结构体系，还力求反映当前组织化学与细胞化学技术的发展趋势，与时俱进地整合和更新了系列技术方法。在本版教材中，一方面，将光镜免疫金组织化学技术和电镜原位杂交技术整合至电镜组织化学与免疫电镜技术中，在组织化学技术中删减了不常用的生物胺荧光组织化学技术，在组织化学与细胞化学定量分析技术中精简了体视学一节；另一方面，在电子显微镜技术中新增了冷冻电镜技术，在原位杂交组织化学技术中增加了RNAscope原位杂交技术，在神经束路示踪技术一章中将双重或多重神经束路示踪技术整合进神经环路示踪技术中，并增加了光遗传学在神经环路研究中的应用，在激光扫描共聚焦显微镜术的主要应用中增加了荧光寿命成像技术，组织化学与细胞化学定量分析技术中增加了多标记免疫荧光的多光谱成像分析技术、TissueFAXS图像细胞分析技术和高内涵成像分析技术；此外，在组织化学与细胞化学技术实验指导中增加了多聚螯合物酶法免疫组织化学染色。期望修订后的第3版教材更具先进性和系统性，能对研究生的科研实践更好地发挥“导航”作用，能增强研究生创新性思维能力的培养。

本教材第3版编写的关键时期，正逢突如其来的新型冠状病毒肺炎疫情肆虐神州大地。但各位编者克服“宅家”之不便，不懈努力，悉心合作，高质量地完成了书稿撰写。首都医科大学杨姝副教授在承担编写任务的同时，还担任了编写秘书的繁重工作。教材编写也同时得到了各参编单位的重视，编写会和审稿会分别得到复旦大学上海医学院周国民教授和空军军医大学李臻教授的大力支持；湖北医药学院为本教材的编写提供了研究生课程建设基金资助。在此，谨向各位编者和所有支持本教材编写的单位和个人致以诚挚谢意！

在教材付梓之际，回首编写工作，深感视野和知识的局限，难免有疏漏、不当或谬误之处，欢迎广大师生和同道在使用实践中提出宝贵意见和建议，对错误批评指正。

李　和　周德山

2021年5月

目　录

第一章 绪论

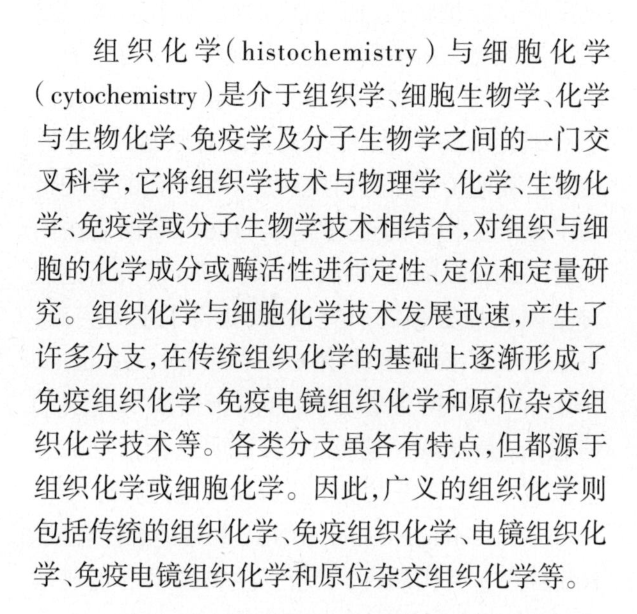

组织化学(histochemistry)与细胞化学(cytochemistry)是介于组织学、细胞生物学、化学与生物化学、免疫学及分子生物学之间的一门交叉科学,它将组织学技术与物理学、化学、生物化学、免疫学或分子生物学技术相结合,对组织与细胞的化学成分或酶活性进行定性、定位和定量研究。组织化学与细胞化学技术发展迅速,产生了许多分支,在传统组织化学的基础上逐渐形成了免疫组织化学、免疫电镜组织化学和原位杂交组织化学技术等。各类分支虽各有特点,但都源于组织化学或细胞化学。因此,广义的组织化学则包括传统的组织化学、免疫组织化学、电镜组织化学、免疫电镜组织化学和原位杂交组织化学等。

第一节 组织化学发展的基础

组织化学既基于并溯源于组织学、细胞学和生物化学,又与之有区别。组织学和细胞学研究组织细胞的形态结构及其与功能的关系,而组织化学是研究组织细胞内的化学组成及其含量和酶的存在及其活性。组织化学与生物化学的不同在于,虽然两者检测分析的内容相同,但后者在试管内进行,通常要将组织和细胞破碎,制成匀浆,然后进行化学测定,被检测化学成分在组织细胞内的定位关系因此被破坏;组织化学技术中的化学反应通常是在组织切片上进行,不改变被检测化学成分在组织细胞内的定位关系,故定位性能好。组织化学要求在显微镜下能观察到所检测的化学物质,但在大多数情况下,所见到的并不是某种化学物质本身,而是该物质在其存在部位经过化学反应的产物,这种产物在镜下可直接或间接被观察到,它所在的位置和数量能够代表该物质的位置和数量。组织化学自出现以来已取得长足的发展,这些发展以细胞生物学、生物化学、免疫学和分子生物学的快速发展为基础。

一、细胞生物学发展与组织化学

细胞生物学是从细胞、亚细胞和分子水平研究生命活动规律的科学,是组织化学发生发展的形态学基础。显微镜的发明与细胞的发现将人类对机体的认识从宏观世界引向微观世界的广阔领域。由此,人们对人体结构的探索开始从肉眼所见的大体结构深入到光学显微镜下组织细胞的微细结构。然而,光学显微镜的分辨率有限,仅能观察到细胞质和细胞核,而对于是否存在细胞膜及亚细胞结构,还无法确定。1932 年,德国科学家 Knoll 和 Ruska 设计制造了世界上第一台透射电子显微镜,从而把人类对细胞的认识带入了超微结构领域。正因为有了对机体微细及超微结构的充分认识,人们才有了对组织细胞内化学成分进行探求的渴望:组织细胞各个层次的结构及与功能相应的物质基础即化学成分的种类、数量及相互关系怎样?著名生物学家 Wilson 的名言"一切生物学关键问题必须在细胞中寻找"至今还有着很深的内涵。因此,细胞生物学的发展不仅为组织化学的产生奠定了形态学基础,更是提出了对组织化学的产生和发展的需求。

二、生物化学发展与组织化学

生物化学是一门运用化学原理及方法研究生命本质的科学,它一方面对细胞组成成分进行化学分析,另一方面也对这些成分在生命过程中所发生的化学反应进行分析。而组织化学正是利用这些化学反应原理来实现对组织细胞化学成分的定性、定位和定量研究。自 1806 年 Louis Nicolas Vauquelin 和 Pierre Jean Robiquet 第一次分离得到氨基酸起，至20世纪初已经认识组成蛋白质的22个标准氨基酸中的19种。Fischer提出蛋白质是由相邻氨基酸之间的肽键连接而成，并推论这些肽键是由一个氨基酸的α-氨基和相邻的羟基连接时脱去水而形成。19世纪末，其他细胞成分，如脂肪、碳水化合物与核酸也被认知，甚至能被部分提纯。例如，Friedrich Miescher（1869）在细胞成分研究中，从死亡的白细胞核中分离出后来被称为脱氧核糖核酸（deoxyribonucleic acid，DNA）的物质。但是，当时这一重要发现并没有与遗传学联系起来，大约过了50年，人们才开始认识到DNA在遗传中所起的重要作用。在生物化学的发展中，对生物体大分子结构和功能的认识为组织化学奠定了基础。例如，在组织化学中，对组织细胞成分中酶的检测是将组织切片置于含有特异性底物的溶液中，溶液中的底物经组织切片中酶水解、氧化等作用形成反应产物，即初级反应产物。初级反应产物再与某种捕捉剂结合，形成有色的终产物而使组织切片中的酶变成在显微镜下的可见物，从而在原位检测酶活性并了解它的分布和功能。

三、免疫学发展与组织化学

18世纪90年代，英国医生Edward Jenner研究出用牛痘预防天花的方法，为免疫学对传染病的预防开辟了广阔前景。19世纪末在免疫机制的探讨中，把细胞的吞噬作用和抗毒素的中和作用看成是特异性免疫的根据，并逐步展开了细胞免疫和体液免疫两大学派的争鸣。体液免疫学派的代表德国细菌学家Paul用生物化学方法研究免疫现象，特别是以蛋白质化学和糖化学作为基础，探讨抗原和抗体的本质及其相互作用，于1896年提出抗体形成的侧链学说。到20世纪60年代，对体液免疫研究已经达到分子水平，即揭示了抗体的分子结构和功能。同时，细胞免疫研究也有明显进展，特别是在杂交瘤技术方面的突破性进展，不仅丰富了细胞学内容，而且为获得单克隆抗体开辟了道路。将抗原、抗体的特异性与组织化学的可见性巧妙地结合起来，借助显微镜（包括荧光显微镜、电子显微镜）的放大作用，在细胞、亚细胞水平检测各种抗原物质（如蛋白质、多肽、酶、激素、病原体以及受体等），形成了一项新技术——免疫组织化学技术。免疫组织化学技术比组织化学技术对细胞成分的检测范围更为广泛，特异性也更强。

四、分子生物学发展与组织化学

在20世纪前半叶，细胞生物学家和生物化学家在蛋白质分离、提纯和生化分析、细胞内生化反应和能量转换、酶功能和维生素方面均积累了大量资料，在此基础上发展成为当今的分子生物学。1953年，Watson和Crick提出了DNA分子双螺旋结构学说；根据碱基配对原则，DNA的信息精确地传递给蛋白质。这一划时代的发现带动了分子生物学的迅速发展。1961年，两名法国学者Francois Jacob和Jacques Monod发表了他们对基因调控方面的研究成果，获得了重大突破：一是证实了信使核糖核酸（messenger ribonucleic acid，mRNA）携带着DNA合成蛋白质所需要的信息；二是发现了遗传密码，证明遗传信息贮存于核酸之中；三是发现了蛋白质是通过转运RNA（transfer ribonucleic acid，tRNA）的帮助翻译合成。20世纪70年代后，由于新兴生物技术的迅速发展，相继出现了蛋白质与核酸序列分析与人工合成、基因重组等。这些研究成果的不断涌现，为组织化学的发展带来了生机。将碱基配对原理与组织化学相结合便产生了在组织细胞原位进行核酸定性、定位的分子原位杂交组织化学技术。

第二节 组织化学发展简史

法国植物学家与显微镜学家Raspail是目前公认的组织化学的奠基者。组织化学研究从1820年延续至19世纪末没有大的间断。19世纪末期，大多数组织化学家忙于收集由染色技术的新发展带来的丰富成果，因此从事组织化学研究的人并不多，组织化学多半处于停滞不前的状态，直到20世纪30年代才得以复兴。在20世纪后半期，由于杂交瘤制备单克隆抗体技术的建立，以及分子杂交技术被引入组织化学，使免疫组织化学发展到一个新水平。进入21世纪，从定性到定量、从细胞到分子、从固定标本到活体动态观察，组织化学与细胞化学更是进入了一个飞速发展的时期。

一、组织化学的兴起

19世纪初期，法国植物学家Raspail在研究植物受精作用时，首次发现了碘和淀粉的反应，此后还发现了蛋白质和糖的显色反应、利用指示剂显色测定细胞原生质的pH等，由此把化学技术和显微镜结合起来，并于1830年发表了《在生理学中使用显微镜观察化学物质》的论著，开创了组织化学技术的先河。此后，学者们陆续发现了许多其他组织化学反应，积累了大量的组织化学染色方法，如Vogel（1845）和Perls（1867）分别用硫化物和普鲁士蓝法显示铁，Millon用米伦法显示蛋白质（1849），Bencke（1862）将甲苯胺蓝等苯胺染料用于组织学研究，Heidenhain发现细胞的嗜铬反应（1870），Miescher用甲基绿显示细胞核的染色质（1873），Weigert（1884）和Marchi（1892）提出髓鞘染色法，Daddi（1896）首次应用苏丹Ⅲ（Sudan Ⅲ）进行离体脂肪染色，Klebs（1868）和Stuve（1872）的过氧化物酶显示法，Ehrlich（1885）发现细胞色素氧化酶。随后，Molish（1893）利用把铁变为红色的硫氰酸铁的方法显示组织中的铁，Michele（1891）利用硫化氢（H_2S）把汞变为硫化汞的方法显示组织中的金属盐类。此后直到20世纪30年代，组织化学一直处于停滞状态。

二、早期组织化学的发展

20世纪30年代，组织化学开始复兴。此时多部组织化学专著的问世，促进了组织化学的发展。Lison（1930）《动物的组织化学》的出版，使组织化学成为组织学的一个独立分支确立起来。与此同时和随后出版的专著有1929年Hertwig的《组织化学方法》，1949年Glick的《组织化学和细胞化学技术》，1954年Pearse的《组织化学理论与应用》等。其中最著名的是Lison的《动物的组织化学》，Lison在其中提出了“没有组织破坏的新组织化学”。

组织（细胞）化学新方法的建立，使其技术手段更精细，内容更丰富。如Mann自1902年起逐渐建立了完善的组织冷冻切片技术，弥补了一般化学固定及石蜡包埋的缺点，此技术可防止酶活性丧失及脂类、多糖类和无机盐的丢失等，推动了组织化学研究的发展。高松（Takamatsu）和Gomori证明碱性磷酸酶的组织化学方法于1939年同时发表，标志着酶组织化学的真正开始。以后相继出现了许多显示酶的方法，如Menten、Junge和Green于1944年创立了酶定位的偶氮色素法，这种方法利用人工合成底物，通过色素的沉积确定酶的定位，更为组织化学增添了色彩；1951年，Seligmon和Rutenberg建立了偶氮色素四唑盐法，对证明组织细胞的氧化还原反应起了促进作用，进而演变成多种脱氢酶的组织化学方法。随着电子显微镜的问世和超薄切片技术的发展，Scheldon等（1955）首先将超薄切片技术引入酶组织化学中，由此在电镜下可以观察酸性磷酸酶的分布。Brand等（1956）用同样的方法观察到碱性磷酸酶存在于溶酶体内，同时又建立了金属沉淀法等。他们将组织化学技术与电镜技术相结合，从而开创了电镜组织化学的新领域，使酶在细胞中的定位从细胞水平进入亚细胞水平。

在蛋白质和氨基酸组织化学显色法的研究中，Danielli（1947）建立了显示蛋白质（酪氨酸、色氨酸和组氨酸）的四氮盐反应，坂口（Sakaguchi）（1925）建立并经其他学者改进的精氨酸（组蛋白中富含）显色法，Danielli（1950）和Pearse（1951）等建立的SS基和SH基反应（显示胱氨酸和半胱氨酸，与角蛋白检测相关），Van Gieson的胶原显示法，Foot（1925）显示网状纤维的银浸法，Weigert、Verhoeff（1908）和Gomori（1950）等的弹性纤维染色法，Mallory（1938）的纤维蛋白染色法等。

在核酸组织化学显色法的研究中，最著名的一个是Feulgen和Rossenbeck（1924）建立的Feulgen-Schiff反应，用以显示细胞核内的DNA；另一个是Brachet于1940—1944年建立的甲基绿－派洛宁（pyronin）染色法显示细胞内的RNA，此法使细胞质和核仁内的RNA显红色，核内的DNA呈绿色，标本色彩鲜艳而颇为研究者所乐用。

在碳水化合物组织化学显色法中，最著名的是McManus（1946）和Hotchkiss（1948）建立的过碘酸希夫反应（periodic acid Schiff reaction，PAS反应），可使细胞和组织内的多糖、黏多糖、糖蛋白呈红色；Steedman（1950）建立用阿尔新蓝（Alcian blue）显示酸性黏多糖和透明质酸的方法；Michaelis等（1945）发现用甲苯胺蓝染色，可使组织中的肝素等酸性黏多糖呈异染性。

脂类的组织化学显色法中，除用苏丹Ⅲ外，Michaelis（1901）、Lison（1930）和Lillie（1944）等还发现了用苏丹Ⅳ、油红O、苏丹黑等脂溶性染料的染色法，此外，还有锇酸浸染显示脂类的方法。

三、现代组织化学的发展

20世纪中叶以来，组织化学发展突飞猛进，新的分支不断出现，虽然都源于传统的组织化学，实验技术也有共同点，但其理论、内容、技术手段、研究范围都比过去更广泛、更深入，现代组织化学的概念已远远超出了原有的范围。

1941年，美国哈佛大学的Coons首次用异硫氰酸荧光素（fluorescein isothiocyanate，FITC）标记自己合成的抗体，检测小鼠肺组织内肺炎双球菌获得成功，开创了免疫组织化学的先河。接着，Coons（1950）还为在荧光显微镜下能够对酶进行观察，提出了荧光抗体法。但是，荧光标本不能长期保存，观察时需要价格昂贵的荧光显微镜，所以当时没有得到推广。为此，中根（Nakane）等人（1966）尝试用酶代替荧光素来标记抗体，从而成功地开创了酶标抗体的新技术。Sternberger等人（1970）又将非标记抗体过氧化物酶法成功引入，建立了过氧化物酶-抗过氧化物酶（peroxidase-anti-peroxidase，PAP）法，使免疫酶组织化学的敏感性大大提高。Geoghega（1978）建立了免疫胶体金技术。20世纪80年代，SM Hsu等发明了抗生物素蛋白（亲和素）-生物素-过氧化物酶复合物法（avidin-biotin-pcroxidase complex method，ABC法）。在此之后，免疫金-银染色法、半抗原标记法、免疫电镜技术等相继问世。随着抗原的提纯和抗体标记技术的改进，特别是德国人Kohler和英国人Milstein（1975）建立杂交瘤制备单克隆抗体技术以来，免疫组织化学技术在生命科学研究中日益显示出巨大的实用价值，免疫组织化学因此而成为组织化学一个新的重要分支。

近几十年来，相继发现了多种亲和物质对，如植物凝集素（lectin）与糖缀合物（glycoconjugate）、葡萄球菌A蛋白（staphylococcal protein A）与IgG、生物素（biotin）与抗生物素蛋白（亲和素）（avidin）、激素、脂质与受体等。这些物质对不但有高度亲和力，而且可以与标记物如荧光素、酶、放射性核素、铁蛋白等结合。Bayer（1976）将这种利用亲和物质对之间的反应进行组织或细胞化学检测的技术称为亲和组织或细胞化学（affinity histochemistry/cytochemistry）。此技术的建立提高和增加了免疫组织化学的敏感性和检测范围，促进了免疫组织化学技术的发展。

把分子杂交（molecular hybridization）技术引入组织化学产生了组织化学的另一个重要分支—原位杂交组织化学，这是现代组织化学向基因水平深入发展的重要标志。Hall（1961）首先建立了液相核酸杂交技术，开创了核酸杂交技术。Bolton（1962）设计了较简单的固相核酸杂交术。Gall和Pardue（1969）首次应用原位杂交组织化学技术，将扩增的核糖体基因探针与蟾蜍卵母细胞杂交，确定该基因位于细胞核的核仁内。Bauman（1981）发明了用荧光素标记互补RNA（cRNA）探针进行荧光原位杂交（fluorescent in situ hybridization，FISH），Brigat（1983）建立了生物素标记探针术，Boeringer等（1987）发明了地高辛标记探针，并将试剂盒投放市场，使原位杂交技术的应用更安全和简便。2011年，RNAscope技术上市，作为一种RNA原位杂交技术，可在提供形态学背景的基础上检测单细胞水平的RNA表达。

早期的组织化学只能对组织细胞内的化学成分进行定性、定位观察。自20世纪60年代初，电子、激光、自动检测、精密计量、电脑等高新技术高速发展，显微分光光度计、图像分析仪等新技术、新仪器应用于组织化学研究，把对组织细胞化学成分的分析提高到定量分析水平，形成了定量组织化学。随后的流式细胞仪、激光扫描共聚焦显微镜的发展和应用，显著提高了定量组织化学分析的精确性和速度，尤其适于活组织细胞内化学成分的动态定位、定量。随着显微成像技术、数据分析软件及染色技术等的飞速发展，以细胞为研究对象、单次检测获取多靶点数据的高内涵筛选系统，逐渐被应用到细胞生物学多个领域。

基于Minsky 1957年提出的共聚焦显微成像原理建立的激光扫描共聚焦显微镜技术，由于具有高时空分辨率、高灵敏度、能进行光学切片与三维重建及计算机自动控制等特点，使对组织细胞内化学成分的定性和定位变得更加精细，使定量组织化学研究更为快速、准确，并因其能同时检测多种荧光信号，结合种类繁多的荧光探针包括绿荧光蛋白等的应用，能同时检测分析组织细胞内多种化学成分之间的相互结构和功能关系。激光扫描共聚焦显微镜的光学切片与三维重建功能则能分析化学成分在组织细胞内的立体空间定位与相互关系，其计算机控制的自动功能使对活组织细胞内化学成分的动态定位、定量变得非常简便。1990 年，Denk 等将红外激发光线应用于荧光成像系统，设计了世界上第一台双光子激光扫描共聚焦显微镜，随后多光子技术相继出现，由此提高了激光对组织的穿透能力，还极大减少了光毒性和光漂白，具有低细胞损伤的特性，在生物活细胞、组织的长时间动态三维成像组织化学研究中广泛应用。

组织切片样本中蕴含着丰富的信息。随着蛋白组学的发展，对现代组织化学分析提出了更高的要求。多标记免疫荧光染色方法配合光谱成像技术和定量分析软件，能够在同一组织切片样本上复染多种抗原并进行区别标记，将组织中蕴含的丰富信息准确地呈现出来，为理解组织微环境中各种细胞间的关系，推演信号通路上下游蛋白表达的关系，提供了更高精度和更可靠的组织学数据，将免疫组织化学分析的技术水平提升到一个新的高度。

在组织化学标本制备技术方面，1997 年问世的激光捕捉显微切割技术开创了细胞分离技术的新纪元。借助于这一革命性技术，可在组织原位高效获得同质微细标本，可以快速地精确识别和选择性分离免疫组织化学或原位杂交组织化学标记的单个或群体细胞，甚至单个细胞的特定区域用于进行下一步的细胞及分子生物学研究。1998 年，Kononen 等首次提出组织芯片（tissue chip）概念，并很快证实了其应用价值。组织芯片及冷冻细胞阵列（frozen cell array）技术能在同一反应条件下对组织芯片进行免疫组织化学、原位杂交、FISH 或原位聚合酶链反应（in situ PCR）检测，可以同时对大量组织细胞标本进行检测，缩短了检测时间，减少了不同样品间人为造成的差异，使检测各组织活细胞的某一生物分子更具有可比性。

1995 年和 1997 年，Contag 采用生物发光与荧光两种方式，利用高灵敏度的光学检测仪器直接检测动物活体体内的细胞活动和基因行为，在体光学成像（in vivo optical imaging）技术随之发展起来，由此促进了对组织细胞化学成分的在体动态检测分析。传统的动物实验方法需要在不同的时间点处死实验动物以获得数据，得到多个时间点的实验结果，而活体动物在体光学成像通过对同一组实验对象在不同时间点进行在体记录，动态定位、跟踪同一观察目标（标记细胞、基因、蛋白质）的移动及变化，所得的数据更加真实可信。

近年来，随着对微观结构的研究提出越来越高的分辨率需求，“突破衍射极限—探索纳米世界”的超分辨率荧光显微镜应运而生，使利用光学方法突破传统光学显微镜的分辨率极限进入纳米观测领域成为可能。美国的 Eric Betzig、William E Moerner 和德国的 Stefan W Hell 教授因此领域的突出贡献，共同分享了 2014 年诺贝尔化学奖。

2017 年的诺贝尔化学奖授予了 3 位冷冻电子显微学家 Jacques Dubochet、Joachim Frank 和 Richard Henderson，以表彰他们在冷冻电子显微镜技术上的奠基性工作。冷冻电镜技术使在原子尺度上观察生命活动的物质基础成为可能，利用冷冻电镜可以直接观察溶液中处于生理或者接近生理状态的生物结构。他们的获奖不但将冷冻电子显微镜带入了大众的视野，更体现了生物与物理，甚至与数学和计算机技术的多学科融合所带来的技术突破。

四、中国组织化学发展概况

我国的组织化学研究工作起步于 20 世纪 50 年代，组织化学家李肇特、张作干、汪堃仁教授等作为我国组织化学发展的奠基者，积极从事组织化学方面的科学研究和教学工作，并培养出一大批组织化学的专门研究人才。他们率先应用并在全国范围内推广组织化学技术，举办组织化学培训班，招收全国医学院校青年教师和科研人员进修学习，自编组织化学教材，为研究生开办组织化学课程。随后，我国从事组织化学研究的专家还有张保真、王启民、马仲魁和艾民康等，他们为我国组织化学事业的发展做出了突出贡献。

中国解剖学会于 1988 年 3 月在广州成立了“组织化学与细胞化学学组”，并开始筹备编辑出版《中国组织化学与细胞化学杂志》。该杂志最初以《解剖学报》增刊形式出版，由艾民康负责编辑；1991年正式创刊，熊希凯任主编，此后先后由朱长庚、李和接任。中国组织化学与细胞化学学组的成立和《中国组织化学与细胞化学杂志》的出版，标志着中国组织化学与细胞化学的研究进入了一个崭新阶段。1980年艾民康教授代表中国组织细胞化学工作者首次参加了第6届国际组织化学与细胞化学学会联合会（International Federation of Societies for Histochemistry and Cytochemistry，IFSHC）大会，并在第8届IFSHC大会上当选为联合会理事，中国被正式接纳为会员，并成为IFSHC的成员和理事国。此后，苏慧慈、成令忠、蔡文琴、李和教授先后当选为IFSHC的理事。中日组织化学与细胞化学研讨会（China-Japan Joint Seminar on Histochemistry and Cytochemistry，CJJSHC）由我国艾民康、朴英杰教授和日本组织细胞化学家小川和郎教授组织发起，继1989年第1届研讨会在我国广州召开以来，先后在中国西安、沈阳、重庆、上海，日本东京，中国武汉，日本甲府，中国南宁，中国北京，日本松本，中国张家口，以及日本神户召开了第2~13届会议。这些会议加强和促进了我国组织细胞化学界的国际学术交流，展示了组织化学与细胞化学领域内的新理论和新技术等最新研究成果，为促进我国组织细胞化学学科国际化发展做出了贡献。

第三节 组织化学技术分类、基本要求和实验室安全管理

随着现代科学技术的迅猛发展，学科之间的相互交叉融合日益加强。组织化学的发展日新月异，新的技术不断出现，并产生了许多分支。然而，无论何种组织化学技术，其应用过程中所遵循的原则都基本相同。

一、组织化学技术分类

根据显示原理，组织化学技术大致可分为化学方法、类化学方法、物理学方法、显微烧灰方法、免疫学方法、分子生物学方法6种类型。

1. 化学方法 根据化学反应原理，在组织切片上生成沉淀以表示某种成分定性定位的存在。绝大部分的组织化学方法都属于此类，如酶组织化学技术等。

2. 类化学方法 如Best胭脂红显示糖原，Mayer胭脂红显示糖蛋白。虽然染色反应有特异性，但机制尚未完全阐明。

3. 物理学方法 利用物理学原理研究组织、细胞内的化学成分，如荧光分析法、组织吸收光谱法、X射线显微分析法、放射自显影技术、图像分析、各种电镜细胞化学、能谱分析等。

4. 显微烧灰方法 对组织中无机物质和微量元素进行测定的方法。

5. 免疫学方法 利用免疫学原理与其技术研究细胞的化学成分，如各种免疫组织化学方法。

6. 分子生物学法 原位杂交组织化学技术等。

二、组织化学技术的基本要求

在应用组织化学技术显示组织和细胞内化学物质及其定位和定量以及代谢状态时，必须满足以下基本要求。

1. 完整性 通过选择适当的固定剂、固定方法和标本处理方法，尽可能保持组织和细胞的完整结构，保持其生前的化学成分和酶的活性，防止组织自溶，防止化学成分移位和扩散，从而保证对组织细胞化学成分定位的准确性。

2. 不溶性和/或可视性 通过相应的物理或化学反应，保证被检测化学成分的反应产物为颗粒细小连续、稳定的不溶性沉淀或结晶，准确存在于被检测物质原位（不移位、不弥散），并呈现特定的颜色或电镜下具有高电子密度或特定的形态，即具有可视性，从而使其易于识别和具有定量的可能性（反应物沉淀的颜色深度与被测物质含量或酶的活性具有一定的比例关系）。有些组织化学技术的反应产物虽不形成不溶性沉淀或结晶，但呈现鲜艳而易于识别且强度与被测物质含量成比例的颜色（如荧光）。

3. 特异性 所用组织化学反应试剂仅与某种化学成分发生反应，以便获取正确的实验结果。倘若同时能与两种以上物质反应，则必须有进一步的分析方法。为保证方法的特异性，应设置必

要的对照实验。

4. **灵敏性** 组织细胞内的化学成分多为微量甚至痕量，因此，所用组织化学技术还要具备一定的灵敏性，以便含量极微的物质也能被显示出来。

5. **可重复性** 所用方法不因人、因时、因地而异，应稳定、可重复，以利于重复观察和验证。

三、实验室安全管理

实验室安全管理已不再是传统意义上的个人安全与健康问题，还包括环境安全与保护方面的内容。了解组织化学实验室特有的危害，实施健康、安全和环境保护的管理方法非常重要。

1. **风险管理** 一定程度上，我们工作中所有方面都包含着风险，避免和消除所有风险是不可能的，重要的原则是识别和了解环境中存在的所有风险，评估风险的可能性和严重性，消除可以避免的风险，降低不可避免风险的危害。降低风险的方法包括：消除、减少和回收一切可能的风险物，装备通风系统、消防等设施，使用个人防护用品。

2. **建立规章制度** 针对危害健康和环境的化学品、有害的生物制品、物理危害的控制，以及常见的组织化学危害与处理，建立详细的规章制度并严格执行。要注意在实验室不能进食，不能放置化妆品等个人物品，要粘贴标签和警告标志，开展急救训练和安全培训，正确储存和处理危险化学品与废弃物，杜绝危险物泄露；要了解人体来源的新鲜组织和体液标本是明确的生物风险来源（固定标本的风险大大降低）；通过气雾剂吸入、有破口的皮肤接触及黏膜（眼、鼻、口）接触等途径可能面临生物制品安全风险。同时要注意电器和机械方面存在的风险。

（刘慧雯）

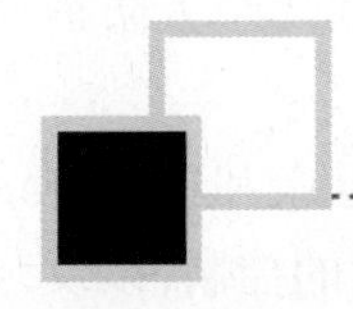

第二章 标本制备

无论是一般组织学染色还是组织化学与细胞化学染色，在染色前均需制备标本。组织和细胞中待检物质是否能在显微镜下客观显示和准确定位，与组织和细胞标本制备质量的好坏密切相关。尽管不同染色技术的标本制备方法各有特点，但其基本过程相同，包括取材、固定、包埋和切片。本章着重介绍标本制备的基本过程，有关特殊性将在相应章节中介绍。

第一节 取 材

取材是指从人体或实验动物获得所需组织或细胞材料的过程，是标本制备的第一步。取材是否科学、合理，将直接影响标本制作质量的好坏。标本多来自实验动物和体外培养细胞，也有部分来自于临床外科手术组织、尸检组织、体液和脱落细胞。

一、组织标本取材

组织标本取材是指从生命体获得研究所需器官、组织的过程。为保证取材质量，组织标本取材时应遵循以下原则。

1. 充分做好取材前准备 做好取材前的各项准备是保障取材顺利的前提。取材时所用手术刀片、解剖剪等器械必须锋利，各类容器及其他辅助工具应洁净、齐全，选择合适的固定剂并提前配制足量的固定液。取材前，还需熟悉所取器官、组织的解剖部位，以便快速、准确地获得材料。

2. 选择合适的动物处死方法 实验动物取材时，应先将动物处死。处死动物时要严格遵守动物伦理学规定。动物处死的方法也关系到标本取材的成败。取材时，应根据动物的种类、大小及取材方法选择正确的动物处死方法。

（1）麻醉法：麻醉法是最常用的动物处死方法，分为吸入麻醉法和注射麻醉法两种。

1）吸入麻醉法：将浸有乙醚（ether）或氯仿（chloroform）等挥发性麻醉剂的棉花与动物一起放入密闭的透明容器内，动物通过呼吸吸入麻醉剂而在短时间内被麻醉。该法常用于小鼠、大鼠、豚鼠等小动物取材时的麻醉，操作过程简便，但易引起内脏尤其是肺内淤血、呼吸道分泌物增多。

2）注射麻醉法：通过肌肉、静脉、腹腔等途径注射麻醉剂而使动物麻醉，适于各种动物取材时的麻醉。常用的注射麻醉剂有4%戊巴比妥钠（pentobarbital sodium）、10%苯巴比妥钠（phenobarbital sodium）、20%乌拉坦（ethyl carbamate）、10%水合氯醛（chloral hydrate）等。注射剂量依据动物体重计算：戊巴比妥钠30mg/kg体重，苯巴比妥钠80~100mg/kg体重，乌拉坦1 000mg/kg体重，水合氯醛300~400mg/kg体重。

（2）空气栓塞法：用注射器回抽空气于针管内，将空气注入动物静脉内，可立即致死动物。此法适于较大动物，如兔、犬、猴等。不同动物其空气注射部位不同，兔一般选择耳背外侧静脉（耳缘静脉），犬或猴选择大腿内侧静脉。注射的空气量一般兔需20~60ml，犬需80~150ml。此法可使动物在极短时间内死亡，避免动物较长时间处于痛苦或濒死的状态，从而保证组织细胞形态结构近似于生活状态。此法虽简便快速，但易致内脏淤血，故在栓塞死亡后应尽快切断主动脉放血。

（3）断头法：一只手抓拿麻醉后动物背部皮毛，另一只手使用锋利的剪刀剪断动物的颈部或用铡刀断头器切断动物颈部，并倒置动物身体放血，使动物迅速死亡。该方法适用于小鼠、大鼠、豚鼠、蟾蜍等小动物的处死，其特点是动物在极短时间内死亡，避免动物处于濒临死亡的痛苦，有利于组织或细胞结构的保存。而且，放掉动物体内的血液可减少取材过程中的出血，方便取材。

（4）颈椎脱臼法：主要适用于小鼠的快速处死。颈部脱臼的基本方法是：先用右手拇指和示指捏住已麻醉小鼠尾根部，随后用左手拇指和示指从小鼠背部按住其耳根部，继而用右手拇指和示指向小鼠后方用力水平牵拉其尾，当手感觉到一种“断线”感，即拉断小鼠颈髓而将其致死。牵拉尾部力度要适中，以免造成动物内脏损伤。

（5）股动脉放血法：将已麻醉动物捆绑固定好后，切开股动脉放血，动物因失血过多而死亡。该方法主要适于较大动物（如犬、猴）的处死。

3. 保持组织新鲜和形态结构完整　在组织标本制备过程中，尤其是组织化学标本的制备，要求尽可能保持组织细胞内化学成分、酶活性以及抗原性，如果酶活性、抗原性被破坏或组织坏死自溶，导致被检物质弥散、丢失，即使使用高超的技术也很难得到理想的结果。因此，在动物麻醉处死后，应立即取材，并将所取标本立即浸入固定液中或迅速冷冻，或先用固定液灌注固定后再取材（见本章第二节），以减少组织细胞自溶的程度，防止被检物质扩散和丢失，使所取标本保持生活状态下的组织细胞形态结构。临床外科手术或穿刺所取标本应立即浸入固定液内固定。为降低细胞代谢活动和减少细胞自溶，应尽可能在4℃低温条件下取材。此外，取材时动作要轻柔，一刀切取所需组织，切忌拉锯样反复切拉或牵拉、挤压组织，尽可能减少对组织的人为损伤。

4. 取材部位准确，大小合适　根据研究目的或临床病理诊断要求选取正确部位取材。对于临床手术所取的组织标本，取材部位应包括主要病变区和病灶与正常组织交界区，必要时取远离病灶区的正常组织作对照。组织块大小要适中，力求标本小而薄，保证固定液快速渗透到组织内部，一般以不超过2.5cm×2.5cm×0.2cm为宜。标本本身不应附带较多的软组织，尽量切除组织周围不需要的结缔组织和脂肪。

5. 保持组织块的清洁　将组织块浸泡入固定剂之前，如果有血液、分泌液、毛发、食物残渣或者粪便等，应先用生理盐水冲洗干净，以免影响制片质量。

二、细胞标本取材

细胞标本包括体外培养细胞，血液、脑脊液、腹水、胸腔积液、心包液等体液中的细胞，气管、消化管、泌尿生殖道中的脱落细胞。细胞标本取材方法主要有涂片法、爬片法和印片法。

1. 涂片法　悬浮生长的体外培养细胞和各种体液中的细胞，可用涂片法制备标本。其中培养细胞、血细胞数量较多，可直接涂片，即吸一滴于载玻片上，轻涂，干燥后固定；细胞数量少时，应先将液体自然沉淀，然后吸取离心管底部沉淀离心，弃上清后将沉淀涂片。细胞涂片也可用离心涂片机获得，即将细胞悬液加入离心涂片机内，按1 000r/min离心2min，细胞即可均匀分布于载玻片上。为防止细胞脱落，在涂片前，应在载玻片上涂抹黏附剂。

2. 爬片法　对贴壁生长的体外培养细胞，可将洁净的盖玻片放入培养器皿中，细胞接种后便自然爬行至玻片表面并贴附伸展。取材时，将玻片用预热的缓冲液轻轻冲洗、沥干，然后浸入固定液固定，即可获得理想的细胞标本。

3. 印片法　主要用于活组织标本、尸检标本及部分子宫颈外口等脱落细胞取材。将涂有黏附剂的载玻片轻轻压于新鲜标本的剖面或器官表面，让脱落细胞黏附在玻片上，风干后立即浸入固定液固定。其优点是取材简便、迅速，细胞内化学成分、酶活性或抗原性保存较好；缺点是细胞分布不均匀，玻片上细胞可能因重叠而影响观察效果。

第二节　固　　定

固定（fixation）是用化学试剂处理组织或细胞，防止组织细胞自溶与腐败，使细胞内蛋白质、脂肪、糖、酶等成分沉淀或凝固在原有部位，以保存组织细胞生活状态的形态结构和化学成分，同时使组织硬化，便于切片和染色观察。而用于组织化学与细胞化学研究标本的固定技术，不仅要保存组织细胞形态结构的完整性，更重要的是保存组织细胞内的酶活性、抗原性。对组织细胞具有固定作用的化学试剂称为固定剂（fixative），由固定剂配制的溶液称为固定液（fixation solution）。固定剂的种类很多，性能不一，固定方法也多种多样。在固定标本时，应根据研究目的与标本种类选择合适的固定剂与固定方法。

一、常用固定剂

较好的固定剂应具有较强的渗透力，能迅速渗入组织内部；其次，不会使组织发生过度收缩变形，并能使组织内拟观察的成分得以凝固为不溶性物质；还要使组织达到一定硬度，有较好的折光率。固定剂分为单一固定剂和混合固定剂两类。

（一）单一固定剂

单一固定剂由一种化学试剂组成，其种类繁多，特点各异。根据固定原理，单一固定剂可分为交联固定剂、凝固沉淀固定剂和其他固定剂三类。

1. 交联固定剂　交联固定剂主要有甲醛（formaldehyde）、多聚甲醛（paraformaldehyde）、戊二醛（glutaraldehyde）等醛类固定剂。醛类固定剂通过使蛋白质分子相互交联而起固定作用，将抗原保存在原位，具有组织穿透力强、收缩性小等优点。但由于广泛的交联作用，标本中的抗原表位常被醛基封闭，细胞膜通透性因而较差，不利于抗体渗透到细胞内部，因此，在进行免疫组织化学染色时，常需进行抗原修复，并用细胞膜通透剂如聚乙二醇辛基苯基醚（Triton X-100）等对细胞膜进行通透处理。使用交联固定剂应注意：①固定时间不宜过长，以免交联过度；②固定液体积至少为组织体积的 20 倍，每次更换时应用新鲜的固定剂；③组织块不宜过厚；④固定后组织块要充分用水或缓冲液冲洗，以减少非特异性染色。

（1）甲醛：是一种气体，其饱和水溶液（37%~40%）称为福尔马林（formalin）。常用 10% 福尔马林（按 1 份福尔马林加 9 份水的比例配成）作为固定液，用于一般组织学标本的固定。福尔马林除含有甲醛外，还含有甲醇、甲酸、乙醛和酮等较多杂质，常会影响免疫组织化学标本的固定效果，因此，固定组织化学与细胞化学标本时，用 0.1mol/L 磷酸盐缓冲液（phosphate buffer，PB，pH 7.2~7.4）代替水配制 10% 中性福尔马林固定液。

（2）多聚甲醛：甲醛能以固体的聚合物形式存在，即白色粉末状的多聚甲醛。将多聚甲醛溶于 PB，加热至 60℃［加热可使多聚甲醛解聚为单体，必要时可滴加少量 1mol/L 氢氧化钠（NaOH）溶液促进其解聚］，边搅拌边加温至液体透明为止。常用的多聚甲醛浓度为 4%。该固定液较温和，广泛用于免疫组织化学研究标本的固定。

（3）戊二醛：戊二醛分子含有两个醛基，比甲醛具有更强的交联作用，因此对细胞的超微结构尤其是内质网、高尔基复合体、线粒体等膜性系统的固定效果较甲醛或多聚甲醛好，常用 PB 或 0.1mol/L 二甲砷酸盐缓冲液（pH 7.2~7.4）配成 2.5% 戊二醛，用于电镜标本的固定。其不足之处是对组织的渗透较慢，因此用戊二醛固定的标本，其大小不宜超过 $1mm^3$。如与多聚甲醛混合使用，如 2.5% 戊二醛 -2% 多聚甲醛磷酸盐缓冲液，可克服戊二醛渗透慢的缺点。由于戊二醛的强交联作用可抑制抗原活性和降低细胞膜通透性，因此，在固定免疫电镜标本时应降低戊二醛浓度。例如，在 4% 多聚甲醛磷酸盐缓冲液中加入少量戊二醛，配制成含 0.25%~1% 戊二醛的 4% 多聚甲醛固定液，以此固定免疫电镜标本，既能较好地保护超微结构，又能较好地保护抗原活性，也能保持较好的细胞膜通透性。

2. 凝固沉淀固定剂　其固定组织细胞的原理主要是使组织细胞中的蛋白质、糖等物质凝固而在原位形成沉淀物。用此类固定剂固定的组织细胞穿透力强，抗原活性保存较好，但对小分子蛋白质、多肽、类脂等物质的保存效果较差，常与其他固定剂联合使用。此类固定剂可破坏细胞内成分的分子结构，如通过破坏疏水键使蛋白丧失原有的三维结构，使生物膜上的脂类分解为微胶粒等；在固定期间和后续处理组织细胞时，细胞内分子会流失到细胞外，不能保持生活状态的细胞结构。尽管这些固定剂已使用多年，但是，如果细胞形态结构对实验结果至关重要，则不选用此类固定剂。

（1）丙酮：丙酮（acetone）为无色极易挥发和易燃液体，渗透力很强，具有较强的脱水作用，能使蛋白质沉淀凝固，但不影响蛋白质的功能基团而保存酶的活性，用于固定磷酸酶和氧化酶效果较好。常用于冷冻切片和细胞涂片标本的固定，抗原性保存效果好。平时置 4℃备用，临用时将冷冻切片或细胞涂片置于冷冻丙酮内 10~20min，取出后自然干燥。缺点是固定快，易使组织细胞收缩，结构保存欠佳。

（2）甲醇 / 乙醇：其性能与丙酮基本相同，兼有固定和脱水双重作用，能沉淀蛋白质，对高分子蛋白的固定效果好，渗透性强，但组织块硬化、收缩明显，易使组织变脆。用冷甲醇或乙醇能较好地保存酶活性和抗原活性，但对低分子蛋白质、多肽保存效果较差。

（3）苦味酸：苦味酸（picric acid）能沉淀蛋白质，其乙醇饱和液可固定糖类物质，对脂肪、类脂质无固定作用，经其固定的核酸在随后的70%乙醇中易被水溶解，因此不适于DNA或RNA的固定。苦味酸很少单独使用，通常将其配制成饱和水溶液保存，作为混合固定剂的成分之一。用苦味酸固定的标本常有黄色，可在低浓度乙醇脱水中脱去。

（4）乙酸：乙酸（acetic acid）能沉淀细胞核内蛋白质，并较好地保存染色体结构，但不能凝固细胞质内蛋白质，也不保存糖类、脂肪及类脂质，因此在固定高尔基复合体、线粒体等细胞器时不能用高浓度的乙酸，以0.3%以下为宜。乙酸的最大特点是对组织有膨胀作用及防硬化作用，同时穿透力较强，因此，与乙醇、甲醛、铬酸等易引起组织硬化与收缩的液体混合使用，具有相互平衡的作用。乙酸作为单独固定剂使用时，常用浓度为5%。

（5）三氯乙酸：三氯乙酸（trichloroacetic acid）的作用与乙酸相似，能使蛋白质凝固沉淀，常在混合固定液中对组织起膨化作用。除作为固定剂外，还可作为一种良好的脱钙剂。

（6）氯化汞：氯化汞（mercury bichloride）也称升汞，常用其饱和水溶液（浓度为5%~7%）作为固定剂，能使蛋白质凝固和沉淀，使组织迅速硬化，但对碳水化合物和类脂质无固定作用。由于升汞具有较强的组织收缩作用，故常与其他固定剂联合使用，如与乙酸联合使用，乙酸对组织的膨化作用可平衡升汞的收缩作用，乙酸固定核蛋白而升汞固定细胞质蛋白，两者相得益彰。

用升汞固定的组织往往有许多汞盐沉积，其切片在染色前需要进行脱汞处理，可将切片用1%碘酒处理10min后，再用5%硫代硫酸钠水溶液去碘。

3. 其他固定剂 除了上述交联固定剂和凝固沉淀固定剂外，还有一类固定剂可用于组织标本固定，其固定原理不完全清楚。这类固定剂多为强氧化剂，不能用于免疫组织化学标本的固定。

（1）铬酸：铬酸（chromic acid）即三氧化铬（chromium trioxide），强氧化剂，能沉淀蛋白质，但对脂肪及类脂无明显作用，能固定高尔基复合体、线粒体及糖原。铬酸对组织的穿透力较弱，固定时间较长，一般需12~24h；对组织有一定硬化作用，但收缩作用较强。由于铬酸具有较强烈的沉淀作用，故不宜单独使用。经含铬酸固定液固定的组织须经流水彻底冲洗（不少于24h），否则会影响后续切片染色。

（2）重铬酸钾：重铬酸钾（potassium dichromate）对组织的固定作用随固定液的pH不同而异。未酸化的重铬酸钾（pH 5.2以上）虽不能沉淀蛋白质，但可使蛋白质具有不溶性，使细胞质得到较好的固定，同时还能固定类脂，使其不溶于脂溶性试剂，因此可保存高尔基复合体和线粒体。而一旦加入乙酸使固定液酸化后（pH 4.2以下）能产生铬酸，便对染色体也有固定作用，并使细胞质和染色体的蛋白质沉淀呈网状，但线粒体被破坏。重铬酸钾作为固定剂的常用浓度为1%~3%。

重铬酸钾亦为一种强氧化剂，因此不能与还原剂混用，与甲醛混合后不能长久稳定保存。

（3）四氧化锇：四氧化锇（osmium tetroxide）俗称锇酸（osmic acid），是一种非电解质强氧化剂，与氮原子有较强的亲和力，能与各种氨基酸、肽及蛋白质发生反应，在蛋白质分子间形成交联，稳定蛋白质的各种结构成分且不产生沉淀，因此能较好地保存细胞的微细结构。锇酸对脂类也有良好的保护作用，是固定脂类的唯一固定剂，特别是对磷脂蛋白膜性结构有良好的固定作用。此外，锇酸对组织细胞的收缩和膨胀影响极微，使组织软硬适度，利于超薄切片，是电镜技术中广泛使用的固定剂。其缺点是分子大，渗透缓慢，固定不均匀，对糖原、核酸的固定效果不佳。配制时，先用蒸馏水配成2%浓度，使用前用PB或二甲砷酸盐缓冲液稀释成1%。

（二）混合固定剂

单一固定剂有时很难达到理想的固定效果，为了弥补彼此之间的缺点，通常可将几种固定剂混合使用。

1. Bouin固定液 由甲醛、冰乙酸和饱和苦味酸按一定比例组成，是一种最常用的混合固定剂，具有穿透速度快、收缩作用小、固定均匀等特性。冰乙酸的渗透力很强，能很好地沉淀核蛋白，细胞核染色效果好；苦味酸能使组织保持适当的硬度；甲醛能平衡另外两种试剂对组织的膨胀作用，防止冰乙酸对细胞核内染色体及苦味酸对细胞质强烈作用所产生的粗大颗粒。与单甲醛固定液比较，Bouin固定液更适合免疫组织化学研究标本固定，加入少量戊二醛，也可用于免疫电镜标本的固定。但因该固定液偏酸性（pH 3.0~3.5），对抗原性有一定损害，在常规免疫组织化学技术中使用较4%多聚甲醛磷酸盐缓冲液局限，也不适于组织标本的长期保存。

2. Carnoy固定液　由冰乙酸、氯仿和无水乙醇（1∶3∶6）组成，能固定细胞质和细胞核，尤其适于染色体、DNA和RNA的固定，也适于糖原和尼氏体的固定；可防止乙醇对组织的硬化及收缩作用，渗透能力强，特别适合外膜致密而不易透入的组织的固定。常用于组织化学标本固定，固定后的组织块可直接入95%乙醇脱水。

3. Zamboni固定液　由多聚甲醛、饱和苦味酸和Karasson-Schwlt磷酸盐缓冲液组成，作用原理和特点类似于Bouin液。该固定液对超微结构的保存优于Bouin液，既可用于光镜免疫组织化学标本的固定，也能用于免疫电镜标本的固定。

4. 过碘酸-赖氨酸-多聚甲醛固定液　由过碘酸、赖氨酸和多聚甲醛混合组成的过碘酸-赖氨酸-多聚甲醛（periodate-lysine-paraformaldehyde，PLP）磷酸盐缓冲液。该固定液适合于固定富含糖类的组织，对超微结构及许多抗原的保存均较好。其作用机制是过碘酸能使组织中的糖基氧化成为醛基，赖氨酸的双价氨基与醛基结合，从而与糖形成交联。由于组织抗原大多由蛋白质和糖类构成，抗原表位位于蛋白质部分，因此，该固定剂可选择性使糖类固定，这样既稳定了抗原，又不影响其在组织中的位置关系。

5. Karnovsky固定液　由多聚甲醛、戊二醛、氯化钙和磷酸盐缓冲液或二甲砷酸盐缓冲液组成，pH 7.3。该固定液中的戊二醛能较好地保存细胞内的膜性结构，因此常用于免疫电镜标本固定。

6. 对苯醌-甲醛-戊二醛固定液　即对苯醌-甲醛-戊二醛（parabenzoquinone-formaldehyde-glutaraldehyde，PFG）的二甲砷酸盐缓冲液，适于多种肽类抗原的固定，尤其适于免疫电镜标本的固定。

7. Clarke改良固定剂　由100%乙醇和冰乙酸配制而成，常用于冷冻切片的后固定。

8. Zenker固定液　由升汞、重铬酸钾、冰乙酸和蒸馏水组成，适合于免疫球蛋白检测的固定，染色前必须用0.5%碘酒脱汞。

9. Helly固定液　由重铬酸钾、升汞、甲醛和蒸馏水组成，对细胞质固定效果好，特别适于显示某些特殊颗粒，并对胰岛和腺垂体各种细胞的显示具有良好效果，也可用于造血器官、骨髓、脾、肝等器官组织的固定。

10. Maximov固定液　此液由甲醛代替Zenker液中的冰乙酸，因此不产生铬酸成分。因重铬酸钾未酸化，对细胞质固定较好。升汞对细胞核的染色较好。

11. AFA固定液　由95%乙醇、甲醛和冰乙酸混合而成，三者的比例为85∶10∶5。多用于冷冻切片后固定。

用于免疫组织化学的固定剂种类很多，不同的抗原和标本均可首选醛类固定液，如效果不佳，再试用其他固定液。选择最佳固定液的标准：一是能较好地保持组织细胞的形态结构；二是最大限度地保存抗原免疫活性和被检物不丢失。一些含重金属固定液可用于组织化学标本的固定，但在免疫组织化学染色中禁用。

二、固定方法

固定方法很多，常用的有浸渍法、灌注法、原位法、滴片法、蒸汽法、微波法等，其中以浸透固定和灌注固定最常用。

（一）浸渍法

浸渍法（immersion method）是组织化学和免疫组织化学最常用的固定方法，临床标本基本采用此法。固定前，将固定液分装于小容器内，并标记组别、取材时间；在容器内放入记录组织类型的纸条，以便包埋时辨认；固定液的用量应是样品体积的40倍，以保证组织充分固定。固定时间可根据所选固定液和组织类型而定。若进行酶组织化学染色，应在4℃短时间固定，因长时间固定会导致酶活性减弱,甚至消失。固定剂会使组织块收缩,有时甚至会完全变形,为减少组织块变形,在固定神经、肌肉组织等之前,应将其两端用细线固定在硬纸片或者木片上。

(二)灌注法

灌注法(perfusion method)是经血管途径将固定液灌注到待固定的器官内,使活细胞在原位迅速固定。灌注固定的标本取出后,一般均再浸入相同的固定液内继续固定(后固定)。灌流固定时,大动物多采用输液方式,将固定液从一侧颈总动脉或股动脉输入,从另一侧切开静脉放血,输入固定液与放血同时进行。固定液的输入量因个体不同而异,从500ml到2 000ml不等。大鼠、小鼠等小动物多采用经心-升主动脉灌注固定,即在吸入乙醚深度麻醉情况下,将动物四肢固定在手术木板上,打开胸腔,充分暴露心脏,纵向切开心包膜,然后用静脉输液针从左心室向升主动脉方向插入。针尖插入后,用止血钳固定输液针,再将右心耳剪开放血。在灌注固定液前,先用含抗凝剂的37℃生理盐水灌注,快速冲洗血管内的血液,防止血液凝固阻塞血管。抗凝剂常用肝素,剂量为40mg/L冲洗液。肝脏由鲜红颜色变为浅白色时,即可灌注固定液,先快速灌注,待动物肌肉抽搐现象完全消失后,改为慢速滴入,20~30min内结束灌注并取材,而后将组织浸入相同的固定液中后固定1~3h。灌注固定对组织结构和酶活性保存较好。

(三)蒸汽法

为避免组织细胞内可溶性物质在固定时被固定液溶解而丢失,可利用挥发性固定剂如甲醛或锇酸在加热时产生的蒸汽对标本进行固定。方法是将标本置于盛有挥发性固定剂的密闭容器内,标本不直接接触固定剂,加热(如锇酸加热至37℃,甲醛加热至50℃)容器使固定剂挥发产生蒸汽。该方法主要用于小而薄的标本固定,如某些薄膜组织、细胞涂片等。由于固定剂的蒸汽对人体产生危害,故蒸汽固定法目前较少用,但在某些免疫组织化学标本固定时,蒸汽法固定效果较好。

(四)微波法

微波是一种非电离辐射电磁波,其频率约为2 450MHz。微波照射标本时,通过其高频振荡使标本内部的分子由无规则排列变为有规则排列,且随微波的振荡频率进行正负交替变化达到每秒上亿次的快速运动,在极短时间内产生热量。分子的热运动与相邻分子之间的碰撞加速固定剂对标本的浸透,从而使标本在短时间被固定。

1. 微波固定程序

(1)将浸泡在固定液内的标本放入微波炉,同时放置一杯冰水以保证温度不超过45℃,防止微波照射产生的高热损坏组织的结构。

(2)微波照射:或连续照射,时间30~90s,或间歇照射2~3次,每次20~40s,间隔10s。

(3)降温:微波照射的标本,其温度一般高于室温(25℃),应待其降至室温后再进行下一步的处理程序,以免标本的热度和乙醇的脱水作用引起标本过度收缩而结构受损。

微波照射固定的标本,如再用同种固定剂固定1~3h,可进一步提高标本硬度,从而抵御后续脱水、透明、浸蜡等处理带来的形态结构收缩,因此固定效果比单纯微波固定好。

2. 微波固定注意事项

(1)温度控制:微波固定温度以控制在30~40℃为宜,否则会引起组织结构的改变,因为微波照射瞬间产生的热量可使固定液温度增高,进而导致浸泡在固定液中的标本产生较强的收缩,造成组织变形,而且热效应还会破坏组织细胞内的抗原活性。

(2)功率设定:微波固定可依据不同标本类型设定所使用的功率,对于较致密的标本,功率设定可高一些,或采用间歇照射方式进行固定。

(3)时间设定:主要根据微波功率高低而定,功率设定高,照射时间可相对短一些,反之,照射时间应长一些。基本原则是:选用较低的微波功率和较长的照射时间,能较好地保存标本的微细结构。

三、培养细胞常用固定剂和使用方法

培养细胞常用固定剂有4%多聚甲醛磷酸盐缓冲液、丙酮、甲醇和95%乙醇。在固定之前需用37℃预热的磷酸盐缓冲液(phosphate buffered saline,PBS)漂洗细胞。

1. 4%多聚甲醛磷酸盐缓冲液 固定10~

20min，干燥。

2. 甲醇 –10℃甲醇固定5~20min，自然干燥。

3. 丙酮 4℃冷丙酮抗原保存好，常用于培养细胞和细胞涂片的固定。平时丙酮4℃低温保存备用，临用时，将载玻片插入冷丙酮内5~10min，取出后自然干燥。

4. 乙醇 95%乙醇脱水性强，易引起细胞收缩，因而固定时间不宜过长（2h内）。乙醇使蛋白变性程度轻，固定后蛋白可再溶解，在染色中孵育时间长的情况下，抗原可流失，并减弱反应强度。

5. 乙醚（或氯仿）-乙醇等量混合液 穿透性极强，即使涂片上含较多的黏液，固定效果仍较好，是理想的细胞固定液。

培养细胞固定之后晾干可使细胞牢固地黏附在载玻片上，故对于容易脱落的细胞应延长晾干时间。晾干之后PBS漂洗3次，然后进行组织化学或免疫组织化学染色。

四、组织固定后的洗涤

固定的标本在进入下一步制片程序之前必须进行充分洗涤，以除去标本中残留的固定液或因固定而形成的沉淀物和结晶等杂质，以免影响后期的染色和观察。通常依固定液种类的不同而选择不同的洗涤方法。用水配制的固定液固定的标本，应使用自来水流水冲洗，用乙醇配制的固定液固定的标本应采用同浓度的乙醇漂洗。漂洗的时间因不同的固定液而异，经甲醛固定的标本应漂洗24h以上，用含有铬酸、重铬酸钾和汞等重金属离子的固定液固定的组织，应漂洗12~24h，带色固定液固定的组织在漂洗时需经特别处理，如用含苦味酸固定液固定的标本，可用含少量碳酸锂的70%乙醇漂洗以除去黄色；用含汞固定液固定的标本，可先用含0.5%碘酊的70%乙醇洗涤，再用5%硫代硫酸钠漂洗以除去碘留下的黄色。此外，骨、牙等标本在固定后，还需进行脱钙处理，然后经水冲洗24h。

第三节 包 埋

要将不同大小、不同硬度、不同疏密程度的组织块切成几十微米甚至几微米厚度的薄片，如果没有支持物，几乎是不可能的。包埋是将称为包埋剂的特殊支持物浸入到组织块内部，利用包埋剂的理化特性（如能由固态变液态及由液态变固态等），将整个组织加以包裹，最后凝固成均匀一致、具有一定硬度的固态结构，便于用切片机将其切成极薄的切片。依据所选用的包埋剂不同，包埋的操作程序各有差异。包埋剂分为水溶性和非水溶性两大类。如果用石蜡、树脂和火棉胶等非水溶性包埋剂包埋，包埋前组织要经过脱水、透明处理；如果用明胶、聚乙二醇和聚乙烯醇复合物（optimal cutting temperature compound，OCT）等水溶性包埋剂包埋，则不需经过脱水和透明处理。

一、石蜡包埋

固定后的组织含有大量水分，而石蜡与水不相溶，故用石蜡对组织包埋时需用脱水剂脱去组织内的水分。脱去水分后组织中的脱水剂仍与石蜡不相溶，故还需用透明剂使组织透明，然后用熔化的石蜡对其进行浸透，最后用石蜡包埋。

（一）脱水

脱水（dehydration）是指用脱水剂置换组织中水分，使标本内部处于无水状态的过程。脱水过程中所使用的化学试剂称脱水剂（dehydrant）。只有充分脱水，组织才能在透明剂中透明。不同的组织应分开脱水，特别是一些易碎的组织（如肝、脾等）应严格掌握脱水时间。脱水应从低浓度脱水剂逐渐到高浓度脱水剂，如直接从高浓度开始，极易引起组织强烈收缩或使组织发生变形。常用的脱水剂分为单纯脱水剂如乙醇、甲醇、丙酮等和脱水兼透明剂如正丁醇等，以乙醇最为常用，对某些韧性较大或硬度较高的标本，如皮肤、韧带、肌组织和关节，可以选用正丁醇。乙醇的脱水能力强，并能使组织硬化，能与透明剂二甲苯混合。其缺点是如果在高浓度乙醇，特别是在无水乙醇中停留时间长会引起组织收缩、变脆。脱水时间长短与组织块的大小、结构有关。用于苏木精-伊红染色（hematoxylin and eosin staining，HE染色）的组织标本脱水程序是：70%乙醇→80%乙醇→90%乙醇4h→95%乙醇4h→100%乙醇Ⅰ 2h→100%乙醇Ⅱ 2h，标本在70%和80%

乙醇中可长期保存。用于免疫组织化学染色的组织块脱水和透明均应在4℃下进行，以减少组织抗原的损失，并且不能在70%或80%乙醇中长时间脱水，其过程是：70%乙醇1~2h→80%乙醇1~2h→90%乙醇2~3h→95%乙醇2~3h→100%乙醇Ⅰ 1~2h→100%乙醇Ⅱ 1~2h。对于组织块小而柔软的组织还可进一步缩短每一步脱水时间，胚胎组织应从30%乙醇开始脱水，以防止组织变脆。高浓度乙醇很容易吸收空气中的水分，故脱水时应在加盖的容器内进行。在透明前，最好将标本取出，用滤纸吸干乙醇后再透明。

（二）透明

透明（clearing）是指用透明剂（clearing agent）处理脱水后的标本，替换出标本中的脱水剂并使其呈现透明状态的过程。透明的目的是便于浸蜡包埋，因为很多脱水剂不能与石蜡混合，必须通过透明剂的作用才能使石蜡浸入组织中，因此透明剂必须既能与脱水剂混合，又能与石蜡混合。常用的透明剂有二甲苯、苯、甲苯、氯仿、正丁醇等，其中以二甲苯最常用。二甲苯透明力强，易使组织收缩、变脆，故组织在二甲苯中停留时间不能太长。但是，透明必须彻底，否则会导致浸蜡不良。一般用二甲苯透明2次，每次1~2h。脱水是否完全，对透明具有明显影响，例如，标本脱水不完全，透明过程中标本内部会呈现近似“枣核”样的不透明结构，无论透明多久，这样的结构都不会消失。此时，应将标本退回到无水乙醇再行彻底脱水，使标本内确实无水后再行透明。

（三）浸蜡

浸蜡（paraffin infiltration）是使熔化的石蜡液浸入已透明的组织，取代透明剂的过程。浸蜡时应选择低熔点软蜡，常规石蜡切片可选用熔点为58~60℃的石蜡，制备免疫组织化学染色用的石蜡切片应选用熔点更低（56~58℃）的石蜡；石蜡液与标本的比例应为（20~30）：1；浸蜡期间应更换1~2次新鲜石蜡，每次浸蜡0.5~1h，使石蜡完全取代组织中的透明剂。将标本从透明剂转入石蜡液时，用解剖镊先将标本夹到滤纸上，吸掉其表面多余的透明剂，然后将其移入盛有石蜡液的容器内。在此过程中，动作要迅速，以免石蜡液出现一定程度的凝固而影响浸蜡。此外，用于浸蜡的石蜡液，无论是新蜡还是旧蜡，都必须经过过滤以去除杂质，并挥发其中的透明剂。

（四）包埋

包埋（embedding）是指将已浸透石蜡的组织块置入包埋模具内，再倒入新的熔化石蜡，然后使其迅速冷却凝固的过程。包埋时注意将标本的切面向下，即标本的切面应与包埋器的底面接触；包埋有腔组织时，标本需平放或立放；碎小组织应聚集在一起平铺包埋。包埋温度既不能过高也不能过低，过高会造成组织烫伤或损害抗原，过低会使组织和石蜡分离，不利于切片。用于HE染色标本包埋的温度可限于65℃，而用于免疫组织化学的标本包埋温度不能高于60℃。包埋时动作要迅速，避免使石蜡过早凝固，用半凝固的石蜡包埋标本，石蜡内会产生许多细小的气泡而影响石蜡对组织的支撑性，导致硬度不够。包埋后应快速冷却，使标本与石蜡在短时间内凝固形成密度相近的一个整体。

（五）修块

石蜡凝固后，组织便包封在石蜡内。切片前需把包有组织的蜡块修成一定形状，并且把各个面修平，注意不能使蜡边与组织边靠得太近亦不能太远，近则不易连片，远则废切片刀。在修块时，选适当的地方做标记，便于日后辨认。

二、火棉胶包埋

火棉胶常用于较大的组织或器官，如大脑、小脑以及容易塌陷的器官，比如眼球、胚胎器官等的包埋，其对组织的收缩作用小，可避免纤维组织和肌组织过度硬化，有利于保持原有组织结构。火棉胶包埋适用于除苦味酸固定剂外的各种固定剂固定的标本，而且不需固定后透明，标本经脱水、浸透后可直接包埋。但火棉胶包埋时间长，包埋的组织块难以制作薄切片和连续切片。

1. 火棉胶溶液配制 采用乙醚与无水乙醇等量混合液，将干燥的火棉胶制成2%、4%、8%、10%、12%、16%的火棉胶液。因其不易溶解，配制时应经常摇动，并将容器密闭、避光。

2. 包埋 固定的组织块行梯度乙醇脱水，至无水乙醇彻底脱水后，在乙醚－无水乙醇等量混合液浸泡24h，然后在2%、4%、8%、10%和12%

火棉胶液中分别浸透24h至1周,之后取出标本平放入包埋盒内,再倒入足量的16%火棉胶液。

3. 硬化 将包埋盒置于干燥箱内并盖紧盒盖,24h后开启盒盖,使乙醇、乙醚挥发,火棉胶逐渐浓缩硬化,直到火棉胶呈橡胶样硬度时,去掉包埋盒,将包埋好的标本浸入70%乙醇或氯仿中24h,然后再入等量的95%乙醇、甘油混合液中保存备用。

三、树脂包埋

树脂包埋法以树脂作为包埋剂,所制备的包埋块质地坚硬,易于制作薄切片。对电镜标本进行树脂包埋选用环氧树脂,其包埋方法见"第五章 电子显微镜技术"。对光镜标本进行树脂包埋常用水溶性树脂—甲基丙烯酸-2-羟基乙基酯(hydroxyethyl methacrylate,HEMA),其包埋方法如下:

1. 包埋剂配制 包埋剂由下面的浸透剂和催化剂按100∶3的比例混合而成。

(1)浸透剂:HEMA单体95ml,聚乙二醇(PEG-400)8ml,过氧化苯甲酰(benzoyl peroxide,BZP)0.7g,混匀溶解后,避光4℃保存备用。

(2)催化剂:PEG-400 20ml,N,N-二甲基苯胺(N,N-dimethylaniline,DMA)1ml,充分混匀。

2. 标本固定和脱水 树脂包埋的标本取材同石蜡包埋标本,固定以醛类固定剂为佳。Carnoy固定液因不利于树脂包埋剂聚合,通常不采用。固定后的组织块依次入60%、80%、100%乙醇脱水,各1~4h。因HEMA为水溶性包埋剂,组织中的水分可不完全脱净。

3. 包埋

(1)浸透:组织块脱水后入浸透剂,室温或4℃浸透24~48h,期间更换新鲜浸透剂1~2次。可不断搅拌或抽气减压,以加快浸透速度。

(2)聚合包埋:按比例将浸透剂和催化剂混合后倒入包埋盒内,迅速将组织平置于盒底,加盖密封后置于-10℃冰箱内聚合2~4h即可。

第四节 切　片

组织经过固定(大部分情况)或者不固定、包埋后,必须切成薄片才能进行染色。根据不同的研究需要或不同组织类型,可选用不同切片方法。常用切片方法有石蜡切片、冷冻切片、振动切片、火棉胶切片、树脂半薄或超薄切片等。切片的好坏与组织取材、固定、包埋等前期处理是否恰当密切相关,并且与切片机和刀片的质量好坏及操作者的经验等有关。下面重点介绍石蜡切片和冷冻切片方法。

一、石蜡切片

石蜡切片(paraffin sectioning)不仅是常规组织学、病理学中的重要切片方法,也是组织化学与免疫组织化学研究中常用的切片方法。以石蜡切片方法制备的切片的特点是组织结构保存良好,结构清晰,能连续切片,抗原定位准确。常用的石蜡切片机(图2-1)为轮转式切片机,切片刀在切片机上固定不动,切片机右侧的手轮旋转时带动螺纹轴和齿轮,将固定在标本夹上的石蜡块按所调节的厚度向前推进,并在垂直的上下平面运动,使组织块经过前下方的切片刀而被切成一定厚度的石蜡切片。用于免疫组织化学染色的石蜡切片与常规HE染色的石蜡切片的制片过程与方法基本相同。

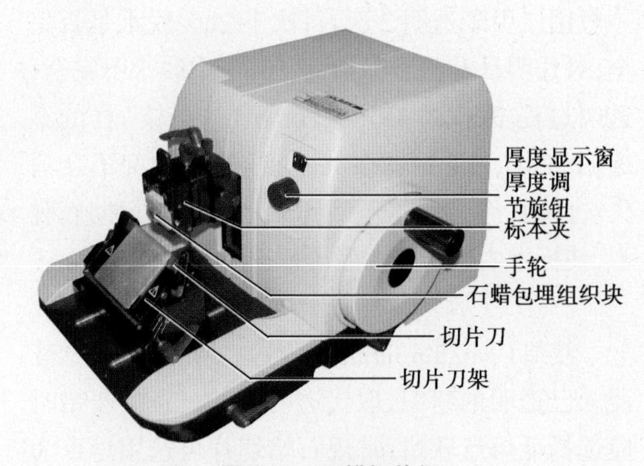

图2-1 石蜡切片机

1. 固定蜡块 将修好的石蜡块底部加热略微熔化后放在标本托上,待其凝固后,再将带蜡块的标本头固定在切片机的标本夹上。

2. 调整蜡块切面 调整标本夹和标本托,使蜡块的切面与刀口垂直平行,接着调整切片刀的角度,使刀面与蜡块切面之间的夹角在10°以内,然后调整切片刀与蜡块的距离,使蜡块平面与刀口靠拢。

3. 修块 右手握住切片机手轮手柄，力量均匀地顺时针转动手轮，修整蜡块的切面，直至组织完全暴露且切面完整。

4. 调整切片厚度 按实验所需切片厚度调整厚度旋钮，设置切片厚度（通常为 5~7μm，一般不超过 20μm）。

5. 切片 移动切片刀的刀口至蜡块位置，左手平握大号或中号优质狼毫毛笔，右手均匀顺时针转动手轮。待切出蜡带后，用毛笔轻轻托起并向后轻轻牵拉。

6. 展片 良好的切片应无刀痕和裂痕，厚度均一，平整，否则在免疫组织化学染色时会出现假阳性现象。切下的蜡片一般均有皱褶，为能得到平整无皱褶的组织切片，应将蜡片展平。可采用两次展片法，即先将蜡片漂浮在 30% 的乙醇溶液中进行第一次展片，然后将蜡片捞起，再次放入 45~50℃的水浴中进行第二次展片，乙醇的浓度和水温可视组织不同和石蜡熔点的高低自行调整。此过程是利用乙醇溶液与水之间的张力差展开蜡片的皱褶。

7. 贴片 用弯镊轻轻分离已展平的蜡片，然后用左手拿着洁净的载玻片成一定角度入水，右手持弯镊配合左手轻拖切片于载玻片的右 1/3 处，并及时将切片的方位摆正，空气中稍晾干后放入 60℃的烤箱中烘烤 30min，或用烤片器烤干，使蜡片紧贴于载玻片上。用于组织化学和免疫组织化学的切片烘烤温度为 37~45℃，烘烤时间可延长至 12~24h。

二、冷冻切片

石蜡切片制作过程中，由于组织标本需经乙醇、二甲苯等有机溶剂处理，并在较高温度的石蜡中浸透和包埋，组织中的酶、抗原等活性物质及脂类因此受到不同程度的破坏，从而影响组织化学与免疫组织化学染色效果。石蜡切片制作过程经历的步骤多、时间长，不能满足急需得知实验结果的研究和临床手术的快速诊断。为此，一种快速简便的光镜组织学标本制备方法冷冻切片（frozen sectioning）应运而生。冷冻切片是以水作为支持物包埋组织标本进行切片，即把经过固定的组织或未固定的新鲜组织直接冷冻结冰变硬，然后在冷冻切片机上切成薄片。此法是酶组织化学和免疫组织化学染色中最常用的一种切片方法，其突出优点是能够较完好地保存细胞膜表面和细胞内多种酶活性以及抗原的免疫活性，而且组织不需要脱水、透明和石蜡包埋处理，只是在冷冻组织块之前用 OCT（遇冷凝固，有利于切片，遇热即熔化，同时在切片固定和染色过程中能溶于水）包裹组织块即可切片，整个操作过程简单，实验周期短，几十分钟即可完成。

制作冷冻切片的切片机有恒冷箱切片机（cryostat）和半导体制冷冷冻切片机两种，其中以恒冷箱切片机最常用。恒冷箱切片机是将轮转式切片机放置在一个类似冰箱的冷冻室内，利用制冷剂循环制冷，使切片机周围的空气保持在低温状态，切片操作过程即在这一冷冻室内进行。冷冻室温度可控制在 -50~-4℃，组织块和切片刀的温度一般维持在 -20℃左右。

冷冻切片具有以下缺点：组织块不能太大；难以切出薄片，切片厚度一般在 10μm 以上，因此切片的清晰度较差；制作连续切片困难；不能进行回顾性研究；切片标本不易长期保存。

（一）防止冰晶形成

冷冻切片前，需对组织进行冷冻，而冷冻过程容易使组织中的水分形成冰晶，破坏组织结构。一般认为，冰晶体积大而量少时，影响较小，冰晶体积小而量多时，对组织结构损害较大，含水量较多的组织中较易发生。为防止或减少冰晶的形成，在切片前可将组织块用高渗蔗糖溶液处理，并将组织块快速冷冻。

1. 高渗蔗糖溶液处理 将组织置于用 PB 配制的 20%~30% 蔗糖溶液 1~3 天（组织块完全沉入蔗糖液底部），利用高渗吸收组织中水分，减少组织含水量，防止或减少冰晶的形成。30% 的蔗糖液会引起组织块的收缩，而切出的切片在随后的一系列液体处理过程中又会发生膨胀，且膨胀可能不均匀，从而导致切片皱褶不平。为了减少蔗糖处理过程中的收缩，可降低蔗糖浓度至 20%、15% 或 10%，也可采取过渡方式，如蔗糖处理从 10% 逐步过渡到 30%。

2. 速冻 因从 -33℃降至 -43℃是冰晶形成的最快时期，将组织块放入 -80℃干冰

或 –196℃液氮中快速冷冻，可缩短组织从 –33℃降到 –43℃所需时间，从而减少冰晶的形成。

（1）干冰 – 丙酮法：将 150~200ml 丙酮倒入小保温杯内，逐渐加入干冰，至饱和黏稠糊状，再加干冰不再冒泡时，温度可达 –70℃。用一小烧杯内装异戊烷约 50ml，将此烧杯缓慢置入干冰丙酮或无水乙醇饱和液内，使异戊烷温度降至 –70℃左右。将经高渗蔗糖液处理的组织（大小为 1cm × 0.8cm × 0.5cm）投入异戊烷内速冻 30~60s 后取出，置恒冷箱内以备切片，或置 –80℃低温冰箱内贮存。

（2）干冰法：干冰的温度为 –76℃。将经高渗蔗糖液处理的组织直接放入先装有干冰的器皿中迅速冻凝，然后转入恒冷箱切片机中切片。

（3）液氮法：将经高渗蔗糖液处理的组织块平放于冷冻包埋盒、软塑瓶盖或锡纸特制小盒（直径约 2cm），加适量 OCT 包埋剂浸没组织，然后将包埋盒缓缓平放入盛有液氮的小杯内，当盒底部接触液氮时即开始汽化沸腾，此时小盒保持原位切勿浸入液氮中，10~20s 后组织即迅速冰结成块。取出冷冻的组织块，立即置入恒冷箱切片机冷冻切片或置入 –80℃冰箱贮存备用。

（二）切片过程

新鲜组织或者经过固定的组织均可用恒冷箱切片机（图 2–2）进行切片，其过程包括以下步骤：

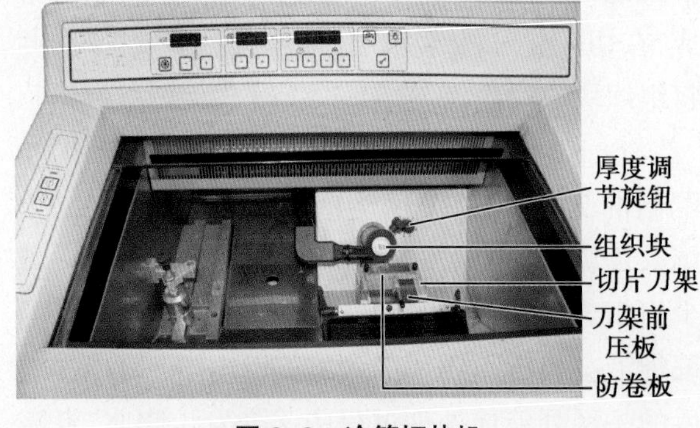

图 2–2 冷箱切片机

1. 开机预冷 在正式切片前 1h 开机，根据组织种类调节冷冻室温度至 –22~–18℃，同时将切片刀固定于刀架上一起预冷。

2. 组织包埋 根据研究目的取所需组织（如切取小鼠肝脏 1.0cm × 1.0cm × 0.5cm 大小的组织块），经固定和高渗蔗糖液处理后平放于冷冻包埋盒或用锡纸特制的小盒（直径约 2cm）内，加适量 OCT 包埋剂浸没组织，4℃浸透 20~30min 后，用干冰 – 丙酮法、干冰法或液氮法速冻。

3. 切片 将冷冻包埋好的组织块从包埋盒内取出后放于滴加少量 OCT 的标本托上，待 OCT 凝固后，将粘有组织块的标本托固定于切片机标本头上；调整切片刀的角度、组织块的切面及刀片与标本的距离（同石蜡切片）；待组织块温度回升至冷冻室温度后，顺时针方向均匀转动手轮，修整组织块的切面，直至组织完全暴露且切面完整；按实验所需切片厚度调整厚度旋钮，设置切片厚度（通常为 10~40μm）；调整防卷板，使其与切片刀平行，开始切片。

4. 贴片 将切下的切片用预冷的毛笔在刀架前压板上铺平，取预冷的已清洗和涂被黏附剂的载玻片平放在前压板上，短暂轻压载玻片，使切片平整贴于载玻片上。将载玻片从恒冷箱内取出，用电吹风或用拇指在载玻片背面（无切片面）加热，使切片熔化并紧贴于载玻片上。脑、脊髓、肾、肝等实质性器官的冷冻切片可先收集在缓冲液内，然后以类似裱贴石蜡切片的方法将切片裱贴在载玻片上。

5. 切片保存 未经固定的新鲜组织在冷冻切片后应使用相应的固定剂固定 10min。如不立即染色，必须用电风扇吹干，贮存于 –70℃低温冰箱内或进行短暂预固定后冰箱内保存。染色前从冰箱内取出切片，置室温干燥 10min，再经冷丙酮固定 5~10min（未固定者），PBS 漂洗 3 次后即可进入染色步骤（HE 染色可用甲醛、冰乙酸和 95% 乙醇快速固定 1~2min）。已经固定的组织切片后不立即染色可以待其干燥后存放于 –20℃冰箱，染色前取出切片，室温复温干燥后，PBS 漂洗 3 次进行后续程序。

三、振动切片

振动切片（vibrating sectioning）是在振动切片机（vibratome）（图 2–3）上利用刀片的振动，使刀片横向往复切割而将新鲜组织（未固定、未冷冻）或固定后的组织（不经过高温石蜡包埋、不冷冻）切成 10~400μm 的厚片。因组织不冷冻，

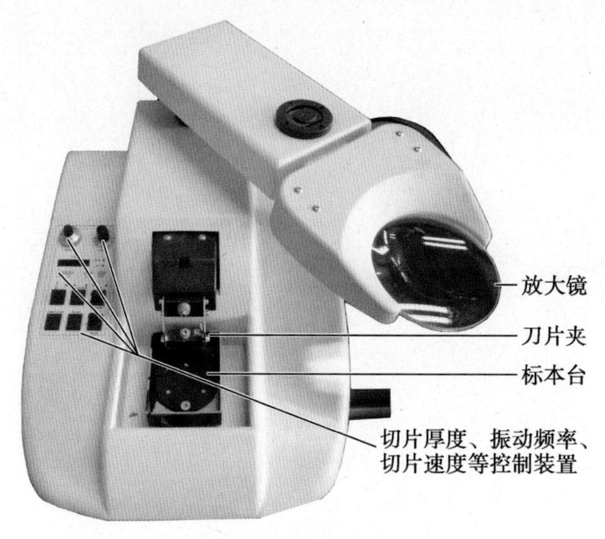

图 2-3 振动切片机

故无冰晶形成；染色前无脱水、透明、包埋等步骤，可避免对抗原或酶活性的损害，能较好地保留组织内脂溶性物质和细胞膜抗原。对于柔软的组织，如胚胎组织，可用低熔点（45~55℃）10% 琼脂糖包埋后再切片。

四、火棉胶切片

组织块经过火棉胶包埋后，用滑式切片机切片。切片一般较厚（20μm 以上）。切片前，先在滑式切片机上滴加液状石蜡或者润滑油，使刀台及载物台等能顺利的滑行。调整好载物台和刀片的角度后速度均匀地切片。此法切片容易在切口处卷曲，应在切片未完时用毛笔将卷曲的切片在切片刀上摊平，再将其余部分切完，漂在 70% 乙醇内，粘片后染色。

五、防脱片处理

无论何种切片方法，切下的组织切片都要粘贴在载玻片上之后才能染色。为了防止粘贴在载玻片上的切片在染色过程中脱落，在切片前需将载玻片清洗干净并涂被黏附剂。组织化学与免疫组织化学染色步骤多、时间长，并需反复洗涤，切片在试剂中长时间浸泡，极易脱落，故对用于组织化学或免疫组织化学染色的载玻片的处理要求更高。

1. 载玻片清洗 载玻片经清洁液浸泡 12~24h 后自来水冲洗，再用蒸馏水清洗 5 次以上，然后在 95% 乙醇中浸泡过夜，用绸布擦干或烤箱烤干后备用。

2. 黏附剂配制与涂被 对 HE 染色等一般组织学染色的切片，可在载玻片上涂抹薄层蛋白甘油，但蛋白甘油因含蛋白易导致非特异性免疫反应，且黏附作用较弱，故用于免疫组织化学染色的切片常用明胶 - 铬钒、多聚赖氨酸等黏附剂进行处理。

（1）蛋白甘油：取新鲜鸡蛋，先将其尖端用眼科剪或针挑破一个小孔，再在另一端也挑破一个小孔，稍扩大，将大孔端朝下，使蛋白慢慢流入到一个小烧杯中（注意避免混入蛋黄），用玻棒搅拌蛋白，使其完全变成雪花状泡沫，倒入垫着数层纱布的漏斗中过滤，得到透明、清亮的蛋白液，再加入等量甘油，振摇使之充分混合，加入 1% 麝香草酚或者樟脑防腐。使用时，在洗净的载玻片上涂抹薄层蛋白甘油，在 37℃烤箱内烤干后即可使用。

（2）0.5% 明胶 -0.05% 铬钒液：将明胶溶解于少量蒸馏水（加热至 60℃），再加入铬钒（硫酸铬钾）溶解，加入少量叠氮钠（0.01%）后加蒸馏水定容，过滤后冷却。使用时，将洗净的载玻片放入明胶 - 铬钒溶液停留 20~30s，取出置 37℃烤箱烤干备用。

（3）多聚赖氨酸：用蒸馏水配成 0.01%~0.05% 溶液，使用时将洗净、干燥的载玻片涂被该溶液，37℃烤箱烘烤 1h 或室温过夜干燥后备用。

（4）3- 氨丙基三乙氧基甲硅烷：按 1∶50 的比例配制 3- 氨丙基三乙氧基甲硅烷（3-aminopropyl triethoxy silane，APES）丙酮液（现配现用），将洗净的载玻片放入丙酮中浸泡 5min，然后浸入 APES 丙酮液 1~2 次（20~30s），取出稍停片刻后再经纯丙酮液或蒸馏水洗 2 次，除去未结合的 APES，至通风柜中晾干后室温存放备用。用该黏附剂涂被的载玻片捞片时应注意组织要一步到位，以免产生气泡。

第五节 非切片标本制备

非切片标本制备法是指无需切片即可制成组织标本的方法。非切片法制作组织标本的种类很多，主要包括细胞涂片、分离组织、组织磨片、整体封存、组织铺片等标本。根据观察对象和实验目的不同可适当选择不同的方法。

非切片制作方法的优点：标本制作方法简单，组织结构基本不被破坏，能保持原有的组织或细胞的形态结构，最为重要的是标本内细胞完整；在短时间内即可观察结果。但是，非切片制作方法的应用有一定局限性，有些组织标本不能长期保存，不能观察到细胞的内部结构。

一、细胞涂片标本

涂片法主要用于液体或半流体性质的标本，多数用于临床检查和病理诊断，例如血液、精液、腹水、骨髓、痰液等涂片，而在实验室应用最多的是细胞悬液。制备的细胞涂片需要经过适当染色，如HE染色、吉姆萨染色（Giemsa staining，Giemsa染色）、瑞特染色（Wright staining，Wright染色）、巴氏染色以及免疫细胞化学染色等，最后在光学显微镜下观察。下面以血液涂片标本制备为例，介绍细胞涂片标本制备方法。

在无菌条件下，从人体或动物组织采血，第一滴血弃去不用，用载玻片近磨砂面端承接血滴，将承接有血滴的载玻片保持水平。将另一载玻片放置在血滴的前方，并与载血滴玻片呈45°角（图2-4A），向后移动与血液接触，即见血滴在玻片上散开（图2-4B），再将玻片向前平稳推动，使血液铺成血膜（图2-4C）。挥动玻片使血膜快干后即可染色（图2-5）。

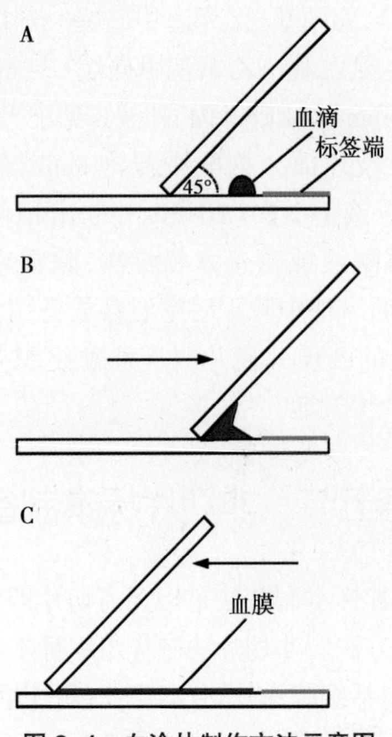

图2-4 血涂片制作方法示意图

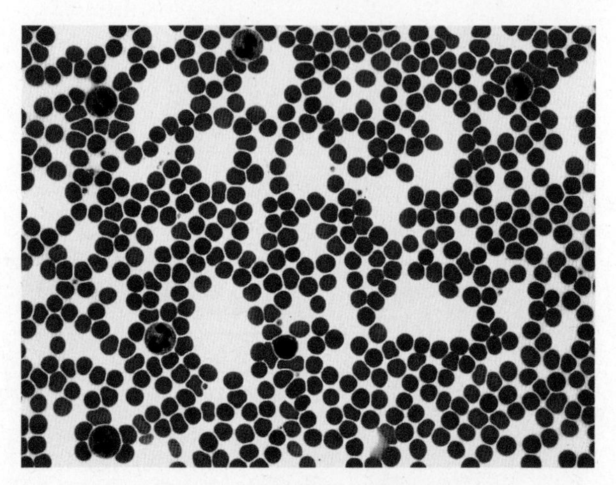

图2-5 人血涂片Wright染色

二、组织分离标本

组织分离标本主要用于观察机体的单个细胞形态结构，例如平滑肌细胞、呼吸道或消化道上皮细胞、脊髓前角神经细胞。目前，组织分离标本的应用较为广泛，尤其是细胞培养方面的细胞形态学观察。组织分离标本制作方法主要有化学溶解法和酶消化法两种（图2-6）：①化学溶解法，将小块新鲜组织浸泡在一定浓度的氢氧化钠（NaOH）中，通过化学腐蚀作用，溶解组织内的结缔组织和细胞间质，再通过振荡、吹打、离心等过程，最后将组织分离成单细胞状态；②酶消化法，新鲜组织经过胰蛋白酶等消化酶的作用而分离成单个细胞，再经密度梯度离心等步骤可获得较纯的单个细胞悬浮液。

无论是采用传统的化学试剂溶解法，还是采用胰蛋白酶消化法，所得到的细胞悬浮液都将做成细胞涂片，再经过固定、染色，如HE染色、特殊染色、免疫细胞化学以及荧光染色等，即可在显微镜下观察到呈现分离状态的细胞形态。

三、组织磨片标本

组织磨片标本主要是骨磨片和牙磨片。制作时采用不脱钙质的骨组织或牙齿，用研磨器或者手工在粗细程度不同的磨石上磨制，将其制备成较薄的骨片或牙片，一般40~50μm厚，可直接在显微镜下观察其形态结构，或经过特殊染色后观察其形态结构。以骨磨片（图2-7）的制备为例：首先用粗磨石加水磨骨，待将骨磨至半透明时改

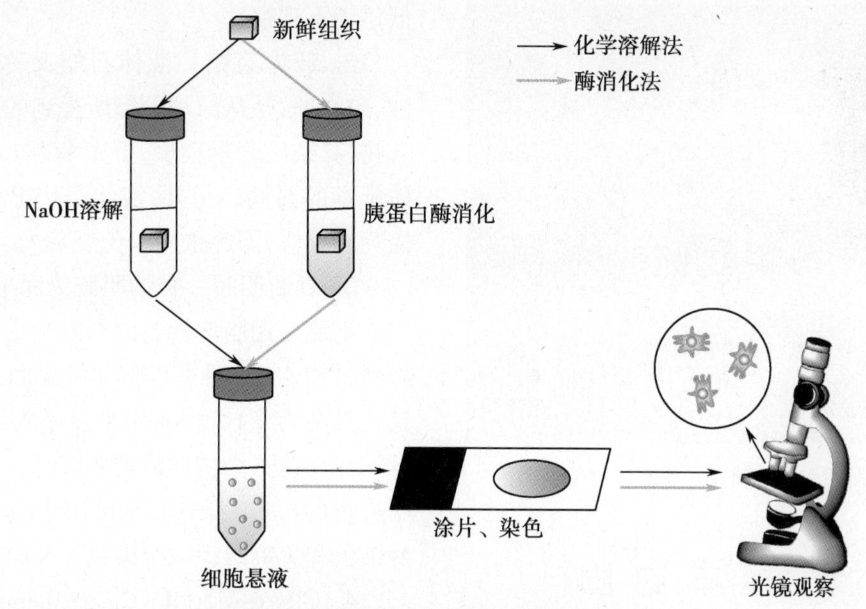

图 2-6 组织分离标本制作过程示意图

图 2-7 人骨磨片硫堇染色

用细磨石加液状石蜡研磨至 200μm 后，充分流水冲洗，洗去残渣，然后进行特殊染色。染色完成后用流水冲洗，继续在细磨石上磨至 40~50μm。最后流水冲洗残渣，乙醇脱水，二甲苯透明，封片。

四、整体封存标本

整体封存是指不经过切片，将整个微小或透明的生物体或器官封存起来，制成玻片标本的方法。通常选取体积很小或厚度很薄的实验材料进行整体封存，例如早期鸡胚、运动终板、肌间神经丛、水螅、草履虫等无脊椎动物，经过固定、脱水、透明之后，可直接使用封固剂将标本封存于载玻片与盖玻片之间，即可用肉眼或低倍显微镜进行观察。以早期鸡胚整体封存标本制备为例，其基本过程如下：

首先取孵化 16~24h 的鸡胚，此时的鸡胚小且很薄。用 McClung 或者 Kleinenberg 固定液固定 30~60min，然后将鸡胚用蒸馏水漂洗干净，用 Mayer 钾矾 - 卡红或者 Grenacher 硼砂 - 卡红染 1~2d，再用盐酸乙醇分色，至胚体清晰可见。最后将其逐级脱水、透明，透明后的早期鸡胚整体固定于载玻片上，滴加中性树脂封固。

五、组织铺片标本

疏松结缔组织、神经等柔软组织或肠系膜等薄层组织可制作组织铺片标本。选取动物的肠系膜或大网膜、皮下结缔组织，经过固定、特殊染色、脱水、透明、封固后即可在显微镜下进行观察（图 2-8）。在这种铺片标本中可观察到肥大细胞、巨噬细胞、成纤维细胞、胶原纤维、弹力纤维、毛细血管网、神经细胞等形态结构。肠系膜铺片标本制备方法如下：

首先将融化的石蜡倒入水平放置的培养皿底部，待其自然凝固。将动物处死后，立刻将肠系膜从根部连同肠管剪下，用大头针固定肠管于蜡盘上，使肠系膜展平，用蒸馏水洗去血液，固定液充分固定。最后取下带肠管的肠系膜，经特殊染色、脱水、透明，再将肠系膜重新展平晾干后剪开，中性树胶封固。

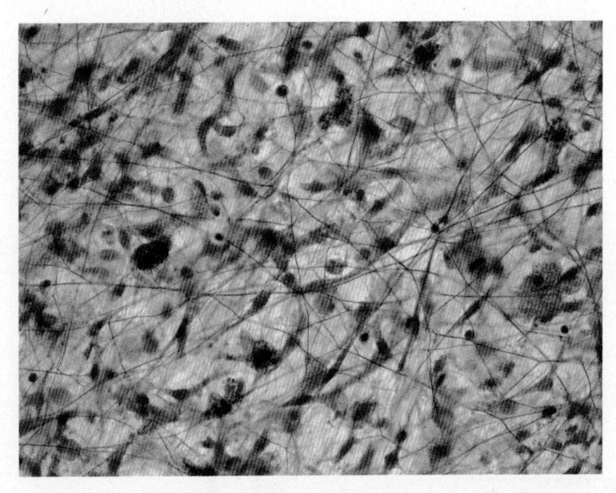

图 2-8　大鼠肠系膜铺片硫堇 - 伊红 - 地依红染色

第六节　标本封固

为了能使染色的切片或非切片标本能长期保存，防止其被氧化褪色，在显微镜下能够清晰地观察到组织细胞的微细结构，标本经过染色、脱水、透明等一系列处理后需用封固剂进行封固。

一、封固剂

封固剂（mounting medium）既能使染色后的标本封固于载玻片和盖玻片之间，隔绝空气，避免氧化褪色，又能使标本折光率和玻片的折光率相近，从而获得清晰的光镜观察效果。常用的封固剂大致分为两类，一类为含水封固剂，另一类为无水封固剂，根据染色反应的要求选用。

（一）含水封固剂

含水封固剂又称水溶性封固剂，用于染色后无需进行常规脱水透明程序的组织切片的封固，其优点是操作简单，可防止水分含量大的组织在脱水过程中收缩。因此，很多藻类、真菌、苔藓及胚囊材料常用此类封固剂。此类封固剂的缺点是封固后容易失水，引起封固剂干缩或形成结晶，封固不坚固。含水封固剂主要有以下几种：

1. 甘油　甘油作为封固剂常用于运动终板、脂肪、类脂等标本的封片，既可以采用纯甘油封片，也可以采用稀释后的甘油封片。甘油具有吸水性，因此，纯甘油除了可对标本封固外，还可以起到防腐作用。由于甘油的折光率（1.473）低于组织标本的折光率（1.53~1.54），因此，用甘油封固的标本在光镜下观察时清晰度较差，通常限于低倍镜下观察。

2. 液体石蜡　液体石蜡又称石蜡油、白色油、矿物油，是从原油分馏所得到的无色无味的混合物，其杂质含量较少，折光率为 1.471，多用于整体标本的封固。另外，液状石蜡很少引起非特异性荧光反应，因此也用于免疫荧光切片的封固。

3. 甘油明胶　甘油明胶为固态含水封固剂，用于不能使用脂溶性封固剂的标本封固。标本不必经过脱水、透明等步骤即可封固，故使用方便。其折光率为 1.47，较纯甘油折光率高，用其封固的标本在光镜下结构的清晰度较高。甘油明胶是脂肪染色的标准封固剂，也可用于组织化学的某些酶染色和免疫组织化学染色标本的封固。

4. Clear-Mount　Clear-Mount 是一款水溶性封片剂，主要用于含水组织切片的封片以及含有碱性磷酸酶和过氧化物酶的细胞的封片。其优点是不需要盖玻片，封固后会在标本表面产生一层透明薄膜。适用于石蜡切片、冷冻切片以及不能进行乙醇脱水的组织染色。

（二）无水封固剂

无水封固剂系将天然或合成的树脂溶于天然溶剂或二甲苯等有机溶剂而成的易干易凝的流体状封固剂，其黏稠度以方便排除气泡且在盖玻片与切片之间能自由流动为宜。

1. 天然树胶　天然树胶呈固态，需用二甲苯、苯、氯仿等溶剂将其溶解。最常用的天然树胶的溶解剂是二甲苯。二甲苯为挥发性的有机溶剂，其挥发性不如苯，且毒性也比苯相对小很多，封片时产生气泡的概率小，缺点是封固后凝结时间较长，但凝结后切片坚硬牢固，耐磨损。苯也是易挥发性有机溶剂，使用苯溶解的天然树胶封固切片，能使盖玻片与载玻片快速牢固黏合，但易产生较多气泡，同时苯的毒性较大，故现已经摒弃使用。

2. 人工合成树胶　人工合成树胶又称中性树胶、光学树胶或合成树胶，其成分大同小异。此类树胶也选用二甲苯作为溶解剂，其折光率范围为 1.51~1.55，与组织标本的折光率（1.53~1.54）相似。人工合成树胶与天然树胶比较有以下优点：①封固后凝结时间明显短于天然树胶；②人工合成树胶呈中性，不会随时间推移逐渐变黄，组织染色褪色缓慢；③人工合成树胶的价格比天然树胶低；④用中性树胶封存 HE 染色的切片色彩非常鲜艳。人工合成树胶的缺点是随着保存时间的延长，树胶逐渐使二甲苯氧化，产生的苯甲酸及邻苯二甲酸能使碱性染料褪色。

天然树胶呈酸性，可中和染料的碱性，因此可使染色后的标本在保存一段时间之后褪色。将天然树胶制成中性树胶，如将微碱性的大理石颗粒加入天然树胶封固剂内，可抵消树胶内在的酸性，从而可减轻对标本的褪色作用。天然树胶受光照和受热会被氧化而发生酸化作用。无论是天然树胶还是人工合成树胶，都用二甲苯溶解。二甲苯受光照或受热也会逐渐氧化产生苯甲酸和邻苯二甲酸等酸性物质，使封固剂酸化和颜色加深，并导致染色标本褪色，因此，封固剂应储存于棕色瓶内，并防止其受热。

二、封固方法

盖玻片封固法是目前实验室常用的方法，先在染色组织上滴加适量封固剂，然后再盖上大小合适的盖玻片即可。下面以常规石蜡切片用中性树胶封固为例介绍盖玻片封固方法及注意事项。

1. 盖玻片封固

（1）将透明后的组织切片从二甲苯中取出，组织面朝上放置在洁净滤纸上，用绸布或细软纸巾将组织周围的二甲苯擦干。注意组织上的二甲苯不能挥发干。

（2）加一滴二甲苯溶解中性树胶于组织切片上，用镊子夹取大小适宜的盖玻片，从组织一侧缓慢放下，直至盖玻片接触到中性树胶，缓慢抽出镊子。

（3）调整盖玻片的位置，使盖玻片完全盖住切片。若出现气泡，可用镊子轻轻按压盖玻片，将气泡赶出。若气泡较多，可将已经封固的切片重新放入二甲苯中脱去盖玻片，再重新进行封固。

2. 封固注意事项

（1）组织切片染色后一定要严格按照逐级脱水过程操作，若脱水不完全，一方面污染二甲苯，另一方面在切片上形成一层薄雾，影响标本的观察。纠正方法：将已经封固的切片浸入到二甲苯中脱去盖玻片，将切片逐步退回至 95% 的乙醇中，并重新进行脱水、透明、封固。

（2）二甲苯是有毒易挥发性有机溶剂，因此应在通风橱内操作，并且封固时标本表面的二甲苯不能挥发干，否则光镜下见到的组织内，尤其是细胞核上会有类似于色素样的黑色斑点。原因是标本间隙中存在空气所致，纠正方法同上。

（3）封固时每张标本滴入树胶的量要合适，若滴入量过多，会造成树胶溢出，影响标本的外观。若滴入量过少，会造成组织封固不全，暴露组织，同样会影响光镜下的观察效果。

（4）封片时，盖玻片一定要缓慢放下，轻轻地与树胶接触。若接触速度过快，容易产生气泡。

（5）所选用的盖玻片大小要合适，过小的盖玻片封不住组织，可使暴露于盖玻片外或边缘的组织褪色。盖玻片以盖住标本且四周留有 2mm 空边为宜。

第七节 组织芯片技术

组织芯片（tissue chip）又称组织微阵列（tissue microarray，TMA），是生物芯片的一种，是将成百上千个组织标本整齐有序地排列在固相载体（载玻片）上而制成的缩微组织切片。利用组织芯片，结合免疫组织化学、核酸原位杂交、荧光原位杂交、原位 PCR 等技术，可同时对数百种不同生物组织进行形态结构比较、基因和蛋白表达水平的定位检测。该技术克服了传统病理学方法、基因芯片和蛋白质芯片技术中存在的某些缺陷，能够有效利用成百上千份自然或者处于疾病状态下的组织标本，分别在基因组、转录组和蛋白质组 3 个水平上进行研究。因此，组织芯片是对基因芯片和蛋白芯片的重要补充和印证。组织芯片具有高通量、可比性强、成本低等优点，并能减少实验误差，尤其适用于大样本的研究。自 1998 年美国科学家 Kononen 等提出组织芯片的概念并证实其作用以来，组织芯片技术发展迅速。该技术已广泛用于人类基因组研究、医学诊断和基础研究，尤其是在肿瘤基因筛选、肿瘤抗原筛选及寻找与肿瘤发生、发展及预后相关的标记物等方面显示了巨大潜能。

根据研究目的不同，组织芯片可以分成肿瘤组织芯片、正常组织芯片、单一或复合组织芯片、特定病理类型组织芯片。其中，肿瘤组织芯片包括:①多肿瘤组织芯片,由多种不同类型肿瘤组织组成;②肿瘤进展组织芯片,由不同发育阶段肿瘤组织组成;③预后组织芯片,由治疗前后肿瘤组织组成;④其他肿瘤组织芯片,对肿瘤病原学等进行研究的芯片。

一、组织芯片的制备

组织芯片的制作方式主要有石蜡切片法和冷冻切片法,但以石蜡切片法更常用,因此,目前制备的组织芯片多为石蜡标本组织芯片。石蜡标本组织芯片的制备方法有手工制作和利用组织芯片制备仪半自动制作两种。手工制作方法简单,成本低,但技术难度大,并且对模具蜡块和目标蜡块都有不同程度的损伤。目前,组织芯片主要利用机械化芯片制备仪来完成。组织芯片制备仪包括操作平台、特殊的打孔采样装置和定位系统3部分。通过组织芯片制作仪细针打孔的方法,从众多的组织蜡块(供体蜡块,donor)中采集圆柱形小组织(组织芯,tissue core),并将其整齐排列于另一空白蜡块(受体蜡块,recipient)中,制成组织芯片蜡块,然后对组织芯片蜡块进行切片,再将切片转移到载玻片上制成组织芯片(图2-9)。组织芯片制备的基本过程如下(图2-10)。

1. 芯片的设计 在制作组织芯片之前,应根据研究目的和待检测样本的数目设计组织芯片排列模式,包括芯片上标本的数目、标本在芯

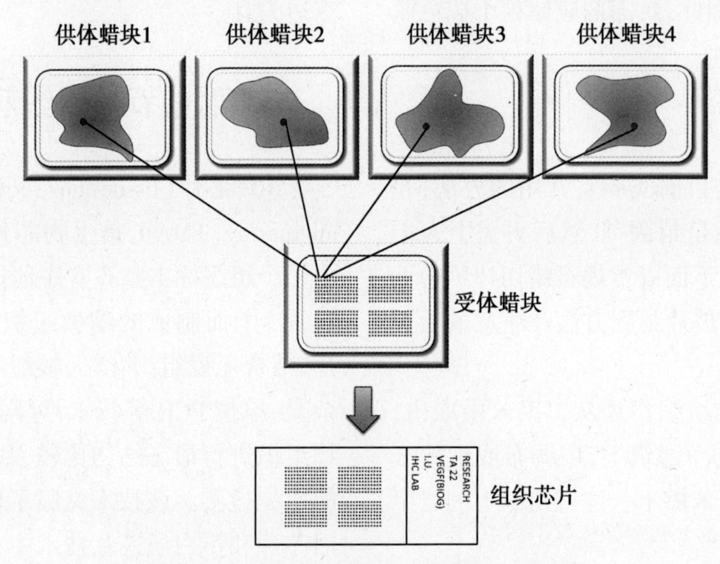

图2-9 组织芯片(TMA)制备原理示意图

从众多的供体蜡块(donor)中采集数十至上百的圆柱形组织芯(tissue core),将其整齐排列于受体蜡块(recipient)中,制成组织芯片蜡块,然后对组织芯片蜡块进行切片,再将切片转移到载玻片上制成组织芯片

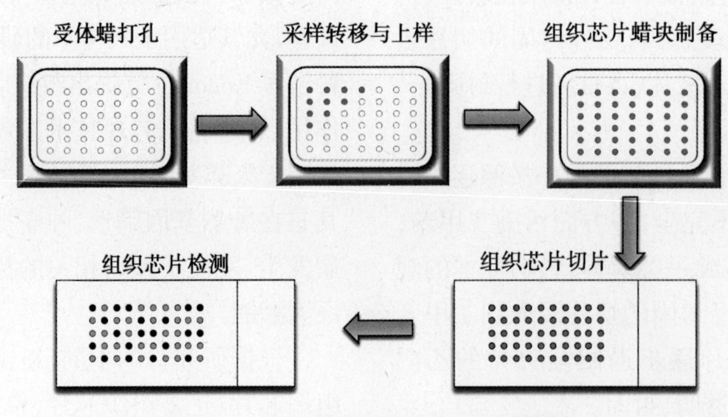

图2-10 组织芯片制备主要过程示意图

片上的布点位置、芯片的方位标记等。根据标本直径（0.2~2.0mm）不同，在一张 45mm × 25mm 的玻片上可以排列 40~2 000 个组织标本。一般按照标本数目的多少，将组织芯片分为低密度芯片（<200 点）、中密度芯片（200~600 点）和高密度芯片（>600 点）。常用组织芯片含有组织标本的数目为 50~800 个。大多数研究用组织芯片排列 300~500 个标本。如果标本排列过于密集，易导致芯片制作和 / 或芯片检测失败。在受体蜡块的边缘预留一定的空白，能避免因石蜡质量问题导致打孔时出现蜡块碎裂。将相关标本排列在一起有利于显微镜观察检测组织芯片测试结果。组织芯片的位置标记有利于方位辨识。

2. 受体蜡块打孔 利用打孔采样装置对受体蜡块按芯片设计进行打孔定位，利用定位装置使取样针按照 X 轴和 Y 轴方向进行线性移动，最终制备出孔径、孔距、孔深完全相同的组织微阵列蜡块。受体蜡块的蜡质必须具有合适的韧度和硬度。韧度过高，打孔时会出现滞针现象，并且在芯片制作完成以后切片时容易出现掉片、点阵移位及点阵折叠现象。硬度过强容易损伤针头，使点阵周边的石蜡出现裂纹。在国产石蜡中加入适量的硬脂酸钠或将进口石蜡和蜂蜡按一定比例混合，可以克服受体蜡块韧度和硬度不合适的问题。

3. 供体蜡块制备、选样和定位 按照一般组织切片标本制作方法制备供体蜡块，在进行仔细的组织形态学观察基础上准确选择、定位目标组织，标出相关区域，确定取样点。定位时应避开过多间质和严重的出血坏死区。

4. 采样转移和上样 用组织芯片仪打孔采样装置对供体蜡块采样并转移到受体蜡块相应孔内，并做好准确记录。将采取的组织蜡芯移入受体蜡块孔内时，组织蜡芯应与受体蜡块表面平齐或略高于受体蜡块表面。如此反复即可将组织蜡芯有序移入受体蜡块中，制成组织芯片蜡块。随后将制成的组织芯片蜡块倒置在一张玻片上，放入 37℃温箱 15min，使蜡块适当软化，再轻轻将蜡块压平，使组织样本更深地进入蜡块。

5. 切片 将预冷后的组织芯片蜡块固定在石蜡切片机标本夹上进行修整，暴露出所有组织蜡芯后再一次冷却，然后进行常规石蜡切片，切片厚度 3~5μm。在 38~40℃蒸馏水内将切片展平后裱贴于洁净的涂有黏附剂的载玻片上，室温下晾干后，放入 60℃烤箱内烘烤过夜。

6. 染色 对组织芯片先行常规 HE 染色，观察其组织定位、大小、质量等是否合乎要求。符合要求的芯片进行后续免疫组织化学、原位杂交或原位 PCR 检测。

二、组织芯片结果分析

组织芯片可进行免疫组织化学、原位杂交、荧光原位杂交及原位 PCR 等适于大组织片的原位检测，可与基因芯片、蛋白质芯片相结合，组成完整的基因表达分析系统。到目前为止，对组织芯片的分析仍多局限于人工或半自动化分析方式，即通过人工对组织样本逐一进行定位观察、摄取图像，再利用现有图像分析手段进行结果分析。这种分析方式显然制约了组织芯片的检测效率且易出现漏检重检。在许多学者的共同努力下，组织芯片的分析技术已向自动化方向发展。如 Chen 等开发了一套具有自动摄像、注册、智能存档功能的网络系统，该系统可供多个用户使用，还可对组织芯片的免疫组织化学结果进行可靠的检测和定量分析。Camp 等提出一种可对组织芯片进行自动定量分析的新技术，该技术可对蛋白指标进行亚细胞定位。

三、组织芯片的优点与问题

组织芯片作为一种高通量的生物芯片技术，结合分子生物学和形态学的优势，可在基因、基因转录和相关表达产物的生物学功能 3 个水平上进行研究，这对人类基因组学的研究与发展，尤其对基因和蛋白质与疾病关系的研究、疾病相关基因的验证、疾病的分子诊断、治疗靶点的定位和疗效的预测、预后指征的确定、抗体和药物的筛选及基因治疗的研发等方面具有实际意义和广泛的市场前景。

（一）组织芯片的优点

1. 大样本、高通量 一次实验可分析成百上千种同一或不同组织标本，获取大量的生物学信息。例如，利用组织芯片技术和免疫组织化学技术检测 120 例胃黏膜病组织中 13 种细胞周期调控因子的表达，仅用 13 张芯片就完成了全部实验，并获得了胃黏膜疾病中 13 种细胞周期调控因子表达的数据。

2. 高效性 组织芯片因其体积小，信息含量高，省时、省力且成本较低，1~2周之内即可完成数千个组织标本的数十个基因表达或蛋白分子的定位、定量、定性分析，成本是传统病理学方法的1/100~1/10，并可最大限度地利用有限的标本资源。

3. 平行性 肿瘤微阵列/芯片技术采用同一标准选材、操作和判定结果，所得结果均一可靠。

4. 实验误差小 组织芯片可同时检测一种肿瘤不同阶段的基因表达状况，能在一张切片上同时看到一个肿瘤组织在原位、转移、复发中的基因扩增情况，能一次性分析成百乃至上千个肿瘤标本中的DNA、mRNA、蛋白质，便于设计对照实验，众多标本都处在相同条件下进行实验，因此较传统的病理切片实验误差小。

（二）组织芯片技术存在的问题

组织芯片技术主要存在标准化问题，也就是对来源标本处理的标准化、组织芯片制备技术的标准化、组织芯片分析的标准化。只有对组织芯片的特点及其存在的问题有一个客观而正确的认识，并能得到较好的解决，组织芯片技术才有可能与其他生物芯片一起在生命科学的研究中发挥重要作用。

1. 人体标本石蜡组织库的建立 制备组织芯片的首要问题是组织标本的来源和质量问题。目前，国内外制备组织芯片大多应用库存档案蜡块，作为组织样本的来源，虽然取得了显著的成绩和一定成果，但仍存在许多不容忽视的问题，其中最为重要的一个问题是来源标本的标准化处理。由于档案蜡块组织的前期固定和处理不规范，处理方法不统一，特别是对mRNA水平指标的检测，常常出现假阴性结果，因此难免影响检测结果的可靠性和客观性，同时也不利于实验结果的综合分析与评价以及各个实验室之间的合作和资源共享。

2. 组织芯片制备的标准化 应尽早研发满足高个性化需求的组织芯片制备技术和实现制备的标准化。组织芯片是一种个性化极强的生物芯片，每一张组织芯片均可能有其特有的组织样本种类和排列方式。组织芯片的制备较为繁琐，涉及组织样本的来源、处理方式、切片石蜡的种类、物理化学性状、包埋方式及切片技术等诸多方面。尽管目前有少数生物公司推出了成套的组织芯片素片，用户可根据需要，购买相应组织芯片进行原位指标的研究，但是随着研究工作的深入，特别是进行实验动物研究或者多种指标的临床观察时，按照研究指标和研究目的，自行制备组织芯片十分必要。正因为组织芯片是一种个性化很强的生物芯片，因此在确保其来源标本的标准化处理的前提下，实现组织芯片制备的标准化，是正确应用并客观评价组织芯片检测结果的一个重要因素。

3. 组织芯片的自动化分析 组织芯片自动化分析包括组织芯片的自动化搜索和组织学图像的自动化分析。组织学图像的分析与基因芯片和蛋白芯片结果的分析具有本质的区别。后两者仅需要对芯片的阳性、阴性信号的强度进行摄取分析（无论是用可见光、紫外线还是激光均为激发可检测信号），不涉及组织形态学的结构关系。然而，组织学图像的摄取和处理，不仅涉及组织形态学结构，而且涉及阳性、阴性信号的组织学部位和强度，是在组织结构的基础上研究、分析阳性、阴性信号的强度。图像分割是由图形处理进入图像分析的关键。目前已提出了包括聚类法、熵阈值与博弈论标记结合法、区域分裂合并、区域生长、松弛以及边缘检测、基于种子点的区域生长法和基于主动轮廓模型相结合、神经网络等的彩色图像分割方法，但仍不能实现组织学图像的自动化分析，对组织芯片而言则更为困难。

第八节 显微切割技术

显微切割术（microdissection）于20世纪90年代初发展起来，是在显微镜直视下，通过显微操作系统，从冷冻或者石蜡组织切片、细胞涂片上对欲选取的材料（如组织、细胞群、细胞、细胞内组分或染色体区带等）进行切割分离、收集并用于后续研究的技术。早在1912年，显微切割操作方法首先应用在生物学和医学中，1962年出现的利用紫外或红外激光束切割组织的方法，极大程度降低了显微切割对目的细胞周围组织的损伤。1996年，Emmert-Buck等开发出激光捕获显微切割技术（laser capture microdissection，LCM），1997年世界上第一台商用激光显微切割系统问世。激光显微切割是显微切割技术的巨大飞跃，提高了实验的可重复性。目前，激光显微切割技术是最为常用的显微切割方法，它能够从混合组织中快速、准确地获得细胞亚群，甚至单个细胞。通过显微切割获得的细胞作为基因表达、蛋白质分析等研究的样品来源，可以解决组织细胞的异质性问题。自1997年以来，基于组织类型的大分子研究中，激光捕获显微切割技术已获得广泛应用，取得了高灵敏度和良好重复性的研究结果。

一、显微切割方式

显微切割的方式依其发展过程可以分为5种：手动直接显微切割、机械辅助显微切割、液压控制显微切割、压电超声显微切割和激光显微切割。

1. 手动直接显微切割 手动直接显微切割是最早期的切割方式，直接在显微镜下手持切割用针分离组织或细胞群。此种方式切割精度低，只适用于对较大块组织中的局部区域或细胞群进行分离，难以切割单个细胞。

2. 机械辅助显微切割 机械辅助显微切割利用普通光学显微镜的微调旋钮控制切割针切割细胞，切割精度较手动直接显微切割高，能对较大的单个细胞进行切割，而且此方式简单易行低耗，尤其适合于基层和无专用设备的实验室。但由于显微镜的微调旋钮只能进行二维控制，对切割后的细胞进行收集较为困难，且切割精度仍较低。

3. 液压控制显微切割 液压控制显微切割采用液压式显微操作系统在倒置显微镜下进行显微切割，是目前常用的切割方法。该系统通过液压，可在X轴、Y轴和Z轴三个方向进行精确的三维控制，切割精度较高。其不足是不能实现显微切割的自动化，收集较大量的目的组分时耗时长，效率低。

4. 压电超声显微切割 压电超声显微切割将采用叠堆压电陶瓷作为振动发生装置，在超声作用下，切割器末端的切割针更易刺入被切割组织而不损伤切割针，同时在超声振动切割过程中，能有效减小切割阻力，使切割边缘平整，没有皱褶。该系统可根据图像前后景差来检测跟踪切割针尖的实时位置信息，从而通过标定的X轴坐标的变化判断切割针和被操作物体表面的接触情况来获取深度信息，自动完成目标生物组织指定位置任意形状的切割。

5. 激光显微切割 利用激光束分离切割显微镜下的目标区域，然后使用不同的方法收集目的组织或细胞等材料，能准确获取所需的单一细胞亚群甚至单个细胞。该方法实现了显微切割的自动化，加速了实验进程，提高了切割精度，增加了目的材料的特异性、目的性，保证了最大的样品收集率，是目前最先进的显微切割方式。

二、激光显微切割原理

激光显微切割是目前应用最广泛的显微切割技术。该技术利用高能量的激光脉冲作用于标本表面，在激光焦点上产生一个极快的反应而焦点周围组织未受热或损伤，同时使用高精度的光学组件来控制激光束移动，将目的组织或细胞烧蚀切割下来，然后利用不同的方法收集切割下来的目标区域。依照切割后的收集方法不同，激光显微切割主要分为接触式和非接触式激光显微切割。

1. 接触式激光显微切割 接触式激光显微切割利用Arcturus公司的激光捕获显微切割（laser capture microdissection，LCM）系统进行切割。LCM系统由倒置显微镜、红外激光发生装置、激光控制装置、真空泵、显微镜载物台操作杆和计算机组成。LCM的基本原理是通过低能红外激光脉冲激活热塑膜——乙烯乙酸乙烯酯（ethylene vinylacetate，EVA）膜，使靶细胞群与EVA膜紧密结合，快速精确识别和特异切割单个细胞或单一类型细胞群。通过细胞形态识别、组织化学染色和免疫组织化学染色等方法，激光捕获显微切割系统能精确识别不同类型的细胞，并应用低能量红外激光和专用的细胞转移膜实现特异切割功能。在操作时，先将EVA膜覆盖在切片的组织表面，仪器发射激光束，瞬间升温使EVA膜局部熔化，渗透到目的细胞周围，随即迅速冷却固化，使EVA膜与其下方的细胞紧密黏合在一起。揭下EVA膜，被捕获的目的细胞与EVA膜一起从切片上的其他组织中脱离。EVA膜含有吸收近红外线的特殊材料，在激光脉冲发射时，能吸收绝大部分激光能量但不吸收可见光。随着温度的升高，EVA膜局部熔化。熔化的EVA膜黏滞度下降，易于渗透到切片上极微小的组织间隙中，并在几毫秒内迅速冷却凝固。组织与膜的黏合力超过了组织与载玻片间的黏合力，目的细胞因此脱离载玻片（图2-11）。

EVA膜厚为100~200μm，能够吸收激光产生的绝大部分能量，在瞬间将激光束照射区域的温度提高到90℃，保持数毫秒后又迅速冷却，保证生物大分子不受损害。采用低能量红外激光的同时也可避免损伤性光化学反应的发生。激光脉冲通常持续0.5~5.0ms，并且可在整个塑料帽表面进行多次重复，从而可以迅速分离大量的目标细胞。

LCM技术基本步骤如下：

（1）将制备好的组织切片通过倒置显微镜载物台中的真空泵固定。

（2）根据标本选择倒置显微镜模式，调节显微镜，定位目标区域。

（3）将带有EVA膜的收集帽放置于目的组织或细胞，应用低能量近红外激光照射其底部，使EVA膜软化产生黏附力，黏附目标组织或细胞于EVA膜上，从而使其与周围组织或细胞分离。

（4）将切割的组织或细胞转移到加有提取液的离心管中，提取DNA、RNA或蛋白质，用于下游分析。

2. 非接触式激光显微切割 非接触式进行显微切割系统使用“重力”收集目的样本或采用“压力弹射”方法收集目的样本。

重力型非接触式激光显微切割系统利用紫外激光分离显微镜头下的目标区域，通过重力掉落的方法来收集样品（图2-12）。这类系统提供一系列的膜进行标本制备。标本被激光切割的同时，膜也被切割。目标区域被切割后，就会轻轻地掉落到收集管中，没有其他的复杂步骤。该方法是目前收集大小形状不定的切割碎片的最佳方法，可用于切割收集圆形的或细长的以及不规则形状的切割碎片。大块面积的组织（可以达到几个平方毫米）都只要一步就能收集，保证了最大的样品收集率，可避免额外的切割步骤造成的样品损失。切割后样品可直接掉入反应液中，可迅速使切割后的目的组织和反应液接触。收集装置

图2-11 激光捕获显微切割系统操作步骤

A. 准备组织切片，定位目标组织；B. 然后将包含对红外敏感的EVA膜放置到目标位置；C. 红外激光照射到目标细胞上，激活EVA膜，该膜渗透到下面的组织中（IR：红外光）；D. 将被捕获的组织取下

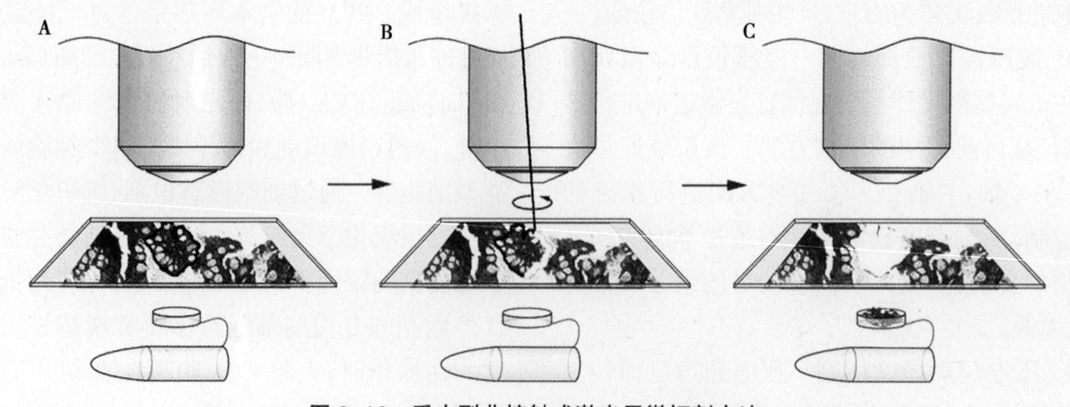

图2-12 重力型非接触式激光显微切割方法

A. 划定目标区域；B. 控制激光沿切割线移动；C. 目的样品通过重力收集

中可以预先加入培养液(针对活细胞)或者缓冲液(针对下游分析)。

压力弹射型非接触式激光显微切割系统在用激光能量进行切割时,利用激光脉冲所产生的压力把切割后的目的样品弹射(catapult)到收集帽(cap)中收集起来,从而获得均一性的样品(图2-13)。

三、显微切割的材料准备

各种方式贴附于固相支持物上的各种组织细胞成分都可作为显微切割的材料,如福尔马林固定石蜡包埋的组织切片、冷冻组织切片、细胞铺片、细胞爬片、细胞甩片、培养细胞、常规制备的染色体等。具体选择何种材料根据研究目的不同进行选择,如用于DNA提取,福尔马林固定、石蜡包埋的组织切片可满足大部分要求,但提取单个细胞的DNA进行PCR检测,需要冷冻切片标本。如果显微切割后需要进行RNA分析,则需要冷冻切片或新制备的细胞涂片。如用于蛋白质分析,也以冷冻切片为好。在回顾性研究中,福尔马林固定石蜡包埋的组织切片应用最为广泛。

用于显微切割的材料,在切割前应进行标记。一般用甲苯胺蓝或甲基绿染色后,即可根据细胞的形态学特征选择目的组织进行切割,对于特定的切割对象,可用免疫组织化学、原位杂交等组织化学方法先行染色、定位后再进行切割,以保证切割的精确性和同质性。

四、激光显微切割技术的特点

显微切割可以选择性地捕获目的细胞群,获取特定的组织细胞,用于DNA、RNA和蛋白质分析,具有细微、原位、同质、结合等特点,是纯化组织中目的细胞的有效方法,是解决组织样品的异质性的有效手段。

1. 细微 显微切割在显微状态下采用特殊的分离收集手段,切割对象可以达到微米级或毫微米级,因此利用显微切割技术可以分离收集到核仁和包涵体及染色体特异性区带等这样细微的对象。激光定位的准确程度可以达到1μm,还可以根据细胞的形状、大小调整激光束的功率和直径,捕获范围从平方微米级(亚细胞)到几个平方毫米。

2. 原位 显微切割技术是在组织细胞或染色体的原位取材,所取材料定位准确,研究对象的历史背景明确,细胞形态保持完好,目的细胞无损伤破坏,并可在计算机上记录下被捕获前后的影像,既有利于保证捕获的准确性,也使实验结果更可信、更具说服力。

3. 同质 显微切割技术可以保证所取材料一定层次上的同质性;另外,显微切割并未破坏切片中的剩余组织,可以在分子水平对相邻细胞及细胞群进行对比分析研究。

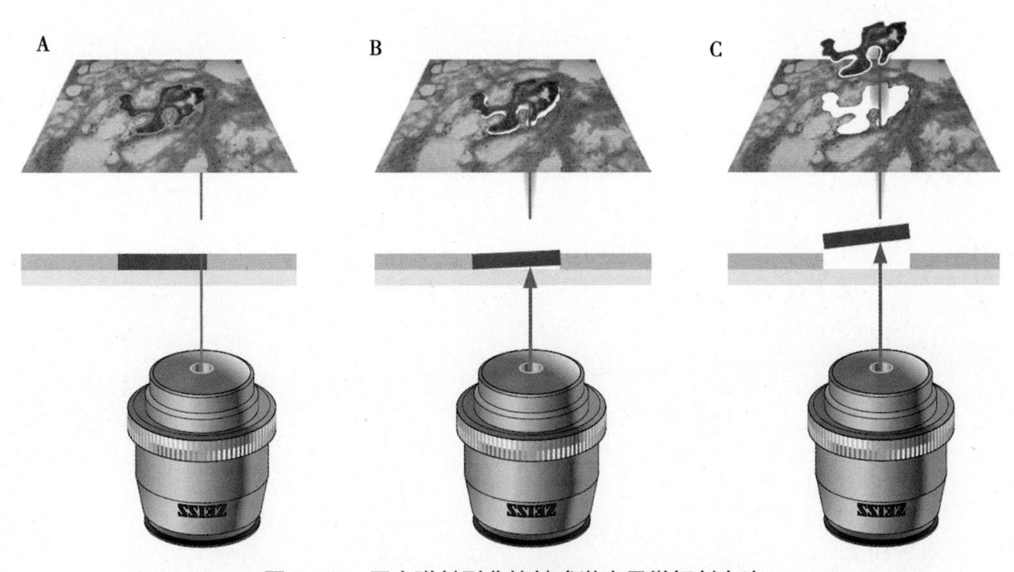

图2-13 压力弹射型非接触式激光显微切割方法

A. 选定目标区域;B. 控制激光沿切割线移动;C. 切割后的目的样品弹射到收集帽中

4. 结合 显微切割技术可以与分子生物学、免疫学及病理学技术多种方法结合使用,可以从免疫组化染色的组织切片中分离、纯化具有不同抗原表型的细胞群进行研究,增加了目的材料的特异性、目的性。

(张 琳)

参考文献

1. 朱军辉,王勇,朱猛,等.深度可控自动压电显微切割系统.中国生物医学工程学报,2014,33(6):722-728.
2. Kononen J, Bubendorf L, Kallioniemi A, et al. Tissue microarrays for high-throughput molecular profiling of tumor specimens. Nat Med, 1998, 4(7): 844-847.
3. Camp RL, Charette LA, Rimm DL. Validation of tissue microarray technology in breast carcinoma. Lab Invest, 2000, 80(12): 1943-1949.
4. Espina V, Wulfkuhle J D, Calvert V S, et al. Laser-capture microdissection. Nat Protoc, 2006, 1(2): 586-603.
5. Soma Datta, Lavina Malhotra, Ryan Dickerson, et al. Laser capture microdissection: Big data from small samples. Histol Histopathol, 2015, 30(11): 1255-1269.
6. Corgiat BA, Mueller C. Using Laser Capture Microdissection to Isolate Cortical Laminae in Nonhuman Primate Brain. Molecular Profiling, 2017, 115-132.

第三章　常用组织学染色技术

组织学染色技术是组织学、病理学等用于观察和研究组织与细胞正常形态及病理变化的常用方法。大多数组织细胞没有颜色，组织、细胞间及细胞内各结构间反差不明显，在显微镜下难以分辨其微细结构。组织学染色通过生物染料的作用，使组织或细胞内的不同结构或成分染上深浅不同的颜色，产生不同的折光率，便于在光镜下观察，从而显示各种组织细胞的不同形态和结构或细胞中某些化学成分含量的变化。组织学染色技术种类很多，最常用的是苏木精 - 伊红染色。有些特殊组织结构在常规染色中不易区分，需要进行特殊染色，从而达到鉴别和研究的目的。常用的特殊染色方法包括镀银染色、尼氏染色、Wright 和 Giemsa 染色、铁苏木精染色、异染性染色以及三色法染色等，在组织学技术中应用比较广泛。

第一节　苏木精 - 伊红染色

苏木精 - 伊红染色（hematoxylin–eosin staining）简称 HE 染色，是组织学、胚胎学和病理学中最常用、最基本的染色方法。苏木精为碱性染料，主要使细胞核和细胞质内的嗜碱性物质染成紫蓝色；伊红是酸性染料，主要使细胞质和细胞外基质中的嗜酸性成分染成粉红色。易被碱性或酸性染料着色的性质分别称为嗜碱性和嗜酸性。

一、苏木精

苏木精（hematoxylin）又称苏木素，是一种性质稳定的天然染料，为无色或淡灰黄色粉末，易溶于乙醇、乙二醇和甘油，微溶于水。其分子式为 $C_{16}H_{14}O_6$，为苯的衍生物，由于没有双键的醌型结构，苏木精本身没有染色能力，但经氧化后的氧化型苏木精或称苏木红（hematein）则具有醌型结构，是一种很好的细胞核染料。苏木精若存放过久，因接触空气，颜色将逐渐加深，如用其配制苏木精染液，染色效果不理想。

（一）苏木精的氧化

苏木精的氧化可通过自然氧化和化学氧化两种方式来完成。

1. 自然氧化　自然氧化是指苏木精染液通过空气和阳光的作用而被氧化成苏木红，该过程需数周至数月。自然氧化的苏木精染液能较长时间地保留苏木精的染色能力，配制时间愈久，染色力愈强。

2. 化学氧化　化学氧化也称人工氧化，是指在配制苏木精染液时加入一定量的氧化剂，使苏木精的氧化过程在瞬间完成，可立即使用。常用的氧化剂有氧化汞、高锰酸钾、碘、碘酸钠、高碘酸钠和高碘酸钾等，氧化剂的选用因苏木精的配方而异。成熟的苏木精染液为多种成分的混合物，主要包括苏木精、苏木红、苏木红的活性氧化产物和非活性超氧化产物等。如过度氧化，可产生大量无色、无味的非活性超氧化产物。因此，在配制苏木精染液时，加入的氧化剂种类要恰当，量也应精确，如果加入太多，将使苏木精全部氧化成苏木红，导致染液的使用寿命明显缩短。化学氧化的苏木精不能长时间存放，因此应现用现配，以保证苏木精染液的染色性能处于最佳状态。

苏木精的氧化受多种因素的影响，主要包括：①苏木精染液的 pH，染液偏碱性时氧化快，反之则氧化慢，因此酸性苏木精染液的氧化较缓慢。②氧化剂的量，加入人工氧化剂后苏木精可立即被氧化；自然氧化和供氧量有关，如靠近阳光、染液通风、经常摇动等可加速氧化。③苏木精染液的温度，用碘酸钠等作氧化剂时，在常温下加入即可；用氧化汞作氧化剂时，需把苏木精染液煮沸时加入才能氧化。

苏木红为酸性染料，其结构具有助色团羟基

和发色团醌型苯环。由于羟基的酸性很弱，对组织的亲和力较小，而加入适量的金属离子盐作为媒染剂，则可明显增强苏木精对组织细胞的亲和性。媒染剂多为含二价或三价金属离子的盐，如Al^{3+}、Fe^{3+}、Cr^{3+}、Mo^{6+}、W^{6+}等。苏木精的染色结果与媒染剂的金属离子种类相关，如苏木精与铝离子结合形成蓝紫色沉淀，与铬离子结合则产生黑色沉淀，因此依据所使用的媒染剂金属离子的不同，苏木精可分为矾苏木精、铁苏木精、钨苏木精、钼苏木精和铅苏木精等，其中最常用者为以Al^{3+}作为媒染剂的矾苏木精，其次为以Fe^{3+}为媒染剂的铁苏木精。

（二）苏木精染液配制方法

苏木精染液是最常用的细胞核染液，媒染剂是钾明矾（potassium alum）或铵明矾（ammonium alum）。苏木精染液配制方法很多，可根据不同需要选用，常用的为Ehrlich苏木精、Mayer苏木精和Harris苏木精。

1. Ehrlich苏木精 属于自然成熟的苏木精，一般成熟期为3~6个月。成熟期与环境温度有关，夏季较冬季短些。配制好的苏木精染液可放在日光充足、温度适宜的地方成熟，若染液容器静置不动，成熟期所需时间相对延长。成熟的染液可储存在棕色瓶内避光密封保存。

Ehrlich苏木精为优良的细胞核染液，染色力可保持1~2年或更长。它不但是细胞核的染色剂，也可使黏蛋白着色。Ehrlich苏木精对细胞核及细胞质内嗜碱性物质的染色力极强，染色的颜色鲜明，染色后的褪色处理也较其他苏木精缓慢。

Ehrlich苏木精适用于某些经过酸处理标本（如脱钙）的染色，也适用于长期保存在10%福尔马林（4%甲醛溶液）以及含有酸成分的固定剂固定标本的染色，如Susa固定剂、Bouin固定剂。Ehrlich苏木精对于冷冻切片标本的细胞核染色不理想。

Ehrlich苏木精配制方法：

苏木精	2g
100%或95%乙醇	100ml
钾明矾（硫酸铝钾）	3g
蒸馏水	100ml
甘油	100ml
冰乙酸	10ml

用100%或95%乙醇和蒸馏水分别溶解苏木精和钾明矾，加热促进钾明矾充分溶解，待冷却后，将二者充分混合，再依次加入其他试剂。配制的染液要充分混合，放置在日光下自然成熟3~6个月。刚配制好的溶液呈透明的棕红色，随着氧化时间的延长，染液颜色变深且呈不透明的棕红色。

在急需情况下，加入碘酸钠可瞬间完成染液的氧化过程，每克苏木精可使用40~100mg碘酸钠，但这种方式配制的Ehrlich苏木精使用期将明显缩短。

2. Mayer苏木精 通过加入氧化剂（碘酸钠）使Mayer苏木精染液成熟，适用于石蜡切片和冷冻切片染色。Mayer苏木精染色时间相对较短，通常1~5min，不进行任何分色处理而直接蓝化即可使细胞核染色。染色后，自来水蓝化至少10min，也可以采用碱性溶液蓝化，时间约为1min，再流水冲洗3~5min，洗去切片上多余的碱性成分，以免影响下一步的染色效果。Mayer苏木精也适用于一些特殊染色方法、酶组织化学以及免疫组织化学染色等细胞核的复染。

Mayer苏木精配制方法：

苏木精	1g
蒸馏水	1 000ml
钾明矾或铵明矾	50g
柠檬酸	1g
水合氯醛	50g
碘酸钠	0.2g

用微热的蒸馏水溶解苏木精，加入碘酸钠，充分混合溶解。再加入钾明矾或铵明矾，摇动使之溶解，溶液变成蓝紫色，再依次加入柠檬酸和水合氯醛，染液颜色变为紫红色，配制后即可使用。

3. Harris苏木精 是常用的苏木精染液，通过氧化汞氧化使苏木精成熟，细胞核染色清晰。

Harris苏木精配制后1~2个月，由于染液内有色沉淀物的形成导致染色质量开始退化，因此，使用之前应过滤，染色时间也要相对延长。Harris苏木精染液应每次少量配制，可每月更换一次新染液，以达到最佳的染色效果。

Harris 苏木精配制方法：

苏木精	2.5g
100% 乙醇	25ml
钾明矾（硫酸铝钾）	50g
蒸馏水	500ml
氧化汞	1.25g
冰乙酸	20ml

将钾明矾溶解于蒸馏水，加热至煮沸，使之彻底溶解。无水乙醇溶解苏木精，再加入到完全溶解的钾明矾水溶液内，加热煮沸后加入氧化汞，搅拌使之充分混合。染色前加入冰乙酸，以促进细胞核的着色。

二、伊红

伊红（eosin）又称曙红，是一种化学合成的钠盐类或溴盐类化合物，为酸性染料，同时也是荧光染料。伊红的种类较多，有伊红 Y、伊红 B、乙基伊红、甲基伊红等，其中伊红 Y 最常用。伊红 Y（eosin yellow, eosin Y）又称伊红黄，是四溴荧光素，其中常含一溴和二溴衍生物，溴离子数量的多少会影响到伊红的色调，所含的溴离子越多，伊红的颜色越红。一般市售的伊红染料为它们的混合物。伊红 Y 染料为红中带蓝的微小结晶物或棕红色粉末，易溶于水，微溶解于无水乙醇，不溶于二甲苯。高浓度的伊红 Y 水溶液为暗红色，浓度低的水溶液为红黄色，在日光或灯光下，伊红染液带有黄绿色荧光反应。伊红乙醇饱和液为红黄色，其稀释液为红色，同样具有黄绿色荧光反应的特点。

伊红 Y 是一种很好的细胞质染料，常与苏木精进行对比染色，应用广泛，可准确地分辨出不同类型的细胞、不同类型的结缔组织纤维等。

伊红 B（eosin blue, eosin B）或伊红蓝、乙基伊红（ethyl eosin）或乙基曙红、甲基伊红（methyl eosin）目前较少用。

从伊红的溶解性来看，除了乙基伊红微溶解于水之外，其他的伊红均能溶于水和乙醇。一般多使用水溶性伊红与苏木精配合染色，而乙醇配制的伊红只在特殊情况下使用。

目前，多数实验室使用伊红 Y 染料，常规使用的浓度为 0.5%~1%。在伊红水溶液中加入几粒麝香草酚结晶，可以抑制染液中菌类的生长。含 0.01%~0.05% 乙酸的伊红染液可以不同程度地增强伊红 Y 的染色强度。伊红 Y 最佳的染色 pH 范围为 4.6~5.0，其染色力随着染液配制时间的延长而增强，主要是染液酸化程度提高所致。

根据所用溶剂不同，伊红 Y 染液分为 0.5%~1% 伊红水溶液和 1% 伊红乙醇溶液两种，配制方法如下：

1. 0.5%~1% 伊红水溶液

伊红 Y	5~10g
蒸馏水	1 000ml

充分混合溶解后即可使用，加几粒麝香草酚结晶用以防腐。每 100ml 伊红染液加 0.1~0.5ml 乙酸可增强染色。染色时间为 15s~10min，细胞质被染成鲜亮、清晰的粉红色。

2. 1% 伊红乙醇溶液

伊红 Y	10g
蒸馏水	50ml
95% 乙醇	940ml

蒸馏水溶解伊红 Y，直接加入 95% 乙醇 940ml，混合均匀。伊红乙醇染液可作为储备液，使用时用等体积的 95% 乙醇稀释，或直接使用 1% 伊红乙醇染液。

0.5% 伊红乙醇染液染色 15s~2min，1% 伊红乙醇染液染色时间为几秒钟。细胞质被染成粉红色。若染液的染色力减弱，加入一定量的储备液，又可以获得理想的染色效果。

三、苏木精－伊红染色方法

（一）染色原理

脱氧核糖核酸（DNA）双链上的磷酸基向外，带负电荷，呈酸性，易与带正电荷的苏木精碱性染料以离子键结合而被染色。苏木精在碱性溶液中呈蓝色，细胞核被染成蓝色。伊红 Y 是一种化学合成的红色酸性染料，在水中离解成带负电荷的阴离子，与蛋白质氨基端带正电荷的阳离子结合，主要使细胞质和细胞外基质中的成分着红色或粉红色，与蓝色的细胞核形成鲜明对比。

由于组织或细胞的不同成分对苏木精的亲和力不同及染色性质不同，经苏木精染色后，细胞核及钙盐、黏液等呈蓝色，可用盐酸乙醇分色和弱碱性溶液蓝化，如处理适宜，可使细胞核呈深蓝色，细胞质等其他成分脱色。再利用伊红染料染色，使细胞质的各种不同成分呈现深浅不同的粉红色。

（二）石蜡切片 HE 染色步骤

1. 脱蜡 切片分别在二甲苯Ⅰ、Ⅱ中各 10~15min，以脱掉组织中的石蜡，便于染料进入标本内完成染色反应。脱蜡效果主要取决于切片的厚度、二甲苯的温度和脱蜡时间，环境温度低时应延长脱蜡时间，或移入恒温箱加热脱蜡。切片较厚时（>10μm）也应延长脱蜡时间。此外，使用过久的二甲苯应及时更换。脱蜡彻底的切片，在 100% 乙醇中洗涤后肉眼观察，组织颜色一致，表面平整，无白色斑块。

2. 梯度乙醇水化 切片在 100% 乙醇Ⅰ和Ⅱ中各 10min，95% 和 90% 乙醇中各 5min，80%、70% 乙醇中各 2min，蒸馏水 5min。水化的目的是为了洗去溶解的石蜡和二甲苯。二甲苯属于非水溶性的有机溶剂，进入组织中的二甲苯不能与水溶性染色液相溶，需要通过下行梯度乙醇水化，把组织中的二甲苯逐步替换出来，使标本切片从无水状态顺利地进入染液中进行染色反应。水化过程不能过快，否则，当切片进入蒸馏水时，其表面会浮有由残余的二甲苯微滴聚集而成的乳白色油状薄膜，会直接影响染色反应，也会引起组织脱落。水化的最后一步（蒸馏水洗）不能用自来水代替，否则在下一步苏木精染色时，苏木精染液会由弱酸性（棕红色）转变为弱碱性（蓝色），导致“有色沉淀”累积，致使染色结果为黑蓝色（晦暗）。

3. 苏木精染色 苏木精是水溶性染料，水化后的切片直接放入苏木精染液中 10~15min，使细胞核着色。若室温低，染色时间应适当延长；室温过低时，苏木精的钾明矾容易析出，此时应加温染液；如用新配苏木精染液可缩短时间。可通过显微镜下观察染色程度以掌握染色时间。

4. 水洗 切片直接放入自来水中，可以洗去多余的苏木精染液。自来水为弱碱性，可增加苏木精的着色程度。

5. 分色 由于切片在苏木精染液内过度染色，使细胞核和细胞质结合和吸附了过多的染料，除细胞核着色外，细胞质也不同程度被染上颜色。为了将过度染色或组织细胞中无需着色的颜色尽可能脱去，使细胞核更加清晰，需用以 70% 乙醇配制的 0.5%~1% 盐酸对切片分色数秒到数十秒，直至细胞核与细胞质染色对比分明。Ehrlich 苏木精、Harris 苏木精染色后都需要分色，而 Mayer 苏木精染色后不需分色，直接进入下一步的蓝化。

6. 蓝化 若分色后苏木精着色较弱，可将切片放入 0.5%~1% 氢氧化铵中 30~60s，使细胞核变成蓝色，促进切片蓝化。蓝化后切片用自来水洗去多余的碱性物质，再换蒸馏水洗。分色与蓝化应遵循“少分多次”的原则：少分指每次去除苏木精颜色的程度要少些，即在分色液中停留时间要短；而多次指分色和蓝化过程可多次反复，以保证分色不会过度。分色和蓝化程度根据显微镜镜检效果决定。

7. 伊红染色 切片在 0.5%~1% 伊红染液中染色 2~3min 或根据镜下观察细胞核和细胞质颜色对比情况决定染色时间。自来水洗去多余的染液，再换蒸馏水洗。伊红宜淡染，染色过深会掩盖蓝色，使细胞核不清晰。因伊红染液是水溶性染液，水洗速度要快，否则切片上的伊红染色会褪去。

8. 脱水 将切片放入 70%、80%、90% 乙醇中速洗（数秒到数十秒），95% 乙醇 30~60s，100% 乙醇Ⅰ、Ⅱ各 10min。脱水的目的是为二甲苯透明创造条件。脱水的过程同时伴有对伊红的分色过程，因此，在低浓度（70%~90%）乙醇中只能短暂停留，以免使伊红颜色过度减退。高浓度乙醇对伊红的分色作用较小，为了保证脱水质量，在高浓度乙醇中停留时间应适当延长，100% 乙醇对伊红几乎没有脱色作用，切片可在其中停留 5~10min，以保证彻底脱水。如脱水不彻底，或因 100% 乙醇含有水分（如夏季空气湿度大，100% 乙醇易吸收空气中的水分），切片进入二甲苯透明时便会混浊而呈乳白色。此时，应将 100% 乙醇脱水次数增加到 3 次，或用 100% 乙醇与二甲苯等体积混合液处理后再进入下一步纯二甲苯透明。

9. 透明 将切片放入二甲苯Ⅰ、Ⅱ中各 10min，目的是将切片中的乙醇用二甲苯置换出来。透明一定要充分，确保乙醇完全被置换出来，使组织切片清澈透明。

10. 封片 透明后的组织切片，用绸布或滤纸擦去多余的二甲苯，滴加中性树胶，盖上盖玻片。滴加中性树胶要适量，动作要快，以免组织干燥影响观察效果。盖玻片要轻轻放置，用镊子夹住盖玻片使其一端先接触树胶，再轻轻盖好，防止出现气泡。盖玻片大小选择要合适，一般要大于组织块，以防封片不全。

11. 镜检 HE染色结果：嗜碱性结构呈蓝紫色，如细胞核；嗜酸性结构呈红色，如胃底腺壁细胞胞质、肌纤维、胶原纤维等（图3-1）。

（三）HE染色常见问题及解决方法

HE染色是一种多步骤、多因素决定的实验方法，染色质量受许多因素的影响。下面介绍HE染色中的常见问题及其对策。

1. 切片在脱蜡后出现白色斑点 切片在脱蜡后出现白色斑点的原因有：烤（烘）片温度太低，切片在脱蜡前没有充分烤（烘）干；切片在二甲苯脱蜡时间不足，或二甲苯使用过久，造成脱蜡不彻底。解决方法是先用无水乙醇去除切片上的水分，然后重新用二甲苯脱蜡；二甲苯脱蜡时间应相对延长，或更换新的二甲苯。

2. 细胞核染色浅 苏木精染色时间太短，苏木精染液过度氧化而失去染色能力及分色时间过长都会导致细胞核染色过浅。如果是骨组织细胞核染色淡，则多数是由于脱钙过度造成。如果组织在酸性固定液如Zenker、Bouin及非中性缓冲甲醛液固定时间过长，细胞核染色能力将减弱。为增强细胞核的染色，需增加苏木精染色的时间，或提高组织的嗜碱性，如使用Weigert铁苏木精染液。如果组织是用Zenker液固定的，可将切片脱蜡后放在5%碳酸氢钠溶液3~4h，流水冲洗5min后染色；如果组织是用Bouin液固定的，可将切片脱蜡后放在5%碳酸锂溶液1h，流水冲洗10min后染色。

3. 细胞核染色太深 原因可能是苏木精染色时间过长或分色时间太短，应适当调整染色和分色时间。

4. 细胞核呈棕色 如果苏木精染液过度氧化或切片在苏木精染液染色后蓝化不足，均可导致细胞核呈棕色。为了避免这种现象发生，每次染色之前应检查苏木精染液的染色力，若氧化过度应及时更换；在苏木精染色后，应用自来水或弱碱性溶液如稀氨水、0.2%碳酸氢钠等冲洗，确保足够的蓝化时间。

5. 伊红染色浅 导致伊红染色浅的原因有伊红染液的pH偏高、蓝化液残留过多、切片经伊红染色后在乙醇中脱水时间过长等，因此应调整伊红染液的pH，可用乙酸将其调节在4.6~5.0之间；每次蓝化后，确保弱碱性溶液被充分洗去；伊红染色后应尽量缩短在低浓度乙醇中的停留时间。

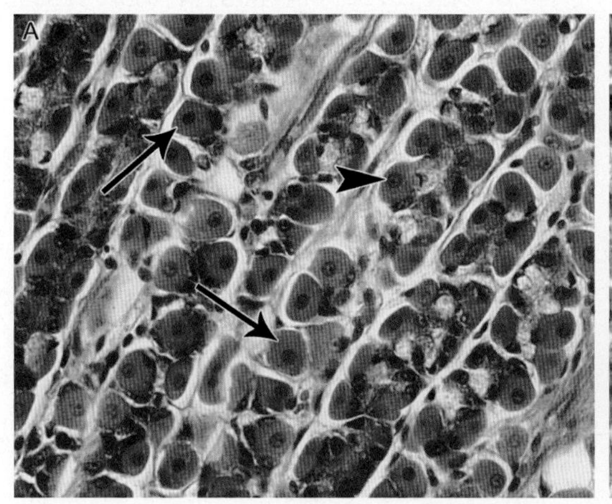

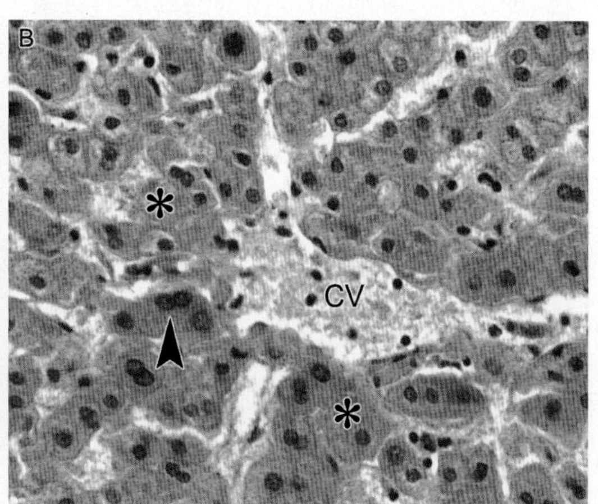

图3-1 HE染色

A. 胃底腺；B. 肝小叶。箭头示嗜碱性的细胞核呈蓝色；长箭头示胃底腺中壁细胞胞质强嗜酸性，呈红色；星号示肝小叶中肝细胞胞质嗜酸性，呈红色；CV. 中央静脉（潍坊医学院管英俊供图）

6. 细胞质过染　伊红染液浓度过高，特别是焰红染料、四溴四氯荧光素钠的存在，伊红染色时间过长，伊红染色后经乙醇脱水步骤过快则会引起分色不足，均会导致细胞质过染。此种现象发生时，应适当稀释伊红染液，减少伊红染色时间，或者适当延长切片在低浓度乙醇中的分色时间。

7. 切片中出现蓝黑色沉淀物　用氧化汞作为氧化剂配制的苏木精染液会在染液表面形成金属膜，用这种染液染色时，金属膜会黏附在载玻片上，使切片中出现蓝黑色沉淀物。为避免这种现象，染色前应过滤苏木精染液或换用其他苏木精染液。

8. 显微镜下见切片内有水珠　切片染色后如果没有完全脱水就进行透明、封片，镜下观察时会见到切片内有许多水珠，此时应在二甲苯中移去盖玻片，溶解封固剂，然后将切片置于无水乙醇重新脱水，再次二甲苯透明，中性树胶封片。

第二节　常用特殊染色方法

特殊染色是特异性显示标本中某些特殊组织结构（成分）或细胞的染色，在光镜下将其与其他组织或细胞区分，以更好地观察组织或细胞的形态特点、数量变化等，从而达到鉴别和研究的目的。

特殊染色可以使用一种染料对多种组织结构（成分）或细胞进行染色，如醛品红可以显示弹性纤维，也可显示肥大细胞颗粒，还可显示胰岛B细胞颗粒、神经核团等，也可以用不同的染料对组织的一种结构（成分）或一种细胞进行染色，如醛品红、硫堇、中性红、甲苯胺蓝等染料都可用来显示肥大细胞颗粒。因此，特殊染色可使组织或细胞显示出丰富多彩的结构特点，丰富人们对组织或细胞结构的认识。

一、镀银染色

镀银染色是将固定后的组织或切片浸于银溶液中，再用还原剂处理，使银颗粒附着在组织结构上，使之呈现深棕色或黑色。某些结构成分如神经组织，经硝酸银处理时可使硝酸银还原，形成银的微粒附着在组织结构上，呈棕黑色，这种性质称为亲银性（argentaffin）。有些结构无直接还原作用，如网状纤维，需加入还原剂方能显色，称为嗜银性（argyrophilia）。镀银染色是组织学常用的一种染色方法，多用于显示神经元、神经纤维、神经胶质细胞、网状纤维、内分泌细胞等。

（一）神经元Golgi染色法

1. 试剂

（1）5%重铬酸钾水溶液：5g重铬酸钾溶于100ml蒸馏水。

（2）2%硝酸银水溶液：2g硝酸银溶于100ml蒸馏水。

2. 染色步骤

（1）取小块组织用4%多聚甲醛溶液固定24h。

（2）流水冲洗2~3h。

（3）5%重铬酸钾水溶液中37℃温箱内媒染2~3d。

（4）蒸馏水洗1~2min。

（5）2%硝酸银水溶液中37℃温箱内浸染2~3d。

（6）水洗5~10min。

（7）乙醇梯度脱水2h。

（8）等体积比乙醚和乙醇混合火棉胶浸1h。

（9）12%火棉胶包埋。

（10）滑式切片机切片，切片厚度为50~80μm。

（11）将切片放入等体积比乙醚和乙醇混合溶液，再入无水乙醇脱水5min，入苯酚二甲苯3min，二甲苯透明，中性树胶封片。

3. 染色结果　神经元与神经胶质细胞胞体及突起呈黑色或深黄色（图3-2）。

（二）神经纤维镀银改良法

1. 试剂

（1）20%硝酸银。

（2）氨银液：将30ml 20%硝酸银溶液与20ml无水乙醇混合，然后逐滴加入氢氧化铵直至生成的沉淀恰好溶解，再加氢氧化铵0.5ml，pH为10。

（3）0.2%氯化金。

（4）5%硫代硫酸钠。

（5）丽春红酸性品红液：丽春红2R 0.7g，酸性品红0.35g，冰乙酸1ml，蒸馏水99ml。

（6）1%磷钼酸。

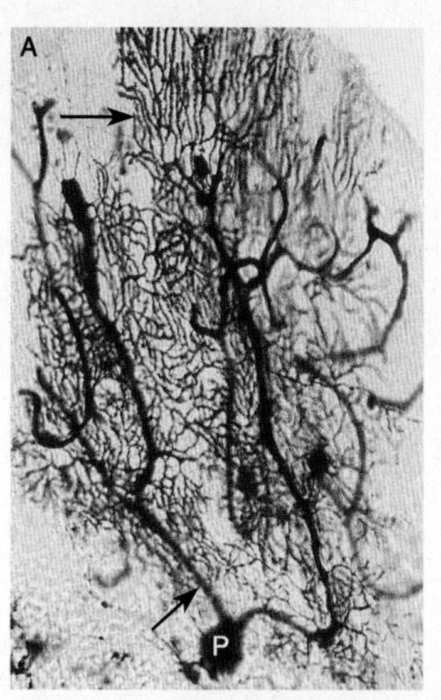

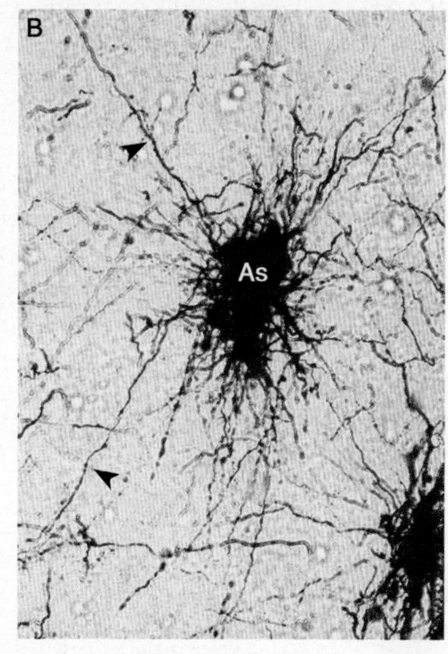

图 3-2 神经组织 Golgi 法镀银染色

A. 小脑皮质浦肯野细胞；B. 纤维性星形胶质细胞。P. 小脑皮质浦肯野细胞胞体；As. 纤维性星形胶质细胞胞体；长箭头示小脑浦肯野细胞树突及其分支；短箭头示纤维性星形胶质细胞突起（华中科技大学李和供图）

（7）淡绿液：淡绿 1g，冰乙酸 0.2g，蒸馏水 100ml。

2. 染色步骤

（1）切片脱蜡入水，蒸馏水洗。

（2）37℃ 20% 硝酸银 30min，蒸馏水洗。

（3）10% 福尔马林还原 20s。

（4）滴加氨银液 30s。

（5）10% 福尔马林还原 1min，蒸馏水洗。

（6）0.2% 氯化金调色。

（7）5% 硫代硫酸钠液漂洗 2min。

（8）充分水洗，蒸馏水洗。

（9）丽春红酸性品红液 3~5min，1% 磷钼酸水溶液 1min，蒸馏水洗。

（10）0.2% 冰乙酸 1~2min，1% 淡绿液 2~3min。

（11）水中速洗。

（12）梯度乙醇脱水，二甲苯透明，中性树胶封片。

3. 染色结果 神经纤维呈黑色，胶原纤维、神经内膜、神经束之间的结缔组织呈绿色，成纤维细胞及肌纤维呈红色。

4. 注意事项

（1）切片不宜太厚，5~6μm 为宜。

（2）银染液的配制要严格准确，所用的玻璃器皿要洁净，严防自来水污染，宜现用现配。

（3）染色的操作要准确，三色复染时要适当，深染会使神经纤维模糊不清，淡染会使对比度小而不易显示，如丽春红酸性品红液染色 3~5min，淡绿液染色 2~3min。

（三）神经纤维 Holmes 硝酸银染色法

1. 试剂

（1）20% 和 1% 硝酸银水溶液。

（2）1.24% 硼酸。

（3）1% 硼酸钠水溶液。

（4）10% 吡啶水溶液。

（5）浸染液：临用前将新鲜配制的 1.24% 硼酸 27.5ml 与 1% 硼酸钠 22.5ml 混合后加双蒸水 247ml，然后加 1% 硝酸银水溶液 0.5ml、10% 吡啶水溶液 2.5ml，充分混匀。

（6）还原液：对苯二酚 1g，亚硫酸钠 10g，溶于 100ml 双蒸水（用前新鲜配制）。

（7）0.2% 氯化金水溶液：用 1% 氯化金水溶液稀释。

（8）2% 草酸水溶液。

（9）5% 硫代硫酸钠水溶液。

2. 染色步骤

（1）切片脱蜡入水。

（2）20% 硝酸银水溶液室温 1h（避光）。

（3）蒸馏水漂洗 3 次，每次 10min。

（4）浸染液37℃浸染过夜（保证每张切片不少于20ml浸染液）。

（5）取出切片，甩去浸染液，入还原液至少2min。

（6）流水冲洗3min。

（7）0.2%氯化金中反应3min。

（8）蒸馏水漂洗后入2%草酸3~10min，直到轴突完全变为蓝黑色。

（9）蒸馏水漂洗后入5%硫代硫酸钠5~10min。

（10）自来水洗10min后乙醇脱水，二甲苯透明，中性树胶封片。

3. 染色结果 轴突呈蓝黑色，胞体淡染或不着色，细胞核淡黄色（图3-3）。

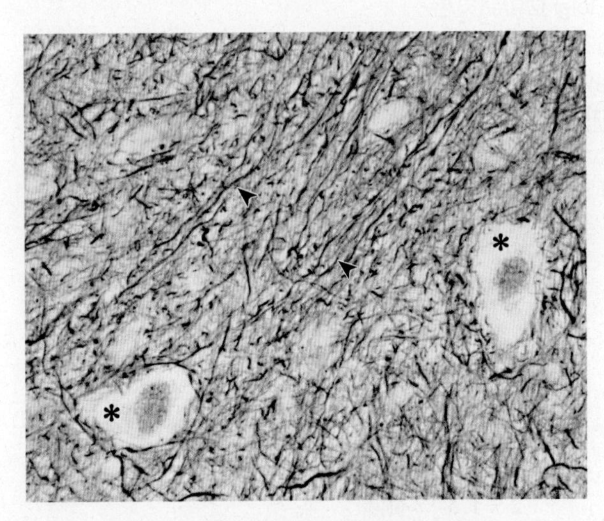

图3-3 神经纤维Holmes硝酸银染色
箭头示轴突；星号示神经元胞体

（四）小胶质细胞Naoumenko & Feigin染色法

1. 试剂

（1）3%盐酸。

（2）5%碳酸钠。

（3）银氨溶液：20%硝酸银10ml，5%碳酸钠水溶液80ml，混匀后逐滴滴加氨水直至沉淀溶解，过滤后使用。

（4）0.2%多聚甲醛溶液。

（5）0.2%氯化金水溶液。

（6）5%硫代硫酸钠水溶液。

2. 染色步骤

（1）石蜡切片脱蜡入水。

（2）3%盐酸12h，蒸馏水速洗2次。

（3）5%碳酸钠2h。

（4）银氨溶液1min，沥干切片。

（5）0.2%多聚甲醛溶液摇动2次，每次约10s，直至组织为浅灰棕色，蒸馏水浸洗。

（6）0.2%氯化金水溶液1min，蒸馏水洗。

（7）5%硫代硫酸钠水溶液1min，流水冲洗。

（8）梯度乙醇脱水，二甲苯透明，中性树胶封片。

3. 染色结果 小胶质细胞呈黑色，背景为浅灰色或浅黄色（图3-4）。

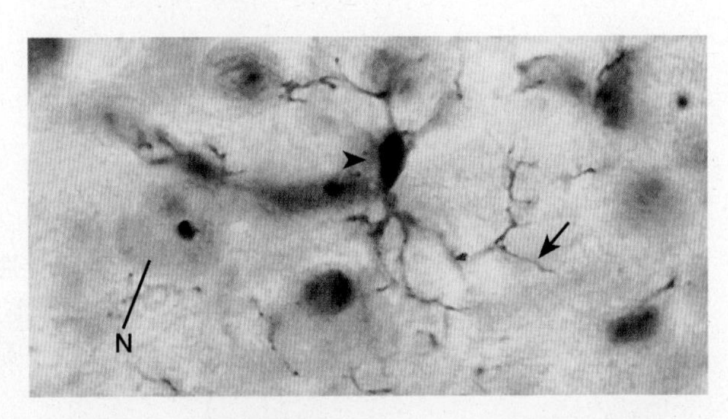

图3-4 小胶质细胞Naoumenko & Feigin染色
箭头示小胶质细胞胞体；长箭头示小胶质细胞突起；N示神经元细胞核

（五）胶质细胞Weil & Davenport染色法

1. 试剂

（1）10%氢氧化铵。

（2）银溶液：5%硝酸银水溶液逐滴加入2ml 25%氢氧化铵，边滴边搅动，直至混合液内残留微量的沉淀颗粒，此时溶液呈橙棕色。

（3）3%多聚甲醛溶液。

（4）5%硫代硫酸钠水溶液。

2. 染色步骤

（1）石蜡切片脱蜡入水；冷冻切片置于10%氢氧化铵2h，蒸馏水浸洗。

（2）银溶液3~4s，沥干切片。

（3）切片入3%多聚甲醛溶液，轻轻摇动，约30s，至组织为深棕色。

（4）蒸馏水充分浸洗，光镜下镜检。

（5）5%硫代硫酸钠水溶液2~5min，流水冲洗3min。

（6）梯度乙醇脱水，二甲苯透明，中性树胶封片。

3. 染色结果 少突胶质细胞、小胶质细胞和星形胶质细胞为黑色，背景为棕黄色或黄色。

4. 注意事项　银溶液的配制是染色成功的关键，尤其要注意控制沉淀颗粒溶解的程度，以银溶液中残留微量颗粒为好。为了显示不同类型的胶质细胞，应调整浸银时间及甲醛还原浓度：少突胶质细胞浸银时间可延长至30~40s，小胶质细胞以10%甲醛还原较好。若光镜下镜检细胞染色浅，可重复浸银－还原过程。通过氯化金调色，可以增强细胞与组织背景的反差。

（六）网状纤维Foot银染法

1. 试剂

（1）0.25%高锰酸钾水溶液。

（2）5%草酸水溶液。

（3）20%甲醛溶液。

（4）0.2%氯化金水溶液。

（5）5%硫代硫酸钠水溶液。

（6）碳酸铵银液：将10ml 10%硝酸银水溶液加入10ml碳酸锂饱和水溶液，静置片刻，倾去上清液，用蒸馏水洗涤浅黄色沉淀物3~6次，然后加蒸馏水至25ml，再逐滴加入28%氢氧化铵，边加边搅拌，直到沉淀物颗粒几乎完全溶解，再加蒸馏水到100ml，过滤后备用。

2. 染色步骤

（1）石蜡切片脱蜡入水。

（2）0.25%高锰酸钾水溶液2~5min，蒸馏水洗。

（3）5%草酸水溶液1~2min或组织颜色变白即可。

（4）流水冲洗3min，蒸馏水浸洗3min。

（5）入预热（56℃）碳酸铵银溶液染色，56℃温箱内15~30min。

（6）蒸馏水速洗。

（7）20%甲醛溶液5min。

（8）蒸馏水充分洗。

（9）0.2%氯化金水溶液5min。

（10）蒸馏水充分洗。

（11）5%硫代硫酸钠水溶液1min。

（12）流水冲洗3min。

（13）常规乙醇脱水，二甲苯透明，中性树胶封片。

3. 染色结果　网状纤维呈黑色，细胞核呈浅灰色，背景无色（图3-5）。

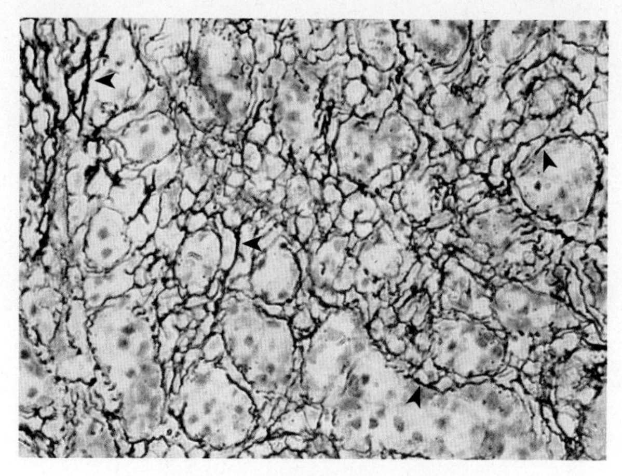

图3-5　网状纤维铵银染色
箭头示网状纤维（华中科技大学李和供图）

（七）Gomori银染法

1. 试剂

（1）1%高锰酸钾水溶液。

（2）3%偏重亚硫酸钾水溶液。

（3）银溶液：取40ml 10%硝酸银水溶液加入10ml 10%氢氧化钾，静置沉淀物，倾去上清液，用蒸馏水洗涤沉淀物数次。逐滴加入25%氢氧化铵，边加边搅拌，直到沉淀物颗粒几乎完全溶解，最后加入蒸馏水至100ml，过滤于棕色试剂瓶内备用。

（4）2%硫酸铁铵水溶液。

（5）10%福尔马林。

（6）0.2%氯化金水溶液。

（7）2.5%硫代硫酸钠水溶液。

2. 染色步骤

（1）石蜡切片脱蜡入水。

（2）1%高锰酸钾水溶液1~2min，蒸馏水洗。

（3）3%偏重亚硫酸钾水溶液处理至组织变为白色，流水冲洗3min，蒸馏水浸洗。

（4）2%硫酸铁铵水溶液1~2min，流水冲洗3min，蒸馏水浸洗3min。

（5）银溶液1min，蒸馏水速洗（约20s）。

（6）10%福尔马林3min，蒸馏水充分浸洗。

（7）0.2%氯化金水溶液10min，蒸馏水充分浸洗。

（8）3%偏重亚硫酸钾水溶液1min，蒸馏水充分浸洗。

（9）2.5%硫代硫酸钠1~2min，流水冲洗3min。

（10）常规乙醇脱水，二甲苯透明，中性树胶封片。

3. 染色结果 网状纤维呈黑色，细胞核呈浅灰色，胶原纤维呈灰紫色，背景无色。

（八）Ogata 硝酸银染色法

1. 试剂

（1）Ogata 固定液：重铬酸钾 3g，38%~40% 甲醛 10ml，蒸馏水 90ml。

（2）Ogata 氨银溶液：取 20% 硝酸银水溶液 5ml，滴加 5 滴 40% 氢氧化钠，形成沉淀。然后逐滴加入氢氧化铵使沉淀溶解，边滴边摇荡，至沉淀恰好溶解为止。氢氧化铵不可加过量，用蒸馏水稀释成 5% 应用液即可使用。

（3）1% 氢氧化铵溶液。

（4）10% 福尔马林。

2. 染色步骤

（1）取新鲜小块组织用 Ogata 固定液固定 2~3d。

（2）流水冲洗 18~24h。

（3）蒸馏水洗。

（4）用氨银溶液置于室温暗处浸染 3~6h。

（5）入 1% 氢氧化铵，置于暗处浸洗 30min。

（6）流水冲洗 40~60min。

（7）10% 福尔马林再浸 1~2d。

（8）冷冻切片（厚 8~15μm），裱片于载玻片上。

（9）常规乙醇脱水，二甲苯透明，中性树胶封片。

3. 染色结果 嗜铬细胞颗粒呈黑色。

二、尼氏染色

尼氏染色（Nissl staining）由德国病理学家 F Nissl 于 1892 年创立，用于显示神经元胞质内的尼氏体。尼氏体（Nissl body）又称为嗜色小体或“虎斑”，存在于神经元胞体和树突内，是神经元的特征性结构之一。光镜下，尼氏体呈嗜碱性颗粒状或斑块状；电镜下，主要由平行排列的粗面内质网和游离核糖体组成。神经元胞体内尼氏体的主要成分为 RNA 和蛋白质，主要功能是合成蛋白质，为神经活动所需。不同类型的神经元，其尼氏体的形状、大小、数量与分布都不同。尼氏体在神经元内的存在、缺少或消失，可以提示神经元的正常、异常或病理状态，具有病理或临床诊断的参考价值。尼氏体带负电荷，能与碱性染料的阳离子结合。焦油紫、天竺牡丹、甲苯胺蓝、硫堇、中性红、甲基蓝等碱性染料均可用于尼氏体的染色。染色对固定剂的要求不严格，经乙醇固定的标本适于硫堇染料，而焦油紫、天竺牡丹或甲苯胺蓝染色则用 10% 福尔马林固定标本。如用苦味酸固定，固定时间不宜过长，否则标本对碱性染料不易着色。

（一）焦油紫染色

1. 试剂

（1）0.5% 焦油紫：焦油紫 0.5g，蒸馏水 100ml。染液配制后最好静置 48h，以促使其成熟，使用前过滤。室温下染液的稳定性可保持一年。

（2）0.25% 冰乙酸乙醇溶液：将 250μl 冰乙酸加入到 100ml 95% 乙醇中，混匀即可。

2. 染色步骤

（1）石蜡切片脱蜡下行入水。

（2）0.5% 焦油紫染色，10~20min。

（3）蒸馏水快洗。

（4）0.25% 冰乙酸乙醇溶液分色 4~8s，光镜下镜检分色程度。

（5）100% 乙醇快速脱水 2 次，每次 2~3min。

（6）二甲苯透明，中性树胶封片。

3. 染色结果 尼氏体呈紫色，细胞核呈蓝紫色，组织背景无色或浅蓝色（图 3-6A）。

4. 注意事项

（1）显示尼氏体的切片，可为石蜡切片、冷冻切片或火棉胶切片。由于神经元的细胞体较大，切片厚度可在 7~10μm，甚至 25μm 以上。

（2）利用焦油紫进行尼氏体染色时，各个实验室所使用的染液配制方法略有不同，如焦油紫浓度可在 0.1%~0.5% 范围，可用蒸馏水配制，也可用 95% 乙醇配制，还可加入少量冰乙酸成分等。

（3）染色方法中的分色液，可依据固定剂选择而定。Susa 固定剂固定的标本，染色后可直接行 95% 乙醇分色；10% 福尔马林固定的标本，染色后经 0.125%~0.25% 乙酸分色，光镜下观察分色程度。

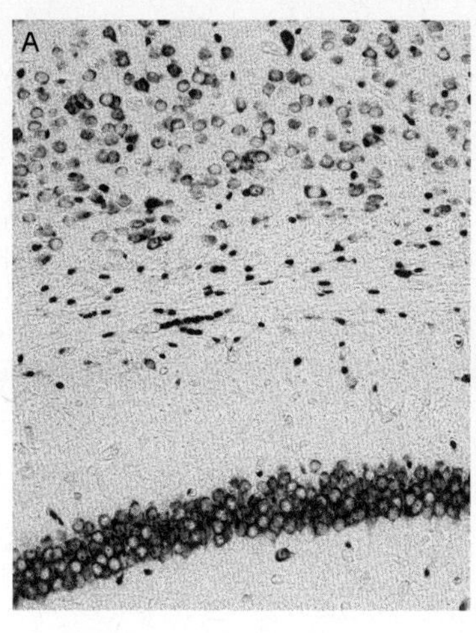

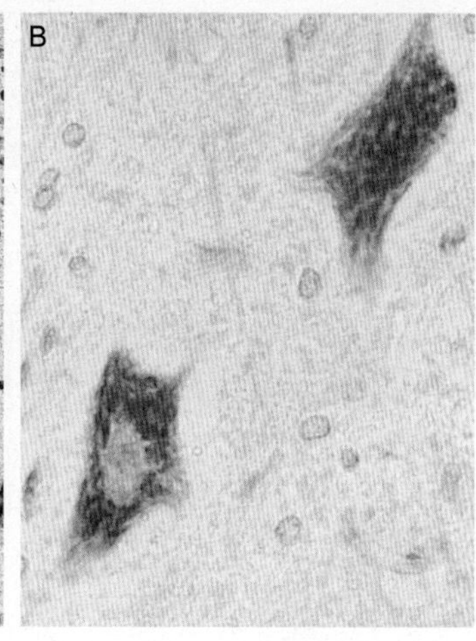

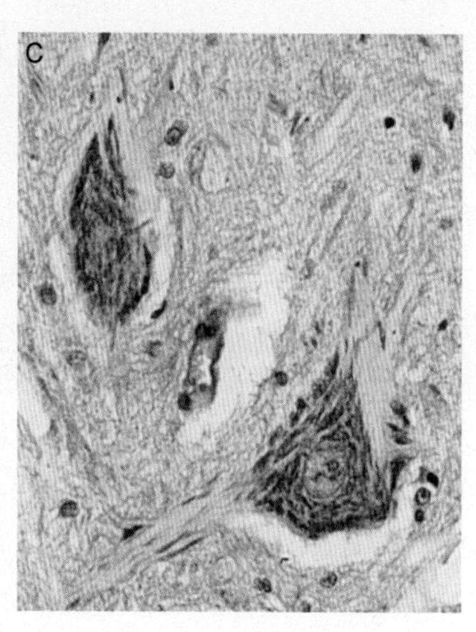

图 3-6 尼氏染色

A. 焦油紫染色（南方医科大学张璐供图）；B. 天竺牡丹染色（潍坊医学院管英俊供图）；C. 甲苯胺蓝染色（潍坊医学院管英俊供图）

（二）天竺牡丹染色法

1. 试剂 0.4% 天竺牡丹染色液：将 0.4g 天竺牡丹溶解于 100ml 蒸馏水中。

2. 染色步骤

（1）石蜡切片常规脱蜡入水。

（2）蒸馏水洗。

（3）0.4% 天竺牡丹染色液室温染色 5min。

（4）蒸馏水洗 2min。

（5）80% 乙醇分色，光镜下观察至尼氏体清晰时终止分色。

（6）100% 乙醇脱水 2 次，每次 2~3min。

（7）二甲苯透明，中性树胶封片。

3. 染色结果 尼氏体呈紫红色颗粒或斑块状，细胞核淡紫色（图 3-6B）。

（三）甲苯胺蓝染色

1. 试剂 0.1% 甲苯胺蓝：0.1g 碳酸钠溶于 100ml 双蒸水，配成 0.1% 碳酸钠水溶液（pH 11.1），再加入 0.1g 甲苯胺蓝。

2. 染色步骤

（1）石蜡切片脱蜡下行入水。

（2）预热 0.1% 甲苯胺蓝溶液至 60℃，染色 3~5min。

（3）快速蒸馏水洗。

（4）90%~95% 乙醇分色，光镜下镜检分色程度。

（5）100% 乙醇迅速脱水 2 次，每次 2~3min。

（6）二甲苯透明，中性树胶封片。

3. 染色结果 尼氏体呈深蓝色，细胞核呈浅蓝色，背景无色或淡蓝色（图 3-6C）。

三、Wright 和 Giemsa 染色

Wright 和 Giemsa 染色分别应用 Wright 染料和 Giemsa 染料，能对多种细胞、染色体、细菌、寄生虫等进行染色。Wright 染料和 Giemsa 染料均为由伊红、亚甲蓝或亚甲蓝及其氧化产物如天青等共同构成的复合染料，但两者中亚甲蓝及其氧化产物的比例不同，Wright 染料中亚甲蓝氧化产物较少，Giemsa 染料中含较多的氧化产物天青Ⅱ。伊红为酸性染料，能将细胞中的碱性物质（嗜酸性成分）染成红色；亚甲蓝及其氧化产物为碱性染料，则将细胞中的酸性物质（嗜碱性成分）染成紫蓝色。中性物质与伊红和亚甲蓝 / 天青均可结合，染淡紫色，一般 Wright 染料对胞质及其中的颗粒着色较好，对细胞核染色较差，而 Giemsa 染料对细胞核着色较好，将二者结合的 Wright-Giemsa 染色及 May-Grunwald-Giemsa 染色可兼取二者之长。

（一）血涂片 Wright 染色

Wright 染料由酸性染料伊红和碱性染料亚甲蓝组成，因此 Wright 染色又称亚甲蓝伊红染色法，是最常用的血涂片染色方法之一。Wright 染色对粒细胞的特异性颗粒着色性比 Giemsa 染色法好，但染色过程不易掌握，常发生过染或异染（红细胞内的血红蛋白被染成深紫红色或蓝紫

色），并易污染，对细胞核的染色不如Giemsa染色法。

1. Wright染液配制 将0.1g干燥的Wright染料放入研钵内充分研磨成细粉末状，加入少量甲醇，边加边研磨，至成糊状后加甲醇至60ml，使染料完全溶解，倒入棕色试剂瓶内室温保存。新鲜配制的染液一般呈偏碱性，放置后呈微酸性，着色能力增强，放置时间越久，着色能力越强，一般储存3个月以上为佳。

2. 染色步骤

（1）从耳垂或左手无名指腹取血一滴，迅速涂片。

（2）甲醇或95%乙醇固定5min以上。

（3）滴加Wright染液，染色2~3min。

（4）加入等量磷酸盐缓冲液（pH 6.5~7），再染色5~8min。

（5）蒸馏水洗。

（6）晾干，中性树胶封片。

3. 染色结果 红细胞呈橘红色，中性粒细胞颗粒呈紫色或紫红色，嗜酸性粒细胞颗粒呈鲜红色或橘红色，嗜碱性粒细胞颗粒呈深紫蓝色，淋巴细胞胞质呈天蓝色，单核细胞胞质呈灰蓝色，白细胞胞核为紫色，血小板为紫色（图3-7）。

4. 注意事项

（1）Wright染料对pH较敏感，一般认为pH 6.5~7较适宜，染色结果色泽鲜艳。pH越低，染色越红，其中红细胞颜色变化最敏感。因此，配制Wright染液必须用优质甲醇，稀释染色必须用缓冲液，冲洗用水应近中性，否则可导致各种细胞染色反应异常，以致识别困难。

（2）若红细胞呈紫红色，表明染色时间过长；若白细胞核为天蓝色，表明染色时间不足。

（二）血涂片Giemsa染色

Giemsa染色也是血涂片最常用的染色方法之一。Giemsa染料由伊红和天青组成，染色原理和结果与Wright染色法基本相同。Giemsa染色过程易控制，不易污染，对细胞核着色较好，结构显示较清晰，但染色时间较长，对细胞质和中性颗粒染色较弱。

1. Giemsa染液配制

（1）Giemsa染液：Giemsa染料0.5g，甘油22ml，甲醇33ml。将Giemsa粉置于研钵内，先用少量甘油与之充分混合，研磨至无颗粒后将剩余的甘油加入，56℃保温2h；保温期间经常摇动，使

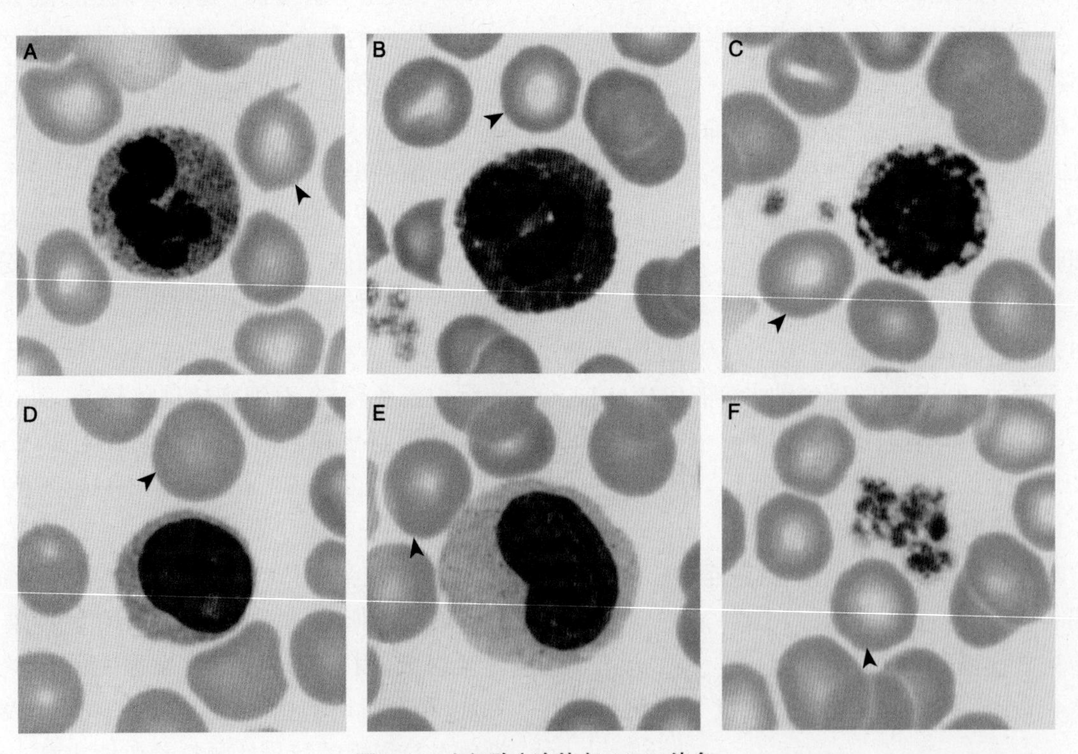

图3-7 血细胞（涂片）Wright染色

A. 中性粒细胞；B. 嗜酸性粒细胞；C. 嗜碱性粒细胞；D. 淋巴细胞；E. 单核细胞；F. 血小板；箭头示红细胞（汕头大学医学院陈海滨供图）

染料充分混合，然后加入甲醇并振摇混合，保存于棕色瓶内。于冰箱内可以长期保存，一般刚配制的母液染色效果欠佳，保存2~3周后效果较好。

（2）磷酸盐缓冲液：1%磷酸氢二钠20ml，1%磷酸二氢钠30ml，加蒸馏水至1 000ml，调整pH 6.4~6.8。

（3）Giemsa工作液：按1∶9取母液和磷酸盐缓冲液混合配成工作液。

2. 染色步骤

（1）用甲醇、无水乙醇固定血涂片5~10min或用1∶3乙酸/甲醇固定30min。

（2）滴加Giemsa工作液，使其布满玻片，注意不要有气泡，用染色缸染色亦可，室温染色20~30min或更长，冬天可在37℃温箱中染色。

（3）用自来水冲去玻片上的多余染料，自然干燥，二甲苯透明，中性树胶封片。

3. 染色结果　与Wright法染色结果相似，核质对比明显，嗜酸性粒细胞胞质中嗜酸性颗粒着色较Wright法更加鲜艳。

4. 注意事项　工作液宜现用现配，保存时间不超过48h；缓冲液pH要准确，否则影响染色效果；用染色缸染色前应先用滤纸去除液面的氧化层后再进行染色。

（三）血涂片Wright-Giemsa染色

Wright-Giemsa法的染色原理和结果与Wright染色法基本相同，但过程较Wright法简便快速，兼有Wright法和Giemsa法的优点，细胞质、细胞核和颗粒更清晰可辨。

1. 试剂配制

（1）Giemsa原液：Giemsa染料0.75g，甲醇50ml，甘油50ml。先把Giemsa染料溶于甘油，在50℃水溶液中使其充分溶解，用玻璃棒搅动30min，冷却后加入甲醇，摇匀，过夜即可使用。

（2）Wright-Giemsa染液：Wright染液5ml，Giemsa母液（配制方法见Giemsa染色）1ml，Balint磷酸盐缓冲液（pH 6.8）（磷酸二氢钾6.63g，磷酸氢二钠2.56g，蒸馏水1 000ml稀释）6ml混合。新配制的染料偏碱，置室温或37℃一定时间，待染料成熟后使用，贮存时间越久染色效果越好。

2. 染色步骤

（1）采血：从耳垂或左手无名指腹取血一滴，迅速涂片。

（2）固定：用无水乙醇固定10~15min。

（3）染色：Wright-Giemsa染液染色0.5~1min。

（4）水洗：滴加等量蒸馏水（或pH 6.8磷酸盐缓冲液），再染5~10min，蒸馏水洗。

（5）封片：血涂片完全干燥后，中性树胶封片，镜检。

3. 染色结果　与Wright法或Giemsa法染色结果相似，染色效果更佳，细胞质和细胞核的染色清晰分明，细胞核着色呈深浅不同的紫红色，细胞质呈淡粉红色，嗜酸性、嗜碱性以及中性粒细胞颜色分明。

4. 注意事项

（1）取血时因为含单核细胞较多，第一滴血可弃之不用。

（2）若血膜未干，细胞尚未牢固黏附在载玻片上，染色过程中容易脱落。因此，血膜必须充分干燥。

（3）若血膜未干进行染色，血细胞漂浮于染液中，在冲洗过程中易被冲走，从而使血细胞减少，甚至没有血细胞。

（4）滴加染液不可过少，以防蒸发干燥、染料沉着于血涂片上难以冲洗干净。

（5）滴加蒸馏水时从血涂片中间加入，让染液向玻片四周扩散，减少杂质沉淀。

（6）染色时间的长短与染液浓度、室温高低和有核细胞数量有关。

（7）冲洗时用蒸馏水将染液洗去，不能先倒掉染液，以免染料沉着于血涂片上。冲洗前在低倍镜下观察有核细胞是否染色清楚，核着色是否分明。

（四）May-Grunwald-Giemsa染色法

May-Grunwald-Giemsa染色法的染液由May-Grunwald染料和Giemsa染料组成，前者为伊红亚甲蓝Ⅱ，对细胞质着色较好；后者对细胞核着色较好。May-Grunwald-Giemsa染色法兼有Wright法和Giemsa法的优点，对细胞质和细胞核染色效果均较好。该方法操作简单，涂片可保存十多年不褪色；同时对细菌、真菌及胆固醇结晶的显示也很清楚，适用于淋巴造血系统的细胞标本、胸腹水、穿刺标本的染色及恶性淋巴瘤类型的鉴别。

1. 试剂配制

（1）May-Grunwald 染液：May-Grunwald 染料 1g，甲醇 100ml。在研钵内用少量纯甲醇将染料充分研磨成均匀一致的悬液，倒入烧瓶中，加入其余的甲醇后置入 37℃温箱 4~6h，每隔 30min 研磨 30min，然后放入深棕色瓶内，在室温下保存，2 周后使用。临用前取 40ml，加纯甲醇 20ml 混合用作工作液。

（2）Giemsa 染液：Giemsa 粉 0.6g，甘油 50ml，甲醇 100ml。将 Giemsa 粉溶于甘油内，在研钵内研磨 3~4h，使之磨匀，加入纯甲醇后搅拌均匀，放入深棕色瓶内，室温下保存，2 周后即可使用。

（3）磷酸盐缓冲液：见 Giemsa 染液配制。

2. 染色步骤

（1）自然干燥的细胞涂片（预先滴加甲醇固定更好）水平置于染色架上。

（2）将 May-Grunwald 染液（用缓冲液或蒸馏水 5~10 倍稀释）滴加涂片上，染色 10~30min。

（3）倒弃涂片上的 May-Grunwald 染液，自来水漂洗干净。

（4）立即滴加 Giemsa 染液（用缓冲液或蒸馏水 5~10 倍稀释）于涂片上，染色 10~30min。

（5）弃去涂片上的 Giemsa 染液，自来水漂洗干净。

（6）湿润时加盖片或空气中自然干燥后镜检，必要时在未干状态加香柏油封片，也可干燥后用中性树胶封片。

3. 染色结果 细胞核染成紫红色，细胞质和核仁染成蓝紫色。

（五）嗜铬细胞 Giemsa 染色

1. 试剂配制

（1）Regud 固定液：3% 重铬酸钾 80ml，浓甲醛 20ml。临用前把两者混合即可使用。混合 24h 后开始失效。

（2）Giemsa 原液。

（3）Giemsa 稀释液：Giemsa 原液 1.5ml，0.2mol/L 磷酸盐缓冲液（pH 6.8）30ml，临用前配制。

2. 染色步骤

（1）新鲜组织放入 Regud 固定液固定 2~4d，每天换一次新液，再用 3% 重铬酸钾水溶液固定 1d。

（2）流水冲洗 24h，常规脱水、石蜡包埋、切片。

（3）脱蜡入水，蒸馏水洗 2~3 次，30min。

（4）Giemsa 稀释液染色 18~24h。

（5）蒸馏水洗，滤纸吸干。

（6）正丁醇分色数秒，滤纸吸干。

（7）正丁醇脱水。

（8）二甲苯透明，中性树胶封片。

3. 染色结果 嗜铬细胞胞质颗粒呈绿黄色，细胞核蓝色，结缔组织浅红色。

4. 注意事项

（1）Giemsa 稀释液用 0.2mol/L PB 稀释效果好，因染色时间长，用浸染而不用滴染。Giemsa 稀释液现用现配。

（2）分色液可用 95% 乙醇和丙酮，但正丁醇分色更理想，且不脱色。

（3）用甲醛固定的组织也可用 Giemsa 稀释液染色，但其结果与铬盐固定液固定的组织有很大差别。经甲醛液固定后，嗜铬细胞胞质颗粒呈酸性，被 Giemsa 稀释液染成玫瑰红色；经含铬盐固定液固定后，嗜铬细胞颗粒呈中度嗜碱性，被 Giemsa 稀释液染成绿黄色。若组织在甲醛中固定的时间过长，染色效果更差，甚至反应完全消失。

四、铁苏木精染色

铁苏木精染色法以三价铁盐为媒染剂，常用于显示骨骼肌纤维的横纹、心肌纤维的闰盘等，其染色原理目前不清楚。常用的铁苏木精染液有以氯化铁铵作为媒染剂的 Weigert 铁苏木精溶液和以硫酸铁铵作为媒染剂的 Heidenhain 铁苏木精溶液两种，其中以 Heidenhain 铁苏木精溶液更常用。

1. 试剂配制 Heidenhain 铁苏木精溶液配制方法分为以下两种：

（1）Heidenhain 铁苏木精溶液配制方法一：10g 苏木精充分溶于 90ml 100% 乙醇中，自然成熟 2~3 周，也可加氧化剂（高锰酸钾、过氧化氢、氧化汞等）加速成熟；取成熟苏木精染液 10ml，加蒸馏水至 100ml，混合均匀即可用于染色。

（2）Heidenhain 铁苏木精溶液配制方法二：1g 苏木精溶于 20ml 100% 乙醇后，加蒸馏水至 200ml，自然成熟 3~4 周，使用前过滤。

2. 染色步骤

（1）石蜡切片脱蜡下行入水。

（2）5% 硫酸铁铵水溶液室温 3h 或过夜。

（3）蒸馏水快洗。

（4）Heidenhain 苏木精染液室温染色 1~6h 或 45℃ 45min。

（5）流水冲洗，2~5min。

（6）1% 硫酸铁铵水溶液分色，光镜下镜检分色程度。

（7）流水冲洗 10min。

（8）乙醇脱水，二甲苯透明，中性树胶封片。

3. 染色结果 横纹肌横纹、心肌闰盘、细胞核呈深蓝色；红细胞、线粒体、有丝分裂象等呈蓝黑色或黑色，组织背景无色（图 3-8）。

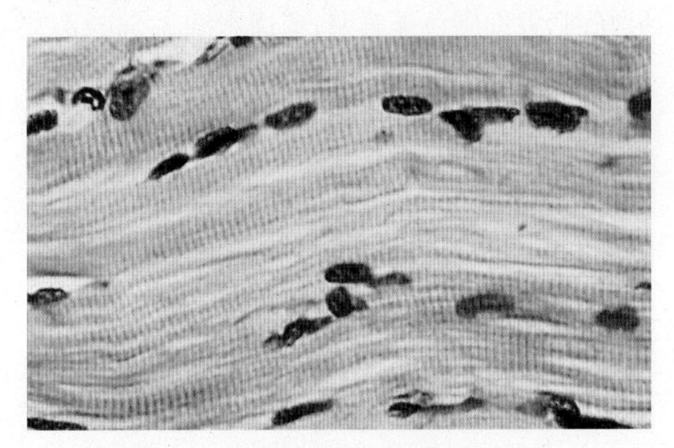

图 3-8 骨骼肌纤维横纹铁苏木精染色
（潍坊医学院管英俊供图）

4. 注意事项

（1）横纹肌所显现的颜色主要依据苏木精成熟的程度，新配制的苏木精染液，横纹肌颜色为深蓝色，陈旧的苏木精染液，横纹肌被染成蓝黑色或黑色。

（2）一般苏木精染色时间应与硫酸铁铵媒染时间相近，因为媒染时间决定苏木精着色程度。另外，媒染时间和苏木精染色时间与标本固定剂有关，10% 福尔马林溶液、Bouin、Carnoy 固定剂固定的标本，其媒染和苏木精染色的时间较 Helly、Zenker 固定剂要短一些。

（3）分色液浓度可选择在 1%~5%，镜下控制分色程度。

（4）Heidenhain 铁苏木精也可以用于显示其他结构，染色后所有成分呈黑色或深灰黑色，可通过铁矾液不同的分色进程控制被染对象的颜色，如线粒体、横纹肌、核染色质以及髓鞘等。

五、异染性染色

有些碱性染料在一定条件下，其染液呈现的颜色与被染色对象所呈现的颜色不同，称异染性染色（metachromatic staining），这类碱性染料属于异染性染料（metachromatic dye）。常用的异染性染料有甲苯胺蓝、硫堇、结晶紫、亚甲蓝等。这类染料的共同特点是染色结果与染料固有的染色不同，但同时具有原色染色性质。如肥大细胞颗粒内含有组织胺和肝素等呈异染性物质，因此用异染性染料如甲苯胺蓝染色可使其呈紫红色，但细胞核呈蓝色。

异染性染色的原理尚不清楚。有人认为，当组织结构中的某些酸性基团彼此间距小于 0.5nm 时，染料阳离子与其结合，引起染料分子发生不同程度的聚合，即染料分子由单体（原色）转变为双聚体或多聚体（异色），使吸收光谱的光波范围发生改变，不同于原色的吸收光谱，从而产生异染现象。

（一）甲苯胺蓝法

1. 试剂配制

（1）0.5% 甲苯胺蓝液：甲苯胺蓝 0.5g，蒸馏水加至 100ml。

（2）0.5% 冰乙酸液：冰乙酸 0.5ml，蒸馏水 99.5ml。

2. 染色步骤

（1）石蜡切片脱蜡入水。

（2）0.5% 甲苯胺蓝水溶液 20~30min，水洗。

（3）0.5% 冰乙酸液分色，显微镜下控制分色程度。

（4）蒸馏水洗。

（5）100% 乙醇脱水 2 次，每次 2min。

（6）二甲苯透明，中性树胶封片。

3. 染色结果 肥大细胞颗粒呈紫红色（图 3-9）。

4. 注意事项

（1）染色后用 100% 乙醇或丙酮脱水，不能用低浓度乙醇脱水，因为低浓度乙醇容易使肥大细胞颗粒恢复正色性而呈蓝色。

（2）如无甲苯胺蓝，可用硫堇液染色，肥大细胞颗粒也呈异染性。

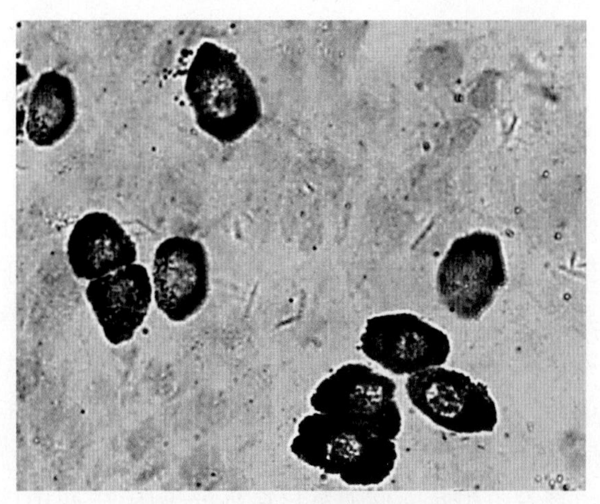

图 3-9 肥大细胞甲苯胺蓝染色
（华中科技大学同济医学院李和供图）

（二）甲苯胺蓝-PAS 改良染色法

1. 试剂配制

（1）AFA 固定液：95% 乙醇 85ml，甲醛 10ml，冰乙酸 5ml。

（2）0.5% 甲苯胺蓝液：甲苯胺蓝 0.5g，50% 乙醇 100ml。

（3）Schiff 试剂：100ml 蒸馏水煮沸，停火加入 1g 碱性品红，充分溶解。冷却至 50℃过滤，加入 1g 偏重亚硫酸钠和 20ml 1mol/L 盐酸。室温避光放置过夜，加入 2g 活性炭，振荡过滤，滤液呈无色或淡黄色，避光、低温保存。

2. 染色步骤

（1）取成年 SD 大鼠皮下组织平铺于载玻片上，风干后以 AFA 固定液固定 40min。

（2）蒸馏水洗，0.5% 甲苯胺蓝液染色 1min。

（3）95% 乙醇分色。

（4）1% 高碘酸 5min，蒸馏水洗。

（5）Schiff 试剂 10min，蒸馏水洗。

（6）100% 乙醇Ⅰ和 100% 乙醇Ⅱ各 10min。

（7）二甲苯Ⅰ和二甲苯Ⅱ各 10min。

（8）中性树胶封片，镜下观察。

3. 染色结果 肥大细胞胞质中充满粗大的异染性紫红色颗粒，细胞核不着色。

（三）甲苯胺蓝改良染色法

1. 试剂配制

（1）A 液：甲苯胺蓝 110g 溶于 80ml 蒸馏水中。

（2）B 液：高锰酸钾 0.16g 溶于 20ml 蒸馏水中。

（3）C 液：将已溶解的 A 液煮沸 10min，然后将已溶解的 B 液逐滴加入 A 液中，温火煮沸 10min，使甲苯胺蓝充分氧化，以增强染色力，用蒸馏水补至 100ml，待自然冷却后过滤，调 pH 至 1.0。

2. 染色步骤

（1）切片脱蜡入水。

（2）C 液染色 30s。

（3）蒸馏水洗 2 次，每次 3~5min。

（4）30% 乙醇（磷酸盐缓冲液配制）分色，以肥大细胞异染颗粒呈紫红色为宜，光镜下控制分色时间。

（5）蒸馏水洗 3~5min，终止分色。

3. 注意事项

（1）染色结果受动物种类的影响。

（2）用含 30% 乙醇的磷酸盐缓冲液分色效果好，肥大细胞色泽鲜明，蒸馏水洗 3~5min 以终止分色，可使肥大细胞染色清楚、易保存。

（3）甲苯胺蓝染液以新鲜配制的染色效果好。

六、三色法染色

（一）垂体 PAS 三色染色法

腺垂体嗜酸性细胞内多肽激素易与酸性品红染液结合呈红色，嗜碱性细胞内糖蛋白类激素易与苯胺蓝染液结合呈蓝色，嫌色细胞胞质少，含有少量分泌颗粒，故不着色或呈浅灰蓝色。

1. 试剂配制

（1）马休黄液：马休黄 0.1g，无水乙醇 95ml，磷钨酸 2g，蒸馏水 5ml。

（2）酸性品红液：酸性品红 1g，蒸馏水 98ml，冰乙酸 2ml。

（3）苯胺蓝液：苯胺蓝 0.5g，蒸馏水 95ml，冰乙酸 1ml。

（4）三色混合液：马休黄液 3 份，酸性品红液 2 份，苯胺蓝液 3 份。

（5）天青石蓝液：天青石蓝 0.5g，硫酸铁铵 5g，蒸馏水 100ml，纯甘油 14ml，麝香草酚 50mg。

（6）Mayer 苏木精液：苏木精 0.1g，蒸馏水 100ml，碘酸钠 20mg，硫酸铝铵 5g，柠檬酸 100mg，水合氯醛 5g。

2. 染色步骤

（1）切片脱蜡入水。

（2）天青石蓝液染 2~3min，水洗。

（3）Mayer 苏木精液 2~3min，水洗。

（4）1% 盐酸乙醇分色，流水冲洗 10min。

（5）三色混合染液 8~10min。

（6）自来水速洗，滤纸吸干。

（7）无水乙醇脱水 2 次。

（8）二甲苯透明，中性树胶封片。

3. 染色结果 嗜酸性细胞颗粒呈红色，嗜碱性细胞颗粒呈蓝色，嫌色细胞呈浅灰蓝色或无色，红细胞呈黄色，细胞核呈蓝色（图 3-10）。

图 3-10 腺垂体 PAS 三色染色
白色长箭头示嗜碱性细胞，黑色长箭头示嗜酸性细胞，黑色无尾箭头示嫌色细胞（南方医科大学张琳供图）

4. 注意事项

（1）三色混合液存放 2~3 个月后，苯胺蓝的染色力逐渐变弱，需要重新配制。

（2）三色混合液染色后水洗时间要尽量短，否则酸性品红易脱色。

（二）醛品红 - 橘黄 G- 亮绿染色

显示胰岛内分泌细胞的特殊染色方法较多，其中醛品红 - 橘黄 G- 亮绿染色方法操作简便，染色结果稳定，可显示胰岛的几种主要细胞。

1. 组织固定 以 Bouin 液固定标本为最佳，10% 福尔马林、Susa 液等均可。

2. 试剂配制

（1）0.125% 酸性高锰酸钾水溶液：0.25% 硫酸水溶液与 0.25% 高锰酸钾水溶液等体积混合，现用现配。

（2）5% 草酸水溶液。

（3）醛品红：碱性品红 0.5g，70% 乙醇 100ml，三聚乙醛 1ml，盐酸 1ml。70% 乙醇充分溶解碱性品红，再分别加入三聚乙醛和盐酸，每次加入试剂后要充分混合，此时染液为玫瑰红色。将染液置于室温条件下，成熟 1 周左右，成熟后的染液颜色变为甲紫色。4℃冰箱保存，一般 3~6 个月。最佳染色时间为成熟后的 10~14d。

（4）橘黄 G- 亮绿染液：亮绿 0.5g，橘黄 G 1g，磷钨（钼）酸 0.5g，蒸馏水 100ml，冰乙酸 1ml。首先配制 0.5% 磷钨（钼）酸水溶液并分成两等份，分别溶解橘黄 G 和亮绿，然后将两染液混合，最后加入冰乙酸即可使用。

3. 染色步骤

（1）石蜡切片脱蜡下行入水。

（2）0.125% 高锰酸钾硫酸溶液 1~3min，蒸馏水洗。

（3）5% 草酸水溶液 1~2min，或组织漂白为止。

（4）流水冲洗 3min，蒸馏水洗，70% 乙醇 1~2min。

（5）醛品红染液 15~30min。

（6）70% 乙醇分色，光镜下观察分色程度。

（7）蒸馏水洗，3min。

（8）橘黄 G- 亮绿染液 5~10min。

（9）95% 乙醇分色，光镜下观察分色程度。

（10）100% 乙醇脱水，二甲苯透明，中性树胶封片。

4. 染色结果 胰岛 A 细胞呈橘黄色，B 细胞呈蓝紫色，D 细胞呈绿色（图 3-11）。

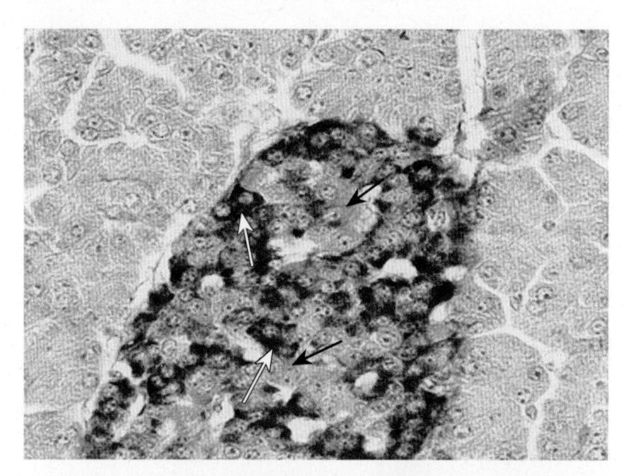

图 3-11 胰岛细胞醛品红 - 橘黄 G- 亮绿染色
黑箭头示 A 细胞，白箭头示 B 细胞（北京大学唐军民供图）

5. 注意事项

（1）醛品红应提前从 4℃冰箱取出，复温后方可染色，否则应延长染色时间。染液可反复使用，密封储存。

（2）切片从橘黄G-亮绿染液中取出后，可直接入95%乙醇分色，若A细胞染色较浅，可将切片从染液中取出，滤纸吸干，再进行95%乙醇分色。橘黄G-亮绿染液的使用期较短，长时间存放可因染液酸化而使亮绿染色强度增强，覆盖橘黄G的颜色。

（3）由于D细胞的数量少，用此法染色的胰岛内很难观察到D细胞。若要专门显示D细胞，则应采用免疫组织（细胞）化学染色。

（三）Masson三色染色法

Masson三色染色法是显示胶原纤维的经典染色方法，改良Masson三色染色法操作简单，可清楚地显示结缔组织纤维。

1. 组织固定 以Bouin液、Zenker液固定最佳。如已用甲醛固定的组织，切片应在3%升汞液或苦味酸乙醇液中处理1~2h，以加强染色效果。

2. 试剂配制

（1）1%地衣红染液：地衣红1g，80%乙醇99ml，盐酸1ml。

（2）丽春红酸性复红染液：丽春红0.8g，酸性复红0.4g，蒸馏水99ml，冰乙酸1ml。

（3）亮绿染液：亮绿2g，蒸馏水98ml，冰乙酸2ml。

（4）0.2%冰乙酸溶液：冰乙酸0.2ml，蒸馏水100ml。

（5）1%磷钼酸溶液：磷钼酸1g，蒸馏水100ml。

（6）Weigert铁苏木精液配制：A液：苏木精1g，无水乙醇100ml；B液：30%三氯化铁液4ml，蒸馏水100ml，浓盐酸1ml。

A、B两液需分瓶盛放，A液配制后数天即可用，不宜配制过多，如保存时间过长则染色不良，平时应密封保存。B液配制后立即可用。临用前将A、B两液等量混合。

3. 染色步骤

（1）石蜡切片常规脱蜡入水。

（2）1%地衣红染液染色30~60min。

（3）蒸馏水洗2~3min。

（4）用Weigert铁苏木精液染核5~10min。

（5）充分水洗蓝化后镜检，如过染可用0.5%盐酸乙醇液分色，水洗。

（6）蒸馏水洗1~2min。

（7）丽春红酸性复红染液染色5~10min。

（8）0.2%冰乙酸溶液浸洗片刻。

（9）1%磷钼酸溶液分色处理3~5min。

（10）0.2%冰乙酸溶液浸洗片刻。

（11）2%亮绿染液染色3~5min。

（12）0.2%冰乙酸溶液浸洗片刻。

（13）脱水透明，中性树胶封片。

4. 染色结果 胶原纤维呈绿色或蓝色，弹性纤维呈棕色，肌纤维、纤维素、红细胞呈红色，细胞核呈黑蓝色（图3-12）。

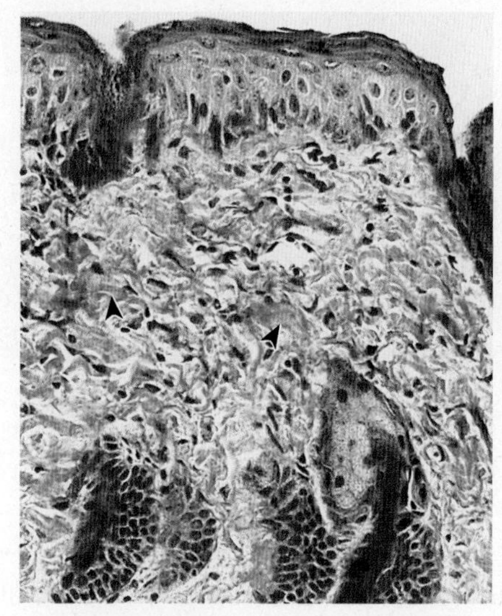

图3-12 胶原纤维Masson三色染色
箭头示皮肤真皮内胶原纤维束（南方医科大学张琳供图）

5. 注意事项

（1）各步骤分色需在光镜下控制，应严格掌握分色程度。

（2）乙酸水溶液有脱色作用，注意勿过度，将多余染液洗净即可。

（3）亮绿液亦可用苯胺蓝液代替。

七、弹性纤维染色

（一）地衣红染色

地衣红染色是经典的弹性纤维染色方法之一，可较清楚地显示弹性纤维的细微结构和弹性蛋白的特性，在组织学染色技术中比较常用。

1. 试剂配制 地衣红染液：地衣红0.1g，70%乙醇100ml，硝酸2ml。

2. 染色步骤

（1）石蜡切片脱蜡下行至70%乙醇。若用含氯化汞成分的固定剂固定标本，注意切片下行过程中要脱去组织内汞的沉淀颗粒。

（2）地衣红染液室温染色12h，或过夜（17h），或37℃染色15~30min。

（3）70%乙醇分色，光镜下观察。必要时可采用0.5%~1%盐酸乙醇分色，以去除胶原纤维颜色。

（4）常规乙醇脱水，二甲苯透明，中性树胶封片。

3. 染色结果 弹性纤维为紫红色。

4. 注意事项

（1）染色的长短与地衣红浓度和染色温度有关。若地衣红浓度高，要相对缩短染色时间。染色温度也会影响染色，同一浓度的染液，室温染色12h或过夜（约17h），37℃时可缩短为30min。

（2）地衣红染液配制后可以反复使用，一般染色期限为半年左右。

（二）醛品红染色

1. 染色原理 组织切片经过碘酸、过氧乙酸或高锰酸钾等氧化剂处理后可使弹性纤维被醛品红染色，其机制是弹性纤维中处于交联状态的弹性蛋白之间的二硫键打开，使之转变为带正电荷的硫酸衍生物，后者能特异性地与醛品红结合而呈现颜色。

醛品红中的碱性品红（basic fuchsin）是一种混合的碱性染料，内含有副品红碱（三氨基三苯甲烷氯化物）、品红碱（一甲基品红、二甲基品红）等多种成分，其中对弹性纤维起染色作用的是副品红碱。副醛又称三聚乙醛（paraldehyde），是乙醛（acetaldehyde）的三聚体，在酸性条件下，三聚乙醛与碱性品红（副品红碱）结合形成多聚品红碱（醛品红）。它对弹性纤维有很强的亲和力，这种高亲和力有赖于弹性纤维内硫酸化基团的存在。带有硫酸化基团的醛品红结合物（即醛品红＋硫酸基团）构成了一个有色反应过程，将弹性纤维染色成甲紫色。

Gomori醛品红染色法对固定剂的选择要求避免使用含重铬酸钾成分的固定剂。甲醛和Bouin固定剂可使染色无背景；含有氯化汞成分的固定剂比甲醛、Bouin固定剂稍弱，可出现紫色背景。

2. 试剂配制

（1）醛品红染液。

（2）0.125%酸性高锰酸钾溶液：0.25%高锰酸钾水溶液50ml，0.25%硫酸水溶液50ml。

（3）5%草酸水溶液。

3. 染色步骤

（1）石蜡切片脱蜡下行至70%乙醇。若用含有氯化汞成分的固定剂固定的标本，切片下行过程中要脱去组织内汞的沉淀颗粒。

（2）0.125%酸性高锰酸钾溶液染色3~5min，蒸馏水速洗。

（3）5%草酸水溶液漂白，直至组织颜色变为白色。

（4）流水冲洗3min，蒸馏水浸洗3min。

（5）70%乙醇浸洗3min。

（6）醛品红染液染色10~30min。

（7）95%乙醇分色，光镜下观察。

（8）100%乙醇脱水2次，每次2~3min。

（9）二甲苯透明2次，每次3~5min。中性树胶封片。

4. 染色结果 弹性纤维呈紫红色（图3-13）。

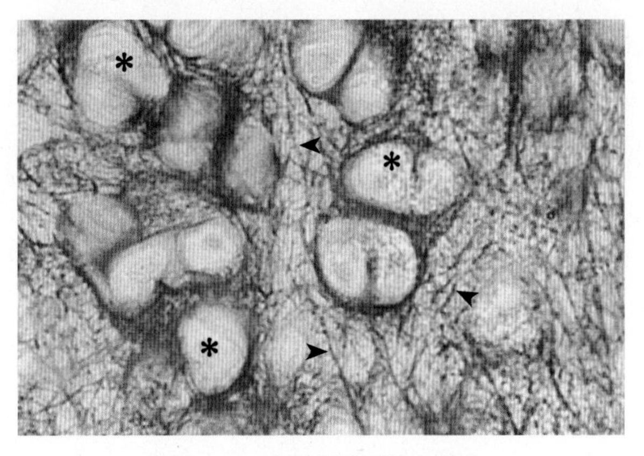

图3-13 弹性纤维醛品红染色

箭头示弹性纤维；星号示软骨陷窝（华中科技大学同济医学院李和供图）

5. 注意事项

（1）染液配制时使用的三聚乙醛要新鲜，不能放置过久。配制时要先加入三聚乙醛，后加入盐酸，不能将顺序颠倒。

（2）新配制的醛品红为玫瑰红色，要在室温（25℃左右）下进行1周左右的成熟过程，转变为甲紫色，才能用于弹性纤维的染色。成熟的醛品红放置于4℃冰箱内保存,以减慢其进一步成熟。

（3）染色后的切片分色可以采用不同浓度（70%~95%）乙醇,使用原则是:若进行单纯弹性纤维或某类细胞染色,可直接用95%乙醇分色;若染色后还要进行其他染色,可用70%乙醇分色,光镜下镜检,蒸馏水浸洗3min,即可进行后续的染色。

（4）醛品红可以反复使用,4℃冰箱密闭性保存,染色前要提前复温。

（管英俊）

参考文献

1. 李和,周莉.组织化学与细胞化学技术.2版.北京:人民卫生出版社,2014.
2. 王晓冬,汤乐民.生物光镜标本技术.北京:科学出版社,2007.
3. Kiernan JA. Histological and histochemical methods: theory and practice. 5th ed. Oxfordshire: Scion Publishing Limited, 2015.
4. Carson FL, Hladik C. Histotechnology: a self-instructional text. 4rd ed. American Society for Clinical Pathology Press, 2015.

第四章　光学显微镜技术

显微镜（microscope）是观察生物有机体微细结构、组织细胞内物质分布及相关功能活动的主要工具。自列文虎克用自制的显微镜观察软木发现植物细胞之后，显微镜的发展将人们逐步带入分子时代。随着物理学和生物物理学理论的不断发展以及机械加工工艺的日益提高，多种不同功能显微镜的研制也日新月异，并被应用到医学生命科学研究当中。显微镜种类很多，本章主要介绍普通光学显微镜、倒置显微镜、相差显微镜、暗视野显微镜和荧光显微镜等光学显微镜的结构、原理和使用方法等，激光扫描共聚焦显微镜技术以及电子显微镜技术等另专章介绍。

第一节　普通光学显微镜

一、普通光学显微镜的结构

普通光学显微镜（light microscope）是最常用的观察组织切片的工具，用于观察机体的微细结构。虽然显微镜结构较复杂，种类较多，但基本结构可分为光学系统和机械装置两个部分（图 4-1）。

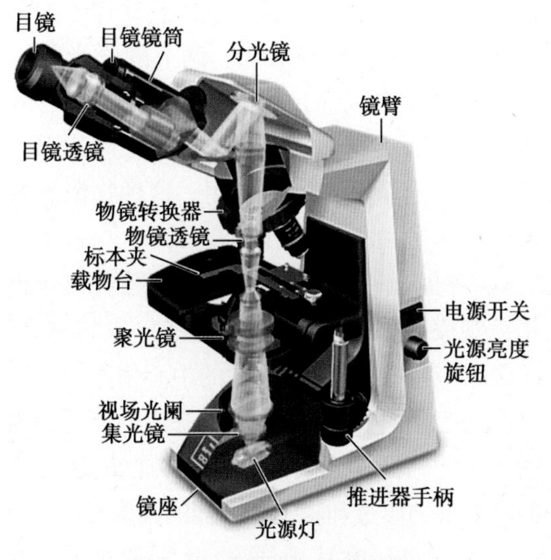

图 4-1　光学显微镜的结构

（一）光学系统

光学系统决定显微镜的质量，由物镜、目镜、聚光镜、光源、滤光装置、照相系统等组成。

1. 物镜　物镜（objective lens）是显微镜最重要的光学部件，它使被检物体第一次成像，是决定显微镜分辨率和成像清晰程度的主要部件，也是衡量一台显微镜质量的重要标准。物镜是由若干个透镜组合而成的一个透镜组。使用透镜组的目的是为了克服单个透镜的成像缺陷，提高物镜的光学质量。

（1）物镜的技术指标：描述物镜的参数包括放大倍数、数值孔径、工作距离、校正环、虹彩光阑、齐焦合轴等。

1）放大倍数：物镜的放大倍数是物镜放大实物的能力指标，是放大后图像与标本的长度比值，其大小直接标记在物镜外表面上（图 4-2），一般有 4×、10×、20×、40×、63×、100× 等数种。常用的低倍物镜放大倍数为 10×，高倍物镜为 40×，油镜为 63× 或 100×。

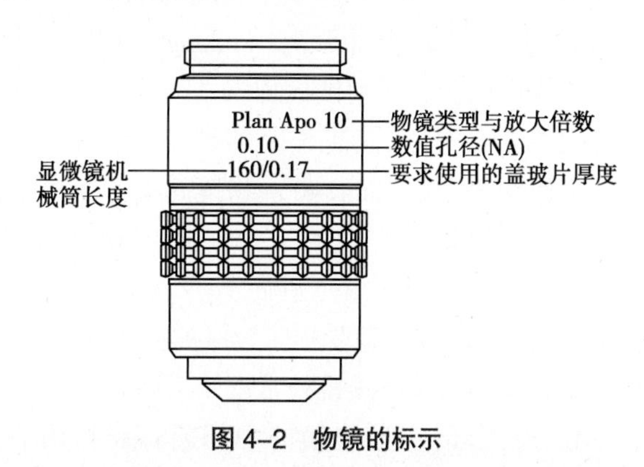

图 4-2　物镜的标示

2）数值孔径：数值孔径（numerical aperture，NA），又称镜口率或开口率，是被检物体与物镜间介质的折射率 n 与物镜孔径角的一半（α/2）的正弦值的乘积（$NA=n\cdot\sin\alpha/2$），其大小标刻在物镜的外壳上。孔径角又称“镜口角”，是物镜光轴上的物体点与物镜前透镜的有效直径所形成的角度。孔径角越大,进入物镜的光通量就越大,它与物镜的有效直径呈正比,与焦点的距离呈反比(图 4-3)。介质的折射率越大,数值孔径越大。根据适用介质种类不同,物镜分为干系物镜、水浸系物镜和油浸系物镜。干系物镜的光线通过介质是空气,其折射率较低,数值孔径为 0.05~0.95;水浸系物镜和油浸系物镜的光线通过的介质分别是水和香柏油,水和香柏油的折射率较空气高,故水浸系物镜和油浸系物镜的数值孔径可高达 1.25(1.0~1.25)和 1.4(1.2~1.4)。

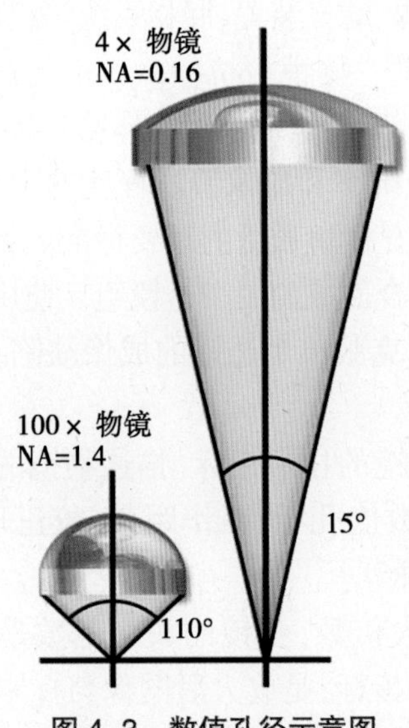

图 4-3 数值孔径示意图

此外,物镜的数值孔径与其分辨率和放大率呈正比;数值孔径增大,视场与工作距离都会相应减小。

3)工作距离:工作距离(working distance)是指物镜前透镜的表面到被检物体之间的距离。物镜的放大倍数越大,其工作距离越小,如 10× 物镜的工作距离大于 7mm,40× 物镜的工作距离不超过 0.6mm,100× 油镜的工作距离不足 0.2mm(图 4-4)。由于高倍物镜工作距离小,如调焦不当,会压碎载玻片而使物镜受损。为保护物镜,目前研究型显微镜的物镜前透镜处常安装有弹簧装置。

4)矫正环:有些物镜的中部装有环状调节环,称为矫正环(correction collar)(图 4-5),用于校正盖玻片的厚度。当转动调节环时,可调节物镜内透镜组(一般为第二和第三组透镜)之间的距离,从而校正由盖玻片厚度不标准所引起的覆盖差。调节环上的刻度为 0.11~0.23,即表明可校正盖玻片 0.11~0.23mm 厚度之间的误差。

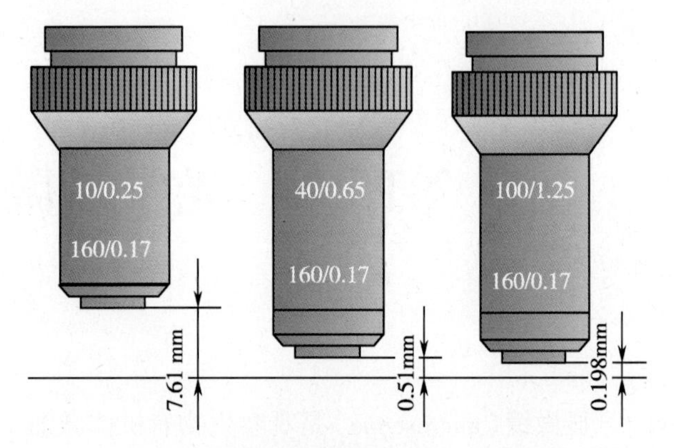

图 4-4 不同放大倍数物镜的工作距离

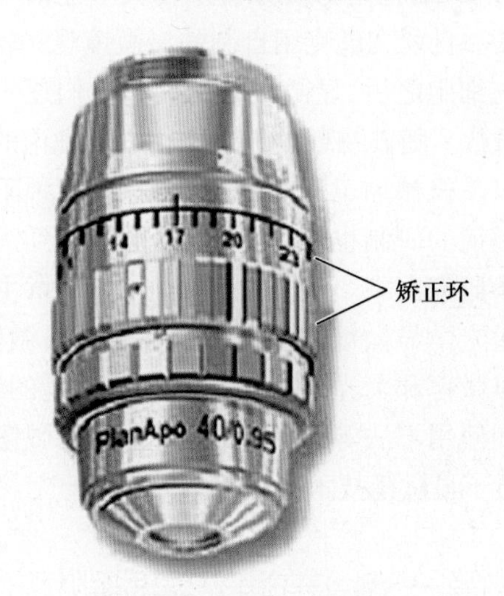

图 4-5 物镜上矫正环

5)虹彩光阑:有些物镜镜筒内装有虹彩光阑(iris diaphragm),外侧有相应可旋转的调节环,转动时可调节虹彩光阑孔径的大小。具有这种结构的物镜是高级油浸物镜。在暗视场镜检时,往往由于某些原因而使照明光线进入物镜,使视场背景不够黑暗,造成镜检质量下降。这时调节虹彩光阑的大小,可使背景更黑暗,被检物体则更加明亮,从而增强镜检的效果。调节虹彩光阑的另一作用是增大景深,当缩小光阑时,物镜的有效直径随之也在缩小,改变孔径角,从而相应的起到降低数值孔径而增大焦深的作用。这种物镜的数值孔径可在 1.35~1.40 之间调节。

6)齐焦合轴:齐焦即在镜检时,当用某一倍率的物镜观察图像清晰后,转换另一倍率的物镜时,其成像亦应基本清晰,而且像的中心偏离也应在一定允许的范围内,也就是合轴。齐焦性能的优劣和合轴程度的高低是显微镜质量的一个重要标志,它与物镜本身的质量和物镜转换器的精度有关。

(2)像差:单片普通透镜所成的像,由于

物理条件的限制，往往模糊不清或发生畸变，这类实际成像中出现的所有缺陷和偏差称为像差（aberration）。像差一般分为两大类：一类是多色光成像时的像差，称色差；另一类是单色光成像时的像差，称单色像差，包括球差、彗差、像散、像场弯曲。对显微镜成像质量影响最大的像差是色差、球差和像场弯曲。

1）色差：混合光或多色光（如白光）通过一个单透镜时，每个波长的光将折射到不同位置，蓝光的焦距短于红光焦距（图 4-6），由此导致镜头出现色差（chromatic aberration），产生带有彩边的模糊图像（图 4-7）。色差可利用消色差透镜进行纠正。如一种消色差透镜能纠正蓝和红两色，产生黄色和绿色二次光谱，再进一步通过添加更多的镜头组件，即复消色差透镜进行纠正。

2）球差：球差（spherical aberration）由透镜的表面造成。光轴上某一物点所发出的平行光束穿过透镜后，因通过透镜边缘的光线孔径角大，故比通过近轴的光线（孔径角趋近于零）折射更明显，折射不同的光束不相交于一点，导致周边光线与中央光线不能形成一个统一的焦距，因而在透镜后方的光轴上，得到的不是一个像点，而是一个中间清晰而边缘逐渐模糊的光斑（图 4-7、图 4-8）。这种缺陷可通过制作不同材质（如萤石）或不同形状的镜头加以克服。

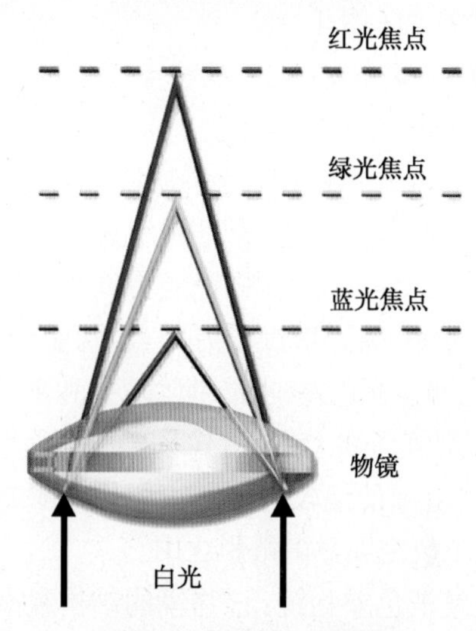

图 4-6　色差产生示意图

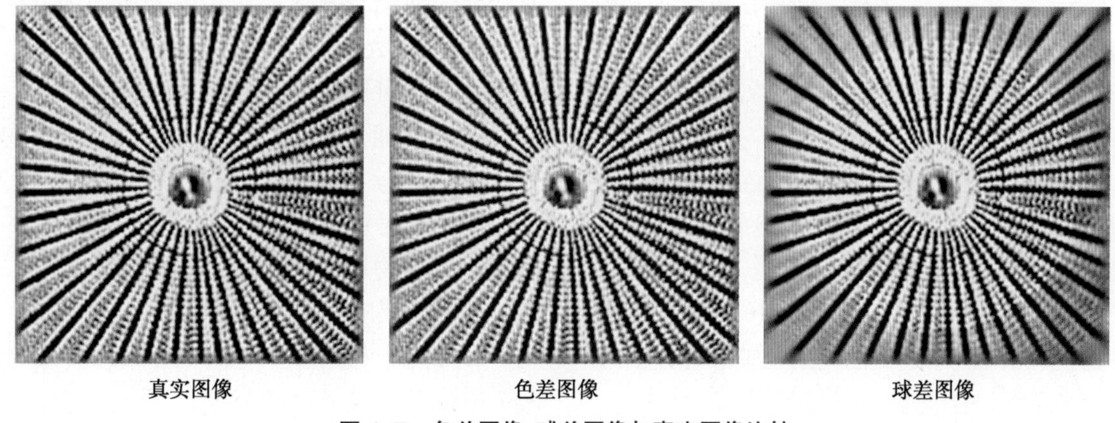

图 4-7　色差图像、球差图像与真实图像比较

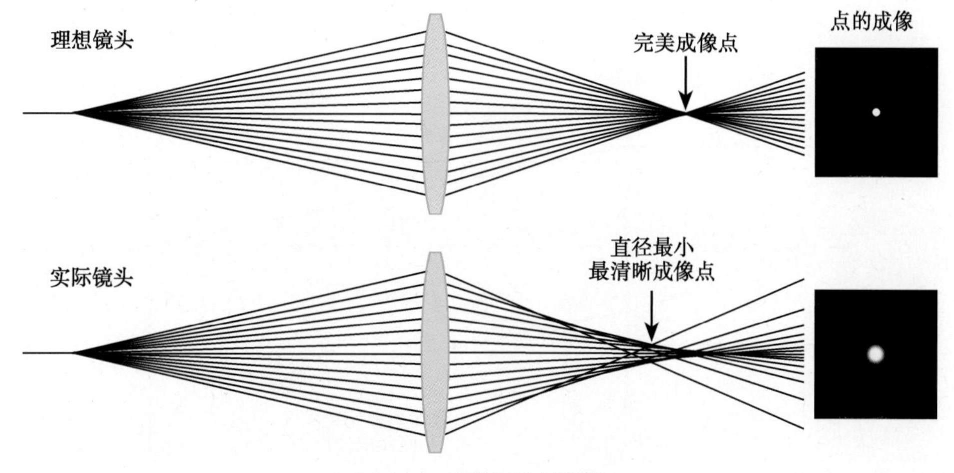

图 4-8　球差产生示意图

3）像场弯曲：在一个平坦的影像平面上，影像的清晰度从中央向外发生变化，聚焦形成弧形的现象称像场弯曲（curvature of field），也称场曲。场曲形成的原因是物体中心离镜头近，边缘离镜头远，整个光束的交点不与理想像点重合，虽然在每个特定点都能得到清晰的像点，但整个像平面则是一个曲面（图 4-9）。

（3）物镜分类：物镜的种类很多，通常按像差校正程度分类。

1）消色差物镜：消色差物镜由若干组曲面半径不同的一正一负胶合透镜组成，外壳上一般标有"Ach"字样。这种物镜能将红光、蓝光聚焦于一点，黄光、绿光聚焦于另一点，既能校正光谱中的红光和蓝光色差，也能消除球差和彗差，但不能消除其他色光的色差，且像场弯曲仍很大，只有视场中间范围的像较清晰。主要作为中、低倍物镜，不适于研究和显微摄影之用。

2）复消色差物镜：该物镜的结构复杂，由多组特殊光学玻璃和萤石制成的高级透镜组合而成，外壳上标有"Apo"字样。这种物镜能使光谱中的红光、蓝光和黄光在同一焦平面上成像，可纠正红光和蓝光球差及其他像差，成像质量好，适于高倍放大和彩色摄影。

3）半复消色差物镜：半复消色差物镜的透镜数目比消色差物镜多，比复消色差物镜少，部分镜片用萤石制成，又称萤石物镜，外壳上标有"FL"字样。其性能比消色差物镜好，接近于复消色差物镜，能校正红蓝二色光的色差和球差。可用于荧光观察，是比较高级的物镜。

4）平场物镜：各种消色差物镜的共同缺点是像场弯曲，视场边缘的像模糊不清。平场物镜在其透镜系统中增加一块半月形的厚透镜，以校正场曲，因此其视场平坦，更适于镜检和显微照相。根据色差校正程度的不同，平场物镜分为平场消色差物镜和平场复消色差物镜。前者是在红蓝色差校正的基础上，对场曲作了进一步校正，因此图像平直，使视野边缘与中心能同时清晰成像，常标有"A-Plan"字样；否则除进一步做场曲的校正外，其他像差校正程度与复消色差物镜相同，标有"Plan-Apo"字样。

此外，按像差校正程度，还有平场半复消色差物镜、超平场物镜、超平场复消色差物镜、消像差物镜（anastigmatic objective）等。

根据使用方法的不同，物镜可分为浸液物镜和干性物镜两类。浸液物镜包括油浸物镜和水浸物镜。油浸物镜即油镜，外壳上常标刻有"Oil"字样。镜检时，物镜前透镜与盖玻片之间需以浸油（折射率 1.515 左右）为介质。水浸物镜常标"W"，镜检时，物镜前透镜与盖玻片之间以水为介质。上述油镜与水镜所应用的介质均为液体物质，数值孔径大于 1。干性物镜以空气为介质，折射率为 1，不可用油浸。

如按功能进行分类，物镜可分为相差物镜（phase contrast objective）、微分干涉相差物镜、霍夫曼调制相衬物镜、偏光物镜、荧光物镜、全内反射荧光专用物镜、多功能物镜等（见本章第二节至第七节）。

2. 目镜　目镜（eyepiece 或 ocular）通常由两个透镜组成，上面一个靠近眼，称接目透镜（eye lens），下面一个靠近视野，称会聚透镜（collective

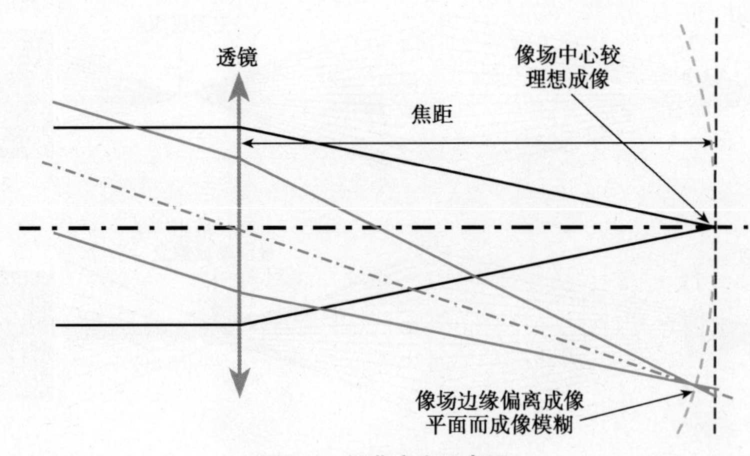

图 4-9　场曲产生示意图

lens）或视野透镜（field lens）。在上下透镜的中间或视野透镜的下面，有一个用金属制成的光阑，物镜或视野透镜就在这个光阑面造像。目镜安装在镜筒的上端，各种目镜的口径尺寸均相同，根据需要可以互换使用，但一般与物镜配套使用。

目镜的作用是放大物镜所产生的实像，同时矫正物镜成像中的像差、色差与照度，使初级影像形成可见的虚像。目镜只起放大镜的作用，并不增加显微镜的分辨率。有些目镜内装有测微尺或指针（可用头发自制），用于显微测量或指示。摄影目镜的作用是为物镜的色差、像差作光学补偿，使投射到感光底片或芯片上图像的四周与中心都尽可能在一个焦点平面上。用于显微摄影取景和对焦的目镜称为取景目镜。随着数码显微摄影的普及，取景和对焦可直接在数码相机液晶显示屏或电脑显示屏上进行。

目镜的放大倍率标刻在镜筒外侧（图 4–10），倍率从 5×~25×，最常用的是 10× 目镜。标识在倍率后面的数字，例如图中的 22 代表视场数。视场数描述的是目镜可观察范围的大小，由目镜里的视场光阑所限定。通常倍率越高的目镜，视场数则越小。目镜镜筒上常用一些英文缩写表示目镜的类型，例如用字母 W 或 WF（widefield）代表该目镜为宽视野，用 UW（ultra widefield）代表极大视野，SW 或 SWF（super widefield）代表超大视野。用 H 或 HE（high eyepoint）代表高眼点，即成像的视点比较高，可以戴眼镜观察。

3. 聚光镜 聚光镜又称聚光器，位于载物台的下方，由透镜组和孔径光阑组成（图 4–11）。聚光镜通过透镜组将光源的发散光有效地汇聚在标本上，以产生与物镜相适应的光束，形成一个明亮而均匀的视场。聚光镜不仅可以弥补光亮的不足，还可改变从光源射来的光线性质，而且与成像的分辨率、对比度、焦深、亮度等密切相关。数值孔径是判断聚光镜性能高低的重要参数，刻在聚光镜的外壳上，其数值越大表示该聚光镜的性能越高，一般为 0.05~1.4。依据 NA 的数值，每个聚光镜有相对应适合使用的物镜倍率。

图 4–10 目镜外观

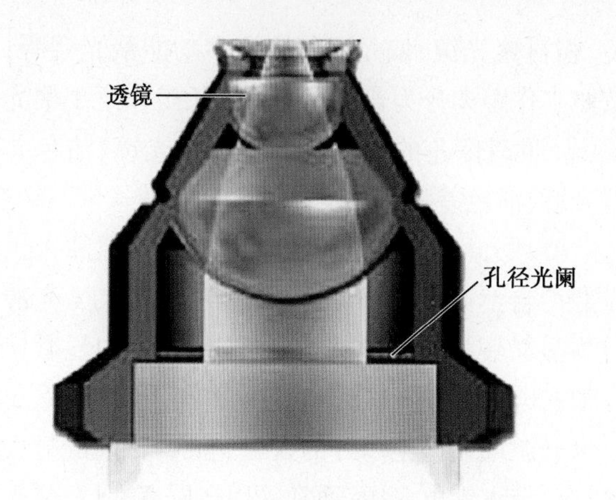

图 4–11 聚光镜透镜组和孔径光阑

孔径光阑（aperture diaphragm）位于聚光镜透镜组的焦点平面之外（图 4–11），是一个接近圆形的通光光圈，其孔径的开大与缩小能控制光束的直径。缩小光阑，亮度会下降，对比度和焦深则会增大；增大光阑，则相反。孔径光阑的主要作用是用来调节聚光镜的数值孔径，使其与物镜的数值孔径达到最优的适配效果，以取得最佳的图像质量。通常将聚光镜的数值孔径调节到物镜数值孔径的 60%~80% 时能达到好的图像效果。研究型显微镜的聚光镜外侧边缘有刻度及定位记号，这样便可直接调节聚光镜与物镜的数值孔径使二者相匹配。若聚光镜外侧没有标刻数字，就需要将物镜聚焦，再取下一个目镜，肉眼往镜筒内观看，可见物镜后透镜呈一明亮的圆，如看不见孔径光阑的轮廓像，说明光阑开得过大；若仅是一个很小的明亮轮廓像，则说明光阑缩得过小，缓慢增大光阑，物镜后透镜呈一明亮圆时，表明聚光镜与物镜的数值孔径匹配。

聚光镜可按不同分类方法进行分类。如按介质的类型，可分为干式聚光镜和油浸聚光镜；按照观察方法不同分为明视野聚光镜、暗视野聚光镜、相衬聚光镜、偏光聚光镜和多功能聚光镜等；按照工作距离分为普通聚光镜和长工作距离聚光镜；按照消像差的程度分为阿贝聚光镜、消色差聚光镜、消色差消球差聚光镜等。

4. 光源 显微镜光源分为自然光源和人工光源。自然光源为白天柔和的散射光，人工光源分为显微镜以外的电光源（如日光灯）和显微镜自带的电光源。老式光学显微镜常用反光镜采集自然光源或显微镜以外的人工光源。目前的显微镜均自带人工电光源，通常采用金属卤素灯、弧光灯或LED（发光二极管）提供照明。金属卤素灯是显微镜最常用的透射光照明，其使用寿命长，点亮迅速，性能稳定。弧光灯是由惰性气体受激发后产生的光，具有高亮度、连续光谱、在特定波段峰值突出、易聚光等优点。而LED发光二极管是一种新型的透反射光源，具有色温低、耗电量少、性能稳定、寿命长、抗冲击、耐振动、重量轻、体积小等优点，但其缺点是光密度低且比卤素灯照明昂贵。

高级显微镜通常具有视场光阑，安装在显微镜底座上、光源灯泡的上方，由会聚透镜（集光镜）和光圈组成，见图4-1。视场光阑的作用是根据不同倍率的物镜，对视场照明范围进行调节，从而控制照野，提高显微成像的清晰度（图4-12）。如果视场光阑开启得过大，其照射野超过视场直径，视场以外的光线经玻璃和标本的反射和不规则散射，可造成影像反差减弱，清晰度降低；反之，光阑开启过小，照野小于视场直径，视野四周被遮挡，不能观察和拍摄到全部物象。调节视场光阑时，首先将视场光阑收缩到最小位置，在标本平面中心处看到一个正多边形光斑，即视场光阑的影像；然后升降聚光镜，使光斑边缘锐利而且清晰（聚焦视场光阑），再根据不同倍率的物镜对视场照明范围进行调节。

5. 滤光装置 滤光装置是显微镜的辅助部件，位于聚光镜与照明光源之间，由滤色片框和不同的玻璃滤色片组成。滤色片主要有以下几个作用：

（1）配合消色差物镜使用黄绿色滤色片，可以使像差得到最大限度的校正。

（2）对复消色差物镜，可采用蓝色滤色片，提高物镜的分辨率。

（3）减弱光源的强度。新型显微镜除了备有常用的黄绿色滤色片外，还有一个或几个灰色中性密度的滤色片，可用来减弱入射光线的强度而并不改变入射光的其他特征。可根据需要制成具有不同光线透过率的中性滤色片，其透过率可以达到80%到0.001%不等。

（二）机械装置

显微镜的机械装置由镜座、镜臂、载物台、推进器、镜筒、物镜转换器与调焦装置组成，见图4-1，其作用是固定与调节光学镜头、固定与移动标本等。

1. 镜座和镜臂 镜座是显微镜的基座，是支持和稳定整个显微镜镜体的主要部件，其上装有照明光源、滤色片及其调节装置。镜臂是连接镜

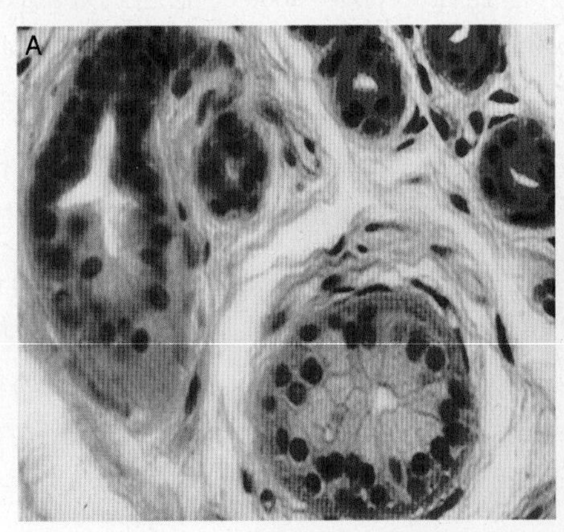

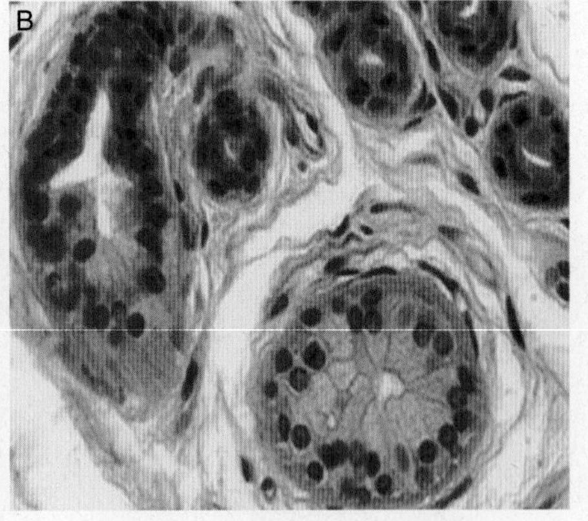

图4-12 视场光阑的调节对图像清晰度的影响

A. 未调节视场光阑，视场不均匀，图像清晰度低；B. 正确调节视场光阑，视场明亮均一，图像清晰度高

座和其他部分的结构，支撑和固定镜筒、载物台及调焦装置。

2. 载物台　载物台是放置和固定标本的平面台，又称工作台或镜台，形状有圆形和方形两种。平台中心有一通光孔，平台上装有夹持载玻片的标本夹。

3. 推进器　位于载物台的后方或侧面边缘，与标本夹相连。其上方或下方一侧有两个旋钮，转动旋钮可调节推进器，使玻片标本前后或左右移动。有的推进器上有纵横游标尺，用以测定标本在视野中的方位及其大小。

4. 镜筒　镜筒上端放置目镜，下端连接物镜转换器。分为固定式和可调节式两种。镜筒长度或机械筒长（从目镜管上缘到物镜转换器螺旋口下端的距离）不能变更的叫作固定式镜筒，能变更的叫作调节式镜筒，新式显微镜大多采用固定式镜筒。安装目镜的镜筒有单筒和双筒两种，单筒又可分为直立式和倾斜式两种，双筒均是倾斜式。其中双筒显微镜，两眼可同时观察以减轻眼睛的疲劳。双筒之间的距离可以调节，而且其中有一个目镜有屈光度调节（即视力调节）装置，便于两眼视力不同的观察者使用。

5. 物镜转换器　物镜转换器固定在镜筒下端，有 3~5 个物镜接口。物镜一般按放大倍数高低顺序排列，使用时根据需要转动转换器来更换观察用的物镜。旋转物镜转换器时，应用手指捏住旋转碟旋转，不要用手指推动物镜，以免使光轴歪斜，影响成像质量。

6. 调焦装置　调焦装置由粗调螺旋和细调螺旋组成，用于上下移动镜筒或载物台，以调节物镜与标本之间的距离。粗调螺旋只可粗略调节焦距，其转动一周，镜筒或载物台上升或下降 10mm。要得到最清晰的影像，尤其是使用高倍物镜时，需要用细调螺旋做进一步调节。细调螺旋每转动一周，镜筒或载物台升降值为 0.1mm。高级显微镜的粗调螺旋和细调螺旋是共轴的。

二、光学显微镜照明技术

光学显微镜的照明方式按其照明光束的形成可分为透射照明和落射照明两大类。

1. 透射照明　透射照明是指从光源发射出的光线自标本的下面透过标本进入物镜，适用于透明或半透明的被检物体，绝大多数生物显微镜属于此类照明法，分为临界照明和科勒照明两种（图 4-13）。

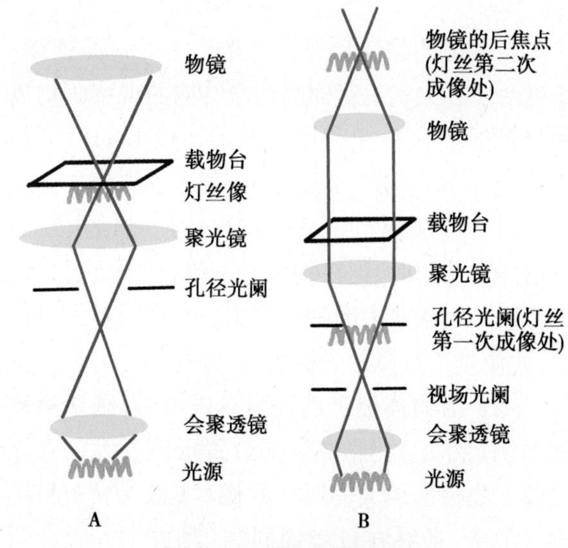

图 4-13　显微镜照明方式
A. 临界照明；B. 科勒照明

（1）临界照明：临界照明由英国显微镜工作者爱德华·纳尔逊根据阿贝提出的光学原理发明。该种照明方式的光源经聚光器直接照射在被检物体上，光束狭细，强而明亮，但光源的灯丝像与被检物体的平面重合，照明不均匀（图 4-13A）。常采用的补救方法是在光源的前方放置乳白和吸热滤色片，使照明变得较为均匀，且避免光源长时间的照射而损伤被检物体。

（2）科勒照明：科勒照明是由德国科学家 August Köhler 于 1893 年设计的一种新的显微照明系统。其要点是使光源的照明光线经集光镜聚光后，将灯丝影像聚焦在孔径光阑平面处，聚光镜再将此光点投射到被检物平面上，并在物镜后焦点平面处聚焦，这样在标本平面只能见到视场光阑的影像，而无灯丝影像（图 4-13B），因此照明均匀明亮，观察效果佳，长时间照明也不致损伤被检物体。该照明系统克服了临界照明的缺点，是一种近乎理想的照明方法，已成为显微观察和摄影的重要前提，也是显微摄影必须掌握的操作技术。

2. 落射照明　在观察不透明物体时，如通过金相显微镜观察金属磨片，往往是采用从侧面或者从上面加以照明的方式。此时，被观察物体的表面上没有盖玻璃片，图像的产生是靠进入物镜的反射或散射光线。荧光显微镜和偏光显微镜普遍采用落射式照明方式。

三、普通光学显微镜成像原理

显微镜的物镜和目镜各相当于一个凸透镜，通过两步放大实现对样品细微结构的观察。物镜和目镜的放大功能利用了凸透镜成像的两个原理，如下：

（1）当被观察样品处在物镜前一倍焦距至二倍焦距之间时，则在物镜另一侧（像方）的二倍焦距以外形成放大的倒立实像。在显微镜的设计上，此像位于目镜的一倍焦距之内。

（2）当物体位于透镜焦点以内时，则在透镜的同侧（物方）比物体远的位置形成放大的直立虚像。物镜所放大的第一次像（实像），又被目镜再次放大，最终在目镜的同侧（物方）、人眼的明视距离（250mm）处形成放大的直立虚像（相对实像而言）（图 4-14）。

以往的显微镜采用的光学系统是有限远光学系统，物体发出的光线经过物镜后，直接形成实像。理想的显微镜光路是无限远光学系统，光线通过物镜后不直接成像，而是形成平行光束，再经过成像透镜（也称结像透镜）后汇聚形成实像（图 4-15）。无限远光学系统的优点是：即使物镜与成像透镜之间的距离变化，也不影响总放大倍数，这样可以在物镜与成像透镜之间添加光学附件，而不影响焦点位置。因此，采用无限远光学系统的显微镜有更好的扩展性。

四、普通光学显微镜的光学参数

要获得清晰明亮的理想光学显微图像，必须使显微镜的各项参数达到一定标准，并要求在使用时，必须根据观察目的和实际情况来协调各参数的关系。普通光学显微镜的光学参数包括：数值孔径、分辨率、放大率、焦深、视场宽度、覆盖差、工作距离等。

1. 数值孔径（NA） 数值孔径是物镜和聚光镜的主要技术参数，是判断两者，尤其是物镜性能

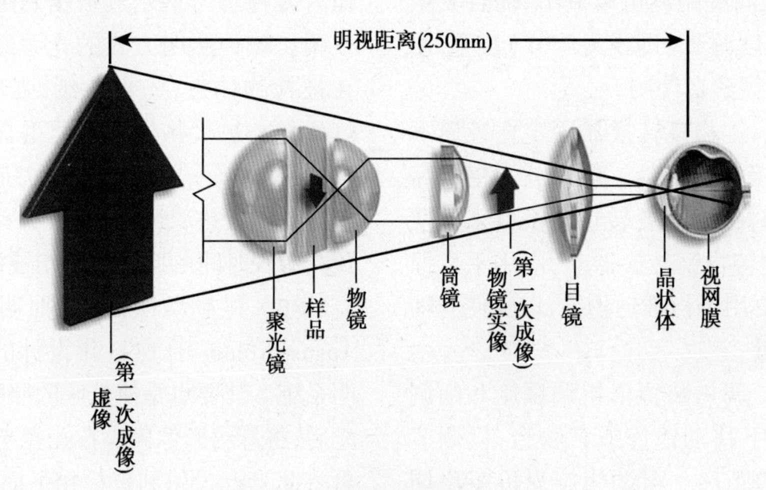

图 4-14　普通显微镜成像原理

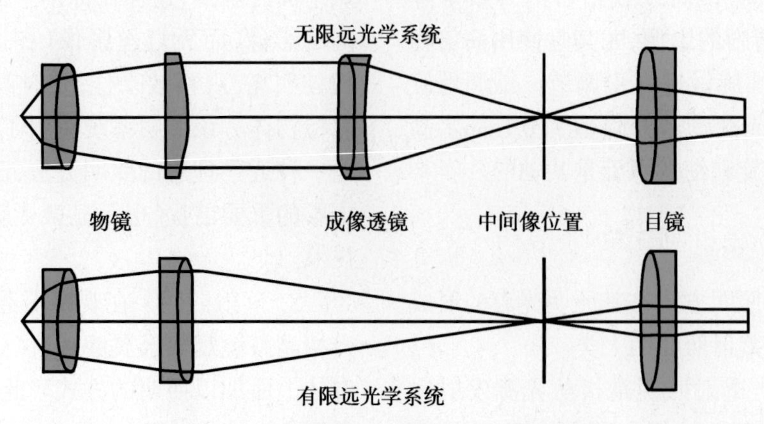

图 4-15　有限远和无限远光学系统示意图

高低的重要标志。为了充分发挥物镜数值孔径的作用，聚光镜的数值孔径与物镜的数值孔径应匹配，聚光镜的数值孔径应等于或略大于物镜的数值孔径。

数值孔径与显微镜的其他技术参数密切相关：数值孔径与分辨率、放大率呈正比，与焦深呈反比；数值孔径增大，视场宽度与工作距离会相应变小。

2. 分辨率　分辨率（resolution）是指能被显微镜清晰区分的两点的最小距离，又称鉴别率或解像率，是衡量显微镜性能的又一重要参数。其计算公式为：d=0.61λ/NA。其中，d 为最小分辨距离，λ 为光线的波长，NA 为物镜的数值孔径。可见物镜的分辨率由物镜的 NA 与照明光源的波长所决定。可见光的波长为 400~700nm，平均为 550nm。若用最大数值孔径（1.4）的物镜观察，则分辨率为 0.61×550/1.4=240nm，即光学显微镜可以观察到长度或直径大于 240nm 的微细结构，而小于 240nm 的结构则无法观察。

3. 放大率　显微镜放大物体，经过物镜和目镜两次放大，故其总放大率（magnification）为物镜放大率与目镜放大率的乘积。显微镜的放大率并非越大越好，因为显微镜能看清两点的能力取决于物镜的数值孔径，与其总放大率无关。为了充分发挥显微镜的分辨能力，应使数值孔径与总放大率合理匹配。当选用的物镜数值孔径不够大，即分辨率不够高时，显微镜不能区分物体的微细结构，此时即使过度增加放大率，得到的只是一个轮廓虽大但细节不清的图像；反之，如果分辨率满足要求但放大率不够，则显微镜虽已具备分辨细节的能力，但因图像太小而仍然不能被人眼清晰分辨。一般而言，显微镜总放大率与物镜数值孔径之间的关系是：500NA< 显微镜的最适放大率 <1 000NA。

4. 焦深　在显微镜下观察标本时，焦点聚在某一像面时物像最清晰，这个像面为焦平面。在视野内，除焦平面外，还能在其上下一定厚度内看见较清晰的物像，此上下两个面之间的距离称为显微镜的焦深（focal depth）或景深（depth of field）。焦深大，可以清楚地观察到标本的全层；焦深小，则只能看到被检标本的一个薄层。物镜的焦深与数值孔径和放大率呈反比，因此高倍镜尤其是油镜的焦深较小，其焦点调节要比调节低倍镜更加仔细。

5. 视场宽度　观察显微镜时，所看到的明亮的圆形范围叫视场，其大小由目镜的视场光阑决定。视场宽度也称视场直径（field of view，F），是指在显微镜下看到的圆形视场内所能容纳被检标本的实际范围。视场宽度越大，越便于观察。视场宽度的计算公式为 F=FN/M，其中 F 为视场直径，FN 为视场数（field number），标刻在目镜的镜筒外侧，可分别为 18、20、22 和 25 等，M 为物镜的放大倍数。

6. 覆盖差　显微镜的光学系统也包括盖玻片。盖玻片的标准厚度为 0.17mm，误差许可范围在 0.16~0.18mm，物镜外壳上的标示 0.17 即该物镜所要求的盖玻片厚度。如果由于制作技术原因，盖玻片的厚度超出标准许可范围，光线从盖玻片进入空气产生折射后的光路将发生改变，从而产生误差，此即覆盖差。覆盖差的产生将影响成像质量。消除覆盖差的办法是使用带矫正环的物镜，这种物镜常为 40× 的干镜。油镜不存在覆盖差问题，因为油和盖玻片的折射率相近，因而形成均匀的光学系统。物镜数值孔径越大，允许盖玻片厚度误差的范围越小，因此，越是高倍物镜对盖玻片厚度的要求越严格。

7. 工作距离　显微镜的工作距离即物镜的工作距离，详见本节“一、普通光学显微镜的结构”。

五、普通光学显微镜操作方法

（一）操作步骤

1. 摆放好显微镜，打开光源开关，调节光亮到合适大小。

2. 转动镜头使低倍镜头正对载物台上的通光孔，把镜头调节至距载物台 1~2cm 左右处，然后注视目镜内，调节聚光器的高度，把孔径光阑调至最大，此时视野内呈明亮的状态。

3. 光轴调中　光轴调中的意义在于使物镜、目镜、聚光镜的主光轴、可变光阑及光源的中心重合在一条直线上，故也称合轴调节或中心调节。如果光轴歪斜，会使像差增大，分辨率下降。目镜和物镜都是固定的，无法进行调整。光轴调节主要是调节聚光镜和光源的位置。

（1）光源灯中心调整：不同显微镜光源灯的位置已经进行了定心设计，不需要调整。带有荧光附件的普通显微镜其荧光光源灯的中心常需调整。

（2）聚光镜中心调整：聚光镜位置的调整是显微镜光轴调整的重点。

1）将标本置于载物台上，用 10× 物镜调焦。

2）将孔径光阑开至最大，缩小视场光阑，使呈正多边形的视场光阑轮廓在视场内可见；如正多边形不清晰，升降聚光镜，使视场光阑像清晰。

3）如视场光阑像不位于中心，则利用聚光镜外侧的两个调中螺丝将其调至中心，然后缓慢地将视场光阑开大，如能看到光束向视场周缘均匀展开直至视场光阑的正多边形轮廓完全与视场边缘内接，即光线已经合轴。

光轴校正好后，如果没有拆下聚光镜或没有其他特殊原因，可不必经常校正，但每隔几周应重新校对为佳。

4. 观察标本

（1）先用低倍镜观察。观察之前，先转动粗调螺旋，使载物台上升，物镜逐渐接近标本，但不能使物镜触及标本，以防镜头将玻片压碎。然后注视目镜内，并转动粗调螺旋，使载物台慢慢下降，直至可看到物体的放大物像。

（2）如果在视野内看不到物像（物像偏离视野），可慢慢调节载物台移动手柄。如果物像不甚清晰，可调节微调螺旋，直至物像清晰为止。

（3）如果要使用高倍物镜观察，把物像中需要放大观察的部分移至视野中央（将低倍物镜转换成高倍物镜观察时，视野中的物像范围会缩小很多）。一般显微镜的低倍物镜和高倍物镜基本齐焦，在用低倍物镜观察清晰时，换高倍物镜应可以见到物像，但物像不一定很清晰，可以转动微调螺旋进行调节。

（4）在转换高倍物镜并且看清物像之后，可以根据需要调节孔径光阑的大小或聚光器的高低，使光线符合要求（一般将低倍物镜换成高倍物镜观察时，视野会稍变暗，所以需要调节光线强弱）。孔径光阑的大小根据物镜的数值孔径大小调节。

5. 观察完毕后，应先将物镜镜头从通光孔处移开，然后将孔径光阑调至最大，再将载物台缓缓降下。如使用了油浸物镜，应用擦镜纸蘸二甲苯将镜头擦拭干净。检查处理完毕后，将显微镜盖上防尘罩。

（二）注意事项

1. 正确对光 对光时，不能随便转一个物镜对着通光孔，而是按要求用低倍镜对光，直至看到均匀光亮的圆形视野为止。对好光后不要随便移动显微镜。

2. 正确使用调焦螺旋 使用调焦螺旋调节焦距，找到物像是显微镜使用中最重要的一步。在操作中极易出现以下错误：一是在高倍镜下直接调焦；二是不管镜筒上升或下降，眼睛始终在目镜中看视野；三是不了解物距的临界值，物距调到 2~3cm 时还在往上调，而且转动调焦螺旋的速度很快。前两种错误的结果往往造成物镜镜头抵触到被检物体，损伤被检物体或镜头，而第三种错误则是使用显微镜时最常见的一种现象。针对以上错误，注意调节焦距要在低倍镜下进行，先转动粗调螺旋，使镜筒慢慢下降，物镜靠近载玻片，但注意不要让物镜碰到载玻片。在这个过程中，眼睛要从侧面观察物镜，然后用左眼朝目镜内注视，并慢慢反向调节粗调螺旋，使镜筒缓缓上升，直到看到物像为止。

3. 物镜转换 使用低倍镜后换用高倍镜时，不要用手指直接推转物镜，以免使物镜的光轴发生偏斜。因为，转换器的材料质地较软，精度较高，螺纹受力不均匀亦很容易松脱，导致转换器损坏。

4. 镜头清洁 清洗镜头时，应根据污垢的特点、不同结构，选用不同的清洁剂、清洁工具和清洁方法。清洗镀有增透膜的镜头，可用 30% 左右的乙醇和 70% 左右的乙醚配制清洁剂进行清洗。清洗时应用软毛刷或棉球沾有少量清洁剂，从镜头中心向外做圆运动。切忌把这类镜头浸泡在清洁剂中清洗，清洗镜头时不要用力擦拭，否则会损伤增透膜，损坏镜头。

此外，镜头的光学玻璃表面发霉是一种常见现象。当光学玻璃生霉后，光线在其表面发生散射，使成像模糊不清，严重者将使仪器报废。对光学玻璃做好防霉防污尤为重要，一旦产生霉斑应立即清洗。

第二节　倒置显微镜

倒置生物显微镜主要用于微生物、细胞、组织培养、悬浮体、沉淀物等的观察，可连续观察细胞、微生物等在培养液中繁殖分裂的过程。倒置生物显微镜配有长工作距离的聚光镜、长工作距离平场消色差物镜及相衬装置，故可使用各种培养皿和培养瓶，对活体细胞和组织、流质、沉淀物等进行显微研究，在细胞学、寄生虫学、肿瘤学、免疫学、遗传工程学、工业微生物学、植物学等领域中应用广泛。

倒置显微镜组成和普通显微镜一样，但倒置显微镜是把照明系统置于载物台的上方，而物镜在载物台下方，相对于普通正置显微镜而言，物镜与照明系统颠倒（图 4–16），故称倒置显微镜。这种显微镜加长了载物台上放置样品的高度，可以放置培养皿、培养瓶等容器，因此能够观察研究培养的组织和细胞。

一、倒置显微镜的光学结构特点

1. 长工作距离物镜　倒置显微镜物镜工作距离较一般正置显微镜的物镜工作距离长，并针对培养皿 1.2mm 玻璃壳厚度进行了像差校正。高级倒置显微镜物镜还带有校正环，以适应不同培养皿玻璃壳厚度的像差校正。

2. 长工作距离聚光镜　倒置显微镜应使用长工作距离聚光镜，便于在显微镜载物台上有足够空间来放置培养皿和显微操作器。

3. 照明系统　倒置显微镜的照明系统比较特别，它借助于照明架和照明器座被固定在载物台上方，照明器座在照明架上的位置随所使用的聚光镜类型不同而异。照明器座上有滤片槽、用于相差观察的相环槽和一个光阑。

4. 倒置显微镜上可汇集现代所有的显微术与最先进的仪器结构　如荧光、相差、光导纤维照明、激光扫描共聚焦、全自动控制、全内反射、恒温、热台、显微操作器等。

二、倒置显微镜类型

倒置显微镜分为 V 型和 U 型两种，见图 4–16。

1. V 型倒置显微镜　来自物镜的成像光线只经一次反射即到达目镜（图 4–16A）。该显微镜光学系统简洁、成像质量好，是一种普及型产品。

2. U 型倒置显微镜　来自物镜的成像光线在显微镜基座底部像 U 字母样被折拐两次，光线先往下，后再折拐朝上。这样设置的优点是把物镜转换器的空间腾出来，便于添加其他功能附件，使产品具有很好的延展性，是一种研究型显微镜（图 4–16B）。

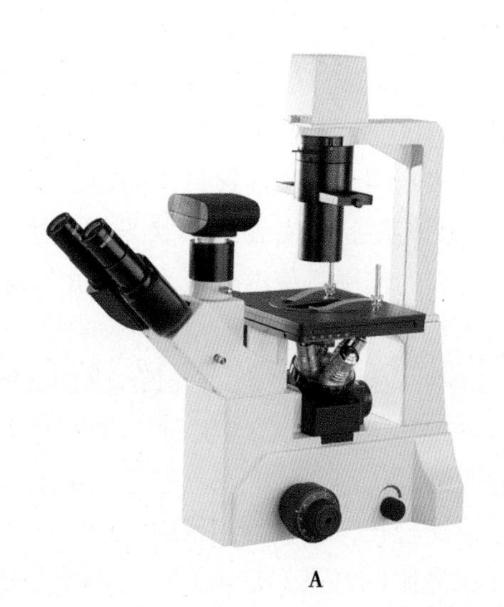

A

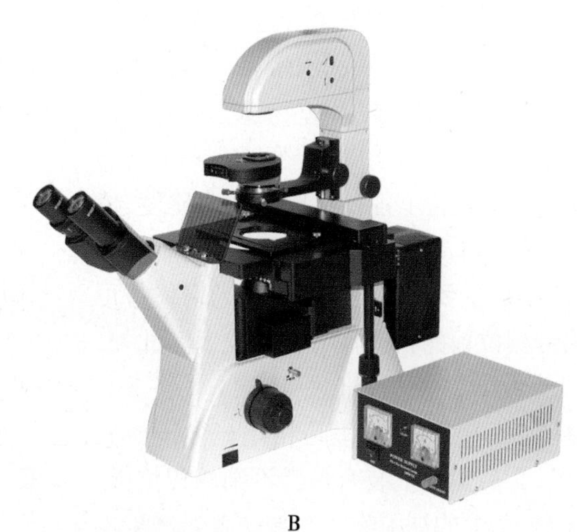

B

图 4–16　倒置显微镜类型

A. V 型倒置显微镜；B. U 型倒置显微镜

三、倒置显微镜成像原理

倒置显微镜因其物镜与照明系统颠倒，所以光路上与正置显微镜不同，但在光学原理上，与正置显微镜的成像方式一样：被检物体位于物镜上方，与物镜的距离大于物镜的焦距，但小于两倍物镜焦距，所以，经物镜后形成一个放大的倒立实像；该实像位于目镜的焦点之内，经目镜放大为虚像后供眼睛观察。

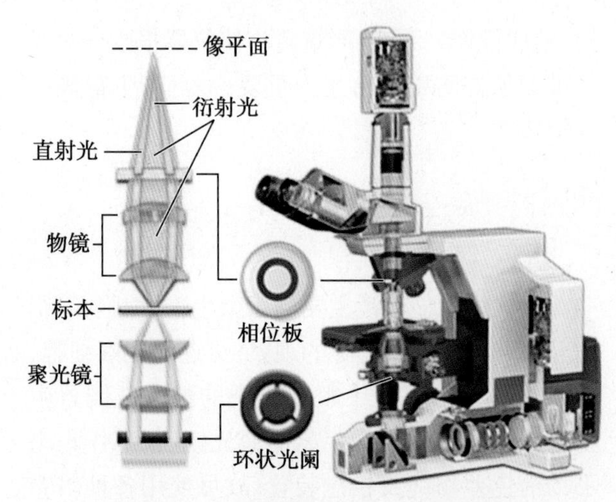

图 4-17 相差显微镜结构与光路示意图

第三节 相差显微镜

在光学显微镜的改进过程中，相差显微镜的制造成功和普遍应用，是近代显微镜技术中的重要成就。1935 年，荷兰物理学家 Frits Zernike 提出相差原理，1941 年诞生了世界上第一台相差显微镜，其最大特点是可以观察未经染色的无色透明标本和活细胞。由于此项发明，Zernike 于 1953 年获得诺贝尔奖。

一、相差显微镜的结构与成像原理

相差显微镜利用光的干涉现象，将人眼不可分辨的相位差变为可分辨的振幅差，对活细胞不染色即能清楚地分辨其形态及细胞核等颗粒状结构。

（一）相差显微镜的结构

活细胞和未染色的生物标本，因细胞各部细微结构的折射率和厚度不同，光波通过时，波长和振幅并不发生变化，仅相位发生变化，这种相位差人眼无法察觉。相差显微镜利用带有环状光阑的相差聚光镜和带有相位板的相差物镜把通过物体不同结构的相位差（光程差）转变为振幅（光强度）的差别，从而提高了各种结构间的对比度，使各种微细结构变得清晰可见。因此，相差显微镜和普通显微镜的主要区别是：用环状光阑代替可变光阑，用带相位板的物镜代替普通物镜。此外，另带有一个合轴调中望远镜（图 4-17）。

1. 相差物镜 相差物镜是相差显微镜特有的重要装置，其后焦面上装有种类不同的相位板。相位板可使视场中的被检物体影像与背景产生不同的明暗反差，呈现不同的视觉效果。因物镜内相位板种类或构造不同，物镜在明暗反差上可区分为两大类，即明反差（B）或负反差（N）和暗反差（D）或正反差（P）物镜。物镜的反差类别，用英文字母 B、N、D 或 P 标刻在物镜外壳上，并兼有高（H）、中（M）和低（L）三种不同反差。有的相差物镜用 Ph 字样标示。

同一反差类别的物镜，依放大率的不同，又可分为 10×、20×、40× 和 100× 数种。因此，相关物镜种类很多，一套可多达 20 余种。

2. 转盘聚光镜 位于载物台下方，由聚光镜和环状光阑构成。环状光阑位于聚光镜之下，是一种特殊的光阑装置，由大小不同的环状通光孔构成。环状光阑的环宽与直径各不相同，与不同放大率的相差物镜内的相位板相匹配。环状光阑安装在一个可旋转的转盘上，转盘前端朝向使用者一面有标示孔（标示窗），可显现 0、1、2、3、4 或 0、10、20、40、100 等字样，其中“0”表示非相差的明视场的普通光阑；1 或 10、2 或 20、3 或 40、4 或 100，表示与不同放大率的相差物镜相匹配的环状光阑的标示。通过手动转入标示孔内数字，提示该数字所代表的环状光阑已进入光路。环状光阑的作用是使透过聚光镜的光线形成空心光锥，聚焦在标本上。

3. 合轴调中望远镜 合轴调中望远镜（centering telescope，CT）又称合轴调中目镜，是一种明透、可行升降调节、具有较长焦距的望远目镜。镜筒较长，其直径与观察目镜相同。CT 仅用于环状光阑的环孔（亮环）与相差物镜相位板的共轭面环孔（暗环）的调中合轴与调焦。使用相差显微镜时，转盘聚光镜的环状光阑与相差物镜必须匹配,且环状光阑的环孔与相差物镜相位板共轭面的环孔在光路中要准确合轴,并完全吻合或重叠(图 4-18),以保证直射光和折射光各行其路,才能使成像光线的相位差转变为可见的振幅差。由于显微镜内光路中的两环孔(亮环和暗环)的影像较小,一般目镜很难辨清,难以调焦和合轴,因此要借助合轴调中望远镜。

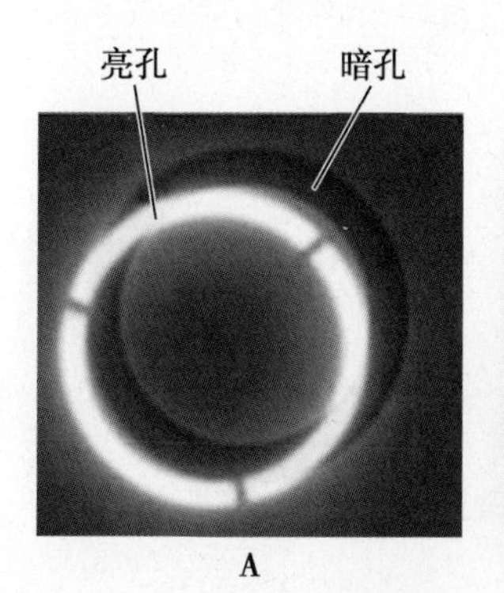

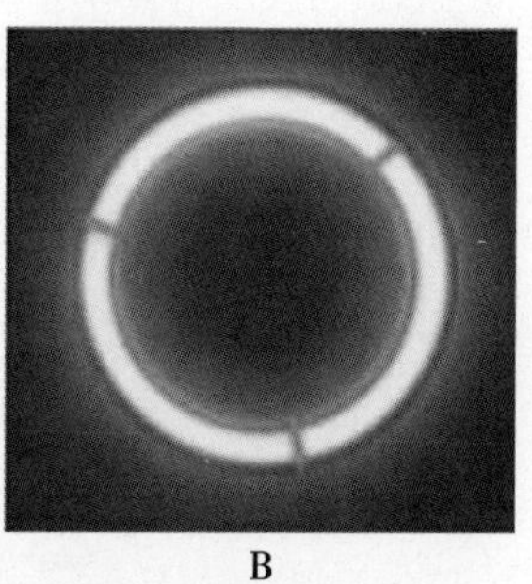

图 4-18 环状光阑环孔(亮孔)与相位板共轭面环孔(暗孔)合轴调中示意图
A. 未合轴;B. 准确合轴

4. 绿色滤色镜 相差物镜多数为消色差物镜或平场消色差物镜。消色差物镜的最佳清晰范围的光谱区域为 510~630nm,提高相差显微镜性能的较好方法是采用波长范围小的单色光进行照明,即接近物镜最佳清晰范围的波长光线进行照明。因此,使用相差物镜时,在光路上加用透射光线波长为 500~600nm 的绿色滤色镜,使照明光线中的红光和蓝光被吸收,只有绿光通过,便可提高物镜的分辨能力。该滤色镜兼有吸热的作用,有利于活细胞观察。

(二)相差显微镜成像原理

相差显微镜基本原理是把透过被检物体的可见光的光程差变成振幅差,从而提高各种结构间的对比度,使各种结构变得清晰可见。当一束光通过被检物体时会发生如下情况:一部分光通过物体,经折射等发生偏离(即偏离光),另一部分没有被折射的非偏离光,则均匀地投射于像平面上。此时偏离光与非偏离光之间的光程差约为 1/4 λ(波长),但两者不会产生明显的干涉。如果在物镜和目镜之间加一个相位板,使其相位差再增加 1/4 λ,则光程差变为 1/2 λ,这时偏离光与非偏离光相遇,便产生明显的干涉(相互抵消),两种光波相遇形成的合成波的振幅为两者之差,光线明显变暗。而被检物体周围介质只有非偏离光通过,不发生干涉,结果形成暗色的被检物体和明亮的背景图像(图 4-19)。

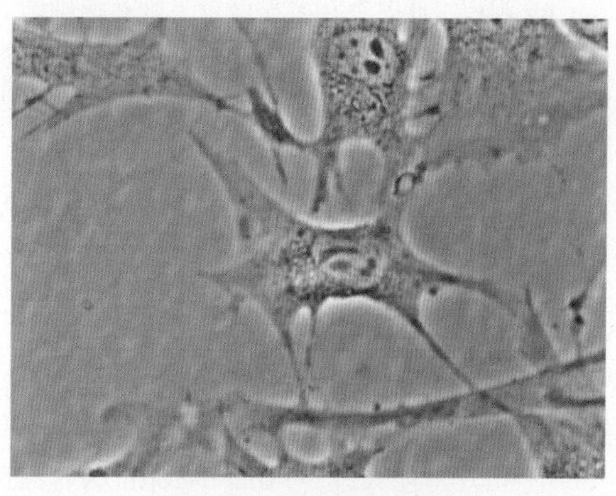

图 4-19 相差显微镜图像

二、相差显微镜的操作方法

(一)操作步骤

1. 相差装置的调换安装 卸下普通显微镜使用的聚光镜,将环状光阑装在聚光镜底座上,把绿色滤光片放在上面,它可吸收红色和蓝色光,利用波长范围小的单色光线进行照明,并有吸热作用,能使相差观察获得良好效果。再从转换器上旋下普通物镜,换上相差物镜。

2. 调焦 打开光源,旋转聚光镜转盘,将"0"对准标示孔,使普通聚光镜进入光路。先使用低倍相差物镜,按普通显微镜操作方法进行对光和调焦。旋转环状光阑,使光阑的直径和环宽与所使用的相差物镜相匹配,如相差物镜为 40× 时,则应用 3 或 40 标示孔的光阑。

3. 合轴调整 拔出目镜,插入合轴调中望远镜,用左手固定其外筒,一边从望远镜内观察,一边用右手转动望远镜内筒使其下降,当对准焦点时,就能看到环状光阑的亮环和相位板的暗环,此时可将望远镜固定住。再升降聚光镜并调节其下的螺旋使亮环的大小与暗环一致,然后左右前后调节环状光阑聚光镜上的调节钮,使两环完全重合,见图 4-18,如亮环比暗环小而位于内侧时,应降低聚光镜使亮环放大;反之,则应升高聚光镜,使亮环缩小。如升到最高限度仍不能完全重合,则可能是载玻片过厚,应更换。合轴调整完毕,抽出望远镜,换回目镜,按常规要领进行观察。在更换不同倍率的相差物镜时，每一次都要使用相匹配的环状光阑和重新合轴调整。使用油镜时，聚光镜上透镜表面与载玻片之间要同时加上香柏油。

4. **观察**　此时在相差显微镜下观察活细胞，可清楚地分辨细胞的形态、细胞核、核仁以及胞质中存在的颗粒状结构。

（二）注意事项

1. 视场光阑与聚光镜的孔径光阑必须全部开大，而且光源要强。因环状光阑遮掉大部分光，物镜相位板上共轭面又吸收大部分光。

2. 不同型号的光学部件不能互换使用。

3. 载玻片、盖玻片的厚度应遵循标准，不能过薄或过厚。

4. 切片不能太厚，一般以 5~10μm 为宜，否则会引起其他光学现象，影响成像质量。

第四节　微分干涉相差显微镜

1952 年，波兰物理学家 Nomarski 在相差显微镜原理的基础上发明了微分干涉相差（differential interference contrast，DIC）显微镜。DIC 显微镜又称 Nomarski 相差显微镜（Nomarski contrast microscope），其优点是能显示结构的三维立体投影影像。与相差显微镜相比，其标本可更厚，折射率差别更大，影像立体感更强。

一、微分干涉相差显微镜的原理及结构

DIC 显微镜的成像原理完全不同于相差显微镜，技术设计更为复杂（图 4-20）。DIC 利用偏振光，有 4 个特殊的光学组件：偏振器（polarizer）、DIC 棱镜、DIC 滑行器和检偏器（analyzer）。偏振器直接装在聚光系统的前面，使光线发生线性偏振。在聚光器中安装石英 Wollaston 棱镜，即 DIC 棱镜，此棱镜可将一束光分解成偏振方向不同的两束光（x 和 y），两者成一小夹角。聚光器将两束光调整成与显微镜光轴平行的方向。最初两束光相位一致，在穿过标本相邻的区域后，由于标本的厚度和折射率不同，引起两束光出现光程差。在物镜的后焦面处安装第二个 Wollaston 棱镜，即 DIC 滑行器，它把两束光波合并成一束，此时两束光的偏振面（x 和 y）仍然存在。最后光束穿过第二个偏振装置，即检偏器。在光束形成目镜 DIC 影像之前，检偏器与偏振器的方向成直角。检偏器将两束垂直的光波组合成具有相同偏振面的两束光，从而使两者发生干涉。x 和 y 波的光程差决定透光的多少。光程差值为 0 时，没有光穿过检偏器；光程差值等于波长一半时，穿过的光达到最大值。于是在灰色背景上，标本结构呈现出亮暗差。为使影像的反差达到最佳状态，可通过 DIC 滑行器的纵行微调来改变光程差，光程差可改变影像的亮度。调节 DIC 滑行器可使标本的细微结构呈现出正或负的投影形象，通常是一侧亮，而另一侧暗，这便造成了标本的人为三维立体感，类似大理石上的浮雕（图 4-21）。

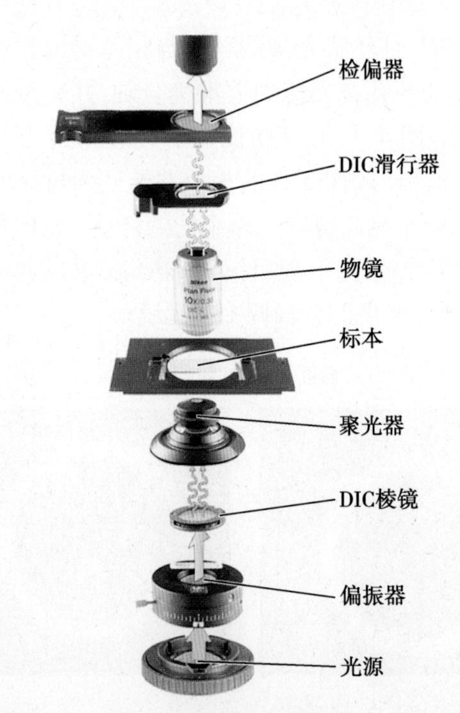

图 4-20　微分干涉相差显微镜结构与原理示意图

DIC 显微镜的优点是使细胞的结构，特别是一些较大的细胞器，如细胞核、线粒体等，立体感特别强，适合于显微操作。目前，核移植、转基因等的显微操作常在这种显微镜下进行。用于免疫组织化学染色观察和摄影时，不用复染也能很好地显示组织的整体结构（图 4-22）。

二、微分干涉相差显微镜的成像光路系统调整方法

1. 须在科勒照明系统已调好的基础上才能调整微分干涉相差显微镜。

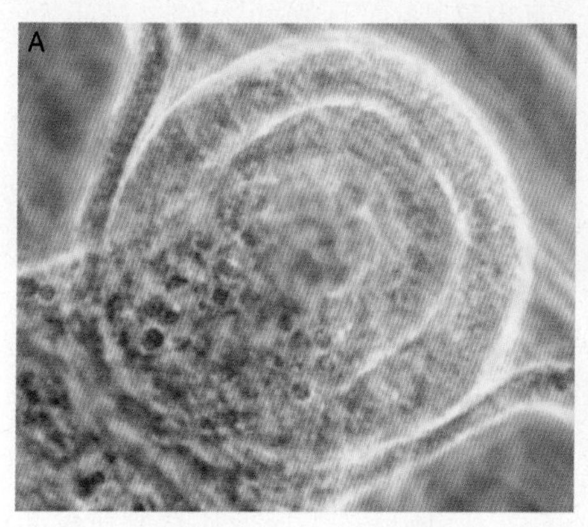

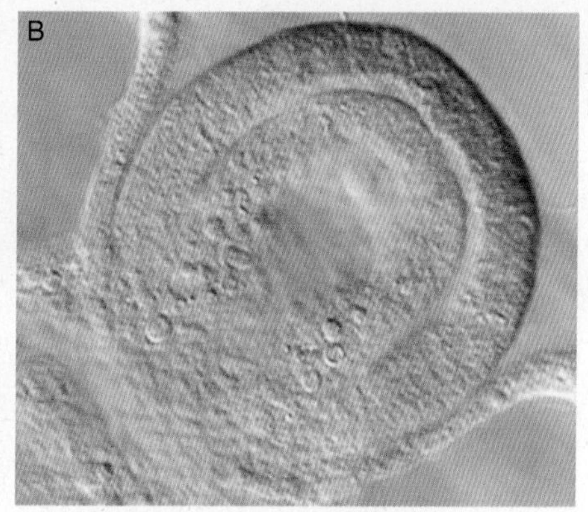

图 4-21　相差显微镜(A)与微分干涉相差显微镜(B)图像比较
(复旦大学上海医学院周国民供图)

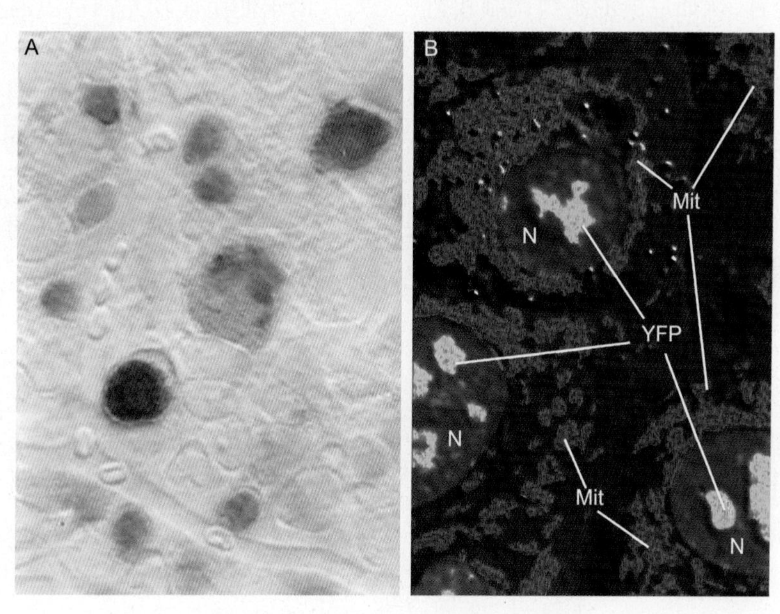

图 4-22　微分干涉相差显微镜图像
A. 免疫组织化学染色(亮视野);B. 荧光染色;N:细胞核;YFP:黄色荧光蛋白;Mit:MitoTracker 标记的线粒体(复旦大学上海医学院周国民供图)

2. 先用 10× 物镜,以明视野先确定好能把样品看清晰的物镜调焦位置。

3. 把偏振器摆入照明光路中,注意其取向应为从东向西方向。

4. 把聚光镜转盘转到与 10× 物镜对应使用的位置上,即 DIC 0.3~0.4。

5. 在物镜后方或物镜转换器上插入 10× 物镜使用的 DIC 插片。

6. 把检偏器插入成像光路中。

7. 换上待观察的透明样品,开亮光源把样品调焦清晰。

8. 调节 DIC 插片,使微分干涉相差的像达到最佳效果,也就是浮雕效果最为明显。

9. 调节聚光镜的孔径光阑,使反差效果达到最佳。

10. 微调样品的细节,可见样品中不同层面上的结构。

11. 如果把补色器插入,并同时调节 DIC 插片,可在视野中看到不断变化的绚丽色彩,如红、橙、黄、绿、蓝、紫、粉红、粉紫及金黄色等。

三、注意事项

使用 DIC 显微镜时,应注意以下事项:

1. 因微分干涉灵敏度高,标本表面不能有污物和灰尘。

2. 具有双折射性的物质不能达到 DIC 镜检

的效果。

3. 在倒置 DIC 显微镜上不能用塑料培养皿。

第五节 霍夫曼显微镜

霍夫曼调制相衬（Hoffman modulation contrast，HMC）技术于 1975 年由罗伯特·霍夫曼博士发明，该技术原理是利用斜射光照射，将相位梯度转换为光强度变化，这样可以用来观察未经染色的样品和活细胞，这项技术可以使厚样品观察有三维立体感。根据 HMC 原理，一些显微镜制造商引进了该技术的变种，例如尼康的高级调制相衬（NAMC），奥林巴斯的浮雕相衬（RC）和徕卡的集成霍夫曼调制相衬（IMC）。

霍夫曼显微镜由于采用斜射照明技术，不形成相差显微镜中的光晕，标本可以置于塑料培养皿中观察，弥补了 DIC 显微镜的不足，且价格比 DIC 显微镜低，但分辨率没有 DIC 显微镜高。

一、霍夫曼显微镜的结构

霍夫曼显微镜是基于亮视野显微镜改进而成，即在显微镜适当位置添加调制器、狭缝孔径和偏振片 3 个附件（图 4-23）。

1. 调制器 调制器是一种特殊的光振幅滤波器，上面有三个区域：暗区、灰区和亮区。暗区面积最小，而且光的透射率最小，大约 3%，几乎不透明；灰区较小，光透射率为 15%；其余区域即为亮区，面积最大，透射率 100%。这 3 个区域的比例应与狭缝孔径相匹配。调制器安装在物镜的后焦面上，为了和狭缝孔径像精确重合，调制器应能上下调节。

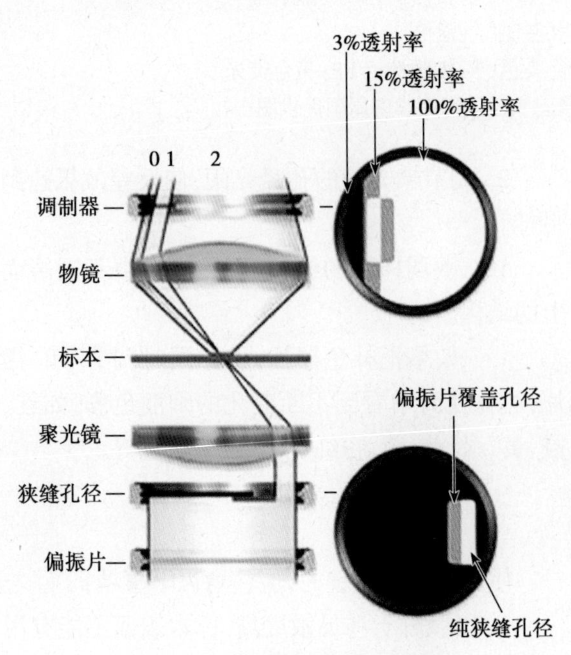

图 4-23 霍夫曼显微镜结构示意

2. 狭缝孔径 狭缝孔径是偏在光轴一边的矩形孔径，孔径的一半左右被偏振片所覆盖。狭缝孔径安装在聚光镜的前焦面上，也能上下调节。

3. 偏振片 偏振片安放在聚光镜下方，且能旋转，可调节通过狭缝孔径的光量。

由于使用偏在光轴一边的狭缝孔径，如果光轴调节不好，往往会产生整个视野亮度不均匀。因此，在安装附件前，首先要严格调整亮视野显微镜的光轴，获得均匀的照明。同时，由聚光镜和物镜的组合光学系统产生孔径像的明亮部分与调制器的灰区重合，这样才能获得理想的调制效果。

二、霍夫曼显微镜成像原理

霍夫曼显微镜成像的基本原理是：光源发出的光通过狭缝孔径产生斜射光照射到样品上，然后形成折射光，从样品左边来的光线 0，经过物镜后通过调制器透射率为 3% 的暗区，光线几乎全部减弱，在像平面上产生暗的状态；通过样品中部的光线 1，通过调制器的灰区，此区域光的透射率为 15%，在像平面里产生均匀的灰色影像；从样品右边来的光线 2，在通过调制器的亮区后，在光的强度上比灰色光线 1 大。亮光线 2 没有减弱，形成像的亮区。上述光学的阴影效应使样品呈现三维立体像（图 4-24）。

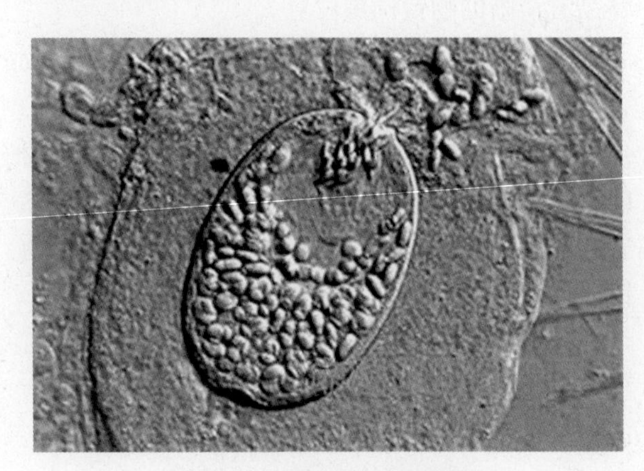

图 4-24 霍夫曼显微镜图像

第六节　暗视野显微镜

暗视野显微镜（dark field microscope）也称超显微镜（ultramicroscope），由在普通光学显微镜上加装暗视野聚光器而成。暗视野显微镜不直接观察照明的光线，而是观察被检物体反射或衍射的光线，因此视场成为黑色的背景，被检物体呈明亮的像，常用于观察活细胞的结构和细胞内微粒的运动等。

一、暗视野显微镜的结构特点与成像原理

当一束光线透过黑暗的房间，从垂直于入射光的方向可以观察到空气里出现的一条光亮的灰尘通路，这种现象即丁达尔（Tyndall）效应。暗视野显微镜就是利用丁达尔光学效应的原理，在普通光学显微镜的结构基础上改造而成。从图 4-25 可以看出，暗视野显微镜与普通光学显微镜最大区别就是在光线进入标本之前，用暗视野聚光器（图 4-26）遮拦掉中间大部分光线，使照明光线形成空心光锥，以倾斜的角度照射到标本上。因此，标本的像由标本中的质点散射光斑形成，而标本上无质点的区域因无散射光而造成黑暗背景。

暗视野显微镜适合未经染色的透明标本观察。这些样品因为具有和周围环境相似的折射率，不易在一般明视野下分辨清楚，而暗视野提高了样品本身与背景之间的对比（图 4-27）。小于

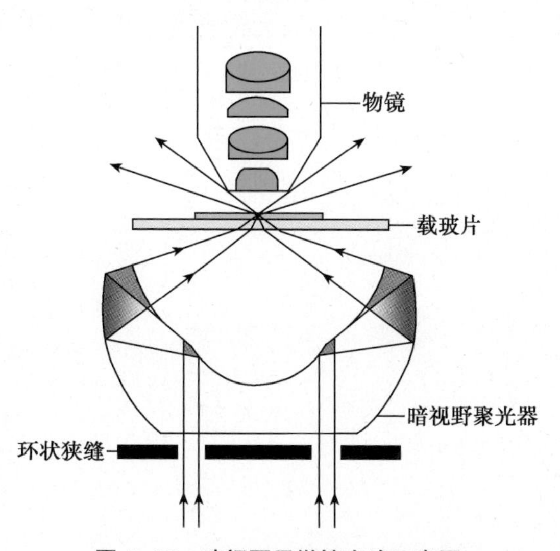

图 4-25　暗视野显微镜光路示意图

图 4-26　暗视野显微镜聚光器

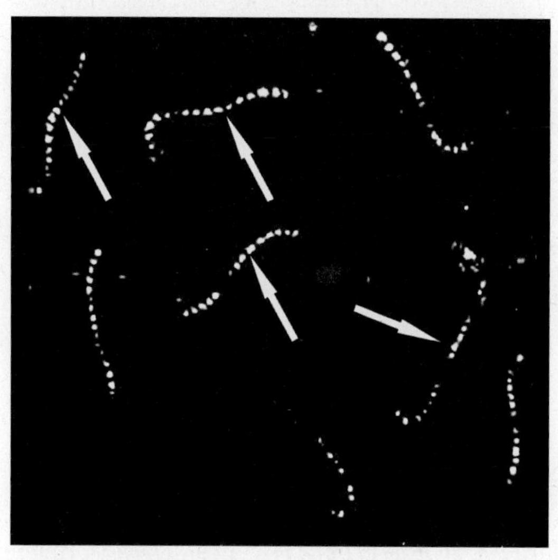
图 4-27　暗视野显微图像
箭头示钩端螺旋体似一串发亮的微细珠粒

一般光学显微镜分辨率的质点，如 4~200nm 的微粒子，在暗视野显微镜下因光线的绕射作用形成绕射斑，而绕射斑的直径取决于光波波长，与质点本身大小无关。因无直射光线，在暗视野下观察的荧光染色标本荧光鲜明、物像清晰且灵敏度高，分辨率随之提高，因此，暗视野显微观察也称超显微观察。但暗视野显微镜只能看到物体的存在、运动和表面特征，不能辨清物体的细微结构。

暗视野聚光器分干系和油浸两种，其中油浸聚光器需要在玻片和暗视野聚光镜之间滴加香柏油等能增加照明孔角的介质，因而效果优于干系暗视野聚光器。

二、暗视野显微镜使用方法

1. 安装暗视野聚光器　从聚光器底座上卸下明视野聚光器，然后将暗视野聚光器装在聚光

器底座上。选用强照明光源，用以增加散射光斑的强度。

2. 将被检样品的玻片标本置于载物台上 使用油浸暗视野聚光器时，在聚光器表面与载玻片之间滴加香柏油。

3. 聚光器合轴调中 用低倍物镜对焦，随之用聚光器升降螺旋上下调节聚光器位置，当暗视场中清晰可见一光环或圆形光点时，停止升降聚光器，然后用聚光器调中螺杆移动聚光器，使光环或光点调至视场中心位置，使聚光器的光轴与显微镜的光轴严格位于一直线上。

4. 调节聚光器焦点 转动聚光器升降螺旋，使视场中的光环调成一最小的圆形光点，此时聚光镜的焦点正好处于样品处。

5. 观察 更换需用的高倍物镜进行观察。好的暗视野图像，应该具有背景黑、质点亮且所有质点亮度均匀的特点。若未达到要求，可检查并重复上述操作步骤。有的物镜有光阑，光阑缩小有利于黑背景的创建，但分辨率随之降低。

第七节 荧光显微镜

1903 年 Wood 首次设计了一种能吸收可见光和允许紫外光通过的滤片。以此为基础，Reichert 于 1911 年设计了第一台荧光显微镜。随着荧光染色方法和荧光显微镜装置的改进，尤其是荧光抗体技术的建立，荧光显微镜在生物医学各领域的应用愈来愈广泛。荧光显微镜技术即利用一定波长的光（通常是紫外光或蓝紫光）激发显微镜下标本内的荧光物质，使之发出荧光，呈现荧光影像，然后观察记录。

一、荧光基础知识

（一）荧光的产生

物质受光照射时，会吸收入射光子的能量，光子的能量传递给物质的分子，于是发生电子从低能态向高能态的跃迁。处于高能态的电子不稳定，能在极短的时间内（10^{-8}s）通过去活化过程返回到原来的能态，同时以辐射光的形式释放能量，发出比入射光波长更长的可见光（图 4-28），即荧光（fluorescence）。在此过程中，被物质吸收的光称为激发光（excitation light），产生的荧光称为发射光（emission light）。

在光照射下，能产生荧光的物质称荧光物质。自然界中只有部分物质受紫外线照射后可直接发生荧光，这种荧光称为自发荧光或固有荧光。另一些物质本身不能直接发生荧光，但与荧光物质结合后可产生荧光，这种荧光称为继发荧光。荧光显微镜技术主要利用这种继发荧光现象，对组织细胞内的物质进行定性、定位和定量分析。

利用物质对光吸收的高度选择性，可制成各种滤片，吸收一定波长范围的光或允许特定波长范围或特定波长的光通过，用来激发不同荧光物质，产生不同颜色的荧光（表 4-1）。

（二）荧光素

荧光素（fluorescein）是能产生荧光并能作为染料使用的有机化合物，又称荧光染料或荧光探针，通常具有苯环或杂环并带有共轭双键结构。

1. 荧光素的特性

（1）荧光效率：荧光效率（fluorescence efficiency）即荧光量子产率，是指荧光物质吸收光后，发射出的荧光光量子数与其吸收激发光量子数之比。荧

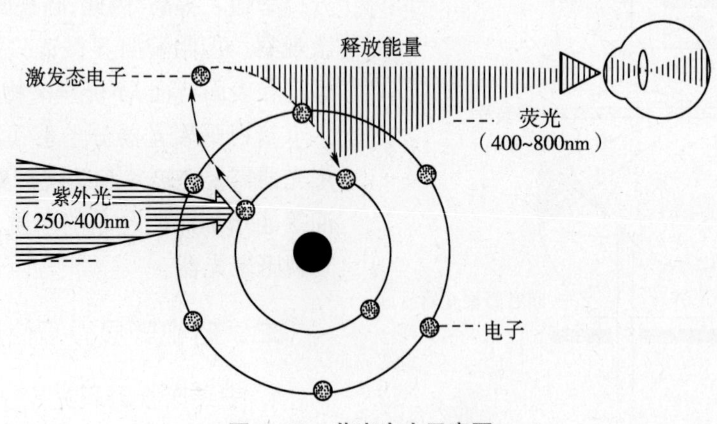

图 4-28 荧光产生示意图

表 4-1　荧光显微镜中常用光的波长与颜色的关系

光谱范围	波长范围 /nm	光谱颜色
紫外光区	<390	肉眼不可见
可见光区	390~430	紫色
	430~450	蓝色
	450~500	青色
	500~570	绿色
	570~600	黄色
	600~630	橙色
	630~670	红色

光量子产率数值反映了荧光素将吸收的光能转化为荧光的效率，其数值越大，该物质的荧光越强，用于荧光分析的荧光素荧光量子产率数值要求达到 0.35 以上。大部分物质没有发射荧光的性质，即使是荧光素也不能将吸收的光全部转变为荧光，而是在发射荧光的同时，或多或少地以其他形式释放其所吸收的光能。因此，荧光量子产率数值在通常情况下总是小于 1。

（2）荧光强度：荧光强度（fluorescence intensity）是指荧光素发射荧光的光量子数，它决定荧光素检测的灵敏度。在一定范围内，激发光越强，荧光也越强，即荧光强度等于吸收光强度乘以荧光效率。所以，选用适当强度的光源作为激发光源和选用适合于被检荧光素选择吸收的光谱滤片作为激发滤片，是提高荧光强度的根本方法。

（3）荧光素的吸收光谱和发射光谱：每种荧光素的吸收光不仅有一定波长，而且在各波长的吸收量也不同，从而构成特殊的吸收光谱曲线；发射荧光的情况也类似。因此，荧光素在一定条件下有一定的吸收光谱（激发光谱）和发射光谱（荧光光谱），如吖啶橙最大吸收光谱为 455nm，发射光谱为 450~700nm，可产生橙、黄、红、绿等不同颜色的荧光。大多数荧光素的激发光波长处于紫外或可见光区域，发射光波长处于可见光区域。荧光物质的发射光波长总是大于激发光波长，两者之间的差值称斯托克位移（stocks shift）。在荧光显微镜的应用中，就是通过斯托克位移现象将激发光与发射光分离出来，只检测发射光，从而提高检测的灵敏度。

（4）荧光稳定性：一般情况下，提高激发光强度可以提高荧光强度，但是激发光的强度不可能无限度提高。因为当激发光强度超过一定强度时，光吸收趋于饱和，而且将不可逆地破坏激发态分子，引起光漂白现象，严重影响检测。解决光漂白问题最直接的方法是降低光照强度和使用抗褪色剂（antifade reagent）。

（5）荧光素分子对环境的敏感性：荧光素的荧光光谱和量子产率受环境影响，这也是众多荧光素具有探针作用的基础。其影响因素主要如下：

1）荧光素染液的 pH：荧光素是否发射荧光以及辐射何种荧光与其在溶液中存在的状态有关。荧光素均含有酸性或碱性助色团，溶液的酸碱性对它们的电离有影响，而且每种荧光都有其最适 pH。如 1- 萘酚 -6- 磺酸在 pH 6.4~7.4 的溶液中发射蓝色荧光，但当 pH<6.4 时，则不发射荧光。

2）温度：荧光素的荧光量子产率和荧光强度通常随溶液温度的降低而增加，如荧光素的乙醇溶液在 0℃以下每降低 10℃，荧光量子产率增加 3%。降至 −80℃时，荧光量子产率接近 100%；反之则减弱，甚至导致荧光淬灭。一般情况下，在 20℃以下荧光量子产率随温度变化不明显，故在进行荧光染色过程中需控制温度。有些荧光染色如荧光抗体染色，在 37℃时，温度对异硫氰酸荧光素的荧光效率影响不大。

3）溶剂性质对荧光素的影响：溶剂性质对荧光素的荧光强度具有明显影响，同种荧光素在不同性质的溶剂中，其荧光光谱的位置和强度均有明显差别。荧光染色时常利用所需 pH 的缓冲液配制染液。

4）荧光素浓度的影响：荧光素浓度对荧光强度的影响更明显。在稀溶液中，荧光强度与荧光素的浓度呈线性关系；浓度增加到一定程度后，荧光强度保持恒定，即使再增加浓度，荧光强度也不发生变化；若浓度继续增加，超过一定限度后，由于荧光物质分子间的相互作用引起自身荧光淬灭现象，使荧光强度随浓度的增加反而减弱。荧光素染色的应用浓度一般为 10^{-5}~10^{-3}mol/L。

此外，染色液最好新鲜配制，先配制高浓度储存液，临用前再稀释，避免因储存时间过长而失效。

（6）荧光的淬灭及抗淬灭

1）荧光的淬灭：荧光淬灭（quench）是指荧

光分子由内部因素和外部因素同时作用造成的不可逆破坏。内部因素主要是分子从激发态回到基态时以非辐射跃迁(热辐射)形式释放能量。外部因素包含多方面,主要有:①荧光的产生需要光照射,但光照射同时也会促进激发态分子与其他分子相互作用而引起碰撞使荧光淬灭,光照射是致荧光淬灭的最常见原因;②荧光物质的分子与外部分子(或离子)形成非荧光化合物;③能量共振转移;④溶剂种类、pH 和温度等。

能够引起荧光淬灭的物质称为淬灭剂,如卤素离子、重金属离子、具有氧化性的有机化合物(如硝基化合物、重氮化合物、羰基化合物和羟基化合物)以及氧分子等。

2)荧光的抗淬灭:标记样品的荧光淬灭是在荧光显微镜和激光扫描共聚焦显微镜观察时遇到的主要问题。由于激光扫描共聚焦显微镜具有更强的功率和聚焦更准确的光束,与普通荧光显微镜相比,光漂白作用更明显,荧光素的荧光在连续观察过程中逐渐减弱或消失,因此需考虑使用抗荧光淬灭剂。常用的抗淬灭剂有 p- 苯二胺(para-phenylene diamine, PPD)、n- 丙基没食子酸盐(propyl gallate, NPG)、1, 4- 二偶氮双环[2, 2, 2]- 辛烷(1, 4-diazabicyclo[2, 2, 2]-octane, DABCO)等。其中 PPD 是最有效的抗淬灭剂,但由于其对光和热有较强的敏感性,且具有毒性,因而限制了其在生物体内的应用。理想的抗淬灭剂混合液配方是:9 份甘油、1 份 PBS 和浓度在 2~7mmol/L 之间的 PPD,最终 pH 为 8.5~9.0。NPG 无毒性,对光和热稳定,但抗荧光漂白的效果不如 PPD,可用于体内研究。推荐 NPG 浓度为 3~9mmol/L,用甘油配制效果较好。DABCO 是一种稳定的非离子型抗淬灭剂,价格便宜且易使用,可用于体内研究。

此外,还有其他的抗荧光淬灭方法也能使活细胞或非活性标本的荧光强度得到加强,如使用中密度滤片、采用高数值孔径物镜和相对较低的放大倍数。

2. 常用荧光素 用于组织与细胞化学染色的荧光素种类众多,各具特点。下面介绍几种常用荧光素的特点。

(1)异硫氰酸荧光素:异硫氰酸荧光素(fluorescein isothiocyanate, FITC)性质稳定,易溶于水和乙醇,是最常用的荧光素。缺点是在光照下易淬灭,易受自发荧光的影响。最大激发光波长为 490nm,最大发射波长为 525nm,呈现黄绿色荧光。

(2)四甲基异硫氰酸罗丹明:四甲基异硫氰酸罗丹明(tetramethyl rhodamine isothiocyanate, TRITC)比 FITC 稳定,生理条件下对 pH 变化不敏感,荧光强度受自发荧光干扰小。最大激发光波长为 550nm,最大发射光波长为 620nm,呈现橙红色荧光。因与 FITC 发出的黄绿色荧光对比鲜明,常用于免疫组织化学双重染色。

(3)四乙基罗丹明:四乙基罗丹明(tetraethyl rhodamine B200, RB200)可与细胞内蛋白质结合,不溶于水,易溶于乙醇和丙酮,可长期保存,广泛用于双标记示踪染色。最大激发光波长为 570nm,最大发射光波长为 595~600nm,呈橙红色荧光。

(4)藻红蛋白:藻红蛋白(P-phycoerythrin, PE)是从红藻中分离纯化、目前普遍使用的荧光素。在特定波长激发下,PE 能发射强烈的荧光,其荧光强度是荧光素的 30~100 倍,具有很好的吸光性能和很高的量子产率,在可见光谱区有很宽的激发及发射范围。PE 可分为 B- 藻红蛋白(phycoerythrin B, B-PE)、R- 藻红蛋白(R-PE)和异位(或别)藻蓝蛋白(allophycocyanin, APC)三种,其最大激发光波长分别为 565nm、565nm 和 650nm,最大发射光波长分别为 575nm、578nm 和 660nm,呈橙红色或红色荧光,可与其他绿色荧光素进行双重荧光组织化学染色。

(5)花青类染料:花青类染料(cyanine dyes)包括 Cy2、Cy3、Cy5、Cy7 及其衍生物,以 Cy2、Cy3、Cy5 较常用,其荧光特性与传统荧光素类似,水溶性和对光稳定性较强,对 pH 等环境不敏感,荧光量子产率较高,常用于多重染色。Cy2 激发波长为 492nm,发射光波长为 510nm,呈绿色荧光;与 FITC 相比,其荧光强度更大,光稳定性和抗淬灭性更好。Cy3 最大激发光波长为 550nm,最大发射光波长为 570nm,呈绿色荧光,但用绿色(512nm)波长激发 Cy3 也可出现橙红色荧光(615nm)。Cy5 的最大激发光波长为 649nm,最大发射光波长为 680nm,呈红色荧光。由于 Cy5 的最大发射波长为 680nm,很难用裸眼观察,且不能使用高压汞灯作为理想的激发光源,故观察 Cy5

通常用激光扫描共聚焦显微镜。

（6）Alexa Fluor 系列：Alexa Fluor 系列荧光染料的激发光和发射光光谱覆盖大部分可见光和部分红外线光谱区域，以高亮度、稳定性、仪器兼容性、多种颜色、pH 不敏感以及水溶性好为主要特点。各染料后面附带的数字表示该染料大致对应激发光的最大波长，如 Alexa Fluor 350 的最大激发 / 发射波长为 346/442nm，呈蓝色荧光；Alexa Fluor 500 的最大激发 / 发射波长为 502/525nm，呈绿色荧光；Alexa Fluor 660 的最大激发 / 发射波长为 563/590nm，呈红色荧光。

（7）DyLight Fluor 系列：DyLight Fluor 系列荧光染料具有光谱宽度广、荧光强度高、光学稳定性好、对 pH 不敏感、分子较小、渗透性好等优点。其激发光和发射光光谱分布合理，覆盖大部分可见光和红外线区域，适用于绝大多数荧光显微镜，并可应用于红外成像系统。其中 DyLight 405 在蓝色激发光下呈现紫色荧光，DyLight 488 在青色（488nm）激发光下呈现绿色荧光，DyLight 550 和 594 在绿色（526nm）激发光下呈现橙黄色荧光，DyLight 633 和 650 在红色（633nm）激发光下呈现红色荧光。DyLight 680、755 和 800 则适配于红外成像系统，分别发射 700nm、750nm 和 800nm 区域的光谱。

（8）量子点：量子点（quantum dot）又称半导体纳米晶体（semiconductor nanocrystal），是由几百个或几千个纳米级颗粒构成的半导体材料，性质稳定，易溶于水，不能在细胞内合成和组装。量子点具有荧光时间长、可产生多种颜色、检测方便和应用范围广等优点。量子点的荧光颜色取决于量子点的直径大小，当某一波长的激发光对多种大小不同的量子点进行照射时，可以同时得到多种颜色，因而可以同时进行多个目标的观察和检测。量子点可与抗体、链霉亲和素等多种分子进行偶联，用于检测靶分子的分布和功能。目前常用的量子点有 CdS（硫化镉）、CdSe（硒化镉）、CdTe（碲化镉）、ZnS（硫化锌）等。

此外，根据用途的不同，荧光素（探针）可分为蛋白标记荧光素、核酸（DNA 和 / 或 RNA）染色荧光探针、离子荧光探针、细胞器荧光探针、细胞骨架荧光探针等。前述各种荧光素均可用于蛋白标记，如标记抗体；用于核酸染色的核酸荧光探针主要有吖啶橙、Hoechst 33258［2'-（4-羟基苯基）-5-（4-甲基-1-哌嗪基）-2，5'-二-^{1}H-苯并咪唑］、DAPI（4'，6-二脒基-2-苯基吲哚）、溴化乙锭等；用于离子浓度测定的离子探针如检测 pH 的乙酸甲酯，检测钙离子的 Indo-1、Fura-2 等。

二、荧光显微镜的结构和成像原理

（一）荧光显微镜的组成

荧光显微镜主要由照明系统、滤光片系统和显微镜三部分构成。

1. 照明系统 荧光显微镜包括高压和低压两个照明系统，高压汞灯可发射出各种波长（紫外到红外）的光，提供激发光光源，用于荧光显微镜观察。高压汞灯的平均寿命约 200h，超过 200h 后，其光效率会明显降低。目前，可用寿命长达 2 000h 的金属卤化灯作为激发光光源。低压光源的卤素灯提供可见光，用于普通显微镜观察。

2. 滤光片系统 滤光片系统是荧光显微镜的重要组成部分，是获得特定波长光、清晰荧光影像和发挥显微镜最佳性能的关键部件，由激发滤光片、发射滤光片、分光镜、隔热滤光片、中性滤光片等组成。

（1）激发滤光片：激发滤光片（excitation filter）位于光源和显微镜之间的光路内，其作用是将照明灯光发出的全波段光过滤成激发样品荧光所需波段的光。按照透过光的波长带宽，激发滤光片可分为宽带型和窄带型。宽带型激发滤光片透过光的带宽一般在 30nm 以上，光通量大，激发能量强，但若样品中有激发波长在此范围内的多种荧光素，则均被激发而出现干扰荧光；窄带型激发滤光片透过光的带宽在 30nm 以下，光通量小，激发能量也小，但对荧光素激发的选择性好。激发滤光片一般有紫外、紫色、蓝色、绿色等几种，分别以 UV（ultraviolet）、V（violet）、B（blue）和 G（green）表示。

（2）发射滤光片：发射滤光片（emission filter）也称阻断滤光片（barrier filter）或吸收滤光片，位于物镜和目镜之间的光路中，其作用是吸收或阻挡视野内未被标本内荧光物质吸收的激发光，选择性地让标本内荧光物质发射的特异荧光通过，以获得清楚的荧光影像和保护观察者的眼睛。发射滤光片多采用数字作为标志，主要有

410W、460W、515W、530W 和 580W 等几种。每种可吸收或阻挡短于标记数字的波长光，允许大于标记数字的波长光通过。在进行荧光染色观察时，激发滤光片和发射滤光片必须配合使用：根据使用的荧光素有效激发波长选择适当的激发滤光片，按激发滤光片允许通过的激发光波长选用相应的发射滤光片，即激发滤光片允许某种波长范围的激发光通过，则相应地使用能吸收该波长范围的发射滤光片。

发射滤光片按透过光波长分为带通型和长通型，前者只透过一个波段的光，后者可透过比标记波长更长的光。

（3）分光镜：分光镜也称二向色镜（dichroic mirror），其上镀有一层铝。铝对紫外光和可见光的蓝紫色吸收很少，反射率达 90% 以上。分光镜可折射激发光，通过改变光路，使激发光反射至样品，并透过样品荧光素发出的荧光，阻挡被玻片及样品反射的紫外光或短波激发光进入目镜，保护观察者眼睛，进一步降低背景亮度。

（4）隔热滤光片：隔热滤光片位于光源与标本之间，能吸收光源产生的红光，从而吸收热量以保护其他光学元件。

（5）中性滤光片：各型中性滤光片安装在光源和显微镜之间的滤光片滑板中，可不同程度地吸收可见光，减弱其光强度，进行普通光学显微镜观察时使用。

3. 显微镜　荧光显微镜与普通显微镜一样，均由光学系统和镜架机械装置组成。荧光显微镜中的物镜多是消色差物镜，因其自身荧光极微且透光性能（波长范围）适合于荧光。由于图像在显微视野中的荧光亮度与物镜数值孔径的平方呈正比，而与其放大倍数呈反比，所以，为提高荧光图像的亮度，荧光显微镜使用的物镜其数值孔径均较大。专为荧光显微镜设计制作的聚光器用石英玻璃或其他透紫外光的玻璃制成，分明视野聚光器和暗视野聚光器两种。在一般荧光显微镜上多用明视野聚光器，它具有聚光力强、使用方便等特点，特别适于低、中倍放大的标本观察。暗视野聚光器在荧光显微镜中的应用也日益广泛。因为暗视野聚光器的入射光斜射汇聚在标本上，除散射光外，不直接进入物镜，散射光是由激发光激发标本内荧光物质而发射出的荧光。这样，在黑色的视野背景中，可呈鲜明的荧光图像，不仅增加了荧光强度和物像清晰度与灵敏度，且给人以舒适感；而且暗视野聚光器可以观察明视野聚光器难以分辨的细微荧光颗粒，能明显提高分辨率。

（二）荧光显微镜的基本原理

由荧光显微镜光源高压汞灯或金属卤化灯发出的全波段光通过激发滤光片形成特定波长（如波长 365nm 的紫外光或波长 420nm 的蓝光）的激发光，激发标本内的荧光物质产生荧光。荧光进入物镜放大后到达发射滤光片，发射滤光片透过所需波长的特定颜色荧光，后者再通过目镜放大后进行观察。这样在高对比背景下，即使荧光很微弱也易辨认。可见荧光显微镜的光源并不直接照明，而是作为一种激发标本内荧光物质的能源。标本之所以能被观察，不是由于光源的照明，而是标本内荧光物质吸收激发的光能后所呈现的荧光。

（三）荧光显微镜的分类

荧光显微镜按高压光源的激发光路的不同分为落射荧光显微镜和透射荧光显微镜两类（图 4-26），其中透射式荧光显微镜目前几乎被淘汰，目前使用的荧光显微镜多为落射式。

1. 落射荧光显微镜　落射荧光显微镜也称反射荧光显微镜，其来自光源的激发光照射到分光镜后，波长短的紫外光和紫蓝光由于分光镜上镀膜的性质而反射，当分光镜对光源呈 45°倾斜时，光便垂直射向物镜，经物镜射向标本，使标本受到激发，这时物镜起聚光器作用。同时，波长长的部分光（如绿光、黄光、红光等）对分光镜是可透的，不向物镜方向反射，因此，分光镜起激发滤板的作用。标本产生的荧光以及由物镜透镜表面、载玻片表面反射的激发光同时进入物镜，返回到干涉分光镜，使激发光和荧光分开；残余激发光再被发射滤光片吸收，荧光处在可见光波长区，可透过分光镜到达目镜而被观察到（图 4-29A）。此种荧光显微镜操作简便，视野照明均匀，成像清晰，放大倍数愈大，荧光愈强，对透明和非透明标本均适用。

2. 透射荧光显微镜　透射荧光显微镜的激发光源通过聚光镜穿过标本来激发荧光，常用暗视野聚光器（图 4-29B）。此种荧光显微镜在低倍时荧光强，高倍时荧光减弱，适于观察较大的标本材料，不适于非透明标本的检测。

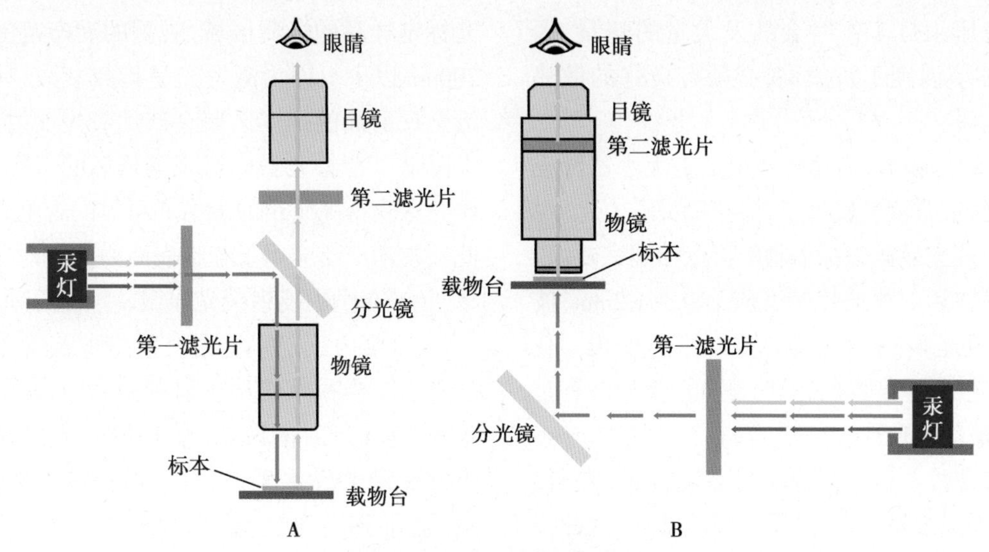

图 4-29 荧光显微镜激发光路

A. 落射荧光显微镜；B. 透射荧光显微镜

此外，按结构形式的不同，荧光显微镜分为正置式荧光显微镜和倒置式荧光显微镜。正置荧光显微镜可满足样品制成薄片后的观察方式，既可作为普通显微镜使用，也可进行荧光观察。正置荧光显微镜和倒置荧光显微镜的区别在于物镜与照明系统颠倒，前者物镜在载物台之上，后者物镜在载物台之下。倒置荧光显微镜能观察各种活细胞，常用于培养细胞的观察。

三、荧光显微镜的操作方法和注意事项

（一）基本操作步骤

1. **开启光源** 若为汞灯光源，先打开汞灯控制器开关，再按下激发按钮；若为长寿命荧光光源，打开控制器开关即可。

2. 插入挡光板，中断光路，预热 5~10min。

3. 将待观察样品放到载物台上。

4. 选择物镜（按照先低倍，后高倍顺序），转动将其对准光路，在普通光下调焦。

5. 关掉或阻断普通光，旋转滤光片转盘，根据标本的荧光染料种类选择所需要的荧光滤光片，对准光路。

6. 打开荧光光路的光闸，调焦、观察、拍照。荧光观察时，焦距和普通光下的焦距略有不同，可用微调螺旋稍微调焦。

（二）注意事项

1. 观察对象必须是可自发荧光或用荧光染料染色的标本。

2. 应在暗室中使用荧光显微镜。开机点燃高压汞灯 15min，待光源发出稳定的强光后再开始观察标本。

3. 因高压汞灯发出的光含紫外光，对人眼有损害作用，故必须安装紫外防护罩。

4. 使用时间超过 90min 后，高压汞灯发光强度会逐渐降低，致使荧光减弱，故每次观察时间以 1~2h 为宜，最多不超过 3h。

5. 汞灯的使用寿命为 200~300h，在电源控制箱上有时间累计计数器，使用者要记录累计小时数，达到 300h，需更换新灯泡，否则亮度不够，影响观察。

6. 启动高压汞灯后，不得在 15min 内将其关闭，以免水银蒸发不完全而损坏电极；一经关闭，必须待汞灯完全冷却才能重新启动，严禁频繁开启和关闭，否则灯内汞蒸气尚未恢复到液态，内阻极小，再次施加电压，会引起短路，导致汞灯爆炸。这样不仅损坏电极，还会使汞蒸气逸出，导致工作室污染。关闭汞灯之后必须等待至少 30min 后才能再开启。标本应集中观察，以节省时间，保护光源。

7. 荧光标本一般不能长时间保存，标本染色后应立即观察，如需存放保留较长时间，应将标本放在 4℃聚乙烯塑料袋中保存。持续长时间照射标本，荧光会很快淬灭，如暂不观察标本，可拉过阻光光帘阻挡光线，这样既可避免对标本的不必要照射，又可减少开关汞灯的频率和次数。

8. 高压汞灯工作时会散发大量的热量，因此，工作环境温度不宜太高，必须有良好的散热条件。

9. 使用油镜后，需用擦镜纸沾上无水乙醇或3∶7的醇醚混合液轻轻擦拭、清洁镜头。

（三）荧光显微镜标本制作特点和观察要求

1. 载玻片　载玻片厚度应为0.8~1.2mm，玻片太厚吸收光多，激发光难以在标本上聚集。载玻片必须光洁，厚度均匀，无明显自发荧光。有时需用石英玻璃载玻片。

2. 盖玻片　盖玻片厚度应在0.17mm左右，光洁。为加强激发光，也可用干涉盖玻片，这种特制盖玻片的表面镀有若干层对不同波长的光起不同干涉作用的物质（如氟化镁），可使荧光顺利通过而反射激发光，这种反射的激发光可激发标本中的荧光。

3. 标本　组织切片或其他标本不能太厚，一般以5~20μm为宜，切片太厚可使激发光大部分消耗在标本下部，而物镜直接观察的标本上部不能被激发。切片折叠或杂质过多均可影响荧光的观察。

4. 封片剂　封片剂必须无自发荧光、无色透明。加上抗淬灭剂后再用指甲油将盖玻片四周封固，即保持盖玻片不滑动，又能防止抗淬灭剂蒸发。在没有抗淬灭剂的情况下，可使用含30%甘油的PBS，还可用甘油与0.5mol/L碳酸盐缓冲液（pH 9.0~9.5）等量混合液作封片剂。

四、全内反射荧光显微镜

全内反射荧光显微镜（total internal reflection fluorescence microscope，TIRFM）是一种特殊的宽场荧光显微镜，它利用光线全反射后在介质另一面产生隐失波的特性，激发荧光分子以观察荧光标定样品的极薄区域，观测的动态范围通常在200nm以下。因为激发光呈指数衰减，只有极靠近全反射面的样本区域会产生荧光反射，由此大大降低了背景光噪声对观测目标的干扰，能帮助研究者获得高质量的成像和可靠的观测数据。故此项技术广泛应用于细胞表面物质的动态观察。

（一）全内反射荧光显微镜工作原理

1. 全内反射　全内反射是种普遍存在的光学现象。当一束光从折射率为n1的介质以入射角θ1进入折射率为n2的介质时，入射光在介质表面一部分发生反射，另一部分以透射角θ2发生透射（图4-30）。入射角和透射角满足公式：$n1 \times \sin\theta1 = n2 \times \sin\theta2$。如果n1>n2，例如光线从玻璃进入溶液，当θ1扩大至临界值θ3时，将不会有透射光产生，此时称为全反射。

2. 隐失波　当发生全反射时，由于光的波动效应，一部分光波的能量仍然能进入n2中，称隐失波（evanescent wave），见图4-30。隐失波是一种非均匀波，沿入射面边界在平行界面传播，但在垂直界面的振幅呈指数衰减。因此，隐失波只存在于界面附近的薄层内，深度约为一个波长，对可见光而言，浸透n2的深度仅几百纳米。隐失波可以用来激发紧贴介质n1的分子级别的荧光物质。

（二）全内反射荧光显微镜分类

根据物镜的作用，全内反射荧光显微镜可分为棱镜型和物镜型两类。

1. 棱镜型全内反射荧光显微镜　利用激光经过棱镜一侧照射标本并产生全内反射，其隐失波激发荧光标记的生物样品，激发光从另一侧进入物镜并被电荷耦合元件（charge coupled device，CCD）记录（图4-31A）。该系统比较简单，背景噪声低，但样品位于棱镜和物镜之间，空间受限，不利于较厚的组织或活细胞观察。

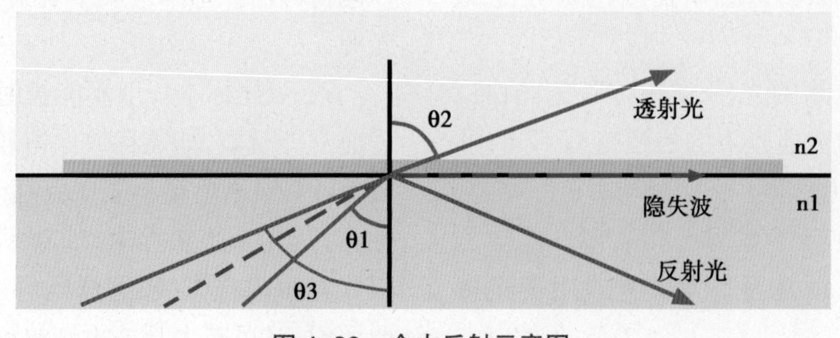

图4-30　全内反射示意图

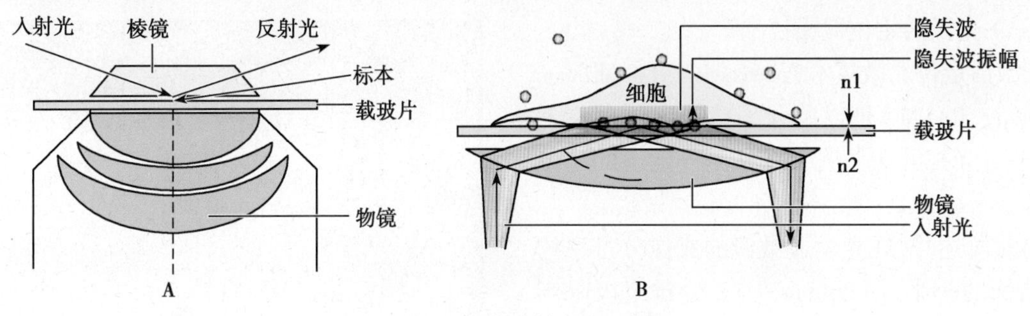

图 4-31　全内反射光路示意图

A. 棱镜型；B. 物镜型

2. 物镜型全内反射荧光显微镜　以物镜作为发生全内反射的光学器件和接受荧光信号的接收器（图 4-31B）。该系统样品放置方便，没有棱镜的空间限制，且样品远离物镜的结构，使得该技术可与纳米操作、光镊技术和原子力显微镜等多种技术联合使用。但因生物样品折射率可达 1.38，物镜的数值孔径必须大于 1.38，故常选用数值孔径为 1.65 的物镜。数值孔径越大，能允许更多的激光发生全反射，也越容易进行光束校准。

（三）全内反射荧光显微镜的应用

细胞内很多重要的生命活动过程如信号转导、蛋白质转运（图 4-32）、肌球蛋白运动、ATP 酶翻转、胞吞和胞吐以及病原体入侵等，均是亚细胞甚至分子级别的事件。使用适当的荧光标记，利用全内反射荧光显微镜观察和记录，已经成为近年来深入研究生命现象，尤其是观察细胞表面物质动态的重要技术方法。

五、超分辨率显微镜

现代生物医学研究中，为了更好地理解生命活动过程，需要观察的目标已经从细胞内的细胞器、病毒、寄生虫等深入到蛋白质以及细胞因子等单分子物质的结构和功能。而反映这些物质性质的几何尺度往往在纳米级，依据 1873 年德国物理学家阿贝发现的光学显微镜分辨率极限公式，即 $d=0.61\lambda/NA$，传统的光学显微镜难以观察水平方向低于 200nm 的细胞器结构。随着新型荧光分子探针的出现和成像方法的改进，光学成像的分辨率得到极大的改进，在远场条件下基于荧光的、突破衍射极限的超分辨率荧光显微镜（super-resolution fluorescent microscope，SRFM）应运而生，其分辨率超过了激光扫描共聚焦显微镜的分辨极限，精度可与电子显微镜相媲美，并可以在活细胞上检测纳米尺度的蛋白质。SRFM 技术既保持了普通光镜技术的样本保存较易、成像灵活且靶标特异性强的优点，还可以在活细胞上对纳米尺度的蛋白质或其他大分子物质的结构、空间分布和数量进行分析。

目前常用的超分辨技术主要是基于单分子成像的超分辨率显微成像方法和基于改造光源的点扩散函数来提高成像分辨率的方法。单分子成像技术主要是光激活定位显微技术和随机光学重构显微技术，改造光源的点扩散函数技术主要包括受激发射损耗显微技术和饱和结构照明显微技术。这些 xy 二维平面的超分辨率技术与 z 平面轴超分辨率技术结合，即可实现三维超分辨率成像。

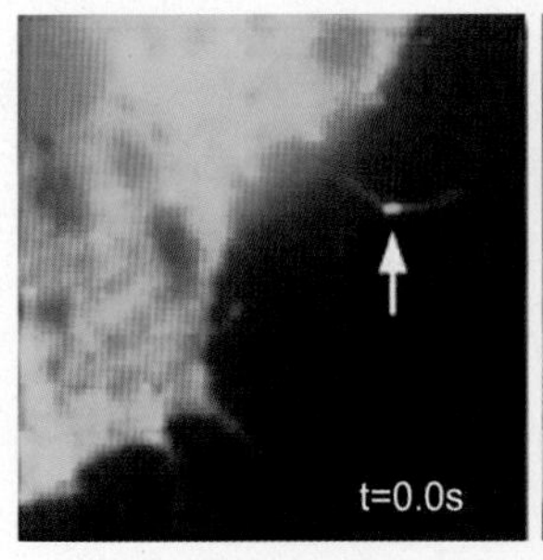

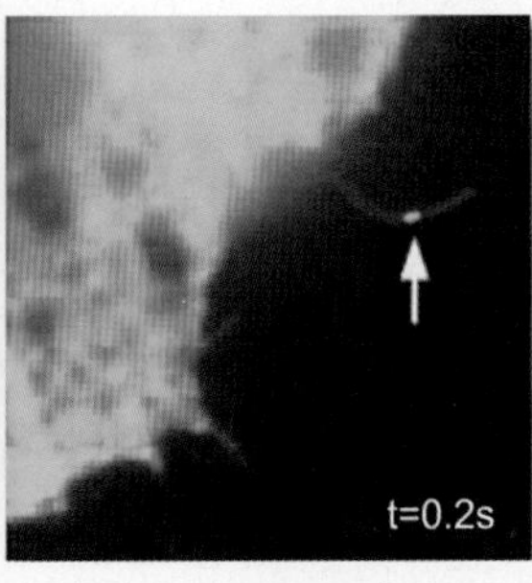

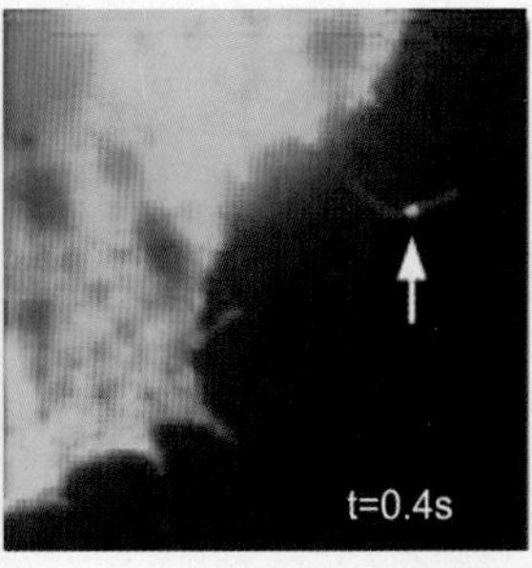

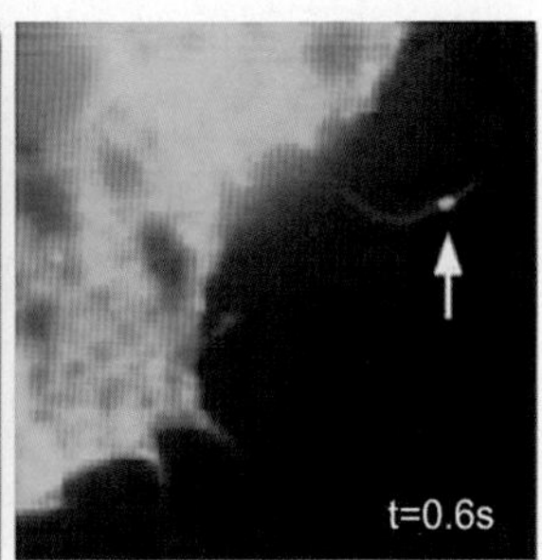

图 4-32　荧光蛋白标记蛋白质细胞内运输动力学的全内反射荧光显微镜术检测

（一）光激活定位显微技术

光激活定位显微技术（photoactivated localization microscopy，PALM）是以单分子精确定位理论为基础，结合光控开关荧光分子技术而建立的超分辨技术。

如前所述，常规光学显微镜的成像分辨率约为光波长的一半，即 200nm 左右，分辨率极限难以突破这一界限，但当显微镜的物镜视野下仅有单个荧光分子的时候，通过特定的算法拟合，此荧光分子位置的精度可超过光学分辨率的极限，通过高斯拟合将单个荧光分子发射的大量光子拟合成点扩散函数（point spread function，PSF），再以高斯函数的中心作为荧光分子的位置，这个过程被称为 PSF 的数字化。在同样的信噪比图像上，用高斯函数拟合单分子荧光的点扩散函数可以达到最佳的定位精度。这种单分子精确定位的算法是 PALM 的理论基础。

PALM 选用光激活绿荧光蛋白（photoactivatable green fluorescent protein，PA-GFP）来标记蛋白，首先使用 405nm 的激光器低能量照射细胞表面，在视野下一次仅激发几个稀疏分布的荧光分子。然后用 488nm 激光照射，激发稀疏分布的被激活的荧光分子，并用高斯拟合的方法计算出这些荧光分子的精确位置（理论上这种计算的分辨率可以到 1nm）。确定这些分子的位置后，再使用 488nm 激光长时间照射来漂白这些已经定位的荧光分子，使其在以后不再被激发出来。分别用 405nm 和 488nm 激光不断激活和漂白荧光分子，如此循环成百上千次后，得到细胞内的所有荧光分子的精确定位，然后再将这些荧光分子的图像合并到一起，利用单分子精确定位算法便能够得到超高分辨率的图像（图 4-33）。PALM 通过定位单分子，最终实现 20~30nm 的横向分辨率和 50~80nm 轴向分辨率。

PALM 不仅能对单分子进行精确定位，还能记录两种分子的相对位置，并可用于活细胞上蛋白分子（如细胞表面的黏附蛋白）的动力学研究。PALM 选用的是具备光激活性质的荧光蛋白，可选用的荧光标记蛋白有限，并且每帧图像需要经过稀疏激活、定位并漂白，需要收集大量的图像才能构建超分辨显微图像，耗时长，不利于观察活细胞。PALM 适用于外源蛋白的观察，对细胞内源性蛋白质的定位无能为力，且其对样品制备和标记荧光的选择要求较高。

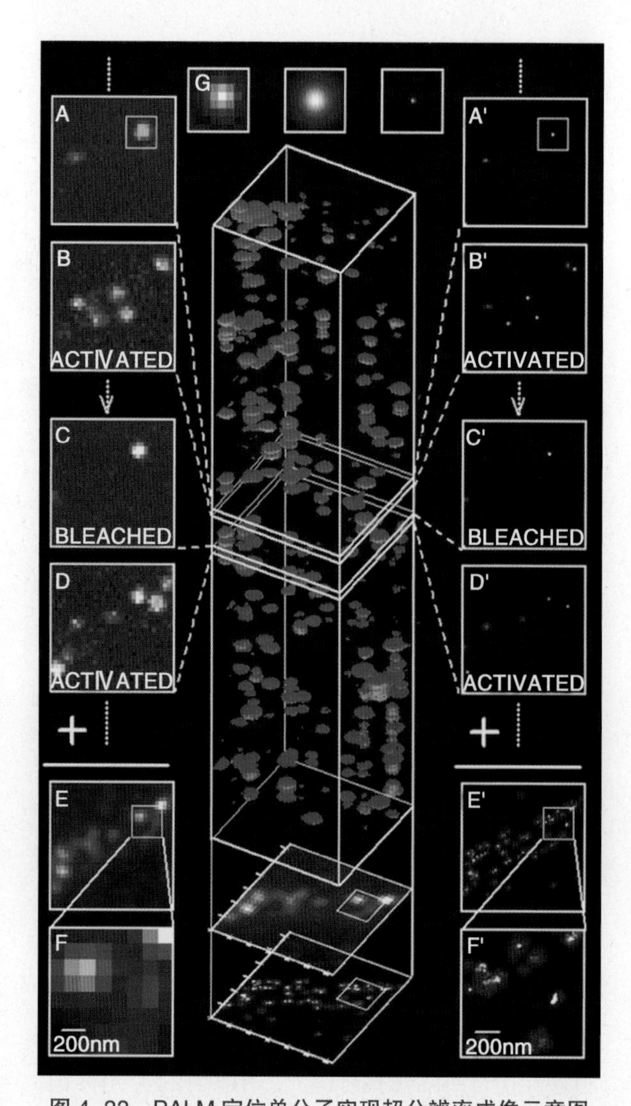

图 4-33 PALM 定位单分子实现超分辨率成像示意图

A、B、C、D、E、F 示实验过程及得到的原始数据；G，通过高斯拟合将单个荧光分子发射的大量光子（左）拟合成点扩散函数（中），再以高斯函数的中心作为荧光分子位置（右）的过程；A′、B′、C′、D′、E′、F′ 示用高斯拟合确定荧光分子的中心，叠加产生超分辨率图像；A 和 A′，未激活任何荧光分子时；B 和 B′，用 405nm 激光器激活了 4 个荧光分子；C 和 C′，用 488nm 激光器观察一段时间后漂白了第一轮激活的 4 个荧光分子；D 和 D′，第二轮重新激活的另外几个荧光分子；E 和 E′，两轮激活的荧光分子总和组成的图像；F 和 F′，E 和 E′ 中方框内局部图像的放大

PALM 系统主要由激光耦合光路、全内反射荧光激发光路（TIRFM）、荧光检测装置电子倍增电荷耦合器件（EMCCD）、漂移反馈控制部分以及图像采集和分析软件等组成。其中，高量子效率的 EMCCD 采集器具有单分子检测能力。

（二）随机光学重构显微技术

随机光学重构显微镜技术（stochastic optical reconstruction microscopy，STORM）的原理类似PALM，都是利用可转化荧光分子的开关对其准确定位，然后重建荧光图像。与PALM不同的是，STROM采用Cy3和Cy5两种荧光分子组成变色荧光对标记蛋白（如抗体）或核酸，利用两者之间的相互作用来控制明暗两种状态之间的相互转化。具体过程如下：先利用强的红色激光把视场中特定位置的Cy5分子转换到暗态，再用较弱的绿色激光稀疏激发视场的Cy3分子，Cy5分子吸收Cy3发射的荧光光子而被重新激活，恢复荧光属性，并分布更加稀疏。随后用红色激光持续照射视场被稀疏激活的Cy5分子，使其发射荧光光子，直到再次进入暗态。用高斯函数对发光点进行拟合获取单个荧光分子的精确位置（图4-34）。如此多次循环后，得到视场中所有Cy5分子的精确位置，重构出整体超分辨图像（图4-35）。随着不同颜色的变色荧光分子对的发展，STORM技术可同时显示两种或更多种内源性蛋白质的空间相对定位，两种或多种颜色的分辨率可达到20~30nm。

STORM成像系统的组成结构与PALM基本一致，在宽场显微镜的基础上搭载而成，主要由激光耦合光路、全内反射荧光激发光路（TIRFM）、超高灵敏度检测器、漂移反馈控制部分以及图像采集和分析软件等组成。它们都需要成千上万帧定位信息以创建超高分辨率的单幅图像，成像较慢，且制样复杂。STORM的成像与PALM相比，虽然两种成像方法精度相同，但STORM可以重

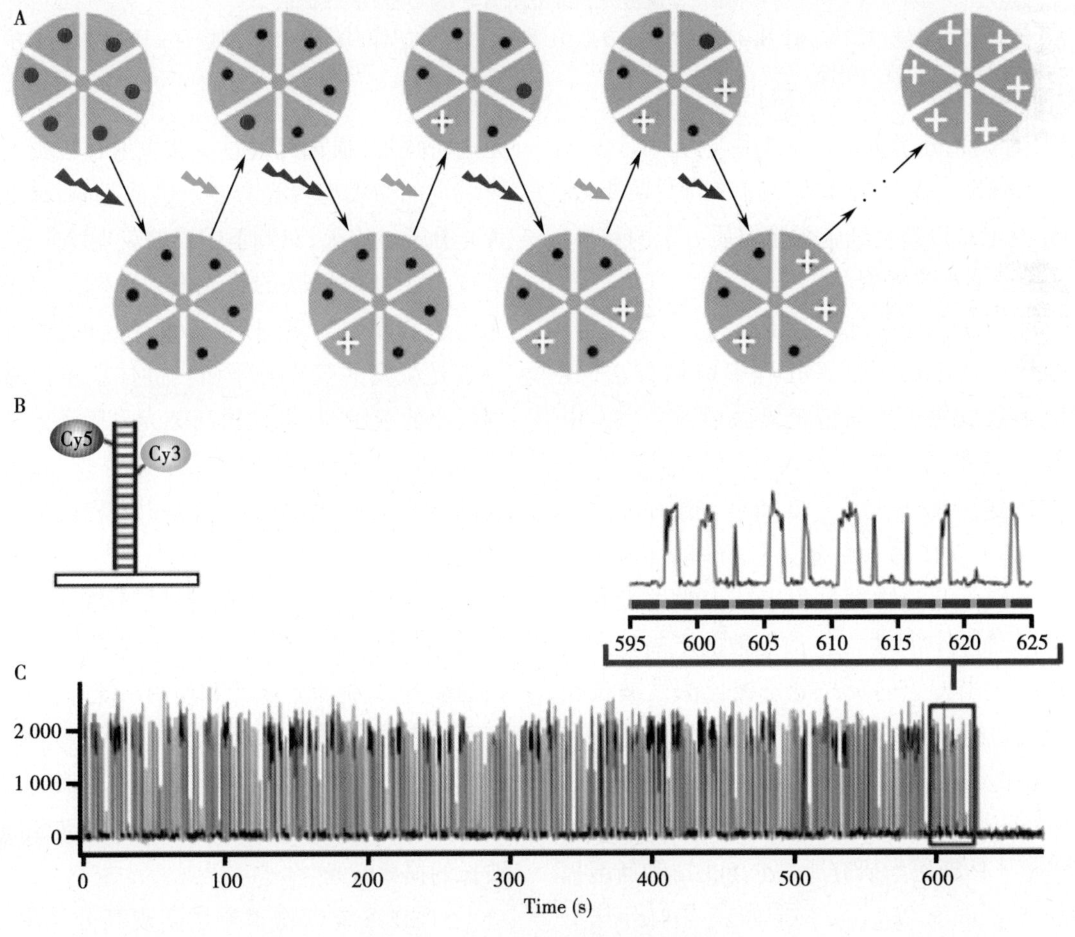

图4-34 STORM技术原理示意图

A. Cy5在两种不同激光交替照射下明暗转换过程：强的红色激光把Cy5（红点）转换到暗态（黑点），再用较弱的绿色激光激发Cy3分子，Cy5分子吸收Cy3发射的荧光光子而被重新激活成发光点（白十字），用高斯函数对发光点进行拟合获取单个荧光分子的精确位置，如此多次重复，重构整体超分辨图像；B. 结合变色荧光对Cy5和Cy3的核酸分子；C. 红绿激光交替刺激模式与Cy5被重激活后的荧光强度

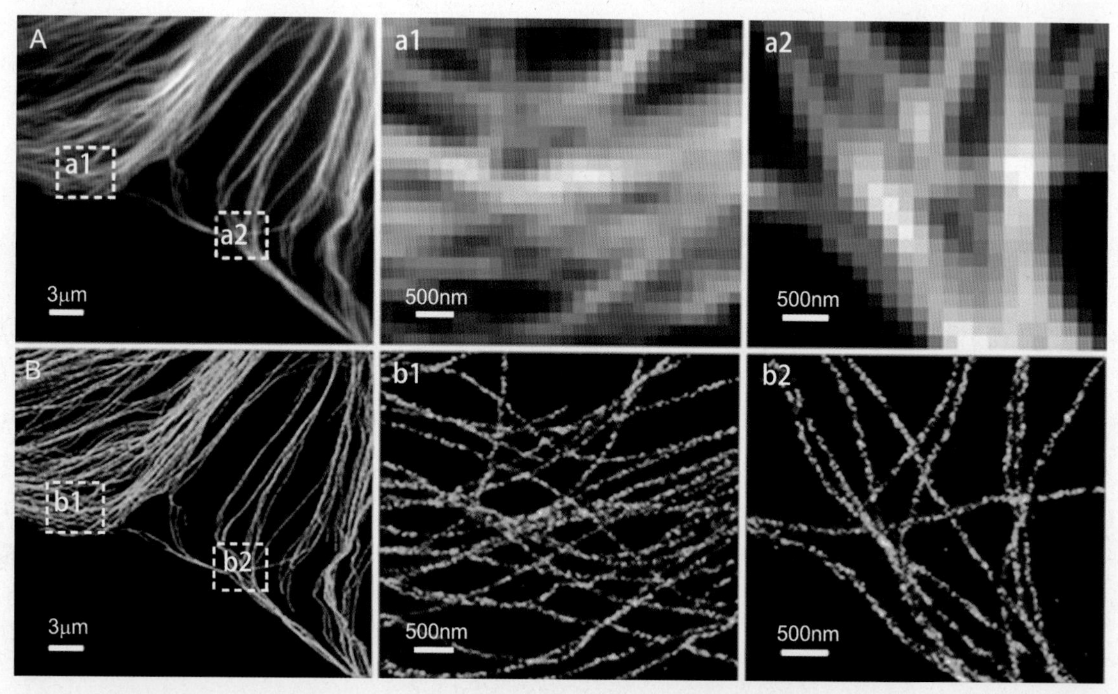

图 4-35 普通荧光显微镜图像与 STORM 图像比较

A. 普通荧光显微镜图像，a1 和 a2 为图 A 中方框 a1 和 a2 的放大图像；B. STORM 图像，b1 和 b2 为图 B 中方框 b1 和 b2 的放大图像

复记录，对荧光分子随机运动的影响更小。由于用抗体来标记内源蛋白并非一对一的关系，因此 STORM 技术难以量化细胞内蛋白质分子的数量，也不能用于活细胞检测。

（三）受激发射损耗显微技术

PALM 和 STORM 的超分辨率成像方法，其点扩散函数成像仍然与传统显微成像一致。由于需要反复激活 - 淬灭荧光分子，所以实验大多数在固定细胞上完成。2000 年，德国科学家 Stefan Hell 开发了另一种超高分辨率显微技术，其基本原理是通过物理过程来减少激发光的光斑大小，从而直接减少点扩散函数的半高宽来提高分辨率。当特定的荧光分子被比激发波长长的激光照射时，可以被强行淬灭回到基准态。利用这一特性，Hell 开发出了受激发射损耗显微技术（stimulated emission depletion，STED），并与美国霍华德 · 休斯医学研究所 Eric Betzig 和斯坦福大学的 William E. Moerner 一起斩获 2014 年诺贝尔化学奖。其基本的实现过程如下：一束激光被聚焦成正常的衍射极限焦斑，使焦斑内的荧光分子（荧光染料或荧光蛋白）处于激发态；另一束为中心光强为零、呈环形焦斑分布的损耗光，两束光进行叠加，损耗光通过受激发射过程损耗周边区域内的激发态荧光分子。因此，周边区域内的荧光分子被淬灭，只剩下中心的荧光发光点，从而实现小于衍射极限的荧光发射面积。由于损耗光的中心光强为零，只要淬灭光足够强，则由第一束光激发的荧光分子所占的体积可以被压缩到极小的范围内，极大提高荧光显微镜的分辨率（图 4-36）。目前，STED 显微镜可实现 20nm 分辨率的免疫荧光成像和 50~70nm 的荧光蛋白成像（图 4-37）。

受激发射损耗显微镜可以搭载在激光扫描共聚焦显微镜（详见第十一章）系统上，除了必备的扫描装置，共扼聚焦装置和检测系统外，用常规的蓝色或者绿色单光子激光器作为激光光源，特殊设计的中心光强为零环形焦斑分布的激光器作为损耗光源，一般采用 592nm、660nm 和 775nm 3 种波长的损耗激光。

STED 系统以物理方法实现高分辨率，操作简便，且不受染料限制。因为是利用聚焦光斑对样本进行逐点扫描，所以实现了视频级的成像速度，可以快速（每秒 28 帧）观察活细胞内分子实时变化过程。

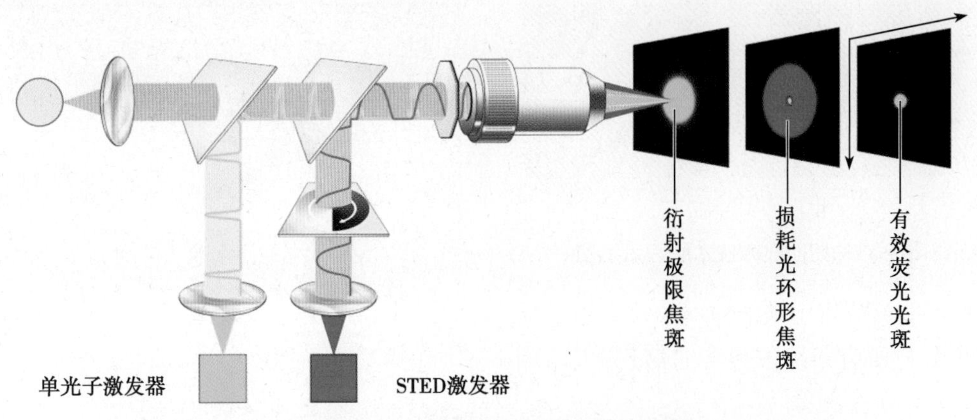

图 4-36　STED 实现过程原理示意图

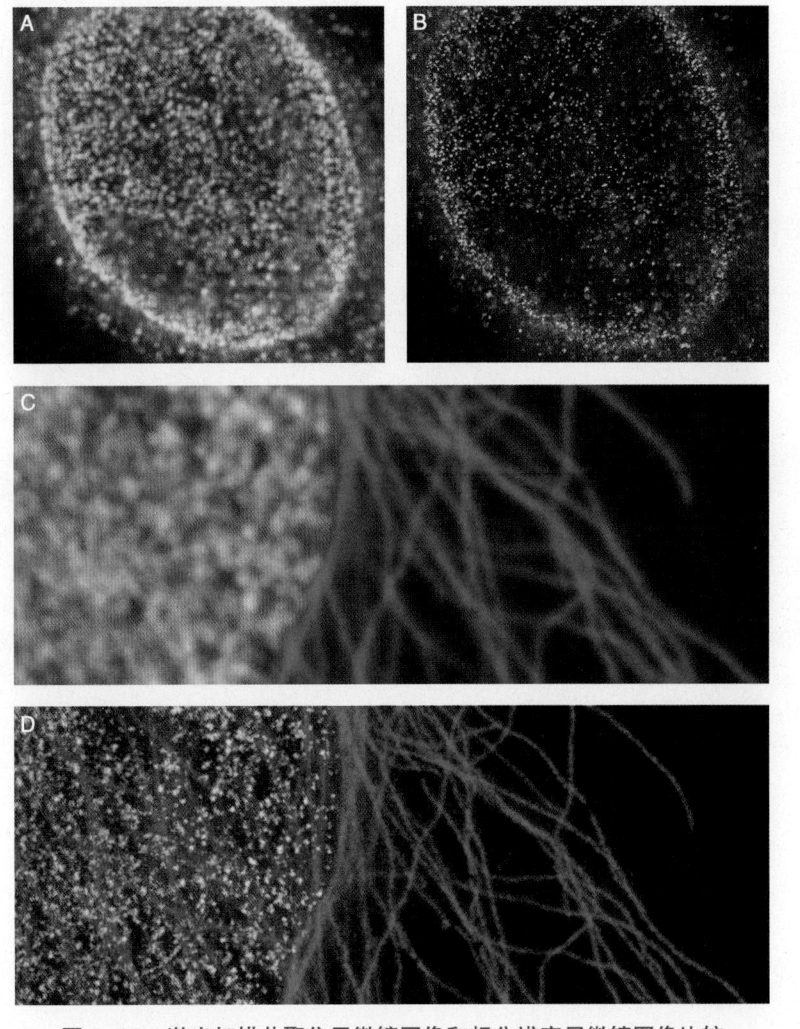

图 4-37　激光扫描共聚焦显微镜图像和超分辨率显微镜图像比较

A、C. 激光扫描共聚焦显微镜图像；B、D. 分别为 A 和 C 的 STED 图像

（四）饱和结构照明显微技术

饱和结构照明显微技术（saturated structure illumination microscopy，SSIM）的原理是将多重相互衍射的光束照射到样本上，然后从收集到的发射光模式中提取高分辨率的信息。当一个未知结构的物体（图 4-38A）被一个结构规则的照射模式（图 4-38B）的光照射时，会产生云纹条纹（moire fringes）（图 4-38C）。云纹条纹发生在采样物体的空间频率与照射光线的空间频率有差异的地方，在显微镜下直接观察，可观察看到云纹条

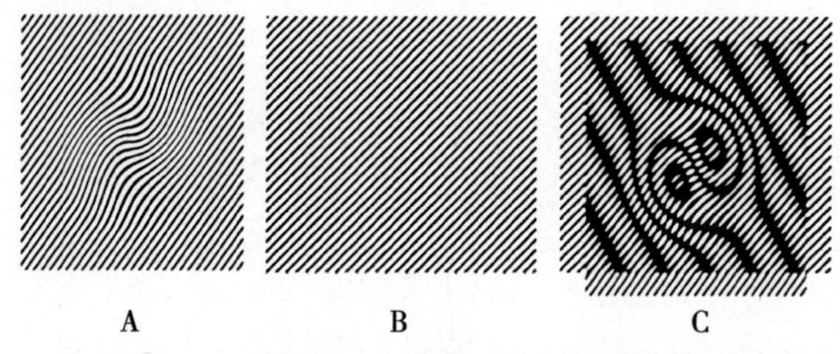

图 4-38 饱和结构照明显微技术原理示意图

纹放大原先不能够分辨出来的样本结构。通过计算机进一步分析所有条纹中包含的信息，可以重组出样本的高分辨率图像。

SSIM 搭载在宽场显微镜上面，除常规显微镜必备的组件外，构件还包括不同波段的大功率激发光源、高量子效率 EMCCD、高频结构照明装置、高倍率的 TIRF 物镜等。由于 SSIM 原理限制，仅仅能够将光学极限分辨率提高 1~2 倍，达到 50~100nm（图 4-39）。SSIM 是两维并行测量，成像速度高，但实时性比较差。

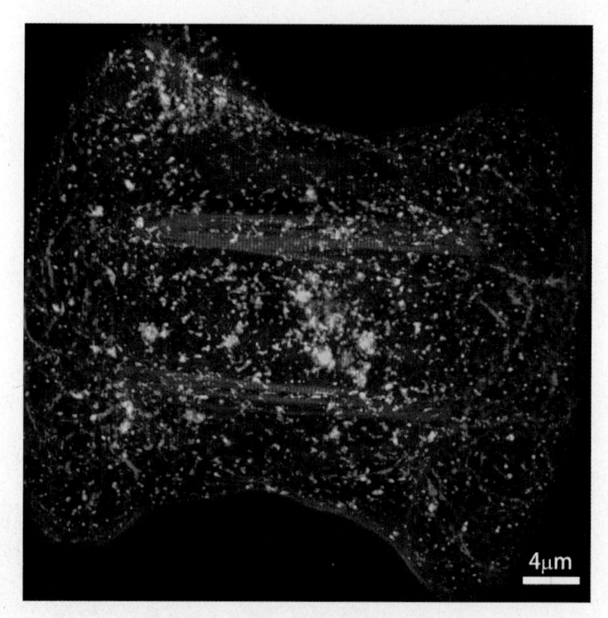

图 4-39 饱和结构照明显微图像
红色示肌动蛋白，蓝色示微管，绿色示转铁蛋白

（周劲松）

参 考 文 献

1. 李和，周莉．组织化学与细胞化学技术．北京：人民卫生出版社，2014.
2. 吕志坚，陆敬泽，吴雅琼，等．几种超分辨率荧光显微技术的原理和近期进展．生物化学与生物物理学进展，2009，36（12）：1626-1634.
3. Rust MJ，Bates M，Zhuang X. Sub-diffraction-limit imaging by stochastic optical reconstruction microscopy（STORM）. Nat Methods，2006，3（10）：793-795.
4. Willig KI，Rizzoli SO，Westphal V，et al. STED microscopy reveals that synaptotagmin remains clustered after synaptic vesicle exocytosis. Nature，2006，440（7086）：935-939.
5. Sigal YM，Zhou R，Zhuang X. Visualizing and discovering cellular structures with super-resolution microscopy. Science，2018，361（6405）：880-887.
6. Schermelleh L，Ferrand A，Huser T，et al. Super-resolution microscopy demystified. Nat Cell Biol，2019，21（1）：72-84.

第五章　电子显微镜技术

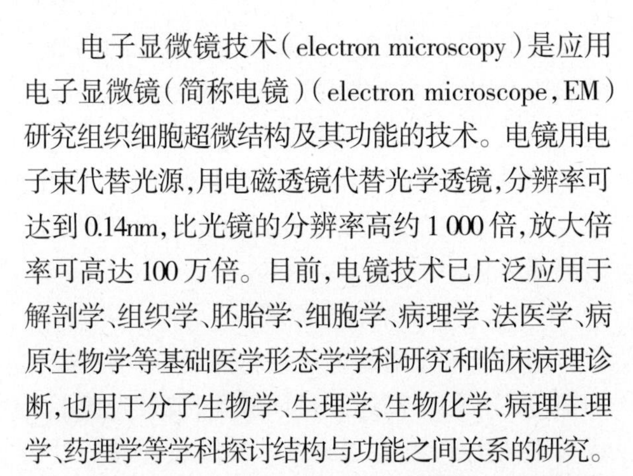

电子显微镜技术(electron microscopy)是应用电子显微镜(简称电镜)(electron microscope,EM)研究组织细胞超微结构及其功能的技术。电镜用电子束代替光源,用电磁透镜代替光学透镜,分辨率可达到0.14nm,比光镜的分辨率高约1 000倍,放大倍率可高达100万倍。目前,电镜技术已广泛应用于解剖学、组织学、胚胎学、细胞学、病理学、法医学、病原生物学等基础医学形态学学科研究和临床病理诊断,也用于分子生物学、生理学、生物化学、病理生理学、药理学等学科探讨结构与功能之间关系的研究。

根据性能不同,电镜分为透射电镜、扫描电镜、冷冻电镜、超高压电镜、分析型电镜、扫描隧道电镜等。

第一节　透射电子显微镜技术

透射电子显微镜(transmission electron microscope,TEM)是在医学领域应用最早的一种电镜,发展最早,应用最广泛。透射电镜主要利用透射电子成像,并要求将样品制成厚为50~60nm的超薄切片,主要用于组织细胞内部超微结构观察、物质成分分析和粒径测定等。

一、透射电子显微镜技术的基本原理

透射电镜以波长极短的电子束作为照明源,用电磁透镜将电子束高度汇聚后照射在样本上,然后接收透过样品并带有样品内部信息的电子,并进行聚焦放大成像。透射电镜精度高,直观性强,对电源稳定度、机械稳定性和真空度等方面要求较高,因此结构较复杂。

(一)透射电子显微镜的结构

透射电镜呈直立圆筒状,由电子光学系统、真空系统和电源系统三部分组成。其顶部是电子枪,下方依次是聚光镜、样品室、物镜、中间镜和投影镜,最底部是荧光屏和照相装置(图5-1)。

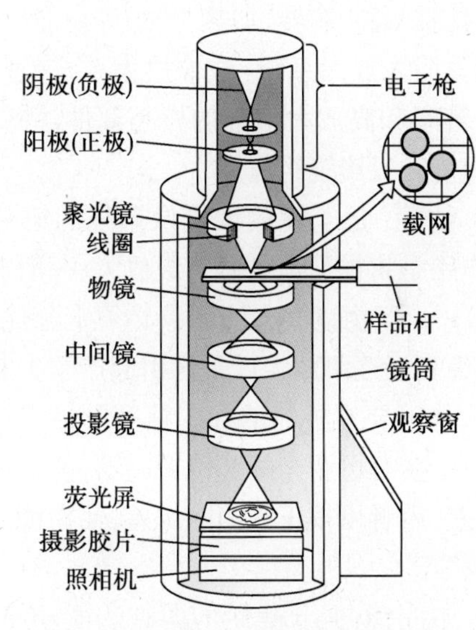

图5-1　透射电子显微镜结构示意图

1. 电子光学系统　电子光学系统是透射电镜的主体,由照明系统、样品室、成像放大系统和观察记录系统4部分组成。

(1)照明系统:包括电子枪和聚光镜两部分。

1)电子枪:电子枪是电镜的电子发射源,相当于光学显微镜的照明电源,由阴极、栅极和阳极组成(图5-1)。阴极即灯丝,通常用直径0.1~0.15mm的钨丝制成,呈V字形。当通电达一定温度时(2 227℃以上),灯丝尖端即产生热电子发射,形成强的照明电子束。阳极是一个中间带孔的金属圆盘,位于阴极的对面。阳极电位为零电位,相对于阴极是正的加速电压,通常为几十千伏到几百千伏,其作用是使电子加速。栅极由一个中央孔径为2mm的圆金属筒构成,位于阴极和阳极之间,起控制电子束发射及改变电子枪中电场分布的作用。

2)聚光镜:聚光镜的作用是将来自电子枪

的电子束会聚在样品上，对样品进行照明，控制照明亮度、电子束斑的大小等。高性能电镜采用双聚光镜，第一聚光镜改变电子束斑直径，第二聚光镜调节最后成像亮度，在第二聚光镜中有一个多孔的可调光阑，根据需要选用合适的光阑孔径改变和控制照明孔径角，使样品不致发生过热现象。

（2）样品室：位于聚光镜和物镜之间，主要结构包括样品台、样品移动控制杆、冷阱及样品转换装置，用于承载样品和更换样品，以及使样品台在X、Y轴方向上移动。有些电镜样品室中的样品台还具有倾斜、旋转、加热、冷却等功能。

（3）成像放大系统：成像放大系统是电镜获得高分辨率和高放大倍数的核心部件，一般由物镜、中间镜和投影镜组成。

1）物镜：是电镜放大成像系统的第一级透镜，其作用是将样品信息做初级放大，一般放大倍数为50×。经物镜放大的图像必须十分优良，否则微小失真经逐级放大后最终引起严重失真。因此，要求物镜要有极高的加工精度及稳定性。另外，物镜中装有可调光阑和消像差器，前者可提高图像反差，后者可校正和消除像差，使物镜处于最佳工作状态。

2）中间镜：是长焦距的弱磁透镜，可改变放大倍数，将来自物镜的初级像进行进一步放大。

3）投影镜：投影镜一般有两个，其作用是将中间镜所成的影像进一步放大并投影到荧光屏上，以供观察。改变中间镜和第一投影镜的电流可控制总放大倍数。由物镜、中间镜和第一、二投影镜组成四级成像，放大系统最高放大倍率可达百万倍。

（4）观察及记录系统：包括观察室和底片室。观察室内有荧光屏，在电子束的照射下，样品的电子显微镜图像即显示在荧光屏上。为了观察和聚焦，在观察窗外装有可以放大10×的双目镜。需要照相时，可将图像直接通过图像采集卡进行采集，转换为数码信息，以电子信息记录于计算机硬盘中。

2. 真空系统 电子束的穿透力很弱，只有在高真空的情况下才能达到一定行程，因此必须将电子束通道即镜筒抽成高真空，真空状态的好坏是决定电镜能否正常工作的重要因素。如果镜筒内真空度差，则会导致高速运行的电子与气体分子碰撞而发生电子散射，这样就会降低图像反差；其次，电子枪中的残余气体会引起电子束不稳定或闪烁，并可与灼热灯丝作用而缩短灯丝寿命。真空系统由机械泵、油扩散泵、真空管道、阀门及检测系统组成。

3. 电源系统 电镜所用的电源比较复杂，同时对电源的稳定性要求很高，尤其是对加速电压和透镜电流稳定性要求很高。在总电源的供给上要求用专用线，对电源要先进行交流稳压，然后再进行整流、直流稳压，最后供给各部分使用。主要的电源供给包括高压电源、透镜电源、偏转线圈电源及用于真空系统、照相机装置及计算机控制的电源等部分。

（二）透射电镜成像原理

用电子枪发射的电子束作照明源，电子束在加速电压作用下高速穿过阳极孔，被聚光镜汇聚成极细的电子束，穿透样品。在通过样品的过程中，电子束与样品发生作用，穿出样品时便带有样品信息，经过物镜聚焦放大后，在其像面上形成反映样品微观特征的高分辨率透射电子图像，然后经过中间镜和投影镜进一步放大成像，投射到荧光屏上，使透射电子的强度分布转换为人眼直接可见的光强度分布。穿过样品的电子束强度取决于样品的厚度和结构的差别或样品质量密度的高低。样品质量密度高的区域，产生大角度的散射电子。这种大角度的散射电子被物镜光阑遮挡，只有小角度的散射电子通过光阑孔，以致这部分电流强度小，在荧光屏上呈现电子密度大的暗区；而在质量密度低的区域，大角度散射电子少，透过的电子多，电流强度大，在荧光屏上呈现电子密度小的亮区。这样，样品的超微结构即形成具有明暗反差、容易辨认的黑白电镜图像（图5-2）。

二、超薄切片技术

透射电镜的电子束穿透力弱，大多数标本无法直接在透射电镜下观察，必须制成厚度为50~70nm的超薄切片才能使用。超薄切片技术是透射电镜生物样品制备方法中最基本、最重要的常规制样技术。超薄切片技术在光镜石蜡切片技术的基础上发展起来，其制作过程与石蜡切片相

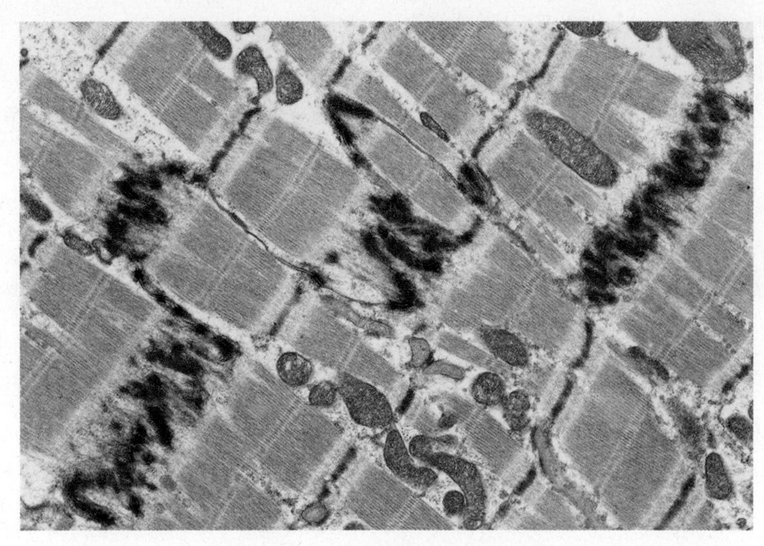

图 5-2　心肌细胞透射电镜图像

似，也需要经过取材、固定、脱水、浸透、包埋、切片及染色等步骤。然而，由于电镜的高分辨本领以及电子束的照射易使样品变形，因此对超薄切片技术提出了更高的要求。为获得理想的超薄切片，操作者必须十分认真地对待每一个步骤，任何环节的疏忽都可能使制片失败。

（一）取材

1. 取材的基本要求　取材是超薄切片技术的第一步，也是非常关键的一步。生物材料在离开机体或正常生长环境后，如果不立即进行适当处理，由于细胞内部各种酶的作用，结构会出现自溶；此外，还可能由于污染，微生物在组织内繁殖使细胞的微细结构遭受破坏。因此，为了使细胞结构尽可能保持生活状态，取材操作应注意以下原则。

（1）快：组织取下后应在最短时间内（争取在 1min 内）投入固定液。

（2）准：取材前应先做好准备，对取材部位的组织结构了解充分，保证取材部位准确可靠，尤其对组织结构不均匀的样品，如肾脏的皮质髓质不同；同时还应注意某些材料的方向性，如取肌组织时，需要考虑观察肌纤维横切面还是纵切面。

（3）轻：解剖器械应锋利，操作宜轻柔，避免牵拉、挫伤与挤压样品，以免引起人为结构损伤。

（4）小：因为固定剂的渗透能力较弱，组织块如果太大，其内部将不能得到良好固定。要求组织块大小一般不超过 1mm × 1mm × 1mm。为便于定向，可将组织修成 1mm × 1mm × 2mm 大小。

（5）低温：操作最好在低温（0~4℃）下进行，以降低酶的活性，防止细胞自溶。所用的容器、器械和液体也应预先冷却。

2. 取材方法　如图 5-3 所示，取大小适中的玻璃平皿，其内放置适量冰块，在冰上放置取材板，在板上滴上预冷固定液备用。取出所需材料后，放在预冷的取材板上，用一分为二的双面刀片将其切割成 $1mm^3$ 的小块，然后用牙签将组织块移至盛有冷固定液的小瓶中，并在小瓶上贴好标签。如果组织带有较多血液和组织液，应先用缓冲液或生理盐水漂洗几次，然后再切成小块固定。对于比较柔软的组织如胚胎、脑等，可切成稍大的组织块，放入固定液内 15min 后，再细切成 $1mm^3$ 的小块，继续固定。

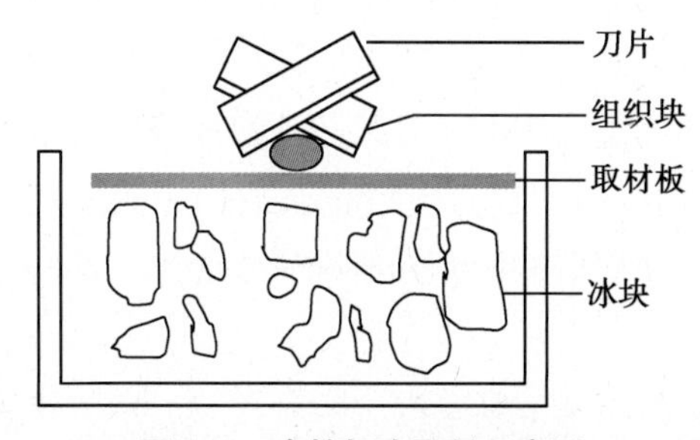

图 5-3　电镜标本取材示意图

（二）固定

固定的目的是尽可能使细胞中的各种细胞器以及大分子结构保持在生活状态，并且牢固地固定在它们原来所在的位置上。固定方法分为物理方法和化学方法两类。物理方法系采用冷冻、干燥等手段来保持细胞结构，化学方法是用固定剂来固定细胞结构。因为化学方法更常用，所以下面只介绍化学方法。

1. 常用固定剂　理想的固定剂应具备以下条件：①能迅速而均匀地渗入组织细胞内部，稳定细胞内各种成分且不发生明显的凝聚变化；②能迅速将细胞杀死，尽可能保持细胞微细结构，减少死后变化；③对细胞不产生收缩与膨胀作用，不产生人工假象和变形。

最理想的固定剂应能固定细胞内所有成分，但是，各种固定剂对细胞成分的固定具有选择性，所以在试剂应用中应根据不同实验目的对固定剂进行选择。

（1）锇酸：锇酸即四氧化锇，是一种淡黄色、具有强烈刺激味的晶体。商品的锇酸通常以0.5g或1g包装，密封在小玻璃安瓿瓶里。

锇酸是强氧化剂，与氮原子有较强的亲和力，因而能与各种氨基酸、肽及蛋白质反应，使蛋白质分子间形成交联，使蛋白质得以固定。四氧化锇还能与不饱和脂肪酸反应使脂肪得以固定，是唯一能够保存脂类的固定剂。此外，锇酸还能固定脂蛋白，使生物膜结构的主要成分磷脂蛋白稳定；能与变性DNA以及核蛋白反应，但不能固定天然DNA、RNA及糖原。锇酸有强烈的电子染色作用，用其固定的样品图像反差较好。

锇酸的缺点是渗透能力较弱，每小时仅渗透0.1~0.5mm。用锇酸固定的时间一般为2h（4℃）左右，长时间停留在四氧化锇溶液中会引起一些脂蛋白复合体的溶解而使组织变脆，造成切片困难。锇酸还是酶的钝化剂，因而不适于细胞化学标本的固定。锇酸还可以与乙醇或醛类等还原剂发生氧化还原反应产生沉淀，故用锇酸固定后的样品必须用缓冲液充分清洗后才能进入乙醇溶液中脱水。

锇酸水溶液在室温下易挥发，有毒性，极易还原变黑而失去固定效力；其蒸汽对皮肤、呼吸道黏膜及眼睛角膜有伤害作用。因此，使用时要注意通风，操作宜在通风橱中进行。因受热或见光会促使锇酸氧化，故应保存于避光和阴凉处。锇酸溶液应使用前配制，常用浓度为1%。一般先配成2%锇酸水溶液，临用前用缓冲液稀释成1%浓度。

1）2%锇酸水溶液配制：先将装有锇酸的安瓿置于棕色瓶内一同泡酸洗净，用自来水和双蒸水反复清洗后，用经同样方法清洗的洁净玻璃棒在瓶内将安瓿击碎，加入双蒸水（1g锇酸加50ml双蒸水）溶解锇酸；密封瓶口，置4℃冰箱内避光保存。

2）1%锇酸固定液配制：取等量2%锇酸水溶液和0.2mol/L磷酸盐缓冲液或二甲砷酸缓冲液混合。

（2）戊二醛：戊二醛是电镜制样中最常用的固定剂之一，于1963年开始使用并沿用至今。商品戊二醛通常为25%的水溶液。戊二醛放置时间过长会变质发黄，从而影响固定质量，尤其不利于酶的保存。此时可以加入活性炭或用蒸馏方法提纯后使用，这样可以大大提高固定效果。一般戊二醛的pH为4.0~5.0，当pH低于3.5时便不能使用。戊二醛原液应在冰箱内保存。

戊二醛具有以下优点：①因分子量小而对组织和细胞的穿透力比锇酸强，还能保存某些酶的活力；②具有稳定糖原，保存核酸、核蛋白的特性；③对微管、内质网和细胞基质等有较好的固定作用；④长时间的固定（几周甚至1~2个月）不会使组织变脆、变黑，特别适合于远离实验室的临床取材、野外取材。戊二醛的缺点是不能保存脂肪，没有电子染色作用，对细胞膜的显示较差。

（3）甲醛：甲醛分子量较小，在组织中渗透快，固定迅速，对细胞精细结构的保存虽不如戊二醛，但在酶活性的保存上却优于戊二醛，故多用于组织化学、免疫电镜研究或快速固定，常与戊二醛混合使用。

福尔马林中含有抗聚合的甲醇，影响微细结构的固定效果，因此，固定电镜样品所用的甲醛应在临用前用多聚甲醛粉末制备。

（4）高锰酸钾：高锰酸钾是磷脂蛋白膜结构的优良固定剂，适用于细胞膜性结构研究，如髓鞘、内质网膜、线粒体膜等，但几乎不能固定细胞的其他成分，偶尔在电镜样品制备中使用。

2. 常用缓冲液　由于细胞本身的缓冲能力很弱，为了防止细胞的损伤，要采用缓冲液配制固定液；固定后，要用配制固定液的缓冲液清洗样品。常用的缓冲溶液如下：

（1）磷酸盐缓冲液：磷酸盐缓冲液对细胞无毒性作用，适合各种固定液的配制，并适宜作灌注固定。这种缓冲液在4℃下能保存数周，但长期保存会出现沉淀，并易受到细菌或真菌污染。

（2）二甲砷酸盐缓冲液：二甲砷酸盐缓冲液易配制，稳定，不易被细菌污染，可长期保存。但其因含砷而有毒性，蒸汽有异常气味，且成本较高。

3. 常用固定方法

（1）浸泡固定法：浸泡固定是最常用的固定方法，采用戊二醛－锇酸双重浸泡固定，可充分发挥戊二醛和锇酸两种固定剂的优点，有利于保存细胞内各种微细结构。具体步骤如下：

1）初固定：将取材后的样品立刻放入预冷的2.5%~4%戊二醛（4℃）内固定2h以上，液体量约为样品的40倍。

2）漂洗：用配制固定液的缓冲液彻底清除戊二醛残液，避免与锇酸发生反应产生沉淀，一般清洗3次，每次20min。若固定时间较长，要适当延长漂洗时间。

3）后固定：用1%锇酸固定液固定1~2h（4℃），固定后用缓冲液漂洗，步骤同前，然后进入脱水剂脱水。

（2）原位固定法和灌流固定法：这两种方法主要用于解剖关系复杂或对缺氧敏感、难于短时间取材的组织固定。原位固定法是在动物麻醉后保持血液供应的前提下，边解剖边将固定液滴加到器官上，直到组织适当硬化，再取出组织做浸泡固定。灌流固定法是通过血液循环途径将固定液灌注到动物的相应组织中，待组织硬化后取材，并继续浸泡固定。一般大动物可通过动脉或静脉导管灌注，小动物可直接用注射针插入心室或主动脉进行灌注。固定前，应先用生理盐水把血液冲净，然后再灌注固定液。

（3）培养细胞、游离细胞的固定

1）对于需要观察细胞内部结构的培养细胞，可先用酶消化成单个细胞，然后进行如下操作，骨髓、胸腹水等渗出液内的单个细胞也适用此方法：

Ⅰ. 将细胞液放入离心管中，经4 000r/min离心10~15min，使细胞沉淀为团块；

Ⅱ. 轻轻吸去上清，沿管壁缓慢加入2%戊二醛固定液固定10~15min；

Ⅲ. 用牙签将细胞团块轻轻挑出，并切成小块，继续固定30~60min；

Ⅳ. 缓冲液漂洗后用1%锇酸固定15~30min。

2）对于需要观察细胞形态或细胞连接的培养细胞，进行如下操作：

Ⅰ. 先弃去培养液，向培养皿或培养瓶中加入2%戊二醛固定液，4℃放置5~10min；

Ⅱ. 弃去固定液，用细胞刮轻轻将细胞刮下，移入离心管，沿管壁缓慢加入2%~3%戊二醛固定液，经4 000r/min离心10~15min，使细胞沉淀为团块。

Ⅲ. 以后步骤同前。

（三）脱水

常规电镜样品包埋所用的包埋剂是环氧树脂，为非水溶性树脂。为了保证包埋介质完全渗入组织内部，必须先将组织内水分完全去除，即用与水及包埋剂均能相混溶的脱水剂来取代水。常用脱水剂有乙醇和丙酮。乙醇引起细胞中脂类物质的抽提比丙酮少且毒性小，但其不易与包埋剂相混溶，故用乙醇脱水后须经丙酮过渡，再转入包埋剂。急骤的脱水会引起细胞收缩，因此，脱水应缓慢逐步进行。脱水剂各级浓度为50%、70%、80%、90%、100%，每级脱水10~15min，再经干燥吸水剂（如无水硫酸铜）处理的100%乙醇脱水2次，每次10~20min，最后用100%丙酮过渡20~30min。

脱水过程中应注意：①更换液体时，操作要迅速，避免组织标本表面干燥；②组织切片（如进行免疫电镜研究的已染色切片）、游离细胞或培养细胞的脱水可相应缩短时间，每次5~10min即可；③尽量避免在100%乙醇内长时间脱水，以防组织脆硬及细胞内物质丢失，损伤超微结构；④如当日不能完成包埋过程，标本可置于70%乙醇内停留过夜，但不能在无水乙醇或无水丙酮中停留过夜，否则，过度脱水不仅引起更多物质的抽提，而且会使样品发脆，造成切片困难。贴壁生长在塑料培养板内的培养细胞可直接在培养板内脱水。细胞标本和振动切片标本可适当缩短脱水时间。

（四）浸透与包埋

浸透是利用包埋剂渗入到组织内部逐步取代脱水剂，使细胞内外所有空隙都被包埋剂所填充的过程。浸透好的样品放入包埋板中的包埋剂中，经加温后聚合成固体，即软硬适中的包埋快，以便进行超薄切片。浸透与包埋的好坏是超薄切片成败的关键步骤之一。

1. 常用包埋剂 理想的包埋剂应具有以下性质：①黏度低，容易渗入组织内部；②聚合前后体积变化小，聚合后质地均匀；③对细胞成分抽提少，微细结构保存良好；④有良好的切片性能；⑤能耐受电子束轰击，高温下不变形；⑥透明度好，在电镜的高倍放大下，本身不显示任何结构；⑦价格低廉，来源丰富，对人体无害。目前使用的各种包埋剂都各有利弊，很难完全达到上述要求。

环氧树脂（epoxy resin）是目前常用的包埋剂，是一类高分子聚合物，在一定温度下，能与硬化剂、加速剂形成不可塑性的黄棕色固体。环氧树脂分子中有两种反应基团，即环氧基团和氢氧基团。其末端基团易与含有活性氢原子的化合物如胺类（如 DMP-30，又称催化剂或加速剂）反应，使单体首尾相连接形成长链聚合物。此外，在单体中的氢氧基团能与有机酸酐[如甲基纳迪克酸酐（methyl nadic anhydride，MNA）、十二烯基丁二酸酐（DDSA）等，又称硬化剂或固化剂]结合，使单体分子形成横桥。所以，环氧树脂以单体渗入组织细胞，而这种单体在一定的温度条件下，在硬化剂和加速剂作用下，能形成一种具有非常强的耐溶剂和耐化学腐蚀能力的稳定交链聚合体。为改善包埋块的切割性能，可在包埋剂中加入增塑剂，以调节包埋块的韧性。环氧树脂的型号较多，常用环氧树脂 812（Epon812）、Spurr 树脂（ERL-4206）等。

（1）Epon812 包埋剂：Epon812 黏度较低，是最常用的包埋剂之一。其配制方法各实验室不尽相同。

1）方法一：先将 Epon812、DDSA 和 MNA 依次加入，搅拌混匀后加入 DMP-30，充分搅拌后真空除去气泡或静止 30~60min，使气泡逸出后使用。调整各种成分的比例，可改变包埋剂的硬度（表 5-1）。

稍硬的包埋块可按以下比例配制（适于制作更薄的超薄切片）（表 5-2）。

若要保存更多的胶原纤维成分，需制备略软的包埋块，可用 Araldite M 代替 MNA（表 5-3）。

2）方法二：先将 Epon812 62ml 和 DDSA 100ml 混合配成 A 液，将 DMP-30 100ml 和 MNA 89ml 混合配成 B 液，然后将 A 液和 B 液按一定比例混合，再加入 1%~2% 的加速剂，边加边搅拌，使其充分混合。若要调节聚合块硬度，可改变 A 液和 B 液的比例，A 液多则软，B 液多则硬。可视组织的硬度和气候不同选择其比例，通常冬天使用 A : B=1 : 4，夏天使用 A : B=1 : 9。

表 5-1 Epon812 包埋剂配方

Epon812	16.2ml（19.66g）	8.1ml（9.8g）	5.4ml（6.55g）
DDSA	10.0ml（10.0g）	5.0ml（5.0g）	3.3ml（3.3g）
MNA	8.9ml（10.9g）	4.5ml（5.5g）	3.0ml（3.6g）
总量	35.1ml（40.56g）	17.6ml（20.3g）	11.7ml（13.45g）
DMP-30	0.6~0.7ml	0.25~0.35ml	0.17~0.23ml

表 5-2 高硬度 Epon812 包埋剂配方

Epon812	10.6ml（12.9g）	7.1ml（8.6g）	5.3ml（6.4g）
DDSA	5.0ml（5.0g）	3.3ml（3.3g）	2.5ml（2.5g）
MNA	6.7ml（8.2g）	4.5ml（5.5g）	3.4ml（4.1g）
总量	22.3ml（26.1g）	14.9ml（17.4g）	11.2ml（13.0g）
DMP-30	0.33~0.44ml	0.23~0.3ml	0.17~0.22ml

表 5-3　适用胶原纤维包埋的 Epon812 包埋剂配方

Epon812	10ml（12.1g）	5ml（6.1g）
DDSA	24ml（24.0g）	12.0ml（12.0g）
Araldite M	10ml（11.3g）	5ml（5.7g）
总量	44ml（47.4g）	22ml（23.8g）
DMP-30	0.66~0.88ml	0.33~0.44ml

（2）环氧树脂618：虽然环氧树脂618（Epon618）在保存组织细胞微细结构和制作高质量切片方面不如Epon812，但在保存膜性结构等方面较佳，且价格便宜。配制时需加入增塑剂邻苯二甲酸二丁酯（DBP）。常用配方如下（表 5-4）：

表 5-4　Epon618 包埋剂配方

Epon618	10ml	5ml
DDSA	4ml	2ml
MNA	5ml	2.5ml
DBP	3ml	1.5ml
总量	22ml	11ml
DMP-30	0.3~0.4ml	0.15~0.25ml

配制步骤：将 Epon618、DDSA 和 MNA 混和并充分搅拌（若黏度较高，可在 40℃条件下使黏度下降便于搅拌），加入 DBP，再搅拌，最后加入 DMP-30，充分搅拌后，置室温使气泡逸出备用。

（3）ERL-4206 包埋剂：ERL-4206 包埋剂是 1969 年由 Spurr 推荐使用的包埋剂，所以也称 Spurr 树脂。Spurr 树脂含有两个环氧基，是一种低黏度的环氧树脂，黏稠度仅为 7.8cP（厘泊），只有 812 环氧树脂黏稠度的 1/20~1/15，故易于渗入到组织细胞，特别是致密组织如皮肤、肌腱、皮瓣、瘢痕、纤维瘤等组织，大大缩短聚合时间。从取材到聚合完毕通常只需 24h，故适合于超微病理诊断标本的包埋。ERL 包埋剂包括 4 种试剂：ERL-4206 树脂（二氧化乙烯环己烷烯）、DER（α-多聚乙二醇环氧化物树脂）增塑剂、NSA（壬烯基丁二酸）固化剂和 DMAE（NN-二甲基乙醇胺）加速剂。按表 5-5 中各种成分的比例配制，可获得不同性能的包埋块。使用时应根据各地区气候特点和工作条件选择配方，一次可大量配制（100~200ml），于冰箱中冷藏可以保存半年之久，包埋前复温 2h 即可。

2. 浸透与包埋步骤

（1）浸透：样品经乙醇脱水至丙酮或丙酮脱水后，放入 100% 丙酮 1 份 + 包埋剂 1 份混合液中 30min 至几小时，然后放入纯包埋剂数小时，最后进行包埋。

（2）包埋：常规的包埋是把经渗透后的样品挑入硅胶包埋板，放入标签，将包埋剂灌满，然后根据包埋剂聚合时所需的温度及时间放进温箱聚合，制成包埋块。聚合时可在 60℃烤箱内加温 48h，也可按 37℃ 12h、45℃ 12h、60℃ 24h 依次进行。

包埋操作中应注意以下几点：①所有试剂要防潮，最好存放在干燥器中；②所用器皿应烘干；③配包埋剂时，每加入一种试剂都要搅拌均匀；④包埋时动作要轻巧，防止产生气泡；⑤包埋时要注意样品切割面，如肌纤维、胃肠黏膜等。

（五）超薄切片

超薄切片是将固化在包埋块中的组织在超薄切片机上切成厚 50~60nm 切片的过程，是电镜标本制作程序的中心环节。

1. 超薄切片前的准备工作

（1）载网的选择与清洗：在电镜中，超薄切片必须置于金属载网上才能进行观察。电镜中使用的载网有铜网、不锈钢网、镍网、金网等，一般常用铜网，胶体金免疫电镜技术中应使用镍网，因

表 5-5　不同性能 Spurr 树脂包埋剂配方

成分 /g	标准硬度	硬	软	快速聚合配方	缓慢聚合配方
ERL-4206	10.0	10.0	10.0	10.0	10.0
DER-736	6.0	4.0	7.0	6.0	6.0
NSA	26.0	26.0	26.0	26.0	26.0
DMAE	0.4	0.4	0.4	1.0	0.2
70℃聚合时间 /h	8.0	8.0	8.0	3.0	16.0

为镍具有比铜更好的惰性，对免疫反应以及酶反应不产生副作用。镍网的不足之处在于其具有磁性，可通过在实验中用无磁性镊子或者切片捞取器克服镍网这一缺点。在电镜细胞化学实验中，应使用金网，因为实验中往往使用与镍网和铜网均发生化学反应的高碘酸（periodic acid）。载网为圆形，直径3mm，网孔的形状有圆形、方形、单孔形等。网孔的数目不等，有100目、200目、300目等多种规格（图5-4）。目越多支持力越强，但观察面积越小，可根据需要进行选择，一般选用200目的载网。新载网一般可直接使用，必要时可用丙酮、乙醇清洗几次，待干燥后使用；使用过的旧载网经酸洗或超声波清洗后可反复使用。

1）酸洗法：将旧载网放入含有浓硫酸的小烧杯内轻轻晃动1~3min后，倒出硫酸，水洗数次后，再用蒸馏水清洗，最后用乙醇或丙酮清洗数次，取出平铺在洁净滤纸上晾干。

2）超声波清洗法：先将载网放入小烧杯内，加入冰乙酸、异戊酯或二氯乙烷溶解支持膜，再将载网放入盛有乙醇或丙酮的小烧杯内超声清洗5~10min，最后取出载网平铺在洁净滤纸上晾干。

（2）制备支持膜：为了使超薄切片能很好地贴附在载网上并提高切片抵抗电子照射的能力，可在载网上铺上一层聚乙烯醇缩甲醛（formvar）支持膜。支持膜厚度为10~20nm，过薄时样品易被电子束打破，过厚时则降低图像的分辨率。Formvar膜制备方法如下：

1）用二氯乙烯（也可用二氯乙烷或氯仿）配制0.3% formvar溶液。

2）将洁净玻片垂直浸入盛有formvar溶液的烧杯内停留片刻，平稳取出后即在玻片上形成一层薄膜。

3）用刀片沿玻片边缘将膜划破，将玻片的一端浸入盛于玻璃皿或烧杯内的蒸馏水中，待玻片上的薄膜完全漂于水平面上后，将玻片轻轻下压取出。

4）将载网以适当间距轻轻放在膜上，然后将滤纸贴附在载网上，用镊子夹住滤纸的一角轻轻将载网连同薄膜一同捞起，放在培养皿中，在50~60℃温箱中烤干待用。

（3）修块：一般用手工对包埋块进行修整。将包埋块夹在样品夹上，在立体显微镜下用锋利的刀片先削去表面的包埋剂，露出组织，然后在组织的四周与水平面成45°削去包埋剂，修成锥体形，切面修成梯形或长方形。

（4）半薄切片定位：利用超薄切片机对整块组织切厚度为1~2μm的切片，称半薄切片。将切下的切片用镊子或小毛刷转移到干净的滴有蒸馏水的载玻片上，加温，使切片展平，干燥后经1%甲苯胺蓝染色（0.1mol/L PB配制，pH 7.2~7.4），光学显微镜观察定位。通过光学显微镜观察，确定所要观察的范围，然后保留需电镜观察的部分，修去其余部分。这一步对于结构非均匀的组织尤其重要，因为实际超薄切片面积只是我们样品中的一小部分。

（5）制刀：超薄切片使用的刀有两种，一种是玻璃刀，另一种是钻石刀。玻璃刀价格低廉，但较脆，不耐用，适于初学者使用。制刀用的玻璃是一种特制的硬质玻璃。玻璃刀的制作，目前多用制刀机裁制。用制刀机制作玻璃刀，操作简单，制出的刀合格率也较高，而且还可以根据需要制作不同刀角（knife angle）的玻璃刀。钻石刀虽然

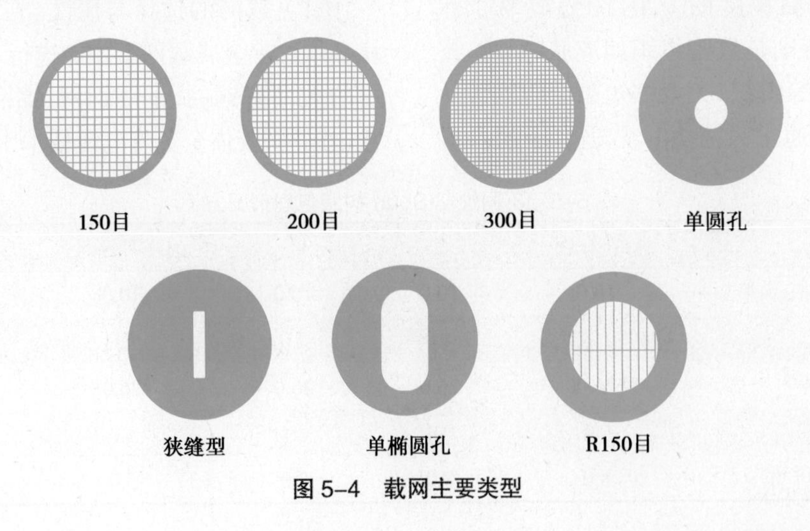

图5-4 载网主要类型

质量好,耐用,适用面广,但价格昂贵,而且容易损坏,需小心保护。钻石刀无需制备,但使用前后都需要作适当清洗,不同厂家生产的钻石刀可能有所不同,使用前应仔细阅读钻石刀的说明书。

用玻璃刀切片前需在刀上做一小水槽(trough),以便在切片时让切下来的超薄切片漂浮在液面上。水槽制作的方法很多,通常用预先成形的塑料水槽或胶带制成。为防止漏水,水槽和玻璃刀相接处需用石蜡或指甲油焊封。在焊封时,应注意刀刃不要粘上石蜡或指甲油,以免损伤刀刃。钻石刀自带水槽,无需制备。

2. 切片 超薄切片在超薄切片机上进行。根据推进原理不同,超薄切片机分为两大类:一类是机械推进式切片机,用微动螺旋和微动杠杆来提供微小进退;另一类是热胀冷缩式切片机,利用样品臂金属杆热胀或冷缩时产生的微小长度变化来提供进退。

超薄切片的步骤包括:①安装包埋块;②安装玻璃刀;③调节刀与组织块的距离;④调节水槽液面高度与灯光位置;⑤调节加热电流及切片速度并切片;⑥将切片捞在有支持膜的载网上,晾干。适当调节水槽的液面高度、灯光位置及切片速度对切制理想的超薄切片非常重要。许多因素均能影响超薄切片的质量,故每个操作环节都需重视,只有仔细认真,反复实践,才能获得满意的结果。

普通透射电镜的加速电压为70~100kV,该电子束难以穿透较厚的组织切片,所以,医学生物学材料的切片厚度在50~80nm为宜。需要注意的是,通常切片机的指示仪显示的切片厚度并不能完全代表超薄切片的实际厚度,所以,操作者应根据经验和超薄切片在水液面反光的颜色判断切片厚度,以银白色(厚度50~70nm)为佳。切片呈紫红色时,厚度一般大于100nm,此时电子束对其穿透较差,难以识别微细结构;但切片太薄,如小于40nm(暗灰色)时,图像的反差低,观察难度大。

(六)染色

生物样品主要由低原子序数的轻元素组成,如碳、氢、氧、氮等。这些元素原子对电子的散射能力很弱,相互之间的差别也很小,观察时像的反差很弱。为了提高像的反差,除了通过电镜的操作外,更主要是通过对样品进行电子染色来提高样品本身的反差。电子染色是将某些重金属盐类(如铅盐、铀盐等)与细胞的某些成分或结构结合后,利用重金属对电子的散射能力,增强那些与其结合的结构或成分对电子的散射能力,从而达到提高样品本身反差的一种方法。经过染色的超薄切片不仅提高了反差,而且重金属沉淀在切片上还增加了切片对电子束损伤的抵抗力。

1. 常用电子染色剂

(1)乙酸铀:乙酸铀是被广泛采用的电子染色剂,可与大多数细胞成分结合,特别容易与核酸结合,而且染色比较细致、真实,不易出现沉淀颗粒。常用浓度为2%饱和乙酸铀,用50%~70%乙醇配制。铀有一定放射性,使用时应注意。

(2)柠檬酸铅:铅对细胞和组织各种结构都有亲和力,易与蛋白质结合,尤其是对不能被锇酸染色的糖原也有染色作用。但铅易与空气中的CO_2接触形成不溶解的碳酸铅结晶而污染切片。这种结晶物在图像中呈微细的针状、小颗粒或大的无定形沉积物,严重影响观察和记录。常用Reynolds硝酸铅/柠檬酸钠染色液,其配制方法如下:

1)将双蒸水煮沸数分钟,除去水中CO_2,冰中冷却至室温备用。

2)称取1.33g硝酸铅和1.76g柠檬酸钠,加入50ml容量瓶内,加入上述双蒸水30ml溶解,持续摇动数分钟,溶液呈乳白色混浊状态。

3)逐滴加入1mol/L NaOH 8.0ml,边滴入边摇动,液体渐透明,最后加双蒸水至50ml,过滤后冰箱内保存。

该溶液pH 12左右,4℃冰箱内可保存1~2个月,如有沉淀出现需滤过后使用,但长期保存的溶液染色效果不甚理想。

2. 染色方法

(1)组织块染色:多在脱水之前进行。在锇酸固定后,样品可用70%乙醇配制的饱和或1%乙酸铀溶液整块染色30min,这样不仅可以提高切片反差,还可以增强组织成分的稳定性。

(2)切片染色:由于铀和铅具有不同的染色特征,所以目前对于切片普遍采用乙酸铀－柠檬酸铅双染色法。即先用铀染色,再用铅染色,相互补充,从而获得较佳的染色效果。切片经双重染

色后,即可在电镜下观察。染色方法如下:

1)预先取一个清洁的培养皿,将石蜡溶解制作成蜡板或在培养皿底上平铺一层蜡膜,把乙酸铀染液滴在蜡板或蜡膜上,将捞有超薄切片的载网覆于染液滴上染色 15~30min。

2)双蒸水冲洗、吸干。

3)将铜网覆于柠檬酸铅染液滴上 5~10min;为防止铅沉淀污染,可在培养皿内放置少许 NaOH 颗粒,以吸收空气中的 CO_2。

4)双蒸水冲洗,吸干,放入载网盒内。

三、观察与记录

不同制造商生产的透射电镜在结构和控制部分有许多相似之处,特别是近年问世的新型号电镜的计算机控制系统更加完善,操作简便。下面介绍观察与记录过程及注意事项。

1. 启动 电镜正常工作的必需条件是镜筒处于高真空状态,电气部分需充分预热,此过程最少需要 30~60min,因此,最好保持仪器长期处在真空状态,这样既有利于提高工作效率,又能延长仪器使用寿命。如果不能维持长期开机状态,每周至少启动两次,尽量保持电镜的真空状态,避免空气中的水分进入,引起镜筒内金属部件生锈,影响仪器正常运转。

2. 加高压 确认真空度达到仪器要求标准后,启动高压开关,逐渐加压,一般从 20~40kV 开始,逐步升至所需加速电压值。生物样品观察的加速电压以 70~100kV 为宜。加速电压高,电子穿透力较强,可以得到较高分辨率的图像,但如超薄切片太薄,厚度小于 50nm 时,图像的反差反而降低,影响观察。

3. 灯丝电流 目前生物医学研究用透射电镜常用的灯丝有钨和六硼化镧(LaB6)两种。当仪器高压稳定后,可缓慢转动灯丝旋钮,使电流通过灯丝,直至荧光屏呈现灯丝影像,同时观察电流表,通常电流为 15~30μA,以灯丝像略不饱和状态为佳(如果是场发射电子枪,可在加高压之前打开电子枪,加高压后,直接观察)。

4. 镜筒合轴 电镜镜筒各部件的机械光轴中心应在同一直线上,称为机械轴,而各电子透镜的光轴中心亦应在同一直线上,称为电子光轴。观察前应采用机械移动和电磁偏转等方法使电子光轴和机械光轴相重合,此过程称镜筒合轴。但不必每次观察均进行合轴,日常观察可参考仪器使用说明书,仅进行电子光轴中心的调整即可。

5. 消除物镜像差 物镜极靴磁场的不对称性可产生固有像差,而极靴孔、样品架、光栅孔的污染等均可增加像差。因此,观察时,需通过调节使物镜的极靴磁场得到方向性补偿,消除像差,以获得较高质量图像。新型号的电镜固有像差较小,易于调节,而且仪器的计算机调控系统能够记忆不同研究者的最佳观察条件,每次调用储存的条件即可。

6. 观察 装入样品后,低倍下选择欲观察的切片(操作较熟练者可采用先移开物镜光阑,选择观察切片,然后恢复光阑,以提高工作效率),按下自动调整焦距旋钮,通过调整零点(Z 点)使图像清晰为止。观察时,应先在较低倍率(2 000~6 000 倍)纵观切片全貌,并根据研究目的,选择感兴趣的部位在高倍率观察、记录。注意:在记录前不宜长时间观察摄影部位,因为长时间电子束照射易降低图像的清晰度,故调整焦距和消除像散等操作最好在拟摄影部位的附近为佳。观察记录时应先低倍后高倍,养成低倍观察的习惯至关重要。低倍时,电子束照射切片面积大,切片不易破损,并有利于同半薄切片的图像对比分析;而高倍观察时,电子束亮度比较集中,容易损伤样品,所以,应尽量避免先高倍观察再低倍摄影而导致图像质量降低;此外,电子束集中照射,可使样品的局部温度升高,切片发生缓慢漂移,所以,高倍摄影记录时,应确定无图像漂移后再进行。

7. 记录 电镜观察的目的是研究或测量组织细胞的微细结构,所以,需要将结果保留。常用的方法是记录为数码资料。数码资料可长期保存。摄影的基本原则如下:

(1)选择摄影部位:首先低倍镜下选择摄影范围,将感兴趣的部位置于摄影框内。实际操作时,摄影的倍率应低于拟照像倍率 30% 左右为佳。例如,拟摄 10 000 倍的图像时,最好在 6 000~8 000 倍摄影,最后所需放大倍率可经图像处理数码资料获得,但此过程不能无限放大,超过一定限度则无法增加图像的细节放大,即所谓无效放大。若高倍和低倍图像所示效果相同,应尽可能拍摄低倍相片,这样一张图像能提供更多的研究信息。

（2）调整焦距：原则上低倍摄影的焦距以略偏不足为佳，这样可增加图像的对比度。低于5 000倍摄影时，可借助电镜的自动聚焦系统，结合Wobbler的应用，可获得较高质量的图像，而摄影倍率超过10 000倍时，应在双眼目镜下手动调整图像至最清晰为宜。

（3）消除像差：超过2万倍以上的摄影，需去除物镜的像差，并应确认是否有图像漂移后再拍摄。

（4）调节亮度与曝光时间：根据仪器设定，调节摄影亮度，低倍摄影的曝光时间可略长，而高倍可短些，一般情况，曝光时间以2~4s为佳。

（5）拍照：条件设置好之后，计算机控制拍照，存储时注意写明标本信息。在拍摄时，应避免触摸仪器，轻微的振动亦将影响图片的质量。

（6）图片整理：每次摄影完毕，数码图像资料亦应及时整理，判断观察结果满意与否。如果需要重新摄影，容易寻找所需部位快速补照。

（7）关机：关机顺序与启动过程相反。关机前应将标本台的X轴和Y轴移至中心，放大倍率置于5 000，亮度调至最暗，关闭灯丝和加速电压。观察结束后最好使电镜保持真空状态，如果关闭真空系统电源时，需30min后再关闭冷却水。具有自动水冷系统的电镜不需手工关闭冷却水。

目前，整个电镜操作步骤经短时培训均可掌握，但电镜研究者要有高度责任心和严谨的工作态度，从取材、观察至图像处理的每一步，均需认真对待，才能获得理想的电镜图像（图5-5）。

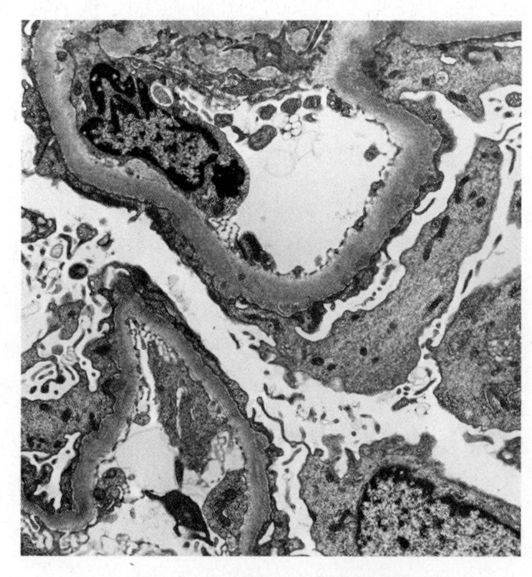

图5-5 肾透射电镜图像

四、冷冻超薄切片技术

冷冻超薄切片技术是在光镜冷冻切片和电镜超薄切片的基础上发展起来的透射电镜样品制备技术，其特点是生物组织标本不经脱水包埋而直接被冷冻，然后在冷冻状态下用特制的冷冻超薄切片机对其切片。由于常规超薄切片技术中需进行化学试剂固定、有机溶剂脱水、树脂包埋等一系列处理，生物样品因此易受到物理和化学性损伤，引起组织和细胞内蛋白质分子变性，大部分可溶性成分及某些生物大分子物质被抽提或发生移位；常规超薄切片制样过程要求严格、程序繁琐、周期长（3~5d）。而冷冻超薄切片技术制样时间短（数小时）、简单，可减少化学固定、有机溶剂脱水、树脂包埋等给样品带来的理化因素损伤，能较好地保存组织细胞的超微结构、酶和其他化学成分，因而可在分子水平上研究新鲜生物样品的超微结构、各种生物大分子和某些元素在细胞内的分布状态，并在细胞化学、免疫电镜、X射线微区分析及可溶性物质放射自显影研究等方面发挥巨大作用。冷冻超薄切片技术的基本程序如下。

1. 样品预处理 冷冻超薄切片样品的预处理有两种方法：一种是直接将样品冷冻固定，该法有利于保存生物样品中可溶性物质及生物大分子的活性、天然构型和保持元素的分布状态，主要用于生物样品内可溶性物质的放射自显影和X射线微区分析；另一种是对样品先采用戊二醛固定、冷冻保护剂浸泡等预处理，此法适用于细胞化学、免疫电镜等超微形态学研究。下面介绍后一种方法。

（1）取材：为了保证制样效果，样品块越小越好，以小于1mm×1mm×1mm为宜（直接冷冻法也相同）。

（2）固定：用0.1mol/L二甲砷酸钠缓冲液（pH 7.2）将戊二醛配成2.5%溶液，把取材后的样品块放入该溶液中固定15~60min。依实验材料和研究目的不同，固定液的浓度及固定时间可适当调整。如用1%戊二醛固定5min，可较好保存心肌线粒体嵴上球状蛋白质的构型；用0.2%戊二醛固定15min（4℃），适于细胞内抗原的免疫铁蛋白标记的研究。

（3）冷冻保护处理：当样品冷冻时，其细胞内液开始凝固时的温度称为冷冻点。含水量80%的细胞其冷冻点约为 -30℃。经逐渐冷却,水分就慢慢形成冰晶。如果冰晶太大就会使细胞变形移位,但到低于 -80℃的超冷冻期时,就发展到“再结晶点”。超过此点以后,便不再形成冰晶,冷冻的细胞内液成为均匀的玻璃状。冷冻保护剂的作用是提高细胞内液浓度,降低冷冻点,从而减少冰晶形成。常用的冷冻保护剂有20%~30%甘油、0.6~2.3mol/L蔗糖、20%二甲亚砜(dimethyl sulfoxide, DMSO)、5%聚乙烯醇溶液等,其中甘油是比较理想的防冻处理液,因其具有润湿剂的作用,有利于负染色液的铺展与染色。应用冷冻保护剂的处理时间从几分钟到几小时。

2. 超低温快速冷冻 冷冻超薄切片质量的好坏直接决定于快速冷冻效果。为了减少冰晶产生,要求冷冻速度越快越好。常用的快速冷冻方式有液氮直接冷冻、金属镜冷冻固定法和中间冷媒法3种。

(1)液氮直接冷冻法:将小块样品用一小滴冷冻保护剂粘在金属样品头上,迅速投入液氮中,样品即被冷冻固定。由于液氮在样品周围容易形成气套,使冷冻速率下降,冷冻固定效果常不理想。

(2)金属镜冷冻固定法:将一面光洁如镜的金属柱放在液氮中冷冻,待温度平稳后,将修整好的样品迅速与金属镜面接触冷冻0.5s,然后再投入液氮中。这种方法尤其适合于未经醛处理的新鲜样品。

(3)中间冷媒法:为了提高样品冷冻速率,可选用丙烷、氟利昂等低熔点高沸点的物质作为冷冻剂。可如下操作:在保温瓶内充满液氮,再将一金属容器置于保温瓶的液氮中预冷,通入丙烷等冷冻剂,丙烷立即冷凝成液体。在保持低温情况下,迅速将样品投入冷冻剂中,完成冷冻固定。

此外,可用快速冷冻仪进行样品的快速冷冻固定。

3. 冷冻切片

(1)冷冻超薄切片机:冷冻超薄切片机由超薄切片机和附加低温操作装置组合而成。该装置包括冷冻室、冷冻刀台、冷冻样品头、存放液氮的杜瓦瓶及温度和液氮水平控制器等。冷冻室是一个具有绝缘性能的塑料箱,将冷冻刀台和冷冻样品头罩在其内。刀台、样品头分别有管道与杜瓦瓶相通,并通过管道不断向它们输送液氮;在刀台和样品头内有温度传感器及加热装置,有盛制冷剂的容器,容器内还有制冷剂水平感受器。当用液氮作制冷剂时,其样品头温度可控制在 -170~-70℃,刀温控制在 -150~-70℃。温度传感器由温度及液氮水平控制装置进行自动调节,其调节过程是向刀台和样品台的制冷剂容器中灌满液氮。若将控制装置的温度选择在 -100℃的位置,刀台和样品头的温度下降到 -100℃以下,则传感器即给控制装置发出温度下降的信息,控制装置即可通过加热器产生补偿的加热电流,使刀台与样品头的温度保持在 -100℃的状态。在切片过程中,由于不断消耗液氮,致使容器中的制冷剂不断减少而液面下降,容器中的白金电阻器可感受液氮量的变化。当液面低于预定标准时,白金电阻器即可引起杜瓦瓶中的加热器工作以提高瓶中的压力,使瓶中的液氮向制冷剂容器中流动,直至容器中的液面又恢复到原来水平。

(2)切片操作

1)向刀台和样品头的制冷剂容器中倒入液氮,使冷室的温度达到稳定的低温状态。

2)安装冷冻样品头、钻石刀(或玻璃刀),调整刀与样品的距离,调好温度及液氮水平控制装置。

3)切片:冷冻超薄切片的方法有湿刀法和干刀法两种。

A. 湿刀法:即用液槽法,切片槽里加入在低温下不冻结的液体,如二甲亚砜、甘油、乙烯乙二醇、异戊烷等,当用二甲亚砜时,其6%的水溶液在 -60℃时可不结冻;切片时样品的温度常为 -80~-60℃,刀温高于样品温度10~20℃为宜。其操作与常规超薄切片法相同,但应降低切片速度。

B. 干刀法:即不用液槽法,而用滴管上的饱和蔗糖液滴粘起玻璃刀上的切片,然后将凝固的蔗糖液滴从冷冻室里移出,在室温下待蔗糖融化后,利用其表面张力使切片展平,并放在附有支持膜的载网上,用双蒸馏水洗去蔗糖后染色。亦可用注射器吸取30%甘油或二甲亚砜液滴的方法,获得满意效果。

4)收集切片:用注射器的针尖粘一滴约

$0.5mm^3$ 大小 2.3mol/L 的蔗糖溶液，将其轻贴刀口上的切片时，切片会贴在溶液表面。将带有切片的蔗糖溶液轻贴到带有支持膜的铜网上，最后把糖分充分洗净。

4. 染色 冷冻超薄切片可进行负染色，也可进行正染色。

（1）负染色：常用的负染色剂有磷钨酸（0.2%~1%，pH 6.5~8.5）、乙酸铀（0.5%~3%，pH 4.5~5.2）等，染色时间为 5~60s。用滤纸吸干已染色样品上的液体后，双蒸水冲洗、晾干即可进行电镜观察。负染色具有简单、快速、有利于保存微细结构、分辨率高等优点。一般的形态学观察和超微结构研究，用负染色法为好。

（2）正染色：与常规超薄切片染色相似。注意冷冻切片没有包埋介质支持，切片非常脆弱，更需轻柔操作。

五、冷冻断裂技术

冷冻断裂又称冷冻复型（freeze replica），是一种将断裂和复型相结合的透射电镜样品制备技术，即在低温下将生物样品断裂，然后在断裂面上喷上一层金属（复型），制成复型膜在电镜下观察。若在冷冻断裂后使断裂面上的冰升华，然后再进行复型，即为冷冻蚀刻（freeze etching）。在冷冻断裂时，由于标本质地硬而脆，在受到断裂刀片的打击时，标本并非被刀切断，而是顺着外力方向断裂，断裂处一般在膜的薄弱处即膜结构的疏水层裂开，因此冷冻蚀刻技术可以从不同角度、不同层次大面积暴露膜的表面结构及细胞表面的连接装置。此技术不采用化学固定剂、有机脱水剂、包埋剂等一系列化学试剂处理，能观察到更接近生活状态的微细结构。复型膜由铂、碳粒子组成，能耐受电子束的轰击，可以长期保存。

制备冷冻断裂复型标本的装置主要有专用冷冻断裂复型装置和真空喷镀仪的冷冻断裂蚀刻附件两类。下面介绍冷冻断裂复型标本制备的基本方法。

1. 取材和固定 快速取材，并将组织修成 1mm × 1mm × 3mm 大小，用 2.5% 戊二醛固定 1~3h，然后用 0.1mol/L PB（pH 7.2~7.4）漂洗。

2. 冷冻保护 将组织放入 20%~40% 甘油生理盐水中浸泡 8~24h。对含水较少的组织，甘油的浓度可适当降低，而对含水较多的组织，宜用浓度较高的甘油。用甘油处理样品的目的是缩小细胞内冷冻点与结晶点之间的温差，减少冷冻时冰晶形成。

3. 冷冻 将样品先装入样品杯，用提篮将样品杯和冷冻断裂装置一起快速放入液氮中冷冻，待液氮停止沸腾后，提起断裂装置，迅速将样品装到切割器上，再放入液氮中继续冷冻。

4. 断裂 将冷冻好的样品及断裂装置从液氮中取出，迅速安装到真空喷镀仪上。当真空喷镀仪中真空度达到 1×10^{-5} 托、样品温度在 -110~-100℃时，利用冷冻断裂装置内的刀片将样品断裂。由于此时样品仍然处于冻结状态，因此所谓切断实际上是将样品掰裂开，多数是沿细胞及细胞器膜的疏水层裂开，露出断面的微细结构。

5. 蚀刻 样品在断裂之后，继续加温，使温度升至 -100~-90℃，保持温度不变蚀刻 1min，断面上的冰即发生一定程度的升华，细胞断面内的微细结构和各种膜成分便显示出来。

6. 喷镀复型 与样品断面呈 45° 喷铂，目的为增强复型膜的立体感；然后再与样品呈垂直方向喷碳，目的为增加复型膜的强度。喷镀过程应注意保持良好的真空度，如真空度低，则喷镀的颗粒粗，这会影响复型膜的分辨率。

7. 腐蚀清洗 从冷冻蚀刻装置中取出样品，将样品放在腐蚀液中（10%~30% 次氯酸钠溶液），使样品与复型膜分离，然后用蒸馏水仔细清洗复型膜。

8. 捞膜 用不带支持膜的 400 目铜网捞取复型膜，晾干后电镜观察。

9. 冷冻断裂复型图像的识别与描述 冷冻复型图像分辨率高，立体感强，主要显示生物膜结构（图 5-6），与超薄切片电镜图像明显不同，研究者必须掌握冷冻复型的原理，观察后才能作出正确解释。

生物膜均为单位膜，即双层脂类分子中镶嵌许多蛋白质颗粒。每层脂类分子的亲水极均位于膜的表面，而疏水极均朝向膜的中央。冷冻断裂时细胞的劈裂面均在单位膜的疏水层，因为这里阻力最小，断裂时所需要的能量小。断裂后裂开的两个面都是疏水极与细胞质、核质和线粒体基

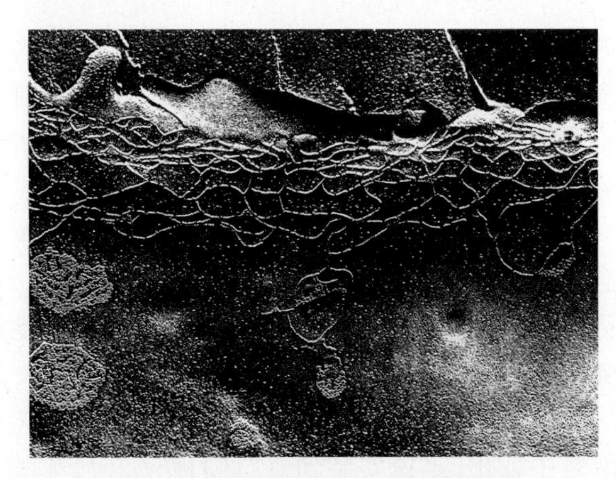

图 5-6 紧密连接冷冻复型扫描电镜像

质相连的断裂面称为 PF 面（protoplasmic fracture face），与细胞外间隙或细胞内间隙相连的断裂面称为 EF 面（extracellular fracture face）。这些断裂面从不同深度、不同层次及不同角度暴露出各种膜表面结构。

镶嵌在单位膜上的蛋白质颗粒在断裂时，有的附着于 PF 面，有的附着于 EF 面，一般情况下，蛋白颗粒多附着于 PF 面上。在不同的膜面上，膜内颗粒的大小、形态及排列方式各不相同，这与细胞的发育分化过程及功能状态有关。代谢强的膜结构，其膜内颗粒较多，代谢弱的膜结构，其膜内颗粒则较少。

第二节 扫描电子显微镜技术

扫描电子显微镜（简称扫描电镜）（scanning electron microscope，SEM）是继透射电镜之后发展起来的一种研究样品表面结构的工具。1935 年，德国的 Knoll 研制成第一台扫描电镜，但其分辨率很低。1942 年，美国研制成功实验室用扫描电镜，其分辨率为 50nm。至 1955 年，出现了第一批商品化扫描电镜。虽然扫描电镜真正投入使用的历史较短，但其性能的改进非常迅速，目前的扫描电镜分辨率可达 0.7nm。扫描电镜的使用日趋普及，在基础医学、临床医学领域，尤其在白血病、红细胞病、细胞凋亡等游离细胞的临床诊断及基础研究中得到广泛应用。

一、扫描电镜术的基本原理

扫描电镜术利用电子束在样品表面进行动态扫描时产生带有形态结构信息的二次电子，检测器收集二次电子并形成电信号传输到显像管，在荧光屏上显示样品表面的立体图像。由于扫描电镜是利用二次电子成像，其结构较透射电镜复杂。

（一）扫描电镜的基本结构

扫描电镜主要由电子光学系统、真空系统和图像信号处理系统组成。

1. 电子光学系统 电子光学系统即镜筒，包括电子枪、聚光镜、物镜、扫描系统及样品室。与透射电镜不同之处是没有中间镜和投影镜，其作用是产生很细的电子束（直径约几个纳米），并且使该电子束在样品表面扫描，同时激发出各种信号。

2. 真空系统 真空系统由机械泵、油扩散泵、真空管道、阀门及检测系统组成，其作用是使镜筒内部处于高真空状态。

3. 图像信号处理系统 此系统包括图像信号收集和图像显示两部分。二次电子检测器收集扫描样品发生的二次电子信号，并将其转变为显像管的图像信号。检测器（图 5-7）的探头是一个闪烁体，当电子打到闪烁体上时，就在其中产生光，这种光被光导管传送到光电倍增管，光信号即被转变成电流信号，再经前置放大及视频放大，电流信号转变成电压信号，最后被送到显像管的栅极。

扫描电镜的图像在显像管上显示，并由照相机拍照记录。显像管一般有两个，一个分辨率较低，用来观察；另一个分辨率较高，用来照相记录。

（二）扫描电镜成像原理

在扫描电镜中，由电子枪发射的直径为 20~30μm 的电子束经过一系列电磁透镜汇聚后，聚焦于样品表面，按顺序对样品表面进行逐行扫描并激发出二次电子、背散射电子、俄歇电子以及 X 射线等一系列信号。其中二次电子是被入射电子所激发出来的样品原子中的外层电子，产生于样品表面以下几纳米至几十纳米的区域，它的多少随入射表面的凹凸状态而改变。不同强度的二次电子信息，由二次电子检测器接收、转换成不同亮度的光信号，经光电倍增管放大并转换成视频电信号，最后被送到显像管调制显像管亮度。由于显像管的偏转线圈与扫描线圈保持同步，因此显像管画面上的样品图像定位点和样品表面电子束的定位点一直保持完全准确的对应关系，即同步扫描，从而得到反映样品表面形貌的扫描电镜像（图 5-8）。图像可直接观察，也可照相记录。

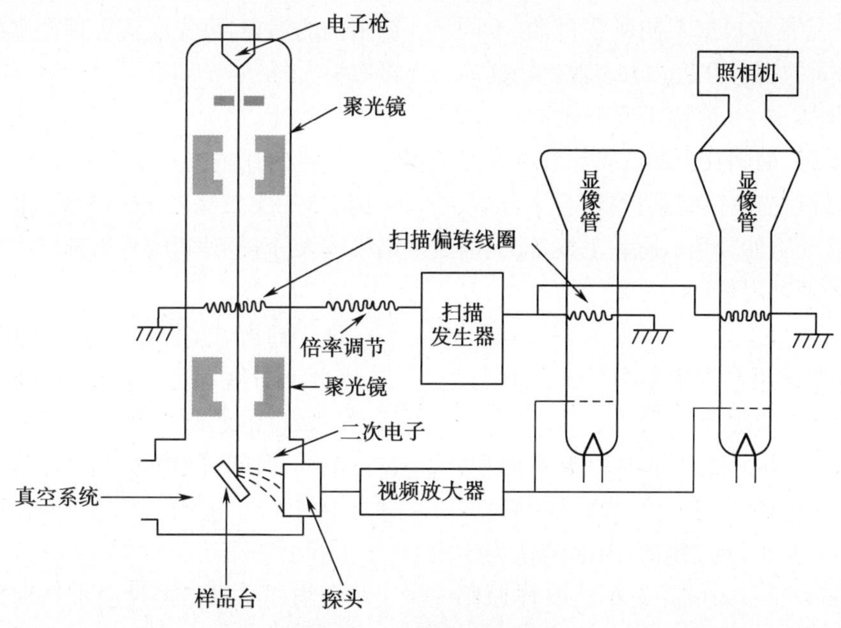

图 5-7　扫描电镜原理图

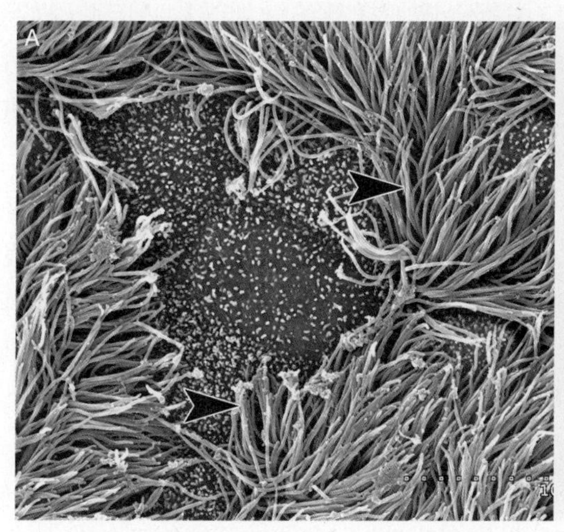

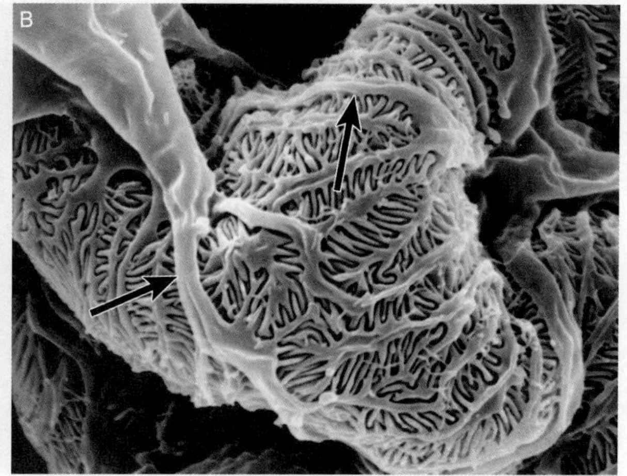

图 5-8　纤毛和足细胞扫描电镜像

A. 气管黏膜上皮的纤毛；B. 足细胞；箭头示纤毛，箭示足细胞突起

在扫描电镜上针对不同的信息配上相应的检测器，就可以取得多种类型的扫描图像资料，如背散射电子像、吸收电流像、X 光谱像（微区分析）等。

（三）扫描电镜的特点

扫描电镜之所以能在许多领域得到广泛应用，主要因其具有许多突出的优点。

1. 放大倍率范围广，可从十几倍到几十万倍连续放大图像；分辨率较高，介于光学显微镜与透射电镜之间，可达 2nm。

2. 扫描电镜具有比光学显微镜大几百倍、比透射电镜大十倍左右的景深，而且不受样品大小和厚度的限制，能直接观察较大面积样品表面的三维立体结构，样品图像具有明显的真实感，见图 5-8。

3. 扫描电镜样品制备过程简单、快速，有些样品可以直接观察。

4. 扫描电镜术在观察形貌的同时，还可对样品进行相关分析，如背散射电子像、微区成分分析等。

5. 扫描电镜透镜的焦深和景深不随放大倍数的变化而变化，因此观察和照相都很方便。

二、扫描电镜生物样品制备基本方法

样品制备的质量是决定扫描电镜能否发挥最佳性能并拍出理想照片的关键。扫描电镜样品种类多、范围广，研究者应根据不同研究目的、不同样品种类选择不同的制备方法。大多数生物样品都含有水分，质地柔软，一般都需要经过取材、清洗、固定、脱水、干燥、粘固及金属镀膜等基本程序处理以后才能进行扫描电镜观察；对于含水分少、形态比较固定的样品，如骨骼、牙齿、毛发等，只需经粘固、镀膜处理即可观察。

（一）取材

取材的基本要求可参照透射电镜样品制备，除此之外还有一些特殊要求。

1. 样品大小 为了保证足够的观察面积，样品可以取大一些。观察表面结构的样品可取5mm×5mm×3mm大小，观察组织内部结构为主的样品可取2mm×2mm×3mm大小。取样原则为在满足所需要观察内容的条件下，样品块尽量小一些。

2. 保护好观察面 取材时避免用剪刀、镊子等器械损坏观察面，动作要轻柔、细致。

3. 注意标记观察面 没有特征结构的观察面注意应用一些方法进行标记，防止观察面粘反，实验前功尽弃。

4. 对较容易变形卷曲的样品的处理 如小肠黏膜，可先取一段肠管，剖开后展平固定在蜡盘上，滴上固定液，待形状已稳定（约15min）后再切成小块继续固定。

（二）清洗

扫描电镜观察的部位常常是样品的表面，而其表面常有血液、组织液或黏液附着而遮盖样品的表面结构，影响观察，因此在样品固定之前，应将这些附着物快速清洗干净。清洗方法主要有漂洗法、超声清洗法、加压清洗法和灌流清洗法4种，可根据不同样品要求选用。

1. 漂洗法 对于比较干净的样品，将其放入小烧杯，用等渗生理盐水或与固定液相应的缓冲液漂洗几次即可。

2. 超声清洗法 对于表面结构复杂、皱褶凹陷多的样品，可用超声清洗法清洗。在超声清洗时，要严格控制超声强弱，防止损坏样品。

3. 加压清洗法 适用于表面结构复杂、表面黏液较多的样品，如肠黏膜表面，可用大注射器放上针头加压将清洗液推向组织表面进行清洗。

4. 灌流清洗法 为了避免取材后血液对组织结构的污染，可先灌流生理盐水或缓冲液清洗，再取材。

（三）固定

固定所用的试剂和透射电镜样品制备相同，常用2.5%戊二醛及1%锇酸双固定。由于样品体积较大，固定时间应适当延长。

（四）脱水

由于扫描电镜样品块比透射电镜样品块大许多，因此充分脱水更为重要。样品经漂洗后用逐级增高浓度的乙醇或丙酮脱水，每一级浓度停留15~30min，时间可根据样品大小进行调整，脱水后进入中间液，一般用乙酸异戊酯做中间液。

（五）干燥

生物样品虽然经过脱水处理，但样品内部还含有脱水剂及少量水分，无论是水或脱水剂，在高真空中都会破坏样品的微细结构。因此，样品在用电镜观察前必须进一步干燥。常用的干燥方法有空气干燥法、冷冻干燥法、临界点干燥法和真空干燥法4种。

1. 空气干燥法 也称自然干燥法，即将经过脱水的样品暴露在空气中，使脱水剂逐渐挥发干燥。该方法的最大优点是简便易行和节省时间，主要缺点是在干燥过程中，组织会由于脱水剂挥发时表面张力的作用而产生收缩变形。因此，该方法一般只适用于较为坚硬的样品。

2. 冷冻干燥法 目前常用方法之一。样品用乙醇或丙酮脱水后过渡到某些易挥发的有机溶剂中，然后连同这些溶剂一起冷冻，经过冷冻的样品置于高真空中，通过升华除去样品中的残余水分或溶剂。冷冻干燥的基础是冰从样品中升华，即组织内的液体从固态直接转化为气态，不经过中间的液态，不存在气相和液相之间的表面张力对样品的作用，从而减轻干燥过程对样品的损伤。冷冻干燥法是除临界点干燥法以外一种较好的样品干燥方法，其操作简单，成本较低。可以使用的有机溶剂有氟利昂12、氟利昂22、叔丁醇等。目前使用较多的为叔丁醇冷冻干燥法，样品先用50%、70%、80%、90%的叔丁醇乙醇溶液脱水，最后用100%叔丁醇替代，每步15~20min，随后将样品可放入低温装置（10℃以下）使其凝固，再放入真空镀膜仪抽真空，使冻结的叔丁醇升华，样品即达干燥。

3. 临界点干燥法 临界点干燥法是目前常用的样品干燥方法之一，通过临界点干燥仪来完成。临界点干燥法是利用物质在临界状态时其表面张力等于零的特性，使样品的液体完全汽化，并以气体方式排掉，以达到完全干燥的目的。该方法可避免表面张力的影响，较好地保存样品的微细结构。此法操作较为方便，所用时间较短，一般 2~3h 即可完成，是最为常用的干燥方法。临界点干燥仪中起干燥作用的液体为液态 CO_2，因为乙醇、丙酮都与 CO_2 不相容，所以样品经过脱水后应进入中间液乙酸异戊酯。具体干燥步骤如下：

（1）固定、脱水按常规方法进行，如样品用乙醇脱水，在脱水至 100% 后，用纯丙酮置换 15~20min。

（2）转入中间液：由纯丙酮转入中间液乙酸异戊酯中，时间为 15~30min。

（3）移至样品室：将样品从乙酸异戊酯中取出，放入样品篮，然后移至临界点干燥仪样品室内，盖上盖并拧紧以防漏气。

（4）注入 CO_2，用液体 CO_2 置换乙酸异戊酯，在达到临界状态（31℃，72.8 大气压）后，将温度再升高 10℃，然后打开放气阀门，逐渐排出气体，样品即完全干燥。

4. 真空干燥法 真空干燥是将经过固定、脱水的样品直接放入真空镀膜仪内，在真空状态下使样品内的溶液逐渐挥发，当达到真空时样品即可干燥。该方法简单易行，但也存在表面张力问题，故只在缺少其他干燥方法时才选用。

（六）样品粘固

样品在干燥处理或导电处理之前，需粘固到样品台上。将样品粘固到样品台上时，可根据样品种类和性质不同选用不同黏胶剂。常用黏胶剂有以下 3 类：导电胶、各种胶水和双面胶纸。对于导电或不需镀膜的样品用导电胶粘固，需镀膜的样品既可用导电胶，也可用胶水或双面胶进行粘固。导电胶有两种，一种是以大于 300 目的细银粉为基础的银粉导电胶，另一种是以石墨粉为基底伴以低电阻合成树脂的导电胶。

（七）导电处理

生物样品元素成分中原子序数都较低，故电子束照射后二次电子发射率较低；生物样品经过脱水、干燥处理后，其表面电阻率很高即导电性能差；用扫描电镜观察时，当入射电子束打到样品上，会在样品表面产生电子堆积，形成充电和放电效应，并由此影响样品观察和图像分辨率。为增强生物样品的导电性，增加二次电子的产生率，防止充电和放电效应，减少电子束对样品的损伤作用，需对生物样品进行导电处理。常用的导电处理方法有金属镀膜法、组织导电法、化学浸镀法和电镀法，其中前两种最常用。

1. 金属镀膜法 金属镀膜法采用特殊仪器将金属，如金、铂、钯、金－钯合金等蒸发后覆盖在样品表面。目前应用最多的金属镀膜法主要有离子镀膜法和真空镀膜法两种。

（1）离子镀膜法：又称离子溅射镀膜法，通过离子镀膜机完成。其基本过程如下：在离子镀膜机的真空罩中设置一对电极，镀膜金属为阴极，样品台为阳极。当罩内真空达到低真空时，在两极间加以 1 000~3 000V 直流电；当电场达到一定强度时，残留的气体分子被电离为阳离子和电子，它们分别飞向阴极和阳极，并不断与其他气体分子碰撞。阳离子轰击阴极上的金属靶，使部分金属原子被撞击下来，这些金属原子不断与气体分子碰撞并以不同的方向和角度飞向阳极，覆盖在样品表面，形成一层均匀的金属膜（图 5-9）。

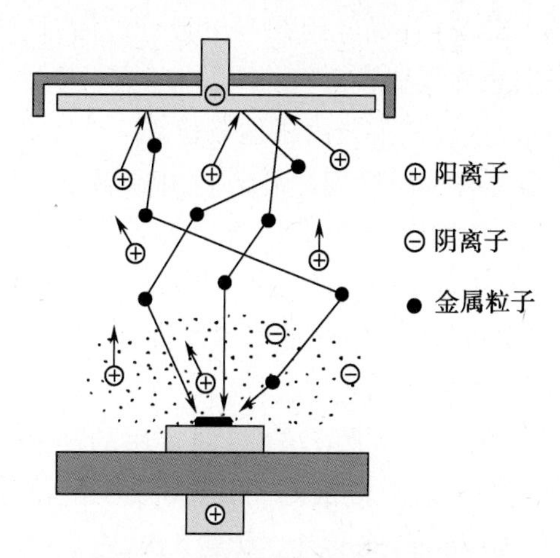

图 5-9 离子镀膜法原理示意图

离子镀膜法具有以下优点：①空气离子撞击下的金属颗粒细而均匀，镀膜细腻；②镀膜时，金属粒子对凹凸不平、形貌复杂的样品可以绕射进去，镀膜均匀一致，没有死角；③离子镀膜时真空度低，不需要复杂的真空系统，所需时间短，造价低，操作简单。

（2）真空镀膜法：使用真空镀膜法镀膜时，首先将样品放在真空镀膜仪的真空罩内，在（0.1~10）× 10^{-4}mmHg 高真空状态下，使铂金等金属加热、蒸发，从而在样品表面喷镀一层厚10~25mm 的金属导电层。由于仪器性能及技术条件限制，真空镀膜法具有以下缺点：①较粗大的金属颗粒可能掩盖样品某些微细结构；②对于一些结构复杂的样品不易喷镀均匀而形成死角；③对样品易产生热辐射损伤。

2. 组织导电法　组织导电法是利用金属盐类，特别是重金属盐类化合物，与样品内蛋白质、脂类和糖类等成分结合，从而增强样品的机械强度、导电率及抗电子束轰击的能力等。经这种方法处理和常规脱水的样品，干燥后不镀膜即可进行观察。该方法可避免金属镀膜法在抽真空和热辐射过程中对生物样品的损伤。

（1）组织导电法基本操作程序

1）样品经常规取材、固定和漂洗。

2）组织导电液处理：将样品浸泡于组织导电液中。浸泡的时间与样品的性质、大小及导电液的种类有关。一般质地较致密、体积较小和以观察表面结构为主的样品，仅需短时间（1~2h）浸泡，而体积较大而又柔软或以观察内部结构为主的样品，浸泡时间应延长至数小时以上。

3）漂洗：样品经组织导电液处理后，用缓冲液反复、充分漂洗。

4）脱水：乙醇或丙酮逐级脱水。

5）将样品粘固到样品台上，电镜观察。

（2）常用组织导电法：常用组织导电法有单宁酸－锇酸法和硫卡巴肼－锇酸法两种，此外，还有应用硝酸银、乙酸铀、高锰酸钾、重铬酸钾、碘化钾等导电液的其他方法。

1）单宁酸－锇酸法：将固定后的样品放入2%~4% 单宁酸或该液与 1%~6% 戊二醛混合液中处理 30min 或 8h 以上，重复 2 次，每次处理后均用缓冲液充分漂洗；然后将样品放入 2%~4% 锇酸中处理 30min 至数小时，最后常规脱水及干燥处理，扫描电镜观察。

2）硫卡巴肼－锇酸法：样品取材后，用 2% 锇酸固定 30~60min；充分清洗后入硫卡巴肼过饱和水溶液浸泡 10~30min，水洗 15min 2 次后，再次用 2% 锇酸固定 30~60min，最后脱水、干燥。如样品块较大，须延长处理时间至数小时以上。

3）其他

硝酸银组织导电液法：用 0.1mol/L PB 配制的含 0.1% 蔗糖的 1.5%~3% 硝酸银溶液处理样品15min 至数小时。此法处理的样品信号强，反差好，但易产生成沉淀，故应仔细清洗。

乙酸铀导电液法：用 70% 乙醇配制的 2% 乙酸铀溶液处理样品 15min 至数小时。该导电液性质与硝酸银相似，但主要提高核酸、核蛋白和结缔组织纤维成分的反差。

高锰酸钾或重铬酸钾导电液法：用 0.1mol/L PB 配制的 5% 高锰酸钾或 2%~3% 重铬酸钾溶液浸泡样品数十小时。该类导电液易保存，很少沉淀，特别适于磷脂蛋白的固定，能较好地保存组织空间结构。

碘化钾导电液法：将 2g 碘化钾和 0.2g 碘共同溶于 100ml 双蒸水内，然后加入 10ml 2.5% 戊二醛和 0.2g 葡萄糖。用此液处理样品数分钟至数十小时。该导电液作用缓和，液体纯净，无沉淀产生，可长期保存，且使用方便，易于清洗。

（3）注意事项

1）导电液易出现沉淀，故用前最好用微孔滤膜过滤，导电液处理后，要充分清洗样品，以免污染样品和镜筒。

2）经组织导电处理后的样品硬而脆，易于损伤，故对于观察表面结构的样品，应注意保护观察面。

3）经组织导电处理的样品反差较强，在观察时应适当调整反差，以得到反差适当的图像。

4）单纯组织导电处理的样品，如其导电效果和二次电子发射率仍很低，分辨率仍然较低，应与金属镀膜、临界点干燥方法结合使用。

三、特殊扫描电镜生物样品制备方法

（一）组织细胞内部结构观察样品制备

若要观察组织细胞内部结构，需将要观察部位暴露出来。暴露内部结构的方法主要有割断法和化学消化法。

1. 割断法　割断方法有多种，主要有冷冻割断法、树脂割断法及水溶性包埋剂割断法等，其中以冷冻割断法最常用。日本学者田中敬一于1972 年建立的二甲亚砜冷冻割断法能充分显示内部结构的立体图像，其基本过程如下：

（1）取材和固定：将动物麻醉后，用0.9%生理盐水经腹主动脉灌流后取材，将样品修成1mm×1mm×5mm大小，立刻投入1%锇酸溶液中，4℃固定1h，用1/15mol/L PB（pH 7.4）清洗2次，每次10min。

（2）防冻处理：缓冲液充分清洗后，依次进入12.5%、25%、50% DMSO内各20min，以防止样品在冷冻过程中的冰晶损伤。

（3）割断：样品在冷冻割断装置中进行割断，然后将割断后的样品放到50% DMSO中，融化后再用PB浸洗6次，每次10min。

（4）细胞基质软化：为溶解细胞质内非膜性成分，更清晰地显示细胞内膜性成分，将样品放入0.1%锇酸中，4℃下对细胞基质软化48~72h，然后用双蒸水浸洗3次，每次20min。

（5）割断面固定：将样品放入1%锇酸中继续固定30~60min，之后用双蒸水浸洗3次，每次20min。

（6）导电处理：将样品放入2%单宁酸中2h或过夜，双蒸水清洗后再以1%锇酸固定30~60min，再以双蒸水清洗1h。

（7）脱水、干燥及镀膜按常规方法进行。

2. 化学消化法　为了观察组织细胞内部深层表面结构，可采用NaOH或氯化氢（HCl）化学消化法制备样品。下面以观察大鼠心肌细胞闰盘结构的扫描电镜样品制备为例介绍NaOH消化法的基本步骤。

（1）灌注固定：麻醉大鼠，自左心室插管先灌入磷酸盐缓冲液，右心耳放血，待血液冲净后，灌入2.5%戊二醛固定液200ml。

（2）取材与固定：分别取大鼠心肌组织，修成约5mm×5mm×5mm大小的组织块，2.5%戊二醛固定2h以上，缓冲液清洗。

（3）NaOH消化：将标本置于6mol/L NaOH溶液中，62℃水浴消化10min（时间根据样品块大小调整），以去除心肌细胞周围的结缔组织；然后用缓冲液清洗，超声波清洗器处理1min（时间根据样品块大小调整），使心肌细胞连接松散，暴露出闰盘结构。

（4）清洗：于37℃ 2.5% Triton X-100清洗液中水浴清洗1h，中间换液2次，然后用缓冲液清洗3次，共30min。

（5）后固定：1%锇酸后固定2h。

（6）常规脱水、干燥、镀膜后观察（图5-10）。

注意：消化所需温度及时间，不同器官和组织有很大差别，最佳的温度与时间需经预实验确定；每次换液后，需用缓冲液对样品进行彻底清洗，防止试剂间的相互作用。

图5-10　心肌闰盘扫描电镜像（NaOH消化法）

（二）游离细胞样品制备

游离细胞（如血细胞、精子、培养细胞等）具有一些特殊性质，如游离细胞表面附着有黏液，游离细胞易受渗透压的影响产生变形等，故游离细胞扫描电镜样品制备具有一定特殊性。

1. 清洗和固定　将细胞悬液与用0.1mol/L PB配制的2%戊二醛等量混合，固定10~20min，离心去上清，再用生理盐水混悬，离心清洗2次。

2. 脱水　用30%、50%、70%、80%、90%、100%（2次）乙醇逐级脱水，样品在每一级浓度停留5min。

3. 置换　100%乙醇与乙酸异戊酯等量混合液置换10min。

4. 临界点干燥　用滤纸将盖玻片包裹后放入样品篮中进行临界点干燥。

5. 常规镀膜后扫描电镜观察。

注意：为防止细胞变形，清洗液应选用等渗溶液，固定液选用低浓度。换液时，液体应从平皿边缘缓慢加入，防止细胞脱落。

（三）管道铸型样品制备

为了研究腔性器官特别是复杂器官内血管系统的立体分布，可先向腔内注射某种凝固较慢的铸型剂,待铸型剂硬化后再把组织腐蚀去掉,保留下来的即为能显示管道系统立体分布的铸型样品,这种技术称铸型技术。铸型标本经过镀膜后,就可进行扫描电镜观察。

常用的铸型剂有甲基丙烯酸酯、聚苯乙烯及其共聚物以及 ABS 等。ABS 是一种树脂,为丙烯腈、丁二烯和苯乙烯的三元共聚物,被认为是比较理想的铸型剂。下面简单介绍用 ABS 制作血管铸型标本的方法。

1. 固定　选取新鲜标本,自动脉灌入生理盐水将血管中的血液冲洗干净,然后用 0.5%~1% 戊二醛对标本作灌注固定,以保证铸型效果。

2. 注入铸型剂　灌注配制好的铸型剂 ABS 丁酮溶液,浓度为 5%~30%,注入的压力为 100mmHg。随后,将注入铸型剂的标本放入 50~70℃温水中浸泡 6h 左右,以保持脏器的原形,促进铸型剂硬化。

3. 腐蚀和清洗　将标本放入 10%~20% NaOH 或 20%~50% HCl 溶液中腐蚀一周左右,然后用流水将血管铸型周围被腐蚀的组织冲洗干净,时间为 24~72h,冲洗速度要缓慢,防止损坏样品。

4. 修切铸型样品　将腐蚀后清洗干净的样品自然干燥后,放在体视显微镜下修整,并切成适当大小。

5. 干燥、镀膜　将修整好的样品放入 37℃温箱内 1h,使其彻底干燥,镀膜后观察。

第三节　冷冻电子显微镜技术

冷冻电子显微镜技术(cryogenic electron microscopy, Cryo-EM),简称冷冻电镜技术,是在低温下使用透射电子显微镜观测保存在 -180℃左右的生物大分子结构的显微技术,是一种重要的结构生物学研究方法。结构生物学是应用物理学方法在原子水平阐明生物大分子的三维结构及其动态变化,进而诠释生物大分子的生物学功能及其机制的科学。快速冷冻和低温冷却技术的发展,导致了冷冻电子显微技术的诞生。冷冻电镜技术与 X 射线晶体学、磁共振波谱学一起构成高分辨率结构生物学研究的基础,可解析原子分辨率(1.8~3.0Å)的膜蛋白或超大分子复合体的精细结构。冷冻电镜技术无须制备晶体,特别适合难于结晶的大分子及其复合物的三维结构判定。结合新型的电子显微镜、制样机器人等设备和技术,冷冻电镜技术可以实现显微制样、数据收集、三维重构全过程的自动化或半自动化,从而高通量、快速解析大分子及其复合物的三维结构。

一、冷冻透射电镜技术原理

把纯化生物大分子用液氮快速冷冻,使其中的 H_2O 分子以玻璃态(vitreous)的形式存在,保持低温放进显微镜里面。电子枪产生的电子在高压电场中被加速至亚光速并在高真空的显微镜内部运动,透过样品和附近的冰层。根据高速运动的电子在磁场中发生偏转的原理,透射电镜中的一系列电磁透镜对电子进行汇聚,并对穿透样品过程中与样品发生相互作用的电子进行聚焦成像以及放大,将样品的三维电势密度分布函数沿着电子束的传播方向投影至与传播方向垂直的二维平面上,以直接电子探测相机或直接电子探测器(direct detection device, DDD)记录样品放大几千倍至几十万倍的图像,最后,计算机利用透射电子显微镜获得的生物样品多个角度的二维电子显微图像,根据中心截面原理,进行傅里叶转换,重构样品的三维空间结构(图 5-11)。

冷冻电镜样品的特殊制备和检测方法,即快速冷冻生物标本,将其玻璃化(vitrification)(用经液氮冷却的乙烷等冷冻剂冷冻生物样品,使样品中的水在数毫秒内完全凝固,形成无定形玻璃冰),然后在液氮温度下对处于含水状态的生物样品进行电镜观察,能明显减少对生物分子的辐射损伤,完整地保持其天然状态,并提供很好的衬度;快速冷冻过程(在数毫秒内完成)使用电镜方法捕捉那些瞬间即逝的生物化学过程成为可能,从而能在亚细胞和分子水平上把结构和功能更好地结合起来。样品玻璃化的深度与压力大小有关,在常压下对生物样品进行快速冷冻,玻璃化深度只有 10μm;而当压力达到 2kPa 时,玻璃化深度可达 100μm。

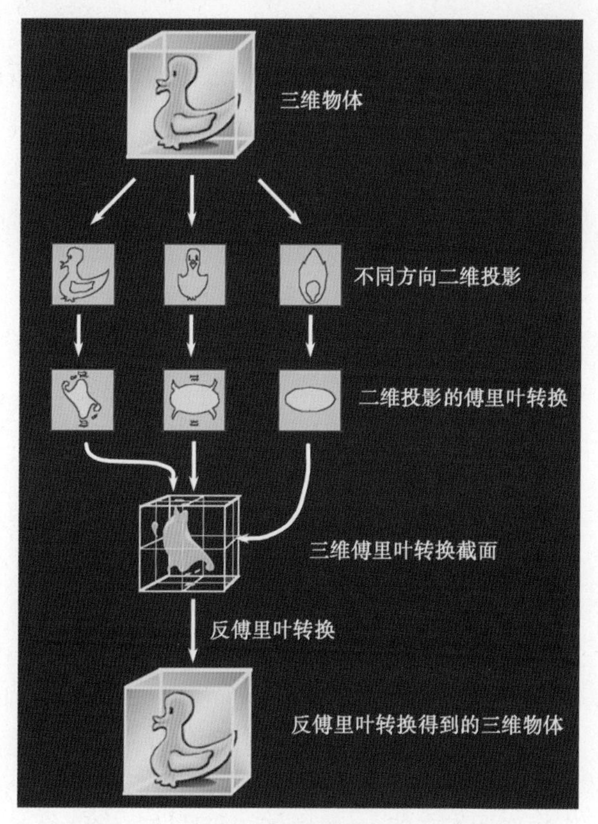

图 5-11　傅里叶转换三维重构原理示意图

与室温下相比,在液氮温度下成像可以减少多达 6 倍的辐射损伤。这意味着每单位电子剂量的辐射损伤减少,对于低温下记录的图像,可以使用更高的电子剂量来增加信噪比。第二种提高信噪比的方法是用尽量低的电子剂量对同一生物标本单元多幅成像,然后对多幅图像进行平均。低温成像和多幅低剂量图像平均,构成了现代高分辨率生物电子显微镜的基础。

DDD 相机可以直接探测到电子,使信噪比和空间分辨率有了飞跃性的提高。DDD 相机的另一个优势是采集信号速度快,某些情况下可以录制视频,这一功能可以补偿和矫正被观察中的样品由于电子辐照和热漂移效应产生的位移。

在应用冷冻电镜解析结构的具体实践中,依据不同生物样品的性质及特点,采取不同的显微镜成像及三维重构方法,主要包括电子晶体学、单颗粒重构技术和电子断层扫描重构技术,其中以单颗粒重构技术最常用。

(1)电子晶体学:利用电子与晶体的相互作用,以电镜对生物大分子在一维、二维以至三维空间形成的高度有序重复排列的结构(晶体)成像或者收集衍射图样,进而解析这些生物大分子的结构,这种方法称为电子晶体学。其适合的样品分子量范围为 10~500kD,最高分辨率约 1.9Å。该方法与 X 射线晶体学的类似之处在于均需获得高度均一的生物大分子的周期性排列,不同之处是利用电镜除了可以获得晶体的电子衍射外还可以通过获得晶体的图像来进行结构解析。

(2)单颗粒重构技术:单颗粒电镜技术可以解析非晶体、非对称、随机取向的生物颗粒的三维结构,目前是冷冻电镜技术的主流。该方法对分散分布的生物大分子分别成像,基于分子结构同一性的假设,对多个图像进行统计分析,并通过对齐、加和平均等图像操作手段提高信噪比,进一步确认二维图像之间的空间投影关系后经过三维重构获得生物大分子的三维结构(图 5-12)。单颗粒技术适合的样品分子量范围为 50kDa~50MDa,最高分辨率约 2Å。

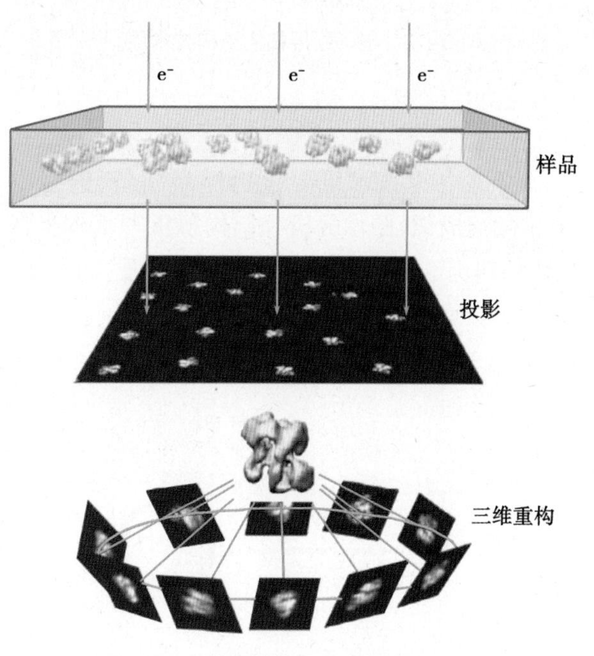

图 5-12　单颗粒重构技术原理示意图

(3)电子断层扫描重构技术:电子断层扫描成像通过在电子显微镜内将样品倾转至不同角度,获取同一区域多个角度的投影图,根据倾转几何关系进行重构所研究对象的三维结构(图 5-13)。该方法应用广泛,可以对细胞及亚细胞器以及没有固定结构的生物大分子复合物(分子量范围为 800kD)进行分析,最高分辨率约 20Å。其在研究非定形、不对称和不具全同性的生物样品的三维结构和功能中有着不可替代的作用。

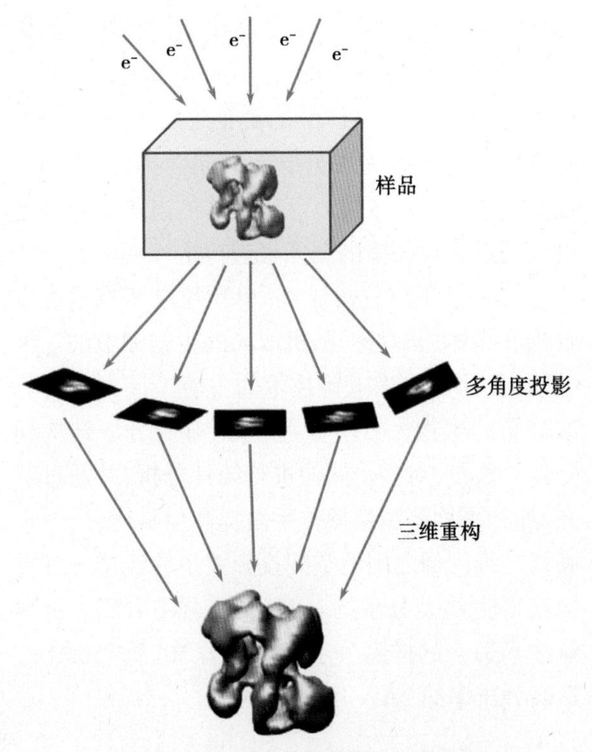

图 5-13 电子断层扫描重构技术原理

二、冷冻电镜技术的基本步骤

冷冻电镜技术主要包括样品制备、透射电子显微镜成像、图像分析和结构解析等基本步骤（图 5-14）。

（一）样品制备

冷冻电镜技术样品制备主要包括样品纯化、负染色、冷冻（玻璃化）等过程。

1. 样品纯化 冷冻电镜可检测病毒颗粒和核酸、蛋白质等生物大分子。研究的生物大分子样品必须非常纯净，故首先必须对样品进行纯化。从细胞中分离纯化的待测大分子样品，应以凝胶过滤、聚丙烯酰胺凝胶电泳（SDS-PAGE 电泳）或液质联用色谱（液相色谱 - 质谱联用）检测纯度，查看是否有污染或影响结构的物质。样品纯度要尽量高，一般应达到 90%~95% 以上，若进一步纯化困难，则在后面的数据处理过程中通过计算分类区分样品的不同状态进行计算机纯化。制备样品的溶液中不能含有多糖、DMSO、甘油等有机物质，这些会降低样品的衬度，难以获得高分辨的三维结构。常用制样溶液为 20mmol/L 4- 羟乙基哌嗪乙磺酸缓冲溶液（Hepes）和 150mmol/L NaCl。

2. 负染色 为提高冷冻电镜技术效率，在制作冷冻标本之前，一般应先对样品做负染色和进行普通透射电镜检测，以了解样品浓度和分散度是否合适。负染色是将样品的背景经过染色以突显样品，由此确定可以获得分离颗粒的单层分布的样品条件。用金属盐对铺展在载网上的样品进

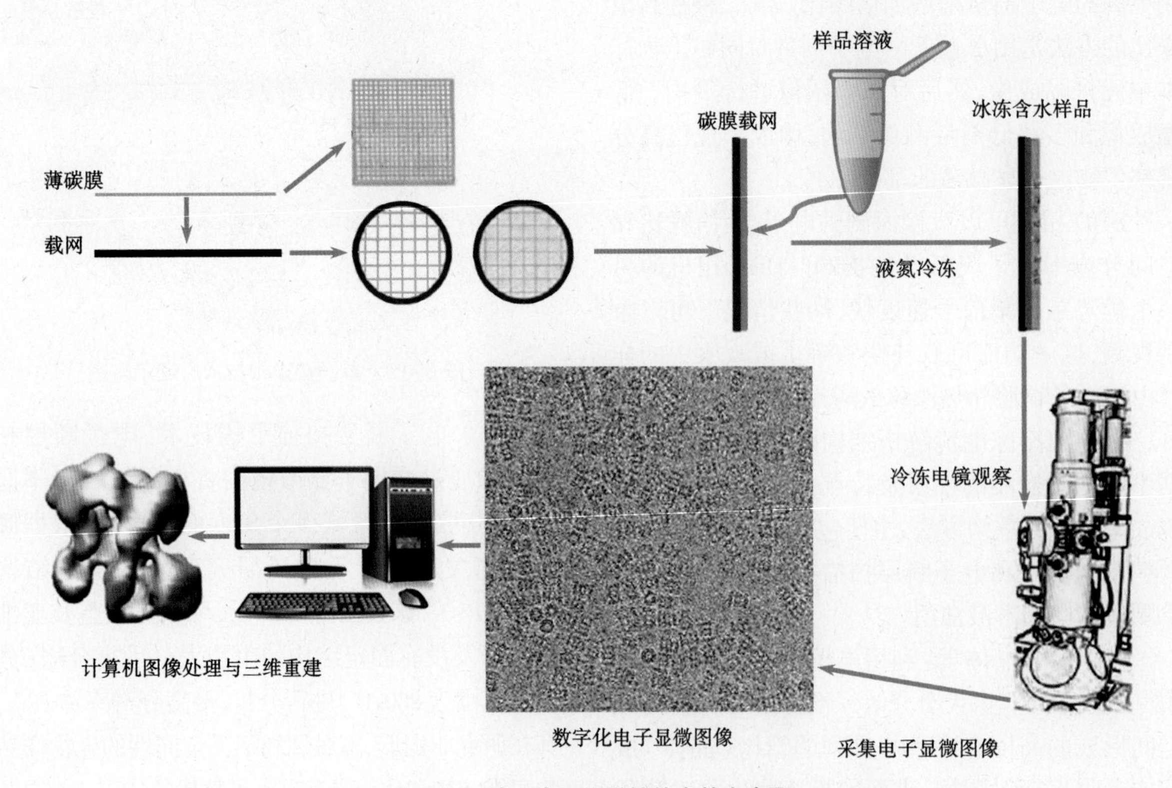

图 5-14 冷冻电子显微镜技术基本步骤

行染色，使整个载网都铺上一层重金属盐，而有凸出颗粒的地方则没有染料沉积。染色后，在电镜下观察时，被观察对象（样品）透亮色浅，背景黑暗色深。负染色图像虽然分辨率欠佳，但是操作简单，可以快速提供蛋白浓度、质量等信息。最常用的负染剂有磷钨酸、醋酸铀、钼酸铵等。

（1）常用染液配制：

1）磷钨酸：用双蒸水或磷酸缓冲液配制成1%~3%的溶液，使用时应用1mol/L氢氧化钠溶液将染液pH调至6.4~7.0或实验所需的值。

2）醋酸铀：用双蒸水配制成0.2%~0.5%水溶液（pH 4.5），现用现配。醋酸铀溶解需15~30min，在黑暗中能稳定几小时，使用前用1mol/L的氢氧化钠溶液将pH调至4.5。

3）钼酸铵：用双蒸水配制成2%~3%水溶液，使用时用醋酸铵将pH调至7.0~7.4。钼酸铵对有界膜的生物材料具有特别良好的染色值。

（2）染色方法：常用悬滴法。用吸管吸一滴样品悬液滴在有Formvar膜的载网上，滴液后静置数分钟，然后用滤纸从载网边缘吸去多余的液体，滴加负染色液，染色1~2min，用滤纸吸去负染色液，再用蒸馏水滴在载网上洗1~2次，用滤纸吸去水，待干后可用于电镜观察。

如果样品浓度过大，可进行调整，待样品浓度适宜后再行冷冻处理。一般而言，可溶性蛋白浓度应在1mg/ml左右，膜蛋白应保证浓度在5mg/ml左右。

（二）样品冷冻

冷冻电镜生物样品在高真空条件下成像，由此要求制备的样品既能保持本身的结构，又能抗脱水和抗电子辐射，因此必须对样品进行冷冻处理。

（1）载网处理：冷冻电镜专用载网一般为3层结构，由载网骨架、Formvar膜和含有微米级小孔的碳膜组成。载网可购买，但在使用之前必须用辉光放电处理仪对其进行亲水性处理，以保证样品分散质量。把需要处理的疏水性载网和支持膜放在玻片或者是专用的夹具上，经过1min的辉光放电处理，即可得到亲水性载网和支持膜。

（2）滴样：把待测试样品溶液（3~5μl）滴在载网上。样品上了载网后会铺展开来，这时载网上的样品液层厚度太厚，如果直接冷冻，冷冻剂很难将其冻透成玻璃态的样品。通常使用滤纸吸去多余的样品（blotting），仅在载网上留下一层非常薄的液体。这层液体的厚度略大于样品颗粒的尺寸，常在纳米级。如何控制实验的变量，从而保证超薄液层制备成功，需要反复试验获得。

（3）冷冻样品：将载有样品（溶液中的病毒、核酸或蛋白质颗粒）的载网浸入经液氮（-196℃）冷却的乙烷冷冻液中，通过快速冷冻使含水样品中的水处于玻璃态，即在亲水的支持膜上将含水样品包埋在一层较样品略高的薄冰内，样品转变成无定型状态的冰（玻璃化）（图5-15）。厚度大于10μm的样品，不能被电子束穿过，不适合用该方法制备样品，而应先对较大样品以高压冷冻技术进行玻璃化处理，然后制备超薄切片，此为玻璃切片冷冻电镜技术（Cryo-electron microscopy of vitreoussection）。

冷冻后的样品从冷冻乙烷中转移至冷冻电镜专用样品冷冻杆内准备观察，或转移到贮存盒内

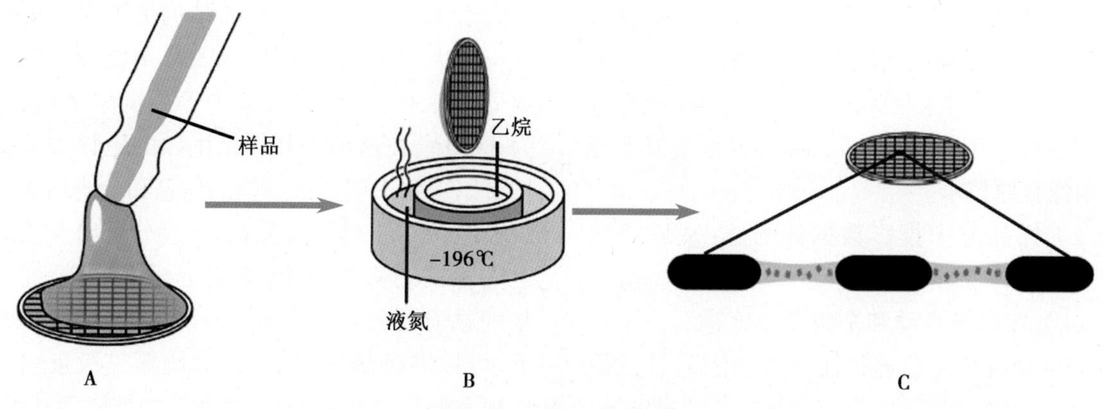

图5-15 样品冷冻流程

A. 将样品滴加在载网上；B. 将加有样品的载网转移到经液氮冷却的乙烷中快速冷冻；C. 载网上的样品玻璃化

液氮中保存。

冷冻制样需要优化的参数有很多,包括样品浓度、blotting时间、温度、载网种类(铜网或金网)等一系列条件的优化。冷冻电镜样品制备可通过自动化的制样机器人来完成。用机器人制样可缩短样品制备时间,且可获得较好的重现性,但样品浪费严重。

(三)冷冻电镜观察与数据收集

将冷冻样品转移到电镜的样品室观察,利用透射电镜获得生物样品的多个角度的放大图像。注意在将冷冻样品转移到电镜的过程中既不能使样品解冻(保持在 -140℃以下),又不应在样品表面结霜。为此,需要用专门的设备——冷冻输送器来完成这一步骤。电镜图像从碳膜孔内的薄冰层中采集。在照相之前,必须观察样品中的水是否处于玻璃态,如果不是则应重新制备样品。由于生物样品对高能电子的辐射敏感,照相时必须使用最小曝光技术(minimal exposure technic)。

(四)图像分析和结构解析

数据处理的最终目的是获得生物样品的三维质量密度图。由于冷冻电镜获得图像信噪比低,结构信息常常淹没在噪声中而难辨认,只有通过大量拍摄生物样品的同一个图像,然后用某种方法加以平均来消除噪声。应用计算机对所摄取的生物大分子二维图像进行图像处理和计算,以电子晶体学、单颗粒技术或电子断层成像技术重构出生物大分子的三维结构(图5-16)。

单颗粒冷冻电镜技术数据处理部分主要包含以下流程:

(1)衬度传递函数修正:衬度传递函数(contrast transfer function,CTF)是在数学上描述通过透射电子显微镜得到样品图像上的像差变化。常用估算衬度传递函数的参数软件是CTFFIND4。在确定CTF参数后,对采集到的冷冻电镜图像进行衬度传递函数修正(CTF correction),也是图像处理中的图像复原技术。

(2)样品分子投影数据的筛选:从原始数据中筛选出颗粒投影,也称为颗粒挑选(particle selection),多以半自动和全自动方式进行。半自动和全自动挑选主要有以下3类:①通过降噪、反衬增强、边缘算子等图像形态学方法搜索区域,基于数字图像处理学的原理,将颗粒图像与背景分离开来;②基于模板的方法,通过扫描数据图像和已知的模板比较来挑选出潜在的颗粒图像,模板的来源通常为手动选出的数据图像中较为清晰的颗粒图像,或是已知结构的投影;③结合无模板和有模板的方法,通过一些有监督的机器学习算法进行颗粒挑选。

(3)二维图像分析:二维图像分析的目的是,首先通过图像匹配消除旋转和平移的误差,利用类内紧致、类间离散的原则进行图像分类,最终可以对类内颗粒图像进行平均,提高信噪比,从而实现对高分辨率三维结构的构建。匹配的过程通常会对颗粒图像应用一些变换操作,通过关联函数去判断不同颗粒图像之间的相似程度。分类主要利用多元统计分析和主成分分析等算法完成,其他流行的二维颗粒分类技术还有神经网络分类,即将图像在二维空间自组织映射(self-organising mapping)再进行分类和排序。

(4)三维模型重构和优化:根据中心截面定理,先利用粗糙的三维结构模型,进行投影得到参考图像,与实验颗粒图像进行比对,根据结果更新空间方位参数,继而构造新的三维结构,对实验图像的空间方位修正,形成迭代过程,直至获得最终的三维模型。

(5)多构象结构分析;通过聚类分析、最大似然法分析等进行多构象分析(heterogeneity analysis),得到生物大分子结构形态和构象差异,并结合分子功能检验分子结构的合理性。

(6)对重建结构分辨率的分析:在傅里叶壳层关联函数(Fourier shell correlation,FSC)曲线分上选取一个合适的阈值来判定分辨率。按照分辨率数值大致分为三个范围:①低分辨率,分辨率大于10Å,在低分辨率的结构范围内只观察得到一个大致的整体形状,以及有可能分辨出主要成分的相互位置关系;②中等分辨率结构,精度为4~10Å,在这个分辨率范围内的生物大分子结构可以得到一些二级结构的信息和分辨出大部分组成结构的相对位置关系,还可分辨出分子结构之间存在的构象变化;③高分辨率,高精度甚至是近原子级别的分子结构分辨率可以达到4Å以下,可以准确地看见如α-肽链等二级蛋白质结构以及部分单独的残基,多肽链的结构清晰可辨,并可描述精确的构象变化。FSC曲线等标准提供

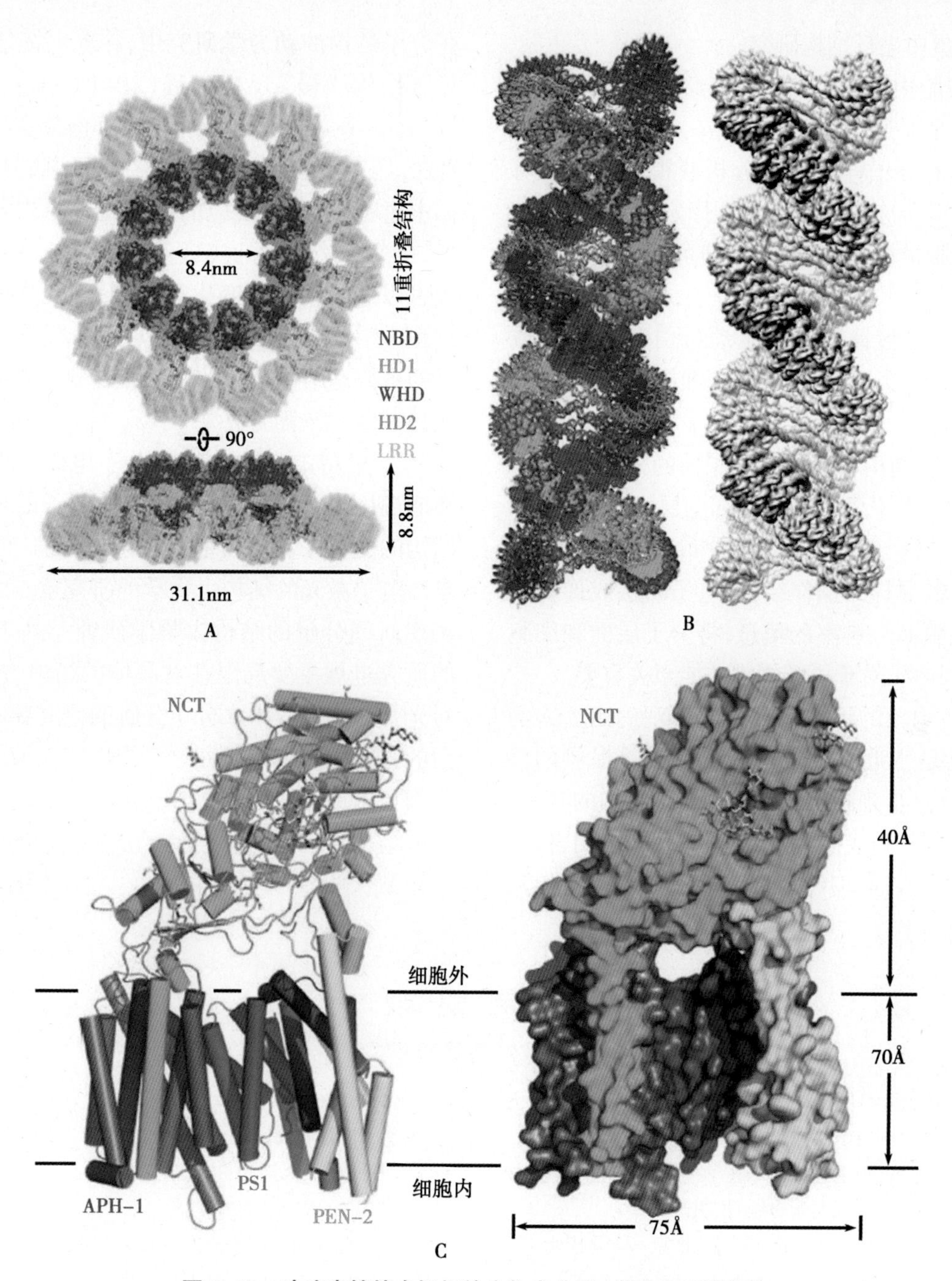

图 5-16　冷冻电镜技术解析的生物大分子 / 复合物三维结构

A. 炎症复合体的结构（NBD：核酸结合结构域；HD1：螺旋结构域 1；WHD：翼螺旋结构域；HD2：螺旋结构域 2；LRR：亮氨酸重复序列）；B. 30nm 染色质左右双螺旋高级结构；C. 3.4Å 人源 γ 分泌酶复合物结构（NCT：I型单次跨膜糖蛋白；APH-1：前咽缺陷蛋白 -1；PS1：早老素 -1；PEN-2：早老素增强子 -2）

的分辨率是一个有指导意义的数字，不可作为绝对参考来评价所获得的模型质量，而要与生物分子系统的生物化学知识相结合。

三、冷冻电镜技术的应用前景

冷冻电子镜技术已经发展成为一个成熟的应用于多种复杂生物分子体系的高分辨结构研究方法，尤其在解决单一静态结构的基础上，展示了研究多构象体系的潜力。

1. 解决膜蛋白的结构　虽然目前很少见到对镶嵌在磷脂分子构成的细胞膜内的膜蛋白结构解析，但随着技术的发展，新的试剂分子或者纳米尺度的容器可以用来制备单一性很高的稳定的细胞膜以及镶嵌在内的膜蛋白，这样便可利用冷冻电镜对膜蛋白进行结构研究。

2. 细胞内分子结构测定　以前的高分辨分子结构多是对通过体外（in vitro）实验在溶液中提纯出来的分子样品进行分析获得的。现在可以利用快速冷冻的方法把细胞固定，再用高能粒子枪对细胞进行高精度切片，即可对聚集在细胞内某些部位的大量天然同类分子，如在内质网上的核糖体、细胞骨架上的肌动蛋白分子进行成像研究，从而获取这些分子在细胞环境的结构信息。

3. 细胞结构和分子在细胞内的分布　电子断层成像技术主要应用于亚细胞层面的研究，如细胞器的结构、蛋白质分子的分布、细胞骨架的构成。与超低温样品操作结合，电子断层成像技术可以提供更高分辨率的信息，将分子层面和细胞层面衔接起来，对于了解细胞功能至关重要。

4. 多构象的识别和自由能景观确定　人们开始不满足于近原子级别分辨率能够提供的信息，想要进一步刻画连续变化的分子结构的状态。基于冷冻电镜的成像特性，相对其他技术而言，冷冻电镜技术在时间尺度的统计系综上具有优势。在分子结构的动力学研究中，冷冻电镜能够获取分子结构“慢”反应过程（10~1 000ms）时间分辨（time-resolved）和分析出连续构象变化的分类算法。获取慢反应过程分子结构的基础是在准备样本过程中，分子反应的速度慢于冷冻样本的时间，快速冷冻技术的实现使得一些较慢的反应过程可以看到动力学变化，而流形嵌入算法在分类过程中取得突破，在更好地利用冷冻电镜观察分子的平衡态结构动力学变化和展现自由能景观上取得了令人鼓舞的成果。

5. 从静态结构到动态分子电影　生物分子在室温下是活跃的，而且大多数分子的功能通过结构的变化来实现。基于X射线，尤其是X射线自由电子激光的结构生物学的研究重点之一便是实现时间分辨的结构生物学研究。基于X射线的研究进展主要局限在对晶体的衍射方面，比如对光合作用过程中水分子分解的研究和光敏黄蛋白的光吸收过程的研究。三维冷冻电镜的单颗粒成像技术最有希望在单分子水平上实现对时间分辨的结构变化研究。

（张　雷）

参考文献

1. 李和，周莉．组织化学与细胞化学技术．2版．北京：人民卫生出版社，2014.
2. 杨勇冀，汤莹，叶熙亭，等．医学生物电子显微镜技术．上海：第二军医大学出版社，2012.
3. 汪克建．医学电镜技术及应用．北京：科学出版社，2013.
4. 黄岚青，刘海广．冷冻电镜单颗粒技术的发展、现状与未来．物理，2017，46（2）：91-99.
5. 李承珉．冷冻电镜：四十年风雨无阻路终得云开月明——2017年诺贝尔化学奖简介．自然杂志，2017，39（6）：417-426.
6. 范潇，王宏伟．冷冻电子显微学介绍．现代物理知识，2017，29（6）：19-26.
7. 杨慧，李慎涛，薛冰．冷冻电镜技术：从原子尺度看生命——2017年诺贝尔化学奖简介．首都医科大学学报，2017，38（5）：770-776.
8. Anna Marie Pyle，David W Christianson. Methods in Enzymology. London：Elsevier，2016
9. Milne JL，Borgnia MJ，Bartesaghi A，et al. Cryo-electron microscopy—a primer for the non-microscopist. FEBS J，2013，280（1）：28-45.
10. Lucic V，Rigort A，Baumeister W. Cryo-electron tomography：The challenge of doing structural biology in situ. J Cell Biol，2013，202（3）：407-419.

第六章　组织化学技术

广义的组织化学或细胞化学是应用化学、物理学、生物化学、免疫学或分子生物学原理研究组织或细胞内特定物质的存在，并且对这种物质进行定性、定位和定量研究的技术，包括一般组织化学、免疫组织化学、原位杂交组织化学等。一般组织化学仅指应用化学和物理学方法，使组织或细胞内核酸、脂类、糖类和酶类等特定化学成分在原位形成有色沉淀和/或有色反应产物，以在光镜或电镜下研究组织细胞结构的化学基础及与功能之间的关系。本章仅介绍一般光镜组织化学技术，电镜组织化学、免疫组织化学及原位杂交组织化学技术将在后面专章介绍。

第一节　核酸组织化学技术

核酸（nucleic acid）是生物遗传的物质基础，是生命重要的生物大分子，包括两类，即核糖核酸（ribonucleic acid，RNA）和脱氧核糖核酸（deoxyribonucleic acid，DNA）。RNA 分布于核仁和胞质的核糖体内，DNA 主要分布于核内的染色质或染色体。显示核酸的组织化学方法有许多种，本节介绍几种较常用的核酸组织化学染色方法。

一、Feulgen 反应

Feulgen（孚尔根）反应是显示 DNA 的经典而特异的染色方法，由 Feulgen 在 1924 年提出，因而得名。

1. 原理　DNA 可在酸性条件下水解，嘌呤-脱氧核糖之间的糖苷键断开，形成醛基（-CHO），再用显示醛基的特异性试剂 Schiff 试剂处理，形成光镜下所见的细胞核内紫红色反应产物。DNA 经稀盐酸处理而水解，除可破坏脱氧核糖与嘌呤碱外，还可水解嘧啶碱。酸水解核酸的程度与水解时间长短有关，随着水解时间的延长，嘌呤碱基增多，形成的醛基也随之增多，Feulgen 反应加强。如果水解时间过长，DNA 将完全水解，反而使 Feulgen 反应减弱。DNA 水解时间因组织种类和固定液不同而异，需通过预实验摸索合适的水解温度和时间。

Schiff 试剂是显示醛基的特异试剂，其反应原理如下：碱性品红呈紫红色，经亚硫酸处理后变为无色 Schiff 液；Schiff 液遇到醛基时，则被还原形成原有的紫红色。碱性品红结构中的醌基是碱性品红中具有紫红色的核心结构，经亚硫酸处理后，则醌基两端的双键打开，形成无色品红-硫酸复合物为 Schiff 试剂（图 6-1）。Schiff 试剂在不同的 pH 条件下可显示不同的物质，如 Schiff 试剂在 pH 3.0~4.3 时，对 Feulgen 反应效果好，而 pH 2.4 时，对 PAS 反应效果好。

2. Schiff 液的配制　将 1g 碱性品红溶于 200ml 煮沸的蒸馏水中，使其完全溶解，然后冷却到 60℃过滤，加入 30ml 1mol/L HCl 和 3g 焦亚硫酸钾（$K_2S_2O_5$）或亚硫酸钠，塞紧瓶塞，置于暗处或外包黑纸 24h。1mol/L HCl 与焦亚硫酸盐生成的二氧化硫（SO_2）将溶液中碱性品红脱色成为无色碱性品红（即白亚磺酸）。如溶液尚有浅黄色，可用 0.5g 活性炭脱色，摇动几分钟后迅速用粗滤纸过滤，溶液应为清亮无色。制成的 Schiff 试剂应置于棕色瓶中，瓶塞需拧紧并用黑纸包裹，避光于 4℃保存，保质期可达半年。若暴露于空气或加热则使 Schiff 试剂中的 SO_2 逸出而变性，变性的 Schiff 试剂则不能使用，故配好的 Schiff 试剂应置于棕色玻璃瓶中，将瓶盛满，不留或者少留空间，且用塞子塞紧，放置在 4℃的冰箱中，以防止 SO_2 逸出。氧化后的 Schiff 试剂呈紫红色。为了防止污染环境，用后要注意回收。

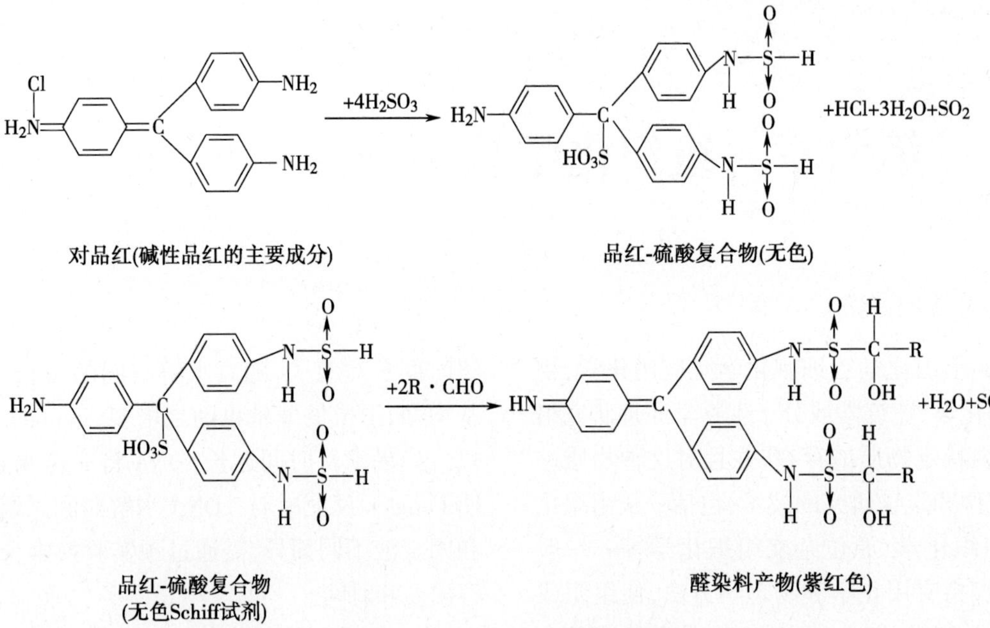

$+4H_2SO_3$ → $+HCl+3H_2O+SO_2$

对品红(碱性品红的主要成分)　　品红-硫酸复合物(无色)

$+2R\cdot CHO$ → $+H_2O+SO_2\uparrow$

品红-硫酸复合物
(无色Schiff试剂)　　醛染料产物(紫红色)

图 6-1 Feulgen 反应原理示意图

3. Feulgen 反应步骤 标本需固定后才可以染色。由于 Schiff 试剂能与醛基结合，故不能用含醛的固定液固定组织，常用 Carnoy 固定液（无水乙醇：氯仿：冰乙酸 =6：3：1）。Carnoy 固定可消除胞质中的缩醛磷脂，减少非特异染色。固定后石蜡切片即可。尽量不用新鲜组织恒冷箱切片，因胞质中存在的缩醛磷脂会出现非特异染色。若必须使用恒冷箱切片，需做切片后固定。用已经固定的组织石蜡切片可消除缩醛磷脂，减少非特异染色。具体操作如下：

（1）切片脱蜡入水。

（2）用 1mol/L HCl 浸洗。

（3）切片放入预热至 60℃的 1mol/L HCl 内水解 DNA 6min（Carnoy 固定的标本为 10~15min，Susa 固定的标本为 18min）。

（4）入 1mol/L HCl 浸洗（室温）。

（5）蒸馏水浸洗。

（6）入 Schiff 液，于室温暗处（或外包黑纸）30~60min（可用 1% 盐酸乙醇洗去不起反应的余色）。

（7）入亚硫酸钠水溶液漂洗 3 次，每次 1~2min。

亚硫酸钠水溶液配制：

10% $NaHSO_3$	5ml
1mol/L HCl	5ml
加蒸馏水至	100ml

充分混合，置于带盖容器中备用。

（8）蒸馏水浸洗。

（9）脱水、透明、封固，镜下观察细胞核呈紫红色（图 6-2）。

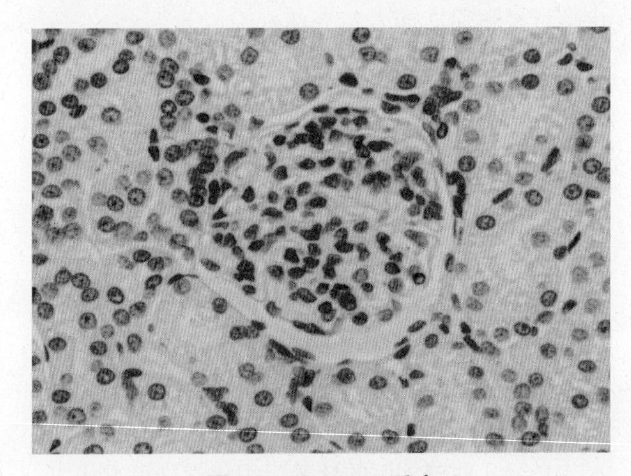

图 6-2 Feulgen 反应

大鼠肾小体和肾小管细胞核中 DNA Feulgen 反应产物呈紫红色（首都医科大学苏红星供图）

（10）对照实验：虽然 Feulgen 法是 DNA 的特异染色方法，但如果延长水解时间并在室温下进行反应，Schiff 试剂也与醛、酮、醇和缩醛磷脂起反应，因此用 Feulgen 法检测 DNA 时必须严格控制盐酸水解的时间和温度。为减少假阳性和非特异性染色必须做对照实验。可按上述步骤做平行对照实验：将第（3）步即 60℃ 1mol/L HCl 水解 6min 改为室温 15min，其余与上述步骤相同，结果 DNA 应为 Feulgen 阴性反应。

二、甲基绿－派洛宁染色

Brachet 于 1942 年建立了甲基绿－派洛宁（methyl green-pyronine）染色技术，将甲基绿和派洛宁配成混合染液（Unna 试剂）用于核酸染色。

1. 原理 同时存在于染液中的甲基绿和派洛宁两种染料与核酸结合时会出现竞争作用。由于甲基绿与 DNA 亲和力大，易与聚合程度高的 DNA 结合显示蓝绿色，而派洛宁则与聚合程度较低的 RNA 结合显示红色。通常，甲基绿－派洛宁染色后细胞核内的 DNA 显示为蓝绿色，细胞质内的 RNA 显示为紫红色。但在某些情况下，少部分细胞核中的 DNA 也可能染为紫红色（可能与细胞状态不同有关）。

由于空间构型不完整的 DNA 也可能与派洛宁结合显示红色，所以用该法显示 RNA 的存在并不具有专一性，因此需要做对照实验。通常利用专一性的 RNA 酶降解 RNA，消减派洛宁染色强度，才能证明被染成红色的核酸的确是 RNA。

甲基绿－派洛宁染色法的染色深浅与操作和试剂有关。除了染色时间、水洗等操作必须严格外，还要选择合适的试剂。甲基绿生产厂家不同，甚至批号不同染色效果也会有较大差别。商品甲基绿常混有甲紫，会影响染色效果。甲基绿溶于水，不溶于三氯甲烷，而甲紫溶于三氯甲烷。利用该特性可用三氯甲烷洗脱甲紫：将甲基绿水溶液放入分液漏斗，加入三氯甲烷，用力振摇，然后静置，待溶液分层后弃三氯甲烷。如此反复数次，直到三氯甲烷不呈紫色为止。派洛宁（pyronin）中以派洛宁 Y 最佳，制成溶液后最好也用氯仿清洗。

2. 溶液配制

（1）2% 甲基绿

甲基绿	2g
蒸馏水	100ml

充分混合，氯仿洗涤，备用。

（2）5% 派洛宁

派洛宁	5g
蒸馏水	100ml

充分混合，备用。

（3）0.2mol/L 乙酸缓冲液（pH 5.2）

0.2mol/L 乙酸钠	6ml
0.2mol/L 乙酸	4ml

充分混合，备用。

（4）工作液：

2% 甲基绿	3ml
5% 派洛宁	1ml
0.2mol/L 乙酸缓冲液（pH 5.2）	8ml
蒸馏水	8ml

充分混匀，备用。

3. 染色步骤

（1）石蜡切片常规脱蜡入水。新鲜血或骨髓涂片在 Carnoy 液中固定 5~10min，一般不能超过 15min，水洗后晾干。

（2）入甲基绿－派洛宁染液，石蜡切片室温染色 5~10min，血或骨髓涂片染 30min。

（3）蒸馏水快速浸洗，用滤纸快速印干（或用冰水洗去多余的颜色），晾干。

（4）在无水丙酮（或正丁醇）内快速分色（此步可省略）。

（5）入无水丙酮∶二甲苯（1∶1）混合液内快速处理，二甲苯透明。

（6）中性树胶封固，或直接油镜观察，细胞核呈绿色，细胞质呈红色。

（7）对照实验：将同样的切片于 60℃的 1mol/L HCl 中处理 5min。RNA 因溶解而进入溶液中，DNA 解聚后不被甲基绿染色，而被派洛宁染为红色；细胞质基本无色，细胞核呈红色。血或骨髓涂片固定后，先用核糖核酸酶 37℃消化 1h，或用 10% 过氯酸室温下浸片 18h 后，再经第（2）~（6）步骤。

4. 甲基绿的提纯方法

（1）用天平称取甲基绿 0.4g，溶于 20ml 蒸馏水中，搅拌至全部溶解。

（2）将少许凡士林涂于分液漏斗的玻璃塞上，将玻璃塞插入并来回转动，使凡士林填充塞壁并涂抹均匀。

（3）将甲基绿溶液由上口倒入分液漏斗内。

（4）再由分液漏斗上口倒入 20ml 氯仿，盖紧塞子，手持分液漏斗摇晃 2~3min。

（5）将分液漏斗静置于铁架台上，数 min 后可见液体分为两层。含有甲紫的氯仿液体位于液体下层。

（6）打开分液漏斗上部的塞子，转动带柄玻璃塞，将氯仿液体放出。

（7）重复步骤（4）~（6），直至放出的氯仿没有紫色为止，此时的甲基绿溶液可以使用。

三、核酸荧光染色

核酸内源性荧光很弱，不能利用荧光技术直接对核酸进行研究，但可利用核酸荧光探针通过非共价键的方式与DNA结合而对细胞核内的核酸进行荧光染色。应用荧光探针对核酸染色已广泛应用于DNA的定性和定量研究。根据是否能够穿膜进入活细胞内，DNA荧光探针分为细胞膜透过性和非透过性两类。细胞膜透过性核酸荧光探针包括吖啶橙、Hoechst系列探针和DAPI，非细胞透过性DNA探针有溴化乙锭和碘化丙啶探针。它们主要是潜入核酸的碱基对之间，基于从核酸到有机分子共振能量转移而使荧光增强。

（一）吖啶橙

1. 原理 吖啶橙（acridine orange，AO）作为核酸特异性阴离子荧光染料，是应用最早的核酸荧光探针。它具有细胞膜通透性，通过嵌入核酸双链的碱基对之间或与单链核酸的磷酸间静电吸引与DNA分子结合，使DNA的荧光增强，是研究核酸的一种常用的碱基序列非特异的小分子荧光探针。吖啶橙与DNA结合后，激发光谱和发射光谱类似于荧光素（fluoresceine），其最大激发波长为502nm，最大发射波长为525nm（绿光）；与RNA结合后最大激发波长和最大发射波长分别迁移为460nm（蓝光）和650nm（红光）。所以，当吖啶橙与细胞核或DNA病毒包涵体结合时呈绿色荧光；当吖啶橙与核仁或细胞质内RNA或RNA病毒包涵体结合时呈橙红色荧光（图6-3）。如果同时进行DNA和RNA染色时，需用螯合剂乙二胺四乙酸（ethylene diamine tetraacetic acid，EDTA）处理，使双链RNA变性，确保所有的RNA均为单链，而双链DNA不受影响，从而增加结果的可信性。此外，通过改变吖啶橙工作液的pH可区分DNA和RNA两种核酸产生的荧光。pH 6.0时，DNA结合染料的聚合加速，而pH低于3.8时，染料聚合将受到抑制；RNA则在两种pH下均能聚合。利用与核酸结合发出不同颜色荧光的原理，吖啶橙可用于荧光显微镜下区分活细胞和死细胞。直接将少量细胞悬液与0.01%吖啶橙工作液混合，活细胞的核呈黄绿色荧光，而死细胞的核呈红色荧光，后者系溶酶体酶释放所致。通过发射光中的红光和绿光可分析细胞周期及鉴别是否发生RNA的复制（G_0期的特征），用于细胞周期分析时区分G_0和G_1期。吖啶橙也常用于对酸性细胞器，如溶酶体等进行非特异性染色；此外，还可用于恶性肿瘤如宫颈癌脱落细胞普查等，非典型增生细胞呈现荧光增强，增生的细胞胞质呈强荧光，恶性肿瘤细胞呈火焰或橘红色荧光。除了能够结合核酸发出荧光外，吖啶橙与其他组织成分结合后也可以发出不同颜色的荧光，例如组织中肥大细胞的颗粒、软骨基质中的酸性黏多糖、嗜碱性和嗜酸性颗粒等发红色荧光，中性颗粒发出橙红色荧光，血管弹性纤维发黄色荧光，角蛋白呈绿色荧光，观察时应注意区别。

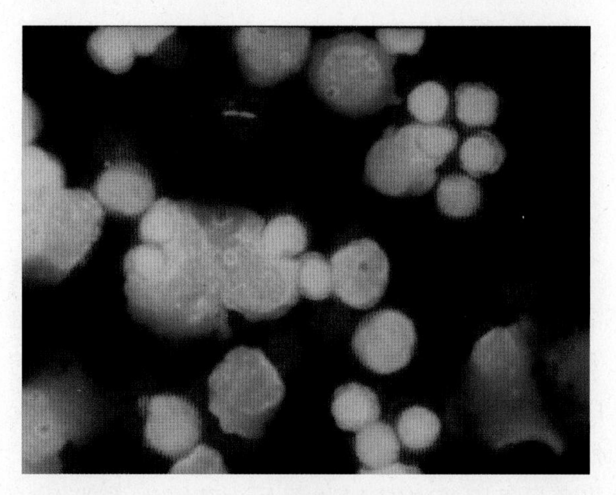

图6-3 核酸吖啶橙染色

胚胎小鼠肝脏血涂片吖啶橙染色，显示幼红细胞核呈橙黄色荧光，胞质呈绿色荧光，其中RNA和多糖呈红色荧光（吉林大学周莉供图）

2. 吖啶橙区分活细胞DNA和RNA荧光细胞化学染色法

（1）溶液配制

1）吖啶橙浓缩液（4℃，避光，可保存数月）：

双蒸水	50ml
吖啶橙	50mg

2）0.2mol/L Na_2HPO_4/0.1mol/L 柠檬酸缓冲液（pH 6.0）：

双蒸水	100ml
$Na_2HPO_4 \cdot 12H_2O$	4.51g
无水柠檬酸	0.71g

3）甲液

双蒸水	200ml
HCl	16ml
NaCl	1.74g

Triton X-100 0.2ml

4）乙液（配制后应尽早使用）

0.2mol/L Na_2HPO_4/0.1mol/L 柠檬酸缓冲液 100ml

NaCl（0.15mol/L） 0.87g

EDTA-2Na（1mmol/L） 0.037g

吖啶橙浓缩液 0.6ml

（2）操作程序

1）取0.2ml含10%小牛血清的细胞悬液，再与0.4ml冷"甲液"混合，振荡15s。

2）加入1.2ml"乙液"，充分混匀。

3）于10min内荧光显微镜观察，激发波长为488nm（图6-3）。

3. 吖啶橙原位区分组织细胞DNA和RNA的荧光组织化学染色法

（1）溶液配制

1）0.1%吖啶橙浓缩液（避光，4℃保存）

吖啶橙 0.1g

双蒸水 100ml

2）0.067mol/L 磷酸盐缓冲液（pH 6.0）

双蒸水 90ml

磷酸氢二钠（$Na_2HPO_4 \cdot 12H_2O$） 0.34g

磷酸二氢钾（KH_2PO_4） 0.78g

NaCl 0.89g

完全溶解后加双蒸水至100ml。

若甲醛固定的组织石蜡切片染色效果不理想时，用pH 4.2乙酸盐缓冲液代替pH 6.0的PBS以较好地区分两种核酸的颜色。

3）固定液：选用Carnoy或乙醇固定液。

4）吖啶橙工作液：用前配制，吖啶橙浓缩液与PBS比为1∶9。

5）0.1mol/L 氯化钙。

6）1%乙酸。

（2）染色步骤

1）石蜡切片按常规脱蜡处理，冷冻切片直接进行步骤（2）。

2）1%乙酸液中轻轻洗6~30s。

3）蒸馏水洗2次，每次2~3min。

4）PBS漂洗2min。

5）吖啶橙工作液染色3~15min。

6）PBS漂洗2次，每次3~5min。

7）0.1mol/L 氯化钙液中分化30s，若切片厚，分化时间可延长至细胞核界限清晰为止。

8）用PBS彻底漂洗，去除氯化钙。

9）水溶性封片剂封片，荧光显微镜观察分析。

（二）Hoechst

1. 原理 Hoechst为无毒、水溶性双苯咪唑类化合物，可作为荧光探针与DNA分子结合。Hoechst在水溶液中性质稳定，其10mg/ml的水溶液可4℃避光保存至少6个月。Hoechst为非嵌入性荧光染料，在活细胞中DNA聚AT序列富集区域的小沟处与DNA结合，活细胞或固定细胞均可从低浓度溶液中摄取该染料，从而使细胞核着色。Hoechst-DNA的激发和发射波长分别为350nm和460nm。在荧光显微镜紫外光激发时，Hoechst-DNA发出明亮蓝色荧光。Hoechst染料的荧光强度随着溶液pH升高而增强。Hoechst可穿过细胞膜，因此可用于荧光显微镜和流式细胞术分析细胞周期和监测DNA凝集，在活细胞和固定的细胞中均适用。由于Hoechst能与DNA结合，干扰DNA复制和细胞分裂，因此有致畸和致癌危险，故使用和废弃时需谨慎。

目前，Hoechst的衍生物包括Hoechst 33258、Hoechst 33342和Hoechst 34580，其中，Hoechst 33342和Hoechst 33258最常用。Hoechst 33258对细胞膜的通透性弱于其他Hoechst衍生物，但通过制作荧光发射强度对DNA含量的标准曲线可用于定量检测。在凋亡细胞中，细胞膜对Hoechst 33258的摄取增高，并且由于染色体高度浓缩，Hoechst 33258与之结合增强，染色呈强蓝色荧光，而正常细胞及非凋亡所致死细胞只呈微弱荧光，由此可检测出凋亡。Hoechst 33342中额外的乙基使它比Hoechst 33258更具亲脂性，对细胞膜的通透性也更强。

2. 溶液配制

（1）Hoechst 33258储存液

Hoechst 33258 1mg

0.01mol/L PBS（pH 7.4） 5ml

（2）Hoechst 33258工作液（终浓度为0.5μg/ml）

Hoechst 33258浓缩液 125μl

0.01mol/L PBS（pH 7.4） 50ml

3. 染色步骤

（1）细胞悬液或培养单层细胞等标本，乙

酸 - 乙醇或 Carnoy 固定液固定。

（2）0.01mol/L PBS 漂洗 5min。

（3）Hoechst 33258 工作液染色，室温 15min。

（4）0.01mol/L PBS 漂洗 3 次，每次 5min。

（5）用比例为 1∶9 的甘油与 PBS 混合液或水溶性封片剂封片，荧光显微镜观察（图 6-4）。

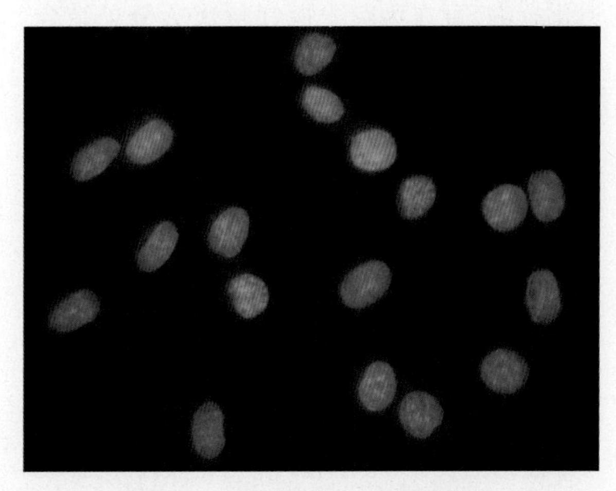

图 6-4　DNA Hoechst 33258 染色

Hoechst 33258 染色显示胶质瘤细胞（C6 细胞株）核内 DNA 呈现亮蓝色荧光（吉林大学周莉供图）

（三）4′,6- 二脒基 -2- 苯基吲哚

1. 原理　4′,6- 二脒基 -2- 苯基吲哚（4′,6-diamidino-2-phenylindole，DAPI），是一种对 DNA 具有很强亲和力的核酸特异性荧光染料，能与双链 DNA 小沟特别是 AT 碱基结合，也可插入少于 3 个连续 AT 碱基对的 DNA 序列中。其与双链 DNA 结合时，荧光强度增强 20 倍，而与单链 DNA 结合则无荧光增强现象。DAPI 与双链 DNA 结合时，其最大吸收波长为 358nm，最大发射波长为 461nm，发散射光为蓝色。虽然 DAPI 也能与 RNA 结合，但产生的荧光强度不及与 DNA 结合的效果，其发射光的波长范围在 400nm 左右。由于 DAPI 具有膜通透性，可透过正常活细胞产生较弱的蓝色荧光并在细胞固定后荧光增强，而凋亡细胞的膜通透性增加，对 DAPI 摄取能力增强，产生很强的蓝光染色。正常细胞核形态呈圆形，边缘清晰，染色均匀，而凋亡细胞的细胞核边缘不规则，细胞核染色体浓集，着色较重，并伴有细胞核固缩，核小体碎片增加，因此从荧光强度及核形态均可鉴别出细胞发生凋亡的典型特征。此外，DAPI 为紫外光（UV）激发，发射蓝光，因此可与 FITC、绿荧光蛋白（GFP）或得克萨斯红（Texas red）等荧光染料合用进行多参数分析。虽然，DAPI 的荧光强度较 Hoechst 低，但荧光稳定性优于 Hoechst，其特异性较溴化乙锭和碘化丙啶高，因此，DAPI 是一种简易、快速、敏感地检测 DNA 的方法，广泛用于流式细胞术、荧光显微镜和微孔板高通量荧光分析。DAPI 也用于检测细胞培养体系中的支原体或病毒 DNA，在有支原体污染的细胞质和细胞表面可见孤立的点状荧光，在感染痘苗病毒的细胞质中存在独特的“星状”荧光簇（star-like fluorescent clusters），腺病毒感染早期细胞质中也可出现荧光。

2. 溶液配制

（1）0.01mol/L PBS（pH 7.0）：取 0.1mol/L $NaH_2PO_4 \cdot H_2O$ 34ml、0.1mol/L Na_2HPO_4 66ml、NaCl 0.9g，溶于 900ml 双蒸水。

（2）DAPI 储存液：将 0.5mg DAPI 溶于 5.0ml PBS 中，分装，低温长期保存。

（3）DAPI 工作液：用 PBS 稀释 DAPI 储存液，终浓度为 0.1μg/ml。

3. 染色步骤

（1）培养的单层细胞（未固定）或新鲜组织的冷冻切片等，PBS 漂洗 5min。

（2）DAPI 工作液室温染色 5~20min（可根据实验材料的染色结果而定）。

（3）PBS 漂洗。

（4）水溶性封片剂封片，游离细胞也可直接用含 DAPI 的 PBS 封片。

（5）光显微镜观察。

（四）溴化乙锭

1. 原理　溴化乙锭（ethidium bromide，EB）是最常用的嵌入性核酸荧光探针，可结合单链、双链及多链 DNA。与核酸结合后，其荧光增强 20~30 倍，最大激发波长和最大发射波长分别为 520nm 和 610nm，使核酸呈橘红色荧光。活细胞或固定细胞能够从极稀溶液中摄取 EB 染料，DNA 螺旋暂时弯曲，允许 EB 荧光染料嵌入大分子疏水中心的碱基对之间。标本经强酸（0.25mol/L HCl，pH 0.6）水解破坏 RNA 后，可特异地显示 DNA，而标本经 0.1mol/L 盐酸的纯甲醇处理（55℃，3h），使 DNA 甲基化，则可阻止 DNA 染色，此时 EB 仅与 RNA 结合，可特异地显示 RNA。

2. 溶液配制

（1）EB 储存液

EB	2.0mg
0.01mol/L PBS（pH 7.2）	5.0ml

（2）EB 工作液（终浓度为 1μg/ml）

EB 储存液	125μl
0.01mol/L PBS（pH 7.2）	50ml

3. DNA 染色步骤

（1）单层细胞培养标本，用乙酸－乙醇或 Carnoy 固定液固定。

（2）0.25mol/L HCl 处理。

（3）0.01mol/L PBS 漂洗 3 次，每次 3~5min。

（4）将标本置 EB 工作液中，室温染色 15min。

（5）0.01mol/L PBS 漂洗 3 次，每次 3~5min。

（6）用甘油与 PBS（1∶9）混合液或水溶性封片剂封片，荧光显微镜观察分析。

4. RNA 染色步骤

（1）组织细胞固定同上。

（2）甲基化处理，阻止 DNA 染色：0.1mol/L HCl 纯甲醇中，55℃，3h。

（3）漂洗同上。

（4）标本置 EB 工作液中室温染色 15min。

（5）漂洗同前。

（6）封片、荧光显微镜观察条件同前。

（五）碘化丙啶

1. 原理　碘化丙啶（propidium iodide，PI）与溴化乙锭的化学结构相似，均能嵌入核酸的双链，因此能对核酸进行荧光染色。PI 与核酸结合后荧光强度会增强 20~30 倍，PI-DNA 复合物的激发和发射波长分别为 535nm 和 615nm。细胞染色后不必洗涤即可检测，未染色的 PI 不会影响结合 DNA 的 PI。PI 不能穿过完整的活细胞膜，即正常细胞和凋亡细胞在不固定的情况下对 PI 拒染，而坏死细胞由于失去膜的完整性，PI 可进入细胞内与 DNA 结合。因此，可与 Hoechst 联合使用来鉴别坏死、凋亡和活细胞。根据红蓝两种荧光可分辨 3 种细胞：正常活细胞对染料有拒染性，蓝色和红色荧光均较少；凋亡细胞有膜通透性改变，主要摄取 Hoechst 染料，表现为强蓝色荧光，弱红色荧光；坏死细胞由于有很强的 PI 嗜染性并可覆盖 Hoechst 染色，故呈弱蓝色强红色荧光。如果对活细胞染色检测细胞周期必须在染色前进行固定，以增加细胞膜对染料的通透性。PI 与 DAPI 和 AO 相似，也可与 RNA 结合。

2. 溶液配制　用 0.01mol/L PBS（pH 7.4）配制终浓度为 0.5mg/ml PI 工作液。

3. 细胞周期检测的染色步骤

（1）单层细胞培养标本经预冷 70% 乙醇 4℃固定 1h。

（2）0.01mol/L PBS（pH 7.4）冲洗。

（3）沥干后加入 PI 工作液（终浓度 50μg/ml）和 RNA 酶（终浓度 50μg/ml）1ml，室温孵育 15min。

（4）冲洗后封片。

4. Hoechst/PI 双染检测凋亡细胞的染色步骤

（1）常规制备单细胞悬液。

（2）加入 Hoechst 33258 溶液，使其终浓度为 1mg/ml，37℃，7min。

（3）冰上冷却，离心弃染液，PBS 重悬。

（4）加入 PI 染液，使其终浓度为 5mg/ml，冰浴。

（5）离心弃染液，PBS 洗 1 次，荧光显微镜下观察（图 6-5）。

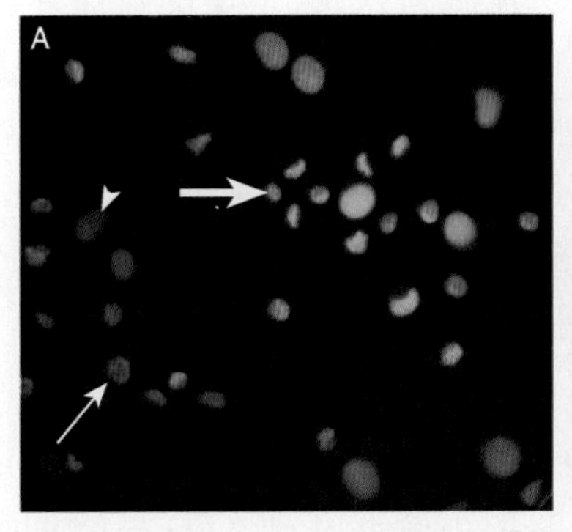

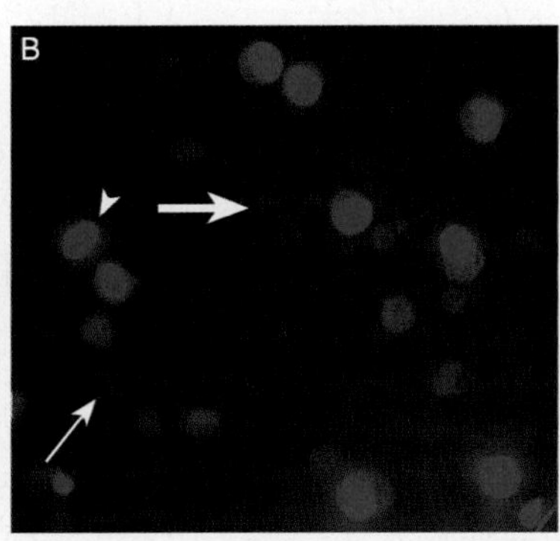

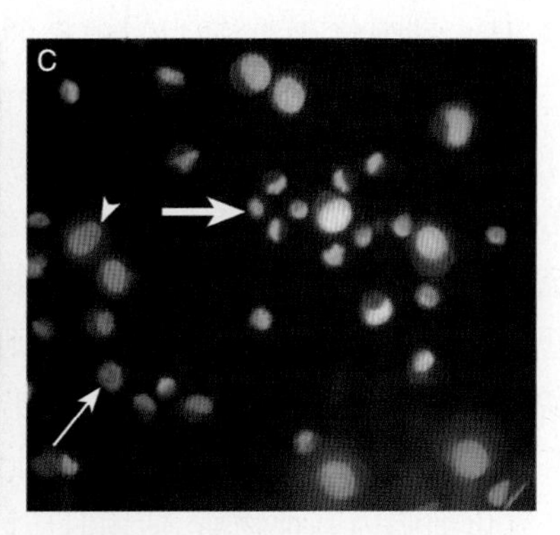

图 6-5　胶质瘤细胞（C6 细胞株）Hoechst 33258/PI 双重染色

A. Hoechst 染色；B. PI 染色；C. A 和 B 融合图像。细箭示正常细胞，粗箭示凋亡细胞，箭头示坏死细胞（吉林大学葛鹏飞供图）

第二节 碳水化合物组织化学技术

碳水化合物也称为糖类化合物，是自然界存在最多、分布最广的一类重要的有机化合物。糖类化合物的典型结构中通常包含一个醛基，或者水解后能产生一个醛基，或者包含能形成醛基化合物的酮衍生物。自然界糖类化合物可以分为：单糖类，即不能再水解为更简单形式的糖类，代表物质为葡萄糖；双糖类，即指经过水解后可产生2分子相同或不同单糖者，例如蔗糖、乳糖和麦芽糖；多糖类，即经水解后可产生至少6分子单糖，可以是直链或带有支链，包括淀粉、糖原、纤维素、黏多糖等。多糖由多个单糖分子缩合失水而成，是分子机构复杂而庞大的糖类物质。由一种单糖分子缩合而成的多糖，称为均一性多糖。自然界中最丰富的均一性多糖是淀粉、糖原和纤维素，它们都由葡萄糖组成。由不同的单糖分子缩合而成的多糖，称为不均一性多糖。有些不均一性多糖由含糖胺的重复双糖组成，称为糖胺聚糖，又称黏多糖。黏多糖是含氮的多糖，是构成细胞间结缔组织的主要成分，也广泛存在于哺乳动物各种细胞内，分为中性黏多糖和酸性黏多糖两类。中性黏多糖可通过过碘酸希夫（PAS）反应显示，酸性黏多糖则可用阿利新蓝（alician blue，AB）法显示。

一、过碘酸希夫（PAS）反应

1. 原理 过碘酸（periodic acid）也称高碘酸，是一种强氧化剂，通过过碘酸的氧化作用，多糖分子结构中各单体内乙二醇基中的碳－碳键被打开形成游离二醛基。游离醛基与Schiff试剂中无色的亚硫酸品红起反应，生成紫红色化合物沉淀。有此沉淀物的部位就表示有多糖的存在，红色的深度反映含糖量的多少，量少则呈粉红色，量多则呈深红色（图6-6）。若要证实其他糖类，尚需再做其他多项组织化学反应。因为过碘酸还可以氧化细胞内其他物质，使用时应注意选择合适的浓度和氧化时间，使氧化控制在既能使碳水化合物中的乙二醇基氧化成醛基，又不产生过氧化作用，这是整个反应成功的关键。氧化时间不应太长或过短，以10min为限；氧化温度以20℃为佳；过碘酸的pH应为3.0~5.0。

Schiff试剂的作用原理：见Feulgen反应。

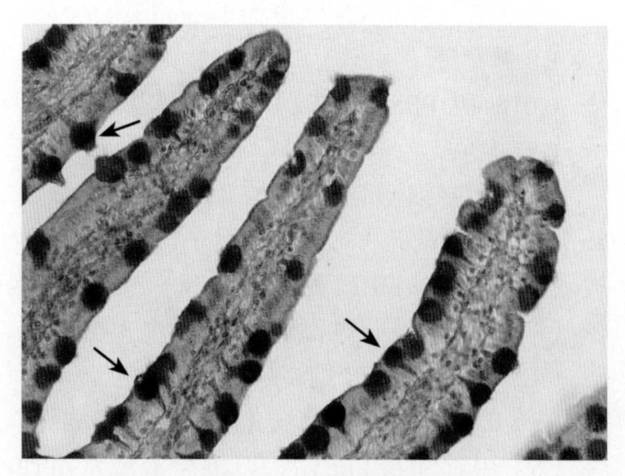

图6-6 PAS染色

小肠黏膜上皮中杯状细胞（箭）胞质PAS染色阳性，呈深红色（吉林大学周莉供图）

2. 溶液配制

（1）Carnoy固定液：配制方法见Feulgen反应。

Carnoy固定剂效果较好，10%甲醛、Zenker、Bouin等固定液也可使用。但是不能使用铬酸或含铬固定液及四氧化锇、戊二醛、乙醇等。

（2）0.5%过碘酸水溶液

过碘酸	0.5g
蒸馏水	100ml

充分混匀后密封备用。

（3）Schiff试剂：配制方法见Feulgen反应。

（4）亚硫酸钠水溶液：配制方法见Feulgen反应。

3. 染色步骤

（1）石蜡切片脱蜡入水，干燥的血涂片用95%乙醇固定10min（或100%乙醇固定6min）。

（2）蒸馏水洗10~30s。

（3）0.5%过碘酸水溶液室温处理2~5min，血涂片浸10~15min。

（4）蒸馏水洗涤数次。

（5）Schiff试剂室温孵育10~15min，血涂片37℃作用30min。

（6）亚硫酸钠水溶液处理3次，每次2min（此步可省略）。

（7）自来水充分冲洗5~10min后，蒸馏水漂洗。

（8）Mayer 苏木精复染 1~3min，或用 2% 甲基绿复染 15min。

（9）自来水冲洗 5min，蒸馏水洗、晾干。

（10）常规脱水、透明、封固。

（11）对照实验：除多糖外，有些脂质和蛋白质也呈阳性反应，故需要做除去脂质和蛋白质的切片标本对照实验。

二、阿利新蓝染色法

阿利新蓝 8GX 是一种水溶性氰化亚肽铜盐，属于阳离子染料，是显示酸性黏液物质最特异的染料。染料与酸性基团形成盐键。利用染料的不同 pH 及不同电解质浓度，可区分酸性黏液物质的类别。

（一）PAS-阿利新蓝法（pH 2.5 或 1.0）

1. 原理 阿利新蓝与 PAS 反应共用可以鉴别 PAS 反应阳性产物是中性糖蛋白还是酸性糖蛋白。PAS-阿利新蓝反应中，中性糖蛋白呈红色，酸性糖蛋白呈蓝色。PAS-阿利新蓝（pH 2.5）染色后，中性黏多糖和带有乙二醇基的脱己糖或含己糖的黏性物质（糖原、人十二指肠腺黏蛋白）呈洋红至红色，酸性黏性物质、玻璃糖醛酸、涎黏蛋白和强酸性硫酸黏性物质呈绿松石蓝色，大多数（酸性）上皮和结缔组织蛋白呈蓝色，类黏蛋白被膜（囊）呈蓝色。PAS-阿利新蓝（pH 1.0）染色后硫酸黏性物质呈蓝色。该方法用于显示酸性和强酸性黏多糖，对于固定没有特殊要求。

2. 溶液配制

（1）1% 过（高）碘酸溶液：见 Feulgen 反应。

（2）Schiff 试剂：见 Feulgen 反应。

（3）亚硫酸钠水溶液：见 Feulgen 反应。

（4）阿利新蓝溶液（pH 2.5 或 1.0）

阿利新蓝 8GX	50mg
0.025mol/L 乙酸缓冲液（pH 2.5 或 1.0）	100ml

3. 染色步骤

（1）石蜡切片脱蜡入水。

（2）阿利新蓝溶液（pH 2.5 或 1.0）室温染色 30min。

（3）若阿利新蓝溶液 pH 为 1.0，用滤纸吸干标本；若阿利新蓝溶液 pH 为 2.5，则用水洗 5min。

（4）过碘酸室温氧化 10min。

（5）蒸馏水浸洗 5min。

（6）切片入 Schiff 试剂，室温 10min。

（7）SO_2 水洗，3 次，每次 2min。

（8）流水冲洗 10~15min。

（9）常规脱水、透明、封固、观察（图 6-7）。

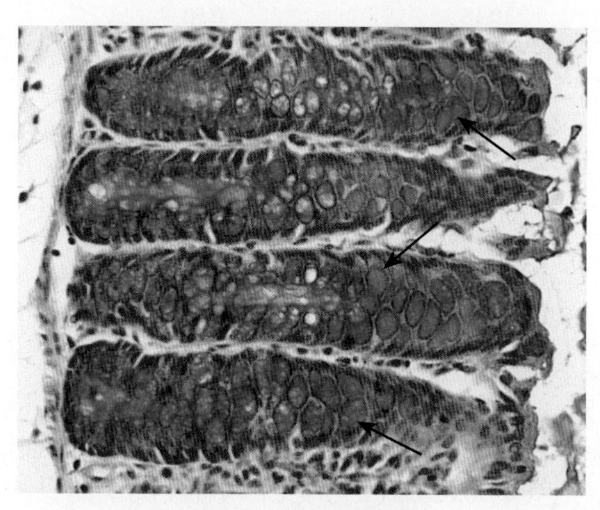

图 6-7 阿利新蓝染色

小鼠结肠黏膜上皮中杯状细胞胞质阿利新蓝染色阳性，呈蓝色（箭）（首都医科大学周德山供图）

（二）阿利新蓝临界电解质浓度显示法

1. 原理 1965 年，Scott 和 Dorling 在黏多糖的阿利新蓝染色中引进了临界电解质浓度的概念，以区分不同的酸性黏蛋白。例如，氯化镁（$MgCl_2$）在阿利新蓝染液中超出临界浓度，就会与阿利新蓝竞争结合组织中的阴离子。增加 $MgCl_2$ 浓度与降低阿利新蓝染液的 pH 的作用结果相同。当 $MgCl_2$ 浓度很高时，只有硫酸黏多糖被染色，因此可通过控制染液中电解质（$MgCl_2$）的浓度区别不同种类的黏多糖：羧酸和硫酸黏多糖在 $MgCl_2$ 浓度为 0.06mol/L 时呈阴性，弱和强酸性硫酸黏多糖在 $MgCl_2$ 浓度为 0.3mol/L 时呈阴性，强硫酸黏多糖在 $MgCl_2$ 浓度为 0.5mol/L 时呈阴性，中等强度硫酸结缔组织黏蛋白在 $MgCl_2$ 浓度为 0.7mol/L 时呈阴性；硫酸角蛋白在 $MgCl_2$ 浓度为 0.9mol/L 时呈阴性。

2. 溶液配制

（1）阿利新蓝储备液

阿利新蓝 8GX	50mg
0.025mol/L 乙酸缓冲液（pH 5.8）	100ml

（2）阿利新蓝染液：见表 6-1。

表 6-1　100ml 阿利新蓝染液中氯化镁的剂量和最终浓度

氯化镁 /g	氯化镁终浓度 /（mol/L）
1.20	0.06
6.10	0.30
10.15	0.50
14.20	0.70
18.30	0.90

（3）0.25mol/L 乙酸缓冲液（pH 5.8）

A 液（0.2mol/L 乙酸钠）：

乙酸钠	16.4g
蒸馏水	1 000ml

B 液（1mol/L 乙酸）：

冰乙酸	60ml
蒸馏水	1 000ml

（4）0.025mol/L 乙酸工作缓冲液（pH 5.8）

A 液	19ml
B 液	1ml
蒸馏水	1 800ml

3. 染色步骤

（1）石蜡切片脱蜡入蒸馏水，细胞涂片蒸馏水漂洗。

（2）入阿利新蓝染液，4h 以上。

（3）蒸馏水洗。

（4）入 0.5% 核固红水溶液复染 5~10min。

（5）乙醇内快速脱水，二甲苯透明，树胶封固。

第三节　脂类组织化学技术

脂类是构成细胞结构成分之一，可分为脂肪和类脂两大类。脂肪系指甘油三酯，以脂滴形式存在于细胞质内。类脂是一些与脂肪酸结合可形成酯的物质，包括胆固醇、固醇酯、磷脂和糖脂等。在组织化学上，根据染色性质的不同可把脂类分为酸性脂类和中性脂类。酸性脂类包括脂肪酸和磷脂等，中性脂类包括甘油三酯、胆固醇及固醇酯、类固醇及某些糖脂等。

显示脂类时常用甲醛作为固定剂。甲醛虽不能直接固定脂类，但能凝固脂类周边的蛋白质，使脂类保持在原位。钙离子有利于保存磷脂，故常用甲醛钙固定组织，但固定时间不宜太长，一般切片在染色前固定 10min。组织块在室温下固定 4h 或 4℃ 24h 即可。如果固定时间过长，可使脂类水解，增加脂肪酸，甲醛也将被氧化而产生甲酸，固定液因此变酸而使脂类溶解。另外，含重铬酸钾、升汞等氧化剂均不宜作为脂类的固定液，以免脂类变性。

显示脂类需采用冷冻切片，但是，已固定组织在冷冻切片时，其脂滴可被切片刀带离原位，移位到其他细胞的表面或者组织间隙内，观察时需要调节显微镜的焦距识别原位或移位脂滴。显示脂类不用石蜡切片的原因是因为制片过程中的有机溶剂可将脂类溶解。

显示脂类的方法分为物理显示法和化学显示法两类。

一、物理显色法

脂类的物理显色法最常用各种脂溶性染料与脂类吸附而使其着色。大部分脂溶性染料为偶氮染料，具有 β- 羟基，能重排形成醌型结构使脂类呈现相应颜色，包括苏丹黑 B、苏丹Ⅲ和油红 O 等。脂类染料需选择合适的溶剂，保证染料在脂肪中的溶解度大于在溶剂中的溶解度，而且，在染色过程中不能使用溶解被检组织脂类的试剂。配制染料的常用溶剂是 70% 乙醇，有轻微溶解脂类的作用。为避免脂滴被溶解，可将乙醇浓度降低，用低浓度乙醇溶液作长时间染色。如用饱和异丙醇或丙二醇配制成不溶解脂类的染料溶液，能保留极小的脂滴，显色效果较好。如果标本在染色前用丙酮、苯或三氯甲烷等溶剂提取脂类，此类染料则失去染色特性，由此可以证实这些染料显示脂类的特异性。

（一）苏丹黑 B 染色法

1. 原理　苏丹染色法常用染料有苏丹黑 B（Sudan black-B）、苏丹Ⅲ和苏丹Ⅳ，均可使中性脂肪着色。苏丹黑 B 为重氮染料，能使中性脂肪呈蓝黑色，显示磷脂效果最好；苏丹Ⅲ、苏丹Ⅳ为红色染料，后者比前者显色更强。

当组织切片置于染料中时，苏丹黑 B 离开染液而溶于组织内的脂滴中，使组织内的脂类着色。由于苏丹黑 B 可与大多数脂类高度结合，故在组织化学上常用此法作为脂类存在的依据。常用 70% 乙醇配制苏丹黑 B 的饱和液作为染剂，也可用70%乙醇与丙酮各半的混合液作为溶剂。染色后，组织细胞胞质中脂类呈现蓝黑色，可进行苏木精复染使细胞核呈浅蓝色（图6-8）。

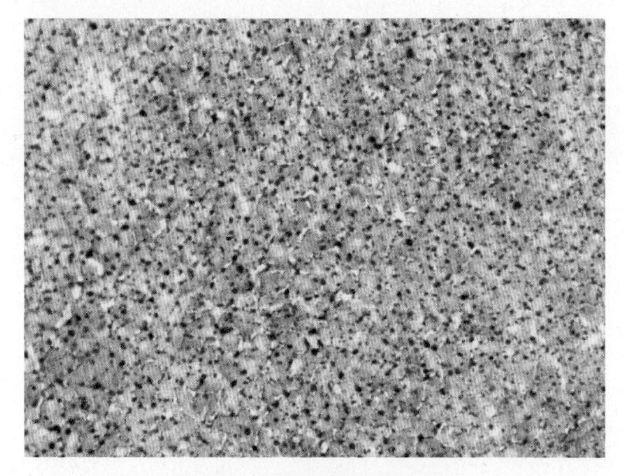

图6-8 脂类苏丹黑B染色

苏丹黑B染色法显示肾上腺皮质细胞内呈现蓝黑色的细小脂滴（首都医科大学苏红星供图）

2. 染色步骤

（1）冷冻切片，厚8~15μm。

（2）蒸馏水洗后，入70%乙醇浸洗。

（3）置入苏丹黑B染液（70%乙醇配制苏丹黑B的饱和液）中染色10~35min。

（4）入50%乙醇分色。

（5）蒸馏水洗。

（6）苏木精复染，1% HCl分色。

（7）自来水冲洗。

（8）甘油明胶封片。

（二）油红O染色法

1. 原理 油红O属于偶氮染料，是很强的脂溶剂和染脂剂，与甘油三酯结合呈小脂滴状。脂溶性染料能溶于组织和细胞中的脂类，它在脂类中溶解度较在溶剂中大。当组织切片置入染液时，染料则离开染液而溶于组织内的脂质（如脂滴）中，使组织内的脂滴呈橘红色。染色后，可进行苏木精复染使细胞核呈浅蓝色（图6-9）。

2. 油红O染液的配制

（1）油红O饱和异丙醇溶液

油红O	0.5g
60%异丙醇	100ml

（2）油红O染液

油红O饱和异丙醇溶液	30ml
蒸馏水	20ml

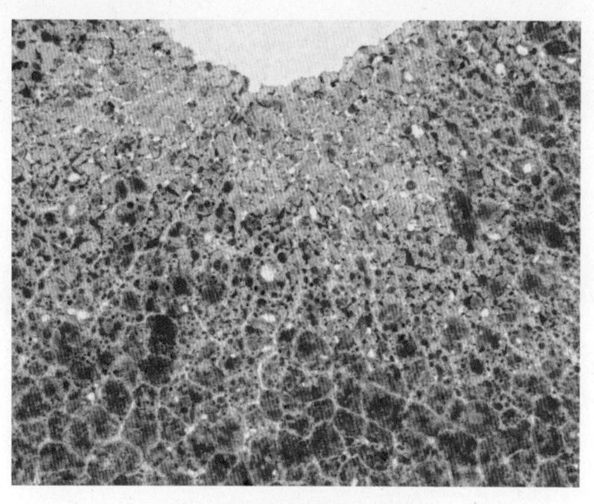

图6-9 脂类油红O染色

油红O染色显示大鼠脂肪肝中肝细胞内染为红色的大脂滴（首都医科大学苏红星供图）

混合10min后过滤后使用。

3. 染色步骤

（1）切片用甲醛－钙固定10min。

（2）蒸馏水洗。

（3）60%异丙醇浸洗0.5~1min。

（4）油红O染液中染色10~15min（染液可回收再用）。

（5）60%异丙醇分色至背景无色。

（6）蒸馏水洗。

（7）Mayer苏木精复染。

（8）自来水洗（蓝化）1~3min。

（9）蒸馏水洗。

（10）甘油明胶封片。

二、化学显色法

脂类的化学显色法是依据脂类与不同染料之间形成化学结合而着色的显色方法。能对脂类以化学方法显色的染料种类较多，主要有锇酸、尼罗蓝、铜－红氨、酸性氧化苏木精、钙脂酶等。下面主要介绍脂类的锇酸染色法和卢卡斯快蓝染色法。

（一）锇酸染色法

1. 原理 锇酸作为脂类固定剂，使组织经过石蜡包埋和切片后不会引起脂类的丢失，同时还是脂类染色剂。不饱和脂肪酸能将锇酸还原成黑色，称为锇黑（osmic black），脂类物质因此而被氧化成黑色。由于髓鞘的主要成分是脂质，因此锇酸可以用于有髓神经纤维的染色。

2. 1% 锇酸染液的配制

2% 锇酸水溶液　10ml

0.2mol/L 磷酸盐缓冲液　10ml

混匀，现用现配。

3. 染色步骤

（1）组织样品锇酸染色：

1）4℃预冷生理盐水冲洗组织块，迅速切取组织块；神经系统取材时最好先进行 2.5% 戊二醛与 4% 多聚甲醛的心脏灌流固定。

2）将切取的组织块投入装有预冷戊二醛固定液中，室温静置 2h。

3）PBS 清洗 3 次，每次 10min。

4）1% 锇酸固定液固定 6h。

5）PBS 清洗 3 次，每次 10min。

6）参照石蜡切片标本制备过程或冷冻切片标本制备过程制备切片，进行镜下观察（图 6-10）。

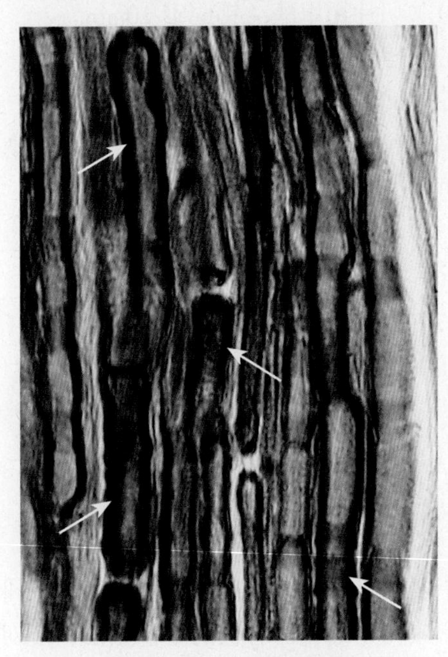

图 6-10　脂类锇酸染色

锇酸染色显示坐骨神经髓鞘中的鞘磷脂呈黑色（箭）（吉林大学刘佳梅供图）

（2）单层培养细胞或悬浮培养细胞样品锇酸染色：

1）单层培养细胞：吸弃培养液，加入 4℃预冷 PBS 液冲洗，吸弃上清。

2）悬浮细胞：3 000r/min 离心 5min，尽量吸弃培养液上清；加入 4℃预冷 PBS 液，充分吹吸混匀，静置 4min，3 000r/min 离心 5min，吸弃上清。

3）加入戊二醛固定液，小心放入 4℃冰箱固定 30min。

4）PBS 清洗 3 次，每次 10min。

5）1% 锇酸固定液固定 10min。

6）PBS 清洗 3 次，每次 10min。

7）封片，镜下观察。

（二）卢卡斯快蓝染色法

1. 原理　卢卡斯快蓝（Luxol fast blue，LFB）染色是常用的髓鞘染色方法。脂蛋白的碱基替代卢卡斯快蓝中的碱基而被染色。染色后，髓鞘呈蓝色，尼氏体和神经细胞呈紫色。

2. 染液配制

（1）0.1% 卢卡斯快蓝染液

卢卡斯快蓝　0.1g

95% 乙醇　100ml

10% 冰乙酸　0.5ml

混合后过滤，液体可稳定一年。

（2）伊红 Y 染液

1）水溶性伊红

水溶性伊红 Y　0.5g

双蒸水　100ml

用玻棒搅起泡沫后过滤，每 100ml 加 1 滴冰乙酸。

2）醇溶性伊红

乙醇性伊红 Y　0.5g

90% 乙醇　100ml

用玻棒搅起泡沫后过滤，每 100ml 加 1 滴冰乙酸。

（3）0.25% 结晶紫

结晶紫　0.25g

蒸馏水　99ml

10% 乙酸　1ml

混合后过滤，液体可稳定两年。

（4）0.05% 碳酸锂

碳酸锂　0.5mg

蒸馏水　1 000ml

3. 染色步骤

（1）石蜡切片 5μm 厚，烤干过夜，常规脱蜡水化。

（2）新鲜配制的 LFB 中 60℃ 2~5h 或 37℃过夜（后者效果更佳）。

（3）95% 乙醇冲洗，蒸馏水洗。

（4）0.05% 碳酸锂溶液 5s。使用后要经常更换，保持新鲜。

（5）70% 乙醇冲洗 2 次，每次 10s，蒸馏水洗。

（6）显微镜下观察，重复 5~7 次至有鲜明对比。标准：核无色，髓鞘在浅灰 / 蓝色背景下呈绿宝石色。

（7）70% 乙醇冲洗，0.5% 伊红浸染 1min，蒸馏水洗。

（8）结晶紫浸染 1min。

（9）70% 乙醇洗 30s。标准：可见核和尼氏体呈紫色。

（10）常规脱水封片。

第四节　酶组织化学技术

酶（enzyme）是生物体内具有催化活性的一种特殊蛋白质，存在于机体组织细胞的各个部位。组织及细胞中含有多种多样的酶类，每种酶可催化特定的化学反应，但所有这些酶类均不具有使其本身具有可视性的特性，而需要用某些组织化学方法在一定条件下将酶作用于底物，以底物分解产物作为反应物质，在原作用部位进行进一步反应，从而形成可见反应产物。这种通过显示酶催化活性以验证酶的存在，同时进行定性、定位和定量研究的组织化学方法称酶组织化学（enzyme histochemistry）。酶的种类繁多，目前组织化学所能显示的酶有 300 多种，本节主要介绍几种常用酶的检测方法。

一、酶组织化学基本原理

酶组织化学是显示酶的活性，即显示酶的催化作用，而不是酶本身，酶本身并不发生反应。在一定 pH 和适宜温度条件下，组织或细胞中的酶与孵育液中的特异性酶作用底物反应，催化底物形成无色初级反应产物，后者再与某种捕捉剂结合，形成有色的终产物沉淀于酶所在部位，使组织切片中的酶变成显微镜下的可见物。倘若此反应产物仍然无色，则需再经置换剂处理，使无色的反应产物沉淀被置换为有色的最终反应产物。

1. 初级反应产物　初级反应产物（initial reaction product）是指底物被酶直接分解产生的物质。理想的初级反应产物应是既不溶于水，也不溶于脂类，以免发生扩散。

2. 最终反应产物　最终反应产物（final reaction product）是指不溶性初级反应产物被偶联和捕捉后形成的有色反应产物。

3. 偶联和捕捉　偶联（coupling）是指生物合成中，在同一时间内进行两种在性质上完全相反的化学反应，如一个放能反应和一个吸能反应同时进行。放出的能量，常不是直接被利用，而是先被某些化合物捕获（capture），即吸能。氧化磷酸化是机体内最重要的偶联反应和捕捉活动。

酶具有只作用于该酶底物的性质称为底物特异性（substrate specificity）。但是，偶尔也有一种底物可以被两种或两种以上酶分解的情况，这样，在底物混合液中孵育组织切片对一个底物可能同时发生几种酶反应。为获得特异酶反应，必须使用酶抑制剂或酶激活剂进行鉴别。

二、常用酶显示方法

由于酶的种类繁多，而这些能被组织化学方法检测的酶本身在结构和功能上差异较大，因此酶的显示方法也多种多样，其中以偶联 - 偶氮色素法、金属 - 金属盐法、色素形成法和免疫组织化学法最为常用。

1. 偶联 - 偶氮色素法　此法又称偶氮色素法（coupling azo dye method），是指用某种人工合成底物在酶作用下产生分解产物，后者与重氮盐结合，引起偶联偶氮反应，形成不溶性偶氮色素，以此对酶定位。常用的底物是萘酚系列化合物，如 1- 萘酚、2- 萘酚、6- 溴 -2- 萘酚、萘酚 AS、萘酚 AS 衍生物等。由于重氮盐的种类不同，偶氮色素的颜色也不同，可显示出紫色、蓝色、红色、褐色、棕色和黑色等各种颜色。

重氮盐有不同程度抑制酶活性作用，因此必须选择抑制作用最弱的重氮盐对酶进行显示。根据重氮盐抑制作用的有无和强弱，可将偶氮色素法分为两种。

（1）同时偶联法：同时偶联法是在底物混合液中，通过酶分解作用所得到的沉着物立即与重氮盐偶联形成偶氮色素。

（2）后偶联法：为防止重氮盐对酶的抑制作用，先使酶与底物发生作用，使分解产物沉着，然后再浸渍于重氮盐液中，使其形成偶氮色素，称为后偶联法。

偶联－偶氮色素法具有作用时间较短、不容易发生酶丢失、正常组织细胞中无内源性底物和最终反应产物不易褪色等优点。但该法所用底物的分解产物有不同程度扩散，故定位欠准确，且人工合成底物价格较贵。

2. 金属－金属盐法　金、银、铜、铁、铅、钴等金属本身或其盐和化合物具有颜色，容易发生呈色反应，且酶的分解产物容易与这些金属结合，因此可捕捉酶反应的分解产物并与金属结合而呈色，再显现酶反应部位，则可以证明某种酶的存在，故称为金属－金属盐法或金属沉着法（metal precipitation method）。此法分3种：①酶作用于底物时，其分解产物与底物混合液中某种物质结合，沉着在作用部位，然后结合物被金属置换，通过金属显色来证明酶的存在。此反应过程分为酶反应、金属置换和显色3个阶段。②与第一种方法相比，此法省略金属置换步骤，酶作用于底物后生成的分解产物与底物孵育液中的金属离子相结合，直接沉着于酶反应部位，使其显色。③使用人工底物（前两种方法使用天然底物），在酶的作用下，人工底物的分解产物与特定金属结合，立即显色，或通过显色操作使其显色。此法包括硫代胆碱铜法和羟喹啉铁法。其优点是：底物、捕捉剂价格便宜；金属离子容易反应，沉着颗粒微细，反应色调鲜明。缺点是：易褪色，组织细胞中有些成分可吸附金属离子，产生假阳性反应。

3. 色素形成法　在酶的作用下，无色化学物质在局部形成色素沉着。此显色法主要包括以下4种类型：

（1）四唑盐法：四唑盐法（tetrazolium method）主要显示各种脱氢酶。在含有四唑盐或双四唑盐的底物混合液中，在脱氢酶作用下，从底物分离出的氢原子与无色四唑盐或双四唑盐结合形成红色或蓝色甲（formazan）或二甲（diformazan）色素（图6-11）。这种色素沉着于酶所在部位，因而对酶进行定位。

（2）靛酚蓝法：靛酚蓝法（indophenol blue method）是Nadi反应用于检测氧化酶的方法。把二甲基－对－苯二胺和α－萘酚加入底物混合液中，由酶作用而释放的氧与二者结合，形成靛酚蓝，从而显示酶的部位。也可以用4－氨基－N，N－二甲基萘胺（AND）代替二甲基－对－苯二胺（图6-12）。此法也可显示细胞色素氧化酶和过氧化物酶。

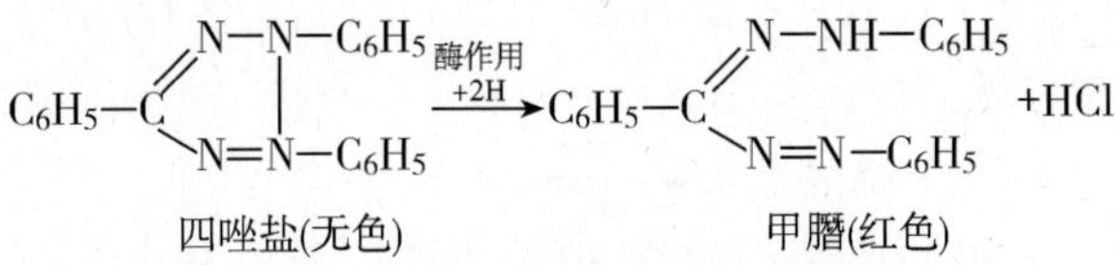

$C_6H_5-C(=N-N(C_6H_5)-)(-N=N^+-C_6H_5)$ $\xrightarrow[+2H]{酶作用}$ $C_6H_5-C(=N-NH-C_6H_5)(-N=N-C_6H_5)$ $+HCl$

四唑盐(无色)　　　　甲臜(红色)

图6-11　酶四唑盐显示法原理

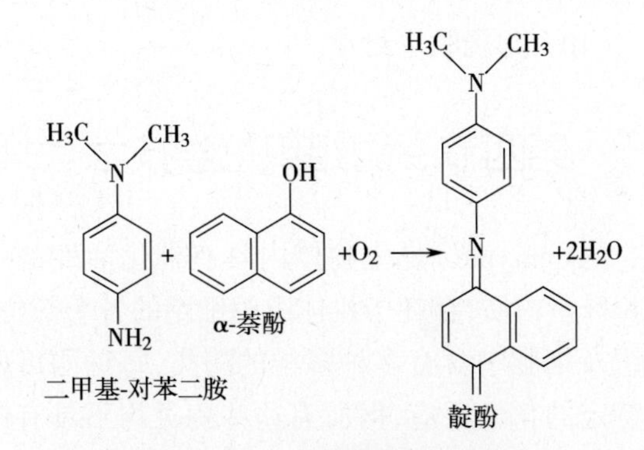

图6-12　酶靛酚蓝显示法原理

（3）靛蓝形成法：靛蓝形成法（indigo formation method）又称靛蓝法或吲哚酚法，主要用于检测磷酸酶、酯酶等。在酶作用下，底物酯型吲哚酚化合物分解产生吲哚酚，继而在氧存在的情况下形成蓝色靛蓝，使酶存在部位显色。

（4）联苯胺色素法：联苯胺色素法（benzidine pigment method）主要用于证明过氧化物酶。过氧化物酶作用于过氧化氢，释放出原子氧，后者再将无色联苯胺氧化成联苯胺蓝，进而变成棕黑色化合物，沉淀于胞质酶所在部位。

4. 免疫组织化学法　酶是一类特殊的蛋白质，是抗原，因而可用其特异性抗体与之发生免疫反应来显示酶。详见第七章免疫组织化学技术。

三、常用酶组织化学技术

机体内酶的种类很多，每种酶的结构不同，功能各异。按酶促反应的性质分为氧化酶、脱氢酶、转移酶、水解酶、裂解酶、异构酶、连接酶等。目前在这些酶系中，可应用酶组织化学与细胞化学方法显示出来，进行定性、定位和定量的酶有百余种，本节仅介绍几种常用酶的组织化学检测方法。

（一）氧化酶

氧化酶（oxidase）是催化底物氧化，将氢与氧结合的酶，如细胞色素氧化酶（cytochrome oxidase，CCO）、过氧化物酶（peroxidase）。

1. 细胞色素氧化酶 细胞色素氧化酶在细胞有氧呼吸中起重要作用，为线粒体膜固有酶，是线粒体标志酶之一，常作为细胞内氧化代谢指标。在含有大量线粒体的细胞内均有高强度细胞色素氧化酶活性。

二氨基联苯胺（3，3-diaminobenzidine，DAB）在细胞色素氧化酶的催化下，其侧链氨基被氧化，并进行反复氧化性聚合和氧化性环化，形成不溶性褐色吩嗪（phenazine）聚合体，即DAB将氧化型细胞色素C还原，还原型细胞色素C又被细胞色素a再氧化。通过该循环的反复进行，DAB不断被氧化，反应氧化物沉淀沉积。DAB氧化物含有活性游离基，该游离基能使四氧化锇还原形成锇黑，故也可在电镜下观察。

（1）孵育液配制

蒸馏水	5ml
3，3′-二氨基联苯胺-4-盐酸盐	5mg
0.2mol/L PB（pH 7.4）	5ml
过氧化氢酶C-100	1mg
细胞色素CⅢ型	10mg

（2）染色步骤

1）新鲜或固定组织冷冻切片，厚5~10μm。

2）孵育液中37℃孵育40~60min，充分洗涤。

3）复染：亚甲蓝染核。

4）甘油明胶封片。

（3）结果：酶活性部位呈棕褐色沉淀（图6-13），细胞内线粒体数目多者酶活性则强。

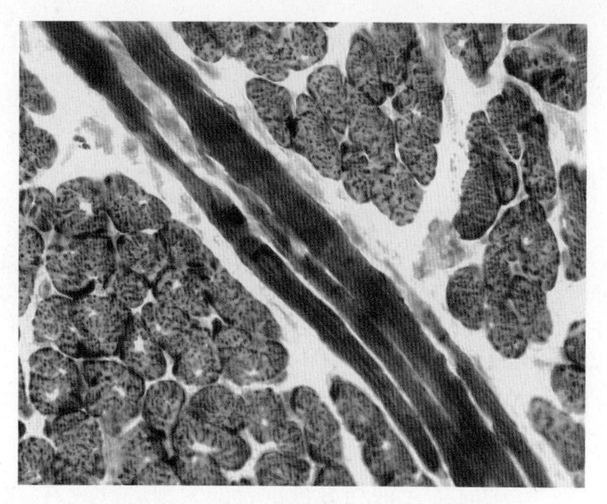

图6-13 细胞色素氧化酶DAB法染色

（4）对照实验：孵育液内加入细胞色素氧化酶抑制剂1mmol/L氰化钾（KCN）或10mmol/L叠氮钠（NaN_3），反应完全呈阴性。此外，硫化氢（H_2S）、一氧化碳也可作为该酶的抑制剂使用。这些抑制剂均能与细胞色素氧化酶的三价铁结合而抑制酶活性。从反应液中去掉底物DAB不能成为对照，因为DAB同时也是成色剂。

2. 过氧化物酶 过氧化物酶与细胞色素氧化酶具有相似的化学本质，是一类氧化还原酶，可使过氧化氢（H_2O_2）分解生成水和释放氧。过氧化物酶广泛分布于乳腺、甲状腺、唾液腺、肠上皮、血细胞、肥大细胞等，存在于细胞过氧化物酶体中，是机体的抗氧化酶，在防止氧代谢物损伤中具有重要作用。显示过氧化物酶常用联苯胺法。联苯胺如DAB和四甲基联苯胺（3，3，5，5，-tetramethylbenzidine，TMB）能被过氧化物酶分解过氧化氢产生的氧所氧化形成有色多聚体沉淀，其中DAB被氧化为棕褐色沉淀，TMB被氧化为深蓝色沉淀。

（1）DAB法：过氧化物酶与过氧化氢作用产生游离氧，后者使无色的供氢体DAB氧化为棕褐色沉淀定位于过氧化物酶所在部位。

1）孵育液配制

DAB	5mg
0.05mol/L Tris（三羟甲基氨基甲烷）-HCl缓冲液（TB，pH 7.6）	10ml
1% H_2O_2	0.1ml

2）染色步骤

A. 组织固定：0.1mol/L PB配制的3%戊二醛固定液37℃固定30min。

B. 浸洗：用0.1mol/L PB浸洗3次以上，每次15min或浸洗过夜，去除内源性细胞色素C，抑制细胞色素氧化酶的夹杂反应。

C. 冷冻切片：厚5~15μm。

D. 预孵育：切片入预孵育液（10mg DAB溶于5ml蒸馏水后，加0.2mol/L、pH 6.5~7.0的PB 5ml）室温孵育10~30min。

E. 孵育：切片入孵育液室温孵育5~10min。

F. 水洗：蒸馏水漂洗，亚甲蓝染核。

G. 封片：甘油明胶封片。

3）结果：酶活性部位呈棕褐色沉淀。

（2）TMB 法：原理同 DAB 法，但反应产物呈深蓝色沉淀。

1）孵育液配制

A 液：

亚硝基铁氰化钠（硝普钠）	100mg
H_2O	92.5ml
0.2mol/L 乙酸缓冲液（pH 3.3）	5ml

B 液：

TMB	5mg
无水乙醇	2~4ml

临用前将 A 液和 B 液混合即为预孵育液，在每 100ml 预孵育液中加 0.3% H_2O_2 1~5ml 即为孵育液。

2）染色步骤

A~C 步同 DAB 法。

D. 预孵育：切片入预孵育液中室温避光孵育 20min，不断晃动切片。

E. 孵育：切片入孵育液中室温避光孵育 10~20min，不断晃动切片。

F. 浸洗：将切片转移到 0.2mol/L 乙酸缓冲液（pH 3.3）中，0~4℃浸洗 6 次，每次 30min。

G. 封片：甘油明胶封片。

3）结果：酶活性部位呈深蓝色沉淀。

（二）脱氢酶

在生物代谢过程中，由氢的供体把氢原子转移到氢的受体的酶促反应称为脱氢反应，该反应由脱氢酶（dehydrogenases）催化。脱氢酶种类很多，其活性均可通过四唑盐显示。四唑盐作为脱氢酶反应中的受氢体，接受脱氢酶作用于底物所释放的氢而形成有色的甲臜，沉积于酶所在部位。下面主要介绍琥珀酸脱氢酶和乳酸脱氢酶。

1. 琥珀酸脱氢酶 琥珀酸脱氢酶（succinate dehydrogenase，SDH）是线粒体呼吸链的第一个酶，存在于所有有氧呼吸的细胞中，与线粒体内膜紧密结合，其活性反映三羧酸循环情况，是三羧酸循环标志酶，也是线粒体标志酶。硝基蓝四唑盐法显示 SDH 活性的原理：SDH 以黄素蛋白为辅基，能将琥珀酸氧化为延胡索酸并释放出氢，后者把氮蓝四唑（nitro-blue tetrazolium，NBT）还原为蓝色的甲臜。

（1）孵育液配制

NBT	5mg
二甲亚砜（DMSO）	5.0ml
0.1mol/L 琥珀酸钠	5.0ml
0.1mol/L PB（pH 7.6）	5.0ml

注意：先用 DMSO 溶解 NBT，然后加入琥珀酸钠和 PB。

（2）染色步骤

1）固定：固定剂很容易破坏 SDH 活性，故首选新鲜组织冷冻切片或用振动切片进行染色。对必须固定的组织，应降低固定剂浓度，如用 0.25%~0.3% 戊二醛或 0.5% 甲醛短时间固定（10~30min），或用预冷的 2% 甲醛固定 5min 后再进行冷冻切片。

2）洗涤：固定后需充分洗涤。

3）切片：冷冻切片或振动切片机切片。

4）孵育：暗处孵育，固定后的组织室温下孵育 10~40min，未固定组织 4℃孵育 1~2h，组织最初为红色，然后显蓝色。

5）孵育后处理：水洗、晾干、油镜观察。

（3）结果：阳性反应产物呈细小的紫蓝色颗粒，定位于胞质线粒体。甲臜阳性反应与细胞内线粒体数目呈正相关（图 6-14）。

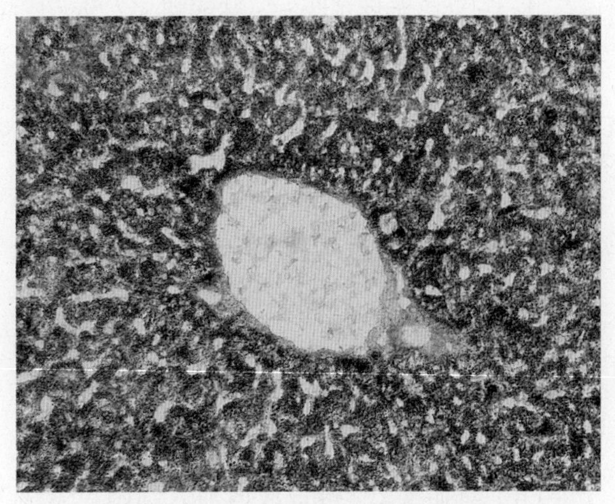

图 6-14 琥珀酸脱氢酶四唑盐法染色

大鼠肝细胞内充满呈深蓝色的琥珀酸脱氢酶阳性反应颗粒

（4）对照实验：反应液中除去琥珀酸底物；在反应液中加入 0.1mol/L 丙二酸盐，琥珀酸脱氢酶可受到特异性抑制；加热处理使细胞内酶失活。

2. 乳酸脱氢酶 乳酸脱氢酶（lactate dehydrogenase，LDH）是辅酶Ⅰ（NAD^+）依赖性脱氢酶，能氧化乳酸为丙酮酸，为无氧糖酵解途径的标志酶。硝基蓝四唑盐法显示 LDH 活性的原理与显示 SDH 活性的原理基本相同，只是需加用 NAD^+，氢从反应生成的还原型辅酶Ⅰ（NADH）传递给四唑盐，将其还原为甲臜。

（1）孵育液配制

0.06mol/L PBS	0.25ml
1.0mol/L D，L- 乳酸钠	0.1ml
0.4% NAD^+	0.1ml
0.4% NBT	0.25ml
0.1mol/L KCN	0.1ml
0.5mol/L $MgCl_2$	0.1ml
蒸馏水	10ml

（2）染色步骤

1）固定：用预冷的 2% 多聚甲醛（0.1mol/L PBS，pH 7.4）灌注固定 5min。

2）洗涤：用冷 PBS 灌流冲洗固定液。

3）取材：取所需组织，用 PBS 洗 3 次。

4）切片：冷冻切片或振动切片，裱于涂有黏附剂的载玻片上。

5）孵育：在上述孵育液中，暗处反应 5min，室温下反应 30min。

6）封片：洗涤、脱水、甘油明胶封固、镜检。

（3）结果：酶反应阳性部位呈蓝色（图 6-15）。该酶对固定剂的耐受性较好，采用先固定后孵育，可保存结构防止酶扩散。为了防止定位异常，在底物中加入聚乙烯醇（polyvinyl alcohol，PVA）或聚乙烯吡咯烷酮（polyvinyl pyrrolidone，PVP），可使底物黏稠度增加，防止反应产物扩散。

（4）对照实验：去除孵育液中的底物，结果应为阴性。

（三）磷酸酶

磷酸酶（phosphatase）是水解磷酸酯酶的总称，主要包括碱性磷酸酶、酸性磷酸酶、葡萄糖 -6- 磷酸酶、三磷酸腺苷酶及羧酸酯水解酶等。磷酸酶不仅参与磷酸酯化合物的水解反应，而且也参与其逆反应及磷酸转移反应。

1. 碱性磷酸酶　碱性磷酸酶（alkaline phosphatase，AP）在碱性环境下可催化各种酚和

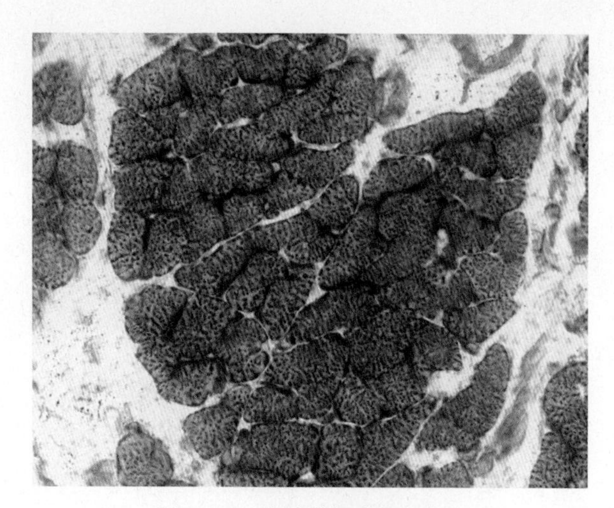

图 6-15　乳酸脱氢酶四唑盐法

大鼠骨骼肌（舌）纤维横断面呈蓝色为乳酸脱氢酶阳性反应颗粒

醇的磷酸酯水解，还具有磷酸转移作用，在细胞膜上运输作用较为活跃，如肾近曲小管的刷状缘、小肠上皮的微绒毛、肝脏的胆小管、毛细血管内皮细胞及神经元的突触膜均具有此酶活性。显示碱性磷酸酶的组织化学方法包括 Gomori 钙 - 钴法和偶联 - 偶氮色素法两种。

（1）Gomori 钙 - 钴法：在碱性环境（pH 9.2~9.4）中，碱性磷酸酶分解磷酸盐的底物（如 β- 甘油磷酸钠、α- 萘酚磷酸钠）产生磷酸离子，后者被孵育液中的钙离子捕获生成磷酸钙沉淀。因磷酸钙不能显色，需加入硝酸钴，用钴离子置换钙离子，形成磷酸钴沉淀后用硫化铵处理，形成棕黑色硫化钴颗粒沉淀，从而显示酶活性部位，硫化钴沉淀的多少与碱性磷酸酶含量呈正比。其反应通式如图 6-16。

1）孵育液配制

2% 氯化钙	20ml
2% 巴比妥钠	10ml
3% β- 甘油磷酸钠	10ml
5% 硫酸镁	5ml
蒸馏水	5ml

孵育液最终 pH 9.4，置于冰箱内保存。

2）染色步骤

$$\underset{\text{(底物)}}{R-O-\overset{\overset{\large O}{\|}}{\underset{\underset{\large OH}{|}}{P}}-OH} \xrightarrow{AP} R-OH+H_3PO_4 \xrightarrow{Ca^{2+}} Ca_3(PO_4)_2CaHPO_4 \xrightarrow{Ca^{2+}} Co_3(PO_4)_2 \xrightarrow{(NH_4)_2S} \underset{\text{(沉淀物)}}{CoS\downarrow}$$

图 6-16　碱性磷酸酶钙 - 钴法反应原理

A. 新鲜组织，作恒冷箱切片（可用 10% 福尔马林固定 10min，或不固定）。

B. 入孵育液，37℃孵育 10min（肾）至 60min（肝）。

C. 流水冲洗 5min。

D. 入 2% 硝酸钴溶液 2min。

E. 蒸馏水浸洗。

F. 入 1% 硫化铵溶液内 1min。

G. 蒸馏水洗。

H. 甘油明胶封固。

3）结果与评价：酶活性部位显示棕黑色为硫化钴沉淀（图 6-17）。该法的反应产物可发生扩散，定位欠准确。

4）对照实验：加入抑制剂 *L*- 四咪唑等结果为阴性；去底物（孵育液中用 10ml 蒸馏水代替底物）结果为阴性。

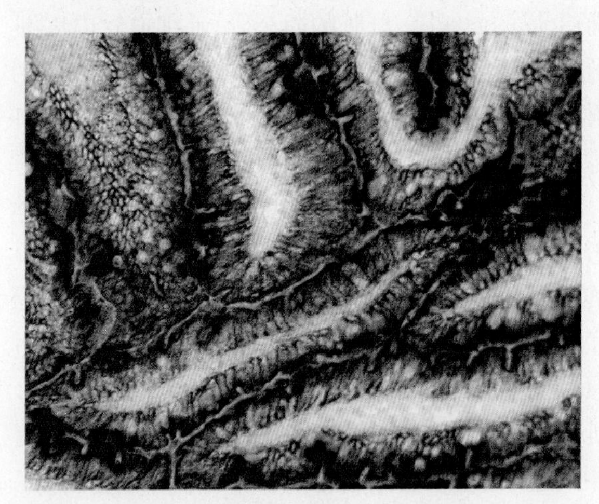

图 6-17 碱性磷酸酶钙 - 钴法染色

大鼠小肠绒毛吸收细胞呈深红色为碱性磷酸酶阳性反应颗粒

（2）偶联 - 偶氮色素法：人工合成的磷酸萘酚盐经碱性磷酸酶水解后释放出萘酚，后者立即与重氮盐偶联生成不溶性偶氮色素。

1）孵育液配制

萘酚 AS（或萘酚 AS-MX）	10~25mg
N, N- 二甲基甲酰胺液	0.5ml
0.2mol/L Tris 盐酸缓冲液（pH 8.2~9.2）	50ml
坚牢蓝 B	50mg

混合、搅拌及过滤，必要时可使用氢氧化钠调整 pH。

2）操作步骤

A. 新鲜组织冷冻切片。

B. 入孵育液，恒温 37℃（或室温下）孵育 5~60min。

C. 双蒸馏水洗 3~5min。

D. 4% 甲醛，室温下固定 10~15min。

E. 蒸馏水洗 3~5min。

F. 甘油明胶封固。

3）结果与评价：采用不同的重氮盐，酶的活性显色也不同，用坚牢蓝 B（或坚牢蓝 BB、RR）酶活性呈蓝紫色，用坚牢红 TR（或坚牢紫 B）酶活性呈红色。萘酚法有三个优点：①反应产物溶解度小，局部比较明显；②萘酚化合物能较快地被水解，可缩短孵育时间；③反应产物立即可见，并显示出颜色。

4）对照实验：方法与 Gomori 钙 - 钴法相同。

2. 酸性磷酸酶 酸性磷酸酶（acid phosphatase, ACP）广泛分布在机体各种组织细胞内，主要存在于细胞的溶酶体内，常作为溶酶体标志酶，此外，还存在于内质网和胞质内。在组织退变、核酸和蛋白质代谢活动增加时酸性磷酸酶活性增强。酸性磷酸酶还参与酯类代谢，因此在疾病、免疫反应和细胞损伤与修复过程中具有一定生物学意义。酸性磷酸酶显示方法也分为金属法（Gomori 铅法）和偶联 - 偶氮色素法两种。

（1）Gomori 铅法：在酸性环境下，底物 β- 甘油磷酸钠被酸性磷酸酶水解，释放出磷酸，磷酸遇铅离子则生成磷酸铅沉淀，最后与硫化铵作用形成棕黄色硫化铅沉淀（图 6-18）。

1）孵育液配制

0.05mol/L 乙酸盐缓冲液（pH 5.0）	10ml
蔗糖	0.8mg
硝酸铅	10mg
3% β- 甘油磷酸钠	1ml

按上述顺序加入后待硝酸铅完全溶解，逐次

$$\underset{\text{(底物)}}{R{-}O{-}PO_3H_2+H_2O}\xrightarrow{ACP}R{-}OH+H_3PO_4\xrightarrow{Pb(NO_3)_2}Pb_3(PO_4)_2\xrightarrow{(NH_4)_2S}\underset{\text{(沉淀物)}}{PbS\downarrow}$$

图 6-18 酸性磷酸酶金属盐——铅法反应原理

少量加入底物时，孵育液则变得完全透明，调节最终 pH 5.0。乙酸盐缓冲液需新鲜配制，立即使用。

2）染色步骤

A. 新鲜组织，恒冷箱切片。

B. 10% 福尔马林固定 10min。

C. 蒸馏水洗。

D. 入孵育液，37℃孵育 2~4h。

E. 双蒸馏水洗 2~3min。

F. 入 1% 硫化铵液（新鲜配制）1~2min。

G. 蒸馏水冲洗。

H. 甘油明胶封固。

3）结果与评价：阳性反应部位呈棕褐色硫化铅颗粒（图 6-19）。该酶为可溶性酶，以冷固定效果较好，一般溶酶体膜为不通透性膜，但经冻融或福尔马林固定处理后，孵育液内的作用底物则进入溶酶体而被该酶作用。

图 6-19　酸性磷酸酶铅法染色

大鼠肾小管上皮细胞呈棕色为酸性磷酸酶阳性反应

注意：孵育液内铅离子浓度是反应中的关键因素，必须新鲜配制，立即使用。因为当铅离子浓度过低时，产生的磷酸离子未能完全被结合而发生弥散，并可进入胞核内造成染色假阳性。孵育时间过长也可发生酶扩散和胞核染色现象。

4）对照实验

A. 去底物实验：从孵育液中去除底物（3% β- 甘油磷酸钠），通常反应为阴性。

B. 抑制剂实验：氟化钠是 ACP 的抑制剂，在孵育液中加入氟化钠（10mmol/L 或 4.2mg/10ml），ACP 反应呈阴性。但某些部位如脊髓背角浅层和初级感觉神经节中的小细胞内的 ACP 活性不能被一定浓度的氟化钠（NaF）所抑制，称抗氟化钠 ACP。

（2）偶联 - 偶氮色素法：与碱性磷酸酶相同。重氮化和偶联的反应多在碱性溶液中和低温条件下进行，在酸性溶液中容易分解。所以酶作用与偶联反应分两步进行。

1）试剂配制

孵育液：

磷酸 -6- 苯酰 -2- 萘钠	25mg
蒸馏水	80ml
Wapoll 乙酸缓冲液（pH 5.0）	20ml
氯化钠	2g

重氮盐溶液配制：

坚牢蓝 B 盐	50mg
蒸馏水	50ml

加碳酸氢钠使之碱化。

2）染色步骤

A. 用新鲜或冷福尔马林固定的组织进行恒冷箱切片。

B. 切片入孵育液中，室温孵育 10~60min（新鲜切片）或 1~2h（固定后切片）。

C. 新鲜切片用冷生理盐水洗 3 次，固定后的切片用蒸馏水洗 3 次。

D. 放入新鲜配制的冷重氮液中，搅动 3~5min。

E. 用冷生理盐水或蒸馏水洗 3 次，每次 5min。

F. 甘油明胶封固。

3）结果：酶活性部位显示蓝色。

4）对照实验：与铅法相同。

3. 葡萄糖 -6- 磷酸酶　葡萄糖 -6- 磷酸酶（glucose-6-phosphatase，G-6-P）定位于肝、肾、肠黏膜的微体及内质网内，主要有两方面的生理功能：一方面通过水解葡萄糖 -6- 磷酸释放葡萄糖来控制葡萄糖释放入血的量，另一方面，在一定条件下通过其磷酸转移酶活性合成葡萄糖 -6- 磷酸。糖尿病患者血糖浓度增高的同时，伴有葡萄糖 -6- 磷酸酶的磷酸转移酶活性增高，其作用是取代肝内的葡萄糖激酶，使葡萄糖转向糖原合成。该酶常用硝酸铅法显示。

（1）原理：葡萄糖 -6- 磷酸酶水解葡萄糖 -6- 磷酸后释放出磷酸，后者被硝酸铅所捕获，经硫化铵处理，最终反应产物为颗粒状的硫化铅沉淀。其反应式如图 6-20。

$$葡萄糖\text{-}6\text{-}磷酸钠+H_2O \xrightarrow{葡萄糖\text{-}6\text{-}磷酸酶} 葡萄糖+磷酸 \xrightarrow{Pb(NO_3)_2} Pb_3(PO_4)_2 \xrightarrow{(NH_4)_2S} PbS\downarrow$$

图 6-20 葡萄糖 -6- 磷酸酶硝酸铅法反应原理

（2）孵育液配制（新鲜配制）

0.125% 葡萄糖 -6- 磷酸钠	4ml
0.2mol/L Tris- 顺丁烯二酸盐缓冲液（pH 7.4）	4ml
2% Pb（NO_3）$_2$	0.6ml
蒸馏水	1.4ml

充分混合后使用。

（3）染色步骤

1）新鲜组织冷冻切片。

2）10% 福尔马林固定 5min 后水洗。

3）切片入孵育液中，37℃孵育 20min，水洗。

4）入 1% 硫化铵水溶液中 1min，水冲洗。

5）3% 福尔马林后固定 10min。

6）甘油明胶封固。

（4）结果：酶活性处显棕色。

（5）对照实验：①去除底物；②以 β- 甘油磷酸钠代替底物；③以 0.01mol/L 氟化钠作为抑制剂。

4. 三磷酸腺苷酶 三磷酸腺苷酶（adenosine triphosphatase，ATPase）简称 ATP 酶，可水解三磷酸腺苷（ATP）磷酸之间的高能键，生成二磷酸腺苷（ADP）与磷酸，并释放出大量能量。其反应式如下：

$$A\text{-}P\sim P\sim P+H_2O \xrightarrow{ATPase} A\text{-}P\sim P+H_3PO_4+能量$$

在生物膜上，ATP 酶的功能是参与离子泵的主动运输，因此细胞膜呈强阳性，ATP 酶可作为肝细胞早期受损的敏感指标。此酶活性在心肌最高，其次为骨骼肌、肺、肾脏、脑和胰腺。由于各种 ATP 酶的最适 pH 不同，故所用显示方法也不同。下面仅介绍显示 Ca^{2+}-ATPase 的钙 - 钴法。

（1）原理：此法类似碱性磷酸酶的钙 - 钴法，但底物改用 ATP 钠盐，最适 pH 9.4，对 ATP 酶型 Mg^{2+} 具有抑制作用。

（2）孵育液配制

0.1mol/L 巴比妥钠（pH 9.4）	2.0ml
三磷酸腺苷二钠盐	30mg
蒸馏水	1.0ml
0.18mol/L 氯化钙	1.0ml

用 0.1mol/L NaOH 调至 pH 9.4，蒸馏水加至 10ml。

（3）染色步骤

1）新鲜组织、冷丙酮固定 30min，冷冻切片。

2）入孵育液（新鲜配制）37℃孵育 3h 后蒸馏水漂洗。

3）1% $CaCl_2$ 溶液洗 2min。

4）蒸馏水洗。

5）1% $CoCl_2$ 溶液洗 2min。

6）流水洗。

7）入 1% 硫化铵 1min。

8）流水洗。

9）干燥后梯度乙醇脱水，二甲苯透明。

10）甘油明胶封固。

（4）结果：酶活性处显示棕黑色。

（5）对照实验：①用 β- 甘油磷酸钠代替 ATP 钠盐应为阴性；②孵育液中加入 *L*- 四咪唑抑制碱性磷酸酶排除假阳性；③去底物。

注意：此法要求 Ca^{2+} 浓度在孵育前后不能降低，否则产生的磷酸根离子不能被完全捕获而影响准确定位。如染色效果不好可在孵育前将切片放入 1% $CaCl_2$ 溶液中，37℃作用 5min。

5. 羧酸酯水解酶 羧酸酯水解酶（carboxylaster-hydrolases）或称酯酶（esterase），是一类水解酯键的酶，其作用是水解脂肪族酯和芳香族酯，催化反应式如下：

羧酸酯 羧酸醇

$$R\text{-}COOR'+H_2O \rightleftharpoons RCOOH+R'OH$$

一般所指的酯酶是非特异性酯酶，无底物特异性；广义的酯酶还包括有底物特异性的特异性酯酶。各种酯酶水解的底物和最适 pH 不尽相同。

（1）非特异性酯酶：非特异性酯酶主要定位于内质网和溶酶体，也可少量存在于线粒体和胞液内，主要参与酯类代谢，也与蛋白质代谢有关。非特异性酯酶在胰腺外分泌部腺细胞、横纹肌运动终板及小肠上皮细胞呈强阳性反应，在肝细胞、肾近曲小管上皮细胞及结肠上皮细胞呈阳性反应。常用偶氮色素法显示非特异性酯酶活性，其原理如下：在酶的作用下，底物分解游离出来

α- 萘酚，后者与重氮盐偶联形成偶氮色素，同时沉着于酶存在部位，通过偶氮色素的显色，间接证明酶存在部位。α- 萘酚系统的物质可用重氮盐中坚牢蓝 B、坚牢蓝 RR、坚牢红 RC 盐，而萘酚 AS 系统的物质则用石榴石、可林思 LB 盐、坚牢蓝 B、固红 RC、固红紫 LC 等。其反应式如图 6-21。

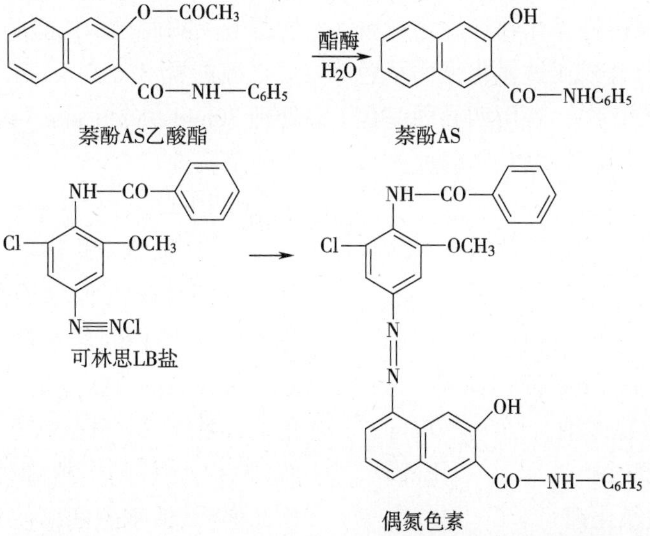

$O—COCH_3$　$CO—NH—C_6H_5$　萘酚AS乙酸酯 —酯酶/H_2O→ OH　$CO—NHC_6H_5$　萘酚AS

NH—CO　Cl　OCH_3　N≡NCl　可林思LB盐 → NH—CO　Cl　OCH_3　N=N　OH　$CO—NH—C_6H_5$　偶氮色素

图 6-21　偶氮色素法显示非特异性酯酶反应原理示意图

1）孵育液配制

α- 乙酸萘酚	10mg
丙酮	0.25ml
0.1mol/L 磷酸缓冲液（pH 7.4）	20ml
坚牢蓝 B 盐	30mg

先将 α- 乙酸萘酚与丙酮混合并完全溶解后加入磷酸缓冲液，充分搅拌至液体清亮后加入坚牢蓝 B 盐，搅拌后过滤，立即使用。

2）染色步骤：①冷冻切片入孵育液中，室温 10~60min，37℃ 10~15min。②蒸馏水洗。③4% 甲醛室温固定 10min。④自来水冲洗，蒸馏水浸洗。⑤甘油明胶封固。

3）结果：酶活性处呈砖红色，如用固红 TR 则为紫红色，用固红 RC 为暗红色，用坚牢蓝 RR 则为青铜色（图 6-22）。

4）对照实验：去底物反应结果为阴性。

（2）乙酰胆碱酯酶和血清胆碱酯酶：广义胆碱酯酶包括两种，一种是乙酰胆碱酯酶（acetylcholinesterase，AchE），又称真性胆碱酯酶或特异性胆碱酯酶，主要作用于乙酰胆碱，广泛分布于神经细胞的粗面内质网、线粒体、核周膜和突触前膜，尤以胆碱能神经元的含量为高，亦存在于运动终板、肌细胞、红细胞等；另一种为血清胆碱酯酶（cholinesterase，ChE），特异性较差，除可作

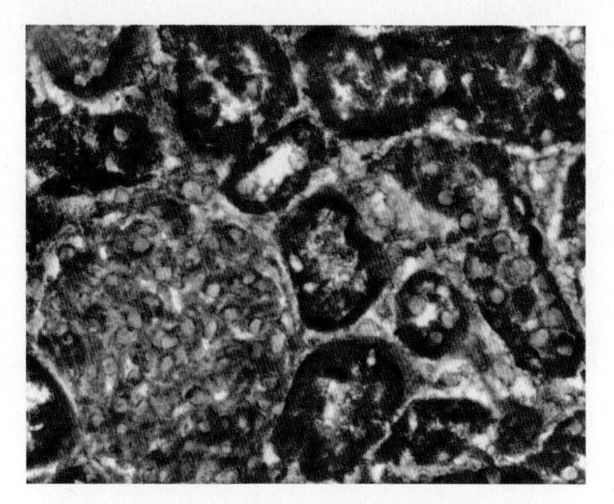

图 6-22　非特异性酯酶乙酸萘酚同时偶联法染色
大鼠肾皮质呈砖红色，为非特异性酯酶阳性反应

用于乙酰胆碱外，还能作用于其他胆碱酯类，故又称假性胆碱酯酶或非特异性胆碱酯酶，此酶主要分布于血清、胰腺及唾液腺等。

乙酰胆碱酯酶和血清胆碱酯酶的化学性质不同，用酶来检测底物特异性时，乙酰胆碱酯酶能最快地促使乙酰胆碱分解，也能分解乙酰基 -β- 甲基胆碱，但不能分解苯甲酰基胆碱。同时，乙酰胆碱酯酶能被高浓度乙酰胆碱所抑制。但是，血清胆碱酯酶则不同，乙酰胆碱浓度越高，越能被胆碱酯酶所分解。具体反应式如下：

$$乙酰胆碱 + H_2O \xrightarrow{AChE} 胆碱 + 乙酸$$

酯酰胆碱 $+H_2O \xrightarrow{ChE}$ 胆碱 + 羧酸离子

乙酰胆碱酯酶和血清胆碱酯酶常用 Karnovsky-Roots 亚铁氰化铜法显示。

1）原理：乙酰胆碱酯酶能将乙酰硫胆碱盐水解产生硫胆碱，硫胆碱使铁氰化物还原为亚铁氰化物，后者与铜离子结合成亚铁氰化铜而呈色沉淀，以此证明酶活性的存在。若用四异丙基焦磷酰胺 ISO-OMPA 抑制非特异性胆碱酯酶，则可单独显示乙酰胆碱酯酶。

2）孵育液配制

乙酰硫代胆碱碘盐	5mg
0.1mol/L 乙酸缓冲液（pH 5.5）	6.5ml
完全溶解后依次加入以下溶液：	
0.1mol/L（2.94%）柠檬酸钠	0.5ml
30mol/L（0.75%）硫酸铜	1ml
5mol/L（0.164%）铁氰化钾	1ml

充分混匀，至溶液呈亮绿色，最终 pH 5.5~5.6。临用前 30min 内配制。

3）染色步骤：①新鲜组织冷冻切片后用丙酮或 10% 福尔马林固定 20~25min 或经冷福尔马林钙溶液固定 20min 后冷冻切片。②蒸馏水洗。③入孵育液中，室温 2~6h 或 37℃ 1~2h。④蒸馏水洗。⑤乙醇脱水，二甲苯透明。⑥甘油明胶封固。

4）结果：乙酰胆碱酯酶和血清胆碱酯酶活性部位均显示棕色（红褐色）沉淀（图 6-23A）。本法孵育液内各成分比例应严格控制，如 Cu^{2+} 浓度太低，易造成弥散假象。pH 以 5~5.5 最好，pH 大于 6 易发生扩散现象。

5）对照实验：在孵育液中加入 4mmol/L 四异丙基焦磷酰胺（ISO-OMPA）0.2ml 抑制非特异性胆碱酯酶而显示乙酰胆碱酯酶（AchE）；用毒扁豆碱硫酸酯 3×10^{-5}mol/L 代替蒸馏水，先将切片处理 30min，水洗后再入孵育液内，两种酶均被抑制而呈阴性。

（四）合成酶

合成酶（synthetase）也称连接酶（ligase），是一类能催化两种分子合成为一种分子且必须与 ATP 分解相偶联的酶。一氧化氮合酶（nitric oxide synthase，NOS）是一种重要的连接酶，能催化前体物质 *L*- 精氨酸生成 *L*- 瓜氨酸和一氧化氮（NO）。NO 是中枢和外周神经系统中的一种神经递质、活细胞间信使和内皮源性松弛血管的介质，在神经、心血管及免疫系统中有广泛的作用。NO 极不稳定，易于扩散游离，半衰期短，不易检测。因 NOS 是合成 NO 的关键酶，故通常通过检测 NOS 的活性来评估 NO 的分布和功能。NOS 有 3 种异构型，即神经型 NOS（neuronal NOS，nNOS）、内皮型 NOS（endothelial NOS，eNOS）和细胞因子诱导型 NOS（inducible NOS，iNOS）。由于还原型辅酶Ⅱ- 黄递酶（NADPH-d）与 NOS 在化学结构、组织定位上有极高的一致性，且与 NO 生成密切相关，故人们广泛采用 NADPH- 黄递酶法来显示 NOS 活性。

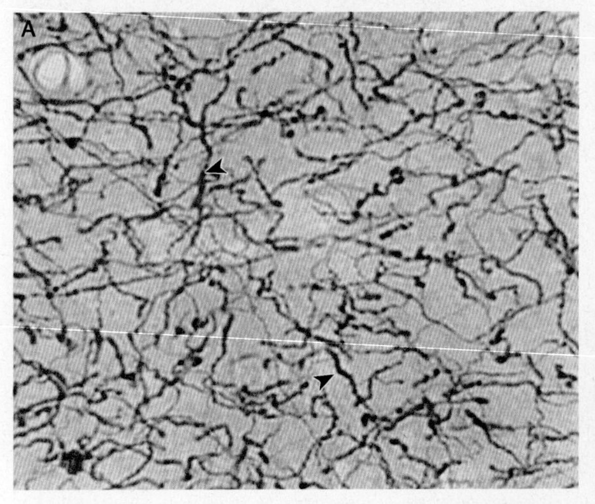

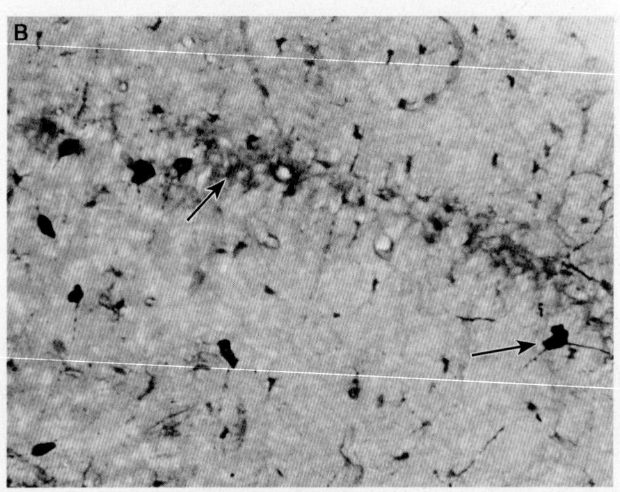

图 6-23 大鼠海马乙酰胆碱酯酶和一氧化氮合酶组织化学染色

A. 乙酰胆碱酯酶 Karnovsky-Roots 亚铁氰化铜法染色，箭头示乙酰胆碱酯酶阳性神经纤维与膨体；B. 一氧化氮合酶 NADPH- 黄递酶法染色，箭示一氧化氮合酶阳性神经元胞体

1. 原理　在β-NADPH存在下，NOS的C末端能将NADPH电子转移到NBT，将NBT还原成不溶性蓝紫色甲臜沉淀产物。

2. 孵育液配制

β-NADPH	10mg
NBT	5mg
Triton X-100	0.03ml
0.05mol/L TB（pH 8.0）	9.97ml

临用前配制。

3. 染色步骤

（1）固定：4%多聚甲醛（0.1mol/L PB配制）灌流固定，取材后入同样固定液再固定1h（4℃），20%蔗糖中4℃过夜。

（2）冷冻切片：10~40μm。

（3）孵育：切片入孵育液中37℃孵育30min~1h。

（4）终止反应：切片入0.05mol/L TB或蒸馏水中5min。

（5）常规脱水、透明、封片或直接用甘油明胶封片。

4. 结果与评价　反应产物为蓝色或蓝紫色沉淀（图6-23B）。NADPH-黄递酶法显示NOS活性，方法简便经济，应用广泛，但不能区分NOS亚型。

5. 对照实验　在孵育液中省去β-NADPH或用0.1mol/L N-亚硝基精氨酸（NOS抑制剂）预孵育切片1h，结果应为阴性。

四、酶组织化学染色注意事项

酶组织化学染色与其他组织化学技术一样，其基本步骤包括固定或不固定标本、切片（冷冻或不冷冻）、孵育、显色、显微镜观察，多种因素可影响显示效果。最大限度地保存组织细胞内酶的活性和定位，尽可能保证组织结构的完整性，避免或减少各种因素对染色效果的影响，是酶组织化学染色所遵循的基本原则。

1. 标本制备　组织的准备和切片的制作不能影响酶的活性和分布。取材新鲜是保证酶活性的重要条件，因此取材要快捷，尽可能保证组织新鲜；对固定剂及包埋过程耐受性较差的酶，最好用不固定的冷冻切片来显示其活性，其标本常用液氮速冻，恒冷箱冷冻切片，冷丙酮低温（4℃）后固定，或液氮速冻，厚片低温固定，恒冷箱切片。酶组织化学的固定剂有着严格的限制，不同的酶适用不同的固定剂。抑制酶活性的重金属盐如汞、铬、铅等不能用作酶组织化学标本的固定剂。对固定剂有一定耐受性的酶，其标本可用丙酮、乙醇或甲醛先固定，然后冷冻切片，但固定时间不宜太长。对温度不敏感的酶，其标本可进行石蜡包埋和切片。此外，某些酶活性具有生物节律，如早晚节律、四季节律、生殖周期，在取材时应予注意。孵育液难以渗透至厚切片（60μm以上）深层，易出现人工假象，故切片不宜过厚，一般为10~20μm，不宜超过40μm。

2. 温度　任何酶促反应都有相应的最适温度，为保证酶的最大活性及充分的酶反应环境，必须严格控制酶反应的温度。最适酶组织化学孵育反应温度的选择应以最佳酶活性为依据。多数酶的孵育温度为25~37℃。温度升高酶促反应速度加快，但并不是越高越好，超过56℃时大部分酶蛋白将会变性失活。酶活性强的组织可适当降低孵育温度，以获得较好的酶定位。低温不破坏酶的活性，因此，标本可长时间保存在-70℃以下。

3. pH　各种酶促反应具有各自合适的pH范围，在此范围内酶的活性及反应速度最大，故酶组织化学的pH应以获得最佳酶反应速度为准。大多数酶的最适pH在内环境的pH范围即7.0左右，但有些酶例外，如碱性磷酸酶的最适pH为9.2~9.5，而酸性磷酸酶的最适pH为5.0，溶酶体内水解酶的最适pH为3.0~5.5。为了保证酶组织化学反应中最佳酶活性或酶反应速度，必须用缓冲液配制固定液、孵育液及漂洗液，以保证其最适pH。

4. 孵育液各成分的浓度　酶反应速度受孵育液内参与反应的各种成分（底物、捕捉剂、激活剂、抑制剂等）浓度的影响，合适的浓度是获得最佳酶组织化学反应的条件之一。因此，配制孵育液时各组分的浓度必须准确，所用试剂必须是分析纯；孵育液只能使用一次，配制时要适量，并及时使用。此外，所用器皿必须洁净，以防污染及出现假阳性，配制试剂要用双蒸水。

5. 激活剂　激活剂是能使酶活性增强的物质。检测某些活性较低的酶时，应使用激活剂增强酶的活力。激活剂种类较多，可分为以下三大类：

（1）离子：多为金属离子，如 K^+、Na^+、Ca^{2+}、Mg^{2+}、Co^{2+}、Ni^{2+} 等。有的金属离子激活剂对原来有活性的酶，能激发使其具有更高的活性，但有时一种金属离子激活剂对某种酶起激活作用，对另一种酶则起抑制作用；有时离子间也有拮抗现象，如 Na^+ 抑制 K^+ 的激活作用，Ca^{2+} 抑制 Mg^{2+} 的激活作用等。

（2）小分子化合物：某些还原剂可提高酶活性，例如：半胱氨酸、还原型谷胱甘肽等能使酶分子中的双硫键还原成硫氢基。

（3）激活酶：激活酶可使某些无活性的酶原变成有活性的酶。

6. 抑制剂 抑制剂系指某些物质在不引起酶蛋白变性情况下，使酶活性减弱，抑制酶的活力，甚至使酶活性消失的物质。抑制剂主要分为非特异性、特异性和竞争性三类。非特异性抑制剂对所有酶均有抑制作用，如热、酸及某些固定剂，因此在酶组织化学技术中要特别注意选择合适的温度和 pH，防止热、酸碱度的变化对酶活性的非特异性抑制；特异性抑制剂只对特定的酶具有抑制作用，如四异丙基焦磷酸胺对胆碱酯酶的抑制；竞争性抑制剂与被抑制的酶的底物结构相似，能与底物竞争酶分子上的结合位点，从而产生酶活性的可逆性抑制作用，如丙二酸钠对琥珀酸脱氢酶的抑制等。特异性抑制剂和竞争性抑制剂常用于阴性对照实验，但通常都不能完全抑制酶的活性。

7. 对照实验 为确定被检酶是否具有特异性，以避免发生假阳性或假阴性结果，同时要进行对照实验。酶的性质是指对其相应的底物发生作用。如果有两种或更多酶作用于同一底物时，需要用以下方法进行酶反应特异性的对照实验。

（1）用酶的抑制剂确认酶活性：用酶活性抑制剂确认酶活性受到抑制，最好使用特异性抑制剂。实验过程中，通常将抑制剂加入孵育液内。

（2）除去底物：用去底物的孵育液进行反应，确认反应消失或明显减弱。因为去底物后，孵育液的 pH 有时会有明显改变，故在配制无底物孵育液时，要测定 pH。如有变化，要将 pH 调至与含底物的孵育液 pH 一致。

（3）阳性对照实验：用已确定有某种酶存在的组织细胞与待测组织同时进行反应，两者相互对照，以确认酶活性的存在。

第五节　凝集素组织化学技术

凝集素（lectin）是一种无免疫原性蛋白质，分子量为 11~335kDa，可从植物或动物中提取，具有凝集红细胞的特性，故又称植物血凝素。凝集素能特异地与糖蛋白中的糖基反应。糖蛋白广泛分布在细胞衣、细胞表面、细胞内各种亚细胞膜囊的游离面以及上皮细胞之间，在生命活动中具有重要功能。由于凝集素能识别糖蛋白与糖多肽中的碳水化合物，且这种结合具有糖基特异性，因此，利用凝集素亲和层析已成为近年分离纯化糖蛋白的重要手段。凝集素具有多价结合能力，能与多种标记物结合，可作为组织化学的特异性探针在光镜或电镜水平显示其结合部位，从而广泛用于糖蛋白的性质、分布以及正常细胞更新过程中糖蛋白变化的研究。标记凝集素结合组织化学方法，常被用于研究糖蛋白在组织空间不同位置、不同水平及细胞内外分布。在肿瘤诊断及预后判断时，检测肿瘤组织异常糖基化具有重要意义。凝集素组织化学技术可以比较完整、立体的显示脑组织微血管形态以及脑实质血管分布特征。目前，已发现 100 余种凝集素，但能用于组织化学的仅有 40 种左右，其中大部分来源于植物细胞，少部分来自动物细胞。

一、凝集素的标记物

凝集素可作为组织化学的特异性探针广泛用于光镜的石蜡切片、冷冻切片、电镜树脂包埋超薄切片及冷冻超薄切片等标本的观察。为使结合在细胞膜上单糖的凝集素呈现可视性，通常采用荧光素、辣根过氧化物酶、铁蛋白、胶体金、生物素等对其进行标记。目前，已有上述标记物标记的商品出售，应用时可直接购买。下面简要介绍异硫氰酸荧光素（fluorescein isothiocyanate，FITC）、辣根过氧化物酶和生物素标记凝集素的组织化学染色步骤。

二、染色步骤

（一）荧光素标记凝集素的组织化学染色步骤

1. 组织切片经脱蜡处理，冷冻切片直接进入下一步；若是 Bouin 液固定的组织，用 70% 乙醇洗 3 次去除组织切片内的黄色后，再用蒸馏水漂洗。

2. PBS 漂洗（含 1% 牛血清清蛋白）2 次，每次 5min。

3. 加入 FITC- 凝集素（PBS 适当稀释），置湿盒内孵育，室温 1h。

4. PBS 漂洗 3 次，每次 5min。

5. 水溶性封片剂封片，荧光显微镜观察。

6. **结果** FITC 标记的凝集素能直接与组织细胞内的糖基结合，从而显示糖基的位置，可用于检测组织细胞中的糖成分，阳性部位呈绿色荧光（图 6-24）。

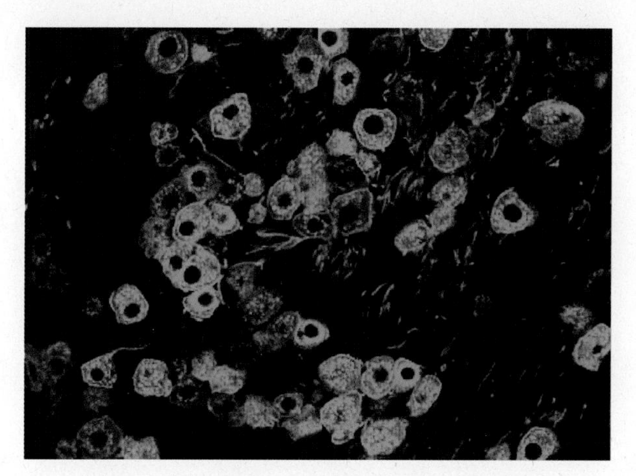

图 6-24 荧光素标记凝集素组织化学染色

FITC 标记的凝集素染色示大鼠脊神经节中小型神经元中凝集素结合位点（华中科技大学同济医学院李和供图）

7. **注意事项**

（1）固定液：以 Bouin 固定液为佳，也可用 70% 乙醇固定。

（2）与其他组织化学方法一样，染色过程中，应始终保持一定湿度，使切片保持湿润状态。

（3）需经预实验确定 FITC- 凝集素的最佳工作浓度。

（4）凝集素的活性部位需重金属离子维持，故可用 TBS（由 Tris 配制的缓冲生理盐水）作为缓冲液，加微量的金属（$CaCl_2$、$MgCl_2$、$MnCl_2$ 各 1.0mmol/L），可增强凝集素的结合能力。

（二）辣根过氧化物酶标记凝集素的组织化学染色步骤

1. 组织切片脱蜡处理等同前。

2. 流水冲洗 5min，3% H_2O_2 孵育 10min（阻断内源性过氧化物酶，避免假阳性）。

3. PBS 漂洗 3 次，每次 5min。

4. 1% 牛血清清蛋白孵育，室温 20min，移去多余液体。

5. 加入 PBS 稀释的辣根过氧化物酶 - 凝集素，置湿盒内孵育，室温 1.5h。

6. PBS 漂洗 3 次，每次 5min。

7. 二氨基联苯胺（DAB）液（配制：DAB 5mg，pH 7.6 Tris-HCl 10ml，3% H_2O_2 40μl）室温避光反应 10~15min。

8. 蒸馏水洗 5min，流水短暂冲洗后，常规乙醇脱水，二甲苯透明，封片。

9. 光镜观察，阳性反应部位呈棕褐色。

10. 注意事项

（1）为防止染色过程中切片脱落，载玻片可用铬矾 / 明胶或赖氨酸等粘片剂处理。

（2）脱水时与普通石蜡切片不同，70% 乙醇时间不宜太长，以免阳性反应褪色。

（3）辣根过氧化物酶 - 凝集素的最佳工作浓度亦需经预实验确定。

（4）H_2O_2 对碳水化合物有一定影响，可能改变凝集素的结合情况，但影响不显著。

（三）生物素标记凝集素的组织化学染色步骤

生物素（biotin）与亲和素（avidin）具有非常高的亲和性，1 分子亲和素可与 4 分子生物素结合，故可利用这一特点，先将生物素与辣根过氧化物酶结合，再制备辣根过氧化物酶标记的生物素 - 亲和素复合物（avidin-biotin-peroxide complex，ABC），该复合物可含数个辣根过氧化物酶分子。又因复合物中的亲和素未被饱和，除与辣根过氧化物酶 - 生物素结合外，尚有一定的位点可与其他生物素结合，因此，实验中可通过生化反应将凝集素结合在另外的生物素上，当标记生物素的凝集素与组织细胞膜的单糖结合后，再用 ABC 复合物中亲和素与该生物素结合，在糖基的位置可形成一个较大的复合物，以增加检测的敏感性。其染色步骤如下：

1. 切片脱蜡处理同前。

2. 小鼠肝粉（10μg/ml，PBS 配制）或生物素阻断剂孵育切片，室温 10min，抑制组织中内源性生物素。

3. 3% H_2O_2 孵育 10min（阻断内源性过氧化物酶，避免假阳性），PBS 漂洗 2 次，每次 5min。

4. 用适当稀释度的生物素标记凝集素室温孵育切片 45min。

5. PBS 漂洗 2 次，每次 5min。

6. ABC 液孵育切片，室温 30min，用前配制，可按试剂盒说明书操作，将 20μl 亲和素加 20μl 辣根过氧化物酶（HRP）标记的生物素，溶解在 1.0ml PBS 中。

7. PBS 漂洗 2 次，每次 5min。

8. DAB 液暗处 10~15min，室温。

9. 流水冲洗 5min，必要时，可用苏木精复染，光镜观察、记录。

10. **结果** 阳性部位呈黄棕色。

（刘佳梅）

参考文献

1. 李和，周莉．组织化学与细胞化学技术．2 版．北京：人民卫生出版社，2014.
2. Kiernan JA. Histological and histochemical methods：theory and practice. 4th edition. Oxfordshire：Scion Publishing Limited，2008.
3. Carson FL，Hladik C. Histotechnology：a self-instructional text. 3rd edition. Chicago：American Society for Clinical Pathology Press，2009.

第七章　免疫组织化学技术

免疫组织化学(immunohistochemistry)或免疫细胞化学(immunocytochemistry)是免疫学与传统的组织化学或细胞化学相结合的一个分支学科,是利用抗原与抗体间特异性结合的原理,对组织切片或细胞标本中的某些多肽和蛋白质等大分子物质进行原位定性、定位或定量研究的实验技术。1941年,Coons首次成功应用荧光素标记抗体,检测肺炎双球菌在肺组织中的分布,开创了免疫组织化学方法。随着免疫学和组织化学的不断发展,相继出现了酶标记抗体技术、过氧化物酶-抗过氧化物酶技术、亲和免疫组织化学技术、免疫金-银染色技术、免疫电镜技术。免疫组织化学具有特异性强、敏感性高、形态与功能相结合等优点,其定位的精确度可达超微结构水平;组织或细胞中凡能作为抗原或半抗原的物质,均可用相应的抗体进行检测。因此,免疫组织化学技术已成为生物学和医学等众多学科领域的重要研究手段。

第一节　免疫组织化学技术概述

一、免疫组织化学技术的基本原理

免疫组织化学以免疫学的抗原-抗体特异性反应为理论基础,以组织化学原理和技术使免疫反应形成的抗原-抗体复合物能在显微镜下被观察到,从而实现对组织或细胞内相应化学成分的定性、定位和定量研究。其基本原理包括抗原-抗体反应、免疫标记反应和呈色反应三方面。

(一)抗原-抗体反应

抗原能与抗体结合形成抗原-抗体复合物,这种结合具有高度特异性,即特定抗原只能与由这种特定抗原刺激产生的相应抗体发生结合反应。抗原抗体结合的特异性是免疫组织化学技术的基础,因此可以使用已知抗体或者抗原检测特异性的抗原或者抗体。

1. 抗原　抗原(antigen)是一类能刺激机体免疫系统发生免疫应答,并能与免疫应答产生的效应物质(抗体或致敏淋巴细胞)在体内或体外发生特异性结合反应的物质,多为蛋白、多肽等分子。抗原具有免疫原性和反应原性两种特性:①免疫原性(immunogenicity)是指抗原分子具有诱导机体产生免疫应答,刺激机体产生抗体(antibody)和/或致敏淋巴细胞的特性。抗原的免疫原性由抗原分子表面的一些特殊化学活性基团区域所决定,这些特定的化学基团称为表位(epitope),又称抗原决定簇(antigen determinant)。单个抗原可以有多个表位能刺激产生抗体。②反应原性(reactogenicity)是指抗原分子能与抗体或致敏淋巴细胞等免疫应答的效应物质发生特异性结合的特性。同时具有上述两种能力的抗原称为完全抗原,如蛋白质、多肽、病原微生物等;只有反应原性而不具有免疫原性的抗原称为半抗原(hapten)。半抗原与大分子载体结合后可获得免疫原性。大多数多糖和类脂均属于半抗原。

制备抗体所用的抗原有些来自人工合成的具有特殊氨基酸顺序的多肽,有些是通过DNA重组技术制备的融合蛋白。

2. 抗体　抗体是机体在抗原刺激下,通过体液免疫应答产生的一类能与抗原发生特异性结合反应的免疫球蛋白(immunoglobulin, Ig)。抗体是免疫球蛋白的一部分,并非所有的免疫球蛋白都具有抗体活性,免疫球蛋白还包括化学结构与抗体相同或相似但无抗体活性的异常球蛋白。虽然两者在概念上并不完全相同,但无抗体活性的抗体很少,因此常将抗体与免疫球蛋白等同。

（1）抗体的分子结构与性质：人类免疫球蛋白有IgG、IgA、IgM、IgD和IgE 5类，其中IgG在免疫组织化学技术中最常用。各类免疫球蛋白分子基本结构具有相似性，均由4条多肽链（两条相同的重链和两条相同的轻链）组成。两条重链（H链）通过二硫键连接呈Y形，两条轻链（L链）分别通过二硫键与H链Y形双臂相连，形成免疫球蛋白的两个分支（图7-1）。免疫球蛋白多肽链的氨基末端（N端），即H链N端1/4区域内和L链N段1/2区域内的氨基酸组成和顺序随免疫的抗原不同而异，称为可变区（variable region，V区），决定与特定抗原结合的特异性。免疫球蛋白分子V区以外的部分称为恒定区（constant region，C区），其氨基酸组成和顺序在同一种属动物中相对稳定，具有相同的抗原性。经木瓜蛋白酶水解，可使抗体的体部与两个分支在连接H链的二硫键N端断开，得到3个片段，即两个相同的单抗原结合片段（fragment antigen binding，Fab片段）和一个可结晶片段（fragment crystallizable，Fc片段）。用胃蛋白酶消化处理，则可将抗体分子从H链间的二硫键C端切断，得到一个较大的片段$F(ab')_2$和一个Fc′片段。Fab和$F(ab')_2$均保留抗体活性，能与相应的抗原表位结合。Fc不能与抗原结合，但具有各类免疫球蛋白的表位和免疫原性；Fc′是被胃蛋白酶进一步水解而成的更小片段，不再具有免疫原性。

（2）抗体的种类：抗体可根据制备途径、来源和在免疫组织化学染色操作过程中应用顺序进行分类。

1）根据制备途径的不同，抗体分为多克隆抗体、单克隆抗体和基因工程抗体3类：

多克隆抗体：由于一种抗原一般具有多种表位，免疫动物后，诱导动物多个B细胞克隆转化为多个浆细胞克隆，产生识别多个不同表位的抗体，这种含有能与同一抗原多种表位结合的混合物称多克隆抗体（polyclonal antibody）。多克隆抗体中含有许多针对相同抗原不同表位的抗体，与抗原的亲和力也较强，因此与同一抗原的结合量较多，特异性相对较差，可能会结合非目的抗原表位，即可能出现交叉反应，产生假阳性；此外，制备多克隆抗体需要大量抗原，其抗原纯度要求较高，而且多克隆抗体的制备具有批间差异，不利于质量控制。

单克隆抗体：单克隆抗体（monoclonal antibody）是针对一种抗原的单个表位产生的抗体，由一个产生抗体的细胞与一个骨髓瘤细胞融合形成的杂交瘤细胞经无性繁殖而来的细胞群所产生，其分子在结构上完全一致，只识别抗原分子表面的单一表位，特异性强，但与抗原的单一表位结合量少，或亲和力低。

基因工程抗体：基因工程抗体（genetically engineered antibody）是采用基因重组技术及蛋白质工程技术，在基因及蛋白质水平上直接切割、拼接或修饰组装的抗体，具有特异性更强、稳定性更好、可大规模批量生产等特点。

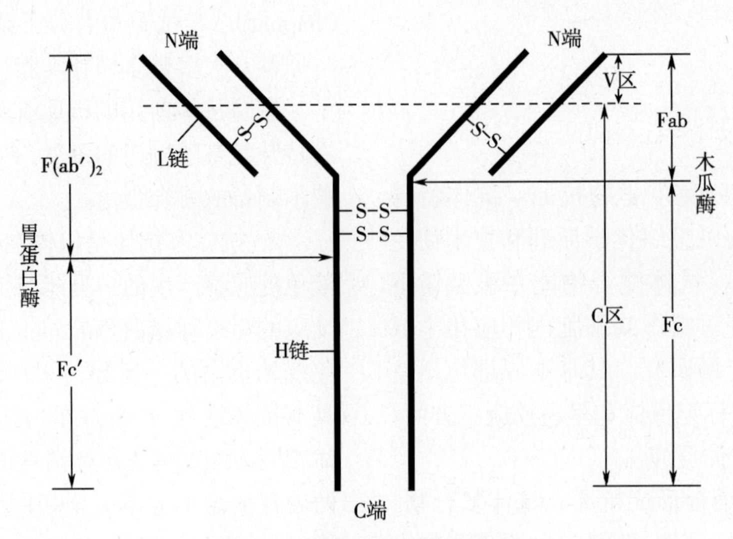

图7-1　抗体分子结构示意图

2）根据来源动物不同，抗体可分为兔抗体、小鼠抗体、大鼠抗体、羊抗体、驴抗体等。

3）根据免疫组织化学染色过程中的应用顺序不同，抗体可分为第一抗体、第二抗体和第三抗体。第一抗体指免疫组织化学技术操作过程中首先应用、能特异性识别待测抗原的抗体，也称特异性抗体。第二抗体指在第一抗体反应结束后加入、能与特异性第一抗体结合的抗体，用与第一抗体同种属的动物血清免疫另一种属动物所获得，例如，第一抗体是兔抗体，用兔血清免疫羊，然后从羊血清中分离纯化得到的羊抗兔抗体即第二抗体。第二抗体常用荧光素、酶、生物素等标记物对其进行标记，故有荧光素标记的第二抗体、酶标记的第二抗体、生物素化第二抗体等称谓。此外，在有些免疫组织化学染色方法中，为了提高敏感性，对其第二抗体不标记，而是在第二抗体反应之后，再加入一种能与第二抗体特异性结合并结合有标记物的抗体以放大免疫反应，这种在第二抗体之后加入的抗体称为第三抗体。第三抗体通常用标记物（如酶）作为抗原免疫与产生第一抗体的动物同种属的动物获得，并与抗原（标记物）通过免疫反应形成抗原抗体复合物（标记物－第三抗体复合物）。

（3）抗体的选择、稀释与保存：用于免疫组织化学染色的抗体，从选择订购、保存、配制到使用，都直接关系到免疫组织化学染色的成败，因此应特别注意这一过程的每一个环节。

抗体一般通过两种途径获得：从试剂公司订购商品化的抗体是主要途径，部分第一抗体、所有第二抗体及第三抗体均可从公司订购；但当研究一些新抗原时，往往没有商品化的第一抗体，则需要自己制备，或通过文献检索，向相关实验室或作者索求。

从公司购买的抗体一般为冻干粉、原液或用特制稀释液配制的即用型抗体，应详细阅读说明书，按照说明书的要求进行保存和使用，以免因保存不当造成不必要的损失。一般长期不用的抗体可以分装后在 -80℃低温冰箱保存，或者加入等体积的甘油，然后放入 -20℃冰箱保存，可以防止结冰，有效期可长达数年。盛装抗体的容器要有良好的密封性，并用蜡膜封口，以防脱水干燥。短期内频繁使用的抗体可在 4℃保存数周，无需放入低温冰箱，以免反复冻融使抗体的效价下降，但需加入防腐剂叠氮钠（sodium azide，NaN_3）以防止抗体变质。对于已稀释过的抗体（使用特制稀释液除外），最好在一周内用完，不宜长期保存。

抗原与抗体之间发生特异性结合时，两者之间的分子比例对反应结果会有影响。如抗体分子过多，阳性反应反而减弱甚至呈假阴性，这种现象称为前带效应（prozone effect）。其机制可能是第一抗体分子过多，彼此竞争抗原结合位点，导致抗原－抗体的结合不稳和脱落。因此，第一抗体的浓度并非越浓越好，选择适当的抗体稀释浓度，既可节省抗体，又能获得满意的染色结果。在实践中，可参考商家所推荐的稀释度，将抗体进行等比稀释，在第二抗体或第三抗体稀释度已知的情况下，摸索出最佳的第一抗体稀释度，即阳性反应强而背景浅的最适抗体浓度。

（二）免疫标记反应

抗原抗体反应后形成的抗原－抗体复合物是不可见的，即在组织或细胞内形成的这种复合物在显微镜下不能被直接观察到。为了使反应结果具有可视性，必须用标记物或示踪剂将抗体标记，以使标记抗体与抗原发生特异性结合后能利用标记物与其他物质的反应、放大并转换为可见的有色物质或发光物，继而通过相应的显微镜直接观察。用于标记抗体的标记物应具有以下特点：①能与抗体形成比较牢固的共价结合；②不影响抗体与抗原的结合；③放大效率高；④发光或显色反应要在抗原－抗体结合的原位并且鲜明，有良好的对比。常用的标记物有荧光素、酶、亲和物质、金属颗粒、放射性核素等。如要对组织或细胞内相应的抗体进行检测，也可用标记物将相应抗原进行标记。

（三）呈色反应

呈色反应是指利用传统的组织化学技术，使在组织或细胞内形成的免疫反应复合物中的抗体上的标记物又与其他物质反应，形成可见的有色沉淀，或通过标记物发出荧光，最后用普通显微镜、电子显微镜或荧光显微镜观察反应产物或荧光，从而对抗原进行定性、定位或定量研究。

二、免疫组织化学技术特点

由于免疫组织化学技术将免疫学与组织化学

有机结合，因此具有以下特点：

1. 特异性强 免疫组织化学中所使用的抗体具有高度特异的识别能力，在识别抗原时可达到单个氨基酸水平。

2. 敏感性高 在免疫组织化学染色过程中，通过采用各种有效方法最大限度保存组织或细胞内待测物质的抗原性，采用高敏感、高亲和力的抗体和标记复合物，并通过多步放大的免疫反应和先进的检测设备，可检测微量的抗原成分。

3. 形态、功能和代谢密切结合 免疫组织化学技术一方面保持了传统形态学对组织细胞的检测观察客观、仔细的优点，另一方面克服了传统免疫学和生物化学反应只能定性和定量，不能定位的缺点，是一种集形态、功能和代谢于一体的研究技术。

三、免疫组织化学技术分类

免疫组织化学有多种分类方法。根据不同的分类方法，免疫组织化学技术可分为不同类型。

1. 根据标记物的不同分类 根据标记物的不同，免疫组织化学技术主要分为以下4类。

（1）免疫荧光组织化学（immunofluorescence histochemistry）：用荧光素作为标记物标记抗体，在荧光显微镜下观察抗原抗体反应部位。

（2）免疫酶组织化学（immunoenzymatic histochemistry）：用酶标记抗体，进而酶催化底物形成有色沉淀，在显微镜下观察有色产物。

（3）亲和免疫组织化学（affinity immunohistochemistry）：利用某些物质间具有高度亲和力的特点，在免疫组织化学方法中建立有效的抗原信号放大系统。

（4）免疫金组织化学（immunogold histochemistry）：用金颗粒（如胶体金）作为标记物标记抗体，根据胶体金颗粒呈粉红色或具有高电子密度，在光镜或电镜下观察组织或细胞内的抗原抗体反应产物。

本章主要介绍免疫荧光组织化学、免疫酶组织化学和亲和免疫组织化学技术，免疫金组织化学技术将在第九章中详细介绍。目前，在生物医学研究中最常用的是免疫荧光组织化学和亲和免疫组织化学。

2. 根据标记物是否与特异性第一抗体结合分类 根据标记物是否与特异性第一抗体结合，可将免疫组织化学技术分为直接法和间接法两大类。

（1）直接法：直接法是用标记物标记特异性第一抗体，将有标记物的第一抗体直接与标本中的相应抗原结合，如果标记物是酶，再与酶的底物作用，从而产生积聚在抗原抗体反应部位的有色沉淀；如果标记物是荧光素，则利用荧光显微镜观察，即可对抗原进行定性、定位以及定量研究。直接法只需一次孵育即可完成，操作简便。由于在实验过程中只引入一种抗体，故非特异性反应低，特异性强。其缺点是，由于一种抗体只能检测一种抗原，因此每一种待检抗原均需制备一种标记抗体，而且由于抗体被标记后会降低与抗原的结合力，故直接法敏感性较低，对组织或细胞内抗原量少的样品，难以达到检测目的。

（2）间接法：间接法不对第一抗体进行标记，而是标记第二抗体。实验时，顺次以未标记的第一抗体和标记的第二抗体处理标本，在抗原存在部位形成抗原－第一抗体－标记的第二抗体复合物，以达到检测该抗原的目的。间接法的优点是第二抗体有放大抗原信息的作用（一般来讲，一个抗原分子可与6个抗体分子结合），使反应的敏感性大为提升。而且，只要将针对一种动物的第二抗体进行标记，该标记的第二抗体便可结合该种动物产生的所有第一抗体，例如羊抗兔的标记第二抗体，可检测所有兔产生的第一抗体，而不必再标记每一种第一抗体，因此间接法较直接法更为实用。

四、免疫组织化学标本制备特点

免疫组织化学标本制备方法与一般组织学标本制备基本相同，相关方法详见第二章。但免疫组织化学技术的核心是抗体与抗原的特异性反应，在标本制备过程中，不仅要保存好组织与细胞的形态结构，还要尽可能保存标本的抗原量或免疫活性，因此，免疫组织化学的标本制备有其特殊性。

（一）取材

为保证所取材料具有代表性，取材部位要准确，尤其是抗原表达有区域特征的标本和活检或手术切除的病理标本。病理标本的取材应包括主要病灶区、病灶与正常组织交界区和病灶周围的正常组织，以利于对照比较。

为防止抗原丢失或破坏，取材要快速，临床活检或手术标本、易于取材的动物实验标本取下后应立即浸入固定液内；对于缺血、缺氧敏感及难以快速取材的动物实验组织，应先灌注固定然后取材。

（二）固定

1. 固定剂　用于固定免疫组织化学标本的固定剂种类很多，不同的抗原有不同的最适固定剂，应根据被检测的抗原性质进行选择。醛类固定剂是免疫组织化学标本固定中最常用的固定剂，其中以甲醛和戊二醛最为常用。醛类固定剂中的醛基与氨基酸、多肽、蛋白和一些脂类结合，使其在组织细胞内交联，从而使这些成分保存在细胞原位。然而，广泛的交联将遮盖抗原表位，妨碍抗体与相应表位结合，可能产生假阴性结果。但如果在固定后通过不同方式的抗原修复暴露抗原表位，可降低或者修复这种不良影响。甲醛的浓度多为4%，通过将多聚甲醛溶解在缓冲液（pH7.4）中配制，甲醛水溶液（福尔马林）因纯度不够，其他成分会影响固定效果，而且无酸碱缓冲能力，故不适于免疫组织化学标本的固定。如制备免疫电镜标本，应加入适量戊二醛，以较好地保存超微结构，但因戊二醛为强交联固定剂，其浓度不能太高，否则会掩盖抗原表位甚至导致抗原变性。Bouin固定液也是较常用的免疫组织化学标本固定液，该固定液能迅速穿透组织，又不引起组织收缩，其中的苦味酸可较好地沉淀蛋白质。

培养细胞或其他细胞标本除了可用醛类固定剂，还可用蛋白质变性固定剂，如冷甲醇和丙酮。这类固定剂穿透力强，对抗原保存较好，但对小分子蛋白质及多肽等物质的保存效果较差。

2. 固定方法　动物标本的固定多选用灌注固定法，灌注时要尽可能将血液冲洗干净，否则会影响固定效果，并干扰染色反应，如血细胞中的内源性过氧化物酶会干扰以过氧化物酶作为标记物的免疫酶组织化学染色。细胞标本在固定前需用37℃预热的PBS轻洗细胞，以除掉细胞表面的营养液。

为充分保存抗原活性，固定剂使用前应在4℃保存，固定过程也应保持低温；固定时间应尽可能缩短，一般不超过12h；培养细胞固定时间一般为20~30min。标本在从固定转入下一步操作前必须去除多余的固定剂，即将组织或细胞置入用于配制固定液的缓冲液中漂洗数次，时间最少1h或过夜（4℃下）。

为便于后续处理过程中充分脱水、透明和浸蜡，固定后的组织块应尽量小、薄。

（三）包埋

免疫组织化学标本包埋的方法主要有石蜡包埋和低温冷冻包埋两种。

1. 石蜡包埋　石蜡包埋的优点是对组织结构保存良好，能切连续薄片，组织结构清晰，抗原定位准确，在病理和回顾性研究中有较大的实用价值；缺点是操作时间较长、过程较复杂，组织经有机溶剂的处理易发生组织成分的抽提致抗原丢失，组织经高温（56~62℃下浸蜡和包埋）处理易致抗原免疫反应性受损。

石蜡包埋前组织块的脱水和透明的时间一定要充分，否则，不利于浸蜡，导致切片困难，还可影响免疫组织化学染色效果，使染色后的组织不透亮，有朦胧或污浊感。为减少抗原损失，脱水和透明过程均应在4℃下进行，时间应尽可能缩短，尤其不能在70%或80%乙醇中停留时间过长。脱水从70%或50%乙醇开始至100%乙醇，一般每步需1.5~3h，100%乙醇重复一次。对于组织块小而柔软的组织脱水时间还可进一步缩短。透明一般在二甲苯内处理两次，每次0.5~1h。

浸蜡与包埋用的石蜡应选择低熔点软蜡（56~58℃），浸蜡和包埋温度不要高于60℃，过高的熔点（>62℃）会一定程度破坏组织的抗原活性，熔点过低（低于54℃）则会导致切片困难。浸蜡时间应尽可能缩短，一般经过3次浸蜡，每次0.5~1h。

2. 低温冷冻包埋　采用恒冷箱切片机进行低温冷冻包埋切片是光镜和电镜免疫组织化学研究的常用方法。此法的优点是操作简便，组织的抗原性保持较好，因此新鲜及已固定材料均适合于冷冻包埋；缺点是可能形成冰晶，而对组织和细胞结构的保存较差。为减少冰晶形成，可将组织置于高渗蔗糖溶液中以减少组织中水分，或者用干冰或液氮速冻。

（四）切片

切片也是免疫组织化学标本制备的重要环

节，切片方法主要有石蜡切片、冰冻切片和振动切片。组织细胞的某些抗原成分，特别是细胞膜抗原、受体抗原、酶及肽类抗原在石蜡切片的处理过程中，可不同程度地被破坏或失去活性，而冰冻切片可较好地保护抗原，因此更常用。振动切片法是将经固定但不经冰冻和包埋处理的组织在振动切片机上进行切片，因组织不需冰冻处理，故无冰晶形成，使组织结构保存良好，同时，组织也不需包埋处理，故不影响抗原性；缺点是因组织不经冰冻和包埋而保持柔软状态，有时切片不易成功，特别是含有较多结缔组织的组织块。振动切片法常用于电镜标本的前期切片。

无论哪种切片方法，都要求薄而平整，尽量避免因折叠或划痕造成的非特异性着色。薄片能显示良好的形态结构，防止切片脱落和有利于抗体分子的渗透。一般而言，石蜡包埋可以切出很薄的组织片（4~10μm），而恒冷箱冷冻切片和振动切片较厚。

（五）烤片

石蜡切片和不能漂浮染色的切片均需粘贴在载玻片上以便进行后续的染色。烤片的目的是将组织切片牢固地粘在载玻片上，以免染色过程中切片脱落。由于高温干燥可加速组织中抗原的氧化，超过60℃高温烤片可破坏抗原，因此，免疫组织化学切片的烤片温度应低于60℃，时间为5~6h；抗原较弱的组织应降低烤片温度，可置于37℃烤箱内过夜。切片如需长期保存，可置于4℃或室温下。冰冻切片应在室温或37℃烤箱中干燥至少6h。

（六）防止标本脱落

免疫组织化学染色过程繁多，时间较长，载玻片上的组织切片或盖玻片上的细胞爬片在实验的诸多步骤中易被孵育液或缓冲液冲洗掉，所以，防脱片处理尤其重要。为了防止脱片，除了要将载玻片彻底清洗干净，并涂上实验室配制或商品化的组织黏附剂（详见第二章），还应依据实际情况，分析导致脱片的具体原因，采取针对性措施加以防止。导致脱片的常见原因有：①标本固定不好，或标本脱水、透明、浸蜡不充分；②切片过厚，有皱褶或气泡；③组织硬度较大或富含胶原纤维的组织，有可能使组织与载玻片黏附不牢；④热抗原修复（见下）处理过度或酶消化法进行抗原修复（见下）的修复液的pH偏高；⑤操作过程中冲洗方法不正确等。

五、抗原修复

许多免疫组织化学染色切片都是用甲醛固定的石蜡切片，尤其是病理学标本。甲醛固定可使抗原的部分表位由于形成醛基键、羧甲酯键等原因而被封闭，或被蛋白质之间形成的交联结构所隐蔽，抗原性因此降低或失去活性。抗原修复（antigen retrieval，AR）是指暴露抗原上被封闭或隐蔽的表位，恢复其原有的空间状态，提高抗原阳性检出率的过程。AR的常用方法有酶消化法和热修复法两种。经大量实验验证，热抗原修复法优于酶消化法。

（一）抗原化学修复法

抗原化学修复法是最早应用的AR方法，指通过某些酶消化处理，使抗原表位暴露。1976年，加拿大籍华人黄少南首先采用胰蛋白酶来消化石蜡切片以提高乙型肝炎病毒的免疫荧光阳性检出率，取得了很好的效果。酶消化作用可以去除覆盖在抗原表位的杂蛋白，更重要的是通过切断蛋白分子间的交联来暴露抗原表位。为达到预期效果，除了选择合适的蛋白酶外，还应注意酶的工作浓度、pH、最适反应温度和消化时间，具体条件应通过预实验来确定。一般而言，酶消化的时间与标本固定时间的长短呈正比，陈旧的固定标本要比新鲜的固定标本消化时间长，温度一般以37℃为宜。需要注意的是，酶消化处理不当，一方面会对组织或细胞造成损害，因为在暴露抗原表位的同时也会对组织细胞的其他成分进行消化；另一方面容易导致标本脱落。

常用于抗原化学修复的酶有胰蛋白酶和胃蛋白酶。

（1）胰蛋白酶消化修复法：主要用于细胞内抗原的修复。使用0.1%氯化钙液（pH 7.6）制成0.05%~0.1%胰蛋白酶液，37℃孵育切片15~30min（陈旧标本适当延长时间），之后用PBS洗涤3次，每次3min。

（2）胃蛋白酶消化修复法：主要用于细胞外基质抗原的修复。一般使用0.4%胃蛋白酶液，37℃孵育切片30~180min，之后用PBS洗涤3次，每次3min。

（二）抗原热修复法

抗原热修复法是指用微波、高压或水浴等方法加热标本来修复抗原。Shi 在 1991 年将石蜡切片放入经微波炉沸腾的重金属溶液中加热一段时间后，原来无法用免疫组织化学显示的抗原显示出很好的阳性染色，而组织形态结构却保存完好。这一发现奠定了抗原热修复的实验基础。一般认为，加热可打开因甲醛固定所引起的抗原交联，例如可削弱或打断由钙离子介导的化学键，从而减弱或消除蛋白分子的交联，恢复抗原性。

1. 常用抗原热修复方法　热修复的方法很多，常用的有微波照射、高压加热和水浴锅煮沸 3 种方法，其中以微波和煮沸法较稳定。热修复法所用的缓冲液有多种，如 0.01mol/L PBS、0.05mol/L Tris-HCl、0.01mol/L 枸橼酸盐缓冲液等，其中 pH 6.0 的 0.01mol/L 枸橼酸盐缓冲液效果最好。

（1）微波抗原热修复：切片脱蜡到水后，经蒸馏水洗后放入盛有枸橼酸盐缓冲液的容器中，置微波炉内，加热，使溶液达 92~98℃以上，持续 10~15min。取出容器，室温自然冷却 10~20min（切勿将切片从缓冲液中取出冷却），以便使抗原表位能够恢复原有的空间构型。从缓冲液中取出玻片，先用蒸馏水冲洗两次，再用 PBS 冲洗两次，每次 3min。

（2）高压抗原热修复：切片脱蜡到水后，置金属切片架上。将盛有水的不锈钢高压锅加热至沸腾后，将切片架放入盛有枸橼酸盐缓冲液的小容器内加热后放入高压锅内，加盖压阀，5~6min 后压力锅开始慢慢喷气时，持续 1~2min，再将压力锅离开热源，稍冷后，可在自来水笼头下加速冷却至室温，去阀开盖，从缓冲液中取出玻片，先用蒸馏水冲洗两次，冷却后取出切片，再用 PBS 冲洗。注意：加热时间长短的控制很重要，从组织切片放入缓冲液到高压锅离开火源的总时间控制在 5~8min 为好，时间过长可能会使染色背景加深。缓冲液的量必须保证能浸泡到所有切片，用过的枸橼酸缓冲液不能反复使用。

（3）煮沸抗原热修复：切片脱蜡到水后，放入盛有枸橼酸盐缓冲液的小容器中，将此容器置于另一个盛有自来水的大容器中，电炉加热至沸腾，待小容器的温度达 92~98℃时，再持续 15~20min，然后离开电炉，室温自然冷却 20~30min，从缓冲液中取出玻片，自然冷却至室温。

2. 抗原热修复法注意事项　在抗原热修复操作过程中，应注意以下问题：①热处理后应自然冷却；②防止热处理液完全蒸发；③不要任何抗原的检测都使用热修复法；④同一批抗原热修复的温度和时间要保持一致；⑤如果用常用的缓冲液无法实现抗原修复，或经修复后抗原定位发生改变，可改用一些不常用的缓冲液或加一些螯合剂，如 EDTA、乙二醇双 2- 氨基乙醚四乙酸（EGTA）等，可改善某些抗原的修复。

六、免疫组织化学对照实验

理想的免疫组织化学染色结果应是特异性强、定位准确、阳性反应与阴性背景对比清晰。然而，由于免疫组织化学染色过程涉及多个环节，多种因素可影响染色结果，最终可能出现假阳性或假阴性现象。为保证其特异性，排除非特异性染色，在染色过程中应进行一系列对照实验。

（一）阳性对照

是指用已证实含靶抗原的阳性标本与待检标本同时进行同样处理的组织对照，其目的在于证实所用免疫组织化学染色步骤的有效性，排除假阴性的可能。凡阳性标本得到阳性结果，表明所用抗体和各种试剂及操作步骤均可靠。

（二）阴性对照

阴性对照是指证实不含靶抗原或缺少免疫试剂的同步处理和标记染色的对照，包括阴性组织对照和阴性试剂对照两类。

1. 阴性组织对照　指用已知不含有靶抗原的标本与待检测标本同时染色的对照，结果应为阴性，用于排除假阳性。

2. 阴性试剂对照　是指用于证实免疫组织化学所用试剂，尤其是第一抗体的特异性的同步对照实验，是每一批免疫组织化学染色中不可缺少的对照设置，目的在于排除假阳性和证实所用试剂及方法的有效性。这类对照包括替换实验、吸收实验和抑制实验 3 种。

（1）替换实验：用与第一抗体同种属的动物正常血清取代第一抗体，其他各步不变，结果应为阴性。如果用稀释第一抗体的缓冲液如 PBS 代替第一抗体，则称空白实验。必要时还可对第二抗体等做相应的替换或空白实验。

（2）吸收实验：先将第一抗体用过量的纯化抗原中和吸收，使其结合位点全部被加入的抗原结合封闭，不能再与标本内的靶抗原结合反应，再用这种吸收后的上清液替代第一抗体做免疫组织化学染色，结果应为阴性。一般在 100μl 最高稀释度的特异性抗体中加入 1~2nmol 纯化抗原，4℃孵育 24h，3 000r/min 离心 15min，取上清液代替第一抗体孵育标本。

（3）抑制实验：将待测标本先用未标记的第一抗体反应，再用标记的第一抗体反应，阳性染色结果明显减弱或转阴。该对照实验适用于直接法。

（三）自身对照

自身对照是在同一标本上，特定结构或区域靶抗原的阳性反应与其他无关结构或区域的阴性结果之间的对照。事实上，自身对照出现于每一次实验、每一份标本上，无需专门设计和另加试剂，目的在于排除内源性干扰产生的假阳性或抗原弥散移位所造成的错误结果。

在以上对照实验中，对某种新的靶抗原的确定，每一个都必不可少，但在同类靶抗原的重复性后续实验中，可只设阳性对照和替代或空白对照。

第二节 免疫荧光组织化学技术

免疫荧光组织化学或免疫荧光细胞化学也简称免疫荧光技术，是将荧光作为标记物的免疫组织化学技术。1941 年，美国科学家 Coons 等首次报道用异硫氰酸荧光素（FITC）标记抗体，并借助荧光显微镜通过观察荧光检测小鼠组织切片中的可溶性肺炎球菌多糖抗原，从此建立了免疫组织化学技术。随着荧光标记技术和单克隆抗体技术的不断发展和激光扫描共聚焦显微镜应用的普及，免疫荧光技术不断发展成熟，其特异性、快速性、敏感性与准确性大大提高。由于免疫荧光技术能将生物样品形态、功能和代谢密切结合，能在细胞、亚细胞水平原位检测抗原分子，其他任何生物技术难以取而代之。因此，目前免疫荧光技术已成为生物学、基础医学和临床医学各学科领域常用研究方法之一。

一、免疫荧光组织化学技术基本原理

先将荧光素与已知抗体（或抗原）进行共价结合，再用这种荧光标记抗体（或抗原）作为分子探针与组织细胞内的相应抗原（或抗体）按照抗原抗体反应原理形成含有荧光素的特异性抗原－抗体复合物。这种复合物上的荧光素受激发光照射而发出各种颜色荧光，利用荧光显微镜或激光扫描共聚焦显微镜观察。根据荧光所在部位，即可对组织细胞中的抗原或抗体进行定性、定位乃至定量研究。蛋白质、多肽、核酸、酶、激素、磷脂、多糖、受体及病原体等凡是能作为抗原、半抗原的物质均可通过免疫荧光技术检测。能作为标记物用于免疫荧光技术的荧光素种类多种多样（见第四章）。

二、免疫荧光组织化学基本方法

免疫荧光技术可分为直接法、间接法和补体法 3 种。在同一组织或细胞标本上需要同时检测两种或两种以上抗原时，需进行双重或多重免疫荧光染色（详见本章第六节）。无论是单染还是双染或多染，均以间接法最常用。

（一）直接法

直接法免疫荧光技术将标记了荧光素的特异性抗体结合到组织切片或者细胞涂片中的抗原上，从而检测组织或细胞中的抗原（图 7-2）。其特点是特异性强，操作简便，但往往与抗原结合的荧光素标记抗体数量有限，因此敏感性低，而且由于每种抗体均需荧光标记，故不容易获得自己所需的市售特异性抗体。

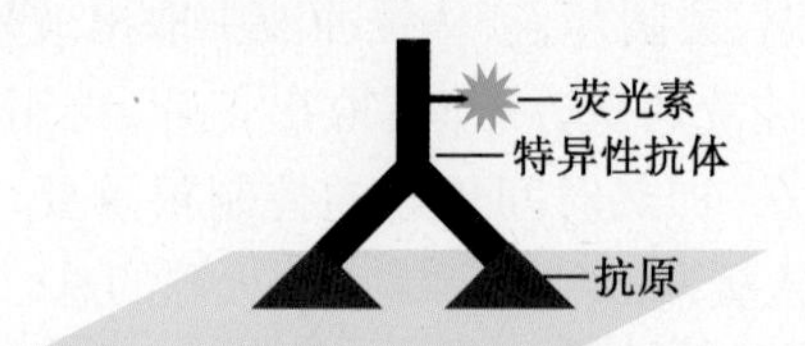

图 7-2 直接法免疫荧光技术示意图

（二）间接法

间接法免疫荧光技术先用未标记的特异性第一抗体与组织或细胞内的抗原结合，然后将荧光素标记且与第一抗体种属特异性匹配的第二抗体（间接荧光抗体）结合到第一抗体上，最后形成抗原－特异性抗体－间接荧光抗体复合物

（图 7–3、图 7–4）。间接法的最大特点是通过荧光素标记的第二抗体（间接荧光抗体）放大抗原信号，使免疫反应的灵敏度大大提高。如细胞内每个抗原分子结合 n 个（一般为 6 个）第一抗体分子，当第一抗体作为抗原时又可结合 6 个间接荧光抗体分子，因此，理论上间接法较直接法敏感 n 倍；此外，间接法只需制备一种种属特异性的间接荧光抗体即可与多种特异性第一抗体相匹配，故间接法应用最为广泛。

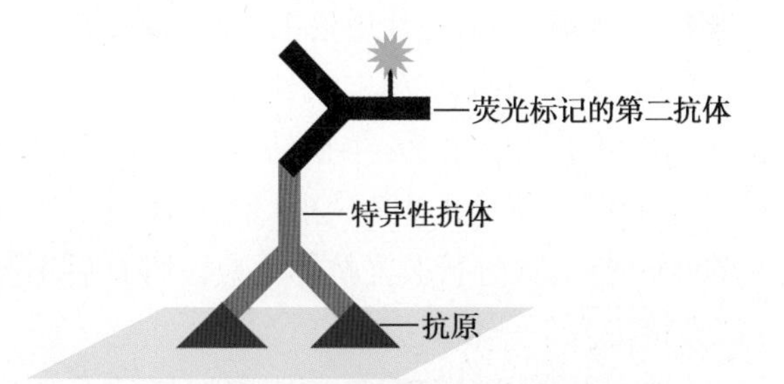

图 7–3 间接法免疫荧光技术示意图

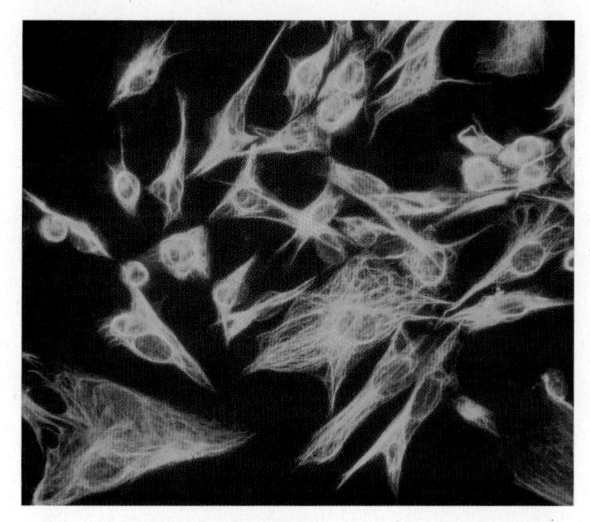

图 7–4 间接法免疫荧光染色（FITC 标记第二抗体）
胚胎第 14 天大鼠端脑原代培养细胞内波形蛋白表达（吉林大学周莉供图）

（三）补体法

补体法是根据大多数抗原–抗体复合物都能与补体结合的原理建立的一种检测组织内相应抗原的免疫荧光组织化学技术，本质上也属间接法。染色时，将新鲜补体与第一抗体混合后同时加在组织标本上，经 37℃孵育后，如发生抗原抗体反应，补体就结合在此复合物上，再用荧光素标记的抗补体抗体与结合的补体反应，形成抗原–抗体–补体–抗补体荧光抗体复合物，从而定位检测相应抗原（图 7–5）。此法的优点是只需一种抗补体荧光抗体即可适用于各种不同种属来源的第一抗体，且敏感性亦较间接法高。

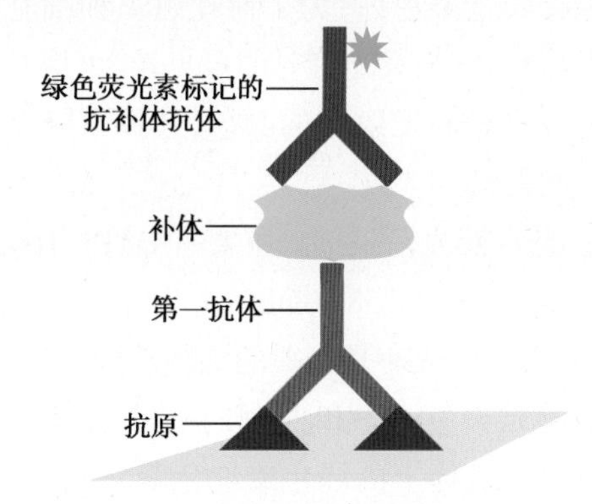

图 7–5 补体法免疫荧光技术示意图

三、间接法免疫荧光单标染色操作步骤

免疫荧光技术以间接法最常用，其基本操作步骤如下：

（1）石蜡切片先脱蜡到水（步骤与组织切片的 HE 染色相同），0.01mol/L PBS 漂洗 2~3 次，每次 5min；冰冻切片、培养细胞等直接用 PBS 漂洗。

（2）含 0.3% Triton X–100 的 PBS 室温孵育 20min，以增加细胞膜的通透性（如果待测抗原位于细胞膜上则省略此步骤）。

（3）PBS 漂洗 3 次，每次 5~10min。

（4）含 3% 牛血清白蛋白（BSA）和 10% 正常血清（与第二抗体同种属）的 PBS 室温孵育 20~30min，以封闭组织或细胞内抗体非特异性吸附位点。

（5）不洗，尽量吸去封闭液，滴加用抗体稀释液（含 3% BSA 和 10% 正常血清的 PBS）适当稀释的第一抗体（如兔抗待测抗原的抗体），置湿盒内 37℃孵育 2h 或 4℃孵育 12~48h。

（6）PBS 漂洗 3 次，每次 10min，洗去多余的第一抗体。

（7）尽量吸干漂洗液后，滴加与第一抗体种属匹配（如羊抗兔）的荧光素标记第二抗体（用抗体稀释液稀释至适当浓度），置湿盒内 37℃孵育 30min 或室温 2h（避光）。

（8）PBS 漂洗 3 次，每次 10min（避光），洗去多余的第二抗体。

（9）10% 甘油 /PBS 或荧光信号增强封片剂封片，荧光显微镜下选择相应滤色片观察结果。

四、免疫荧光染色标本的复染

免疫荧光染色后，为了衬托组织和细胞的固有形态结构，增加荧光信号的可见性，可根据特异性结合荧光染料发射光的颜色，选择不同颜色的复染荧光染料。

1. 蓝色荧光复染剂 主要有 DAPI、Hoechest 33342、Hoechest 33258、BOBO-1、Hoechst S769121 和 True Blue。DAPI 是经典的细胞核染色剂，几乎不对细胞质染色，其相对低水平的荧光不被来自标记在第二抗体上的绿色或红色荧光淹没；其对活细胞具有半通透性，可在固定细胞或组织切片中使用（图 7-6）。Hoechest 33342 广泛用于活细胞核复染和组织的衬染。BOBO-1 的荧光信号比 DAPI 更明亮。Hoechst S769121 和 True Blue 可作为免疫荧光黄色染料的复染剂。

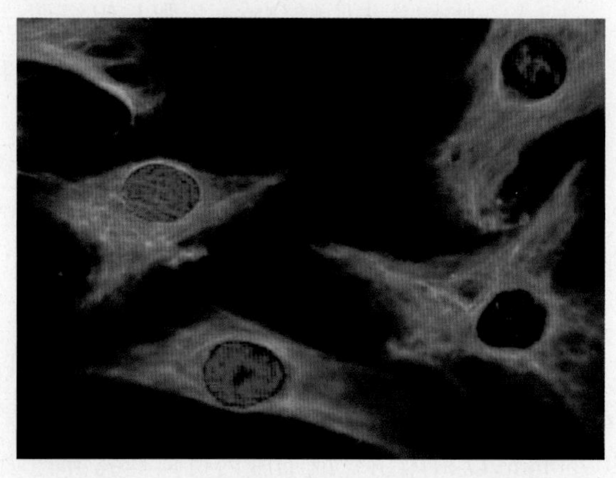

图 7-6 间接法免疫荧光（绿色）染色与 DAPI（蓝色）复染

2. 绿色荧光复染剂 某些花青类染料是绿色荧光核复染剂，如 YO-PRO-1 和 SYTOX 绿等。这类染料不仅可作为免疫荧光技术的复染剂，还可作为细胞凋亡、细胞周期研究的荧光染料。

3. 橙色和红色荧光复染剂 碘化丙啶（PI）是细胞核首选的红色荧光复染剂，主要用于绿色荧光标记抗体的免疫荧光染色的复染。

五、非特异性荧光染色的抑制

与靶抗原 - 抗体反应无关的荧光统称为非特异性荧光。产生非特异性荧光的原因有多种，如：组织细胞成分的自发荧光，结缔组织、衰老细胞与荧光素的非特异性吸附，组织中蛋白质带有过多的负电荷、含有内源性免疫球蛋白和 Fc 受体，抗体浓度过高或漂洗不充分而与组织标本非特异性结合过多，抗体不纯所出现的交叉反应或标记用的荧光素质量差等原因。消除非特异性荧光的方法主要有：

（1）选择特异性强且效价高的间接荧光抗体，标记后通过层析或透析方法去除游离的荧光素。

（2）载玻片、盖玻片应清洁，无自发荧光。

（3）使用 10% 与第二抗体同种属的非免疫血清（正常血清）和 3% 牛血清白蛋白预先孵育切片以封闭标本中的电荷基团、内源性免疫球蛋白和 Fc 受体，再进行荧光抗体反应。孵育后不漂洗，直接进入下一步反应。

（4）用含 10% 与第二抗体同种属的非免疫血清（正常血清）和 3% BSA 的 PBS 稀释各种抗体，并加入 0.05% 的 NaN_3 防腐。第一抗体应高度稀释，应用相应抗原 - 抗体反应的最佳浓度，如 1∶1 000 和 1∶2 000 均有免疫反应阳性，则应采用 1∶2 000 的浓度。

（5）每次抗体孵育后，用缓冲液充分漂洗多余的抗体。

（6）如用油镜观察标本，必须用无自发荧光的油镜。

（7）必要的时候可以采用以下方法消除非特异性自发荧光。如使用苏丹黑或类似的非荧光重氮染料溶液处理组织，苏丹黑对降低组织中由脂褐素引起的自发荧光非常有效。脂褐素是一种很明亮的荧光色素，在一些组织中随着年龄的增长而积累。脂褐素颗粒由溶酶体消化的脂质残基组成。由于苏丹黑的疏水特性，其能有效地结合富含脂质的脂褐素颗粒并掩盖其产生的自发荧光。也可以使用自发荧光淬灭试剂盒 True VIEW™ Auto fluorescence Quenching Kit，这种亲水性的水溶液处理组织切片后，可静电结合胶原蛋白、弹性蛋白和红细胞。此外，这种无荧光、带负电的水溶性分子也能有效地结合组织中的福尔马林，包括结肠、胰腺组织、前列腺、扁桃体、脾脏、肾脏、胆囊和胸腺等组织。

第三节 免疫酶组织化学技术

免疫酶组织化学技术在免疫荧光技术的基础上发展起来。免疫荧光法具有操作简便、灵敏、特异性高、省时的优点，但荧光标本不能长期保存、需要昂贵的荧光显微镜才能观察是其主要缺点。为此，Nakane 等人于 1966 年尝试用酶代替荧光素来标记抗体，从而成功开创了酶标记抗体的新技术。Sternbenger 等人又将非标记抗体过氧化物酶法成功地引入，使免疫酶法有了很大的进步。与免疫荧光法相比较，免疫酶法具有以下优点：①酶反应产物呈现的颜色不仅能在普通光学显微镜下观察，而且因其产物具有一定的电子密度也可在电镜下观察（免疫电镜技术），光镜与电镜的结合，使灵敏度进一步提高；②定位准确，对比度好；③标本能长期保存，并能用 HE 等染色方法进行复染，显示组织结构背景。

一、免疫酶组织化学基本原理

免疫酶组织化学的基本原理是将酶连接在抗体上，制成酶标抗体，再借助酶对底物的特异催化作用，生成有色的不溶性产物或具有一定电子密度的颗粒，于光镜或电镜下显示细胞表面或细胞内部各种抗原成分的定位。理想的标记酶应当满足以下要求：①酶的活性高并且稳定；②终产物稳定，不扩散，有良好的定位；③酶与抗体结合不影响抗原－抗体的特异性反应；④在组织与体液中不存在内源性酶及其底物。实际上没有一种酶能满足以上所有的条件。常用的不损害抗体免疫活性的标记酶有辣根过氧化物酶（horseradish peroxidase，HRP）、碱性磷酸酶（alkaline phosphatase，AP）、葡萄糖氧化酶（glucose oxidase，GOD）等，其中以 HRP 最常用。

HRP 是一种稳定性好的标记酶，其底物是过氧化氢（H_2O_2）。过氧化物酶能与 H_2O_2 反应形成初级反应产物，本身被还原，同时产生游离氧原子，后者使无色还原性染料（供氢体）转化为有色的氧化性染料沉积于抗原所在部位，被检抗原得以标识。常用的供氢体有二氨基联苯胺（3′，3-diaminobezidine，DAB）、4-氯-1-萘酚（4-chloro-1-naphthol，4-CN）、3-氨基-9-乙基-卡巴唑（3-amino-9-ethylcarbazol，AEC）等。DAB 反应产物呈棕色，最为常用；4-CN 反应产物呈蓝色，AEC 反应产物呈红色。要注意的是，在正常组织细胞中，如粒细胞、骨髓造血细胞中均含有丰富的内源性过氧化物酶，成熟红细胞所含的伪氧化酶也可使 DAB 显色。因此在过氧化物酶染色中一般要用 3% 过氧化氢水溶液或 1% 过氧化氢－甲醇液处理切片以阻断其内源性过氧化物酶，避免造成假阳性，在冰冻切片免疫组织化学染色时尤其重要。

AP 是磷酸酯的水解酶，在碱性环境下，可通过多种显色底物形成不同颜色的反应产物，如用坚固红（FR/AS-MX），产物为玫瑰红色；用坚固蓝（FB/AS-MX），产物呈紫绿色；如用 5-溴-4-氯-3-吲哚－磷酸盐（5-bromo-4-chloro-3-indolyl-phosphate，BCIP）/氮蓝四唑（nitro-blue tetrazolium，NBT）反应显色，产物呈紫蓝色。由于内源性 AP 广泛存在，故在应用 AP 标记抗体进行免疫酶组织化学染色时，需在孵育液中加入左旋咪唑抑制内源性 AP 活性。石蜡包埋组织中，除小肠上皮外，内源性 AP 基本被灭活。AP 标记抗体尤其适用于血细胞和骨髓涂片的免疫组织化学染色，因为造血组织有很强的内源性过氧化物酶活性，不宜采用 HRP 标记抗体。AP 标记抗体还可与 HRP 标记抗体结合使用，进行双重染色。

GOD 以葡萄糖为底物，以 NBT 为电子供体，终产物为稳定的不溶性蓝紫色沉淀。因哺乳动物组织内无内源性 GOD，GOD 应是一种比 HRP、AP 更好的酶标记物，但因其分子量较大（150 kDa），具有较多的氨基，在标记时易广泛聚合，不易穿入细胞，且 GOD 与底物反应的敏感性低，故 GOD 主要用于免疫组织化学双重染色。

二、免疫酶组织化学基本方法

免疫酶组织化学技术可分为直接法、间接法和非标记抗体法。

（一）直接法

与免疫荧光技术直接法相似，直接法免疫酶组织化学技术是把酶标记在特异性抗体上，与标本中的相应抗原反应、结合，形成抗原－抗体－

酶复合物；加入酶的底物后，酶催化底物产生有色产物（称为显色），沉积在抗原－抗体复合物部位，即可对抗原进行定性、定位以至定量研究（图7–7）。与免疫荧光直接法相同，此法的特点是特异性强，操作简便，但敏感性低。而且由于每种抗体均需酶标记，故不容易获得所需市售抗体，目前较少用。

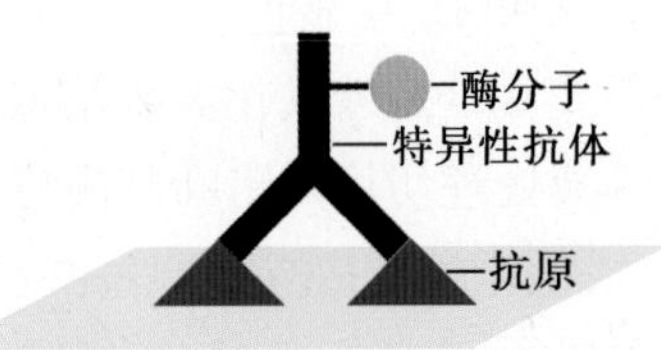

图7–7 直接法免疫酶组织化学技术染色示意图

（二）间接法

与免疫荧光技术间接法相似，间接法免疫酶组织化学技术把酶标记在第二抗体上，在特异性第一抗体与标本中相应抗原结合后加入酶标第二抗体，形成抗原－特异性抗体－酶标记第二抗体复合物，再加入酶的底物，酶催化底物而产生有色产物，沉积在抗原－抗体复合物部位，即可对抗原进行定性和定位等研究（图7–8）。间接法的敏感性较直接法高3~4倍，但特异性低于直接法。间接法的最大优点在于不必标记每一种特异性抗体，只要有与特异性抗体种属相对应的酶标第二抗体，即可用于多种特异性抗体。间接法的敏感性仍然有限，故目前已极少使用。

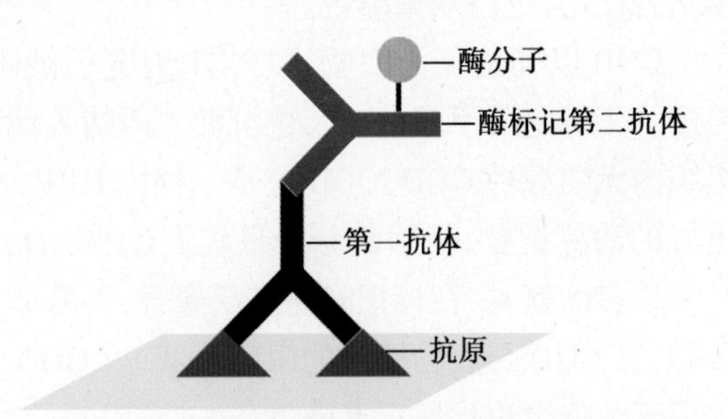

图7–8 间接法免疫酶组织化学技术染色示意图

（三）非标记抗体法

由于酶和抗体以化学方式结合后，会或多或少地降低抗体和抗原结合能力，且对标记物的活性也有影响，所以不用化学方法使酶与抗体结合的非标记抗体酶法得到了发展。其基本原理是：①用酶免疫动物，制备高效价、特异性强的抗酶抗体（第三抗体）；②用第二抗体（亦称桥抗体）的两个抗原结合部位分别与抗酶抗体和特异性抗体（即连结在组织抗原上的抗体）结合，从而将两者连接起来，经过酶催化底物的显色反应后，显示出抗原所在的部位；③作为桥抗体的第二抗体必须对特异性抗体和抗酶抗体都具有特异性，因此，特异性抗体和抗酶抗体应由同一种属动物产生。例如，特异性抗体和抗酶抗体均由兔产生，再用羊抗兔IgG作为桥抗体将两者连接起来。非标记抗体酶法包括酶桥法、PAP法、碱性磷酸酶－抗碱性磷酸酶法（APAAP法）等。由于各种非标记抗体酶法中的第三抗体必须与第一抗体同种属，因此其应用受到限制，目前已很少使用。

1. 酶桥法 酶桥法（enzyme-bridged method）的基本原理是，在组织或细胞抗原（如来源于人）上依次加上：①抗相应抗原的特异性兔抗体（如兔抗人IgG）；②过量的桥抗体如羊抗兔IgG，使桥抗体的一个抗原结合部位与特异性抗体结合，留下另一个抗原结合部位与抗酶抗体（如兔抗过氧化物酶抗体）结合；③兔抗过氧化物酶的抗体（IgG）；④HRP。此法是利用桥抗体作为桥将抗酶抗体间接连接在与组织内抗原结合的第一抗体上，再将酶结合在抗酶抗体上，经显色反应显示抗原的定位（图7–9）。此法中，由于酶是通过免疫学原理与抗酶抗体结合，任何抗体均未被酶标记，避免了共价连接对酶活性的影响，较好地保护了抗体和酶的活性，从而提高了方法的敏感性，同时也节省了特异性抗体的用量。

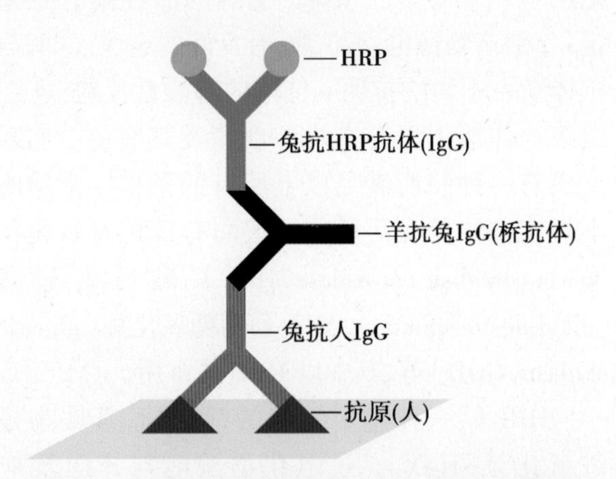

图7–9 酶桥法免疫酶组织化学技术染色示意图

此法的缺点是：①从与酶的结合力来讲，第三步所用的抗酶抗体中，含有高、低亲合力两类抗酶抗体，二者均可连接在桥抗体上。低亲合力的抗酶抗体与酶的结合较弱，漂洗时易洗脱，使大部分（70% 左右）结合的酶分子丢失，降低了方法的敏感性；②抗酶抗体是全血清，在含有特异性抗酶抗体的同时，也含有非特异性抗体；非特异性抗体的抗原性与抗酶抗体相同，因此，亦能与桥抗体结合，但不能与酶结合，因此降低了反应的敏感性。

2. 过氧化物酶－抗过氧化物酶法　为克服酶桥法的缺点，1974 年，Sternberger 在各种标记抗体法和酶桥法的基础上进行改良，建立了过氧化物酶－抗过氧化物酶法（peroxidase antiperoxidase method，PAP 法），一度成为应用最为广泛的免疫酶组织化学技术。其基本原理与酶桥法相似，均利用桥抗体将酶连接在特异性抗体结合部位，所不同的是将酶和抗酶抗体制成 PAP 复合物以代替酶桥法中的抗酶抗体和随后结合的酶，将两个步骤（即酶桥法中的③和④）合为一个步骤。PAP 复合物的制备过程是：以辣根过氧化物酶作为抗原免疫动物，产生抗过氧化物酶抗体，所用动物种类应和制备第一抗体的动物相同，如兔，然后，将抗过氧化物酶抗体与足量的过氧化物酶结合，制备成由 3 个过氧化物酶分子和两个抗过氧化物酶抗体分子组成的环形复合物，其结构异常稳定。在此方法中，第二抗体（即桥抗体）的用量要相对过剩，使它除用其一个 Fab 片段与第一抗体结合外，还剩下另一个 Fab 片段游离，以便与 PAP 复合物结合（图 7-10）。此法的重要改进不仅简化了步骤，并具有更大的优势。这是因为 PAP 是由 3 个过氧化物酶分子和 2 个抗酶抗体分子结合形成的一个环形分子，其结构异常稳定，冲洗时酶分子不会脱落，而且结合在抗原抗体复合物上的酶分子增多，酶底物反应后的呈色效果增强，能使微量的或抗原性弱的抗原也显示出来，灵敏度大为提高。

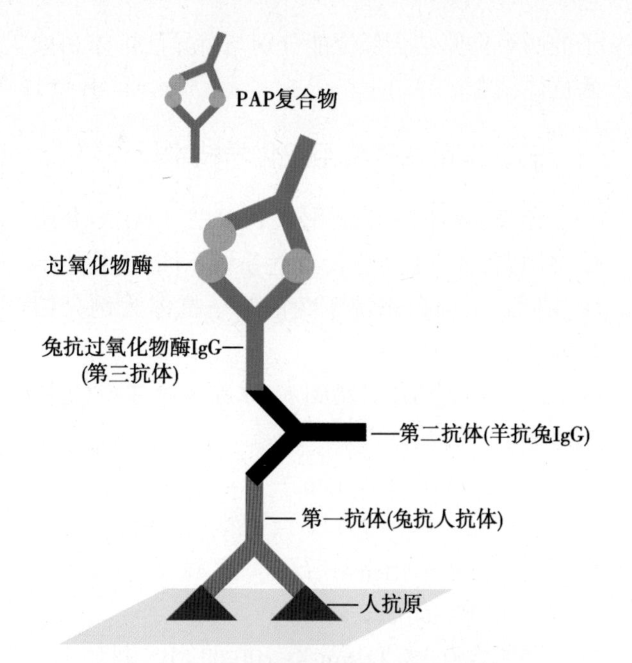

图 7-10　过氧化物酶－抗过氧化物酶法（PAP 法）示意图

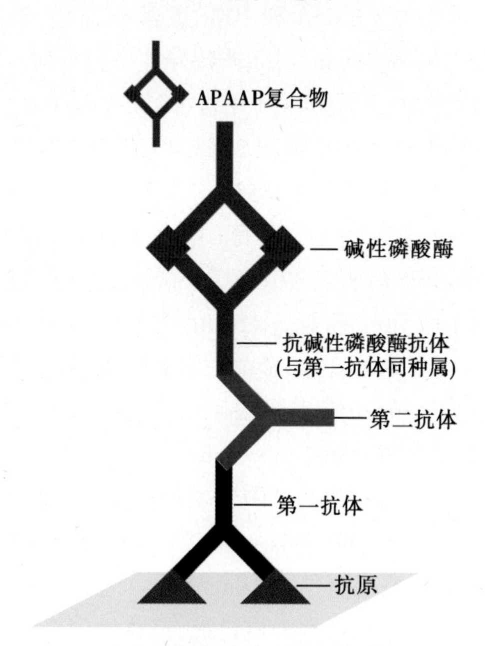

图 7-11　碱性磷酸酶－抗碱性磷酸酶法（APAAP 法）示意图

3. 碱性磷酸酶－抗碱性磷酸酶法　碱性磷酸酶－抗碱性磷酸酶法（alkaline phosphatase-antialkaline phosphatase method，APAAP 法）是 Mason 和 Moir 等 1983 在 PAP 法基础上建立的一种非标记抗体法免疫酶组织化学技术，其原理与 PAP 法基本相同，用碱性磷酸酶（AP）替代 HRP，APAAP 复合物采用与制备 PAP 复合物类似的方法制备而成，是由两个 AP 分子和两个抗 AP 抗体分子结合而成的环形复合物（图 7-11）。在内源性过氧化物酶较高的组织中进行免疫组织化学染色时，APAAP 法较 PAP 法具有更多的优势，仅需稍加处理则消除内源性碱性磷酸酶的干扰，在血、骨髓、脱落细胞涂片的免疫细胞化学染色上具有 PAP 法不可替代的优势。

PAP 法和 APAAP 法的关键在于：①PAP 或者 APAAP 复合物中的抗酶抗体必须与特异性抗体为同种动物所产生；②特异性抗体的浓度尽可能低；③桥抗体必须适当过量，以保证桥抗体分子的两个抗原结合部位能分别与特异性抗体和抗酶抗体结合。

三、常用免疫酶组织化学技术操作步骤

免疫酶组织化学技术以PAP法和APAAP法最常用，二者染色方法除显色系统不同外，其他步骤相同。下面以来源于兔的第一抗体为例介绍PAP法操作步骤。

（1）石蜡切片脱蜡到水，冰冻切片、振动切片或培养细胞直接进入下一步。

（2）PBS洗，2×5min。

（3）0.3% H_2O_2的PBS或甲醇溶液室温30min，阻断内源性过氧化物酶活性。

（4）PBS漂洗，3×5min。

（5）含0.3% Triton X-100的PBS孵育15~30min，以增加细胞膜对抗体分子的通透性。

（6）含3% BSA和10%正常羊血清（NGS）的PBS，孵育30min，封闭非特异性染色反应。

（7）第一抗体孵育（用含3% BSA和10% NGS的PBS稀释），37℃孵育2h或4℃孵育12~48h。

（8）PBS漂洗，3×5min。

（9）羊抗兔IgG孵育（用含3% BSA和10% NGS的PBS稀释），37℃孵育30min或室温2h。

（10）PBS漂洗，3×5min。

（11）兔PAP复合物（用PBS稀释）孵育，37℃孵育30min或室温2h。

（12）PBS漂洗，3×5min。

（13）滴加含0.01%~0.05% DAB和0.01% H_2O_2的0.05 mol/L Tris-HCl缓冲液（TBS，pH7.6）的显色液，室温呈色5~10min，显微镜下控制反应强度，适时用PBS洗去显色液，终止反应。

（14）自来水冲洗，双蒸水漂洗。

（15）苏木精淡染（必要时）。

（16）常规梯度乙醇脱水，二甲苯透明，树胶封片，显微镜观察。

四、免疫酶组织化学染色注意事项

与其他免疫组织化学技术相同，免疫酶组织化学技术如操作不当或其他原因也会产生与靶抗原-抗体无关的非特异性着色，或敏感度不够，出现假阴性，因此，在染色过程中，要特别注意以下事项：

（1）从固定液或其他保护液中取出的组织、切片，需用缓冲液（如PBS、TBS等）充分清洗（3~5次），每次5min。

（2）消除或抑制内源性酶活性：在用过氧化物酶（如HRP）作标记物的免疫酶组织化学技术中，先用酶的底物处理内源性酶，如用含3%过氧化氢的PBS或1%过氧化氢-甲醇液处理切片以阻断其内源性过氧化物酶，然后进行正常血清封闭处理；在用AP作为标记物的免疫酶组织化学技术中，可在底物液中加入左旋咪唑（1 mmol/L），以除去内源性碱性磷酸酶。

（3）与免疫荧光技术一样，用10%与第二抗体同种属的正常血清，如正常羊血清（normal goat serum，NGS）和3%牛血清白蛋白（bovine serum albumin，BSA）预先孵育切片以封闭标本中的电荷基团、内源性免疫球蛋白和Fc受体。

（4）在PAP法和APAAP法中，特异性第一抗体（如兔抗）和第二抗体（羊抗兔IgG）均用含3% BSA和10%NGS的PBS稀释到经预实验确定的适当浓度：特异性第一抗体必须充分稀释以尽可能减少非特异性结合，第二抗体原则上应用高浓度，以使尽可能多的第二抗体与第一抗体结合，从而结合更多的PAP或APAAP而起信号放大作用。

（5）PBS洗涤是为了除去未反应抗体和其他杂物，以减少非特异性反应引起的背景着色和杂物污染，因此应充分，特别在第一抗体孵育后。

（6）DAB/H_2O_2溶液显色时应在避光条件下进行，以避免DAB本身氧化变质，引起组织的非特异性吸附，并在配制后立即使用。在酶显色反应中应注意控制时间，如辣根过氧化物酶的显色时间随温度变化而变化，温度越高，显色时间越短。DAB作为联苯胺类物质，具有致癌性，故操作时需戴手套，尽量避免吸入或直接接触DAB粉末或溶液，用后剩余的DAB液不宜直接排放入下水道。最好用巴氏消毒液氧化处理为无毒的产物，或者以金属容器密封收好，交有关部门处理。

（7）各种抗体在稀释至工作浓度后，需加入0.05%的NaN_3防腐，但PAP复合物中不得加入NaN_3，因为NaN_3对过氧化物酶活性具有抑制作用。

（8）根据需要选择对比染色：若反应产物

在细胞质内，可复染细胞核；若反应产物在细胞核内，可复染细胞质，但要淡染，以免掩盖反应产物。染料的颜色选择与反应产物颜色对比度大的为宜。

（9）整个程序均需保持组织切片或者细胞涂片湿润。

（10）设置对照实验，验证方法的特异性：主要包括吸附实验、替代实验或空白实验，详细方法见前述。

第四节　亲和免疫组织化学技术

利用一种物质对组织中某种成分具有高度亲和力及可标记性的特点而显示组织中相应成分的技术称亲和组织化学技术。将免疫酶组织化学和亲和组织化学结合，即亲和免疫组织化学。亲和免疫组织化学是一种特殊的免疫酶组织化学技术，它区别于古老的组织化学分解、置换、氧化和还原反应，本质上也不是抗原－抗体反应。该技术结合免疫酶组织化学能在待检抗原部位形成有色沉淀和亲合组织化学能产生有效抗原信号放大的特点，使敏感性大大增加，且其背景清晰，因而成为目前应用最广泛的免疫组织化学方法。

一、亲和免疫组织化学技术基本原理

相互之间具有高度亲和力的两种物质互称亲和物质对，如生物素（biotin）与亲和素（avidin）、植物凝集素（1ectin）与糖类、葡萄球菌A蛋白（staphylococcal protein A，SPA）与抗体的Fc片段等。亲和免疫组织化学就是利用这些物质对之间的高度亲和特性，将酶、荧光素等标记物与亲和物质连接，从而对抗原进行定位和定量分析的方法。目前，生物素与亲和素是在亲和免疫组织化学中应用最为广泛的亲和物质对。

生物素是一种分子量为244 kD的小分子维生素（维生素H），是一种含硫杂环单羧酸，通过其羧基与蛋白质的氨基结合，可对抗体进行标记而不影响抗体与抗原结合力。一分子抗体可结合多达150个生物素分子。生物素还可被酶（如过氧化物酶HRP）标记或称酶生物素化。亲和素是一种分子量为68 kD的碱性糖蛋白，因在鸡蛋清中含量丰富，一般从蛋白清中提取，故又称卵白素。每个亲和素有4个与生物素结合的位点，因其能使生物素失活，又称抗生物素。亲和素和生物素之间有极强的亲和力，比抗体对抗原的亲和力要高出100万倍，两者之间呈非共价结合，作用极快，一旦结合很难解离，并且不影响彼此的生物学活性。亲和素除与生物素具有亲和力外，还具有与其他示踪物质（如荧光素、酶、胶体金等）相结合的能力。

由于生物素和亲和素既可结合抗体等大分子物质，又可被多种标记物所标记，现已发展成一个独特的生物素－亲和素系统。1979年，Guesdon等首先将该系统用于免疫组织化学技术中，建立了标记亲和素－生物素技术和桥亲和素－生物素技术；1980年，Hsu在此基础上，先后建立了生物素－亲和素间接法及亲和素－生物素－过氧化物酶复合物法（avidin biotin-peroxidase complex method，ABC法）。随着链霉亲和素（streptavidin）的应用，又出现了链霉亲和素－生物素－过氧化物酶复合物法（streptavidin-biotin-peroxidase complex method，SABC法）和链霉亲和素－过氧化物酶法（streptavidin peroxidase method，SP法）等亲和免疫组织化学技术。

二、亲和免疫组织化学技术基本方法

目前常用的亲和免疫组织化学技术有ABC法、SABC法、SP法。

（一）亲和素－生物素－过氧化物酶复合物法（ABC法）

将亲和素和偶联了过氧化物酶的生物素按一定的比例混合形成亲和素－生物素－过氧化物酶复合物（ABC），使每个亲和素分子的3个结合位点分别与一个生物素结合，另一个结合位点保留，用于与生物素化的第二抗体结合。染色时，特异性抗体先与标本中的抗原结合，再与生物素化的第二抗体结合；加入ABC复合物后，复合物中的亲和素上保留的结合位点便与第二抗体上的生物素结合，最后通过过氧化物酶的组织化学显色反应显示组织或细胞中的抗原（图7-12、图7-13）。

在ABC反应中，亲和素作为桥连接于生物素偶联的过氧化物酶和生物素化的第二抗体之间，

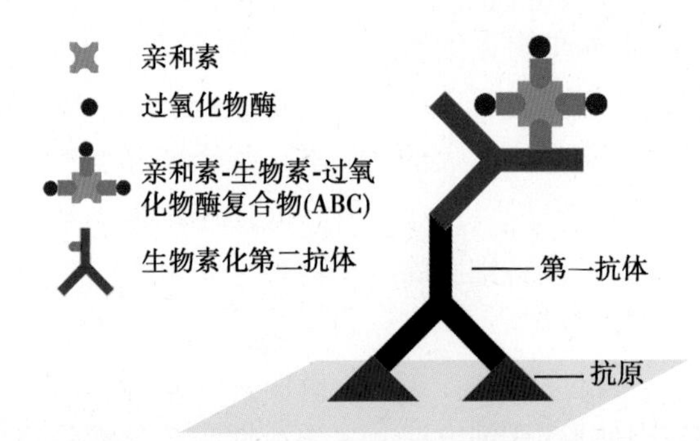

图 7-12 亲和素 - 生物素 - 过氧化物酶复合物法（ABC 法）示意图

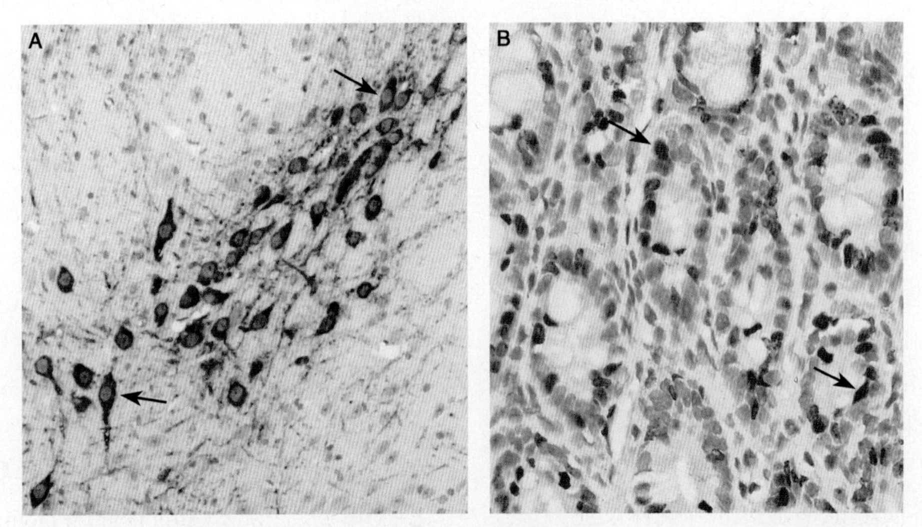

图 7-13 ABC 法、SABC 法亲和免疫组织化学染色（DAB 显色，苏木精复染）

A. ABC 法显示大鼠黑质内酪氨酸羟化酶表达，箭示酪氨酸羟化酶免疫反应阳性神经元；B. SABC 法显示大鼠小肠腺细胞核内 5- 溴脱氧尿嘧啶核苷（BrdU），箭示 BrdU 免疫反应阳性细胞核（吉林大学周莉供图）

而生物素偶联的过氧化物酶又可作为桥连接于亲和素之间，于是形成了一个含有 3 个以上过氧化物酶分子（大于 PAP 复合物）的网格状复合物，故 ABC 法敏感性比 PAP 法高 20~30 倍。由于其敏感性高，特异性抗体和生物素化抗体均可高度稀释，因此可明显减少非特异性染色。但对于含内源性生物素较高的组织，如肝、肾、白细胞等，在应用 ABC 法染色前，应先用 0.04% 的亲和素和 0.01% 的生物素溶液分别作用 20min 左右，以消除内源性生物素活性。

（二）链霉亲和素 - 生物素 - 过氧化物酶复合物法（SABC 法）

SABC 法是 ABC 法的改良，用链霉亲和素（streptavidin）代替 ABC 法中的亲和素，其他成分与 ABC 法的完全相同。

链霉亲和素是一种从链霉菌培养物中提取的蛋白质，相对分子量为 60 000，与亲和素一样也具有 4 个生物素结合位点，与生物素的亲和力高达 10^{15}mol/L，是一种更完美的生物素结合蛋白，且不含糖链，可保持中性等电点，不会与组织中的凝集素及内源性生物素结合，也不与组织产生静电结合，因此，与 ABC 法相比，SABC 法非特异性染色更少，特异性更强。

（三）链霉亲和素 - 过氧化物酶法（SP 法）

将过氧化物酶直接与链霉亲和素结合，形成链霉亲和素 - 过氧化物酶复合物。该复合物保留一个游离的生物素结合位点，与生物素化的第二抗体结合，生物素化第二抗体与结合在组织和细胞中抗原上的特异性抗体结合，最后通过过氧化物酶的组织化学显色反应显示组织或细胞中的抗原，此方法称为链霉亲和素 - 过氧化物酶法（streptavidin-peroxidase method，SP 法）（图 7-14）。

SP 法与 SABC 法的区别在于，SABC 复合物中的过氧化物酶分子是通过生物素结合到链霉亲

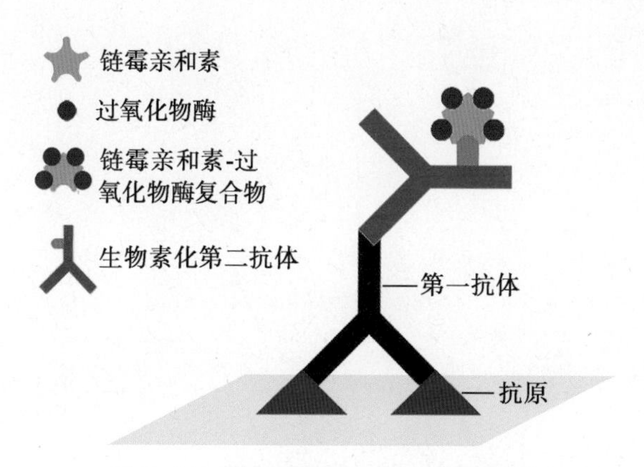

图 7-14 链霉亲和素 - 过氧化物酶法（SP 法）示意图

和素的，而 SP 复合物中过氧化物酶直接标记在链霉亲和素上，其结合能力更牢固，结合的酶分子更多，因此灵敏度和特异性都更好，是目前普遍使用的亲和免疫组织化学方法。

上述各种亲和素 - 生物素系统中除了可用 HRP 作为标记物，也可用 AP、荧光素等作标记物。用 AP 标记链霉亲和素的亲和免疫组织化学技术简称 SAP 法，用荧光素如 Cy3 标记链霉亲和素的亲和免疫组织化学技术称 SABC- 荧光素法（图 7-15）。

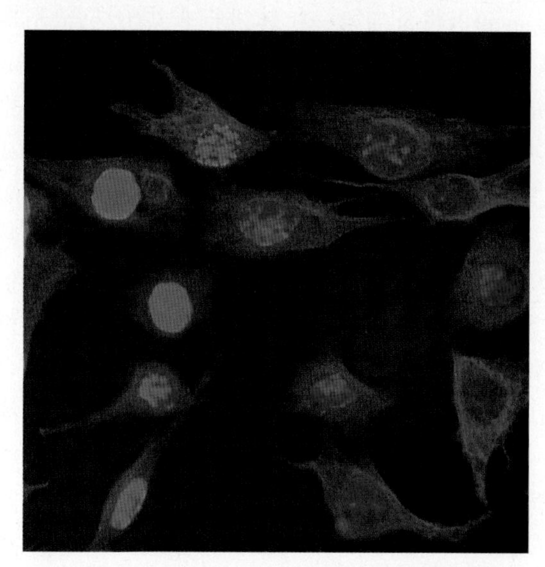

图 7-15 SABC-Cy3 法亲和免疫组织化学染色 C6 细胞株内波形蛋白表达。细胞用抗波形蛋白抗体、生物素化第二抗体孵育后，用红色荧光素 Cy3 标记的 SABC 显示，用蓝色荧光染料 Hoechst 33258 复染细胞核（吉林大学周莉供图）

三、亲和免疫组织化学技术操作步骤

在 ABC 法、SABC 法和 SP 法三种常用的亲和免疫组织化学技术中，SABC 法与 ABC 法原理基本相同，SP 法与 SABC 法略有不同。下面介绍 SABC 法的操作步骤，简介 SP 法的特点。

（一）链霉亲和素 - 生物素 - 过氧化物酶复合物法（SABC 法）染色

1. 染色步骤

（1）石蜡切片脱蜡到水，冰冻切片、振动切片或培养细胞直接进入下一步。

（2）PBS 洗，2 × 5min。

（3）0.3% H_2O_2 的 PBS 或甲醇溶液室温 30min，阻断内源性过氧化物酶活性。

（4）PBS 漂洗，3 × 5min。

（5）含 0.1% Triton X-100 的 PBS 孵育，15min，以增加细胞膜对抗体分子的通透性。

（6）含 3% BSA 和 10% NGS 的 PBS 孵育，30min，封闭非特异性染色反应。

（7）不洗，滴加用含 3% BSA 和 10% NGS 的 PBS 稀释的特异性抗体（如兔抗待测抗原的抗体），置湿盒内 37℃孵育 2h 或 4℃ 12~48h。

（8）PBS 漂洗，3 × 10min。

（9）生物素标记的 IgG（与第一抗体种属匹配的第二抗体，如羊抗兔 IgG，用含 3% BSA 和 10%NGS 的 PBS 稀释），室温孵育 2h。

（10）PBS 漂洗，3 × 10min。

（11）SABC 复合物孵育（用 PBS 稀释），室温 2h。

（12）PBS 漂洗，3 × 5min。

（13）滴加含 0.01%~0.05% DAB 和 0.01% H_2O_2 的 0.05mol/L TBS（pH7.6）的显色液，室温呈色 5~10min，显微镜下控制反应强度，适时用 PBS 洗去显色液，终止反应。

（14）自来水冲洗，蒸馏水漂洗。

（15）苏木精淡染（必要时）。

（16）常规脱水、透明、树脂封片。如选用 AEC 显色，则标本不能经乙醇脱水、二甲苯透明和树胶封片，应用水性封片剂封固（图 7-16）。

2. 对照实验、染色结果与注意事项 参见 PAP 法。

（二）链霉亲和素 - 过氧化物酶复合物法（SP 法）

SP 法染色步骤基本与 SABC 法相同，只是步骤（11）中的 SABC 复合物用 SP 复合物替代。实验结果、对照实验和注意事项等均与 SABC 法相同。

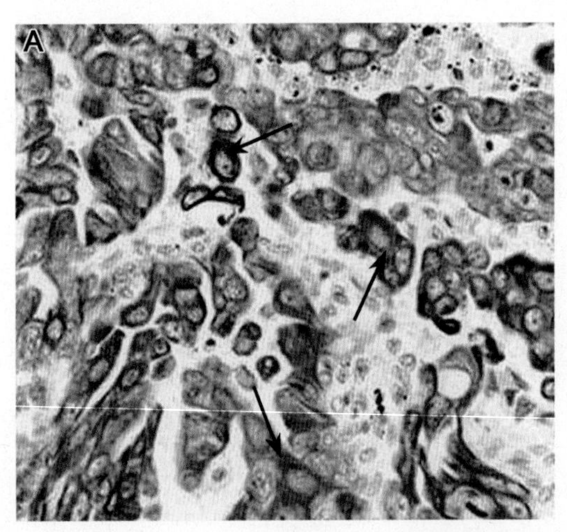

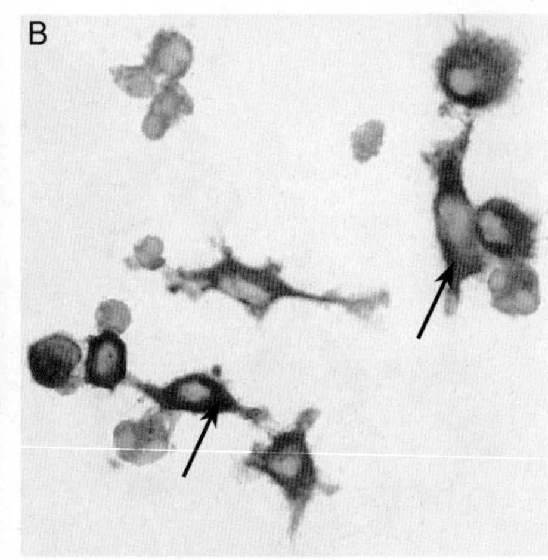

图 7-16 SABC 法亲和免疫组织化学染色
A. DAB 呈色；B. AEC 呈色；箭示棕色（A）或红色（B）免疫反应阳性产物

第五节 应用与标本同种属第一抗体的免疫组织化学技术

用于间接法免疫组织化学反应的第一抗体一般应来源于与待检测标本种属不同的动物，否则，由于第二抗体既能与第一抗体结合，也能与组织中各种与第一抗体类似的内源性免疫球蛋白结合，因此可能产生非常强的非特异性背景染色。然而，目前许多第一抗体都是小鼠来源，而小鼠是最常用的实验动物之一，特别是目前许多用于遗传操作动物模型制备的动物大多为小鼠，如转基因小鼠、基因敲除小鼠等；也有大鼠、兔或豚鼠等动物组织不得不用大鼠、兔或豚鼠来源的第一抗体。因此，应用与待检测标本种属相同的第一抗体进行的免疫组织化学染色越来越多。为了保证这种染色的特异性，封闭第二抗体与组织内源性免疫球蛋白的非特异性结合是关键。目前，常用的方法有两种：第一抗体半抗原化法和未结合 Fab 片段预孵育阻断法。

一、第一抗体半抗原化法

第一抗体半抗原化（haptenylation of primary antibody）法是先将同种属第一抗体用半抗原标记，然后用识别半抗原但不识别第一抗体种属的第二抗体显示半抗原。对第一抗体用半抗原标记的方法又分为共价法和非共价法。共价法用 N-羟基琥珀酰亚胺酯（N-hydroxysuccinimide ester）将半抗原共价结合在第一抗体上，常用的半抗原包括地高辛、生物素、酶、荧光素等。由于共价标记法实验条件要求高，需要大量纯化的第一抗体，且需对每一种第一抗体进行标记，故较少用。非共价法应用结合有标记物（如荧光素、酶、生物素）并特异性识别第一抗体或特异性识别与第一抗体同种属 IgG 的单价 Fab 片段（monovalent Fab fragment），将其与第一抗体进行非共价结合，形成第一抗体 -Fab 片段复合物（primary antibody-Fab fragment complex），故这种第一抗体半抗原化法也称第一抗体 -Fab 片段复合物法。这种单价 Fab 片段既能与第一抗体的 Fc 片段结合，也能与第二抗体的 $F(ab')_2$ 结合。由于针对某一种属动物的单价 Fab 片段标记后可与该种属的所有第一抗体结合，且多种标记的单价 Fab 片段已商品化，标记单价 Fab 片段与第一抗体结合形成非共价复合物的实验步骤简单易行，不需要特殊实验条件，第一抗体用量少，因此，第一抗体 -Fab 片段复合物法较共价法经济、简便、实用。该方法也适于用两种或多种同种属第一抗体进行间接法双重或多重免疫组织化学染色中阻断交叉反应（详见本章第七节）。

下面以对小鼠单克隆第一抗体用标记的单价 Fab 片段进行非共价半抗原化为例，介绍第一抗体 -Fab 片段复合物制备及对小鼠组织切片染色过程：

（1）PBS 漂洗切片 3×5min。

（2）含 0.3%Triton X-100 的 PBS 室温孵育 20min。

（3）含10%正常小鼠血清的PBS室温封闭1h。

（4）在封闭切片的同时，按2∶1重量比，将标记的抗小鼠IgG Fab片段与小鼠单克隆第一抗体加入10μl PBS（使第一抗体浓度约为1μg/10μl），室温孵育20min。

（5）将上述反应物用含有10%正常小鼠血清的PBS稀释至第一抗体浓度为5μg/ml，室温孵育10~20min，封闭未与第一抗体结合的标记Fab片段。

（6）13 000g离心10min，去除沉淀物（可省略）。

（7）用适当稀释的第一抗体-Fab片段复合物（第一抗体浓度1~5μg/ml）室温孵育切片30~60min。

（8）根据Fab片段上标记物种类的不同，可选择不同的方法显示和观察结果。如标记物是荧光素，则直接在荧光显微镜下观察；如果标记物是酶，则用酶组织化学方法显色；如标记物是生物素，则用亲和素-生物素系统显示后观察。

二、未结合Fab片段预孵育阻断法

未结合Fab片段预孵育阻断（blocking by preincubation with unconjugated Fab fragments）法是应用识别与待检测组织同种属的免疫球蛋白或第一抗体的未标记IgG单价Fab片段先对组织进行预孵育，封闭组织中与第一抗体相似的内源性免疫球蛋白，然后进行常规的间接法免疫组织化学染色。该方法较第一抗体-Fab片段复合物法更为简便，因而应用更为广泛。下面以羊抗小鼠IgG（H+L）未标记的单价Fab片段为例，介绍应用小鼠来源的单克隆第一抗体和羊抗小鼠IgG（H+L）生物素标记 的Fab片段为第二抗体对小鼠组织进行染色的基本过程：

（1）PBS漂洗切片3×5min。

（2）含0.3%Triton X-100的PBS室温孵育20min。

（3）PBS稀释的羊抗小鼠IgG未标记单价Fab片段（浓度不低于0.1 mg/ml）室温孵育1h。

（4）PBS漂洗切片3×5min。

（5）用PBS适当稀释的小鼠单克隆第一抗体室温孵育1~2h或4℃过夜。

（6）PBS漂洗切片3×5min。

（7）含3%H_2O_2的PBS室温孵育10min，以阻断内源性过氧化物酶。

（8）PBS漂洗切片3×5min。

（9）用PBS适当稀释的生物素化羊抗小鼠IgG（H+L）Fab片段室温孵育1~2h。

（10）PBS漂洗切片3×5min后按ABC或SABC或SP法进行后续操作。如使用荧光素标记的链霉亲和素，则第（7）步“阻断内源性过氧化物酶”可省去。

该方法中所用的未标记单价Fab片段浓度以0.1 mg/ml为宜，低于此浓度会因对内源性免疫球蛋白封闭不完全而使非特异性背景染色较强，高于此浓度则无必要。生物素标记的羊抗小鼠IgG（H+L）Fab片段也可用IgG全分子代替。

基于未结合Fab片段预孵育阻断法原理，已开发出阻断小鼠内源性免疫球蛋白的试剂盒。应用这类试剂盒进行小鼠来源的第一抗体检测小鼠标本的免疫组织化学染色的步骤与SP法基本相同，不同之处在于：封闭内源性过氧化物酶和PBS漂洗后，用试剂盒中的封闭试剂孵育标本1h；PBS漂洗后用试剂盒的工作液孵育5min；倾去工作液后，用小鼠来源的第一抗体（以试剂盒的工作液稀释）孵育，其后的生物素化抗小鼠第二抗体、ABC或SP复合物孵育等操作，与ABC法或SP法相同。

第六节 免疫组织化学增敏方法

生物体组织细胞内多数抗原物质的含量都非常低，为了能对这些含量极低的抗原进行定位和定性检测，要求所采用的免疫组织化学方法非常灵敏。自Coons创建免疫荧光技术以来，经组织化学工作者的不断努力，相继建立了一系列增敏方法。例如，抗原修复技术通过暴露更多的抗原表位，使醛类固定剂固定的石蜡切片标本的免疫组织化学染色的敏感性明显提高；各种免疫组织化学染色方法从直接法发展为间接法，亲和免疫组织化学技术的建立及ABC法的各种改良，免疫金银加强技术等，通过标记信号的进一步放大来增加敏感性。20世纪90年代以来，相继出现了多聚螯合物酶法和催化信号放大系统等更为有效的放大染色信号的增敏方法。

一、多聚螯合物酶法

多聚螯合物酶法以不同的多聚化合物作为骨架，结合大量的酶分子和较多的抗体分子，形成酶 - 多聚化合物 - 抗体复合物，以此作为第一抗体或第二抗体进行直接法或间接法免疫酶染色，从而增加免疫染色的敏感性。因该方法中不需要生物素和亲和素，可避免内源性生物素的非特异性染色。根据所用的多聚化合物骨架种类不同和是否结合第一抗体，多聚螯合物酶法分为EPOS（增强多聚物一步染色）、EnVision、UIP（通用免疫酶多聚法）和PowerVision 4种方法。

1. EPOS法　EPOS（增强多聚物一步染色，enhanced polymer one-step staining）法是一种多聚螯合物酶一步法，该方法以具有惰性的多聚化合物葡聚糖为骨架，将特异性抗体和酶分子结合在一起，形成酶 - 多聚化合物 - 特异性抗体巨大复合物（EPOS试剂）（图7-17）。染色时，用相应EPOS试剂孵育标本，不需再加酶标记第二抗体，反应在30~60min内即可完成。下面以结合HRP的EPOS试剂为例介绍其操作步骤。

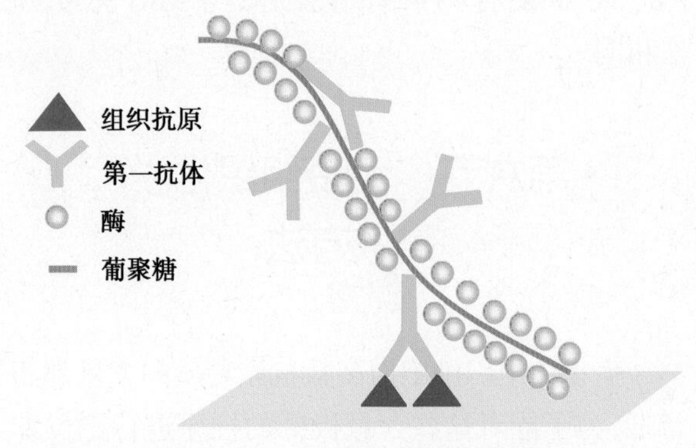

图7-17　EPOS法原理示意图

（1）PBS漂洗切片3×5min。

（2）含0.3%Triton X-100的PBS室温孵育20min。

（3）PBS漂洗3×5min。

（4）含3%H_2O_2的PBS室温孵育10min，以阻断内源性过氧化物酶。

（5）相应EPOS试剂室温孵育30~60min。

（6）PBS漂洗3×5min。

（7）含DAB-H_2O_2的0.05mol/L TBS（pH 7.6）的显色液，室温呈色5~10min，显微镜下控制反应强度，适时用PBS洗去显色液，终止反应。

（8）水洗、脱水、透明、封片后显微镜下观察。

EPOS法通过柔韧的多聚螯合物使特异性第一抗体与检测系统结合为一种试剂，只需一次孵育，是目前最简便的方法。该方法特异性较高，基本无背景染色，敏感性虽然不及其他二步多聚螯合物方法，但能满足一般实验需要。但现有商品化的酶标EPOS试剂品种有限，且价格昂贵，难以广泛推广应用。

2. EnVision法　EnVision法也称增强标记多聚物体系（enhance labeled polymer system，ELPS）法，是一种多聚螯合物酶二步法。该方法将多个酶和第二抗体同时结合在多聚化合物葡聚糖骨架上，形成酶 - 多聚化合物 - 第二抗体巨大复合物（EnVision复合物或EnVision试剂）。每一个多聚化合物分子中约有70个酶分子和10个第二抗体分子，其酶分子数量远多于ABC等复合物，多个第二抗体分子也增加了该复合物与第一抗体的结合机会，复合物的形成本身已具有高度放大作用，因此该方法的敏感性显著高于其他方法（图7-18）。该方法染色步骤分为两步，首先用特异性第一抗体孵育标本，然后用相应的EnVision复合物孵育，最后用相应的酶显色方法显示。该方法的EnVision复合物孵育仅需30min，制备针对一个种属的EnVision复合物后可满足该种属所有第一抗体，因此EnVision法省时简便，应用广泛。用HRP标记的EnVision法操作步骤如下：

（1）PBS漂洗切片3×5min。

（2）含0.3%Triton X-100的PBS室温孵育20min。

（3）PBS漂洗3×5min。

（4）含3%H_2O_2的PBS室温孵育10min，以阻断内源性过氧化物酶。

（5）含3% BSA和10%与第二抗体同种属正常血清的PBS室温孵育30min。

（6）用含3% BSA和10%与第二抗体同种属正常血清的PBS适当稀释的第一抗体37℃孵育1h或4℃过夜。

（7）PBS漂洗3×5min。

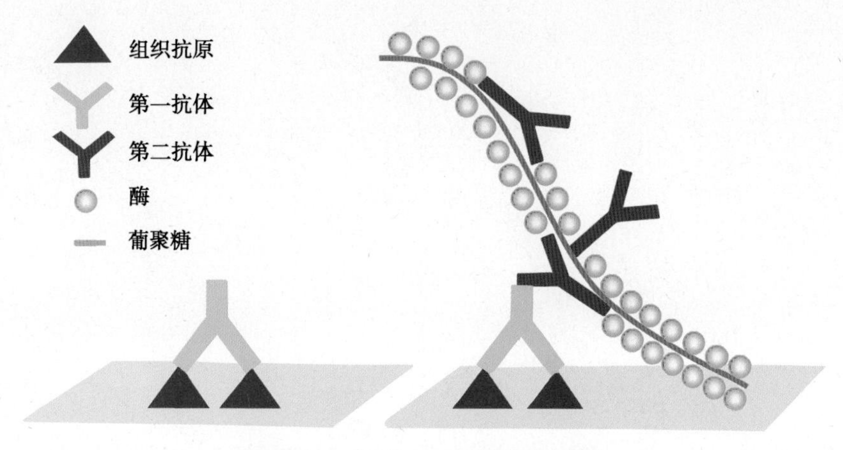

图 7-18 EnVisionS 法原理示意图

（8）相应 EnVision 复合物室温孵育 30min。

（9）PBS 漂洗 3 × 5min。

（10）含 DAB- H_2O_2 的 0.05 mol/L TBS（pH 7.6）的显色液，室温呈色 5~10min，显微镜下控制反应强度，适时用 PBS 洗去显色液，终止反应。

EnVision 法的缺点是所形成的巨大复合物不易折叠，相对分子量大，有明显的空间阻隔效应，不易穿透细胞膜或核膜，使敏感性受到影响，尤其是活细胞核内抗原定位更为困难，并出现组织染色不均匀现象。

3. UIP 法 UIP 法即通用免疫酶多聚法（universal immunoenzyme polymer），其原理与 EnVison 法相似，不同的是以氨基酸代替葡聚糖作为骨架，将酶和第二抗体与此骨架结合形成多聚螯合物（UIP 复合物）。UIP 复合物分子较 EnVision 复合物分子小，具有更强的穿透力，故 UIP 法较 EnVison 法敏感。但 UIP 复合物中有暴露在外的 N 末端，形成的电荷能和组织细胞发生静电吸附，可造成非特异性染色，因此，染色时需进行静电荷平衡处理。

4. PowerVison 法 PowerVison 法是利用一种可折叠的多聚糖样多功能分子作为骨架，将大量酶分子交联在第二抗体分子上，形成排列紧密、呈串珠状的多聚复合物（PowerVision 复合物）（图 7-19）。由于骨架分子是可折叠的小分子有机单体，所形成的复合物相对分子质量较小，有效地克服了空间阻隔效应，故 PowerVision 法较 EnVision 法更为敏感，其操作步骤与 EnVision 相同，但各步孵育反应均需在室温下进行。

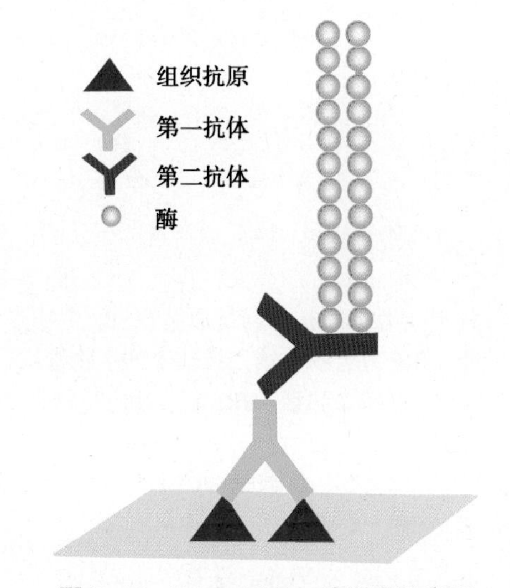

图 7-19 PowerVision 法原理示意图

二、催化信号放大系统

催化信号放大系统（catalyzed signal amplification system，CSA）也称酪胺信号放大系统（tyramine signal amplification system，TSA），其原理是在亲和免疫组织化学 SP 法染色过程中，当 SP 与第二抗体上的生物素结合后，加入生物素化酪胺分子，此时结合在链霉亲和素上的 HRP 在 H_2O_2 的存在下，催化酪胺分子形成共价键结合位点并与周围蛋白质中的色氨酸、组氨酸、酪氨酸等氨基酸残基结合，随后大量的生物素随酪胺沉积在抗原抗体结合部位。当再一次加入 SP 时，大量沉积在抗原抗体结合部位的生物素结合更多的 SP（图 7-20）。如经过几次这样的循环，抗原抗体结合部位可以网络大量的 HRP，最后通过 DAB-H_2O_2 显色反应，使 CSA 的敏感性成几何级数放

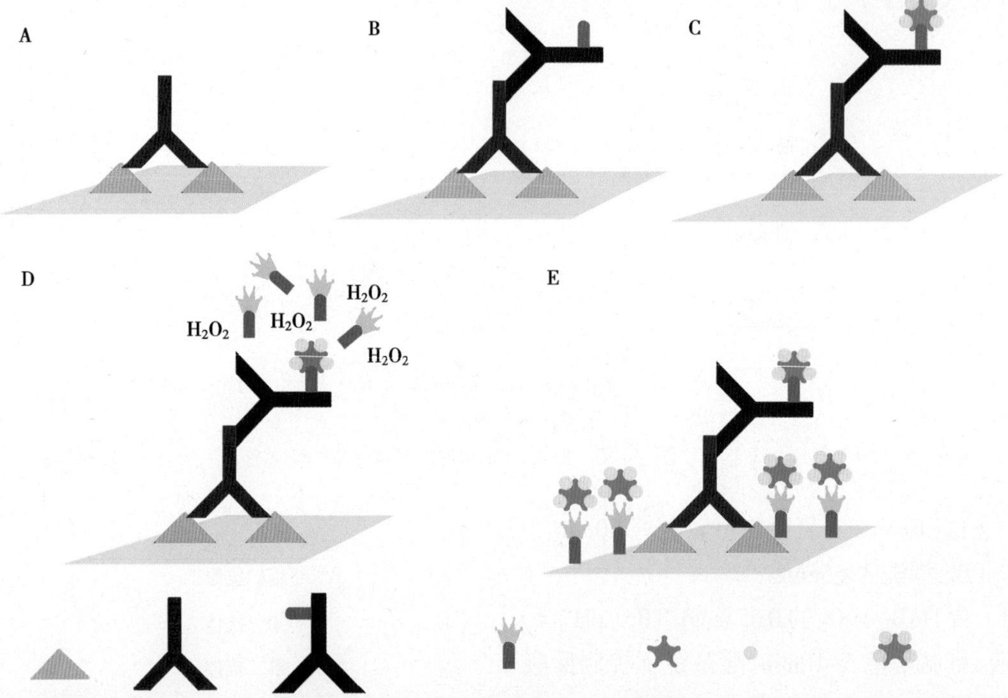

图 7-20 CSA 原理示意图

A. 特异性第一抗体与抗原结合；B. 生物素化第二抗体与结合在抗原上的第一抗体结合；C. 链霉亲和素-HRP 复合物与第二抗体上的生物素结合；D. HRP 在 H_2O_2 存在下催化生物素化的酪胺分子；E. 再次加入链霉亲和素-HRP 复合物与生物素结合，大量 HRP 沉积在抗原抗体结合部位

大，较 ABC 法或 SP 法敏感 50~100 倍，特别适于微量抗原检测。其操作步骤如下：

（1）~（7）同 EnVision 法操作步骤（1）~（7）。

（8）用含 3% BSA 和 10% 与第二抗体同种属正常血清的 PBS 适当稀释的生物素化第二抗体 37℃孵育 30min。

（9）PBS 漂洗 3×5min。

（10）第一次 SP（1∶500）37℃孵育 20~30min。

（11）PBS 漂洗 3×5min。

（12）含 0.003% H_2O_2 的 7μmol/L 生物素化酪胺分子 37℃孵育 12min。

（13）PBS 漂洗 3×5min。

（14）第二次 SP（1∶1 000）37℃孵育 15~20min。

（15）PBS 漂洗 3×5min。

（16）必要时重复循环（14）和（15），直至阳性信号满意为止。

（17）含 DAB-H_2O_2 的 0.05 mol/L TBS（pH 7.6）的显色液，室温呈色 5~10min，显微镜下控制反应强度，适时用 PBS 洗去显色液，终止反应。

CSA 敏感性高，对非特异性结合的信号也具有放大作用，因此，在使用 CSA 时，要特别注意抑制内源性过氧化物酶活性及封闭内源性生物素。

第七节 双重或多重免疫组织化学染色技术

在生命科学和医学研究中，为了分析不同组织、细胞之间与相关抗原的相互关系，或同一组织、细胞内两种或多种化学抗原之间的相互关系，如两种蛋白质之间是否发生相互作用，两种或多种抗原是否在同一个细胞内存在或表达，或有关抗原在细胞的合成、转运及代谢途径，需要对这些抗原成分之间的空间关系进行检测。在同一组织或细胞内显示两种或多种抗原成分的免疫组织化学方法称双重或多重免疫组织化学染色（double or multiple immunohistochemical staining）。

一、双重或多重免疫组织化学基本方法

双重或多重免疫组织化学染色的基本方法

是用两种或多种不同的标记物标记抗体后在同一标本上同时或先后原位显示两种或多种不同的抗原。根据标记物的不同,双重或多重免疫组织化学染色法可分为免疫荧光、免疫酶、免疫金和混合型等类型,每种类型的双重或多重免疫组织化学染色都可分为直接法与间接法。免疫荧光法最适于光镜下的双重或多重染色,尤其以间接法双重或多重免疫荧光染色最为常用。应用免疫酶法进行双重或多重染色时,不同颜色酶促反应产物如在同一部位重叠存在时常难以分辨,故光镜水平的双重或多重免疫酶染色主要用于同一标本不同细胞内两种或多种不同抗原的检测,或同一细胞内不同区域(如分别在细胞质和细胞核内)两种或多种不同抗原的检测,较少用于同一部位两种或多种不同抗原的共定位染色。免疫酶法和免疫金法及二者结合的混合法除了能进行光镜下的双重或多重染色,还可用于双重或多重免疫电镜标记。本节仅介绍光镜水平的双重或多重免疫组织化学染色技术,双重或多重免疫电镜技术将在第九章介绍。

(一)双重或多重免疫荧光染色

双重或多重免疫荧光染色应用两种或多种不同荧光素标记的第一抗体(直接法)或第二抗体(间接法)对两种或多种不同的抗原进行染色,在荧光显微镜下或激光扫描共聚焦显微镜下通过选择不同的滤色片检测不同颜色的荧光,从而在同一标本上显示两种或多种不同的抗原。双重或多重免疫荧光染色方法很多,以间接法较敏感,以第一抗体来源于不同种属的间接法最为简便。

1. 直接法　直接法双重或多重免疫荧光染色应用两种或多种荧光素标记的两种或多种第一抗体,分别与两种或两种以上的不同抗原直接结合,不需要第二抗体,所用的每种第一抗体既可以来源于不同种属,也可以来源于相同种属,染色时可将所有第一抗体混合后同时孵育标本,操作方法与直接法单染技术相同,具有特异性强、背景染色低、操作简便、省时等优点,最多可同时检测7种抗原,但灵敏度较差。

虽然多种荧光素标记的第一抗体来源有限,直接法敏感性较间接法低,其应用有限,但用荧光素标记单价Fab片段通过非共价结合将第一抗体半抗原化方法的应用,较好地解决了直接法双重或多重免疫荧光染色荧光素标记的第一抗体来源有限、敏感性低的问题。该方法在用抗体孵育组织切片之前,将不同荧光素标记的种属特异性抗体Fab片段分别与相应第一抗体Fc片段结合形成第一抗体-Fab片段复合物,即将第一抗体半抗原化,并用与第一抗体同种属的正常血清结合多余的Fab片段,然后用两种或多种半抗原化的第一抗体同时或先后孵育组织切片,最后在荧光显微镜下通过观察不同的荧光而对两种或多种不同的抗原进行定位(图7-21)。如果在第一抗体孵育后,再用两种或多种被不同荧光素标记并特异性识别Fab片段上结合的不同半抗原的第二抗体孵育(即将直接法变为一种特殊的间接法),可增加敏感性,从而可用于一种或多种待检测抗原含量低时的双重或多重染色。

在应用荧光素标记单价Fab片段将第一抗体半抗原化的直接法双重或多重免疫荧光染色中,需要注意的是:①第一抗体浓度要比间接法高一倍;②荧光素标记的单价Fab片段应过量,一般按3:1的重量比与第一抗体孵育,必要时可高达6:1~10:1;③荧光素标记的单价Fab片段与第一抗体间的结合不稳定,一般在1h内饱和,但数小时后,部分Fab片段开始与第一抗体分离,仅剩75%左右的第一抗体与Fab片段结合,因此,荧光素标记的单价Fab片段-第一抗体复合物应在使用之前临时制备;④为使荧光素标记的单价Fab片段牢固地结合在抗体上,抗体孵育标本后,应用含4%多聚甲醛的PBS对标本进行再次固定。

2. 间接法　间接法双重或多重免疫荧光染色最好选用来源于不同种属的第一抗体。因为两种或多种第一抗体来源于不同种属,每重染色之间无交叉反应,标记反应特异性强。每步抗体孵育时,可将不同的第一抗体或不同的第二抗体混合,操作程序和单标染色一样简便。如果两种或多种第一抗体来源于相同种属,在进行双重或多重染色时,染色系统中的第二抗体与来自相同种属的不同第一抗体之间存在交叉反应。为保证其特异性,需要对交叉反应进行封闭,而且每重染色必须分开先后进行,因此实验操作步骤繁多,费时长。

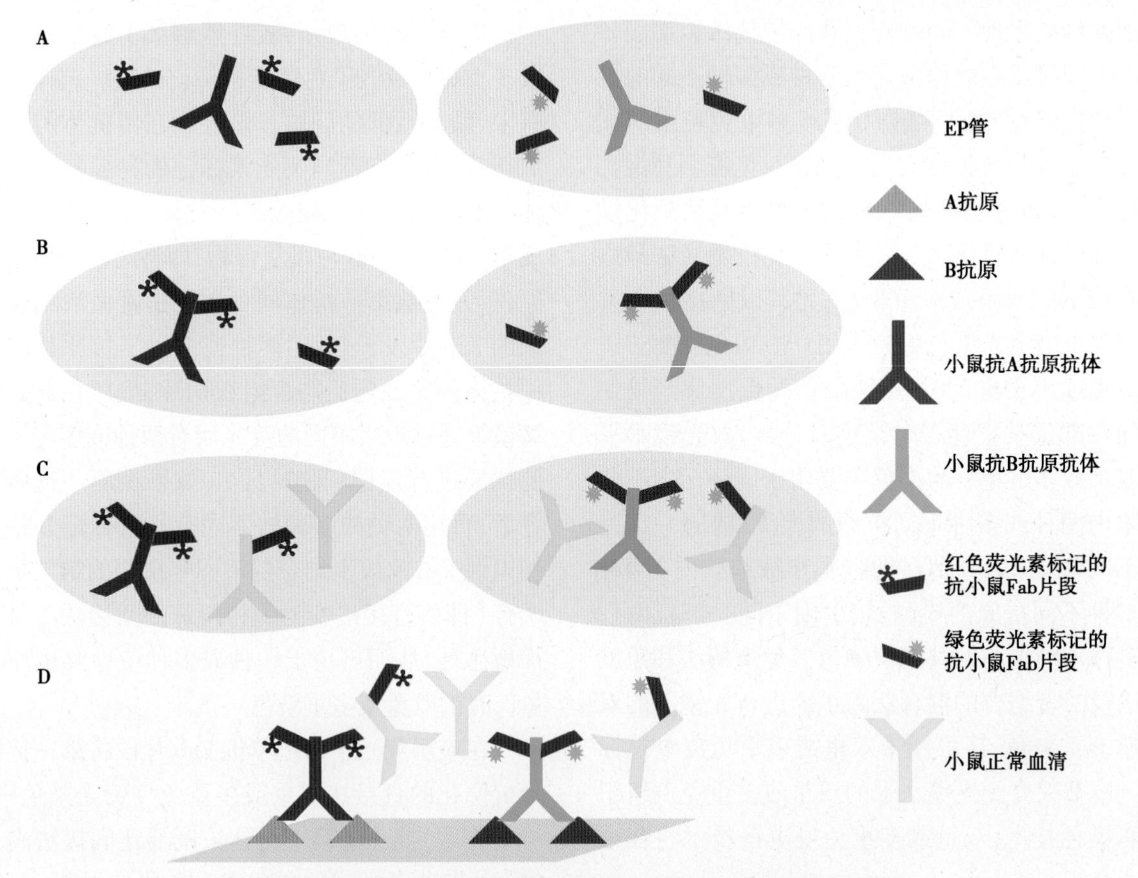

图 7-21 两种特异性抗体来自相同种属的直接法双重免疫荧光染色（应用第一抗体半抗原化法封闭交叉反应）示意图

A. 将足量的分别用红色荧光素和绿色荧光素标记的两种抗小鼠 Fab 片段分别在两只 EP 管内与小鼠抗 A 抗原抗体和小鼠抗 B 抗原抗体混合；B. 两种标记的 Fab 片段分别与两种第一抗体结合；C. 多余的不标记 Fab 片段与加入的小鼠正常血清结合；D. 将两种第一抗体 - 荧光素标记的 Fab 片段混合后孵育标本

（1）第一抗体来源于不同种属的间接法双重或多重免疫荧光染色：如果每种第一抗体都来源于不同种属，间接法双重或多重免疫荧光染色与间接法免疫荧光单标方法相似，即先用两种或多种来自不同种属的第一抗体与同一标本上的两种或多种抗原结合，再用两种或多种不同荧光素分别标记的种属特异性第二抗体与相应的第一抗体结合，从而显示每种抗原（图 7-22、图 7-23）。

（2）第一抗体来源于相同种属的间接法双重或多重免疫荧光染色：在应用来源于相同种属的第一抗体进行间接法双重或多重免疫荧光染色时，如不进行交叉反应封闭处理，第二种或后一种第一抗体会与第一种或前一种第二抗体结合，后一种第二抗体既与后一种第一抗体结合又与前一种第一抗体结合，以此类推，结果会产生交叉反应（图 7-24、图 7-25）。

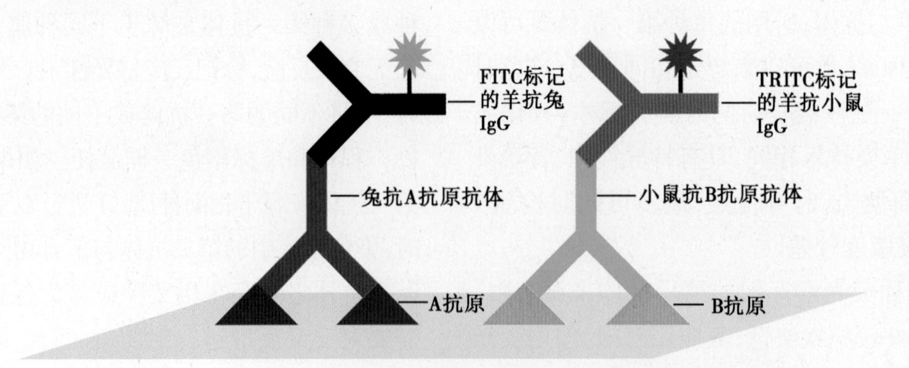

图 7-22 第一抗体来源于不同种属的间接法双重免疫荧光染色示意图

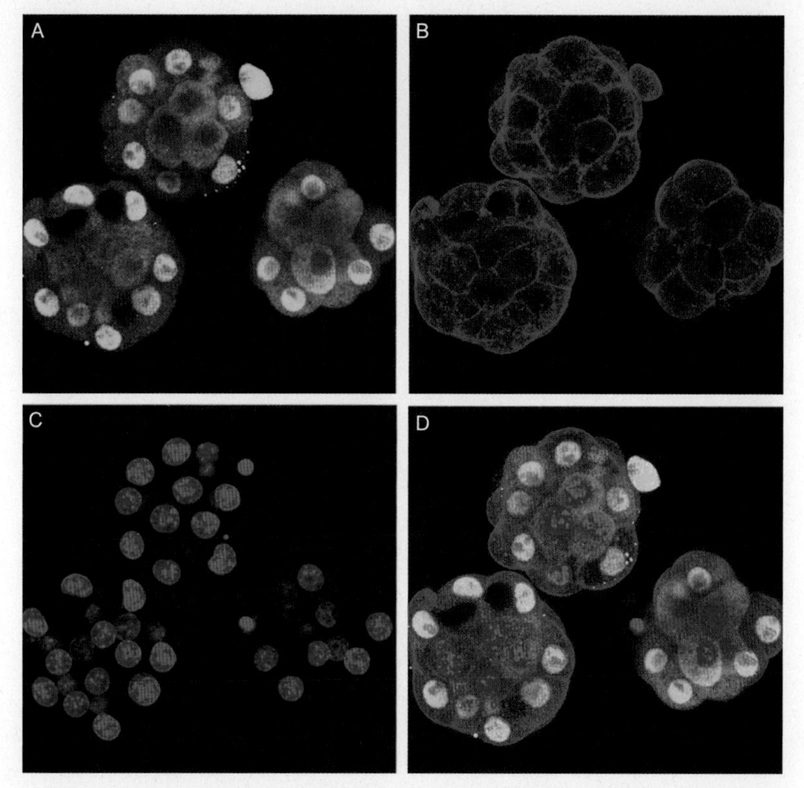

图 7-23　应用两种来源于不同种属的第一抗体的间接法双重免疫荧光标染色癌基因 Yes associated protein 1（YAP1）和钙黏附蛋白 E（E-Cadherin）在小鼠桑葚胚内的表达。A. YAP1（绿色荧光），分布在细胞质和细胞核内；B. E-Cadherin（红色荧光），分布在细胞膜上；C. 细胞核（DAPI，蓝色荧光）；D. A、B、C 的融合图（福建医科大学王世鄂供图）

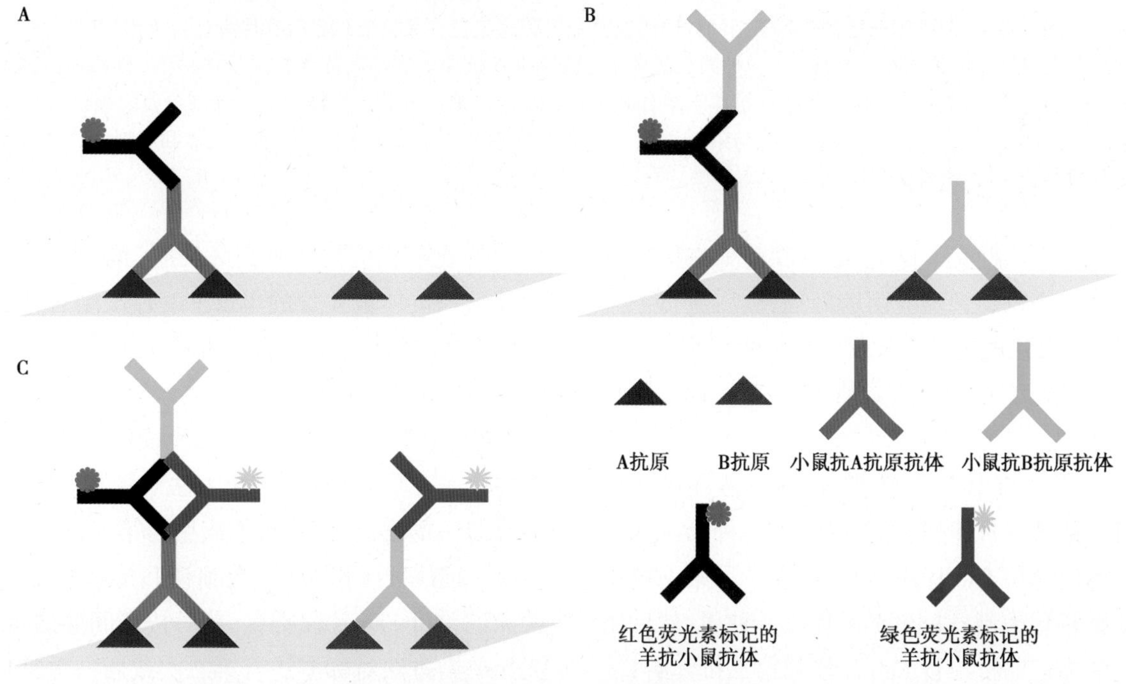

图 7-24　两种第一抗体来源于相同种属的双重免疫荧光染色交叉反应（无交叉反应阻断）示意图

A. 红色荧光素标记的羊抗小鼠抗体（第一种第二抗体）与结合在 A 抗原上的小鼠抗 A 抗原抗体（第一种第一抗体）结合；B. 小鼠抗 B 抗原抗体（第二种第一抗体）既与 B 抗原结合，也与第一种第二抗体未结合的 Fab 片段结合；C. 绿色荧光素标记的羊抗小鼠抗体（第二种第二抗体）既与第二种第一抗体的 Fc 片段结合，也与第一种第一抗体的 Fc 片段结合，从而出现交叉反应

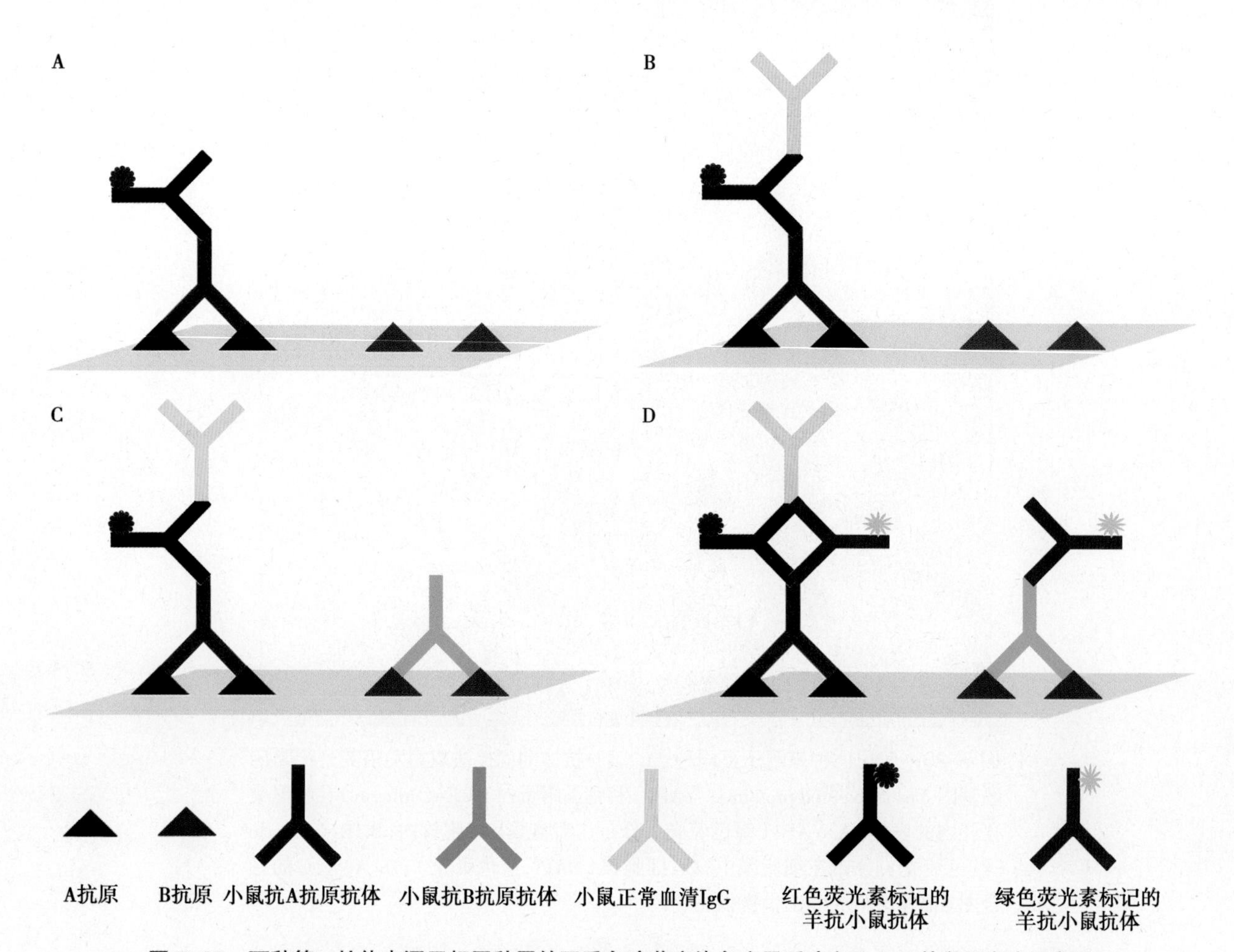

图 7-25 两种第一抗体来源于相同种属的双重免疫荧光染色交叉反应（无 Fab 片段阻断）示意图

A. 红色荧光素标记的羊抗小鼠抗体（第一种第二抗体）与结合在 A 抗原上的小鼠抗 A 抗原抗体（第一种第一抗体）结合；B. 小鼠正常血清 IgG 封闭第一种第二抗体未结合的 Fab 片段；C. 第二种第一抗体与 B 抗原结合；D. 绿色荧光素标记的羊抗小鼠抗体（第二种第二抗体）既与第二种第一抗体的 Fc 片段结合，也与第一种第一抗体和小鼠正常血清 IgG 的 Fc 片段结合，从而出现交叉反应

为防止这种交叉反应，必须在前一重染色时或染色后进行交叉反应阻断处理，然后进行下一重染色。常用的阻断交叉反应的方法有第一抗体种属转化法和正常血清 - 单价 Fab 片段两步阻断法两种。

1）第一抗体种属转化法：该方法在第一种或前一种第一抗体孵育后，用抗前一种第一抗体的未标记单价 Fab 片段孵育，使前一种第一抗体的种属转化为制备单价 Fab 片段的种属，然后用荧光素标记的抗单价 Fab 片段的第二抗体孵育，这种抗单价 Fab 片段的第二抗体必须既不识别第一抗体，也不识别随后的第二种或后一种第二抗体，因此，在后一重染色时，后一种第一抗体不会与前一种第二抗体发生交叉反应；同时，由于前一种第一抗体被大量的单价 Fab 片段结合，故后一种第二抗体也不会与前一种第一抗体发生交叉反应（图 7-26）。

2）正常血清 - 单价 Fab 片段两步阻断法：该方法在按照免疫荧光单染方法对标本进行第一次或前一重染色之后，再依次用与第一次或前一种第一抗体种属相同的正常血清和抗第一抗体的未标记单价 Fab 片段孵育，然后按照间接法免疫荧光单染方法对标本进行第二次或后一重染色。用与第一次或前一种第一抗体种属相同的正常血清的孵育可封闭前一种第二抗体未结合的抗原结合部位，随后的抗第一抗体的单价 Fab 孵育又可

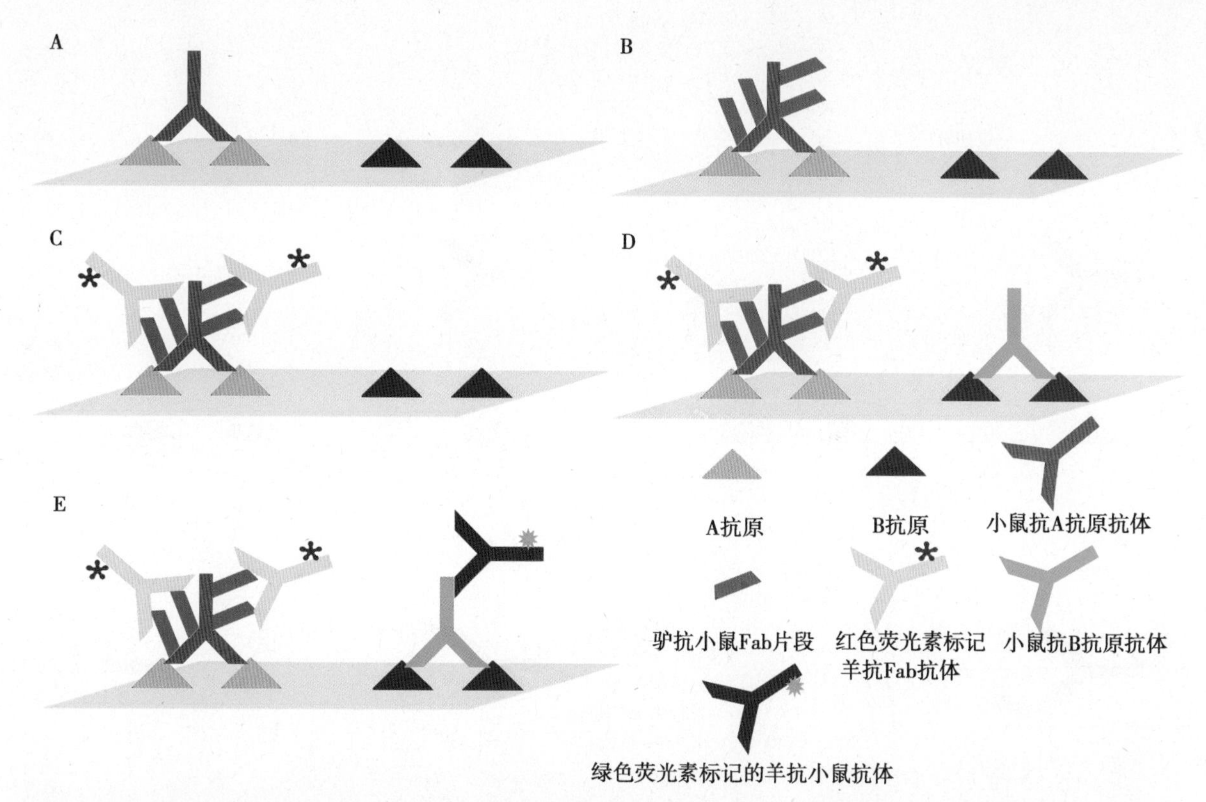

图 7-26 两种第一抗体来源于相同种属的间接法双重免疫荧光染色（第一抗体种属转化法阻断交叉反应）示意图

A. 小鼠抗 A 抗原抗体（第一种第一抗体）与抗原 A 结合；B. 未标记的驴抗小鼠 IgG 单价 Fab 片段与第一种第一抗体结合；C. 红色荧光素标记的羊抗未标记 Fab 片段抗体与结合在第一种第一抗体上的未标记单价 Fab 片段结合；D. 小鼠抗 B 抗原抗体（第二种第一抗体）与 B 抗原结合；E. 绿色荧光素标记的羊抗小鼠抗体（第二种第二抗体）只与第二种第一抗体结合

封闭第一抗体和正常血清上的种属特异性位点 Fc，因此所有后一重染色的抗体都不会与前一重染色的抗体发生交叉反应（图 7-27）。

在各种间接法双重或多重标记免疫荧光染色中，为了增加其中一套染色的敏感性，可将一种或多种荧光素标记的第二抗体用生物素化的第二抗体代替，然后用荧光素标记的亲和素孵育，以显示相应的抗原。如果有两种或两种以上的第二抗体是生物素化的第二抗体，无论第一抗体是否来源于相同种属，每套染色应分开先后进行（第一抗体种属来源不同时，几种第一抗体可混合同时孵育）。

（二）多标记免疫荧光染色及多光谱成像技术

受制于传统免疫组织化学染色方法的限制，多标记免疫荧光染色通常只能对组织切片中不超过 3 种抗原进行染色分析。近年来，一种基于酪胺信号放大（TSA）技术的多标记免疫荧光染色方法能够在同一组织切片样本上标记多达 7 种抗原，配合多光谱成像技术和定量分析软件，能够将组织中蕴含的丰富信息准确的呈现出来，使传统免疫组织化学多重染色的局限性得以解决，已被广泛应用于临床病理诊断和生物医学研究。

1. TSA 多标记免疫荧光染色 TSA 多标记免疫荧光染色是一种基于酪胺信号放大（TSA）技术衍生而来的新的多标记免疫组织化学染色方法，灵敏度高，特异性强，操作简便，并且允许同一样本中使用同一种属来源的不同一抗进行多标记复合染色。

（1）TSA 多标记免疫荧光染色原理：TSA 技术利用酪胺的过氧化物酶反应，即酪胺盐在辣根过氧化酶 HRP 催化 H_2O_2 下形成共价键结合位点，对靶抗原进行高密度原位标记。带有荧光染料标记的底物酪胺（T）分子在 H_2O_2 氧化环境下，被结合在第二抗体上的 HRP 转化为具有短暂活性的中间态（T·）（形成共价键结合位点），活化的 T· 可以快速与邻近蛋白分子中富含电子的酪氨酸、色氨酸等氨基酸残基进行稳定的共价结合，未被结合的酪胺分子将被洗脱，借此实现对抗原

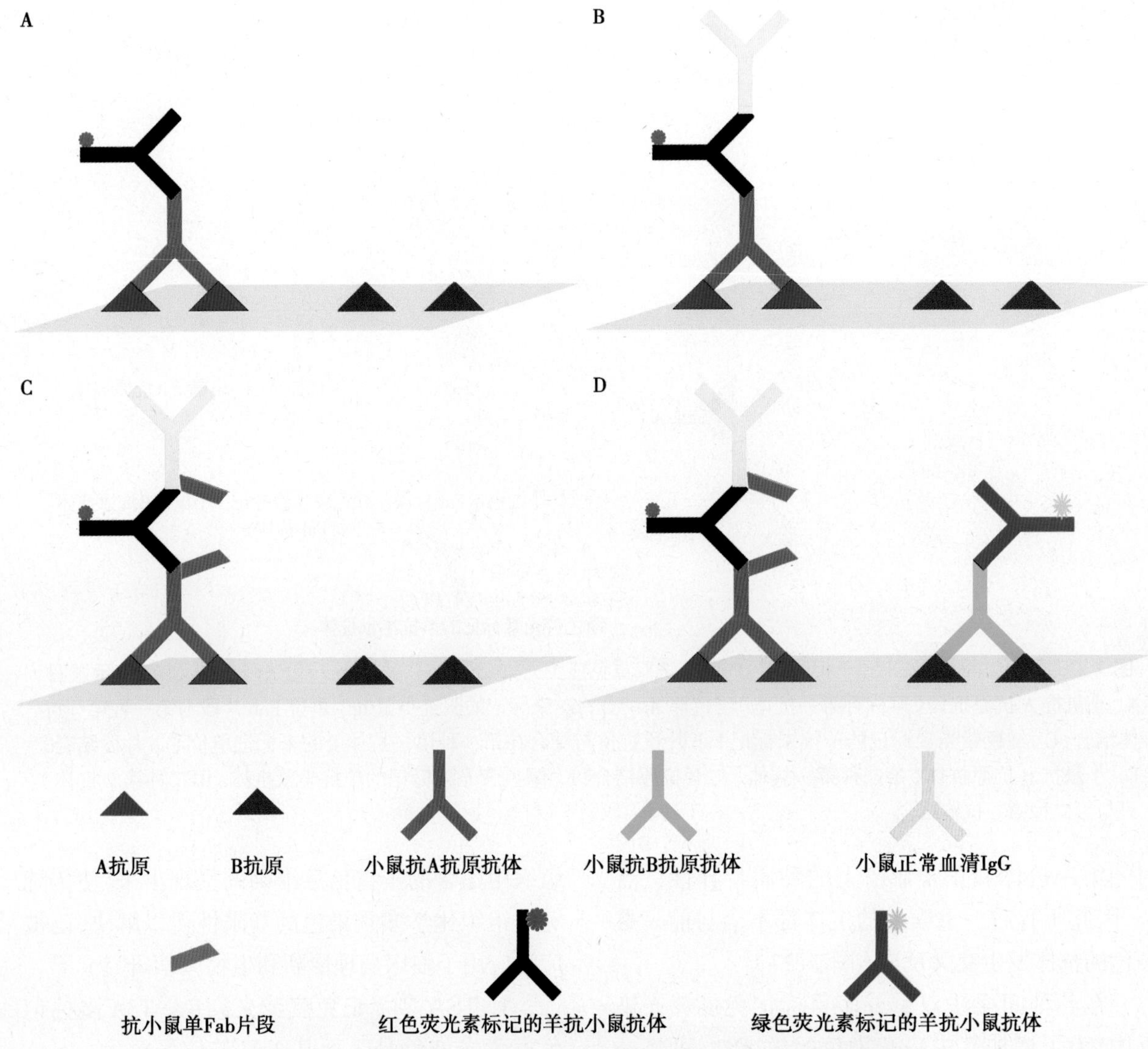

图 7-27　两种第一抗体来源于相同种属的间接法双重免疫荧光染色
（正常血清 - 单价 Fab 片段两步阻断法封闭交叉反应）示意图

A. 红色荧光素标记的羊抗小鼠抗体（第一种第二抗体）与结合在 A 抗原上的小鼠抗 A 抗原抗体（第一种第一抗体）结合；B. 小鼠正常血清 IgG 封闭第一种第二抗体未结合的 Fab 片段；C. 未标记抗小鼠 IgG 单价 Fab 片段封闭第一种第一抗体和小鼠正常血清 IgG Fc 片段；D. 绿色荧光素标记的羊抗小鼠抗体（第二种第二抗体）只与第二种第一抗体的 Fc 片段结合

的特异性染色。由于邻近蛋白（包括 HRP、抗体、目标抗原）都含有大量的酪氨酸等残基，所以目标抗原处会富集大量标记分子，使信号被有效放大（图 7-28）。由于酪胺分子与目标抗原之间的共价键键能远高于抗原与抗体间的非共价键，通过微波加热法就可以在保留抗原标记信号的同时去除结合在抗原上的一抗和二抗分子，借此实现抗原的直接标记（图 7-29）。借助于不同的荧光染料标记，通过多轮染色循环，即可实现组织或细胞中多个抗原的原位多重标记染色，而且，在后续循环中可以再次使用同一种属来源的抗体标记其他抗原，而不必考虑上一轮抗体的交叉干扰。TSA 技术彻底解决了多标记免疫组织化学染色中抗体种属选择的限制，在设计抗体组合时只需根据各抗体的效价来为各个靶点选择最优的抗体即可（表 7-1）。

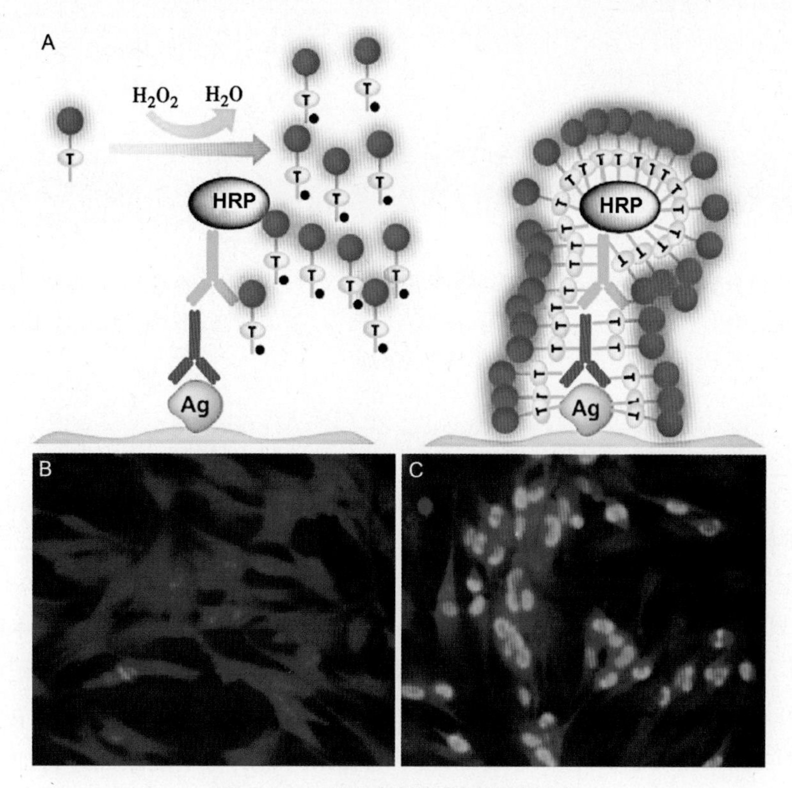

图 7-28 TSA 多标记免疫荧光染色
A. TSA 信号放大示意图；B. 常规直接法免疫荧光染色；C. 相同抗体浓度下经 TSA 信号放大的直接法免疫荧光染色

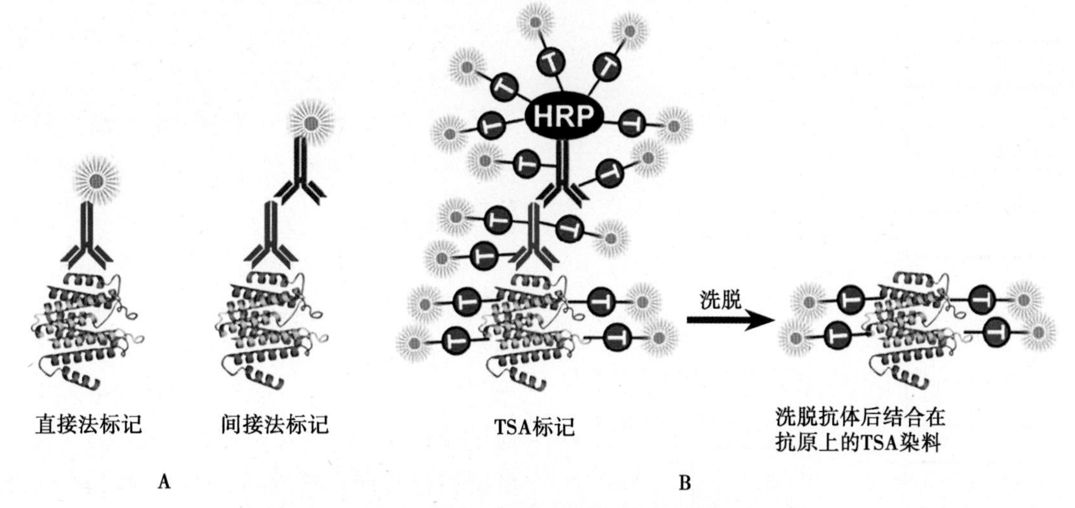

图 7-29 TSA 免疫荧光标记与传统免疫染色标记方法比较
A. 传统荧光标记；B. TSA 荧光标记

表 7-1 TSA 多标记免疫荧光技术与传统免疫荧光技术对比

	TSA 多标记免疫荧光	传统免疫荧光
靶点数目	最多可同时染色 7 种	一般同时标记 3 种
一抗种属	无限制	同种属者繁琐、困难
二抗标记物	HRP	荧光素
染色策略	任何样本无需任何染色策略,简单的重复前一步的染色过程,样本 / 靶点的差异不影响染色过程,使用简单方便	样本抗原的空间位置的差异,需要设计复杂的染色策略,样本 / 靶点的差异导致染色策略的差异,染色过程复杂、多变
染色效果	高染色分辨率和染色特异性,信号强度更强,更稳定,淬灭时间更长,无背景影响,各靶点的信噪比大大提高,尤其适合组织基于单细胞的定量分析	亮度较弱,容易淬灭,各种抗体间存在互相影响,背景较高,不利于单细胞的定量分析
应用范围	二抗具备通用性,适用于所有研究领域	二抗不具备通用性,应用领域局限

(2) TSA 多标记免疫荧光染色基本步骤:TSA 免疫荧光标记技术的染色流程与普通免疫组织化学染色相近,只是在每一轮染色过程中增加了一个抗体洗脱步骤(图 7-30)。抗体洗脱一般采用微波加热的方式,与抗原修复过程近似,所以不会对样本及抗原造成过分的损伤。通过微波处理可以将以非共价键结合在抗原上的抗体去除,但是保留以共价键结合在抗原表面的 TSA 荧光信号,从而实现无抗体干扰的抗原直接标记,再经过多轮染色实现多色标记。

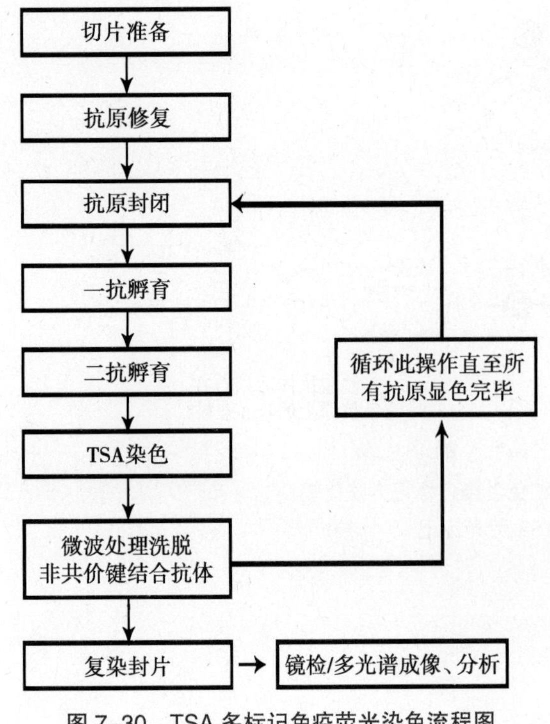

图 7-30 TSA 多标记免疫荧光染色流程图

TSA 多标记免疫荧光染色技术的优点在于:①每轮染色中的抗体洗脱环节只需去除抗体,不需洗脱抗原上的标记,所以对样本的损伤会更小;②经 TSA 染色的多种抗原标记物可以在样本上同时存在,同时拍摄检测记录在同一张图像画面上,无需后期对不同画面进行加工对齐,这样就保证了标记物间定位的准确性和稳定性;③染色样本可以保存长达一年的时间,随时可以根据需要进行再次采图拍摄查验。

2. 多光谱成像技术 三色以下的多标记样本对成像检测设备的要求不高,可以用普通荧光显微镜或共聚焦设备来采集图像,但是对三色以上的多标记样本,尤其是获得无组织自发荧光干扰的高信噪比图像,需要借用专业的光谱成像设备来进行检测。

(1) 多光谱成像原理:多光谱成像技术是基于成像学和光谱学发展起来的一门新兴技术。多种荧光同时标记时,经过单色光的激发,其多种荧光信号混杂在一起。多光谱成像仪或多光谱相机通过液晶可调谐滤光片对混合波长光进行滤过和电荷耦合元件采集,然后经信号解混系统将采集到的多种混杂的光解混,经过信号输出和显示可直观地观察到不同颜色标记的生物样品的不同的成分或定位。多光谱组织成像系统是专为组织切片定量分析设计的专业成像系统,与普通成像技术的最大不同之处在于,多光谱成像能获得每张图像每个像素点的高分辨率的光谱,而不是肉眼所见的红、蓝、绿三色图像。用液晶可调谐滤波器以 20nm 的步进在 420~720nm 可见光范围内进行光谱扫描，各波段采集的高分辨率图像被相机完整地记录并合为一体。因此光谱图像中的任何一个像素点都包含着一段完整的光谱曲线，每一种染料（包括自发荧光）也都有其对应的特征光谱（图 7-31）。多光谱成像技术是检测多色复杂染色样品信号的有效手段，量子点等新型荧光探针以其良好的光学特性，尤其适用于多光谱成像。

（2）多光谱成像技术优势：多光谱成像在组织学分析中具有其独特的技术优势。对于荧光标记组织，组织的自发荧光限制荧光染料在体内成像的应用，如胃肠内容物、皮肤等均有很强的荧光信号，特别是当激发光为蓝色或是绿色时尤为明显。通过利用近红外发射波长的荧光染料可以减少光的散射，吸收自发荧光，但自发荧光仍然限制

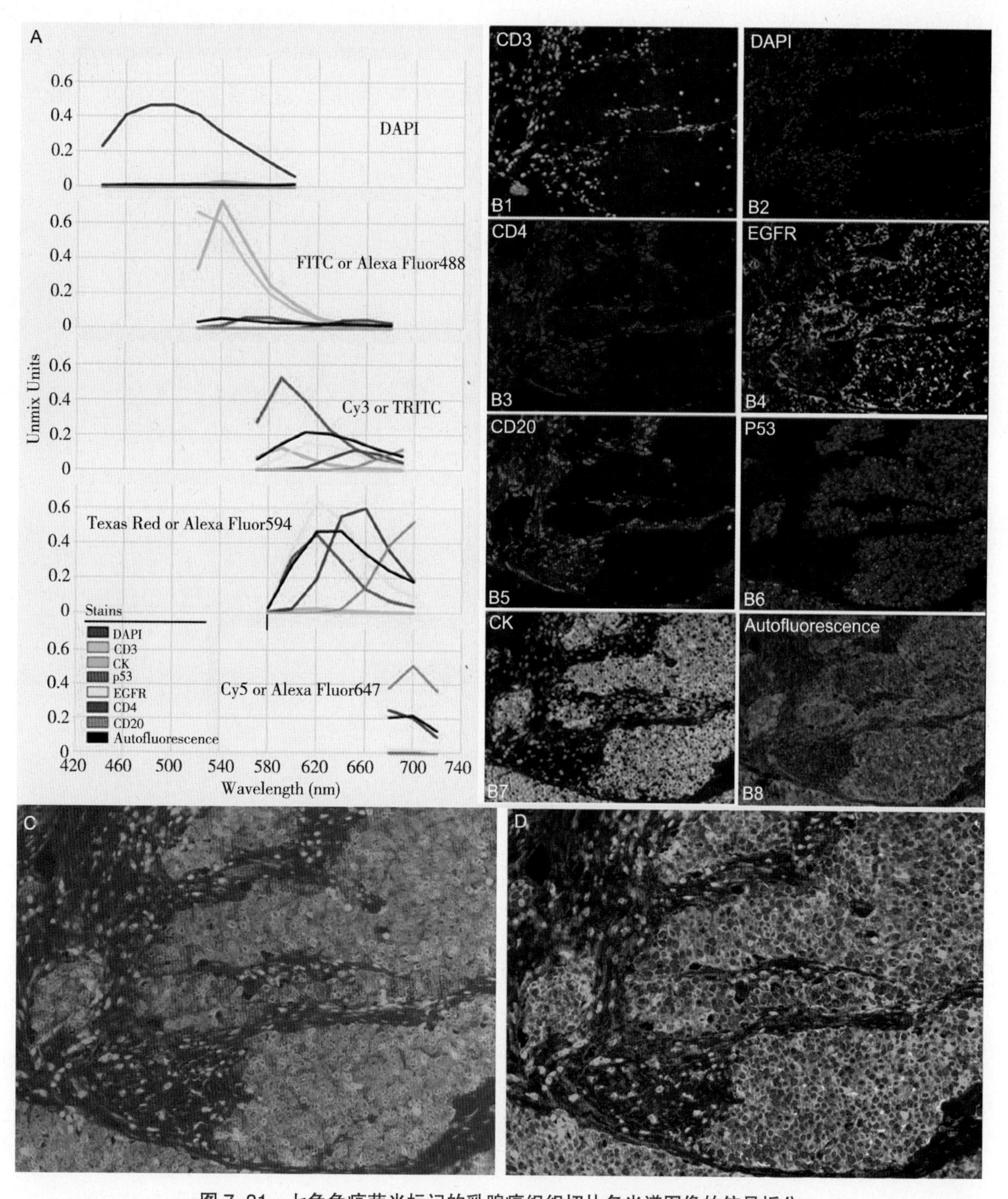

图 7-31　七色免疫荧光标记的乳腺癌组织切片多光谱图像的信号拆分

A. 每种染料的特征光谱图；B1~B8. 经光谱拆分所得的单通道图像；C. TSA 多标记原始图像；D. 多光谱合成图像

成像的灵敏度,成像依然不理想。而多光谱成像技术可以通过去除组织自发荧光将图像的信噪比提高达十倍以上,因而在多荧光标记和混合标记方面有很好的应用。

除了检测荧光标记的组织外,多光谱成像技术还适用于明视野下的免疫组织化学染色样品。借助多光谱成像可以对混杂的染料进行有效的识别、拆分和定量,即使是颜色相近的棕色(如DAB呈色)与红色[如液体永久红(liquid permanent red)呈色]染料也能被拆分开来,并实现精准的定量。而且经光谱记录的明场图像,可以把拆分得到的单通道图像的颜色进行任意调整,或者转变为荧光效果来呈现不同通道间的共定位效果。反之,经光谱记录的荧光染色样品图像,也可以转变为传统HE或免疫组织化学染色的明场效果图,以便于形态结构的辨识和病理观察(图7-32)。

(三)双重或多重免疫酶组织化学染色

用于免疫酶组织化学染色中标记抗体的酶有多种,最常用的有辣根过氧化物酶(HRP)、碱性磷酸酶(AP)、葡萄糖氧化酶(GOD)等,它们各自有几种不同的底物,显色后所形成的反应产物颜色也各不相同。双重或多重免疫酶组织化学染

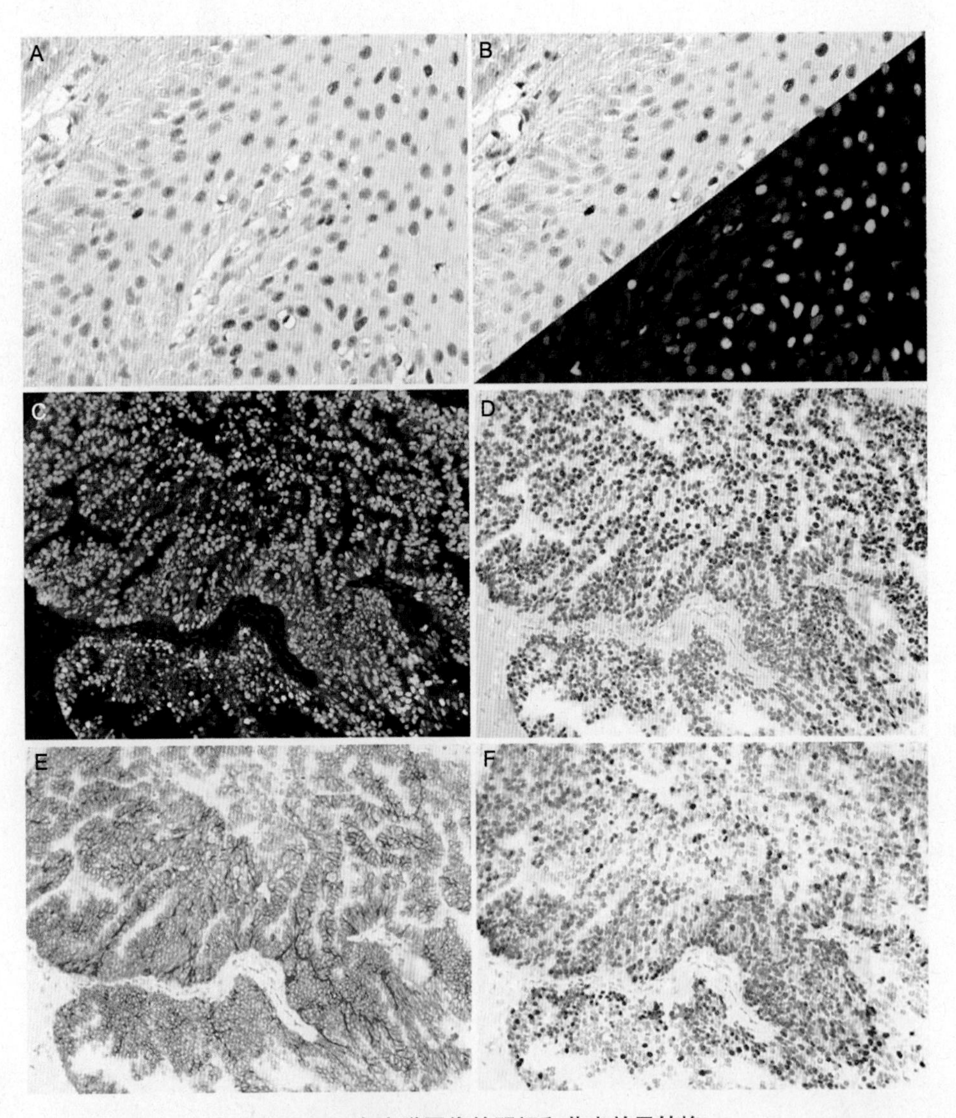

图7-32　多光谱图像的明场和荧光效果转换

A. 乳腺癌组织,p21(DAB呈色,棕色)和p27(liquid permanent red染色,红色)以及苏木精复染图像;B. 经光谱拆分和色彩转换得到对比度更高的明场(左上)或荧光(右下)效果;C. 雌激素受体(Alexa488)/孕激素受体(Alexa594)/人类表皮生长因子受体2(Alexa647)/DAPI四色标记图像;D~F. 经光谱拆分后以DAB效果显示的雌激素受体、孕激素受体和人类表皮生长因子受体2染色

色先以不同酶标记的抗体按照免疫学原理与相应抗原结合，然后应用酶组织化学原理，以结合在抗原抗体复合物上的酶催化不同底物形成不同颜色产物，显示同一标本内两种或多种抗原。直接法因敏感性低，较少用于双重免疫酶组织化学染色；显示两种抗原的双重染色较容易，三重以上的染色较为困难，故本部分重点介绍几种常用的间接法双重免疫酶组织化学染色。

1. 第一抗体来源于不同种属的间接法双重免疫酶组织化学染色法 该方法中所用的两种第一抗体来源于不同种属，根据两种第二抗体是否用不同酶标记，又可分为单酶双底物法和双酶双底物法，其中单酶双底物法的两种第一抗体可混合同时孵育标本，两种第二抗体孵育和酶底物反应必须先后顺序进行，而双酶双底物法的两种第一抗体和第二抗体都可混合同时孵育标本，只是在用两种不同酶底物显色时必须分开先后进行，因此双酶双底物法较单酶双底物法简便省时，更为常用。

（1）单酶双底物法：该方法采用同一种酶标记两种不同的第二抗体，在用两种第一抗体混合物同时孵育标本后，先用酶（如 HRP）标记的第一种第二抗体孵育标本，与其中的第一种第一抗体结合，用相应的酶底物（如 H_2O_2/DAB）反应形成一种颜色的反应产物（如棕褐色）以显示第一种抗原，继而用同一种酶标记的第二种第二抗体孵育标本，与其中的第二种第一抗体结合，用另一种酶底物（如 H_2O_2/4-CN）反应形成另一种颜色的反应产物（如蓝色）以显示另一种抗原。

（2）双酶双底物法：该方法采用两种不同酶（如 HRP 和 AP）分别标记两种不同的第二抗体，在用两种第一抗体混合孵育标本后，继而用两种标记不同酶的第二抗体混合孵育标本，然后用两种酶的相应底物（如 H_2O_2/DAB 和磷酸萘酚 / 快蓝或 BCIP/NBT）先后反应，以此形成不同颜色（如棕色和蓝色）的反应产物。由于两种第一抗体和第二抗体均可混合后同时孵育标本，因此，双酶双底物法较单酶双底物法简便、省时。

对于第一抗体来源于不同种属的双重免疫酶染色，更多的是通过以下更为敏感的方法进行：一种是将 PAP 法与 APAAP 法结合，分别用 HRP 显色系统和 AP 显色系统显示两种不同的抗原（图 7-33、图 7-34）；另一种是用两种生物素化的第二抗体代替双酶双底物法中的两种酶标记第二抗体，分别用亲和素 -HRP-H_2O_2/DAB 显色系统和 AP- 磷酸萘酚 / 快蓝或 BCIP/NBT 显色系统显示两种不同的抗原，但这种方法必须在两种第一抗体混合孵育后，将两种生物素化的第二抗体和相应的显色系统的反应分两次先后进行，即在第一种生物素化第二抗体和第一套亲和素 - 酶（亲

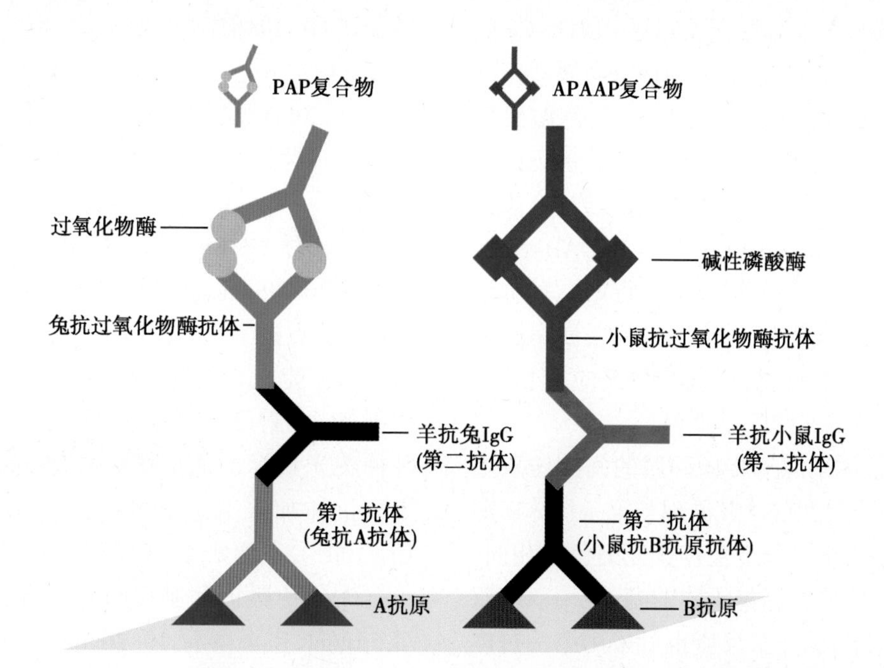

图 7-33 第一抗体来源于不同种属的 PAP 与 APAAP 结合法双重免疫酶染色技术示意图

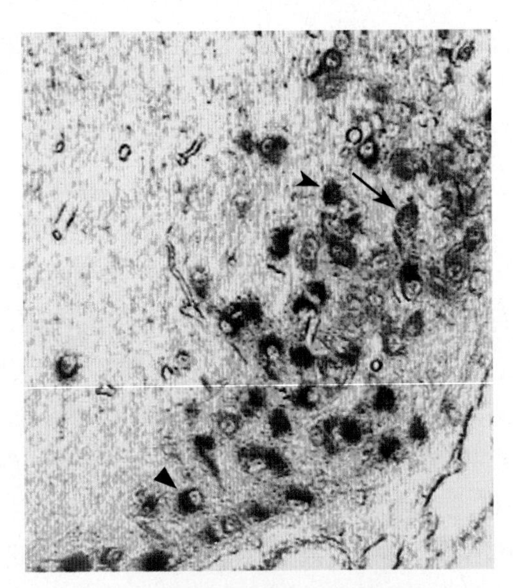

图 7-34 第一抗体来源于不同种属的 PAP 与 APAAP 结合法双重免疫酶染色

大鼠下丘脑视上核神经元内加压素和催产素表达，箭示含棕黄色反应产物的加压素阳性神经元（PAP 法，DAB 显色），箭头示含紫蓝色反应产物的催产素阳性神经元（APAAP 法，BCIP/NBT 显色），三角形示同时表达 2 种激素的双标神经元

和素 -HRP）系统孵育、用第一套显色系统（H_2O_2/DAB）显色后，再用第二种生物素化第二抗体孵育、第二套亲和素 – 酶（亲和素 -AP）系统孵育，最后用第二套显色系统（磷酸萘酚 / 快蓝或 BCIP/NBT）显色（图 7-35）。其过程较繁琐，但敏感度较高。

此外，在以 HRP 为标记物的免疫酶组织化学染色中，对 HRP 呈色时，如在 DAB 和溶液中加入钴（Co）或镍（Ni）等重金属离子（DAB-Co 或 DAB-Ni 加强法），DAB 氧化产物在重金属盐作用下则呈黑色、蓝黑色或深紫色，同时染色敏感性增强。因此，在两种第二抗体均用 HRP 标记或均为生物素化第二抗体并用 ABC、SABC 或 SP 法检测时，可对第一种抗原用 DAB-Co 或 DAB-Ni 加强法呈色，在第一种染色结束后进行第二种抗原的免疫酶组织化学反应，最后用未加金属离子的 DAB 对第二种抗原呈色，得到棕色反应产物，由此实现双重免疫酶组织化学染色。

2. 第一抗体来源于相同种属的间接法双重免疫酶组织化学染色法 其原理与第一抗体来源于相同种属的间接法双重免疫荧光染色法相同，多在两种第二抗体上标记不同的酶，应用双酶双底物法进行显示，其交叉反应也可采用第一抗体种属转化法和正常血清 – 单价 Fab 片段两步法进行阻断。如用 PAP 与 APAAP 结合法，或用第一抗体种属转化法阻断交叉反应，或在第一重染色完成后用抗第一抗体种属的正常血清 IgG 单价 Fab 片段孵育以阻断交叉反应。如用亲和素 – 过氧化物酶与亲和素 – 碱性磷酸酶结合法，既可用第一抗体种属转化法阻断交叉反应，也可在第一重染色结束后用正常血清 – 单价 Fab 片段两步阻断法封闭交叉反应。此外，还可将来自相同种属的两种第一抗体用标记不同半抗原（如地高辛和生物素）的单价 Fab 片段进行半抗原化处理，然后用两种针对不同半抗原、用不同酶（如 AP 和 HRP）标记的第二抗体和相应的酶显色系统对两种不同的抗原进行染色。

（四）混合型双重或多重免疫组织化学染色

混合型双重或多重免疫组织化学染色是指将两种或多种不同类型的标记物结合进行的双重或多重免疫组织化学染色技术，如将酶标记与荧光素标记结合、胶体金（银）标记与酶标记结合等。在光镜水平，这种混合法较少用，而在电镜水平，将胶体金（银）标记与酶标记结合的双重免疫电镜技术较常用（见第九章）。

二、常用双重免疫组织化学染色步骤

（一）常用双重免疫荧光染色步骤

1. 应用半抗原化第一抗体的直接法 该方法中的两种第一抗体既可不同种属，也可为同种属。

（1）石蜡切片先脱蜡到水，恒冷箱切片、培养细胞直接进入下一步。

（2）PBS 漂洗 5min。

（3）含 0.3% Triton X-100 的 PBS 室温孵育 20min。

（4）含 3% BSA 和 10% 正常血清的 PBS 室温孵育 20~30min，封闭组织或细胞与抗体非特异性吸附位点。

（5）荧光素标记 Fab 片段 – 第一抗体复合物制备：在封闭切片的同时，按 3 : 1 重量比，将每种荧光素标记的抗第一抗体 Fab 片段和相应第一抗体加入 10μl PBS（使第一抗体浓度约为 1μg/10μl），室温孵育 20min 后，用含有 10% 与第一抗体同种属正常血清的 PBS 将第一抗体稀释至 5μg/ml，室温孵育 10~20min，封闭未与第一抗体结合的标记 Fab 片段（避光）。

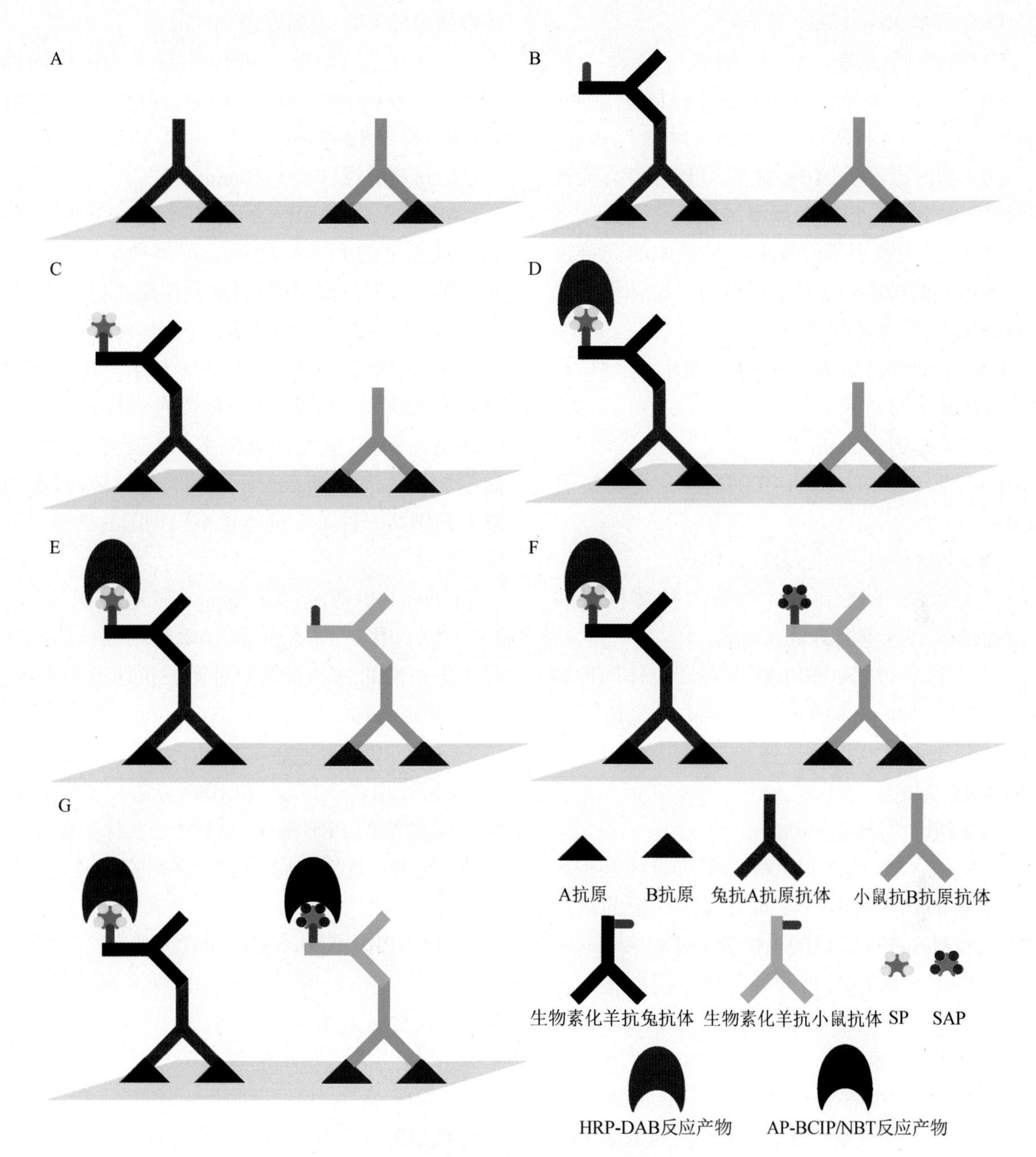

图 7-35　第一抗体来源于不同种属的亲和素 - 过氧化物酶和亲和素 - 碱性磷酸酶结合法双重免疫酶染色技术示意图

A. 兔抗 A 抗原抗体（第一种第一抗体）和小鼠抗 B 抗原抗体（第二种第一抗体）混合孵育标本，分别与 A 抗原和 B 抗原结合；B. 生物素化的羊抗兔抗体（第一种第二抗体）与结合在 A 抗原上的第一种第一抗体结合；C. SP 复合物与第一种第二抗体上的生物素结合；D. 用 H_2O_2/DAB 对 HRP 显示，生成沉积在 A 抗原所在部位的棕黄色反应产物；E. 生物素化的羊抗小鼠抗体（第二种第二抗体）结合在第二种第一抗体上；F. SAP 复合物与第二种第二抗体上的生物素结合；G. 用 BCIP/NBT 对 AP 显示，生成沉积在 B 抗原所在部位的紫蓝色反应产物

（6）将适当稀释的荧光素标记 Fab 片段 – 第一抗体复合物（第一抗体浓度 1~5μg/ml）混合后室温孵育标本 30~60min（避光）。

（7）PBS 漂洗，3×10min（避光）。

（8）含 4% 多聚甲醛的 PBS 室温固定 30min（避光）。

（9）PBS 漂洗后，10% 甘油 –PBS 封片，荧光显微镜下选择相应滤色片观察结果。

2. 应用来源于不同种属第一抗体的间接法 该方法可将两种第一抗体和两种第二抗体分别混合孵育标本，操作简便，较常用。

（1）石蜡切片脱蜡到水，冰冻切片、振动切片或培养细胞直接进入下一步。

（2）PBS 漂洗 5min。

（3）含 0.3% Triton X–100 的 PBS 室温孵育 20min。

（4）PBS 漂洗 3 次，每次 5~10min。

（5）含 3% BSA 和 10% 与第二抗体同种属正常血清的 PBS 室温孵育 30min。

（6）用含 3%BSA 和 10% 与第二抗体同种属正常血清的 PBS 将两种第一抗体（如兔抗 A 抗原抗体和小鼠抗 B 抗原抗体）混合稀释后 4℃孵育标本 12~24h。

（7）PBS 漂洗，3×10min。

（8）用含 3%BSA 和 10% 与第二抗体同种属正常血清的 PBS 将两种不同荧光素标记的第二抗体（如 Alexa555 标记的羊抗兔 IgG 和 Alexa488 标记的羊抗小鼠 IgG）混合稀释后室温孵育标本 2h（避光）。

（9）PBS 漂洗，3×10min（避光）。

（10）10% 甘油 –PBS 封片，荧光显微镜下选择相应滤色片观察结果，两种抗原分别呈不同荧光（被 Alexa555 标记的 A 抗原呈红色荧光，被 Alexa488 标记的 B 抗原呈绿色荧光）。

3. 应用来源于相同种属第一抗体的种属转化法 该方法中的两套染色需分两次先后进行，故步骤繁多，耗时。

（1）石蜡切片脱蜡到水，冰冻切片、振动切片或培养细胞直接进入下一步。

（2）PBS 漂洗 5min。

（3）含 0.3% Triton X–100 的 PBS 室温孵育 20min。

（4）PBS 漂洗 3 次，每次 5~10min。

（5）含 3% BSA 和 10% 与第二抗体同种属正常血清的 PBS 室温孵育 30min。

（6）用含 3% BSA 和 10% 与第二抗体同种属正常血清的 PBS 将第一种第一抗体适当稀释，4℃孵育标本 12~24h。

（7）PBS 漂洗，3×10min。

（8）用含 3% BSA 和 10% 与第二抗体同种属正常血清的 PBS 将抗第一抗体种属抗体的未标记单价 Fab 片段适当稀释，室温孵育标本 2h。

（9）PBS 漂洗，3×10min。

（10）用含 3% BSA 和 10% 与第二抗体同种属正常血清的 PBS 将第一种荧光素标记的第二抗体适当稀释，室温孵育标本 2h（避光）。注意：此第二抗体应为抗 Fab 片段种属的抗体，且必须既不识别第一种第一抗体也不识别随后的第二种第二抗体。

（11）PBS 漂洗，3×10min（避光）。

（12）用含 3% BSA 和 10% 与第二抗体同种属正常血清的 PBS 将第二种第一抗体适当稀释，4℃避光孵育标本 12~24h。

（13）PBS 漂洗，3×10min（避光）。

（14）用含 3%BSA 和 10% 与第二抗体同种属正常血清的 PBS 将第二种荧光素标记的第二抗体（抗第一抗体种属）适当稀释，室温避光孵育标本 2h。

（15）PBS 漂洗，3×10min（避光）。

（16）10% 甘油 –PBS 封片，荧光显微镜下选择相应滤色片观察结果。

4. 应用来源于相同种属第一抗体的正常血清 – 单价 Fab 片段两步阻断法 该方法中的 2 套染色也需分先后进行，步骤较第一抗体种属转化法更多。

（1）~（7）同"3. 应用来源于相同种属第一抗体的种属转化法"中步骤（1）~（7）。

（8）用含 3% BSA 和 10% 与第二抗体同种属正常血清的 PBS 将抗第一种抗第一抗体种属的第二抗体适当稀释，室温孵育标本 2h。

（9）PBS 漂洗，3×10min。

（10）含 10% 与第一抗体同种属正常血清的 PBS 室温孵育 30min。

（11）PBS 漂洗，3×10min。

（12）用含 3% BSA 和 10% 与第二抗体同种属正常血清的 PBS 将抗第一抗体种属的未标记单价 Fab 片段适当稀释（20μg/ml），室温孵育 2h。

（13）~（18）同“3. 应用来源于相同种属第一抗体的种属转化法”中步骤（11）~（16）。

（二）常用双重免疫酶组织化学染色步骤

1. 应用来源于不同种属第一抗体的亲和素 – 过氧化物酶和亲和素 – 碱性磷酸酶结合法 由于 PAP 法与 APAAP 法受到 PAP 和 APAAP 必须与第一抗体种属相同的限制，因此将 PAP 法与 APAAP 法结合的 HRP/AP 双酶双底物法双重免疫酶组织化学染色目前已很少用，而更常用的是 SP 和 SAP 结合的双重亲和免疫组织化学染色。当两种第一抗体来自不同种属时，二者可混合后同时孵育标本。但为了防止两种不同酶标记的亲和素与两种不同的生物素化第二抗体发生交叉反应，从第二抗体孵育开始，两套染色应分两次先后进行。

（1）石蜡切片脱蜡到水，恒冷箱切片直接进入下一步。

（2）PBS 漂洗 5min。

（3）0.3% H_2O_2 的 PBS 或甲醇溶液室温 30min，阻断内源性过氧化物酶活性。

（4）含 0.3% Triton X–100 的 PBS 室温孵育 20min。

（5）PBS 漂洗 3 次，每次 5~10min。

（6）含 3% BSA 和 10% 与第二抗体同种属正常血清的 PBS 室温孵育 30min。

（7）用含 3% BSA 和 10% 正常血清（与第二抗体同种属）的 PBS 将两种第一抗体（如兔抗 A 抗原抗体和小鼠抗 B 抗原抗体）混合稀释，4℃孵育 12~24h。

（8）PBS 漂洗，3 × 10min。

（9）用含 3% BSA 和 10% 与第二抗体同种属正常血清的 PBS 适当稀释抗第一种第一抗体种属的生物素化第二抗体（如生物素化的羊抗兔 IgG），室温孵育标本 2h。

（10）PBS 漂洗，3 × 10min。

（11）用含 3% BSA 和 10% 与第二抗体同种属正常血清的 PBS 适当稀释 SP，室温孵育标本 2h。

（12）PBS 漂洗，3 × 10min。

（13）HRP 显色反应：0.05 mol/L TBS（pH 7.6）配制的 DAB/ H_2O_2 显色液室温呈色 5~10min（镜下控制反应强度）。

（14）PBS 漂洗，3 × 10min。

（15）用含 3% BSA 和 10% 与第二抗体同种属正常血清的 PBS 适当稀释抗第二种第一抗体种属的生物素化第二抗体（如羊抗小鼠 IgG），室温孵育标本 2h。

（16）PBS 漂洗，3 × 10min。

（17）用含 3%BSA 和 10% 与第二抗体同种属正常血清的 PBS 适当稀释 SAP，室温孵育 2h。

（18）PBS 漂洗，3 × 10min。

（19）AP 显色反应：用 0.1mol/L TBS（pH 9.0）配制的 BCIP/NBT 显色液（必要时加入左旋咪唑抑制内源性 AP 活性），室温孵育 30~90min（镜下控制反应强度）。

（20）双蒸水漂洗后，常规梯度乙醇脱水、二甲苯透明、树胶封片，显微镜观察。如 AP 显色反应用坚固红或坚固蓝等显色底物，因其反应产物能溶于有机溶剂，故不能进行脱水、透明和树胶封片，而用水溶性封片剂如 10% 甘油 –PBS 封片。

2. 应用来源于相同种属第一抗体的亲和素 – 过氧化物酶和亲和素 – 碱性磷酸酶结合法 用两种具有相同种属来源的第一抗体进行 SP/SAP 结合的双酶双底物法双重亲和免疫组织化学染色时，必须将两套染色分两次先后进行，第一抗体和第二抗体都不能混合孵育标本。而且，为防止第二套染色与第一套染色之间的交叉反应，应进行第一抗体种属转化或正常血清 – 单价 Fab 片段两步法封闭处理，正常血清 – 单价 Fab 片段两步法相对较为简便。

（1）~（6）同“应用来源于不同种属第一抗体的亲和素 – 过氧化物酶和亲和素 – 碱性磷酸酶结合法”中步骤（1）~（6）。

（7）用含 3% BSA 和 10% 与第二抗体同种属正常血清的 PBS 适当稀释第一种第一抗体（如兔抗 A 抗原抗体），4℃孵育 12~24h。

（8）PBS 漂洗，3 × 10min。

（9）用含 3% BSA 和 10% 与第二抗体同种属正常血清的 PBS 适当稀释抗第一抗体种属的生物素化第二抗体（如生物素化的羊抗兔 IgG），室温孵育 2h。

（10）PBS 漂洗，3 × 10min。

（11）用含 3% BSA 和 10% 与第二抗体同种属正常血清的 PBS 适当稀释 SP，室温孵育 2h。

（12）PBS 漂洗，3 × 10min。

（13）含 10% 与第一抗体同种属正常血清的 PBS 室温孵育 30min。

（14）PBS 漂洗，3 × 10min。

（15）用含 3% BSA 和 10% 与第二抗体同种属正常血清的 PBS 适当稀释抗第一抗体种属抗体的未标记单价 Fab 片段，室温孵育 2h。

（16）HRP 显色反应：0.05mol/L TBS（pH 7.6）配制的 DAB/ H_2O_2 显色液室温呈色 5~10min（镜下控制反应强度）。

（17）PBS 漂洗，3 × 10min。

（18）用含 3% BSA 和 10% 与第二抗体同种属正常血清的 PBS 适当稀释第二种第一抗体（如兔抗 B 抗原抗体），4℃孵育 12~24h。

（19）~（25）同"应用来源于不同种属第一抗体的亲和素 - 过氧化物酶和亲和素 - 碱性磷酸酶结合法"中步骤（14）~（20）。

三、双重或多重免疫组织化学染色注意事项

虽然免疫组织化学双重或多重染色与单染色原理相同，方法相似，但双重或多重染色操作步骤繁多，不同抗原的丰度、抗原性不一，相互之间可能出现交叉反应，并可能互相干扰，其敏感性和特异性易受多种因素影响。为了保证双重或多重染色的可靠性和成功率，染色的每一个环节都不容忽略。双重或多重免疫组织化学染色的主要注意事项如下：

（1）标本制备：每一种抗原都有其最合适的固定剂、固定方法和切片方法，因此在进行双重或多重染色之前，应先摸索每种抗原单染时一系列不同的标本制作方法和条件，然后选择双重或多重染色时能兼顾每种抗原的方法和条件。

（2）染色方法：双重或多重免疫组织化学染色的方法多种多样，选择何种方法更为合适与拟检测抗原的性质、丰度、相互之间的空间关系等因素有关。免疫酶双重或多重染色主要适于分布于不同细胞或同一细胞不同亚细胞区室（如细胞质与细胞核、细胞膜与细胞质）内两种或多种不同抗原的检测，而不适于同一亚细胞区室内多种抗原的检测，因为前一重染色的反应产物会妨碍同一部位后一重染色的进行，或者两种或多种具有不同颜色的酶反应产物混在一起互相干扰而难以分辨。检测同一亚细胞区室内多种抗原的最有效方法是免疫荧光双重或多重染色。

（3）染色顺序：如果预实验发现待检测的几种抗原含量较高、抗原活性较强且水平接近时，染色顺序并不重要。但如果其中一种抗原含量低，抗原性弱，稳定性差，难显示，即使是使用来源于不同种属的第一抗体，也应先对其进行染色。在必须分先后顺序染色时，如以荧光素作为标记物，一般应先用不易淬灭的荧光素标记的抗体进行染色；如以 HRP 和 AP 作为标记物，因 HRP 较 AP 稳定，故应先对 HRP 进行显色；在用 HRP 单酶双底物法进行免疫酶双重染色时，应先用 DAB 呈色，后用 4-CN 呈色。

（4）第一抗体的种属和浓度：用于双重或多重免疫组织化学染色的第一抗体最好来自不同种属的动物，种系关系越远越好，种系相近或相同时，如不做交叉反应抑制处理，会出现交叉反应，使染色结果无特异性。如果每种第一抗体来自相距较远的不同种属，无论是直接法还是间接法，不同的第一抗体都可混合后一次完成第一抗体孵育。来自相同或相近种属的不同的第一抗体，在间接法中，不能混合孵育标本，而必须分次先后进行。第一抗体的浓度，应在预实验中对每一种第一抗体分别单独染色进行摸索。直接法的第一抗体浓度应比间接法所用浓度高一倍。

（5）第二抗体选择：为了避免交叉反应，特别是当两种或多种第一抗体来自相近种系（如大鼠和小鼠）时，应使用高度纯化的第二抗体，如进行过吸收实验的第二抗体（如用大鼠免疫球蛋白吸收抗小鼠第二抗体，用小鼠免疫球蛋白吸收抗大鼠第二抗体）。当每种第一抗体来自不同种属时，还要注意第二抗体之间不能相互识别而出现交叉反应，如一种第一抗体来自小鼠，另一种来自羊，那么，与第一种第一抗体相匹配的第二抗体就不能来自羊，否则，抗第二种第一抗体的第二抗体（抗羊抗体）就会与第一种第二抗体发生交叉反应。

（6）标记物选择：在双重或多重免疫组织化学染色中，标记物的选择与配对非常重要。在免疫酶染色时，以形成的不同颜色反应产物之间色差明显、对比鲜明、易于区分为原则。单酶双底物法常用 DAB 与 4-CN 两种 HRP 底物配对，双酶双底物法常用 HRP-DAB/H_2O_2 和 AP-BCIP/NBT 配对。在免疫荧光染色中，应根据荧光显微镜或激光扫描共聚焦显微镜所配置的滤色片种类选择合适的荧光素，各种荧光素的激发光或发射光波长之间应不或极少重叠（一般应相差 80~100nm），否则会串色，导致假双标或假多标。此外，应选择光稳定性强、光漂白性低、光量子效率高的荧光素，如 Alexa、ATTO、DyLight 等第三代荧光素和量子点等第四代荧光素。

（7）交叉反应阻断：各种直接法双重或多重免疫组织化学染色特异性强，无论第一抗体是否来自相同种属，都不会发生交叉反应。对于第一抗体来自不同种属的间接法双重或多重免疫组织化学染色，通过选择吸收纯化的第二抗体及不相互发生免疫反应的第二抗体，可避免交叉反应。但如用生物素化的第二抗体进行双重或多重染色，即使第一抗体来自不同种属，不同的第二抗体必须先后孵育，不同的亲和素 - 酶系统也必须先后反应，最好是在前一重染色结束后，用未标记的亲和素饱和前一重染色中的生物素。而对于第一抗体来自相同种属的双重或多重染色，必须选择相应的方法阻断交叉反应，常用的方法包括第一抗体种属转化法和正常血清 - 单价 Fab 片段两步阻断法。在这两种方法中，都使用未标记单价 Fab 片段来进行封闭。但注意要使用过量的未标记单价 Fab 片段，否则不能完全阻断交叉反应。在正常血清 - 单价 Fab 片段两步阻断法中，两步阻断缺一不可，而且顺序不能颠倒，必须先用正常血清阻断，然后用单价 Fab 片段阻断。

（8）对照实验：在双重或多重免疫组织化学染色中，为了验证染色的可靠性，应尽可能设置所有的对照实验，尤其是第一抗体来自相同种属时。一般至少设置吸收实验、各种抗原的分别单染色、不加相应第一抗体的双重或多重染色，以及在间接法中将第一抗体孵育顺序互相交换的双重或多重染色等对照实验。

第八节　免疫组织化学结果评价

一、免疫组织化学染色结果判断原则

对免疫组织化学染色所得结果的判断要持科学态度，准确判断阳性和阴性结果，排除假阳性和假阴性结果。为使实验结果准确无误，应多次重复进行实验，最后得出科学的结论。

1. 设置对照实验　免疫组织化学染色的步骤较多，因此影响染色结果的环节也很复杂。为了对染色结果的真假和特异性做出正确的判断，每批染色，尤其在定位一种新的抗原或建立一种新的免疫组织化学染色方法时，必须设立各种阳性对照和阴性对照实验。

2. 以抗原表达模式判断　免疫染色阳性信号必须在组织细胞特定的抗原部位才能视为特异性阳性染色。抗原表达模式主要包括以下几种：

（1）细胞质内弥漫性分布：多数免疫组织化学染色为胞质型阳性反应，如细胞角蛋白（cytokeratin，CK）和波形蛋白（vimentin）等。

（2）细胞核周边胞质内分布：其特点是细胞核轮廓清楚，阳性反应产物分布在细胞核周围胞质内，如 CD3 多克隆抗体的染色。

（3）细胞质内局限性点状阳性反应：如 CD15 抗体的染色。

（4）细胞膜线性阳性反应：大多数淋巴细胞标志物的染色均如此，如 CD20。

（5）细胞核阳性反应：如 BrdU、Ki-67 及雌、孕激素受体蛋白等的分布。

此外，有些抗原的阳性表达可同时出现在细胞不同部位，如细胞质和细胞膜等。

如果反应产物分布无规律，各个部位均匀着色，细胞内和细胞外基质染色无区别，或细胞外基质染色更强，染色无特定部位，染色出现在切片的干燥部位、边缘、刀痕或组织折叠处，均为非特异性染色或假阳性。在石蜡切片的组织周围常见有深染区，向中心区逐渐变淡，此现象称边缘效应，亦为非特异性染色。

3. 阴性结果不能简单地视为抗原不表达 出现阴性结果时，不能不加分析地予以否认。阳性反应有强弱、多少之分，哪怕只有少数细胞阳性，只要阳性产物定位在抗原所在部位，也要视为阳性。

4. 通过复染分析结果 在免疫组织化学染色后用其他染料对切片进行复染，可以衬托出组织的形态结构，利于观察和分析反应结果。如果阳性反应在细胞质内，可对细胞核进行复染，常用的染料有苏木精、甲基绿和核固红等。如果阳性产物存在于细胞核内，可对细胞质进行复染，如伊红，也可不复染。是否复染或者采用哪种染料复染，应根据所用实际情况而定，应不影响阳性反应的观察，并且使组织或者细胞结构更清晰。

二、非特异性染色

免疫组织化学染色过程中产生的非靶抗原呈色称为非特异性染色，也称背景染色。非特异性染色的存在干扰对特异性靶抗原染色结果的判断，因此，染色过程中除了注意提高特异性染色效果外，还要尽量减少或消除非特异性染色。造成非特异染色的原因很多，从组织方面分析主要有组织的自发荧光（图 7-36）、内源性过氧化物酶或碱性磷酸酶、内源性生物素等；从试剂方面分析可能因抗体不纯、抗体浓度过高、用于标记的酶和荧光不纯或标记过量等原因引起；从操作过程来看有标本干燥、抗体（特别是第一抗体）孵育时间过长或温度过高、酶显色底物浓度过高或显色时间过长等。

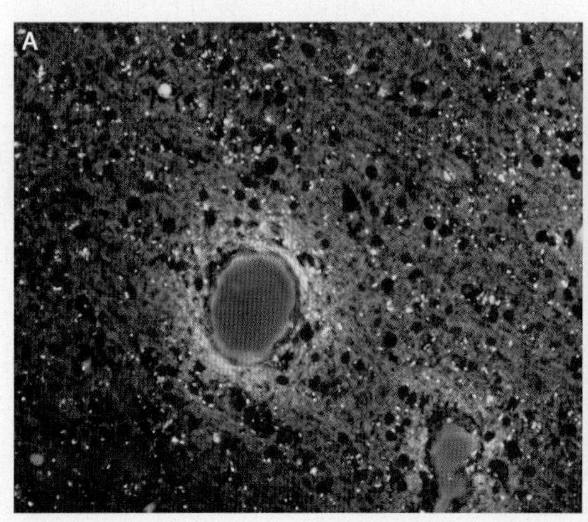

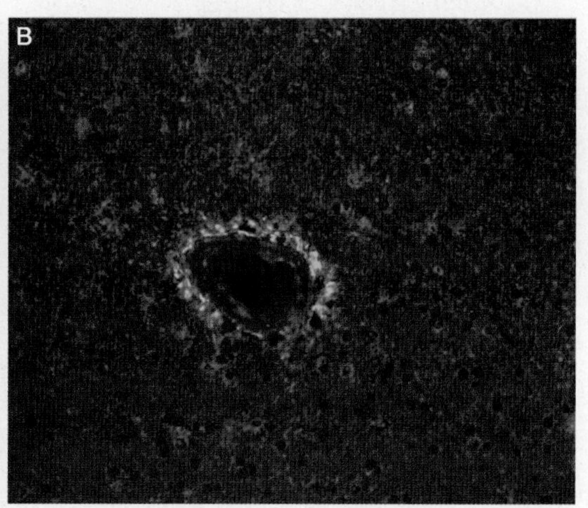

图 7-36 人体死后脑组织内的自发荧光

A. 未经苏丹黑处理的人体死后脑组织内显示的红色荧光标记的 DJ-1（*PARK7* 基因编码的肽酶 C56 的蛋白质家族成员）和绿色荧光标记的微管蛋白 2（microtubule protein 2，MAP2），具有较强的自发荧光；B. 经过苏丹黑处理（消除自发荧光）的人体死后脑组织内显示的红色荧光标记的 DJ-1 和绿色荧光标记的 MAP2，DAPI（蓝色荧光）标记细胞核，无自发荧光

减弱或消除非特异性染色对提高免疫组织化学染色的质量，正确评价染色结果具有重要意义，相关方法详见前述各种免疫组织化学染色方法。

三、常见问题与处理方法

免疫组织化学染色的成功，既要求阳性反应定位准确，呈色鲜明，背景染色浅或无，又要求对照染色的结果符合要求。但在实际操作中，常常不能顺利取得预期结果，会出现假阳性或假阴性。出现假阳性结果的主要原因与内源性干扰、试剂不纯、交叉反应等有关，出现假阴性结果的主要原因与组织处理不当、组织抗原丢失或试剂错误、操作不当等有关。当染色失败时，应系统检查实验记录，查找可能导致失败的原因，并逐一排除。

（一）阳性对照标本和待检标本均不着色

1. 可能原因

（1）未严格按照实验程序依次加入所有试剂。

（2）在染色过程中未加某种试剂。

（3）所用第二抗体与第一抗体种属不匹配，如第一抗体是兔源性抗体，第二抗体没用抗兔抗体。

（4）抗体保存不当，超过了有效期或者抗体反复冻融，抗体效价过低或已经失活。

（5）抗体工作浓度太低，特别是第一抗体的工作浓度太低，或同时抗体孵育时间过短、温度偏低。

（6）在进行贴片法染色过程中，切片在标本孵育盒内未水平放置，导致抗体试剂流失，切片干燥。

（7）未采用酶消化前处理、未采用抗原热修复处理或抗原修复不够，或酶消化等前处理时间太长，待检抗原决定簇被破坏。

（8）缓冲液的 pH 不合适或 / 和含有酶活性抑制剂，如抑制过氧化物酶活性抑制剂 NaN_3。

（9）标本在 DAB/H_2O_2 溶液中显色时间太短；在应用 HRP 进行免疫酶染色时，显色底物溶液中含有 NaN_3；在采用 DAB/H_2O_2 显色时，显色液非新鲜配制，具有活性的 H_2O_2 不够。

（10）复染、脱水和封片剂的选择与显色系统不匹配。

（11）阳性对照标本选择不适当，该标本类型不含有已知待测抗原，或该组织物种与所用第一抗体试剂不相关。

2. 处理方法

（1）严格按照实验程序，正确依次加入所有试剂，防止遗漏任何试剂。

（2）确认第二抗体与选用的第一抗体种属匹配。

（3）确认使用的各类抗体试剂保存方法适当、有效，抗体效价较高，特别是第一抗体。如果抗体失效，应更换抗体。

（4）提高抗体浓度，优化孵育条件。保证温箱温度在 37℃，或增加孵育时间，如一抗 4℃孵育过夜。

（5）标本孵育盒放置平稳，防止孵育液流失。

（6）按照标本类型选择适合的蛋白酶消化方法和抗原热修复处理方式和条件。

（7）保证缓冲液 pH 合适，并不含酶活性抑制剂。

（8）重新配制显色液，并保证配制方法、浓度正确、有效，适当延长显色时间，DAB/H_2O_2 显色液要新鲜配制。

（9）选择适当的阳性对照切片。

（二）阴性对照标本未着色，而阳性对照标本和待检测标本呈弱阳性

1. 可能原因

（1）标本的固定方式不当，如固定不及时、固定液的量太少、固定液失效或组织处理方式不当。

（2）抗体试剂保存不当，超过了有效期，或者抗体反复冻融、效价降低。

（3）抗体浓度太低，特别是第一抗体的浓度太低，或者孵育时间过短、温度偏低。

（4）用缓冲液洗涤标本（粘贴在载玻片上的切片或涂片标本）时，标本上残留过多缓冲液，导致后续滴加的抗体进一步稀释。

（5）未采用合适的抗原修复方法，或抗原修复时间不足，或酶消化等前处理时间过长，抗原决定簇被破坏。

（6）显色底物配制不正确，或显色液非新鲜配制，已失效。

（7）标本显色时间太短，或检测采用 HRP 标记的反应时，显色底物溶液中含抑制 HRP 活性的 NaN_3。

（8）缓冲液 pH 不正确和 / 或含有酶活性抑制剂。

（9）复染、脱水和封片剂的选择和显色系统不匹配。

（10）待检测标本中抗原表达较少。

2. 处理方法

（1）严格按照免疫组织化学标本的取材、固定和处理方法进行。

（2）检查瓶签或核对试剂说明书，确认抗体试剂保存方法适当、有效，抗体效价较高。如果抗体失效，应更换抗体试剂。

（3）提高抗体浓度，优化孵育条件，延长孵育时间。

（4）在缓冲液洗涤粘贴在载玻片上的切片，特别是最后一次洗涤后，应尽量去除切片上的缓冲液，以免稀释随后加入的抗体。

（5）按照标本类型选择适合的蛋白酶消化、抗原热修复处理方式和条件。

（6）保证缓冲液 pH 合适，不含酶活性抑制剂。

（7）显色液最好即用即配。如采用 DAB/H_2O_2 显色，应确认该显色液中含有足够量的 H_2O_2

且有效，排除显色底物溶液对酶活性的抑制，延长显色时间。

（8）保证复染、脱水和封片剂的选择与显色系统匹配。

（9）将切片放入0.5%硫酸亚铜溶液孵育5min，蒸馏水冲洗后，苏木精复染，增加色彩对比度。

（三）标本染色太深或整个标本片均出现染色

1. 可能原因

（1）抗体浓度太高，或者抗体孵育时间过长，孵育温度过高，超出37℃。

（2）标本显色时间太长，显色液浓度过高。

（3）未正确封闭标本中非特异性结合位点，正常血清孵育时间过短。

（4）抗体孵育后的洗涤次数太少或时间太短。

（5）未采用高浓度 H_2O_2 阻断内源性过氧化物酶或供阻断用的 H_2O_2 失效。

2. 处理方法

（1）增加抗体的稀释度，优化抗体孵育时间，并在4℃冰箱孵育，或室温孵育（18~25℃），如用温箱孵育，需控制孵育温度低于37℃。

（2）重新配制浓度合适的显色液，并在显微镜下控制标本显色时间。

（3）对标本进行正确封闭，并适当延长正常血清孵育时间。

（4）各步抗体孵育后的洗涤要彻底，一般得按照5min ×3的要求充分洗涤。

（5）如果 H_2O_2 失效，则更换用新鲜 H_2O_2 来阻断内源酶活性。

（四）所有标本包括阴性对照均呈现弱阳性反应

1. 可能原因

（1）切片在染色过程中干涸。

（2）抗体浓度太高或抗体孵育时间过长、温度过高。

（3）缓冲液配制不当，或缓冲液洗涤不彻底。

（4）显色液配制不当，如 H_2O_2 浓度过高，显色反应过快，显色反应时间过长。

（5）载玻片上涂布的黏附剂过厚。

2. 处理方法

（1）滴加抗体或其他孵育液要足量，且标本应置放在专用的密闭孵育湿盒内孵育，防止切片在染色过程干涸。

（2）重新确定抗体稀释度，并优化孵育时间和温度。

（3）重新配制缓冲液，并在各步抗体孵育后进行彻底洗涤。

（4）显色液即用即配，保证配制方法正确，同时在显微镜下控制显色时间。

（5）粘片剂的配制浓度和载玻片的处理要合乎规范。

（五）所有切片均出现非特异性背景染色

1. 可能原因

（1）未有效阻断内源性酶或封闭生物素，特别是对于内源性酶或生物素丰富的组织，如肝脏、肾脏等，应考虑到这一可能。

（2）未选择合适的封闭血清，血清封闭时间过短，血清失效。

（3）抗体不纯或抗体特异性不强，交叉反应较多，或标本中含有与靶抗原相似的抗原表位。

（4）抗体浓度过高，孵育时间太长。

（5）显色液配制不合格，显色剂浓度过高，或显色时间过长。

（6）组织切片内出血坏死成分太多。

（7）切片或细胞涂片太厚。

（8）洗涤缓冲液盐浓度较低，标本漂洗不彻底，时间短，次数不够。

2. 处理方法

（1）灭活内源性酶或饱和内源性生物素。

（2）重新配制封闭血清，封闭时间适当延长。

（3）重新配制缓冲液，在洗涤缓冲液中加入0.85%NaCl，使之成为高盐溶液，充分洗涤，也能有效减少非特异性染色，降低背景染色。如果在缓冲液中再加入吐温-20（Tween-20），效果更佳。

（4）选用高纯度、高效价或者针对靶抗原表位的单克隆抗体；用胰酶消化或用抗原热修复增加阳性特异性染色与背景间的对比度。

（5）重新确定合适的抗体稀释度，并优化抗体孵育时间和温度。

（6）显色剂称量要准确，并找出合适的浓度，校正缓冲液的pH；显色时光镜下控制；注意将DAB保存于避光干燥处，现用现配，并最好溶解后过滤，临用前加 H_2O_2。

（7）第二抗体与标本的内源性组织蛋白存在

交叉反应时应更换。

（8）取材时应尽可能避开出血坏死区域。

（六）标本上有许多杂质

1. 可能原因

（1）缓冲液洗涤时间和次数不够，洗涤不彻底。

（2）DAB/H_2O_2 显色溶液过期，已有沉淀析出；DAB 保存不妥产生的氧化物可在染片时沉积在组织标本上；粉剂 DAB 溶解时，常有一些不溶性颗粒，可能沉积于标本上，产生斑点状着色。

（3）透明用的二甲苯使用时间过长，太脏，未及时更换。

（4）福尔马林液固定时间过长，出现福尔马林色素。

（5）复染试剂放置时间过长，已经析出沉淀。

2. 处理方法

（1）各步骤之间的充分洗涤，缓冲液每次用过后更换，一般按照 5min × 3 洗涤。

（2）更换显色底物溶液，重新配制显色液，并于使用前过滤。

（3）更换二甲苯。

（4）福尔马林液固定组织的时间不应超过 24h，对于固定时间过长的标本应在实验开始前充分流水冲洗。

（5）过滤复染试剂，或重新配制。

（七）待检测切片着色不匀

1. 可能原因

（1）脱蜡不干净。

（2）抗体或显色剂用量太少，没有完全覆盖标本，或有的部位已干涸。

（3）显色剂用前未过滤。

（4）孵育盒或实验台不平，引起切片倾斜，导致孵育液流失。

（5）抗体稀释时没混匀。

2. 处理方法

（1）充分脱蜡。

（2）加入足够量的抗体或显色剂进行孵育（视组织片大小而定，一般约不少于 30μl/ 片），避免标本孵育不完全或干燥。

（3）显色液临用前配制，用前过滤，避免局部出现斑状不均匀着色。

（4）孵育盒放置平整，防止孵育液流失。

（5）抗体稀释时应充分混匀。

（李宏莲）

参 考 文 献

1. 李和，周莉．组织化学与细胞化学技术．2 版．北京：人民卫生出版社，2014.
2. 钱帮国，焦磊．多标记免疫荧光染色及多光谱成像技术在组织学研究中的应用．中国组织化学与细胞化学杂志，2017，26（4）：373-382.
3. Buchwalow IB，BÖcker W. Immunohistochemistry Basics and Methods. Heidelberg：Springer，2010.
4. Renshaw S. Immunohistochemistry Methods Epress. Oxfordshire：Scion Publishing Ltd，2007.
5. Burry RW. Immunocytochemistry A practical guide for biomedical research. Heidelberg：Springer，2010.
6. Buchwalow I，Samoilova V，Boecker W，et al. Multiple immunolabeling with antibodies from the same host species in combination with tyramide signal amplification. Acta Histochem，2018，120（5）：405-411.
7. Stack EC，Wang C，Roman KA，et al. Multiplexed immunohistochemistry，imaging，and quantitation：a review，with an assessment of Tyramide signal amplification，multispectral imaging and multiplex analysis. Methods，2014，70（1）：46-58.

第八章　原位杂交组织化学技术

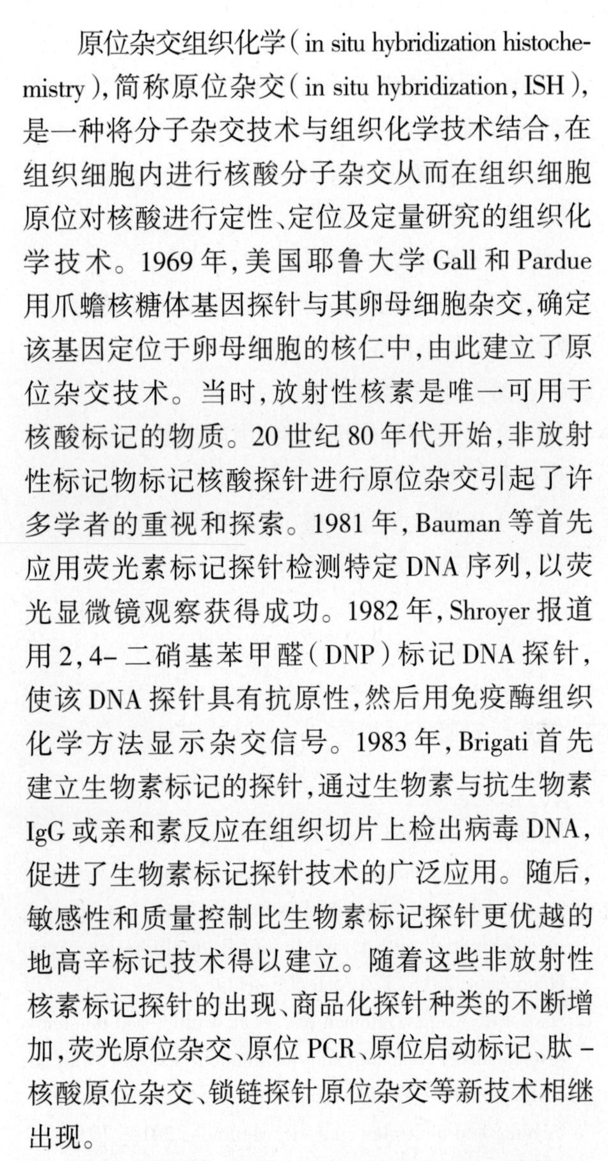

原位杂交组织化学（in situ hybridization histochemistry），简称原位杂交（in situ hybridization，ISH），是一种将分子杂交技术与组织化学技术结合，在组织细胞内进行核酸分子杂交从而在组织细胞原位对核酸进行定性、定位及定量研究的组织化学技术。1969年，美国耶鲁大学Gall和Pardue用爪蟾核糖体基因探针与其卵母细胞杂交，确定该基因定位于卵母细胞的核仁中，由此建立了原位杂交技术。当时，放射性核素是唯一可用于核酸标记的物质。20世纪80年代开始，非放射性标记物标记核酸探针进行原位杂交引起了许多学者的重视和探索。1981年，Bauman等首先应用荧光素标记探针检测特定DNA序列，以荧光显微镜观察获得成功。1982年，Shroyer报道用2,4-二硝基苯甲醛（DNP）标记DNA探针，使该DNA探针具有抗原性，然后用免疫酶组织化学方法显示杂交信号。1983年，Brigati首先建立生物素标记的探针，通过生物素与抗生物素IgG或亲和素反应在组织切片上检出病毒DNA，促进了生物素标记探针技术的广泛应用。随后，敏感性和质量控制比生物素标记探针更优越的地高辛标记技术得以建立。随着这些非放射性核素标记探针的出现、商品化探针种类的不断增加，荧光原位杂交、原位PCR、原位启动标记、肽-核酸原位杂交、锁链探针原位杂交等新技术相继出现。

与传统的核酸分子杂交不同的是，原位杂交可对被检测的靶核酸进行组织、细胞定位，因此，能在成分复杂的组织中对某一个或一类细胞进行观察而不受组织中其他成分的干扰；同时，原位杂交不需从待测组织中提取核酸，对组织中含量较低的靶核酸也有较高的敏感性，并可完好地保存组织、细胞的形态结构，将组织学表现与功能活动的变化相结合进行多层面的研究。因此，原位杂交既吸取了分子杂交技术特异性强及灵敏度高的特点，又兼备组织化学染色的可见性。原位杂交可定位细胞内的DNA，但更多地用于定位细胞内的mRNA。免疫细胞化学技术是在翻译水平原位检测基因的表达结果（肽、蛋白质），原位杂交则在转录水平原位检测基因的活性（mRNA）甚至确定基因（DNA片段）的有无或基因的结构。因此，原位杂交为研究细胞内基因表达及调控提供了有效的手段。目前，原位杂交技术已广泛应用于细胞生物学、发育生物学、肿瘤学、病理学、神经科学、病毒学及免疫学等各个领域。

第一节　原位杂交组织化学基本原理

原位杂交组织化学应用已知碱基序列并带有标记物的核酸探针（nucleic acid probe）与组织、细胞或染色体上的靶核酸按照碱基互补配对的原则进行特异性结合，形成杂交体，然后应用与标记物相应的检测系统，通过组织化学和/或免疫组织化学方法将杂交体在被检测核酸原位显示出来，从而对相应的靶核酸进行定位和定量研究。原位杂交组织化学的分子生物学基础是核酸的变性、复性和碱基互补配对结合。

一、核酸化学组成与基本结构

（一）核酸的化学组成

核酸是以核苷酸为基本组成单位的生物信息大分子，分为脱氧核糖核酸（DNA）和核糖核酸（RNA）两类。两类核酸均由含氮碱基、戊糖及磷酸三种成分组成。含氮碱基简称碱基，包括嘌呤碱和嘧啶碱两类。嘌呤碱有腺嘌呤（A）和鸟嘌呤（G）2种，嘧啶碱有胸腺嘧啶（T）、尿嘧啶（U）和胞嘧啶（C）3种。DNA和RNA含有的共同碱基是A、G、C，含有的不同碱基在DNA中是T，RNA中是U。DNA所含的戊糖为脱氧核糖，RNA所含的为核糖。

戊糖和碱基以共价键连接成核苷。脱氧核糖与碱基形成脱氧核苷，核糖与碱基形成核糖核苷。根据核苷中所含碱基的不同，脱氧核糖核苷有脱氧腺苷、脱氧鸟苷、脱氧胞苷和脱氧胸苷；核糖核苷有腺苷、鸟苷、胞苷及尿苷。核苷与磷酸以酯键相连形成核苷酸。核苷酸也有核糖核苷酸和脱氧核糖核苷酸两种。多个脱氧核糖单核苷酸或核糖单核苷酸借3′-5′磷酸二酯键相连，形成长链的大分子多核苷酸，即核酸，包括DNA和RNA。

（二）核酸的结构

核酸中核苷酸的排列顺序即核酸的一级结构。由于核酸中各种核苷酸之间的差别在碱基部分，因此碱基排列顺序代表核苷酸排列顺序，故核酸的一级结构即指核酸分子中碱基的排列顺序。核酸的二级结构是指两条反向平行的单链核酸按照碱基互补配对原则形成的双螺旋结构。线性核酸分子在双螺旋的基础上进一步旋转、折叠形成超螺旋，即核酸的三级结构。DNA分子均为双链，在形成双螺旋二级结构基础上，常形成闭合环状（如细菌、质粒及某些病毒DNA）、麻花状等超螺旋结构，真核细胞的DNA则以组蛋白为核心盘绕形成核小体；RNA分子多为单链，但某些RNA可在局部出现发夹样回折形成局部双螺旋结构，某些病毒RNA为双链，也呈现双螺旋结构。

在DNA分子结构中，碱基之间的氢键具有固定的数目并且和DNA两条链之间的距离保持不变，两条链相互结合形成双链时，碱基配对必须遵循一定的规律，即A一定与T配对，G一定与C配对，反之亦然。在双链RNA中，则是一条链上的A与另一条链上的U配对。碱基间的这种对应结合关系称为碱基互补配对原则。A与T或U之间配对结合时通过2个氢键链接，而G与C之间则以3个氢键相连。

根据结构和功能的不同，细胞中的RNA分为信使（mRNA）、转运RNA（tRNA）、核糖体RNA（rRNA）和小分子RNA。

mRNA是以DNA为模板，在RNA聚合酶的催化下，按碱基互补原则，从分子的5′末端向3′末端方向在细胞核内合成的RNA，能准确地传递DNA链上的遗传信息。合成后的mRNA经核孔进入细胞质，并与核糖体结合，将单核糖体连成多核糖体。由于细胞内的基因和基因组很多，而mRNA是根据要表达的基因或基因组合成的，因此mRNA种类复杂多样。mRNA也可作为模板，在DNA聚合酶作用下，逆转录合成互补DNA（cDNA）。

tRNA 3′端的碱基顺序均为CCA，是氨基酸结合的位点；tRNA分子中还有能识别mRNA所携带的遗传密码的反密码子。tRNA作为一种运载工具，能把各种氨基酸搬运到多核糖体。

rRNA是细胞中含量最多的一种RNA，它们与相关的蛋白质一起共同构成核糖体，是氨基酸装配的场所。

小分子RNA是一类长度小于300个核苷酸的RNA，也是通过转录后加工而来，具有各种重要的生理功能。微RNA（microRNA，miRNA）是一类长度约为18~25个核苷酸的单链非编码小分子RNA，由具有发夹结构的70~90个碱基大小的单链RNA前体经过Dicer酶加工后生成。miRNA主要参与基因转录后水平的调控。

二、DNA变性与复性

（一）变性

DNA的三维空间构象即超螺旋结构主要靠一些非共价键如氢键折叠形成，这些非共价键的键能较低，很容易在外来作用的影响下断裂，使双螺旋解开，导致空间结构的破坏，使规则的DNA变成不规则的线团，因而发生性质改变，称为DNA变性（denaturation）。变性的DNA为单链。加热接近100℃，改变pH（>10或<3）以及某些化学试剂（如乙酸、尿素、酰胺等）的作用，均可使DNA变性。

如果通过加热使DNA变性，根据DNA变性的程度与温度的关系可绘制解链曲线。使50%DNA分子发生变性的温度称为变性温度，由于这一现象和结晶的熔解相似，故又称解链温度（melting temperature，Tm）。Tm值不是一个固定的数值，它与下列因素有关：

（1）DNA的均一性：均一DNA如病毒DNA，

解链发生在很窄的 Tm 值范围，而不均一 DNA 如动物细胞 DNA 其 Tm 值的范围较宽。

（2）DNA 分子中（G+C）的含量：一定条件下，DNA 的 Tm 值由（G+C）含量所决定，因 G 和 C 之间有 3 个氢键，所以（G+C）含量较高的 DNA 的 Tm 值较高。实验表明，DNA 的 Tm 值的高低与其（G+C）摩尔质量呈线性关系。

（3）溶剂的性质：Tm 不仅与 DNA 本身性质有关，而且与溶液的条件，如离子强度、pH、变性剂等有关。在低离子强度时，Tm 值较低，反之则较高，因此，DNA 不应保存在离子强度过低的溶液中；pH 在 5~9 范围内，Tm 值变化不明显，在高 pH 下，碱基可失去形成氢键的能力，当 pH 大于 11.3 时所有氢键均被破坏，DNA 完全变性；变性剂可以干扰碱基堆砌力和氢键的形成，因此可降低 Tm 值，如 50% 的甲酰胺可使 Tm 降低 30℃。

（二）复性

变性的 DNA 两条互补链还可以重新结合，恢复原来的双螺旋结构，这一过程称为复性（renaturation）。在 DNA 热变性后，将温度缓慢冷却，并维持在低于 Tm 值一定范围内，变性后的单链 DNA 即可恢复双螺旋结构，因此复性过程也称为退火。复性后的 DNA，其理化性质都能得到恢复。倘若 DNA 热变性后快速冷却，则不能复性。DNA 的复性速度受到多种因素的影响：

（1）温度：温度过高，有利于 DNA 变性而不利于复性；而温度过低，不利于双键间随机形成的错配氢键的断裂，易造成两条非互补单链间的非特异性结合。复性的适宜温度一般低于 Tm 值 25℃左右。

（2）DNA 的浓度：DNA 的浓度直接影响到 DNA 单链间碰撞的概率。DNA 浓度越高，复性速度越快。

（3）DNA 片段的大小：大分子的 DNA 扩散速度较慢，发生互补的机会少，难以形成正确配对，因此复性较慢。

（4）DNA 分子的复杂性：DNA 总量一定时，基因组越复杂，其中特定序列的拷贝数就越少，互补序列的浓度就越低，因此复性速度越慢，而 DNA 序列简单的分子复性较快。

（5）离子强度：溶液的离子强度较高时，可有效中和 DNA 双链间的磷酸基团的静电斥力，因此复性速度较快。

三、核酸分子杂交

分子杂交是一项利用 DNA 变性 - 复性原理而设计的极其重要的分子生物学技术。两条 DNA 单链之间能否复性，并不取决于这两条单链是否同源，而取决于它们的碱基顺序是否互补。如果两条来源不同的 DNA 单链具有互补的碱基序列，也同样可以复性，形成杂交体，这个过程即核酸分子杂交，简称分子杂交。分子杂交形成双链杂交体的过程，在本质上就是两条互补单链核酸分子以复性的原理形成双链核酸的过程。这一过程既可发生在两条 DNA 单链之间（DNA-DNA 杂交），也可发生在 DNA 与 RNA 之间（DNA-RNA 杂交）、两条 RNA 单链之间（RNA-RNA 杂交）以及寡核苷酸与 DNA 或 RNA 之间。由于 DNA 分子常以双链形式存在，因此在进行分子杂交时，应先将双链 DNA 分子通过变性解聚成单链后再进行杂交。单链核酸分子则不需要变性即可直接进行杂交。

两条具有一定互补序列的核酸单链既可在一定条件下杂交而形成双链，杂交双链又可在一定条件下解链成单链。杂交双链即杂交体的稳定程度与它的变性或解链温度（Tm）有关，Tm 值越高，杂交体越稳定。影响杂交体稳定性的因素主要包括以下几个方面：

（1）杂交双链的碱基组成：杂交双链解离成单链时主要涉及配对碱基间氢键的断裂。G-C 之间有三个氢键，A-T 之间或 A-U 之间有两个氢键，故（G+C）含量越高的杂交双链 Tm 值越高。

（2）杂交双链的长度：杂交双链越长，Tm 值越高，因此越稳定。

（3）杂交双链的碱基错配程度：碱基错配是指非互补配对的碱基之间的结合，如 A 与 C 之间、G 与 T 或 U 之间的配对结合，这种结合的稳定性较低，因此，错配的碱基愈多，即错配的程度愈高，Tm 值愈低，杂交体愈不稳定。

（4）溶液中的离子强度：离子强度愈高，Tm 值愈高，杂交体越稳定。

（5）变性剂的浓度：有些杂交液常含较大比

例的变性剂如甲酰胺，以降低杂交反应的温度。故提高杂交液中甲酰胺的浓度，杂交双链的 Tm 值即降低，稳定性降低。

分子杂交按作用环境可分为固相杂交和液相杂交两种类型。固相杂交是将参加反应的一条核酸链先固定在固体支持物（如硝酸纤维膜、尼龙膜、乳胶颗粒、微孔板等）上，另一条核酸链游离于溶液中。液相杂交所参与反应的两条核酸链都游离于溶液中。

原位杂交是在适当条件下用带有标记物且已知碱基序列的核酸探针与组织切片或细胞内具有相应序列的单链核酸（靶核酸）发生杂交反应，组织切片或细胞，尤其是当其粘贴在载玻片或盖玻片上时，为一种特殊的固体支持物，因此原位杂交也属于固相分子杂交的范畴。

四、核酸分子探针

所谓探针，是一种已知的仅与特异靶分子反应的特异性分子，它可结合适宜的标记物，以便在与靶分子反应后进行检测。核酸探针是指标记了的已知碱基序列的核酸片段，它仅与其靶核酸即待测核酸反应。在原位杂交中，核酸探针是用于组织细胞内特定核酸序列定位的关键试剂。

（一）探针的种类

根据核酸性质的不同，核酸探针可分为基因组 DNA 探针、cDNA 探针、cRNA 探针、寡核苷酸探针等几类。根据目的要求不同，可以选用不同的核酸探针。探针选择的基本原则是应具有高度特异性，兼而考虑来源是否方便等其他因素。

1. 基因组 DNA 探针 基因组 DNA 探针多为某一基因的全部或部分序列，或某一非编码序列，其获得有赖于分子克隆技术的发展和应用，通常通过建立基因组 DNA 文库的办法制备。几乎所有的基因片段都可克隆到质粒或噬菌体载体中，这为获得大量高纯度的 DNA 探针提供了方便的来源。PCR 技术也为 DNA 探针的获得提供了另一方便的来源。选择此类探针时，要尽可能使用基因的外显子。基因组 DNA 探针通常为双链，在使用时需进行变性处理。

2. cDNA 探针 cDNA 是互补于 mRNA 的 DNA 分子，可从 cDNA 文库中克隆获得。cDNA 中不存在内含子，因此是一种较为理想的探针。对 cDNA 进行克隆时，可通过选择不同的载体来控制所产生的 cDNA 是双链还是单链。如果以质粒作载体，则产生双链 cDNA，获得的探针也是双链。由于双链 cDNA 有意义链和无意义链之间的复性会使能与靶 mRNA 结合的有效探针明显减少，而细胞内 mRNA 的拷贝量较少，故双链 cDNA 探针的检测灵敏度较低，较少用来做探测细胞内 mRNA 的原位杂交反应。如果将 cDNA 导入 M13 衍生载体中，则可产生大量的单链 cDNA。用这种单链 cDNA 作探针既不需要变性也克服了双链 cDNA 探针在杂交反应中两条链间复性的缺点，结果使能与靶 mRNA 结合的探针浓度提高，从而提高杂交反应敏感性。

3. cRNA 探针 cRNA 探针是以 cDNA 为模板在体外转录而成的探针，可方便地通过已克隆于特定质粒载体的 cDNA 产生（图 8-1）。这些质粒通常在紧邻多克隆位点的位置含有一个噬菌体启动子。应用相关的 RNA 聚合酶和 4 种核糖核苷（rNTPs）（其中至少一种带有标记物）进行体外转录反应，依赖 DNA 的 RNA 聚合酶以克隆的 cDNA 为模板，以含有标记物的三磷酸核糖核苷为原料，从启动子下游开始在体外转录产生 RNA。通过改变外源 cDNA 在质粒中的插入方向或选用不同的 RNA 聚合酶，可以控制 RNA 的转录方向，从而可以得到与 mRNA 同序列的正义 RNA（sense RNA，sRNA）探针或与 mRNA 互补的反义 RNA（antisense RNA）探针，后者即互补 RNA（cRNA）探针。通常用 sRNA 探针作 cRNA 探针的阴性对照。

由于在体外转录反应物中可提供有标记物标记的核苷酸为原料，因此经过体外转录就能得到标记的 cRNA 探针（图 8-1）。cRNA 探针是单链探针，故以 cRNA 探针进行杂交反应可避免应用双链 cDNA 探针作杂交反应时存在的两条链之间的复性问题。cRNA 和 mRNA 之间形成的杂交体要比 cDNA-mRNA 杂交体稳定，因此杂交反应后可经受高严格度洗涤。cRNA-mRNA 杂交体不受 RNA 酶的影响，故杂交后还可用 RNA 酶处理，以除去未结合的探针。此外，用体外转录合成的 cRNA 探针的长度比较一致。

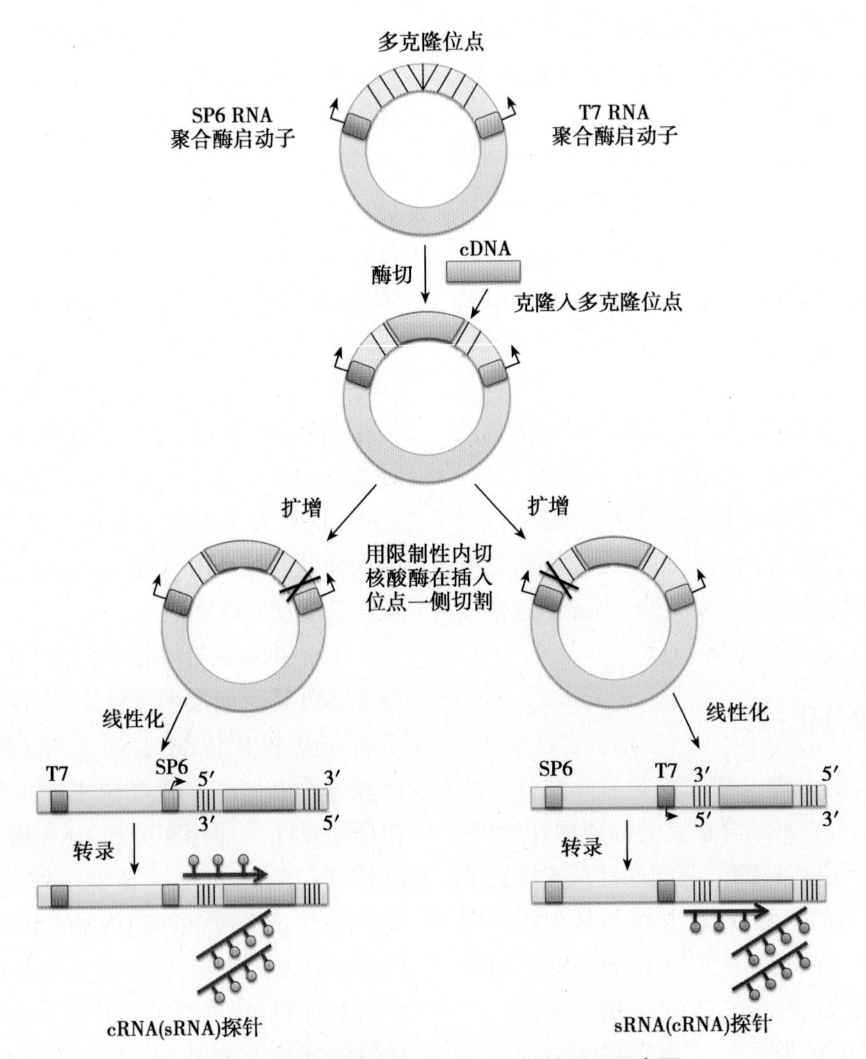

图 8-1 体外转录法制备 cRNA 探针原理示意图

由于 cRNA 探针具有以上优点，因此在分子杂交中，特别是在原位杂交中的应用较广泛。但 cRNA 探针的制备过程较复杂，需要较高的分子生物学实验条件，cRNA 对 RNA 酶敏感，易被 RNA 酶破坏，因而在操作过程中需严格防止 RNA 酶污染。

4. 寡核苷酸探针 寡核苷酸探针是指用化学合成技术在体外合成的单链 DNA，长度一般为 30~50bp。寡核苷酸探针目前均由 DNA 合成仪合成。在确定寡核苷酸探针的序列时，一定要使该探针能与靶核酸序列特异性结合，而与无关序列不会产生杂交反应。如果靶 DNA 或 mRNA 的序列是已知的，合成寡核苷酸的序列按照碱基互补原则很容易确定。如果仅仅知道氨基酸序列，探针的设计则较复杂，因为大多数氨基酸可以具有好几种密码子，即密码具有简并性。这时就应该选择密码简并性最小的氨基酸序列。

（1）设计筛选寡核苷酸探针的原则：

1）长度一般为 30~50 个核苷酸，过长者杂交时间较长，合成量低，过短者，特异性较差。

2）碱基中（G+C）含量应在 40%~60% 范围以内，超出此范围则会增加非特异性杂交。

3）探针分子内不应存在互补区，否则会出现抑制探针杂交的发夹状结构。

（2）寡核苷酸探针的优点：

1）制备简易：寡核苷酸探针以核苷酸为原料，通过 DNA 合成仪短时间内即可合成，方法简便，不需要复杂的分子生物学实验条件。

2）序列任定：可按照已知的某一特定靶基因的核苷酸顺序合成任何一段特异性核苷酸序列用作探针。

3）易穿透组织：由于寡核苷酸链短，而且是单链，对组织的穿透力比较长的克隆探针强。

4）杂交时间短：由于寡核苷酸链短，其序列较简单，分子量小，所以和等量靶位点完全杂交的时间比克隆探针短。

5）使用简便：合成的寡核苷酸探针性质上是脱氧核糖核酸，对 RNA 酶不敏感，因此比 RNA 探针更稳定；又因此类探针为单链分子，在与组织切片细胞内 mRNA 分子杂交时不需要预先加热解链。

寡核苷酸探针也有一定缺点，如与 mRNA 的杂交不如 RNA-RNA 杂交稳定，再者，因其分子较短，一般只能采用末端标记法标记，结合的标记物较少，故其敏感性较低。此外，大量合成寡核苷酸探针所需费用较高。

（二）探针的标记

利用分子杂交的原理对待测核酸进行检测，必须将与待测核酸进行杂交反应的探针用某种可以检测的分子进行标记。探针的标记是指将一些可以用一定的方法显示或检测的物质即标记物结合在探针上的过程。

1. 探针标记物　理想的探针标记物应具备以下特性：①高度灵敏性；②与探针的结合不影响探针的主要理化特性、杂交特异性和杂交稳定性；③显示或检测要简便、省时、准确可靠、重复性好；④对环境无污染，对人体无损伤。目前用于标记原位杂交探针的标记物有 20 多种，可分为放射性标记物（放射性核素）和非放射性标记物两大类。

（1）放射性核素：原位杂交技术最初建立时就是以放射性核素作为标记物。目前，放射性核素仍用于探针的标记。常用的放射性核素有 ^{32}P、^{3}H、^{35}S 等。用放射性核素标记探针有以下优点：放射性核素标记的核苷酸易掺入 DNA 和 RNA 分子中；标记反应的情况可通过特殊的仪器（闪烁计数器）进行监测；用放射性核素标记的探针进行的原位杂交反应，可用敏感性高的放射自显影技术检测。但放射性核素存在辐射危害和半衰期限制，且放射自显影检测时间长。由于这些缺点，放射性核素标记探针的应用受到了限制。

（2）非放射性标记物：目前，非放射性标记物主要有以下几类：酶类，如 HRP、AP 等；半抗原，如地高辛、生物素等；荧光素，如异硫氰酸荧光素、罗丹明等。非放射性标记物标记的探针虽然在敏感性方面不如放射性核素标记探针，但其稳定性和分辨力高，检测所需的时间短，一般在 24h 即可得到结果，且操作简便，不存在放射性污染的安全问题，不需特殊的防护设备，因此非放射性标记物的应用日趋广泛。

2. 探针标记方法　探针的标记方法很多，大致可以分为两大类：引入法和化学修饰法。引入法是运用标记好的核苷酸来合成探针，即先将标记物与核苷酸结合，然后通过 DNA 聚合酶、RNA 聚合酶、末端转移酶等将标记的核苷酸整合入 DNA 或 RNA 探针序列中去。化学修饰法即采用化学方法将标记物掺入已合成的探针分子中去，或改变探针原有的结构，使之产生特定的化学基团。引入法较化学修饰法更常用，按其整合的方法不同，引入法可分为缺口平移法、随机引物法、末端标记法、PCR 扩增标记法、RNA 体外转录法等。

（1）缺口平移法：缺口平移法（nick translation）是一种最常用的标记双链 DNA 探针的方法，该方法利用 DNA 聚合酶Ⅰ的多种酶促活性将标记的三磷酸脱氧核糖核苷（dNTP）掺入到新合成的 DNA 链中，从而合成高比活性的均匀标记的 DNA 探针。其基本原理是首先用适当浓度的 DNA 酶Ⅰ在 DNA 探针分子的一条链上打开缺口（nick），缺口处形成 3′ 羟基末端；利用大肠杆菌 DNA 聚合酶Ⅰ 5′→3′ 方向外切酶活性，将缺口处 5′ 端核苷酸依次切除；与此同时，在大肠杆菌 DNA 聚合酶Ⅰ的 5′→3′ 聚合酶活性的催化下，以另一条 DNA 链为模板，以 dNTP 为原料，顺序将 dNTP 连接到切口的 3′ 羟基上，从 5′ 端向 3′ 端方向重新合成一条互补链。其结果是在缺口的 5′ 端，核苷酸不断被水解，而在缺口的 3′ 端核苷酸依次被添加上去，从而使缺口沿着互补 DNA 链移动，原料中含有的标记核苷酸因此替代原 DNA 分子上的部分核苷酸而掺入到新合成的 DNA 链中，从而获得标记的 DNA 探针（图 8-2）。此方法的缺点是需要较多的 DNA 模板（>200ng），且标记效率较低。

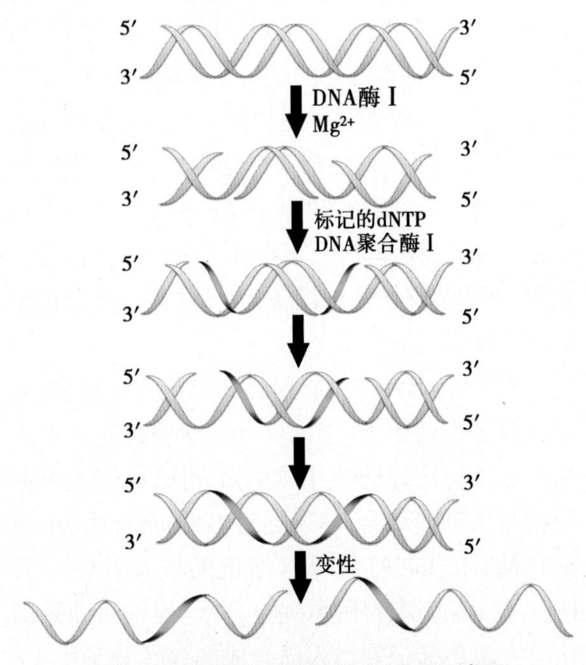

图 8-2 探针缺口平移法标记原理示意图

(2)随机引物法:随机引物法的原理是使被称为随机引物(random primer)的长6个核苷酸的寡核苷酸片段与单链DNA或变性的双链DNA随机互补结合(退火),以提供3′羟基端,在无5′→3′外切酶活性的DNA聚合酶大片段(如Klenow片段)作用下,在引物的3′羟基末端逐个加上核苷酸直至下一个引物。当反应液中含有标记的核苷酸时,即形成标记的DNA探针(图8-3)。由于6核苷酸混合物出现所有可能结合序列,引物与模板的结合以一种随机的方式发生,标记均匀跨越DNA全长。当以RNA为模板时,必须采用逆转录酶,得到的产物是标记的单链cDNA探针。随机引物法标记的探针比活性高,但标记探针的产量比切口平移法低。

(3)末端标记法:末端标记法(end-labelling)是将标记物导入线型DNA或RNA的3′末端或5′末端的一类标记法,可分为3′末端标记法、5′末端标记法和T4聚合酶替代法。末端标记法主要用于寡核苷酸探针或短的DNA或RNA探针的标记,用该法标记的探针携带的标记分子较少。5′端和3′端标记效率不同,5′端标记效率低,但杂交敏感性高,3′端标记效率高,但杂交敏感性低。

1)5′末端标记法:5′末端标记法需要T4多聚核苷酸激酶(polynucleotide kinase),最常用的标记物是[γ-^{32}P]ATP。T4多聚核苷酸激酶能特异地将[γ-^{32}P]ATP中的^{32}P转移到DNA或RNA的5′-OH末端,因此被标记的探针必须有一个5′-OH端,而大多数DNA或RNA的5′端都因磷酸化而含有磷酸基团,因此标记前要先用碱性磷酸酶去掉磷酸基团(图8-4A)。

2)3′末端标记法:通过末端脱氧核糖核苷酸转移酶(terminal deoxynucleotidyl transferase,TdT)催化标记的dNTP加到单链或双链DNA的3′末端上(图8-4B)。

3)T4 DNA聚合酶替代法:根据T4 DNA聚合酶具有5′→3′聚合酶活性和3′→5′方向外切核酸酶活性,而在4种三磷酸核苷存在时3′→5′方向外切核酸酶活性被抑制的特性,首先,在缺乏核苷

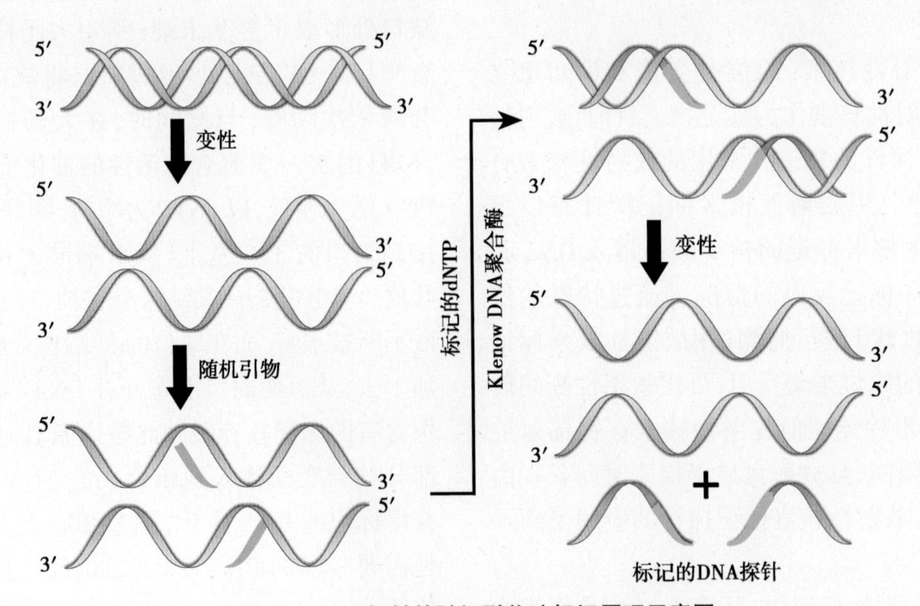

图 8-3 DNA探针的随机引物法标记原理示意图

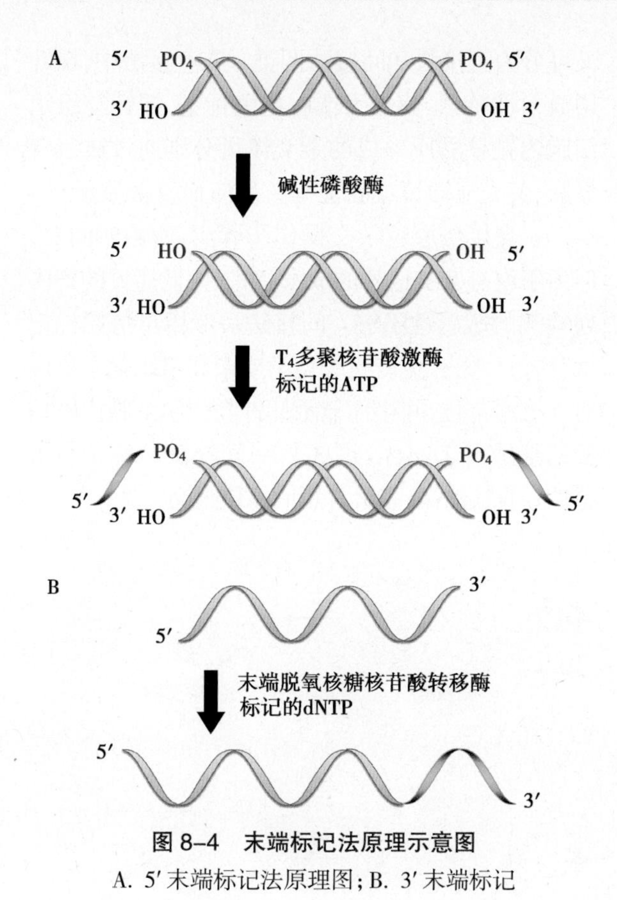

图 8-4　末端标记法原理示意图

A. 5′ 末端标记法原理图；B. 3′ 末端标记

酸的情况下，利用 T4 DNA 聚合酶从 3′→5′ 端对双链 DNA 进行水解，产生带凹缺的 3′ 端 DNA 分子，然后加入 4 种三磷酸核苷，抑制 T4 DNA 聚合酶的 3′→5′ 外切酶活性，在 5′→3′ 聚合酶活性的作用下，DNA 分子开始修复，带有标记的核苷就掺入到修复的 3′ 端片段中（图 8-5）。

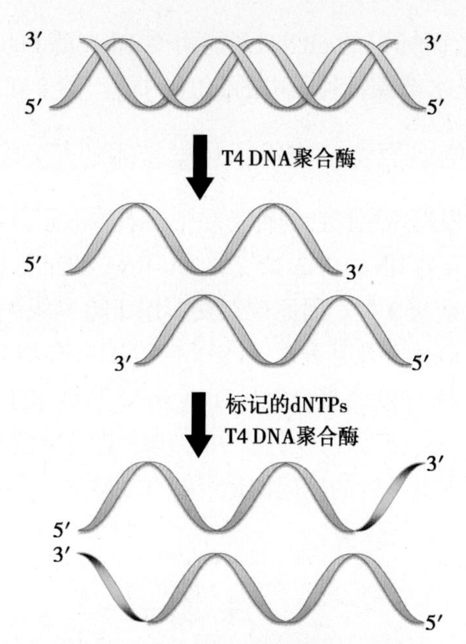

图 8-5　T4 DNA 聚合酶替代法标记 DNA 探针原理示意图

（4）PCR 扩增标记法：PCR 扩增标记法的原理与普通的核酸 PCR 相同，即 Taq DNA 多聚酶以 DNA 为模板，在特异引物引导下，在 PCR 仪中合成 cDNA 探针。由于在反应体系中加入一定量的标记 dNTP，因此扩增的同时又是一个标记过程（图 8-6）。

（5）RNA 体外转录标记法：在以体外转录方式合成 cRNA 探针时，如在转录体系中加入标记的 rNTP 原料，就能合成带有标记物的 cRNA 探针。当反应终止后，再用 DNA 酶Ⅰ来消除 DNA

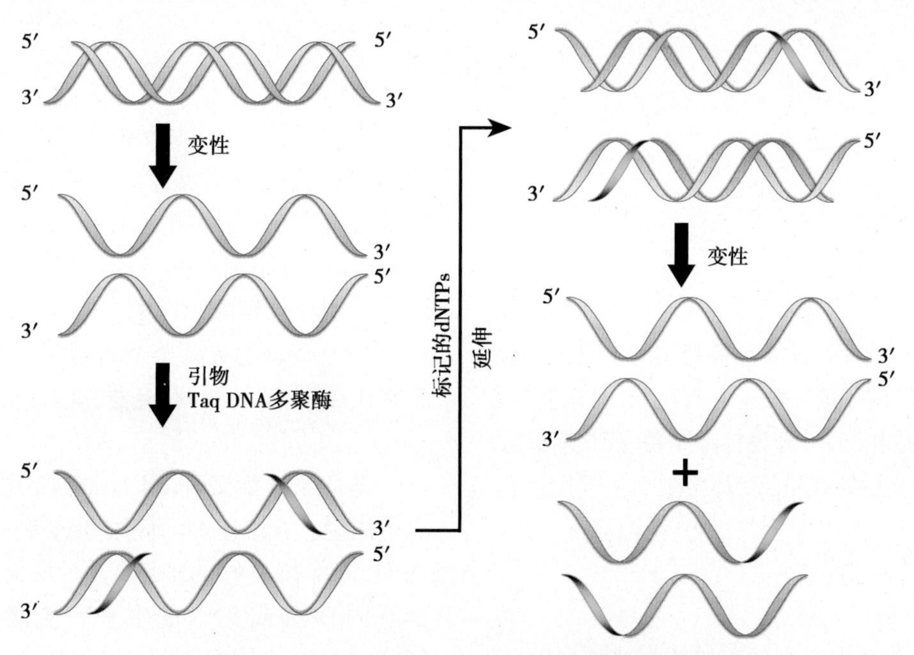

图 8-6　cDNA 探针 PCR 扩增法标记原理示意图

模板，而标记的 cRNA 则能耐受 DNA 酶Ⅰ的影响（详见本节探针种类中的 cRNA 探针，图 8-1）。

五、原位杂交组织化学技术的基本类型

根据所用探针的种类和靶核酸的不同，原位杂交可分为 DNA-DNA 杂交，DNA-RNA 杂交和 RNA-RNA 杂交 3 类。因原位杂交多用于检测组织细胞内的 mRNA 及其表达，故 DNA-RNA 杂交和 RNA-RNA 杂交较多见，DNA-DNA 杂交主要用于染色体原位杂交，以对染色体中的 DNA 进行定位。

根据探针的标记物是否能直接检测，原位杂交又可分为直接法和间接法两类。在直接法中，探针用放射性核素、荧光素或一些酶标记，探针与组织细胞内靶核酸所形成的杂交体可分别通过放射自显影、荧光显微镜或酶促呈色反应而直接显示（图 8-7）。直接法原位杂交操作步骤少，所需时间短，但由于没有杂交信号的放大，对一些低拷贝的靶序列检测的敏感性不够。间接法一般用半抗原标记探针，最后通过免疫组织化学或亲和组织化学反应对半抗原定位，间接地显示探针与组织细胞内靶核酸所形成的杂交体（图 8-8）。间接法原位杂交敏感性较直接法高，是最常用的原位杂交方法。

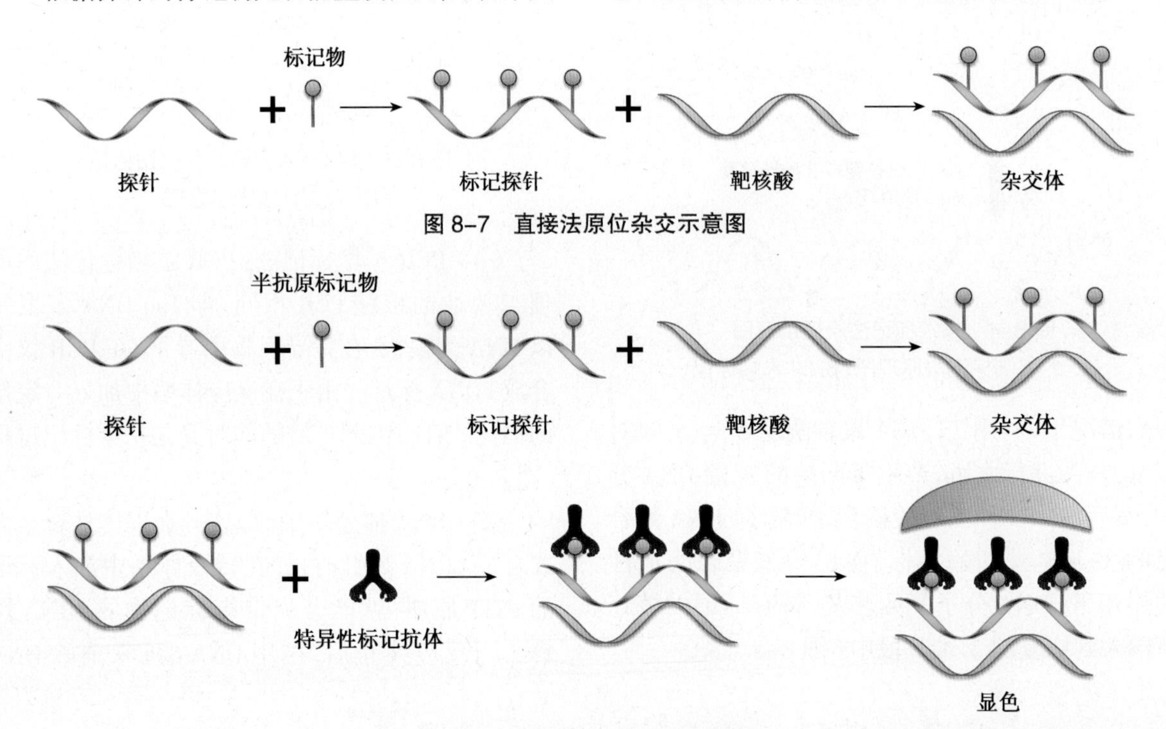

图 8-7　直接法原位杂交示意图

图 8-8　间接法原位杂交示意图

第二节　原位杂交组织化学技术的基本方法

尽管因核酸探针种类和标记物的不同，原位杂交技术在具体应用的方法上各有差异，但其基本方法和原则大致相同，可分为标本制备、杂交前处理、杂交反应、杂交后处理和杂交体检测 5 大基本步骤。

一、标本制备

（一）取材

用于原位杂交反应的组织应尽可能新鲜，因此，要求取材迅速。由于很多 RNA 极易降解，取下的组织应尽可能迅速固定或冷冻。为了避免外源性 RNA 酶引起靶组织中 RNA 丢失，取材时应戴手套，所用的器械、容器都要经高压消毒，或清洁后用经焦碳酸二乙酯（diethyl pyrocarbonate，DEPC）处理过的灭菌蒸馏水清洗。此外，避免用手直接接触组织，器械、容器和溶液等。

（二）固定

进行原位杂交时，组织常需要用化学固定剂进行固定。在固定剂的应用和选择上应兼顾 3 个方面，即保持良好的细胞结构，最大限度地保持细胞内 DNA 或 RNA 的水平和使探针易于进入细胞。DNA 比较稳定，而 RNA 极易被降解，故在

固定时，固定剂的种类、浓度和固定时间均十分重要。

1. 固定剂　固定剂分为沉淀固定剂和交联固定剂两类。常用的沉淀固定剂有乙醇和丙酮等，交联固定剂有多聚甲醛、戊二醛等。经用沉淀固定剂固定的组织通透性较好，利于探针穿入组织。但沉淀固定剂可能引起 RNA 的丢失，而且保存组织形态结构也不十分理想。醛类交联固定剂可较好地保存组织中的 RNA，对保存组织形态结构优于沉淀固定剂。但由强交联固定剂戊二醛固定后的组织通透性很低，探针较难进入其中。一般认为，4% 多聚甲醛固定对检测 mRNA 的组织较为理想，它既能有效地保存靶 RNA 和组织形态结构，又可使组织具有一定通透性。

2. 固定方法　固定方法可分浸渍法和灌注法。取材方便的组织，在迅速取材后立即浸入固定液中进行浸渍固定，而对较难取材的组织，先行灌注固定，然后取材，并将取下的组织浸入固定液中再行浸渍固定。固定后的组织浸入 25% 的蔗糖磷酸盐缓冲液中，置 4℃冰箱过夜，次日冷冻切片或保存在液氮中待冷冻切片。经固定和漂洗后的组织也可在 25% 蔗糖磷酸盐缓冲液中于 4℃下保存 1~2 个月。新鲜组织也可在取材后直接以液氮或干冰速冻，冷冻切片后再浸入 4% 多聚甲醛固定 10~30min，干燥后立即进行杂交或保存在 -80℃冰箱内数月。

（三）切片

1. 冷冻切片　在原位杂交中以冷冻切片最常用。切片时，要尽量避免 RNA 酶污染，操作时需戴手套，使用 70% 乙醇擦洗工作台、切片机刀架、摇柄和载物台等手常接触的部位以及其他器械。切片厚度可根据具体情况而定。如靶组织中待测 mRNA 量较少，所采用的原位杂交方法敏感性较低，为了能得到较多的信号，切片可厚些（15~20μm），反之，则可薄些（5~10μm）。粘贴切片前，载玻片要清洗干净，使其不含 RNA 酶，并进行硅化处理。清洗方法：先用热肥皂水刷洗，自来水清洗干净后置于清洁液中浸泡 24h，清水洗净烘干，95% 乙醇中浸泡 24h 后蒸馏水冲洗，150℃以上高温烘干，锡箔纸包好无尘存放。硅化载玻片的制作步骤如下：

（1）将清洗干净的载玻片在丙酮中浸泡 5min 进行脱脂。

（2）再入 100% 乙醇浸泡 5min，然后风干。

（3）继之浸入硅烷（silane）液数秒。硅烷液配制：将 4ml 3- 氨基 - 丙基三乙氧基硅与 200ml 丙酮混合即可。

（4）移至丙酮内 5min 后入双蒸水 5min。

（5）最后风干备用。

此外，由于原位杂交的实验周期长，实验程序繁杂，为了防止组织或细胞标本在杂交过程中脱落，载玻片要涂以铬矾明胶或多聚赖氨酸（分子量大于 300kDa）等黏附剂。

2. 石蜡切片　石蜡切片展片时需用含 DEPC 的双蒸水加温展片，制成的石蜡切片置于 52℃烤箱中过夜后即可进行原位杂交反应。经烤干的切片可在室温下保存。

3. 培养细胞　培养细胞标本制备常采用细胞离心法。先将生长在培养瓶壁上的细胞用胰蛋白酶处理，制成 1×10^5/ml 细胞浓度的悬液，经离心制成细胞离心标本，使细胞贴附于经处理的载玻片上，经空气干燥 1~2min 后浸渍固定，再经 PBS、蒸馏水漂洗后置 37℃干燥保存或 70% 乙醇 4℃保存。如果细胞直接生长在载玻片或盖玻片上，则可将长有细胞的载玻片或盖玻片直接固定，再按上述方法漂洗、干燥、储存。

二、杂交前处理

杂交前处理的目的在于提高组织通透性，增加靶核酸的可及性以及防止 RNA 或 DNA 探针与组织细胞或载玻片之间的非特异性结合，从而增强杂交信号，降低背景。杂交前处理的具体方法和步骤因所采用的固定剂、组织标本以及探针不同而异。用温和的非交联固定剂固定的细胞培养标本和冷冻切片，不需要特殊的杂交前处理，一般均能获得较好的杂交反应结果。而用交联固定剂固定的标本，尤其是福尔马林固定的石蜡切片，则需经杂交前处理才能获得较好的结果。杂交前处理主要包括增强组织的通透性和核酸探针的穿透性，减低背景染色两个方面。

（一）增强组织通透性和核酸探针穿透性

对于用交联固定剂固定的组织，由于固定剂与蛋白质产生广泛交联，需要应用较强的增强组织通透性的试剂。增强组织通透性常用去污剂或某些消化酶处理,通过这种处理可广泛去除蛋白质而增强组织的通透性和探针的穿透性,提高杂交信号,但同时也会降低RNA的保存量,影响组织结构的形态,导致标本从载玻片上脱落,因此在用量和时间上应加以注意。

1. 去污剂处理 常用去污剂为Triton X-100,一般将切片浸入含0.2%~0.5% Triton X-100的PBS内处理15min。

2. 蛋白酶处理 蛋白酶K的消化作用在原位杂交中十分重要,其浓度及孵育时间视组织种类、固定剂种类、切片厚度而定,一般应用1μg/ml蛋白酶K(于0.1mol/L Tris/50mmol/L EDTA,pH 8.0缓冲液中),37℃孵育15~30min,以达到蛋白质能充分消化而又不影响组织形态的目的。蛋白酶K还可消化靶DNA周围蛋白质,暴露DNA,从而提高杂交信号的作用。在蛋白酶K消化后,用蛋白酶K抑制剂终止反应,即在冷PBS中清洗及在含0.2%或0.1mol/L甘氨酸的PBS中清洗。为保持组织结构,通常用4%多聚甲醛再固定3~5min。石蜡切片在此之前必须先脱蜡,并经下行乙醇入水。

(二)减低背景染色

1. 酸酐和稀酸处理 为了防止探针与组织中碱性蛋白之间的静电结合,降低背景染色,杂交前标本可用0.25%乙酸酐处理10min。经乙酸酐处理后,组织中蛋白的碱性基团通过乙酰化而阻断,使蛋白质的等电点偏向酸性,从而抑制非特异性吸附。组织和细胞标本也可在杂交前用稀酸处理,例如用0.2mol/L HCl处理10min。稀酸处理能使碱性蛋白变性,如再结合蛋白酶消化,即可将碱性蛋白移除,这样不仅能增强靶核酸探针的可及性,也可避免碱性蛋白与核酸之间的非特异性结合,达到降低背景染色的目的。

2. 预杂交 预杂交是指在杂交前用不含探针的预杂交液在杂交温度下预先孵育标本1~2h,以阻断标本中可能与探针产生非特异性结合的位点,达到减低背景染色的目的。预杂交是减低背景染色的一种有效手段。

3. 内源性生物素和酶的抑制 非放射性原位杂交,如用生物素、HRP或AP做标记物,组织中内源性的生物素、过氧化物酶或AP则应事先阻断。当对含有内源性生物素较丰富的组织(如肝、肾组织)用免疫细胞化学ABC法检测杂交反应时,标本可先用未标记的亲和素(卵白素)孵育,以阻断内源性生物素。适宜的杂交前蛋白酶消化有利于消除内源性生物素的干扰。用5%脱脂奶粉缓冲盐液来稀释标记的卵白素以及将标本浸于含2%牛血清白蛋白的缓冲液,均可防止或抑制标记的卵白素与组织标本之间的非特异性结合。对于内源性的AP和过氧化物酶可通过将标本分别浸于20%乙酸(4℃)中15s或0.019g/L过碘酸淋洗和用含1% H_2O_2的蒸馏水或甲醇溶液室温孵育30min加以阻断。

三、杂交反应

杂交反应是指用杂交液孵育组织切片,杂交液中标记的核酸探针在适当的条件下与组织细胞内相应的靶核酸互补结合形成杂交体的过程。杂交液的成分与预杂交液基本相同,所不同的只是加入标记的核酸探针。

杂交前的准备只是为杂交成功奠定基础,要获得满意的实验结果,在杂交反应的实验过程中还必须注意以下环节。

(一)双链DNA探针和靶DNA变性

进行杂交反应时,探针和靶核酸均必须是单链,两者方能结合。如果探针和靶核酸均为双链或二者中有一者是双链,都必须通过变性使其变为单链。一般通过加热变性,95℃变性5~15min。探针和/或靶核酸一旦变性,则需立即进行杂交反应,否则解链的核酸又会重新复性。如果用单链探针检测靶RNA,一般不需要变性。有时单链探针较长,可能会在局部形成双链,这时也同样可通过加热处理使局部双链解开以利于探针和靶核酸之间的结合。

微波炉处理也可使双链DNA探针和靶DNA变性。此法不仅能使双链探针和靶核酸有效地变性,而且还能使杂交信号增加。这可能是由于微波辐射引起基质蛋白质变性,使靶核酸暴露,也可能是微波辐射对靶核酸构型产生直接影响,从而提高杂交效率。

(二)杂交液

杂交液内除含一定浓度的标记探针外,还含有较高浓度的盐、甲酰胺、硫酸葡聚糖、牛血清白蛋白及载体DNA或RNA等。杂交液中含较高浓度的钠离子可使杂交率增加，还可降低探针与组织标本之间的静电结合。甲酰胺可使 Tm 值降低，故杂交液中加入适量的甲酰胺，可避免因杂交温度过高而引起的细胞形态结构的破坏以及标本脱落。硫酸葡聚糖能与水结合，从而减少杂交液的有效容积，提高探针有效浓度，以提高杂交率。在杂交液中加入牛血清白蛋白及载体 DNA 或 RNA 等，均为阻断探针与组织结构成分之间的非特异性结合以降低背景染色。当杂交液 pH 为 5~9 时，杂交体的形成不受 pH 变化的影响，常用的杂交缓冲液 pH 为 6.5~7.5，含 20~50mmol/L 磷酸盐。

（三）探针长度

一般用于原位杂交的探针最佳长度应在 30~100 碱基之间。探针短，易于进入细胞，杂交率高，杂交时间短。200~500 个碱基的探针仍可使用，超过 500 个碱基的探针最好在杂交前用碱或水解酶进行水解，使其变成短片段，达到实验所需求的碱基数。

（四）探针浓度

探针浓度的高低将影响杂交反应的速度。探针浓度低，杂交反应进行得缓慢，反之，则进行得快。在原位杂交反应中，探针浓度远比组织中靶核酸浓度要高。最适宜的探针浓度应是能获得最强的杂交信号和最低的背景。探针在不同组织以及用不同方法制备的标本上弥散和穿透情况不同，因而所需要的最适宜浓度可能也有差别。最适宜的探针浓度要通过预试验确定，一般为 0.5~5.0μg/ml，通常建议放射性核素探针浓度为 0.5μg/ml，非放射性探针为 2μg/ml。此外，杂交液的量也要适当，一般以每张切片 10~20μl 为宜。杂交液过多不仅造成浪费，而且过量的杂交液含核酸探针浓度过高，反而导致高背景染色等不良反应。

（五）杂交温度和时间

杂交温度应低于杂交体的熔解温度或解链温度（Tm）20~30℃，在 30~60℃之间，在该温度条件下进行杂交反应，杂交率最高。在实际操作中，杂交温度的选择是：当杂交液中的甲酰胺浓度为 50%，盐浓度为 0.75mol/L 时，DNA 探针的杂交温度为 42℃左右，RNA 探针杂交温度为 50~55℃，寡核苷酸探针的杂交温度为 37℃左右。在实验中需要根据具体情况摸索最佳杂交温度。

杂交反应时间可能随探针浓度的增加而缩短，但在一个相当大的浓度范围内，杂交反应在 4~6h 内完成。在实际操作中，一般将杂交时间定为 16~20h，或为了方便，将杂交液和标本孵育过夜。然而，杂交反应时间不要超过 24h，反应时间过长，形成的杂交体会解链，杂交信号反而会减弱。

（六）杂交严格度

杂交体双链间碱基对的相配程度，可影响杂交体的稳定性，错配的杂交体稳定性较正确配对的杂交体差。杂交严格度（hybridization stringency）表示通过杂交及冲洗条件的选择对完全配对及不完全配对杂交体的鉴别程度，或是指决定探针是否能与含不相配碱基对的核酸序列结合而形成杂交体的条件。在高严格度条件下，只有碱基对完全互补的杂交体稳定，而在低严格度条件下，碱基并不完全配对的杂交体也可形成。影响严格度的因素有甲酰胺浓度、杂交温度和离子强度，因此可通过控制这些因素来减少非特异性杂交体形成，提高杂交特异性。在低甲酰胺浓度、高离子强度和低杂交温度条件下，严格度低，反之严格度就高。严格度愈高，杂交反应特异性愈强，但敏感性愈低；反之，特异性愈差，而敏感性愈高。

杂交严格度可在杂交反应及杂交后洗涤过程中调节。杂交反应在低严格度条件下进行，以保证探针与组织标本上靶核酸之间最大限度地结合，而杂交后冲洗则在高严格度条件下进行，仅能保存碱基对完全互补的杂交体，而含不相配的碱基对杂交体由于在高严格度条件下不稳定而被洗去。

此外，在杂交时，将杂交液滴于组织切片后，应放置硅化的盖玻片，防止孵育过程中高温导致杂交液的蒸发，必要时可在盖玻片四周用橡皮泥封固盖玻片。硅化的盖玻片优点是清洁光滑无杂质，不会产生气泡和影响组织切片与杂交液接触，盖玻片自身的重量能与有限的杂交液吸附而达到覆盖和防止蒸发的作用。在孵育时间较长时，为了保证杂交所需的湿润环境，可将盖有硅化盖玻片的载玻片在进行杂交时放在盛有少量标准柠檬酸盐（standard saline citrate，SSC）溶液的密封硬塑料盒中进行孵育。

四、杂交后处理

杂交后处理的目的是除去未参与杂交体形成的过剩探针，解除探针与组织标本之间的非特异性结合，包括那些与靶核酸相似的序列与探针之间形成的含非互补碱基对的杂交体从而减低背景，以获得较高的信噪比。

杂交后处理主要包括不同浓度、不同温度盐溶液的系列漂洗。洗涤条件（盐浓度、温度、洗涤次数和时间）因核酸探针类型和标记物不同而略有差异，一般而言，盐浓度由高到低，而温度由低到高，每一步漂洗 10~15min。洗涤过程中至少有一次高严格度条件（低盐、高温、高甲酰胺）下的漂洗。漂洗过程中，还必须注意防止切片干燥，因干燥的切片即使用大量溶液漂洗也很难减少非特异性结合。当用 RNA 探针时，杂交后可用 RNA 酶处理以降解单链 RNA，但 RNA-RNA 杂交体不受 RNA 酶的影响。在杂交后 RNA 酶处理时，应注意所用试剂不能含有对 RNA 酶有抑制作用的物质，如还原剂［用 ^{35}S 标记探针做原位杂交时所用的二硫苏糖醇（dithiothreitol，DTT）］和甲酚胺等。放射性核素标记探针的杂交后漂洗应比非放射性标记探针更充分。

五、杂交体检测

杂交体检测又称杂交体显示，是指通过一定方法使杂交反应形成的杂交体（杂交信号）成为在显微镜下可识别的产物。对原位杂交反应信号进行显示的方法因探针标记物不同而异。

（一）放射性核素标记探针的检测

第一个原位杂交实验（1969）以 ^{3}H 作为核酸探针的标记物，杂交信号用放射自显影术检测。随着原位杂交技术的推广和应用，^{32}P、^{125}I、^{35}S 等放射性核素均可用来标记探针，放射自显影技术也一直是用于杂交信号检测的手段之一。

放射自显影是利用感光乳胶记录被研究材料中放射性物质分布和定位的方法。在原位杂交中，放射自显影术的基本过程包括：组织切片中结合在探针上的放射性核素以某种射线使感光乳胶曝光，形成潜影，再经显影、定影和水洗等程序获得影像。所形成的影像是与放射性标记物分布和活度一致的正像，即有曝光的部位形成黑影，放射性越强，曝光形成的黑影越深（图 8-9A）。如用暗视野显微镜观察，银颗粒可见度显著增加（图 8-9B）。

放射自显影检测技术具有敏感性高、易于定量分析等优点。但是，由于放射性核素对人体的辐射和半衰期短，其应用受到限制。

（二）非放射性标记探针的检测

根据标记物的不同，非放射性标记探针原位杂交信号的显示方法也不同，如果用荧光素标记探针，杂交信号可直接在荧光显微镜下观察，如果用辣根过氧化物酶或碱性磷酸酶标记探针，原位杂交信号可用相应底物的酶促反应来显示。目

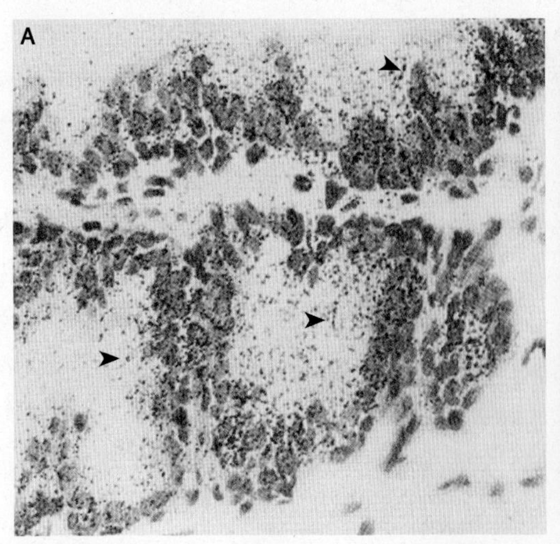

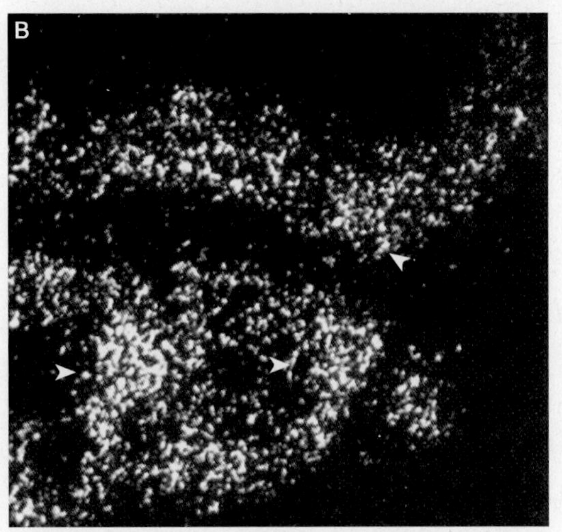

图 8-9 放射性核素标记探针原位杂交的放射自显影检测

^{35}S 标记的前列腺特异性抗原（PSA）cDNA 探针检测 PSA mRNA，放射自显影显示银颗粒（箭头所示）位于前列腺上皮。A. 明视野；B. 暗视野（西安交通大学邱曙东供图）

前，常用非放射性标记物多为半抗原，以半抗原标记探针的原位杂交信号可通过免疫酶组织化学或亲和组织化学技术显示。如用生物素标记探针进行原位杂交，带有标记探针的杂交体可以根据卵白素－生物素亲和组织化学原理，或生物素－抗生物素抗体的免疫细胞化学原理进行检测。以地高辛标记探针在进行原位杂交反应后，可根据免疫组织化学原理，用结合有酶（如 HRP、AP 等）或荧光素的抗地高辛抗体与标记在探针上的地高辛进行免疫反应，再用相应底物显示酶促反应或在荧光显微镜下观察荧光，间接显示杂交体的存在（图 8-10）。

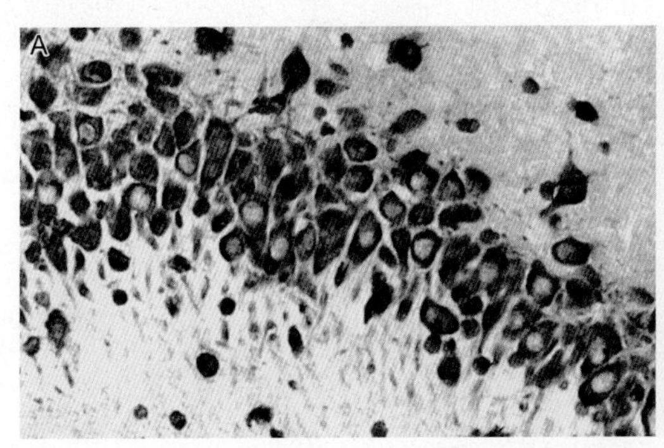

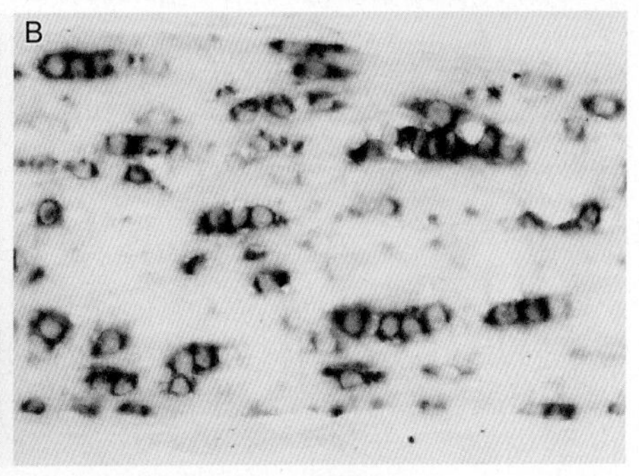

图 8-10 地高辛标记探针原位杂交的免疫酶组织化学显示

A. 大鼠海马锥体细胞内 PKCβ1 的 mRNA 表达（ABC-DAB-Ni 显示）（西安交通大学邱曙东供图）；B. 小鼠胼胝体内少突胶质细胞表达 MAG mRNA（NBT-BCIP 法显示）（陆军军医大学牛建钦供图）

第三节 荧光原位杂交技术

荧光原位杂交（fluorescence in situ hybridization，FISH）技术是指利用荧光信号对组织、细胞或各种染色体中的核酸进行检测的原位杂交技术，其原理与应用非荧光素标记探针的原位杂交相似，具有实验周期短、反应速度快、敏感性高、特异性强、定位准确、标记稳定且无放射性污染的优点。1986 年，Dilla 等首次用荧光素直接标记 DNA 探针检测人特异性染色体。接着 Pinkel 等利用生物素标记 DNA 探针，建立了间接荧光原位杂交技术，这一技术放大了杂交信号，提高了 FISH 的敏感性。此后，地高辛、二硝基苯酚等标记物以及各种不同颜色荧光素在 FISH 技术中被广泛利用，不断完善了该技术的信号检测系统。荧光原位杂交不但能显示中期分裂象，还能显示出间期核。FISH 在基因定性、定量、整合、表达等方面的研究中颇具优势。PCR 技术与 FISH 的巧妙结合，不仅提高了制备探针的能力，也提高了该方法的敏感性，可用于鉴定任一目的基因在染色体中的定位。计算机图像分析技术在 FISH 中的应用极大地提高了 FISH 技术的敏感性以及结果的直观性和可信度。FISH 技术还可与流式细胞术、染色体显微切割等技术结合使用，使该技术不仅被用于细胞遗传学的基础研究，而且也越来越广泛地被应用于肿瘤细胞遗传学研究、遗传病基因诊断等临床医学研究中。

一、荧光原位杂交探针

FISH 技术中所用探针有 DNA 探针、RNA 探针和寡核酸探针，其中以 DNA 探针最为常用，依其性质和应用目的的不同可以分为以下几类：

1. 染色体特异重复序列探针 包括 α- 卫星 DNA 重复序列探针、β- 卫星 DNA 重复序列探针和端粒重复序列探针，用于染色体数目端粒部位重复序列检测、染色体来源和同源染色体易位的鉴定。

2. 染色体涂染探针 指用荧光素将染色体上携带的特定 DNA 标记所制备的探针，具有严格的染色体特异性，包括全染色体涂染探针、染色体臂涂染探针和染色体带纹探针（特异性区带涂染探针）。这类探针广泛应用于遗传疾病和肿瘤的检测，如全染色体涂染探针用于检测染色体结构畸变和标记染色体，染色体臂涂染探针用于检测同一染色体臂间易位和染色体倒位，染色体带纹探针用于染色体某一特定区带扩增与缺失的检测。

3. 染色体单一序列探针 即单拷贝序列探针，包括各类人工染色体探针，如酵母人工染色体（yeast artificial chromosome，YAC）探针、细菌人工染色体（bacterial artificial chromosome，BAC）探针、噬菌体人工染色体（phage artificial chromosome，PAC）探针，主要用于进行染色体DNA克隆序列的定位及DNA序列拷贝数和结构变化的检测。

4. 位点特异性探针 这类探针一般呈单拷贝，有区域特异性，长度为15~500kb不等，主要用于特定遗传疾病的诊断及染色体微缺失综合征的诊断。

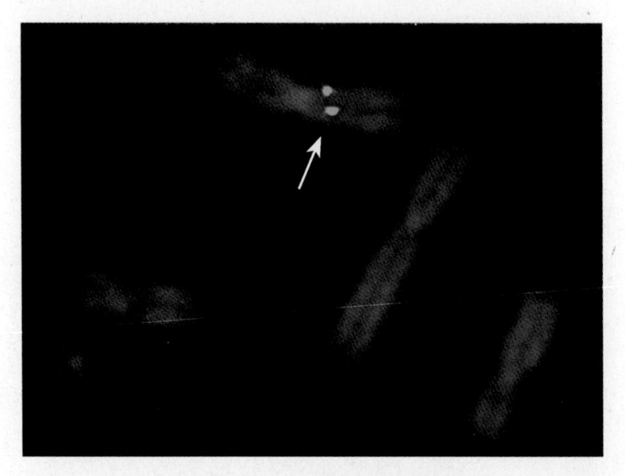

图8-11 染色体荧光原位杂交

生物素标记DNA探针与正常人中期染色体杂交，FITC标记的亲和素显示，DAPI复染；箭示染色体上的阳性杂交信号

二、荧光原位杂交技术类型

FISH实验操作与用非荧光素标记探针的原位杂交基本相似。根据荧光素标记物是否直接与探针结合，FISH分为直接法和间接法两种技术类型。

1. 直接法FISH 直接法FISH是以荧光素直接标记的已知碱基序列的特异核酸片段作为探针，在组织切片、间期细胞及染色体标本上与靶核酸进行原位杂交，因所形成的杂交体带有荧光素，故可在荧光显微镜下直接观察。该方法简单、快速，但信号较弱，敏感性较低。用于直接法FISH技术的常用荧光素标记物有异硫氰酸荧光素（FITC）、得克萨斯红（Texas red）、罗丹明（rhodamine）及其衍生物四甲基异硫氰酸罗丹明（tetramethyl rhodamine isothiocyanate，TRITC）、氨甲基香豆素乙酸酯（aminomethyl coumarin acetic acid，AMCA）、氨基乙酰荧光素（amino acetyl fluorene，AAF）和花青类（Cy2、Cy3、Cy5、Cy7）等。

2. 间接法FISH 间接法FISH首先用亲和物质或半抗原等非荧光素标记物标记探针，再通过亲和连接或免疫反应带入荧光素来检测杂交体的存在。用于标记间接法FISH探针的标记物主要有：①生物素，以荧光素标记的亲和素（avidin）或者链霉亲和素（streptavidin）检测（图8-11）；②氨基乙酰荧光素（AAF），以抗AAF抗体检测；③磺酸，以抗磺酸抗体检测；④地高辛，以荧光素标记的抗地高辛抗体检测。

三、多色荧光原位杂交技术

多色荧光原位杂交技术（multi-color FISH，M-FISH）是在普通FISH的基础上发展起来的新技术，它利用不同颜色荧光素标记的不同探针对同一标本进行杂交，因此，一次杂交可在同一标本上同时检测多种DNA序列。多色FISH可采用不同荧光素标记的不同探针进行杂交后直接在荧光显微镜下检测（直接法），也可采用不同半抗原标记的不同探针进行杂交，然后用不同色荧光素标记的抗体进行免疫组织化学反应后再在荧光显微镜下进行检测（间接法）。

通过选用多种具有可分辨光谱的荧光染料与不同的探针结合（直接法），在一个染色体中期分裂象或细胞核中可呈现多种颜色标记，同时检测多种染色体异常。如许多用染色体涂片方法和G或Q显带技术无法检测或难以确定的染色体异常，通过多色FISH技术可以揭示染色体畸变，并确定畸变的来源。此外，多色FISH对于复杂的染色体核型改变，尤其是实体瘤的染色体检查具有很好的临床应用价值。

在多色荧光原位杂交基础上发展起来一些新技术，如纤维FISH技术是将细胞的全部DNA在玻片上制备出高度伸展的染色质DNA纤维，然后用标记不同颜色荧光物质的探针与DNA纤维进行杂交，最后用荧光显微镜观察结果并分析。纤维FISH技术可以快速直接目视判断探针位置以及多个探针间的相对位置、物理位置和重叠程度等，因而大大加速了基因定位和人类基因组高分辨物理图谱的绘制。此外，多色原位启动标记、比较基因组杂交、光谱染色体核型自动分析和交叉核素色带分析等技术也是在多色荧光原位杂交基础上发展而来。

第四节　原位 PCR 技术

PCR 技术是根据生物体内 DNA 复制的特点而建立的在体外经酶促反应将特定 DNA 序列进行高效和快速扩增的技术，它可将单一拷贝或低拷贝的待测核酸以指数形式扩增而达到用常规方法可以检测的水平，但不能进行组织学定位。原位 PCR（in situ PCR）是将 PCR 的高效扩增与原位杂交的组织学定位相结合，在不破坏组织细胞形态结构的前提下，利用原位完整的细胞作为一个微反应体系来扩增细胞内的靶序列，在组织切片、细胞涂片或培养细胞中来检测和定位低拷贝甚至单拷贝的 DNA 或 RNA。Hasse 等于 1990 年首次报道了原位 PCR，并用该技术成功地检测了羊绒毛膜脉络丛细胞中的绵羊脱髓鞘性脑白质炎病毒。

一、原位 PCR 的基本原理

原位 PCR 技术将 PCR 技术和原位杂交技术相结合，其基本原理与液相 PCR 的原理相似。原位 PCR 先按一般原位杂交方法将细胞或组织进行固定和酶消化处理，以保持组织细胞的良好形态结构和使细胞膜和核膜均具有一定通透性，再将载有细胞或组织切片的载玻片放在 PCR 仪上进行反应。在反应过程中，在耐热的 DNA 聚合酶作用下，以合成的 DNA 作为引物，经过加热（变性）、冷却（退火）、保温（延伸）三阶段的多次热循环，使特异性靶序列 DNA 产量以 2n 倍的方式在原位扩增，其结果通过相应显色技术显色即可在显微镜下直接观察或用标记探针进行原位杂交及显色后再用显微镜观察。原位 PCR 技术既保持了 PCR 技术和原位杂交技术的优点，也弥补了各自的不足，既有 PCR 的特异性与高敏感性，能检测到低于 2 个拷贝量细胞内特定核酸序列，又具有原位杂交的定位准确性，能将核酸序列定位与形态学变化相结合。

二、原位 PCR 技术类型

根据在 PCR 中所用的 dNTP 等原料或引物是否标记，原位 PCR 分为直接法原位 PCR 和间接法原位 PCR；根据检测 mRNA 时所用标记物的性质和扩增产物检测方法的不同，原位 PCR 又分为原位逆转录 PCR 和原位再生式序列复制反应。

1. 直接法原位 PCR　在反应体系中使用标记的三磷酸核苷酸或引物，在标本进行 PCR 扩增时，标记物掺入到扩增产物中。通过显示标记物，可原位显示靶 DNA 或 RNA，扩增产物可直接观察而无需进行原位杂交。目前常用的标记物有地高辛、FITC 和生物素等。该方法的优点是使扩增产物直接携带标记分子，因此操作简便、省时，但特异性较差、扩增效率较低、易出现假阳性，特别是在组织切片上，假阳性信号主要来自标本中受损 DNA 的修复过程。由于固定、包埋及制片过程均可造成 DNA 损伤，受损的 DNA 可利用反应体系中的标记 dNTP 进行修复。这样，标记物会被掺入到非靶序列 DNA 分子中，产生假阳性。另外，引物与模板的错配也可导致假阳性信号的产生。在直接原位 PCR 的基础上建立的 5′ 端标记引物原位 PCR 方法，虽然也有上述非特异性修复和扩增现象，但由于无标记物的掺入，故非特异性产物虽可以产生却无法显示，从而避免了假阳性结果。

2. 间接法原位 PCR　是先将引物、核苷酸及酶等反应物引入细胞内进行扩增，然后用特异性标记探针与扩增产物进行原位杂交，检测细胞内扩增的 DNA 产物。该方法能克服由于 DNA 修复或引物错配引起的非特异性染色问题，使扩增效率提高，特异性增强，故是目前应用最为广泛的原位 PCR 方法。该法需在扩增反应后再进行原位杂交，故操作步骤繁琐，用时长。

3. 原位逆转录 PCR　是将逆转录反应和 PCR 相结合，在原位检测细胞内低拷贝 mRNA 的方法。整个反应分两步进行，第一步以 mRNA 为模板，在逆转录酶催化下合成 cDNA；第二步则以 cDNA 为模板，用 PCR 对靶序列进行扩增，最后用标记的探针与扩增的 cDNA 进行原位杂交而间接检测细胞内的 mRNA。该方法的优点是无需从标本中提取 mRNA，不会因在核酸的分离中造成靶序列破坏而致信号丢失。与液相 PCR 不同的是，原位逆转录聚合酶链反应（RT-PCR）过程在固定的组织或细胞标本上进行，标本需先用 DNA 酶处理以破坏组织细胞中的 DNA，以保证 PCR 扩增的模板是从 mRNA 逆转录合成的 cDNA，而不是细胞中原有的 DNA。其余基本步骤与液相的 RT-PCR 相似。

就具体方法而言，原位逆转录 PCR 与上述检测 DNA 的普通原位 PCR 一样，也可分为直接法和间接法，操作时的注意事项也相似，不同的是在进行原位逆转录 PCR 时要特别防止 RNA 酶对待测核酸的降解。另外，由于在原位 PCR 前要进行逆转录过程，因此实验周期较长，操作过于复杂。但随着将逆转录酶和 Taq DNA 聚合酶功能合二为一的新型热逆转录（reverse transcription thermal，rTth）酶的商品化，原位逆转录 PCR 整个操作过程与普通原位 PCR 十分相似。其方法是将待测核酸与 rTth 酶、特异性引物和含有标记的脱氧尿嘧啶核苷（dUTP）和 dNTP 同时滴加于切片上，在原位 PCR 仪上先用 60℃温浴 30min，以从待测 mRNA 逆转录 cDNA，再经 20 个 PCR 循环，扩增特异性 cDNA，并同时使扩增的 cDNA 片段中掺入标记物，最后用组织化学或免疫组织化学方法检测阳性信号。

4. 原位再生式序列复制反应 该方法以 mRNA 为模板，通过逆转录酶、DNA 聚合酶和 RNA 聚合酶的作用，以 RNA/cDNA 和双链 cDNA 作为中间体，以转录依赖的扩增系统（transcription-based amplification system，TAS）直接扩增 RNA 靶序列。TAS 扩增 RNA 的原理是：制备 A、B 两种引物，引物 A 与待检 RNA 3′端互补，并有一 T7 RNA 聚合酶的识别结合位点；逆转录酶以引物 A 为起点合成 cDNA，引物 B 与此 cDNA 3′端互补，逆转录酶同时还具有核糖核酸酶（RNase）H 和 DNA 聚合酶的活性，又可利用引物 B 合成 cDNA 的第二链；RNA 聚合酶以此双链 cDNA 为模板转录出与待检 RNA 一样的 RNA，这些 RNA 又进入下轮循环。利用该方法 RNA 聚合酶从一个模板可以转录出 10~10^3 个拷贝，因此反应中待检 RNA 拷贝数以 10 的指数方式增加，扩增效率显著高于 PCR。

三、原位 PCR 技术特点

原位 PCR 技术和液相 PCR 技术的原理基本相同，但由于原位 PCR 在固定的细胞、组织标本上进行，因而又有其特殊性。

（1）增强敏感性：原位 PCR 中，靶序列 DNA 或 RNA 是不移动的，由于空间位置的缘故，不是所有的靶序列都可以与引物结合而获得扩增。一般认为原位 PCR 效率低于传统 PCR。为获得较好的扩增效率，引物和 DNA 聚合酶的浓度应比传统 PCR 要高一些，每一个保温时间都应相应延长。

（2）热启动：在 PCR 扩增前，预先把组织切片与部分 PCR 混合液预热到一定温度，一般在 55℃以上，然后再加入引物及 Taq 酶，可增强原位 PCR 的成功率，明显减少非特异扩增产物。原因可能是热启动降低了引物与细胞内 DNA 的结合，而减少错配率。热启动处理后的切片，加入引物及 Taq 酶后即可进行 PCR 扩增反应。对靶片段的扩增有三步扩增法：退火、延伸、变性；也有两步扩增法：退火 / 延伸、变性。变性步骤常为 94℃，1min；退火为 72℃，3min；而延伸（退火 / 延伸）则常为 55℃，具体的反应时间在不同的体系中有所不同，与扩增片段的大小、不同的组织等有关，应通过预实验确定。

（3）对照实验：原位 PCR 是一种敏感性很高的检测细胞内特定 DNA 或 RNA 序列的新技术，其整个流程相当复杂。不适当的固定和预处理、不适当的引物、缺损 DNA 的修复以及产物的扩散等都将会产生假阳性或假阴性结果。为了使实验结果得到正确、合理的解释，必须设置一系列对照实验。理论上每次实验需要有 20 多个对照，在实际操作中，为保证反应的特异性，以下对照要首先考虑：

1）同时扩增一个已知阳性和阴性的样品中的靶序列作为对照。该对照样品最好是与待测样品相似的组织或细胞。

2）从同一样品中提取 DNA 或 RNA，在载玻片上作液相 PCR 或 RT-PCR。

3）将数量已知的不含靶序列的无关细胞与含有靶序列的细胞混合或在同一组织中设置相邻的阳性和阴性对照，用以区别由于扩增产物扩散而造成的假信号。

4）省去 Taq DNA 聚合酶进行原位扩增作一个阴性对照。

5）省去引物或用无关引物代替特异性引物进行原位扩增作为一个阴性对照，用作检测 DNA 聚合酶作用下的缺损 DNA 修复的对照。

6）原位扩增之前用 DNA 酶或 RNA 酶预处理待检测标本作为一个阴性对照。

7）省去探针或省去标记的引物作为检测体系的对照。

第五节 整胚原位杂交技术

整胚原位杂交技术（whole-mount in situ hybridization）对整个动物胚胎进行原位杂交，可通过观察整体胚胎在不同发育时期的基因表达情况，对发育过程中表达的基因进行较精确、直观的三维定位，从而检测目的基因在发育过程中表达、分布的时空变化（图 8-12）。1989 年，Tautz 首次将整胚原位杂交用于果蝇胚胎基因表达的检测，此后，整胚原位杂交相继用于包括海胆、斑马鱼、鸡等模式生物胚胎发育过程中基因表达的检测。1993 年，Conlon 首先开发了小鼠整胚原位杂交技术，这种方法可用于更多的已经克隆和即将被识别和鉴定的人类疾病相关基因的功能研究，其结果可在整体水平上反映基因在胚胎发育过程中表达的时空顺序和表达谱，也可为进一步采用其他方法研究基因功能提供基础。整胚原位杂交技术实验步骤少，简单易行，大量减少了分析所需时间。该技术不仅可以检测到较弱的杂交信号，还可利用多色杂交技术检测多个基因的表达情况。

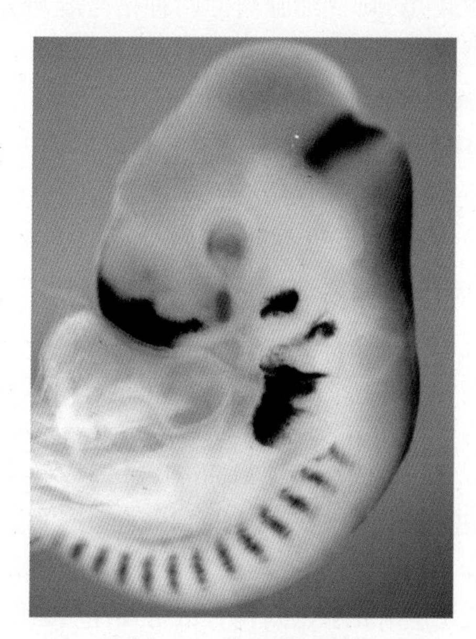

图 8-12 整胚原位杂交

用地高辛标记的 cRNA 探针检测 E2.5 鸡胚的整胚 *FGF8* mRNA 表达，阳性信号主要分布于鸡胚的眼、鼻部神经、咽弓、体节等处（暨南大学王广供图）

与组织切片原位杂交技术比较，整胚原位杂交技术具有以下特点：

1. 整胚标本制备 为了检测目的基因在发育过程中的基因表达、分布等时空变化，必须确定所要采集的胚胎发育时期，并需采集不同发育时期的胚胎进行比较。

（1）胚胎发育时期确定：以小鼠为例，雄性与雌性小鼠以 1∶2 或 1∶1 合笼，次晨 8 时检查阴栓或精子涂片，出现阴栓即可认为是妊娠第 1d，亦即胎龄的第 0.5d。胚胎日龄以交配后天数（day post coitus，dpc）表示。

（2）胚胎采集：用水合氯醛麻醉或断颈处死孕鼠，打开腹腔，暴露子宫，取出胚胎，放入 4℃预冷的 PBS（无 RNA 酶）中，迅速除去包膜。

（3）固定：将胚胎置入固定剂固定。常用固定剂有 4% 多聚甲醛、Bouin 氏固定液、甲醇－二甲亚砜（4∶1）等，固定时间根据胚胎的大小和固定剂的种类不同而异，一般以 1~3h 为宜，过度固定对杂交反应不利，关键是要及时固定，而且尽可能用多聚甲醛固定后以蔗糖缓冲液浸泡，以便保持良好的组织结构。

（4）脱水：用含 0.1% Tween-20 的 PBS（无 RNA 酶）漂洗 2 次（每次 10min）后，依次入 25%、50%、75%、100% 甲醇中各脱水 5min，较大胚胎应适当延长脱水时间。胚胎可在 100% 甲醇中 -20℃长期保存（最长可达 6 个月）。

（5）水化：依次入 75%、50%、25% 甲醇各 5min，6% 的 H_2O_2 漂白 1h，再入 0.1% Tween-20 的 PBS（无 RNA 酶）漂洗 2 次，每次 5min。

2. 增强通透性 整胚原位杂交与组织切片原位杂交最大的不同在于胚胎厚度较大，组织、细胞结构完整，对探针的通透性明显低于组织切片。适当的蛋白酶 K 处理可提高胚胎组织对探针的通透性，以便探针能有效地进入组织细胞内与mRNA靶分子进行杂交。使用不同探针时应试用不同浓度的蛋白酶K、处理时间及温度。蛋白酶K处理过度，会导致胚胎组织结构破坏，不能显示杂交信号；处理不足，则会导致探针不能有效渗透至组织，因而不能显示杂交信号。初次使用某种探针时，可先试用5~10μg/ml，室温下10min、15min、20min、25min，若不出现杂交信号，可增加蛋白酶K浓度至两倍，再试上述各种时间，摸索出不同探针的最佳条件。

对于较大胚胎，探针和相关试剂很难穿透整个胚胎组织，可将胚胎切成小的胚胎组织块或厚片，然后固定、杂交。

3. 降低背景染色，增强特异性　为避免通透性差异造成杂交不足或本底染色过高的问题，必须通过控制消化、杂交、洗涤条件提高杂交结果的信噪比，以降低假阴性结果的出现。全胚胎原位杂交实验中，经常会出现背景信号太强、信噪比太低的情况。产生这种情况的原因，通常是由于探针或抗体滞留于胚胎体腔和体室以及杂交后漂洗的条件不够严格等。杂交预处理前，将胚胎在解剖镜下用细针在脑室、颈背部、颌面部和心室等处刺孔，以使反应后的探针或抗体不在这些部位滞留，并在漂洗时充分洗除，根据不同胎龄的小鼠胚胎，对蛋白酶K消化时间、探针浓度、地高辛抗体浓度、洗涤强度、显色时间等环节进行优化，以抑制假阳性的产生，提高所得结果的可靠性。

第六节　双重和多重原位杂交技术

为了在同一标本上或同一细胞内同时检测是否存在两种或两种以上的靶核酸序列，可应用双重或多重原位杂交技术，即以两种或多种标记探针与靶核酸杂交，然后利用不同的检测手段分别显示各种靶核酸的存在和分布。该技术与免疫组织化学技术中的双重或多重标记相似，除了探针本身的特异性外，对结果的干扰主要来自标记物及检测试剂的互相影响。下面根据所用标记物性质不同，分别介绍双重标记原位杂交技术的基本原则。

一、放射性核素和非放射性标记探针的双重标记原位杂交

非放射性标记原位杂交技术的兴起和发展为双重标记原位杂交提供了有效的技术途径。在分别以放射性核素和非放射性物质标记的两种探针结合进行的双重标记原位杂交技术中，常用的放射性核素标记物为^{35}S，常用的非放射性标记物为生物素和地高辛。该双重原位杂交技术可分为一步法和二步法两种。在一步法中，原位杂交反应应用两种探针的混合物一次完成，显示杂交信号时，先用碱性磷酸酶标记的链霉卵白素与杂交体上的生物素结合，并用氮蓝四唑（nitro-blue tetrazolium，NBT）和5-溴-4-氯-3-吲哚-磷酸盐（5-bromo-4-chloro-3-indolyl-phosphate，BCIP）作为底物显示杂交体上的碱性磷酸酶（或用ABC法显示杂交体上的生物素）或以碱性磷酸酶标记的抗地高辛抗体与杂交体上的地高辛结合，并用NBT和BCIP显示碱性磷酸酶，标本脱水干燥后再进行放射自显影处理以显示另一靶核酸。一步法的优点是杂交反应一次完成，操作流程较短，同一细胞内的两种信号容易分辨，缺点是放射自显影的阳性信号要比单标时明显减少，碱性磷酸酶或ABC的阳性反应产物有可能会引起核乳胶的化学显影。在二步法中，先后使用不同的探针进行两次杂交反应，一般先用^{35}S标记探针进行原位杂交，放射自显影显示第一种杂交体后再用生物素或地高辛标记的探针进行第二次原位杂交，按生物素-卵白素-碱性磷酸酶法（或ABC法）或地高辛-抗地高辛抗体-碱性磷酸酶法显示第二种杂交体。二步法的杂交信号在镜下明显可辨。用放射性核素标记探针进行第一次原位杂交的整个操作顺序，包括放射自显影的显影定影过程，不会改变mRNA的结构，也不会影响第二次杂交反应时靶核酸对探针的可及性。二步法的整个操作流程要比一步法长，但没有一步法中存在的放射性标记信号的丢失，以及碱性磷酸酶（或ABC）阳性反应产物可能引起的乳胶化学显影的弊端。

二、非放射性标记探针的双重标记原位杂交

如果用不同的标记物标记不同的核酸探针，只要互相不影响各自的杂交反应，检测系统也不相互干扰，杂交信号易于分辨，原则上均能用于双重或多重标记原位杂交。应用非放射性标记探针的双重标记原位杂交，可克服放射性核素标记探针的分辨率低，时间长以及放射性污染等缺点。

（一）应用生物素和地高辛标记探针的双重标记原位杂交

应用生物素和地高辛分别标记的两种探针进行双重标记原位杂交时，杂交反应可用含两种标记探针的杂交液一次进行。因为生物素标记探针可用辣根过氧化物酶标记的卵白素检测 AEC 为底物（阳性反应产物为红色），而地高辛标记的探针用碱性磷酸酶标记的抗地高辛抗体来检测（阳性反应产物为蓝色），两个检测系统互相无干扰，所以，标记的卵白素和抗地高辛抗体也可混合在一起一次孵育。但两种酶的呈色反应需要的 pH 条件不同，故呈色反应需分先后两次进行。

（二）双重荧光标记原位杂交

利用具有不同颜色的荧光素分别标记不同的核酸探针，可检测同一组织或细胞内两种不同的靶核酸。用不同的荧光素作标记物进行双重标记原位杂交，有直接法和间接法两种。直接法将具有不同颜色的两种荧光素分别标记两种不同的核酸探针，用其进行原位杂交，杂交信号能在荧光显微镜下通过选择不同的滤片而直接观察。间接法用生物素和地高辛分别标记两种不同的核酸探针，然后用不同荧光素标记的亲和素和抗地高辛抗体来检测杂交体（图 8-13）。

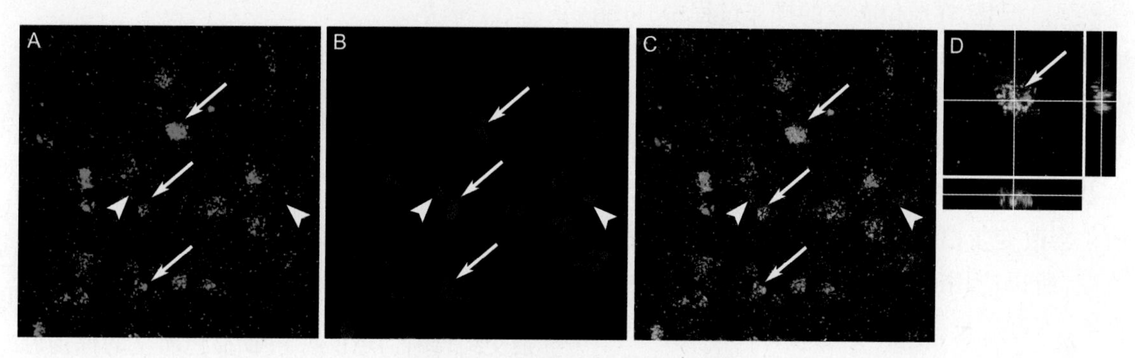

图 8-13 双重荧光标记原位杂交

生物素标记的 Pcdh17it cRNA 探针与地高辛标记的 Enpp6 cRNA 探针，FITC 标记的亲和素（绿色）及 CY3 标记的抗地高辛抗体（红色）双重显示，DAPI（蓝色）复染细胞核。A. Pcdh17it mRNA；B. Enpp6 mRNA；C. A 和 B 的融合；D. Pcdh17it mRNA 与 Enpp6 mRNA 双标细胞放大，Z 轴扫描显示 2 种 mRNA 共定位；短箭头示 Enpp6 mRNA 单标，长箭头示 2 种 mRNA 共定位（英国伦敦大学李会良供图）

第七节 原位杂交结合免疫组织化学技术

原位杂交结合免疫组织化学技术主要用于在同一细胞内同时或先后检测特定基因在核酸和蛋白质或多肽水平的表达，这样，不仅能了解基因表达，而且能研究某种基因表达的翻译和转录调节。如果免疫组织化学检测的抗原成分是与原位杂交的靶核酸不同基因编码的蛋白质、多肽等，那么同时使用原位杂交和免疫组织化学技术可研究一种基因的转录与另一种基因编码的蛋白质合成之间的相互关系。

原位杂交结合免疫组织化学技术可以分别在相邻的连续切片上进行。只要在相邻切片上能得到同一细胞的连续切面，对照观察相邻切片上同一细胞切面原位杂交和免疫组织化学结果，就可以判断在同一细胞内是否存在特定的靶核酸 DNA 或 RNA 和由该基因或另一种基因编码的蛋白质、多肽。

原位杂交结合免疫组织化学技术更多的是在同一细胞标本或组织切片上进行，这样可避免因相邻切片法观察时不易找到同一细胞的切面而产

生的空间误差和样本误差。但采用同一切片双标记技术时，第一次标记染色过程总要或多或少地影响第二次标记染色的结果，使第二次染色结果不很理想。

在同一细胞和切片标本上进行原位杂交和免疫组织化学双标记时，可以先用原位杂交检测核酸，也可以先用免疫组织化学检测蛋白质，不同的检测程序各有其优缺点。

一、原位杂交在先

细胞和切片标本先用核酸探针做原位杂交，检测 DNA 或 mRNA，接着再进行免疫组织化学反应，检测抗原成分。原位杂交可用放射性核素标记探针，也可用非放射性标记物标记探针，免疫组织化学可用 ABC 法等。先做原位杂交，尤其是 RNA 原位杂交，标本中的 mRNA 丢失较少，杂交信号较强。但是，在原位杂交的操作过程中，可能会影响抗原物质的抗原性，会减弱免疫组织化学的染色强度。

标本先做原位杂交，操作步骤基本上按单做原位杂交的程序进行。只是由于杂交前的蛋白酶消化会改变蛋白质的三维结构，从而导致抗原性改变，所以应用时要小心，蛋白酶消化的时间要适度，不可过长。杂交和洗涤的温度不要超过45℃，杂交温度过高会导致抗原物质变性。

如用放射性核素标记探针进行原位杂交，放射自显影可在杂交反应后立即进行，也可在免疫组织化学反应完成后进行。如在放射自显影完成后再进行免疫组织化学染色，组织标本上的核乳胶薄膜可能会影响抗体分子的穿透。

如用地高辛标记的非放射性核素探针进行原位杂交与免疫组织化学双标记，可在杂交反应后将原位杂交检测核酸的抗地高辛抗体（Fab 片段）与免疫组织化学检测蛋白或多肽的第一抗体混合在一起，一同孵育标本。之所以两种抗体能相混合同时孵育标本，是因为检测核酸的抗地高辛抗体只有 Fab 片段，不具有抗体抗原决定簇的 Fc 片段，而检测蛋白或多肽的免疫组织化学程序中的第二抗体是以其 Fab 片段与第一抗体的 Fc 片段结合而反应的，不能与抗地高辛抗体结合，因此，原位杂交中的抗体与免疫组织化学中的抗体混合孵育标本不会产生交叉结合。这两种抗体混合孵育标本可明显缩短原位杂交和免疫组织化学结合的双标记实验周期（图 8-14）。

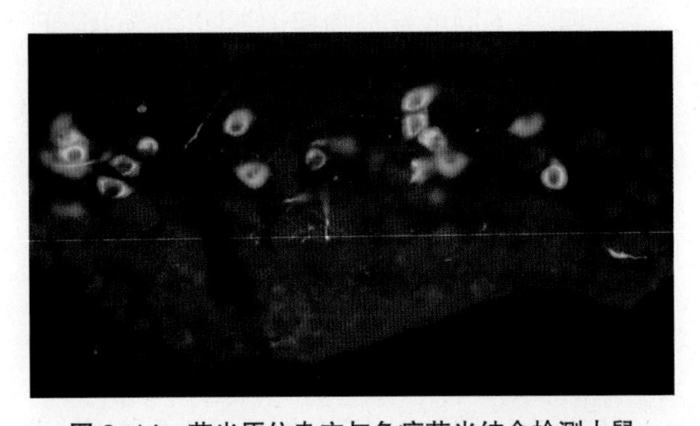

图 8-14 荧光原位杂交与免疫荧光结合检测大鼠下丘脑视上核后叶加压素 mRNA 和催产素表达

红色荧光，后叶加压素 mRNA（地高辛标记的 cRNA 探针，生物素标记的抗地高辛抗体，Cy5 标记的亲和素）；绿色荧光，催产素（兔抗催产素抗体，Cy2 标记的羊抗兔 IgG）（海军军医大学向正华供图）

二、免疫组织化学在先

细胞和切片标本先用特异性抗体经免疫组织化学检测其中的相应抗原成分，接着用核酸探针做原位杂交，显示同一细胞、标本内的 DNA 或 mRNA。免疫组织化学技术多用 ABC 法，显色剂可用 DAB、PPD 或 AEC。当与放射性核素的原位杂交结合时，DAB 或 PPD 显色所呈的棕褐色或棕黑色阳性产物在随后的原位杂交的操作过程中比较稳定，不会褪色。如果用 AEC 作显色剂，阳性产物呈红色，它与原位杂交的放射自显影的阳性信号黑色银粒对比更加鲜明，易于在同一细胞内分辨出来。但由于 AEC 的阳性产物能溶于乙醇等有机溶剂，因此在随后的原位杂交操作过程中不能用乙醇脱水，可代之以空气干燥。

免疫组织化学若与生物素或地高辛等非放射性标记探针的原位杂交相结合，在选择检测系统时应考虑到两个系统之间是否存在相互干扰。再者，在选用显色剂时，免疫组织化学和原位杂交最终的两种成色阳性产物应易于分辨。

先进行免疫组织化学反应，后进行原位杂交，通常抗原能较好地显示，但靶核酸有可能在进行免疫组织化学的过程中遭到破坏。当靶核酸是 mRNA 时，则要求整个免疫组织化学染色过程必须在无 RNA 酶的条件下进行。

第八节 原位杂交组织化学技术进展

原位杂交技术始于20世纪60年代，是分子生物学、组织化学及细胞学相结合而产生的一门新兴技术。此后由于分子生物学技术的迅猛发展，特别是20世纪70年代末到80年代初，分子克隆、质粒和噬菌体DNA等技术的发展以及核酸自动合成仪的诞生，丰富了核酸探针的来源，新的原位杂交技术不断涌现。

一、原位启动标记技术

原位启动标记也称引物原位标记（primed in situ labeling，PRINS），是继原位PCR之后发展起来的一种非放射性原位杂交技术，由FISH技术衍生而来，广泛用于分裂中期染色体或间期核内特殊序列的定位、染色体图谱分析、染色体畸变检测、基因诊断和唐氏综合征等疾病的诊断。

PRINS的基本原理是将未标记的寡核苷酸探针与组织细胞中的靶核酸杂交，然后以该寡核苷酸探针作为引物，在适量的DNA聚合酶或者RNA逆转录酶作用下，生物素、地高辛或荧光素等非放射性核素标记的脱氧核苷酸在退火温度下随着变性的DNA或mRNA与引物特异性结合和延伸而掺入新合成的链中，然后通过相应的检测系统将标记的靶核酸在原位显示出来（图8-15）。如只利用一个寡核苷酸探针引物，用一种荧光素标记，检测一种靶核酸，称单序列或单色PRINS技术；如用多个寡核苷酸探针作为引物，分别用多种不同的荧光素进行标记，同时检测多个靶核酸，称多序列或多色PRINS。

PRINS技术建立在FISH和PCR技术基础之上，既具有FISH和PCR技术的特点，又具有独特的技术优势。

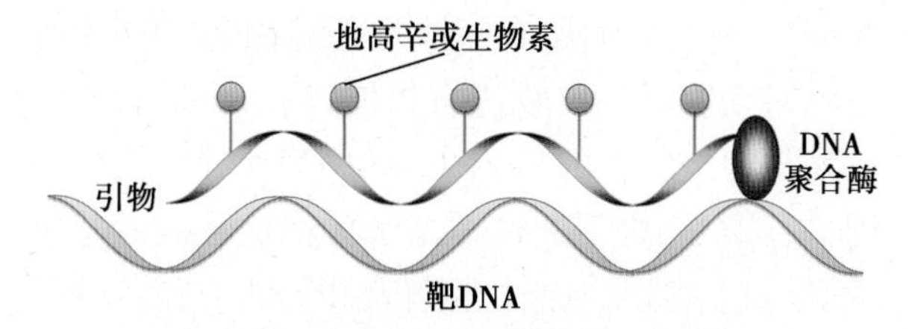

图8-15 原位启动标记技术原理示意图

（1）特异性强：PRINS反应中，核酸序列的延伸只有一次，而原位PCR须经过多次循环的核酸序列延伸扩增，因此，PRINS在很大程度上可以避免参与DNA修复过程引起的非特异性延伸和扩增，由此可避免假阳性的出现。

（2）背景染色低：PRINS的最大特点是用未标记的寡核苷酸探针作为引物，标记的核苷酸只在杂交过程中才掺入新合成的核酸序列中，标记物不会出现于其他序列，因此，背景染色低。

（3）检测周期短：PRINS技术所用引物小，易于与靶核酸接触，反应迅速。单拷贝序列DNA的PRINS检测一般可在3h完成，重复序列DNA的PRINS检测可在1h内完成。反应时间的缩短可有效保持组织和细胞结构的完整性。

（4）操作简便：PRINS引物制备方便，标记效率高，反应条件易控制，检测方法简便。

二、肽－核酸原位杂交技术

肽－核酸原位杂交（peptide nucleic acid in situ hybridization，PNA杂交）是近年来原位杂交技术发展过程中比较重要的突破。肽－核酸（peptide nucleic acids，PNA）是20世纪90年代初人工合成的新型DNA/RNA同类物，是一类以电中性的肽链酰胺-2-氨基乙基甘氨酸组成的多聚酰胺键取代DNA中的戊糖磷酸二酯键骨架而形成的类似核苷酸的物质（图8-16）。像传统的DNA序列那样，PNA寡聚体的氨基末端相当于DNA的5′端，其羧基末端相当于DNA的3′末端。尽管PNA单体也具有一个游离的氮末端和一个游离的碳末端，但严格说来它既非多肽又非氨基酸，仅仅具有一个拟肽骨架，因而化学上和蛋白质（肽）更为接近。其分子主链的骨架由重复氮（2-氨基乙基）甘氨酸通过酰胺键连接组成，核酸碱基通过亚甲基羰基连接在碳原子上。PNA与DNA的相同之处在于PNA也携带ATCG 4种碱基单体，这就保证了PNA能够按照碱基互补的原则识别相应的碱基序列，因此PNA能与DNA和RNA特异性地结合从而可制备PNA探针。然而，PNA没有磷酸戊糖骨架，因此在结构上与传统的寡核苷酸不同。与寡核苷酸相比，PNA具有以下特性。

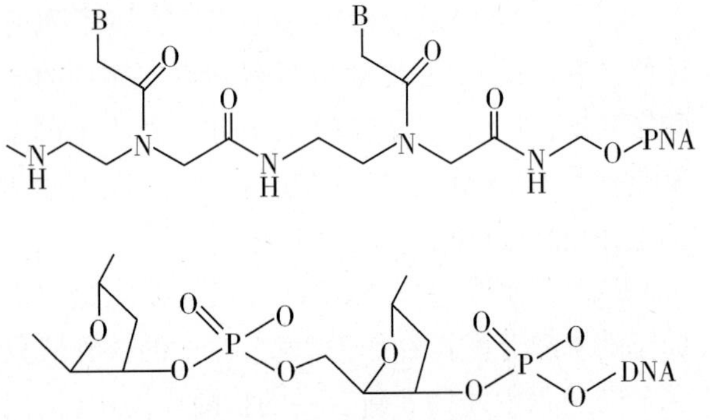

图 8-16 PNA 和 DNA 结构

（1）PNA 分子中不含磷酸基团，骨架呈电中性，因此 PNA 链更容易和带有负电荷的互补序列 DNA 或 RNA 链结合（图 8-16），PNA 能以碱基配对原则识别与其互补的 DNA 或 RNA 序列，并通过反向平行结合（N 端朝向核苷酸的 3′ 端）或正向平行结合（N 端朝向核苷酸的 5′ 端）成较 DNA/DNA 双链或 DNA/RNA 杂交链具有更好的生物稳定性的双螺旋结构（图 8-17）。

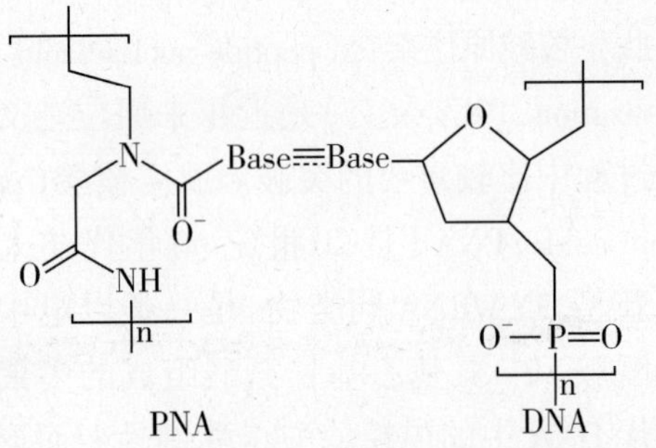

图 8-17 PNA 与 DNA 互补形成的复合物结构图

（2）PNA 与核酸杂交不仅具有很高的亲和性，还有很高的特异性。PNA 对互补 DNA 的错配容忍程度比相应的 DNA/DNA 更低，一个 15 碱基的 PNA/DNA 分子在中间段出现一个错配碱基，其 Tm 值下降 8~20℃，两个碱基错配则完全不能杂交。

（3）PNA 探针比 DNA 探针有更高的疏水性，使其较易穿透疏水性的细胞膜而进入靶细胞的内部。

（4）PNA 原位杂交操作简便易行。PNA 没有核酸酶和蛋白酶的识别位点，不被目前已知的任何核酸酶或蛋白酶所降解；如在合成 PNA 时将其标记，即可作为原位杂交等分子杂交技术的探针以检测靶核酸，操作程序类似于普通原位杂交技术。

近年来出现的 PNA 探针荧光原位杂交（PNA FISH）技术敏感性和特异性高，且改良后的快速微波法极大缩短了杂交时间，使其在细胞遗传学领域和临床诊断研究中得到广泛应用。PNA FISH 能够检测着丝粒和某些染色体异常，能对端粒长度进行定量分析等，此外，PNA FISH 亦用于某些感染性疾病病原体的临床微生物快速鉴别诊断。

三、锁链探针原位杂交技术

基于锁链探针（padlock probes，PLPs）的检测技术是一种以连接酶介导的分子检测技术。通过将分子间链接反应转化成分子内链接反应而大大提高链接效率，从而增加检测的灵敏度。锁链探针是一条长度在 70~100bp 的单链核苷酸探针，具有高度特异性。其包括磷酸化的 5′ 端和羟基化的 3′ 端，这两端有一段长约 20bp 序列，可与特定目标靶序列顺次互补，通常称为 T1 端和 T2 端。在 T1 端和 T2 端之间包含一段通用序列和一段特异序列，称之为 P1、P2 端和 ZipCode，生物素或地高辛等可与这段引物区段结合。在进行锁链探针原位杂交检测时，首先将锁链探针和检测目标 DNA 进行连接，在 Taq DNA 连接酶的作用下，锁链探针 T1 端和 T2 端和特定的待测靶标物的 DNA 序列互补结合，二者与靶序列的结合是并列的、互不依赖的，可各自独立地与线性化的靶序列进行配对形成双链杂交分子，而二者的并列又允许它们通过连接酶进行共价连接（即一个探针的 5′- 磷酸基团与另一个探针的 3′-OH 进行连接）而形成环状。由于 Taq DNA 连接酶的特性，只有 DNA 序列和探针的 T1 端和 T2 端完全互补时，探针才能形成环状，否则，探针以线性存在。采用外切核酸酶去除没有形成环状的探针和错配的探针，当许多探针分子沿着单链靶序列进行结合后，各自形成一个自然卷曲的环状拓扑结构。这样，就像锁链一样一环接一环，因此叫作“锁链探针”。然后采用所有探针的通用 P1 端、P2 端的引物对切除后的产物进行扩增，然后将扩增后的产物与固定膜上的与 ZipCode 序列互补的核酸序列进行杂交，之后通过地高辛标记信号或者其他荧光标记信号来判断检测样品中是否有特定的病原物或者辨别单碱基是否突变。

四、RNAscope 原位杂交

RNAscope 原位杂交是一种基于独特的探针设计和信号放大的新原位杂交技术，通过双 Z（double Z）靶探针以串联方式与靶序列互补结合，继而通过信号放大系统实现信号放大，最后通过标记的检测探针显示杂交信号（图 8-18）。该技术能够在任何组织（包括福尔马林固定后石蜡包埋的组织、冰冻组织）、细胞原位水平对单分子 RNA 生物标志物进行可视化定性及定量分析，可检测 300 碱基及以上的 mRNA、长链非编码 RNA 等，是迄今为止可对 RNA 进行原位检测最灵敏的方法。

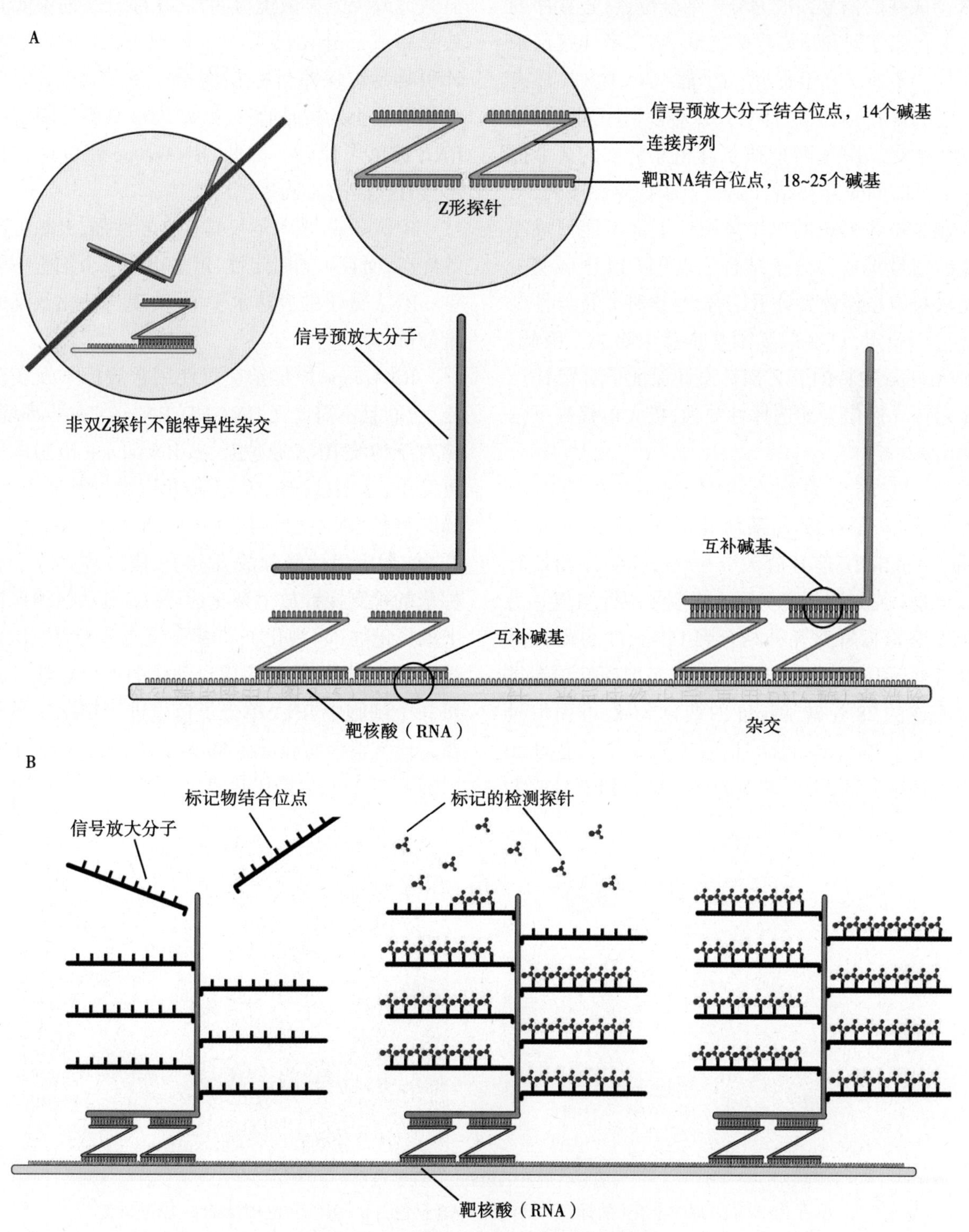

图 8-18　RNAscope 原位杂交原理示意图

A. 探针设计；B. 信号放大系统

RNAscope 技术的特点之一是双 Z 寡核苷酸靶探针的设计：每个 Z 探针包含一个下部序列、一个上部序列和一个连接序列。下部是一个 18~25 个碱基长度的序列，能互补结合到目标 RNA 上；上部为一个 14 个碱基长度的序列，来自同一对双 Z 靶探针的两个相邻上部序列形成长为 28 个碱基的信号预放大分子结合位点；连接序列位于底部序列和顶端序列之间，将二者连接起来（图 8-18A）。对于任意一个靶 RNA 序列，都有一组（20 个）双 Z 探针对只针对该靶序列特异性互补杂交。由于两个独立且相互紧挨的 Z 形探针不可能同时互补结合到一个非特异性序列，结合在非靶序列上的单个 Z 探针上部不能形成完整的信号预放大分子结合位点（仅 14 个碱基），无法与信号预放大分子结合，且这种非特异性杂交很不稳定，可在后续漂洗步骤中除去。因此，RNAscope 独特的双 Z 探针设计保证了对靶 RNA 序列特异性信号的选择性放大，极大地提高了信噪比。

信号放大系统是 RNAscope 技术的第二大特点。信号放大系统由信号预放大分子（preamplifier）、信号放大分子（amplifier）和带有标记物（荧光素或酶分子）的检测探针组成。当 20 个 Z 形探针对互补结合到 1kb 长度的靶 RNA 上，信号预放大分子结合到一对 Z 形探针顶端拼接而成的 28 个碱基长度的结合区域，继而信号放大分子进一步结合到信号预放大分子上的 20 个互补结合区，接下来检测探针结合到信号放大分子上的 20 个互补结合区（图 8-18B）。这一系列的杂交组合级联事件使信号得以明显放大，20 × 20 × 20 的信号级联放大使单一 RNA 分子呈点状信号（点的大小与杂交到靶 RNA 上的 Z 探针对数目呈正比）可视化在显微镜下（图 8-19）。通常 3 对 Z 形探针对杂交产生的信号即可被明场显微镜或荧光显微镜检测到，在部分序列不能有效暴露或部分 RNA 降解的情况下，20 对 Z 形探针引物足以保障目标 RNA 分子的检测。Z 形探针相对短小的靶结合区域，则为检测部分降解的 RNA 提供了保障。因此，RNAscope 原位杂交技术具有极高的灵敏度。

RNAscope 技术不仅具有特异性强、灵敏度高等优点，而且可同时定性、定量检测单个细胞中多重 mRNA 分子的表达水平，并实现自动化及高通量分析。

RNAscope 原位杂交可使用常规标本及实验流程，而且不需要无 RNA 酶（RNase-Free）环境。相对于传统 RNA 原位杂交，RNAscope 检测操作更简单，基本过程包括：①透化以增加其通透性，暴露目标 RNA；②应用 20 对 Z 形探针与靶 RNA 杂交；③应用信号预放大分子、信号放大分子和标记的检测探针放大杂交信号；④显示检测探针上的标记物（可视化）；⑤显微镜或多光谱成像系统成像，直接计数或使用自动化图像分析软件对每一个细胞中 RNA 单分子信号进行精确定量分析。通常整个实验可在 8h 内完成，人工染色步骤只需要 2~2.5h 的操作时间。

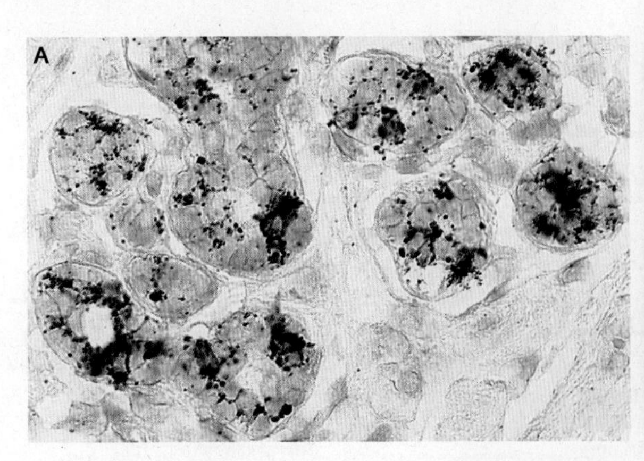

图 8-19　RNAscope 原位杂交

A. 单重 RNAscope 原位杂交（酶标记检测探针 DAB 呈色）；B. 多色荧光 RNAscope 原位杂交

第九节 常用原位杂交技术实验步骤

虽然各种原位杂交组织化学技术的基本方法相同，但根据待测靶核酸、探针种类、标记物种类、标本种类及检测方法的不同，每种技术各具特点。本部分主要介绍几种常用的原位杂交组织化学技术实验步骤。

一、放射性核素标记 DNA 探针检测石蜡切片 DNA

在 DNA 原位杂交组织化学中，既可应用 DNA 或 cDNA 探针，也可应用 cRNA 探针，还可应用寡核苷酸探针。虽然 DNA 探针不如 cRNA 探针敏感，但在病毒检测等领域中 DNA 探针仍被广泛应用。用放射性核素标记的 DNA 探针检测 DNA 的原位杂交均用直接法，标本要经过 80~95℃高温短时处理，使靶 DNA 和 DNA 探针变性解离成单链，结果用放射自显影进行显示。

1. 杂交前处理

（1）切片脱蜡、水化：二甲苯 10min，2 次；100% 乙醇Ⅰ、100% 乙醇Ⅱ、95% 乙醇、90% 乙醇、70% 乙醇、50% 乙醇各 5min；蒸馏水洗后浸于 PBS 中备用。

（2）含 5mmol/L EDTA 的 2 × SSC（配制方法见附录二）溶液中 50℃漂洗 30min。

（3）1μg/ml 蛋白酶 K（溶于 PBS 中）37℃消化 20~25min。

（4）2mg/ml 甘氨酸溶液（PBS 配制）室温 2min，终止蛋白酶反应。

（5）4% 多聚甲醛（0.1mol/L PB 新鲜配制）室温固定 20min。

（6）含 5mmol/L $MgCl_2$ 的 PBS 漂洗 2 次，每次 10min。

（7）脱水：分别入 50%、70%、80%、90%、95%、100% 乙醇各 5min，空气干燥。

（8）预杂交：按每张切片 20μl 加不含探针的杂交缓冲液即预杂交液（配制方法见附录二），于湿盒内 42℃预杂交 30min，封闭非特异性杂交位点，减低背景染色。

2. 杂交

（1）杂交液配制：在杂交缓冲液中加入放射性核素标记的 DNA 探针，其终浓度为 0.5μg/ml。

（2）每张切片滴加杂交液 10~20μl，覆以硅化的盖玻片；空白对照不加探针。

（3）变性：将切片置于 95℃ 10min 使探针及靶 DNA 变性，迅速置于冰上 1min，然后将切片置于含 2 × SSC 湿盒内，42℃杂交过夜（16~18h）。

3. 杂交后漂洗

（1）于 2 × SSC 内振动移除盖玻片。

（2）55℃ 2 × SSC 内 10min，2 次。

（3）50℃ 0.5 × SSC 内 5min，2 次。

4. 显示

（1）脱水：70%、90%、100%（2 次）梯度乙醇室温脱水，每次 10min，空气干燥。

（2）浸核乳胶：在暗室中将分装的核乳胶溶液小瓶置 45℃水浴中至少 1h，同时将一电热板预热至 45℃。将脱水后完全干燥的载片依次排列于玻片架上，切片有组织一面面向实验者。在实验的载玻片前放 1~2 张无切片的干净玻片，用于测定核乳胶溶解度与浸片高度等。浸泡过核乳胶膜的载片干燥后放入事先准备好的暗盒内，预先备好封固暗盒用的胶带备用。当一切准备工作就绪后，在暗室中（只留安全灯）先将载片置于电热板上预热 1~2min。以空白载片浸入核乳胶液，取出后检查核乳胶是否充分溶解，玻片有无气泡，然后正式进行切片浸入。以拇指和示指夹住玻片一端，以垂直方向进入乳胶，进入和提出均应采取中速度，且速度应保持稳定，提出后可将玻片一端滴下的乳胶轻沾于吸水纸上，掌握好该技术，浸入形成的核乳胶膜厚度适当，均匀一致。将浸好核乳胶的切片依序放在预热 45℃的电热板，倾斜度应一致。在 45℃电热板上干燥至少 1~2h，在此期间应严格避光。

（3）曝光：将载片架上已干燥覆有核乳胶的载片放入暗盒内，周围用胶带封固，以标签写明样品种类，实验者姓名，曝光日期等放在 4℃冷房或冰箱内。曝光时间依放射性核素种类不同而异，^{32}P 需 5~7d，^{3}H 需 4 周，还要参考细胞内 mRNA 的含量而定，含量高者曝光时间宜短，反之宜适当延长曝光时间，可根据不同曝光时间的实验结果予以调整。曝光时间长可增强信号，但也增强背景，反之，信号减弱，但背景亦低。

（4）显影：取出切片暗盒（注意：切勿启封），放在室温至少1h，使其回升到室温。然后在暗室内（只留安全灯），将载片置入预调温至18~20℃的显影液3min；水冲片刻后入固定剂内3min。上述溶液及水温最好都保持在18~20℃，突然改变溶液温度会损坏精细的核乳胶膜。此外，在显影和定影过程中不要振荡溶液，因为这时的乳胶还处于胶状结构，溶液振荡的冲击可使乳胶膜表面产生划痕。

（5）冲洗：用自来水冲洗载片20min。

（6）复染：1%苏木精染液染细胞核20~60s，自来水冲洗分化2min。

（7）脱水、封固：梯度乙醇（70%、90%、100%）脱水，每级3min，二甲苯透明，中性树胶封片，显微镜观察，见图8-9。

二、地高辛标记cRNA探针冷冻切片mRNA检测

cRNA探针为单链探针，杂交时不需变性；无自我复性，杂交效率高，形成的杂交体稳定；长度比较一致，杂交饱和水平高；虽由于黏性较DNA探针强，易与组织发生较高水平的非特异性结合，但可通过在杂交后漂洗液中加入RNA酶对其降解。因此，cRNA在检测组织细胞内mRNA表达中得到广泛应用。由于cRNA探针及靶核酸mRNA对RNA酶敏感，因此在实验操作过程中要严格防止RNA酶污染。半抗原地高辛标记的cRNA探针与靶核酸mRNA结合后形成的杂交体不能直接显示，需通过生物素、酶或荧光素标记的抗地高辛抗体介导，最后用亲和素－生物素系统、免疫酶组织化学或免疫荧光染色进行显示。下面以碱性磷酸酶标记的抗地高辛抗体为例，介绍地高辛标记的cRNA探针在冷冻切片检测mRNA的间接法原位杂交实验步骤。

1. 杂交前处理

（1）新鲜组织冷冻切片用含4%多聚甲醛的0.1mol/L PBS固定30~60min，已固定组织的冷冻切片直接进行以下操作。

（2）PBS漂洗2次，每次5min。

（3）含0.3% Triton X-100的PBS室温处理15~20min。

（4）含1μg/ml蛋白酶K的PBS 37℃消化20~25min。

（5）含2mg/ml甘氨酸的PBS室温2min，终止蛋白酶K消化反应。

（6）4%多聚甲醛（0.1mol/L PBS新鲜配制）室温固定20min。

（7）PBS漂洗2次，每次5min。

（8）0.25%乙酸酐漂洗10min。

（9）4×SSC处理5min。

（10）2×SSC处理10min。

（11）预杂交：按每张切片20μl滴加预杂交液（贴片法）或将切片浸入预杂交液（漂片法）中42~45℃预杂交30~60min。

2. 杂交

（1）杂交液配制：在杂交缓冲液中加入地高辛标记的反义cRNA探针，使终浓度为0.5~1.0μg/ml。

（2）将混匀的杂交液滴加在切片上，每片约20μl，覆以硅化盖玻片或蜡膜，或将切片浸入杂交液中，于盛有少量2×SSC的密封湿盒内41~45℃杂交12~18h，空白对照切片不加探针，阴性对照切片加相同浓度的地高辛标记正义cRNA探针。

3. 杂交后处理

（1）5×SSC 45℃漂洗15min。

（2）4×SSC 37℃漂洗15min。

（3）含50%去离子甲酰胺的2×SSC 37℃漂洗15min。

（4）含20μg/ml RNase A的2×SSC 37℃漂洗10min。

（5）1×SSC 37℃漂洗15min。

（6）0.5×SSC 37℃漂洗15min。

（7）PBS室温漂洗3次，每次5min。

4. 显示

（1）缓冲液Ⅰ（配制方法见附录二）室温漂洗2次，每次5min。

（2）封闭：缓冲液Ⅰ配制的3% BSA和5%正常羊血清37℃孵育30min。

（3）滴加以缓冲液Ⅰ适度稀释（1∶1 000~1∶500）的AP标记的羊抗地高辛抗体，或将切片浸入稀释的抗体，湿盒内室温孵育2h。

（4）缓冲液Ⅰ室温漂洗3次，每次5min。

（5）缓冲液Ⅱ（配制方法见附录二）室温漂洗3次，每次5min。

（6）浸入BCIP/NBT显色液中室温避光孵育30min~2h，显微镜下检测反应强度，根据反应强度决定延长或终止反应。反应颜色为紫蓝色（图8-20）。

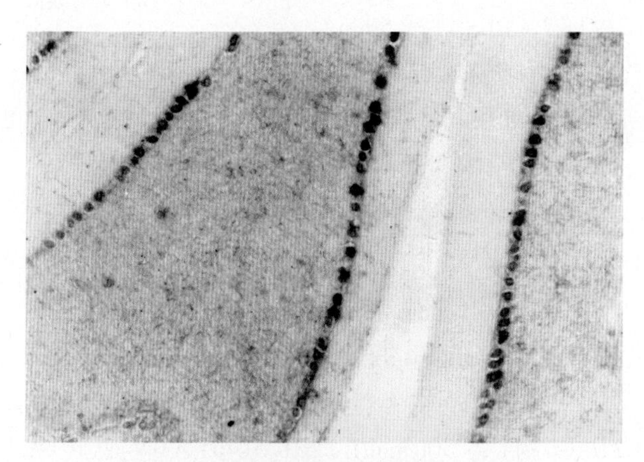

图8-20 地高辛标记探针原位杂交的免疫酶标组织化学显示

地高辛标记*NOV*基因（肾母细胞瘤过度表达基因）cRNA探针原位杂交，AP标记抗地高辛免疫组织化学显示大鼠小脑浦肯野细胞*NOV*基因mRNA（成都医学院苏炳银供图）

（7）将切片浸入缓冲液Ⅲ（配制方法见附录二）或PBS以终止反应。

（8）在切片未干前，以甘油/PBS封固切片。如要永久保存，梯度乙醇短暂脱水，二甲苯透明，DPX或中性树胶封片。

三、染色体荧光原位杂交

染色体原位杂交（chromosome in situ hybridization）技术可在细胞染色体上特定区带定位基因，并可检测染色体结构或数目的异常，包括各种染色体缺失、增加、易位，基因的缺失、扩增及重排等异常。早期的染色体原位杂交技术多采用放射性探针。由于放射性探针在检测时需长时间曝光且易造成环境污染，现在多采用非放射性物质标记探针，其中以荧光素作为标记物的FISH技术最常用，尤其是多色FISH技术还可同时检测2个或多个不同染色体的靶DNA。染色体原位杂交多用生物素或地高辛标记的DNA探针，以间接法用荧光素标记的亲和素或抗地高辛抗体进行检测。因靶核酸和探针均为DNA，故杂交前需将靶核酸和探针变性。

1. 中期染色体制备 人外周血诱导激活的淋巴细胞、淋巴母细胞、成纤维细胞、肿瘤细胞系或羊膜细胞均可作为制备中期染色体的来源，其中诱导激活的淋巴细胞最常用。

（1）将10ml用肝素钠处理的静脉血加入100ml细胞培养液，然后向每个T25细胞培养瓶中分配10ml。

（2）加入植物凝集素（60mg/ml）后置37℃ CO_2培养箱中培养60~72h，以诱导激活淋巴细胞。

（3）加入秋水仙素（终浓度0.2μg/ml），37℃继续培养20~30min，使细胞停滞于中期。

（4）将细胞转移到15ml锥形离心管中200g离心5min。

（5）弃上清，保留0.2~0.5ml培养基，加入10ml PBS，室温下200g离心5min。

（6）弃上清，加0.075% KCl 10ml，37℃低渗孵育10min，使染色体散开及使残存的红细胞破裂。

（7）离心，弃上清，加甲醇-冰乙酸（3∶1）固定液5ml，室温固定30min。

（8）离心沉淀，弃上清，加入前述固定液1~2ml，将细胞打散。

（9）取两滴细胞悬液于清洁载玻片上，倾斜玻片，使细胞沿其长轴均匀分布。

（10）37℃温箱干燥3d后备用。

2. 杂交前处理

（1）RNA酶处理：在载有标本的载玻片上滴加100μg/ml RNA酶（2×SSC配制），加盖玻片，37℃孵育30~60min。

（2）轻轻取下盖玻片，室温下2×SSC洗涤3次，每次5min。

（3）蛋白酶K消化：37℃下在含有蛋白酶K溶液的染色缸中孵育5min。

（4）室温下2×SSC洗涤3次，每次5min。

（5）70%、90%、100%冷乙醇中脱水，每级5min。

（6）空气干燥。

3. 变性

（1）靶核酸变性

1）将载玻片置于含有2×SSC配制的70%去离子甲酰胺（pH 7.0）的玻璃染色缸中，70℃变性5min。

2）立即转入 -20℃预冷的 70% 乙醇约 1min 以终止变性，轻轻振摇洗去变性液。

3）梯度乙醇脱水（80%、90%、100%）各 1min，空气干燥。

（2）探针变性：将生物素标记的探针加入杂交缓冲液（2~5μg/ml），75℃变性 5min 后立即置 4℃冰浴中。

4. 杂交

（1）在载玻片上滴加杂交缓冲液，37℃预杂交 20~30min。

（2）将 20μl 含有探针的杂交液滴于载玻片上，盖上盖玻片，四周用橡皮泥封闭，置湿盒内 37℃杂交过夜。

5. 杂交后处理

（1）小心去掉盖玻片。

（2）含 50% 甲酰胺的 2×SSC 中 42℃漂洗 3 次，每次 5min。

（3）2×SSC 27℃漂洗 3 次，每次 5min。

6. 显示

（1）PBS 漂洗 5min。

（2）含 3% BSA 和 0.1% Tween-20 的 PBS（阻断液）37℃孵育 20min。

（3）滴加 40μl 荧光素标记的亲和素，加盖玻片，湿盒内 37℃孵育 20~30min。如用地高辛标记的探针，则用荧光素标记的抗地高辛抗体。

（4）PBS 漂洗 3 次，每次 5min。

（5）DAPI 或 PI 复染后封片，荧光显微镜观察，见图 8-11。

四、原位逆转录 PCR

原位逆转录 PCR 用于原位检测组织细胞内单拷贝或低拷贝 mRNA，有直接法和间接法之分。为了确保 PCR 扩增模板是从 mRNA 逆转录而来的 cDNA，而不是细胞中的 DNA，在逆转录前应将组织细胞用不含 RNA 酶的 DNA 酶处理，降解组织细胞内的 DNA。下面以间接法为例介绍石蜡切片原位逆转录 PCR 实验步骤。

1. 标本制备

（1）石蜡切片脱蜡、水化。

（2）PBS 漂洗 5min。

（3）0.2mol/L HCl 处理 15~20min。

（4）PBS 漂洗 5min。

（5）10μg/ml 蛋白酶 K 37℃消化 20~30min。

（6）含 2mg/ml 甘氨酸的 PBS 室温 2min，终止蛋白酶 K 消化反应。

（7）PBS 漂洗 5min。

（8）无 RNA 酶的 DNA 酶（每片 10U）37℃ 2h。

（9）PBS 漂洗 5min。

（10）4% 多聚甲醛固定 5~10min。

（11）PBS 漂洗 5min。

2. 逆转录和扩增

（1）PCR 逆转录扩增液配制：10×PCR 缓冲液 10μl，25mmol/L 氯化镁 10μl，2% BSA 2μl，去离子甲酰胺 10μl，4×dNTP（各 2.5mmol/L）10μl，2×引物（各 50μmol/L）2μl，5U/μl AMV 逆转录酶 5μl，5U/μl Taq 酶 2μl，双蒸水 49μl。

（2）切片上滴加 PCR 逆转录扩增液，覆盖硅化盖玻片，四周用指甲油密封，42℃逆转录 30~60min。

（3）PCR 扩增，循环参数：92℃ 60 秒；52℃ 90 秒；72℃ 2min；35 个循环，72℃延伸 10min。

3. 杂交

（1）PBS 漂洗 5min。

（2）预杂交：用不含探针的杂交缓冲液（预杂交液）42℃孵育 30min。

（3）变性与杂交：洗去预杂交液，滴加地高辛标记的 DNA 探针或 cRNA 探针，95℃孵育 10min 后 42℃湿盒内杂交过夜。

4. 杂交后处理

（1）5×SSC 45℃漂洗 15min。

（2）4×SSC 37℃漂洗 15min。

（3）含 50% 去离子甲酰胺的 2×SSC 37℃漂洗 15min。

（4）含 20μg/ml RNA 酶 A 的 2×SSC 37℃漂洗 10min。

（5）1×SSC 37℃漂洗 15min。

（6）0.5×SSC 37℃漂洗 15min。

（7）PBS 室温漂洗 3 次，每次 5min。

5. 显示

（1）缓冲液Ⅰ室温漂洗 2 次，每次 5min。

（2）封闭：缓冲液Ⅰ配制的 3%BSA 和 5% 正常羊血清 37℃孵育 30min。

（3）滴加以缓冲液Ⅰ适度稀释的AP标记的抗地高辛抗体，或将切片浸入稀释的抗体，湿盒内室温孵育2h。

（4）缓冲液Ⅰ室温漂洗3次，每次5min。

（5）缓冲液Ⅱ室温漂洗3次，每次5min。

（6）浸入BCIP/NBT显色液中室温避光孵育0.5~2h，显微镜下检测反应强度，根据反应强度决定延长或终止反应。

（7）将切片浸入缓冲液Ⅲ或PBS以终止反应。

（8）梯度乙醇短暂脱水，二甲苯透明，DPX或中性树胶封片。

第十节　原位杂交组织化学结果评价

原位杂交的结果最终是通过检测探针上的标记物来实现，其阳性产物依照标记的方法，可以是放射性核素放射自显影、荧光或酶促反应有色沉淀等。通常情况下，标记物的检测主要是利用免疫细胞化学染色。目的RNA或DNA的染色信号分布有组织和细胞特异性。阳性信号主要定位于胞质或胞核内，定位于核周者常呈句号样。由于原位杂交实验的影响因素太多，因此在判断阳性结果的时候需非常谨慎。

一、对照实验

原位杂交远较免疫组织化学染色复杂，影响因素颇多。与其他组织化学技术一样，并非所有原位杂交阳性信号都是特异性的，原位杂交也存在假阳性和假阴性反应。为了证明原位杂交实验操作的准确性和实验结果的特异性，必须设置一系列严格的对照实验。对照实验的设置应根据核酸探针和靶核酸的种类以及现有的可能条件选定。一般应在下述几种对照实验中选择3~4种，以证实杂交结果的可信性。

（一）组织对照

1. DNA印迹法或RNA印迹法　原位杂交能在组织细胞原位显示待测核酸（DNA或RNA）的存在。为了进一步证实原位杂交所显示的核酸是否存在于被检组织内，可从被检组织中提取DNA或总RNA，然后分别用DNA印迹法（Southern印迹法）或RNA印迹法（Northern印迹法）进行检测。一般情况下，Southern或Northern印迹反应结果与原位杂交结果一致，两者互相支持。但是，当阳性细胞在被检的组织中所占比例很小时，原位杂交结果可能为阳性，而印迹反应则由于靶核酸的含量太低而呈阴性结果。

2. 免疫组织化学　如果能获得靶基因产物抗体，可结合免疫组织化学方法，从蛋白质（或多肽）水平在相邻切片或同一切片中证明蛋白质（或多肽）和相应的mRNA共存于同一细胞中。

（二）探针对照

1. 已知阳性组织和已知阴性组织对照　用探针在已知含靶核酸序列的阳性组织和已知不含靶核酸序列的阴性组织标本上进行原位杂交，应分别得到阳性结果和阴性结果。如果已知阳性组织出现阴性结果，则应对探针的制备及原位杂交的各个步骤进行检查。相反，如已知阴性组织出现阳性结果，则提示存在非特异性杂交信号。

2. 用正义RNA（sRNA）探针做原位杂交　因为反义cRNA探针的碱基序列与靶mRNA碱基序列互补，故检测组织细胞中的mRNA时常用cRNA探针进行原位杂交。而sRNA探针碱基序列则与靶mRNA的序列相同，因此，用sRNA探针进行原位杂交应得到阴性结果，这一阴性对照实验是证明探针特异性的有效方法。

3. 吸收实验　将标记探针先同与之互补的DNA或RNA预杂交，然后再进行原位杂交，结果应为阴性。此实验类似于免疫组织化学的吸收实验。

（三）杂交反应对照

1. 空白实验　在进行原位杂交时，将杂交液中除去标记探针，结果应为阴性。这是一项简便而有意义的阴性对照。

2. 杂交前用核酸酶预处理标本　根据靶核酸是DNA或RNA，对被检测的标本用DNA酶或RNA酶进行预处理以消化被检核酸，然后再进行原位杂交。与未经DNA酶或RNA酶预处理的标本相比，如果杂交信号明显减弱，则证明标记探针与未经酶预处理标本中的DNA或RNA之间有杂交体形成。通常以核酸酶预处理标本并不能使杂交信号完全消失，要完全消化靶DNA或RNA则需要对酶的浓度和消化时间等因素反复摸索后才能实现。在做此项对照时应注意在核酸酶处理后,需把加在标本上的酶清除干净,以免残留的酶破坏探针而导致错误结论。

(四)检测系统对照

1. 放射自显影检测系统对照 放射性核素自显影对照包括空白片的阳性对照和阴性对照。阳性对照是将浸渍乳胶的空白片在光线下曝光后显影,阳性结果证明乳胶及显影过程工作正常。阴性对照是将空白片浸乳胶后不经曝光便与原位杂交标本一起进行显影,结果应为阴性。如果阴性对照片上有较多银粒,则说明乳胶有放射性污染,应丢弃并换用新乳胶。

2. 非放射性原位杂交检测系统对照 绝大部分的非放射性原位杂交反应是以免疫组织化学方法进行显示的,在对照实验中应包括免疫组织化学的一系列阳性对照和阴性对照。

二、常见问题与对策

原位杂交实验过程繁多,从标本制备、探针的设计和标记、杂交方法的选择、实验和对照的设计到实验结果的检测等各个环节都会直接或间接地影响杂交结果。

1. 组织切片或细胞脱落、形态不良 主要与杂交前处理时蛋白酶的处理不当有关,例如酶浓度过高或消化时间过长均可导致组织或细胞样本的部分或完全脱落,并不同程度地破坏组织结构。不同组织、不同类型的探针和杂交方法对酶消化处理的要求不同,需根据具体情况选择合适的酶浓度和酶消化时间。一般而言,未经醛类固定剂固定的细胞样本不需酶消化处理,冷冻切片的消化所需酶的浓度低于石蜡切片。在蛋白酶K消化后,应用蛋白酶K抑制剂立即终止反应,防止消化过度,为保持组织结构,消化结束后通常用4%多聚甲醛对标本再固定3~5min。

2. 杂交信号弱或无信号 探针的浓度过低、检测的任一环节失误都可能导致无杂交信号的假阴性反应。杂交信号弱的原因有探针标记不良、探针太长难于渗入细胞内、消化不够、探针和/或靶核酸序列的变性处理欠佳等,其中最常见的原因是靶核酸序列的暴露不佳,导致这种情况的常见原因有储存的蛋白酶的活性自然变化或不同批次的蛋白酶活性不一致,应更换新酶或调整酶浓度。此外,在检测RNA的原位杂交中,RNA酶的污染也会导致杂交信号弱或无杂交信号。为防止RNA酶污染导致的杂交信号弱或无信号,杂交前的各种试剂应加DEPC处理,器材应高压处理或用DEPC水浸泡;杂交前处理和杂交过程必须戴手套,并避免喧哗等。

3. 非特异性染色 探针与无关核酸中部分同源序列的非特异性结合(交叉反应)是非特异性染色的重要原因之一,应设计和制备特异性更高的探针,避免含有与无关核酸交叉反应的序列;DNA探针长度超过500bp时,非特异性杂交增多,背景增高,为避免这种非特异性杂交,探针长度以不超过300bp为宜。探针与组织细胞内某些成分非特异性结合可造成非特异性染色,应通过酸酐或稀酸处理、预杂交予以阻断。半抗原标记的探针进行原位杂交,需要应用抗体以免疫组织化学反应对杂交体进行显色,免疫组织化学染色时,完全抗体可非特异性地与细胞被表面的Fc受体结合,此时应选择Fab片段和用正常血清进行阻断处理;用ABC法进行检测时,检测系统中的亲和素可与组织细胞的内源性生物素结合或非特异性吸附于组织细胞,可选用链霉亲和素取代亲和素,或用去脂牛奶孵育以减少亲和素的吸附。用NBT/BCIP显示碱性磷酸酶时,如果在光照下显色,可能产生明显的非特异性染色,因此,在使用此种方法显色时应避光。组织细胞的内源性酶是非特异性染色的重要原因,如过氧化物酶和碱性磷酸酶都广泛存在于组织细胞内,因此用这些酶标记的探针进行原位杂交时,应采用相应办法消除内源性酶。

(肖 岚)

参考文献

1. 蔡文琴.组织化学与细胞化学.北京:人民卫生出版社,2010.
2. 李和,周莉.组织化学与免疫组织化学.2版.北京:人民卫生出版社,2014.
3. Darby IA, Hewiwitson TD. In situ hybridization protocols. 3rd ed. Totowa NJ: Humana Press, 2010.
4. Cartwright IM. Modified PNA telomere and centromere FISH protocols//Kato T, Wilson P. (eds) Radiation Cytogenetics. Methods in Molecular Biology, vol 1984. New York: Humana Press, 2019.
5. Kiyama T, Mao CA. Ultrasensitive RNAscope In Situ Hybridization System on Embryonic and Adult Mouse Retinas. Methods Mol Biol, 2020, 2092: 147-158.
6. Wang F, Flanagan J, Su N, et al. RNAscope: A Novel in situ RNA analysis Platform for formalin-fixed paraffin-embedded tissues. J of Mol Diagnostics, 2012, 14(1): 22-29.

第九章　电镜组织化学与免疫电镜技术

电镜组织化学技术（electron microscopic histochemistry）或电镜细胞化学技术（electron microscopic cytochemistry）是通过物理或化学反应，使组织细胞中特定的化学成分形成电镜下易于观察的高电子密度不溶性沉淀物，在超微结构对组织细胞内的蛋白、核酸、脂肪、碳水化合物及无机离子等成分进行原位分析的形态学研究手段；而根据抗原与抗体特异性结合的原理，在超微结构对抗原进行定性、定位的电镜技术称为免疫电镜技术（immunoelectron microscopy）。电镜组织化学技术与免疫电镜技术在光镜组织化学技术和免疫组织化学技术以及普通电镜技术的基础上发展而来，相关知识前面章节已详细介绍，本章主要介绍常用的电镜酶细胞化学技术和免疫电镜技术的基本原理和实验操作程序。

第一节　电镜酶细胞化学技术

电镜酶细胞化学技术是通过化学反应，使组织细胞中的某些酶形成具有较高电子密度的不溶性沉淀物，易于电镜观察，在超微结构水平对组织细胞的特定组分进行原位定性、定量分析；该技术将酶细胞化学与电镜技术结合，使酶细胞化学研究从光镜水平发展至电镜的超微结构水平。已知机体内酶的种类有 2 000 余种，但酶细胞化学技术能显示的仅有 100 余种。

一、电镜酶细胞化学技术基本原理

酶催化反应的基本原理、生物学特性等参见光镜组织化学技术章节（第六章）。

（一）酶细胞化学

酶细胞化学是利用酶具有分解相应底物的特性，在一定条件下，使细胞内的酶与孵育液中的底物在酶所在部位进行反应，形成中间复合体，即酶反应产物（也称初级反应产物），此过程系酶作用底物的酶促反应过程，为特异性反应；当捕捉剂，如电子供体等存在时，该初级反应产物迅速转变成不溶的沉淀物（也称最终反应产物），此阶段为捕捉反应，属于非特异性反应，可见酶细胞化学的特异性系由酶对底物的选择性所决定。如果形成的终产物经适当处理可在电镜下观察酶的存在部位，进行定位、定性与活性分析，即为电镜酶细胞化学技术。

（二）酶催化底物的特异性

一般认为酶催化的底物具有较严格的选择性，也是酶细胞化学反应的基础，所以，实验中应确保酶催化的底物特异性。常用的方法包括：

（1）在孵育液中加入非特异性酶的抑制剂，去除不相关的酶催化反应影响。

（2）选择特异性较强的底物。

（3）选择酶催化反应的最适 pH。如酸性磷酸酶和碱性磷酸酶虽然作用底物相同，但两者的最适 pH 不同，所以，通过选择最适 pH 获得特异的酶反应产物。

（三）捕捉反应

电镜酶细胞化学技术常用的捕捉剂有金属盐沉淀法和嗜锇物生成法两种。

1. 金属盐沉淀法　酶反应所生成的初级反应产物与重金属反应，形成难溶的高电子密度沉淀物，常用的重金属有铅、铜、钡、铈等。

2. 嗜锇物生成法　通过酶促反应生成嗜锇产物，再经锇酸（OsO_4）固定，形成电镜下易于识别的高电子密度沉淀物。例如，过氧化物酶催化底物（H_2O_2）形成的初级反应产物与二氨基联苯胺（DAB）电子供体反应生成的嗜锇产物等。

二、电镜酶细胞化学标本制备

良好的标本制备是电镜酶细胞化学成功的关

键,即不仅要较好地保存组织细胞的超微结构,更需保持组织细胞内酶的活性与所在部位,防止酶的反应产物弥散。因此,电镜酶细胞化学的标本制备要求远高于光镜组织化学技术。

电镜酶细胞化学的标本制备基本程序如下:

1. 取材 组织标本的取材是样品制备的第一步,至关重要。所以,取材前应制订详细计划,并做好充分准备。取材目标要明确,操作需迅速。临床标本取材时还应注意:①活检取材时,应避免挤压组织;②病理标本取材应包括主要病变区、病灶与正常组织的交界区(移行区),以及远离病灶区的正常组织等。

2. 固定 取材后应立刻将样品浸泡在固定液中。常用的固定剂为2%~4%的多聚甲醛和0.25%~1%戊二醛的混合固定液,用0.1mol/L的磷酸缓冲液(PB)或二甲胂酸钠缓冲液(pH 7.4)配制。酶的活性丧失常发生在固定1~2h后,所以,最佳固定条件为4℃固定30~60min。固定液的浓度越高,固定时间越长,越易引起酶的活性丢失;对于不同的组织和酶,应经预实验选择合适的固定液浓度和固定时间。全身灌注或单器官灌注固定组织取材后再浸泡固定,可更好地保持酶的位置与活性,以及组织的超微结构。

3. 漂洗 用配制固定液的缓冲液充分漂洗组织,4℃,1~2h为宜。

4. 切片 脑和脊髓等组织经琼脂包埋后用振动切片机,将组织切成30~50μm厚片。用恒冷箱切片机进行冰冻切片,需在切片前将组织标本经含25%蔗糖的缓冲液浸泡3h以上,防止冷冻过程形成冰晶。

5. 预孵育 切片经充分漂洗后,用不含底物的孵育液预孵切片10~15min(降低背景着色)。

6. 孵育 将切片移至新鲜配制的含适量底物和捕捉剂的孵育液中,进行特异性的细胞化学反应,形成不溶性的终产物。注意事项:

(1)新鲜配制孵育液,所用试剂纯度要高,分析纯为宜,器皿须干净。

(2)孵育液中底物和捕捉剂的浓度、pH和缓冲液等配比须适当。

(3)孵育液配制应按配方顺次加入各种试剂,待一种试剂完全溶解后再加入另一种试剂,最终配制的孵育液应清澈透明,必要时,过滤除去沉淀后应用。

(4)孵育温度和时间一般为37℃孵育30~60min。温度过高或孵育时间过长容易导致反应产物的弥散。为获得较理想的实验结果,常需预实验确定最适孵育温度和时间。

7. 孵育后处理 用4℃缓冲液漂洗切片,终止酶催化反应。继之,2.5%戊二醛再固定5~10min,1% OsO_4后固定(4℃,30~60min),增加酶反应终产物的电子密度。注意:OsO_4固定易使酶反应产物溶解,故固定时间以不超过60min为宜。

8. 脱水、包埋、超薄切片制作、电子染色以及观察 此步骤参考常规电镜操作。注意:脱水时间可较常规电镜缩短1/2左右,初次实验时,超薄切片不必进行电子染色,直接电镜观察,了解组织细胞超微结构的保存和反应产物的分布情况,以确认电子染色是否影响酶细胞化学反应产物的电镜观察。

9. 对照实验 为确保实验结果的可信性,需进行必要的对照实验,电镜酶细胞化学尤其如此。鉴定酶细胞化学反应特异性的方法较多,主要包括在孵育液中不加底物、加入酶的特异性抑制剂、采用热变性及消化等方法使酶失活,结果应为组织细胞内无酶反应的沉淀产物。详细操作步骤和方法见第六章相关章节。

三、电镜酶细胞化学结果观察

电镜酶细胞化学染色结果的判断应从组织细胞超微结构、反应产物电子密度的强弱、分布定位是否准确等方面综合分析。良好的染色应保证酶细胞化学反应产物的定性、定位明显而准确,电子密度均匀、颗粒细密。如果出现定位不清或反应产物弥散等现象,需改进实验条件,避免假阳性结果。

四、常用电镜酶细胞化学方法

(一)水解酶

水解酶(hydrolase)以显示酯酶和磷酸酶的方法应用较广泛。

1. 乙酰胆碱酯酶 乙酰胆碱酯酶分解底物碘化硫代乙酰胆碱游离出硫代胆碱,后者的巯基使高铁氰化物还原,通过重金属铜的捕获作用最终形成高电子密度的亚铁氰化铜沉淀。染色后的组织细胞按常规电镜标本处理。

孵育液配制：

碘化硫代乙酰胆碱	5mg
0.1mol/L 顺丁烯二酸缓冲液（pH 6.0）	6.5ml
0.1mol/L 柠檬酸钠	0.5ml
30mmol/L 硫酸铜	1.0ml
5mmol/L 铁氰化钾	1.0ml
双蒸水	1.0ml

反应条件：孵育液 pH 6.0，4℃孵育 2~3h 或室温孵育 30~60min。

结果判断：应结合酶对抑制剂和激活剂的反应等结果综合分析。乙酰胆碱酯酶主要位于神经细胞的胞质和突触间隙等部位。

2. 磷酸酶 磷酸酶（phosphatase）指催化磷酸酯水解的酶，主要包括酸性磷酸酶和碱性磷酸酶两类，可通过分别选择酸性或碱性的 pH 进行检测。

（1）酸性磷酸酶：酸性磷酸酶的最适 pH 为 5.0~5.5；常用硝酸铅或乙酸铅法显示。原理：组织细胞中的酸性磷酸酶水解 β- 甘油磷酸钠等底物释出磷酸，后者与捕捉剂铅反应形成磷酸铅沉淀，具有较高的电子密度。染色后的组织经常规电镜标本处理，脱水、包埋、超薄切片后，可不经电子染色直接电镜下观察。

孵育液配制：

β- 甘油磷酸钠	12.5mg
蒸馏水	1.0ml
0.2mol/L Tris- 顺丁烯二酸缓冲液（pH 5.0）	2.0ml
0.2% 硝酸铅	2.0ml

注意事项：①配制孵育液时，避免产生 β- 甘油磷酸铅沉淀，应顺次加入底物、蒸馏水和缓冲液摇匀，待底物完全溶解后，再逐滴加入硝酸铅溶液，不断搅拌；也可先将硝酸铅、蒸馏水和缓冲液混合，再逐渐加入底物使其完全溶解，过滤备用。②因孵育液渗透组织的速度较慢，故组织切片厚度不超过 50μm 为宜。③孵育液的 pH 以 5.0~5.5 为佳。

结果判定：酸性磷酸酶是溶酶体的标志酶，常用于溶酶体的超微结构定位。

（2）碱性磷酸酶：碱性磷酸酶活性的最适 pH 为碱性（pH 7.6~9.9）。组织细胞内的碱性磷酸酶水解孵育液中的 β- 甘油磷酸钠等，释出磷酸，后者被孵育液中的锰离子捕获，生成磷酸锰，再经硝酸铅处理，使磷酸锰转变成铅盐沉淀，电子密度增加。染色后组织标本处理同酸性磷酸酶显示。

孵育液配制：

0.1mol/L β- 甘油磷酸钠	4.0ml
0.2mol/L Tris-HCl 缓冲液（pH 8.5）	2.8ml
0.015mol/L $MgSO_4$	5.2ml
蔗糖	1.6g
0.5% 柠檬酸铅	8.0ml

共计 20ml，最终 pH 9.0~9.4，切片孵育 30~60min（35℃），经缓冲液漂洗、2.5% 戊二醛再固定 1h，按常规电镜标本处理。

结果判定：碱性磷酸酶是细胞膜的标志酶，主要存在于小肠黏膜上皮的纹状缘和肾近曲小管的刷状缘等部位，亦是骨组织细胞的特异性标志物之一，常作为实验的阳性对照标本。

3. 葡萄糖 -6- 磷酸酶 葡萄糖 -6- 磷酸酶具有水解葡萄糖 -6- 磷酸，生成葡萄糖和磷酸的作用，后者与重金属盐（铅）等捕获剂反应，形成不溶性沉淀。

孵育液配制：

2% 硝酸铅	3.0ml
0.2mol/L Tris- 顺丁烯二酸缓冲液（pH 6.7）	20ml
葡萄糖 -6- 磷酸钠	25mg
蒸馏水	27ml
蔗糖	4.0g

将硝酸铅和葡萄糖 -6- 磷酸钠分别溶于 Tris- 顺丁烯二酸缓冲液和蒸馏水中，然后缓慢将二者混合，轻轻搅拌，使液体呈透明状，必要时，过滤后使用。孵育时间为 30~60min（35℃），经缓冲液漂洗终止酶反应，2.5% 戊二醛再固定后，按电镜标本常规处理。注意：该酶对固定剂较敏感，戊二醛固定时间不宜超过 30min，固定后用 Tris- 顺丁烯二酸缓冲液（pH 6.7）充分漂洗。

结果判定：葡萄糖 -6- 磷酸酶定位于粗面内质网上，为粗面内质网的主要标志酶之一。

（二）氧化还原酶

氧化还原酶指参与调控机体氧化还原反应的酶，包括氧化酶（oxidase）和脱氢酶

(dehydrogenase),与细胞呼吸和糖酵解等过程有关。显示该类酶的方法较多,这里主要介绍琥珀酸脱氢酶的两种显示方法。

1. 高铁氰化物还原法　高铁氰化物还原法(ferricyanide reductive method)以琥珀酸盐为底物,铁氰化物为捕捉剂(受氢体)。在酶存在部位,高铁氰化物接受琥珀酸脱氢酶催化底物产生的游离氢离子,被还原成亚铁氰化物,后者与铜离子生成一种电子密度高、不溶于水的亚铁氰化铜沉淀物,该反应产物稳定。

孵育液配制:

0.2mol/L 磷酸氢二钠	6.5ml
0.2mol/L 琥珀酸	2.0ml
0.2mol/L 酒石酸钾钠	5.0ml
蒸馏水	4.0ml
蔗糖	1.5g
聚乙烯吡咯烷酮(PVP)	1.5g
0.1mol/L 硫酸铜	1.0ml
0.02mol/L 铁氰化钾	1.5ml

孵育液中,常用琥珀酸代替琥珀酸钠,因容易得到较纯的琥珀酸制品,并与磷酸氢二钠构成缓冲体系。配制时,依次加入上述试剂,加入硫酸铜后,需调整 pH 至 7.0 左右,再加铁氰化钾。注意:铁氰化物穿透力有限,仅组织切片的表层细胞染色较充分,在孵育液中加入终浓度为 5% 的二甲亚砜,增加穿透力,提高染色效果。避光孵育 10~40min(35℃),镜下观察适时终止孵育。

2. 四唑盐法(tetrazolium salt method)　与高铁氰化物还原法相似,四唑盐法亦以琥珀酸盐为底物,但捕捉剂为四唑盐;四唑盐为水溶性,无色,被还原后难溶于水和脂质,生成嗜锇性的甲臜(formazan),后者经锇酸处理后生成不溶性的“锇黑”沉淀。

孵育液配制:

0.2mol/L 磷酸氢二钠	5ml
0.2mol/L 琥珀酸	5ml
用 0.1mol/L NaOH 调节 pH 至 7.1~7.3	
NBT	10mg

避光孵育 10~40min(35℃),镜下观察适时终止孵育。

琥珀酸脱氢酶对固定剂亦较敏感,常用低浓度的多聚甲醛短时间固定组织。酶反应孵育后,经 0.1mol/L PB 漂洗,再经戊二醛和锇酸适当固定,按常规电镜程序制作样品、半薄切片定位、超薄切片电镜观察等。

结果判定:琥珀酸脱氢酶是线粒体的主要标志酶,阳性反应沉淀物分布在线粒体嵴和内膜上。

3. 过氧化氢酶　过氧化氢酶存在两种酶活性,即过氧化氢酶活性和过氧化物酶活性;二者均具有分解底物过氧化氢(H_2O_2)的能力,故反应液中常以 H_2O_2 为底物,DAB 为电子供体,最适 pH 为 7.0~8.0。用碱性物质,如尿素、甲酰胺等处理,过氧化氢酶的活性消失,显示过氧化物酶的存在;

孵育液配制:

DAB	5mg
0.05mol/L Tris-HCl 缓冲液(pH 7.6)	9.0ml
0.1% H_2O_2(新鲜配制)	1.0ml

组织切片孵育 10~30min(35℃),经冷缓冲液漂洗,锇酸后固定,按常规电镜程序处理样品,观察分析结果。

对照实验:一般采用不含底物的孵育液,在非特异性过氧化物酶活性较强的组织,需适当加入抑制剂。组织细胞内的过氧化氢酶对戊二醛等固定剂的耐受性较强,长时间固定后仍能保持迅速分解过氧化氢、氧化 DAB 的能力,故可以通过延长固定时间使其他酶的活性丧失,达到提高显示过氧化氢酶的目的。

结果判定:阳性产物呈高电子密度的细颗粒状,主要存在于一些细胞(如髓系粒细胞)的内质网、核膜和细胞质的微体中。

4. 细胞色素氧化酶　细胞色素氧化酶(cytochrome oxidase)因含铁卟啉辅基,呈红色而得名,是线粒体内呼吸链的主要酶。该酶与过氧化物酶相似,能够氧化 DAB,使细胞色素氧化酶被还原,在酶活性部位形成具有嗜锇性反应产物,经锇酸固定后,形成高电子密度的终产物。

孵育液配制:

DAB	5mg
0.05mol/L Tris-HCl 缓冲液(pH 7.4)	9.0ml
过氧化氢酶(20μg/ml)	1.0ml
细胞色素 C(Ⅱ型)	10mg
蔗糖	750mg
PVP	75mg

新鲜组织或2%多聚甲醛短时间固定标本，孵育20~60min（35℃），固定的组织孵育时间可适当延长。孵育后的组织经缓冲液漂洗，按常规电镜标本处理。

结果判定：该酶对固定剂敏感，未固定或轻微固定的组织，可见线粒体的嵴间隙呈阳性；若经2.5%戊二醛固定1h，线粒体酶活性丧失，不着色，可作为检验染色特异性的方法。

第二节 免疫电镜技术

由于光学显微镜分辨率的限制和电镜酶细胞化学技术显示酶的种类有限，加之，生物体内发挥重要功能的大多数蛋白不具有酶的活性等因素，因此，Singer于1959年建立了用电子密度较高的铁蛋白（ferritin）标记抗体方法用于组织细胞表面的抗原超微结构定位，建立了免疫电镜技术。1966年，Nakane与Pierce建立了过氧化物酶标记抗体的免疫电镜技术，在超微结构水平定位细胞内抗原成为可能。在此基础上，1970年Sternberger等建立了过氧化物酶抗过氧化物酶抗体复合物法（PAP法）；1971年，Faulk和Taylor建立的胶体金（colloidal gold）标记抗体等方法，极大地推动了免疫电镜技术的发展与应用。

一、免疫电镜技术的特点

免疫电镜技术源于光镜免疫组织化学技术和常规电镜技术，但与两者有明显的不同。光镜免疫组织化学技术常用表面活性剂处理样品，以增加细胞膜对抗体的渗透性，获得最佳染色效果；而电镜技术则要求更好地固定组织，保存细胞膜结构的完整性等，影响抗体的穿透。因此，本节主要介绍免疫电镜技术不同于光镜免疫组织化学（第七章）和常规电镜技术（第五章）的相关内容。

（一）固定

1. 固定液 免疫电镜技术对组织的固定要求高，与电镜酶细胞化学标本制备相似，既要保存良好的细胞超微结构，又要保持组织细胞的抗原性，所以，固定剂既不能太强也不能太弱。强固定剂虽有利于组织细胞的超微结构保存，但容易导致其抗原性减弱；而弱固定剂虽能较好地保存组织细胞的抗原活性，但其超微结构保存较差。免疫电镜技术常用的固定剂有过碘酸－赖氨酸－多聚甲醛（periodate-lysine-paraformaldehyde，PLP）液和2%多聚甲醛-0.5%戊二醛混合液。在包埋前染色中，常用PLP，该固定液适于含糖蛋白丰富的组织细胞抗原固定，对超微结构和组织抗原的保存均较好。原理：PLP液中的过碘酸具有氧化糖蛋白的糖，使其羟基转变为醛基；而赖氨酸的双价氨基可分别与固定液甲醛的醛基和组织细胞中糖蛋白产生的醛基结合，使组织细胞的糖蛋白与固定剂发生交联，加强甲醛的固定效果。组织细胞的抗原表位多数位于蛋白部分，因而，用PLP选择性地使糖类氧化产生醛基并与固定剂发生交联，既稳定了蛋白，又不影响其与抗体的结合。另外，低浓度的多聚甲醛亦能稳定蛋白和脂类；多聚甲醛－戊二醛固定液相对经济、简便、效果好，实验者可根据研究目的选用（配制好的固定液可在4℃保存数周）。

2. 固定方法 免疫电镜标本的固定要求迅速，小动物的组织标本和难以迅速取材的标本，如脑、脊髓等，经心脏、主动脉全身灌注固定为佳。难以经心脏灌注的较大动物，可用注射器进行局部器官的动脉血管注射固定，然后浸泡固定。较易迅速取材的组织标本和临床活检标本以直接浸泡固定为主。

（二）染色方法

与光镜免疫细胞化学染色方法的基本原理和试剂准备相似，可参考本书相关内容。这里仅介绍免疫电镜的几种常用染色方法，包括包埋前染色、包埋后染色和冷冻超薄切片的免疫染色。

1. 包埋前染色 包埋前染色即在常规电镜环氧树脂包埋处理前进行免疫组织化学染色。固定的组织用振动切片机制作40~60μm的厚片，将切片贴于载玻片上，或不裱片以漂浮法，按间接免疫细胞化学染色步骤操作。为较好地保存细胞的膜性结构，免疫染色前不对样品进行破膜处理或用极低浓度的表面活性剂（如0.005% Triton X-100）短暂处理。免疫染色结束后，按常规电镜标本制作，包括戊二醛的再固定、锇酸后固定、脱水、环氧树脂浸透、包埋、聚合等处理。在解剖显微镜下切取免疫染色阳性部位，用强力粘胶将阳性部位粘贴在载物台上进行超薄切片、直接或经电子染色后电镜观察。漂浮法染色的切片用环氧树脂浸透后，置于两层耐高温的透明塑料薄膜之间（类似夹心面包）包埋、聚合，在解剖显微镜下切取免疫染色阳性部位进行后续处理。

包埋前染色除应用间接酶标法/PAP法和链霉亲和素-生物素-酶复合物染色法（SABC法/SP法）免疫染色外，也可用胶体金标记抗体免疫染色。包埋前染色的组织，镜下选择阳性部位中间的组织为宜，表层和周边组织因受机械挤压等影响，超微结构保存常不理想。超薄切片前，先制作半薄切片定位，明确电镜观察目标、提高工作效率。为避免超薄切片电子染色所用的铅、铀影响免疫染色结果的判定，常将相邻的超薄切片分别裱贴在两个铜网上（无电子染色和电子染色），对比观察判定阳性反应结果。

包埋前染色法的优点：①因免疫染色前，组织细胞未经戊二醛和 OsO_4 固定、脱水及树脂包埋等常规电镜标本处理过程，故组织细胞的抗原性保存较好，免疫染色效果佳；②通过半薄切片在光镜下选取免疫反应阳性部位制作超薄切片，极大地提高电镜的观察效率。该方法的主要缺点：细胞膜等相对完整，影响抗体的穿透，致使组织深部和细胞内的抗原等常难标记。

2. 包埋后染色　包埋后染色是将超薄切片贴在载网上进行免疫细胞化学染色。包埋后染色的组织标本先经戊二醛和/或 OsO_4 固定、脱水、树脂包埋及超薄切片等常规电镜处理，超薄切片裱于镍材质载网（镍网）或金材质载网（金网）上，然后进行免疫染色。包埋后染色多用胶体金标记的抗体进行（图9-1）。在染色过程中，应注意保持载网的湿润，避免干燥。OsO_4 可使组织细胞的抗原性明显减弱，所以，在标本制备时，应尽量缩短 OsO_4 固定时间（根据预实验结果，亦可省略此步骤）。

包埋后染色的优点：超微结构保存较好、方法简便、阳性结果可重复性好、结果可信度高；同一组织块的连续切片可分别进行其他抗原的免疫标记，亦或在同一张切片上进行双重或多重免疫染色等，显示多种抗原的共存。该方法的不足：标本处理过程易使组织细胞的抗原性减弱或消失，被包埋剂包埋的组织不易进行免疫反应，加之组织抗原可与包埋剂发生交联，影响抗体的识别等。应用无水乙醇或NaOH溶液等处理超薄切片，可减少或去除组织细胞内的包埋剂，有利于获得较好的免疫染色结果。

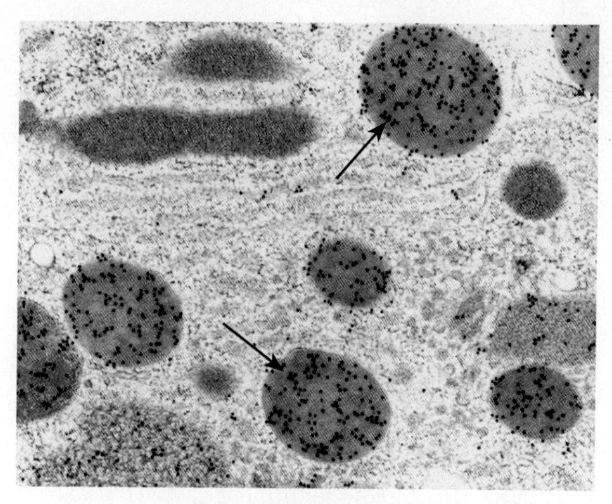

图9-1　环氧树脂包埋后免疫胶体金电镜染色
箭示金颗粒定位在酶原颗粒

3. 冷冻超薄切片的免疫染色　该方法是将快速冷冻的组织标本在配置有液氮致冷系统的超薄切片机上直接进行冷冻超薄切片，将其裱于镍网或金网上直接施行免疫染色。冷冻超薄切片可行间接酶标法、SABC法或SP法的免疫染色，但更多用于胶体金标记抗体的间接免疫染色。该方法的关键技术是在低温冷冻下制作超薄切片。因冷冻超薄切片的组织标本未经固定、脱水、包埋等处理，所以，兼有包埋前和包埋后染色的优点，但冷冻超薄切片制作难度大，要求技术熟练程度高，并且需要特殊的仪器设备，目前，冷冻超薄切片技术用于光电关联显微镜技术的研究。

（三）包埋

1. 环氧树脂包埋　可用于包埋前染色和包埋后染色的标本包埋。包埋前染色：免疫组织化学染色的切片经固定后，环氧树脂包埋，常将染色后的切片贴在载玻片上，将充满环氧树脂的硅胶囊倒置于切片上，加温聚合、原位包埋，类似贴壁培养细胞的常规电镜处理。包埋后染色：将轻度固定的组织标本直接脱水、环氧树脂包埋，制作超薄切片，进行免疫细胞化学染色。

2. 低温树脂包埋　环氧树脂包埋因需高温聚合，整个过程易使组织细胞的抗原性改变或丢失。因此，在20世纪80年代，许多实验室尝试研发低温包埋剂，并广泛用于免疫电镜技术研究。

低温包埋剂多为烯系列化合物，如Lowicryls、LR White、LR Gold等，常用于胶体金标记抗体的免疫电镜技术的包埋后染色，能检出多种应用环氧树脂包埋难以显示的抗原。

（1）Lowicryls　Lowicryls是丙烯酸盐（acrylate）或甲基丙烯酸盐（methacrylate）类化学物质，包括K4M、K11M、KM23等，其主要特点是在低温下（K4M，-35℃；K11M和KM23，-80~-60℃）仍保持低黏度，并具有在紫外光照射下（波长360nm，不能用波长小于280nm日常消毒用紫外灯替代）聚合的能力。尽管紫外光的聚合作用与温度无关，但包埋过程中，需保持包埋剂的低黏稠度，增加包埋剂向组织细胞内的渗透，所以，常在低温下紫外线照射聚合。低温包埋剂中，K4M和K11M具有亲水性，对组织标本的脱水要求不严，有利于保持组织细胞的超微结构和抗原性，适于免疫电镜技术，且背景染色低，是超微结构研究抗原分布较为理想的包埋剂。KM23为疏水性包埋剂，图像对比度清晰，主要用于扫描电镜观察的标本制作。下面以K4M为例，介绍Lowicryls类包埋剂的应用程序。

1）包埋剂的配制：商品化Lowicryls K4M包埋剂由单体（monomer）、交联剂（crosslinker）和引发剂（initiator）组成。通过调整单体和交联剂的比例，可制备不同软硬度的包埋块（包埋时多用硅胶囊代替橡胶或塑料胶囊，后两者材质影响紫外线的照射）。包埋剂配制（引发剂可在称量后用1ml注射器加入）见表9-1。

表9-1　Lowicryls K4M包埋剂配方

K4M	8.65g	17.30g	25.95g	34.6g
交联剂	1.35g	2.70g	4.05g	5.4g
引发剂	50mg	0.10g	0.15g	0.20g
合计	10.0g	20.0g	30.0g	40.0g

根据实验所需用量确定包埋剂总量。用不同容量的注射器分别取包埋剂，置于玻璃烧杯内，或天平称量，将三者按顺序加入后用玻璃棒轻轻搅动3~5min。切忌过分用力搅拌，以免产生气泡，影响包埋效果。

2）包埋：组织细胞标本顺次经65%乙醇脱水1h（0℃），75%乙醇脱水2h（-20℃），在1∶1和2∶1的Lowicryls K4M∶80%乙醇中分别浸透1~2h（-20℃），100% Lowicryls K4M浸透2h（-20℃），更换纯Lowicryls K4M包埋剂，过夜（-20℃）。新鲜配制的Lowicryls K4M包埋剂置于硅胶囊内，将组织标本轻轻移入，紫外线灯（波长为360nm）置于距标本20~30cm处照射24h（-20℃），使之聚合。聚合后的胶囊可移至室温，继续在紫外线灯下照射2~3d，以增加包埋块的硬度，有利于超薄切片的制作。为缩短实验流程时间，可采用快速包埋法，即仅聚合步骤在低温下进行，其余所有步骤在4℃或室温处理。

3）免疫细胞化学染色：将制作的超薄切片（厚60~80nm）贴于镍网上，自然干燥。于湿盒内施行间接免疫染色，用胶体金标记抗体显示抗原（图9-2）。必要时可用1% OsO_4后固定30min（室温），增强切片的反差/对比度。

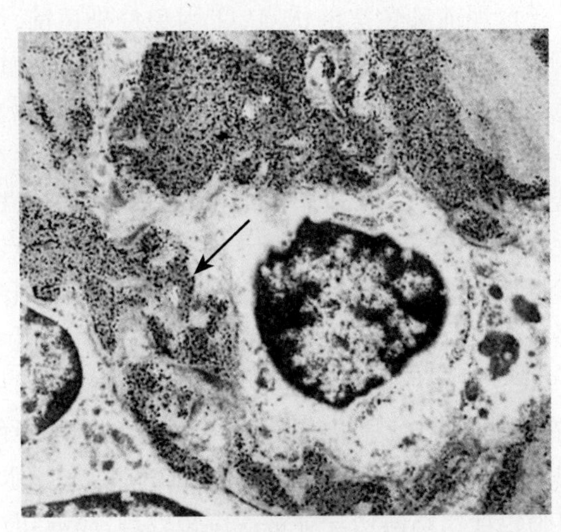

图9-2　低温包埋剂包埋后免疫胶体金电镜染色
箭示胶体金颗粒

（2）LR White和LR gold：LR White和LR gold亦为紫外光引发聚合的低温包埋剂，二者均是混合的丙烯酸单体，黏度非常低，有利于LR树脂进入组织细胞。因该类树脂具有良好的亲水性，所以，标本的脱水要求不严，经70%乙醇脱水后，可直接进行LR树脂包埋，有利于保持组织细胞的抗原性。LR White可在高温和低温两种情况下聚合，前者在60℃聚合24h，后者在-20℃有加速剂存在的条件下聚合48h，配制方法可参考产品说明书。

Lowicryls K4和LR等低温包埋树脂常需低温（-20℃）暗处保存。因其有挥发性和刺激性，配制时应戴手套和口罩，并在通风橱内操作，避免有害气体吸入，如不慎接触皮肤和眼睛等应立即流水冲洗。

（四）对照实验

免疫电镜技术亦需进行对照实验以确定染色的特异性，所用方法与光镜免疫组织化学染色相同（参见第七章）。

二、常用免疫电镜技术

免疫电镜技术根据标记物的不同，主要分为免疫酶电镜技术和免疫胶体金电镜技术；染色方法均包括包埋前染色和包埋后染色两类。其中，免疫酶电镜技术以包埋前染色多用，免疫胶体金电镜技术以包埋后染色常用。

（一）免疫酶电镜技术

免疫酶电镜技术的原理与光镜免疫酶组织化学技术和光镜亲和免疫组织化学技术相似，即用酶作为抗原抗体的标记物，利用酶催化相应特异性底物的特点，在抗原抗体反应部位形成不溶性的嗜锇反应产物，再经锇酸后固定使其形成电镜下易于识别的高电子密度沉淀物。HRP具有稳定性强和反应特异性高等优点，是免疫酶细胞化学技术目前最常用的标记物。免疫酶电镜技术多采用包埋前染色。

1. 培养细胞包埋前免疫酶电镜技术

（1）0.1mol/L PB（pH 7.2）配制的4%多聚甲醛-0.1%戊二醛原位固定贴壁生长于玻片上的细胞（4℃）0.5~1h。

（2）PBS漂洗3次，每次5min。

（3）2% H_2O_2/甲醇处理20min（25℃），去除内源性过氧化物酶活性。

（4）PBS漂洗后，用含正常血清（1∶10）和/或1%牛血清白蛋白（BSA）的PBS孵育15~30min（25℃）。

（5）特异性抗体（第一抗体）孵育3h（25℃）或4℃过夜。

（6）PBS充分漂洗后，HRP或生物素化（标记）的第二抗体孵育30~60min（25℃），如为生物素化的二抗，其后步骤按SABC试剂盒说明书操作。

（7）PBS漂洗3次，每次5min。

（8）呈色反应：0.03%~0.05% DAB-0.01% H_2O_2/0.05mol/L Tris-HCl（pH 7.6）显色（25℃），适时终止反应，PBS漂洗。

（9）1%戊二醛/0.1mol/L PB固定30~60min（25℃），0.1mol/L PB漂洗。

（10）1% OsO_4固定30~60min（25℃）。

（11）按培养细胞常规电镜标本制备方法脱水。

（12）环氧树脂：丙酮比例为1∶2、1∶1、2∶1混合液先后浸透1h、1h和12h。

（13）在玻片上滴加少量环氧树脂，用装满环氧树脂的塑胶囊倒置在细胞所在部位上，置于烤箱中60℃聚合48h。

（14）分离玻片与胶囊，移去胶囊，留下树脂，常规修块、超薄切片、电子染色后电镜观察。

（15）结果：电镜下可见抗原抗体反应部位存在高电子密度的酶反应产物沉淀（图9-3）。

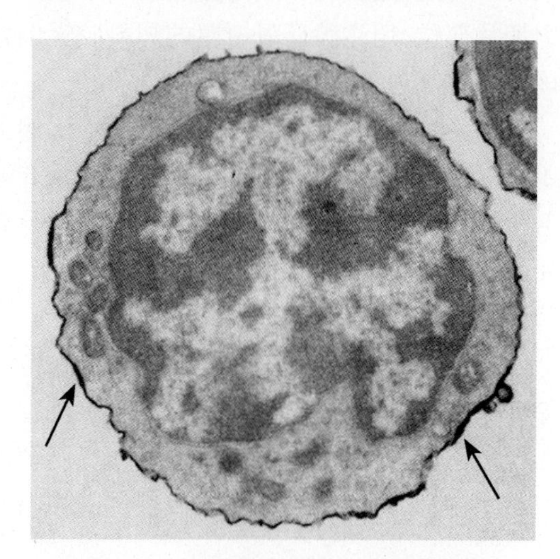

图9-3　分离细胞包埋前免疫酶电镜染色
箭示高电子密度免疫反应产物分布在细胞表面

2. 组织切片的包埋前免疫酶电镜技术

（1）0.1mol/L PB配制的4%多聚甲醛-0.1%戊二醛固定的组织经含25%蔗糖的0.1mol/L PB漂洗，4℃过夜或至组织块沉至容器底部。

（2）制作厚30~40μm的振动切片或冷冻切片，PBS漂洗后裱于涂有黏附剂的玻片上或置PBS中。

（3）2% H_2O_2/甲醇处理20min（25℃），去除内源性过氧化物酶活性。

（4）正常血清（1∶10）和1% BSA的PBS液孵育20min（25℃）。

（5）特异性抗体（第一抗体）孵育12~18h

（4℃），PBS 漂洗。

（6）HRP 或生物素化（标记）的第二抗体孵育 30~60min（25℃），如为生物素化的二抗，其后步骤按 SABC 试剂盒说明书操作。

（7）呈色反应：0.03%~0.05% DAB-0.01% H_2O_2/0.05mol/L Tris-HCl（pH 7.6）显色（25℃），适时终止反应，PBS 漂洗。

（8）切片经 1% 戊二醛 / 0.1mol/L PB 固定 15~30min（4℃），0.1mol/L PB 充分漂洗。

（9）1% OsO_4 固定 60~90min（25℃）。

（10）去离子水充分漂洗后，乙醇脱水：50% 乙醇 20min，70%、80%、90%、100%（2 次）乙醇各 10min。

（11）环氧树脂：丙酮比例为 1∶2、1∶1、2∶1 混合液分别浸透 1h、2h 和 12h。

（12）将新配制的环氧树脂滴加贴于玻片的组织切片部位，用注满环氧树脂的塑料胶囊倒置于该部位，烤箱中 60℃聚合 48h。

漂浮染色标本：将从环氧树脂：丙酮比例为 2∶1 的混合液中取出的组织切片置于两层耐高温的透明塑料薄膜之间，加少量环氧树脂，用两片载玻片紧紧夹住塑料薄膜，尽可能挤去多余树脂，置于烤箱中聚合。

（13）从烤箱中取出胶囊倒置法包埋的标本，冷却后，捏住载玻片的一端，在酒精灯的火焰上加热 5~7s，迅速掰下胶囊，去除胶囊，保留树脂包埋的组织块，解剖显微镜下选择阳性部位制作超薄切片。

夹心法包埋的标本：解剖显微镜下切取阳性部位，用强力快贴胶粘贴在包埋剂的载物台上制作超薄切片、电子染色等。

（14）电镜观察组织细胞的抗原部位呈高电子密度的酶反应产物沉淀（图 9-4）。

（二）免疫胶体金电镜技术

在免疫酶电镜技术中，HRP 催化 H_2O_2 形成的中间产物与捕获剂 DAB 反应所生成的终产物多呈弥散分布，使被检抗原在组织或细胞内的超微结构定位不准确。金属粒子在电子束照射下产生强烈的电子散射（电子极少透过），故能在电镜荧光屏上显示为电子密度高的影像，因此将其标记抗原或抗体后，可用于免疫电镜对组织细胞特定抗原进行定性、定位或定量研究。

在用金属离子作为标记物的免疫电镜术中，胶体金（colloid gold）是常用的金属粒子。氯金酸在还原剂如枸橼酸钠、鞣酸等作用下，聚合成为特定大小的金颗粒，并由于静电作用成为一种稳定的胶体状态，故称为胶体金。所产生的胶体金因还原剂的不同而有不同的大小。胶体金颗粒大小不同，颜色亦不同，5~20nm 之间呈淡红色，20~40nm 之间呈深红色，大于 60nm 的胶体金呈蓝色。胶体金在弱碱环境下带负电荷，可与抗体等蛋白质分子的正电荷基团形成牢固的静电结合且不影响抗体的生物学特性。若用 20nm 左右的红色胶体金标记特异性抗体（直接法）或第二抗体

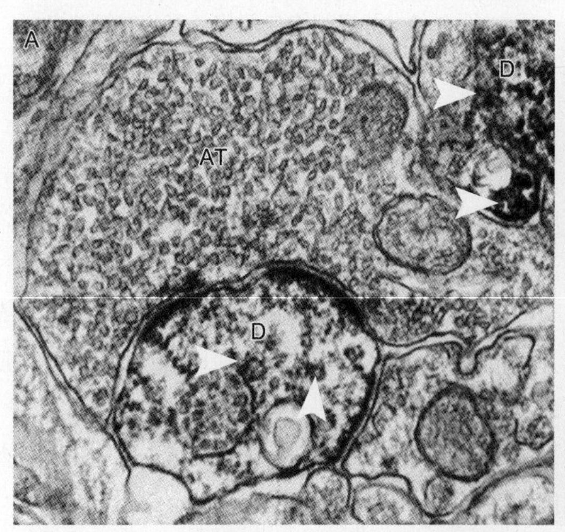

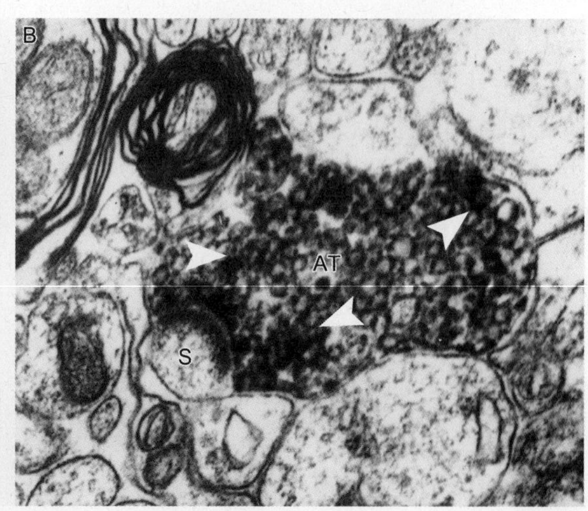

图 9-4　神经组织包埋前 ABC 法免疫电镜染色

A. 免疫反应阳性树突（空军军医大学李金莲教授供图）；B. 免疫反应阳性轴突终末（华中科技大学李和供图）；箭头示弥散的高电子密度免疫反应产物；D：树突；AT：轴突终末；S：树突棘

(间接法)(图 9-5)进行免疫组织化学反应,在光镜下可对组织或细胞内的抗原进行定性、定位和定量检测。

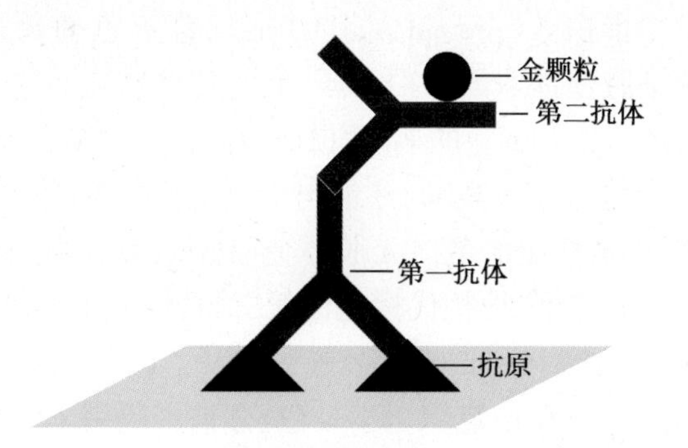

图 9-5 间接法免疫胶体金染色示意图

1971 年 Faulk 和 Taylor 用胶体金标记兔抗沙门菌抗体检测沙门菌的表面抗原,电镜下可见胶体金颗粒结合在细菌上,建立了标记胶体金免疫电镜技术。胶体金标记抗体免疫电镜技术具有以下优点:①操作程序较酶标抗体法简单、省时;②不需甲醇/H_2O_2 抑制内源性过氧化物酶,避免组织细胞超微结构损伤;③金颗粒电子密度高,电镜下容易识别;④易于同其他免疫反应产物区别,可与酶标抗体等方法联合,或用两种不同直径的金颗粒分别标记不同的抗体进行双重免疫染色,研究两种以上抗原在超微结构水平的定位;⑤抗原抗体反应部位金颗粒数量的多少与组织抗原的含量呈正相关,故可用于组织细胞抗原的半定量分析;⑥将胶体金标记的特异性抗体(第一抗体)直接加入培养液中,可研究培养细胞内一些抗原的定位;⑦金颗粒具有较强的激发电子能力,可用于 SEM 对细胞表面抗原或膜受体的定位观察;⑧胶体金液体无毒,对人体亦无害。

免疫胶体金电镜染色常用间接染色,分为包埋前和包埋后两种染色,前者因完整的细胞膜阻碍标记抗体的穿透性,故显示细胞表面抗原较好,而后者不仅能标记细胞表面的抗原,也能标记细胞内的抗原成分,包埋后染色最为常用。

1. 包埋后免疫胶体金电镜染色

(1)按免疫电镜要求,进行组织标本的固定、脱水、环氧树脂包埋或低温树脂包埋,制作厚 50~70nm 的超薄切片,载于镍网或金网上,自然干燥。

(2)蚀刻:类似石蜡包埋免疫细胞化学染色的抗原修复过程,经 OsO_4 后固定和/或环氧树脂包埋的组织,均需用 H_2O_2 处理,以增加抗体的通透性和组织细胞内的抗原暴露。将 1%H_2O_2(数滴)滴于蜡板上,镍网的载切片面向下轻轻浮于液滴表面或置于液滴内 10min(25℃);低温包埋剂包埋的组织细胞标本此步骤可省略。

(3)PBS 漂洗 3 次,每次 5~10min。

(4)正常血清(1∶10)和/或 1% BSA 孵育 20~30min(25℃)。

(5)第一抗体孵育,先置于 4℃,12~18h,然后室温(25℃)1h,使抗体充分渗透入组织细胞内,并与相应抗原结合。

(6)PBS 漂洗同上。

(7)将镍网置于含 1% BSA 的 PBS(pH 8.2)中,为胶体金标记抗体提供弱碱性环境(胶体金标记抗体在此条件下较稳定)。

(8)以 pH 8.2 的 PBS 稀释的胶体金标记第二抗体孵育 20~30min(25℃)。

(9)pH 8.2 的 PBS 漂洗后双蒸水洗 3 次,每次 5min。

(10)直接或经电子染色后电镜观察胶体金颗粒在组织细胞的分布(图 9-6)。

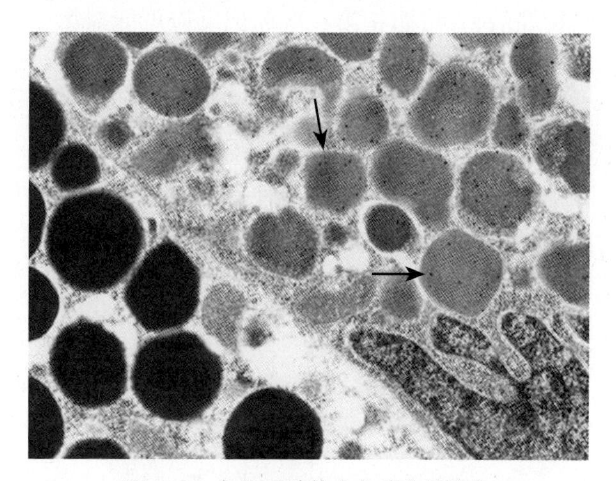

图 9-6 包埋后胶体金免疫电镜染色
箭示胶体金定位

2. 包埋前免疫胶体金电镜染色 包埋前免疫胶体金电镜染色主要用于培养细胞的一些抗原显示。标本取材固定等按免疫电镜要求进行。

(1)将固定的培养细胞经离心后制成涂片,固定的组织制成振动切片或冷冻切片,贴在涂抹黏附剂的载玻片上或漂浮于 PBS 中。

(2)PBS 漂洗、间接免疫染色程序与包埋后染色相同。注意：第一抗体孵育时间可适当延长，一般先置于 4℃，24~48h，再室温（25℃）1~3h。胶体金标记的第二抗体孵育后，1% OsO_4 固定 30~60min，提高固定效果；然后按常规电镜标本制作方法进行系列乙醇或丙酮脱水、环氧树脂包埋、半薄切片定位，制作超薄切片、电子染色以及电镜观察与记录等。

3. 双标免疫胶体金电镜技术　双标免疫胶体金电镜技术利用不同直径的胶体金颗粒分别标记两种不同的第二抗体，在电镜下进行两种不同抗原的亚细胞定位。多采用包埋后间接法染色，分为单面分别标记法、双面分别标记法和混合抗体标记法 3 种。

（1）单面分别标记法：用不同直径的胶体金颗粒分别标记不同的第二抗体，以间接法先标记第一种抗原，充分漂洗后再以同样方法标记第二种抗原。其中，两种第一抗体必须来自不同种属。此法的缺点是第一次标记反应可能对第二次标记反应具有空间阻隔效应，从而降低第二次标记效率。

（2）双面分别标记法：用不同直径的金颗粒分别标记的两种第二抗体于载网的两面分别进行免疫染色。该方法的优点是两种第一抗体可以是同种属的，并可防止第一次标记反应可能对第二次标记反应产生的空间阻隔效应。

（3）混合抗体标记法：分别将两种特异性的第一抗体和不同直径胶体金颗粒标记的两种第二抗体混合，以间接法将两种抗原的染色一次完成（图 9-7）。由于种属不同，两种抗体不会互相干扰。混合抗体标记法将 4 步反应减少为两步反应，可节省重复染色过程所需的时间，并可减少重复染色带来的污染。但当两种抗原的含量相差悬殊时，双标效果不甚理想。

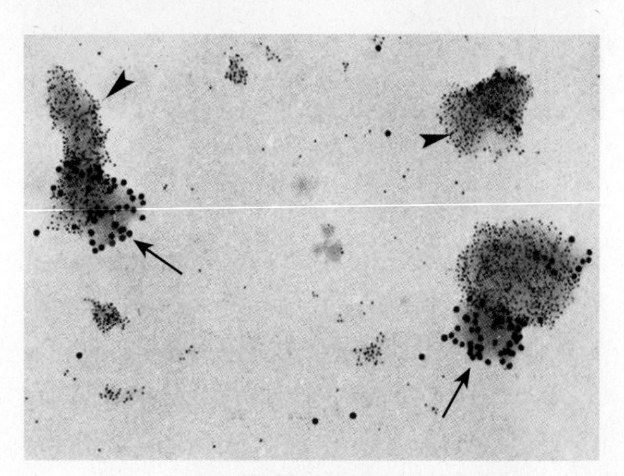

图 9-7　包埋后双标免疫胶体金电镜染色
长箭示胶体金大颗粒；箭头示胶体金小颗粒

（三）蛋白 A 胶体金免疫电镜技术

蛋白 A（protein A，PA）是从金黄色葡萄球菌细胞壁提取的蛋白分子，能与各种哺乳动物免疫球蛋白（IgG）的 Fc 片段非特异性牢固结合，而且蛋白 A 带正电荷，还能与带负电荷的胶体金吸附，形成稳定的蛋白 A 胶体金（PAG）复合物。利用 PAG 复合物替代标记的第二抗体检测组织细胞内抗原，这种方法称为 PAG 法。PAG 法不仅适于光镜免疫组织化学染色，亦被广泛用于免疫电镜研究。与免疫胶体金电镜技术比较，PAG 免疫电镜技术具有以下特点：①制备 PAG 复合物较制备胶体金标记抗体简便；②蛋白 A 代替第二抗体，无种属特异性要求，不需制备不同种属动物的胶体金标记第二抗体，因此通用性高；③PAG 复合物分子较小，较易穿透组织；④胶体金与蛋白 A 在 pH 7.4 左右结合较牢固，常用 pH 7.4 的缓冲液稀释抗体和漂洗载网。

PAG 免疫电镜染色方法与免疫胶体金电镜程序基本相似，但由于 PAG 能与正常血清中的免疫球蛋白（抗体）结合，因此，在封闭非特异性结合反应时需用含 1% 卵白蛋白的 PBS（pH 7.4）或 Tris-HCl 缓冲液（pH 7.4），不能用含羊或其他动物正常血清。在双重免疫电镜标记时，PAG 法只能进行单面分别标记和双面分别标记。

包埋后间接法 PAG 免疫电镜染色基本程序如下：

（1）按免疫电镜要求，进行组织标本的固定、脱水、环氧树脂包埋或低温树脂包埋，制作厚 50~70nm 的超薄切片，载于镍网或金网上，自然干燥。

（2）将贴有超薄切片的载网孵育在含 1% 卵白蛋白的 PBS 液滴上，室温孵育 5min。

（3）载网不漂洗，直接移至适当稀释的第一抗体液滴上，室温孵育 2h 或 4℃过夜。

（4）PBS 漂洗 3 次，每次 5min。

（5）将载网置适当稀释（1∶10 或 1∶20）的 PAG 液滴内，室温孵育 1h。

（6）PBS 漂洗 3 次，每次 5min。

（7）电子染色后电镜观察。

（四）免疫胶体金 - 银电镜技术

20 世纪 80 年代，Holgate 将免疫胶体金染色与银染方法结合创立了免疫金-银染色法(immunogold-sliver, IGS)。该方法可将胶体金标记抗体的稀释度再增加10倍,减少胶体金标记抗体的用量。用低浓度胶体金标记抗体染色在光镜下虽不易观察到胶体金呈现的淡红色,但经银加强(silver enhancement)后,胶体金结合部位呈黑色或深褐色。银加强的基本原理是,通过免疫反应沉积在抗原部位的胶体金颗粒起着一种催化剂作用,它催化还原剂对苯二酚将银离子(Ag^+)还原成金属银原子(Ag),后者被吸附而环绕金颗粒形成一个"银壳"。"银壳"一旦形成其本身也具有催化作用,从而使更多银离子还原,"银壳"在胶体金标记抗体部位的信号得以充分放大,光镜下则可清楚地见到阳性反应部位呈棕黑色,从而显示不易被光镜定位的较小金颗粒(图9-8)。显影液中的还原剂(对苯二酚)将银离子(Ag^+)还原成银原子(Ag)时,Ag将围绕金颗粒形成一个"银壳"。而且,金颗粒和周围的"银壳"电子密度高,电镜下易于识别,故IGS被广泛用于免疫电镜染色。

1. IGS染色主要操作程序如下

(1)固定的组织经20%浓度蔗糖浸泡,制作振动切片或冷冻切片,厚30~50μm。

(2)含1%正常血清或1% BSA的PBS室温孵育20min,封闭组织细胞成分与抗体的非特异性结合位点。

(3)含1%氢硼化钠的PBS孵育20min。

(4)第一抗体先4℃孵育12~18h,然后室温1h,使抗体充分渗透并结合。

(5)PBS漂洗3次,每次5min。

(6)含0.1% BSA的PBS(pH 8.2)漂洗5min,为胶体金结合提供弱碱性环境。

(7)胶体金标记的第二抗体(pH 8.2)室温孵育30~60min,双蒸水充分漂洗3次,每次5min。

(8)银染液中避光显影2~20min,显影时间根据实验结果调整。

(9)双蒸水漂洗后入定影液中定影5min。

(10)解剖显微镜下选取免疫反应阳性部位,1% OsO_4后固定30min。

(11)双蒸水漂洗后脱水、树脂包埋、超薄切片制作、电镜观察等方法同前述。

2. IGS法银染时应特别注意以下环节

(1)显影用的器皿需彻底清洗,化学试剂必须用双蒸水配制,必要时用0.22μm微孔滤膜过滤。

(2)乳酸银和硝酸银显影均需在暗室避光进行,醋酸银显影不必避光。

(3)显影时切片垂直放入显影液中,以免过多的银颗粒沉积在切片表面。

(4)显影时间应在镜下控制,但每次将切片从显影液中取出后须用双蒸水洗干净后镜检。室温25℃显影时间为2~10min,室温低于20℃时,显影时间可延长至15~20min。

(5)背景染色强时,可通过以下方法改进:

1)2%硫代硫酸钠和1%铁氰化钾等体积混合处理切片至背景无色为止。

2)2%铁氰化钾和1%溴化钾混合处理切片1min,水洗后加2%硫代硫酸钠和1%亚硫酸钠脱色至背景无色。

(五)免疫纳米金电镜技术

虽然免疫胶体金电镜技术具有许多优点,但亦存在一定不足:用于标记抗体的胶体金对许多

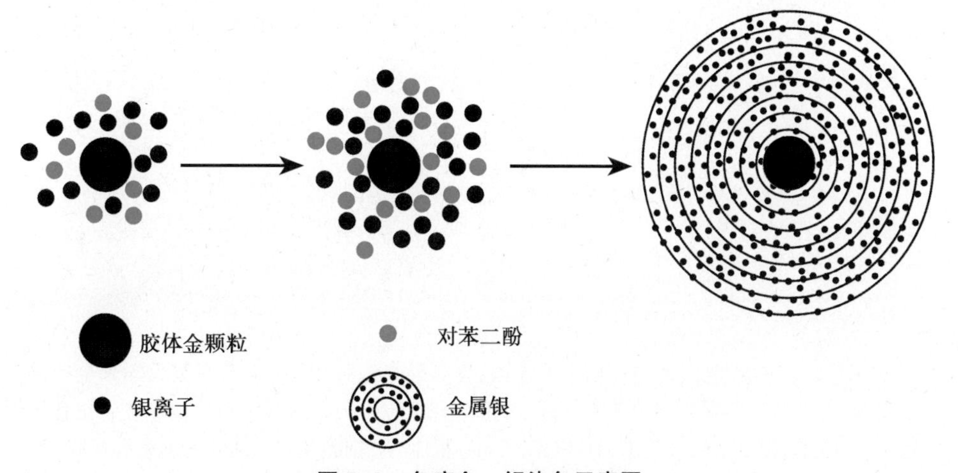

图9-8　免疫金-银染色示意图

蛋白均具有较强的亲合力，故可与许多组织细胞的蛋白结合。为避免这种现象发生，研究者尝试用BSA等蛋白包被暴露的金颗粒表面，以确保每个第二抗体分子仅结合一个金颗粒。但常用的胶体金颗粒直径为5~20nm，加之蛋白的包被，导致标记抗体分子量较大，致使胶体金标记的抗体对组织细胞穿透性下降，方法的敏感性降低。另外，胶体金标记的抗体自身亦容易凝集形成絮状物，虽在标记过程中可经离心纯化，但仍难免残留一些凝集物，影响标记抗体的染色效果。此外，与酶标记抗体的化学键结合不同，胶体金与抗体间是通过物理吸附标记，故两者易分离，这种游离的非标记抗体可与标记的抗体竞争与第一抗体结合，致使免疫染色的阳性率降低。为克服上述不足，1992年，Hainfield和Furuya应用直径仅为1.4nm而称为纳米金（nanogold）的金颗粒标记抗体，建立了一种新的免疫金电镜技术。

1. 基本原理　纳米金通过共价键与抗体的Fab片段结合，由此得到的金标记抗体分子直径非常小且较稳定，可通过亲和层析法纯化，纯化后不含凝集物和游离抗体。因此，纳米金标记抗体的穿透性强，即使进行包埋前染色，其标记效率和敏感性均较高。虽然1.4nm直径的纳米金颗粒难以在电镜下直接观察，但通过银加强等可使颗粒放大至5~100nm的纳米金－银颗粒复合物，电镜下易于分辨（图9-9）。纳米金标记抗体的免疫反

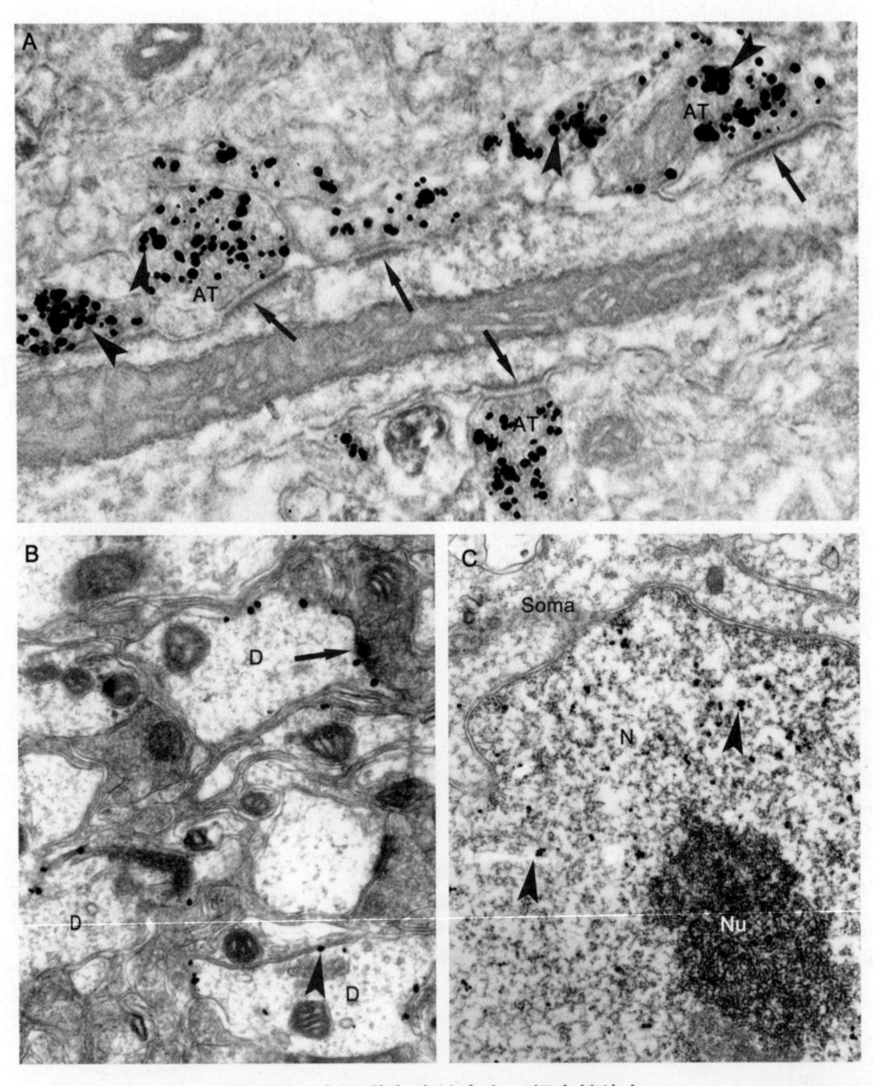

图9-9　包埋前免疫纳米金－银电镜染色

A. 纳米金－银颗粒定位于多个轴突终末内，与突触小泡膜相关（空军军医大学李金莲供图）；B. 纳米金－银颗粒定位于树突膜上，部分颗粒位于突触后膜上；C. 纳米金－银颗粒定位于细胞核内。AT：轴突终末；D：树突；Soma：胞体；N：细胞核；Nu：核仁；箭头示纳米金－银颗粒；长箭示突触后膜（华中科技大学李和供图）

应产物在电镜下呈颗粒状高电子密度，而酶标记抗体的免疫反应产物在电镜下呈弥散状较高电子密度，将两种电镜技术结合，可对组织细胞抗原的进行双重标记（图 9-10）。

2. 免疫纳米金电镜染色方法　免疫纳米金电镜染色亦分为包埋前和包埋后染色，以包埋前染色常用。下面介绍包埋前纳米金标记抗体免疫染色，与酶标记抗体的双标免疫染色程序。

（1）包埋前纳米金免疫电镜技术：制备组织切片或细胞标本方法与前述免疫电镜相同，染色步骤如下：

1）标本经 PBS 漂洗，10% 正常血清和 1% BSA 的 PBS 孵育 20~30min（25℃）。

2）特异性第一抗体孵育 24~48h（4℃）后，PBS 漂洗 3 次，每次 10min。

3）纳米金标记的抗体（1∶100）孵育 2h（25℃）或 12h（4℃），PBS 漂洗 2 次，每次 10min，0.1mol/L PB 漂洗 2 次，每次 10min。

4）1% 戊二醛（0.1mol/L PB 配制）固定 30~60min，0.1mol/L PB 漂洗 2 次，每次 10min。

5）银加强缓冲液漂洗 2 次（25℃），每次 10min。

6）银加强反应 2~10min（25℃，避光）。

7）定影液定影 10min（25℃）。

8）双蒸水漂洗 2 次，每次 10min。

9）按常规电镜标本制作方法进行锇酸后固定，系列酒精脱水、环氧树脂包埋、半薄切片定位，超薄切片、电子染色及电镜观察等。

（2）免疫纳米金电镜与免疫电镜酶组化的双标染色：在超微结构研究某些抗原共存或相互作用中，常用纳米金标记抗体与酶标记抗体的双标免疫电镜技术。组织切片或细胞标本的制备与前述免疫电镜方法相同，染色步骤如下：

1）PBS 漂洗，10% 正常血清或 1% BSA 的 PBS 孵育 20~30min（25℃）。

2）不同种属来源的两种特异性第一抗体混合孵育样品 24~48h（4℃）。

3）PBS 漂洗 3 次，每次 10min。

4）相匹配的纳米金标记第二抗体和生物素化的第二抗体混合孵育 2h（25℃）或孵育 12h

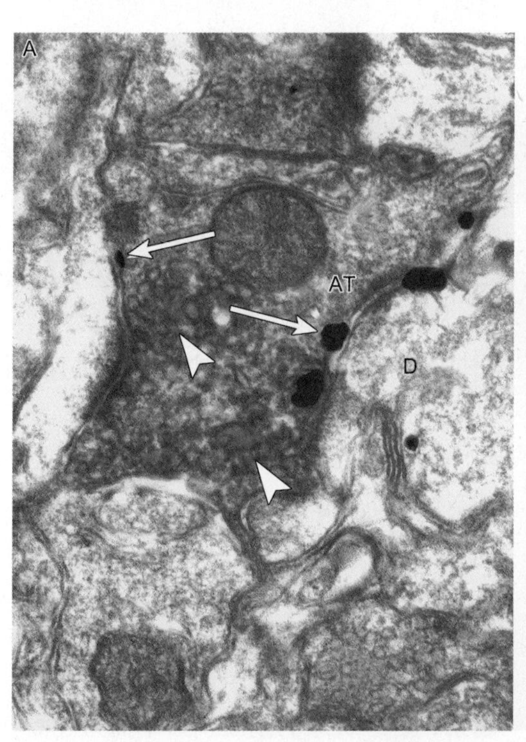

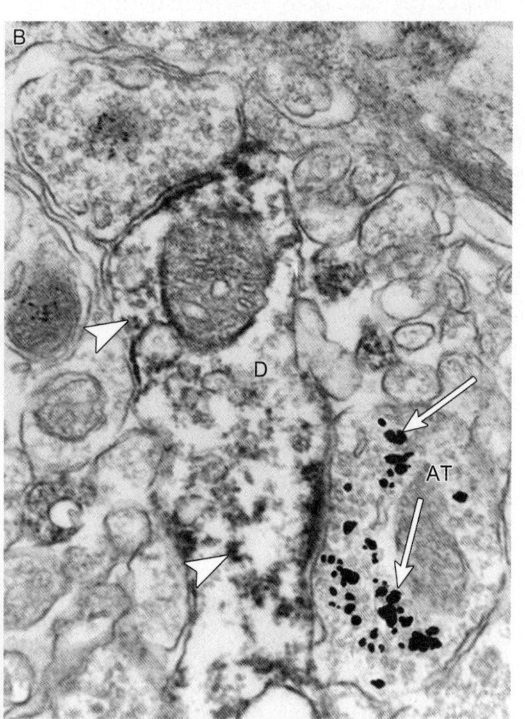

图 9-10　包埋前纳米金标法与酶标法的双标免疫电镜染色

A. 纳米金－银颗粒（长箭）和免疫酶染色产物（箭头）位于同一轴突终末（AT）内，其中纳米金－银颗粒定位于突触前膜，免疫酶反应产物（箭头）弥散分布于突触小泡膜上（华中科技大学李和供图）；B. 纳米金－银颗粒（长箭）和免疫酶染色产物（箭头）分别位于轴突终末（AT）和树突（D）内（空军军医大学李金莲供图）

（4℃）。

5）PBS 漂洗 3 次，每次 10min。

6）2% 戊二醛室温固定 45min。

7）双蒸水漂洗 3 次，每次 5min。

8）银加强缓冲液漂洗 2 次，每次 10min（4℃）。

9）银加强反应 7~15min（4℃，避光）。

10）定影液定影 10min（25℃）。

11）双蒸水漂洗 3 次，每次 5min。

12）PBS 漂洗 3 次，每次 10min。

13）ABC 或 SABC 室温反应 2h。

14）0.1mol/L PB 漂洗 2 次，每次 10min；0.05mol/L Tris-HCl（pH 7.6）漂洗 2 次，每次 10min。

15）0.03%~0.05% DAB-0.01% H_2O_2/0.05mol/L Tris-HCl（pH 7.6）显色 5~15min（25℃）。

16）0.05mol/L Tris-HCl（pH 7.6）漂洗 2 次，每次 10min，0.1mol/L PB 漂洗 2 次，每次 10min。

17）按常规电镜标本制作方法进行锇酸后固定、环氧树脂包埋、制作半薄切片定位和超薄切片、电子染色与电镜观察。

（六）其他免疫电镜技术

1. 免疫扫描电镜技术　扫描免疫电镜技术将扫描电镜技术与免疫组织化学技术结合，可在 3~10nm 的分辨率水平研究组织或细胞表面的三维结构与抗原组成的关系。该技术要求标记物具有一定的大小和形状，既要在扫描电镜可分辨范围之内易于识别，又要小到以对抗原进行精确定位。由于金具有较强的发射二次电子的作用，不需要喷镀金属膜，因此胶体金是在扫描免疫电镜技术中应用最广泛的标记物，多采用 30~60nm 大小的金颗粒。

观察组织细胞外表面抗原分布的扫描免疫电镜标本制备较为简便，即对标本进行胶体金免疫染色后，按照常规扫描电镜标本制作进行脱水、干燥、喷碳镀膜；而制备观察组织细胞内部结构表面抗原分布的扫描免疫电镜标本时，需先对组织细胞进行切割或冷冻割断处理，暴露组织细胞的内部结构后再进行胶体金免疫电镜染色（多用间接法），继而按照常规扫描电镜标本制作方法进行脱水、干燥、镀膜。下面介绍用胶体金标记抗体进行的切割法扫描免疫电镜术和冷冻割断法扫描免疫电镜术的染色方法（常规扫描电镜标本制作见第五章）。

（1）切割法免疫扫描电镜染色步骤（以大鼠肾为例）

1）动物麻醉后，经肾动脉或心脏灌流含肝素的生理盐水冲洗血液，取材。

2）用镊子轻轻固定肾两端、锋利的剃须刀片迅速切割肾实质，不宜锯切。

3）PBS 漂洗后，4% 多聚甲醛 /0.1mol/L PB 固定 30~60min。

4）PBS 漂洗 3 次，每次 5~10min。

5）正常羊血清（1∶10）和 1% BSA 孵育 20~30min（25℃）。

6）第一抗体 4℃孵育 12h，然后室温（25℃）1h。

7）PBS 漂洗后，将标本移入含 1% BSA 的 PBS（pH 8.2）中，为胶体金标记抗体提供弱碱性环境。

8）PBS（pH 8.2）稀释的胶体金标记第二抗体孵育 30~60min（25℃）。

9）PBS 漂洗后，1%OsO_4 固定 1h，双蒸水漂洗。

10）脱水、干燥、喷碳镀膜、扫描电镜观察、记录。

（2）冷冻割断法免疫扫描电镜技术（以大鼠肾为例）：冷冻割断法主要分为树脂割断法和水溶性包埋剂割断法两大类，其中采用最多、效果比较好的割断法是二甲基亚砜（DMSO）冷冻割断法（属于水溶性包埋剂割断法）。DMSO 冷冻割断法较简便，结构清晰。该法一般沿细胞（器）单位膜的疏水面分割，能充分显示细胞内部结构的立体形象，有利于观察细胞（器）内的抗原分布。其基本程序如下：

1）取材与固定：同前述切割法取材与固定。

2）PBS 漂洗：将标本顺次浸泡在 25% 和 50% DMSO/0.1mol/L PB 液内 30~60min（25℃）。

3）割断：在冷冻割断仪器内进行，亦可手工割断。后者所用的割断剃须单面刀片需预冷，避免割断过程中标本融化。

4）将割断后的标本移至 50% DMSO 液中，逐渐恢复至室温。

5）免疫染色：同切割法中胶体金标记抗体

的免疫染色方法。

6）PBS 漂洗，1%OsO_4 固定 1h，双蒸水漂洗。

7）脱水、干燥、喷碳镀膜、扫描电镜观察与记录同前述。

2. 冷冻蚀刻免疫电镜技术 冷冻蚀刻免疫电镜技术（freeze etching immunoelectron microscopy）先在真空冷冻下，将组织细胞沿膜成分的疏水面劈裂，使细胞膜（含细胞器的膜）分为胞质面（P 面）和外膜面（E 面），在真空冷冻下直接升华，暴露细胞膜内及膜内外表面镶嵌的蛋白颗粒（此过程为蚀刻 etching），经喷薄层白金复型，并喷碳增加膜强度后，再将组织成分溶解去除，制备薄层白金 / 碳复型膜。将此膜置于镍网上，进行胶体金标记抗体的间接免疫染色，透射电镜观察。该技术既可对细胞膜外表面的抗原进行标记，也能对被劈裂细胞膜的两面，即 P 面和 E 面的抗原进行标记。

冰冻蚀刻免疫电镜术可先行免疫标记，也可先行冷冻断裂，再做免疫标记。前者只能对生物膜外表面进行标记，后者可对两侧断裂面（EF 和 PF）进行标记。胶体金为常用标记物，标记方法以间接法最常用。下面简要介绍断裂后间接法冰冻蚀刻免疫电镜术基本操作程序。

（1）取材：新鲜组织切成 5mm × 3mm × 3mm 大小的薄片；培养细胞，直接培养在 5mm × 5mm 的载玻片上；根据实验目的，培养细胞和游离细胞也可经离心沉淀或制成细胞悬液涂片等备用。

（2）冷冻保护、冷冻、割断、蚀刻、镀膜、喷碳及复型膜的分离等步骤参见冷冻蚀刻电镜技术章节。

（3）将 SDS 液漂洗（3 次，每次 10min）的薄层白金 / 碳复型膜贴镍网上。

（4）固定：2% 多聚甲醛 /0.2% 戊二醛 /PB 固定液短暂固定。

（5）漂洗：SDS 或 PBS 漂洗不影响白金 / 碳复型膜上附着的抗原等蛋白成分性质，经免疫染色可显示，此为冷冻蚀刻免疫电镜技术的理论依据。

（6）免疫染色：按免疫胶体金电镜间接法染色载网上的白金 / 碳复型膜。

（7）双蒸水漂洗，自然干燥，透射电镜观察（图 9-11）。

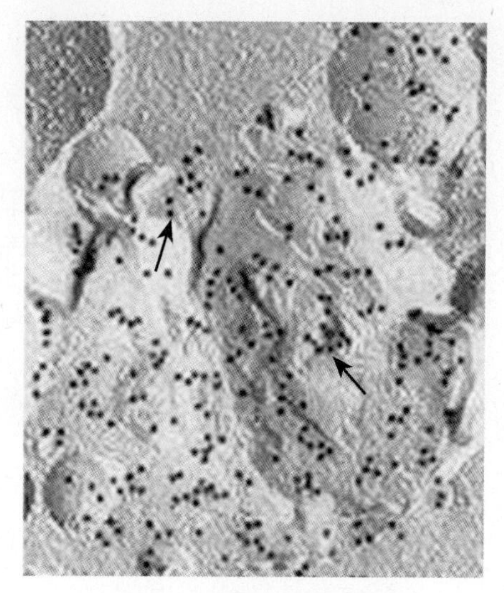

图 9-11　透射电镜观察冷冻蚀刻标本免疫胶体金染色
箭示金颗粒

3. 光电关联显微镜技术 免疫荧光显微镜技术具有敏感度高、视野大、易定向、能快速观察大面积标本、能同时检测多种抗原等优点，但荧光显微镜的分辨率有限，免疫荧光标本较厚，只能观察标记信号，未标记结构无法观察，对免疫反应阳性物质定位的精确度较低，难以直接观察抗原在细胞器上的定位。尽管应用激光共聚焦显微镜通过光学切片能够部分克服上述现象，但有时仍不能进行靶分子抗原的精确定位。免疫电镜技术具有空间分辨率高的优点，但敏感度较低，电镜的视野非常有限，对免疫标记结果（尤其是稀少抗原）的观察较盲目，过程非常耗时，效率极低。为了发挥免疫荧光技术和免疫电镜技术的优势，克服二者的缺点，将两种技术结合起来进行对应定位研究的光学电子关联显微镜术（correlative light and electron microscopy，CLEM）便应运而生。早期的 CLEM 方法是，利用冰冻超薄切片机制作冰冻半薄 / 超薄切片，或应用低温包埋剂制作的常温半薄 / 超薄切片，然后分别在两张相邻的半薄 / 超薄切片上进行免疫荧光染色（半薄或超薄）和免疫电镜染色（超薄），继而分别在荧光显微镜和电镜下观察、记录荧光图像和电镜图像，最后通过比对两种图像来对抗原进行超微结构定位（图 9-12A、B），称为非整合型 CLEM。非整合型 CLEM 过程较繁琐，精确重叠两者的图像存在一定难度，效率仍然较低。近年，定位载网和荧光 - 电镜两用探针（荧光金）的研发与应用，可

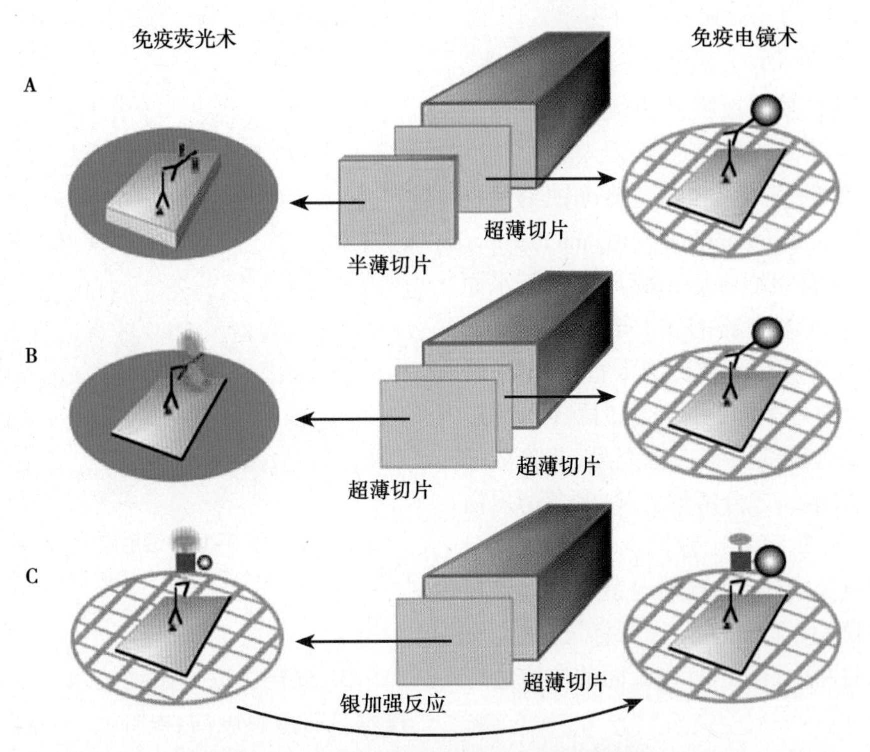

图 9-12　光电关联显微镜技术原理示意图

A. 冷冻半超薄切片贴在盖玻片上进行免疫荧光染色，相邻的冷冻超薄切片贴裱在载网上进行免疫胶体金电镜染色；B. 相邻两张冷冻超薄切片，一张在盖玻片上 / 免疫荧光染色，一张在载网上 / 免疫胶体金电镜染色；C. 同一张冷冻超薄切片在载网上经荧光纳米金免疫染色，先行荧光显微镜观察，再经银加强反应后透射电镜观察、记录

在同一张超薄切片上完成免疫荧光和免疫电镜染色（图 9-12C），极大地提高了 CLEM 效率。2003 年，Agronskaia 等建立的将荧光显微镜与透射电镜融为一体的整合荧光透射电镜术（integrated flurescence and transmission electron microscopy，IFTEM）则使 CLEM 更为简便高效。

（1）非整合型光电关联显微镜技术：按普通免疫电镜标本制作要求制备冷冻超薄切片，在定位载网上用荧光纳米金或量子点对超薄切片进行免疫标记后，在普通荧光显微镜或激光扫描共聚焦显微镜上观察、记录荧光图像，随后将载网转入电镜观察（荧光纳米金需先行银加强），记录电镜图像，最后比对荧光图像和电镜图像，分析目的抗原的超微结构定位。

非整合型 CLEM 不需购置专用设备，但操作相对较繁琐，电镜下寻找荧光显微镜下的对应位置或光学和电子显微镜照片的快速、精确叠加仍有一定难度，因此效率相对较低。针对以上问题，有公司开发了一种称为“穿梭和寻找（Shuttle & Find）”的独特硬件和软件界面，该 CLEM 的核心元件包括：①能使样品在光镜和电镜之间平滑转换的可转移的样品支架；②具有控制光镜和电镜用于鉴定和找回感兴趣区域（region of interest，ROI）功能的软件模块。通过该界面，实验者很容易在电（光）镜下找回先前在电（光）镜下看到的特定样品区域，能简便而快速（几秒钟）地将荧光显微镜图像和电镜图像进行精确叠加，在提高分辨率的同时，确保抗原定位的精确。目前，“穿梭和寻找”界面只能用于基于扫描免疫电镜的 CLEM。

非整合型（分体机）CLEM 的基本操作程序如下：

1）按免疫电镜标本制作要求取材、固定、防冻处理和冷冻超薄切片（厚 80~100nm），切片贴裱于镍网上（参见第五章冷冻超薄切片技术章节）。

2）按免疫荧光染色程序对载网上的切片进

行漂洗、封闭、第一抗体孵育、生物素化第二抗体孵育、荧光纳米金标记的链霉亲和素孵育。

3）PBS 冲洗载网 5 次，每次 10min。

4）载网上滴加抗荧光淬灭液（含 1% 没食子酸和 50% 甘油的 PBS，pH 8.0）后盖玻片封片。

5）荧光显微镜或激光扫描共聚焦显微镜观察，记录荧光图像和微分干涉相差（DIC）图像。

6）将观察后的镍网从盖玻片上取下，PBS 冲洗 3 次，每次 10min。

7）2% 戊二醛固定 30min，双蒸水冲洗 5 次，每次 5min，用滤纸吸干切片对面载网水分。

8）银加强漂洗缓冲液漂洗 2 次，每次 10min（4℃）。

9）银加强 3~5min（室温，避光）。

10）定影液中定影 10min（4℃）后，双蒸馏水漂洗，自然干燥。

11）将载网移入透射电镜下观察，对荧光显微镜下定位的 ROI 对应拍照，与荧光图像重叠，比对分析抗原定位。

（2）整合型光电关联显微镜术：该技术在透射电镜的一侧加装一个荧光显微镜或激光扫描共聚焦显微镜模块，并安装能进行 +90° 到 -70° 倾斜的电镜样品载物台。用荧光显微镜观察样品时，将样品载物台倾斜到 +90° 位置，与荧光光路垂直，此时电镜的电子束关闭；而进行电镜观察时，将样品载物台回到 0° 水平位置，荧光显微镜光路关闭。样品载物台倾斜与回位的转换不会使样品在 X、Y 轴产生明显位移，因此，电镜下很容易找到荧光显微镜下观察的 ROI。这种整合型 CLEM 操作简便，荧光图像与电镜图像能准确叠合（图 9-13）。

整合型 CLEM 的基本操作程序如下：

1）按免疫电镜标本制作要求取材、固定、防冻处理和冷冻超薄切片（厚 80~100nm），切片裱于定位镍网上，详见电镜技术冷冻超薄切片章节。

2）按免疫荧光染色要求对载网上的切片进行漂洗、封闭、第一抗体孵育。

3）PBS 漂洗 3 次，每次 5~10min。

4）10nm 胶体金蛋白 A 室温孵育 1h（如用荧光素标记的纳米金链霉亲和素进行免疫荧光染色，此步改为生物标记的二抗孵育）。

5）PBS 漂洗 3 次，每次 5~10min。

6）荧光素标记的第二抗体室温孵育 1h（如前面用生物素标记的二抗代替胶体金蛋白 A，此步改用荧光素标记的纳米金链霉亲和素孵育，并进行银加强反应）。

7）PBS 漂洗 3 次，每次 5~10min。

8）2% 甲基纤维素 -1% 醋酸铀水溶液包埋。

9）将载网移入电镜样品台，倾斜样品台至 +90° 位置，进行荧光观察，定位 ROI，拍照；回位到 0° 位置时进行电镜观察，对荧光显微镜下定位的 ROI 拍照，与荧光图像重叠，比对分析抗原定位。

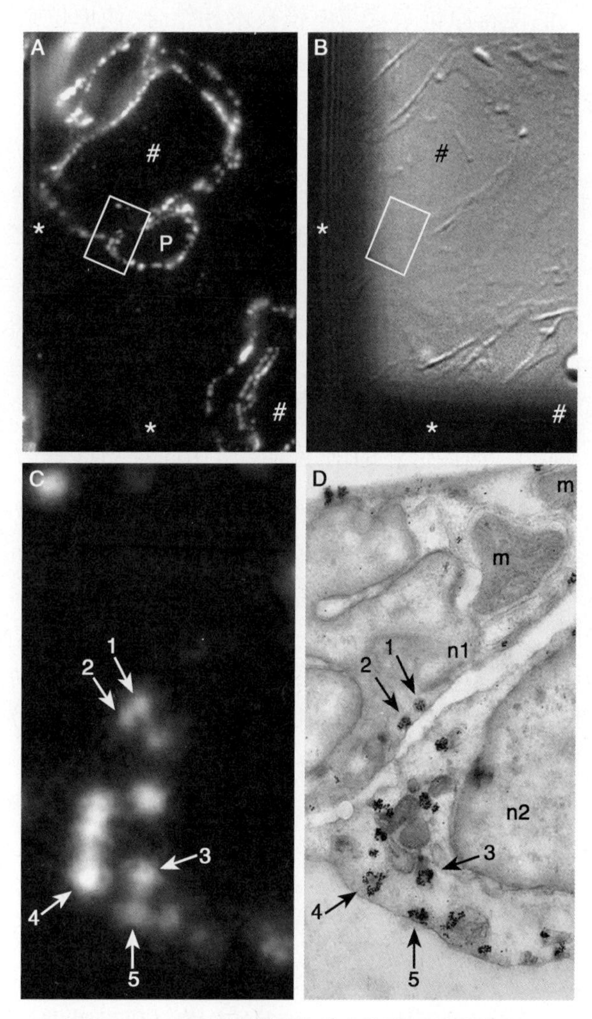

图 9-13　冷冻超薄切片光电关联显微镜染色

A. 裱于载网上的胎盘绒毛冷冻超薄切片，* 示载网间隔所在处，# 示毛细血管腔，P 示周细胞，荧光纳米金免疫染色显示抗原分布在毛细血管内皮和周细胞；B. A 的 DIC 图像；C. A 中方框内高倍荧光图像，抗原定位于内皮细胞（箭 1 和箭 2）和周细胞（箭 3~5）；D. 银加强后电镜观察示 C 中相同区域抗原的超微结构定位，银加强后的纳米金信号（箭 1~5）与 C 中荧光信号完全对应，分辨率显著提高；m：线粒体；n1：内皮细胞核；n2：周细胞核

第三节　电镜原位杂交技术

原位杂交技术自创立以来，为基因定位和表达、基因进化、发育生物学、肿瘤学、微生物学、病理学和遗传学分析等领域研究提供了重要资料，发挥了其他技术难以取代的作用。但无论是使用放射性核素探针，还是非放射性探针，大部分研究工作都还限于光镜水平。为了对检测的靶核酸进行更精确的亚细胞定位，以及能观察含靶核酸序列细胞的超微结构，进一步了解相关分子的功能，人们便将原位杂交与电镜技术相结合，使原位杂交从光镜水平拓展到电镜水平。

一、电镜原位杂交的特点

电镜原位杂交的原理和基本操作步骤与光镜水平的原位杂交相似，但电镜原位杂交不仅要求获得满意的杂交信号，而且要求保持良好的超微结构。为了兼顾既保存较好的细胞超微结构又保证较好的杂交反应二者之间的关系，在电镜原位杂交中应注意以下几个特点：

1. 选择合适的固定剂　所用固定剂最好为交联固定剂，如甲醛和戊二醛，既能良好保存细胞超微结构，而且能有效地保存组织细胞中的核酸，尤其是 RNA 分子。这类交联固定剂，尤其是戊二醛，主要缺点是影响探针对靶核酸的可及性，当细胞中靶核酸序列的拷贝数很少时，这种影响尤为明显。所以，一般主张用较低浓度（0.1%~0.5%）的戊二醛或与 4% 多聚甲醛联合使用。在实验中可试用不同浓度的多聚甲醛和 / 或戊二醛，以摸索最佳浓度。

锇酸是电镜技术中常用的一种固定剂，但经锇酸固定的组织，RNA 的保留较差。故在原位杂交技术中，标本在原位杂交反应后再用锇酸进行后固定似乎不影响标记信号，这样有利于膜结构的保存，可增加细胞亚 / 微结构的电子密度反差。

2. 选择合适的探针　放射性和非放射性探针都可用于电镜原位杂交。与光镜原位杂交反应一样，用核素标记的探针做电镜原位杂交，其敏感性较高，标记物不干扰杂交反应，并且结果适于进行定量分析。常用的核素为 ^{3}H、^{35}S、^{125}I 和 ^{32}P。^{3}H 的 β 射线能量最低，杂交信号能得到最佳的亚细胞定位，但放射自显影的曝光时间较长。^{35}S 的 β 射线能量较高，故其亚细胞定位不如 ^{3}H 精确，但放射自显影时间较短，实际应用最广。应用非放射性标记探针进行电镜原位杂交不需要长时间进行放射自显影，又可避免放射性核素的污染问题，而且其分辨率即杂交信号的亚细胞定位要比核素标记探针好。在电镜原位杂交中用得最多的非放射性标记物是生物素。杂交体上的生物素可用 HRP 或胶体金标记的抗生物素抗体、A 蛋白或卵白素来检测。

如果用强交联剂固定，应选择较短序列的探针，使探针易于渗透，提高杂交反应效率。

3. 适宜的杂交前处理　杂交前处理中应尽量避免蛋白酶消化，去污剂 Triton X-100 的浓度也应降低，以不高于 0.02% 为宜。因醋酸酐处理能破坏细胞亚微结构，故应避免。

4. 适宜的检测方法　电镜原位杂交的杂交信号必须具有高电子密度，只有这样才能在电镜下识别。

放射性核素标记探针电镜原位杂交的杂交体用放射自显影术检测。电镜放射自显影要求分辨率极高，与光镜放射自显影相比，专用于电镜放射自显影的核乳胶的银粒较细，一般要求银粒直径在 $1.6 \times 10^{-7}m$ 以下。制备电镜自显影标本时，要求乳胶层薄到只有一层溴化银晶体的厚度，称为单层乳胶。在单层乳胶中，溴化银晶体彼此接近，既不互相重叠，又不留有无溴化银晶体的空隙。当超微结构中体积极小的放射源的核射线穿透单层乳胶时，只使距放射源最近的银粒曝光，而射线不作用于其他的银晶体上，不致造成影像弥漫泛化。

非放射性标记探针电镜原位杂交的杂交体，大多用免疫组织化学技术检测。各种电镜免疫组织化学技术，如免疫酶、胶体金及 A 蛋白等，都可用于电镜原位杂交。免疫酶法的敏感性较高，但由于酶反应产物在探针标记处聚集成较大的团块，故其分辨率较低。胶体金颗粒，特别是较大直径的胶体金颗粒在组织中的穿透性不如 HRP，再则胶体金颗粒所带负电荷与组织中靶核酸的负电荷之间的相斥力都会影响胶体金标记的敏感性。采用小颗粒的胶体金或应用直径仅为 1.4nm 的纳米金（nanogold）能增加其组织穿透性；采用多步法的免疫组织化学技术或者将生物素通过一长的连接臂标记核酸探针，然后再用胶体金标记的抗生物素抗体或卵白素来检测，这样使金颗粒之间的距离增加，使两者之间的静电排斥力减小。采取这些措施，可使胶体金标记的敏感性增高。小颗粒胶体金或纳米金标记通过银加强后，其敏感性更高。

二、电镜原位杂交技术类型

根据杂交反应是在组织包埋前进行、包埋后进行还是在不经包埋的细胞、染色体整体标本或冷冻超薄切片上进行，电镜原位杂交技术大体上可分为包埋前、包埋后和不包埋三类。其中以包埋后法制片比较容易，应用较广泛。

1. 包埋前电镜原位杂交　即在冷冻或振动切片上先行原位杂交，然后作电镜包埋、超薄切片。包埋前法可与光镜原位杂交检测相连续，易获得阳性结果，但超微结构损伤较严重，且细胞膜可阻碍探针进入靶位。

2. 包埋后电镜原位杂交　即杂交反应在电镜包埋后的超薄切片上进行。这一技术能否成功的关键取决于电镜包埋过程是否能把细胞中的靶核酸保留在它们原来所在的亚细胞结构上。一般认为，常规的包埋剂（疏水性树脂）不适用于包埋后原位杂交。如环氧树脂，需要在较高的温度下（60℃）经48小时才能聚合，长时间的高温包埋过程会影响组织内核酸的保留，而且树脂的疏水性也不利于在亲水条件下进行杂交反应。包埋后原位杂交常用的包埋剂都是亲水性树脂，如Lowicryl K4M、比乙二醇甲基丙烯酸酯、LR White等。

由于铜可能与以后使用的某些试剂起化学反应，故超薄切片应载于镍网或金网上而不能载于铜网上。在超薄切片上进行原位杂交的基本步骤与光镜原位杂交类似，但杂交前一般不用蛋白酶K、去污剂或酸类处理，可用低浓度的去污剂短时间处理，用预杂交液预孵样品减低背景着色，提高信/噪比。杂交反应和洗涤时，将载网漂浮在蜡膜上的液滴表面为佳。

3. 不包埋法电镜原位杂交　在冷冻超薄切片上进行，但冷冻超薄切片技术要求高，费用大。

（周德山）

参 考 文 献

1. 蔡文琴. 组织化学与细胞化学. 北京：人民卫生出版社，2010.
2. 李和，周莉. 组织化学与免疫组织化学. 2版. 北京：人民卫生出版社，2014.
3. Schwarz H, Humbel BM. Correlative light and electron microscopy using immunolabeled resin sections//Kuo J. Electron microscopy in Methods and Protocols. Second Edition. Totowa: Humana Press, 2007: 229-256.
4. Sims PA, Hardin JD. Fluorescence-integrated transmission electron microscopy images: Integrating fluorescence microscopy with transmission electron microscopy//Kuo J. Electron Microscopy Methods and Protocols. Second Edition. Totowa: Humana Press, 2007: 291-308.
5. Müller-Reichert T, Verkade P. Correlative light and electron microscopy Ⅲ in Methods in Cell Biology Book, Volume 140. New York: Academic Press, 2017.
6. Takizawa T, Robinson JM. Ultrathin cryosections: an important tool for immunofluorescence and correlative microscopy. J Histochem Cytochem, 2003, 51(6): 707-714.

第十章　神经束路示踪技术

神经束路示踪（neuroanatomical tract tracing）技术是一类研究神经元之间的纤维联系、解析神经环路的神经解剖学方法，这种方法学的建立始于19世纪末对逆行变性（retrograde degeneration）和顺行变性（anterograde degeneration）的研究。西班牙学者Cajal利用Golgi镀银法，详细研究了神经元和轴突，创建了Cajal镀银染色法，奠定了用变性镀银法示踪神经通路的方法学基础。从20世纪40年代开始，Glees、Nauta、Fink和Heimer等将变性镀银法进行了改进，使从一个核团到另一处中枢投射的顺行示踪研究更为有效，特别是对用Golgi法无法显示的长距离联系尤为适用。20世纪70年代，基于轴质运输原理建立的辣根过氧化物酶（HRP）示踪方法在神经束路示踪中的应用，使示踪技术发生了革命性的变化。HRP示踪技术较以前所有变性示踪法简便、准确和敏感，既能对神经元进行逆行、顺行示踪，也可跨越神经元胞体示踪神经元的全程，HRP与凝集素及一些毒素载体结合后还可进行跨突触示踪。几乎在HRP技术问世的同时，Cowan等创建了通过放射性标记的氨基酸顺行传送研究轴突联系的放射自显影示踪技术。此后一系列顺行或逆行示踪剂的研发以及病毒载体的应用，极大地促进了神经通路与环路的研究。

第一节　轴质运输示踪技术

神经元轴突内的细胞质称轴质（axoplasm）。轴质在神经元的胞体与轴突末梢间流动，发挥物质运输和交换作用，这种运输现象称为轴质运输（axoplasmic transport）。根据运输方向的不同，轴质运输分为顺行运输和逆行运输两种：从神经元胞体将各种合成的成分不断地运输至轴突及其终末称为顺行运输（anterograde transport），而从轴突及其终末将代谢物质向胞体运输称为逆行运输（retrograde transport）。轴质运输示踪技术是利用轴质运输的特性，在活体状态下通过示踪剂（tracer）的轴质运输及相应组织化学方法对示踪剂的显示，分析神经元间纤维联系的最常用神经束路示踪技术。以顺行运输为基础的示踪技术称为顺行示踪（anterograde tracing）（图10-1A），以逆行运输为基础的示踪技术称为逆行示踪（retrograde tracing）（图10-1B）。

自20世纪70年代初瑞典学者Kristenson首次将辣根过氧化物酶（HRP）用于示踪神经纤维联系以来，相继许多用途广泛、敏感性强的示踪物质被广泛应用到神经束路示踪研究中，这些示踪剂能选择性地进行顺行或逆行标记，或同时进行顺行和逆行标记。轴质运输示踪技术可根据所用示踪剂种类不同分类，每种方法都有其自身特点，但都以轴质运输为基础。本部分主要介绍几种常用的光镜水平轴质运输单标示踪技术的基本原理与实验步骤。

一、辣根过氧化物酶示踪法

（一）辣根过氧化物酶示踪法原理

辣根过氧化物酶（horseradish peroxidase，HRP）是从辣根中提取的一种由一分子的无色酶蛋白与一分子的棕色铁卟啉辅基结合形成的糖蛋白，分子量为40kDa。HRP是一组同工酶的混合物，从中可分离出Al、A2、A3、B、C、D、E 7种同工酶，仅B型和C型同工酶能作为神经纤维联系的示踪剂。

最初，HRP仅被当作逆行示踪剂使用，将HRP注射于神经末梢所在部位，HRP随即被神经末梢摄入，逆行运输到胞体（图10-1B）。以后的研究观察到，HRP也可以被神经元的胞体摄入，顺向运送至末梢部位，因而也可用作顺向示

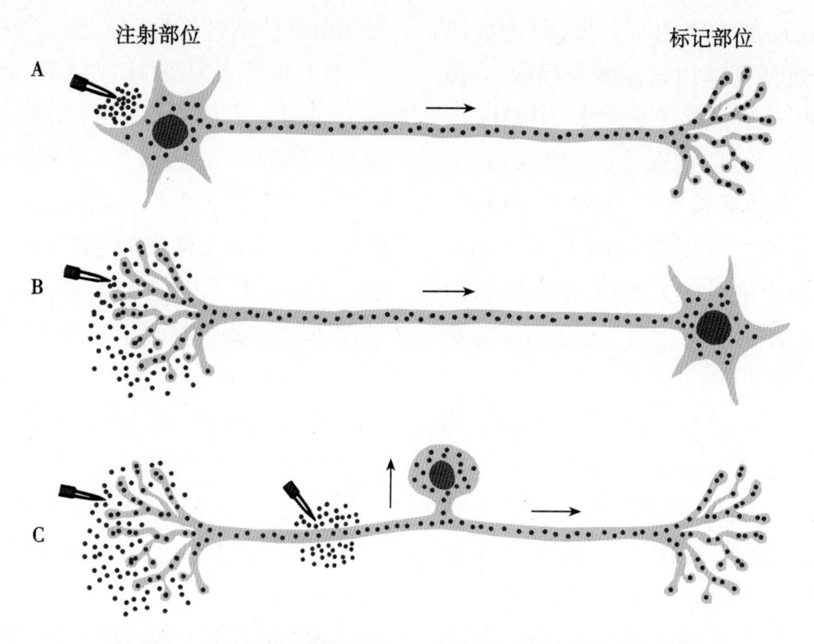

图 10-1　利用轴质运输原理进行神经束路示踪的基本方式
A. 顺行示踪；B. 逆行示踪；C. 跨节标记。箭头示示踪剂的运输方向

踪(图 10-1A)。此外，将 HRP 注射于周围神经感觉末梢部或神经干逆向标记背根神经节细胞后，HRP 还可进一步沿背根节细胞的中枢突顺向标记其在脊髓的中枢终止部位，称作跨节标记(transganglionic labeling)(图 10-1C)。

当 HRP 与麦芽凝集素(wheat germ agglutinin，WGA)、霍乱毒素(cholera toxin，CT)或霍乱毒素 B 亚单位(cholera toxin B subunit，CTB)结合后，示踪的敏感性明显提高，在胞内的降解时间明显延长，并能清晰地显示包括细微分支在内的整个神经元的全貌。顺行示踪或跨节示踪时，运送至末梢的 WGA-HRP 或 CTB-HRP，如果浓度高而密集，还可出现跨突触标记(transynaptic labeling)。

HRP 示踪法的示踪结果多用过氧化物酶组织化学染色来显示；应用 WGA-HRP、CT-HRP 或 CTB-HRP 的示踪结果除了可通过过氧化物酶组织化学方法显示外，还可应用抗 WGA、抗 CT 或 CTB 的抗体以免疫组织化学方法显示。

HRP 示踪法与免疫组织化学技术的结合应用，既可显示具体的纤维联系，还可阐明投射神经元的神经活性物质或其受体和转运体等；如与其他顺行示踪技术结合，可解析两级以上的神经元所构成的纤维联系，尤其便于电镜水平观察；当与荧光素逆行示踪技术结合应用时，可观察神经元轴突的分支投射。

(二)辣根过氧化物酶示踪法实验步骤

HRP 示踪法的基本步骤是将 HRP 注入动物中枢神经系统或周围器官，动物存活一定时间后对其灌注固定、取材，制作冰冻切片，然后用组织化学染色或免疫组织化学染色显示 HRP 标记的结果。

1. HRP 导入方法　HRP 导入方法因导入部位不同而异。

(1)中枢神经系统 HRP 导入：有多种方法将 HRP 导入中枢神经系统，常用的是压力注射法和电泳法，亦可根据需要，选用缓释胶、聚合物糊及微孔滤纸等方法。

1)压力注射法：将 HRP 用蒸馏水、生理盐水或 PBS 稀释成 4%~50% 的溶液，而麦芽凝集素 -HRP(wheat-germ agglutinin，WGA-HRP)或霍乱毒素 -HRP(cholera toxin，CT-HRP)的浓度分别为 1%~5% 和 0.1%~3%。对于较大动物如猴、兔、狗等，常用 0.5μl 或 1.0μl 的微量注射器直接注射。对于小动物如小鼠或小核团注射，需将拉制的微玻管(尖端直径 20~50μm)粘接在微量注射器上后注射。HRP 注入量与动物大小和核团大小及其注入后在注入点扩散的范围等有关，注入 20% 的 HRP 0.06μl，可在脑内形成直径 2~5mm 的注射范围。注射的速度亦影响 HRP 的扩散，注射过快，在局部形成的压力大，易造成局部组织损伤出血，过慢则使注射范围太局限。1μl对于小动物的中枢神经系统已是较大的体积，所以要控制注射速度。一般情况下，注射0.1μl的时间为7~10min。进针后停针几分钟，以免HRP随局部出血而被稀释。注射中可用电动自动推进器推进。为使HRP充分渗入组织，不致随针道外溢造成污染，注射完毕应留针15~20min后再拔针。

2）电泳法：在电泳时仅有HRP离子的泳出而无液体流出，不会在组织内形成液体压力，具有HRP扩散范围小，注射区较集中，并可避免液体压力对组织造成的损伤。HRP等电点为pH 9.0，为使HRP在溶液中达到最大的离子化程度，应将HRP溶液的pH调到与体内正常pH一致，可避免管内、外液体间的pH梯度差过大。在pH小于其等电点的溶液中，HRP离子带正电，因此，HRP溶液应接直流电阳极。电泳强度及通电时间按所需注射范围的大小而异，一般常用2~4μA，通电15~30min。连续的稳恒电流可使电极极化，阻抗增加，故常采用脉冲或间断式通电（通7s断7s交替）。由于电泳时泳出的离子除HRP^+外，还包括其他阳离子，而其他阳离子越多，则泳出的HRP^+越少，故应尽量减少溶液中的其他阳离子。常用0.1~0.2mol/L的氯化钠、0.1mol/L的PB或0.1mol/L的Tris-HCl缓冲液（pH 7.0）配制2%~5%的HRP溶液，充入尖端直径10~50μm的微玻管内。

（2）周围神经系统HRP导入：包括周围器官注射、神经干注射和神经断端涂抹或浸泡等方法。

1）周围器官注射：将HRP溶液注射于周围器官内，示踪支配该器官的感觉、运动神经元的胞体所在部位，注射量因器官大小及所需注射范围而异。CT-HRP用于示踪肌肉运动神经元的部位及支配区域效果较好，能较完整地显示运动神经元的树突。例如：示踪舌下神经核，可将HRP注射舌肌。需特别强调的是，周围器官注射时应避免污染。如将HRP注射于某器官前，需切断邻近器官的神经，若注射某一腹腔脏器，需将其与邻近的器官隔离。

2）神经干注射：将HRP直接注射在神经干内，示踪感觉、运动纤维的胞体及感觉纤维的中枢投射。为促使神经纤维对HRP的吸收，注射前可将注射部位的神经轻轻夹挫。

3）神经断端涂抹或浸泡：此法的目的同神经干注射。用锐器将神经切断后，涂抹法在断端涂HRP结晶，放置2h后，生理盐水冲洗。但神经断端干燥时，HRP不易溶解，故可将HRP调成糊状涂抹。浸泡法是将神经断端浸泡在含有一定浓度（20%左右）的HRP溶液的聚乙烯管内，另一端用骨蜡或凡士林封口。WGA-HRP和CT-HRP均可用此方法，且效果较游离HRP佳。用涂抹、浸泡法时需注意：①神经游离不能过长，保证神经的血液循环，以利于HRP的运输；②勿挤压、牵拉神经，防止额外损伤神经；③断端充分止血，去除血凝块，动作要轻柔，可在神经断端置温盐水纱布。

2. 动物存活期　因HRP被摄取后，经轴突运输需一定时间，所以，为有效显示神经元胞体或末梢，需使动物存活一定时间。动物存活时间的长短对HRP的标记率有直接影响，时间太短，HRP不能到达目标部位；时间太长，HRP被降解影响组织化学染色结果。存活期的确定依据：①HRP何时运输至胞体或末梢；②HRP何时在胞体或末梢内的含量最高；③HRP何时从胞体或末梢消失。

HRP到达预定部位的时间取决于运输的速度及距离。运输速度因动物种类及纤维种类而不同，实验者应摸索较理想的存活期。一般逆行和顺行的运输速度参考值分别为50~80mm/d和50~500mm/d；也可根据公式估算，即最佳存活期（d）=（束路长度mm/350mm）+1d。WGA-HRP和CT-HRP在神经细胞内的降解速度较慢，存活时间稍长不致影响标记物的数量。跨节标记所需时间较长，因HRP从周围端进入胞体后，需经一段时间的延搁后，才能进入其中枢突。

3. 标本制备　HRP示踪标本的制备方法与酶组织化学标本制备基本一致。

（1）固定剂的选择：固定是HRP技术中的一个关键步骤，常用的固定剂为含1.5%多聚甲醛和1.25%戊二醛的PB。

（2）灌注固定、取材与切片：动物到达存活期后，进行麻醉，经左心室升主动脉插管行心内灌注固定。先快速灌注生理盐水或PBS，灌注量视动物大小而异（大鼠约100ml，兔、猫、猴等

500~1 000ml），随即灌注固定液，灌注速度先快后慢，30~40min完成，然后灌注含10%蔗糖的冷PB，灌注量、速度、时间等与固定液相同。蔗糖可防止冰晶形成。灌注后，取组织放入含20%蔗糖的PB中沉底，若不立即切片，可将组织保存在含10%蔗糖的PB中（4℃，1周）。切片厚40μm左右，置PBS中备用。

4. 呈色 为减少HRP的扩散，冰冻切片后应尽快进行呈色。较常用TMB显色法，也可用DAB显色。反应过程与孵育液的pH有关，反应的最佳pH一方面取决于HRP的特性，另一方面因呈色剂而不同。用DAB作呈色剂，最佳pH为5.1；用TMB呈色，最佳pH为3.3。TMB法较灵敏，但不如DAB法稳定，在pH 7左右的溶液中易褪色，如用重金属（如钴、镍、钼、钨）盐加强，则可稳定反应产物。HRP的四甲基联苯胺－钨酸钠－镍（TMB-ST-Ni）呈色法实验步骤如下：

（1）液体配制

1）A液：钨酸钠（$Na_2WO_4 \cdot 2H_2O$）1g，0.2mol/L PB（pH 5.0~5.4）50ml，1mol/L HCl 1.5ml，双蒸水47ml。

2）B液：在振荡下用0.5ml丙酮溶解7mg TMB后再加入1ml无水乙醇。

3）C液：也称洗保液，将0.2mol/L PB（pH 5.0~5.4）按1∶4用双蒸水稀释而成。

4）DAB-Ni加强液：0.1mol/L Tris-HCl缓冲液（pH 7.6）50ml，DAB 50mg，双蒸水50ml，0.8mol/L硫酸镍铵200μl。

（2）呈色反应

1）切片在双蒸水中漂洗2~3次，每次10~15s。

2）将A液和B液混合成孵育液，切片浸入其中孵育20min（15~20℃，避光）。

3）切片在孵育液中反应1h（15~20℃，避光），每10min加入0.3% H_2O_2 0.7ml，共6次。

4）切片入洗保液漂洗3~6次，每次2~3min。

5）将切片转入DAB-Ni加强液中，加30% H_2O_2后反应20min。

5. 封片 将切片贴于用铬矾明胶包被的载玻片上，室温干燥，中性红、焦油紫或甲基绿复染后乙醇脱水、二甲苯透明、中性树胶封片。

6. 结果 亮视野显微镜下，TMB呈色反应物呈蓝色，DAB-Ni加强后呈黑色（图10-2）；DAB呈色反应产物呈棕色。暗视野显微镜下，未加强的TMB呈色反应物呈橙色，DAB显色时反应产物呈金黄色。除神经元胞体及其末梢外，HRP反应颗粒尚可见于注射部位附近的胶质细胞、血管内皮细胞、血管周细胞，也可能有少量巨噬细胞吞噬HRP，经呈色反应而着色，观察时应注意鉴别。

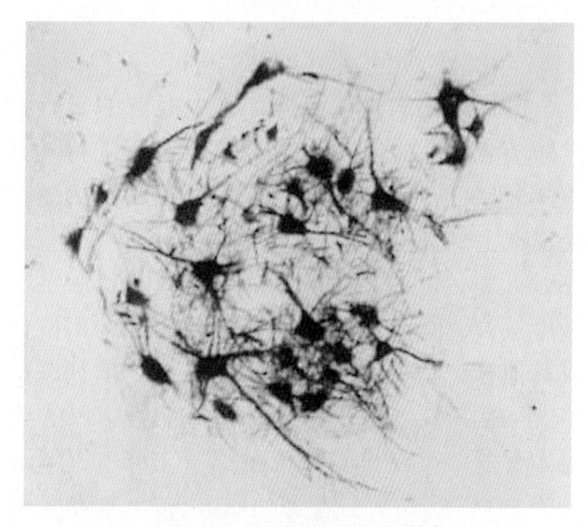

图10-2 HRP逆行示踪

TMB-ST-Ni法显示HRP标记的运动神经元（空军军医大学李云庆供图）

7. 注意事项

（1）HRP法反应灵敏、稳定，结果可靠，应用广泛，在严格控制实验条件下，顺行和逆行示踪，均能获得理想结果。但HRP质量、动物种属及年龄、存活期、呈色反应等均影响实验结果。在具体实验中，应通过预实验摸索最佳实验条件。

（2）CT-HRP注入背根节时，一般仅标记有髓纤维，不能显示无髓纤维，故CT-HRP常难于显示脊髓Ⅱ板层背根来源的无髓纤维，此时应考虑采用其他试剂和方法。

（3）有效注射范围：HRP的注射范围从注射中心向周围扩散，浓度递减，其注射区的有效范围常难以确定，因此影响对结果的分析。一般认为，注射中心深染而不能辨明其结构的区域为有效区，而周围可辨标记细胞区则为无效区。

（4）反向示踪：路经注射区的纤维也可摄取HRP并随着轴质流被顺、逆行运输，因此，标记部位所出现的神经元或终末可能并非起于或终止于注射部位；HRP被轴突末梢摄入后，在其被逆行运输的过程中，有一些可以沿该轴突的侧支被顺行运送至侧支的末梢，在侧支的末梢部造成终末标记，因此，在一个部位发现终末标记，并不能说明发出这些纤维的胞体必然位于注射区内；HRP浓度高时可出现跨突触标记。为解决这些问题应进行反向追踪，即在标记部位注射顺行或逆行追踪剂，与原来的标记结果互相印证。

二、植物凝集素示踪法

（一）植物凝集素示踪法原理

植物凝集素是从植物种子中提取的具有特异糖结合活性的蛋白，通过神经细胞膜上特异性受体介导，被胞饮入神经元内。用于示踪的植物凝集素主要有麦芽凝集素（WGA）和菜豆凝集素（phaseolus vulgaris agglutinin，PHA）。WGA的灵敏度较高，可用作顺行及逆行示踪，继之用抗体或其他标记物显示，通常将WGA与HRP偶联成WGA-HRP以增强HRP示踪的敏感性。PHA为由4个亚单位组成的糖蛋白，4个亚单位均为E者为PHA-E，均为L者为PHA-L，仅L亚单位可用于束路示踪。PHA-L主要用于顺向示踪，所显示的神经纤维末梢形态非常细致，基本上没有过路纤维标记问题。PHA-L在脑内可维持4~5周而不被降解，因此可有效地示踪较长的神经束路。PHA-L标记结果用抗PHA-L抗体的免疫组织化学法显示（图10-3）。PHA-L顺行示踪常与其他神经解剖学方法结合应用：①与放射自显影示踪法结合可了解不同细胞群投射的形态学关系，如将PHA-L和放射性核素标记的氨基酸注入脑内同一核团的两个不同区域，能较准确了解其传出投射纤维的分布及定位关系；②结合HRP或荧光逆行神经束路追踪剂，或结合靶神经元的免疫组织化学染色，可确定传入纤维与靶神经元的联系及其化学性质。

（二）植物凝集素示踪法实验步骤

凝集素WGA本身是一种敏感的顺行及逆行示踪剂，但更常与HRP偶联成WGA-HRP后用于示踪研究，其实验方法见HRP示踪法。下面介绍PHA-L示踪法的主要特点。

1. PHA-L导入　PHA-L通常用PBS配成2%~3%的溶液以电泳法导入脑内，电泳时以正极接触PHA-L，电泳强度及通电时间按所需注射范围的大小而异，一般常用2~4μA，通电15~30min。通直流电后电极的阻抗可能很快增高，故一般通以7s通电和7s断电的间歇电流。压力注射法效果差，易造成逆行标记。

2. 动物存活期　因PHA-L进入神经元后，是经慢速（4~6mm/d）轴质运输送向末梢，故应设定较长的动物存活时间，一般需1~3周，大动物，如灵长类，应延长至3~4周。

3. 标本制备　与HRP法标本制备方法基本相似，固定液用4%多聚甲醛。

4. 显色　用抗PHA-L抗体的免疫组织化学染色（ABC法或间接免疫荧光法）显示示踪结果。

5. 封片　将切片贴于用铬矾明胶包被的载玻片上，室温干燥，DAB-Ni法呈色，中性红、焦油紫或甲基绿复染后乙醇脱水，二甲苯透明，中性树胶封片；间接免疫荧光染色切片直接用50%甘油-50%PBS封片。

6. 结果　在注射区内，PHA-L标记的神经元可被完整显示，包括树突及其分支和部分轴突。在标记部位，PHA-L免疫反应产物定位于神经纤维终末内，并可见串珠样免疫反应阳性膨体（图10-3）。

三、葡聚糖胺示踪法

（一）葡聚糖胺示踪法原理

葡聚糖（dextran）是一类亲水性多糖，其相对分子量为3~2 000kDa，用于神经束路示踪的主要是分子量为3kDa和10kDa的葡聚糖。为了能使葡聚糖与周围其他生物分子通过多聚甲醛或戊二醛偶联，常将其通过共价键与赖氨酸残基结合，形成葡聚糖胺（dextran amine，DA）。DA与不同的标记物结合，形成各种示踪剂，如与生物素结合形成生物素化葡聚糖胺（biotinylated dextran amine，BDA），用四甲基罗丹明标记后称四甲基罗丹明葡聚糖胺（tetramethylrhodamine-dextran amine，TMR-DA）。用标记的DA作为示踪剂时，其示踪结果通过显示结合在DA上的标记物来实现，如以BDA示踪时，用HRP或荧光素标记的亲和素通过亲和素-生物素-过氧化物酶复合物（ABC）法或荧光组织化学反应显示，用TMR-DA示踪时，可直接在荧光显微镜下观察标记结果，也可用抗四甲基罗丹明（TMR）的抗体以免疫组织化学染色显示。

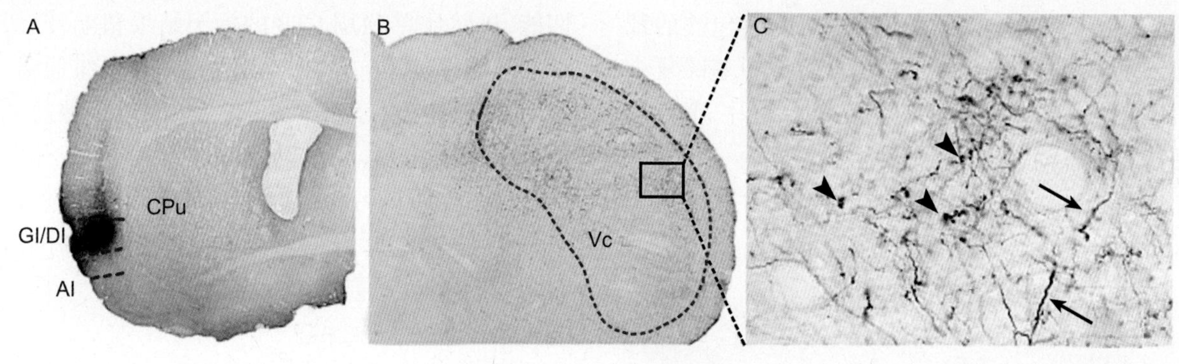

图 10-3 PHA-L 顺行示踪

应用抗 PHA-L 抗体对 PHA-L 进行 ABC 免疫组织化学染色，DAB-Ni 法呈色（空军军医大学李云庆供图）。A. PHA-L 注入一侧岛叶皮层（GI：颗粒皮质区；DI：少颗粒皮质区；AI：无颗粒皮质区；CPu：尾壳核）；B. 标记纤维与终末终止区，注射侧对侧三叉神经脊束核尾侧亚核（Vc）中可见 PHA-L 顺标神经纤维和终末；C. B 中矩形区放大图像示标记的神经纤维（箭）和轴突终末（箭头）

DA 既可用于顺行示踪，也可用于逆行示踪，以顺行示踪效果更优，且注射部位局限，转运速度较 PHA-L 快，显示反应简便，能充分显示轴突的分支及终末，并能在光镜和电镜水平进行多重示踪标记。10kDa 的 DA 更多地被顺行运输，能很好地标记轴突及其终末，因此多用于顺行示踪；而 3kDa 的 BDA 更倾向于被逆行运输，能很好地标记胞体，多用于逆行示踪。但 BDA 可能标记损伤的过路纤维，也可能标记注射区周围完好无损的纤维；用于逆行标记时，常常难以取得恒定的结果。

BDA 法能够较好地与其他逆行追踪标记结合应用，如与 HRP、CTB 等逆行示踪法结合应用，可以观察两级神经元之间的联系；如果在此基础上再结合应用免疫组织化学方法，还可以观察两级神经元的神经活性物质及其受体。

与生物素属于同一家族的示踪剂还有生物胞素（biocytin）和神经生物素（neurobiotin），它们具有许多与 BDA 相似的特点，也主要用于顺行示踪。生物胞素不引起细胞内的生理变化，是细胞内标记的有效工具，特别适用于脑片的细胞内标记，可标记出树突棘、轴突侧支和膨体，得到与 Golgi 法相同的标记结果，还可在电镜下观察。生物胞素分解快，注射后仅在动物体内存留 24~48h，其用作逆行示踪时结果不稳定。神经生物素也可用于细胞外和细胞内标记，其标记的结果比 PHA-L 法更细致，顺行标记的结果比生物胞素好，但注射范围较大，注射后的分解速度比生物胞素慢。神经生物素在细胞内标记时有可能通过突触间隙，导致跨神经元运输。

（二）葡聚糖胺示踪法实验步骤

葡聚糖胺示踪法的基本步骤与 HRP 法或 PHA-L 法基本相同。下面以 BDA 为例介绍其基本方法。

1. BDA 导入 常用电泳法或压力注射法。

（1）电泳法：BDA 用 PB 配成 10%~15% 溶液，充入尖端直径 10~50μm 的微玻管，正极接触 BDA，2~5μA 脉冲电流（通 7s 断 7s 交替）电泳 30~60min。

（2）压力注射法：将 0.05~0.2μl PB 配制的 2%~15% BDA（10kDa，顺行示踪）或 0.1mol/L 柠檬酸钠盐酸缓冲液（pH 3.0）配制的 10% BDA（3kDa，逆行示踪）吸入微量注射器或尖端直径 20~50μm 的微玻管，按照 0.01μl/min 的速度加压注射。

2. 动物存活期 BDA 导入后动物存活时间根据神经束路距离而定，如示踪鸡胚周围神经等小标本，存活数小时即可，而示踪成年动物中枢神经系统长距离束路时，存活时间应延长至 1~3 周。

3. 固定 用含 4% 多聚甲醛的 PB（光镜研究）或含 1.25% 戊二醛和 1% 多聚甲醛的 PB（电镜研究）灌注固定。

4. 取材、后固定、蔗糖处理和切片 同 HRP 法。

5. 显色 ABC-DAB 法显色，或荧光素标记的亲和素 / 抗生物素抗体显色。ABC-DAB 显色前，将切片先在含 0.1% H_2O_2 的甲醇溶液孵育 10min 和在含 0.5% Triton X-100 的 PBS 中孵育 20~30min。

6. 封片 将切片贴于用铬矾明胶包被的载玻片上，室温干燥，中性红、焦油紫或甲基绿复染后乙醇脱水、二甲苯透明、中性树胶封片，荧光染色切片用甘油-PBS封片。

7. 结果 与PHA-L法相似，但所显示的神经纤维末梢形态更细致（图10-4）。

图10-4 BDA顺行示踪与CTB逆行示踪结合

应用ABC法对BDA进行染色，DAB-Ni法呈色；应用抗CTB抗体对CTB进行免疫组织化学染色，DAB法呈色；深紫色箭头示BDA顺行标记的轴突及膨体；棕黄色箭头示CTB逆行标记的神经元胞体

四、霍乱毒素示踪法

霍乱毒素（CT）由A、B两个亚单位构成，A亚单位为毒素的毒性单位，B亚单位为该毒素与细胞受体结合的单位，无毒性，故常用B亚单位（cholera toxin subunit B，CTB）作示踪剂，可用于顺行、逆行和跨节标记示踪。

CTB示踪法的步骤与PHA-L顺行标记法基本相同。将1%的CTB导入脑内的某个核团或区域，可用电泳或压力注射的方法，注射区的范围小且标记细胞淡染，有时不易与周围的结构划出明确的界限。用于电泳的CTB溶液常用pH 6.0的0.1mol/L磷酸盐缓冲液配制。CTB导入脑内后的动物存活期主要取决于注射区和标记区之间的距离，由于CTB的运输速度较快，在体内分解慢，所以术后动物的存活期常选择3~7d，且能用于长距离纤维联系的研究。CTB的标记结果用免疫组织化学方法显示，可在光镜（图10-4）和电镜水平观察。当用荧光素结合的第二抗体进行免疫荧光法显示时，CTB具有几乎所有荧光示踪剂的性能，虽然比单独用CTB的标记结果稍差，但切片处理很省时，并可同时示踪两条神经纤维通路。因为CTB的受体在不同种属或不同通路神经元上的分布不均匀，导致动物种类不同，CTB标记的效果可能不同，甚至同种动物不同通路的标记效果也不一样，所以利用CTB进行束路示踪时，对结果的判断要谨慎。

五、荧光素示踪法

（一）荧光素示踪法原理

荧光素示踪剂是一种在一定激发波长光照下，以一定发射波长发出一定颜色荧光的化合物，这些荧光化合物可被神经纤维的末梢摄取，并通过轴质流逆行运输到各自的神经元胞体，在荧光显微镜下可直接观察到其在胞体的定位。目前，有一系列荧光素的抗体可用于荧光素示踪剂的免疫荧光染色或ABC法染色显示。

荧光素主要用于逆行示踪，顺行标记的荧光很弱，因为荧光素在顺行运输中易扩散而使终末标记不清晰，但也有例外，如TMR的顺行标记纤维和终末则比较明亮。用于逆行示踪的荧光素，按其标记部位不同，可分为主要标记细胞核的荧光素，如核黄（nuclear yellow，NY）、双脒基黄（diamidino yellow，DY）等，主要标记细胞质的荧光素，如荧光金（fluorogold，FG）、快蓝（fast blue，FB）等，多数荧光素为后者。一些新型荧光示踪剂，如亲脂羰化菁染料（lipophilic carbocyanine dye）、荧光葡聚糖胺（fluorescent dextran amine）和荧光微球（fluorescent latex microsphere），兼有顺行和逆行标记特性，这些荧光素示踪剂的出现拓展了示踪通路的研究范围。

每一种荧光素都有各自的激发波长和发射波长，不同的发射波长决定了这些荧光素发出不同的荧光颜色。荧光素用于神经束路示踪的突出特点是利用其不同颜色可同时示踪和显示多重神经联系，即可选择一种或两种以上的荧光素分别对神经元进行单标、双标或多重标记。如果选择分别标记细胞质和细胞核的荧光素则更便于进行双重或多重标记。各种染料的运输速度不同，进行双标时常需对动物进行两次注射，即先注射运输慢的，后注射运输快的，保证在同一时间取材。另外，荧光染料在神经组织内的运输距离也不同，例如樱草黄、碘化丙啶的运输距离较短，而双苯甲亚胺、快蓝、荧光金的运输距离则较长。如与各种神经递质荧光组织化学或免疫荧光染色结合，可研究投射神经元的化学性质。

在示踪过程中，如采用微玻管注射法导入荧光素，微玻管的尖端直径依荧光素溶解性而异，易溶的用直径小的（20~50μm）微玻管，不易溶的混悬液用直径较大的（100μm 左右）微玻管。

荧光示踪技术的缺点是荧光素易扩散，切片不能长期保存，也不易避免过路纤维的摄取，在激发光照射下荧光容易淬灭。

（二）荧光金逆行示踪法实验步骤

荧光金（FG）是应用最广泛的逆行示踪荧光素。在紫外光照射下，FG 的激发光波长为 323nm，发射光波长为 408nm，荧光呈金黄色（中性 pH）或蓝色（酸性 pH）。其主要优点是灵敏，能清晰显示树突分支，在神经组织内保存时间长，荧光不易褪色，易与其他组织化学方法结合应用，操作较 HRP 简单，灵敏度与 HRP 相似。

1. 荧光金溶液配制 一般用蒸馏水或生理盐水配制，浓度 2%~4%，临用现配，避光保存。

2. 荧光金导入 导入方法依导入部位不同而异。若行脑内注射，将动物麻醉后固定于脑立体定位仪上，用微玻管进行压力注射，每点注射量 0.05~1μl（通常为 0.1~0.2μl），5~10min 内注射完毕，留针 10min；如需限制注射部位，则用 1% 荧光金以电泳法导入（正极、通 7s 断 7s 交替的 2~5μA 脉冲电流电泳 10~30min）。外周可行肌肉内注射或将染料直接涂抹在外周神经近中心端的断端。

3. 动物存活时间 荧光金属慢速运输荧光素，依示踪距离不同，动物存活时间 2d 至 4 周不等，通常 3~5d。

4. 动物固定及取材 固定方法同 HRP 法，固定液为 4% 多聚甲醛。灌注后迅速取材，放入固定液中后固定 6h，然后进入含 20%~30% 蔗糖的 PB 中 4℃过夜或直至标本沉底。

5. 切片、贴片、封片 冰冻切片，厚 30~40μm。切片收集于 PBS 中，随后贴于洁净的涂被明胶-铬钒的载玻片上，空气干燥，甘油-PBS 封片。

6. 结果 荧光显微镜观察，紫外滤片下荧光金标记信号呈金色（pH 7.4）（图 10-5）或蓝色（pH 3.3）。由于荧光染料分子量小，逆行示踪时易扩散，较 HRP 更难确定有效注射范围。荧光染料的一大缺点是易褪色，因此应尽早观察，即使在低温、避光条件下，切片保存时间仍有限，不能长期保存。在常规甘油-PBS 封片剂中加入 2.5% 三乙烯二胺（triethylene diamine）可有效延长观察和保存时间。如需长期保存，可用抗 FG 的抗体以免疫酶组织化学方法显示示踪结果。

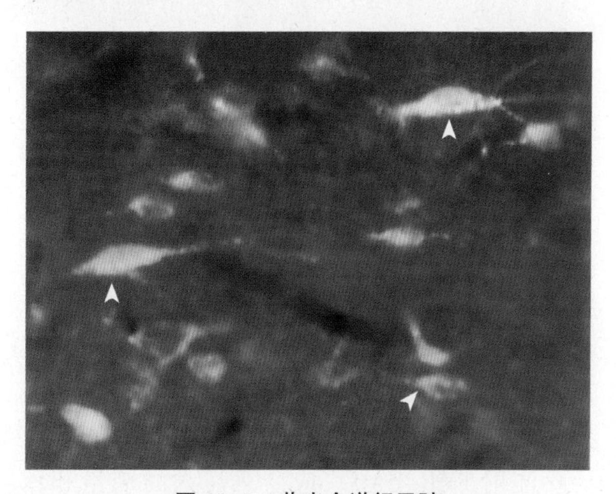

图 10-5 荧光金逆行示踪
箭头示荧光金逆行标记的神经元胞体（空军军医大学李云庆供图）

（三）四甲基罗丹明葡聚糖胺顺行示踪法实验步骤

四甲基罗丹明（TMR）与 10kDa 的 DA 结合物（TMR-DA），也称红色荧光金（fluoro-ruby，FR），其在神经元内以顺行运输为主，且标记结果明亮，在体内的存留时间久，荧光显微镜观察时不易褪色，是一种效果较好的用于顺行示踪的荧光素示踪剂。TMR-DA 的水溶性好，一般配成 10% 的溶液。用常规的中性缓冲液配制的 TMR-DA 在注射区的吸收效果差，但如果用酸性（pH 3.0）的 0.2mol/L 柠檬酸钠-NaOH 缓冲液配制，酸性缓冲液破坏注射区局部的组织，使 TMR-DA 在注射区的吸收和靶区的标记效果明显增强（图 10-6）。使用酸性溶剂溶解 TMR-DA，虽然有助于其吸收和标记，但伴随而来则是过路纤维非特异性标记的问题，故标记结果应设立与 TMR-DA 的标记方向相反的对照实验予以证实，即用 TMR-DA 进行逆行标记时，应设立顺行标记对照实验；用 TMR-DA 顺行标记时，应设立逆行标记对照实验。在分析实验结果时，也应充分考虑过路纤维非特异

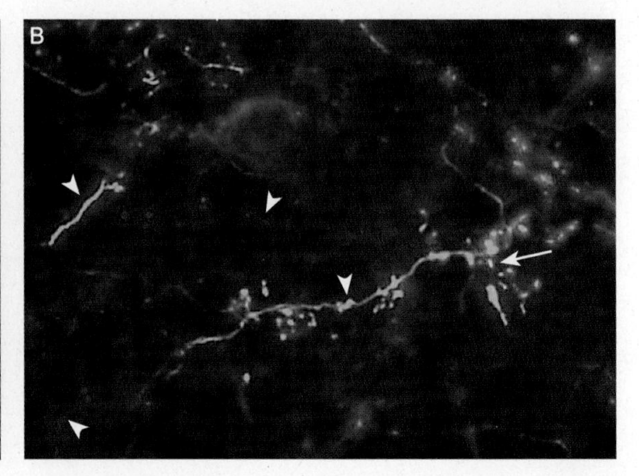

图 10-6　TMR-DA、BDA 顺行示踪

A. 单 TMR-DA 逆行示踪（华中科技大学李和供图）；B. TMR-DA 与 BDA 结合的双重顺行示踪。箭头示 TMR-DA（红色）或 BDA（以结合 Alexa-488 的链霉亲和素显示，绿色）标记的轴突及膨体；长箭示 2 种顺行标记的神经纤维向同一结构的可能汇聚部位（黄色）

性标记的可能性。TMR-DA 来自植物，其抗原性较强，容易得到特异性很强的抗体。用抗 TMR-DA 的特异性抗体经过免疫组织化学染色（如免疫荧光或 ABC 法）可加强标记产物。

注射 TMR-DA 后，应注意注入的剂量和留针时间。如果注入的量过大和拔针过快，造成 TMR-DA 自针道溢出，进入脑脊液或血液，常常导致脉络组织和血管内皮细胞的标记。血管内皮细胞的标记极易与标记神经元混淆，对此在观察结果时应特别注意。

六、病毒示踪法

一些病毒能感染神经元并能沿神经环路传播（spreading）增殖，这类病毒称为嗜神经病毒（neurotropic virus）。嗜神经病毒通过与神经元上的特殊受体结合，在外周被神经纤维末梢摄取后可逆行传播到中枢神经系统，或从中枢内部的一个神经核团传播到另一个神经核团，因此可用作神经束路示踪剂。由于活病毒能在宿主神经元中增殖，增殖产生的新病毒可传播到宿主神经元支配的第二级神经元的轴突，即使在第二级神经元中最初病毒数量少，经一定时间后可产生大量病毒而呈较强的标记。以此方式，病毒示踪剂可依次标记多级神经元，因此可进行通路的跨神经元多突触示踪，尤其适合神经环路分析。在跨突触转运中，所涉及的突触级数与病毒注射后动物存活时间长短有关。

在神经束路示踪中常用的嗜神经病毒主要利用相应病毒的疫苗株发展而来，根据其遗传信息、形态和生活史等特性，可分为两大类：α 疱疹病毒科的伪狂犬病毒（pseudorabies virus，PRV）、Ⅰ型单纯疱疹病毒（herpes simplex virus type 1，HSV1）和弹状病毒科的狂犬病毒（rabies virus，RV）、泡状口炎病毒（vesicular stomatitis virus，VSV）。此外，神经束路示踪还需要一些不跨突触的辅助病毒载体，如腺相关病毒（adeno-associated virus，AAV）、逆转录病毒（retrovirus）和慢病毒（lentivirus）。利用反向遗传学（定点突变）和同源重组等手段，在疫苗株的基础上改变病毒基因组，如敲除特定毒力基因、插入荧光蛋白基因，可获得低毒力、安全、携带标记物的示踪工具病毒。大部分嗜神经病毒既能被顺行传播也能被逆行传播，通过基因组改变，可获得具有特定传播方向的示踪用病毒，例如，野生型 PRV（PRV-Becker）是一种能双向传播的病毒，当敲除其部分膜蛋白（US9）后获得的突变株 PRV-Bartha 则只能逆行传播（图 10-7）。

病毒示踪法可与其他轴质运输示踪技术（如 PHA-L 顺行示踪法）结合进行双标或多标示踪。如需进行双重跨突触示踪，可利用分别表达两种不同报告基因的两个同基因病毒株（isogenic virus strains）来实现。例如，将分别用 *GFP* 基因和 β-半乳糖苷酶（β-gal）基因修饰的 PRV-Bartha—GFP-PRV-Bartha 和 β-gal-PRV-Bartha 分别注入星状神

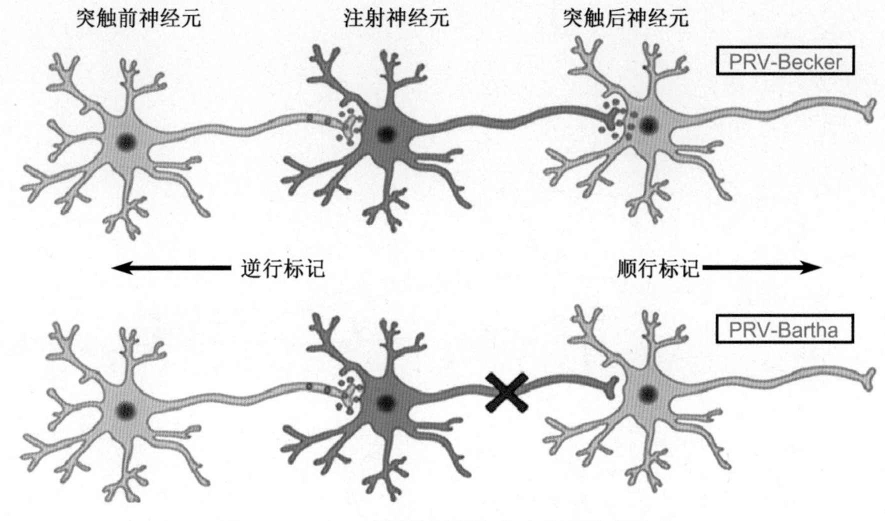

图 10-7　PRV 膜蛋白缺失突变改变传播方向

经节及肾上腺后，可在外侧下丘脑区（LHA）检测到两种病毒共标记的神经元（图 10-8）；结合食欲素 A（orexin-A）免疫荧光染色（图 10-8D），可知下丘脑 orexin-A 神经元参与星状神经节和肾上腺中神经元的协同调控。

病毒示踪法的实验步骤与前述其他方法相似，多采用在微量注射器上粘接微玻管的压力注射法将病毒导入。由于病毒在注射后多全部进入神经元轴突终末并转运至远处，在示踪过程结束时，注射部位的病毒难以用免疫组织化学染色显示，因此在需要显示注射部位的示踪实验中，常将病毒悬液中加入少量 CTB，一般 5μl 滴度为 10^8pfu/ml 的病毒悬液加 2μl 0.1% 的 CTB，以便用 CTB 免疫组织化学染色显示注射部位。每次每点注射病毒约 40nl，含有 4 000pfu（未加 CTB）或 3 000pfu（加 CTB）。注射后每天观察动物有无病毒感染症状和体征。动物一般存活 3~4d，距离远者可延长到 7~8d。病毒示踪结果常用病毒特异性抗原或与病毒重组表达的抗原的免疫组织化学染色检测，或通过原位杂交检测相应的 mRNA；如是重组表达荧光蛋白（如 GFP）的病毒，示踪结果可在荧光显微镜下直接观察（图 10-8B~E）。

病毒追踪法的局限性主要有：①标记结果依赖于病毒的浓度。跨突触标记时，用高浓度的病毒虽可得到良好的标记结果，但易导致非特异性标记，对神经元的毒性大，往往影响神经元的代谢，引起神经元的死亡；用低剂量病毒虽可得到良好的标记，减少假阳性结果，但易致跨突触标记的能力降低。值得注意的是，使用 *GFP* 基因重组病毒标记时，通常非常低的浓度也能得到良好的标记结果；使用高浓度的 *GFP* 基因重组病毒，反而容易引起标记神经元的死亡或使后续的神经活性物质或受体的显示变得困难。②星形胶质细胞和巨噬细胞内吞病毒和感染神经元死亡后分解的细胞碎片，在标记神经元周围聚集，可限制病毒的扩散。③使用病毒追踪时，除了病毒的顺行、逆行和跨神经元追踪的特性外，还应注意动物种属、年龄的特异性。④预防和避免感染。尽管作为示踪的活病毒基本上为无毒或减毒的病毒（部分病毒除外），但在处理过程中，除了对病毒进行特别的生物安全（biosafety）检测和注意防护（如注射疫苗等）外，仍需要一定的设备、环境和防护条件。

七、放射自显影示踪法

神经束路放射自显影示踪法是 20 世纪 60 年代后期，由 Lasek 等将放射自显影术用于神经元投射途径的研究时建立，1972 年，Cowan 等首先用其研究中枢神经系统的纤维联系。神经元胞体都能合成蛋白，并通过轴质来运输至末梢，胞体在合成蛋白时，对氨基酸有选择性地摄取和运输。因此，用放射性核素或放射性核素标记的氨基酸，被胞体摄取合成蛋白后沿轴质运输路径可通过放射自显影进行观察。神经束路示踪多利用 β 粒子作为放射性示踪物，β 粒子的性质和能量与分辨率有关，以选用能量较低且半衰期较长者为佳，最常用的是氚（^{3}H），亦可用 ^{14}C 或 ^{35}S。最

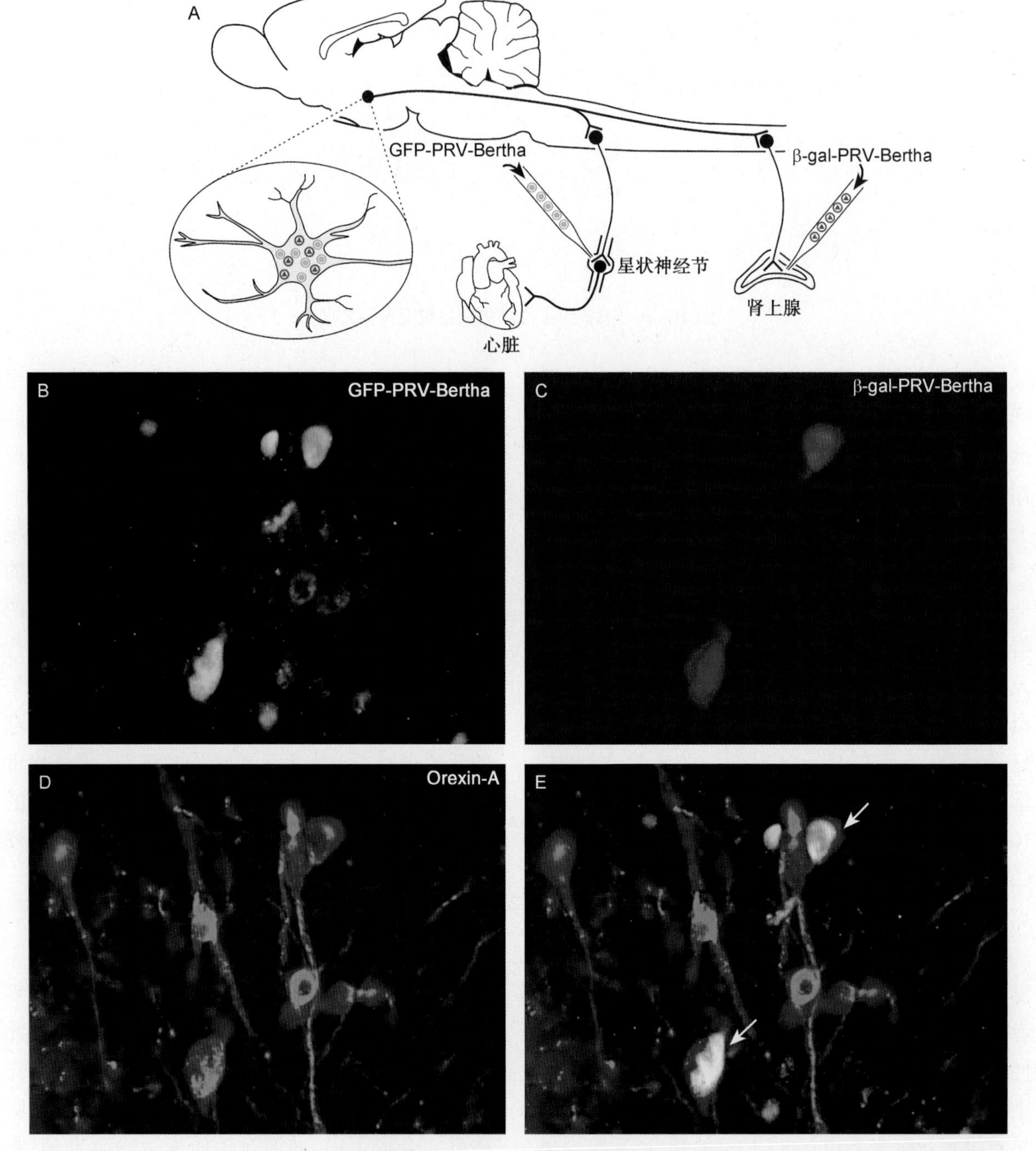

图 10-8　病毒跨神经元双重示踪

A. 病毒跨神经元双重示踪实验方案示意图：GFP-PRV-Bertha 注射入星状神经节，β-gal-PRV 注射入肾上腺，观察外侧下丘脑区（LHA）跨神经元标记细胞及其与表达 orexin-A 神经元的关系；B~D. 注射 5d 后 LHA 中同一切片同一视野内感染 GFP-PRV-Bertha（B）、β-gal-PRV-Bertha（C）和表达 orexin-A（D，免疫荧光显示）的神经元；E. B、C 和 D 重叠图像，长箭示同时感染 GFP-PRV-Bertha、β-gal-PRV-Bertha 和表达 orexin-A 的三重标记神经元常标记的氨基酸为亮氨酸和脯氨酸，适用于所有类型神经元的束路示踪。亮氨酸可标记终末和纤维，而脯氨酸除可标记终末和纤维外，还可跨突触标记，即被轴突终末排出后被突触后神经元摄取，进而标记二级神经元的终末。放射自显影示踪法比较灵敏，最大的优点就是不标记过路纤维，克服了 HRP 法和神经纤维变性示踪法标记过路纤维的缺点，但注射范围小，不适用广泛起源的通路标记，实验周期长，尤其是有放射性危害，目前已极少使用。

放射自显影示踪法的基本步骤包括：放射性核素及被标记物的选择、放射性示踪物的导入、动物存活期的确定、组织固定、切片、在组织切片表面涂原子核乳胶、曝光、显影、定影、染色、结果观察。

在放射性核素示踪物导入之前需配好注射液，注射液可用蒸馏水、生理盐水或缓冲液配制。^{3}H- 氨基酸的放射性浓度为 1mCi/ml，在放射自显影示踪法中需进行浓缩，25mCi/ml 可获得满意的效果。其导入法有注射和电泳法。注射可用微量注射器，针尖宜细，以免损伤组织，注射速度以 0.1μl/5min 为宜，注射完毕后留针 10min，以防示踪物外溢。电泳法仅导入离子而非所有溶液，扩散范围小，对组织损伤也小。

动物存活时间的长短与动物种类、神经束路的长度及轴质运输的速度等因素有关。一般存活 7d 最适宜，1~2d 太短，有些标记蛋白质未完全达到神经终末，而时间过长（>14d），则达到终末的部分蛋白质分解。

固定剂以醛类较好，常用 10% 福尔马林，能很好地固定蛋白质，但不能固定游离氨基酸。多余的被标记的氨基酸可被洗去而不至于造成混淆。固定时间不少于 3d。

石蜡切片和冰冻切片都可用于放射自显影示踪法。石蜡切片的蜡块易于保存，切片薄且易连续切片，但显影时易产生假象。冰冻切片制备方便，费时少，但不易切出薄片。冰冻切片可用铬矾 - 明胶粘贴于载玻片上，脱脂，干燥后再涂乳胶。

放射自显影示踪法中所用的原子核乳胶是溴化银及碘化银微结晶的明胶混悬液。微结晶的大小影响乳胶的性质。结晶大的显影后的层次丰富，但分辨率低，背景高，结晶小的反之。

曝光应在密闭的暗盒中进行，曝光时乳胶层应干燥，通常在 4~6℃下曝光，用光学显微镜观察，^{3}H 标记的切片曝光时间约 2~6 周，电子显微镜观察需曝光数个月。显影的关键因素是温度及时间的控制，适宜温度为（19±1）℃，若曝光在 4~6℃下，则在显影前应将曝光暗盒在室温中放置一段时间，以使切片的温度逐步回升。显影时间依不同的实验条件而不同。显影结束后，立即将其放入停显液，水洗后再入定影液。定影液的温度以 16~24℃为宜，温度过高可影响乳胶层的机械强度。定影后充分漂洗，用甲苯胺蓝、硫堇或焦油紫复染，最后脱水、透明、封固。

光镜水平的放射自显影示踪结果用亮视野显微镜或暗视野显微镜观察。在亮视野显微镜下，放射自显影标记信号即银粒呈黑色（图 10-9），较难分辨，但能显示组织结构；在暗视野显微镜下，放射自显影形成银粒呈白色，易于分辨，但组织层次与结构难以显示。

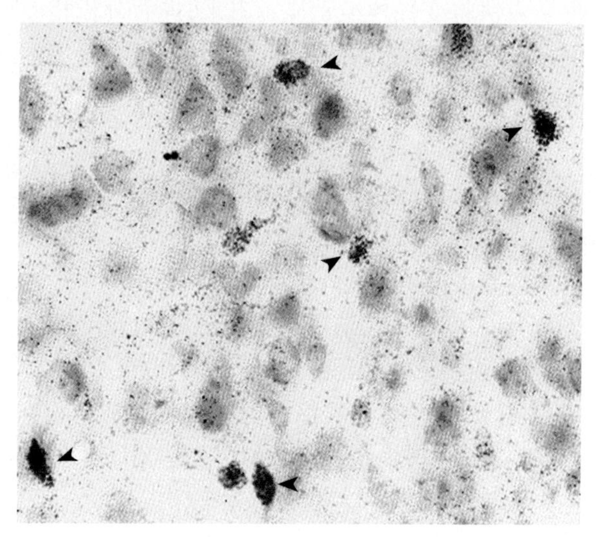

图 10-9 放射自显影示踪（天青 - 甲苯胺蓝复染）
将 ^{3}H 标记的 D- 天冬氨酸导入乳头体上核后，放射自显影显示中缝背核内逆行标记神经元；箭头示神经元胞体内累积的银颗粒

第二节 变性示踪技术

变性示踪（degeneration tracing）技术利用神经元胞体受损或神经轴突离断后远侧轴突的变性，或轴突切断后胞体的反应，研究纤维联系，是

神经束路示踪研究中历史最悠久并且延续至今的方法。20世纪40年代，Glees等建立了通过显示变性纤维的形态变化判断变性纤维的银染方法，由此示踪神经纤维路径。但在密集的神经纤维网中发现单根变性纤维，尤其是纤细的终末纤维绝非易事，早期鉴定变性纤维的银染方法精确性差，对变性纤维的显示不完全。Nauta及其同事做了许多尝试，改进了镀银法，于1954年发表了能抑制正常纤维的嗜银性、仅镀染出变性纤维的方法，极大地推动了神经束路示踪研究。但Nauta镀银方法主要显示变性的轴突，包括接近轴突终末的轴突，难以显示变性的轴突终末。1967年，Fink和Heimer等根据Nauta法改良的Fink-Heimer银染法和随后的2价铜银染法可显示变性的轴突终末，从而可更完整地显示变性通路。

一、变性方法

进行神经束路的变性示踪时，首先通过一定方法破坏神经元使其变性，然后通过相应的组织化学方法将变性神经元显示出来，进而分析相应的神经通路。在变性示踪中常用的毁损神经元的方法分为物理性和化学性两大类。

（一）物理性变性

切割、电损伤、超声破坏等均属物理性毁损。物理性毁损的共同问题是无选择性，因此在毁损核团时路经此核团的纤维亦被毁损。

1. 刀切割毁损法 主要用于切断纤维束，如选择性地切断外侧丘系通路。以刀切割法与立体定位技术结合，可使对损伤的控制和复制更为容易，尤其是在毁损深部结构时。但皮质下结构的刀切割损伤精确性较差，常会伤及附近结构。

2. 电毁损法 用金属电极通过直流电在中枢神经系统内造成损伤是最常用的物理毁损手段之一。造成这种损伤的机制是，离子流能诱发细胞发生不可逆代谢改变，最终导致细胞死亡。离子流的大小可由所用的电流强度与通电时间的乘积测知，但电极的金属类型与所用阴极或阳极电流都会影响实验结果。由阳极电流造成的损伤，损伤的大小及形状均易重复，但在损伤部位易发生金属沉积，因而会影响损伤效果。此外，在阴极损伤电流通过时要释放气体。在实验损伤研究中，一般不采用阴极损伤，因为释放的气体使电极与组织隔离，导致无法估计电流持续通过的确切时间；而且阴极损伤的大小，在电流稳定及通电时间固定的情况下，变化很大。

3. 超声破坏法 单束超声波尚不足以损伤脑组织，若集中若干束超声波于中枢神经系统某一点，有可能造成损伤。准确地控制超声波能量给脑深部造成局限性损伤，能不伤及任何表面结构。但此法操作技术上有一定难度，常规实验应用较少。

（二）化学性变性

在神经通路特别是化学通路及其功能的研究中，化学损伤技术具有重要意义。早在19世纪，就有人尝试用化学毒性物质对神经组织进行损毁，但这种方法与物理破坏法一样，也存在损伤范围不易控制、目的损毁区及其周围组织（如血管、神经胶质）和过路纤维都被损伤等缺点。随着针对含特定化学物质神经元的化学损毁剂的出现和应用，化学性破坏的特异性才明显增强。化学性毁损剂主要有3类：兴奋性氨基酸类神经毒剂、单胺类神经毒剂和胆碱类神经毒剂。

1. 兴奋性氨基酸类神经毒剂 用作化学毁损的兴奋性氨基酸有两种，红藻酸或称海人酸（kainic acid）及鹅膏蕈氨酸（ibotenic acid），其化学结构均与谷氨酸有共同之处。兴奋性氨基酸神经毒剂仅损伤神经元胞体而不破坏轴突，无过路纤维受损是其主要优点。

红藻酸提取自一种日本海草，其神经兴奋作用比谷氨酸强30~100倍。其神经毒性依赖于其兴奋作用，但造成神经元损害的机制尚不清楚，可能比较复杂，不单是兴奋受体的结果。通常以1~10mmol/L的溶液，压力注射入脑内。值得注意的是，不同神经元对红藻酸的敏感度不同，不同动物种属及不同年龄的动物间也有差别。因此，不同情况下应用剂量应有所不同，应仔细检查注射部位及其周围神经元死亡情况。此外，麻醉剂有保护神经元免受其损害的作用，在实验时应避免长效麻醉药。

鹅膏蕈氨酸为从蕈中提取的神经毒剂，是N-甲基-D-天门冬氨酸（N-methyl-D-aspartate，NMDA）受体的激动剂。鹅膏蕈氨酸的毒理较红藻酸单纯，可能模拟内源性兴奋性氨基酸的作用，过强的兴奋导致细胞死亡。鹅膏蕈氨酸的毒性是红藻酸的1/20~1/5，在注射部位造成比较局限的损害灶，不同神经元敏感性的差别亦较红藻酸小。

2. 单胺类神经毒剂　此类神经毒剂可选择性地毁损儿茶酚胺（catecholamine，CA）或5-羟色胺（5-hydroxytryptamine，5-HT）类神经元。

Tranzer及Thoenen在1967、1968年最早发现，6-羟多巴胺（6-hydroxydopamine，6-OHDA）可选择性地被CA类神经元摄入，并极易自氧化形成若干具有细胞毒性的产物，破坏交感神经系的肾上腺素能纤维。整个神经元的细胞膜均可摄取6-OHDA，理论上任何部位均可受6-OHDA破坏，但轴突末梢部尤为敏感，轴突次之，胞体最差。多数单胺类神经毒剂均有类似的现象，不仅神经元不同部位有差别，不同神经系及不同动物种属间耐受性也不同。6-OHDA静脉注射可以造成周围肾上腺素能神经纤维破坏，但它不易通过血脑屏障。若行中枢性破坏，需做脑室、脑池或脑内注射。在剂量方面，除了需考虑不同神经元的敏感问题外，还要注意6-OHDA具有非特异性细胞毒作用，剂量过大可能增加非特异性损伤。在中枢神经系，6-OHDA对去甲肾上腺素能神经元作用较弱，可用去甲肾上腺素摄入抑制剂保护去甲肾上腺素神经元，选择性地破坏多巴胺神经元。除6-OHDA外，作用于CA系的毒剂还有6-羟多巴、N-（2-氯乙基）-N-乙基-2-溴苄胺盐酸盐（DSP-4）等。

5-HT类神经毒剂有两类，一类是双羟色胺（DHT），其中5，6-DHT和5，7-DHT较常用。其作用途径与6-OHDA相似，但被5-HT神经元选择性地摄入，在胞内自氧化或通过酶的作用而产生细胞毒性物质。5，6-DHT和5，7-DHT亦不能通过血脑屏障，因而需中枢给药。5，6-DHT的特异性较强，而5，7-DHT对去甲肾上腺素能及多巴胺能神经元也有一定毒性。此外，两者都具有非特异性细胞毒性。另一类5-HT神经元毒剂对氯苯丙胺（p-CAM）可通过血脑屏障，主要作用于上行5-HT系统，其作用机制不明。不同5-HT神经元系对p-CAM的敏感性差别较大。

3. 胆碱类神经毒剂　乙基胆碱氮芥丙啶正离子（ethyl choline nitrogen mustard propidium positive ion），简称AF64A或ECMA，结构上与胆碱相似，能选择性作用于高亲和力胆碱转运系统，特异性损毁胆碱能神经元。神经免疫毒素192-IgG-皂草毒蛋白（saporin）可以特异性损伤核团内的胆碱能神经元，但对非胆碱能神经元没有影响，如在基底前脑注射192-IgG-saporin，可使向皮层和海马的胆碱能投射纤维变性。

二、变性神经元鉴定

当神经元的轴突被损伤之后，在损伤轴突的近侧端和远侧端分别发生逆行和顺行变性，甚至逆行和顺行跨神经元变性；当神经元的胞体被损伤后，其发出的轴突从胞体向终末方向的远侧端发生顺行变性；当神经元的终末被损伤后，由于损伤较小，往往不发生逆行变性。受损变性的神经纤维可通过特殊的镀银染色显示。虽然至20世纪70年代，变性束路追踪法逐渐被轴质运输示踪法所代替，但银染变性示踪法仍有一定的实用价值，主要用于一些局部环路的研究。下面介绍变性神经纤维光镜银染鉴定方法，电镜变性示踪方法将在本章第三节介绍。

（一）损伤后动物存活时间

应用镀银染色示踪变性神经通路，选择适当的损伤后动物存活时间非常重要。损伤后动物的最佳存活时间依动物种类、动物大小与年龄、显示的部位与结构类型等不同而异。如果没有以前的研究作参考，最好在预实验中设置不同存活时间来摸索最佳存活时间。轴突终末的变性早于轴突，因此显示变性轴突终末的动物存活短于显示轴突的存活时间。显示变性轴突终末的动物存活时间，一般大鼠和豚鼠1~3d，猫3~5d，而显示变性轴突的动物存活时间，大鼠和豚鼠为3~5d，猫为5~9d。在猴显示变性轴突和轴突终末，损伤后猴存活时间均为5~9d。

（二）固定与切片

固定方法与一般组织化学标本固定相似，以灌注固定方式灌注10%福尔马林或4%多聚甲醛，灌注固定后取出的脑应在固定液中后固定较长时间，一周到数周不等，以动物种类和脑的大小而定。有资料显示，在用甲醛灌注固定后用戊二醛后固定，镀银显示变形的小脑攀缘纤维终末效果更好。

切片方法以冰冻切片最常用，切片厚度25~40μm。为防止冰晶形成，切片前应将脑组织用含30%蔗糖的缓冲液浸泡直至组织块沉底。也可石蜡包埋或塑料包埋后切片。切片刀应锐利，曾有用钝切片刀切片产生镀银染色人工假象的报道。

（三）镀银染色方法

用于神经束路变性示踪的银染方法主要有Nauta-Laidlaw法和Fink-Heimer法。Nauta-Laidlaw法主要显示变性的轴突，对变性的轴突终末不敏感，而Flink-Heimer法不仅能显示变性轴突，还可很好地显示变性的轴突终末。

1. Nauta-Laidlaw法 意大利学者Marchi于1890年发表了专门显示变性髓鞘的Marchi染色法，曾广泛用于变性有髓纤维束的示踪，在示踪法出现之前对束路学研究的贡献颇大。但是Marchi法只适用于有髓纤维，对无髓纤维及细小的有髓纤维或薄髓纤维则不适用，且易出假象，特别是对神经元联系的最重要部分—轴突终末的位置不能确定。1946年，Glees-Bielschowsky染色法问世并取得了较稳定的染色结果，特别是它可以比较可靠地染出变性的神经终末。但此法仍是将正常纤维和变性纤维同时染出，观察变性终末时常常发生差误。1954年，Nauta及其同事做了许多尝试以改进镀银法，终于发明了Nauta染色法，并在当年发表了用高锰酸钾进行预处理以降低组织还原力、抑制正常纤维嗜银性的方法。该方法可以追踪到终末前（pre-terminal）变性，从而显示变性纤维靠近终末部分的变性像。Nauta-Laidlaw法根据传统的Nauta法改良而来，即将Nauta-Gygax法中的硝酸银氨（ammoniacal silver nitrate）溶液换为碳酸银氨（ammoniacal silver carbonate）溶液或称Laidlaw液，在银染前先将切片用重金属化合物磷钼酸和氧化剂高锰酸钾预处理，由此进一步增强了对变性纤维染色的选择性。

（1）Laidlaw液配制

1）称取12g硝酸银溶于20ml蒸馏水。

2）加入230ml饱和碳酸锂，用力摇动，使碳酸银沉淀沉至70ml刻度。

3）仔细倒去上清，再加蒸馏水至250ml，摇匀后，使沉淀再沉至70ml刻度。重复此步3次。

4）再次使沉淀沉至70ml刻度，倒去上清，然后边摇边缓慢加入氨水（略多于9.5ml，切勿过量），直到溶液呈半透明状但仍有轻度浑浊。配好后略有氨气味。

5）用蒸馏水稀释至120ml，储存于洁净玻璃试剂瓶内，置日光下至少两周。如氨水适量，数天后遂见瓶壁呈现一层银镜反应，但无碍其作用。用前过滤。

（2）Nauta-Gygax还原液配制

10%福尔马林	13.5ml
1%柠檬酸	13.5ml
95%乙醇	45ml
蒸馏水	400ml

（3）染色步骤

1）10%福尔马林固定标本的冰冻切片在蒸馏水中快速漂洗后浸入0.5%磷钼酸15~30min。

2）不洗，将切片直接转入0.05%高锰酸钾中处理5~15min。

3）蒸馏水快速漂洗后，用1%对苯二酚与1%草酸的等量混合液脱色1~2min。虽然可能不到1min即脱色，但应适当延长时间使脱色作用彻底。

4）蒸馏水彻底漂洗至少3次，将切片浸入新鲜配制的1.5%硝酸银中20~30min。

5）蒸馏水中快速漂洗后，将切片逐片浸入Laidlaw液中45~60s，持续摇动切片。

6）不洗，将切片转入Nauta-Gygax还原液，防止切片沉至染色缸底；10s后转入新还原液，还原至少2min。

7）蒸馏水快速漂洗后，入硫代硫酸钠10s，蒸馏水漂洗3次。

8）将切片裱在明胶-铬矾处理的载玻片上，空气干燥后乙醇脱水、二甲苯透明、中性树胶封片。

（4）结果：正常纤维弱嗜银性，呈棕黄色背景；变性纤维嗜银性明显强于正常纤维，被染成深黑色，纵切面呈串珠状或呈梭形肿胀，晚期呈断裂片段（图10-10）。有时一些正常轴索也被染成黑色并呈串珠状，可通过延长动物存活时间后观察这些纤维是否出现碎裂来甄别。

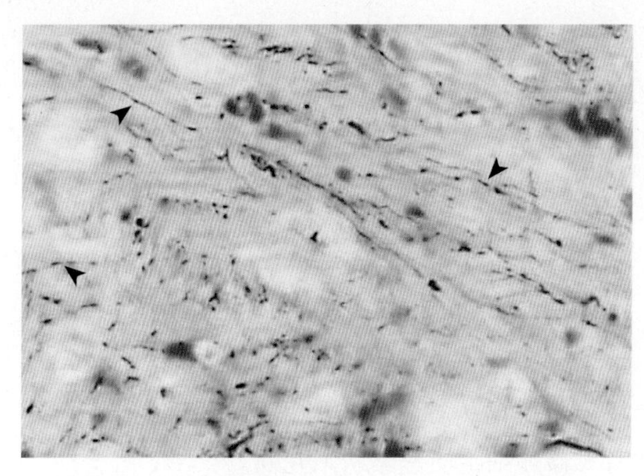

图 10-10　变性轴突终末 Nauta-Laidlaw 法染色
箭头示变性轴突（空军军医大学李云庆供图）

（5）注意事项

1）用高锰酸钾氧化标本的时间对正常纤维和变性纤维染色的控制非常关键，氧化时间过短会使过多正常纤维染色，过长会抑制变性纤维的染色。最佳氧化时间应通过预实验摸索。固定较好的标本氧化时间可缩短。氧化过程中摇动切片可使切片的氧化更均匀。

2）对苯二酚溶液不稳定，应用前新鲜配制。

3）如果还原反应结束后切片颜色很深，可在 Laidlaw 液中加数滴氨水（每 20ml 加 4 滴）；如染色过浅，则在 Laidlaw 液中加入数滴 2.5% 氢氧化钠。

2. Fink-Heimer 法　作为顺行示踪手段，Nauta 银染法对束路学研究的发展起了很大的推动作用。但 Nauta 染色法在稳定性方面仍有欠缺，Nauta 本人和许多学者继续探索了对此法的改进。Nauta 染色法的改进法甚多，其中应用最广泛的是 Fink-Heimer 染色法。该方法在高锰酸钾氧化前不用磷钼酸预处理，使用硝酸铀与硝酸银混合物进行染色，可以追踪出更靠近终末的部位或终末的变性像，得到更可靠的结果。

（1）染液配制

1）溶液 A：

硝酸铀	1.0g
硝酸银	5.0g
蒸馏水	1 000ml

2）溶液 B：

硝酸铀	1.75g
硝酸银	16.25g
蒸馏水	1 000ml

3）硝酸银氨溶液：临用前新鲜配制。

2.5% 硝酸银	30ml
强氨水	1ml
2.5% 氢氧化钠	1ml

4）还原液：

蒸馏水	900ml
95% 乙醇	75ml
10% 福尔马林	17.5ml
1% 柠檬酸	20ml

（2）染色步骤

1）10% 福尔马林固定标本的冰冻切片在蒸馏水中快速漂洗后浸入 0.05%~0.5% 高锰酸钾 5~10min。

2）蒸馏水快速漂洗后，用 1% 对苯二酚与 1% 草酸的等量混合液脱色 1~2min。

3）蒸馏水中漂洗 3 次，每次 5min。

4）切片入溶液 A 中 60~90min。

5）切片入溶液 B 中 30min（此步可省略）。

6）蒸馏水中漂洗 3 次，每次 5min。

7）切片入新鲜配制的硝酸银氨溶液 3~5min。

8）将切片转入还原液中，快速摇动直至组织变成棕色后更换还原液，继续还原 1~2min。

9）蒸馏水洗后入 0.5% 硫代硫酸钠 1min。

10）裱片后乙醇脱水，二甲苯透明，中性树胶封片。

（3）结果：变性神经纤维形态与 Nauta-Laidlaw 法相似，但背景染色更淡；变性轴突终末呈直径 0.5~2.0μm 的黑色球状颗粒。

（4）注意事项：

1）硝酸银氨溶液中合适的氨与 NaOH 的比例决定变性纤维和终末的嗜银性，NaOH 过多，会使切片着色过深并导致大量沉淀产生，而氨过多则抑制变性纤维的嗜银性，因此应通过预实验确定最佳氨 - 氢氧化钠比例。此外，硝酸银氨溶液应新鲜配制。

2）如果切片染色过深，可在还原液中加入数滴 1% 柠檬酸。柠檬酸液应冰箱内保存。

3）硝酸铀和高锰酸钾一样，也具有氧化性，为了保留变性纤维的嗜银性，硝酸铀和 / 或高锰酸钾的浓度有时应适当降低甚至省去氧化程序；而有时为了抑制其他非相关组织成分的嗜银性，应适当延长氧化处理时间。

第三节 电镜示踪技术

电镜是神经解剖学实验研究的重要工具，其特点是能细致分析详细的突触构成、识别突触连接、鉴定参与突触形成的神经元性质。长期以来，电镜已常规作为光镜变性示踪法的辅助研究手段。在变性神经束路示踪中，光镜研究只能确定变性神经纤维的终止区域或范围，而神经纤维变性时，其纤维及终末出现特征性超微结构变化，因此，电镜可利用变性纤维的超微结构特征鉴定特定通路的突触终末结构和明确其与其他神经元的关系。但电镜不仅限于实验性损伤所引起的神经元变性研究，亦可用于多种轴质运输神经示踪研究。如将电镜变性示踪与电镜轴质运输示踪和/或免疫电镜结合，在神经环路超微结构分析中具有独特优势。如可结合其他标记方法来研究此类传入纤维与特定传出投射细胞（逆行标记法）、特定的其他传入纤维（顺行标记法），或含特定化学成分的神经元（免疫组织化学）之间的关系，或将变性法与免疫组织化学方法或原位分子杂交技术结合，观察当切断束路（或神经）后起始神经元胞体内化学成分的变化，切断的神经纤维近侧端和远侧端的形态学及组织化学变化，破坏起源核团后该核靶区内神经纤维及末梢的组织化学变化。

一、正常与变性神经成分的鉴定

正常神经成分与变性神经成分在电镜下的超微结构具有明显区别，要鉴别变性的神经成分，首先必须能识别正常神经成分。

（一）正常神经成分的超微结构特征

1. 神经元胞体 神经元胞体因核大、异染色质少、核仁明显，有较丰富的粗面内质网和高尔基复合体，大多数神经元胞体表面或多或少有一些突触，因此容易辨认。对于细胞核、细胞质不典型的神经元胞体，由滑面内质网形成的特殊膜下池（hypolemmal cisterns）可作为区别神经元与神经胶质细胞的依据。

2. 轴突 轴突的主要超微结构特点：①有髓鞘的突起均为轴突；②断面直径小（0.2~1.0μm）、紧密排列成束者通常为轴突；③除轴突样树突（或突触前树突）外，含有突触小泡的断面一般为近终末的轴突（preterminal axon）或突触扣结（synaptic bouton）；④细轴索内常含有神经丝。

3. 树突 树突的主要超微结构特点：①除突触小球外，树突一般不排列成束；②树突直径一般大于0.5μm，且含有多核糖体，作为突触后成分与突触扣结联系；③细树突常有一个或多个线粒体和少量微管，但神经丝较少；④常从树突干发出突起形成一个或多个树突棘，并形成突触；当树突棘未与树突干相连时，可根据无微管存在而有棘器和细胞质呈絮状来判断。

（二）变性神经纤维的超微结构

根据超微结构的特征性变化，神经纤维变性分为电子致密型、微丝型、絮状、水样及胞饮型5种类型。多数情况下，这些变化在纤维主干和终末基本相同，但有时纤维主干的变化与终末的变化并不一致。

1. 电子致密型变性 电子致密型变性是Waller轴索变性最常见的一种类型，其特点是轴质内电子密度增加，特别是线粒体、轴质网和突触小泡（图10-11）；线粒体由小杆状变成球形，进而呈钝锯齿状，线粒体嵴紊乱、堆积，有时可见针状结晶和嗜锇性小体；轴质网膨胀和突触小泡变大。变性早期，电子密度增高的突触扣结仍与突触后成分接触，但突触小泡常远离突触前活性区；在变性晚期，变性终末与突触后表面分离并被吞噬细胞包绕，突触后成分则被胶质细胞突起包绕。

2. 微丝型变性 此类变性最显著的特点是神经微丝数量增多，突触小泡急剧减少和轴质网肥大，神经纤维及终末肿胀。

3. 絮状变性 其特征是轴质呈絮状，神经微丝崩解、肿胀、成团及突触小泡枯竭、线粒体变性。

4. 水样变性 其特征是突触小泡成团、枯竭和线粒体蜕变，轴质电子密度低、透明状。

5. 胞饮型变性 终末呈中等程度肿胀，突触小泡数量减少或消失，轴质电子密度低、透明，终末充满大量膜被小泡和“空篮”物质。

二、HRP法电镜示踪

在轴质运输束路示踪中，除了放射性核素通过放射自显影能在电镜下检测外，还有多种示踪剂，如HRP（WGA-HRP、CTB-HRP）、BDA、

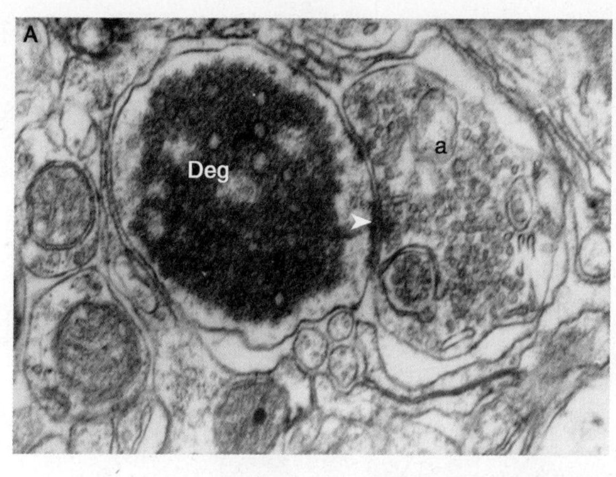

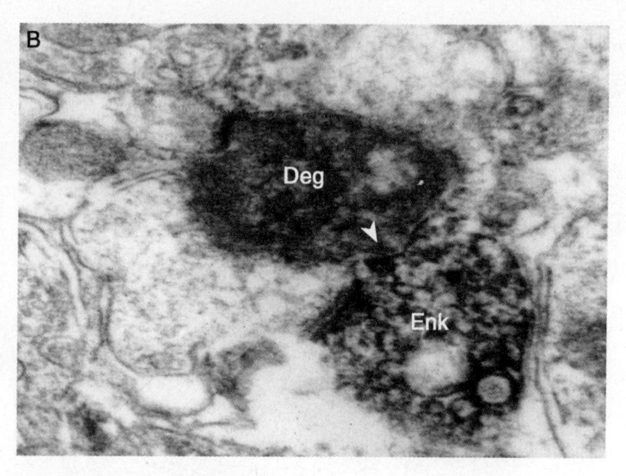

图 10-11　电子致密型变性轴突终末电镜图像

A. 一变性轴突终末（Deg）与一正常轴突终末（a）形成轴轴突触；B. 一变性轴突终末（Deg）与一免疫反应阳性轴突终末（Enk）形成轴轴突触。箭头示突触后膜（华中科技大学李和供图）

PHA-L、CTB，甚至一些荧光示踪剂，都可通过相应的组织化学或免疫组织化学反应，形成电镜下易于识别的高电子密度反应产物，从而对神经元胞体、树突或轴突及其终末进行电镜标记，实现神经束路的顺行和/或逆行电镜示踪。在以HRP、WGA-HRP或CBT-HRP进行的电镜示踪中，HRP可直接以显示过氧化物酶的电镜组织化学方法显示，即以 H_2O_2-DAB或 H_2O_2-四甲基联苯胺（TMB）进行呈色，形成电镜下易于识别的高电子密度反应产物，其中以DAB为呈色剂的高电子密度反应产物呈弥散细颗粒状，而以TMB为呈色剂的高电子密度反应产物形态不一，呈针状或细束状结晶，电子密度也高低不一，多数情况下呈中等密度，部分反应产物还表现为无定形的中等电子密度的结构；当用DAB-钴（DAB-Co）或DAB-镍（DAB-Ni）加强后再锇化时，反应产物的电子密度更高，其外形与未经钴或镍时相似，呈一种无内部结构的细杆状电子致密体，并常聚集在一起（图 10-12）。

三、生物素化葡聚糖胺法电镜示踪

在轴质运输束路电镜示踪中，以BDA作为示踪剂，操作过程简便，结果稳定，只需用ABC一步反应即可对示踪结果进行显示；BDA能耐受多种固定剂，用戊二醛固定不减弱标记强度，故可完好地保存组织形态结构；可通过选择不同分子量的BDA，即可进行顺行示踪（10kDa）或逆行示踪（3kDa）。BDA电镜示踪也可与其他电镜束路示

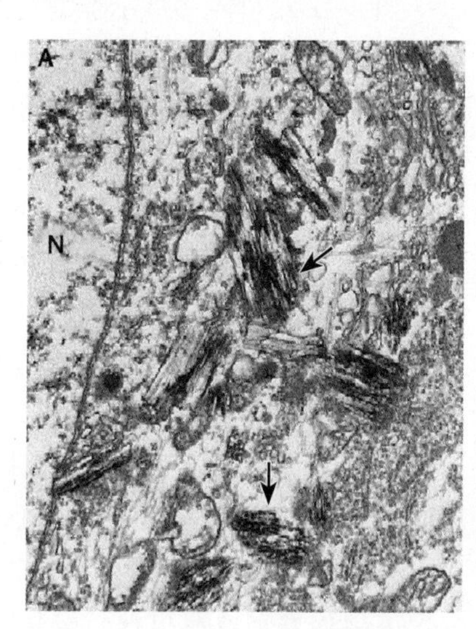

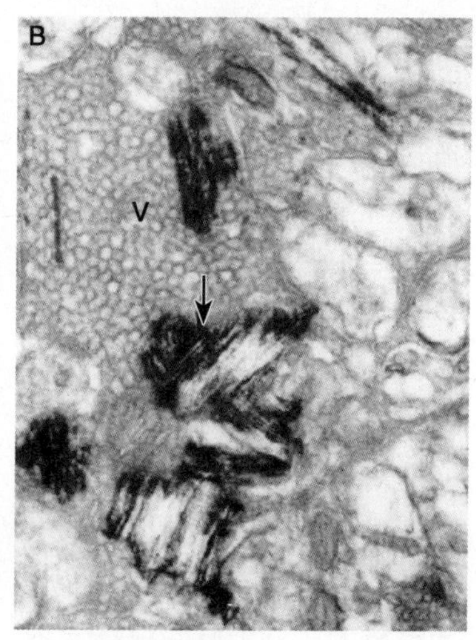

图 10-12　HRP 法电镜示踪

TMB-ST-Ni法显示HRP。长箭示神经元胞体内（A）和轴突终末内（B）呈针状或细束结晶状的高电子密度HRP反应产物。N. 细胞核；V. 突触小泡

踪和/或免疫电镜技术结合，进行双重或多重电镜束路示踪及神经环路的电镜研究。

BDA法电镜示踪技术中电镜标本的制备方法与电镜组织化学或免疫电镜标本的制备方法基本相同，但固定组织时可用较高浓度的戊二醛以更好地保存超微结构。BDA电镜示踪结果不仅可通过ABC组织化学法显示，也可用免疫金银加强技术进行显示。用ABC法显示时，电镜下在BDA标记结构内的DAB反应产物或镍加强后的反应产物电子密度高，弥散分布在标记的轴突、轴突终末、核周质、树突或树突棘（图10-13），与免疫酶电镜标记反应产物相似。免疫金银加强技术显示时，反应产物（银加强后的金颗粒）呈高电子密度的颗粒状散在于BDA标记结构内。

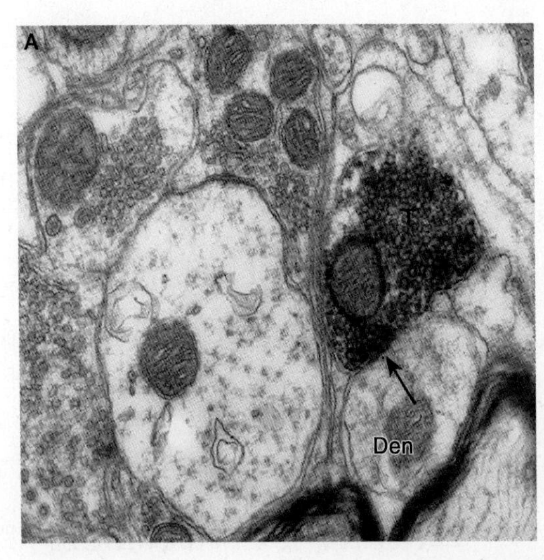

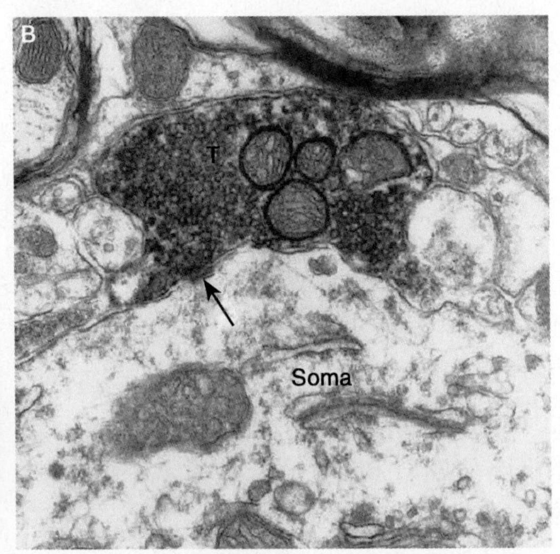

图10-13　生物素化葡聚糖胺（BDA）法电镜示踪

ABC-DAB-Ni法组织化学显示BDA顺行标记轴突终末（T）与未标记树突（A）和未标记胞体（B）形成突触。Den：树突；Soma：胞体；长箭示突触后膜

第四节　神经环路示踪技术

神经化学解剖学方法的建立和发展，使神经科学研究进入一个全新时代，而光、电镜的双标方法为阐明结构与功能的关系，识别神经元性质及投射途径等发挥了重要作用。为深入认识功能与结构联系的复杂神经网络，双重及多重染色技术和双重及多重神经束路示踪技术得到了进一步完善。同时，由于分子生物学的飞速发展，将遗传学技术和光控技术结合的光遗传学技术的建立，不仅可活体研究神经环路，也可通过神经细胞表达光敏感蛋白实现对神经细胞的光学控制研究神经系统中某种特定的神经元功能。

一、双重或多重神经束路示踪技术

神经束路单标示踪技术在分析单一神经元投射路径及识别其性质方面发挥了重要作用。但神经系统的结构，尤其是脑的结构非常复杂。为明确神经元相互之间的结构联系，如分析神经元分支投射与神经环路、确定传入纤维与靶神经元的联系及其化学性质等，需要采用双重或多重示踪技术。

（一）双重或多重示踪的基本类型

双重或多重示踪技术应用两种或两种以上的示踪剂（包括重组表达荧光蛋白的病毒）和/或示踪方法同时显示2个或多个神经束路及其相互之间的结构联系。根据所用示踪剂和示踪方法的不同，双重或多重示踪技术有多种组合，如双重逆行示踪、双重顺行示踪、顺行示踪与逆行示踪结合等（图10-14）。部分双重或多重示踪既可在光镜水平进行，也可在电镜水平进行。

1. 双重逆行示踪　将两种不同的能逆行转运的示踪剂分别导入不同脑区（脑区A和脑区B），然后观察特定脑区（脑区C）是否出现被两种示踪剂分别或双重逆行标记的神经元，从而证明脑区C是否有神经元同时支配脑区A和脑区B两个不同脑区或是否有同一神经元以分支投

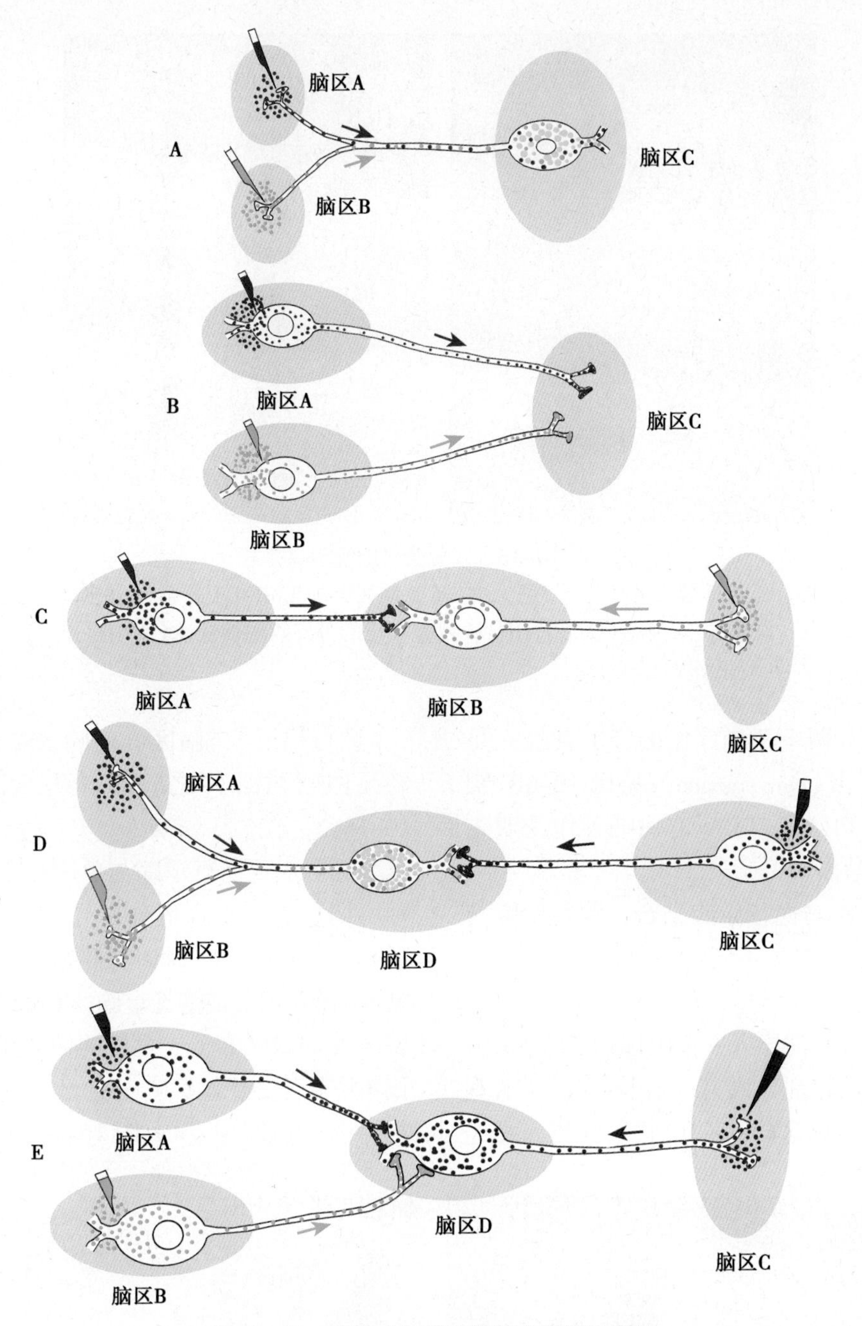

图 10-14 双重或多重示踪基本类型示意图

A. 双重逆行示踪；B. 双重顺行示踪；C. 单顺行示踪与单逆行示踪结合；D. 双重逆行示踪与单顺行示踪结合；E. 双重顺行示踪与单逆行示踪结合；长箭示示踪剂的运输方向

射方式支配两个不同的脑区（图 10-14A）。在双重逆行示踪中，常用两种不同的荧光素作为示踪剂，如用荧光金（FG）和四甲基罗丹明（TMR）的双重荧光逆行示踪（图 10-15），也可用两种不同的非荧光素逆行示踪剂，如 CTB 和 HRP，用不同的呈色方法显示不同的示踪剂，或将荧光素（如 FG）与非荧光素示踪剂（如 CTB）结合，应用免疫组织化学双重标记技术分别显示荧光素与非荧光素示踪剂。如需明确逆行标记的神经元的性质或类型，可选择相应神经元的标志物（如所含的神经递质）进行组织化学或免疫组织化学染色予以确定。

2. 双重顺行示踪 将两种不同的能顺行转运的示踪剂分别导入两个不同的脑区（脑区 A 和脑区 B），然后观察特定脑区（脑区 C）是否出现被两种不同示踪剂分别标记的轴突终末，以研究

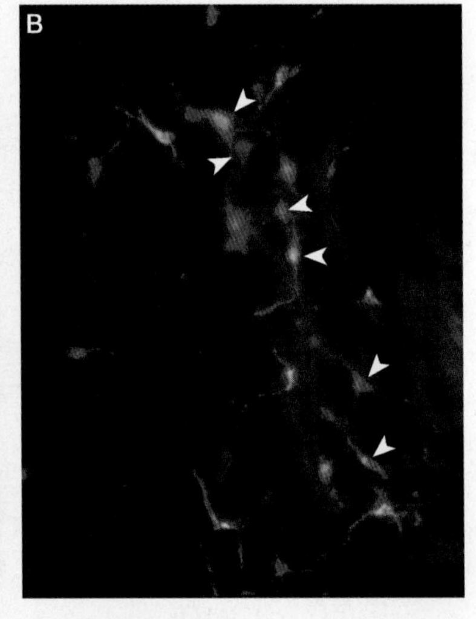

图 10-15　双重荧光逆行示踪

A. FG 逆行标记神经元（蓝色）；B. 与 A 同视野的 TMR-DA 逆行标记神经元（红色）。箭头示 FG 与 TMR-DA 双重标记的分支投射神经元（华中科技大学李和供图）

脑区 A 和脑区 B 两个不同脑区的传出神经元是否向脑区 C 汇聚（convergence），见图 10-6B、图 10-14B。常用 PHA-L、BDA、TMR-DA 作为双重顺行示踪的示踪剂。

3. 顺行示踪与逆行示踪结合　顺行示踪与逆行示踪结合具有多种不同的组合。

（1）单顺行示踪与单逆行示踪结合：即将一种顺行转运的示踪剂导入一个脑区（脑区 A），将一种逆行标记示踪剂导入另一脑区（脑区 C），观察脑区 A 向特定脑区（脑区 B）投射的传入神经元（顺行标记）与脑区 B 向脑区 C 投射的传出神经元（逆行标记）之间的联系，见图 10-14C、图 10-16。

（2）双重逆行示踪与单顺行示踪结合：将两种不同的逆行示踪剂分别导入两个不同的脑区（脑区 A 和脑区 B），将一种顺行示踪剂导入另一脑区（脑区 C），观察特定脑区（脑区 D）是否有向脑区 A 和脑区 B 分支投射的神经元（双重逆行标记）并是否接受脑区 C 的神经元的传入联系（顺行标记），见图 10-14D、图 10-17。

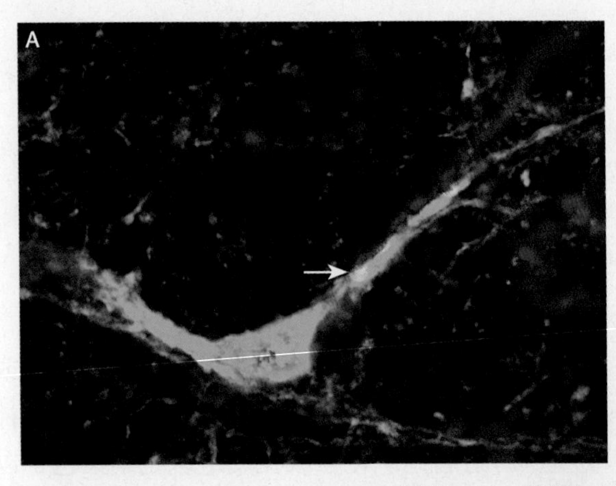

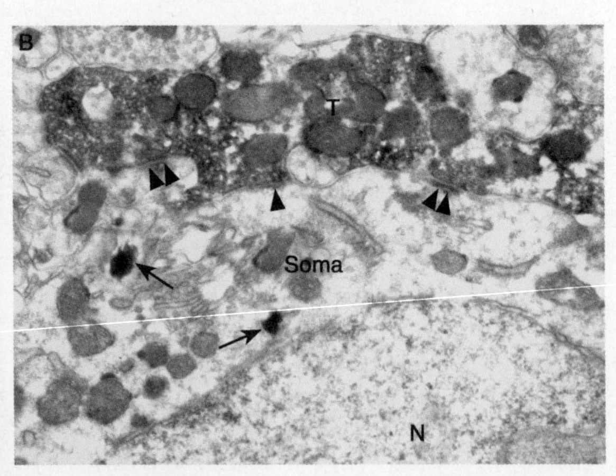

图 10-16　单顺行示踪与单逆行示踪结合

A. BDA 顺行示踪与 FG 逆行示踪结合；用 Texas red 标记的亲和素荧光组织化学显示顺行示踪剂 BDA（红色），抗 FG 抗体及 FITC 标记的第二抗体免疫荧光显示逆行示踪剂 FG（绿色）；白长箭示 BDA 顺行标记的轴突终末与 FG 标记的神经元树突接触（黄色）。B. BDA 顺行示踪与 HRP 逆行示踪结合的电镜观察；T：BDA 顺行标记的轴突终末（ABC-DAB-Ni 法显示）；Soma：胞体；黑长箭示 TMB-ST-Ni 法显示的胞体内 HRP 反应产物；黑三角形示突触后膜（空军军医大学李云庆供图）

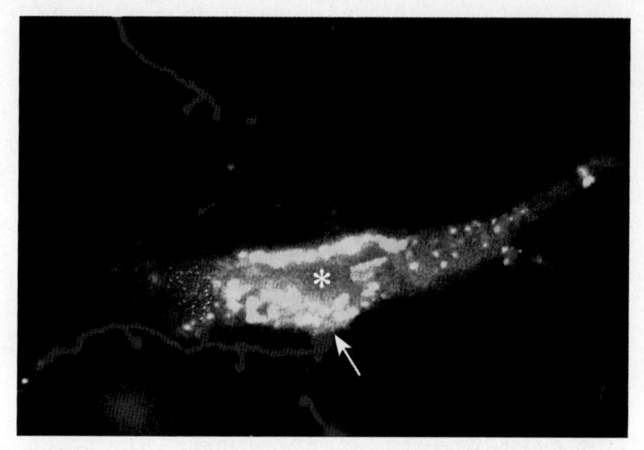

图 10-17　双重荧光逆行示踪与单荧光顺示踪结合

抗 FG 抗体及 FITC 标记的第二抗体免疫荧光显示逆行示踪剂 FG（绿色），抗 TMR 抗体及罗丹明标记的第二抗体免疫荧光显示逆行示踪剂 TMR-DA（红色），Cy5 标记的亲和素荧光组织化学显示顺行示踪剂 BDA（蓝色）。长箭示 BDA 顺行标记的轴突终末与被 FG 和 TMR-DA 双重逆行标记的神经元胞体（星号，黄色）接触（空军军医大学李云庆供图）

（3）双重顺行示踪与单逆行示踪结合：将两种不同的顺行示踪剂分别导入两个不同脑区（脑区 A 和脑区 B），将一种逆行示踪剂导入另一脑区（脑区 C），观察脑区 A 和脑区 B 两个不同脑区的神经元（顺行标记）是否汇聚于特定脑区（脑区 D）向脑区 C 投射的神经元（逆行标记），见图 10-14E。

在这类顺行示踪与逆行示踪结合的双重 / 多重示踪中，常用 PHA-L、BDA、TMR-DA 等作为顺行示踪剂，用 HRP、CT-HRP、FG、TMR 或 TMR-DA 作为逆行示踪剂。

为了确定顺行标记的轴突终末是否与逆行标记的胞体和 / 或树突形成突触联系，则需行电镜观察，例如，用免疫组织化学 ABC-DAB 染色显示 PHA-L 或 BDA，用 TMB 染色显示 HRP 或 FG，见图 10-16B。在电镜下，还可将放射自显影示踪、顺行变性示踪与逆行示踪结合分析两个神经通路之间的联系。而对于顺行或逆行标记神经元的性质或种类，也可通过特定标志物的组织化学或免疫组织化学染色确定（图 10-18）。

（二）双重或多重示踪注意事项

目前，可用于双重或多重示踪的示踪剂多种多样，并有一系列抗体及不同的显色方法对各种示踪剂进行检测。为了成功进行双重或多重示踪，合适的示踪剂组合和检测方法的选择非常关键。

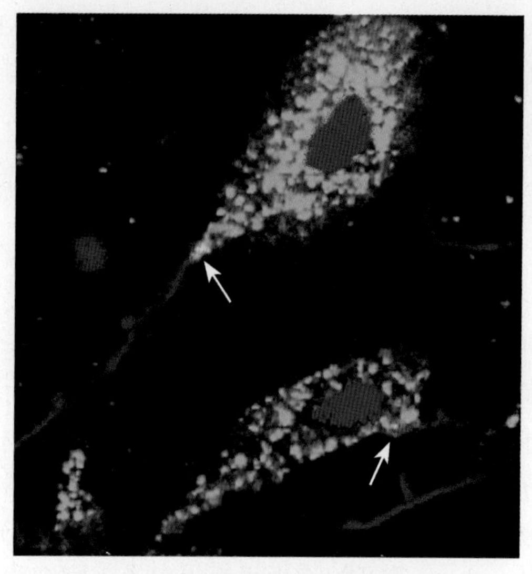

图 10-18　单逆行示踪、单顺行示踪与神经元标志物免疫组织化学结合

抗 FG 抗体及 FITC 标记的第二抗体免疫荧光显示逆行示踪剂 FG（绿色），罗丹明标记的亲和素荧光组织化学显示顺行示踪剂 BDA（红色），抗 Fos 抗体及 Cy5 标记的第二抗体免疫荧光显示伤害性刺激激活在核内表达的 Fos 蛋白（蓝色）。长箭示 BDA 顺行标记的轴突终末与 FG 逆行标记的胞体接触（黄色）（空军军医大学李云庆供图）

1. 用于双重或多重示踪的示踪剂最好是单向运输或以单向运输为主。

2. 为了避免多次注射示踪剂，每种示踪剂的运输速度最好能匹配，注射后动物存活时间最好基本一致，否则应根据不同示踪剂的不同运输速度先后导入不同的示踪剂。

3. 如果将荧光素示踪剂与非荧光素示踪剂组合进行双重或多重示踪，应有可用的抗体通过免疫组织化学反应将荧光素示踪剂变为亮视野显微镜下呈现特定颜色的反应产物，或对非荧光素示踪剂进行荧光染色；在电镜示踪时，必须通过免疫电镜技术将荧光素示踪剂变为电镜下可识别的反应产物。

4. 在通过双重或多重免疫组织化学显示多种示踪剂时，特异性抗体的选用应避免可能的交叉反应，或通过相应处理阻断可能的交叉反应；以双重或多重免疫酶标记检测不同示踪剂时，免疫反应产物的颜色应彼此易于分辨；以双重或多重免疫荧光检测不同示踪剂时，标记抗体的不同荧光素其激发光和发射光光谱应明显不同，避免重叠或极少重叠（详见第七章）。在以双重或多重过氧化物酶组织化学电镜和 / 或免疫酶电镜检测不同示踪剂时，应用不同的呈色剂（如 DAB、TMB）使形成的反应产物具有不同的超微结构形态和电子密度。

二、光遗传学在神经环路研究中的应用

光遗传学（optogenetics）又称光刺激基因工程（optical stimulation plus genetic engineering），是一种将光学和遗传学技术结合用以进行细胞生物学研究的新技术，即将光敏感的离子通道蛋白表达于可兴奋的靶细胞或靶器官上，利用相应波长的光照激活光敏感通道以实现对细胞、组织、器官及动物生理功能的精细调控（图 10-19）。2002 年 Zemelman 等开始将光敏感蛋白导入靶细胞进行神经活动研究，此后光遗传学技术在大脑神经环路、神经功能调控的研究中得到了迅速发展，并于 2011 年被 *Nature Methods* 杂志评为 2010 年度技术。光遗传学技术在时间上控制精度可达毫秒级，空间精度可达单个细胞级，这种高度时空特异性从根本上解决了如何精确调控细胞行为的问题，因此可克服传统的药理学和电生理学方法作用范围广、缺乏特异性等缺陷，能够在动物处于清醒的状态下，激活或抑制特定种类的神经元，并直接观察这类神经元激活或抑制导致的行为变化，已广泛应用于突触可塑性、神经系统的疾病治疗、动物行为学、神经环路等多方面研究。

1. 光敏感蛋白 光遗传学技术转化应用的原理是以特定波长的外源光照射（刺激）激活表达在哺乳动物细胞或体内的光敏感蛋白，因光敏蛋白活性的改变进而调控靶细胞生物学行为，因此光敏感蛋白是该技术中一个至关重要的元件。光敏蛋白是一类能感受不同波长光刺激，并对该光学刺激产生一系列效应的膜蛋白，即视蛋白（opsin），广泛分布于原核生物、植物以及动物的视觉系统。视蛋白分为两大超家族：微生物视蛋白（Ⅰ型）和动物视蛋白（Ⅱ型）。Ⅰ型视蛋白为光敏感离子通道，光照后离子通道活化，膜内外离子流动，发生膜电位改变，例如，黄光激活的团藻视紫红质通道蛋白 1（volvox channelrhodopsin-1，VChR1）和蓝光激活的视紫红质通道蛋白 2（channelrhodopsin-2，ChR2）。Ⅱ型视蛋白为 G 蛋白偶联受体，光照后通过激活 G 蛋白、经第二信使起作用，包括视紫红质、视紫蓝质、视紫质、视青质、黑视素等。在光遗传学中，Ⅰ型光敏感蛋白更为常用。

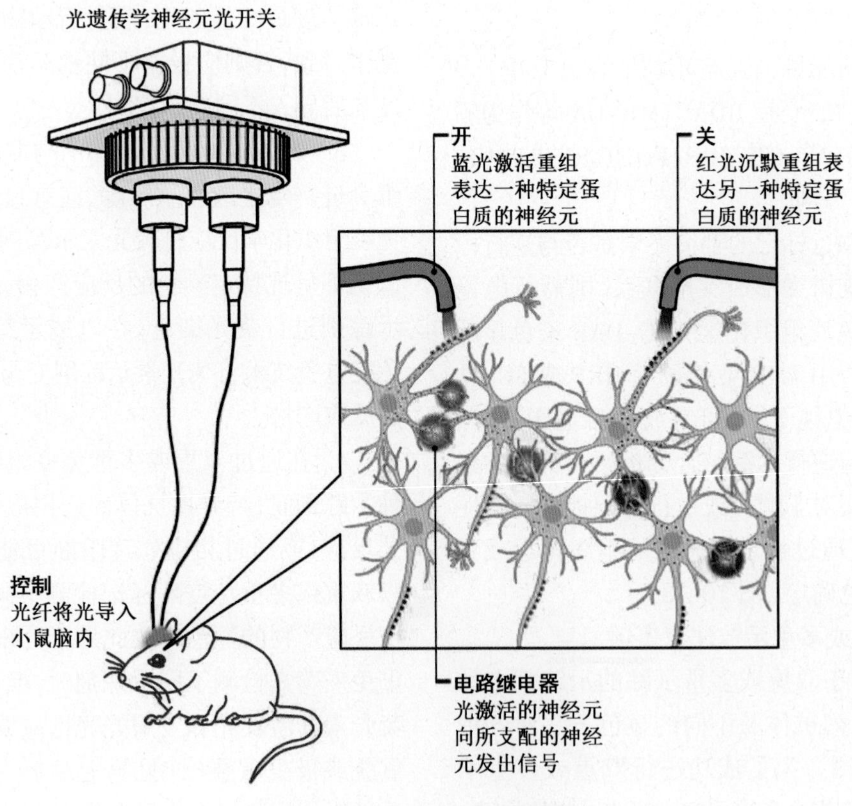

图 10-19 光遗传学技术原理

ChR2也称光敏感通道蛋白2，是从单细胞绿藻分离的一种光敏感蛋白，其活化光谱范围为350~550nm，中心波长为470nm。将ChR2与CaMK Ⅱ α的启动区融合后在可兴奋细胞表达，在波长473nm的蓝光照射下，ChR2通道迅速激活开放。ChR2是非选择性阳离子通道，对不同二价阳离子的通透性不同（Ca^{2+}>Sr^{2+}>Ba^{2+}>Zn^{2+}>Mg^{2+}），二价阳离子在80mmol/L时形成100mV的内向电流，此时ChR2对Ca^{2+}的通透性最大。细胞外阳离子进入细胞内，导致细胞去极化。

嗜盐菌视紫红质（halorhodopsin，HaloR、NpHR）是一种黄光驱动氯泵，分离自一种嗜盐古细菌，其活化光谱范围在525~650nm，中心波长为578nm。在578nm光照射下，细胞膜上HaloR被激活，启动氯泵，氯离子由细胞外进入细胞内，使细胞产生超极化而抑制。但HaloR亦可引起内质网蛋白聚集，高浓度表达可产生细胞毒性。将NpHR改造为eNpHR，后者具有NpHR的功能，但可避免NpHR的细胞毒性。近年，将ChR2和Halorhodopsin同时表达于神经细胞，用470nm光照，使ChR2通道开放，神经细胞去极化而兴奋；578nm光照，使Halorhodopsin通道开放，神经细胞超极化而抑制，由此可用于神经活动的双向光控制。

黄光激活的VChR1是从Carteri团藻（Volvox Carteri）获得的能被黄光激活的阳离子通道，其激发波长为589nm，较ChR2向红光移约70nm。如与其他蓝光激活的离子通道联合应用，可同时研究二种不同的神经细胞功能调控。

2. 光遗传学实验基本步骤　以光遗传学控制细胞功能的基本步骤包括光敏感蛋白选择、将光敏感蛋白表达于被研究细胞、光刺激和记录分析数据（图10-20）。

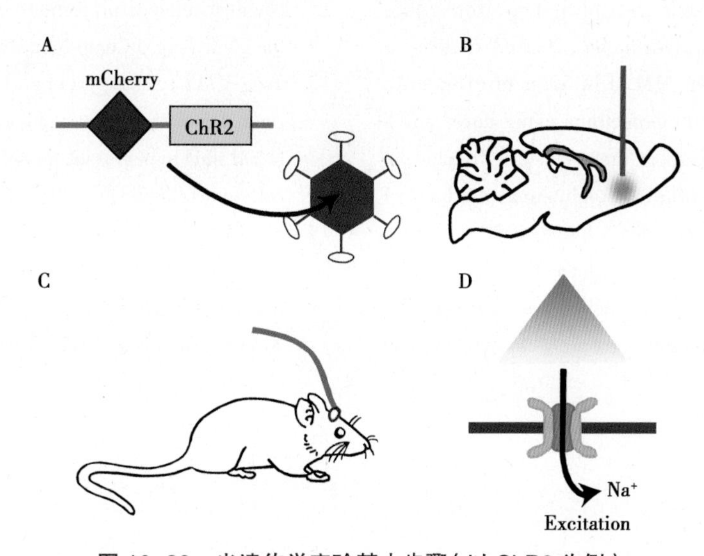

图10-20　光遗传学实验基本步骤（以ChR2为例）

A. 构建包装携带mCherry-ChR2基因的病毒；B. 脑内注射病毒，导入表达mCherry-ChR2的基因；C. 通过导入光纤进行激光刺激；D. 蓝光激活ChR2，Na^+通透性增强

（1）选择合适的光敏感蛋白：根据光敏感蛋白的不同特性和研究目的选择合适的光敏感蛋白，一般选择天然光敏感蛋白，或对天然蛋白进行化学修饰后的对光敏感的人工改造蛋白。

（2）靶神经元表达光敏感蛋白：利用转染、病毒注射或转基因动物等方法将编码光敏感蛋白的基因导入靶神经元，其中，病毒导入技术具有快速、灵活多样、不受脑区限制等诸多优势，是目前最常见和广泛的方法，以慢病毒和AAV病毒最常用。

（3）光刺激：光遗传学实验中操作活体动物的光源是几乎全是激光。根据所用光敏感蛋白，选择灵敏度相匹配的输出波长激光（最常用的波长为473、532、561、594和638nm），采用导入光纤导入研究区域进行光刺激。

（4）记录分析数据：通过电生理记录或行为学测试等方法，将光刺激对神经元活动对动物行为的影响呈现出来，解析参与调控的神经环路。

（李　臻）

参考文献

1. 韩济生．神经科学．北京：北京大学医学出版社，2009.
2. 吕国蔚，李云庆．神经生物学实验原理与技术．北京：科学出版社，2011.
3. 李和，周莉．组织化学与细胞化学技术．北京：人民卫生出版社，2014.
4. 张志坚，靳森，朱续涛，等．利用嗜神经病毒跨突触追踪神经网络进展．生命科学，2014，26(6)：634-644.
5. Edwards SB, Hendrickson A. The autoradiographic tracing of axonal connections in the central nervous system//Heimer L, RoBards MJ. Neuroanatomical tract-tracing methods. New York: Plenum Press, 1981: 171-205.
6. Lanciego JL, Wouterlood FG. Multiple neuroanatomical tract-tracing: approaches for multiple tract-tracing//Zaborszky L, Wouterlood FG, Lanciego JL. Neuroanatomical Tract-tracing 3, Molecular, Neurons, and System. New York: Springer Science+Business Media Inc, 2006: 336-365.
7. Carson KA, Mesulam MM. Electron microscopic demonstration of neural connections using horseradish peroxidase: a comparison of the tetramethylbenzidine procedure with seven other histochemical methods. J Histochem Cytochem, 1982, 30(5): 425-435.
8. van der Want JJ, Klooster J, Cardozo BN, et al. Tract-tracing in the nervous system of vertebrates using horseradish peroxidase and its conjugates: tracers, chromogens and stabilization for light and electron microscopy. Brain Res Brain Res Protoc, 1997, 1(3): 269-279.
9. Li H, Mizuno N. Direct projections from nucleus X to the external cortex of the inferior colliculus in the rat. Brain Res, 1997, 774(1-2): 200-206.
10. Kiss J, Csaki A, Bokor H, et al. Possible glutamatergic/aspartatergic projections to the supramammillary nucleus and their origins in the rat studied by selective [^{3}H]D-aspartate labelling and immunocytochemistry. Neuroscience, 2002, 111(3): 671-691.
11. Geerling JC, Mettenleiter TC, Loewy AD. Orexin neurons project to diverse sympathetic outflow systems. Neuroscience, 2003, 122(2): 541-550.
12. Zhou J, Shore S. Convergence of spinal trigeminal and cochlear nucleus projections in the inferior colliculus of the guinea pig. J Comp Neurol, 2006, 495(1): 100-112.
13. Dong Y, Li J, Zhang F, et al. Nociceptive afferents to the premotor neurons that send axons simultaneously to the facial and hypoglossal motoneurons by means of axon collaterals. PLoS One, 2011, 6(9): e25615.
14. McGovern AE, Davis-Poynter N, Rakoczy J, et al. Anterograde neuronal circuit tracing using a genetically modified herpes simplex virus expressing EGFP. J Neurosci Methods, 2012, 209(1): 158-167.

第十一章　激光扫描共聚焦显微镜术

激光扫描共聚焦显微镜（laser scanning confocal microscope，LSCM）是普通光学显微镜与激光、计算机及其相应的软件技术组合而产生的一种高科技显微镜产品，在功能上，LSCM相当于几种制作精良的常用显微镜的有机组合，如倒置光学显微镜、荧光显微镜、暗视野显微镜、相差显微镜等，是普遍光学显微镜质的飞跃。LSCM利用激光作为光源，在传统荧光显微镜的基础上，加装激光扫描装置，采用共轭聚焦原理，利用计算机获取细胞或组织内部微细结构的荧光图像，并进行图像处理，具有分辨率高、可实现多重荧光同时观察、并可形成清晰的三维图像等优点，尤其在研究和分析活细胞结构、分子、离子的实时动态变化过程，组织细胞的光学连续切片和三维重建等方面，具有传统光学显微镜不可比拟的优势，在生命科学研究领域得到广泛应用，已成为细胞生物学、神经科学、药理学、遗传学等医学生命科学领域的主要研究工具。

第一节　激光扫描共聚焦显微镜技术的基本原理

尽管目前的LSCM型号众多，各种LSCM之间在性能上存在差异，功能和应用范围也不尽相同，但其基本结构和工作原理都基本相同。

一、激光扫描共聚焦显微镜的基本结构

LSCM主要由激光光源系统、扫描装置、光检测器、中心处理器以及光学显微镜5个部分组成（图11-1）。

1. 激光光源系统　激光光源系统以激光发射器为核心，同时还包括冷却系统、稳压电源、耦合光纤等辅助设备。

（1）激光发射器：简称激光器，是LSCM的光源。按照工作介质的种类，激光器可分为气体、固体、染料和半导体等类型，以气体激光器和固体激光器较常用。气体激光器的类型最多，谱线也最丰富，在LSCM中应用最广泛。通常采用的激光器有多线性氩（Ar）离子（458nm、488nm、514nm）、氪（Kr）离子（568nm、647nm）、氦氖（HeNe）（543nm、633nm）、氩紫外（ArUV）（351nm、364nm）等气体激光器和蓝紫光（405nm）半导体激光器。激光光源可单独或同时配备多个激光器，以获得更多的激光谱线。

目前新的LSCM激光光源的调节由计算机来控制，照射到样品上的激光能量大小通过声光控制器（AOTF）调节。AOTF可在一定范围内连续调节每个波长激光的输出能量和强度，并能精确、快速地控制不同激光谱线间的切换。

（2）冷却系统：冷却系统的作用是带走激光器产生的大量热量，使之快速冷却，保证激光器的正常工作。

（3）稳压电源：保证激光稳定是获得正确测定结果的前提条件，稳压电源发挥重要作用。一旦激光管的电流发生改变，一般需10~20min才能稳定，故开机或调整输出激光电流后，应尽量等激光强度稳定后再行图像采集，定量测定时尤其如此，以保持实验条件的一致性。尽量用AOTF改变激光强度，因AOTF不影响激光器的工作电流。

2. 扫描装置　由光束分离器、共轭性针孔，显微镜载物台Z轴升降微动步进马达，以及切片平面X-Y轴扫描控制器等部分。

（1）光束分离器（二色镜）：也称分光镜，位于激光发射器、物镜与光检测器三者之间的光路上，可将激光束折射至显微镜的物镜，但不允许激光直接透过光束分离器进入光检测器。穿过物镜到达样品的激光激发样品中的荧光物质，使其

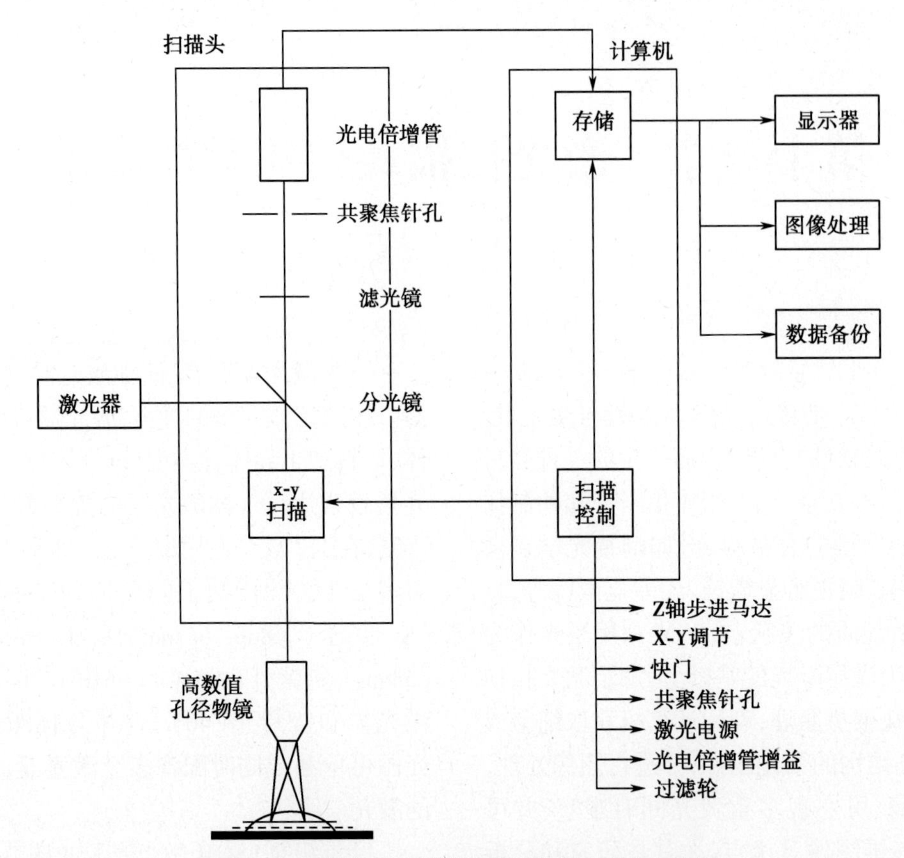

图 11-1 激光扫描共聚焦显微镜的基本结构示意图

产生荧光。荧光束再次反向通过物镜和光束分离器，到达光检测器被记录。

目前使用的分色器部件主要有滤片、棱镜和光栅三种类型。①滤片：滤片具有波长选择作用，与分光镜组合，只允许一定波长范围内的光通过，因此通过选择与荧光探针发射峰匹配的滤片即可检测相应波长的荧光。②棱镜：由棱镜和狭缝组成；棱镜将混合光分为按照波长排列的光谱，通过调整狭缝的位置和宽度，选择所需的波长进入检测器。③光栅：光栅与32个检测器共同组成分色器；先由光栅将混合光分成按照波长排列的光谱，照射到32个阵列检测器上，其中每个检测器对应一定的波长检测范围，由此完成全部可见波长（400~700nm）范围的荧光检测，并测定各荧光物质的荧光发射光谱曲线，再依据各荧光物质的峰值和荧光发射光谱将混合荧光分离，分别检测各荧光的信号并成像。

（2）共轭性针孔（pinhole）：为一对中央带有小孔的板状结构，分别称为照明针孔和检测针孔，两者的直径一致，约100~200nm。前者位于激光发射器与光束分离器之间，后者位于光束分离器与光检测器之间。这两个针孔相对于物镜焦平面为共轭性配布，即当激光下行通过针孔和物镜聚焦在样品某一位点时，样品被激光激发的荧光向上通过物镜、针孔、光束分离器，正好能通过另一针孔到达光检测器，共聚焦即通过这种共轭性针孔而实现。针孔将同一焦平面上非测量点的杂散光和非焦点平面的杂散光屏蔽掉，同时还屏蔽来自非焦点平面杂散光，这样通过物镜的激光和荧光以及光检测器捕获的荧光，均没有杂散光的干扰，因此，针孔应越小越好。但是，为了保证足够的荧光信号通过针孔，在实际应用中，应在保证图像亮度的前提下使针孔尽量小。

（3）显微镜载物台Z轴升降微动步进马达：此马达可在垂直轴上升降载物台，使样品Z轴（垂直轴）上的不同水平层面逐次移至焦平面，其最小微动距离在0.1μm，实际上可用激光扫描最小厚度为0.5μm。

（4）切片平面X-Y轴扫描控制器：在水平面上扫描样品不同位点的控制器，由一对电流计镜片控制。LSCM获取平面上的影像数据是诸点的连续扫描，并非同时捕获平面上的全部影像。

3. 光检测器　在LSCM中使用较多的光检测器有光电倍增管（photomultiplier tube，PMT）和电耦合器件（charged-coupled device，CCD）。PMT配有高速12位A/D转换器，可做光子计数；其暗电流低，是单通道装置，适合检测通过针孔的光子，应用更为普遍。PMT具有以下特点：①以毫秒级或微秒级速度检测荧光，时间分辨率极高，可进行细胞内的分子功能动态检测；②灵敏性极高，能检测极微弱的荧光；③精确定量分析，并能对同一种荧光再细分成强度不同的光；④LSCM是计算机实时记录荧光数据，比荧光显微镜摄影记录及时，弥补了荧光极易被淬灭的缺点。

4. 中心处理器　包括计算机和图像分析系统。LSCM的计算机允许LSCM在Z轴上连续扫描，获得系列Z轴断面数字化图像，这种跨越不同切面的X-Z轴上的数据是一般荧光显微镜不能获取的。因并未实际切割，不会丢失系列断层影。图像分析系统软件功能强大，可获得时间、空间上大量信息，如平均荧光值、荧光积分值、细胞周长、面积等。

5. 显微镜　LSCM中所使用的显微镜与常规的荧光显微镜大体相同，但必须配备与共聚焦系统连接的接口，配备Z轴步进马达以完成三维立体成像，配备光路转换系统方便切换荧光显微镜观察和共聚焦观察方式，一般为最高级别的全自动荧光显微镜。显微镜是LSCM的主要组件，关系成像质量，其中物镜是决定显微镜的分辨率和成像清晰度的主要部件。LSCM的光学分辨率不仅由光线的波长决定，还由物镜数值孔径（NA）大小和针孔大小决定。应选取NA高的荧光镜头，有利于荧光的采集和成像的清晰。LSCM中应用的镜头按功能来分，主要有以下几种：

（1）相差物镜：用来观察无色透明的标本或活细胞，大多数用于倒置显微镜。

（2）微分干涉相差（differential interference contrast，DIC）物镜：用于观察无色透明样品或细胞。

（3）霍夫曼调制相衬物镜：类似于相差物镜，观察效果立体感较强，但不能用于荧光观察。

（4）偏光物镜：用于偏光检测。

（5）多功能物镜：具有多种功能，能同时用于相差、微分干涉相差、荧光观察。

以上各种镜头按工作距离不同有短工作距离镜头和长工作距离镜头之分，前者可用于一般载玻片或超薄玻片（厚度0.17mm）上标本的观察，后者工作距离长至10.6mm，可用于培养皿、培养瓶等容器盛载样品的观察。此外，根据镜头能否浸在培养基中，正置显微镜的物镜还有干镜和湿镜（水镜）之分，湿镜能浸在培养基内，适于用正置显微镜对活细胞进行动态观察。

二、激光扫描共聚焦显微镜的工作原理

传统的光学显微镜使用的是场光源，入射光照射到整个标本的一定厚度，标本上每一点的图像都会受到邻近点的衍射光或散射光的干扰，使图像的信噪比降低，影响图像的清晰度和分辨率。LSCM利用激光束通过光栅针孔形成点光源，采用点光源激光照射标本，在焦平面上形成一个轮廓分明的小光点，该点被照射后发出的荧光被物镜收集，并沿原照射光路回送到分光器，分光器将荧光直接送到PMT。照明针孔和探测针孔相对于焦平面上的光点，两者是共轭的，所以光点通过一系列的透镜，最终可同时聚焦于照明针孔和探测针孔。这样，来自焦平面的光可以会聚在探测孔范围之内，而来自焦平面上方或下方的散射光都被挡在探测孔之外而不能成像（图11-2）。以激光逐点扫描样品，探测针孔后的PMT也逐点获得对应光点的共聚焦图像，转为数字信号传输至计算机，最终在屏幕上聚合成清晰的整个焦平面的共聚焦图像。再利用载物台上的微动步进马达使载物台在Z轴方向步进移动，就可以得到一系列不同平面的二维共聚焦图像，即光学切片或称“CT式”扫描。把X-Y平面（焦平面）扫描与Z轴（光轴）扫描相结合，通过累加连续层次的二维图像，经过计算机软件处理，可以获得样品的三维图像。

检测针孔后面的分光装置让某一波长以上的光通过，而这一波长以下的光则被反射到相应的PMT上，从而形成这一点的像。每一个这样的PMT称为一个通道，在扫描头中装上足够的PMT，就可以观察到所需要的所有颜色荧光。一般具有3个荧光通道，故可同时探测多个标记物。

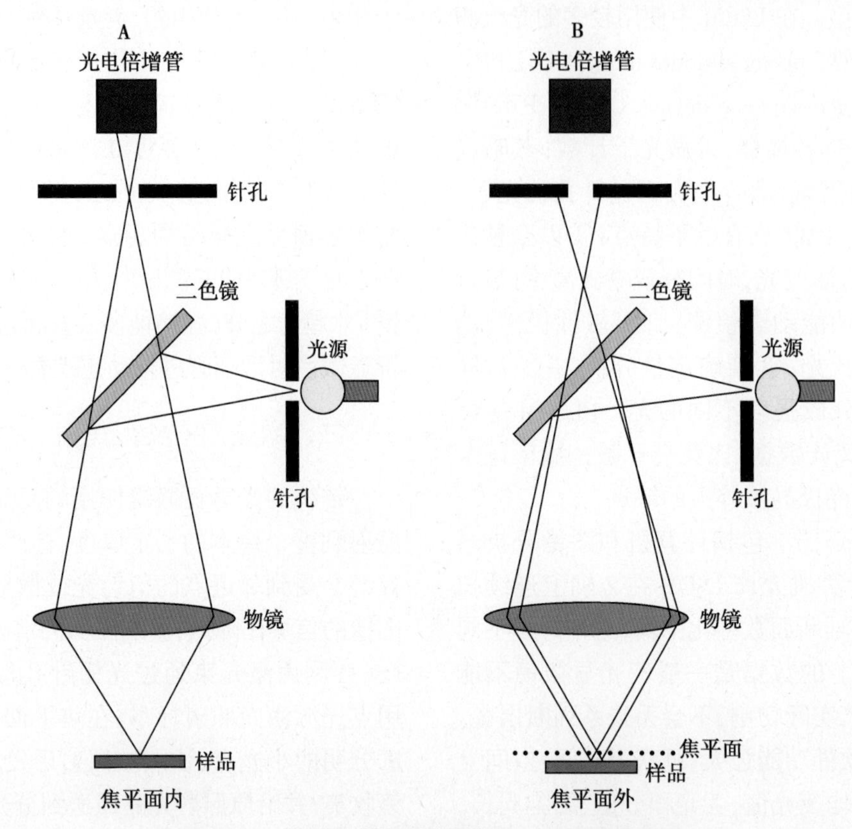

图 11-2 激光扫描共聚焦显微镜工作原理示意图

A. 激光穿过照明针孔形成点光源，通过物镜聚焦于样品焦平面，焦平面上只有被激光扫描的点所发出的一定波长的荧光才能通过检测针孔到达检测器（PMT），在显示器上成像，得到相应的荧光共焦影像；B. 显示来自焦平面以外的荧光，均被检测针孔阻挡过滤，不能通过针孔到达检测器，因而不能形成荧光共焦图像

三、激光扫描共聚焦显微镜的主要类型

1957 年，为了得到不经染色的神经系统图像，Marvin Minsky 专门设计了一种特殊的显微镜来研究活体脑组织，首次提出了共聚焦显微镜技术的基本原理。由于当时没有合适的光源，Marvin Minsky 的仪器产生的图像质量较差，因此没有引起人们对共聚焦显微镜的兴趣。1967 年，Egger 和 Petran 第一次成功地应用共聚焦显微镜产生了一个光学横断面，他们所用的共聚焦显微镜的核心是尼普科夫盘（Nipkon disk）。此盘位于光源和针孔之后，并且从盘射出的光束以连续的光点在盘旋转时照到物体上。由于尼普科夫盘在设计中同样受到技术不完善的干扰，因此也没有获得太大成功。1970 年，Sheppard 和 Wilson 将上述新型的共聚焦显微镜与构成共聚焦成像的几何学的基础理论结合起来，首次描述了光与被照明物体的原子之间的非线性关系和激光扫描器的拉曼光谱学。1979 年，Koester 设计出一种共聚焦扫描狭缝器。1984 年，世界第一台商品化的共聚焦显微镜上市，其扫描方式为台阶式扫描。1985 年，瑞典与英国发明的在固定显微镜光路中驱动光束扫描的方法，极大地改进了共聚焦显微技术，至 1987 年，开发出了通常意义上的第一代 LSCM，它包括一套标准的消像差和色差的光学透镜（包括高数值孔径物镜），一个高灵敏度的探测器，许多厂家还加装了图像增强器，能产生特定波长相干光的、功率较大的激光器，一台能对扫描装置进行控制、存贮和处理共聚焦图像和进行三维重建的高速度大容量计算机。随着其他学科理论及技术的快速进步及要求，共聚焦显微镜技术也得到了快速发展，世界多家公司随后也相继开发出多种不同型号、不同功能的共聚焦显微镜。目前广泛使用的 LSCM 大致分为普通型、高速型和双光子（多光子）3 类。

（一）普通型激光扫描共聚焦显微镜

普通型 LSCM 是目前应用最为广泛的 LSCM。

第一代 LSCM 的扫描方式是移动载物台,但激光束是固定的。目前通用的 LSCM 采用驱动式光束扫描器,同时具备符合共聚焦原理和扫描速度较快的特点,且光源设计和分光采集技术方面也具有明显改进。首先,在激光器方面,现代的 LSCM 可以根据研究需要选择不同的激光器;其次,近年来在激光束分光和荧光采集原理方面也有了较大的突破。较早的 LSCM 采用选择性波长滤片轮进行分光和荧光采集,这样的装置与传统的荧光显微镜一样,均使用激发波长、滤片和吸收波长滤片来对不同的荧光标记进行选择性成像。最新的 LSCM 使用棱镜狭缝分光新技术,配上合适的激光光源后,能够摆脱传统波长滤片组的限制,连续和自由地选择最佳波长,这对于现在和未来开发出各种新的荧光标记物和研究动植物的自发荧光物质有很高的价值。普通型 LSCM 的特点是获得的图像对比度和分辨率高,但需要逐点扫描,帧成像时间长,系统复杂,体积大,价格比较昂贵。

(二)高速激光扫描共聚焦显微镜

为适应对活细胞成像速度的要求和对组织切片甚至活体动物深度的成像,高速活细胞共聚焦显微镜应运而生,使成像速度明显提高,可对活细胞甚至较厚的活组织进行深层次的研究,在取得高质量图像的同时,尽量保护样品,减少荧光淬灭,捕捉活细胞长时间动态变化。

碟片式共聚焦显微镜包括多组呈螺旋形分布的高密度针孔,安装在物镜的像平面上。激发光通过真空和物镜聚焦到样本离散的点上,碟片高速旋转,每秒钟可以照射标本几百次,在扫描区域内形成由无数个点组成的场照明,使样本被同时激发。发射光通过物镜和碟片上的针孔与激发光照射点共轭,消除非焦面上的杂散光,投射到 CCD 或目镜上,有效地生成实时焦平面图像,通过高分辨率、高灵敏度的冷 CCD 采集图像。

碟片式共聚焦显微镜最大优势是采用多光束扫描方式来获得共聚焦图像,速度可以大大提高,可检测活细胞的瞬间变化。且采用面阵图像传感器如 CCD,其量子效率比较高,获得的图像信噪比也会比较高,并可避免或减少荧光漂白,能较长时间维持细胞活性。由于可采用全谱光源,所以只须选择适当的滤光片就可得到实验需要的特异性激发和吸收光谱,适于多种应用,这是普通型 LSCM 无法实现的。多点成像也带来不足,一是杂散光会通过邻近的针孔进入 CCD,降低图像的对比度和分辨率;二是碟片的针孔大小不可调,因而不能改变分辨率。

除上述碟片式共聚焦显微镜外,具有共振式扫描器的高速活细胞共聚焦显微镜其扫描速度最高可达 30 幅 / 秒(像素 512 × 512)及 300 幅 / 秒(像素 512 × 64)。其快速扫描原理不同于上面描述的碟片式共聚焦显微镜,它同时兼顾了扫描速度和图像质量。

(三)双光子及多光子激光扫描共聚焦显微镜

LSCM 在进行生物样品研究工作中虽然可突破传统光学显微空间、时间分辨率上的多重界限,在亚细胞水平上观察诸如 Ca^{2+}、pH、膜电位等生理信号及细胞形态的变化,但仍存在诸多局限性。一个问题是样品中荧光探针的光漂白现象:因为要获得高分辨率的图像,一对针孔的孔径必须足够小,而小孔径则会挡掉大部分从样品发出的荧光,包括从焦平面发出的荧光;同时,要获得足够的信噪比,就要有足够强激发光,而高强度的激光又会使样品中的荧光探针在连续扫描过程中迅速漂白,荧光信号会随着扫描的进行变得越来越弱。另一个问题是光毒作用:在激光照射下,许多荧光染料分子会产生诸如单态氧或自由基等细胞毒素,所以在实验中为了保持样品的活性必须要限制扫描时间和激发光的光功率密度。因此,在针对活样品的研究中,尤其是活样品生长、发育过程的各个阶段,光漂白和光毒现象使这些研究受到很大的限制。单光子 LSCM 另一个缺陷是使用的激发光波长较短,对组织的穿透力差,不能对厚标本成像。为了更好地研究活的生物样品,多光子 LSCM(简称多光子显微镜)应运而生,其中以双光子 LSCM(简称双光子显微镜)应用最多。

1990 年,美国康奈尔大学 Denk 等人将双光子激发首次应用到 LSCM 中,从而为 LSCM 的更广泛应用开辟了道路。在双光子激发过程中,由于每个双光子事件都必须有两个光子同时被吸收,所以可以用温和的红外或近红外激光来激发通常吸收紫外或远紫外波段的荧光分子。这样用较长波长的光来激发样品,可以避免紫外光对样品的伤害和使用复杂的紫外光学元件等许多限制,而且延长对活体生物样品的观察时间。另外,红外激光具有相对较深的传播距离，使得双光子显微镜可对厚标本较深（>200μm）处进行成像观察。而且由于荧光波长比入射激光波长短许多，因此可以忽略背景干扰，检测灵敏度更高。同时，使用功率几十毫瓦、脉宽为飞秒量级的钛宝石激光器（飞秒激光器）作为激发光源，可产生高光子密度的激光。双光子激发只发生在物镜焦点上很小区域，如此小的有效作用体积使双光子显微镜具有极其优越的空间分辨率，而且为在亚微米尺度上进行三维定位的光化学反应和三维高密度数据存储及其微细加工提供了前所未有的强大工具。

与单光子共聚焦显微镜比较，双光子共聚焦显微镜具有以下优点：

（1）激发器发出的激光波长较长，更容易穿透标本，可以观测到较厚样品内部深层荧光图像。

（2）双光子仅在焦点处成像，因此不用针孔就可以获得焦平面的高分辨率荧光图像，同时仅在焦平面上才有光漂白和光毒性。

（3）波长较长的激光对细胞毒性小，因此可减少因光化学作用导致细胞死亡的情况发生，更适合对活细胞或组织进行长时间的观察和动态研究。

（4）成像的亮度和信噪比高。

四、激光扫描共聚焦显微镜图像采集和成像模式

LSCM既能采集荧光图像，也能采集透射光图像，能够实现三类图像采集功能：①单独采集荧光或透射光图像；②分通道同时采集多重荧光图像和透射光图像，并将这些图像叠合，在同一幅画面上显示；③按照时间、空间（三维）或波长顺序采集图像，通过这些图像组合可完成断层扫描、三维重建、时间动态实时检测及波长扫描等功能，从而实现时间分辨、空间分辨和波长分辨。

1. 图像采集模式 LSCM具有以下4种图像采集模式：

（1）单层面平面模式：将Z轴驱动器固定在样品某一层面上，以XY扫描方式采集样品某一层面的图像。

（2）逐层多平面模式：设定样品的扫描起始层面、终止层面和每个层面厚度后，以XYZ扫描方式逐层扫描样品，采集各层面的图像，通过不同的显示方式，可以查看这些层面的全部图像或其中任意一个层面的图像。在Z轴方向上图像的光学分辨厚度主要取决于：①物镜的数值孔径（NA），NA越大，厚度越小；②共聚焦针孔光栏的直径（P）；③发射荧光的波长（λ）；④物镜与样品之间的介质折射率（n）。

（3）动态模式：利用LSCM的软件按照时间（t）顺序连续采集样品的一维（线）、二维及三维图像，监测样品荧光信号的动态变化。

（4）光谱模式：采集样品某平面上的荧光信号随波长变化的图像。

2. 成像模式 LSCM具有以下多种成像模式，可根据需要选择使用。

（1）单一光切片模式：光切片是LSCM最基本的成像模式。样品在水平方向上的不同层面进行逐层扫描、采集数据，并以数字方式进行储存，就像对有一定厚度的样品进行“切片”一样，由此可以对已标记的样品进行各种分析。

（2）时间间隔与活细胞成像模式：时间间隔成像是指在不同的时间点上从单一光切片上采集一系列单帧图像，主要用以观察活细胞的动态变化。

（3）Z轴扫描及三维重建模式：通过显微镜细调节螺旋的移动可以调节激光在样本中聚焦的深度，因此可以在样本的不同平面逐层采集一系列二维光学横断面图像，并以数字方式记录。Z轴扫描通常是通过一个计算机控制的微动步进马达来实现的。一系列摄得的Z轴扫描图像输入到三维重建软件中，经过处理，可完成生物结构的三维重建。

（4）四维成像模式：对于活体样本，在三维重建的基础上加上时间量纲，可以产生样本的四维数据，即X，Y，Z，t。利用四维观察软件，可以逐个观察每一时间点的立体结构，也可以以电影方式连续观看，研究细胞形态与功能之间的联系。

（5）X-Z成像模式：通过X-Z成像，可对样本的纵向切面进行分析。X-Z图像可在步进马达的控制下，通过在不同的深度对样本的一条扫描线进行扫描而获得，也可从三维重建后的图像中得到。但在标本较厚时，样本内部的标记可能不够清晰。

（6）反射光成像模式：反射光成像模式可观察未经染色的或用能反射光线的染料如免疫金-银颗粒标记的样本，其优点是光漂白现象不再干扰成像结果，尤其是应用于活细胞成像时。

（7）透射光成像模式：任何形式的透射光显微镜成像，不论是相差、偏振光、微分干涉相差（DIC），还是暗视野显微镜成像，都可采用透射光检测器来采集图像。透射光检测器专门采集通过共聚焦显微镜的透射光，并将信号经光纤传递到扫描头中的PMT。同时采集样本的共聚焦表面荧光图像和透射光图像，两者自动重叠以显示荧光在形态结构上的精确定位，可以提供精细的样本形态学特性。

第二节　激光扫描共聚焦显微镜实验技术

LSCM实验涉及多个环节，除了在实验前做好实验方案的设计、LSCM配置情况的了解等准备工作外，标本的正确制备、合适荧光探针及正确标记方法的应用、LSCM的正确操作与维护等均非常重要。

一、标本制备

在生命科学研究中，能用于LSCM观察的标本主要有组织切片标本和培养细胞标本。双光子或多光子共聚焦显微镜还可对活体在体标本的深层结构进行检测分析。本部分仅介绍组织切片标本和培养细胞标本制备的特点。

（一）组织切片标本制备

应用于LSCM的组织切片制备方法与一般免疫荧光染色切片制备方法基本相同，主要包括样品固定及切片制作两方面。

1. 固定　同一般组织化学标本制备。固定剂以0.1mol/L PB配制的4%多聚甲醛最常用，动物实验标本以灌注固定为主，临床活检标本则用浸泡法固定。

2. 切片　切片制作应主要注意切片方法的选择和切片厚度。应用于LSCM的组织切片有冷冻切片、石蜡切片和活组织切片。冷冻组织切片荧光背景低，引入的杂质少，能较好地保存样品的抗原活性，故冷冻组织切片应用较广。石蜡切片易保存，但常引入杂质，因此荧光背景较强，且抗原活性的保存不如冷冻切片。活组织标本因未固定，不易保存，实验操作应准确快速。

在LSCM组织切片标本制备中应特别注意合适切片厚度的选择。物镜的数值孔径（NA）、物镜的工作距离、激光的穿透力以及样品的透明度决定切片厚度。在保证形态完整、达到实验目的情况下，切片厚度越薄越好，一般以4~35μm较为合适。在实验中确定切片厚度要注意下面几方面：

（1）切片厚度与荧光标记的均匀性：有时因为荧光探针渗透能力的限制，深层的样品难以被荧光探针标记，导致厚样品的各层面荧光分布不均匀。

（2）切片厚度与物镜的工作距离：切片的厚度应在物镜工作距离范围之内，这一点在用短工作距离高倍镜观察细微结构时尤其重要。

（3）厚标本对激光和发射荧光的吸收作用：厚标本对激光和发射荧光具有一定的吸收作用，因此可影响深层样品成像的荧光强度和清晰程度，也会导致各层面成像的不均匀，影响三维图像成像质量和定量测定结果的准确性。

（4）实验目的：不同的实验目的，对切片厚度的要求不同。共聚焦显微镜系统的Z轴可移动的最大步距为160μm，这也是切片的最大厚度。如果只观察靠近表面的荧光，不观察到样品各层，那么样品厚度可超过此限制，因为共聚焦显微镜系统能够分别从样品的上、下两个不同方向进行“CT式”扫描，以观察样品上下两个表面。

（二）培养细胞标本制备

培养细胞标本的制备主要注意固定、培养细胞器皿的选择和细胞密度的调整3个方面。

1. 固定　多数培养细胞标本均需固定，所用固定剂以多聚甲醛为主，也可用乙醇或丙酮等固定剂，方法与培养细胞一般免疫荧光染色时的固定方法相同。悬浮培养细胞在进行LSCM观察前一般应做固定处理，并将细胞滴加在涂有黏附剂的载玻片上进行荧光标记，用盖玻片封片后观察。如对细胞进行动态观察，则不能对细胞做固定处理。

2. 培养皿　培养皿的选择主要取决于所用

LSCM中物镜的类型。如果所配置的物镜（特别是40倍以上的高倍物镜）是短工作距离类型，则细胞应在共聚焦专用培养皿（皿底是厚度仅0.17mm的盖玻片）内培养，或将细胞在放有厚0.17mm的盖玻片的普通培养皿/板培养后，将生长有细胞的盖玻片取出进行后续处理、反盖在载玻片上进行观察。如果配有长工作距离物镜，则细胞可在一般培养皿/板上培养。

3. 细胞密度 贴壁细胞和不贴壁细胞的细胞密度调整方式不同。不贴壁细胞的密度可通过改变细胞数与溶液体积的比例来调节。贴壁细胞的密度取决于细胞种类、接种密度、细胞铺展面积及间距、细胞增殖速度、生长的时间。要根据实验目的调整细胞密度。如果实验目的是以对细胞个体进行形态学观察、三维重建、定位荧光信号等为主，则细胞密度可以稀疏一些，这样可以使细胞充分伸展，显示出应有的形态和结构，但也要注意保证显微镜视野内有一定数目的细胞，以便能够观察和统计多个细胞，选取出有代表性的形态结构。对于成片生长和成团生长的细胞，要特别注意接种密度的大小和培养时间的长短。如果实验目的是定量测定荧光强度时，则细胞的密度可高些，以便做大量细胞的统计定量，但需避免细胞聚堆拥挤，以防止细胞相互间荧光互映和挤压变形，影响定量结果。需要细胞密度高时，也必须满足以下要求：细胞间互有空隙，尽量不连成一片，更不能堆叠在一起。

二、荧光标记

LSCM主要用于测定具有荧光的标本，而具有自发荧光的物质非常有限，在研究工作中，绝大多数标本待测物质不具备荧光，需要用一类能产生稳定荧光的分子与之结合，或导入所研究的分子（如通过基因转染）使之转化为荧光物质，即对标本进行染色或标记后才能进行LSCM的观察与分析，这类能产生荧光的分子即荧光探针。因此，对标本进行荧光标记是LSCM实验的最关键步骤之一，所使用的荧光探针、标记方法等是否正确，直接决定实验的成败。

（一）荧光探针的选择

根据荧光探针的激发与发射的特点、化学与生物学特性及用途，能用于标记生物标本的荧光探针大致可以分为细胞器探针、细胞活性探针、核酸探针、蛋白质、单糖和多糖探针、细胞膜电位和细胞内pH探针、膜和受体探针、分子的特殊基团结合探针、金属离子探针及其他探针。所以，应根据研究需要在众多的荧光探针中进行选择，选择时应考虑以下几个方面：

1. 根据实验目的选择探针 根据实验目的确定检测指标，根据检测指标确定可供选择的荧光探针的范围。例如，实验目的是研究细胞内钙离子变化，则待测物质为钙离子，荧光探针的选择范围就限定为能够标记活细胞的钙离子探针。

2. 荧光探针的特性是否符合荧光样品的制备要求 荧光探针的特性直接影响样品的标记和实验效果，因此在实验中选择荧光探针以及标记样品之前，要充分了解其荧光特性，包括以下5个方面：

（1）荧光探针与样品的反应特性：荧光探针标记的目的是使样品成为可用于检测的荧光物质。有些荧光探针本身具有特征荧光，而有些荧光探针只有与样品反应形成荧光物质后才能发出荧光。荧光探针与样品的反应特性直接影响标记和实验的效果，这些特性包括：与待测的分子或离子反应的选择性或专一性、荧光探针的跨细胞膜特性、与样品结合的价键类型、反应的浓度和环境条件（温度、pH、反应介质、作用时间）、荧光探针是否对实验有干扰（其中包括对细胞的副作用）等。

（2）荧光探针的灵敏度及荧光强度：选择荧光探针时，应尽量挑选摩尔消光系数和荧光量子产率（前者指该探针对光的吸收能力，后者指将光能转化成荧光的能力）高的探针，这两个指标反映探针的荧光反应灵敏度。

（3）荧光探针标记样品后的光谱特性：每一种荧光探针特有的激发光谱和发射光谱决定检测其所用激发光的波长范围和检测波长的范围，只有当激发光的波长范围和检测波长的范围介于两种光谱峰顶对应的激发波长和发射波长范围内时，荧光发射的灵敏度才最高。另外，仅做荧光定性或仅是观察荧光动态变化时，选择单波长激发探针，而做定量测量时最好选用双波长激发比率探针。

（4）荧光的稳定性：应选择稳定性高的荧光

探针。影响荧光物质稳定性的因素有其自身因素和环境因素，这些因素有时会导致样品发生荧光强度的增强或减弱、激发或发射光谱的位移等。常见的影响荧光样品荧光稳定性的因素有光敏效应、荧光物质的浓度、环境因素等。

1）光敏效应：光的照射是导致荧光物质发生光敏效应的最常见因素，表现为在光的作用下，荧光探针发生荧光淬灭或增强。照射光的强度越大、波长越短，则光敏现象越严重。例如在强光照射下，尤其是紫外光照射下，荧光探针 FITC 容易淬灭，而二氯二氢荧光素二乙酸酯（dichlorodihydrofluorescein diacetate，DCFH）则会发生荧光增强现象。因此，一般在使用荧光探针时，要注意避光，防止光敏效应导致实验误差。

2）荧光物质的浓度：荧光物质浓度太低，荧光分子少，发射的荧光强度少；浓度太高，荧光分子间相互作用强，荧光强度也下降。

3）环境因素：探针所在介质的温度、组成成分、pH、结合的环境水相或溶液中淬灭剂的浓度、荧光探针所在细胞内外的物质成分和结构特性等直接影响探针的荧光强度。

（5）荧光探针与所用的共聚焦显微镜系统应匹配：理论上，荧光探针，最灵敏的激发光和发射光波长分别对应该探针的激发光谱和发射光谱上最大峰值波长，所以每一种荧光探针特有的激发光谱和发射光谱决定了检测其所用激发光的波长范围和检测波长的范围。不同 LSCM 所配置的激光波长不同（常见波长有：488nm、514nm、543nm、567nm、633nm），发射波长检测方式也不尽相同。要获得最佳效果，就要求荧光探针与仪器激发波长相匹配，探针的荧光发射波长与仪器的检测系统范围相匹配。对样品进行多重荧光标记时，这些荧光信号要能被 LSCM 分开，使各单色荧光成像。如果各荧光信号之间不能有效分开，信号互相之间的串扰可能会造成错误的实验结果。目前各公司推出的光谱拆分技术，可较好地解决相近荧光信号串扰问题。

（二）荧光探针的贮存和配制

比较成熟的、商品化的荧光探针，产品介绍中都会向用户提供贮存条件、溶解方法、推荐浓度作为参考。购买时荧光探针若为固体状，则以固体状态保存。使用时，根据所选探针选择不同的贮存液溶剂溶解，确保溶解充分。配制的贮存液分装成可供一次使用的小包装，避免反复冻融，工作液现用现配。荧光探针的操作应避光进行。

为获得最佳标记效果，选择探针的合适工作浓度非常重要。荧光标记的效果取决于组织细胞内最终的荧光探针浓度、荧光强度及分布，对于不同类型的细胞，应注意调整荧光探针浓度。影响细胞内荧光探针浓度及分布的因素主要有两类：一类是细胞本身，如细胞种类、活性、膜表面积结构及大小、细胞内成分等，是影响染色的主要因素。因此，用同一种荧光探针，在相同的外环境条件下标记不同的细胞，其染色效果也不相同；另一类是染色条件，包括初始的细胞外探针浓度、孵育温度、pH、孵育时间、接触面积、溶剂的极性、共存物质的种类等。因此，荧光探针合适的工作浓度除以权威文献使用浓度或试剂公司所提供的推荐浓度作为参考外，应结合标本的具体情况和研究目的及预实验结果确定。

（三）标记方法

用荧光探针对标本进行标记或染色就是使荧光探针导入标本，使标本中特定位置具有可以检测的荧光，也称荧光负载。LSCM 标本的标记方法与普通荧光组织化学、免疫荧光染色方法相似，但有其自身特点。根据荧光探针导入标本的方式，LSCM 标本标记方法可分为直接孵育法、间接孵育法、显微注射法、转基因法 4 种。

1. 直接孵育法　如果荧光探针是酯化性的，因其易于跨膜进入细胞内，可应用直接孵育法对标本进行标记。如经乙酰羟甲基酯（AM）酯化后的 Ca^{2+} 探针是不带电荷的亲脂性物质，易于透过脂溶性的细胞膜进入细胞，继而在细胞内被非特异性酯酶水解释放出荧光探针分子。脱掉 AM 后的游离非脂溶性探针不具备穿透完整细胞膜的特性，不易漏出细胞而停留在细胞内。这种标记方法对细胞生理过程干扰较小，简便易行，是离子测定时常用的方法，特别适用于对活细胞或组织的生理信号研究。

2. 间接孵育法　首先将某些特定分子用荧光探针标记，再与细胞作用，荧光探针随着这些特定分子进入细胞，结合在靶分子上，或先用特异性分子与靶分子结合，再用荧光探针与结合在靶分子上的特异分子结合。大多数荧光分子、用荧光探针标记的分子或能与靶分子结合的特异分子没有脂溶性，因此，需先用一定方法增加标本的膜通透性，使其进入细胞。免疫荧光方法、荧光标记的药物及蛋白的跨膜研究均属此类。增加膜通透性的方法包括：①使用去垢剂，如 Triton X-100、洋地黄皂苷（digitonin）、皂角素（saponin）等；②渗透压休克法，用低渗培养液对细胞进行短暂处理；③酸性负载法，用低 pH 培养液处理细胞；④其他，如无钙液、钙螯合剂处理及电穿孔法。

3. 显微注射法 利用膜片钳技术、微电泳注射法或压力注射法，通过玻璃微电极将荧光探针直接导入细胞中。该方法的操作比较复杂精细，而且得到的具有荧光的细胞少，一般只能用于检测少量细胞。与酯化荧光探针相比，该方法的优点是可防止荧光探针与胞内蛋白结合或进入细胞器，还可避免未充分水解酯化荧光探针的残留荧光，消除非特异荧光的干扰。

4. 转基因法 将能表达稳定荧光特性的荧光蛋白基因作为报告基因与目的基因一起构建表达体系，转染细胞或组织后，通过观察荧光蛋白研究目的基因表达产物的表达和分布情况。

三、结果判断与问题分析

影响标本标记效果的因素很多，在标本标记和观察过程中会遇到很多问题。遇到相应问题时，应仔细分析原因，采取针对性措施予以解决。

1. 标记过强 所有细胞都被标记上荧光，样品荧光强度过高，甚至饱和。由于细胞连接紧密难以分清界限，每个细胞间荧光互映，看不清单个细胞的结构，不利于形态观察和测定。克服方法：降低标记细胞时，胞外荧光探针的浓度，或改变标记样品的条件，例如减少标记探针与样品的反应时间。

2. 环岛效应或边缘效应 表现为连接成片的细胞最外环边缘的细胞荧光强度明显高于被包围在中间细胞的荧光强度。克服办法：①在不影响实验的情况下，尽量减低细胞种植密度；②染料浓度过高时，更容易产生边缘效应，故可适当减低探针浓度；③适当延长标记时间，以使染料在细胞间达到充分的平衡；④染色后进行充分的漂洗，去除附着在细胞表面的多余探针。

3. 所有细胞荧光都很弱 荧光标记后样品荧光强度低的可能原因有：①所使用的荧光探针浓度过低。②孵育条件不适当：孵育时间、温度不当，如温度太低或时间太短；所用介质 pH 不适当，例如 FITC 在 pH 6~8 时，很难透过完整的活细胞膜使之染色，但在 pH 为 9 时，可以跨膜进入细胞。③荧光探针失效，是很常见的标记失败原因。荧光探针一般要低温保存，不要反复冻融，应用液现用现配，并在保质期内使用。④细胞状态不正常，例如，有一些探针只标记活细胞，如果细胞活性不够则难以标记上荧光。⑤探针溶解不充分：虽然加入溶液的探针量足够，但探针没有完全溶解，因此实际接触细胞的探针浓度很低。⑥探针泄漏：可透细胞膜的探针标记细胞后，应在 40min 内测定，否则从进入开始，120min 后，荧光就仅剩约 10%，细胞内的荧光探针会大部分泄漏到细胞外。⑦探针选择错误：探针的化学形式直接影响标记结果，例如标记活细胞内钙离子，使用 Fluo-3 荧光探针时，其有两种形式，Fluo-3AM 和 Fluo-3；直接与活细胞共孵育标记时，要用荧光探针的跨膜形式 Fluo-3AM，而不能用 Fluo-3，后者只能用显微注射等方式导入细胞。⑧观察样品荧光的条件不适宜：有时虽然样品已经标记了荧光，但如果观察样品所用的条件不适宜，也会观察不到荧光。例如 APC 标记的样品，其最大激发波长为 650nm，用一般荧光显微镜很难看到；共聚焦显微镜激光谱线中用 633nm 的激光谱线才能采集到其图像。⑨有淬灭剂存在：如果介质中含有淬灭剂，也会使荧光下降或完全淬灭。⑩其他：例如，加入试剂种类和顺序错误、漏加试剂及不当的操作等导致荧光标记失败。

4. 光敏效应引起的荧光淬灭或增强 高强度光源照射对荧光物质具有光漂白或损伤作用，因此，所有荧光标记操作要避光进行。减少光漂白或损伤的办法：①控制细胞内探针浓度不要过高；②尽量减少预览及检测时光源照射强度，缩短光照时间，增大检测器的灵敏度；③对于固定样品可使用防淬灭剂；④在光淬灭严重影响测定的情况下，应考虑换用不易淬灭的探针、改变标记条件或方式。

5. 非特异性标记 探针浓度过高、探针种类错误、孵育时间过长等都会导致非特异性标记。因此，选择正确的探针，摸索探针的最佳工作浓度和孵育时间非常重要。此外,应正确设立对照组,甄别假阳性。

四、激光扫描共聚焦显微镜操作方法

LSCM 是一种价格昂贵、极其精密的大型设备,正确的操作和保养维护对保证实验效果和设备的正常运行、延长设备使用寿命均十分重要。不同型号 LSCM 的硬件、软件和功能存在差异,其操作方法也不尽相同,但操作使用和维护各种 LSCM 的原则基本一致。

(一)操作方法

1. 开机 仪器所有电源均有独立的开关,开机前要检查仪器的各开关是否处于关闭(OFF)状态,开机时按照下列步骤顺序开启相应电源:

(1)开启总稳压器电源。

(2)开启荧光显微镜电源:首先开启透射光(卤素灯)电源,调节明场下灯电流使之适于观察样品后再打开汞灯稳压电源开关,使之启动。注意:当开启汞灯后,必须使其工作至少 30min 后再关闭,并且要等其冷却 30min 后方可再次启动。为延长汞灯使用寿命,应尽量减少其开关次数。

荧光显微镜用于快速寻找样品中所需视野、预览样品的荧光标记情况等。对易发生荧光淬灭和光敏的样品,尽量避免汞灯长时间照射,最好用卤素灯在低强度透射光下寻找视野,然后转为激光扫描直接获取共聚焦图像。

(3)开启激光器电源:经过荧光显微镜观察,确认样品完好、可以用于检测后,再按照如下步骤开启激光器电源:

1)开启所使用激光器的相应冷却系统:例如使用可见光激光器时,要开启风冷系统;使用紫外激光器时,先开启激光器专用水冷循环机的电源,使其水冷循环系统或强力风冷系统开始工作。

2)开启激光器电源开关:根据要观察标本荧光探针的种类选择开启相应激光器的电源。如果为钥匙开关(KEY SWITCH),需将其转动到"ON"位置,此时便启动了激光管的高压供电部分,于是激光器开始工作。

(4)打开计算机的显示器及主机开关,启动计算机进入操作系统。目前一些 LSCM 可在开启各种硬件电源之前启动计算机,但早期的 LSCM 必须在开启激光器电源后才能启动计算机。

(5)开启扫描器电源。

2. 标本观察与分析 在 LSCM 下观察、记录(采集图像)、处理、分析结果,基本过程如下:

(1)设置图像采集参数

1)扫描通道:LSCM 一般具有蓝色、绿色、红色和透射 4 个成像通道,根据所用的荧光探针种类和多少选择 1 个或多个通道。

2)针孔大小:针孔大小一般由软件根据所选用的荧光探针种类自动设置,但也可根据荧光信号强弱和实验要求进行人工调节。针孔越小,成像越清晰,但检测到的信号越弱;针孔越大,检测到的信号越强,但图像越不清晰。

3)扫描范围:根据实验目的和要求,调整扫描中心位置,确定扫描范围。

4)激光器功率:过强的激光照射对荧光具有光漂白作用,为防止或减少荧光漂白,应尽可能减小激光强度,但要兼顾能检测到的荧光信号,强度也不能太弱。各种 LSCM 都设计了多档激光器功率调节按钮供选择。

5)扫描速度:在影响图像采集质量的诸多因素中,扫描速度是一个重要因素,速度太快成像质量差,而某些实验成像需要高速扫描,所以在 LSCM 中设计了多种扫描速度按钮,可针对不同的实验要求选择扫描速度。

(2)采集图像:LSCM 具有很高的平面分辨率,而标本很难即刻处于最佳扫描位置,因此,首先要进行图像预扫描。各种 LSCM 均设计有图像预扫描功能,通过预扫描找到最佳扫描位置后,再根据实验要求和目的,选择相应的图像采集模式采集图像。

(3)图像处理:为了更好地显示实验结果及便于结果分析,可对所采集的图像进行适当处理,如为了使图像平滑,可进行图像滤波处理。此外,还可进行明暗度调整、图像缩放、图像增强和伪彩色处理等。但如果是进行不同实验条件下不同标本的比较,则对不同标本的图像进行同等图像处理。

(4)图像定量测定与计算:利用 LSCM 相应软件,对标本上标记信号进行定量测定、计算和统计学分析。

3. 关机 标本观察结束后,按以下顺序关闭各个电源:

（1）退出计算机操作系统，关闭计算机。

（2）关闭汞灯电源。

（3）关闭扫描器电源。

（4）关闭激光器电源，其冷却系统电源在继续工作 10min 以上后关闭。

（5）关闭总稳压电源。

（二）注意事项

为保证获得满意的实验结果，保证 LSCM 的正常运行及尽可能延长设备的使用寿命，应特别注意使用者的培训、工作环境的选择和正确的保养维护。

1. 培训　操作人员使用前应认真阅读学习 LSCM 操作手册，并接受 LSCM 使用方法的系统培训，经考核合格后方能上机操作。

2. 工作环境要求

（1）LSCM 要远离电磁辐射。

（2）环境无振动，无强烈的空气流动。环境振动将引起仪器光路系统偏离，直接影响图像效果；而且，测定样品过程中，振动及空气流动会使样品发生漂移，影响实验结果。

（3）室内应具有遮光系统，以防光线直接照射引起荧光漂白。

（4）环境无尘。灰尘将影响仪器各部分的工作，尤其是影响光路系统和成像质量。

（5）无论仪器是否工作，最好使其环境始终保持 22±1℃的恒温，以防由于环境温度变化引起光路的偏移。

（6）注意保护仪器的光纤，防止挤压。

3. 维护

（1）每次开机、关机，将消耗激光光源的寿命。因此，应尽量减少开关机的次数。如果中途停止测定的时间在 3h 以内，可用旋钮将激光功率旋钮调到最小或等待状态，这种低功率运行状态能减少激光光源的消耗。

（2）结束对标本的观察后，如要继续进行图像处理和数据测定等，应关闭激光器部分，以减少光源损耗。

（3）实验操作人员不得拆装仪器的内部构件，如需拆装，应由专门技术人员进行。

（4）观察结束后，应用擦镜纸蘸少许乙醇或二甲苯轻轻擦洗物镜镜头。

（5）关机后，应待显微镜光源系统全部冷却后盖好仪器防尘罩。

第三节　激光扫描共聚焦显微镜的主要应用

LSCM 与传统的光学显微镜相比，具有空间、时间分辨率高，能进行多种荧光的同时观察、可形成清晰的三维图像等特点，其应用几乎涉及生命科学的每一个研究领域。

一、组织细胞化学成分的定性、定位和定量分析

LSCM 是目前进行组织细胞化学研究的强有力工具之一，广泛应用于对组织细胞内化学成分的性质、分布及含量等的检测分析。

（一）荧光信号的定性与定位

1. 荧光标记物质的定性鉴定　样品的荧光可分为样品内源性已知荧光、通过外加已知荧光标记物获得荧光和样品内源性或外来的未知荧光。前两类荧光信号所代表的物质是所需要观察的指标，而未知荧光则常常为干扰荧光，需要排除，但是如果为有用的信息，则要借助其他手段进一步定性。

2. 荧光信号的定位　LSCM 空间分辨率较普通荧光显微镜高，并能同时检测多种荧光，在荧光信号定位方面具有明显的优势。常用的定位方法有以下几种：

（1）单荧光定位：利用某些荧光分子所发出的单一荧光就可以确定其在样品中的位置。例如，仅在细胞膜表达的蛋白质，共聚焦图像显示只在细胞膜区有细线状或点状分布的荧光，定位清晰；而只在细胞质中分布的荧光分子，特点是细胞质区域呈现荧光，其细胞核区为黑色的背景色，可呈现出清晰的细胞核轮廓。单荧光定位的特点是样品染色单一、过程简单、干扰少，可选用蓝、红、绿任一波长范围内单荧光探针（或荧光探针标记的抗体），因此，荧光探针的选择范围比较宽。

（2）多重荧光标记共定位：为了检测两种及两种以上不同的成分，可用不同的荧光探针标记不同的成分。这些探针具有不同的光谱特征，包括不同的荧光激发光谱、最大激发波长、发射光

谱、发射峰值波长等。通过共聚焦图像显示出不同荧光信号在样品中的相对位置，从而确定各标记所代表的成分相互关系。

在多重荧光标记共定位研究中，光谱交叉（spectral crossover）是最常遇到问题之一。光谱交叉是指在两种以上荧光探针之间，如果荧光发射峰很近，荧光光谱会部分彼此重叠，甚至出现一种荧光探针的荧光信号扩散到另一荧光探针的检测通道，造成光谱交叉干扰。交叉干扰可以进一步分为发射光交叉、激发光交叉和不希望有的荧光能量共振转移。交叉干扰将影响定量测量的可靠性。

光谱交叉可通过以下方法进行鉴别：

1）在相应双激光的激发下，同时开启双通道，将两个荧光图像调节清晰。当两种荧光探针间发生光谱交叉时，会在一个荧光通道的荧光图像上出现另一种荧光通道的图像，即某一个通道同时出现两种荧光物质的图像。

2）出现上述情况时，保留第一检测通道开启，但将第一通道的激发光强度调节为零，这样可以观察第二通道真实的荧光图像。

3）恢复第一通道的激发光，调节第二通道的激发光为零，以观察在第二通道是否有来自第一通道的荧光图像。如果有，则说明在第二通道存在光谱交叉干扰。

常用的避免或排除光谱交叉干扰的方法如下：

1）同时使用多种荧光探针时，尽量选择相互之间无光谱交叉的荧光探针，并根据仪器和荧光探针的特点，选择发射光谱没有交叉，荧光发射强度匹配的荧光探针标记样品。

2）降低标记荧光强度：一种或几种荧光的强度太高，有时也会导致光谱交叉现象。通过降低荧光探针浓度、缩短标记时间等降低样品的荧光强度。

3）采用顺序扫描方法克服光谱交叉：顺序扫描是指用不同波长激光轮流照射样品，同时在相应的检测通道轮流采集并显示每种荧光的共聚焦图像。因为荧光物质，如果没有激发光，就不会有荧光产生，所以即便两种荧光探针同时存在，但若没有受到同时激发则不会有光谱交叉现象产生。目前，几乎所有的共聚焦显微镜系统都具有顺序扫描功能。

4）改变仪器检测条件：对于图像上出现较弱的荧光交叉信号，可通过更改仪器参数进行消除，如降低干扰荧光的激发光强度、减小被干扰通道的检测灵敏度、改变激发波长和检测波长范围等。

5）荧光光谱分离法：通常情况下，不同的荧光物质的荧光光谱不会完全重合，利用这种差异，可以将来自两种荧光物质的荧光信号鉴别开，得到各自的荧光图像。某些型号的LSCM可达到2nm的光谱分辨率，能清楚分离发生光谱非常接近的荧光。

（3）荧光与透射光共定位：同一束激光在激发出样品荧光时，不仅可以采集到共聚焦图像，还可以通过透射光检测器采集到样品的透射光图像。虽然透射光图像不是共聚焦图像，但可提供很多有用信息。例如，获得细胞数量与位置、细胞的大小、细胞及其膜是否完整、有无细胞变形、细胞核的位置、细胞表面轮廓与表面结构以及样品中杂质的位置等信息。这些透射光的信息在荧光定位中很重要。当荧光为点或片状分布时，仅荧光信息不能定位，但与透射光图像叠加，则可清楚地看到荧光信号分布区域。而荧光杂质斑点，通过观察透射光图像容易判断其是否在细胞内；另外，在荧光标记的药物跨膜进入完整活细胞实验中，如果细胞膜破损，则药物很容易进入细胞将膜内区域标记，造成实验的假阳性，借助透射光图像可以很好地选择形态和胞膜完好的细胞进行实验。

（二）荧光信号的定量测定

将LSCM所采集的共焦图像中的相关信息转化为定量数据即称为定量测定。定量测定的项目主要包括：①图像中的任意区域（或线）的荧光强度；②荧光强度随着时间、空间及波长的变化曲线和数据；③图像内的几何参数，包括面积、厚度、体积和空间距离等。

LSCM对图像荧光强度的测量具有很强的定量功能，其优点是以多种模式扫描荧光样品，包括ROI（region of interest）、点扫和高速双向扫描等，可以自由组合，具有时间、空间和波长分辨功能。前已述及线（一维）扫描、平面（二维）扫描、三维或多维扫描。如果LSCM加载有电动XY载物台，还可以实现同时对一个较大范围内的多孔位、多位点延时观察和高速筛选，称为 XYMt 或 XYZMt。有的 LSCM 还具有光谱扫描（XYλ）功能，可测定样品某平面上的荧光随波长的变化。上述扫描模式按照定量测定中是否含有时间控制程序（t）又可分为静态测量和动态测量两大类。无论是静态还是动态，定量检测前都要进行背景校正。

动态测量需要连续采集一个或多个固定视野的图像，因此要求细胞贴壁牢固，检测时间内不发生移位现象。此外，在进行长时间观察过程中，显微镜周围温度改变和观察中加药操作等可能导致观察平面离开焦点，导致观察目标部位模糊不清。具有高 Z 轴分辨率的共聚焦显微镜，轻微的焦点漂移可能导致实验失败，因此，要对 Z 轴漂移进行精确补偿。目前，各种共聚焦显微镜系统都通过配备 Z 轴零漂移补偿系统（zero drift compensation，ZDC）对 Z 轴漂移进行精确补偿，自动校正长时间成像导致的热漂移。以 Olympus FV1000 为例，该型号显微镜的 ZDC 系统以容器底壁为参考进行补偿，可以确保获得目标 Z 轴焦点，避免没有热漂移补偿需采集多张 Z 轴切片以确定焦平面的麻烦，并减少对样品的光毒性和光漂白。

LSCM 在定量检测中，另一个非常重要的功能是对多重荧光标记共定位的定量测定。对于多重标记的样本，应用 LSCM 不仅容易确定分子是否在相同区域定位，而且，通过 Pearson 相关系数，重叠系数和共定位指数等可计算出共定位的程度，并可比较不同样品共定位程度。定量共定位分析步骤包括：

（1）图像获取：图像应以顺序扫描方式获取以消除荧光的交叉干扰，确保共定位的可靠定量，以 TIFF 格式进行图像保存，防止信息丢失。

（2）背景校正：背景校正要根据免疫荧光的强度和共聚焦用于获取图像的模式；为了使获得的定量结果能进行比较，背景校正的设定在同一研究中的所有图片应该相同。有报道使用背景校正的图像可能会导致高达 30% 的共定位过高估计。

（3）参数计算：Pearson 相关系数（PCC），依据 Manders 的重叠系数（MOC），重叠系数 k1 和 k2，共定位系数 m1 和 m2，以及共定位系数 M1 和 M2，不同的共定位参数具有不同的适用范围。多数情况下，PCC 提供清楚和适合的结果。如果一种抗原的染色强度大于另一种，使用 MOC 较好，因 MOC 定量共定位系数更可靠。

（4）对获得的结果解读：Pearson 相关系数（PCC）代表两个通道之间的强度分布相关性；依据 Manders 的重叠系数（MOC）指的是共定位的真实程度；重叠和共定位系数表示每个特定抗原对于共定位区域的贡献度（表 11–1）。

二、生物结构的光学切片与三维重建

生物组织的三维结构存在于各层次水平，在显微与亚显微水平，一般只有通过连续切片的三维重建才能观察到显微结构的空间构型。LSCM 可在 Z 轴上连续扫描，对厚的生物样品作不同深度的光学切片，然后经计算机图像处理及应用三维重建软件进行三维重建。这种光学切片与三维重建可沿 X、Y 和 Z 轴或其他任意角度观察标本的立体结构，并可借助改变照明角度突出某些结构特点，产生更生动逼真的三维效果，灵活、直观地进行形态学观察，揭示亚细胞结构的空间关系。三维重建过程包括图像采集和三维图像构建两个步骤。

表 11–1 共定位系数计算结果的理解

系数	标准值	有共定位	无共定位
Pearson 相关系数	–1.0~1.0	0.5~1.0	–1.0~0.5
Manders 重叠系数	0~1.0	0.6~1.0	0~0.6
重叠系数 k1 和 k2	可变	数值接近（例：0.5/0.6，0.8/0.9）	数值离散（例：0.5/0.9，0.2/0.7）
共定位系数 m1 和 m2	可变	大于 0.5	小于 0.5
共定位系数 M1 和 M2	可变	大于 0.5	小于 0.5

1. 图像采集　通过Z扫描方式对标本进行光学切片，采集各个层面的二维图像。Z扫描通过显微镜细调节螺旋的移动完成，通常是通过计算机控制的电动步进马达按照预先设定的步距移动显微镜的镜台，用设定程序采集第一幅图像，按照预设的距离移动焦距，采集第二幅图像，储存图像，之后再移动焦距，以这种方式进行图像采集和储存，直到所有图像都采集完成（图11-3）。

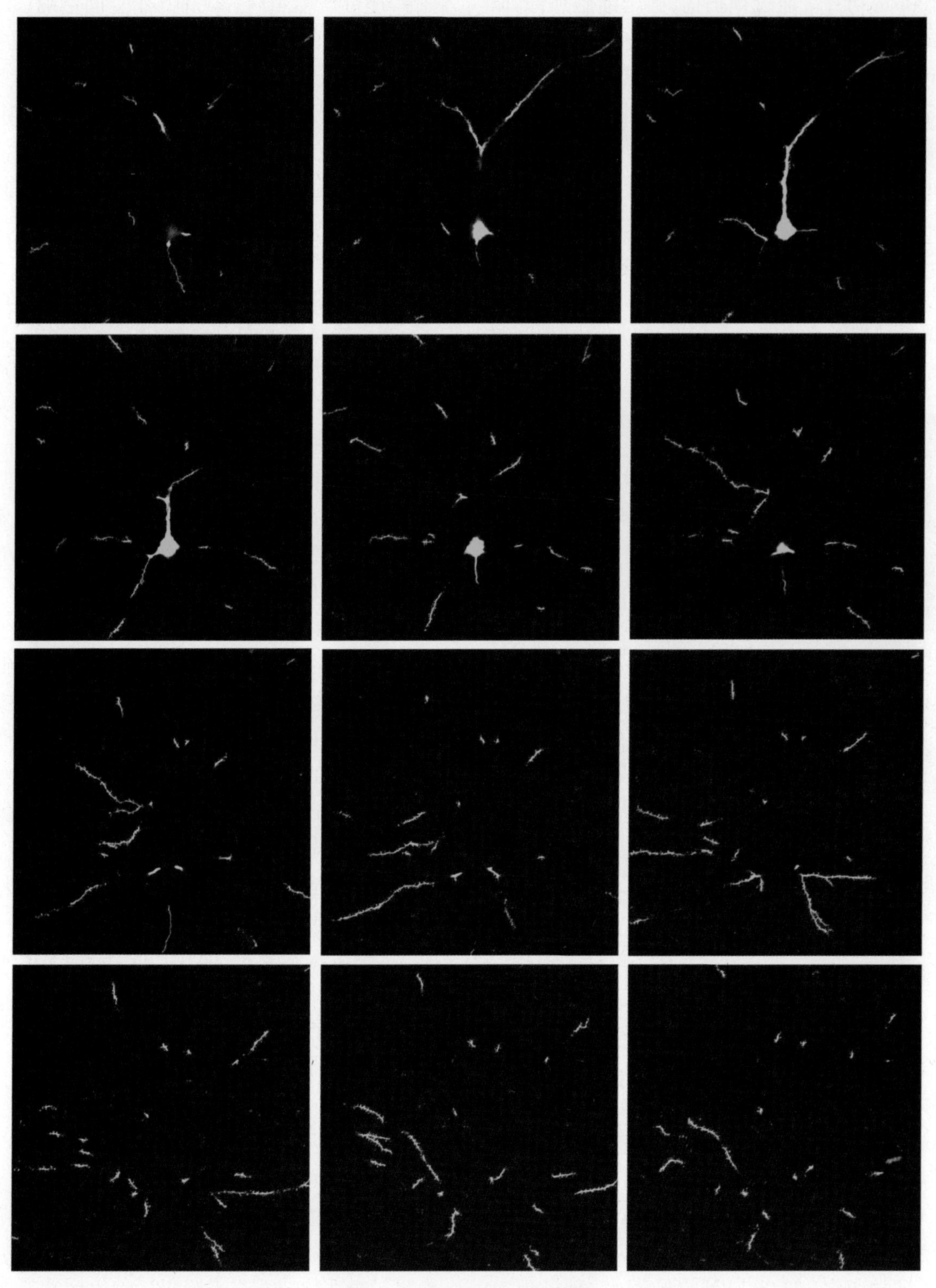

图11-3　神经元光学切片图

对绿荧光蛋白（GFP）表达的神经元从细胞的底部按照Z轴步距，逐层往细胞顶部进行断层扫描，获得该神经元相应的光学横断面图像（武汉光电国家研究中心李向宁供图）

2. 三维图像构建 将Z扫描获得的各层面二维图像数据输入计算机，应用相应的三维重建软件构建三维图像。例如，用快速高尔基法对大鼠脑干和脊神经节进行浸染，将组织标本制成100μm切片。通过预扫描，确定细胞顶部，以0.5μm的Z轴步距连续获取组织光学切片，再对重组的三维图像整体结构任意旋转，从各个角度进行拍照和体视学分析，同时通过调节吸收参数控制三维图像的浊度。然后运用功能软件，使神经元的三维立体结构在拓扑学上得到完整重建（图11-4）。这种三维重建图像是由大量数字化光学切片重组而成，可以避免样品表面银颗粒带来的反射光。同时通过三维重建图像的旋转，可以观察到神经末梢的分布情况，更加直观地观察神经末梢与其他组织结构的关系。

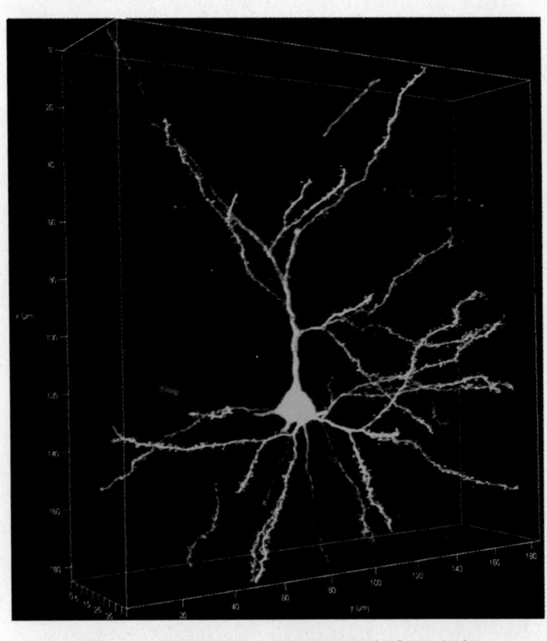

图11-4 神经元三维重建图（武汉光电国家研究中心李向宁供图）

各种型号的LSCM配置的采样和分析软件都集合了三维重建功能。3D软件包不仅可以产生单帧3D图像，还可以电影方式编辑来自标本不同视图的图像。3D图像的特殊参数，如不透明可交互改变等可以揭示标本内部不同层面的特定结构，也可进行长度、深度和体积的测量。如将时间设定为Z轴构建3D图像，可实现对发育过程中的生理学变化（如Ca^{2+}）等的观察。一种显示3D信息的简单方法是在不同的深度进行颜色编码光学切片（color coding optical section），在标本内部的不同深度制定一种特定的颜色（如红、蓝、绿），采集一系列连续的光学切片，然后将这些彩色的Z扫描图像用图像处理软件进行重叠和着色。

对于活体组织，用LSCM采集的Z扫描延时图像，还可产生4D数据，即3个空间量纲（X、Y、Z）和1个时间量纲t。这些图像可通过4D观看程序进行观察，除了建立每一个时间点的立体照片作为电影观看以外，还可进行每一时间点的3D重建并以电影方式观看或进行画面剪辑。其意义在于使观察活组织标本形态学动态变化成为可能。

目前LSCM已可同时收集并显示3种以上荧光标记物。随着频谱探测器的应用与发展，理论上可同时区别同一标本内32种不同的荧光探针。

在三维重建方面，LSCM仍有不足之处：随着切片厚度增加，激光的穿透力降低，激发荧光的能量不足，将影响图像的清晰度和分辨率。如构建肝小叶的三维立体结构至少需要1 000μm，而通常显示各种细胞的空间立体结构的切片厚度在60~100μm。Mari等应用LSCM与放射自显影技术检测了骨肉瘤细胞单克隆抗体对球型骨肉瘤组织的穿透力与结合力，结果发现切片厚度大于60μm时，LSCM则检测不到FITC标记的单克隆抗体所发出的荧光。为证实未检测到荧光的区域依然有探针标记抗体结合，从中央剖开球型组织（切片厚度20μm）后立即用LSCM观察，重新可见荧光标记的抗体所发出的荧光，与放射自显影所示结果一致。为补偿荧光随切片厚度的衰减，可增加激发光的能量，但激光能量过高，会造成光漂白效应甚至组织损伤，最终导致三维重建失败。目前，新型的多光子LSCM采用近红外长波长脉冲激光激发标本荧光，对组织的穿透能力增强，可对较厚的标本进行深层成像，并且针对光学元件对短脉冲光的色散效应整合了脉宽补偿和自动扩束设计，使得成像更深，对标本的损伤减小。

三、活细胞内离子和pH动态测定

应用LSCM时间分辨率高的特点，用荧光探针对活组织细胞内物质标记后，可对这些物质的定位和/或含量随时间的变化进行实时动态测定检测。能进行动态荧光测定的物质种类很多，如多种金属离子、H^+（pH）、膜脂质分子、蛋白质等。这里仅介绍细胞内钙离子和pH测定方法。

（一）细胞内钙离子测定

钙以结合钙和游离钙离子（Ca^{2+}）两种状态存在于体内，细胞内游离 Ca^{2+} 浓度约为 10^{-7}mol/L，细胞外液游离 Ca^{2+} 浓度约为 10^{-3}mol/L，细胞内游离 Ca^{2+} 浓度仅为细胞外的 1/10 000，这种浓度差是 Ca^{2+} 发挥生理作用的基础。只有游离 Ca^{2+} 才能在细胞内发挥其生物活性，所以细胞内存在各种复杂的钙调控机制以保持游离 Ca^{2+} 的平衡。为准确分析 Ca^{2+} 在生命活动中的作用，可对细胞内游离 Ca^{2+} 浓度进行实时定量检测。

LSCM 已广泛用于细胞内游离 Ca^{2+} 的动态检测，特别是多光子 LSCM 和高速碟片式激光扫描共聚焦活细胞工作站除了能够测定整体细胞的 Ca^{2+} 浓度外，还能在细胞的局部如神经元的树突棘、亚细胞水平对胞内钙的活动进行高时间分辨率和空间分辨率的实时动态监测和分析，采用多光子 LSCM 可以检测大脑脑片、活体动物大脑的细胞内 Ca^{2+} 动态变化。

1. Ca^{2+} 荧光探针　用于 Ca^{2+} 测量的荧光探针包括化学荧光探针和生物发光探针两类。

（1）化学荧光探针：化学荧光探针是最常用的 Ca^{2+} 荧光探针，根据激发光谱的不同可分为紫外光激发荧光探针和可见光激发荧光探针，均可通过酯负载法、电击法、显微注射法、酸导入法、缝隙连接处渗入法、膜片钳注入法进行负载。

1）紫外光激发荧光探针：紫外光激发荧光探针种类较多，可用于 LSCM 钙成像的主要有 4 种。

Ⅰ. Fura-2：Fura-2 为双波长激发 Ca^{2+} 探针，是最常用的比例测量法 Ca^{2+} 荧光探针，其激发特性与 Ca^{2+} 浓度有关，在激发荧光波长为 340nm 左右时，随着 Ca^{2+} 浓度增高，结合物荧光强度上升，而在激发荧光波长为 380nm 时，随着 Ca^{2+} 浓度增高其荧光强度下降，在 Fura-2 的等消光点 360nm 时，其荧光强度与结合的 Ca^{2+} 浓度无关。这样，Ca^{2+} 浓度可以直接由两个激发波长上的荧光强度的比值来计算，即双激发波长荧光法。

Ⅱ. Indo-1：Indo-1 是另一种常用的比例测量法 Ca^{2+} 荧光指示剂，属于典型的双发射荧光探针，无钙时在 485nm 左右有发射峰，结合钙后则在 405nm 处有发射峰，两者的比值与细胞内游离钙离子浓度呈线性关系，将此比值与标准曲线相比，即可得出细胞内游离钙浓度。因此，可利用此探针定量检测细胞内游离钙离子浓度。最大激发波长为 330/346nm，最大发射光波长为 405/485nm，呈紫色（405nm）或青色（485nm）荧光。

Ⅲ. Fura-4F、Fura-5F 和 Fura-6F：三者是在 Ca^{2+} 螯合剂 BAPTA 的不同部位连接氟取代基而成，属于中等亲和力 Ca^{2+} 指示剂，产生的 Ca^{2+} 依赖的光谱移位效应与 Fura-2 基本一致，也属于比率测量钙探针。

Ⅳ. Mag-Fura-2、Mag-Fura-5 和 Mag-Indo-1：属于低亲和力 Ca^{2+} 探针，对特殊 Ca^{2+} 浓度的测定非常有用，如可用于测量 Ca^{2+} 浓度的快速变化和具有高 Ca^{2+} 水平（1~100μmol/L）的细胞器中的 Ca^{2+} 浓度。

2）可见光激发荧光探针：主要包括 5 种。

Ⅰ. Fluo-3 和 Fluo-4：Fluo-3 最大激发波长为 488nm，发射波长为 525nm，它在可见光谱激发，可减少紫外光激发时对活细胞的光损伤。Fluo-3 本身无荧光，与 Ca^{2+} 结合后可产生荧光，其 Ca^{2+} 结合式的荧光强度较游离形式高 40~100 倍，适合测定细胞内 Ca^{2+} 的快速、微量变化。Fluo-4 由 Fluo-3 改进而成，在同样的负载浓度和时间条件下，其刺激后荧光强度和基础荧光强度值的比率高于 Fluo-3。

Ⅱ. Fluo-5F、Fluo-4FF、Fluo-5N 和 mag-Fluo-4：是 Fluo-4 的类似物，属于低亲和力钙探针，适合检测 1μmol/L~1mmol/L 间的胞内钙。

Ⅲ. 钙绿系列：包括钙绿、钙橙和钙深红，也是新一代的荧光探针，其荧光光谱与 Fluo-3 相似。钙绿探针只需要较低的激发光强度和较低的染料浓度就可以得到同样的荧光强度，可降低染料毒性。钙橙、钙深红的光稳定性强于钙绿。

Ⅳ. 俄勒冈绿 488BAPTA：其荧光光谱与 Fluo-3、钙绿相似，但俄勒冈绿（Oregon Green）488BAPTA 可被氩离子激光的 488nm 光谱线更有效地激发，可以使用较低的染料浓度，减少细胞毒性。

Ⅴ. Fura Red：属于 Fura-2 类似物，其激发波长为 420nm/480nm，发射波长很长，约在 660nm。同 Fura-2 相似，Fura Red 可用于比率钙测定。与钙结合后，488nm 激发的 Fura Red 荧光强度会下降，利用这个特点，可以和 Fluo-3 联用，同时负载细胞，采用比率法测定细胞内钙水平。

（2）生物发光 Ca^{2+} 探针：生物发光 Ca^{2+} 探针主要包括 Ca^{2+} 结合型发光蛋白和基于基因编码的 Ca^{2+} 指示剂。前者主要包括水母素（aequorin）、重组水母发光蛋白和螅蛋白（obelin）等，后者主要有 Cameleon、TNXXL、GCaMP 等。与化学性荧光探针比较，生物发光等基因探针的主要优点是不需要孵育，直接在细胞内表达，相对细胞毒性小，而且可以准确地表达在目标细胞器上，精确测定细胞亚单位（如胞质、内质网、线粒体等）的钙浓度；其最大的缺陷是其荧光强度变化比率比较小。采用 Ca^{2+} 结合型发光蛋白测钙过程非常繁琐复杂，目前已很少使用。近年来，基因编码 Ca^{2+} 指示剂（genetically encoded Ca^{2+} indicator，GECI）已成为应用广泛的钙离子检测工具之一，运用分子生物学和转基因手段，可将这些 GECI 定位到靶细胞或亚细胞结构，高效、直观、无创地在体检测胞内钙离子信号。根据发光原理可将 GECI 分成两大类：以单个荧光蛋白为基础的 GECI 和由荧光共振能量转移（FRET）荧光蛋白对构成的 GECI，前者包括 GCaMP、Pericams 和 Camgaroos 等，后者包括 Cameleons、TNXXL 和 D3cpv 等，其中 GCaMP 应用较为广泛。

2. 细胞内 Ca^{2+} Fluo-4 测定方法 用于细胞内 Ca^{2+} 浓度 LSCM 测定的 Ca^{2+} 荧光探针种类繁多，但测定方法基本相似。Fluo-4 是测定细胞内 Ca^{2+} 浓度最常用的荧光探针之一，其主要优点是能用可见光（488nm）激发，发射峰波长 525nm。用其测定胞内 Ca^{2+} 对细胞生理过程干扰小，方法简便，动态检测范围大，灵敏度高，可以测定多种细胞内游离 Ca^{2+}。

（1）探针贮存液的配制：将 50μg/ 管的 Fluo-4-AM 溶于 50μl 的 DMSO 中，充分涡旋混匀，以 1μl 的体积分装在 Eppendorf 管内，-20℃避光保存备用。

（2）细胞的荧光探针标记：标记细胞是指 Fluo-4 以 AM 形式进入细胞内，然后被水解为游离酸形式并与 Ca^{2+} 结合的过程。采用直接孵育法标记细胞，Fluo-4-AM 在加载液中的终浓度依细胞类型而异，大多数细胞标记时的荧光探针终浓度为 2~10μmol/L，而对于一些特殊细胞如原代培养的内皮细胞、平滑肌细胞等，终浓度需提高到 15~20μmol/L。先用标准细胞外液洗涤细胞 3 次，充分去除血清，然后加入 Fluo-4-AM 加载液，放入 CO_2 培养箱内 37℃避光孵育 10~30min，以促进进入细胞内的酯化探针充分水解。

（3）LSCM 观察细胞内 Ca^{2+} 变化：将标记好的样品置于共聚焦显微镜载物台上，选择好待测细胞，固定视野，用软件标记好多个待测区域，在 488nm 激发波长下，检测 525nm 处的荧光。进行动态实时检测胞内 Ca^{2+} 变化时，需要设置相应的扫描方式和时间程序（图 11-5）。

（二）pH 测定

H^+ 是细胞内很重要的离子成分，细胞内的 H^+ 浓度对细胞生长、增殖、凋亡、肿瘤的发生和转移、药物耐药性、离子转运和内环境稳定、胞吞、胞吐过程等细胞活动起重要的调控作用。因此，检测活细胞内的 H^+ 浓度（pH）的动态变化，对认识生命过程及研究疾病发生机制都具有重要意义。应用对 pH 敏感的荧光探针，LSCM 动态测量细胞内 pH 变化，研究细胞内 pH 与不同生理和病理过程关系。

1. pH 测定常用荧光探针 用于细胞 pH 测定的荧光探针分为 3 类，即偏中性荧光探针、酸性荧光探针和葡聚糖偶联荧光探针。

（1）偏中性 pH 测定探针：该类探针适于 pH 在 6.8~7.4 的检测，主要包括 2,7- 双（2- 羧乙基）-5（6）- 羧基荧光素 [2,7-bis（2-carboxyethy）-5（6）-carboxyfluorescein，BCECF] 及其 AM 酯和半萘罗达氟 / 半萘荧光素（seminaphtharhodafluor/seminaphthofluorescein，SNARF/SNAFL）类。

1）BCECF 和 AM 酯：BCECF 是双激发比率 pH 探针，即检测在 490nm 和 450nm 激发的荧光强度比率（发射光峰值约 535nm）。在生理 pH 范围内（pH 6.5~7.5），BCECF 的比率荧光与 pH 有很好的线性关系。因此，经负载和校准，BCECF 可对细胞内 pH 进行定量测定，其检测细胞内 pH 的最大分辨率为 0.4pH 单位。此外，用比率荧光测量 pH 不受负载细胞探针浓度的多少、光漂白以及细胞厚度和染料渗漏等因素影响。

2）SNARF/SNAFL 类：SNARF 和 SNAFL 类染料是可见光激发的荧光 pH 探针，都具有双激发和双发射性质，非常适合 LSCM 和流式细胞仪使用。羧基 SNARF-1 荧光团可使用氩离子激光的 488nm 或 514nm 的谱线激发，测定发射波长为 580nm 和 640nm 间的荧光强度比率。羧基 SNAFL-1 也具有 pH 依赖的激发和发射光谱移位的特性，可用

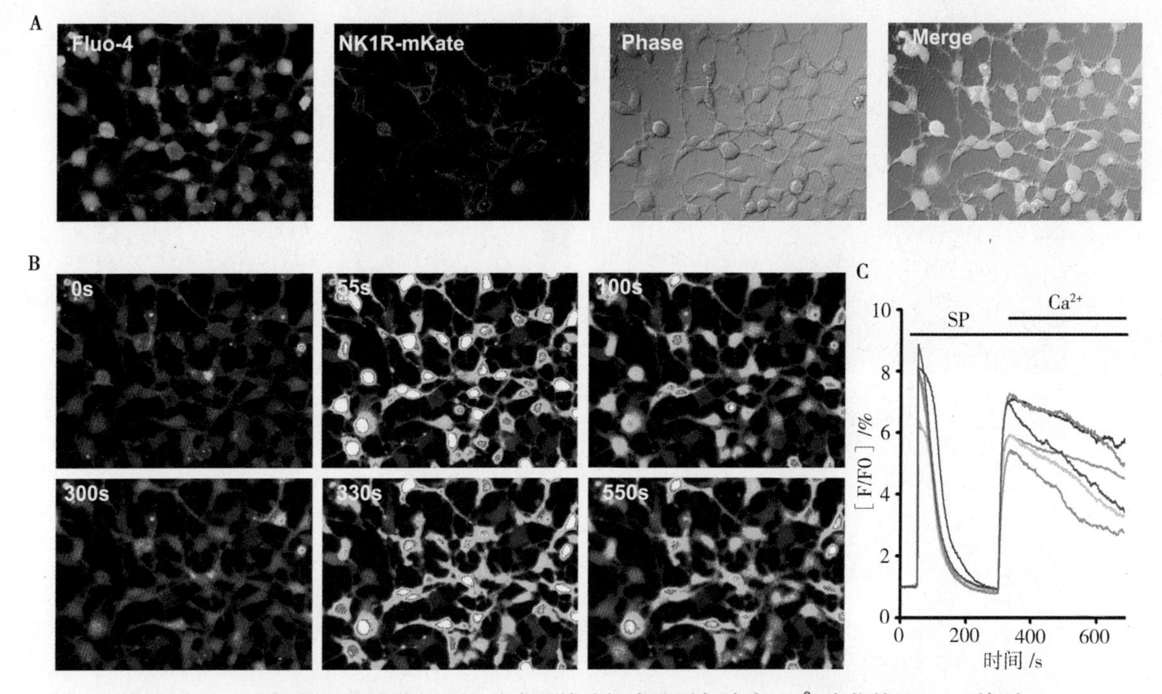

图 11-5　钙库操纵钙通道（SOCs）介导的外钙内流引起胞内 Ca^{2+} 变化的 Fluo-4 检测

A. 过表达 NK-1R 的 HEK293T 细胞 Fluo-4 装载荧光图、NK1R-mKate 表达荧光图以及透射图；B. 加药前及加药后（加入 NK-1R 激动剂 SP 及 1.8mmol/L Ca^{2+}），不同时间的细胞 Fluo-4 荧光伪彩图；C. 图 B 中选择的 6 个细胞的相对荧光强度变化曲线图，代表相应细胞内 Ca^{2+} 浓度的动态变化

于双激发（490/540nm）和双发射（540/630nm）比率 pH 测定。

（2）酸性 pH 测定探针：细胞质及溶酶体、递质囊泡、高尔基体、内质网、线粒体等细胞器内部的 pH 各不相同，其中，溶酶体、递质囊泡 pH 很低，属于强酸环境，对于它们的 pH 检测需酸性 pH 探针，适于 pH 范围 4~6 的检测。它们以共价键结合在大生物分子上，通过细胞固有的胞吞机制经酸性细胞器主动摄取和处理，不需要膜通透性。此类探针主要包括溶酶体荧光探针类（LysoSensor 类）、Oregon Green 和二氯荧光黄衍生物、FITC- 葡聚糖等，其中 LysoSensor Yellow/Blue DND-160 是常用的 LysoSensor 探针，属于双发射比率（激发光 365nm，发射光 450/510nm）pH 探针，利用它的光谱特性可以进行溶酶体 pH 双发射比率成像。FITC- 葡聚糖不能透过质膜，但可通过细胞胞饮作用进入溶酶体。

（3）葡聚糖 pH 探针：上述两类 pH 探针的葡聚糖偶联物称葡聚糖探针，如测定近中性 pH 的 BCECF 葡聚糖、羧基 SNARF-1 葡聚糖等，测定酸性 pH 的 LysoSensor Yellow/Blue 葡聚糖、Oregon Green 葡聚糖等。这类探针负载入细胞后，探针留存相当好，不与细胞蛋白质结合，可以减低其区室化作用。

2. 细胞 pH SNAFL-2-AM 测定方法　下面以用 SNAFL 类 pH 探针 SNAFL-2-AM 为例，介绍应用 LSCM 测定细胞 pH 的方法。

（1）贮存液配制：SNAFL-2-AM 溶于 DMSO，配成 1mmol/L 溶液，等份分装后，-20℃避光保存。

（2）细胞荧光探针的标记：将培养细胞用细胞外液漂洗 2 次后，加入 SNAFL-2-AM（终浓度 1~5μmol/L），37℃孵育 30min；去掉孵育液后再用细胞外液漂洗 2 次，静置 5min 后 LSCM 观察。

（3）pH 的双发射比率法测定：488nm 波长作为激发光，通道 1 采集 580nm 左右的荧光信号，通道 2 采集 640nm 左右的荧光信号，另开一个比率通道（ratio channel）显示通道 2 与通道 1 的荧光强度间的比值。针孔设为 800μm，PMT 电压 700V，增益设为 1×，补偿设置为 0，扫描速度为 1 帧 / 秒（像素 512×512）。

（4）pH 校准：在以上相同条件下，采用不同 pH 校准标准液孵育负载了 SNAFL-2-AM 的细胞，以同样方法测定发射荧光比率值，绘制 pH 标准曲线。最后根据标准曲线确定样本的 pH（图 11-6）。

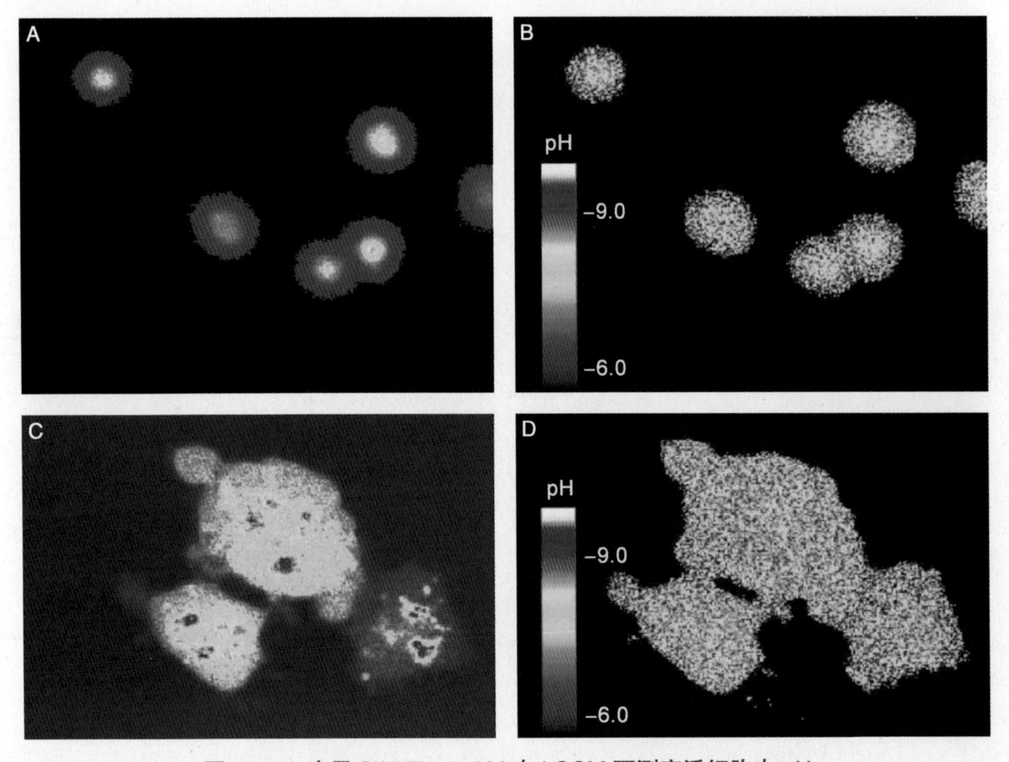

图 11-6 应用 SNAFL-2-AM 在 LSCM 下测定活细胞内 pH

A. 巨噬细胞原始荧光图；B. 巨噬细胞 pH 比率成像荧光伪彩图；C. COS7 细胞原始荧光图；D. COS7 细胞 pH 比率成像荧光伪彩图

四、荧光漂白恢复技术

荧光漂白恢复（fluorescence recovery after photobleaching，FRAP）技术是利用荧光标记法研究活体细胞中各类分子运动及其迁移速率等动力学特性的方法。理论上，通过 FRAP 技术对活细胞生理过程中任何可用荧光标记的分子进行实时动态观测，均能获得其迁移的方向、速度、比例等信息，由此研究生物膜脂质分子的侧向扩散、细胞间通信、胞质及细胞器内小分子物质转移性、核蛋白核质间穿梭特性、信号转导机制、细胞凋亡等。荧光蛋白的出现和 LSCM 的发展使 FRAP 技术在生命科学领域得到广泛应用。

（一）荧光漂白恢复技术的基本原理

FRAP 技术的基本原理是将细胞用荧光探针标记后，用高强度激光脉冲照射细胞的某一区域（$<10\mu m^2$），使被照射区域内的荧光分子淬灭或被漂白。该区域周围的可流动或可扩散的未淬灭荧光分子将以一定速率向漂白区域运动或扩散，使漂白区域的亮度逐渐增加，最后恢复到与周围的荧光强度相等（图 11-7A）。光漂白是不可逆的，因此可通过观察已发生漂白的细胞的荧光恢复速度，了解周围分子扩散的速率或分子运动速度。FRAP 技术包括 3 个阶段：漂白前、漂白和漂白后恢复。漂白前和漂白后都用较弱的激光扫描全视野，获取荧光图像，避免荧光的淬灭；漂白阶段则使用强激光在短时间内反复扫描漂白区域，使该区域内的荧光全部淬灭。在整个过程中，检测漂白区域在连续时间段的荧光强度变化，并绘制一条以时间（t）为横轴、荧光强度为纵轴的 FRAP 动力学曲线（图 11-7B），通过对该曲线的指数拟合就可以得到关于分子迁移速率、动态分子比例等信息。

荧光漂白丢失（fluorescence loss in photobleaching，FLIP）是 FRAP 技术的延伸，同样在细胞上选取局部刺激区域，用强激光反复刺激，但记录的不是被漂白区域的荧光恢复过程，而是未被漂白区域的荧光丢失过程。FLIP 除了通过分析未被漂白区域荧光丢失速度研究分子运动特性外，还可用于研究蛋白质在各细胞器的定位：通过 FRAP 实验，细胞内流动的荧光分子不断补充到漂白区持

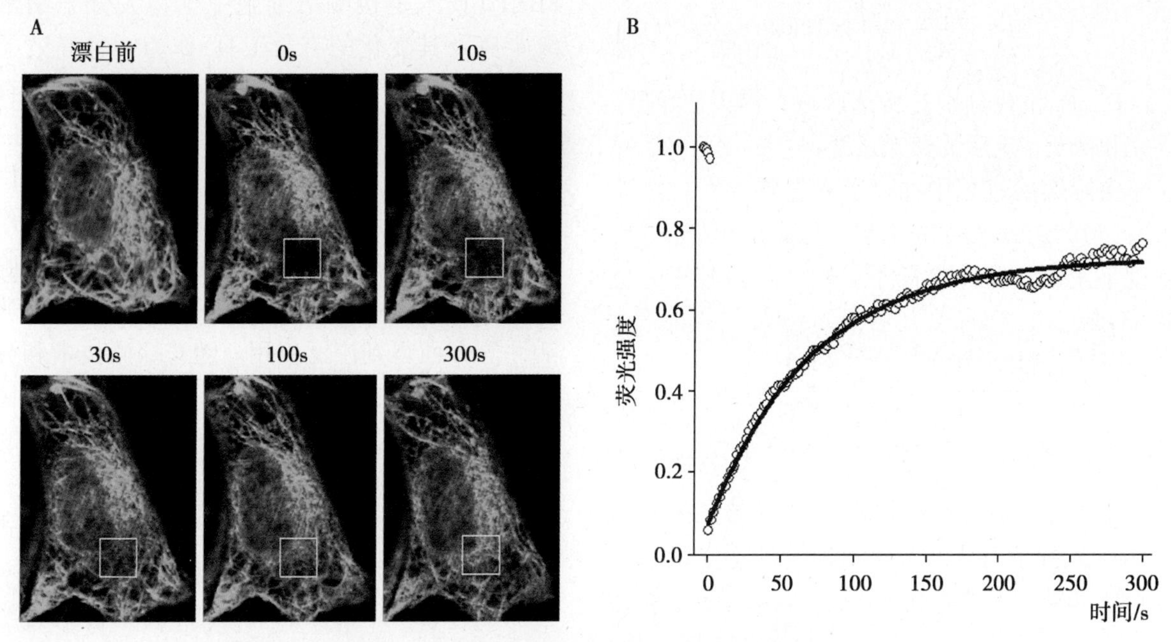

图 11-7　STIM1 在细胞内流动性的 FRAP 检测

A. 表达 EGFP-STIM1 的 HEK293 细胞荧光漂白前（pre-bleach）及漂白（t=0s）和漂白后不同时间（10s、30s、100s、300s）的荧光图像；B. 对应图 A 的 FRAP 动力学曲线图

续被淬灭，当流动荧光分子全部被漂白后，非流动的荧光分子分布就显现出来，由此可知被标记分子在细胞内哪些区域不流动，提示此分子在该区域具有特定功能，同时可以反映出细胞内区室的划分。

（二）FRAP 技术的基本要求

1. 合适的荧光探针　用于 FRAP 技术的荧光探针应满足以下要求：①可特异性标记活细胞中的待测分子；②其荧光的淬灭不具有自发恢复的特性；③荧光具有一定的稳定性，即在低强度照射时不易淬灭，否则将影响恢复阶段时检测的准确性。各种荧光蛋白、氨基荧光素（HAF）、DiI 类荧光素、NBD-PC、FITC-PE 等均可作为 FRAP 的荧光探针。

2. 激光激发和荧光检测设备　激光光源功率高，大小精确可控；荧光检测设备（PMT）灵敏高。LSCM 是实现 FRAP 技术的理想系统，促使 FRAP 技术成为研究活细胞内各类分子迁移规律的最重要技术之一。

3. 严格控制实验条件　在 FRAP 实验中，应严格控制以下实验条件：

（1）实验温度：温度对活细胞内分子的流动性影响很大，可用共聚焦显微镜平台加装恒温孵育器，使实验时温度保持一致，最好保持在生理温度下（37℃），能真实地反映自然状态下待测分子的动力学特性。

（2）漂白区域和荧光恢复检测时间：漂白区域的选择和荧光恢复检测时间的长短要根据具体情况而定。漂白区越大，恢复越慢，因此，检测流动快的分子时，漂白区域可适度增大，便于观测恢复过程。在多次重复实验时，漂白区的形状大小应保持一致，便于数据分析。

（3）其他：激发光的波长和强度应不使细胞严重损伤；尽量减少漂白前和漂白后的荧光淬灭；漂白应尽量快速和彻底，但不能过度。

（三）FRAP 参数的计算

FRAP 实验结果中反映分子迁移特性的最重要参数是动态比（mobile fraction，M）和扩散系数（diffusion coefficient，D）。虽然从 FRAP 的恢复曲线图可以直接了解各次实验荧光恢复的相对快慢（这种定性结果往往也是最主要的证据），但计算 M 值和 D 值具有物理上的绝对意义，可更精确地反映分子运动特性，并为进一步构建定量模型提供数据。

1. 动态比（M）的计算　在理想状态下，可用公式 11-1 如下：

$$M = \frac{(F_{\infty} - F_0)}{(F - F_0)} \times 100\% \quad \text{公式 11-1}$$

F_{∞}、F_0 和 F_i 分别是所选区域在淬灭前、刚淬灭完和恢复稳定后的荧光强度。

实际实验过程中往往荧光探针存在自然淬灭，已知荧光的淬灭率与激发光强度和荧光染料浓度呈正比，因而，常需将公式（11-1）校正为公式 11-2：

$$M = \frac{(F_{i2} - F_3)}{(F_{i1} - F_3)} \times \frac{(F_{\infty 1} - F_3)}{(F_{\infty 2} - F_3)} \times 100\%$$

公式 11-2

F_{i1}、F_{i2} 分别表示漂白前漂白区和对照区的初始荧光强度，$F_{\infty 1}$、$F_{\infty 2}$ 表示恢复到稳定状态时漂白区和对照区的荧光强度，F_3 表示背景的荧光强度。

动态比表示所选区域内标记荧光的分子中动态分子的比例，反映该分子在区域组成结构中的作用，为构建各细胞器的分子理论模型提供佐证。

2. 扩散系数（D）的计算 扩散系数 D 是物理学参数，单位为 $\mu m^2/s$ 或 cm^2/s，直接反映分子扩散的定量特征，是定量构建分子机制模型的重要参数。其计算比较复杂，基本依据是物理学中的扩散方程：

$$\partial C(r,t)/\partial t = D\nabla^2 C(r,t) \quad \text{公式 11-3}$$

公式 11-3 为一个偏微分方程，$C(r,t)$ 表示 t 时刻在位置 r 处的被标记分子浓度，初始条件一般都为 0（以刚漂白完时刻为起始），根据不同的漂白区域形状有不同的边界条件，可得到不同的函数解，再结合恢复曲线就可求出扩散常数 D。

在 FRAP 方法最初建立的文献中，推导了常见情况下 D 的计算公式，被经常引用，但有的引用由于条件不符而导致错误。因此，最好根据具体情况由原方程进行计算分析。

3. $t_{1/2}$ 的求算 $t_{1/2}$ 为荧光恢复到最后稳定值的 1/2 时的 t 值，它是荧光恢复速率快慢的一个简单直接的参数。在一些求 D 的公式中也用到 $t_{1/2}$。$t_{1/2}$ 可直接从曲线图或数值表中读出。

五、荧光能量共振转移技术

荧光能量共振转移（fluorescence energy transfer, FRET）技术是检测活细胞中生物大分子纳米级距离及其变化的有力工具，作为一种高效的光学“分子尺”，通过比较分子间距离与分子直径，研究活细胞内各种涉及分子间距离变化的生物现象，在分析蛋白质空间构象、蛋白亚单位组装、蛋白质间相互作用、核酸与蛋白间相互作用、核酸分子杂交、第二信使的级联反应与细胞内信号转导和分子流动性，检测细胞凋亡和酶活性等方面得到广泛应用。随着探测技术和分子生物学技术的发展，特别是 GFP 及其突变体的改进，使 FRET 技术成为在单个活细胞中实时长时间追踪分子动态行为特征的主要技术之一。FRET 的方法很多，如荧光寿命成像显微术、流式细胞术、宽场荧光显微镜和 LSCM 成像等，其中，应用基于 LSCM 成像的 FRET 检测分析最为实用、有效。

（一）FRET 基本原理

FRET 是距离很近的两个荧光分子间产生的一种能量转移现象，即当供体（donor）荧光分子的发射光谱与受体（acceptor）荧光分子的吸收光谱重叠（图 11-8），并且两个分子的距离在 1~10nm 范围内时，供体分子吸收一定频率的光子后被激发到更高的电子能态，在该电子回到基态前，通过偶极子相互作用，实现能量向邻近的受体分子转移，即发生能量共振转移。这种能量转移是非辐射性的，没有中间光子的发射和吸收。此时，供体荧光分子的发射荧光将减弱或消失，即淬

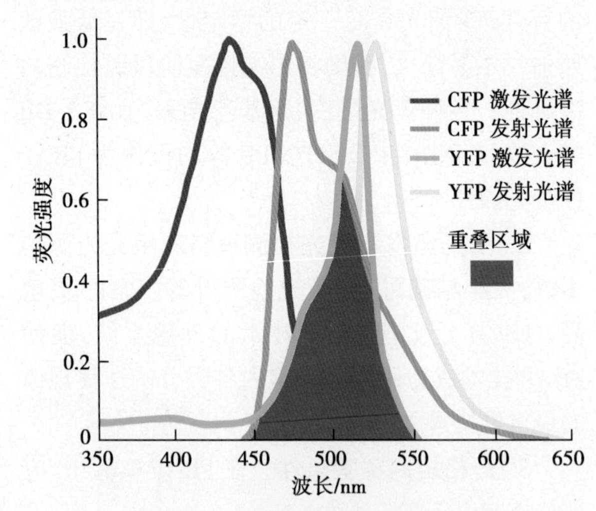

图 11-8 青色荧光蛋白（CFP）和黄色荧光蛋白（YFP）激发光、发射光光谱
红色区域为 CFP 发射光谱与 YFP 激发光谱重叠部分

灭(quenched),但受体荧光分子产生相应荧光或荧光增强(敏化荧光)(图 11-9)。供体和受体荧光分子之间的能量转移效率对空间位置的改变非常敏感,与它们之间的空间距离的 6 次方呈反比。因此,通过检测 FRET 效率,可以对两个荧光分子之间或荧光分子标记的分子之间的距离及其变化进行定量分析。

FRET 是一种非辐射能量跃迁,通过分子间的电偶极相互作用,将供体激发态能量转移到受体激发态的过程;能量转移的效率和供体的发射光谱与受体的吸收光谱的重叠程度、供体与受体的跃迁偶极的相对取向、供体与受体之间的距离等因素有关。因此,作为共振能量转移供、受体对,荧光物质必须满足以下条件:

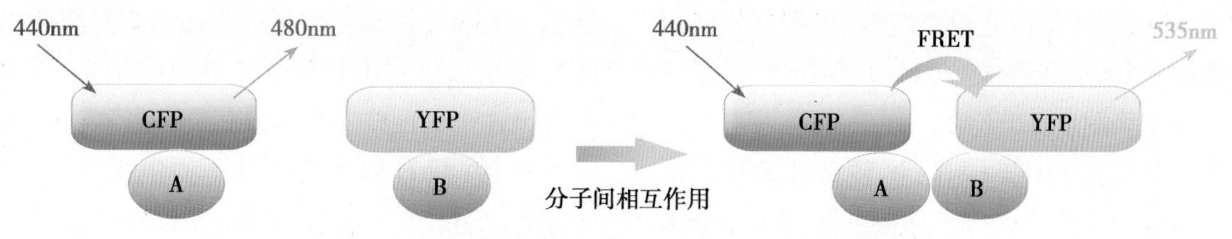

图 11-9　蛋白质间相互作用 FRET 检测原理示意图

在细胞内同时表达 CFP- 蛋白质 A 和 YFP- 蛋白质 B 融合蛋白。左侧:示用 440nm 激发 CFP,只检测到发射波长 480nm 的 CFP 荧光,即未发生能量共振转移,表明两种融合蛋白相距较远,未发生相互作用;右侧:示用 440nm 激发 CFP 检测到发射波长为 535nm 的 YFP 荧光,表明两种融合蛋白相距较近,发生相互作用

(1)受体与供体荧光分子之间必须尽量接近,距离要求在 1~10nm 间,否则难以检测到 FRET 信号。FRET 中发生 50% 能量转移时受体与供体之间的距离称为 Förster 距离(Förster distance)或 R0,对于特定的供体和受体,其 R0 是常数。FRET 效率对供体和受体之间的距离非常敏感,与两个分子之间距离的 6 次方呈反比。

(2)供体和受体荧光分子的激发光谱和发射光谱要尽可能分离,避免光谱交叉,否则会产生光谱交叉干扰或光谱串扰。

(3)供体荧光分子的发射光谱与受体荧光分子的激发光谱要有相当部分的重叠,这种光谱重叠的范围称光谱重叠积分,其大小决定 FRET 效率和 R0。一般重叠大于 30% 才能检测到 FRET。

(4)供体分子的发射态偶极矩与受体分子的吸收态偶极矩空间取向不能互相垂直。FRET 效率在二者平行时最高,互相垂直时最小。

(二)FRET 探针

在进行 FRET 检测分析时,需要将一对荧光分子连接或标记到被检测分子上,制成 FRET 探针(FRET probe)。用于制备 FRET 探针的荧光分子对中,作为供体的荧光分子其激发或吸收光谱应与作为受体的荧光分子的发射光谱有一定的重叠(大于 30%)。

1. FRET 荧光分子　能用于制备 FRET 探针的荧光分子包括小分子荧光染料和大分子荧光蛋白。

(1)荧光染料:用荧光染料制作 FRET 探针时,需先提纯被标记分子再将荧光染料连接到被标记分子上,并用显微注射方法将标记了荧光染料的分子注射到细胞内。常用于 FRET 的荧光染料对有 FITC- 罗丹明、Alexa 488-Cy3、Cy-Cy3、Cy3-Cy5 等。

(2)荧光蛋白:以荧光蛋白制备 FRET 探针的方法是,先通过分子生物学方法构建 2 种荧光蛋白与被检测分子的融合蛋白表达质粒,将质粒转染细胞使其表达荧光蛋白 - 被检测分子。CFP-YFP 是最常用于 FRET 的荧光蛋白对,此外,BFP-GFP、BFP-YFP、CFP 与 dsRED 等都可以用于 FRET 探针的构建。与荧光染料比较,以荧光蛋白制备 FRET 探针更为简便。因此,利用分子生物学技术,基于荧光蛋白构建的基因编码 FRET 探针在活细胞中分子动态特征实时研究中最常用。

2. FRET 探针种类　根据供体荧光分子和受体荧光分子是否分别连接在 2 个不同分子上,FRET 探针可分为分子间 FRET 探针(intermolecular FRET probe)和分子内 FRET 探针(intramolecular FRET probe)两类。

(1)分子间 FRET 探针:这种探针的供体荧光分子和受体荧光分子分别连接在两个不同分子上,用于分子间 FRET(intermolecular FRET)分析。例如，为检测 A、B 两种蛋白质是否发生相互作用，根据 CFP 的发射光谱与 YFP 吸收光谱有较多重叠，见图 11-8，应用分子生物学技术构建融合蛋白 CFP- 蛋白质 A 和 YFP- 蛋白质 B 的表达质粒，将其在活细胞共转染后共同表达的两种融合蛋白即分子间 FRET 探针，见图 11-9。分子间 FRET 探针除了用于蛋白质间相互作用的 FRET 检测外，还可用于蛋白亚单位组装、核酸与蛋白间相互作用、核酸分子杂交、配体受体结合、膜蛋白的定位修饰等的 FRET 检测。

（2）分子内 FRET 探针：这种探针通过将供体荧光分子和受体荧光分子连接在同一个小分子内的不同部位，用于分子内 FRET（intramolecular FRET）分析。例如，为了用 FRET 检测某种因素是否通过激活胱天蛋白酶 -3（caspase-3）而产生细胞凋亡，将 CFP 和 YFP 连接在含 caspase-3 酶切位点的小分子肽的两端所得到的即分子内 FRET 探针。分子内 FRET 探针除了能用于酶活性的 FRET 检测外，还可用于蛋白质空间构象、第二信使的级联反应和细胞内信号转导的 FRET 检测。

（三）FRET 基本方法

应用 LSCM 进行 FRET 分析的常用方法主要有两种：敏化发射法 FRET（sensitized emission FRET）和受体光漂白 FRET（acceptor photobleaching FRET）。此外，应用荧光寿命成像技术也可进行 FRET 分析（详见本节“六、荧光寿命成像技术”）。

1. 敏化发射法 FRET　根据 FRET 探针的荧光分子种类，选择供体激发 / 发射滤镜组、受体激发 / 发射滤镜组和含有供体激发滤镜、供体分色镜及受体发射滤镜的 FRET 滤镜组。选用适当波长的激光作为激发光光源，通过分光镜照射标本后，选用相应发射滤镜收集供体、受体、供体 - 受体荧光并获取图像，再经过软件处理，获得 FRET 结果图像，分析供体和受体荧光强度的变化。由于受体敏化发射荧光还包括直接激发受体的荧光和供体串扰到受体通道的荧光，因此还需测定 3 个对照样本对系统进行串扰校正。对照样本包括：只有供体荧光分子的供体对照，只有受体荧光分子的受体对照和已知 FRET 效率的校正对照。可见，敏化发射 FRET 是指检测标本中实际所发生的 FRET，即将测得的 FRET 减去光谱串扰后所得到的值或称净 FRET（net FRET）。进行供体和受体浓度的校正后可得到标准化 FRET（normalized FRET）。目前净 FRET 算法主要有 Gordon 法（Gordon，1998）和 Xia 方法（Xia，2001）。

（1）Gordon 法

1）数据采集：采集荧光数据 Dd、Fd、Ad、Da、Fa、Aa、Df、Ff、Af，其中 D、F、A 分别表示获取荧光数据时所采用的供体滤光片组（D）、FRET 滤光片组（F）和受体滤光片组（A），d、f、a 分别表示获取荧光数据时所采用的供体单标记标本（d）、供体和受体双标记标本（f）、受体单标记标本（a）。

2）计算方法

选用适当的滤光片使 Da=0 和 Ad=0，则有：

$$\text{Net FRET}=\frac{\text{Ff}-\text{Df}\cdot(\text{Fd}/\text{Dd})-\text{Af}\cdot(\text{Fa}/\text{Aa})-\text{Ff}\cdot\frac{\text{Ad}}{\text{Dd}}\cdot\frac{\text{Da}}{\text{Aa}}+\text{Df}\cdot\frac{\text{Ad}}{\text{Dd}}\cdot\frac{\text{Fa}}{\text{Aa}}+\text{Af}\cdot\frac{\text{Fd}}{\text{Dd}}\cdot\frac{\text{Da}}{\text{Aa}}}{1-(\text{Dd}/\text{Fa})(\text{Fd}/\text{Dd})}$$

$$\text{Net FRET}=\text{Ff}-\text{Df}\cdot(\text{Fd}/\text{Dd})-\text{Af}\cdot(\text{Fa}/\text{Aa})$$

$$\text{Normalized FRET}=\text{Net FRET}/(\text{Df}\cdot\text{Af})$$

（2）Xia 法：该方法在数据采集方面与 Gordon 法相同，只是对 Gordon 法中的标准 FRET 计算公式进行了修正，公式被修正为：

$$\text{Normalized FRET}=\text{net FRET}/\sqrt{\text{Df}\cdot\text{Af}}$$

公式 11-4

2. 受体光漂白 FRET　在一个供体 - 受体对中，将受体荧光分子用受体激发光照射漂白后再用供体激发光照射供体，供体发射的荧光强度会增加。受体光漂白 FRET 技术是通过检测受体荧光分子以这种方式漂白前后供体荧光分子荧光强度的增强来进行 FRET 分析。该方法对供体漂白前后荧光强度的变化进行自身比较，不需要设置对照，也没有串色干扰，因此操作较敏化发射法简便。

如拟分析蛋白质 A 和蛋白 B 间是否具有相互作用，根据 FRET 原理构建相应的融合蛋白

CFP-A 和 YFP-B,然后共转适当的细胞系。将共转表达 CFP-A 和 YFP-B 的细胞样品用 4% 多聚甲醛固定后,置于共聚焦显微镜载物台上,选择好待测细胞,用软件设定好 CFP 通道(供体检测通道:450~517nm)和 YFP 通道(受体检测通道:516~753nm),首先用 458nm 激发,检测记录 CFP 通道漂白前荧光图和漂白前荧光强度(F_{pre}),然后在 YFP 通道用高强度 514nm 激发光持续漂白待检细胞特定区域,检测记录 CFP 通道漂白后荧光图和漂白后荧光强度(F_{post}),采用如下公式计算 FRET 效率值:

$$E=1-F_{pre}/F_{post} \quad \text{公式 11-5}$$

其中 E 为 FRET 效率值,F_{pre} 为漂白前供体荧光强度值,F_{post} 为漂白后供体荧光强度值。

六、荧光寿命成像技术

荧光具有多个特征参量,包括光谱、强度、寿命、偏振等,都可用于产生图像对比度,其中通过测量荧光寿命形成图像的技术称为荧光寿命显微成像术(fluorescence lifetime imaging microscopy, FLIM)。FLIM 技术在传统的荧光强度和荧光光谱两个维度的基础上,增加了荧光寿命这一新的维度,在检测微环境变化、分子间相互作用方面具有特异性强、灵敏度高、可定量等优点。

(一)荧光寿命成像原理

荧光分子经激发光激发后,其电子吸收激发光光子能量,由基态跃迁到激发态,随后经短暂的振动弛豫及内转换后回到基态并发出荧光光子。荧光发射后其强度会以指数规律衰减。荧光强度衰减至初始强度(最大值)的 1/e 时所用的时间称为荧光寿命(fluorescence lifetime)(τ),表示荧光分子受光脉冲激发后返回基态之前在激发态的平均停留时间。荧光寿命是荧光分子的固有性质,与荧光分子浓度、激发强度和光漂白无关,而与生色基团所处的微环境密切相关。由于荧光分子的退激过程容易受到周围微环境变化的影响,因此通过测量荧光寿命能十分敏锐地对周围微环境变化进行监测。基于荧光寿命测量的 FLIM 可对荧光分子所处微环境的生物物理参数(如氧压、溶液疏水性等)及生化参数(如 pH、离子浓度等)进行定量检测,已成为分析细胞内环境、分子动力学、分子之间相互作用的重要有效手段。

(二)荧光寿命测量基本方法

FLIM 技术根据寿命获取方式的不同分为频域法和时域法两类。频域法利用经过调制的连续光激发样品,通过检测荧光信号的振幅和相位变化来计算寿命;时域法采用高重复频率的超短脉冲激光激发样品,通过分析脉冲过后的荧光衰减曲线得到寿命信息。在时域法中,由于目前探测器的响应尚不能直接记录荧光衰减曲线,因此需要采取一些巧妙的间接探测方式,常用的有门控法、条纹(或扫描)相机法、时间相关单光子计数(time-correlated single photon counting, TCSPC)法等。其中 TCSPC 法是目前测量荧光寿命时间分辨率最高、应用最广泛的技术。目前的 LSCM 大多将这些方法内置在相应的软件内,操作使用都十分简便。其基本步骤包括:①预览和调节参数;②设置条件和采集图像;③拟合曲线、显示荧光寿命图像与数据分析。

(三)荧光寿命成像技术的应用

FLIM 因对细胞内微环境变化敏感,可定量测定,实验中无需担心荧光分子的光稳定性问题,且样品准备简单,已广泛应用于生物医学基础研究、疾病的非侵入式诊断与治疗、纳米材料的生物医学研究。

1. 细胞内 pH 和离子浓度成像 选择 pH 或不同离子的荧光寿命探针,FLIM-LSCM 下进行荧光寿命成像,可以定量检测细胞液和细胞内 pH 大小、pH 分布或不同离子的浓度和分布。例如,利用 pH 荧光寿命探针 Yb^{3+} 卟啉酯(F-Yb)检测细胞内 pH(图 11-10),利用 Na^{+} 荧光寿命探针 CoroNaGreen 检测细胞内 Na^{+} 浓度与分布(图 11-11),利用 Ca^{2+} 荧光寿命探针 Oregon Green BAPTA-1 检测细胞内 Ca^{2+} 浓度与分布、实时观察神经元在光刺激前后 Ca^{2+} 浓度的变化等。

2. 基于荧光寿命成像的荧光共振能量转移技术及其应用 FRET 技术是检测活细胞中生物大分子纳米级距离和纳米级距离变化的有力工具。经典 FRET 基于荧光强度变化的检测。因为 FRET 发生时,供体的荧光被淬灭而受体的荧光增加,供体荧光寿命将缩短,所以通过比较在

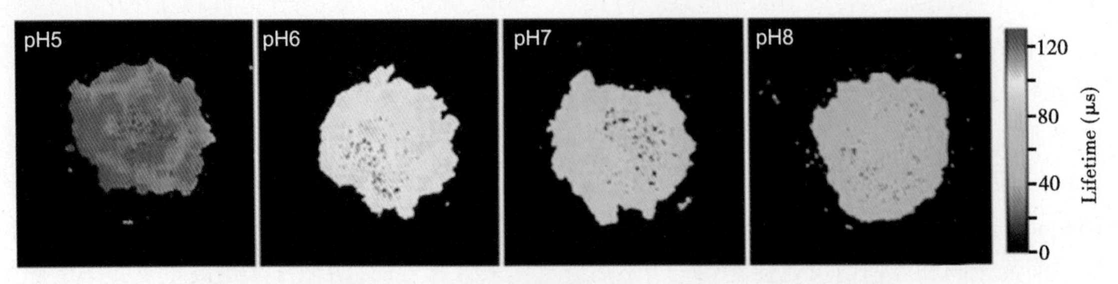

图 11-10 细胞内 pH 与荧光寿命关系的 F-Yb 法荧光寿命成像检测

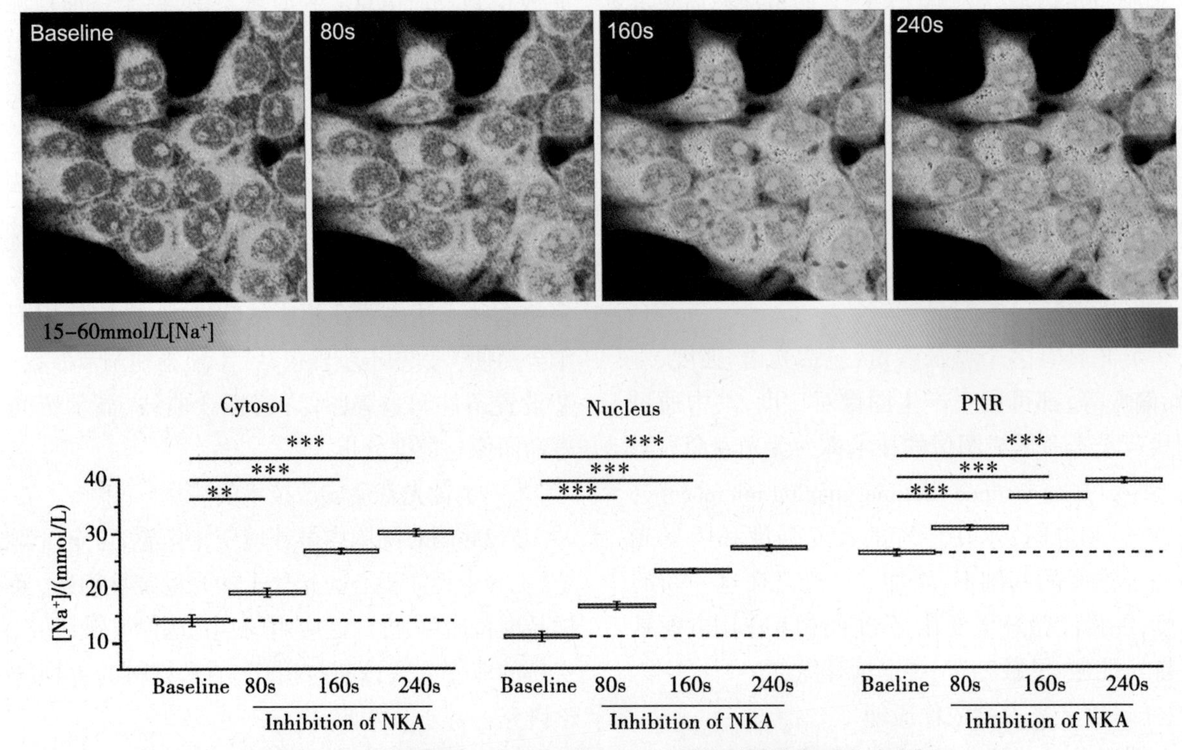

图 11-11 抑制 Na^+/K^+-ATP 酶（NKA）活性对细胞内 Na^+ 浓度与分布影响的 CoroNaGreen 法荧光寿命成像检测

15μmol/L CoroNaGreen 孵育 HEK293T 细胞 15min；无 K^+ 盐溶液孵育 1min 抑制 NKA；PNR. perinuclear region；**. $0.001<P<0.01$；***. $P<0.001$

有受体和无受体的情况下供体的荧光寿命变化，可以确定供体与受体间是否发生共振能量转移。基于荧光寿命成像的荧光共振能量转移（FLIM-FRET）技术由于荧光寿命与染料浓度、照射强度以及荧光信号在样品中的吸收和散射无关，因而无需担心荧光分子的光稳定性问题，在检测分子间相互作用或分子内构象变化中时间和空间分辨率及灵敏度更高，结果更为可靠；FLIM-FRET 能很好地解决光谱交叉串色，不需要扣除光谱串扰，样品准备也更为简单，应用更为广泛。

FLIM-FRET 技术中 FRET 探针的构建十分重要，通常选择与分析物（目标分子）相互作用的蛋白质或肽，再将能够进行能量转移的荧光染料以一定的方式连接到探针上，如果使用荧光蛋白作为荧光染料，则可将荧光染料与探针整体引入细胞或特定的亚细胞结构。能作为 FLIM-FRET 探针合适的荧光蛋白供体－受体对如：CFP-YFP、GFP-mCherry；基于 GFP 及其光谱突变体的基因编码荧光团构成 FLIM-FRET 供体－受体对，可对蛋白质进行在体标记。此外，GFP 也可与染色标记的荧光染料如四甲基罗丹明（TAMRA）构成 FRET 供体－受体对（图 11-12）。

FLIM-FRET 技术除了可分析分子间相互作用外，还可检测蛋白质的翻译后修饰（图 11-12）、

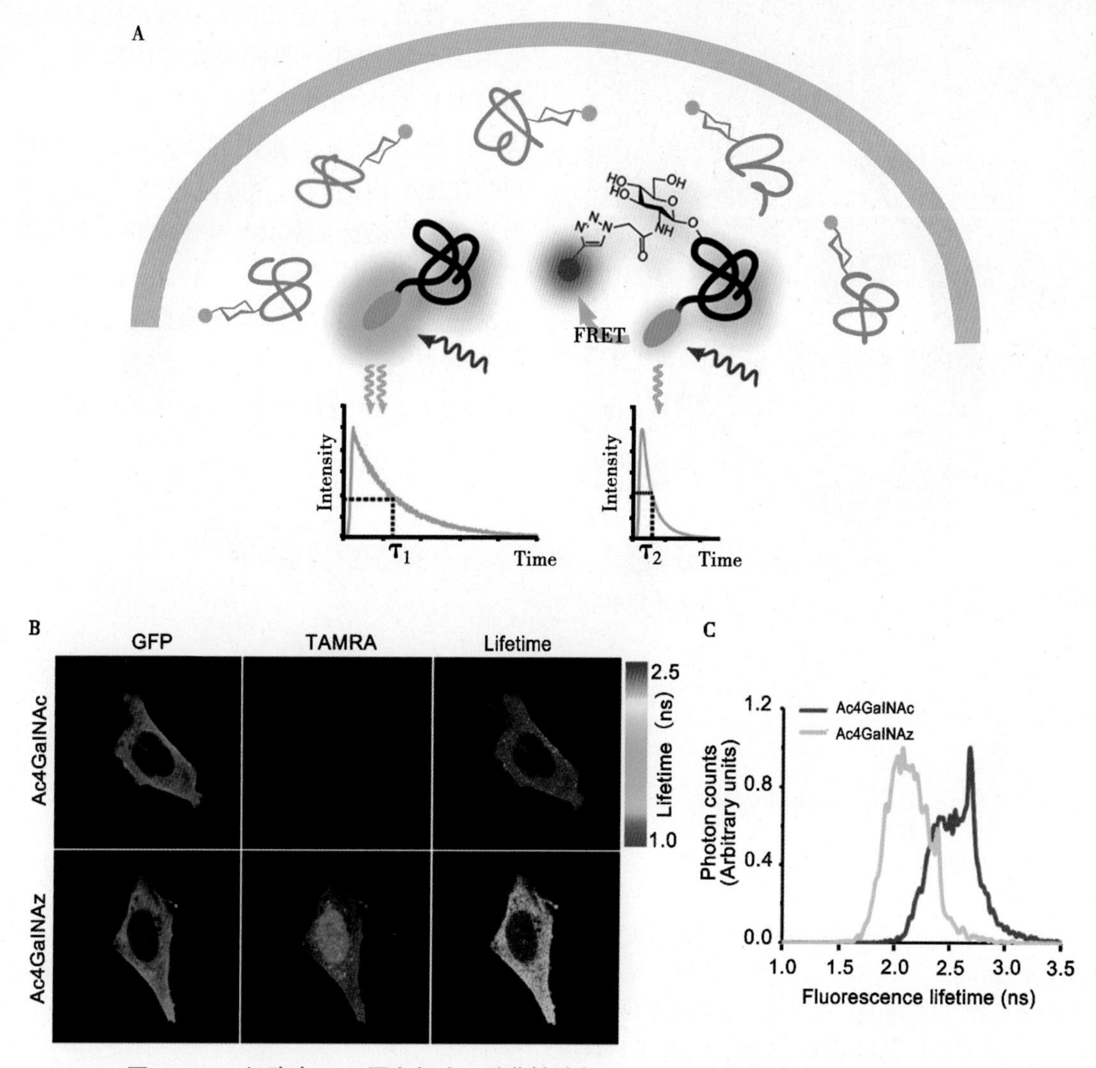

图 11-12　细胞内 Tau 蛋白氧连乙酰葡糖胺（O-GlcNAc）修饰的 FLIM-FRET 检测

A. FLIM-FRET 探针设计原理示意图：将 GFP 与 Tau 蛋白融合，以炔基功能化羧基四甲基罗丹明（Alkyne-TAMRA）通过点击化学（click chemistry）反应标记 Tau 蛋白上的氧连乙酰葡糖胺修饰位点，构成分子内标记 GFP-TAMRA 供体 - 受体对的 FLIM-FRET 探针；τ_1 示 Tau 蛋白分子中无 O-GlcNAc 糖基化位点时（不发生 FRET）GFP 荧光寿命较长，τ_2 示 Tau 蛋白分子中有 O-GlcNAc 修饰位点时（发生 FRET）的 GFP 荧光寿命缩短；B. CHO 细胞中 Tau 蛋白 O-GlcNAc 修饰的 FLIM-FRET 成像：表达 Tau-GFP 的 CHO 细胞以 Ac4GaINAz 处理，促进 Tau 蛋白 O-GlcNAc 修饰而被 TAMRA 标记，以四乙酰化 N- 叠氮基乙酰半乳糖胺（Ac4GaINAc）处理，Tau 无 O-GlcNAc 修饰而不被 TAMRA 标记（对照）；C. Ac4GaINAz 处理细胞和 Ac4GaINAc 处理细胞荧光寿命分布比较

蛋白质聚集状态、低聚反应与内化、细胞信号转导等。

1. 疾病诊断与治疗效果判断　采用动物自体荧光寿命研究体内细胞的代谢状况，从而引导临床上的疾病诊断与治疗：如通过 FLIM 检测肿瘤细胞内烟酰胺腺嘌呤二核苷酸（NADH）的游离态和结合态比率，监测肿瘤细胞的动态发展过程；利用 FLIM 检测反映活细胞或组织内代谢情况的烟酰胺腺嘌呤二核苷酸磷酸（NADPH）、黄素腺嘌呤二核苷酸（FAD）、色氨酸等内源性荧光物质及 NADPH 与 FAD 的氧化还原比例的变化，实时分析抗癌药物的治疗效果（图 11-13）。

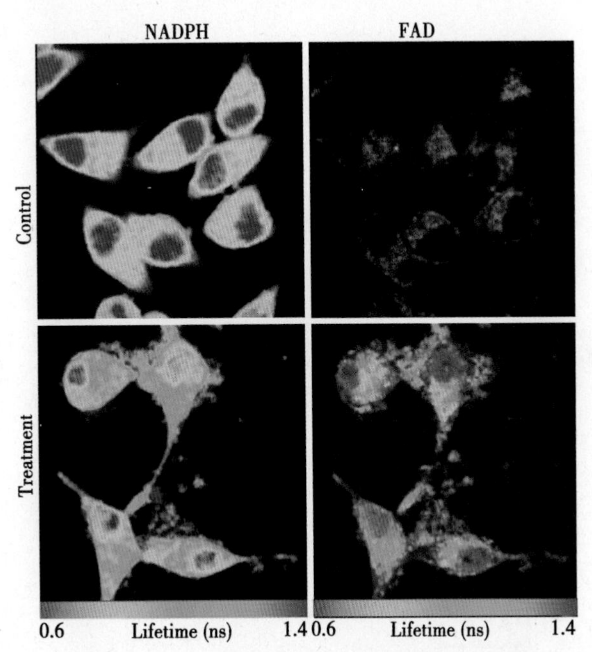

图 11-13 前列腺癌细胞治疗效果的 FLIM 检测

抗癌治疗增加 NADPH 和 FAD 的荧光寿命，降低其氧化还原比例

2. 纳米材料生物医学特性检测 量子点、碳量子点、纳米金颗粒等纳米材料均具有较好的独特光学性质，基于此，FLIM 可对这些纳米材料的生物医药特性进行非侵入性在体检测。如检测注射到皮肤内的氧化锌纳米颗粒在皮肤内的渗透和生物学效应；观察不同类型的脱镁叶酸纳米颗粒在细胞内的药物释放过程，分析其是否能作为光动力学治疗的载体；对合成的聚合物纳米粒子聚烯丙胺－柠檬酸酐（poly-allylamine-citraconic anhydride，PAHCit）/ 多柔比星（doxorubicin，DOX）的药物释放过程进行成像，检测细胞外基质中 DOX 荧光寿命的动态变化，评估纳米载体的药物释放效率。

（贺 军）

参考文献

1. 袁兰. 激光扫描共聚焦显微镜技术教程. 北京：北京大学医学出版社，2004.
2. 李和，周莉. 组织化学与细胞化学技术. 北京：人民卫生出版社，2014.
3. 刘雄波，林丹樱，吴茜茜，等. 荧光寿命显微成像技术及应用的最新研究进展. 物理学报，2018，67（17）：1-14.
4. Pawley JB. Handbook of biological confocal microscopy. Third edition. New York：Springer，2006.
5. Ning Y，Cheng S，Wang JX，et al. Fluorescence lifetime imaging of upper gastrointestinal pH in vivo with a lanthanide based near-infrared s probe. Chem Sci，2019，10（15）：4227-4235.
6. Venditti R，Rega LR，Masone MC，et al. Molecular determinants of ER-Golgi contacts identified through a new FRET-FLIM system. J Cell Biol，2019，218（3）：1055-1065.
7. Lin MZ，Schnitzer MJ. Genetically encoded indicators of neuronal activity. Nat Neurosci，2016，19（9）：1142-1153.
8. Lin W，Gao L，Chen X. Protein-Specific Imaging of O-GlcNAcylation in Single Cells. Chembiochem，2015，16（18）：2571-2575.
9. Meyer J，Untiet V，Fahlke C，et al. Quantitative determination of cellular [Na^+] by fluorescence lifetime imaging with CoroNaGreen. J Gen Physiol，2019，151（11）：1319-1331.

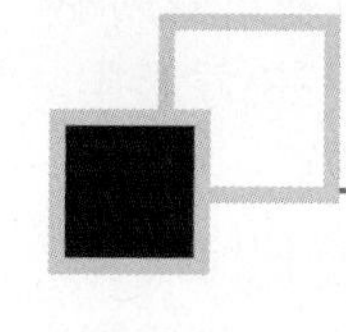

第十二章　流式细胞术

流式细胞术（flow cytometry，FCM）是利用流式细胞仪（flow cytometer）对处在快速直线流动状态的细胞、细菌、病毒及其他生物颗粒进行多参数、快速、准确定量分析和分选的技术。该技术是一项集激光技术、光电测量技术、计算机技术、流体力学以及细胞免疫荧光化学技术、单克隆抗体技术为一体，具有检测速度快、分析参数多、获取信息量大、灵敏度高、准确性好、方法灵活等优点，是当代先进的细胞化学定量分析技术，广泛应用于免疫学、细胞生物学、遗传学、生物化学、肿瘤学、血液学等基础科学研究和临床医学领域。

第一节　流式细胞仪

一、流式细胞仪的发展

流式细胞术是在荧光显微镜技术、血细胞计数仪和喷墨技术的基础上发展而来。1934年，Moldavan首次提出使悬浮的单个红细胞流过玻璃毛细管，在亮视野下用显微镜进行计数，并用光电记录装置测量的设想，但单个细胞顺次流过狭窄管道时容易造成较大的细胞和细胞团块的淤阻。1953年，Crosland-Taylor成功设计了一种鞘流系统，奠定了现代流式细胞术中液流系统的基础。该系统将细胞悬液缓慢注入一个快速流动的液流中，使该液流包绕在细胞液流的外侧形成鞘流，而细胞液在轴心流动，这样就可以用直径较粗的管道，而中心细胞液流比较窄，避免了管道的阻塞，同时细胞液流的轴流状态使测定聚焦成为可能。在此期间，Coulter（1947）发明了称为库尔特原理（Coulter principle）的细胞计数方法，细胞通过一个小孔时，在细胞与悬浮的介质之间存在导电性上的差异，将影响小孔的电阻特性，从而形成电脉冲信号，测量电脉冲的强度和个数则可获得有关细胞大小和数目方面的信息。库尔特原理奠定了流式细胞仪的理论基础，Coulter于1956年生产了Coulter计数器。这一技术在其后的数年，由Coulter本人及其他研究者不断发展，现今大多数血细胞分析仪和部分流式细胞仪都采用这一技术进行细胞计数和体积测定。

20世纪60年代到70年代是流式细胞仪快速发展并逐渐定型的时期。1965年Kamentsky等设计出一台可同时测量未染色细胞核酸的紫外吸收光和反向散射光的仪器，并首次将计算机与仪器连接进行数据处理，利用二维散点图来显示和分析多参数资料。1970年Kamentsky以激光为光源，将全血用吖啶橙染色，可把白细胞分为淋巴细胞、单核细胞和中性粒细胞。

Fulwyler采用液滴喷射后施静电加以偏转的技术，将其用于Coulter计数仪实现了细胞按体积大小进行分选，该装置于1965年首先报道，并在1969年提出改进型。这种液滴喷射静电偏转技术至今仍是分选型流式细胞仪的基础。1969年Van Dilla等首先研制出现代意义上的流式细胞仪，采用氩离子激光器为激发光源和Crosland-Taylor设计的流动室、液流束、照明系统光轴和检测系统光轴三者相互垂直，通过对荧光强度的检测以确定细胞内DNA含量。同年，Mullaney等发现小角度散射光与被测粒子体积有一定关系，根据这一原理，他们以氦氖激光为光源，对直径5~20μm的微小粒子进行测量，其结果与显微镜检查有很好的相关性。目前许多流式细胞仪都以测量小角度散射光来反映细胞大小。Herzenberg等一直致力于分选型流式细胞仪的研究，在1969年提出以检测荧光信号为基础的细胞分选装置，1972年对分选控制做了重大改进，使液流离开喷嘴后液滴形成前即得到充电信号，从而缩短了细胞测量和液滴带电之间的时间延迟。1974年，在这些研究的基础上商品化的第一代荧光激活细胞分选仪（fluorescence activated cell sorter，FACS）问世。

目前，流式细胞仪的发展呈现出以下趋势：①专业化的流式细胞仪纷纷面世，从单纯大型仪器发展为适应各种实际应用的便携式、台式、高分辨率、高质量分选的研究型流式细胞仪，如专门的CD4/CD8/CD3绝对计数系统、便携式和车载式流式细胞仪，能安放在浮标上的用于水体微型生物分析的流式细胞仪，可在水下200m使用、具有特殊耐压装置的流式细胞仪等。②仪器全面自动化，同时具备自动进样与手工进样双通道、方便突然插入急需检测样本；自动进行液流系统控制和清洗、分析、分选、数据处理等。③多色多参数分析迅速发展，荧光参数是流式细胞分析中最重要的内容，早期的流式细胞分析都是用一种或两种荧光染料标记细胞，称为单色或双色分析。随着新型荧光探针的不断开发和仪器软、硬件的逐步更新，流式细胞仪多色荧光分析得到了迅速发展，不仅可同时分析细胞的多种参数，而且对细胞亚群的识别也更准确，更精细。从使用方便和维护成本出发，应尽可能采用一种激光（特别是488nm激光）同时激发多种荧光染料，目前已经出现488nm单激光激发5色到7色的仪器。另一方面，尽管488nm的激发波长可以激发大多数荧光染料，但并非适于所有的场合，如进行活细胞DNA分析所需的Hoechst、DAPI等染料必须用紫外光激发以获得最佳的效果，因此在某些情况下，可供选择的激发光源或不同激发波长的荧光探针也是流式细胞多色分析的重要内容之一。

二、流式细胞仪的基本结构

流式细胞仪由液流系统、光学系统、信号检测系统和控制系统四部分组成。具有分选功能的流式细胞仪还有细胞分选系统。

（一）液流系统

液流系统由流动室和液流驱动系统两部分组成，其作用是将待测样本（单颗粒悬液）中的细胞（单颗粒）依次传送到激光照射区（检测区），其理想状态是将细胞传送至激光束的中心，在特定时间内，仅让一个细胞或粒子通过激光束。

1. 流动室 是流式细胞仪的核心部件，被测样品在此与激光相交。不同仪器的流动室结构不同。一般由石英玻璃制成，其中央有一长方形孔，供单个细胞通过，检测点在该室的中心。流动室光学特性良好，流速较慢，因而细胞受照时间长，可收集的细胞信号光通量大，配上广角收集透镜，检测灵敏度和测量精度均非常高。

流动室内充满鞘液，鞘液将样品流包绕，以匀速（10m/s以下）流过流动室，形成流体力学聚焦，使样品流形成细胞液柱，在较窄的轴流核心列队依次通过检测点而被激光束均匀照射（图12-1）。

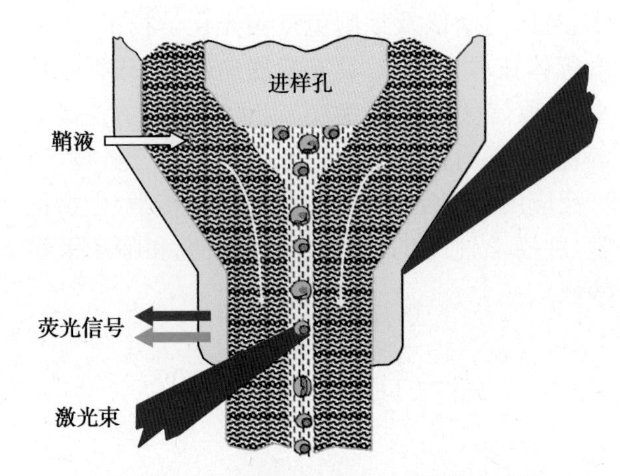

图12-1 流式细胞仪的流动室结构示意图

2. 液流驱动系统 包括空气压缩泵、压力传感器、鞘液过滤器和样品压力调节器。空气压缩泵通过正压方式使鞘液和样品流恒速流动，保证每个细胞流经激光照射区的时间相同。通过样品压力调节器可以改变细胞间的距离，使样品流变宽或变窄，细胞间距缩短或增加，从而调整样品的进样速度，改变采样分析的速度。由于激光焦点处能量呈正态分布，中心处能量最高，因此当样品进样速度高时，处在样品流不同位置的细胞受激光照射的能量不一样，从而激发出的荧光强度也不相同，造成测量误差。因此，在测量分辨率要求高时应选择低速。

（二）光学系统

流式细胞仪的检测是基于对光信号的检测而实现，包括对散射光和荧光的检测，所以，光学系统是流式细胞仪中最重要的系统之一。光学系统由激发光源、透镜、滤光片和二分镜组成（图12-2）。

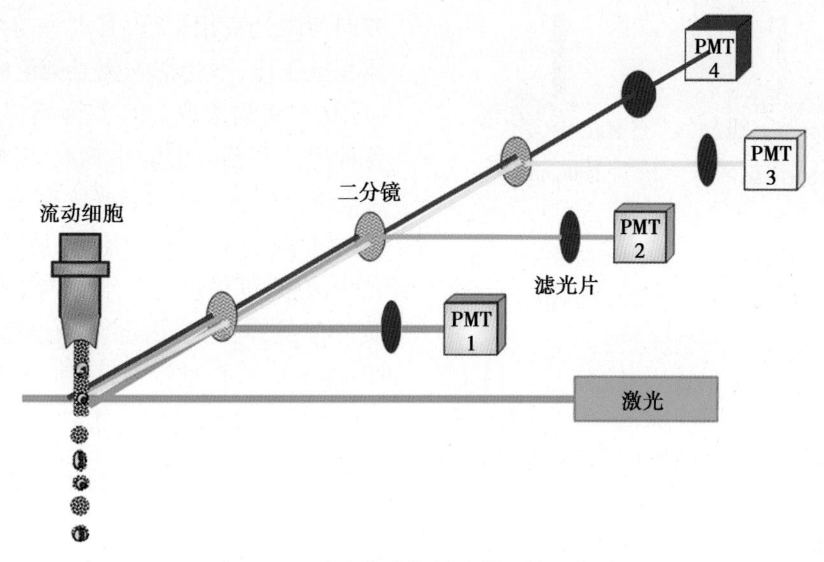

图 12-2　流式细胞仪的光学系统示意图

目前，流式细胞仪所采用的激发光源绝大部分为固体激光光源。激光能提供单波长、高强度及稳定性高的光照，是细胞微弱荧光快速分析的理想光源。最常用的激发波长为 488nm，能提供 1~5 色荧光信号。某些特殊应用对激发波长有特别要求，如活细胞 DNA 分析需要用波长 350~370nm 的紫外光激发，染色体分析需要紫外光激发使 DNA 碱基 A/T 染色的 Hoechst 和 456~460nm 光源激发使 DNA 碱基 G/C 染色的 CA3。为增加染料选择范围，可选配红光区光源。台式 FCM，多采用固体或半固体激光光源。这种光源能提供 488nm，532nm，561nm，355nm，633nm 等多种商用波长的激发光源。

透镜、滤光片和双色反光镜等光学元件的主要功能是分光，即将不同波长的荧光信号分配到不同的荧光探测器而尽可能不互相干扰。滤光片有带通滤片（band-pass filter，BP）、长通滤片（long-pass filter，LP）和短通滤片（short-pass filter，SP）。带通滤光片只允许通过以特定波长为中心的上下波长范围；长通滤光片可使特定波长以上的光通过，其他波长的光则被吸收或返回，不能通过；而短通滤光片则相反。例如，BP500/25 允许 500nm ± 12.5nm 波长范围的光通过，LP500 滤片允许波长 500nm 以上的光通过，而 SP500 允许波长 500nm 以下的光通过（图 12-3）。

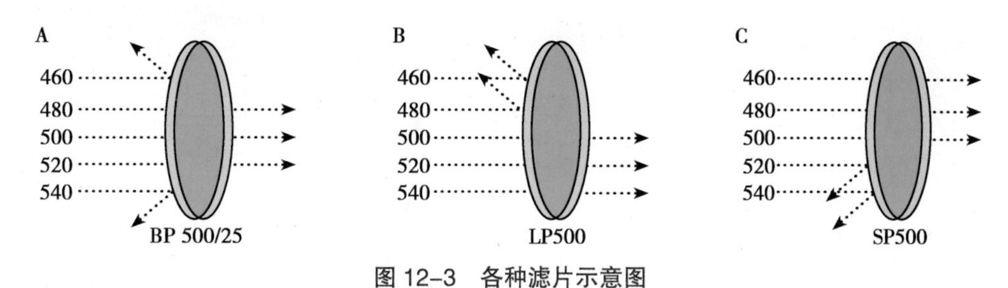

图 12-3　各种滤片示意图

A. 带通型；B. 长通型；C. 短通型

双色反光镜或称二分镜通过反射一定波长范围的光、透过其余光来实现分光。双色反光镜有长通和短通两种，长通二分镜（dichromatic LP，DLP）只允许特定波长以上的光通过、波长以下的呈 90°反射；短通二分镜（dichromatic SP，DSP）只允许特定波长以下的光通过、波长以上的光呈 90°反射（图 12-4）。

（三）信号检测系统

处在液流中的粒子通过激光束时产生光信号，这些光信号通过信号检测系统转换成电脉冲信号。信号检测系统也称电子系统，由光电二极管和光电倍增管（photo multiplier tube，PMT）等光电转换器件构成。在光线较弱时，PMT 光灵敏度较高，稳定性好；而在光线很强时，光电二极管

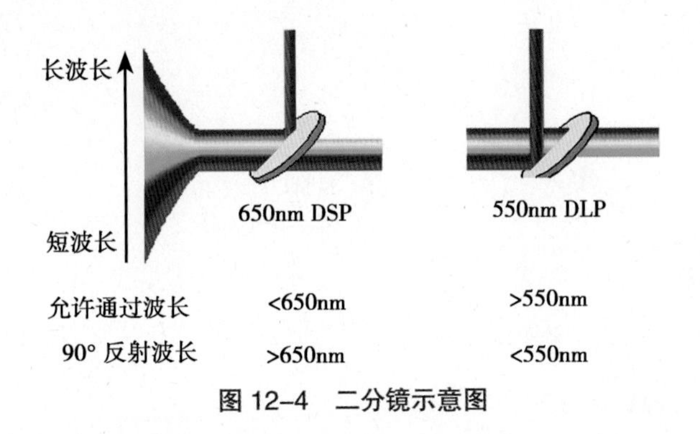

图 12-4　二分镜示意图

比 PMT 稳定。当样本柱内的细胞经过检测点时，在激发光的照射下，产生两种光信号：散射光信号和荧光信号。

1. 散射光信号　散射光信号是细胞在液流中通过检测区时，受激发后向各个角度发出的散射光线，其大小与细胞大小、形状、质膜和细胞内部结构有关，是细胞的物理参数或固有参数，与细胞样品制备过程中染色无关。与流式细胞术有关的散射光包括前向角散射（forward scatter，FSC）光和侧向角散射（side scatter，SSC）光两种。FSC 方向与激光束相平行，其大小与细胞表面大小和体积呈正比，不受细胞荧光染色的影响。在 FCM 应用中，通常选取 FSC 作为阈值，排除样品中的各种碎片及鞘液中的小颗粒，以避免干扰被测细胞。SSC 是从几乎与激光光路垂直的角度收集的折射光和反射光，对细胞膜、胞质、核膜的折射率尤为敏感，可提供有关细胞内精细结构和颗粒性质的信息，与细胞内部复杂度呈正比（图 12-5、图 12-6）。FSC 光较强，可使用光电二极管检测，SSC 光较弱，用 PMT 检测。

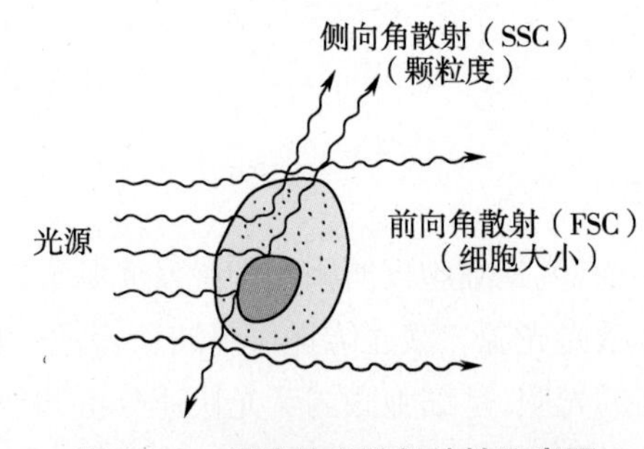

图 12-5　细胞的光散射特性示意图

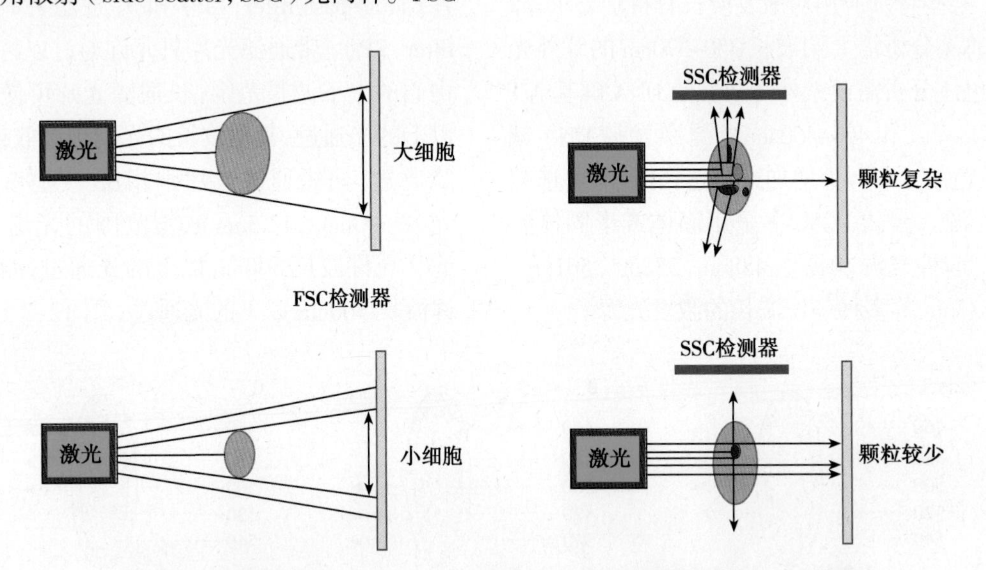

图 12-6　散射光信号 FSC、SSC 与细胞大小、胞内颗粒结构的关系示意图

FSC 和 SSC 均来自激光的原光束，其波长与激光的波长相同。在实际应用中，常利用这两个参数组合，区分红细胞裂解后的外周血白细胞中淋巴细胞、单核细胞和中性粒细胞，或未处理红细胞的全血样品中区分血小板和红细胞等细胞群体。

2. 荧光信号　当激光束与细胞正交时产生荧光信号。荧光信号分两种，一种是细胞自身发生的非特异性微弱荧光，即自发荧光；另一种是细胞上携带的特殊荧光分子发射出来的特异荧光。自发荧光需要通过设置合适的对照消除其对实验结果的影响。一般定性或定量分析的荧光信号是指相对于自发荧光的特异性荧光信号，由对细胞进行染色的特异性染料受激光照射后发射，其大小与细胞上和染料结合的物质的量有关。

荧光信号方向与激光束－液流形成平面垂直，经过一系列双色性反射镜和带通滤光片的分离，形成多个不同波长的荧光信号，传递到信号检测器 PMT 被收集，形成信号脉冲。每一个信号脉冲都有其高度、面积和宽度（图 12-7A）。每种颜色的荧光占用一个特定波长的检测器称为一个荧光通道（fluorescence channel）（图 12-7B）。荧光信号脉冲高度代表荧光信号的强度，表示为 FLn-H，n 为仪器的荧光信号检测器序号，如第一色荧光脉冲高度表示为 FL1-H；荧光信号脉冲面积是采用积分计算的荧光通量，表示为 FLn-A；荧光信号脉冲宽度反映荧光的分布，表示为 FLn-W。

当用一种激光束同时激发两种或两种以上的染料发射出不同波长的荧光时，这些荧光的发射光谱常有一定的重叠。这种光谱重叠在流式细胞仪中可通过电子补偿系统，减去不适合荧光通道测定的重叠信号，称为荧光信号的补偿。

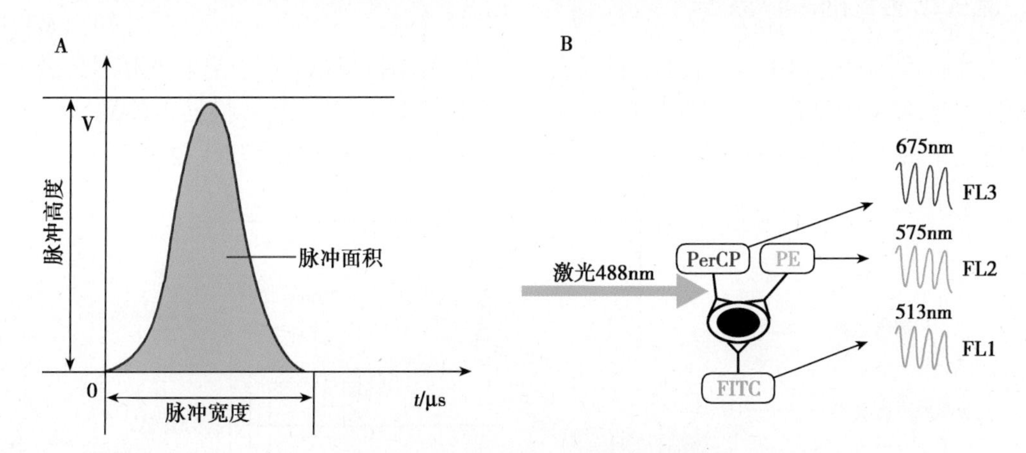

图 12-7　荧光信号脉冲与荧光通道

A. 荧光信号脉冲的面积、高度与宽度；B. 荧光信号与荧光通道

荧光信号经光电倍增管接收后可转换为电信号，再通过 A/D 转换器，将连续的电信号转换为可被计算机识别的数字信号。

（四）分选系统

具有分选功能的流式细胞仪配有分选装置。分选方式有两种，一种为通道式，一种为电荷式。目前，通道式分选方式逐渐被淘汰，多数仪器已采用高速度的电荷式分选。电荷式分选装置主要包括压电晶体、喷嘴、液流充电电路和高压电极板（图 12-8）。

1. 压电晶体　位于流动室上面，在高频（几十千赫兹）电信号作用下发生高频振动，并可带动流动室高频振动，使细胞流动室流出的液流束断成一连串均匀的液滴，待测定细胞则分散在这些液滴中。一般每秒产生 4 万左右的液滴，液滴间距为数百微米。

2. 喷嘴　位于流动室下方，高频振动液从此喷出形成液滴。

3. 液流充电电路　根据液滴中的细胞在进入液滴前检测的性质对其充电，使其带上正电荷或负电荷，其充电电路中的充电脉冲发生器由逻辑电路控制。

4. 高压电极板　也称偏转电极板或电荷偏转板，位于喷嘴下方，由两个平行高压电极板构成，两个电极板之间的电位差达数千伏，能使流经的带有正电荷的细胞偏转于负极，带负电荷的细

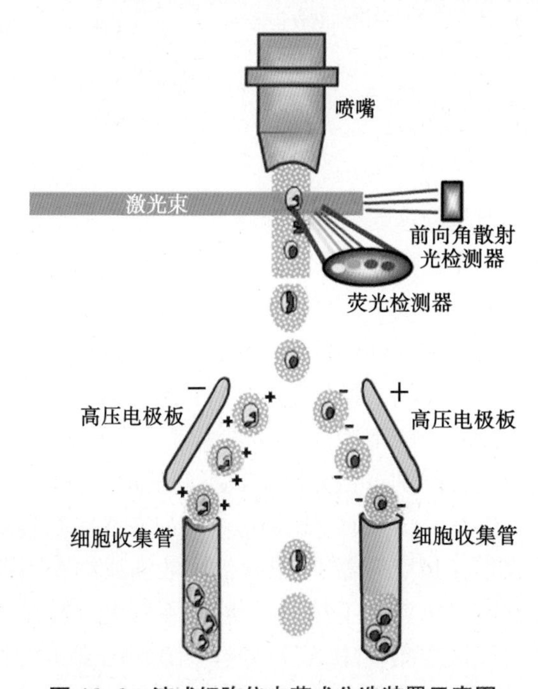

图 12-8　流式细胞仪电荷式分选装置示意图

胞偏转于正极,没有带电荷的细胞垂直落入废液器中,从而实现细胞分选。

(五)控制系统

控制系统是流式细胞仪的中枢,负责对整个仪器的设置、控制及参数测量,记录、储存和利用各种不同软件加工处理数据,并把结果以图、表形式输出。

三、流式细胞仪的工作原理

在流式细胞仪检测过程中,将待测细胞或微粒制成细胞悬液,经荧光染色后加入样品管内,在一定压力作用下进入流动室,同时鞘液在高压下从鞘液管喷出。鞘液管入口方向与待测样品流成一定角度,这样鞘液能够包绕样品高速流动,组成一个圆形的流束(鞘流)。待测细胞在鞘液的包绕下单行排列,依次通过照射区,在此处的分析点,激光束垂直照射样品流中的细胞,发生散射和折射,发射出散射光;同时细胞携带的荧光素标记物被激光激发而发射出荧光。FSC 光和 SSC 光经检测器转化为电信号,荧光则被聚光器收集,双色反光镜将不同的荧光转向不同的 PMT,并把荧光信号转换成电信号。各种光信号经放大后传送到计算机,经模 / 数转换器传输到微机处理器形成数据文件记录保存(图 12-9)。

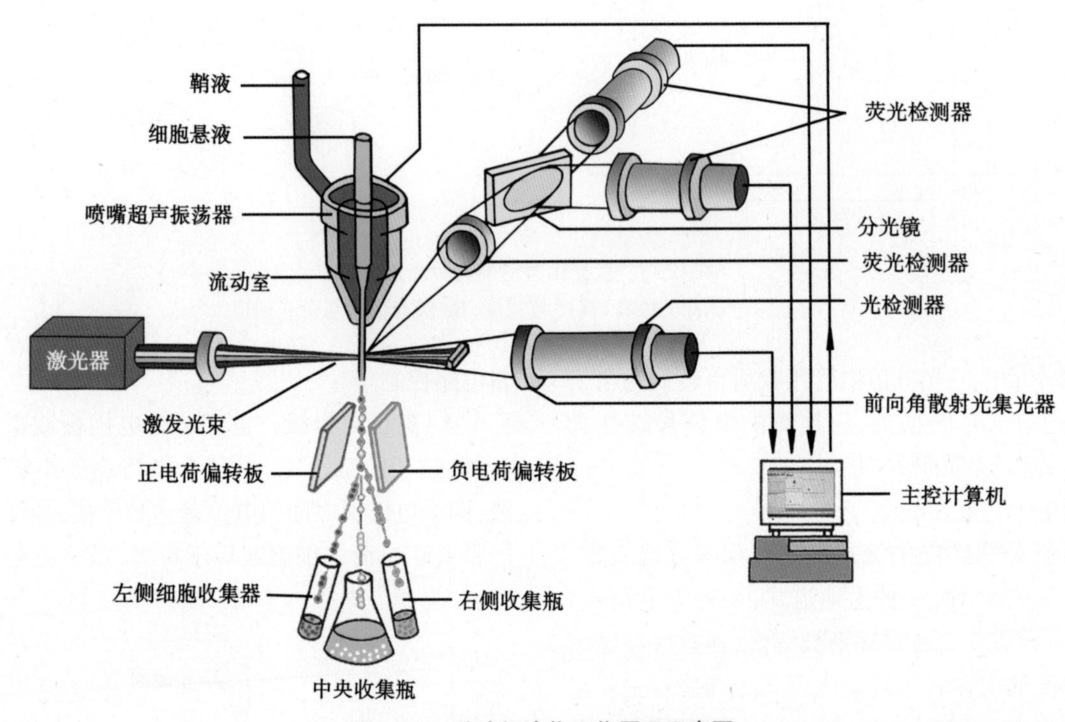

图 12-9　流式细胞仪工作原理示意图

细胞分选则是通过分离含有单细胞的液滴而实现。配置在细胞流动室上的超声压电晶体通电后发生高频振动,带动细胞流动室高频振动,使细胞流动室喷嘴喷出的液流束断裂为均匀的液滴,每秒钟可形成上万个含一个样品细胞的一连串液滴。液滴中的细胞在形成液滴前已被测量,如符合预定要求则可被充以正负不同的电荷,在通过正负电荷偏转板的高压静电场时向左或向右偏转被收集在指定容器中,不含细胞液滴或细胞不符合预定要求液滴不被充电荷,则不发生偏转进入中间废液收集器中,实现分选。最初的流式细胞仪只能对液滴充正电荷和负电荷,因此在电场中分选液滴只能向左或向右偏转,即两路分选。现在大多数流式细胞仪可对液滴充上不同的电荷量,电荷越多偏转度越大,从而可调整液滴的偏转角度,实现四路或多路分选。

第二节　流式细胞术样本制备

流式细胞术的样本制备是流式分析的基础,其对测试样本的要求是样本必须能够在鞘液中流动。因此,无论是培养细胞还是从组织中分离的细胞,首先要制成单细胞悬液。一般要求每个样品中至少含有 20 000 个细胞,细胞浓度为

10^5~10^7/ml。制备的单细胞悬液经荧光或免疫荧光染色后进行流式细胞术检测。由于被染色物质或抗原的性质、所在位置等各不相同,其染色方法也不一样。

一、单细胞悬液制备

单细胞悬液的制备是流式分析至关重要的环节。样品来源不同,单细胞悬液的制备方法也各不相同。常用的单细胞悬液来源有单层培养细胞、外周血细胞、新鲜实体组织和石蜡包埋组织。

(一)单层培养细胞的单细胞悬液制备

无论是贴壁培养还是悬浮培养的细胞,由于细胞的增殖,都有可能形成大小不等的细胞团块或连接成片。如果两个或多个细胞粘连在一块或细胞碎片过多都将影响FCM结果,进而导致实验失败。酶消化法是单层培养细胞单细胞悬液制备的常用方法,基本操作如下:

(1)弃去单层培养细胞(对数生长期)的培养液,加入0.25%胰酶1~2ml,倒置显微镜下观察,待细胞稍变圆,立即竖立培养瓶,停止胰酶消化;或直接静置消化2~3min,待细胞逐渐变白,有脱落趋势时,停止胰酶作用。

(2)加入3~4ml无钙离子和镁离子的PBS液,用吸管反复吹打,使其分散为单个细胞悬液,移入离心管中。注意动作要轻,避免损伤细胞。

(3)短时低速离心(800~1 000r/min,5min),弃上清,再加入PBS液,低速短时离心,重复2~3次,以去除细胞悬液中的细胞碎片。

(4)加少许PBS液,将沉淀细胞轻轻吹打均匀,加固定液或低温保存待用。

(二)外周血单个核细胞样本制备

血液是天然的单个细胞分散的细胞悬液,血细胞在生理状态下呈分散的游离状态,是理想的流式细胞分析样品。在血细胞中,以检测单个核细胞较为多见。多采用淋巴细胞分离液-密度梯度离心法制备单个核细胞悬液,这样可以从血液中分离出单个核细胞——淋巴细胞、单核细胞、幼稚血细胞和肿瘤细胞等。

1. 制备方法

(1)取外周血2ml,加肝素抗凝,用生理盐水将血稀释成4ml混匀。

(2)将稀释后的血沿试管壁缓慢加入4ml淋巴细胞分离液Ficoll到液面上,勿用力过大,以免造成血液与分离液混合,保持清晰的分层状态。

(3)室温(18~20℃)下离心(2 000r/min,30min),可见试管内血液分为4层,上层为血浆,中层为分离液(单个核细胞处于血浆层和分离液层之间),底层为红细胞层,红细胞层上为粒细胞。

(4)用吸管将上层与中层之间的单个核细胞层移至另一个管中,用生理盐水漂洗2次,每次均以1 500r/min,离心10min,弃上清。

(5)高纯度的单个核细胞悬液适当固定或低温冰箱中保存备用。

2. 注意事项

(1)制备全程尽可能在短时间内完成,以免细胞死亡。

(2)离心时,转速的改变要均匀、平稳,以保持清晰的界面。

(3)若单个核细胞需要量大,则应相应地增加外周血的用量及各种试剂的用量。

(4)某些动物如小鼠、马等的淋巴细胞与人的淋巴细胞的比重不同(如小鼠的为1.088,马的为1.090),所用Ficoll的密度或比例应不同。

(三)新鲜实体组织的单细胞悬液样品制备

制备新鲜实体组织的单细胞悬液的方法分为机械法、酶消化法和化学处理法3类。有些组织的单细胞悬液制备较容易,单用一种方法即可,如淋巴结组织用注射器反复抽几次即可;有些组织较困难,常要将2~3种方法结合进行处理。

1. 机械法 机械法包括剪碎法、网搓法、碾磨法等。机械法易造成细胞碎片和细胞团块,所以机械法常与其他方法结合使用。

(1)剪碎法

1)组织块放入平皿,加入少许生理盐水。

2)用剪刀将组织剪至匀浆状,加入10ml生理盐水。

3)用吸管吸取组织匀浆,先以100目尼龙网过滤到试管中。

4)离心沉淀(1 000r/min,4~5min),再用生理盐水洗3遍,每次以500~800r/min低速短时离心沉淀去除细胞碎片。

5)300目尼龙网滤去细胞团块,用固定液固定或低温保存备用。

(2)网搓法

1）将 100 目、300 目尼龙网扎在小烧杯上。

2）将剪碎的组织放在网上，以眼科镊子轻轻搓组织快，边搓边加生理盐水冲洗，直到将组织搓完。

3）500~800r/min 离心沉淀 2min。

4）固定或低温保存备用。

（3）碾磨法

1）首先将组织剪成 1~2mm^3 大小组织块。

2）放入组织碾磨器中加入 1~2ml 生理盐水。

3）转动碾磨棒碾至匀浆。

4）加入 10ml 生理盐水，冲洗碾磨棒。

5）收集细胞悬液，经 300 目尼龙网过滤，离心沉淀（500~800r/min，1~2min），再以生理盐水洗 3 遍，离心沉淀。

6）固定或低温保存备用。

2. 酶处理法 酶处理法是实体组织分散为单个细胞的主要方法。由于不同酶对细胞内和细胞间不同组分有特异消化作用，所以应根据所用组织类型确定使用酶的种类。

（1）将组织剪成 1~2mm^3 左右的小块。

（2）用 0.1%~0.5% 胰蛋白酶或 0.25% 胶原酶消化组织块。用 30~50 倍组织量的酶液在 37℃条件下消化组织，每隔一定时间摇动一次。消化时间的长短依组织类型而定，一般来说，胰蛋白酶需作用 20~60min，胶原酶需 4~48h。在消化过程中，如发现组织块已分散而失去块的形状，经摇动即可成为絮状悬液，取出少量液体在显微镜下观察，可见分散的单个细胞和少量的细胞团，可认为已消化充分。

（3）消化完毕后，将细胞悬液通过 100 目孔径尼龙网或不锈钢网滤过，以除掉未充分消化的组织。

（4）已过滤的细胞悬液经 800~1 000r/min 低速离心 5~10min 后，弃上清，加 PBS 液，轻轻吹打形成细胞悬液，细胞计数后即可使用。

3. 化学处理法 化学处理法是用 EDTA 或 EGTA 阳离子螯合剂将组织细胞间起黏着作用的钙、镁离子置换出来，从而使细胞分散。其缺点是细胞存活率低，细胞产量低，细胞碎片和聚集量不稳定。

（1）将组织切成薄片置入试管中，加入 EDTA 液 5ml，室温 0.5h，离心弃上清。

（2）加入胰酶 -EDTA 液 5ml，37℃恒温水浴振荡器内 30min。

（3）300 目尼龙网过滤，离心沉淀 1 000r/min，5 分钟，再以生理盐水洗 2~3 次。

（4）细胞固定或低温保存备用。

4. 注意事项

（1）新鲜组织标本应及时处理保存，以免组织在室温下放置时间过长，产生中心组织坏死以及细胞自溶，影响 FCM 测定结果。

（2）根据实验目的选择最佳的固定方法，以免由于固定剂的原因，造成 FCM 检测结果的不稳定。

（3）酶处理法要注意条件的选择和影响因素：要注意所用溶剂不造成酶效价降低；选择酶活性适宜的 pH，如胃蛋白酶在碱性环境中失去活性，胰蛋白酶在中性溶剂中活性不佳等；要注意消化时间、浓度等方面对酶消化法的影响。

（4）需注意不同组织选择相应的方法，如富于细胞的组织——淋巴肉瘤、视神经母细胞瘤、脑瘤、未分化瘤、髓样癌以及一些软组织肉瘤等，不一定采用酶处理法或化学法，往往用单纯的机械法就可以获得大量高质量的单分散细胞。

（5）在使用酶处理法时，要重视酶种类的选择，如含有大量结缔组织的肿瘤——食管癌、乳腺癌、皮肤癌等，选用胶原酶较好，因为胶原酶具有在 Ca^{2+}、Mg^{2+} 存在或在血清状态下不发生活性降低的特性，胰蛋白酶适用于消化细胞间质较少的软组织，如胚胎、上皮、肝、肾等组织。

（四）石蜡包埋组织

石蜡包埋的组织脱蜡后也可制成单细胞悬液，进行流式细胞分析。石蜡包埋组织单细胞分散方法的建立，扩大了流式细胞术的应用范围，很多来自临床的组织块可以存档，留待以后重新研究。将石蜡包埋的组织制成单细胞悬液需先将组织块中的石蜡脱去，常用二甲苯进行脱蜡处理。

（1）将石蜡包埋组织切成 30~50μm 的组织片，取 3~5 片放入 10ml 试管中。

（2）加入二甲苯 5~8ml，室温下脱蜡 2 次，每次 10min。

（3）水化：依次加入 100%、95%、70%、50% 梯度乙醇 5ml，每步为 10min，弃乙醇加入蒸馏水

3~5ml。

（4）消化：加入2ml 0.5%胰蛋白酶和1ml 1%胃蛋白酶（pH 1.5），置37℃恒温水浴中消化30min，每隔10min振荡器振荡一次。

（5）加入生理盐水终止消化。

（6）用300目尼龙网过滤，未消化好的组织可做第二次消化。

（7）收集细胞悬液，离心1 500r/min，再用生理盐水漂洗1~2次，500~800r/min离心沉淀，去碎片。

（8）保存细胞备用。

二、染色

流式细胞术主要通过对标记在细胞上的荧光种类和数量进行识别而对细胞进行鉴定、分类和计数。细胞上的荧光由荧光染料与细胞的特有成分结合，或经抗原抗体反应使结合在抗体上的荧光素与细胞的标志物间接结合，然后经激光照射产生。所以，在进行流式细胞检测之前，必须对待检测细胞进行荧光染色或免疫荧光染色。流式细胞术的细胞染色方法与一般荧光组织化学染色和免疫荧光染色相似，但根据是否进行分选及是对细胞表面分子还是对内部分子进行检测，其染色方法有其特殊之处。

（一）常用荧光染料

荧光染料的选择对于流式细胞术分析至关重要。通常情况下，流式细胞仪的激光是相对固定的，选择荧光素时，要考虑其是否能被激光激发，因此，首先必须先了解仪器所配置的激光器，根据不同仪器的激光器组合选择合适的荧光素，此外，还应考虑抗原表达量的高低及多色荧光分析时各荧光素之间的光谱交叉大小。

1. 根据激光器种类选择荧光素　不同型号的流式细胞仪配备数量不等的不同激发波长的激光器，包括355nm，375nm，405nm，488nm，532nm，561nm，633nm，635nm，640nm等。用于分选的仪器，往往配备3~5个激光器，检测多达12色的荧光信号。单纯用于分析的流式细胞仪，也常规配备2~3个激光器：①激发波长为488nm的氩离子或固态激光器；②激发波长为633nm的红二极管激光器或半固体激光器；③激发光波长为351nm的紫外激光器。分析型流式细胞仪可检测多达8色的荧光信号。使用488nm激光器时，常选用FITC、PE、PE-Cy5、PE-Cy7、PI、PerCP、PerCP-Cy5.5等荧光素，使用633nm激光器时常选用APC、APC-Cy7等荧光素，使用紫外激光器时常选用DAPI、Hoechst、Indo-1等荧光素。其中，FITC、PE、PE-Cy5、APC、PerCP和PI最为常用。

2. 根据抗原表达量的高低选择荧光素　检测表达量高的抗原，可以选用任何荧光素标，包括弱荧光素，如FITC；检测表达量低的抗原时，应选用信噪比高的荧光素，如APC、PE、PE-Cy5等。

3. 根据荧光光谱重叠的大小选择多色荧光分析荧光素　在用两种或多种荧光素进行双色或多色荧光分析时，应尽量选择相互之间光谱重叠最小的荧光素组合。

（1）FITC+PE：最常用的双色组合。

（2）FITC+PE+PerCP：最常用的三色组合，光谱重叠补偿很小，但PerCP荧光较弱，最好用于检测高表达抗原。

（3）FITC+PE+PerCP+APC：最常用的四色组合，一般PE和APC用于检测低表达抗原，而FITC和PerCP用于检测高表达抗原。

（4）PerCP-Cy5.5与PE之间的光谱重叠范围很小，可用于三色或四色组合。

（5）PE-Cy7与FITC、PE、APC同时使用时荧光补偿小。

（6）PE-Cy5可与FITC、PE同时使用，但不能与APC同时使用，二者之间荧光干扰太大，因为PE-Cy5可同时被488nm和633nm激光激发。

（二）流式细胞术样品染色特点

1. 固定　流式分析的细胞可以是活细胞，也可以是固定了的死细胞。检测细胞表面标志物时，可用荧光染料或荧光抗体对活细胞进行直接染色，也可先固定再染色，但不固定直接染色的样本要及时检测。如检测细胞内部成分，必须先固定细胞再染色，以免细胞的形态和化学成分发生变化。如用乙醇固定，应在振荡器上边加乙醇边振荡，切忌把乙醇全部加入后再振荡，否则乙醇会把细胞固定成团。

流式分选回收的细胞是活细胞，故在染色前不能使用固定剂对细胞固定。如果要对待分选未固定细胞内部分子进行染色，必须选择既能进入细胞又不破坏细胞结构的染料，例如，用Hoechst

33342 染活细胞 DNA。

2. 无菌操作 分选回收的细胞要继续培养，因此，样本处理和染色过程应均在无菌环境进行，所有用品与试剂必须做灭菌处理。

3. 保持细胞活性 为防止分解代谢引起的表面抗原消失及细胞死亡，细胞样品的制备、染色及保存都应该尽量保持新鲜，操作在 4℃或冰浴中进行，在染液中加入营养培养基与低浓度血清。

4. 破膜剂的应用 如检测细胞内物质，需要用破膜剂使细胞膜产生可通透荧光染料或抗体的小孔，尤其是固定了的细胞。

5. 对照实验 在应用荧光素标记的抗体进行的流式细胞术检测中，除了设置一般免疫组织化学的对照实验证明免疫标记的特异性外，还需设置同型对照、阻断抗体对照和补偿对照。

（1）同型对照：使用与实验用抗体相同种属来源、相同剂量、相同荧光素标记及同种免疫球蛋白相同亚型的非特异性抗体作对照，用于检测和消除特异性抗体（第一抗体）非特异性结合到细胞而产生的背景染色。

（2）阻断抗体对照：用未标记的特异性抗体预先孵育待检测细胞，阻断荧光素标记的同种特异性抗体与细胞的非特异性结合。

（3）补偿对照：指在进行双色或多色荧光染色时，如果不同荧光之间光谱有重叠，需同时做各个样品的单标荧光染色，然后与双标或多标样品进行比较，对荧光信号重叠的水平做适当的补偿，以消除光谱重叠。

6. 染色后稀释和过滤细胞 染色完成后，在样品中加入 PBS 稀释，稀释至 500~1 000μl，上机前用 300 目的滤网过滤，去除聚集成团的细胞。

第三节 流式细胞术数据处理与分析

流式细胞仪测定每个样本时，针对每个细胞记录其各自属性的检测数据，包括物理属性和化学属性。测试结果在仪器内以荧光强度、前向角散射光强度、侧向散射光强度及其他参数的电压值、电流值来表示。为方便存储、处理、加工、显示，上述电压值和电流值经模数转换，由微处理器编译成数据文件，传送到计算机进行储存和进一步分析。流式细胞术的数据采集、处理和分析通过特殊软件进行，例如，FACS Calibur 仪器主要通过 CellQuest 应用软件，而 FACS Aria 仪器通过 Diva 应用软件进行。

一、数据采集

不同仪器采集数据和分析数据的软件和方法不同，下面以 CellQuest 应用软件为例，简介流式细胞术数据采集与分析的主要步骤。

（1）开机：首先打开仪器电源，2~3 分钟后开计算机电源。

（2）检查鞘液桶和废液桶：在鞘液桶内加入 2/3 容量的鞘液，倒空废液桶内液体后加入少量漂白剂。

（3）运行 FACSComp 软件：检测仪器工作状态并记录数据。

（4）打开 CellQuest 软件：参照仪器说明书建立获取模板，界定横、纵坐标的具体参数。

（5）调出 FACSComp 生成的仪器条件：在此基础上优化获取条件。

（6）条件优化：使用样本阴性管调节电压，单阳性管调节补偿值，同时界定阈值，最后界定获取目的细胞数，一般为 1 万个（门内）。如果进行 DNA 分析，每一个目的细胞至少获取 2 万个细胞。

（7）确定储存数据的地址，开始记录数据。

二、数据存储

细胞的光学信号转换成电压脉冲后，再通过模数转换器转换成为计算机能够储存处理的数字信号。流式细胞仪的数据以流式细胞术标准（flow cytometry standard，FCS）格式存储，该标准由“分析细胞学协会”制定，是一种通用格式。具体的数据存储可以直方图、二维相关数组的方式，或对每个细胞所测定的全部数据相关数据以称为 List Mode 的列表（矩阵）方式存储。List Mode 方式可同时存储某一被测细胞的 3 个参数，如细胞的大小、DNA 含量和 RNA 含量。随着流式细胞技术的发展，目前可使用 3 个激光器同时对每个细胞检测和储存多达 8 个以上的参数。这种方式可确保细胞的任何信息都不丢失，并可随时调出数据进行分析。

三、数据分析

虽然数据分析的方法多种多样，实验类型不同，其结果的分析方法不同，同一类型的实验数据，也有不同的分析方法，但其基本环节均包括数据显示和设门。

（一）数据显示

流式细胞术的数据采集存储后，通常通过一维单参数直方图（histogram plot）、二维点图（dot plot）、等高线图（contour plot）和假三维图（pseudo 3D plot）等格式显示，其中最常用的是单参数直方图和二维点图。

1. 单参数直方图　单参数直方图是一维数据用得最多的图形，横坐标（X 轴）表示荧光信号或散射光信号的强度，其单位用"道数"（channel）表示。根据选择放大器类型不同，横坐标可以是线性标度或对数标度。纵坐标（Y 轴）通常代表具有相同光信号特性细胞出现的频率或相对细胞数（图 12-10）。在直方图中，通过设门（gate）确定分析区域，计算机可根据所选定区域的数据进行定性和定量分析，以分析区域内细胞数目（events）、门内细胞百分比（% gated）和占检测细胞总数的百分比（% total）、荧光强度的算术平均值（mean）和几何平均值（geo mean）、细胞的荧光变异系数（CV）、荧光强度的中值（median）和峰值道数（peak Ch）等统计参量表示。下面以研究细胞周期为例说明如何分析单参数直方图所表达的信息。

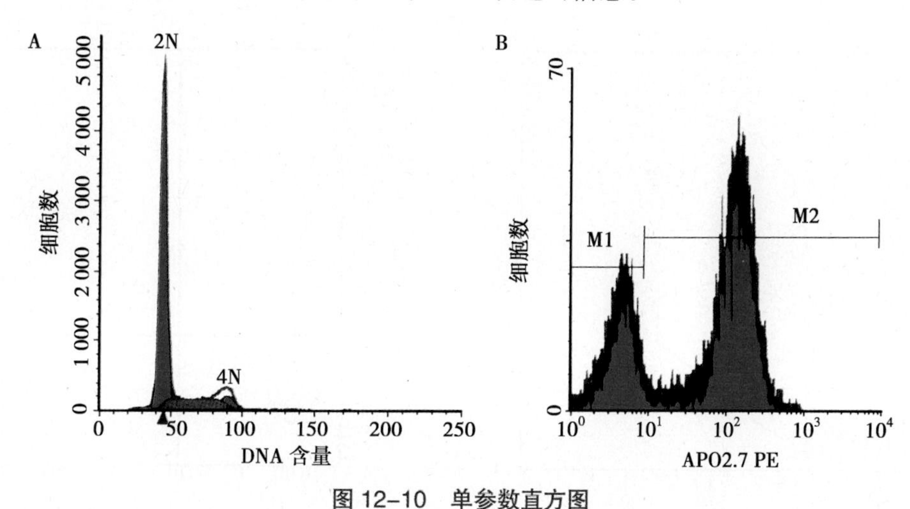

图 12-10　单参数直方图

A. DNA 含量检测（细胞周期分析）；B. APO2.7 表达检测

经 DNA 特异性染料（如 PI）染色的细胞群体，通过流式细胞仪测量区受激光照射后发出特异性荧光。在一定条件下，荧光强度与细胞内的 DNA 含量呈正比，DNA 含量高的细胞发射的荧光强，反之则弱。如图 12-10A 显示，DNA 含量与细胞数目的关系，即 2N（2 倍体）代表 G0/G1 期细胞，4N（4 倍体）代表 G2/M 期细胞，两者中间代表 S 期细胞。这是典型的以 2 倍体和 4 倍体细胞为主的流式 DNA 图。通过上述信息可得到所测细胞群中增殖细胞的数量。

2. 二维点图　单参数直方图只能表明一个参数与细胞数量间的关系，不能显示两个独立参数与细胞的关系。当需要研究两个或更多测量参数之间的关系时，可采用二维点图。该显示方式能够显示两个独立参数与细胞相对数之间的关系，横坐标和纵坐标分别代表与细胞有关的两个独立参数，平面上每一个点表示一个具有相应坐标值的细胞。例如，人血白细胞悬液样品上机后，在坐标图上根据细胞大小和细胞内颗粒形态不同出现三类不同颜色的细胞群，通过设门把这三类细胞区分开，即红色显示淋巴细胞群（P1），绿色显示单核细胞群（P2），蓝色显示中性粒细胞群（P3）。如欲检测其中一种细胞两个独立参数与细胞数量之间的关系，则选定其中一个门（图 12-11）。如选定淋巴细胞（P1），即可对其两种不同荧光素标记的细胞数量进行分析，出现第二种形式的二维点图（图 12-12）。在图 12-12 中，横坐标为 FITC 荧光标记的 CD3 细胞数目（荧光道数），纵坐标为 PerCP-Cy5 荧光标记的 CD4 细胞数目（荧光道数）。因此，左上象限（Q1）代表 $CD4^+$ 细胞百分比，右上象限（Q2）代表 $CD4^{+}/CD3^{+}$ 细胞百分比，左下象限（Q3）代表 $CD4^{-}/CD3^{-}$ 细胞百分比，右下象限（Q4）代表 $CD3^{+}$ 细胞百分比。由此得知，在 $CD3^{+}$ 淋巴细胞中 $CD4^{+}$ 淋巴细胞所占的百分比。

3. 二维等高图 二维等高图是为克服二维点图的不足而设置的显示方法，能同时表达检测参数与细胞频度，由类似地图上的等高线组成，是将代表相同细胞数目的点依次连接起来形成的密闭曲线（图 12-13）。等高图中每一条连续曲线上具有相同的细胞相对或绝对数，即"等高"，越在里面的曲线代表的细胞数目越多，等高线越密集则表示细胞数变化率越大。二维等高图与密度图用于分析的重点不是每个象限的细胞百分率，而是不同的细胞整体的活性带型，可提供一个对图中任一团点的位置的定性评价，不仅能判定细胞的阴性、阳性，还可区分所代表的参数的相对强度。

（二）设门

设门（gating）也称圈门，指在细胞分布图中选择一个范围或区域，以确定具有特定细胞性状的细胞群，从而对其进行单独分析或分选。门的形状可以为任意形状，如矩形门、圆形门、三角形门、多边形门、线性门、四象限门等。设门是定性细胞亚群的重要方法，合理的设门是准确获取实验数据和分析数据的基础。流式细胞术的数据分析过程实际上就是选门和设门的过程，用门选定目标细胞，用设门的方法就可以直接分析门内细胞的性质，也可以移动门来满足不同的分析策略。

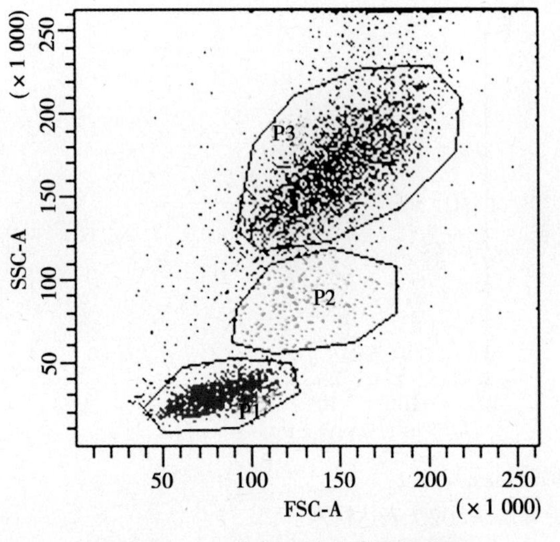

图 12-11 二维点图及细胞群框定图

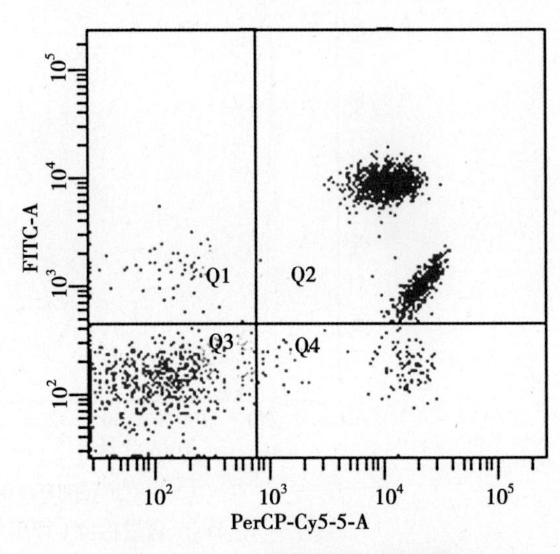

图 12-12 荧光双染色二维点图

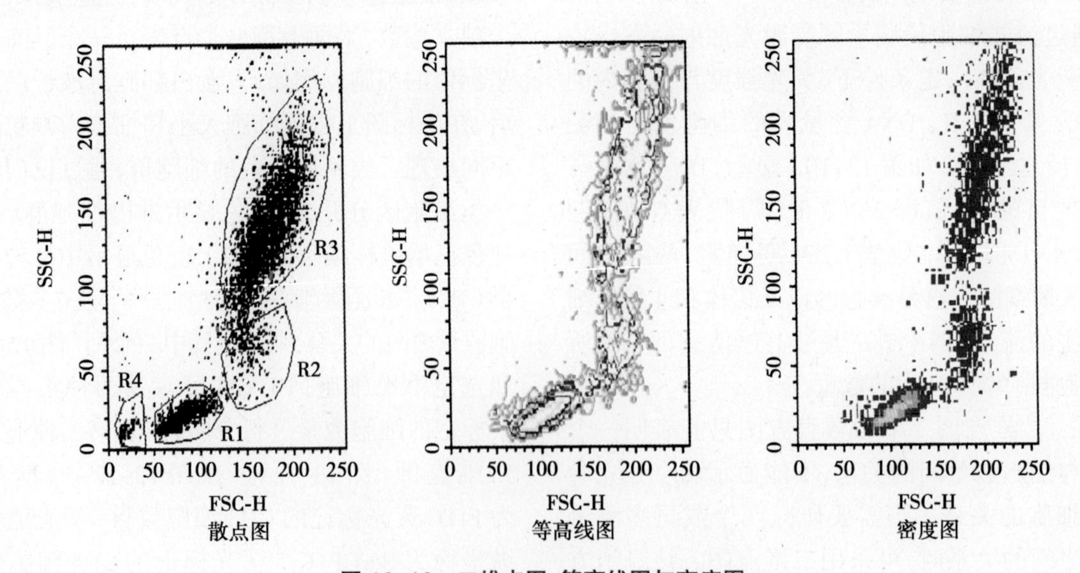

图 12-13 二维点图、等高线图与密度图

设门的方法主要有以下几种。

1. 阈值设门　又称人工设门，即设置为低于某道值的数据信号不被处理，只有高于该阈值的信号才被采集。一般每次只能对 FSC、SSC、荧光信号（一种或多种）参数中的一个参数设置阈值。FSC 是最常用的阈值参数，一般的免疫表型分析和细胞活性检测等多用这个参数设定阈值。DNA 分析时，常用荧光信号设定阈值。配有两个激光器的仪器可以设置第二个阈值。设置两个阈值时，粒子必须同时满足两个阈值的要求才被当做信号细胞处理。

2. 散射光设门　散射光设门是最常用和最基本的设门方法，是在细胞物理属性的基础上，通过 FSC 和 SSC 信号来确定，以 FSC 对 SSC 联合设门最常用。如果仅对细胞大小设门，可选择 FSC 单独设门。图 12-14 示外周血单个核细胞的 T 细胞亚群分析的散点图。如果要分析外周血白细胞中 $CD4^+$ 淋巴细胞的百分率，可以根据其散射光设门，选定淋巴细胞群的截取范围 R1，然后对 R1 中的细胞进行 CD4 分析（图 12-14）。

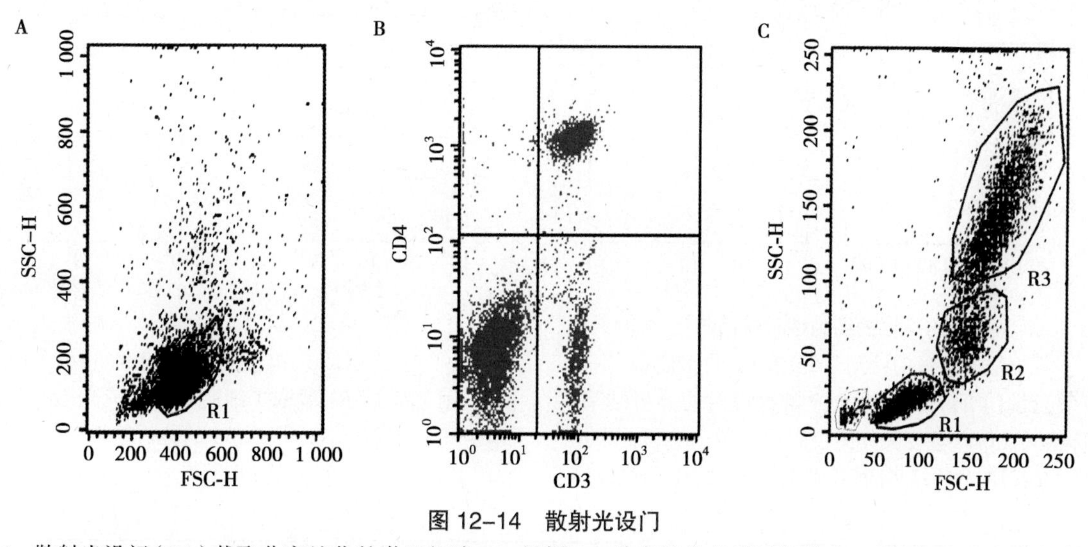

图 12-14　散射光设门

A. 散射光设门（R1）截取分离纯化的淋巴细胞；B. 根据 R1，分离纯化的淋巴细胞中 $CD4^+$ 和 $CD3^+$ 细胞比例分析结果；C. 外周血白细胞（直接裂解红细胞所得）散射光设门：R1. 淋巴细胞；R2. 单核细胞；R3. 粒细胞

3. 细胞性状设门　根据细胞的某一性状（如荧光参数）来截取目的细胞。例如，CD3 是 T 细胞的表面标志，CD4 和 CD8 分别是 T 细胞的两个不同亚群，在对 T 细胞进行亚群分析时，可通过 $CD3^+$ 细胞（CD3 免疫荧光染色阳性）来确定 T 细胞截取范围 R1，然后对 R1 中的细胞进行分析，以排除非有核细胞的干扰，提高结果的精确度和阳性率（图 12-15）。

4. 组合设门　指综合考虑细胞的多个参数，将多个门组合起来分析的设门方法。组合设门是数学中“集合”的表现方法，各门之间产生以下 3 种逻辑关系：①R1 and R2，为交集，代表 R1 与 R2 的公共部分，指同时在 R1 和 R2 内的细胞；②R1 or R2，为并集，代表 R1 和 R2 合并而成，指既包括 R1 内的细胞又包括 R2 内的细胞；③not R1，表示为一R1，指不在 R1 内的细胞。同样，对于两个门以上的组合设门可以表示为 R1 and R2 and R3 and……或 R1 or R2 or R3 or……，组合设门可排除其他细胞的干扰，特别适合检测低表达分子。如利用组合设门分析外周血中 $CD4^+$ 细胞和 $CD8^+$ 细胞的比例时，先通过散射光截取淋巴细胞群，再通过荧光参数截取 $CD3^+$ 淋巴细胞群，然后设置 R3=R1 and R2，经 R3 设门后，代表分析的细胞只是 $CD3^+$ 淋巴细胞群，显示的是 $CD3^+$ 淋巴细胞群中 $CD4^+$ 细胞和 $CD8^+$ 细胞的比例（图 12-16）。

5. 反向设门　反向设门是根据被标记细胞的荧光参数特点，截取某一特定荧光参数的细胞群，然后再根据这一截取的区域，在 FSC/SSC 散点图中找到该群细胞，以作进一步分析。反向设门一般多用于在 FSC/SSC 散点图中细胞群分布相互重叠或不易确定目的细胞群的情况。如图 12-17 所示，通过 $CD3^+$ 细胞群反向设门找到 T 细胞群，先截取 $CD3^+$ 细胞群为 R1，再显示 R1 区的细胞在 FSC、SSC 散点图中的位置。

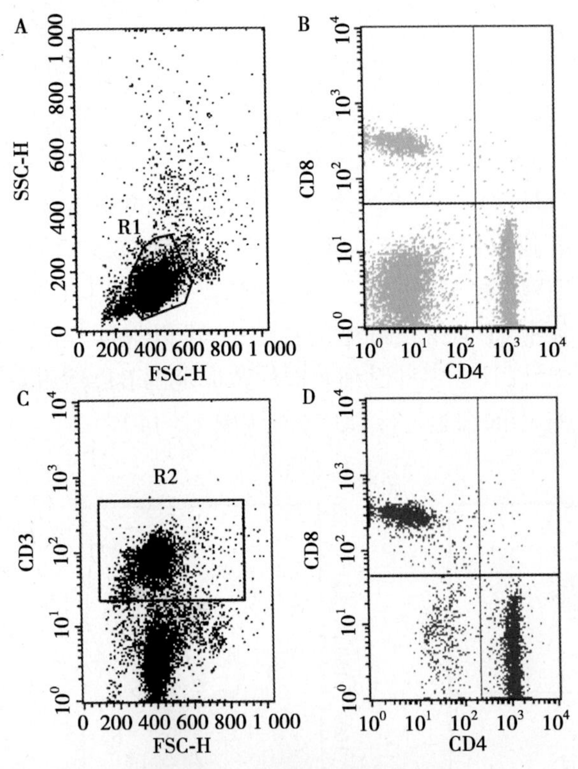

图 12-15　根据细胞性状设门与根据散射光设门检测 T 细胞亚群的比较

A. 散射光设门 R1；B. 根据荧光参数设门的分析结果；C. 细胞性状（CD3 免疫荧光染色阳性）设门 R2；D. 根据细胞性状设门的分析结果，其精确度高于根据散射光设门

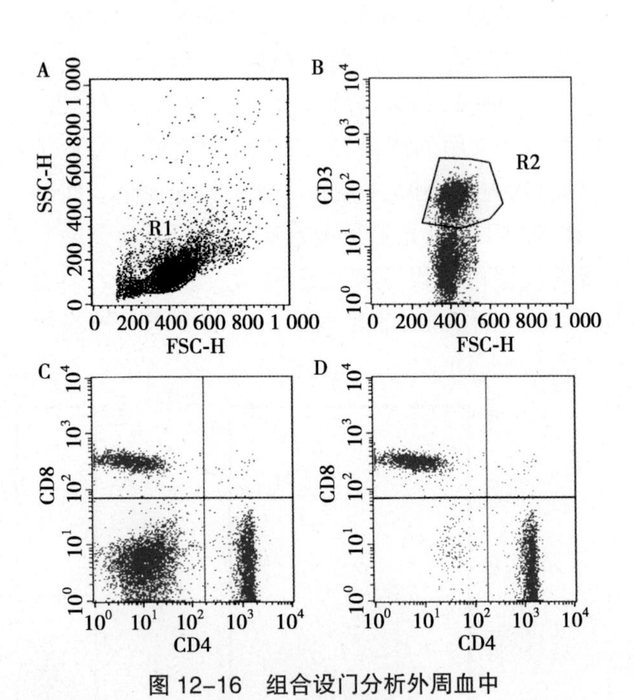

图 12-16　组合设门分析外周血中 $CD4^+$ 和 $CD8^+$ 细胞比例

A. 散射光设门 R1 截取 T 细胞群；B. 荧光参数设门 R2 圈定 $CD3^+$ 细胞群；C. 根据 R1 的分析结果；D. 根据组合设门 R3（R3=R1+R2）的分析结果

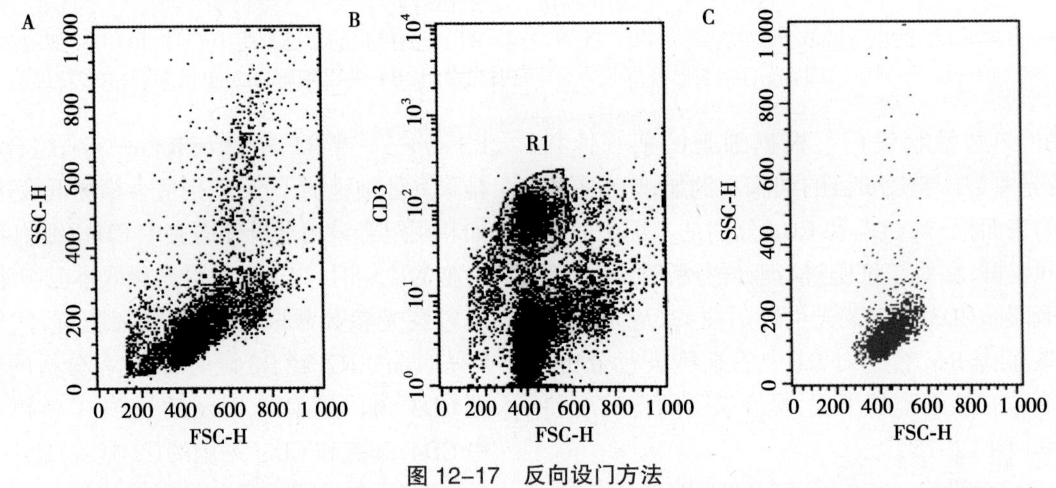

图 12-17　反向设门方法

A. 分离的淋巴细胞散射光散点图；B. 根据荧光信号截取 $CD3^+$ 细胞群 R1；C. 采用 $CD3^+$ 荧光信号进行反向设门显示的淋巴细胞群在光散射散点图中所在区域

（三）数据分析基本步骤

流式细胞术检测所得数据须经系列步骤进行数据分析：即建立分析模板、调出已存储的原始数据、调整门或区域、设置标尺、显示象限统计框及打印分析数据。下面以 CellQuest 软件为例，简介流式细胞术数据分析的主要操作步骤。

（1）打开 CellQuest 软件，建立分析模板，根据具体实验目的选择若干散点图或直方图。

（2）每个图上分别调出已储存的原始数据，以显示分析图像。

（3）设门（gate）或区域（region）并调整：准确圈入目的细胞群，特别是多重设门时须正确设定门与门之间的逻辑关系。

（4）分析图上设置标尺（marker），并调出统计框（quadrant stats）：标尺即界定阴性和阳性细胞群的界限，一般以阴性对照样品界定阴、阳性界限。标尺设定标准：在直方图或散点图中，阴性区的细胞数应为98%~99%。有时在双阳性区域对角线位置上会出现额外的细胞群，即通常所说的“火箭峰”，此时十字标尺的交叉点应设置在接近阴性细胞群的位置。

（5）储存分析数据并打印报告。

第四节　流式细胞术的应用

流式细胞术对细胞悬液进行分析，具有检测速度快、测量指标多、采集数量大、分析全面、方法灵活等特点，并具有对细胞进行分选等功能。自20世纪80年代后期开始，随着流式细胞仪的发展及分子探针、荧光标记和单克隆抗体技术的日益成熟和完善，流式细胞术的应用越来越广泛。目前，流式细胞术已普遍应用于细胞生物学、免疫学、肿瘤学、血液学、病理学、遗传学和临床检验等多学科的基础和临床研究。本节主要介绍流式细胞术在细胞化学定量分析中的常见应用。

一、细胞表面标志物检测

在流式细胞术中，细胞表面分子的检测与分析占重要地位。细胞在正常分化成熟的不同阶段以及活化过程中，其细胞膜表面均表达可供鉴别的特殊成分，即表面标志物。这些表面标志物是不同细胞类型或分化阶段所特有的。有些细胞在流式细胞仪上显示的散射光相似，但利用荧光素标记的单克隆抗体，对这些细胞表面标志物进行流式细胞术检测，便可对细胞的种类、亚类以及功能特性进行分析。

（一）免疫细胞及其亚群的检测

随着分化群（cluster of differentiation，CD）分子的不断发现，相应的单克隆抗体也不断涌现，使得流式细胞术在免疫学得到广泛的应用。结合免疫荧光染色方法，流式细胞术可以辨认和计数带有不同表面特异性抗原的细胞，可以同时检测一种或几种淋巴细胞表面抗原，将不同的淋巴细胞亚群区分开来，并计算出它们相互间的比例；通过对患者淋巴细胞各亚群数量的测定来监控患者的免疫状态，并指导治疗。流式细胞术不仅能检测T细胞、B细胞、NK细胞以及CD细胞等免疫细胞数量，还能检测免疫细胞的活性水平。血液中淋巴细胞亚群的检测是观察机体细胞免疫水平的重要方法，如外周血淋巴细胞亚群分析可用于HIV感染和移植后的治疗监测，脑脊髓液淋巴细胞亚群分析可用于中枢神经系统炎症的诊断，胎儿血样的淋巴细胞亚群分析可以诊断原发性免疫缺陷症。

成熟的T淋巴细胞表面均可表达CD3分子，而CD4、CD8不同时表达于T淋巴细胞表面，故可将成熟的T淋巴细胞分为$CD4^+$T细胞、$CD8^+$T细胞两个亚群。下面以外周血$CD4^+$、$CD8^+$ T细胞亚群检测为例，介绍其检测分析方法。

1. 实验步骤

（1）取外周血采用淋巴细胞分离液－密度梯度离心法制备单个核细胞悬液，调整细胞浓度为1×10^6/ml。若细胞浓度较低，可离心（1 200r/min，10min）后重悬，留100μl液体。

（2）每个样品取2只流式检测管，标记为同型对照管、实验管，分别加入100μl细胞悬液；于同型对照管中加入PerCP/PE/FITC标记的同型抗体作为阴性对照，同型实验管加入荧光素标记的抗体（PerCP-CD3、PE-CD4、FITC-CD8）为实验管，各20μl，混匀，4℃避光孵育30min。

（3）加入细胞洗液（含2% BSA和0.1% NaN_3的PBS），离心（1 200r/min，10min），洗涤2次。

（4）弃上清，空气干燥后加入1%多聚甲醛固定液0.5ml，4℃避光固定30min。

（5）上机检测：先测同型对照管，调节电压至阴性区，再测实验管。

2. 结果分析　以光散射与$CD3^+$细胞组合设门，以CD4、CD8分别为横、纵坐标，检测$CD4^+$、$CD8^+$ T细胞群百分率，见图12-16。

（二）血液系统细胞表面标志物检测

目前已将淋巴细胞亚群的分类方法应用于血液系统疾病的研究、分类和诊断。用该技术对细胞进行免疫分型，可以更多地了解这些疾病的生物学特征，提供更合理的免疫诊断方法。例如，急性白血病和髓系异常增生性疾病及非霍奇金淋巴瘤的初步诊断与监测；针对干细胞移植，用流

式细胞仪进行 $CD34^+$ 造血干细胞绝对计数；针对贫血患者，进行网织红细胞计数，协助诊断贫血；CD55 和 CD59 分析有助于诊断睡眠性阵发性血红蛋白尿；活化血小板分析辅助诊断血栓性疾病；网织血小板分析辅助诊断血小板减少性疾病等。在临床实际检测工作中，最常用的是全血直接标记法。

1. 实验步骤

（1）取出红细胞裂解液（NH_4Cl 4.16g，$KHCO_3$ 0.5g，EDTA-2Na 0.02g，溶于 100ml 水中，调 pH 至 7.2，补充水至 500ml），恢复至室温待用。

（2）每个样品取 2 只流式检测管，标记为同型对照管、实验管，分别加入 50~100μl 待测全血标本；于同型对照管中加入荧光素标记的同型抗体作为阴性对照，实验管加入荧光素标记的抗体，均为 20μl，混匀，4℃孵育 30min。

（3）加入红细胞裂解液 3~4ml，室温避光裂解红细胞 10min，1 200r/min 离心 10min，反复裂解红细胞直到无红细胞，一般 2~3 次。

（4）去上清液，加入细胞洗液或固定液 0.5ml，混匀。

（5）上机检测。先测同型对照管，调节电压至阴性区，再测实验管。

2. 结果分析　同"免疫细胞及其亚群的检测"。

（三）抗原肽 -MHC 分子四聚体技术

抗原肽 -MHC（主要组织相容性复合体）四聚体技术是将特异性抗原肽、可溶性 MHC-Ⅰ类分子 α 链和 β 链在体外重组，构建由一个荧光素标记的亲和素和四个生物素标记的 MHC Ⅰ类分子 - 抗原肽四聚体，通过与特异性细胞毒性 T 淋巴细胞（CTL）表面的四个 T 细胞抗原受体（TCR）结合，利用流式细胞仪定量检测抗原特异性 CTL 的方法。

二、细胞内蛋白质检测

流式细胞术不仅能检测细胞表面物质，也能有效地检测细胞内的物质，如细胞因子、细胞骨架分子、胞质酶类等许多具有重要功能的蛋白质。检测分析这些细胞内蛋白质对揭示细胞生命活动规律具有十分重要的意义：可以检测自然状态下的细胞活动，客观反映细胞活动的真实状态；可以结合细胞表面标志物的检测确定被检测蛋白的细胞来源；确切了解复杂细胞群体中的平均状态和单个细胞的特殊状态，分析细胞类型与功能之间的关系。

应用流式细胞术对细胞内蛋白质进行检测的特点是要对细胞进行固定和细胞膜通透处理。固定的目的是使蛋白质不能移动或不被冲洗掉，保证目标蛋白保留在细胞内部。固定的优点是细胞可以保存较长时间而不发生变化，缺点是细胞内抗体结合位点有时会被掩盖或被破坏，导致目标蛋白不能被检测出来。通透细胞膜是为了使分子较大的抗体能进入细胞内。有些细胞内蛋白质，如自身产生荧光的蛋白及转染细胞内表达的荧光蛋白，不需染色即可直接进行检测。

（一）细胞因子检测

细胞因子是由于细胞受到刺激而分泌的蛋白质，在机体的免疫反应过程及评价药物治疗效果、研究自身免疫性疾病的病理机制等领域中的作用越来越受到重视。应用荧光素标记的单克隆抗体，借助流式细胞仪免疫荧光技术即可从单细胞水平检测不同细胞内细胞因子，并由此判断产生特定细胞因子的细胞种类、分布密度及细胞因子与组织病变的关系。流式细胞术检测细胞因子的突出特点是在单个细胞水平进行测定，可在同一细胞内同时检测两种或多种细胞因子，并可根据细胞表面标志物区分不同的细胞亚群，进行多参数相关分析。下面以鼠 $CD4^+$ 和 $CD8^+$ 淋巴细胞内细胞因子 IFN-γ 和 IL-4 为例，介绍细胞因子流式细胞术检测分析过程。

1. 实验步骤

（1）分离脾组织，用剪碎法制备单细胞悬液。

（2）加红细胞裂解液 5ml，室温孵育 5~10min，离心后弃上清，加 PBS 洗涤 2 次。

（3）弃上清，加 1ml RPMI1640 完全培养基悬浮细胞，取 20μl 稀释 20 倍计数，调整细胞浓度至 2×10^6/ml，转至 24 孔培养板，每孔 1ml 细胞悬液。

（4）加入激活剂佛波醇酯（PMA，用 DMSO 配制，临用前用无菌、无 NaN_3 PBS 稀释，终浓度 25ng/ml）和离子霉素（ionomycin，用乙醇配制，临用前用无菌、无 NaN_3 PBS 稀释，终浓度 1μg/ml），蛋白转运抑制剂布雷菲德菌素 A（brefeldin A，用 DMSO 配制，临用前用无菌、无 NaN_3 PBS 稀释，终浓度 10μg/ml）或莫能菌素（monesin，2μmol/L），37℃，5% CO_2 培养箱培养 4~5h，设未刺激组不加激活剂但加转运抑制剂。

（5）收集细胞至流式管，加 PBS 2ml，1 200r/min 离心 5min，弃上清后用染色缓冲液（PBS+1% FBS+0.1% NaN_3）80μl 悬浮。

（6）加入表面标记抗体 PerCP-CD3、PerCP-CD4、PerCP-CD8，4℃避光孵育 30min，同时设同型对照。

（7）加染色缓冲液 2ml，1 500r/min 离心洗涤 2 次，每次 5min。

（8）弃上清，加冷 4% 多聚甲醛 1ml，室温固定 10~15min，离心弃上清。

（9）加染色缓冲液 2ml，1 200r/min 离心洗涤 2 次，每次 5min。

（10）弃上清，加 200μl 膜通透剂（PBS+1% FBS+0.1% NaN_3+0.1% saporin）重悬细胞，混匀。

（11）每份样品再分成 2 管，每管 100μl 细胞悬液，加入抗细胞因子抗体 FITC-INF-γ 或 PE-IL-4 或 FITC/PE- 同型对照抗体，避光孵育 30min。同时设补偿对照。

（12）加膜通透剂 2ml，1 200r/min 离心洗涤 2 次，每次 5min；弃上清，悬浮于 400μl 染色缓冲液。

（13）上机检测：选用 488nm 激光，在 FSC 对 SSC 散点图上截取淋巴细胞，用 FITC/PE/PerCP 抗体的同型对照界定阴性细胞范围，在此条件下采集各样品管的信号。

2. 结果分析　根据阴性对照设置十字线，阴性细胞在左下象限。将十字线拷贝到其他实验样品的散点图上，分别判断分泌 INF-γ（图 12-18）和 IL-4 的 $CD4^+$ 细胞和 $CD8^+$ 细胞的比例。

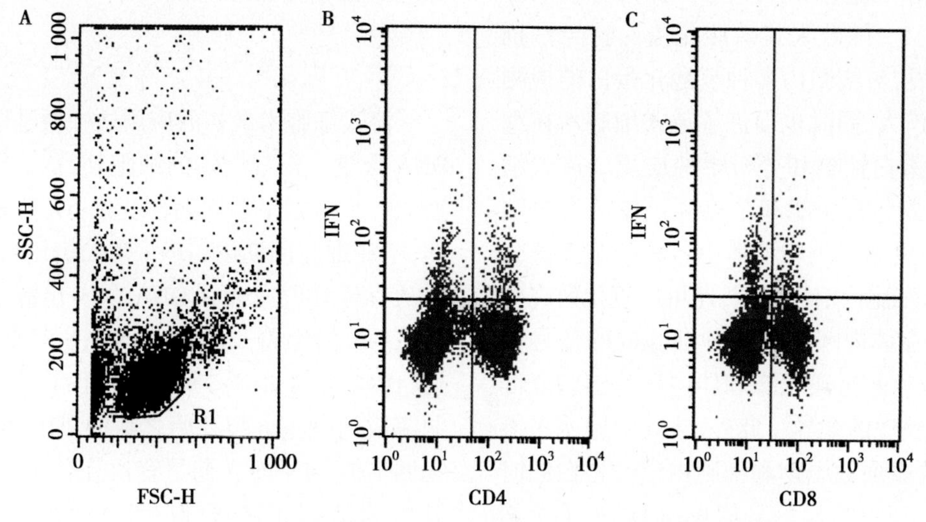

图 12-18　分泌 INF-γ 的 $CD4^+$ 细胞和 $CD8^+$ 细胞的比例

A. 散射光设门 R1 截取 T 细胞群；B. 分泌 INF-γ 的 $CD4^+$ 细胞比例分析结果；C. 分泌 INF-γ 的 $CD8^+$ 细胞比例分析结果

3. 注意事项

（1）激活剂：细胞因子的表达与细胞的激活有关，未活化的淋巴细胞基本不表达或仅表达极少量细胞因子，只有当其激活后，细胞内细胞因子的合成才增加。因此，检测细胞内细胞因子时必须利用激活剂将其激活。常用的激活剂除了 PMA 与离子霉素外，还有植物凝集素、脂多糖（LPS）等。应根据实验目的的不同，选择相应的激活剂。

（2）蛋白转运阻断剂：细胞活化后，合成的细胞因子会不断分泌至胞外发挥作用。为了阻断高尔基复合体向细胞外分泌蛋白，在细胞激活期间应加入蛋白转运抑制剂。通常在刺激反应结束前 5h 左右加入。

（3）膜表面分子表达的下调：细胞经激活剂刺激后，某些细胞表面的分子表达明显下调或丧失。膜表面分子的内在化直接导致流式细胞术分析结果的不精确。对于这类问题，可采取以下措施予以解决：①先标记表面分子，再进行刺激；②选择经实验证明不下调的组合抗体进行标记，例如测定CD4细胞内细胞因子，可以选择CD3和CD8的抗体，因为CD8基本不受PMA刺激的影响，而$CD3^+CD8^-$细胞基本可以代表$CD3^+CD4^+$细胞，因而能用$CD3^+CD8^-$细胞内细胞因子表达水平表示$CD4^+$细胞内细胞因子表达水平。

（4）选择合适的对照：为了保证实验的真实性和可靠性，至少应设置未刺激对照、同型对照、补偿对照，必要时可设置激活对照，即使用细胞表面表达CD69来评价是否激活，如果未达到CD69期望的水平（阳性率超过90%），则可能激活环节有误，或某一试剂可能失活、污染等。

（二）磷酸化蛋白检测

细胞内蛋白质磷酸化/去磷酸化在调节细胞周期、增殖和分化以及凋亡等生命活动中发挥着极为重要的作用，而这一过程是通过一系列信号通路来实现的。检测分析细胞内磷酸化蛋白对于发现细胞内信号通路，理解信号通路的分子机制具有重要意义。随着大量磷酸化蛋白特异性抗体的不断开发，对细胞内多种磷酸化蛋白的检测能力也不断扩大，同时也促进了流式细胞术在细胞内磷酸化蛋白检测和分析中的应用。流式细胞术的多参数分析功能和单克隆抗体的有机结合，不但可以将复杂细胞群体中各种细胞亚群分离，分别研究细胞内信号机制，还可以直接研究整个复杂群体在体内环境中各种细胞内的信号机制，并且可以比较分离状态和体内环境细胞亚群功能或状态表现的差异。此外，流式细胞术多参数分析，结合表面标志物和细胞内信号蛋白同时检测，可获得亚群特异信号信息；而对于单个细胞的研究，则可通过同时检测细胞内多个磷酸化蛋白的磷酸化/去磷酸化状态，获得其生物化学行为信息及激酶活性与细胞功能状态之关系的信息。

在磷酸化蛋白的流式检测分析中，细胞经固定、细胞膜通透处理后，用不同荧光素标记的抗磷酸化蛋白抗体和抗细胞表面标志物抗体对细胞进行直接法免疫荧光染色。如同时检测两种或两种以上的磷酸化蛋白，则用两种或多种荧光素分别标记的两种或多种抗磷酸化蛋白的抗体进行染色。抗体浓度以$50ng/10^6$个细胞为宜，磷酸化蛋白的单克隆抗体常用Alexa Fluor 488和Alexa Fluor 647标记。

（三）流式微球阵列

流式微球阵列（cytometric beads array，CBA）是将不同的捕获抗体包被在不同荧光强度的聚苯乙烯微球上，通过与待检样本中相应的抗原结合，再加入已知的荧光抗体，利用流式细胞仪定量检测特异性抗原的方法。CBA技术能同时检测单一样本中多个目的蛋白，所需样本量少，灵敏度高。

（四）淋巴细胞增殖检测

利用流式细胞术检测淋巴细胞增殖主要有两种方法，即羧基荧光素二乙酸盐－琥珀酸亚胺酯（carboxyfluorescein diaccete succinimidyl ester，CFSF）标记法和BrdU掺入法。CFSF本身无荧光，但其进入细胞后，可被胞内酯酶分解产生荧光产物。该荧光物质与胞内氨基发生不可逆结合，可在胞内留存数月，并随细胞分裂而倍减。应用流式细胞术，通过检测细胞分裂后每代产生的波峰，评价淋巴细胞增殖的能力。

三、DNA含量检测与细胞周期分析

流式细胞术最初的应用之一便是检测细胞的DNA含量。正常增殖的细胞其DNA含量在其周期的各个时相呈现周期性变化：G_0期是细胞静止期，不在细胞周期内，DNA为二倍体（2N）；G_1期指从有丝分裂完成到DNA合成开始之前的间歇期，DNA仍保持二倍体（2N）；S期是DNA复制期，DNA含量介于2N~4N之间；G_2期指DNA复制完成到有丝分裂开始之前的一段间歇期，DNA为四倍体（4N）；M期是有丝分裂期，从细胞分裂开始到结束，同样含有4N DNA。因此，通过对细胞内DNA进行荧光染色，应用流式细胞术对细胞瞬间的DNA含量进行快速测定，即可判断细胞所处的细胞周期时相，并分析群体细胞中处于不同周期时相的细胞比例，了解细胞的增殖能力。在肿瘤细胞学研究中，通常以S期细胞比例作为判断肿瘤增殖状态的指标。细胞增殖指数（proliferous index，PI）是指处于S期和G_2/M期细胞之和占总细胞数的比例，反映该细胞的增殖速度。

DNA分析还可以了解细胞的倍体。正常细胞具有较恒定的DNA含量，为整二倍体。而肿瘤细胞常常出现结构和染色体的异常，含有异倍体、多倍体、亚二倍体细胞，这种变化在流式细胞分析中以 DNA 指数（DNA index, DI）表示。DI 即细胞群的 G_0/G_1 期 DNA 含量与正常二倍体细胞 G_0/G_1 期 DNA 含量的比值，正常二倍体细胞的理论 DI=1。通过倍体分析可以为肿瘤诊断提供重要的辅助指标。

应用流式细胞术检测细胞周期必须先对细胞内 DNA 进行染色。常用的 DNA 染色方法有核酸荧光染料染色法和 BrdU 免疫荧光染色法两种。

（一）核酸荧光染料染色法

不同细胞周期时相的细胞其 DNA 含量不同，用核酸荧光染料对 DNA 染色，DNA 含量多，荧光强度高，反之，荧光强度低。根据细胞内 DNA 荧光强度的变化，判断细胞所处的细胞周期时相，再根据各时相中细胞数计算出其占细胞总数的百分比。常用的核酸荧光染料有 PI、EB、Hoechst 33342、Hoechst 33258 和 DAPI。PI 和 EB 既可标记 DNA 又可标记 RNA，所以用其标记 DNA 时，必须先用 RNA 酶处理细胞，排除 RNA 的干扰。由于 PI 和 EB 不能通过完整的细胞膜，故只能标记死细胞。PI 检测 DNA 分布的变异系数比 EB 低，而且 EB 在流式细胞仪的液流管路中很难冲洗干净，容易对有其他探针的测试造成干扰，所以 PI 更常用。Hoechst 33342、Hoechst 33258 和 DAPI 都是 DNA 特异的荧光染料，不与 RNA 结合，故在用这些染料对 DNA 进行染色时不需要使用 RNA 酶消化。Hoechst 33342 是目前唯一满意的能对活细胞 DNA 染色的染料，在染色前不需对细胞进行固定。下面以 PI 染色方法为例，介绍细胞周期的核酸荧光染料染色分析方法。

1. 实验步骤

（1）收集细胞，制备单细胞悬液，调整细胞数为（1~5）× 10^6/ml。

（2）加入 3ml PBS，300~400g 离心 5min。

（3）弃上清，加入预冷的 70% 乙醇，4℃固定过夜。

（4）离心弃乙醇，加入 3ml PBS 重悬细胞，重复 3 次，去除残留的乙醇。

（5）弃上清余下 0.5ml，加入 RNA 酶 A（100μg/ml），37℃水浴中孵育 30min。

（6）加入 0.5mg/ml 的 PI 染液 50μl（含 1% Triton X-100），冰上染色 20~30min。

（7）400 目筛网过滤。

（8）上机检测：PI 用 488nm 氩离子激光器激发，由 630nm 带通滤片接收，通过 FSC/SSC 散点图收集 1 万个细胞，采用设门技术排除粘连细胞和碎片，分析 PI 荧光直方图上细胞各周期时相的百分率。

2. 结果分析 如图 12-19 中，第一个峰（G_1）是 DNA 含量为 2N 的细胞峰，第二个峰（G_2）是 DNA 含量为 4N 的细胞峰，两峰之间是 DNA 含量为 2N~4N 的处于活跃的 DNA 合成期（S 期）的细胞。如标本中有凋亡细胞，在 G_1 峰前会出现一个亚 G_1 期峰。

3. 注意事项

（1）悬浮细胞可以直接收集，如是贴壁细胞，用胰酶处理后收集。

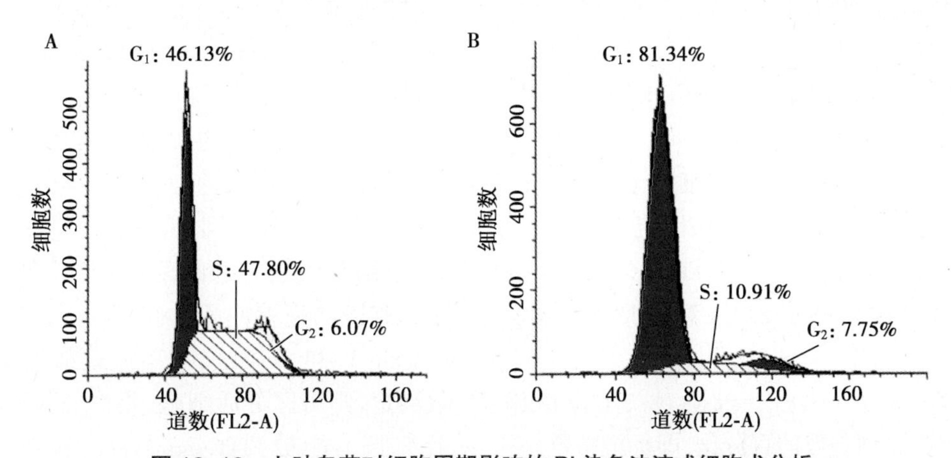

图 12-19 七叶皂苷对细胞周期影响的 PI 染色法流式细胞术分析

A. 正常对照细胞细胞周期；B. 七叶皂苷处理（50μg/ml）使细胞周期阻滞在 G_1 期，G_1 期细胞明显增多，S 期细胞明显减少

（2）用乙醇固定的细胞难以沉淀，可在洗涤液中加入 1% BSA。

（3）设置 3 个平行分析管：①二倍体标准品管；②二倍体未知样品与二倍体标准品的混合样品管；③未知样品管。对肿瘤而言，理想的二倍体标准品是与其组织类型相同的正常组织，也可用外周血单个核细胞。上机检测时先测标准品管，调整相应电压，使标准二倍体峰位于 200 道位置上，此时通过四倍体峰的位置也可判断仪器放大倍数是否正常。之后再测混合样品管，可以看到既有正常二倍体峰，也有未知样品的峰，并可判断未知样品的倍体情况。最后测定未知样品管，此时不需调整电压等设置条件，直接获取细胞信息。

（二）BrdU 染色法

在 DNA 复制过程中，核苷的类似物 5- 溴脱氧尿嘧啶核苷（5-bromodeoxy uridine，BrdU）或 5- 碘脱氧尿嘧啶核苷（5-iodo-2′-deoxy uridine，IdU）可以代替胸腺嘧啶核苷酸掺入新合成的 DNA。用 BrdU 处理细胞后再用 FITC 或者其他荧光探针标记的抗 BrdU 抗体与已掺入 BrdU 的细胞孵育，那么 FITC 的黄绿色荧光的强度能间接反映细胞内 DNA 合成的情况。通过流式细胞术检测，可以准确计算处于合成期的细胞所占的比例，也可以计算细胞的增殖指数。应用双参数流式细胞术（PI 和 BrdU 双染）还可以同时测定细胞内总 DNA 含量和 DNA 合成量。其基本过程如下：

（1）细胞以 1.5×10^5/ml 浓度接种，培养 1 天后用含 0.4% 胎牛血清的培养液同步化 30h，使绝大部分细胞处于 G_0 期。

（2）终止细胞培养前，加入 BrdU（终浓度为 30μg/L），37℃孵育 40min。

（3）弃培养液，用 PBS 漂洗细胞 3 次。

（4）收集细胞，用甲醇 / 乙酸固定 10min。

（5）PBS 洗涤 3 次后，用 FITC 标记的抗 BrdU 抗体 4℃染色 30min，阴性对照加 PBS 或正常血清。

（6）PBS 洗涤 3 次后上机检测。计算 BrdU 阳性细胞数占总细胞数的百分比，即标记指数。

四、细胞凋亡检测

流式细胞术应用最为广泛的是细胞凋亡（apoptosis）的检测。细胞凋亡是细胞在内外界凋亡诱导因素作用下，遵循相应程序自身主动死亡的过程。凋亡开始后，细胞启动自身的一系列机制，包括线粒体膜电位去极化、线粒体释放凋亡诱导因子、凋亡分子诱导蛋白（caspase）活化等，并出现细胞形态改变，表现为细胞膜不对称性消失和细胞附着能力变化，胞质和细胞核固缩，核内 DNA 裂解，细胞膜破裂；至晚期，形成凋亡小体，细胞死亡。细胞凋亡检测的常用手段主要分为形态学检查、分子生物学方法、免疫电泳法和细胞学检查。其中，流式细胞术可以对凋亡的各种特征进行快速、灵敏、特异的定性和定量分析，已成为细胞凋亡检测的重要手段。

应用流式细胞仪检测凋亡细胞的方法多种多样，如形态学分析、膜联蛋白（annexin）V 检测、caspase-3 活性检测、凋亡相关蛋白检测、PI 染色、线粒体膜电位检测、细胞内活性氧检测、DNA 片段检测等。下面介绍最常用的应用流式细胞术的三种凋亡检测方法：annexin V-PI 双染色法、活化型 caspase 水平检测法和 PI 染色法。

（一）annexin V-PI 双染色法

细胞凋亡早期改变发生在细胞膜表面。这些细胞膜表面的改变之一是磷脂酰丝氨酸（PS）从细胞膜内转移到细胞膜外，使 PS 暴露在细胞膜外表面。PS 是一种带负电荷的磷脂，正常主要存在于细胞膜的内面，在细胞发生凋亡时细胞膜上的这种磷脂分布的不对称性被破坏而使 PS 暴露在细胞膜外，即 PS 外翻。annexin V 是一种 Ca^{2+} 依赖的磷脂结合蛋白，与 PS 有高度的亲和性，因此，用荧光素（如 FITC）标记的 annexin V 对细胞染色可鉴别 PS 是否外翻的细胞。PS 外翻不是凋亡所独特的，也可发生在细胞坏死中，FITC-annexin V 染色不能区分凋亡细胞和坏死细胞。两种细胞死亡方式间的差别是，在凋亡早期，虽有 PS 外翻，但细胞膜是完好的，而细胞坏死在其早期阶段细胞膜的完整性即已破坏。因此，通过 FITC-annexin V-PI 双染法，利用流式细胞仪进行双参数测定，则可区分活细胞、凋亡细胞和坏死细胞。活细胞不能被 FITC-annexin V 和 PI 染色，细胞膜未受损的早期凋亡细胞仅能被 FITC-annexin V 染色，而坏死细胞及凋亡晚期细胞可被 FITC-annexin V 和 PI 双染色。

1. 实验步骤

（1）制备单细胞悬液，用冷 PBS 洗涤 3 次，并重悬于 PBS 中，调节浓度为（1~5）×10^6/ml。

（2）吸取 100μl 细胞悬液至 5ml 试管内。

（3）加入 FITC 标记的 annexin V 和 50μg/ml 的 PI 各 5μl，混匀后室温避光孵育 15~20min。

（4）加入 1×annexin V 结合缓冲液（10×annexin V 结合缓冲液：pH 7.4 的 0.1mol/L HEPES-NaOH，1.4mol/L NaCl，25mmol/L $CaCl_2$）400μl，1h 内上机检测。

（5）流式细胞仪检测：激发光波长 488nm，用一波长为 525nm 的通带滤片检测 FITC 荧光，另一波长为 600nm 的通带滤片检测 PI。用空白对照调节电压，用单标对照调节荧光补偿。

2. 结果判断　在 FITC-annexin V 对 PI 散点图中（图 12-20），左下象限（$FITC^-/PI^-$）为活细胞，右下象限（$FITC^+/PI^-$）为凋亡细胞，右上象限（$FITC^+/PI^+$）是坏死细胞和晚期凋亡细胞，左上象限是单坏死细胞。

3. 注意事项

（1）细胞不能固定，也不能用去污剂进行膜通透性处理，否则会导致假阳性。

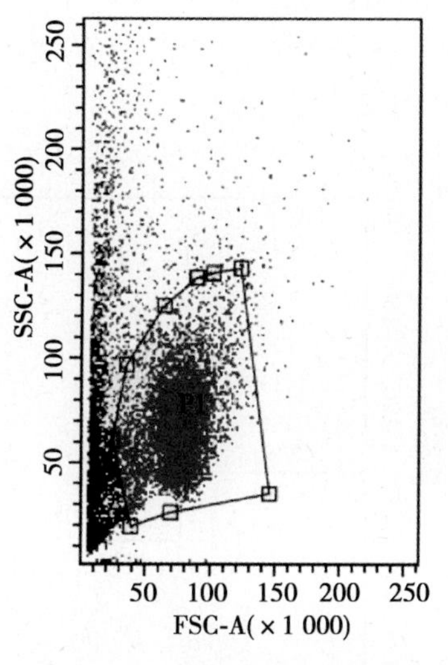

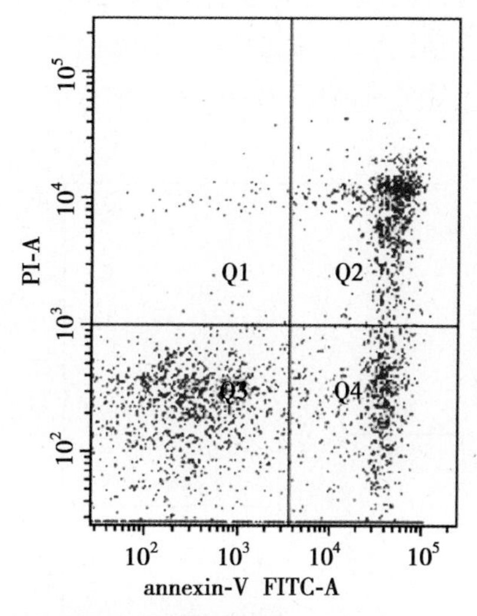

图 12-20　annexin V-PI 双染色法检测细胞凋亡

（2）贴壁培养细胞发生凋亡时会漂浮在培养基上层，收集细胞时不能丢失这部分细胞。

（3）因为细胞没有固定，为了保证细胞的活性，样品制备好后应尽快检测，如不能立即检测，应低温保存。

（4）为了捕捉到细胞早期凋亡的时间，收集细胞时不能等细胞大量漂浮起来或脱落下来，而是细胞稍稍变圆就开始收集，大量漂浮起来的细胞是凋亡中晚期或坏死细胞。故该方法的缺点之一是无法鉴别晚期凋亡细胞和坏死细胞。

（5）annexin V 与细胞膜表面的 PS 结合必须有 Ca^{2+}、Mg^{2+} 等二价阳离子的存在，因此在整个染色过程中必须保证有 Ca^{2+} 或 Mg^{2+} 的存在。

（6）在实验设计中，除了各组样本和对照外，还应有 3 个质控样本来设定流式细胞仪的荧光补偿和设置标尺的范围：①没有染色的细胞；②仅用荧光标记的 annexin V 染色的细胞；③仅用 PI 染色的细胞。

（二）caspase-3 活性检测法

胱天蛋白酶（caspase）家族在介导细胞凋亡中起重要作用，其中 caspase-3 是关键的执行分子，其在凋亡早期就已被激活，从原酶（pro-caspase-3）裂解为活化型 caspase-3。活化的 caspase-3 可水解、活化其他 caspase 酶和多种胞质内与核内成分，最后导致细胞凋亡。因此，检测活化型 caspase-3 水平或活化型 caspase-3 降解其特异性底物的能力可了解 caspase 活性，从而对早期细胞凋亡进行分析。细胞内活化型 caspase-3 水平可用荧光素标记的抗活化型 caspase-3 抗体染色后应用流式细胞术进行检测。

1. 实验步骤

（1）制备单细胞悬液，用冷 PBS 洗涤 3 次，并重悬于 PBS 中，调节浓度为 1×10^6~5×10^6/ml。

（2）吸取 100μl 细胞悬液至试管内。

（3）加入FITC标记的抗活化型caspase-3抗体（含1% Triton X-100），混匀后室温避光孵育30min。

（4）加入PBS 1ml洗涤2次，最后用0.5ml PBS重悬细胞，上机检测。

（5）流式细胞仪检测：激发光波长488nm，用波长为525nm的通带滤片检测FITC荧光（FL1）。

2. 结果判断　用FSC对SSC散点图圈门确定目标细胞；以对照组为参照设定活化型FITC-caspase-3的阈值，大于阈值的部分为阳性，小于阈值的部分为阴性（图12-21）。

（三）PI单染色法

当凋亡发生时，DNA断裂降解，小分子DNA可通过细胞膜渗透到细胞外，同时凋亡小体也带走部分DNA，因此，凋亡细胞的DNA含量非整倍体性下降，导致对DNA染料PI的着色性降低，在流式DNA峰图分布上表现为在G_0/G_1期峰前出现一个亚二倍体峰或亚G_1峰，即凋亡峰（图12-22）。此外，由于凋亡细胞表现为细胞皱缩，在流式细胞仪上的散射光图谱上，显示其FSC低于正常细胞，而SSC高于正常细胞。但PI染色法无法确认凋亡来自细胞周期的哪个时相，当S期和G_2/M期发生凋亡时，凋亡峰有时与G_1峰或S峰重叠，导致G_1峰和S峰增宽，无典型的亚二倍体峰出现，检测到的凋亡比例可能会偏低。此外，PI染色只能检测较晚期的凋亡，对细胞没有发生DNA断裂前的凋亡无法检测。

细胞凋亡的PI染色法实验步骤与细胞周期的PI染色法相同。

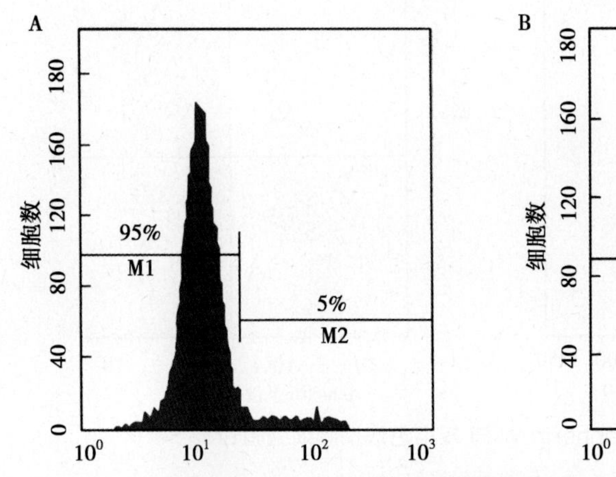

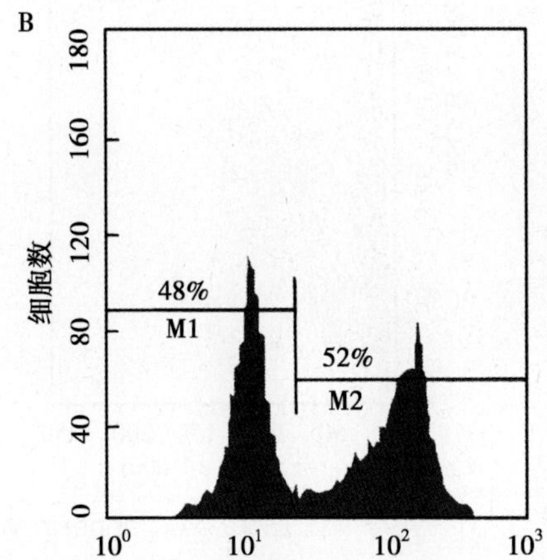

图12-21　流式细胞术检测活化的caspase-3水平

A. 对照组细胞活化的caspase-3水平极低（5%）；B. 凋亡诱导组细胞活化的caspase-3水平高达52%；M1：阴性（小于阈值部分）；M2：阳性（大于阈值部分）

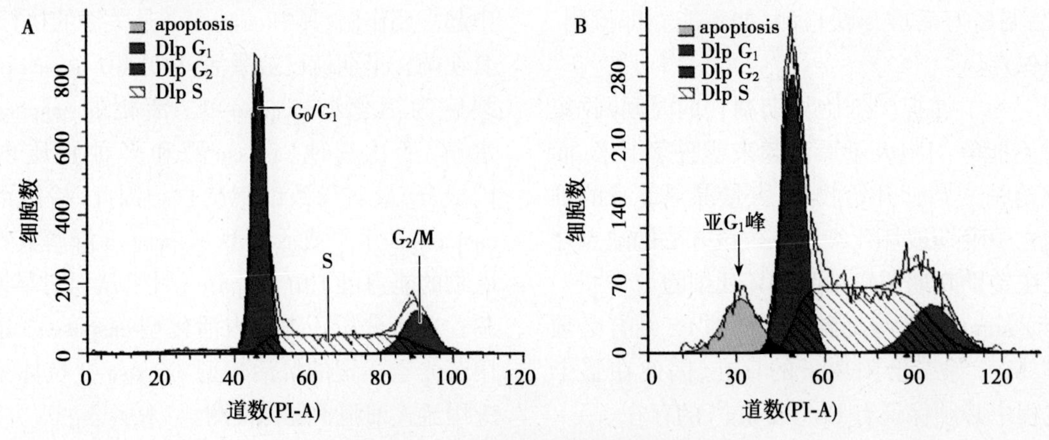

图12-22　PI单染色法检测细胞凋亡

A. 正常对照组细胞直方图，未见凋亡峰；B. 凋亡诱导组细胞直方图，可见G_0/G_1期峰前出现一亚G_1峰

五、细胞分选

流式细胞术既可分析细胞,也能把感兴趣的细胞从混合细胞中分离出来,以便进一步做单一细胞的培养、功能检测及各种分子生物学分析。发明流式细胞仪的最初目的就是把感兴趣的目标细胞分离出来——细胞分选。目前的流式细胞分选仪具有高速(70 000 个 /s)、高纯度(99.9%)、高回收率等特点。可分选的细胞或细胞成分包括普通细胞、干 / 祖细胞、染色体、精子、胎儿红细胞、单克隆细胞等。如在血液学研究中,应用最多的是造血干细胞的分选。在造血理论研究中,关于造血干细胞究竟是否都是 $CD34^+$ 细胞存有争议。实验研究证明,$CD34^-$ 造血干细胞较 $CD34^+$ 造血干细胞更具造血潜能,这些实验研究所用的 $CD34^-$ 和 $CD34^+$ 细胞就是通过细胞分选获得的。小鼠造血干细胞分选一般按 lin-c-Kit^+CD34^+/lin-c-Kit^+CD34^- 分选,人造血干细胞分选一般按 lin-$CD34^+$/lin-$CD34^-$ 分选。为避免某些遗传性血液病如海洋性贫血、异常血红蛋白病的纯合子出生,产前诊断非常重要。这些疾病的主要靶细胞是红细胞,而孕妇血液循环中存在着胎儿有核红细胞,只是数量非常少。利用流式细胞仪可从孕妇血液中分选出胎儿 CD45-GPA^+ 有核红细胞,进而进行基因分析,做出产前诊断。

(一)细胞染色

分选用的细胞染色方法与分析用的细胞染色方法基本相同,但须注意:

(1)分选细胞时需无菌操作。分选细胞的接收器除了加入培养基,还要加入适量的抗生素,避免污染。

(2)溶液中不加防腐剂,如 NaN_3。分选所用的细胞在染色过程中,要尽量保持细胞的完整性和活性。

(3)准备充足的细胞。通常准备的细胞样本要比计算的数值多出 2~3 倍,才能保证得到回收的细胞数量。

(二)流式分选应用举例

1. 流式分选人外周血中 T 淋巴细胞 外周血中成熟的 T 淋巴细胞主要属于 TCRαβ⁺T 细胞,所有的 T 细胞均有共同的标志性抗原,一般认为是 CD3 分子,不同功能的 T 细胞亚群又有各自的标志性抗原。利用不同抗体对血液淋巴细胞进行标定后,则可利用流式细胞仪分选 T 淋巴细胞。具体操作步骤如下:

1)无菌采集外周血,肝素抗凝。

2)用等体积 PBS 液稀释全血备用。

3)取和经过稀释的全血相同体积的淋巴细胞分层液(如 Ficoll-Hypaque),加入离心管。

4)将离心管倾斜,用玻璃吸管吸取稀释后的全血缓慢加到分层液上方 1cm 处。

5)室温水平离心,2 000r/min,20min。

6)将离心管缓慢取出,管内液体分成 3 层。下层是红细胞和粒细胞,中间层为分层液,上层是血浆和稀释液。

7)用毛细吸管缓慢将血浆层和分层液交界处的细胞全部吸出,置于新的离心管,该细胞即为淋巴细胞和单个核细胞的混合液。

8)用 PBS 洗涤细胞混合液,1 500r/min,10min,室温,弃上清,计数备用。

9)用 0.1ml 含 4%BSA 的 PBS 溶液混悬细胞,加入适量的不同荧光标记的 CD3 单抗和 CD19 单抗,冰上孵育 30min,用含 4%BSA 的 PBS 溶液洗涤 1 次,弃上清,根据细胞数量,用适量的含 4%BSA 的 PBS 溶液混悬细胞,上机。

10)通过相应流式软件,首先分析目的细胞的分布,然后对 $CD3^+CD19^-$ 细胞设门,分选外周血中 T 淋巴细胞。

11)分选后的 T 淋巴细胞经离心后,加入培养液(如 RPMI 1640),用于培养或其他用途。

2. 流式分选间充质干细胞 间充质干细胞(mesenchymal stem cells,MSC)具有多向分化潜能,在体内或体外的诱导条件下,可分化为多种组织细胞,可作为理想的种子细胞用于衰老和病变引起的组织器官损伤修复。骨髓间充质干细胞的比例较低,达不到直接流式分选的要求,需先体外扩增,然后通过流式分选,可以获得大量纯度很高的间充质干细胞。间充质干细胞的表型为 $CD45^-$,$CD34^-$,$CD14^-$,$CD105^+$,$CD106^+$,$CD44^+$,流式分选时可以采用 3 个阴性标记共用一个荧光通道,3 个阳性标记共用一个荧光通道的方法。实验步骤如下:

1)制备骨髓单细胞悬液。

2)用含 10% 胎牛血清的 DMEM 培养基,细

胞密度 $5\times10^5/cm^2$ 铺于6孔板中，培养于37℃、5% CO_2 孵箱中。

3）培养72h后去除未贴壁细胞。

4）骨髓基质细胞生长至80%满时，用胰酶37℃消化10min传代。

5）传代4~5次，胰酶消化收集贴壁细胞，洗涤1次。

6）标记FITC偶联的抗CD45、CD34、CD14抗体和PE偶联的抗CD105、CD106、CD44抗体。冰上孵育30min，用含4%BSA的PBS溶液洗涤1次，弃上清，根据细胞数量，用适量的含4%BSA的PBS溶液混悬细胞，上机。

7）通过相应流式软件，首先分析目的细胞的分布，然后对FITC-PE细胞设门，流式分选间充质干细胞。

8）分选后的间充质干细胞经离心后，加入培养液（DMEM），用于后续研究。

（孔 力）

参 考 文 献

1. 李和，周莉．组织化学与细胞化学技术．北京：人民卫生出版社，2014.
2. 杜立颖，冯仁青．流式细胞术．2版．北京：北京大学出版社，2014.
3. 吴长有．流式细胞术的基础和临床应用．北京：人民卫生出版社，2014.
4. 陈朱波，曹雪涛．流式细胞术—原理、操作及应用．第2版．北京：科学出版社，2014.
5. 梁智辉，朱慧芬，陈久武．流式细胞术—基本原理与实用技术．武汉：华中科技大学出版社，2008.

第十三章　组织化学与细胞化学定量分析技术

组织化学与细胞化学定量分析是对组织结构或细胞内化学成分的量和/或含有不同化学成分的细胞或结构在组织内的分布数量和相互间的数量比例以及分布特征进行测量与评估，并用数字语言进行描述。常用的组织化学与细胞化学定量分析方法包括显微图像分析技术、流式细胞术、激光扫描共聚焦显微镜术、体视学技术等，这些技术的出现使形态学研究从定性、定位分析水平上升到定量分析的水平。激光扫描共聚焦显微镜和流式细胞术在组织化学与细胞化学定量分析中的应用已在第十一章和第十二章中详细介绍，本章主要介绍显微图像分析技术以及组织化学与细胞化学定量分析新技术。

第一节　显微图像分析技术

在形态学研究中，一个常见的问题是如何获取与细胞功能相关的各种定量信息，如在组织化学和细胞化学技术中，制作了理想的标本，如何进行观察才能客观地获得尽可能多的定量信息，这就是显微图像分析术的目的。目前，组织化学和细胞化学技术只能确定某一物质存在于何处，但不能对经过组织化学或细胞化学染色后该物质反应产物的颜色深浅、其所占的长度或面积等数据进行精确地定量分析。显微图像分析系统（microscope image analysis system）能自动精细分析各种有形的标本图像，既可以进行定性分析，也可以进行化学定量分析和形态二维定量分析。

一、显微图像分析系统

显微图像分析系统或称图像分析仪，是光电检测、显微摄影、计算机和图像处理等技术相结合的产物，不仅能通过各种成像系统获得图像的几何数据、光密度、灰度等信息，还可对获得的信息作进一步处理，然后以数字的形式将标本中的各类信息精确地表达出来。

显微图像分析系统一般由显微镜、图像采集装置（图像数字化设备）、计算机和显微图像分析软件、图像输出设备等关键部件组成。

1. 显微镜　显微图像分析系统一般选用生物显微镜。显微镜可以获取组织细胞形态和化学物质含量的真实信息，其形成的图像是显微图像分析系统测量和分析的基础。显微镜物镜的聚焦深度可影响组织细胞形态和化学物质含量真实信息的获取，故通常使用数值孔径为0.45~0.55的显微物镜（聚焦深度约为3~5μm），能满足大多数图片中组织、细胞图像的光度测量要求。

2. 图像采集装置　显微镜中观察到的图像都是连续的模拟图像。利用计算机处理图像之前必须将图像数字化。常用的图像数字化设备主要包括电荷耦合器件（charge coupled device，CCD）摄像机、图像采集卡以及数码摄像机。CCD摄像机和图像采集卡需一同使用，CCD摄像机采集显微镜形成的模拟显微图像，即模拟信号，图像采集卡有模/数转换功能，将这些模拟图像转换为数字图像，即数字信号，以便计算机图像处理与分析软件对其进行处理与分析。数码摄像机集CCD摄像机和图像采集卡两者功能于一身，其输出的是显微镜视场的数字图像，可直接用于处理与分析。

3. 计算机和显微图像分析软件　计算机是软件的载体，显微图像分析软件是显微图像分析系统的核心，图像的测量、定量分析都必须有软件的支持才能完成。在进行图像处理分析时，通常采用图像增强、图像分割、图像二值化处理和图像识别等图像分析软件，以得到较好的图像处理分析结果，提取图像中需要测量的目标。

4. 图像输出设备　彩色喷墨打印机、激光打印机、视频拷贝机等都可完成图像输出工作。

二、显微图像分析原理

（一）图像的基本信息

经图像采集装置输入计算机的数字图像与模拟图像一样，含有像素、灰度和色彩等三大基本信息。

1. 像素 像素（pixel）是构成显示器图像的最基本单元。按行和列（X 和 Y）方向排列成矩列，任何一矩列均对应一个点，这些点称为像素。单位面积屏幕上像素愈多则图像愈清晰，即分辨率愈高，显示的图像也越细腻和真实。数字图像的像素越多，灰度量化等级也越多，图像分析仪分析出的结果也越准确。但当其达到一定量时，由于图像分析仪计算机的存储量和计算量呈几何级数增大，反而减慢了计算机的处理速度。

2. 灰度 灰度（grey level）系指图像每一像素的明暗（深浅）程度，即该像素的图像由黑到白变化的量化等级。显微图像分析系统的灰度量化等级均为 2^n，较常见的为 2^8，即 256 个量化等级。灰度的量化等级越多，图像分析系统的灰度分辨率越高，显示出的图像明暗层次越丰富，越接近被摄图像的真实颜色的明暗（深浅）层次。灰度值的大小与物质含量多少呈反比关系，灰度值越小，表示染色越深，所含物质的量越多（0 代表黑色，2^n-1 代表白色）。计算机在灰度分辨能力上要强于人眼。因此，当人眼用显微镜观察得出灰度无明显差别时，用图像分析系统可能分析出两者的显著差异。

3. 色彩 依据图像的颜色，图像可分为黑白图像与彩色图像，后者又可再分为伪彩色图像与真彩色图像。黑白图像没有色彩信息。伪彩色图像仅仅是根据灰度值人为设定不同颜色，以便于进一步分析。真彩色图像是由图像采集装置将每一像素的真实色彩分解为红、绿、蓝三种原色信号，每种原色信号又有其灰度等级，最终再通过计算机重新编码还原为彩色图像。所以真彩色图像所包含的信息量多于前两者。

（二）显微图像的数字化

显微镜下看到的模拟显微图像是二维平面上分布的信息形式，需要显微图像分析系统通过图像采集装置对二维信号进行数字化处理转换为一维平面上分布的信息形式才能输入计算机。显微图像的数字化过程包括图像的空间量化和图像颜色灰度量化两个步骤。

1. 图像的空间量化 将时间和空间上连续的图像按行和列（X 和 Y）方向排列成的距列，图像被分割成以像素为单位的离散点阵，从而实现图像在空间区域中的量化。

2. 图像颜色灰度量化 空间量化后得到的离散点的颜色灰度仍是连续的。将颜色灰度连续的像素排列成矩列，像素被分割成不同灰度值的离散点阵，从而实现图像颜色灰度的量化。

（三）数字图像的处理和分析

显微图像经图像采集装置转换为在图像分析仪显示屏上看到的能精确反映显微图像的数字图像后，即可利用图像处理与分析软件进行数字图像的处理和分析，测量所需参数。像素是显微图像分析系统中最小的测量单位，通过它不仅能够得到待测范围内的几何形态信息，如面积、周长、直径等，还可根据样品是否能够吸光或发光来测量其物质的总含量。

三、显微图像分析方法

（一）显微图像分析处理程序

显微图像分析系统可以自动控制显微镜、显微摄像头、电动载物台等设备，计算机软件可按实际需要使其执行功能。操作者只需通过鼠标按照计算机屏幕上显示出的各项指令来操纵即可完成复杂的运行过程。虽然不同品牌、不同型号的显微图像分析系统的具体性能参数不同，但在使用中基本处理过程相同，区别只在于对显微图像的不同采集参数和处理软件的设定和使用上。显微图像处理的基本过程包括制作切片样品、图像采集、图像预处理、图像分割、目标测量、统计分析和结果输出。

1. 制作切片样品 显微图像分析系统所用的切片与常规组织学切片的制作方法及要求基本相同，可根据研究者的目的选择适当类型的切片。

2. 图像采集 通过显微镜将切片图像放大，成像在摄像机上，完成光 / 电转换，再经模 / 数转换为数字信号输入计算机。

3. 图像预处理 也叫图像增强或图像质量改善。在计算机屏幕上显示的数字化显微图像由于各种原因，如图像采集卡的性能、显微镜、光源等，都会对图像产生影响，难以获取目标信息。所以要通过合理的软件处理使原始数字图像得到适当变化以适应人的视觉信息感知和获取特性，更便于图像目标信息的提取。常用的图像增强处理方法有对比度增强、直方图均衡、锐化处理、平滑处理、阴影校正、灰度变换、边缘提取、二值化、反显、伪彩色处理等。

4. 图像分割　是将图像中需要测量的目标从背景中分割出来，以便于计算机对分割出来的图像进行测定分析。图像分割的基本要求是分割出来的图形或区域必须与原来的目标大小及形态相吻合，因此，图像分割的好坏是决定测量精度的关键因素之一。细胞图像分割技术主要有阈值分割、边缘检测和区域生长等几种方法，其中以阈值分割算法最为简单，对于不同类的物体灰度值或其他特征值相差很大时，它能很有效地对图像进行分割，且总能用封闭而且连通的边界来定义不交叠的区域。

从图像中确定并分离出需要分析灰度相的步骤称为阈值分割，"相"（phase）是图像中需要测量部分的总称。测量需通过选择一定阈值来完成，如果所需相比背景暗，那么所有暗于下限的图像均被选入。例如若相的灰度是20~50，20是下限，50是上限，背景的灰度小于20，检测时暗于灰度20的图像均被选入。如果所需相比背景亮，如免疫荧光染色制作的标本，那么亮于上限的图像均被选入。例如若相的灰度是5~20，5是下限，20是上限，背景灰度大于20，灰度20以下的相被选入，而背景是暗于上限的，不被选作测量。如果相暗于图像某些部分而又亮于图像的另一些部分，则需在两限之间的部分选择灰度。

在检测过程中要使用图像框（image frame）和测量框（measurement frame）。检测只在图像框内进行，框的大小根据需要而定，测量框在图像框之内，是进行测量的部位。两个框之间的部分称为保险区。图像中每个被测物均有其特征计算点（feature count point，FCP），它在被测物的最低点。被测物的特征计算点均应在测量框内，有的被测物可能被测量框截断，那么测量框外的那部分被测物应该位于保险区，即保险区要大于被测物所占的位置才能观察特征计算点是否在测量框内，从而决定取舍。这样当换到相邻的区域进行测量时，不会使某图形重复测量，可避免测量误差。选择好目标图像后计算机控制按一定方式移动放置标本的显微镜载物台，每个部位都将通过测量框，不会遗漏。

5. 目标测量　即特征参数的抽取，是对目标图形的定量描述。只有选择合适的特征参数才能更好地反映目标图形的各项性质，使研究者做出正确的判断。常选取目标图形的灰度、面积、长度、周长、光密度和光强度等作为特征参数。原始参数可由计算机转化成容易理解的数值，例如，面积可由某图形所占像素数转化为平方微米，使观察者容易理解。

6. 统计分析　依据所得的数据类型，选择正确的统计分析方法进行分析。

7. 结果输出　通过以上各步骤，得出最终的所需结果。

（二）常用测量参数

1. 光密度　光密度又称吸光度，是指光线通过某一物质前与通过后光强度（I_o与I_b）比值的对数值，即$\log(I_o/I_b)$。光密度值与物质含量呈正比关系，光密度值越小，说明光线被吸收的程度越小，物质含量则越低。

2. 长度　对于形状不规则的线形组织结构一般方法很难计算出长度，如组织中的毛细血管和神经纤维、细胞超微结构中的各种膜性结构等。以往常用排列稀疏或密集等词描述，图像分析仪则可测出各种图像周界线的长度。例如，在活检组织的子宫颈上皮细胞电子显微镜照片上，测出一定范围内的细胞膜长度为8 128像素，桥粒长度为1 229像素，计算出桥粒的长度占细胞膜总长度的15%，用此方法观察到癌细胞桥粒值远小于正常细胞，因此可提出癌细胞转移的原因之一可能与癌细胞之间的细胞连接减少有关。

3. 面积　在光镜或电镜免疫组织化学标本观察中，均涉及标本中某些结构面积变化的问题。图像分析仪在一定放大倍数下，可以测出每平方微米含多少像素。方法是画出待测结构轮廓，在此轮廓范围内含多少像素可立即显示出来，这样即可很快算出面积的数值。例如在铁蛋白法、胶体金法免疫电镜技术中，可用上述方法进行单位面积中反应产物颗粒的计数，由此进行各种实验条件下的比较。

（三）吸光和发光组织样品的常用测量参数

1. 吸光组织细胞样品的测量　对于吸光组织细胞样品，图像分析系统至少能以下列三种参数来表述细胞待测物质的计量结果：①积分光密度（integrated optical density，IOD），又称积分吸光度，是被测量范围内各像素吸光度的总和，表述测量范围内各像素吸光物质的总含量，测量范围可为面积或体积；②平均光密度（average optical density，AOD），又称平均吸光度，是被测量范围内各像素吸光度的算术平均值，表述被测量范围内各像素吸光物质含量的平均水平，可反映此范围的染色深浅程度；③平均光密度方差（variance of average optical density），是反映被测量范围内各像素染色深浅差异的指标，表述被测量范围内各像素间吸光度的离散程度。

2. 发光组织细胞样品的测量　对于发光组织细胞样品，图像分析系统也能以下列三种参数来表述细胞待测物质的计量结果：①积分光强度（integrated light intensity），是被测量范围内各像素光强度的总和，表述测量范围内各像素发光物质的总含量，测量范围也可为面积或体积；②平均光强度（average light intensity），是被测量范围内各像素光强度的算术平均值，表述被测量范围内各像素发光物质含量的平均水平，可直观地反映此范围的染色深浅程度；③平均光强度方差（variance of average light intensity），是反映被测量范围内各像素间亮度强弱差异的指标，表述被测量范围内各像素间光强度的离散程度。

四、图像分析软件在组织化学与细胞化学定量分析中的应用

显微图像分析系统通过相应的图像分析软件对组织化学与细胞化学染色结果进行定量分析。常用的图像分析软件有 Image J、OSIRIS、GSA Image Analyser、Image Pro Plus（IPP）、NIS-Elements Basic Research（BR）等，其中以 Image J 应用最为广泛。

Image J 是基于 Java 的公共图像处理软件，是由美国国立卫生研究院（National Institutes of Health，NIH）开发的一款功能强大的免费软件，在生物及医学图像分析中起着非常重要的作用。Image J 可运行于 Microsoft Windows、Mac OS、Mac OS X、Linux 和 Sharp Zaurus PDA 等多种平台，能够分析处理 8bit、16bit、32bit 的图片，支持 TIFF、JPEG、PNG、GIF、BMP 等多种格式。相比于其他图像分析软件，Image J 具有免费、程序小、运行快、操作简单、不断更新插件等优势。下面以 DAB 显色的免疫酶组织化学染色图像和免疫荧光染色图像为例，介绍应用 Image J 对免疫组织化学结果进行定量分析的基本方法。

（一）对 DAB 显色的免疫酶组织化学染色图像作光密度分析

DAB 显色图像中，染色情况反映阳性物质的量，可通过染色面积、平均光密度、积分光密度来对染色情况进行定量分析。其中面积反映阳性染色物质的轮廓大小，平均光密度反映阳性范围的染色深浅程度，积分光密度表述测量范围内各像素吸光物质的总含量。

1. 转换图像格式　点击 File 或拖拽打开待分析的图像（图 13-1），首先将 RGB 图像转换为 8bit 图像，依次选择 Image、Type、8bit，此时彩色图像变为灰度图像（图 13-2）。

2. 校正光密度　依次点击 Analyze、Calibrate 进入校正光密度窗口（图 13-3），在弹出界面的 Function 下拉菜单中选择 Uncalibrated OD。如果需要处理多张图像，可勾选界面左下方 Global calibration，则光密度的校正将对所有图像有效（图 13-4）。点击 OK 后将跳出校正后的光密度曲线（图 13-5）。

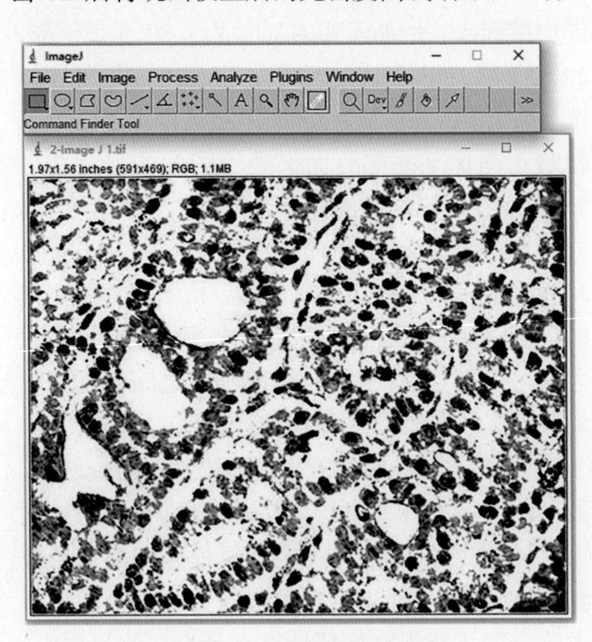

图 13-1　打开待分析图像

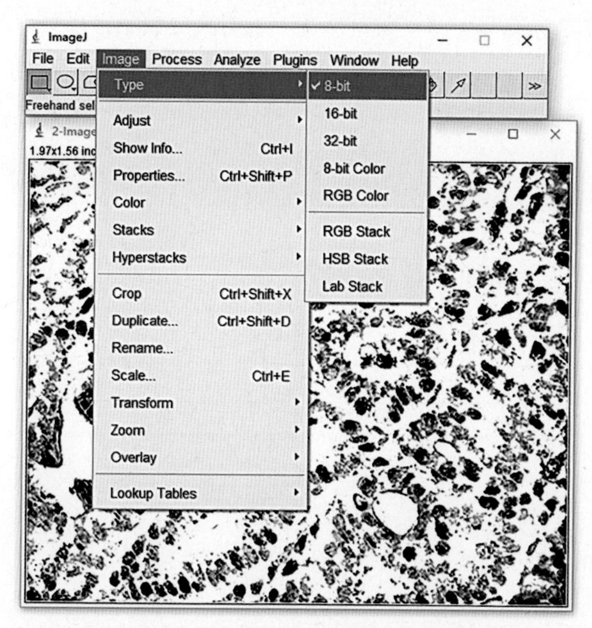

图 13-2　将待分析图像转换为 8bit 图像

依次选择 Image、Type、8bit，此时彩色图像变为灰度图像

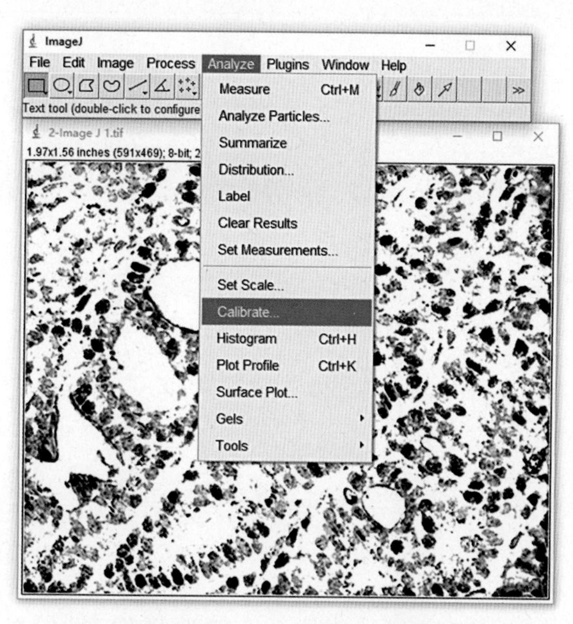

图 13-3　进入校正光密度窗口

依次点击 Analyze、Calibrate 进入校正光密度窗口

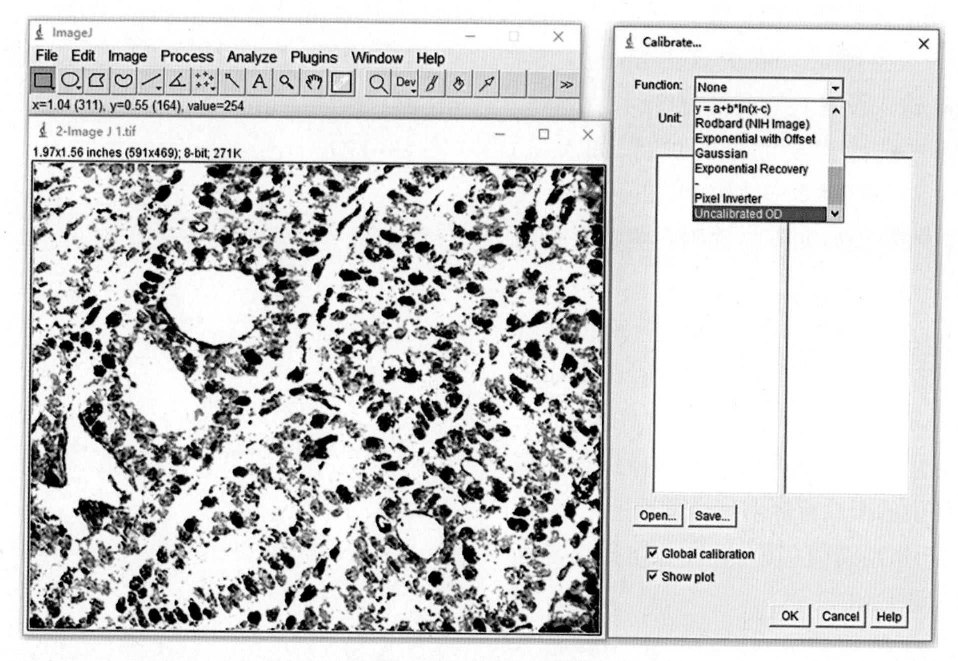

图 13-4　校正光密度

在校正光密度中选择 Uncalibrated OD

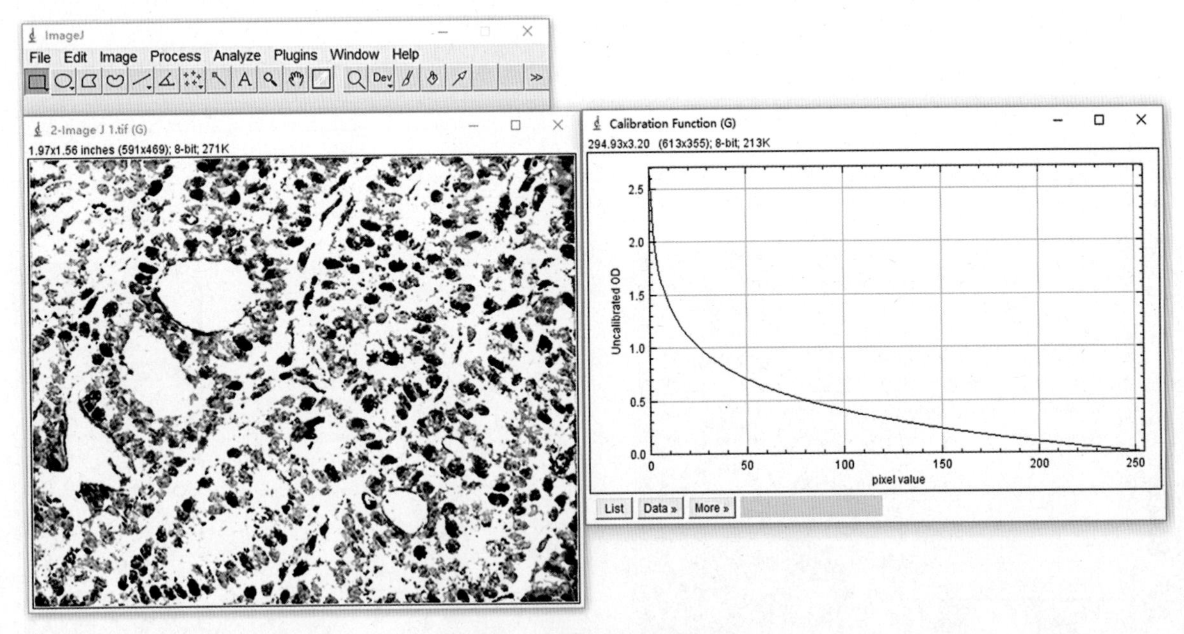

图 13-5 校正后的光密度曲线

3. **选择测量单位** 一般选择像素，如有明确的比例，也可以选择相应单位。依次点击 Analyze、Set scale 进入设置测量单位窗口（图 13-6），在弹出界面中设置测量单位（图 13-7）。如勾选 Global，则对所有待处理图像有效。

4. **选择测量项目** 依次点击 Analyze、Set Measurements 进入设置测量项目窗口（图 13-8），在弹出界面中选择需要测量的项目，如 Area、Integrated density 等，并勾选 Limit to threshold，表示只测量选中的范围，如不勾选则会测量整张图片，点击 OK（图 13-9）。

5. **设置测量阈值** 通过阈值分割将阳性目标从背景区域中分离出来。依次点击 Image、Adjust、Threshold，进入阈值分割窗口（图 13-10），滑动中间的滑块或直接输入数值选择适合的域值，以使图像中的阳性目标刚好全部被选中，然后点击 Set 设定分割阈值（图 13-11），在弹出界面中点击 OK（图 13-12）。

6. **测量** 依次点击 Analyze、Measure 进入测量窗口（图 13-13），输出结果（图 13-14）。结果中的 Area 为阳性目标的面积，IntDen 为阳性目标的积分光密度，可将数据复制到 Excel 等软件中进行计算，用 IntDen 值除以 Area 值即可得到阳性目标的平均光密度，以此图片中的数据为例，平均光密度为 54 477.267/78 319=0.695 6（/pixel），测量多张图的平均光密度值后就可以进行半定量比较。如果只需分析图片中的部分区域，则需要划定测量区域。如图 13-15 和 13-16 所示，依次点击 Analyze、Tools、ROI Manager，可划定矩形、椭圆、不规则形等测量区域，点击 Add → Measure 后得到测量区域的结果值（图 13-17）。

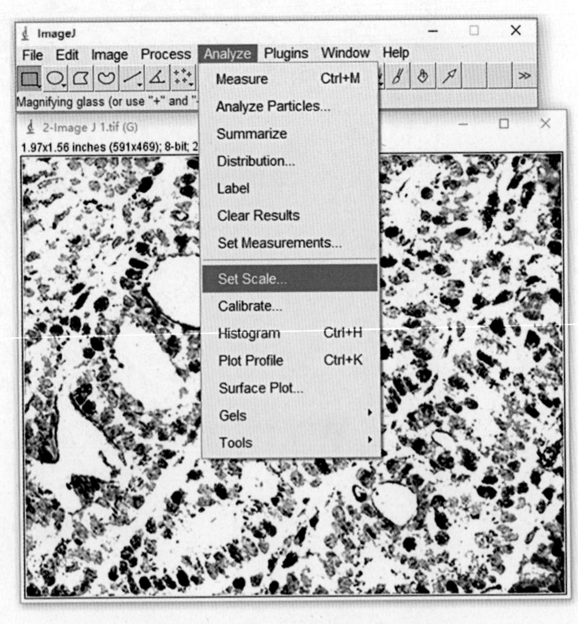

图 13-6 进入设置测量单位窗口

依次点击 Analyze、Set scale 进入设置测量单位窗口

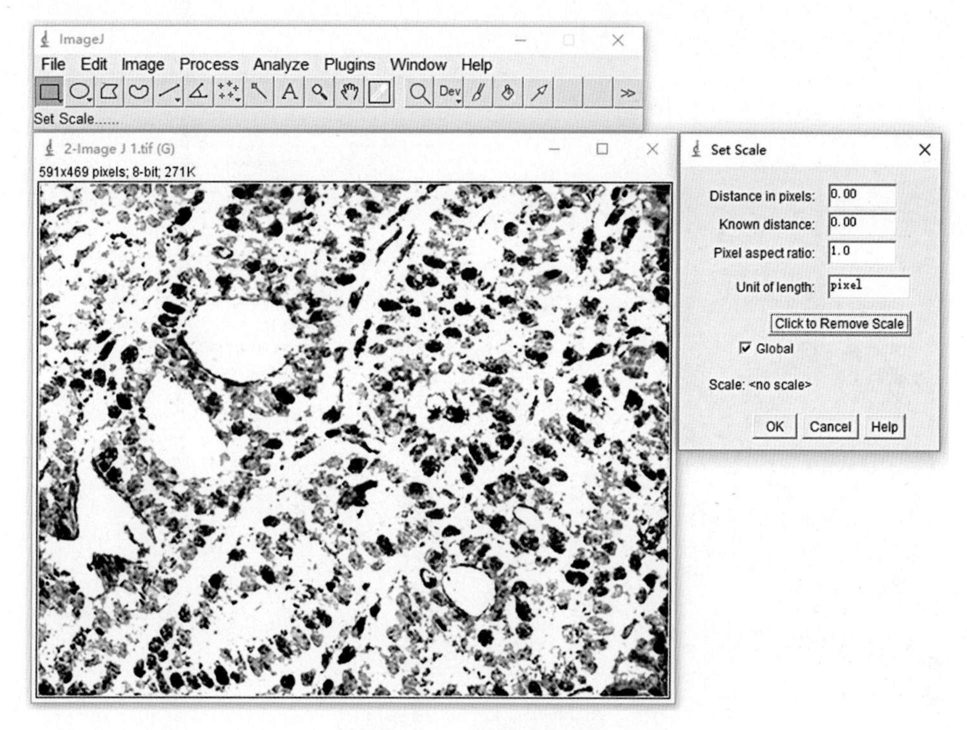

图 13-7　设置测量单位

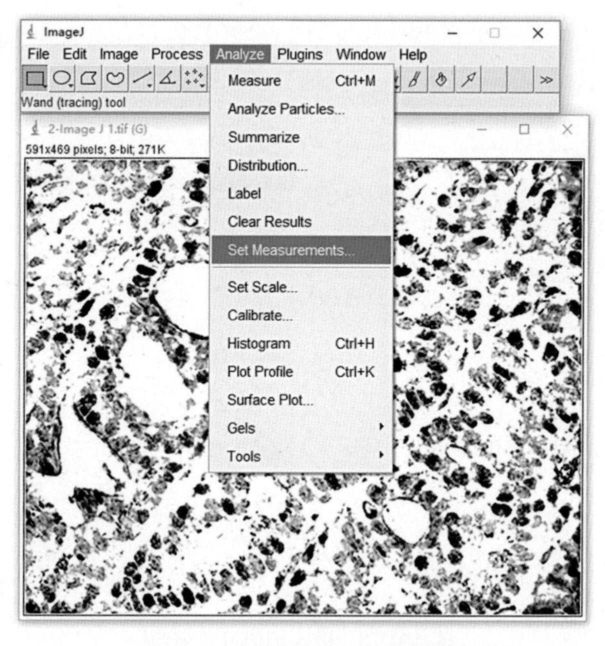

图 13-8　进入设置测量项目窗口

依次点击 Analyze、Set Measurements 进入设置测量项目窗口

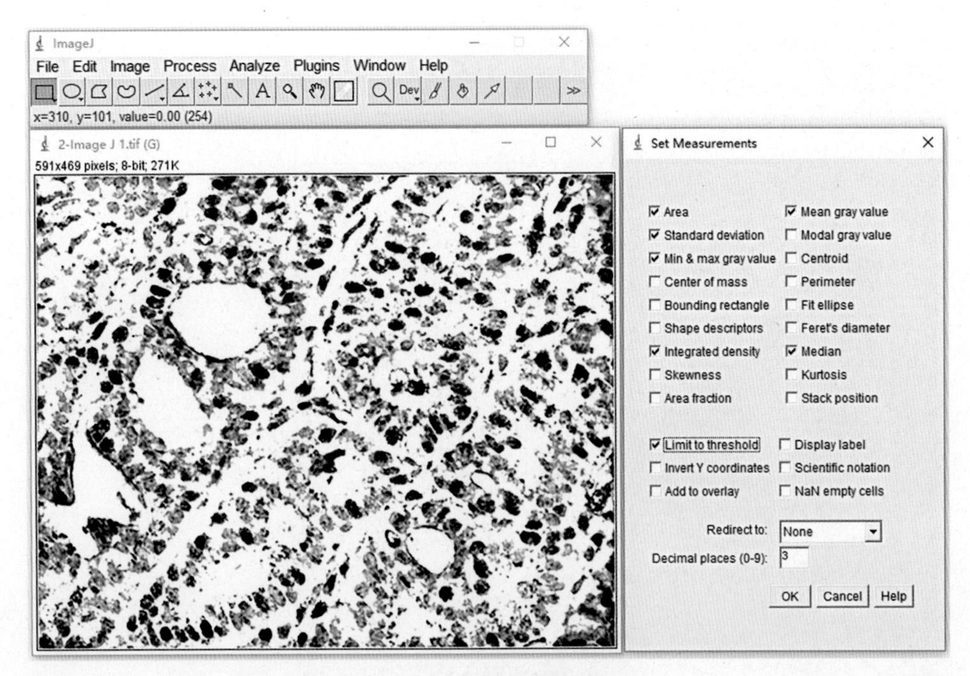

图 13-9 选择测量项目

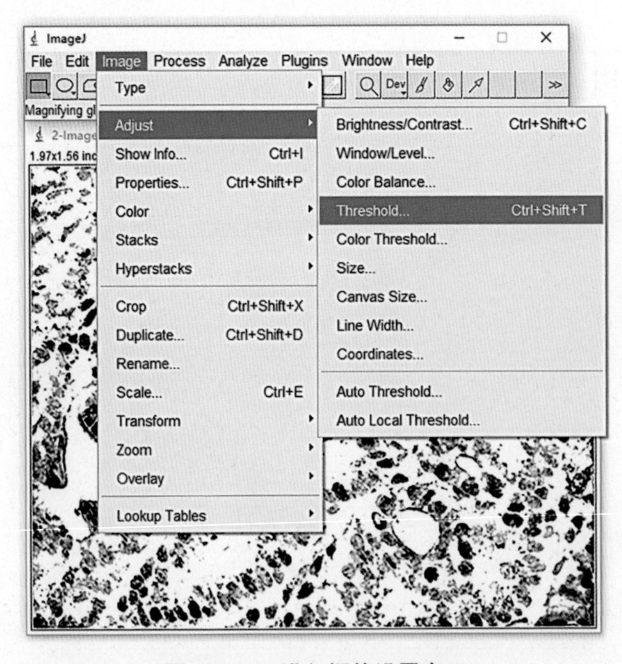

图 13-10 进入阈值设置窗口

依次点击 Image、Adjust、Threshold 进入阈值设置窗口

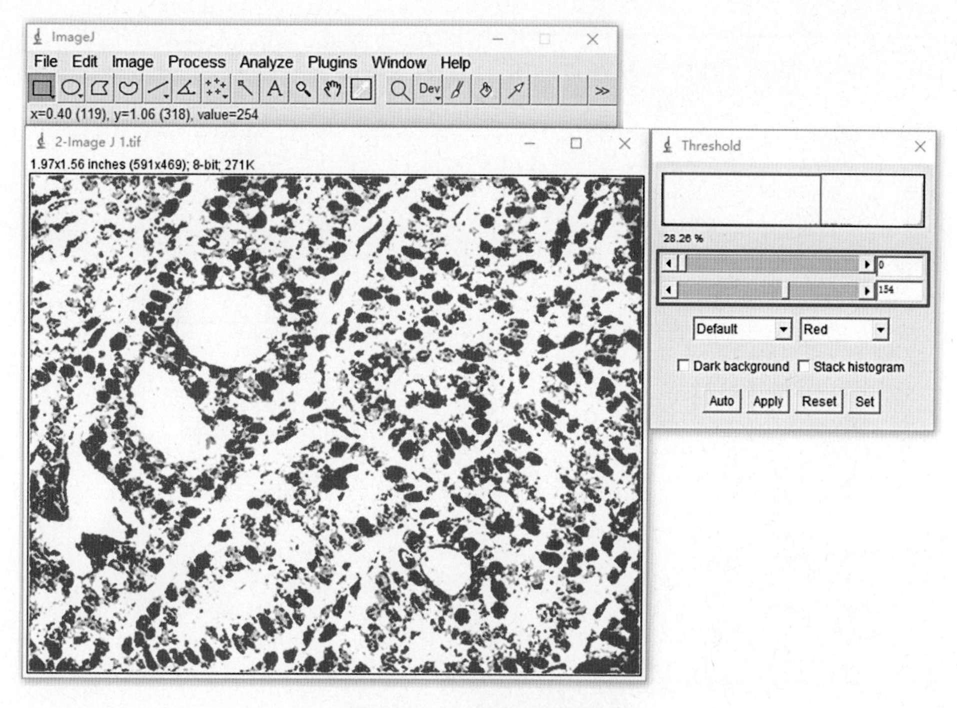

图 13-11　设定分割阈值
蓝框示阈值滑块及数值输入框

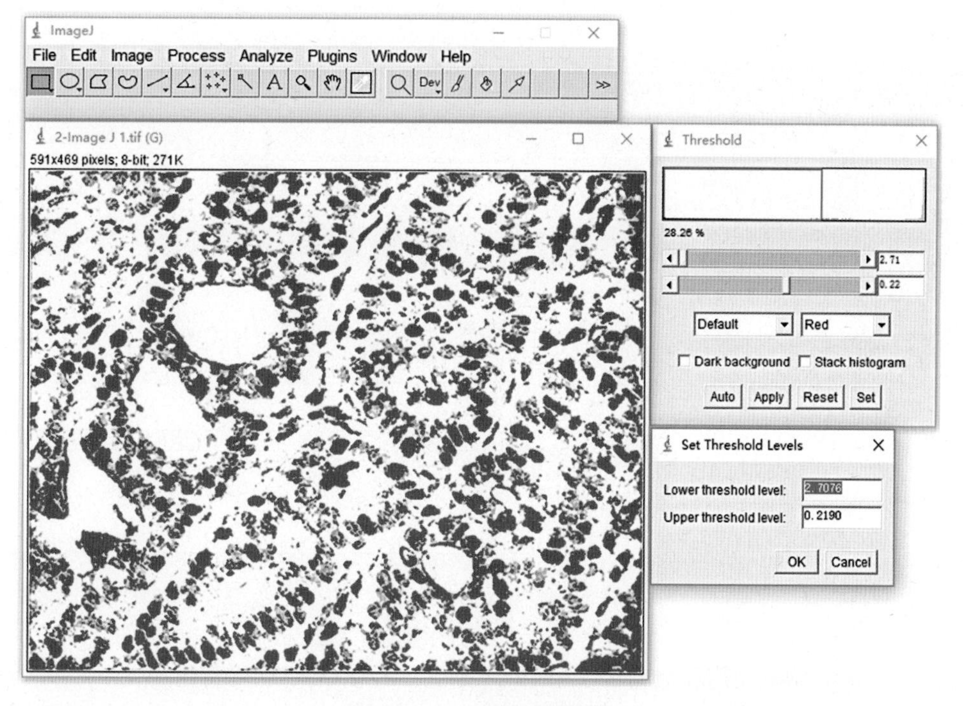

图 13-12　确定阈值范围

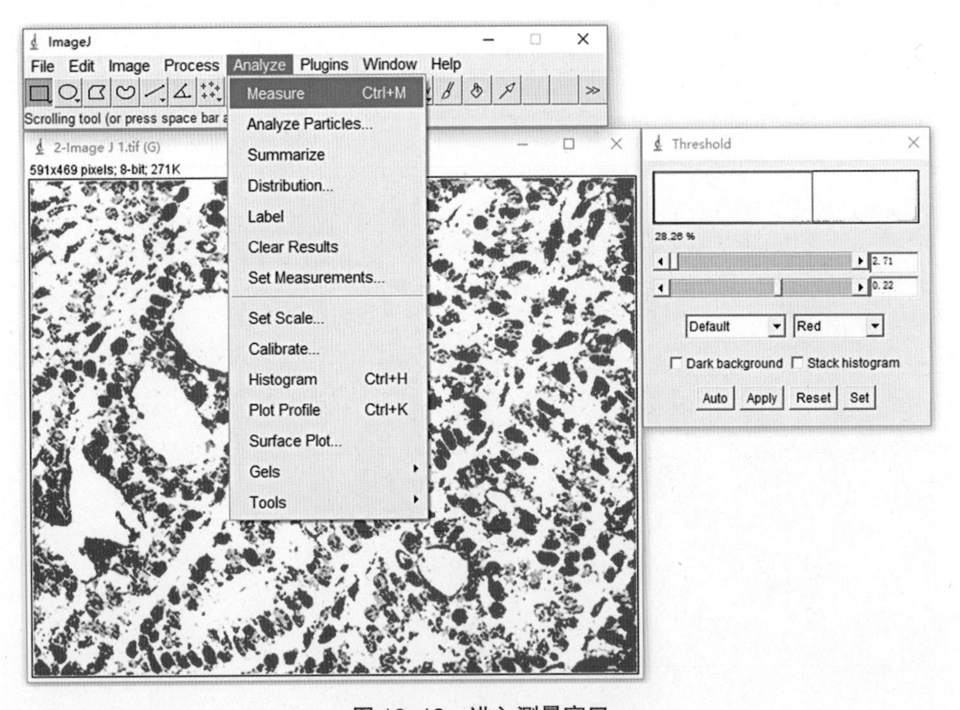

图 13-13 进入测量窗口

依次点击 Analyze、Measure 进入测量窗口

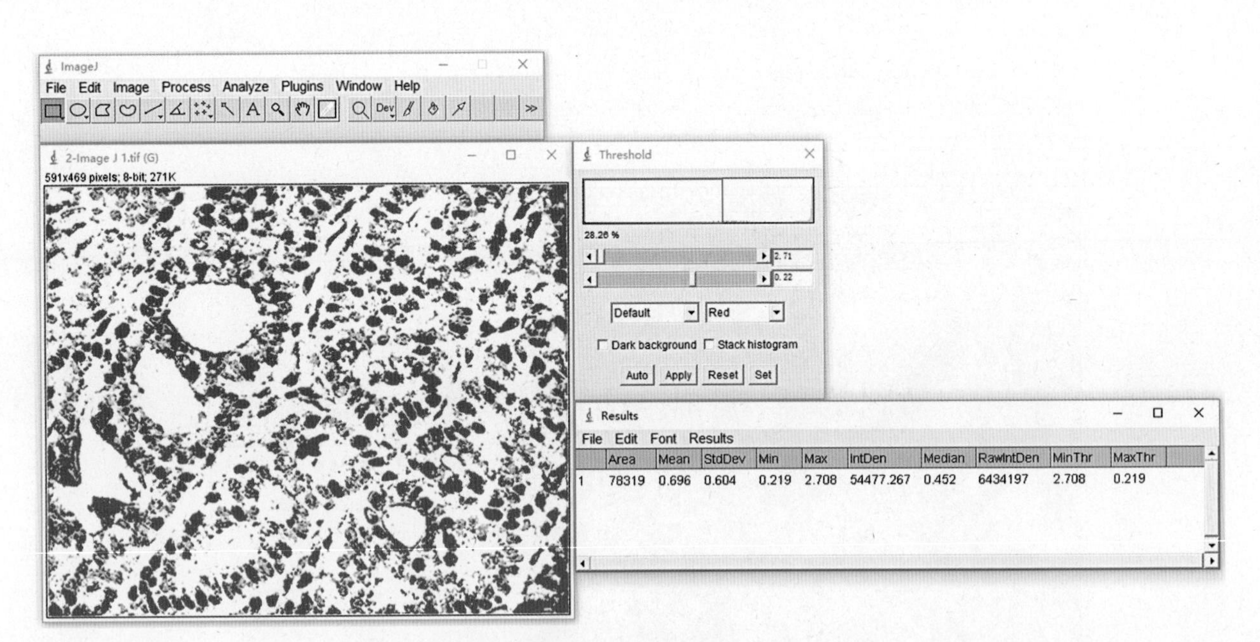

	Area	Mean	StdDev	Min	Max	IntDen	Median	RawIntDen	MinThr	MaxThr
1	78319	0.696	0.604	0.219	2.708	54477.267	0.452	6434197	2.708	0.219

图 13-14 输出结果

输出结果界面显示测量区域的面积、平均值、SD、最大值、最小值等定量结果

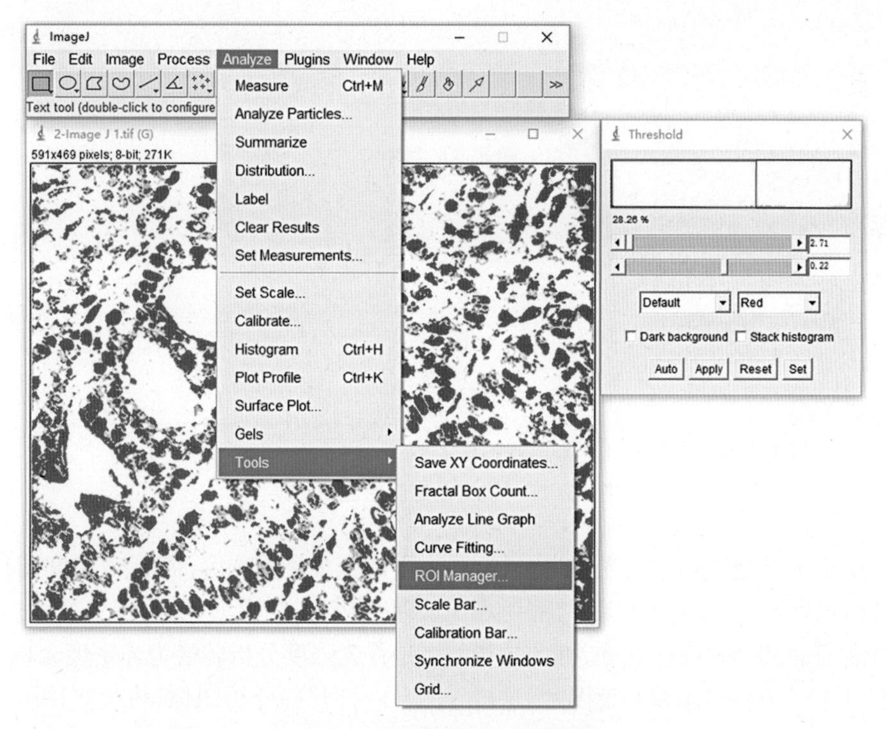

图 13-15　进入测量区域划定窗口

依次点击 Analyze、Tools、ROI Manager 进入测量区域划定窗口

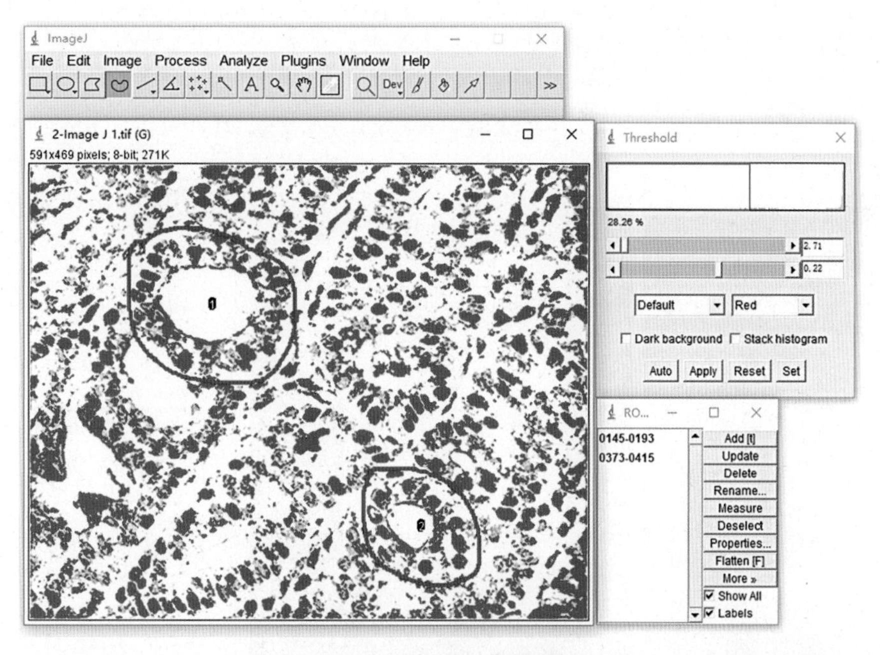

图 13-16　确定测量区域

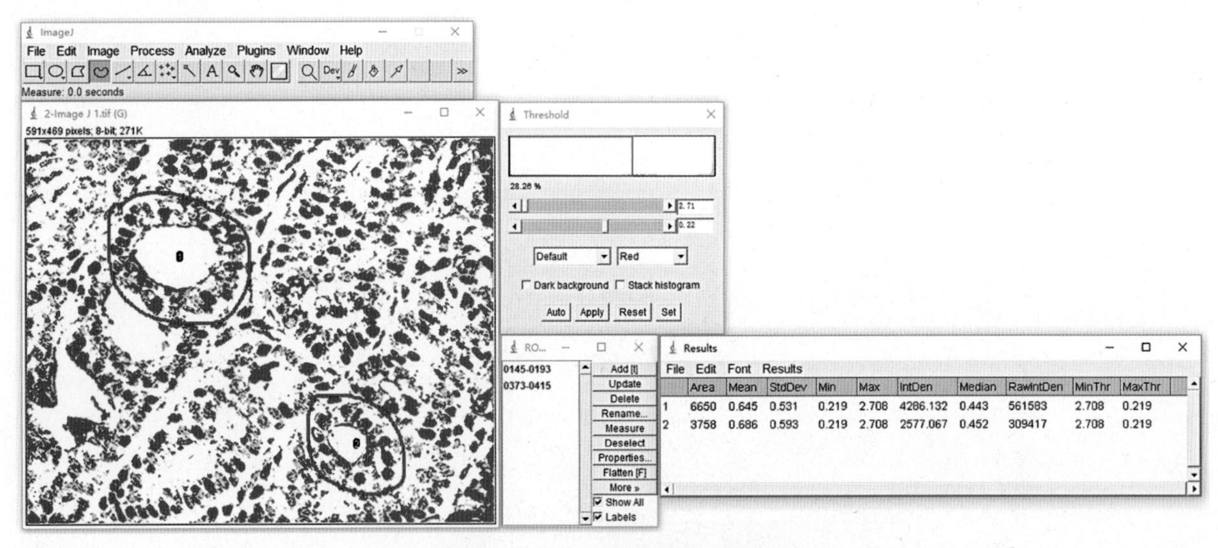

图 13-17 输出划定测量区域结果

（二）对免疫荧光染色图像进行光强度分析

荧光照片的亮度与荧光照明与曝光密切相关，拍摄时很难保证拍摄条件完全相同，因此拍摄荧光照片时，最正规的方法是拍摄灰度图片，这样可以记录更高的位深，使亮度细节更细致。

免疫荧光图像光强度分析步骤与免疫酶组织化学图像光密度分析相似，不同之处是将彩色的荧光图像还原为灰度图片（亦可直接使用相机拍摄的灰度图片）后，需要对灰度图片进行反相处理，使荧光变为黑色，暗背景变为白色，实际上就是将光强度分析转换为光密度分析。

打开待分析图像，将荧光图像转换为 8bit 图像，通过 Edit 菜单里的 Invert 实现黑白反相（图 13-18）。后续步骤同光密度分析：光密度校正，设置测量单位，选择测量项目，设置测量阈值，然后测量、显示结果（图 13-19）。

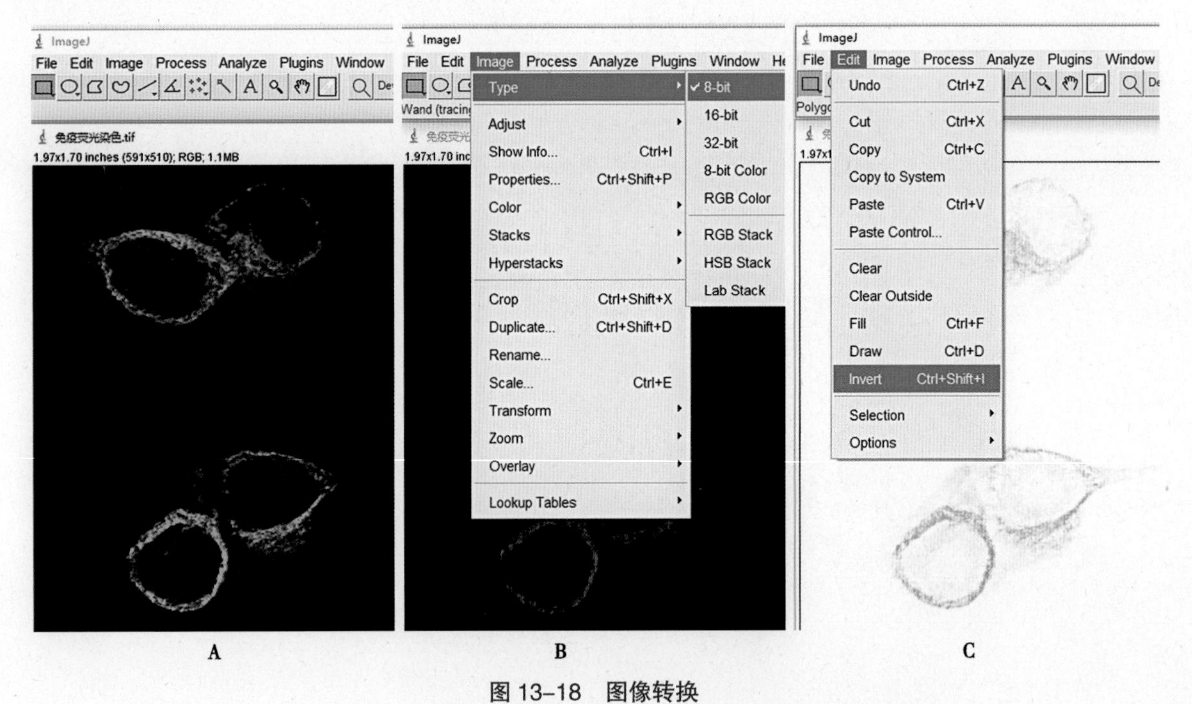

图 13-18 图像转换

A. 打开荧光图像；B. 将荧光图像转换为灰度图像；C. 黑白反相转换

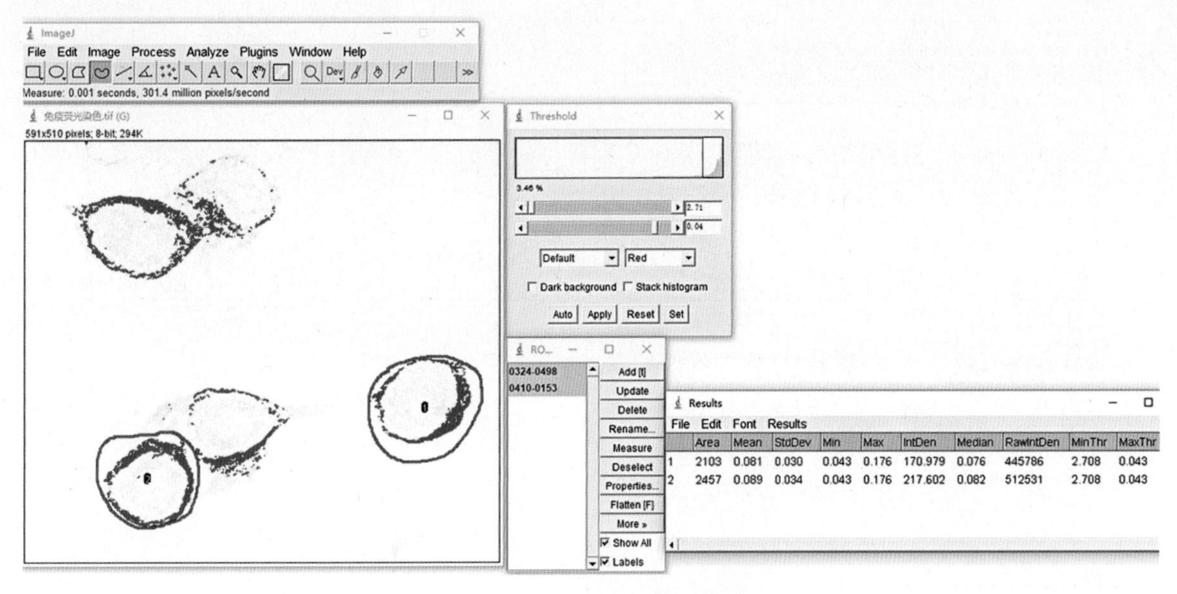

图 13-19　显示荧光图像测量结果

（三）对荧光进行共定位分析

免疫荧光染色的一大优势就是可以同时检测组织细胞中两种及两种以上不同的成分。利用不同的荧光探针标记不同的成分，由于这些探针具有不同的光谱特征，可以显示出不同荧光信号在组织细胞中的相对位置，故可确定各荧光标记所代表的成分之间的相互关系，利用 Image J 可以对这些相互关系进行量化分析，即进行多重荧光标记的共定位分析。常用的方法有 Scatter plot 和 Plot profile，下面以 Scatter plot 为例，介绍应用 Image J 对多重荧光进行共定位分析，此方法需要安装 Colocalization Finder 插件，可在 Image J 官网下载。

1. 分离荧光通道　打开待分析荧光图片（图 13-20），依次点击 Image、Color、Split Channels 进入荧光通道分离窗口（图 13-21），得到 Red、Green、Blue 三通道的图片（图 13-22A）。

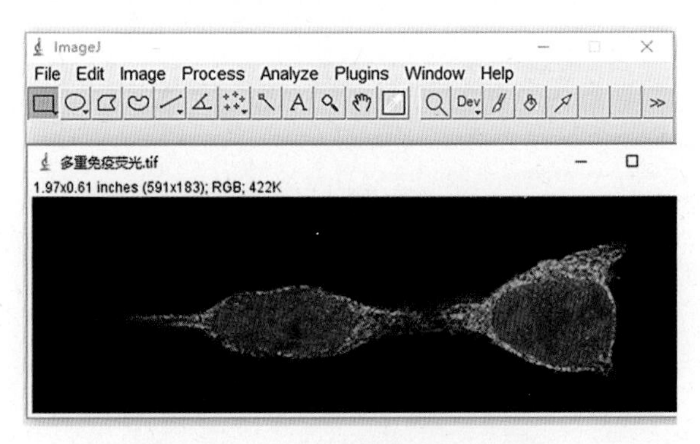

图 13-20　打开多重荧光标记图像

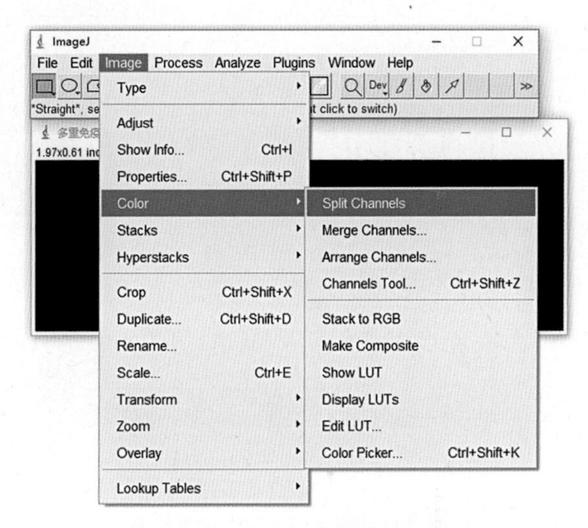

图 13-21　进入荧光通道分离窗口

依次点击 Image、Color、Split Channels 进入荧光通道分离窗口

2. 共定位分析　依次点击 Plugin、Colocalization Finder，分析 red 通道与 green 通道的共定位情况（图 13-22B、C），点击 OK，得到共定位散点图、共定位数据等（图 13-23）。结果显示：共定位散点图基本上呈对角直线，Pearson_Rr（Pearson 相关系数）为 0.239 5，Overlap_R（重叠系数）为 0.922 1，表明有较好的共定位现象。

正确拍摄照片是图像分析的基础，拍摄用于光密度分析的组织化学与细胞化学图像时应注意以下要求：①为保证光密度值测量的正确性，进行批次分析的图像其拍摄条件应一致，如显微镜光源亮度、曝光时间以及更换视野或切片时的操作

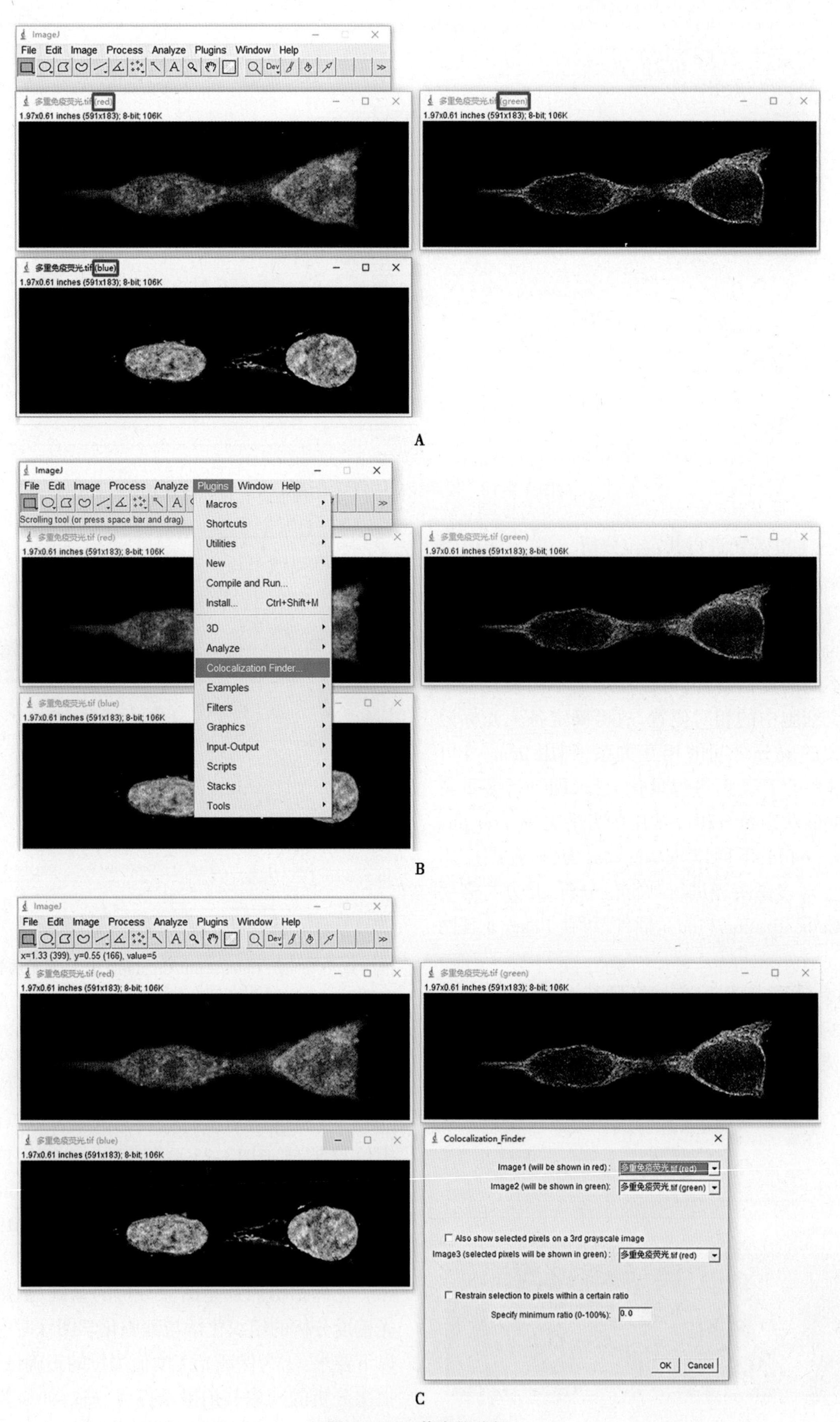

图 13-22　共定位分析

A. 分离后的三通道图像；B. 进入共定位分析窗口；C. 分析 red 与 green 通道共定位情况

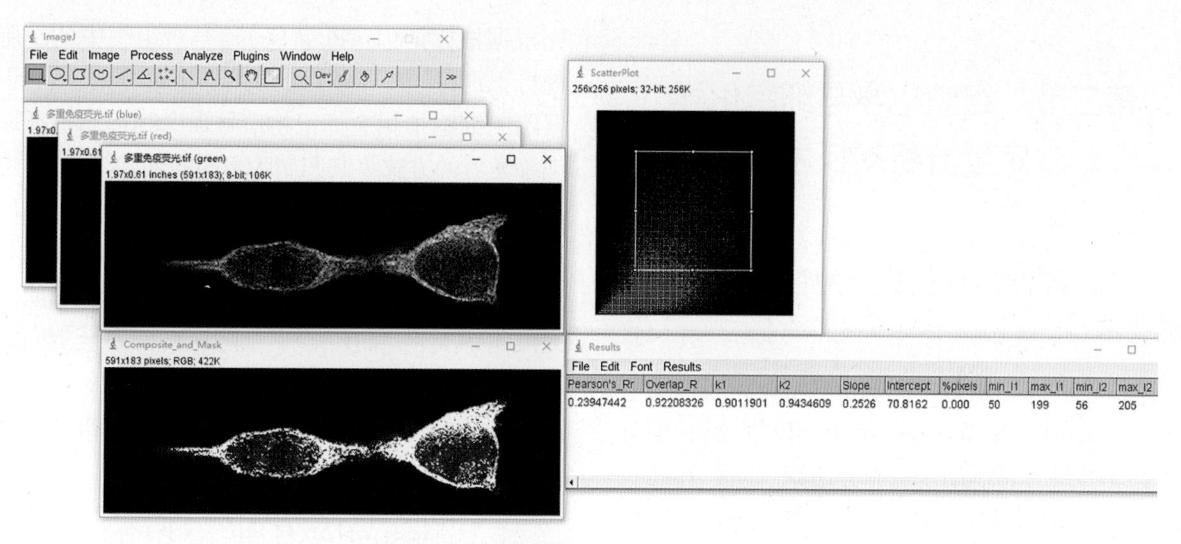

图 13-23　显示共定位散点图、共定位数据

等。②曝光的选择，试拍摄一张空照片，观察白色背景的亮度，灰度值应该在 230 附近，不宜过低或过高。③注意相机白平衡，防止色偏。专业 CCD 相机，有白平衡校正功能，应对空视野进行白平衡校正；如使用普通数码相机，应关闭自动白平衡功能或选择阳光模式。④拍摄荧光照片后移开滤光片，防止非荧光图像发生严重偏色。

五、显微图像分析注意事项

随着生命科学研究的突飞猛进和各门学科定量研究的快速发展，图像分析系统在医学研究中的应用越来越广泛，并逐渐成为组织化学和免疫组织化学定量分析的主要手段。为了得到比较客观的图像分析结果，应该充分考虑诸多因素对图像分析系统的影响，并尽可能使实验组与对照组的处理条件保持一致，其注意事项如下：

1. 设计在先，测试在后　这是在进行图像分析时最容易忽视的问题。在实验之前的设计中，要满足有关测试所需的基本条件，如图像的来源是否带有偏差抽样，放大倍数是否相等。这些图像可能因为来源不符合图像分析系统的基本原理和应用条件而存在明显缺陷，勉强测试和分析很可能导致错误结果，得出错误结论。

2. 测试样本的代表性　应用随机抽样的方法来保证测试样本具有足够的代表性。使用足够的样本数量，一定要注意到照片数或视野数并不能代替实际研究对象的例数进行统计学分析。

3. 实验操作过程的一致性　用于定量分析的标本，从取材、固定开始的各项操作和每一步骤的处理应该相同。对照组与实验组的组织块大小与厚度应一致，切片厚度、固定方法也要一致；如用贴片法，实验组与对照组的切片最好裱在同一载玻片上，如用漂染法，则最好在同一容器中进行处理；各种试剂的浓度、处理时间、显色时间应尽可能一致。只有做到实验操作的严格一致，对照组与实验组之间的定量分析才有可比性。

4. 图像分析系统输入条件的一致性　在对图像进行输入时，应尽可能地保持各种条件一致。如利用光学显微镜或电子显微镜和数码摄像机或数码照相机作为输入设备时，显微镜的光源电压、光圈大小、聚光器位置、放大倍数、图像的清晰度和摄像机或照相机的光圈、焦距等均应一致。输入图像过程中任何细小变化均可能导致定量结果的较大差别，特别是灰度值或光密度值等。图像的颜色饱和度、反差和亮度的强弱也与操作者主观意志密切相关。这就要求操作者不能带有主观意识操作，否则，可人为地造成定量结果的误差。

5. 图像分析系统现有参数的局限性　图像分析系统中的一些常用参数，如面积、周长、长度、光密度等并非能满足所有实验的需求。有时应根据组织结构特点，开发和引入适合于组织化学与免疫组织化学染色的新特征参数，以便全面准确地反映组织结构特点。如果多种参数联合应用，有助于反映某一细胞或组织区别于其他细胞或组织的特征。

第二节 组织化学与细胞化学定量分析新技术

一、多标记免疫荧光的多光谱成像分析技术

虽然可以利用显微图像分析技术（如前文所述的Image J、IPP等）进行组织学定量分析，但对于复杂组织，如肿瘤组织、癌旁组织、血管、坏死组织等，普通软件无法自动识别，故难以满足研究者定量分析特定区域抗原表达的要求。

多标记免疫荧光染色（见第七章免疫组织化学技术第七节）结合多光谱成像技术（如新型的专业定量分析软件inForm™）可将智能组织识别算法与光谱解读和多标记分析融为一体。利用光谱和多色标记提供的丰富信息，软件可以通过“圈选—训练”的方式，将研究者的判读经验转变为客观算法，将具有特定结构的目标组织区域自动识别分割开来，从而实现只针对感兴趣区域的定量统计分析，由此可提高数据分析的效率和精度。

多色标记技术和光谱拆分技术的另一个优势是识别不同的细胞表型，并对细胞中表达的特定蛋白进行量化评分。借助特异的细胞标记物可以对组织微环境中的不同细胞进行标识，再通过光谱采集和信号拆分得到不同细胞表型的图像。软件首先根据核标记（DAPI染色）信号对组织中的细胞进行识别，并进一步对胞质、胞膜进行分割，然后根据不同细胞中相应标记物信号强度和形态特征以训练学习的方式将其归属为不同的细胞类群，还可以对不同蛋白在特定细胞、特定部位上的表达强度进行定量测定，给出免疫组织化学评分结果，或共定位表达的比例（图13-24）。由此可在组织原位完成组织类别、细胞类别、细胞亚结构乃至蛋白表达逐级细化的精准识别，将过去在流式细胞仪上才能实现的细胞分型统计与组织形态学有机结合在一起，实现组织微环境的完整描绘。

二、TissueFAXS图像细胞分析技术

随着生物医学的快速发展，越来越多的研究表明异质性不仅存在于个体、器官、组织、细胞群之间，甚至存在于亚细胞群中。最常见的是在肿瘤学研究中，研究人员一直对细胞群进行分析，认为构成肿瘤细胞群的单个细胞例如干细胞和肿瘤细胞，几乎一样的。实验获得的都是这些细胞群特征的平均值，其缺点在于它可能掩盖最丰富也是最恶性的肿瘤细胞亚群。因此，单细胞分析在基础研究和临床研究中变得越来越重要。流式细胞术是目前对单细胞进行定量分析的主要手段。但流式细胞术只适用于悬浮细胞，不能对固体组织切片进行单细胞分析。虽然可以通过在酶溶液中消化组织块得到单细胞悬液，然后用流式细胞术进行分析，然而这将失去形态学的任何赋值，不

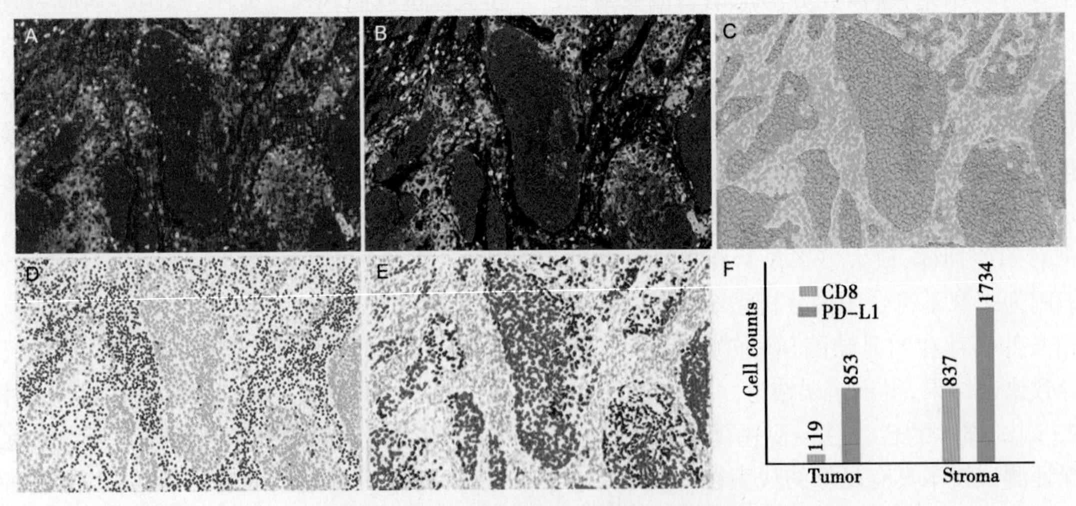

图13-24 智能组织定量软件分析流程

A. 原始图像；B. 光谱拆分后的图像（黄色：CD8；绿色：PD-L1；红色：panCK；蓝色：DAPI）；C. 识别组织类型（红色阴影：肿瘤；绿色阴影：间质）和细胞；D. 识别细胞表型（红色：CD8⁺；绿色：panCK⁺；蓝色：其他类型细胞）；E. 肿瘤组织中PD-L1⁺细胞比例；F. 肿瘤和间质中CD8⁺和PD-L1⁺细胞的数目

能判断特定细胞来自哪里。例如，这些细胞是在腺体内部还是外部，在肿瘤区域内部、靠近肿瘤区域，还是远离肿瘤区域？流式细胞术分析都不能确定。此方法的另一个缺点是，在酶溶液中消化活细胞需要12~15h，细胞会对酶消化液产生反应，并开始表达一些标记或降解其他标记，导致消化后的测量可能与组织中的原始情况不同。

基于对组织形态学与单细胞分析两方面的考量，TissueFAXS图像细胞分析技术应运而生。该技术不仅可以测量细胞的大小、直径和形状，而且可以量化分子标记的表达。TissueFAXS系统由提供活细胞影像的培养箱、慢速拍摄的显微镜、全自动扫描平台、CCD和TissueFAXS扫描软件组成，可以在荧光/明场条件下对组织切片、细胞涂片、组织芯片和单层黏合培养细胞进行扫描分析，扫描完成后利用TissueQuest、HistoQuest或StrataQuest软件进行定量分析。相比于流式细胞术只能检测近似圆形的细胞悬液，TissueFAXS可以对不同形态的细胞进行准确识别和定量。

TissueFAXS图像细胞分析技术的主要方法是把细胞核作为"主通道"，然后测量每个细胞核在细胞内或每个颜色通道中围绕细胞核的染色程度（图13-25、图13-26）。TissueFAXS系统还可以搭载多光谱成像，通过使用液晶可调滤光器，在特定波长间隔内检测图像，并制作具有轻微偏移波长间隔的多个图像，类似于激光扫描共聚焦显微镜中的Z堆叠，在不同焦点位置显示相同的视场，进而利用光谱解混从总信号中拆分各荧光信号。

三、高内涵成像分析技术

高内涵分析（high-content analysis，HCA），也称为高内涵筛选（high-content screening，HCS）或自动化成像分析，是对高分辨率显微镜所拍摄的组织细胞图像的自动提取和分析。高内涵意味着丰富的信息，这些信息包括：单个细胞图像和各项指标、细胞群体的统计分析结果、细胞数量和形态的改变、亚细胞结构的变化、荧光信号随时间的变化、荧光信号空间分布的改变等。简而言之，高内涵是通过自动化细胞成像，并综合生物信息学对群体细胞表型进行定量分析，将细胞图像转化为数值数据（图13-27）。

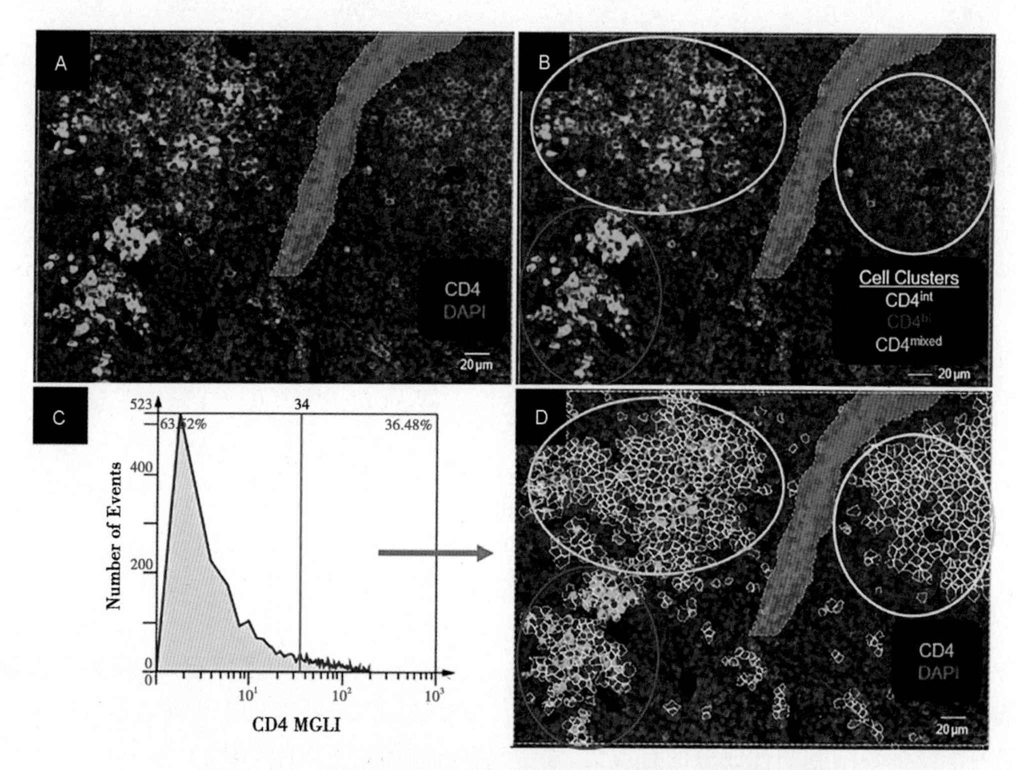

图13-25 黑色素瘤荷瘤小鼠脾脏组织石蜡切片免疫荧光染色

A. $CD4^+$细胞（绿色：$CD4^+$；蓝色：DAPI）；B. 根据图A中荧光强度将$CD4^+$细胞分为中等强度（黄圈：$CD4^{int}$）、高强度（红圈：$CD4^{hi}$）、混合强度（浅蓝圈：$CD4^{mixed}$）三群；C. 将图A中CD4荧光强度转换为灰度直方图（红线：临界值）；D. 根据图C中的临界值自动分割出$CD4^+$细胞，即白色轮廓圈定的细胞

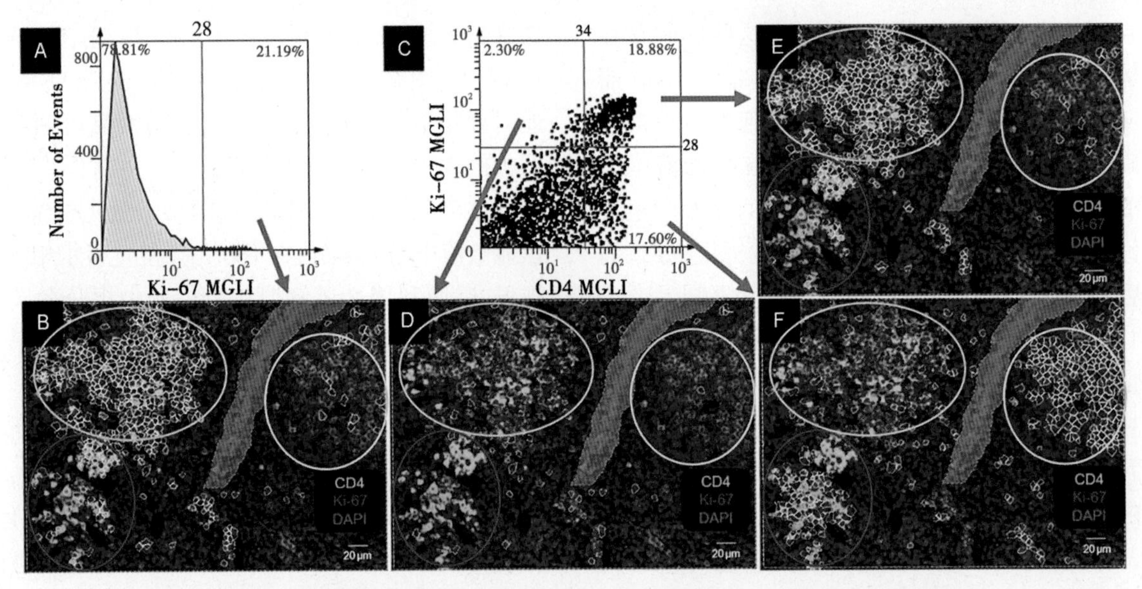

图 13-26 黑色素瘤荷瘤小鼠脾脏组织中 $CD4^+$ 和 $Ki\text{-}67^+$ 共定位的免疫荧光染色

将共定位细胞分为中强度（黄圈：$CD4^{int}$）、高强度（红圈：$CD4^{hi}$）、混合强度（浅蓝圈：$CD4^{mixed}$）3 群；A. 将 Ki-67 荧光强度转换为灰度直方图；B. 根据图 A 中的临界值自动分割出 $Ki\text{-}67^+$ 细胞（白色轮廓圈定）；C. 单个细胞的 CD4 和 Ki-67 荧光强度散点图；D~F. 根据图 C 中的荧光强度值自动分割出 $CD4^-/Ki\text{-}67^+$ 细胞（D：主要分布于细胞群边缘）、$CD4^+/Ki\text{-}67^+$ 细胞（E：主要分布于 $CD4^{mixed}$ 细胞群）和 $CD4^+/Ki\text{-}67^-$ 细胞（F：主要分布于 $CD4^{int}$ 和 $CD4^{hi}$ 细胞群）

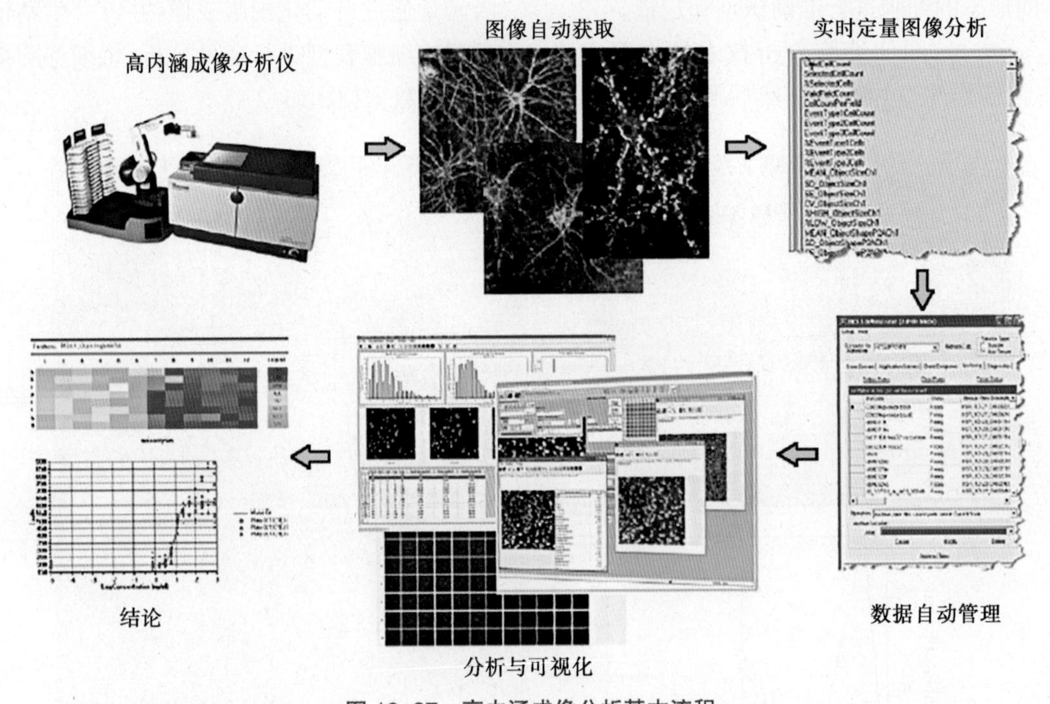

图 13-27 高内涵成像分析基本流程

（一）高内涵分析的优点

1. 自动化高通量分析 单幅显微图像通常显示的是一个或少数细胞阳性成分的有或无、强或弱，而高内涵成像分析是对大量细胞的同时观察和分析，从大量图像中得到细胞群体的定量统计结果，结论更有科学说服力。此外，在同一个实验中可以同时使用多标记（多参数），大量细胞的多参数同时分析有助于更深入地理解复杂的细胞学机制和相互作用（图 13-28）。

2. 高速显微成像 高内涵技术可实现全自动高速显微成像，使以前耗时费力的工作瞬间完成，研究人员可综合海量信息更快做出决策。

		基于强度	基于细胞	完整的细胞	多重分析	单细胞检测	亚细胞结构	多细胞结构	蛋白定位
高内涵分析	多光谱成像和筛选	●	●	●	●	●	●	●	●
流式细胞术	多激光PMT检测	●	●	●	●	●	◒	○	○
Geneblazer技术	荧光比值	●	●	●	○	◒	○	○	○
荧光素酶	生物发光	●	●	○	◒	○	○	○	○
临近闪烁分析（SPA）	放射性测量	●	◒	○	○	○	○	○	○
放射免疫分析（RIA）	放射性测量	●	◒	○	○	○	○	○	○
ELISA	比色法/荧光	●	◒	○	●	○	○	○	○
底物转化	比色法/荧光放射性测量	●	◒	○	○	○	○	○	○

● 性能良好　◒ 性能有限　○ 性能较差

图 13-28　高内涵成像分析与其他定量分析技术比较

3. 可消除人为偏差　研究者往往会选择比较好的细胞来拍摄和分析，而仪器是客观的，所有样品均在完全相同的成像分析条件下进行处理，可有效消除观察者偏差。

4. 应用广泛　高内涵分析的研究对象可以是培养细胞、组织切片甚至3D培养，广泛应用于药物筛选、多参数功能研究、化学基因组学、靶标验证和毒性检测等。

（二）高内涵成像分析系统的组成和选择

1. 高内涵成像分析系统的组成　高内涵成像分析系统由3个部分组成：全自动高速显微成像、全自动图像分析和数据管理。全自动高速显微成像在短时间内生成大量的图像，全自动图像分析从这些图像中提取大量的数据，数据管理软件负责建档存储、注释比较、检索分享这些图像和数据。

2. 高内涵成像分析系统分类　目前市面上的高内涵成像分析仪器可以分为3大类：宽场荧光显微镜型、共聚焦荧光显微镜型和激光扫描型。激光扫描型高内涵成像是以激光作为荧光光源，用光电倍增管采集光信号，通过预设间距点扫描获得数据，没有成像的过程，最大的优势是速度快，局限性是分辨率不高，只能提供虚拟图像。X轴的分辨率以预设的间隔（0.5μm、1.0μm、1.5μm、2.0μm、2.5μm或5μm）设定，Y轴由用户自行设定，一般在1~10μm。由于不是基于图像的分析，分析软件相对简单，适合于比较成熟简单的细胞学实验。当需要在亚细胞水平对细胞内的微细结构进行清晰成像和检测指标增多时，就需要更强大的显微镜型高内涵成像分析系统。

3. 如何选择高内涵成像分析系统　在选择高内涵成像分析系统时主要考虑3个因素：成像速度、成像质量和图像分析软件功能是否强大。

（1）成像速度：高内涵成像设备是在显微镜的基础上搭建的高速显微成像的平台，所得图像和普通显微镜拍摄的图像没有区别。也就是说，宽场荧光显微镜型高内涵系统提供的是宽场荧光显微图像，而共聚焦荧光显微镜型高内涵系统提供的是共聚焦质量的图像。高内涵成像设备和普通显微镜最本质的区别在于成像速度极大提高。如果双荧光染色，硬件自动聚焦，每个孔取一个视野，高内涵仪器可以在约3min内对整块96孔板成像，在短短几分钟内得到近200张照片。高内涵成像分析系统能够高速成像是因为有明亮的光源、大芯片CCD相机，能在线计数细胞和自动聚焦。高内涵成像系统的显微镜以液体光导纤维相连，光的传输效率高，显著缩短曝光时间；大芯片CCD相机的成像视野约是标准芯片相机成像视野的4倍，一个视野就有可能捕捉到足够的细胞用于统计学分析，节省时间；微孔板各个孔中细胞的生长状态可能会不同，但高内涵成像分析系统的在线细胞计数功能针对不同的孔自动调整拍摄视野数量，整体缩短实验时间；自动聚焦功能是提高成像速度的关键。高内涵仪器提供基于激光的硬件自动聚焦和基于图像对比度的软件自动聚焦，二者可结合使用。

（2）图像质量和成像速度之间的平衡：以激光为光源的可变光阑线扫描共聚焦高内涵仪器成像完全可调：光阑完全打开时成像速度最快，完全共聚焦模式去除背景最有效，光阑打开的程度可调，可以针对不同的需求调节共聚焦程度，达到成像速度和图像质量的优化组合。

（3）图像分析软件：生物医学实验检测的指标复杂多样，除了基本的模块式分析工具，还需要有更强大的分析软件允许用户自定义分析程序。高内涵平台除了基本的分析工具还提供用户自定义分析软件，可以分析各种实验的图像结果。针对特定的实验，用户使用一系列的图像分析工具来编写自己的分析程序，包括高级区分（segmentation）工具、图像处理工具、自定义测量值、宏子程序等。高内涵平台还可和 Spotfire Decision Site Basic 软件连接，Spotfire 是一款用于科学数据分析的可视化分析平台，其最大的特点是通过多种动态的图形（点图、线图、柱状图、饼状图、热图等）和筛选条件，快速对大量的数据进行分析和处理，并可以做出报告或与他人分享结果，做出决策。

（三）高内涵成像分析应用举例

1. 细胞计数分析 细胞计数分析包括细胞增殖、克隆形成、细胞分类等。

细胞增殖分析最精确的方法是测定 DNA 的合成，图 13-29 示 EdU 掺入法检测阿非迪霉素对 U2OS 骨肉瘤细胞增殖的抑制作用。

2. 细胞状态分析 细胞状态分析包括细胞周期、细胞凋亡、细胞活力、细胞毒性、有丝分裂、DNA 损伤与修复、自噬等。

增殖细胞核抗原（PCNA）检测是分析细胞周期的经典方法之一。高内涵分析通过检测每一个细胞 PCNA 的表达精确识别细胞所处的周期：在 S 期，PCNA 灶在细胞核内形成；在 G_1 和 G_2 期，PCNA 弥散分布在细胞核内；而在 M 期，Hoechst 染色可见细胞核内高强度荧光（图 13-30）。

细胞受到毒性刺激后通常经历凋亡或坏死过程，同时伴随细胞核形态、细胞膜渗透性和线粒体功能的改变，从而引起线粒体膜电位消失和线粒体细胞色素 c 释放。高内涵分析可以同时检测这几个参数，因而可以更好地判定细胞毒性反应（图 13-31）。

3. 细胞转移能力分析 应用高内涵成像分析系统可检测分析黏附、铺展、迁移、侵袭等细胞转移能力。

向周围组织侵袭是恶性肿瘤细胞的常见生物学行为，通常利用 Transwell 方法观察 2D 培养肿瘤细胞的侵袭能力。对于 3D 培养的肿瘤细胞，高内涵分析可以通过记录并分析细胞向外周基质

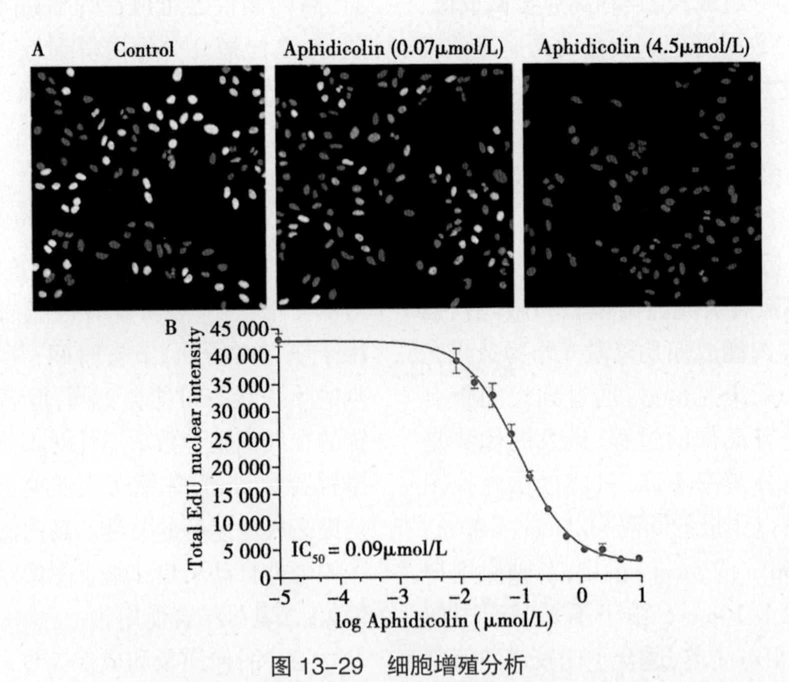

图 13-29 细胞增殖分析

A. 不同浓度阿非迪霉素（aphidicolin）处理 U2OS 骨肉瘤细胞 3h，再用 10μmol/L EdU 继续处理细胞 1h，Alexa Fluor 488 标记 EdU（绿色），Hoechst 33342 复染细胞核；B. 软件分析半抑制浓度（IC_{50}），随着阿非迪霉素浓度的增加，细胞增殖受到明显抑制

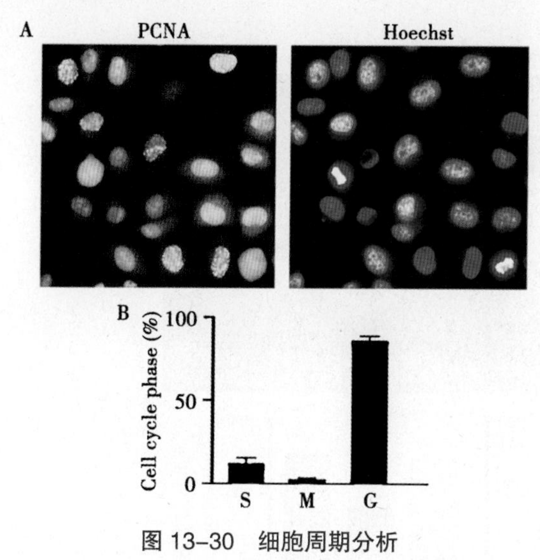

图 13-30　细胞周期分析

A. PCNA 和 Hoechst 荧光染色图；B. 软件分析处于不同细胞周期的细胞数

的迁移和细胞球的整体面积来反映细胞的侵袭能力（图 13-32）。

4. 形态分析　高内涵成像分析系统可进行血管生成、神经生长、突触发生、细胞骨架重排等形态分析。

全自动的高内涵分析仪可动态追踪神经元突起的生长，并且可以对神经元胞体面积、突起数目、突起长度和分支等进行定量分析（图 13-33）。

5. 亚细胞结构分析　线粒体是由双层膜包被的细胞器，是细胞进行有氧呼吸的主要场所。线粒体内膜上嵌合有电子传递链复合物，有助于维持线粒体内膜的负电位（$\Delta\psi$）及氧化磷酸化的正常进行。在活细胞中，线粒体的形态和功能都处于动态变化中，线粒体形态和功能的改变（如 $\Delta\psi$ 的异常变化）提示细胞的病理生理改变。因此，利用高内涵成像分析系统同时获得线粒体形态和 $\Delta\psi$ 的定量分析数据，可以更好地理解线粒体的功能状态（图 13-34）。

6. 信号通路研究　利用高内涵成像分析系统可开展转位 / 共定位、转录因子活化、激酶活性、离子通道等信号通路研究。

转录中介因子（transcriptional intermediary factor 2，TIF2）是雄激素受体（AR）的关键共激活因子，分析 AR 与 TIF2 之间的蛋白质相互作用（protein-protein interaction，PPI）不仅有助于了解细胞的功能状态，亦可用于筛选 PPI 抑制剂。图 13-35 示基于生物传感器分析法的高内涵分析，此方法需要构建“捕获蛋白（prey）”，即带有红色荧光蛋白（RFP）的 AR，以及“诱饵蛋白（bait）”，即带有 GFP 的 TIF2。当 AR-RFP 和 TIF2-GFP 在核内出现共定位现象时，即提示两者发生相互作用。

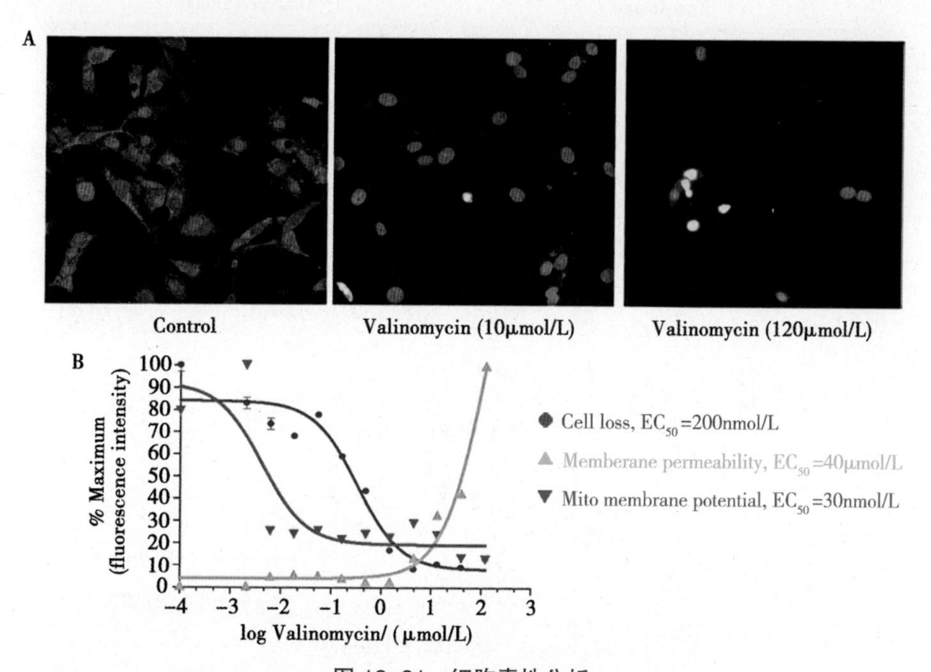

图 13-31　细胞毒性分析

A. 不同浓度缬氨霉素（valinomycin）处理 HepG2 肝癌细胞株 24h，Image-iT® DEAD Green™ 标记死细胞（绿色），MitoHealth 标记膜极化的线粒体（红色），Hoechst 33342 复染细胞核；B. 软件绘制并分析半最大效应浓度（EC_{50}）曲线，显示随着缬氨霉素浓度的增加，活细胞数量减少、细胞膜渗透性增强、线粒体膜电位降低

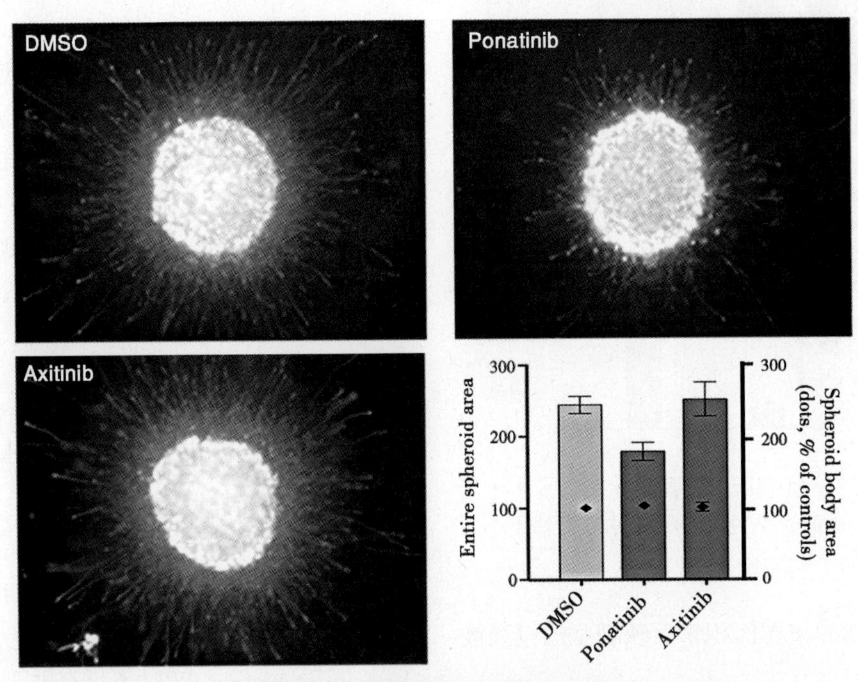

图 13-32 3D 培养细胞侵袭力分析

神经母细胞瘤 CHP-134 细胞株在含有 CellMatrix 基质胶的培养基中形成细胞球，分别用帕纳替尼（ponatinib）和阿西替尼（axitinib）处理 72h，计算细胞球面积以及整体面积（即细胞球与向外周迁移的细胞所占面积之和）。帕纳替尼可以抑制 CHP-134 细胞向周围基质侵袭，但是细胞球面积没有发生明显改变，而阿西替尼对细胞的侵袭能力没有影响

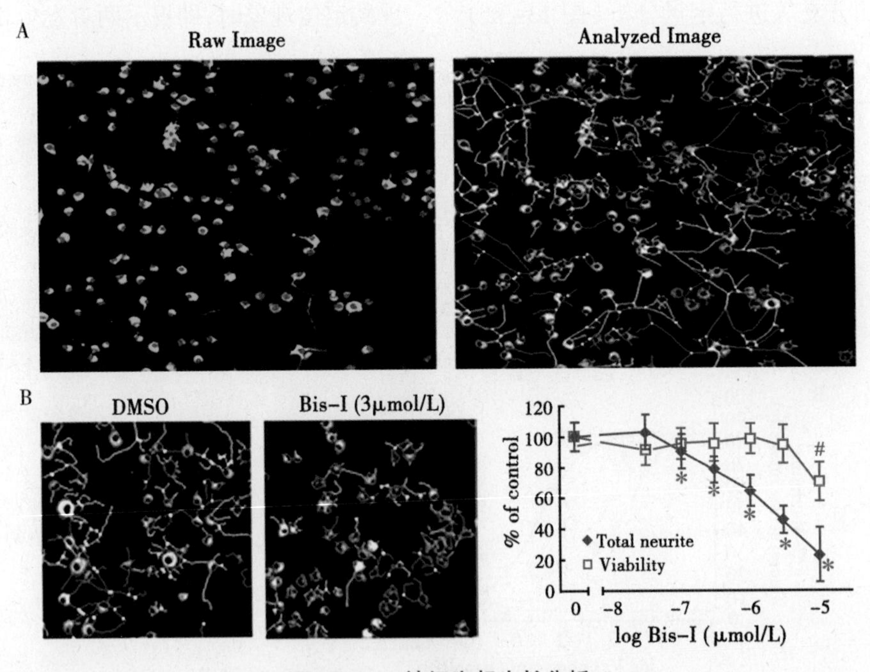

图 13-33 神经突起生长分析

A. 左图示培养神经元 NS-1 细胞株，β-tubulin 免疫荧光染色（绿色），Hoechst 33258 复染细胞核；右图示高内涵分析软件对每一个神经元及其突起进行追踪分析；B. 双吲哚酶 I（bisindolylmaleimide I，Bis-I）抑制 NS-1 突起的生长和神经元的活力

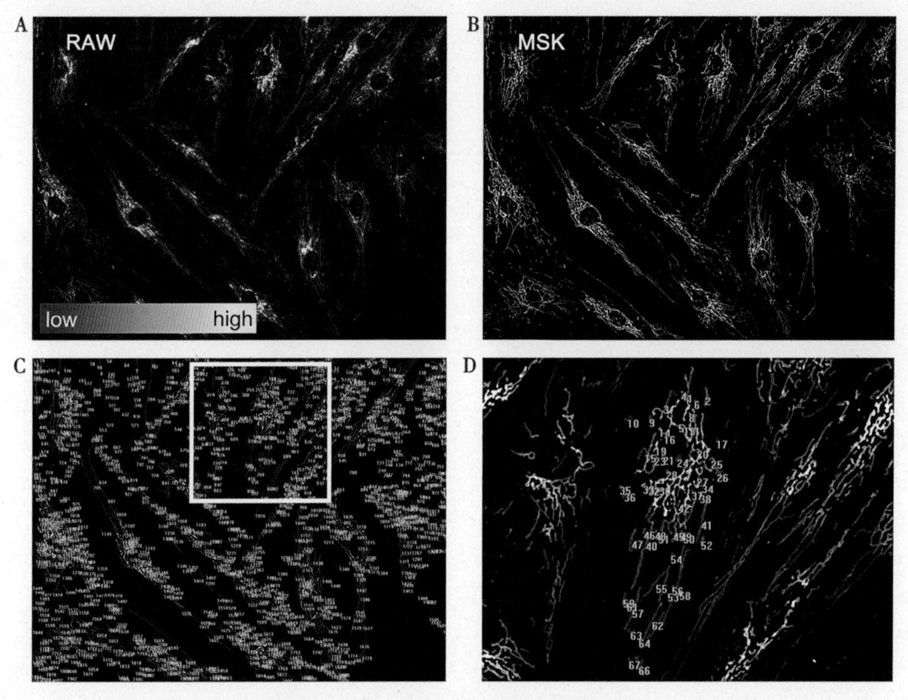

图 13-34　线粒体形态和功能分析

A. 原代培养人成纤维细胞，用四甲基罗丹明乙酯（TMRE）对活细胞线粒体进行荧光标记，TMRE 在线粒体内的蓄积与 Δψ 有关，因此 TMRE 的荧光强度可以间接反应线粒体的功能；B. 通过高内涵分析软件去除背景后的图像；C. 软件自动识别线粒体（红色轮廓）并计数（绿色数字）；D. C 图局部放大。将每个线粒体的形态轮廓和荧光强度进行量化

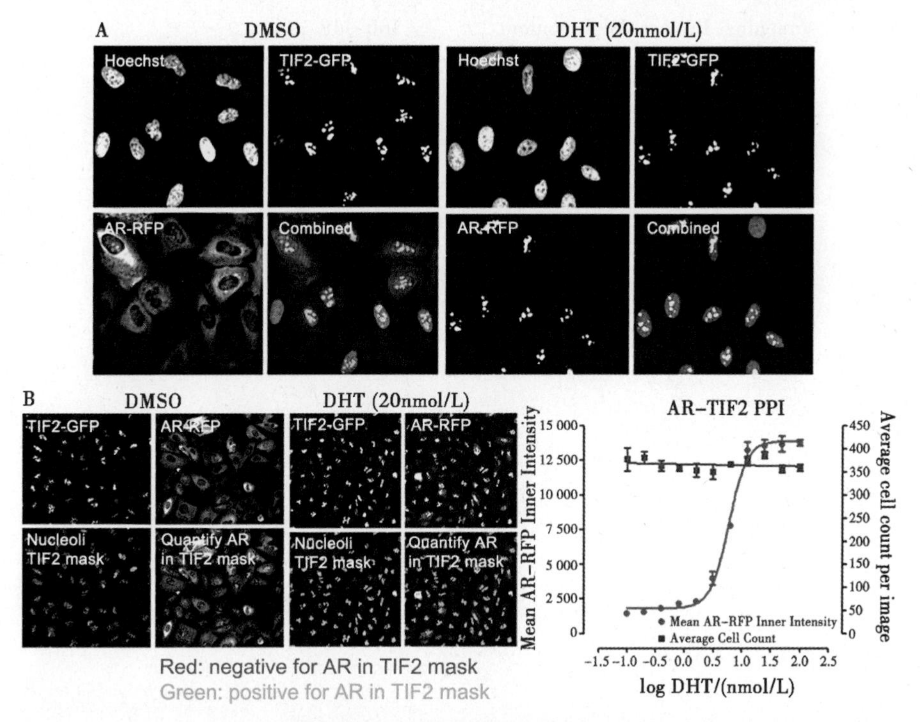

图 13-35　AR-TIF2 相互作用分析

A. 对照组骨肉瘤细胞 U-2OS 细胞，TIF2-GFP 位于细胞核内，AR-RFP 位于细胞质内；雄激素受体激动剂 DHT 处理 30min 后，胞质内的 AR-RFP 转位至细胞核内，并且与 TIF2-GFP 共定位，显示为黄色荧光；B. 转位增强（translocation enhanced，TE）图像定量分析 AR-TIF2 相互作用，利用 TIF2-GFP 圈定核仁轮廓，软件自动识别转位至核内的 AR-RFP，并用绿色标识。DHT 有效刺激 AR 从胞质进入细胞核，表现为出现 TIF2-GFP 共定位的细胞增多

7. 其他 高内涵分析还适用于组织切片病理定量分析、荧光原位杂交（FISH）、3D细胞培养、小型模式动物等。

（杨 姝）

参考文献

1. 李和，周莉．组织化学与细胞化学技术．北京：人民卫生出版社，2014.
2. 钱帮国，焦磊．多标记免疫荧光染色及多光谱成像技术在组织学研究中的应用．中国组织化学与细胞化学杂志，2017，26（4）：373-382.
3. Zinchuk V，Grossenbacher-Zinchuk O. Recent advances in quantitative colocalization analysis：focus on neuroscience. Prog Histochem Cytochem，2009，44（3）：125-172.
4. Faget L，Hnasko TS. Tyramide signal amplification for immunofluorescent enhancement. Methods Mol Biol，2015，1318：161-172.
5. Blenman KRM，Bosenberg MW. Immune cell and cell cluster phenotyping，quantitation，and visualization using in silico multiplexed images and tissue cytometry. Cytometry A，2019，95（4）：399-410.
6. Hong SJ，Ghosh RN. Monitoring neurite morphology and synapse formation in primary neurons for neurotoxicity assessments and drug screening. Project：High content analysis；in Conference：SBS；2009.
7. Johnston PA，Trask OJ. High content screening：a powerful approach to systems cell biology and phenotypic drug discovery. Second edition. Methods in Molecular Biology（1683）. Humana Press，2018.
8. Schorpp K，Rothenaigner I，Maier J，et al. A multiplexed high-content screening approach using the chromobody technology to identify cell cycle modulators in living cells. J Biomol Screen，2016，21（9）：965-977.
9. Sidarovich V，De Mariano M，Aveic S，et al. A high-content screening of anticancer compounds suggests the multiple tyrosine kinase inhibitor ponatinib for repurposing in neuroblastoma therapy. Mol Cancer Ther，2018，17（7）：1405-1415.
10. Radio NM，Breier JM，Shafer TJ，et al. Assessment of chemical effects on neurite outgrowth in PC12 cells using high content screening. Toxicol Sci，2008，105（1）：106-118.

第十四章　显微摄影技术

俗话说：百闻不如一见。在组织化学与细胞化学研究中，目的是将存在于组织或细胞中的待测物通过有色沉淀、荧光或高电子密度的物质显示出来，使看不见或分辨不清的待测物变为看得见、分得清。为长期保存研究结果、便于分析和交流，则需应用显微摄影技术将研究结果真实地记录下来。虽然摄影图像是一种二维平面图像，但是，其明暗、色彩、形状与被摄物具有一一对应关系，就像人们亲眼所见一般，其逼真性通常不会使人们怀疑摄影的真实性。摄影作为媒介实现视觉信息的传达，摄影的功能在某些方面超越了文字和绘画，它比文字更具体和直观，比绘画更为精确。因此，一篇好的研究论文，无论是细胞水平，还是分子水平，甚至基因水平，越来越趋向于用好的图片来说话，以至于人们形成了看文章先看图片的习惯。“一图胜万言（A picture is worth ten thousand words）”说的就是这个道理。摄影术在其诞生之时就具有审美价值，对于注重“色彩”的组织化学与细胞化学则更不例外，尤其是多重免疫荧光标记与激光扫描共聚焦显微技术的应用，使免疫荧光技术迈进了一个“五彩缤纷”的科学艺术天地（图 14–1）。研究者在镜头前的空间中创作与选择，使摄影既达到纪实的目的又有视觉艺术的效果。

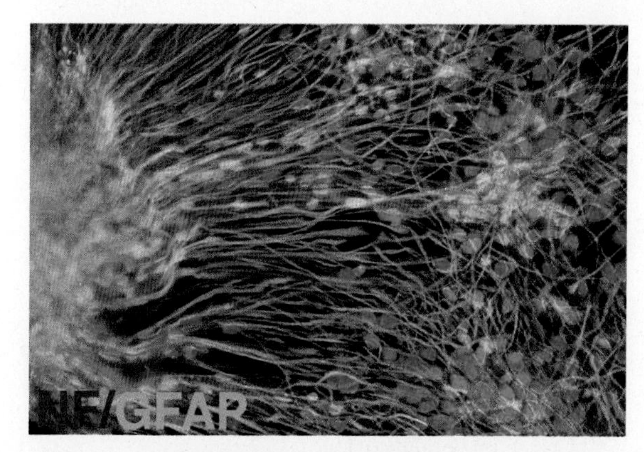

图 14–1　体外培养分化的神经干细胞免疫荧光细胞化学染色（美国威斯康辛大学张素春教授供图）

显微摄影技术（photomicrography）是指利用显微照相装置，把显微镜下观察到的图像拍摄下来，制作成照片，或将图像信息传输、记录于其他仪器设备，以供进一步研究和分析。近年来，随着数码技术的日益提高和普及，克服了传统胶片显微摄影技术的不足，使显微摄影变得更为方便、高质量和高效。但利用数字影像处理软件对图像进行篡改、伪造的案例也时有发生，这种行为与科学伦理道德要求完全背道而驰。“真实”是显微摄影的目的和生命，在此前提下，如何获取高质量图像则取决于显微摄影技术水平。在科技高度发达的今天，尽管有很多先进的显微摄影设备相继问世，具有高性能、高自动化等特点。但是，显微摄影技术是一门综合技术，即使是相同的设备，并不一定能获得同样质量的图片，因此，除有先进设备外，熟练掌握显微摄影原理和技术是非常必要的。

第一节　摄 影 基 础

显微摄影是通过显微镜的光学系统成像，拍摄对象千差万别，照明光源类型各不相同，在曝光技巧和感光材料的选择上，比一般的人物和风景摄影更为复杂。但显微摄影是摄影学的一个分支，其基本原理相同，方法也有相似之处。为能更好地学习显微摄影技术，有必要对摄影的基础知识作一般了解。

一、照相机镜头

镜头是照相机的关键部件，镜头的分辨力和色彩还原是鉴别镜头质量的重要标志之一。照相机的镜头由多片凸透镜和凹透镜与相应的金属零件组合而成。镜头的光学结构通常采用透镜片组表示（图 14-2）。凸透镜有会聚光线的能力，凹透镜只能发散光线不能成像，它们相互作用，加强纳光性能，提高结像质量，减少相差。镜头之所以能成像是被摄物通过透镜聚成影像，当光线穿过透镜时，即向主轴折射，而后到达像屏上，会聚成影像，被摄物各个部分的位置和原物体完全相反，即上下颠倒，左右相反。

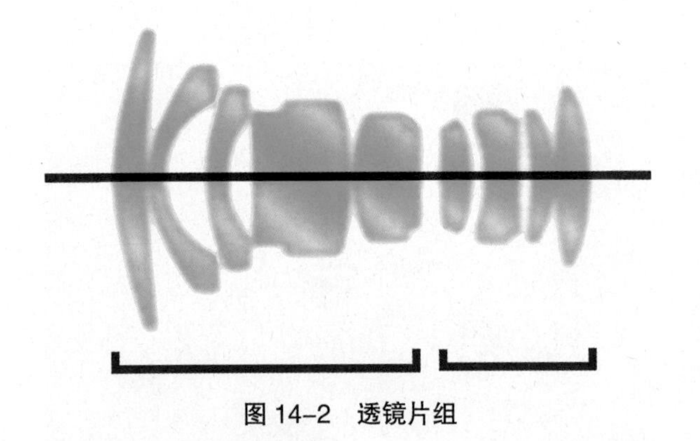

图 14-2　透镜片组

（一）镜头的焦距

镜头的焦距（focal length）是从镜头的中心点至感光胶片平面的距离，理论上是指当镜头对准无限远的景物并清晰成像时，镜头像方主面至胶片之间的距离。焦距用 *F* 表示，如 50mm 焦距的镜头，其标志为 *F*=50。镜头的焦距决定该镜头拍摄的物体在胶片上所形成影像的大小，当物距不变时，镜头的焦距越长，被拍摄物体在胶片上所形成的影像就越大。

（二）镜头的有效孔径

在照相机镜头安装有用于控制光线通过的孔径光阑，俗称光圈（aperture）。改变光圈的大小，可以改变镜头的通光孔径。因此，镜头的孔径可以理解为镜头光圈的开口直径，其大小与镜头的通光量呈正比，孔径大，通光量多，反之，通光量少。然而，镜头的通光量还与镜头的焦距有关，焦距越长，相对通光量越少，故镜头的孔径常指其相对孔径，即通过镜头的光束直径与焦距的比值，也称光圈系数（*f* 系数），常标刻在镜头壳侧面。但镜头的相对孔径并非其有效孔径（effective aperture）。有效孔径也称镜头口径，即镜头的最大光圈，是表示镜头最大进光量的参数，其大小与镜头的最大直径和焦距有关，以镜头最大光孔直径（光圈开到最大时）与焦距的比值表示。如 50mm 焦距的镜头最大光孔直径是 25mm 时，其比值为 1∶2，该镜头的有效孔径或最大光圈为 *f*2；当最大光孔直径为 35mm 时，比值为 1∶1.4，则其有效孔径或最大光圈为 *f*1.4。由此可见，最大 *f* 系数越小，表示镜头口径越大。口径较大的镜头，使用起来较方便，如可以在较暗的光线下快速曝光。

（三）镜头的视角

人眼所能覆盖的视野范围称为视场。对照相机镜头而言，其前方被摄景物在胶片位置上所能结成的可见圆形影像的范围，称为镜头的像场。像场周围边缘与镜头像方主点形成的夹角称为镜头的像角，像场所对应的景物范围称为视场，视场边缘与镜头物方主点所形成的的夹角称为视角。通常视角与像角相等，在 0°~180° 范围内。

镜头成像时，通常在像场中心及接近中心的影像清晰明亮，边缘部分的影像模糊灰暗。像场范围内最清晰的部分成为有效像场，也称镜头的照盖率。拍摄时，应选取有效像场作为曝光区域。有效像场通常为长方形，其大小与胶片大小一致。有效像场的像角分为 3 种，即水平像角、垂直像角和对角线像角。通常所说的镜头视角实际上是指镜头的对角线像角。

一般，相机胶片的大小是固定的，因此，视角大小由镜头的焦距长度所决定，焦距越短，视角越大，反之，视角越小（图 14-3）。

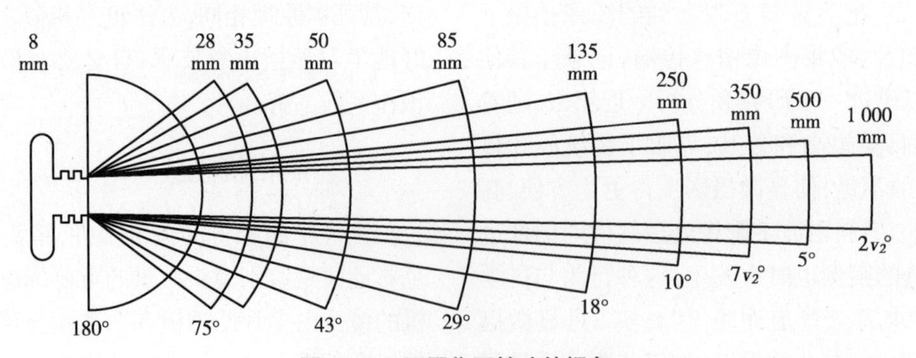

图 14-3　不同焦距镜头的视角

（四）景深与焦深

1. 景深　景深（depth of field）是指拍摄对象的最近清晰点至最远清晰点之间的范围。人们通常理解只要对被摄物体聚焦，即可拍摄，实际上在被摄物体周围还有一个清晰范围，并且这个清晰范围的大小是由摄影者控制的，而对景深的控制是摄影作品成败的重要因素之一。在被摄物前有一段清淅范围，称前景深。被摄物后的一段清晰范围，称后景深，前景深与后景深之和即景深。一般来说，某一物体只能在一定的像点上形成清晰的影像。当对着被摄物体调焦，使其正好落在胶片上，这时的被拍摄物体成像是最清晰的。被拍摄物体的前后一定距离内的景物在胶片上的成像不是清晰的点，而是一个扩大的圆，称为弥散圆。如果弥散圆的直径小于人眼的鉴别能力，在一定范围内实际影像产生的模糊便不能分辨。这个不能分辨的弥散圆称为容许弥散圆（图 14-4）。如果弥散圆的直径小于 0.1mm，人眼便不能分辨其是一个点还是一个圆。这就是景深产生的原因。

景深与光圈大小、镜头焦距长短和镜头与被摄物体间距离（物距）有关，三者相互配合方能达到拍摄所需要的景深。

（1）光圈大小：在镜头焦距和被摄物体距离一定时，光圈越小，景深越大，光圈越大，景深越小。如图 14-4 所示，当光圈从 f=2.8 缩小到 f=8 时，与允许弥散圆相对应的焦深前后伸长，与之相对应的景深也相应变大。拍摄时，如果为了突出主题，使被拍摄物前后景深变小，可选择较大的光圈，如要景物清晰的纵深度较大，则选择较小的光圈。无论是一般摄影还是显微摄影中，此原理应用甚广。

（2）镜头焦距：在光圈与被拍摄物体距离一定时，镜头的焦距越短，景深越大，焦距越长，景深越小。如要使主体突出、虚化背景，应选择长焦镜头，而要拍摄宏大场景，应选择短焦镜头。

（3）物距：在光圈和镜头焦距一定时，物距的变化与景深的变化呈正比，物距越远，景深越大，物距越近，景深越小。为了获得较大的景深，可使相机离被拍摄物体远一些。

2. 焦深　焦深（depth of focus）是指在保持影像较为清晰的前提下，焦平面沿着光轴所允许移动的距离，即像平面两边的清晰范围（图 14-4）。焦深大，可以清楚地观察到被拍摄物体的全层，而焦深小，则只能看到被拍摄物体的一薄层。焦深的大小与物镜的数值孔径、总放大倍数、光圈、拍摄距离和焦距有关：焦深与物镜的数值孔径、总放大倍数、光圈大小和拍摄距离均呈反比，而与镜头焦距呈正比。

（五）镜头的种类

根据照相机镜头的焦距长短及其与胶片画幅的对角线长度的关系不同，通常将镜头分为标准镜头、广角镜头、远摄镜头、中焦镜头等。

1. 标准镜头　标准镜头是指镜头的水平视角约与人眼的视角相等（50°左右），焦距约等于拍摄胶片画幅对角线的长度。拍摄胶片越大，产生覆盖“标准”视场的影像所需镜头的焦距越长。换言之，底片大小不同，使产生覆盖胶片的影像所需的镜头焦距也不同。如 60mm × 60mm 的胶片对角线长度约为 80mm，因此，焦距为 80mm 的

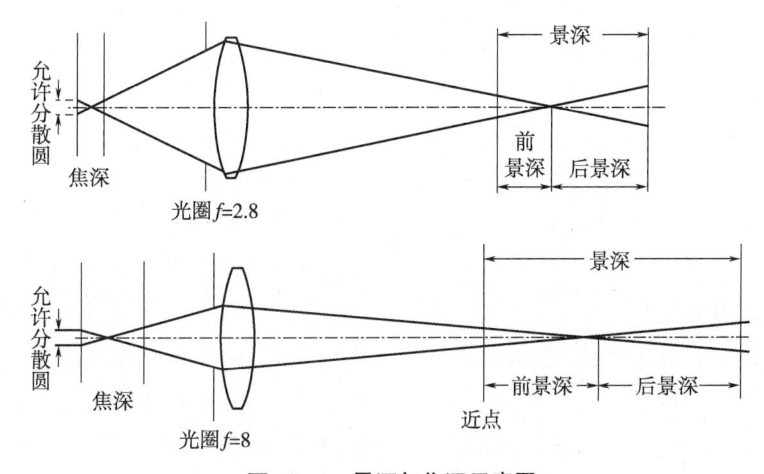

图 14-4　景深与焦深示意图

镜头是该胶片的标准镜头；而 24mm × 36mm 的胶片（135 胶片），标准镜头的焦距为 50mm 左右，依此类推。因标准镜头的视场角度与人眼所看到的景物视场角度大致相同，因此所拍摄图像具有真实感。

2. 广角镜头　焦距短于胶片对角线的镜头称为广角镜头或短焦距镜头，其焦距比标准镜头焦距短，视场角度大。135 相机广角镜头的焦距一般为 17~35mm，焦距越短，视角越大（图 14-3），并且景深也随之增大。

3. 远摄镜头　远摄镜头又称长焦距镜头，是指焦距长于底片对角线的焦距镜头。以 135 相机为例，焦距在 200mm 以上，视角在 8° 以下（图 14-3），这类镜头在拍摄距离较远而又不易靠近被摄物的情况下非常有用。

4. 中焦距镜头　中焦距镜头又称"肖像镜头"焦距在 80~135mm。小于 85mm 的镜头拍摄肖像容易变形，而大于 135mm 的镜头拍摄肖像容易产生面部扁平。只有用中焦距镜头拍摄时，拍摄对象才逼真和自然。

二、感光胶片

感光胶片（film）的主要功能是通过相机的光学镜头，把拍摄的景物在感光乳胶上记录下来。感光乳剂随着光线的强弱发生不同变化，而产生"潜影"，再通过冲洗，潜影就转变为可见的影像。感光乳剂是胶片成分中唯一具有感光作用的物质，乳剂的主要成分是卤化银和明胶，其中的卤化银，又称银盐，包括溴化银、氯化银和碘化银，其中溴化银的感光性较强，碘化银的感光性较弱，氯化银介于二者之间。银盐受到光照后还原为银颗粒，在胶片上产生潜影。感光胶片分为黑白和彩色两种。二者在感光原理上基本相同，都是因为乳剂层中的卤化银颗粒的感光性能而捕捉光信号，不同的是，黑白胶片最后形成的影像由金属银构成，而彩色胶片上最后形成的影像由染料组成。

（一）黑白感光胶片

黑白感光胶片是将被摄物体的色彩以不同的影调，即从白到黑的不同色阶（不同亮度和颜色深度）记录下来的感光材料，其乳剂层仅含一层由卤化银、明胶、光学增感染料等组成的感光乳剂。

1. 感光度　感光度（sensitivity）是指胶片的感光速度，即胶片对光线照射时反应能力的强弱。感光度与它所需要的曝光量呈反比，感光度愈高，需要的曝光量愈少。感光度的高低主要取决于胶片乳剂的制备和加工工艺，一般情况下，卤化银颗粒越大，对光线的吸收能力越强，感光度越高；反之，卤化银颗粒越小，对光线的吸收能力越弱，感光度越低。因此，在光线较弱的环境下拍摄，常使用快速胶片，但是，感光度高的胶片产生的影像颗粒较大，质感欠细腻和所记录的色调等级多，反差小；而慢速胶片产生的影像颗粒要比快速胶片产生的更细，反差也相对较大，因而所形成的影像质感细腻，深受摄影爱好者的青睐。

目前常用的感光度表示方法有：中国的"GB 制"、德国的"DIN 制"及美国的"ASA 制"，其中"GB 制"与"DIN 制"表示的感光度数值相同。1980 年开始实行国际标准感光度，以 ASA 和 DIN 为基础，符号为 ISO，表示方法：ISO 100/21°、ISO 200/24°、ISO 400/27°。通常使用较多的是 ISO 100/21°。

2. 感色性　感色性（color sensitivity）是指胶片对各种光波的敏感程度和敏感范围。胶片上感光乳剂成分不同，对不同颜色光的感受也不同。通常卤化银只能感受光波中波长较短的蓝光和紫外光，对波长较长的绿、黄、橙、红等颜色的光不敏感。如在乳剂层中加入相应的增感剂，则可增加胶片的感色范围。根据乳剂层感受光波的性质，黑白胶片可分为色盲片、正色片、全色片、红外片等。

（1）色盲片：色盲片乳剂层中不含增感剂，只能感受蓝光和紫外光，对黄绿光敏感性低，不感受红橙光。其特点是反差极大，影调明朗，灰雾度小，颗粒细，感光度低，在 8° 左右，可在暗红色灯光下进行冲洗加工。色盲片一般用于翻拍文件、黑白照片翻拍和印制电影拷贝（黑白电影正片）。

（2）正色片：正色片也称分色片，不但能感受蓝紫光，对黄绿光也有感受能力，但对红橙光仍不敏感，感光度在 14° 左右。其特点是颗粒细、清晰度高、反差低，一般用作翻拍拷贝的中间片及拍摄人像和黄绿色偏多的自然风光。

（3）全色片：全色片是指乳剂层中加入各种颜色的增感剂、可感受所有波长光线的黑白胶片。这种胶片能正确反映各种颜色的亮度层次，其敏感性与人眼大致相同，在冲洗等操作时必须在全黑的环境中进行，是普通摄影最常用的胶片。其特点是感光度高（18°以上），反差较低，影调柔和。将其装入相机进行拍摄及冲洗加工后，在胶片上得到与景物明暗相反的负像，称为印像用的底片，因此也称负片。

（4）红外片：是一种对红外光谱敏感的特殊胶片，能产生与全色片截然不同的特殊影像效果。

（二）彩色感光片

彩色感光片的感光乳剂层分为上、中、下三层，每层中除了卤化银以外，还加入了不同的增感剂和成色剂，就像人眼视网膜上有分别感受蓝色、绿色和红色的感光细胞一样，因此可以辨别各种颜色。其中上层乳剂是未加增感剂的色盲乳剂，只对蓝色光敏感，对绿色和红色光不敏感；中层乳剂加入了对 550nm 波长光线敏感的增感剂，因此中层乳剂对蓝色和绿色光敏感；下层乳剂中加入了对 650nm 光线敏感的增感剂，所以对蓝色和红色光均敏感。为了防止蓝光对中层和下层乳剂的感光，在上层乳剂和中层乳剂之间涂布一层黄绿光层，以吸收蓝色光。上、中、下三层感光乳剂层中不同生色剂的存在，使彩色感光片感光后分别生成所感受光的互补色，即上层生成黄色影像，中层生成品红色影像，下层生成绿色影像。三层不同颜色的影像叠合便生成彩色影像。彩色感光片按成像原理可分为彩色负片、彩色正片和彩色反转片。

1. 彩色负片 这种感光材料经过拍摄及感光所得到的是与原景物相反的负像彩色底片，需要通过彩色相纸的洗印才能获得与原景物相同的彩色影像。由于它有相对较高的曝光宽容度，价格便宜，所以成为胶片使用率最高的一种。其感光乳剂层的结构是上层为感蓝层，中层为感绿层，底层为感红层，上层与中层之间有一黄色的滤色层，用以滤去蓝光，以避免蓝光对中、底层的干扰。高感光度彩色负片中感绿层和感红层都是由二三层感光度不同的乳剂层组成。彩色负片在拍摄曝光后三层感光乳剂分别对蓝光、绿光和红光感光，经彩色显影后生成复像，再经漂白、定影后得到彩色的负像，即原景物中的彩色分别表现为其互补的颜色。

2. 彩色正片 彩色正片是用于获得正像的彩色感光片，其感光乳剂层的结构是上层为感绿层，中层为感红层，下层为感蓝层。彩色正片通过负像进行曝光，再经过彩色显影使已曝光的部位被显影，最后经过漂白和定影即得到彩色正像。彩色正片具有反差较高、颗粒较细和清晰度高的特点。

3. 彩色反转片 彩色反转片又称正像底片，其结构与彩色负片相似，经拍摄曝光后，先经首次显影（黑白显影）使曝光部位形成银像，再将胶片进行均匀曝光，并将未成银像的部位进行彩色显影，最后将银像全部除去，便可得到与原景物彩色相一致的图像。其主要用途有两种，一是制成幻灯片，二是印刷制版。在用作印刷制版方面明显优于其他胶片，从画面的影像清晰度，色彩还原及细腻的程度上均有突出表现。但是，彩色反转片的曝光宽容度和对光源的色温要求较高，所以要求曝光数值非常准确。

三、反差

观察一幅照片时总能看到不同层次的深浅变化，照片中不同部分的明暗差别程度称之为反差，明暗对比强烈，则反差大，反之，则反差小。影响照片反差的因素首先是被摄物本身，被摄物各部分的亮度差与色彩饱和度直接影响反差的大小。在彩色对比中，黑白相邻、红绿相邻，蓝黄相邻等，对比色相邻时，只要它们的明度相等，它们的反差最高，使人感到对比强烈和鲜明。其次，如前所述，胶片感光度的高低、光圈和镜头焦距也会影响反差的强弱。

四、曝光控制

欲得到一幅理想照片，使胶片正确曝光是关键。影响胶片曝光的因素有 3 个：镜头光圈、快门速度和胶片感光度。这 3 个控制因素的组合决定曝光正确与否。前两者决定照射到胶片的光线多少，后者决定胶片对光的反应速度。

（一）光圈

光圈由若干金属薄片组成，安装在镜头内部，可均匀地自由开合，以调节镜头的相对口径，控制进光量，这是光圈的主要作用，光圈缩小，相对口径也随之缩小；光圈开大，相对口径也随之开大（图 14-5）。一般多数相机光圈系数采用数值 *f*1.4、*f*2、*f*2.8、*f*4、*f*5.6、*f*8、*f*11、*f*16、*f*22、*f*32 等。数字越大，光圈越小，对于上述光圈数值，可用“2^n”计算任何两档光圈进光照度的倍率关系，n 为两档光圈之间相差的档数，例如：*f*2 与 *f*8 相差 4 档，2^4=16，即 *f*2 的进光照度是 *f*8 的 16 倍。光圈的第二个作用是调节景深，光圈小时景深长，光圈大时景深短。光圈的第三个作用是调节焦深，即焦点的深度。光圈的第四个作用是调节反差，光圈大，反差小，光圈小，反差大；光圈的第五个作用是调节分辨力。分辨力除由镜头本身质量决定外，还受光圈大小的影响，每只镜头均有其最佳光圈，使用最佳光圈时，镜头的分辨率和影像反差均处于最佳状态。一般来说，把镜头的最大光圈收缩三档，则是该镜头的最佳光圈。如一只最大光圈是 *f*2 的镜头，收缩三档，最佳光圈为 *f*5.6。

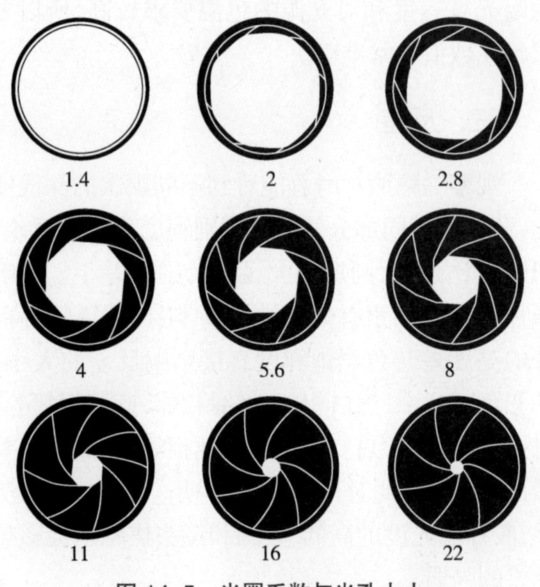

图 14-5 光圈系数与光孔大小

（二）快门

快门（shutter）是光圈的开启时间，用来控制感光片曝光时间长短的装置。快门的速度标记常见的有 1、2、4、8、15、30、60、125、250、500、1 000 等，这些数字均是表示实际快门速度的倒数秒。快门开启时间长短与曝光量的多少呈正比，如 1/50s 比 1/100s 时间长一倍，曝光量也多一倍。

从曝光均匀这一意义上来讲，用小光圈慢速度，比用大光圈快速度为好。从快门本身性质来讲，也是慢速度比快速度好，一般认为比较理想的快门速度为 1/100~1/60s。

由于光圈和快门是控制曝光的主要因素，因此两者的关系显得尤为重要。每档光圈系数（*f* 系数）或快门速度都是其相邻的 *f* 系数或快门速度的光量的两倍或一半，如 *f*11 是 *f*8 通过光量的一半，但又是 *f*16 的两倍；1/60 秒的快门速度是 1/30 秒光照时间的一半，但又是 1/125 秒的两倍。因此，*f* 系数和快门速度之间存在一种倒易率关系。如果快门速度降低（即允许更多光线照到胶片上），光圈必须缩小（即让少量光线照到胶片上），才能获得等量的曝光。下面的 *f* 系数与快门速度的组合会产生完全相同的胶片曝光量：*f*16，1/30；*f*11，1/60；*f*8，1/125；*f*5.6，1/250；*f*4，1/500。若使用这五组不同的曝光组合拍摄，可以获得五张曝光相同的底片。如何选择一组光圈和快门速度组合呢？这要根据不同照片的需要进行，如果需要获得较大的景深，可选用较小的光圈，但是要承担影像模糊的风险，如果要凝结运动物体的动作，选用较高的快门速度，但要牺牲一些景深。

（三）胶片的感光度

胶片的感光度也像光圈和快门一样影响曝光，高感光度胶片，即快速胶片比慢速胶片对光更敏感，所以需选用较小的光圈或较高的快门速度。

五、色温

色温（color temperature），是指光的色质，即白光的程度（所谓白光就是日光、灯光、天空光等），其高低通过对比理论的热黑体辐射体来确定。一个黑色的物体在不同的温度下会发出不同颜色的光，物体也会变成不同颜色，例如一块铁加热时，它的颜色由红→橙→黄→白→青白色，发出的光所含的光谱成分，就称为这一温度下的色温。铁块最初发热时色温低，呈青白色时色温高。英国物理学家 Kelvin 最早发现，他将黑体以绝对温度 -273℃时开始加热，随着温度增高而开始出现色光变化。为了纪念 Kelvin，把这种变化单位以他的名字命名，即 Kelvin，而把 -273℃称为 Kelvin 0°，写作 0°K，以后增加 1℃，便称为 1°K，1967 年以后，将 °K 改为 K。

色温的概念有两点应该注意：第一，光源的色温与光源的实际温度无关。例如钨丝灯的色温是3 200K，如果在光源前面加一个橘黄滤色镜，它的色温就可降低到2 500K。第二，色温这一概念只适用于符合“黑体”发光规律的色光，即从红到青白这一光系，只适用于白光，而不能用色温来表示绿光、紫光或品红光等。色温计只能测白光，而不能测色光。

彩色摄影欲求得彩色平衡，胶片有日光型和灯光型之分，日光型胶片适合于5 400K的色温下拍照，色温宽容度为 ±1 200K，而灯光型胶片适合于3 200K下拍照，色温宽容度为 ±700K。如果使用日光型胶片在灯光下拍摄（不加滤镜），冲洗出来的照片出现暖黄色，其原因是胶卷所要求的色温与拍摄光源的色温不平衡所致。一般情况下，日光片在日出后，日落前两小时至午间均为色温宽容度范围之内。如果使用日光片在显微镜的钨丝灯光下拍照，需加青蓝色滤色镜提高色温，以获得色温平衡。色温高时，拍摄的照片偏蓝色，色温低其照片偏黄橙色。

六、滤色镜的应用

滤色镜是摄影中常用的附件，它对光波可以进行选择性吸收、透射处理。在讲述滤色镜之前，需对原色光、补色光等概念作一般了解。

（一）原色光和补色光

白色光由红色光、绿色光和蓝色光3种光等量混合而成。我们所见到所有景物的色彩均是它们对红、绿、蓝3色光的透射、反射和吸收造成的。所以，红、绿、蓝是一切色光的基本色光，简称三原色（图14-6A）。在三原色中，两个相邻色等量混合得出一个新的颜色，称为补色，即：红加绿等于黄；蓝加绿等于青；红加蓝等于品红；同样，两个补色相混合，得出一个原色，即：黄加品红等于红；黄加青等于绿；品红加青等于蓝。由两种色光相加能够产生白光，这两种色光称之为互补色（图14-6B）。互补的两色光之间对比强烈，色反差大。绿光加品红光等于白光即：绿与品红互为补色；黄与蓝互为补色；红与青互为补色。

（二）滤色镜的特性

1. 吸收特性　滤色镜能吸收滤色镜的补色，也就是说，滤色镜的补色不能通过。

2. 限制特性　滤色镜限制一部分色光通过，被限制的是它补色的临界色和间色。比如红色滤色镜，全部吸收青色，使它在底片上密度最小，而对蓝色和绿色则有所控制，在底片上稍有密度。

3. 通过特性　滤色镜能通过与滤色镜相同的色光。

由于各种滤色镜深浅不一样，其阻光率也有差别。一般浅滤色镜均有阻止和限制紫外线的作用，但能让其他光均匀地通过。

（三）滤色镜在摄影中的应用

1. 校正色调　利用滤色镜吸收、通过和限制3种特性，可对色调进行校正，使摄影效果更符合人眼的视觉习惯与经验，这是使用滤色镜的一个重要目的。不同颜色的景物其色调可能相近或相同，如黄色景物和蓝色景物在全色黑白胶片上形成的影像，其色调相近，这样就会造成两种颜色的景物色调类似，反差较小。如果加上黄色滤色镜，则可使黄色景物显得明亮、突出。

2. 调整反差　利用三原色对比和互补色对比，加强色彩的饱和度，以增加反差。如所拍摄的景物有红绿等不同颜色时，可选用红色滤色镜突出红色部分，使红与绿的反差增大；反之，要加强

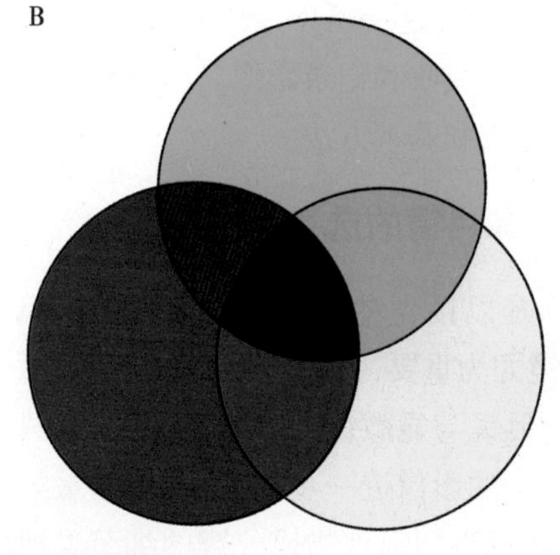

图14-6　原色光与补色光

A. 加色光效应；B. 减色光效应

绿色部分，就要加用绿色滤色镜。

3. 消除或突出某种颜色 使用滤色镜有两种方法：其一是使用间色的滤色镜，如蓝、红两色的HE染色标本，可用紫色滤色镜使两色兼顾；其二是采用两次曝光，先用蓝色滤色镜做一次曝光，再用红色滤色镜做一次曝光，这样两者均得到了充分显现。

4. 校正色温 如果由于光的色温与底片的性能不相符，则要加用滤色镜进行校正，使光源色温与感光片性质相适应。用于此用途的滤色镜，即补偿滤色镜或称转换滤光器。如用日光片在灯光下拍照，需加青蓝色滤色镜。如灯光片在日光下拍照，需加橘黄滤色镜。加校正滤色镜以后，要根据滤色镜的密度适当增加曝光时间。

第二节 显微摄影基本方法

显微摄影利用显微镜照明光源发射的入射光束，经聚光镜聚焦于被观察标本上，带有标本信息的光线进入物镜，在物镜的焦平面上形成放大的物像，然后经过照相目镜对物镜形成的物像再放大和聚焦，最终投射到相机内的感光材料上。根据使用显微镜或研究目的不同，显微摄影可分为普通显微摄影和特殊显微摄影，后者包括利用荧光显微镜、激光扫描共聚焦显微镜、相差显微镜、微分干涉显微镜等进行的显微摄影。一台高性能的显微镜往往可以将多种功能整合在一起，可进行固定细胞、活细胞或组织等多种形式的摄影。根据记录媒介（感光材料）的不同，显微摄影分为传统显微摄影和数码显微摄影两大类，传统显微摄影以感光胶片作为记录媒介，数码显微摄影用影像传感器和磁盘接收和记录影像。本节介绍传统显微摄影的特点和基本方法。

一、物镜和目镜的选用

显微摄影是以接物镜和接目镜作为摄影镜头，其中接物镜尤为重要，物镜的分辨率就是显微镜的分辨率。目镜与显微镜的分辨率无关，它只有把物镜已放大的影像进一步放大，既使是最好的目镜，也无法观察到未被物镜分辨的细节。所以摄影时，物镜要严格选择，不可任意滥用。

（一）物镜的选用

物镜种类繁多，光学性能相差悬殊，绝非任一物镜皆可产生最佳影像，摄影时必须选用得当。分辨率是影响物镜成像质量最重要的因素，因此选择物镜的关键，要以其分辨率为首选指标。数值孔径的大小决定物镜分辨率的高低，数值孔径越大，分辨率越高。但数值孔径大的物镜，特别是倍数≥40×的物镜，其景深范围较小。当拍摄的标本厚度超过物镜的景深范围时，就不能拍摄到标本全层都清晰的照片。在这种情况下，换用数值孔径略小或倍数稍低的物镜或选用带光阑调节的物镜（暗场、荧光）可增加景深，提高影像的清晰度。因此，数值孔径适中的物镜可提高显微图像的综合质量。

复消色差物镜能将可见光谱中的红、蓝和黄光聚焦于一点，改善红、蓝色光的球差和其他像差；倍数愈高物镜的像场弯曲愈显著，平场物镜校正了像场弯曲，不存在视野中心与边缘不同时准焦的现象。因此，为提高影像质量，消除像差和色差，应尽量选用平场复消色差物镜。在焦距和数值孔径相同时，油物镜的像差校正比干燥物镜完善，成像质量好。由于浸没油的折射率大于空气的折射率，从而提高了物镜的分辨率。同时，这层介质可使入射物镜的光线提高，提高视野亮度。采用油浸物镜还可消除物镜前端透镜表面的杂乱反射光，减少有害的反射光量，使物体影像反差增加。63×的中倍油浸物镜成像质量最佳，非常适于显微摄影。

（二）目镜的选用

目镜亦参与成像，它把物镜映来的影像进一步放大，并校正物镜余下的像差和色差。目镜种类多，光学性能差异较大，一定类型的物镜必须选用一定类型的目镜相互组合。附有摄影装置的显微镜备有摄影目镜，这种目镜能较好地校正像场弯曲，提高成像质量。在物镜的有效放大倍率内，尽量优选低倍摄影目镜。

（三）物镜与目镜组合

在选择物镜和目镜时，除了考虑物镜的数值孔径、放大倍数及目镜的放大倍数外，更要考虑有效放大率、分辨率、焦点深度和视野宽度等几个与摄影质量相关的问题。

1. 有效放大率与分辨率 显微镜的有效放大率是所用物镜数值孔径的500~1 000倍。例如，使用数值孔径为0.65的40× 物镜，其有效的放大倍数为325~650倍。为达此倍数，要选用8~16倍的目镜。高于16× 目镜所得放大倍数叫作“空的放大”，对影像细节的分辨，没有丝毫提高。目镜倍数太低，总放大倍数太小，物镜分辨率不能充分发挥，本来可以辨认的细节，由于总倍数太小，挤在一起难以分辨。在这里要考虑物镜的数值孔径，不是总放大率，单纯考虑放大倍数，不顾及分辨率，就会出现摄影质量相差悬殊的结果。例如，用100/1.25物镜与4× 目镜组合，总放大倍数为400倍，分辨距离为0.27μm；使用40/0.65的物镜与10× 目镜组合，总放大倍数也是400倍，分辨距离下降到0.5μm。尽管总放大倍数相同，物象微细结构的分辨力几乎相差一倍。

2. 焦深和视野宽度 焦深与物镜的数值孔径和总放大倍数呈反比。数值孔径小，放大倍数低的物镜和目镜，焦深长，只有选用数值孔径小和放大倍数低的物镜和目镜，加长焦深，才能把处于不同水平层次的结构清晰地摄入同一张底片内。

视野宽度与显微镜的总放大率呈反比，使用高倍物镜和目镜，视野缩小。改用低倍物镜或目镜，降低总放大率，可增大视野。

二、光路合轴

显微摄影采用中心亮视野透射照明法，照明光束中轴与显微镜的光轴应在一直线上。摄影前，要对光路进行合轴调整。光路系统中的目镜、物镜和孔径光阑位于固定位置，无需调整，仅聚光器可变。因此，光路的合轴，实为聚光器的调中。聚光器的调中步骤如下：

（1）转动聚光器升降旋钮，把聚光器升至最高位置；

（2）接通光源灯的电源开关；

（3）将待拍摄标本放在载物台上，用 ×4 物镜聚焦；

（4）缩小镜座上的视场光阑，在视野中可见边缘模糊的视场光阑图像；

（5）微降聚光器，至视场光阑的图像清晰聚焦；

（6）用聚光器两个调中螺杆推动聚光器，将缩小的视场光阑图像调至视野中心；

（7）开放视场光阑，使多角形周边与视野边缘相接；

（8）反复缩放视场光阑数次，确认光阑中心和边缘与视野完全重合；

（9）使聚光器回复顶点位置。

三、光阑调节

显微镜有两种可变光阑，孔径光阑和视场光阑。正确调整和使用光阑是保证摄影质量的重要环节。

（一）孔径光阑的调节

孔径光阑与聚光镜是构成聚光器的两个重要部分。显微镜的性能主要决定于物镜的性能，而物镜的性能又决定于数值孔径。物镜的数值孔径与聚光镜的数值孔径相关，两者孔径相等时，物镜分辨力最高。聚光镜的数值孔径受孔径光阑控制，用孔径光阑的开放与收缩，调节聚光镜数值孔径的大小。

显微摄影不同于一般摄影，其最大的区别是影像反差和景深小。影像反差和景深可随孔径光阑缩小而提高。孔径光阑小于物镜的数值孔径时，物像的分辨率和亮度降低，但影像反差和景深提高，影像更加清晰。所以，在不过多地降低分辨率的前提下，把孔径光阑调到所用物镜数值孔径的60%~80%较为合适。例如，物镜的数值孔径为1.0，孔径光阑的数值应调到0.6~0.7，所以，显微摄影时，缩小孔径光阑，尽管丧失少许的分辨力，却提高了影像反差、景深深度和影像的清晰度。

孔径光阑的调节方法：当聚光器标有孔径数字刻度时，根据物镜的数值孔径调节至所需的值即可。如果孔径光阑无数字刻度，在标本聚焦后，取下目镜，在物镜的后透镜中可见孔径光阑影像。光阑缩小时，仅见一亮点，逐渐开大光阑，亮孔扩大，直至需要的程度。当光阑缩小，视野亮度降低时，可适当提高电压增加照明强度。

在调节聚光镜孔径光阑之后，还应将聚光镜上下移动，同时注意标本上的光斑投影像。当光斑为最小最亮时，聚光镜即处于最佳聚焦位置，此时的显微图像亮度最大，分辨率最高，但此时的图像反差并非最佳，尤其对于未染色或染色浅淡的标本，观察者的眼睛难于分辨其微细结构。在这种情况下，若将聚光镜略微下降，会使图像反差有所改善。在使用10倍以下低倍物镜进行拍摄时，应将聚光镜系统中上方的小聚光镜移出光路，以免照明视野过小而使视野四周出现暗角。

（二）视场光阑的调节

视场光阑位于镜座之中，用以控制照明光束的直径。视场光阑的开大与缩小都会影响照射到被摄标本上的光束。开大视场光阑，光束直径超出孔径光阑，因光线过多，造成光线的乱反射，影响影像的清晰度和反差；缩小视场光阑，光束直径小于孔径光阑，视野亮度不足，影像不清晰，其四角将被切去。显微摄影时，视场光阑应开启到比取景框稍大的位置为好。

四、感光片的选用

显微摄影感光片的选择应根据标本的颜色和用途而定。一般情况下，对无色或单色标本，选用ISO 50~100的全色黑白胶卷。拍摄暗背景的标本（如免疫荧光染色标本），由于曝光时间长，可选用高感光度胶卷。拍摄彩色标本要用彩色胶卷。

显微照相要求有极好的色彩还原性、高分辨率和鲜艳的颜色反差，对于观察和拍摄普通组织切片使用的普通光学显微镜均为透射光明场照明，因此，不必使用感光度过高的胶卷，建议使用感光度为ISO 100或更低的胶卷。当拍摄暗场（相差、偏振光、荧光）时，曝光时间要增加。在多数情况下，选用高感光度胶卷。因为需要感光速度快，虽然影像颗粒大一些，但不会有很大的影响。

由于彩色胶片三原色感色层的结构原因，彩色胶片对摄影照明条件具有严格要求。拍摄彩色标本时，可选用的彩色胶卷分为日光型和灯光型两种，一般市售胶卷多为日光型。而日光型彩色片需要色温在5 500~6 500K，使用时必须加用色温滤色片校正，如加用升色温的平衡滤色镜（一般为蓝色），使钨丝灯光色温转换为太阳光的色温，才能将标本组织的颜色还原到接近原来的颜色。否则，照片会偏色。

同一个胶片厂生产的不同型号感光片彩色还原不同。同一个型号但不同批号、不同乳剂号的感光片，它们之间的彩色还原也有轻微的差别。当你开始彩色显微摄影时，最好进行试拍，找出最佳条件，然后再正式进行彩色摄影。

五、曝光补偿

高级显微摄影装置均有自动测光和自动曝光装置，只要正确输入胶片感光度一般能获得正确曝光。但如果一个视野中明亮面积过大（>1/2），背景大部分为白色，而标本主体占视野面积过小（约为1/10~1/5）时，根据测光表或自动曝光装置进行拍摄会出现曝光不足的现象；反之，如视野中暗淡面积过大，背景大部分为黑色，被摄主体仅占1/10左右时，根据测光表或自动曝光装置进行拍摄会出现曝光过度。在这类极端情况下，为获得正确曝光，应根据测光表的曝光时间适当增加或减少曝光时间，进行曝光补偿，使标本主体得到正确表现。

在半自动显微摄影装置中，可以根据测光表给出的参数进行增减，如测光表给出的曝光时间是1/30s，则在此基础上进行增减：增加一档曝光量为1/15s，增加两档为1/8s；减少一档为1/60s，减少两档为1/125s。全自动显微摄影装置的曝光控制器上，有一个曝光补偿旋钮，中间位置为0，即不需补偿的位置；向左旋转为亮视野补偿，即增加曝光量，分+0.5~+2.0档；向右旋转为暗视野补偿，即减少曝光量，分-2.0~-0.5档。

由于曝光补偿法是人为地增减曝光量，在正式拍摄前，应进行一些试拍摄，并冲洗出照片作比较分析，以确定正确的补偿量。

六、显微摄影的基本步骤

（一）显微镜的使用环境

1. 显微镜在观察和拍摄过程中，由于外界振动和人为走动，容易造成拍摄图像模糊。所以要远离振动源，并选用牢固、防震的桌子。

2. 从窗户射入的亮光会影响对焦的准确性，而如果室内光线太亮，也会使散射光进入目镜，影响观察。所以应将显微镜靠近墙边放置，使头顶上的照明光线微弱地射到显微镜的前面。

3. 将显微镜放在较清洁和干燥的环境中，平时用防尘罩盖上。另外，还要注意防潮、防霉。

（二）摄影前准备

1. 光路合轴调节 使光轴与光束处于同一轴线上。

2. 柯勒照明调节 使观察的视野获得均匀而又充分的照明；防止杂散光对照相系统产生影响；使被摄物不受热，影像清晰。

3. 物镜与目镜合理组合 依标本的不同和显微摄影要求，物镜与目镜的组合有一定规范。

4. 色温的设定 调节电压到照相的位置（约9V）；将中灰滤色镜（ND）、色温平衡滤色镜（NCB）放入光路中；

5. 瞳距及屈光度的调节

（1）放入标本，用10倍物镜对焦；

（2）调节光瞳间距，使左、右两个视场像合二为一；

（3）调节屈光度以适应观察者的视力，调节的方法随所用目镜不同而异。

6. 聚光镜调节中心

（1）用10倍物镜对焦后，把视场光阑关到最小；

（2）上下调节聚光镜，直至视场光阑像最清晰为止，使视场光阑成像在焦平面上；

（3）旋动二个聚光镜对中螺杆，将视场光阑像调到视场正中；

（4）放大视场光阑，使它与视场圆外切。如视场光阑调不出清晰的焦点，须检查标本载玻片的厚度，要求在0.9~1.2mm之间。

7. 观察时的调节

（1）将欲观察标本置于载物台上，使选用的物镜进入光路，并对标本对焦；

（2）调整聚光镜，并按上一步骤对视场光阑进行调节；

（3）将孔径光阑缩至物镜数值孔径的60%~80%。

8. 调焦和取景

（1）首先用10倍物镜对标本对焦，然后才可转动物镜转换器改换 ×40、×100 等物镜，否则，刚开始就使用高倍物镜有可能损坏标本切片；

（2）显微摄影的调焦方法：既可通过摄影附件的聚焦望远镜调焦，也可以通过取景目镜进行。用细调焦螺旋调焦，改变物镜和被检物体的距离，使视野中物体影像的焦点聚于暗箱的焦平面上；

（3）当使用1倍到4倍物镜时，由于倍数越低、景深越大，对焦也越困难，在这种情况下，可使用调焦望远镜；

（4）从取景目镜中找到需要拍摄的景物，如果视野中的标本组织不适合构图，应调整景物方向，常用的方法是转动显微镜载物台或相机，使景物的方向与取景框相一致。

（三）显微照相的操作步骤

1. 根据不同标本，选用适合标本的胶卷进行拍摄，如胶卷从冰箱中取出，应使胶卷先恢复到室温再使用。

2. 打开照相机后机盖，装入胶卷，转片齿轮的齿牙必须确实地装入到胶卷的齿孔里。

3. 如使用自动卷片相机，则胶卷自动卷到第一张的位置，此时查看底片张数显示的数字是否为1，否则，说明底片未能卷上，需重复上一步骤。

4. 如为手动卷片，则按“Wind”键，此时查看倒片手柄是否转动，如转动，则胶卷已卷上，再按“Wind”键到第一张的位置，如不转动，则重复上一步骤。

5. 在自动曝光控制器上设定所选用胶卷的度数和补偿指数，并确定采用1%的中央点测光或30%的中央面测光。

6. 对标本对焦并调节视场光阑和孔径光阑，以取得合适的反差。视场光阑应略大于取景框。

7. 黑白摄影时，选用合适的滤色片以增加反差。加用滤色片的原则是凡要减弱某处颜色，就加与该颜色相同的滤色片；凡要加强某种颜色，就用与该颜色相反（相补）颜色的滤色片。

8. 调整曝光时间 最好的曝光时间是0.06~0.25s。彩色摄影时，不要用改变电压来调节，而是用灰色滤光镜来调整时间，因为前者会使色温变化，而后者不影响色温。

9. 调整取景器的双十字，使之清晰，再对取景器中的标本对焦。

10. 按下快门键，曝光完毕以后，仔细听一下底片是否有转动的声音。

11. 详细记录各项拍摄参数。

七、特殊显微摄影技术

特殊显微摄影与普通显微摄影相比，除原理与方法基本相同外，还有需要特别注意的地方。

1. 荧光显微摄影特点

（1）由于荧光显微镜光源采用高温的高压汞灯和紫外光均对人体有害，必须选择安全和便于操作的显微镜进行操作和观察。

（2）不同的荧光标本必须选用正确的激发滤片才能观察到，所以，观察前必须了解制备荧光染色标本时所用荧光素的波长。

（3）拍摄时，对显微镜一般也采用"科勒照明法"进行调节，为增强反差，可尽量关小视场光阑，但注意不要令视场产生渐晕。曝光时一般采用1%点测光。

（4）建议拍摄时使用高感度胶卷，如ISO 400胶卷，但感光度更高的胶卷（指ISO值大于400的胶卷）其底片的颗粒会显得过于粗大，反差变小。

（5）荧光有衰退的特性，一般要有合适的防止措施。如染色后应及时观察，在拍摄和观察间隙，使用光闸阻止激发光对荧光标本的连续照射，防止荧光衰退。

2. 相差显微摄影特点

（1）视场光阑与聚光镜的孔径光阑必须全部开大，而且光源要强。

（2）载玻片、盖玻片的厚度应遵循标准，不能过薄或过厚。

（3）切片不能太厚，一般以5~10μm为宜，否则会引起其他光学现象，影响成像质量。

3. 微分干涉显微摄影特点

（1）因微分干涉的灵敏度高，制片表面不能有污物和灰尘。

（2）具有双折射性的物质，不能达到微分干涉相衬显微镜镜检的效果。

（3）倒置显微镜应用微分干涉时，不能用塑料培养皿。

八、显微照片放大倍数的计算

显微照片放大倍数的标注方法有两种：倍数表示法和比例尺表示法。

（一）倍数表示法

倍数表示法简单、清楚，但容易出现计算错误，使照片图像的放大倍数与实际数值相差甚远。最常见的错误是用观察倍数，即物镜与目镜倍数的乘积来表示显微照片的放大倍数，如用10倍目镜，用10倍、20倍或40倍物镜观察，将放大倍数表示为100×、200×、400×等。很显然，这与显微照片的实际放大倍数具有很大差异。出现这样的计算结果，一是忽略了摄影目镜的倍数，二是忽略了底片图像的放大倍数，三是忽略了照片放大尺寸与图像放大倍数之间的关系。另外，照片送到出版印刷部门，由于版面的需要，可能需将原照片放大或缩小，但实际上仍按原照片的放大倍数标注而未做相应的增加或减少。显微照片的放大倍数除了与物镜和摄影目镜的倍数有关外，还与底片的尺寸、印制照片的放大倍数及排版印刷的缩放大小有关，因此放大倍数的正确计算公式应是：照片长度/底片长度 × 底片图像放大倍数，底片图片放大倍数为摄影目镜倍数 × 物镜倍数 × 摄影目镜系数。其中，摄影目镜系数一般为1，但不同牌号的显微镜，配备不同型号的摄影目镜，其系数可能各不相同。由此可见，经此公式计算出来的显微照片的放大倍数很少会是整数。

（二）比例尺表示法

目前，有些出版单位对显微摄影图像的放大倍数已不用倍数表示法，而用比例尺表示法，即在照片上标注比例尺或标尺（scale bar）。比例尺表示法用来测量标本放大前的实际长度或直径，作者在撰写论文或排版人员在后期加工过程中，比例尺都会随之同步放大或缩小，因此，用比例尺表示放大倍数较用倍数表示法直接、客观、准确。

比例尺的大小通过计算照片长度与标本实际长度的比例获得。标本实际长度＝底片长度/底片图像放大倍数。例如，照片中某一结构的长度为57mm（57 000μm），底片中相应结构的长度为11mm（11 000μm），底片图像放大倍数为 ×100（摄影目镜 ×2.5，物镜 ×40，摄影目镜系数为1），则标本中相应结构的实际长度为11 000/100=110（μm），该照片的放大倍数为57 000/110 ≈ 518.2或57 000/11 000×100 ≈ 518.2。如将照片长度57 000μm看作是一把尺子，该尺子所代表的实际长度为110μm。把110μm标注于该尺子上，即得到该照片的比例尺。但由于此尺子太长，将如此长的尺子标在照片上，既不美观，也不便测量图像的细微结构，因此，须把尺子缩短，如将其缩短成1/5，即尺子长度为57/5=11.4（mm），所代表的长度为110/5=22（μm）。为了便于使用这把尺子，可将尺子上标注的长度化为整数。数据扩大或缩小后，尺子也应按比例延长或缩短。例如，将22μm缩小为20μm或10μm，则比例尺的长度应缩小为11.4×20/22≈10.4mm或11.4×10/22≈5.2mm，即以10.4mm代表20μm或以5.2mm代表10μm。

数码显微摄影系统的软件中均带有内标功能，操作时根据物镜和摄影目镜的倍数进行设置，在拍摄出来的照片上则会显示出一定长度的标尺。

第三节　数码显微摄影技术

随着数码感光技术、数字信号储存技术的不断发展，数码摄影逐步应用到显微摄影领域。数码显微摄影是用数码相机代替传统的胶片照相机进行显微摄影的一种方法。与传统显微摄影相比，数码显微摄影具有以下优点：①可实时预览图像，拍摄后的照片保存在计算机内，可即时回看拍摄效果，不满意时可迅速重新拍摄，无废片现象；②拍摄后的照片在计算机上观察、浏览和分析，不需冲洗照片，既节省时间，还可解决实验的连续性问题；③保存在计算机的照片是数字化文件，可直接用图片处理软件进行编辑处理，其后期制作简单。

一、数码摄影基础

传统摄影是依靠感光胶片上银盐的光化学反应记录通过光学镜头的影像，而数码摄影是将通过光学镜头的影像信号转换为由计算机处理的数字信息，其记录影像不用传统的感光胶片，而是用光敏元件影像传感器来捕捉图像，并将捕捉的图像信号转换为数码信号存储在存储介质上，然后由计算机对其进行处理。

（一）影像传感器

影像传感器是一种包含几十万到几百万个感光组件的影像摄取元件，是数码相机最核心的部件之一。这种元件相当于传统相机的胶卷，能记录照射在它上面的光照强度、亮度及色彩，形成影像的模拟电流信号，再经模拟/数码转换处理后记录在影像存储介质上。目前，数码相机中主流的影像传感器为光电耦合元件，但是，另一种影像传感器互补性氧化金属半导体（complementary metal-oxide semiconductor，CMOS）也日益增多。

1. 光电耦合元件　光电耦合元件（charge coupled device，CCD）是数码相机、扫描仪、数码摄像机等设备中可记录光线变化的一种半导体元器件，具有光电转换功能（图14-7A）。

光电耦合元件成像原理：CCD是由数十万至数百万个微型光电二极管感光组件所构成的固

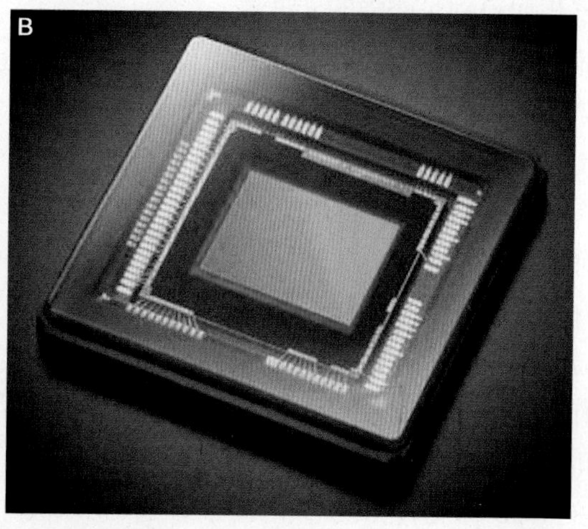

图14-7　数码相机影像传感器
A. CCD；B. CMOS

态电子元件,由高感光度的半导体材料制成,通常排列成小面积的长方形,用于接受进入镜头的成像光线。在 CCD 上每个微型光电二极管都能感受投射到它表面的光线强度,并将光信号转换为电信号,产生电荷。光越强,产生的电荷越多。拍摄曝光后,被摄物反射的不同明暗部位在 CCD 上产生不同强弱的电荷。这些电信号再经模/数转换成数码图像数据储存在相机中的储存媒介上。

CCD 本身只是光电转换器,只能记录光线的强弱,无法分辨颜色。为了能记录影像的色彩,则在 CCD 表面加以彩色滤镜阵列,即将 CCD 制成微型镜头、分色滤色片和感光层三层。微型镜头能在不增加开口率的情况下增加感光面积,增加感光度。分色滤色片由三种单色滤色器构成,能把光线分解成不同的颜色;大部分数码相机的 CCD 采用红、绿、蓝三原色的单色滤光器,即采用加色法彩色合成原理来记录彩色影像,也有部分高档数码相机的 CCD 采用黄、品红、青三补色的单色光滤光器,即采用减色法彩色合成原理来记录彩色影像。感光层则将穿过滤色片的光线转换为电子信号,并将信号传送到影像处理器;不同颜色的光分别被感光基板感受和识别。

CCD 的作用是将光信号转化成电信号,第一步就是要有足够的光信号,第二是在转化成电信号的时候要保证各个影像点的转化效率一致无噪声。而在进行荧光和化学发光拍摄时,往往得不到理想强度的光信号,这时候就要求对光子信号进行累积而得到足够强的光信号。作为一个光电转换装置,其内部和表面不可避免的含有杂质,由于热激发,杂质会产生电子,同样被电子阱捕获而成为电荷量,从而破坏其光电转换的效率,破坏产生的图像。这种由杂质产生的噪声称为暗电流噪声。而杂质热激发产生的电子数目与时间有关,因此在对弱光拍摄、对光子信号进行累积的时候,暗电流噪声就会很明显。如将 CCD 进行制冷让它工作在较低的温度中,可减少暗电流的产生,提高长时间弱光拍摄图像的信噪比。这种有制冷模块的 CCD 称为冷 CCD。相比于普通 CCD,冷 CCD 有着更少的暗电流,更高的信噪比,能拍摄出理想的荧光或化学发光图像。

2. 互补性氧化金属半导体 互补性氧化金属半导体(complement metal-oxide semiconductor,CMOS)是计算机内一种重要的记忆芯片,用于保存计算机系统引导所需的大量资料。CMOS 也可加工为数码相机中的感光器件(图 14-7B),是一种颇有发展前途的影像传感器。CMOS 主要利用硅和锗两种元素制成半导体,在光线照射时,通过互补效应产生电流。由此产生的电流可被处理芯片记录并解读成影像。CMOS 集成度高,可以把等信号处理、模/数转换、放大电路、时钟驱动多种电路集成在单一芯片上,而这些电路在 CCD 数码相机上均为分离的芯片。因而,CMOS 成本低,耗电少。CMOS 的主要缺点,一是噪声较大,易在数码影像上引起杂点;二是敏感性较低,影响 ISO 感光度的提高。因此,CMOS 不适于荧光或化学发光等弱光信号的拍摄。但是,运用高科技的降噪技术也能克服或减少 CMOS 的缺点,使其应用日趋广泛。

(二)影像传感器像素与面积

影像传感器(CCD 或 CMOS)上每一个光敏单元对应图像中的一个点,这个点即像素(pixel),是影像传感器形成影像信息的最小单位。不难理解,像素越高,对细节的展示越好,构成的影像清晰度也越高。如果想增加图像的清晰度,必须增加影像传感器的光敏单元的数量。数码相机的像素高低常用表示方法:①阵列表示法,即横纵像素的乘积,例如,像素 640×480,像素 1 024×768;②总量表示法,如像素 100 万,像素 300 万等。这两种表示方法的实质相同,只是前者的表示法比后者更精确,后者较前者更通俗。

影像传感器像素的多少决定数码相机的分辨率,因此通常被用于表示数码相机档次的主要依据之一。但是,影像传感器像素并不是衡量影像传感器质量的唯一标准,影像传感器本身的制造水平和其面积等性能对数码相机的影像质量也十分重要。

内插值是将影像传感器的像素总量通过某种软件进行一定程度的软化模糊处理,再在影像相同部位的空隙进行填充来增加像素。经内插处理后,影像传感器本身像素并没有改变,也不能从根本上提高影像的最终质量。例如,CCD 本身像素300万，经“内插”标称像素总量达到500万。这种500万的内插值与本身具有500万像素的CCD质量不能等同。因此，在对像素总量的了解上，应注意是否有内插值，还是未经“内插”的值。

在数码摄影中，影像传感器替代胶卷起感光作用。胶卷的感光面积相对不变，如135胶卷是24mm×36mm，120胶卷是56mm×70mm。而影像传感器面积在不同的数码相机中变化较大。影像传感器面积常见的表示法有两种，一是采用长乘宽表示法，如18.4mm×27.6mm等，常用于高档专业型数码相机影像传感器面积的表示；二是采用面积的对角线长度表示，如2/3英寸、1/3英寸等，常用于普及型、业余型数码相机影像传感器面积的表示。对于影像传感器的面积不能按常规胶卷画幅对影像质量的正比关系来类比。常规胶片画幅越大，放大照片的质量越好。这是因为放大同样尺寸的照片，底片越大，放大的倍率越小的缘故。而影像传感器转存在储存媒介的数码影像质量是以影像传感器的像素来决定的。影像传感器的质量有优劣之分，在同等质量的前提下，把影像传感器面积与像素结合起来考虑能产生的影像质量，如在同等工艺技术前提下，像素相同，面积不同，其影像分辨率是相同的，但整体影像质量则是面积大的为好，因为面积大的CCD噪声较低，信号动态范围较广（影像层次过渡较平滑）。

（三）相当感光度

相当感光度是数码照相机中影像传感器感光的灵敏度，指相当传统胶卷的感光度，通常用等效于传统胶卷的感光度来标示。对传统相机来说，感光度是胶卷的性能。数码相机起感光作用的影像传感器是在相机上内置固定的，拍摄者在使用过程中不能随意更换，所以，影像传感器的感光度也是数码相机的主要性能之一。采用相当感光度而不直接采用感光度的概念，是因为数码相机中影像传感器感光度的概念并非完全指它对光线的敏感性能。拍摄时影像传感器产生的信号在进行模/数转换前需要进行放大，当提高数码相机感光度拍摄时，影像传感器输出的信号并未改变，只是改变了信号的放大倍率，实际上并未影响到影像传感器本身。

传统胶卷的影像质量（主要是清晰度和色彩还原）通常与感光度呈反比，这种影响在数码相机上也类似，这是由于当提高感光度拍摄时，会引起更多的“噪声”。“噪声”增多是由于传感器的信号被放大时，干扰电流也被放大。“噪声”在画面上表现为杂点增多。

（四）白平衡

白平衡功能是一种针对不同光照环境的颜色纠正功能，也就是让白色物体在不同光照环境下依然呈现白色的功能。它的作用类似传统相机彩色摄影中校正色温滤光镜，用以获取准确的色彩还原。数码相机有自动、自定义和手动白平衡功能，自动白平衡对光线色温自动控制范围通常在2 500~6 500K之间，基本上能满足大多数拍摄场所的需要。如果现场色温超出上述范围时，利用手动白平衡功能便能有效解决这一问题。另外，还可以使用自定义白平衡，方法是在想要使用的光源下，将相机镜头对准白纸（或白色物体），通过相机相应调节按钮的操作，设定白平衡，以获得该光线下的色温平衡。这种调节适用于有经验的摄影者精细调整或特殊表现意图的调整。

（五）数码图片

数码图片是用数字记录影像的每个像素点的亮度、颜色等所形成的照片，也称像素映像。像素是构成数码图片的基本要素，每个像素都是光感受器感受光后产生的电流变化经过运算而转变成二进制素质的编码，这些编码代表一个像素点的亮度和颜色，每个点都由24位二进制数字表示这个点的色度、亮度等信息。

1. 数码图片的主要指标 表示数码图片的指标主要有图片大小和图像分辨率。

（1）图片大小：图片大小可用两种方式表示：图像尺寸和图像文件大小。图像尺寸可用水平像素数 × 垂直像素数表示，如1 024×768、1 280×960等；也可用总像素数表示，如78.6万像素、122.88万像素等。图像文件大小即图片所占用的字节数，如1MB（1 024字节）、4MB（4×1 024字节）等。

（2）图像分辨率：图像分辨率指图像中存储的信息量。表示数码图像的分辨率有3种方式：①图像总像素，常用图像宽和高度上像素的乘积表示，如640×480，总像素为30.72万个；②在图片尺寸固定情况下，分辨率可用单位长度的像素表示，通常用每英寸的像素数表示，以 ppi（pixel per inch）为单位，如 72ppi、300ppi 等；③在印刷领域，常用单位长度上墨点的数量表示分辨率，即 dpi（dot per inch），此时，图像分辨率实际上是指其输出分辨率。

2. 图像文件储存格式 在电脑的应用程序中，文件格式是指保存、输入各种数据时所采用的方式。影像文件格式定义了影像数据的储存方式，从而使其他应用程序能够识别和使用影像。由于不同的图像软件所能处理的文件格式不同，因此，常需要进行图像格式的转换。此外，同一幅图像也可以用不同的图像文件格式进行储存，但由于不同格式之间所包含的图像信息不完全相同，故文件大小也有很大差别。因此，摄影者在使用时应选择适当的图像文件格式。在图像储存格式中，与数码摄影直接相关的主要是 JPEG、TIFF 和 RAW。

图像文件压缩形式有两类：一是无损压缩，即计算机程序将图像信息完整无损的还原出来，这类图像文件格式主要有 TIFF 和 RAW 等；二是有损压缩，即通过计算保持画面中颜色变化部分的信息，但是删除了图像中颜色突然变化部分的信息，这部分的信息通过观察时所产生的自然错觉来“填补”丢失的颜色信息，所以仅靠肉眼难以辨别出被压缩数码图像在质量上的损失。有损压缩图像文件格式主要有 JPEG 等，其中 JPEG 格式是目前数码照相机最常用的图像文件格式，JPEG2000 是 2000 年推出的 JPEG 升级版，它的可压缩比例比原先的 JPEG 提高约 30% 左右，同时支持有损压缩和无损压缩，原先的 JPEG 只能支持有损压缩。无损压缩对高质量数码影像的获取具有重要的实用价值。

（六）存储媒介

数码相机的影像传感器把影像的光信号转变为电信号，进而转变为数码信号记录在存储媒介上。数码相机的存储媒介有内置固定式和外置装卸式两类。内置固定式存储媒介安装在相机内部，用于临时存储图像，容量较小。外置式是数码相机存储媒介的主流，种类较多，不断有新产品开发。目前常用的有 CF 卡、SM 卡、PC 卡、MMC 卡、SD 卡和记忆棒等，每种均有其自己的特性。常用储存容量从数十 MB 至数 G 不等。显微数码相机拍摄的图像可直接储存在计算机硬盘上，硬盘储存容量可达数百 G 至数 T。

二、数码显微摄影装置

显微数码摄影装置包括显微镜、CCD/CMOS 专业数码相机、显微镜接口、数据传输线、计算机、图像采集处理软件等。专业显微摄影数码相机通过标准的 C 接口或 F 接口等适配器连接在显微镜上，用相应的数据线将相机的驱动接口与计算机相连）。使用过程中，应用图像采集处理软件直接控制并采集图片，能同步进行图片的调整、选择、处理及存储。

三、数码显微摄影基本方法

进行数码显微摄影时，不仅要遵循一般显微摄影的基本要求，对显微镜进行调节（如普通显微摄影技术中的摄影前准备和特殊显微镜摄影操作要点），还需遵循数码摄影的基本原理来进行操作。不同品牌或型号的数码相机驱动软件不同，进行数码显微摄影时操作方法各不相同，但其基本步骤相似。下面介绍应用高级数码显微摄影装置进行摄影的基本过程及注意事项。

（一）数码显微摄影操作步骤

将数码相机与显微镜及计算机连接后并安装相应的驱动软件后即可进行数码显微摄影。

（1）开启显微镜、计算机和数码相机控制器电源（有些数码相机的控制器集成在计算机内，无独立电源），打开相机驱动软件。

（2）将拍摄拉杆或旋钮调节到目镜观察位置，镜下观察样品，选择拍摄区域（取景）。

（3）调节拍摄拉杆或旋钮，将影像转至数码相机。

（4）在计算机显示器上预览图像、取景。

（5）调节色彩，根据需要做手动白平衡，或者手动调节红色，绿色，蓝色的增益值。

（6）设定相当感光度。

（7）调节曝光时间。

（8）调节对比度。

（9）设定分辨率。

（10）聚焦后点击曝光（exposure）键或拍摄（capture）键，拍摄图像。

（11）选择图像保存格式与存储路径，保存图像并命名。

（二）数码显微摄影注意事项

数码显微图像的好坏与多种因素有关，如白平衡、照明亮度、相当感光度、曝光时间、分辨率、色彩模式、对比度、锐度等。在实际拍摄过程中，对这些参数都需要视样品情况、观察方式的不同，根据经验进行调整。

（1）白平衡调节：带有摄影装置的普通显微镜均装有内置青蓝色滤色镜，以提高色温，保持色温平衡。因此，在显微彩色摄影时，无需特殊调节白平衡，白平衡处于自动调节模式。如果不是灯光过强或过暗，此种模式均适用。但是，在光线过强或过暗超出自动调节白平衡范围的情况下，拍摄的照片偏蓝或偏黄，提示色温失衡，可通过调节光亮强度使色温平衡，或利用软件进行白平衡调整。在应用软件调整设定白平衡时，通常选择视野中灰白色背景区域或没有标本的空白区域（明场、相差、DIC）作为白色测量位置，取样方法有点取样或矩形框取样两种。拍摄荧光图像时，一般不需此操作；有些显微数码相机具有拍摄荧光图像的黑平衡功能，即以视野中黑色背景区域或无标本的空白区域作为黑色测量位置。

（2）相当感光度调节：多数数码相机的相当感光度既能自动调节，又能手动调节，多用手动调节。可调范围因数码相机不同而异。ISO 自动调节时，视场光线明亮，相机则采用较低感光度拍摄；视场光线暗弱，相机则采用较高感光度拍摄。但这种自动调节幅度一般较小，在 ISO 100 左右。手动调节可在 ISO100、200、400、800、1 600 等之间。有的显微数码相机的相当感光度没有准确的 ISO 值，而是分为低、中、高或正常、高、最大三档。对数码相机相当感光度的选择使用原则与选择传统胶卷的感光度相同，即只要能满足拍摄需要，选低不选高。数码相机拍摄时采用的感光度越高，其数码噪声也越大，表现在影像上杂点越多。只有在使用低感光度无法拍摄时（如荧光显微镜下的拍摄），方选用高感光度。实际操作时，可根据屏幕上的实时预览图像亮度选择相当感光度。

（3）曝光时间选择：数码显微摄影多选用手动曝光模式精确控制曝光时间，最短时间可短至 1/10 000s，最长可达 150s 或更长。通常将曝光时间控制在 1/300~1/30s 之间，时间过短可导致曝光不足，过长会导致图像模糊。曝光时间可结合相当感光度调节和光亮度调节（选用不同灰色滤光镜），根据屏幕上的实时预览图像的效果进行选择、设定。

（4）弱光图像的预览与拍摄：对亮度低、光较弱的图像（如荧光图像）的预览和拍摄，除了选择高感光度、延长曝光时间外，还可使用像素合并或叠加（binning）技术以避免过度提高感光度而增加噪点或过度延长曝光时间而使图像实时预览延迟。binning 技术是将几个相邻的像素合并起来作为一个像素使用，这样可增加像素的大小和灵敏度，从而提高输出速度。观察、拍摄活体标本时也可应用 binning 技术。binning 技术在有些数码显微摄影装置软件中称为快速捕捉（quick）模式。由于 binning 技术是将几个像素合并为 1 个像素，这样会减少整体像素，降低图像的分辨率，故一般仅在预览弱光或活动图像时选择 binning 或 quick 模式，而在拍摄弱光或活动图像时尽量选择高分辨率的非 binning 或精细（fine）模式。

（5）图像质量与存储格式选择：各种数码显微摄影装置对于拍摄图像质量均有若干可调种类。图像质量的选择包括对拍摄记录影像的分辨率、压缩比和清晰度等。一般应选择较高分辨率的 TIFF 非压缩图像格式和低压缩的 JPEG 格式。图像质量和存储格式还应根据拍摄目的来选择。如果拍摄后准备用于论文的照片，则宜用 JPEG 高质量拍摄模式，需打印的彩色照片尺寸越大，对像素的设定也应该越高；如果拍摄后准备用于出版图书，则宜选用 TIFF 非压缩图像格式。进行拍摄时，只要存储设备的容量能满足拍摄需要，尽可能采用高分辨率（高像素）、低压缩或不压缩格式。

（6）色彩模式及对比度、锐度、色阶、饱和度等参数调节：数码显微摄影软件有彩色、黑白、负片等色彩模式供选择，一般选择彩色模式进行拍摄，因为彩色模式能真实地记录所拍摄对象的色彩信息。当不需要彩色时，则选用黑白模式拍摄，可大量减少图像存储所需空间。

对比度、锐度、色阶和饱和度等对图像质量也有较大影响，因此，拍摄时除了选择色彩模式外，对这些参数也应适当调节。

（7）放大倍率和标尺的选择：专业数码显微摄影装置可以在捕捉图像时将标尺显示在图像上。用不同倍数的物镜拍摄到的图像放大倍率不同，其标尺比例也不相同。因此，在曝光之前要根据所使用物镜的放大倍率选择相应的标尺。

（周国民 李 和）

参考文献

1. 李和，周莉．组织化学与细胞化学技术．北京：人民卫生出版社，2014.
2. 曹建国．生物显微摄影及电子图版制作教程．北京：科学出版社，2007.
3. 王晓冬，汤乐民．生物光镜标本技术．北京：科学出版社，2007.

第十五章 组织化学与细胞化学技术实验指导

组织化学与免疫组织化学是颇富实践性的常用技术。对于初学者来说，学习和理解其理论知识是掌握这门技术的先决条件。但是，如果在此基础上不进行实际动手操作，其理论知识犹如纸上谈兵，全无用武之地。为使学生在实验课中能得到规范和有效的技能训练，本章根据组织化学与免疫组织化学的主要内容设计了 9 项常用实验。

实验一 石蜡切片和冷冻切片的制备与 HE 染色

一、石蜡切片制备

无论是一般组织学染色还是组织化学与细胞化学染色，在染色前均需制备标本。尽管不同染色技术的标本制备方法各有特点，但其基本过程相同。石蜡切片制作是组织学最基本方法，包括取材、固定、脱水、包埋、切片等一系列过程，其中包埋环节是用石蜡代替组织内的水分，组织被包埋在石蜡块中，因而具有与石蜡相同的硬度，便于切片。

（一）实验目的

通过制作石蜡切片，掌握组织切片制备的基本方法和操作技能，为下一步常规 HE 染色、组织化学或免疫组织化学染色做准备。

（二）试剂与器材

乙醚、10% 福尔马林溶液、乙醇、二甲苯、石蜡、旋转切片机、毛笔、载玻片、烤箱、恒温箱、天平、酸度计、定时钟、解剖器械。

（三）实验步骤

1. 取材 将浸有乙醚或氯仿的棉球与小鼠同时密封于玻璃容器内，待小鼠麻醉后取出脱臼处死，迅速解剖小鼠，取下所需组织并修成一定形状和大小，用生理盐水洗去多余的血液或肠管中的内容物等，放入固定液中。取材时，需先熟悉动物脏器的解剖关系，取材部位要准确，直接选取病变部位或所需部位，且动作要快而轻，时间过长或机械损伤组织，会影响组织细胞的正常形态和组织切片的染色效果。

2. 固定 组织块用 10% 福尔马林溶液固定 24~48h，免疫组织化学染色的组织一般用 4% 多聚甲醛 4℃固定，不超过 24h。固定方式因实验目的不同而异，某些实验还需灌注固定。固定效果的好坏直接影响组织的染色情况，因此，要注意固定的时间、温度等条件。固定时间的长短可因组织大小和结构性状不同而改变。

3. 固定后修块 在取材过程中，因组织柔软造成组织切口边缘损伤或不平整，故在固定过程中需进一步修整，即修块。修整后重新放入固定液中继续固定。

4. 包埋 固定好的组织最终要入石蜡包埋。因石蜡与水不相溶，故需脱去组织中的水分。常用梯度乙醇溶液作为脱水剂。脱去水分后组织中的乙醇仍与石蜡不相溶，还需使用透明剂二甲苯置换乙醇。

（1）脱水：用梯度乙醇脱水，脱水时间的长短与组织块大小、结构有关。一般过程为：70%、80% 乙醇可以长期保存组织（但用于免疫组织化学染色的组织不能长时间保存在 70%、80% 乙醇中），90% 乙醇 4h，95% 乙醇 4h，100% 乙醇Ⅰ、Ⅱ各 2h。

（2）透明：常用二甲苯置换组织中的乙醇，其时间长短与组织大小、结构有关。一般过程：二甲苯Ⅰ 10min，二甲苯Ⅱ 30min，可根据组织种类、组织块大小灵活调整此步骤的时间。

（3）浸蜡：经透明的组织要入石蜡中浸透。

浸蜡前，准备好熔蜡杯，放入熔蜡箱，熔蜡待用。一般准备四杯：第一杯为1∶1的二甲苯－石蜡混合物，浸30min；第二、三杯为纯熔蜡，各浸1h；第四杯也为纯熔蜡，浸30min，然后用此杯熔蜡包埋。较理想的浸蜡温度是石蜡刚熔化的温度。用于免疫组织化学染色的组织浸蜡温度不宜过高，一般在60℃以下。浸蜡时间不能过长或不足。

（4）包埋：入新的石蜡中冷却。包埋时，先把熔蜡倒入包埋器中，在石蜡还未冷却凝固时，迅速置入浸透石蜡的组织块。置入前要分清组织的各个面，将所需断面朝下。包埋有腔的组织时，需平放或立放，以获得所需断面。

（5）修块：石蜡凝固后，组织便包在石蜡内，需把包有组织的蜡块修成一定形状以便切片。在适当的地方作标记，便于辨认。修块时，组织周围留有约2mm石蜡边。蜡边与组织边不能靠得太近或太远，近则不易连片，远则废刀。要把各个面修平，以便于连续切片。

5. 切片　蜡块装在切片机上，进行连续切片。切片刀对组织的倾角以10°为宜。一般组织切片的厚度为5~7μm，可根据染色需要切成不同厚度，一般不超过20μm。将蜡带光泽面向下铺于温水（一般为37~45℃）上，待蜡片伸展平整后，即可用长镊轻轻分离每一张蜡片，再将涂抹蛋白－甘油的载玻片（用于免疫组织化学染色的载玻片需使用多聚赖氨酸等粘片剂替代蛋白－甘油）伸入水中，从蜡片下面将其捞起，并调整蜡片在载玻片的位置。

6. 烤片　烤片的目的是将带有石蜡的组织切片牢固地粘在载玻片上，使切片在染色过程中不易脱落。切片在56~60℃恒温箱中至少放置1h。用于HE染色的切片可在60℃温箱中过夜，用于免疫组织化学染色的切片，通常在58~60℃烤箱内烤2~3h。

二、冷冻切片标本制备

冷冻切片是将组织块在低温下迅速冷冻，在恒冷箱切片机内把组织切成2~5μm的薄切片。恒冷箱切片最突出的优点是不经脱水、包埋、脱蜡等处理，简便而快捷。由于无需高温处理标本，能较好地保存细胞膜表面和细胞内多种酶活性和抗原的免疫活性。新鲜组织及已固定的组织均可冷冻切片。

（一）实验目的

通过制作冷冻切片，掌握其基本操作方法，为下一步组织化学或免疫组织化学染色做准备。

（二）仪器与试剂

液氮罐、液氮、丙酮、干冰、恒冷箱切片机。

（三）实验步骤

1. 组织冷冻　根据研究目的取所需组织，用滤纸吸去多余水分，将组织块平放于用锡纸特制小盒（直径约2cm）或软塑料瓶盖内，加适量包埋剂OCT浸没组织，4℃，20~30min。

2. 包埋　冷冻切片标本包埋方法常用干冰－丙酮包埋法，也可用液氮法。

（1）干冰－丙酮包埋法：将150~200ml丙酮装入小保温杯内，逐渐加入干冰，至饱和、不再冒泡，温度可达－70℃。随后将含有组织块的小盒轻轻放到干冰制冷后的丙酮液面上（勿使丙酮进入包埋液中），待数十秒后，组织冻结即可置恒冷箱内切片，或置－80℃低温冰箱内贮存备用。也可将新鲜组织标本在恒冷箱切片机的快速冷冻台上迅速冻凝，直接切片。

（2）液氮法：将小块组织置于小盒或者软塑料瓶盖内，缓缓将小盒平放于保温杯内液氮表面（切勿将组织块浸入液氮内），10~20s后，组织块迅速冻凝成块。立即取出组织块，锡箔纸包好，做标记，放入－80℃冰箱保存备用。

3. 切片　取出标本托，放平组织，周边滴加包埋剂，置于冷冻台上冷冻。如非常小的组织应先在标本托上滴包埋剂让其冷冻，形成一个小台后再放上小块组织，滴上包埋剂。将冷冻好的组织块夹紧固定于标本头上，调整切片刀的角度和组织块的切面，启动粗进退键，调整刀片与标本的距离，顺时针方向转动切片机手轮，将组织修平。按实验所需切片厚度调整厚度旋钮，设置切片厚度（通常为10~40μm），原则是细胞密集的组织薄切，纤维多、细胞稀的组织可稍微厚切。调整防卷板，细心、准确地调校至适当的位置，使其上缘与刀口平齐。匀速摇动切片机手轮进行切片，组织切片平行滑入刀片与防卷板之间，平整地位于刀架前压板上。掀起防卷板，用经粘片剂处理的载玻片轻轻平行接触切片（切勿抖动），切片则会吸附到载玻片上。用毛笔刷去片屑（从刀背向刀刃方向，反向会损伤刀刃），放下防卷板，重复切片。切片后室温干燥或风吹30min以上干燥，即可直接进入染色或冻存。冻存的切片在染色前从冰箱内取出，置室温干燥10min，再经冷丙酮固定5~10min，PBS冲洗3次，即可进入组织化学、免疫组织化学染色步骤。HE染色可用甲醛、冰乙酸和95%乙醇快速固定1~2min。

4. 注意事项

（1）防卷板、切片刀和刀架前压板应保持干净，需经常用毛笔清除残余切片，有时需要每切一张切片后清洁一次。如果有残余包埋剂粘于刀或板上，将会破坏甚至撕裂切片。

（2）用于贴附切片的载玻片，置于室温存放，不能存放于冷冻处。因为当贴附切片时，从室温中取出的载玻片与冷冻箱中的切片形成温度差，这种温度差会产生一种吸附力，使切片与载玻片牢固地贴附在一起。

（3）应根据不同的组织选择不同的冷冻温度。对未经固定的脑组织，肝组织和淋巴结等进行切片时，冷冻箱中的温度一般 -15~-10℃左右；对甲状腺、脾、肾、肌肉等组织切片时，一般在 -20~-15℃左右；含脂肪的组织应调至 -25℃左右，含大量脂肪的组织应调至 -30℃左右。

三、HE 染色

一般组织学观察，最常用的染色方法是HE染色。染色的目的是使组织或细胞及其他成分被染上不同深浅的颜色，产生不同的折光率，便于在光镜下观察。苏木精为碱性染料，它主要使细胞核内染色质与胞质内的核糖体染成紫蓝色。伊红是酸性染料，主要使细胞质和细胞外基质中的成分染成粉红色。易被碱性或酸性染料着色的性质分别称为嗜碱性和嗜酸性。

（一）实验目的

掌握HE染色的基本过程和操作技能。

（二）仪器与试剂

苏木精、伊红、乙醇、二甲苯、染色缸、载玻片、盖玻片、普通光学显微镜。苏木精染液和伊红染液的配制见“第三章第一节”。

（三）实验步骤

1. 脱蜡 二甲苯Ⅰ、Ⅱ各15min。

2. 梯度乙醇水化 100%乙醇Ⅰ10min、100%乙醇Ⅱ10min、95%乙醇5min、90%乙醇5min、80%乙醇2min、70%乙醇2min、蒸馏水5min。

3. 苏木精染色 苏木精染液10~15min，使细胞核着色。

4. 水洗 组织片直接放入自来水中，可以洗去多余的苏木精染液，并可加强苏木精的着色程度。

5. 分色 在显微镜下观察细胞核着色程度。如果细胞质和细胞核仍不能区分，或细胞质着色，需把切片放入1%盐酸乙醇中分色数秒，再水洗进行观察，直至分色合适为止。

6. 蓝化 若分色后苏木精着色较弱，可将切片放入0.5%~1%氨水中30~60s，使细胞核变成蓝色，促进切片蓝化。

7. 伊红染色 伊红染液染色2~3min，用自来水洗去多余的染液，再换蒸馏水洗。

8. 上行梯度乙醇脱水 70%乙醇2min、80%乙醇2min、90%乙醇5min、95%乙醇10min、100%乙醇Ⅰ10min、100%乙醇Ⅱ10min。

9. 透明 二甲苯Ⅰ、Ⅱ各10min。透明时间一定要充足，确保乙醇完全被置换出来，使组织切片清澈透明。

10. 封片 透明后的组织切片，用绸布擦去多余的二甲苯，直接滴加中性树胶，压上盖玻片，即可镜检。注意：滴加树胶要快，以免组织干燥影响观察效果；树胶不必太多，盖住组织即可；压盖玻片时，镊子夹住盖玻片使其一端先接触树胶，再轻轻盖好，以防止出现气泡。

以上为石蜡切片的HE染色步骤，冷冻切片的HE染色省略步骤1和2。

（四）实验结果

细胞核染成紫蓝色，细胞质及胶原纤维等成分染成淡粉红色或淡红色，红蓝对比鲜明。

（五）注意事项

1. 染色全程防止切片干燥，以免影响组织形态和染色效果。

2. 切片脱蜡要彻底。

3. 利用显微镜观察组织着色程度，不可凭肉眼推测。

4. 封片前的脱水要彻底，以免切片呈白色雾状，影响观察且易褪色。

5. 封片时防止出现气泡。

实验二 DNA 荧光组织化学染色

一、DNA 的 Hoechst 33258 荧光组织化学染色

Hoechst 是一种 DNA 荧光染料，能通过完整的细胞膜与活细胞或固定细胞双链 DNA 小槽处的 A-T 碱基结合，发出亮蓝色荧光，可作为正常细胞核的荧光显示剂。当细胞发生凋亡时，膜通透性增强，进入凋亡细胞中的 Hoechst 荧光染料增多，且凋亡细胞膜上的 P- 糖蛋白泵功能受损，不能有效地将 Hoechst 排出细胞外，加之凋亡细胞染色体 DNA 的结构发生改变，易于与染料结合，结果使染料在细胞内积聚增多，所以凋亡细胞的蓝色荧光明显增强。虽然正常细胞和凋亡细胞均可被 Hoechst 着色，但根据荧光强度和细胞核形态可将两种细胞加以区分：正常细胞核呈圆形，Hoechst 染色浅且均匀，而凋亡细胞核染色深，呈颗粒状或块状的亮蓝色荧光，且核呈分叶或碎片状；也可通过稀释染料的浓度加以区分：正常细胞核的荧光明显变淡，而凋亡细胞的核仍呈较强荧光。

（一）实验目的

掌握 DNA 的 Hoechst 33258 荧光组织化学染色方法的原理、实验步骤和应用。

（二）材料、试剂与器材

1. **材料** 活细胞或固定的组织细胞。

2. **试剂**

（1）0.01mol/L PBS（pH 7.4）

（2）Hoechst 33258 基液

Hoechst 33258	1mg
0.01mol/L PBS（pH 7.4）	5ml

（3）Hoechst 33258 工作液（终浓度为 0.5μg/ml）

Hoechst 33258 基液	125μl
0.01mol/L PBS（pH 7.4）	50ml

3. **器材** 温箱、冰箱、载玻片、微量移液器、移液器吸头、湿盒、染色缸、小烧杯、玻璃棒、荧光显微镜或流式细胞仪。

（三）实验步骤

1. 准备活细胞或固定的组织细胞。

2. 0.01mol/L PBS 漂洗 5min。

3. Hoechst 33258 工作液室温染色 5~15min。

4. 0.01mol/L PBS 漂洗 3 次，每次 5min。

5. 甘油：PBS（1∶9）混合液或水溶性封片剂封片，荧光显微镜或流式细胞仪分析。

（四）实验结果

正常细胞核为圆形，呈均匀蓝色荧光，见图 6-4；凋亡细胞核或胞质中出现深染致密的颗粒或块状亮蓝色荧光，且核呈分叶或碎片状。

（五）注意事项

1. 常用的 Hoechst 染料为 Hoechst 33342 和 Hoechst 33258，前者更容易透过细胞膜，故常用来进行活细胞 DNA 含量分析（如细胞周期分析）。

2. 染活细胞时，不同种类的细胞摄入 Hoechst 效率存在一定差异，故染色强度亦不尽相同，在进行流式细胞术分析时，可见不同信号峰，而固定细胞 Hoechst 染色不存在此现象。

3. 荧光物质易发生淬灭，随时间延长荧光强度减弱，染色后应尽快观察。

4. 应用防淬灭封片剂封片可延缓淬灭，但仍需避光保存。

二、DNA 的 DAPI 荧光组织化学染色

4，6- 二氨基 -2- 苯基吲哚（4，6-diamidino-2-phenylindole，DAPI）为一种特异性 DNA 荧光染料，能透过活细胞和固定细胞的细胞膜与细胞核中的双链 DNA 小槽、特别是 A-T 碱基紧密结合，产生较 DAPI 自身强 20 余倍的蓝色荧光。与其他几种 DNA 荧光染料相比，DAPI 的荧光强度虽然较 Hoechst 低，但光稳定性强，且与双链 DNA 结合的灵敏度优于溴化乙锭（ethidium bromide，EB）和碘化丙啶（propidium iodide，PI）。

（一）实验目的

掌握 DNA 的 DAPI 荧光组织化学染色方法的原理、实验步骤和应用。

（二）材料、试剂与器材

1. **材料** 新鲜或固定的组织细胞等。

2. **试剂**

（1）0.01mol/L PBS（pH 7.0）

（2）DAPI 基液

DAPI	0.5mg
双蒸水	5.0ml

（3）DAPI 工作液

DAPI 基液	50μl
0.01mol/L PBS	50ml

3. **器材** 温箱、冰箱、载玻片、微量移液器、移液器吸头、湿盒、染色缸、小烧杯、玻璃棒、荧光显微镜或流式细胞仪。

（三）实验步骤

1. 培养细胞或新鲜组织的冷冻切片，先经冷丙酮或 4% 多聚甲醛固定 10min（也可不固定）。

2. 0.01mol/L PBS 漂洗 5min。

3. 若进行细胞核复染，将少量 DAPI 工作液滴加在免疫荧光染色的贴壁细胞或组织切片上，覆盖样品即可；若进行流式细胞术分析，悬浮细胞离心后至少加入待测样品体积 3 倍的 DAPI 工作液，混匀。

4. 室温避光孵育 5~20min。

5. 0.01mol/L PBS 漂洗 3 次，每次 5min。

6. 甘油：PBS（1∶9）液或水溶性荧光封片剂封片。

7. 根据实验目的进行荧光显微镜观察或流式细胞仪检测。

（四）实验结果

正常细胞核圆形，边缘清晰，荧光染色均匀，细胞质无荧光；而凋亡细胞因膜通透性增加，对 DAPI 的摄取能力增强，所产生的蓝色荧光也明显增强，且细胞核边缘不规则，核染色体浓集，着色重，常伴有细胞核固缩，核小体碎片增加等，所以，可根据荧光强度和细胞核的形态等鉴别凋亡细胞与正常细胞。

在有支原体污染的细胞胞质和细胞表面可见孤立的点状荧光；在感染痘苗病毒的细胞质中存在独特的“星状”荧光丛（star-like fluorescent clusters），腺病毒感染早期胞质中也可出现蓝色荧光。

（五）注意事项

1. DAPI 基液最好用双蒸水配制，-20℃避光可长期保存。

2. DAPI 对人体有害，操作时需注意防护。

实验三 脂类的异丙醇油红 O 法染色

油红 O 属于偶氮染料，是很强的脂溶剂和染脂剂，易与甘油三酯结合呈小脂滴状。脂溶性染料能溶解于组织和细胞中的脂类，在脂类中的溶解度较大，当组织切片置入染液时，染料则离开染液而溶于组织内的脂质（如脂滴）中，使组织内的脂质着色。

（一）实验目的

掌握脂类的异丙醇油红 O 法染色的基本原理和实验步骤。

（二）材料、试剂与器材

1. **材料** 肥胖大鼠肝组织。

2. **试剂** 0.4% 油红 O 异丙醇饱和液，60% 异丙醇，Mayer 苏木精，甘油明胶，40% 甲醛，10% 无水氯化钙。

油红 O 染液配制：

0.4% 油红 O 异丙醇饱和液	12ml
蒸馏水	8ml

两者混匀，过滤即可使用。

3. **器材** 立式染色缸、玻璃棒、滤纸、漏斗、盖片、镊子、烧杯、量筒、盖玻片。

（三）实验步骤

1. 切片用福尔马林-钙固定 10min，蒸馏水洗。

2. 60% 异丙醇浸洗。

3. 油红 O 染液 10min（染液可回收再利用）。

4. 60% 异丙醇浸洗，蒸馏水洗。

5. 入 Mayer 苏木精复染。

6. 自来水洗（蓝化）1~3min，蒸馏水洗。

7. 甘油明胶封片。

（四）实验结果

脂滴呈橘红色，核呈蓝色，见图 6-9。

（五）注意事项

1. 油红 O 染液重复使用一段时间后，当脂滴着色偏黄时需更换新的染液。

2. 操作过程要轻柔，且封片时应防止盖玻片滑动，以免脂滴移位。

实验四 碱性磷酸酶和酸性磷酸酶组织化学染色

一、钙-钴法显示碱性磷酸酶

显示碱性磷酸酶的组织化学方法包括金属法(Gomori 钙-钴法)和偶联-偶氮色素法两种。Gomori 钙-钴法的原理是:碱性磷酸酶在碱性环境下将磷酸盐底物(β-甘油磷酸钠)分解,产生磷酸离子。磷酸离子被孵育液中的氯化钙捕获,生成磷酸钙沉淀;加入硝酸钴,生成无色磷酸钴;加入硫化胺,生成棕黑色硫化钴颗粒沉淀。

(一) 实验目的

掌握常用碱性磷酸酶显示方法的原理和实验步骤。

(二) 材料、试剂与器材

1. **材料** 大鼠肾或小肠恒冷箱切片,厚7μm。

2. **试剂** 3% β-甘油磷酸钠、2% 巴比妥钠、2% 无水氯化钙、2% 硫酸镁、2% 硝酸钴、0.5% 硫化铵、Mayer 苏木精染液、Lugol 碘液、5% 硫代硫酸钠、甘油明胶。

孵育液配制:

3% β-甘油磷酸钠	2ml
2% 巴比妥钠	2ml
2% 无水氯化钙	3ml
2% 硫酸镁	2ml
蒸馏水	1ml

混匀,调 pH 至 9.4,过滤后使用。

3. **器材** 烧杯、染缸、镊子、滤纸、漏斗、吸量管、玻璃棒、洗耳球、载玻片。

(三) 实验步骤

1. 切片标本入 37℃孵育液内(孵育液在 37℃水浴内预热 5min)孵育 5~10min。
2. 流水洗 2min 后入蒸馏水洗。
3. 入 2% 硝酸钴 5min。
4. 流水洗 5min 后入蒸馏水洗。
5. 入 0.5% 硫化铵呈色 2min。
6. 流水洗 5min 后入蒸馏水洗。
7. Mayer 苏木精染色。
8. 自来水洗蓝化 1~3min 后入蒸馏水洗。
9. 甘油明胶封固。
10. 对照实验

(1) 去除底物:另配一孵育液,其中省去 β-甘油磷酸钠,改用等量的蒸馏水代替。

(2) 灭活酶:把切片先置入 80~90℃的热水中处理 10min,然后按上述孵育方法进行操作。

(3) 切片用 Lugol 碘液处理 3min,5% 硫代硫酸钠液处理 1min,充分水洗后入孵育液。

(四) 实验结果

肾近曲小管刷状缘、小肠上皮纹状缘处呈黑色沉淀,见图 6-17,显示碱性磷酸酶活性;血管壁也显示此酶活性。细胞核呈蓝色。经上述方法之一处理过的对照实验结果应为阴性。

(五) 注意事项

1. 切片标本需新鲜,取材后应立即处理,以免影响酶的活性。
2. 硫化铵易挥发,应现用现配。

二、偶联-偶氮色素法显示酸性磷酸酶

酸性磷酸酶显示方法也分为金属法(Gomori 铅法)和偶联-偶氮色素法两种。偶联-偶氮色素法的原理是:在酸性环境下,酸性磷酸酶将底物萘酚衍生物磷酸酯即磷酸萘酚 AS-BI 分解,释放出萘酚 AS-BI,萘酚 AS-BI 立即与六氮化对品红偶联,生成红色偶氮染料。

(一) 实验目的

掌握常用酸性磷酸酶显示方法的原理和实验步骤。

(二) 材料、试剂与器材

1. **材料** 大鼠肝、肾和肠冷冻切片,厚 7μm。

2. **试剂** 磷酸萘酚 AS-BI、二甲亚砜、4% 对品红盐酸盐、4% 亚硝酸钠、0.1mol/L 乙酸钠、Mayer 苏木精、甘油明胶。

六氮化对品红缓冲液的配制:

4% 对品红盐酸盐	0.3ml
4% 亚硝酸钠	0.3ml

密闭下混匀静置 1min,待溶液变为淡黄色后加入 0.1mol/L 乙酸钠 9.4ml,调节 pH 5.0~5.5。

孵育液配制:

磷酸萘酚 AS-BI	5mg
二甲基亚砜	0.2ml

六氮化对品红缓冲液	10ml

混匀后过滤。

3. 器材　烧杯、染缸、镊子、滤纸、漏斗、玻璃棒。

（三）实验步骤

1. 切片入孵育液37℃，30min。

2. 蒸馏水洗。

3. Mayer苏木精复染核。

4. 自来水蓝化1~3min后入蒸馏水洗。

5. 甘油明胶封片。

6. 对照实验。

（四）实验结果

酸性磷酸酶存在的部位显示红色。在肝组织中，以胆小管周围酸性磷酸酶活性最高，着色最深。在肾组织中，以肾近曲小管上皮细胞酸性磷酸酶活性最高。在小肠组织中，以小肠绒毛柱状上皮细胞酸性磷酸酶活性最强。

（五）注意事项

1. 标本固定应在4℃进行，不超过24h，以免影响酶的活性。

2. 二甲基亚砜须避光保存。

实验五　胆碱酯酶 Karnovsky-Roots 法染色

胆碱酯酶能水解碘化乙酰硫代胆碱产生硫代胆碱，硫代胆碱使孵育液中铁氰化物还原为亚铁氰化物，后者与孵育液中铜离子结合，生成亚铁氰化铜，在酶活性部位呈棕色沉淀。如在孵育液内加入四异丙基焦磷酰胺（ISO-OMPA），抑制非特异性胆碱酯酶活性，可特异性显示乙酰胆碱酯酶（特异性胆碱酯酶）。

（一）实验目的

掌握Karnovsky-Roots法显示组织细胞中胆碱酯酶活性的原理、实验步骤和应用。

（二）材料、试剂与器材

1. 材料　新鲜或多聚甲醛固定的神经组织。

2. 试剂　含1% $CaCl_2$的冷10%福尔马林、0.1mol/L乙酸缓冲液（pH 5.5）、0.1mol/L（2.94%）柠檬酸钠、30mmol/L（0.75%）硫酸铜、5mol/L（0.164%）铁氰化钾、1mmol/L ISO-OMPA。

孵育液配制：临用前30min配制。

0.1mol/L柠檬酸钠	1.0ml
30mmol/L硫酸铜	1.0ml
1mmol/L ISO-OMPA	1.0ml
5mol/L铁氰化钾	1.0ml
碘化乙酰硫代胆碱	5mg

充分混匀，至溶液呈亮绿色。

3. 器材　温箱、载玻片、微量移液器、移液器吸头、湿盒、染色缸、小烧杯、玻璃棒等。

（三）实验步骤

1. 新鲜组织冷冻切片，10%中性福尔马林固定20~25min，或经冷10%福尔马林钙溶液固定20min后，经蒸馏水充分漂洗。

2. 生理盐水漂洗3次，每次5min。

3. 孵育液中室温（25℃）孵育2~6h，一般为3h，或35℃孵育0.5~2h。

4. 生理盐水漂洗，终止反应。

5. 乙醇脱水，二甲苯透明，中性树脂或甘油明胶封固，光镜观察。

6. 对照实验　用3×10^{-5}mol/L毒扁豆碱硫酸酯预处理标本30min，乙酸缓冲液（pH 5.5）漂洗后，入孵育液孵育，乙酰胆碱酯酶活性被抑制而呈阴性。

（四）实验结果

乙酰胆碱酯酶活性部位呈棕色至红褐色沉淀，见图6-23A。

（五）注意事项

本显示方法的孵育液各成分比例要求非常严格，如Cu^{2+}浓度低，易造成反应终产物弥散现象；pH 5.0~5.5为宜，pH 6以上易发生终产物弥散现象。

实验六　一氧化氮合酶的还原型辅酶Ⅱ-黄递酶染色法

一氧化氮合酶（NOS）是一种重要的连接酶，能催化前体物质*L*-精氨酸生成*L*-瓜氨酸和一氧化氮。还原型辅酶Ⅱ-黄递酶（NADPH-d）与NOS在化学结构、组织定位上有极高的一致性，且与 NO 生成密切相关，故广泛采用 NADPH- 黄递酶法来显示 NOS 活性。NADPH-d 能将辅助因子 β-NADPH 提供的电子转移至底物氮蓝四唑（NBT），使之还原为不溶解的紫蓝色沉淀，通过观察沉淀的部位和颜色深浅推断酶的分布及酶活性的强弱。

（一）实验目的

掌握还原型辅酶Ⅱ- 黄递酶（NADPH-d）染色法显示神经系统中一氧化氮合酶的原理和实验步骤。

（二）材料、试剂与器材

1. 材料 新鲜或多聚甲醛固定的各种含神经的组织。

2. 试剂 β-NADPH、NBT、0.05mol/L Tris-HCl 缓冲液（pH 7.4）、Triton X-100。

孵育液配制：

β-NADPH	5mg
NBT	2.5mg
Triton X-100	15μl
0.05mol/L TB（pH 7.4）	5ml

3. 器材 温箱、冰箱、载玻片、微量移液器、移液器吸头、湿盒、染色缸、小烧杯、玻璃棒、pH 计。

（三）实验步骤

1. 未固定的新鲜组织冷冻切片或铺片，先经 4% 多聚甲醛固定 15~30min；已固定的组织切片或铺片可直接漂洗。

2. 生理盐水漂洗 3 次，每次 5min。

3. 孵育液 37℃孵育，15~45min，必要时中间可更换孵育液。

4. 生理盐水漂洗 5min，终止酶反应。

5. 乙醇脱水、二甲苯透明、中性树胶封片后镜检，亦可直接用水溶性封片剂封片。

6. 对照实验 在孵育液中除去 β-NADPH 或用 0.1mol/L N- 亚硝基精氨酸（NOS 抑制剂）预孵育切片 1h。

（四）实验结果

含 NOS 活性部位显示为紫蓝色沉淀，可根据颜色深浅推测酶活性的强弱。对照实验标本结果应为阴性。

（五）注意事项

孵育液的孵育时间因组织和环境条件不同存在差异。出孵育液经生理盐水漂洗后可在镜下观察反应物着色程度。若反应很弱，可重新入孵育液中进行再次孵育。

实验七 免疫组织化学染色

一、免疫组织化学 SABC 法染色

亲和素 - 生物素 - 过氧化物酶复合物法（avidin-biotin-peroxidase complex method，ABC 法）是将亲和素作为“桥”与生物素化第二抗和生物素结合的酶连接起来，使抗原与抗体反应信号放大，以增加敏感性。该法将第二抗体以生物素标记，亲和素与生物素标记的过氧化物酶混合成 ABC 复合物。染色时，标本中的抗原先与第一抗体结合，后者再与生物素标记的第二抗体结合，然后加入 ABC 复合物，结合到第二抗体的生物素上，最终形成的复合物含有大量的酶分子。链霉亲和素（streptavidin）是一种从链霉菌培养物中提取的蛋白质，相对分子量为 60kDa，不含糖链，与亲和素一样也具有 4 个生物素结合位点，与生物素的亲和力高，是一种更完美的生物素结合蛋白。用链霉亲和素代替 ABC 法中的亲和素进行免疫组织化学染色称为链霉亲和素 - 生物素 - 过氧化物酶复合物法（SABC 法）。SABC 法是 ABC 法的改良，其他成分与 ABC 法的完全相同。

（一）实验目的

掌握免疫组织化学 SABC 法的基本原理、实验步骤和注意事项。

（二）材料、试剂与器材

1. 材料 组织石蜡切片。

2. 试剂

（1）二甲苯：脱蜡Ⅰ和Ⅱ，透明Ⅰ和Ⅱ。

（2）下行 / 上行梯度乙醇：100% Ⅰ和Ⅱ、95%、90%、80%、70% 乙醇。

（3）缓冲液：PBS（0.01mol/L，pH 7.4），TB（0.05mol/L，pH 7.6）。

（4）含 0.3%Triton X-100 的 PBS、30% H_2O_2、甲醇 -H_2O_2、含 0.02% 叠氮钠的 PBS、含 3% BSA 和 10% 正常血清的 PBS、中性树脂、粘片剂。

（5）第一抗体（特异性抗体）。

（6）SABC-HRP 试剂盒：包括①与第二抗体同动物种属的正常血清（非免疫血清）；②生物素化第二抗体（购买时要选择与第一抗体匹配的第二抗体）；③SABC 液（链霉亲和素 – 生物素 – 辣根过氧化物酶复合物）。

（7）3，3– 二氨基联苯胺（DAB）。

（8）苏木精染液。

试剂配制见附录一。

3. 器材　温箱、烤箱、冰箱、载玻片、盖玻片、微量移液器、移液器吸头、吸管、湿盒、染色缸、记号笔、Eppendorf 管、滤纸条、吸水纸、搅拌器。

（三）实验步骤

1. 烤片　温度和时间为 58~60℃，2~3h。

2. 脱蜡和水化　切片在染色缸中分别经过二甲苯Ⅰ和Ⅱ中浸泡 15~30min，依次经过下行梯度乙醇至水。在 100% 乙醇Ⅰ、Ⅱ中分别浸泡 5min，95%、90%、80%、70% 乙醇中分别浸泡 2min，PBS 漂洗 3 次，每次 3min，放置蒸馏水中待用；冷冻切片、培养细胞不需此步。

3. 抗原修复　需修复的抗原要求此步骤。

4. 细胞膜通透　切片置于 0.3% Triton X-100 中室温浸泡 20~30min，PBS 漂洗 3 次，每次 5min。

5. 灭活内源性过氧化物酶　蒸馏水配制新鲜 3% 甲醇 -H_2O_2（3ml 纯甲醇中加入 30%H_2O_2 0.3ml，现用现配），室温孵育 10~20min，PBS 漂洗 3 次，每次 5min。

6. 正常血清封闭　2%~5% 正常血清（与第二抗体同种动物来源的血清）20μl，室温孵育 10~20min，甩去多余液体，不洗。

7. 滴加第一抗体（用 PBS 稀释为工作浓度）20μl，37℃孵育 2h 或 4℃过夜，PBS 漂洗 3 次，每次 10min。

8. 滴加生物素化第二抗体（SABC 试剂盒中通常为即用型）20μl，37℃孵育 20min，PBS 漂洗 3 次，每次 10min。

9. 滴加 SABC 液 20μl，37℃孵育 20min，PBS 漂洗 3 次，每次 10min。

10. DAB 显色，室温，镜下控制显色程度，一般 5~10min，蒸馏水洗涤。

11. 苏木精复染，5~10s，自来水冲洗蓝化，上行梯度乙醇脱水均为 2min，用二甲苯Ⅰ和Ⅱ各透明 10min，树脂封片后镜下观察。

（四）实验结果

免疫反应阳性产物染为棕色，细胞核复染为蓝色，见图 7-13。

（五）注意事项

1. 载玻片要清洗干净；涂粘片剂防止脱片，做好载玻片的正反面标记；烤片时间要充分、适当，至少 60℃烤 2h 以上。

2. 脱蜡要彻底，室温较低时可以在温箱内脱蜡，或者延长脱蜡时间。

3. 滴加液体、冲洗、擦拭时避免碰到组织切片，操作轻柔，PBS 冲洗要充分。

4. 浓缩型试剂稀释后要混匀。抗原和第一抗体、第一抗体和第二抗体的种属关系要匹配。滴加试剂的量视组织块大小而定，应覆盖整个组织。

5. 抗体孵育时，切片应放于湿盒内，勿使切片干燥。

6. 设阳性对照和阴性对照。

7. 标本数量较多需要分批进行染色时，实验条件需保持一致。

8. 由于肝脏、肾脏、脑组织的内源性生物素含量较高，如果染色后背景较深并且已经排除其他可能原因，应使用内源性生物素阻断剂。

二、多聚螯合物酶法免疫组织化学染色

多聚螯合物酶法是近十年来广为使用的免疫组织化学染色方法，原理是利用高分子惰性多聚化合物［葡聚糖（碳骨架，—C—C—C—C—C—）、氨基酸和多聚糖样聚合物］为骨架将多个抗体分子和酶结合在一起，形成酶 – 多聚化合物 – 抗体分子的复合物，最后借助酶作用底物在抗原抗体反应的部位上产生不溶性的有色产物，从而检测出抗原的分布。此方法与 SABC 法相比，优势在于能克服内源性生物素的影响。

（一）实验目的

掌握免疫组织化学多聚螯合物酶法的基本原理、实验步骤和注意事项。

（二）材料、试剂与器材

1. 材料　组织石蜡切片。

2. 试剂

（1）二甲苯：脱蜡Ⅰ和Ⅱ；透明Ⅰ和Ⅱ。

（2）下行/上行梯度乙醇：100% Ⅰ和Ⅱ、95%、90%、80%、70% 乙醇。

（3）缓冲液：PBS（0.01mol/L，pH 7.4），TB（0.05mol/L，pH 7.6）。

（4）含 0.3%Triton X-100 的 PBS、30% H_2O_2、甲醇 -H_2O_2、含 0.02% 叠氮钠的 PBS、含 3% BSA 和 10% 正常血清的 PBS、中性树脂、粘片剂。

（5）第一抗体（特异性抗体）。

（6）PowerVision 检测试剂盒：包括：①3% H_2O_2 去离子水；②Polymer Helper（即用型）；③多过氧化物酶 - 第二抗体多聚体（购买时要选择与第一抗体匹配的第二抗体）；

（7）3，3- 二氨基联苯胺（DAB）。

（8）苏木精染液。

试剂配制见附录一。

3. 器材 温箱、烤箱、冰箱、载玻片、盖玻片、微量移液器、移液器吸头、吸管、湿盒、染色缸、记号笔、Eppendorf 管、滤纸条、吸水纸、搅拌器。

（三）实验步骤

1. 石蜡切片脱蜡至水，PBS 洗 3×3min（如需采用抗原修复，可在此步后进行）。

2. 3% H_2O_2 室温孵育 10min，以消除内源性过氧化物酶的活性；蒸馏水洗，PBS 浸泡 5min。

3. 滴加适当比例稀释的第一抗体，37℃孵育 1~2h 或 4℃过夜。

4. PBS 冲洗，3×3min。

5. 滴加 Polymer Helper，室温或 37℃孵育 20min。PBS 冲洗，3×3min。

6. 滴加多过氧化物酶 - 第二抗体多聚体，37℃或室温孵育 20~30min。

7. PBS 冲洗，3×3min。

8. DAB 显色。

9. 自来水充分冲洗，苏木素复染，封片。

（四）实验结果

免疫反应阳性产物染为棕色，细胞核复染为蓝色。

（五）注意事项

同前面实验，但该染色系统比链霉亲和素 - 生物素的检测系统灵敏度提高数倍，所以应适当调整一抗的使用浓度。

三、间接法双重免疫荧光染色

为了分析同一组织、细胞内两种或多种化学成分之间的相互关系，需要对这些化学成分之间的空间关系进行检测。双重或多重免疫组织化学染色是检测这种关系的基本方法，其中以间接法双重或多重免疫荧光染色最为常用。间接法双重或多重免疫荧光染色应用两种或多种不同荧光素标记的第二抗体（间接法）对两种或多种不同的抗原进行标记，在荧光显微镜下或激光扫描共聚焦显微镜下通过选择不同的滤色片检测不同颜色的荧光从而在同一标本上显示两种或多种不同的抗原。

（一）实验目的

掌握间接法双重免疫荧光染色技术的原理和实验步骤。

（二）材料、试剂与器材

1. 材料 组织石蜡切片或冷冻切片、培养细胞或细胞涂片标本。

2. 试剂

（1）二甲苯：脱蜡Ⅰ和Ⅱ；透明Ⅰ和Ⅱ。

（2）下行梯度乙醇：100% Ⅰ和Ⅱ、95%、90%、80%、70% 乙醇。

（3）缓冲液：PBS（0.01mol/L，pH 7.4），TB（0.05mol/L，pH 7.6）。

（4）含 0.3% Triton X-100 的 PBS、30% H_2O_2、甲醇 -H_2O_2、含 0.02% 叠氮钠的 PBS、含 3% BSA 的 PBS、10% 甘油 -PBS。

（5）两种不同种属来源的特异性第一抗体。

（6）TRITC 和 FITC 分别标记的两种第二抗体（分别与第一抗体种属相匹配）。

（7）与第二抗体同动物种属的正常血清。

（8）Hoechst 33342 工作液。

试剂配制见附录一。

3. 器材 温箱、烤箱，冰箱、载玻片、盖玻片、微量移液器、移液器吸头、吸管、湿盒、染色缸、记号笔、Eppendorf 管、滤纸条、吸水纸、搅拌器。

（三）实验步骤

1. 石蜡切片脱蜡到水，冷冻切片、培养细胞或细胞涂片直接进入下一步。

2. PBS 漂洗 5min。

3. 含 0.3% Triton X-100 的 PBS 室温孵育 20min，PBS 漂洗 2 次，每次 5min；细胞膜抗原可省略此步骤。

4. 含 3% BSA 和 10% 与第二抗体同种属正常血清的 PBS 室温孵育 30min。

5. 用含 3% BSA 和 10% 与第二抗体同种属正常血清的 PBS 适当稀释的两种第一抗体（如兔抗 A 抗原抗体和小鼠抗 B 抗原抗体）混合液 4℃孵育 12~24h。

6. PBS 漂洗 3 次，每次 10min。

7. 用含 3% BSA 和 10% 与第二抗体同种属正常血清的 PBS 适当稀释、两种不同荧光素标记的第二抗体（如 TRITC 标记的羊抗兔 IgG 和 FITC 标记的羊抗小鼠 IgG）混合液室温避光孵育 2h。

8. PBS 避光漂洗 3 次，每次 10min。

9. Hoechst 33342 工作液复染细胞核 15~20min（非必需步骤）。

10. 10% 甘油 -PBS 封片，荧光显微镜下选择相应滤色片观察结果。

11. 阴性对照可用正常鼠血清代替第一抗体。

（四）实验结果

两种抗原分别呈不同颜色的荧光，如被 TRITC 标记的 A 抗原呈红色荧光，被 FITC 标记的 B 抗原呈绿色荧光，两种抗原共存区域或细胞呈黄色荧光，见图 14-1；用 Hoechst 33342 复染的标本其细胞核呈蓝色荧光。

（五）注意事项

1. 如果两种或多种第一抗体来源于相同种属，在进行双重或多重染色时，染色系统中的第二抗体与来自相同种属的不同第一抗体之间存在交叉反应。为了保证染色的特异性，需要对交叉反应进行封闭，而且每重染色必须分开先后进行。

2. 甲醛类固定的组织切片如需进行抗原修复，应考虑所选择的两个抗原修复方法一致或一个抗原的修复对另一个抗原的染色结果没有影响。

3. 对容易脱片的组织或细胞固定后晾干的时间可延长至 2h 以上。

4. Hoechst 33342 工作液复染细胞核时，把标本晾干再加染液效果更佳。

5. 封片后须立即镜检或置 4℃冰箱中待检，但不能长期保存。

四、多标记免疫荧光染色

一种基于酪胺信号放大技术（tyramide signal amplification，TSA）的多标记免疫荧光染色方法能够在同一组织切片样本上复染多达 7 种抗原并进行区别标记，可将组织中蕴含的丰富信息准确地呈现出来，突破传统免疫组织化学染色方法的局限。

TSA 是一类利用酪胺的过氧化物酶反应，带有荧光染料标记的底物酪胺（T）分子在 H_2O_2 氧化环境下，被固定在抗体上的 HRP 转化为具有短暂活性的中间态（T●），活化的 T●可以快速与邻近蛋白分子中富含电子的酪氨酸残基进行稳定的共价结合。由于邻近蛋白（包括 HRP、抗体、目标抗原）都含有大量的酪氨酸残基，所以目标抗原处会富集大量标记分子，使信号被有效放大，见图 7-28。TSA 技术利用酪胺分子与目标抗原之间共价键的稳定性（其键能远高于抗原、抗体间的非共价键结合力），通过微波加热法就可以在保留抗原标记信号的同时去除结合在抗原上的一抗和二抗分子，借此实现抗原的直接标记，见图 7-29。后续可以再次使用同一种属来源的抗体标记其他目标抗原，不必考虑上一轮抗体的交叉干扰，只需更换不同颜色的标记荧光染料。该技术彻底解决了多标记免疫荧光染色中抗体种属选择的限制，在设计抗体组合时只需根据各抗体的效价来为各个目标抗原选择最优的抗体即可。

（一）实验目的

掌握 TSA 多标记免疫荧光染色方法的原理和实验步骤。

（二）材料、试剂与器材

1. 材料　组织石蜡切片或冷冻切片、培养细胞或细胞涂片标本。

2. 试剂

（1）二甲苯：脱蜡Ⅰ和Ⅱ；透明Ⅰ和Ⅱ。

（2）下行梯度乙醇：100% Ⅰ和Ⅱ、95%、90%、80%、70% 乙醇。

（3）多色免疫荧光染色试剂盒

（4）缓冲液：TBST（25mmol/L Tris-HCl、

150mmol/L NaCl、0.05% Tween-20）。

（5）中性福尔马林缓冲液、超纯水、抗体稀释液、抗体封闭液。

（6）4~6 种特异性第一抗体。

（7）抗荧光猝灭剂。

试剂配制见附录一。

3. 器材 微波炉、温箱、烤箱，冰箱、载玻片、盖玻片、微量移液器、移液器吸头、吸管、湿盒、切片处理罐、Eppendorf 管、滤纸条、吸水纸。

（三）实验步骤

1. 石蜡切片脱蜡到水，冷冻切片、培养细胞或细胞涂片直接进入下一步。

2. 纯净水漂洗后，置于 10% 中性福尔马林固定 20min。

3. 纯净水漂洗，然后置于含 AR 缓冲液（试剂盒提供）Opal 切片处理罐中，微波炉最大功率处理 45s。

4. 自然降至室温，TBST 缓冲液漂洗 3 次，每次 2min。

5. 抗体封闭液孵育 10min 后，甩掉抗体封闭液，加特异性第一抗体孵育。

6. TBST 漂洗 3 次，每次 2min。

7. 加 HRP 标记第二抗体（试剂盒提供）室温孵育 10min。

8. TBST 漂洗 3 次，每次 2min。

9. 加荧光基团工作液（试剂盒提供）室温孵育 10min。

10. TBST 漂洗 3 次，每次 2min。

11. 置于含抗原修复缓冲液的切片处理罐中，微波炉最大功率处理 45s。

12. 自然降至室温，TBST 缓冲液漂洗 3 次，每次 2min。

13. 重复步骤 5~12，进行其他特异性第一抗体染色。

14. 全面目标抗原染色结束后，加 DAPI 工作液室温孵育 5min，TBST 缓冲液 2min，纯净水漂洗 2min。

15. 抗荧光猝灭剂封片，多光谱组织成像系统观察结果。

（四）实验结果

可以看到包括细胞核呈蓝色荧光在内的 7 色荧光图像。

（五）注意事项

1. 整个过程切勿使切片干燥。

2. 微波炉处理时间与其功率选择呈负相关，功率低，处理时间长。

实验八 半抗原标记 cRNA 探针原位杂交组织化学染色

cRNA 探针为单链探针，杂交时不需变性；无自我复性，杂交效率高，形成的杂交体稳定；长度比较一致，杂交饱和水平高；虽由于黏性较 DNA 探针强，易与组织发生较高水平的非特异性结合，但可通过在杂交后漂洗液中加入 RNA 酶对其降解。因此，cRNA 探针在检测组织细胞内 mRNA 表达的原位检测中得到广泛应用，其中用半抗原标记的 cRNA 探针最为常用。在以体外转录方式合成 cRNA 探针时，如在转录体系中加入地高辛标记的 rNTP 原料，则能合成带有地高辛的 cRNA 探针，其中与待测 mRNA 序列互补的反义 cRNA 探针按照碱基配对原则与待测 mRNA 结合形成杂交体，然后用碱性磷酸酶标记的抗地高辛抗体与杂交体上的地高辛进行免疫反应，最后用碱性磷酸酶的底物显示抗原抗体复合物上的碱性磷酸酶活性而检测特定 mRNA。而与待测 mRNA 序列相同的正义 cRNA 探针因不能与待测 mRNA 形成杂交体而呈阴性反应，可作为阴性对照。

（一）实验目的

掌握应用半抗原标记 cRNA 探针原位杂交组织化学染色显示组织或细胞内 mRNA 的原理和实验步骤。

（二）材料、试剂与器材

1. 材料 新鲜或多聚甲醛固定的组织切片。

2. 试剂

（1）二甲苯：脱蜡Ⅰ和Ⅱ，透明Ⅰ和Ⅱ。

（2）乙醇：下行和上行梯度乙醇（100%Ⅰ和Ⅱ、95%、90%、80%、70% 乙醇）。

（3）DEPC 水。

（4）0.1mol/L PB（pH 7.4）。

（5）0.01mol/L PBS（pH 7.4）。

（6）0.1mol/L PB 配制的 4% 多聚甲醛。

（7）0.1mol/L 甘氨酸。

（8）0.1mol/L PB 配制的 0.3% Triton X-100。

（9）1μg/ml 蛋白酶 K。

（10）0.25% 乙酸酐。

（11）20× 柠檬酸盐缓冲液（SSC）。

（12）4×SSC 配制的 50% 去离子甲酰胺。

（13）地高辛标记的反义和正义 cRNA 探针。

（14）杂交缓冲液。

（15）1mg/100ml RNA 酶。

（16）碱性磷酸酶标记的抗地高辛抗体 Fab 片段。

（17）TSM1 和 TSM2 缓冲液。

（18）碱性磷酸酶缓冲液。

（19）NBT 和 BCIP 显色液。

试剂配制见附录。

3. 器材 温箱、烤箱、冰箱、载玻片、盖玻片、Eppendorf 管、天平、微量移液器、移液器吸头、吸管、湿盒、染色缸、封口膜、普通光学显微镜。

（三）实验步骤

1. 杂交前处理

（1）石蜡切片在染色缸内分别经二甲苯Ⅰ和Ⅱ脱蜡 10min，依次经下行梯度乙醇脱水，在 100% 乙醇Ⅰ和Ⅱ中各 5min，95%、90%、80%、70% 乙醇中各 2min，0.01mol/L PBS 漂洗 3 次，每次 3min，高压灭菌双蒸水或 DEPC 水漂洗 3min；新鲜组织冷冻切片、培养细胞涂片或爬片在 4℃丙酮中固定 20~30min 后晾干；灌注固定组织冷冻切片直接进行以下操作。

（2）0.1mol/L PB 漂洗 2 次，每次 5min。

（3）含 0.3% Triton X-100 的 0.1mol/L PB 孵育 10~15min（室温）。

（4）1μg/ml 蛋白酶 K 孵育 30min（37℃）。

（5）0.1mol/L 甘氨酸孵育 5min（室温）。

（6）含 4% 多聚甲醛的 0.1mol/L PB 孵育 5min（室温）。

（7）0.1mol/L PB 漂洗 3 次，每次 5min。

（8）0.25% 乙酸酐孵育 10min。

（9）4×SSC 漂洗 5min。

（10）2×SSC 漂洗 10min。

（11）滴加预热的预杂交液（不含探针）于切片上或切片入预杂交液（漂浮法），于密封湿盒内 42~45℃下预杂交 30min~2h。

2. 杂交

（1）杂交液配制：在杂交缓冲液中加入适量地高辛标记反义 cRNA 探针，使探针终浓度为 0.5~1μg/ml，空白对照不加探针，阴性对照加入相同浓度地高辛标记正义 cRNA 探针。

（2）将混匀后的杂交液滴加在切片上，每片约 20μl，或将切片漂浮于杂交液中，于密封湿盒内 42~45℃下杂交 12~24h。

3. 杂交后处理

（1）5×SSC 漂洗 15min（45℃）。

（2）4×SSC 冲洗 15min（37℃）。

（3）2×SSC（含 50% 去离子甲酰胺）漂洗 15min（37℃）。

（4）2×SSC（含 20μg/ml RNase A）冲洗 10min（37℃）。

（5）1×SSC 冲洗 15min（37℃）。

（6）0.5×SSC 冲洗 15 钟（37℃）。

（7）0.01mol/L PBS 室温漂洗 3 次，每次 5min。

4. 显色

（1）碱性磷酸酶标记抗地高辛抗体 Fab 片段（1∶1 000~1∶500）室温下孵育 4h。

（2）0.01mol/L PBS 漂洗 4 次，每次 5min。

（3）TSM1 漂洗 2 次，每次 5min。

（4）TSM2 漂洗 2 次，每次 5min。

（5）NBT 和 BCIP 显色液中室温下显色 0.5~2h，显微镜下观察显色情况以决定终止或延长显色时间。

（6）0.01mol/L PBS 冲洗 2 次，每次 5min。

（7）复染：可用 1% 伊红、1% 苏木精、1% 亮绿或 5% 的焦宁（又称派洛宁 Y）（pyronin Y）染色 10~30s，流水洗 5~10min，直至水无色为止。

（8）明胶甘油封片，也可经上行梯度乙醇短暂（每步数秒）脱水，二甲苯透明，树胶封片。

（四）实验结果

NBT 和 BCIP 显色液显色后，用反义 cRNA 探针杂交的阳性细胞胞质内呈现深蓝色或紫蓝色反应产物，见图 8-12、图 8-20，空白对照或用正义 cRNA 探针杂交的细胞应无蓝色反应产物。

（五）注意事项

1. 在ISH中，组织细胞的处理用石蜡切片和冷冻切片各有利弊，前者对组织结构保存好但对mRNA的保存不如后者，一般在ISH中多选用组织冷冻切片。石蜡切片脱蜡要彻底。

2. 在选择探针的标记和检测系统时应根据目标mRNA的表达量进行确定，一般低丰度mRNA的检测选用敏感度高的放射性核素标记探针，否则尽量选择非放射性物质如地高辛、生物素等标记探针。

3. 由于cRNA探针主要检测样本中的mRNA，而mRNA极容易被RNA酶消化，故在杂交前所有步骤均需严防RNA酶污染。粘贴切片前，载玻片要清洗干净，高温处理，使其不含RNA酶。液体需经DEPC处理、器皿高温消毒及戴手套等。

4. 为防止组织或细胞标本在杂交过程中脱落，载玻片要涂抹铬矾明胶或多聚赖氨酸等黏附剂。

5. 最佳探针浓度和杂交温度应针对不同探针和靶核酸通过预实验摸索确定。

6. 设阳性对照和阴性对照。

7. 切片放于密封湿盒内反应，防止切片干燥。

8. NBT和BCIP显色液应在临用前配制。

实验九　神经元分支投射的双重荧光逆行示踪

利用两种或多种不同荧光素所发的不同颜色光可同时追踪显示多重纤维联系，这是荧光染料示踪的一个最大优点。神经系统中有些神经元的轴突可发出分支投射至两个或更多靶区。因此在形态学研究中，常采用两种不同的荧光染料注入两个区域，待其被神经元的轴突末梢摄取后沿轴浆转运，若在同一个神经元内出现两种不同的荧光，则证明该神经元与上述两个不同的区域有纤维联系。三叉神经脊束核尾侧亚核（延髓背角）和脊髓背角是接收和调控外周伤害性信息初级传入的重要门户，中缝大核向脊髓背角和延髓背角的下行投射对传递疼痛信息的神经元具有抑制作用，其中部分神经元可向脊髓背角和延髓背角进行分支投射。

（一）实验目的

掌握双重荧光逆行示踪法的基本原理、实验步骤和荧光双标神经元的辨认。

（二）材料、试剂与器材

1. **材料**　成年健康SD大鼠。

2. **试剂**　4%戊巴比妥、5%快蓝（FB）、3%核黄（NY，Hoechst S-769121）、生理盐水、0.1mol/L PBS、含4%多聚甲醛的0.1mol/L PB、含30%蔗糖的0.1mol/L PB、封片剂。

3. **器材**　脑立体定位仪、冷冻切片机、手术器械、注射器、微量注射器、微玻管、载玻片、盖玻片、荧光显微镜等。

（三）实验步骤

1. **注射荧光染料示踪剂**　大鼠经腹腔注射戊巴比妥（40mg/kg体重）麻醉后，置于脑立体定位仪上，暴露延髓背角和脊髓背角，将0.05~0.1μl标记胞质的荧光染料5% FB注入双侧脊髓背角，将0.05~0.1μl标记细胞核的荧光染料3% NY注入双侧延髓背角。注射需用两只顶端为90°的平头微量注射器，注射FB和NY的微量注射器不能混用，以免互相污染。术后将动物饲养在安静、避强光、温暖的环境中。

2. **灌注固定**　大鼠存活72h后，经戊巴比妥（40mg/kg）腹腔深麻醉后，开胸，经左心室插管至升主动脉，先以100ml生理盐水冲去血液，再以500ml含4%多聚甲醛的0.1mol/L PB（pH 7.4）灌注固定，持续1h左右。

3. **取材**　取脑和脊髓，于上述新鲜固定液中固定4~6h（4℃），然后将脑和脊髓放入含30%蔗糖的0.1mol/L PB中（4℃）。

4. **切片**　待脑和脊髓在蔗糖溶液中沉底后，冷冻切片机或恒冷箱切片机冠状切注射区和延髓吻段，片厚30μm，隔1片取1片，切片收集于0.1mol/L PBS（pH 7.4）中待用。

5. **封片**　将切片裱于载玻片上，用加有荧光物质保护剂的封片剂，加盖玻片封片。

6. **观察**　选用紫外光专用的激发滤片和发射滤片在荧光显微镜下观察。

（四）实验结果

中缝大核内胞质呈蓝色荧光的为向脊髓背角

投射的神经元，胞核呈黄色荧光的是向延髓背角投射的神经元。具有蓝色胞浆和黄色胞核的双标记神经元，即为既向脊髓背角又向延髓背角发出分支投射的神经元。

（五）注意事项

1. 因老年动物常常有自发荧光，故实验勿选用老年动物。

2. FB 和 NY 均为悬浊液，注入时需用的压力较大且比较困难。但注射时一定要缓缓用力，切勿使用暴力，以免突然将荧光染料推出的同时也注入空气，使组织损伤，造成注射区弥散和荧光染料外溢，影响标记效果。

3. FB 和 NY 可以同时被紫外光激发，分别发出蓝色和黄色荧光，故能同时观察，并能用一张照片显示双标结果。

（王世鄂）

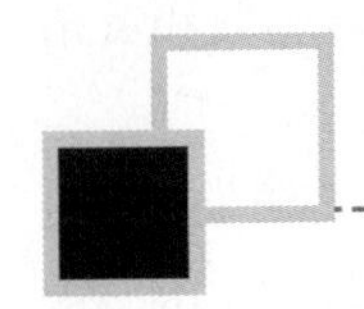

附录一 组织化学与细胞化学染色常用试剂配制

（一）缓冲液

1. 0.01mol/L（pH 7.2~7.6）磷酸盐缓冲液（phosphate buffered saline，PBS）

（1）方法一：

$Na_2HPO_4 \cdot 12H_2O$	14.5g
$NaH_2PO_4 \cdot 2H_2O$	1.48g
NaCl	42.5g
蒸馏水	5 000ml

（2）方法二：

0.2mol/L NaH_2PO_4（A液）：

$NaH_2PO_4 \cdot 2H_2O$	31.2g
双蒸水至	1 000ml

0.2mol/L Na_2HPO_4（B液）：

$Na_2HPO_4 \cdot 12H_2O$	71.63g
双蒸水	至 1 000ml

取A液19ml，B液81ml，充分混合即为0.2mol/L的磷酸缓冲液（phosphate buffer，PB；pH 7.4~7.5）。取0.2mol/L的PB 50ml，NaCl 8.5~9g（约0.15mol/L），加双蒸水至1 000ml，即为0.01mol/L的PBS（pH 7.2~7.6）。

PB和PBS是免疫细胞化学实验中最常用的缓冲液，0.01mol/L的PBS主要用于漂洗组织标本、稀释抗体和血清等，其pH应在7.2~7.4之间，否则需要用1mol/L HCl或1mol/L NaOH调整。0.1mol/L的PB常用于配制固定液、蔗糖等。一般情况下，0.2mol/L PB的pH稍高些，稀释成0.01mol/L的PBS时，常可达到要求的pH。若需调整pH，通常是调PB的pH。

2. 0.5mol/L Tris-HCl缓冲液（Tris buffer，TB；pH 7.6）

（1）试剂

Tris（三羟甲基氨基甲烷）	60.57g
1mol/L HCl	约 420ml
双蒸水	至 1 000ml

（2）配制方法：先以少量双蒸水（300~500ml）溶解Tris，加入盐酸后，用1mol/L的HCl或NaOH将pH调至7.6，最后加双蒸水至1 000ml。此液为储备液，于4℃冰箱中保存。免疫组织化学中常用的Tris-HCl缓冲液浓度为0.05mol/L，用时取储备液稀释10倍即可。该液主要用于配制Tris缓冲生理盐水（TBS）、DAB显色液。

3. Tris缓冲生理盐水（Tris buffered saline，TBS）

（1）试剂

0.5mol/L TB	100ml
NaCl	8.5~9g（0.15mol/L）
双蒸水	至 1 000ml

（2）配制方法：先以双蒸水少许溶解NaCl，再加TB，最后加双蒸水至1 000ml，充分摇匀，使Tris终浓度为0.05mol/L。

4. 0.05mol/L Triton-Tris缓冲生理盐水（Triton-TBS）/0.01mol/L Triton-磷酸盐缓冲液（Triton-PBS）

（1）试剂

Triton X-100	10ml（1%）或 3ml（0.3%）
0.5mol/L TB（pH 7.6）	100ml（50ml）或（0.2mol/L PB）
NaCl	8.5~9g
双蒸水	至 1 000ml

（2）配制方法：先以双蒸水少许溶解NaCl后，加入Triton X-100及TB或PB，最后加双蒸水至1 000ml，充分摇匀。该液中Triton X-100常用浓度为1%及0.3%。Triton-TBS主要用于漂洗标本，Triton-PBS主要用于稀释血清。

5. Karasson–Schwlt 磷酸盐缓冲液（Karasson–Schwlt PB）

（1）试剂

$NaH_2PO_4 \cdot H_2O$	3.31g
$Na_2HPO_4 \cdot 7H_2O$	33.77g
双蒸水	至 1 000ml

（2）配制方法：同前。

该缓冲液主要用于配制 Zamboni 固定液。

6. 柠檬酸缓冲液

（1）pH 3.5 柠檬酸缓冲液：

柠檬酸	2.55g
柠檬酸钠	2.35g
双蒸水	至 100ml

（2）pH 6.0 柠檬酸缓冲液：

0.1mol/L 柠檬酸（A 液）

柠檬酸	21.01g
双蒸水	至 1 000ml

0.1mol/L 柠檬酸钠（B 液）

柠檬酸钠	29.41g
双蒸水	至 1 000ml

使用时取 A 液 9ml 和 B 液 41ml，再加入双蒸水 450ml，即配成 0.01mol/L 的柠檬酸缓冲液（pH 6.0 ± 0.1）。用于微波修复抗原。

7. 0.1mol/L（pH 7.4）二甲胂酸缓冲液

（1）试剂

0.2mol/L 二甲胂酸钠	500ml
0.1mol/L HCl	28ml
蒸馏水	至 1 000ml

（2）配制方法：先称取二甲胂酸钠（MW：214）42.8g，加蒸馏水至 1 000ml，配成 0.2mol/L 二甲胂酸钠；再取 HCl 1.7ml 加蒸馏水至 1 000ml，配成 0.1mol/L，最后取 0.2mol/L 二甲胂酸钠溶液 500ml 及 0.1mol/L HCl 28ml 混合，加蒸馏水至 1 000ml，即为 0.1mol/L 的二甲胂酸钠缓冲液。此缓冲液常用于免疫电镜染色。

（二）固定液

1. 4% 多聚甲醛 –0.1mol/L 磷酸盐缓冲液（pH 7.3）

（1）试剂

多聚甲醛	40g
0.1mol/L PB	至 1 000ml

（2）配制方法：称取 40g 多聚甲醛，置于三角烧瓶中，加入 500~800ml 0.1mol/L PB，加热至 60℃左右，持续搅拌使粉末完全溶解，通常需滴加少许 1mol/L NaOH 才能使溶液清亮，最后用 0.1mol/L PB 补足 1 000ml，充分混匀。该固定剂适于光镜免疫细胞化学染色。另外，该固定剂较温和，适于组织标本的较长期保存。

2. Bouin 液及改良 Bouin 液

（1）试剂

饱和苦味酸	750ml
40% 甲醛	250ml
冰乙酸	50ml

（2）配制方法：先将饱和苦味酸过滤，加入甲醛（有沉淀者禁用），临用前加入冰乙酸，混合后存于 4℃冰箱中备用。改良 Bouin 液即不加冰乙酸。该固定液为组织学、病理学常用固定剂之一，对组织的穿透力较强，固定较好，结构完整。但因液体偏酸（pH 3~3.5），对抗原有一定损害，且组织收缩较明显，故不适于组织标本的长期保存。此外，操作时，应避免吸入或与皮肤接触。

3. Zamboni（Stefanini）液

（1）试剂

多聚甲醛	20g
饱和苦味酸	150ml
Karasson–Schwlt PB	至 1 000ml

（2）配制方法：称取多聚甲醛 20g，加入饱和苦味酸 150ml，加热至 60℃左右，持续搅拌使充分溶解、过滤、冷却后加 Karasson–Schwlt PB 至 1 000ml 充分混合。该固定液适于电镜免疫细胞化学标本的固定，对超微结构的保存较纯甲醛为优，也适于光镜免疫细胞化学染色，为实验室常用固定剂之一。在应用中通常采用 2.5% 多聚甲醛和 30% 饱和苦味酸，以增加其对组织穿透力和固定效果，保存更多的组织抗原。固定时间为 6~18h。

4. Karnovsky 液（pH 7.3）

（1）试剂

多聚甲醛	30g
25% 戊二醛	80ml
0.1mol/L PB	至 1 000ml

（2）配制方法：先将多聚甲醛溶于 0.1mol/L

PB 中，再加入戊二醛，最后加 0.1mol/L 的 PB 至 1 000ml，混匀。

该固定剂适于免疫电镜细胞化学，4℃短时间固定比在较低浓度的戊二醛中长时间固定能更好地保存组织的抗原性和细微结构。固定时最好先灌流固定，然后浸泡固定 10~30min，用缓冲液漂洗后即可树脂包埋或经蔗糖溶液后用于恒冷箱切片。

5. PFG 液（parabenzoquinone-formaldehyde-glutaraldehyde fixative，PFG）

（1）试剂

对苯醌	20g
多聚甲醛	15g
25% 戊二醛	40ml
0.1mol/L 二甲胂酸钠缓冲液	至 1 000ml

（2）配制方法：先以 500ml 左右的二甲胂酸钠缓冲液溶解对苯醌及多聚甲醛，然后加入戊二醛，最后加入二甲胂酸钠缓冲液至 1 000ml 充分混合。

对苯醌与戊二醛及甲醛联合应用，既可阻止醛基对抗原的损害，又不影响超微结构的保存，故适用于免疫电镜组织化学研究。

6. 四氧化锇（osmium tetroxide，OsO_4）

（1）2% OsO_4 储存液：将洁净装有 1g OsO_4 的安瓿加热后，迅速投入装有 50ml 双蒸水的棕色瓶中，使安瓿遇冷自破；也可用钻石刀在安瓿上划痕，洗净后再放入瓶中，盖好瓶塞，用力撞击安瓿，待其破后加双蒸水溶解。为保证充分溶解，用前数天配制。储存液于冰箱内避光保存。

（2）1% OsO_4-0.1mol/L PB 缓冲液：取等量 2% OsO_4 和 0.2mol/L PB（pH 7.2~7.4）充分混合即可。

（3）1% OsO_4-0.1mol/L 二甲胂酸钠缓冲液：取等量 2% OsO_4 和 0.2mol/L 二甲胂酸钠缓冲液（pH 7.2~7.4）充分混合即可。

OsO_4 主要用于电镜组织化学、免疫电镜标本的固定。

（三）常用消化液

1. 0.1% 胰蛋白酶（trypsin）

（1）试剂

胰蛋白酶	100mg
0.1% 氯化钙（pH 7.8）	100ml

（2）配制方法：先配制 0.1% $CaCl_2$，用 0.1mol/L NaOH 将其 pH 调至 7.8，然后加入胰蛋白酶溶解备用。免疫组织化学染色前将胰蛋白酶消化液在水浴中预热至 37℃，载有标本的玻片也在 TBS 中预热至相同的温度，孵育时间约 5~30min。主要用于细胞内抗原修复。

2. 0.4% 胃蛋白酶（pepsin）

（1）试剂

胃蛋白酶	400mg
0.1mol/L HCl	100ml

（2）配制方法：同胰蛋白酶。消化时间在 37℃约为 30min。主要用于细胞间质或基底膜抗原修复。

（四）显色液

1. 3,3-二氨基联苯胺（diaminobenzidine，DAB）显色液

（1）试剂

DAB（常用四盐酸盐）	50mg
0.05mol/L TBS	100ml

（2）配制方法：先以少量 0.05mol/L（pH 7.6）的 TBS 溶解 DAB，然后加入余量 TBS，充分摇匀，使 DAB 终浓度为 0.05%，分装成每支 1ml 冻存。染色前解冻，加入 0.3% H_2O_2 100μl，使之终浓度为 0.01%。

注意：DAB 溶解要完全，否则未溶解的颗粒沉积于标本上影响观察；DAB 浓度不宜过高，否则，显色液呈棕色，增加背景染色。另外，DAB 有致癌作用，操作时应戴手套，尽量避免与皮肤接触，用后及时彻底冲洗接触 DAB 的实验用品，最好经洗液浸泡 24h 后再使用。

2. 3-氨基-9-乙基咔唑（3-amino-9-ethylcarbazole，AEC）显色液

（1）试剂

AEC	4mg
二甲基甲酰胺（DMF）	0.5ml
0.05mol/L 乙酸缓冲液（pH 5.5）	10ml
0.3% H_2O_2	500μl

（2）配制方法：先将 AEC 溶于 DMF 中，再加入乙酸缓冲液充分混匀。临显色前加入 H_2O_2。切片显色时间为 5~20min。该显色液作用后，阳性部位呈深红色，加以苏木精或亮绿等作为背景

染色，则效果更佳。由于终产物溶于乙醇和水，故需用水溶性封片剂封固。

3. 氮蓝四唑/5-溴-4-氯-3-吲哚-磷酸盐（nitro-blue-tetrazolium/5-bromo-4-chloro-3-indolyl-phosphate，NBT/BCIP）显色液

A液（5% NBT）：称取0.5g NBT溶于10ml 70%的DMF（二甲基甲酰胺）内，充分混合后4℃保存，也可装成小份-20℃保存，用前恢复至室温。

B液（5% BCIP）：称取BCIP 0.5g溶于10ml 100%的DMF内，混匀，4℃或分装存于-20℃，用前恢复至室温。

取A液40μl，加入盛有10ml 0.1mol/L TB（0.1mol/L NaCl，5mmol/L MgCl2；pH 9.5）管内，充分混匀；再加入B液40μl，轻轻混合即可。最好用前新鲜配制。该显色液主要用于碱性磷酸酶标记抗体免疫组织化学、半抗原标记探针原位杂交组织化学染色时的呈色。当NBT/BCIP二者存在时，在碱性磷酸酶作用下，NBT被还原形成显微镜下可见的蓝色或紫色沉淀。

（五）免疫胶体金-银染色显影液与定影液

1. 显影液 以下3种显影液可选用：

（1）硝酸银显影液

1）1%明胶60ml。

2）柠檬酸盐缓冲液：柠檬酸2.25g，柠檬酸钠2.35g，加水至10ml，pH 3.4。

3）对苯二酚：1.7g，加水至30ml。

4）硝酸银：50mg，加水至2ml。

用前将1）、2）、3）液混合后过滤，再加入4）液。

（2）乳酸银显影液

1）10%~20%阿拉伯胶60ml。

2）柠檬酸盐缓冲液10ml（配制方法同上）。

3）对苯二酚：0.85g，加水至15ml。

4）乳酸银：110mg，加水至15ml。

用前将1）、2）、3）液混合后过滤，再加入4）液。

（3）醋酸银显影液

1）100mg醋酸银溶解在50ml双蒸水中，用前1h配制。

2）10%明胶10ml。

3）柠檬酸盐缓冲液40ml，pH 3.5~3.8（含600mg对苯二酚）。

用前分别将2）和3）液混合后过滤，再加入1）液50ml搅拌混匀。

2. 定影液

铁氰化钾	5g
溴化钾	2.5g
硫代硫酸钠	3g

依次加入95ml蒸馏水中，最终加水至100ml。

（六）免疫纳米金电镜技术的银加强液、缓冲液和定影液

A液（HEPES贮存液）：称取23.83g HEPES溶于80ml双蒸水，用1mol/L NaOH调至pH 6.8（注意：NaOH不能加过量再用HCl调整），用双蒸水补充至体积100ml，即为1mol/L HEPES贮存液（4℃保存）。

B液（阿拉伯胶）：称取50g阿拉伯胶（gum arabic）粉加入250ml烧杯中，加100ml双蒸水，搅拌1~2天（25℃），用4层以上纱布过滤后，按5ml/管分装入15ml塑料离心管内，-20℃保存。

C液（还原剂）：称取10mg没食子酸正丙酯（n-propyl gallate），加入5ml塑料离心管内，用250μl 100%乙醇溶解，然后加双蒸水至5ml。用前1h内配制，4℃保存。

D液（银盐）：称取11mg乳酸银加入1.5ml Eppendorf离心管内，加双蒸水1.5ml溶解。临用前配制，注意避光。

银加强工作液配制：解冻的5ml/管B液塑料管中，用前依次加入A液2ml、C液1.5ml和D液1.5ml，混合后即为银加强工作液，避光存放。

缓冲液：取1mol/L HEPES贮存液2.5ml、蔗糖3.42g，加双蒸水至50ml，4℃保存备用。

定影液：取1mol/L HEPES贮存液1ml、无水硫代硫酸钠1.98g，加双蒸水至50ml，4℃保存备用，用前恢复至室温。

（七）黏附剂

1. 铬钒明胶液

（1）试剂

铬钒	0.5g
明胶	5g
蒸馏水	1 000ml

（2）配制方法：在1 000ml的烧杯或烧瓶中，以500~800ml蒸馏水加温溶解明胶，待其完全溶解后，再加入铬矾。注意温度过高易使明胶烧糊，包被玻片时最好控制水温在70℃。如有明显残渣，过滤后使用。

2. 多聚赖氨酸（poly-L-lysine，PLL）

（1）试剂

多聚赖氨基酸	5g
双蒸水	至1 000ml

（2）配制方法：称取多聚赖氨酸，溶于水，充分混合即可，此液浓度为0.5%，可适当稀释成0.01%~0.5%，4℃保存，也可-20℃备用。多聚赖氨酸可反复冻融。

3. Vectabond试剂 主要成分为3-氨丙基三乙氧硅烷（3-amino propyltriethoxy silane，APES）。该试剂与一般黏附剂不同，它是通过对玻璃表面起化学修饰作用，改变其表面的化学物理特性，使组织切片牢固地贴于玻璃片上，贴上后不易脱落，保留时间较久。一个试剂盒（7ml）可配成350ml工作液（用丙酮稀释）。处理载玻片前（事先酸处理），用染色缸装好各种液体，按下列程序进行：干净载玻片→丙酮5min→Vectabond试剂工作液1~2次→蒸馏水5min×2次→干燥（37℃过夜）→用铝箔包好，室温存放备用。上述方法处理的载玻片一般可存放半年以上。

4. 甲醛-明胶液

（1）试剂

40%甲醛	2.5ml
明胶	0.5g
蒸馏水	至100ml

（2）配制方法：用少许蒸馏水（约80ml）加热溶解明胶，待完全溶化后，加入甲醛，最后补充蒸馏水至100ml混匀即可。

（八）封固剂

1. 甘油-PBS

（1）试剂

甘油	90ml
0.01mol/L PBS	10ml

（2）配制方法：按比例将甘油和PBS充分混合后，置4℃冰箱静置，待气泡排除后方可使用。

2. 甘油-TBS

（1）试剂

甘油	75ml
0.01mol/L TBS	25ml

（2）配制方法：按比例将甘油和TBS充分混合后，置4℃冰箱静置，待气泡排除后方可使用。

3. 甘油-明胶

（1）试剂

明胶	1g
甘油	12ml
蒸馏水	100ml
香草酚	少许

（2）配制方法：称取1g明胶于温热（约40℃）蒸馏水中，充分溶解后过滤，再加入12ml甘油混合均匀。为防腐加入少许香草酚。

4. 液状石蜡 液状石蜡因含杂质少，很少引起非特异性荧光，故常用于荧光组织化学及荧光标记时标本的封固。

5. 中性树脂 中性树胶有商品出售，可直接应用。若过于黏稠，也可加少量二甲苯稀释后应用。用于多种染色标本的封固均不易褪色，尽量使其为均匀的一薄层。注意：二甲苯不可加得太多，否则，二甲苯挥发后，标本上出现许多干燥空泡，影响观察。遇有这种情况，可用二甲苯浸泡掉盖玻片后重新封固。

（九）其他

1. Triton X-100 免疫组织化学染色中，Triton X-100常用浓度为1%和0.3%，但通常先配制成30%的Triton X-100储备液，临用时稀释至所需浓度。

（1）试剂

Triton X-100	28.2ml
0.1mol/L PBS（pH 7.3）或0.05mol/L TBS（pH 7.4）	72.8ml

（2）配制方法：取Triton X-100及PBS（或TBS）混合，置37~40℃水浴中2~3h，使其充分溶解混匀，成为30% Triton X-100储备液。用前取该储备液稀释至所需浓度。Triton X-100原液较黏稠，尤其在环境温度较低时。为了能准确量取Triton X-100，吸取前，将其在37℃温箱或水浴锅内加温降低其黏稠度。

1% 的 Triton X-100-PBS（TBS）常用于漂洗组织标本，0.3% 的 Triton X-100 则常用于稀释抗体、配制 BSA 等。

2. 甲醇 -H_2O_2 液

（1）试剂

甲醇	10ml
30% H_2O_2	0.1ml

（2）配制方法：吸取 30% H_2O_2 0.1ml，加入 10ml 纯甲醇，充分混匀即为终浓度为 0.3% 的甲醇 -H_2O_2 液。

甲醇 -H_2O_2 液用于封闭组织内源性过氧化物酶活性。

（王世鄂）

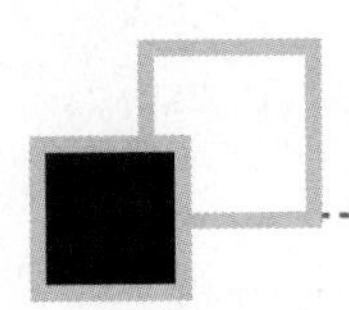

附录二　原位杂交组织化学试剂配制

1. 0.1% 焦碳酸二乙酯（DEPC）水溶液

（1）试剂：

DEPC	1ml
双蒸水	1 000ml

（2）配制方法：取 DEPC 1ml，加入 1L 双蒸水中，经猛烈振摇后，于室温静止数小时，然后高压灭菌，以除去降解 DEPC（DEPC 分解为 CO_2 和乙醇）。有些试剂可直接加入 DEPC，终浓度一般为 0.1%~0.4%。

注意：DEPC 是一种潜在的致癌物质，其相关操作应尽量在通风条件下进行，避免接触皮肤。含有 Tris 缓冲液的溶液中，不能加入 DEPC。

2. 2% 二甲二氯硅烷（DMDC）玻片硅化溶液

（1）试剂：

DMDC	2ml
三氯乙烷	98ml

（2）配制方法：按比例将两者充分混匀，静置待气泡消失即可使用。

3. 多聚赖氨酸（Poly-L-Lycine，PLL）溶液

（1）0.5% 多聚赖氨酸储备液：

多聚赖氨酸	25mg
DEPC 水	5ml

二者充分混合后，即为浓度 5mg/ml（0.5%）的 PLL 溶液。分装成 1ml 包装，在 -20℃存放。此储备液可反复冻融，用前充分混匀。

（2）0.1% 工作液：

0.5% 多聚赖氨酸	1ml
DEPC 水	50ml

两者充分混合，静置待气泡消失。

4. 0.24% 明胶－铬明矾液溶液　先称取明胶 2.4g 溶于 800ml DEPC 水中，加热搅拌助溶，待明胶完全溶解后，加入铬明矾，溶解后补充 DEPC 水至 1 000ml 即可使用。

5. 1mol/L 二硫苏糖醇（DTT）溶液　称取 3.09g DTT 溶于 20ml 0.01mol/L 醋酸钠（pH 5.2）中，过滤除菌后分装成小份，-20℃储存。DTT 和含 DTT 的溶液不能高压处理。

6. 10% 十二烷基磺酸钠（SDS）溶液　称取 100g SDS 加入 90ml 双蒸水中，加热至 68℃促进其溶解并加浓盐酸调 pH 至 7.0，冷却后加双蒸水至 1 000ml，分装后室温保存。不需灭菌。

7. 1mo1/L 亚精胺溶液　称取 1.02g 亚精胺，溶于 3ml 双蒸水中，加双蒸水至 4ml，高压灭菌后分成小份 -20℃储存。

8. 0.5mol/L 乙二胺四乙酸二钠（EDTA）溶液　将 186.1g EDTA-Na_2·$2H_2O$ 加入 800ml 双蒸水中，加热至 60℃，再加 20g NaOH，完全溶解并冷却至室温后用 10mol/L NaOH 调 pH 至 8.0，并加双蒸水至 1 000ml，高压灭菌后室温保存备用。

9. 50% 葡聚糖硫酸酯溶液　取 10g 葡聚糖硫酸酯于 100ml DEPC 水中，搅拌促进其溶解，37℃放置 1h 使气泡完全上浮消失，加 DEPC 水至 200ml。分装成小份，-20℃ 储存备用。

10. 100 % 去离子甲酰胺溶液　将市售甲酰胺通过正、负离子交换树脂进行层析，过滤除菌后分装成小份，-20℃保存。

11. 2% 变性鱼精 DNA 溶液　称取 2g 变性鱼精 DNA 溶于双蒸水中，用 18 号注射用针头抽吸 10 次以达到剪切目的。煮沸 10min，在冰浴中迅速冷却，分装成小份 -20℃保存。

12. 鲑鱼精子 DNA 溶液

（1）在 50ml 灭菌聚乙烯管中加入 1g 鲑精 DNA，加入 15ml DEPC 水使其浸泡 15min 至 2h。

（2）加入 2.5ml 2mol/L HCl 溶液，室温放置，DNA 形成白色沉淀。充分振摇至沉淀物相互缠绕在一起，用吸头尖端使之形成一球团状（2~3min）。

（3）加入 5.0ml 2mol/L NaOH 溶液。振摇小管

使DNA悬浮、溶解，将小管置于50℃ 15min助溶。

（4）用DEPC水将混合物稀释至175ml（总体积），充分混合，注意确保管内已无颗粒状物。

（5）加入20ml 1mol/L Tris-HCl缓冲液（pH 7.4）。

（6）用2mol/L的HCl滴定至DNA溶解，pH 7.0~7.5。

（7）用无菌微孔滤膜过滤液体，去除颗粒。紫外分光光度计测定DNA浓度：取20μl DNA液混合于980μl水中，混匀后260nm测定溶液的OD值，将OD值乘以50即为DNA浓度（μg/ml）。

（8）制备好的DNA液储于-0℃备用，用前取出冻融后煮沸。

13. 0.1%蛋白酶K溶液 准确称取10mg蛋白酶K溶于10ml灭菌双蒸水或DEPC水，充分混合后分装成小份，-20℃存放，用时取出冻融，用毕余者弃去。

14. 1mol/LTris-HCl溶液（pH 8.0）

（1）试剂：

Tris	121.1g
双蒸水	至1 000ml

（2）配制方法：先将Tris于800ml双蒸水中溶解，用HCl将pH调至8.0，双蒸水定容至1 000ml，高压灭菌，室温保存即可。

15. 1mol/L甘氨酸溶液

（1）储备液：

甘氨酸	75g
双蒸水或DEPC水	1 000ml

准确称取甘氨酸75g溶于双蒸水（或DEPC水）中最后用双蒸水补足定容至1 000ml，高压灭菌备后-20℃储存备用。

（2）甘氨酸工作液（0.1mol/L）

1mol/L甘氨酸	100ml
PBS	900ml

将两者按1∶10比例混合，即得甘氨酸工作液。一般要求新鲜配制。

16. 0.25 %醋酸酐溶液

（1）试剂：

三乙醇胺	13.2ml
NaCl	5.0g
浓HCl	4.0ml
DEPC水	至1 000ml
醋酸酐（临用前加）	2.5ml

（2）配制方法：按上述配方，先以少许DEPC水溶解NaCl，然后加入三乙醇胺及浓HCl，用DEPC水定容至约1 000ml，临用前，一边摇动瓶体一边加入醋酸酐充分混合。

17. Tris-EDTA（TE）缓冲液溶液

2mol/L Tris-HCl（pH 8.0）	5ml
0.5mol/L EDTA（pH 8.0）	2ml
双蒸水	1 000ml

高压灭菌后室温保存。

18. 40×Denhardt液

聚蔗糖（Fico11400）	0.2g
聚乙烯吡咯烷酮（PVP）	0.2g
BSA	0.2g
双蒸水	25ml

完全溶解后过滤灭菌，分装成小份，-20℃保存。

19. 30×枸橼酸盐缓冲液（SSC）溶液

NaCl	262.95g
枸橼酸钠	132.3g
双蒸水	1 000ml

定容前以10mol/L NaOH调pH至7.0，定容后高压灭菌保存。

20. 杂交缓冲液溶液

100%去离子甲酰胺	5ml
50%葡聚糖硫酸酯	2ml
40×Denhart液	0.25ml
1mol/L Tris-HCl（pH 8.0）	0.1ml
5mol/L NaCl	0.6ml
0.5mol/L EDTA（pH 8.0）	0.2ml
2%变性鱼精DNA	0.125ml
1mol/L DTT	0.1ml
双蒸水	1.625ml

混匀后分成小份，-20℃保存备用。

21. TSM-1溶液

1mol/L Tris-HCl（pH 8.0）	100ml
5mol/L NaCl	20ml
1mol/L $MgCl_2$	10ml
双蒸水	1 000m1

混匀后室温储存。

22. TSM-2溶液

1mol/L Tris-HCl（pH 9.5）	100ml
5mol/L NaCl	20ml

1mol/L $MgCl_2$	50ml
双蒸水	1 000ml

混匀后室温保存。

23. 5% NBT 溶液 取 100mg NTB 溶于 2ml 70% N,N- 二甲基甲酰胺,混漩促进其溶解,-20℃储存。

24. 5% BCIP 溶液 取 0.5g BCIP 溶于 10ml 100 % 的二甲基甲酰胺中,加 6ml 0.1mol/L NaOH,调 pH 至 7.0,再加 0.1ml 双蒸水,-20℃存放。

25. NBT 和 BCIP 显色溶液

5% NBT	80ml
5 % BCIP	40ml
TSM2	9.88ml

临用前混匀后即可用于碱性磷酸酶的显色。